Faszinosum ›Klang‹

Faszinosum ›Klang‹

Anthropologie – Medialität – kulturelle Praxis

Herausgegeben von Wolf Gerhard Schmidt

DE GRUYTER

Die Publikation ist hervorgegangen aus der Tagung »Faszinosum ›Klang‹. Interdisziplinäre Perspektiven« (Wien, 14.–17. Oktober 2010) der Arbeitsgruppe Klang(welten) der Jungen Akademie an der Berlin-Brandenburgischen Akademie der Wissenschaften und der Deutschen Akademie der Naturforscher Leopoldina.

Die Junge Akademie

an der Berlin-Brandenburgischen
Akademie der Wissenschaften
und der Deutschen Akademie
der Naturforscher Leopoldina

www.diejungeakademie.de

ISBN 978-3-11-025676-5
e-ISBN (eBook) 978-3-11-025677-2
e-ISBN (ePub) 978-3-11-038522-9

Library of Congress Cataloging-in-Publication Data
A CIP catalog record for this book has been applied for at the Library of Congress

Bibliografische Information der Deutschen Nationalbibliothek
Die Deutsche Nationalbibliothek verzeichnet diese Publikation in der Deutschen Nationalbibliografie; detaillierte bibliografische Daten sind im Internet über http://dnb.dnb.de abrufbar

Satz: Dörlemann-Satz, Lemförde
Druck: Hubert & Co. GmbH & Co. KG, Göttingen
♾ Gedruckt auf säurefreiem Papier
Printed in Germany
www.degruyter.com

FSC www.fsc.org MIX Papier aus verantwortungsvollen Quellen FSC® C016439

Inhaltsverzeichnis

Wolf Gerhard Schmidt
Einleitung — 1

Teil I: Klang und Kognition

Martin Ebeling
Die Ordnungsstrukturen der Töne
Carl Stumpfs phänomenologische Perspektiven
auf das Tonhöhenempfinden in heutiger Sicht — **11**

Jens Blauert und Rolf-Dieter Dominicus
Die Dinge, Gefühle und Gedanken der auralen Welt
Eine epistemologische Analyse in Hinblick auf Qualitätsbeurteilung — **28**

Jürgen Hellbrück, Sabine Schlittmeier und Maria Klatte
Klang und Krach
Wirkungen von Lärm auf den Menschen — **49**

Susanne Metzner
Prägnanz und Unbestimmtheit
Das Phänomen ›Klang‹ in der Musiktherapie — **66**

Teil II: Klang und Kulturtheorie

Christiane Leiste und Wolf Gerhard Schmidt
»Verstopfte Ohren« oder hörphysiologisches Raster?
Zur Situation der ›Neuen Musik‹ und der Bedeutung von Tonalität.
Ein Gespräch — **89**

Boris Previšić
Polyphonie und Stimmung
Musikalische Metaphern zur Aktualisierung
der Literatur- und Kulturtheorie — **120**

Melanie Wald-Fuhrmann
Natur und Kunst
Zum Transfer lebensweltlicher Klangphänomene in komponierte Musik — **136**

Teil III: Klang und Literarästhetik

Sibylle Baumbach
»Such sweet thunder«
Harmonische Verstimmungen in Shakespeares dramatischen Klangwelten — **157**

Achim Hölter
Reim und Assonanz als Bedeutungsträger in der Romantik — 183

Norbert Otto Eke
»Bis an die unerhörte Grenze« oder: Der Klang des Schmerzes
Vielstimmigkeit in Anne Dudens Schreibkonzept — **200**

Teil IV: Klang und Medialität

Jürgen Seeger
Schöne neue Medienwelt
Musik und Musikvermittlung im öffentlich-rechtlichen Rundfunk — **220**

Max Kullmann
Klangraum und Interaktion
Ein Projektbericht mit Fragen von Frauke Schmidt — **228**

Heiko Schulz
Akustische Markenführung
Der gute Ton eines Unternehmens — **235**

Teil V: Klang und Kunstpraxis

Wolfgang-Andreas Schultz
Klangkomposition – zwischen Naturlaut und Vision — 255

Nikolaus Brass
Die Kunst des Hörens — 269

Christian Bruhn
Die Entwicklung der deutschsprachigen Unterhaltungsmusik im 20. Jahrhundert – mit einigen Seitenblicken auf das Ausland
Ein Essay — **276**

Cornelius Meister
Vom innerlichen Hören – über das musikalische Gedächtnis
Ein Gespräch mit Wilhelm Sinkovicz und Sven Friedrich — **290**

Teil VI: Klang und Transzendenz

Jürgen Doetsch
»Wie weinte ich bei den Hymnen und Gesängen auf Dich«
Symphonische Elemente einer religiösen Klangwelt — **305**

Monika Schmitz-Emans
Der Klang der Zauberformeln
Diskursive Verknüpfungen zwischen Magie, Sprache und Dichtung — **325**

Sabine Koller
»Die Seelenwanderung einer Melodie«
Julian Stryjkowskis Tanz der Chassiden um Yitskhok Leybush Perets — **349**

Autorenverzeichnis — 365

Wolf Gerhard Schmidt

Einleitung

Die Analyse von Klangphänomenen und ihrer (inter)kulturellen Funktion ist inzwischen zu einem wichtigen Forschungs- und Experimentierfeld avanciert. In der Tat handelt es sich beim Hören um ein ursprüngliches Natur-Kultur-Verhältnis des Menschen. Schon in der Bibel kann Gott nicht visuell, sondern nur akustisch wahrgenommen werden, und für die romantische Kunstreligion ist es primär die harmonikal fundierte Tonkunst, über die man Transzendenzbezüge herzustellen sucht. Das Primat des Sehens wird aber auch heute aus verschiedenen Perspektiven hinterfragt. So gewinnt in der globalen Gesellschaft des 21. Jahrhunderts *audio engineering* stark an Bedeutung: Neben die Evokation seelischer Tiefenerlebnisse durch monochorde Klänge tritt das Akustikdesign der technisch-medialen Zivilisation; Massenveranstaltungen der Unterhaltungsindustrie steht der Wunsch nach Schweigen, Stille und Naturlaut gegenüber. Teile der Wissenschaft sprechen vor diesem Hintergrund bereits vom *acoustic turn*.[1]

Um entsprechende Entwicklungen wissenschaftlich zu untersuchen und zu diskutieren, habe ich 2009 die interdisziplinäre »Arbeitsgruppe Klang(welten)« gegründet. Sie ist Teil der seit 2000 bestehenden ersten deutschen Nationalakademie für den wissenschaftlichen Nachwuchs und wird auch von ihr finanziert: der »Jungen Akademie (JA) an der Brandenburgischen Akademie der Wissenschaften (BBAW) und der Deutschen Akademie der Naturforscher Leopoldina«. Bei den Veranstaltungen der AG Klang(welten) wirken neben Mitgliedern der JA, der BBAW und der Leopoldina immer auch renommierte externe Fachvertreter mit.[2] Der vorliegende Sammelband vereinigt mehrheitlich Vorträge und Gespräche unserer ersten Tagung, die vom 14. bis 17. Oktober 2010 in Wien stattfand.[3] Aufgenommen sind allerdings nur jene wissenschaftlichen Beiträge, die im Rahmen eines zweifachen externen Begutachtungsverfahrens (*double blind*) positiv evaluiert wurden.[4] Dagegen haben die Essays bzw. Gespräche von und mit

---

1 Vgl. Petra Maria Meyer (Hg.): Acoustic turn. München 2008.

2 Vgl. hierzu die AG-Internetseite unter: http://www.diejungeakademie.de/aktivitaeten/interdisziplinaere-zusammenarbeit/abgeschlossene-ags/ag-klangwelten/.

3 Das vollständige Tagungsprogramm ist auf der AG-Internetseite einzusehen und herunterzuladen.

4 Als AG-Sprecher hielt ich selbst in Wien einen Vortrag mit dem Titel: *»Die qualvolle Sehnsucht nach der Tonalität«. Musikdiskurse im Problemfeld von Naturakustik, Anthropologie und Kulturgeschichte*. Aufgrund der positiven Rezeption und im Zuge weiterer Forschungsarbeit habe ich ihn in leicht veränderter Form auf dem Abschlusssymposion der AG Klang(welten) 2013 in Saas-Fee (CH) nochmals zur Diskussion gestellt – diesmal u. d. T. *Die Tonalität als privilegiertes Ord-*

Komponisten, Klanginstallateuren und Medienvertretern lediglich einen redaktionellen Überarbeitungsprozess durchlaufen.

Die Erkenntnisinteressen der AG Klang(welten) sind vielfältig und umfassen unterschiedliche Diskussionsbereiche. Grundlage ist jedoch eine anthropologische Perspektive, die – in dezidiertem Gegensatz zu weiten Teilen ›geisteswissenschaftlich‹ ausgerichteter Kulturtheorie – darauf abzielt, den naturwissenschaftlich-empirischen Diskurs produktiv einzubeziehen. Hans Ulrich Gumbrecht plädiert bereits 1991 für eine neue Epistemologie, die den Menschen mit seinen physiologischen Grenzen zum Ausgangspunkt macht. Wer dies – so Gumbrecht – für einen »skandalöse[n] Rückschritt in den philosophischen Substantialismus« halte, versuche lediglich das System ›Geisteswissenschaften‹ gegenüber neuen Erkenntnissen anderer Forschungsbereiche zu immunisieren. Der Körper »als wesentliche Konditionierung unserer Welt-Erfahrung« müsse »in eine ›neue‹ Form von Hermeneutik« einbezogen werden.[5] Und gerade im Klangbereich sind während der letzten beiden Jahrzehnte einige hierfür sehr relevante Entdeckungen gemacht worden, wenngleich noch viele Fragen offen bleiben. So existiert – trotz der Einsicht in die genetisch verankerte Musikalität des Menschen – bis dato wenig gesichertes Wissen über Funktion und Bedeutung von Klängen für die pränatale und kindliche Entwicklung.[6] Dennoch ist bekannt, dass bereits Säuglinge im Alter von sechs Monaten fähig sind, musikalische Abschnitte perio-

---

nungssystem zwischen Naturvorgabe und Kulturalisation. Gleichzeitig wurde mir jedoch deutlich, dass ein so grundlegendes Thema, das letztlich mit dem szientifischen AG-Schwerpunkt zusammenfällt (s. u.), nicht nach dem Format eines Aufsatzes verlangt, sondern dem einer Monographie im Rahmen eines Akademieprojekts. Denn die wissenschaftliche Diskussion ist noch immer nicht ansatzweise aufgearbeitet und zudem stark ideologisiert. Vor diesem Hintergrund habe ich mich entschieden, dem vorliegenden Band nur ein thematisch korreliertes Gespräch mit der ehemaligen Leiterin der Hamburger Klangwerktage, Christiane Leiste, zu integrieren und in den nächsten Jahren eine diesbezügliche Buchpublikation fertigzustellen. Die ausführliche Darstellung des Vorhabens findet sich einschließlich der Wiener Diskussion im vierten AG-Band (vgl. W.G.S.: Die Tonalität als privilegiertes Ordnungssystem zwischen Naturvorgabe und Kulturalisation. Exposé des Akademieprojekts und Plenumsgespräch. In: W.G.S. [Hg.]: Die Natur-Kultur-Grenze in Kunst und Wissenschaft. Historische Entwicklung – interdisziplinäre Differenz – aktueller Forschungsstand. Würzburg 2014, S. 141–192).

5 Hans Ulrich Gumbrecht: Epistemologie/Fragmente. In: H.U.G., K. Ludwig Pfeiffer: Paradoxien, Dissonanzen, Zusammenbrüche. Frankfurt a. M. 1991, S. 837–850, hier S. 846 f. Gumbrechts »Befürchtung«, diese »Doppelaufgabe« werde in den Geisteswissenschaften nicht einmal »diskursfähig« (ebd., S. 850), hat sich nur bedingt bewahrheitet (vgl. u. a. Karl Eibl, Katja Mellmann, Rüdiger Zymner [Hg.]: Im Rücken der Kulturen. Paderborn 2007 und Martin Huber, Simone Winko [Hg.]: Literatur und Kognition. Paderborn 2009).

6 Vgl. Carol L. Krumhansl, Peter W. Juszyk: Infants, perception of phrase structure in music. In: Psychological Science 1 (1990), S. 70–73.

disch aufgebauter Musik zu identifizieren. Konkret handelt es sich dabei um Mozart-Werke. Möglicherweise beruht die Prägnanz der Wiener Klassik auf einer kompositorischen Gestaltung, die den natürlichen Mechanismen der neuronalen Verarbeitung entgegenkommt und so zur Genese einer auf intuitivem Verstehen begründeten emotionalen Beziehung einlädt.[7] Vergleichbare Fragestellungen bestimmen Psychologie und Psychoakustik: Welche Auswirkungen haben Geräusche bzw. Klänge auf Konzentrations-, Gedächtnis- und Denkleistungen?[8] Wie gestaltet sich die aureale Welt des Menschen?[9] Und können bestimmte Arten von Musik das kognitive Potential erhöhen?[10]

In diesem Zusammenhang gewinnen auch die sog. ›musikalischen Universalien‹ an Virulenz, d. h. (1) Merkmale, die nicht erlernt werden, sondern – wie alle anthropologischen Konstanten – angeboren sind (→ biopsychische Universalien) bzw. (2) Merkmale, die in allen Gesellschaften regelmäßig vorkommen (→ pankulturelle Universalien).[11] Mitunter existieren kausale Zusammenhänge zwischen beiden, und zwar derart, dass bestimmte Kulturuniversalien direkte oder indirekte Effekte biopsychischer Universalien sind – und dies gilt nicht zuletzt für den musikalischen Bereich. Tatsächlich lassen sich von jedem Menschen in der Musik vier Grundgefühle gut identifizieren: Wut, Trauer, Freude, Furcht.[12] Nun wäre jedoch zu überlegen, ob Hörerfahrung, kulturelle Bildung und geschichtlicher Kontext nicht zu einem differenzierteren Klangerlebnis führen können. Des Weiteren hat man in der Hirnforschung erst vor wenigen Jahren herausgefunden, dass Säugetiere eine Oktavkartierung haben, und zwar im auditorischen Thalamus, also zwischen Hirnstamm und Großhirn,[13] und

---

7 Gunter Kreutz: Wie Kinder Musik empfinden, erleben und lieben lernen (Online-Publikation/ Stand: 19. März 2010: http://www.familienhandbuch.de/erziehungsbereiche/musik/wie-kinder-musik-empfinden-erleben-und-lieben-lernen [zuletzt eingesehen: 6.10.2014]).

8 Vgl. den Beitrag von Jürgen Hellbrück, Sabine Schlittmeier und Maria Klatte im vorliegenden Band.

9 Vgl. den Beitrag von Jens Blauert und Rolf-Dieter Dominicus.

10 Der Wiener Vortrag, der dieses Thema behandelte, liegt uns leider nicht in publikationsfähiger Form vor.

11 Vgl. Christoph Antweiler: Menschliche Universalien. Ein kulturvergleichender Zugang zum Humanum. In: Karl Eibl, Katja Mellmann, Rüdiger Zymner (Hg.): Im Rücken der Kulturen. Paderborn 2007, S. 67–86. Siehe auch den aktualisierten Beitrag von Antweiler (Die Menschheit und die Kulturen. Für ein Boot über den Rubikon. In: Wolf Gerhard Schmidt [Hg.]: Die Natur-Kultur-Grenze in Kunst und Wissenschaft. Historische Entwicklung – interdisziplinäre Differenz – aktueller Forschungsstand. Würzburg 2014, S. 101–124).

12 Vgl. Patrik N. Juslin: Emotional communication in music performance: a functionalist perspective and some data. In: Music Perception 14 (1997). H. 4, S. 383–418.

13 Vgl. Martin Braun, Vladimir Chaloupka: Carbamazepine induced pitch shift and octave space representation. In: Hearing Research 210 (2005), S. 85–92.

dass bei den Impulsmustern im Hörnerv dieselben Gesetzmäßigkeiten der Koinzidenz vorliegen wie bei der Obertonkoinzidenz.[14] Mit anderen Worten: Der Mensch kann von Natur aus gar nicht anders, als mit denselben Konsonanz-/Dissonanz-Hierarchien zu hören, wie sie in der Naturtonreihe vorgegeben sind. In allen Musikkulturen kommen daher neben der Oktave auch Quinte und Quarte vor.[15] Anscheinend neigt das Gehirn zu diesen Intervallen, denn Tonkombinationen, deren Frequenzverhältnisse kleine ganze Zahlen umfassen, erzeugen im Gegensatz zu solchen mit komplizierteren Relationen zusätzliche periodische Muster in Nervensignalen.[16] Darüber hinaus scheint der Mensch anthropologisch nicht auf äquidistante Skalen programmiert. Bei den Tonleitern fast aller Kulturbereiche sind die Intervalle zwischen benachbarten Stufen nicht gleich groß. Auf diese Weise lässt sich jedoch ein harmonischer Konnex herstellen. Die Noten haben unterschiedliche Beziehungen zum Grundton, und der Hörer kann sich – auch bei geringer Bildung – meist gut vorstellen, welchen Punkt die Musik bezüglich des tonalen Zentrums erreicht hat. Dadurch entsteht eine Perzeption von Spannung und Auflösung, die wiederum die musikalischen Ausdrucks- und Erlebnismöglichkeiten steigert.[17]

Der heuristische Impetus der AG Klang(welten) beschränkt sich aber nicht auf die Aktualisierung, Vertiefung und Erweiterung der skizzierten Erkenntnisse, sondern möchte – was bisher kaum geschehen ist – fragen, welche Konsequenzen sich hieraus ergeben für Bildungspolitik, Musiktherapie, Kulturentwicklung und Kunsttheorie bzw. -praxis.[18] Kann die Beschäftigung mit Klangphänomenen tatsächlich einen wirksamen Beitrag gegen die »geistige Verarmung der Gesellschaft« leisten und »für eine humane Lebenswelt«[19] sorgen? Und (wenn ja) welche Art der Beschäftigung mit welcher Art von Klangphänomenen? Und mit welchem

14 Vgl. Martin Ebeling: Verschmelzung und neuronale Autokorrelation als Grundlage einer Konsonanztheorie. Frankfurt a. M. u. a. 2007, S. 127 f., 230. Siehe auch den Beitrag von Ebeling im vorliegenden Band.

15 Vgl. Rolf Oerter, Andreas C. Lehmann: Musikalische Begabung. In: Herbert Bruhn, Reinhard Kopiez, Andreas C. Lehmann (Hg.): Musikpsychologie. Das neue Handbuch. Hamburg 2008, S. 88–104, hier S. 88 f.

16 Vgl. Sandra E. Trehub: Human processing predispositions and musical universals. In: Nils L. Wallin, Björn Merker, Steven Brown (Hg.): The origins of music. Cambridge, Mass. u. a. 2000, S. 271–300.

17 Vgl. David Huron: Sweet anticipation. Music and the psychology of expectation. Cambridge, Mass. u. a. 2006.

18 Da auf dem Wiener Symposion nicht alle Fragestellungen aufgeworfen und diskutiert werden konnten, folgen die Sektionen des vorliegenden Bandes dieser Einteilung nur bedingt. An entsprechender Stelle ist jedoch in den Anmerkungen auf thematisch relevante Beiträge verwiesen.

19 Vgl. Kreutz (Anm. 7).

Maßnahmenkatalog müsste die Bildungspolitik reagieren? Ferner ist zu diskutieren, welche Folgen anthropologische Prädispositionen für den Bereich der Musiktherapie zeitigen.[20] Mit Blick auf die Kulturgeschichte scheint u.a. von Bedeutung, wie bestimmte Geräusche respektive Klänge funktionalisiert wurden: in Politik (Krieg, Diktatur, Revolution),[21] in Wirtschaft und Technik (Werbung, Marketing, Audiodesign),[22] im medialen Bereich (TV, Rundfunk, Klanginstallation)[23] sowie in der Kunst (Natur-Kultur-Transfer).[24] Die Existenz musikalischer Universalien könnte aber auch Erklärungsmodelle für weitere Problemkonstellationen liefern, die Kunsttheorie bzw. -praxis betreffen und noch immer kontrovers diskutiert werden.[25] Weshalb hat sich die Dur-Moll-Tonalität als dominantes Bezugssystem durchgesetzt und wieso gerade – modernehistorisch gesehen – Ende des 16. Jahrhunderts?[26] Warum entstand nur im Abendland eine komplexe Mehrstimmigkeit?[27] Wo liegen die Gründe dafür, dass sich in der Kunstmusik das kanonisierte Repertoire spätestens seit dem Zweiten Weltkrieg nicht mehr erweitert, d.h. moderne und zeitgenössische Komponisten kaum aufgeführt und rezipiert werden – und zwar keineswegs nur in Europa, sondern auch auf anderen Kontinenten? Weshalb herrscht in weiten Teilen der Populärmusik (Jazz, Rock, Pop, Musical, Schlager, Folklore) noch immer das harmonisch kaum modifizierte klassisch-romantische Musikverständnis vor?[28] Daran anschließend ließe sich eine zentrale, bis heute allerdings nur unzureichend beantwortete Basisfrage stellen: Gibt es physikalisch, anthropologisch und/oder ästhetisch begründete Grenzen für die Assimilation von Klängen an das menschliche Hören? Wird die Tonalität im 21. Jahrhundert auch in der E-Musik flächendeckend zurückkehren (um dann erneut zerstört zu werden usf.), oder kann sich das menschliche Ohr

---

20 Vgl. den Beitrag von Susanne Metzner.

21 Hierzu finden sich Beiträge im Sammelband der dritten AG-Tagung, die 2012 in Paris veranstaltet wurde u. d. T. *Klang – Ton – Musik. Theorien und Modelle (national)kultureller Identitätsstiftung*. Die Buchpublikation ist 2014 im Meiner Verlag Hamburg erschienen (hg. von W.G.S., Jean-François Candoni und Stéphane Pesnel).

22 Vgl. den Beitrag von Heiko Schulz.

23 Vgl. die Beiträge von Jürgen Seeger und Max Kullmann.

24 Vgl. den Aufsatz von Melanie Wald-Fuhrmann sowie die Beiträge, die im vierten Tagungsband der AG Klang(welten) erscheinen werden (siehe Anm. 4).

25 Vgl. zu dieser Frage und einigen der nachfolgenden das Gespräch zwischen Christiane Leiste und W.G.S. sowie das Exposé des Akademieprojekts von W.G.S. einschließlich Plenumsgespräch (Anm. 4).

26 Der Wiener Vortrag, der dieses Thema behandelte, liegt uns leider nicht in publikationsfähiger Form vor.

27 Idem.

28 Vgl. den Essay von Christian Bruhn.

nahezu alle Klangphänomene über die Zeit hin ›zurechthören‹? Welche Möglichkeiten klangphänomenaler Innovation existieren heute noch in der E- respektive U-Musik?[29] Diskursiv einbezogen wurden dabei auch ausübende Künstler wie Dirigenten[30] und Sänger,[31] wobei hier das Natur-Kultur-Problem zentral war als Frage nach der Interferenz von Begabung und Technik, Physiologie und Übung sowie den Auswirkungen der Emanzipation vom tonalen Metasystem für die musikalische Arbeit.

Mit Blick auf den Bereich von Kunsttheorie bzw. -praxis sind ferner intermediale Aspekte von Interesse.[32] Spätestens Ende des 18. Jahrhunderts wird die These einer primär visuellen Weltaneignung des Menschen in Frage gestellt. Gegenüber der Bevorzugung des Sichtbaren, Gestalthaften und Plastischen durch Aufklärung und Klassizismus erhebt man – harmonikal fundiert – die Musik zum neuen Leitmedium der Literatur. Denn sie scheint die trennenden Artikulationsschwellen des Rationalen zu unterlaufen und der menschlichen Empfindung eine ›tiefere‹ Dimension von Natur und Kosmos zu erschließen.[33] Andererseits besitzt das Hören schon seit der Antike den Rang einer Perzeptionsform mit (kunst)religiösem Anspruch.[34] In diesem Kontext wird auch die Versprachlichung des Hörbaren thematisch – zum einen im kulturtheoretischen Bereich,[35] zum anderen im literarischen. Hier begegnet nicht zuletzt die Frage nach der Bedeutung von

---

29 Vgl. die Essays von Wolfgang-Andreas Schultz, Nikolaus Brass und Christian Bruhn.

30 Vgl. das Gespräch mit Cornelius Meister.

31 Das ausführliche Gespräch mit dem Bassbariton Siegmund Nimsgern ist im vierten Tagungsband der AG Klang(welten) erschienen (vgl. S.N.: Die Natur-Kultur-Grenze im Gesangsbereich. Ein Gespräch mit Wolf Gerhard Schmidt. In: W.G.S. [Hg.]: Die Natur-Kultur-Grenze in Kunst und Wissenschaft. Historische Entwicklung – interdisziplinäre Differenz – aktueller Forschungsstand. Würzburg 2014, S. 313–333), dasjenige mit den Sängern Thomas Moser und Andreas Schmidt im dritten (vgl. T.M., A.S.: Deutscher ›Belcanto‹? Zu Existenz und Bedeutung nationaler Stimmcharakteristiken. Ein Gespräch mit Jens Malte Fischer und Wolf Gerhard Schmidt. In: W.G.S., Jean-François Candoni, Stéphane Pesnel [Hg.]: Klang – Ton – Musik. Theorien und Modelle [national]kultureller Identitätsstiftung. Hamburg 2014, S. 323–339).

32 Der Wiener Vortrag von Gerhard Lauer (*Musikrede: Ähnlichkeiten und Unterschiede in Struktur und Verarbeitung von Musik und Sprache*) liegt uns leider nicht in publikationsfähiger Form vor.

33 Vgl. den Beitrag von Achim Hölter. Der Wiener Vortrag von Andreas Kablitz (*Sprache und Musik um 1800*) liegt uns leider nicht in publikationsfähiger Form vor.

34 Vgl. die Beiträge von Jürgen Doetsch, Monika Schmitz-Emans und Sabine Koller.

35 Vgl. den Beitrag von Boris Previšić.

Klangintegration für die spezifische Medialität der Literatur[36] bzw. für Strategien intermedialer Überschreitung und Polyphonie?[37]

Zum Abschluss dieser Einleitung möchte ich noch herzlich den Studierenden der Katholischen Universität Eichstätt-Ingolstadt danken, die im Rahmen des Projekts »Forschungsorientierte Lehre«[38] das Symposion in Wien moderiert und mitgestaltet haben: Tanja Büchl, Maximilian Frisch, Alessandra Haupt und Friederike Kemmether. Für die Transkription der Gespräche und die Einrichtung der Beiträge bin ich Rebekka Graf, Matthias Kozuschek und Jessica Weppler zu großem Dank verpflichtet. Ohne die Finanzierung durch die Junge Akademie (JA) könnten derartige Projekte nicht realisiert werden; dessen bin ich mir bewusst und danke insbesondere der Geschäftsstelle für die ebenso kompetente wie geduldige Hilfe.

36 Für den Wiener Vortrag der Schriftstellerin Lea Singer (*Klangwelt ›Roman‹. Zur Bedeutung der Musik für das epische Schreiben*) wurde leider keine Druckerlaubnis gewährt.

37 Vgl. die Aufsätze von Sibylle Baumbach und Norbert Otto Eke. Beiträge zu diesem Thema enthalten auch der Sammelband der zweiten AG-Tagung, die 2011 in Pontresina (CH) stattfand, und der dritten AG-Tagung, die 2012 in Paris veranstaltet wurde (vgl. Wolf Gerhard Schmidt [Hg.]: Körperbilder in Kunst und Wissenschaft. Würzburg 2014 sowie Anm. 21).

38 Vgl. Wolf Gerhard Schmidt: Zukunftsmodell. In: Matthias Klatt, Sabine Koller (Hg.): Lehre als Abenteuer. Anregungen für eine bessere Hochschulausbildung. Frankfurt a. M. 2012, S. 221–224. Das Projekt wurde 2010 für den *Ars legendi-Preis* vorgeschlagen und rangierte am Ende unter den zehn besten Bewerbungen.

Teil I: **Klang und Kognition**

Martin Ebeling

Die Ordnungsstrukturen der Töne

Carl Stumpfs phänomenologische Perspektiven auf das Tonhöhenempfinden in heutiger Sicht

1 Einleitung

Dinge des täglichen Umgangs und der täglichen Erfahrung erscheinen als so selbstverständlich, dass sie selten hinterfragt werden. Im Bereich der Klangwelten zum Beispiel weiß natürlich jeder Musizierende und Musikhörende, was ein Ton ist. Wenn man Musikstudenten nach dem Wesen des Tones fragt, entsteht zunächst Ratlosigkeit. Die Antworten, die man erhält, sprechen Teilaspekte des Tonphänomens an und lauten etwa:

- ein Ton ist eine Sinneswahrnehmung
- ein Ton ist aus Teiltönen zusammengesetzt
- ein Ton hat eine bestimmte Frequenz
- ein Ton ist ein Bestandteil eines Tonsystems
- ein Ton hat eine Tonhöhe usw.

Die Antworten spiegeln verschiedene Perspektiven wider, unter denen das Phänomen *Ton* in theoretischen Modellen der Akustik oder Musiktheorie behandelt wird. Geht man bei seinen Überlegungen von der Musik aus und bedenkt, dass Musik von Menschen für Menschen gemacht und hörend wahrgenommen wird und dass Musik auf der kognitiven Ebene als Gehörtes vorgestellt und gedacht wird, so wird deutlich, dass Töne als die elementaren Bausteine der Musik zunächst aus der Perspektive des hörenden Menschen zu betrachten sind. Damit gelangt man zu einer phänomenologischen Perspektive, denn ein Ton ist zunächst ein Sinnesphänomen und als solches eine psychische Erscheinung. Diese Position vertrat auch der Philosoph und Psychologe Carl Stumpf (1848–1936), der den Ton in seiner zweibändigen Tonpsychologie (1883/1890) als Sinneserscheinung untersucht hat.[1] Geleitet wurde er dabei von erkenntnistheoretischem Interesse: Die Untersuchung der elementaren Wahrnehmungsphänomene verschafften ihm Einsichten in die Strukturen der Sinneserscheinungen, die in seiner weiteren Forschung die Grundlage zum Studium der psychischen Funktionen bildeten.[2]

---

1 Vgl. Carl Stumpf: Tonpsychologie. 2 Bde. Leipzig 1883/1890.

2 Vgl. Margret Kaiser el-Safti: Der »Witz« in der Tonpsychologie Carl Stumpfs. In: Gestalt Theory. An International Multidisciplinary Journal 2 (2009), S. 143–174.

Stumpfs Tonpsychologie gab den Anstoß zu einer Fülle von phänomenologisch ausgerichteten Untersuchungen, die Stumpf und seine Schüler, aber auch andere Wissenschaftler in den folgenden Jahrzehnten durchführten. Die Ergebnisse wurden zum Teil kontrovers diskutiert, insgesamt gaben sie aber der jungen Musikpsychologie zum Beginn des 20. Jahrhunderts entscheidende Impulse.

Im Folgenden werden die wesentlichen Überlegungen Carl Stumpfs zur Tonwahrnehmung und den Beziehungen zwischen den Tönen in Bezug auf neuere Sichtweisen der Psychoakustik und der Neuroakustik dargestellt, um die Aktualität von Stumpfs phänomenologischer Perspektive für die heutige Hörforschung zu demonstrieren. Als strenger Logiker hat Stumpf eine für die Psychologie vorbildlich klare Terminologie entwickelt. Die Beschreibung der Tonhöhen als eindimensionale Reihe stellt eine topologische Betrachtung des Tonraumes dar, welche die logische Grundlage für die Skalierbarkeit von Tonhöhen bildet. Die von Stumpf genau definierten Begriffe werden deshalb im Folgenden übernommen, auch wenn sie dem heutigen Sprachgefühl nicht immer entsprechen mögen. Insbesondere wird so der Gefahr vorgebeugt, mit moderneren psychologischen Begriffen andere als die von Stumpf gemeinten Bedeutungen zu suggerieren.

2 Die Tonempfindung

Nach Stumpf ist ein Ton eine *Empfindung* des Gehörsinns. Stumpf wählt also eine phänomenologische Perspektive und untersucht zunächst den Ton als eine *Sinnesempfindung*. Als Sinnesempfindung ist der Ton eine elementare Erscheinung. Aber er ist nicht einfach, sondern hat mehrere Teile. Es lassen sich nämlich an der elementaren Tonempfindung eine Reihe von Teilempfindungen, die *Momente der Empfindung*, unterscheiden: es wird eine Tonhöhe gehört, der Ton wird mit einer bestimmten Lautstärke empfunden, der Ton besitzt eine Klangfarbe und hat einen zeitlichen Anfang und ein zeitliches Ende, mithin auch eine Tondauer usw. An einem Ton lassen sich als wohl unterschiedene *Empfindungsmomente* die Tonhöhe, die Lautstärke, die Klangfarbe, die Tondauer und eventuell noch weitere Momente ausmachen. Alle Momente sind unabdingbare Teilempfindungen des Tones: es gibt keinen Ton ohne Tonhöhe, es gibt keinen Ton ohne Lautstärke oder empfundener Klangfarbe, ebenso ist ein Ton ohne Tondauer undenkbar. Alle Teilempfindungen sind schon in der einfachen Tonempfindung enthalten, der Ton ist also ein *Empfindungsganzes* aus mehreren unterscheidbaren Teilempfindungen, den *Empfindungsmomenten*.[3]

3 Vgl. Stumpf (Anm. 1). Bd. 1, S. 64.

Die einzelnen Empfindungsmomente können nicht von der Empfindung, dem *Empfindungsganzen*, abgetrennt werden. Sie können aber (weitgehend) unabhängig voneinander verändert und dadurch auch als unabhängige Momente unterschieden werden. Das Unterscheidungskriterium für die Empfindungsmomente ist also ihre unabhängige Veränderbarkeit. Der Ton einer bestimmten Tonhöhe kann unter Beibehaltung des Tonhöhenempfindens laut oder leise klingen, die Klangfarbe des Tones kann verändert werden, er kann z. B. bei gleicher Tonhöhe und Lautstärke auf verschiedenen Instrumenten gespielt werden usw.

An dieser phänomenologischen Perspektive ist bemerkenswert, dass nicht von den physikalischen Eigenschaften des akustischen Phänomens ausgegangen wird, sondern von der Sinnesempfindung als psychischem Phänomen. Die Untersuchung des Verhältnisses von Reiz und Empfindung wird der Untersuchung der strukturierten Wahrnehmungsphänomene nachgeordnet. In psychoakustischen Untersuchungen zeigt sich zwar, dass sich die verschiedenen Tonparameter, z. B. Tonhöhe und Lautstärke, gegenseitig durchaus beeinflussen können, und Stumpf diskutiert die von ihm beobachteten Abhängigkeiten sehr wohl, so etwa den Einfluss der Tonstärke auf das Tonhöhenurteil.[4] Im Empfinden, und das ist bei der phänomenologischen Perspektive das Entscheidende, bleiben die Empfindungsmomente – trotz möglicher gegenseitiger Abhängigkeit auf der Reizebene – in der *Empfindung* wie in der *Vorstellung* – dennoch unterschieden. Es lässt sich also feststellen: eine *Empfindung* ist ein *Empfindungsganzes* aus mehreren unabtrennbaren und voneinander *unabhängigen Empfindungsmomenten*. Ein Ton wird als ein Ganzes erlebt, an dem die Tonparameter als Empfindungsmomente unterschieden werden können.

Die wichtigsten Empfindungsmomente der Tonempfindung sind nach Stumpf die *Tonqualität* und die *Tonintensität*. Die *Tonqualität* bezeichnet das Tonhöhenempfinden (engl.: *pitch*) und ist das Moment, an dem Töne auch ihrer Benennung nach unterschieden werden.[5] *Tonintensität* bezeichnet die Stärke der Tonempfindung und entspricht der empfundenen Lautstärke des Tones.[6] Aufgrund seiner Stellung innerhalb eines Tonsystems können einem Ton auch strukturelle Eigenschaften wie etwa Tonigkeit oder Chroma zugeschrieben werden. Bei diesen Eigenschaften handelt es sich jedoch nicht um Empfindungsmomente, die mit der unmittelbaren Sinnesempfindung verbunden sind, sondern um Eigenschaften, die sich aus der Organisation des Tonmaterials eines Musiksystems ergeben. Dabei spielt die Oktavidentifikation (s. u.) eine entscheidende Rolle.

---

4 Vgl. ebd., S. 237.
5 Vgl. ebd., S. 135.
6 Vgl. ebd., S. 19 und 345.

3 Der Vergleich von Tönen

Eine Empfindung wird mit einer anderen verglichen, indem die in beiden Empfindungen enthaltenen einzelnen Empfindungsmomente miteinander verglichen werden. Zwei Töne können sich in ihrer Tonhöhe oder Lautstärke oder Klangfarbe oder Tondauer oder auch in mehreren dieser Momente zugleich unterscheiden, um als verschiedene Empfindungen angesehen zu werden. Es ergibt sich also die Frage, worin sich Unterschiede innerhalb eines Empfindungsmomentes erweisen. Wie ist das Vergleichen innerhalb eines Empfindungsmomentes möglich?

Das Empfindungsmoment der Tonhöhe ist skalierbar, aber auch das Empfindungsmoment der Lautstärke ist skalierbar: Bei zwei als verschieden gehörten Tonhöhen kann entschieden werden, welcher Ton höher und welcher tiefer ist. Ebenso kann bei zwei als verschieden laut gehörten Tönen bestimmt werden, welcher Ton lauter und welcher leiser ist. Bei als verschieden empfundenen Klangfarben ist eine Skalierung nicht möglich. Tondauer und Einsatzzeiten lassen sich über die Zeitdimension parametrisieren und sind daher ebenfalls skalierbar.

Während *Gleichheit* in der Mathematik ursprünglich die exakte (meist zahlenmäßige) Übereinstimmung meint und in der mathematischen Logik durch die Äquivalenzrelation der *Identität* beschrieben wird, führt das Urteil »gleich« bei den Empfindungsmomenten auf das Problem der Wahrnehmungs- und Unterschiedsschwellen,[7] nämlich den *kleinsten merklichen Unterschied* (just noticeable difference, JND), der in der Psychophysik Gegenstand ausgiebiger Untersuchungen sowohl für die Lautstärkenunterscheidung (DL = difference limen),[8] als auch für die Tonhöhenunterscheidung (DFL = difference frequency limen)[9] wurde. Im Allgemeinen lässt sich eine Zone der Gleichempfindung bezüglich leicht verschiedener Reize angeben, deren Größe von mehreren Faktoren abhängt, individuell verschieden ist und sowohl reizabhängig als auch dispositionsabhängig ist.[10] Logische Gleichheit und phänomenale, einer Reiz-Empfindungsrelation unterliegende Gleichheit sind hier zu unterscheiden.

Werden zwei Empfindungen als verschieden bezüglich eines Empfindungsmomentes beurteilt, so ist es nur bei einigen Empfindungsmomenten möglich zu entscheiden, bei welcher Empfindung dieses Empfindungsmoment »höher« oder »größer« war. Bei ungleichen Tönen kann angegeben werden, welche Tonhöhe höher war oder welcher Ton lauter war, beim Klangfarbenempfinden fehlt diese

7 Vgl. ebd., S. 30.

8 Vgl. William M. Hartmann: Signal, Sound, and Sensation. New York [4]2000, S. 61.

9 Vgl. ebd., S. 284.

10 Vgl. Ernst Zwicker, Hugo Fastl: Psychoacoustics. Facts and Models. Berlin [2]1999 (Springer Series in Information Sciences; 22), S. 175–201.

Möglichkeit der Anordnung. Die Empfindungsmomente Tonhöhe und Lautstärke besitzen im mathematischen Sinn eine Ordnungsstruktur, die durch die <-Relation bzw. ≤-Relation ausgedrückt wird. Detailliert diskutiert Stumpf diese Ordnungsrelation für die Tonhöhe als die *Empfindungsqualität* von Tönen und stellt fest: »wenn zwei Töne gegeben sind, so lassen sie sich unmittelbar als gleich (maximal ähnlich) oder ungleich beurteilen«.[11] Sind zwei Töne ungleich in der Tonhöhe, so lässt der Vergleich das Urteil zu, welcher Ton höher ist: »Am einfachsten stellt sich die Theorie, wenn man eine Art von Steigerungsverhältnis in den Qualitäten annimmt. [...] Man wird mit der Steigerung auch deren Richtung wahrnehmen und somit beurteilen können, welcher Ton hic et nunc der höhere«.[12] Die »höher-tiefer«-Relation der Tonhöhe ist transitiv: »Jeder Ton wird gegenüber jedem anderen als ein hoher oder tiefer erfasst: a>b (a als hoch gegenüber b), b>c, c>d, somit auch a>c und d, u. s. w.«.[13] Die zusätzliche Eigenschaft »von je drei ungleichen Tönen ist stets einer ein mittlerer zwischen den beiden anderen«[14] schließt eine verzweigte Baumstruktur für die Tonhöhen aus: »so ist unter der genannten Voraussetzung auch die Auffassung der Tonsumme als einer *eindimensionalen Reihe* gegeben«.[15]

Diese eindimensionale Reihe der Tonhöhen wird als unendlich aufgefasst. Es gibt zwar eine obere und untere Grenze für die Tonhöhenwahrnehmung, dennoch werden diese Grenzen als prinzipiell überschreitbar gedacht, wie schon die Bezeichnungen *Ultraschall* und *Infraschall* für Schälle mit Frequenzen außerhalb der menschlichen Wahrnehmungsmöglichkeiten deutlich machen.

Ähnlich ist es mit der Unterscheidungsschwelle für Tonhöhen, unterhalb derer die minimalen Reizunterschiede nicht mehr in voneinander verschiedene Tonhöhen aufgelöst werden: Dennoch geht man im Denken davon aus, dass zwischen zwei eng beieinander liegenden Tonhöhen – auch unterhalb der Unterscheidungsschwelle – immer noch ein Ton liegt: »Man kann der Tonreihe sowol äussere als auch innere Unendlichkeit zuschreiben. Äussere d. h. die Möglichkeit immer tieferer und höherer Töne; innere d. h. die Möglichkeit immer kleinerer Distanzen«.[16]

Zieht man die Unterscheidungsschwelle für Tonhöhen mit in Betracht, so stellen die Tonhöhen eine Totalordnung einer unendlichen und dichten Menge mit der ≤-Relation für tiefer oder gleich, bzw. ≥- Relation für höher oder gleich dar.

---

11 Stumpf (Anm. 1). Bd. 1, S. 138.
12 Ebd., S. 140.
13 Ebd., S. 141.
14 Ebd., S. 142.
15 Ebd., S. 140.
16 Ebd., S. 178.

Diese Relation ist: transitiv, reflexiv und idempotent. Tonhöhen sind also in der Vorstellung dem Zahlenstrahl der Mathematik analog.

Im Moment der Tonhöhe können zwei Empfindungsinhalte, also zwei Tonhöhenempfindungen verglichen werden. Werden ihre Tonhöhen als gleich empfunden, so wird maximale Ähnlichkeit festgestellt: »Gleichheit sinnlicher Erscheinungen ist nichts anderes als extreme Ähnlichkeit. Das Nichtvorhandensein derselben ist Verschiedenheit«.[17] Sind die Tonhöhen verschieden, so lässt sich angeben, welcher Ton höher ist: Das ist nach Stumpf das *Grundverhältnis der Steigerung*. Das Moment der Tonhöhe wird also schon beim Empfinden zweier Einzeltöne einem *Gradurteil* unterzogen, das auf die Grundverhältnisse der *Ähnlichkeit* und der *Steigerung* abzielt.

4 Die Grundverhältnisse bei Carl Stumpf

Ein solches Vergleichsurteil setzt aber schon voraus, dass verschiedene Einzelempfindungen festgestellt wurden, also im Fall von Tönen müssen mindestens zwei Töne unterschieden worden sein. Das *Grundverhältnis der Mehrheit* ist die Voraussetzung für einen Vergleich.

Stumpf benennt *Mehrheit, Steigerung, Ähnlichkeit* und *Verschmelzung* als die wichtigsten Grundverhältnisse.[18] Das einfache Tonhöhenurteil umfasst also bereits die drei Grundverhältnisse der Mehrheit, der Ähnlichkeit und der Steigerung.

Auch die in Vergleichsurteilen festgestellten Sachverhalte können ihrerseits einem Vergleichsurteil unterzogen werden. Im Moment der Tonhöhe erhält man beim Vergleich sukzessiver Tonpaare ein Distanzurteil, das auf dem Grundverhältnis der Steigerung basiert, dem also die Skalierbarkeit der Tonhöhen bereits zu Grunde liegt. Der Vergleich simultaner Tonpaare setzt aber zusätzlich das vierte von Stumpfs Grundverhältnissen voraus, nämlich die *Verschmelzung* und ermöglicht ein Urteil über den Verschmelzungsgrad von Intervallen.

5 Das Distanzurteil der Tonhöhe

Die Beurteilung einer Tondistanz bezieht sich nach Stumpf auf die Grundverhältnisse der *Ähnlichkeit* und der *Steigerung*. Dem *Distanzurteil* entspricht in mathe-

---

17 Ebd., S. 111.
18 Vgl. ebd., S. 96.

matischer Terminologie eine Abstandsnorm *d*, die als Differenzbetrag (z. B. Länge eines Differenzvektors) notiert wird:

$$d\,(a, b) = |b - a| \tag{1}$$

Das auf Tonhöhen bezogene, hörende Distanzurteil ermittelt, wie ähnlich oder unähnlich beide Tonhöhen sind. Die Urteile liegen dann zwischen Gleichheit als maximaler Ähnlichkeit und sehr unähnlich für einen großen Tonhöhenabstand. Das Grundverhältnis der Steigerung im Tonhöhenparameter wirkt sich auch als Steigerung im Vergleichsurteil der Tonhöhen aus. Das Ohr kann über mehr oder weniger Nähe von Tönen ein Distanzurteil fällen, das auf den Grundverhältnissen der Ähnlichkeit und der Steigerung im Moment der Tonhöhe beruht.

»Sind drei ungleiche Töne nach einander gegeben, so kann [...] mit mehr oder weniger Zuverlässigkeit angegeben werden, ob der erste dem zweiten oder dem dritten ähnlicher, können überhaupt Abstufungen der Ähnlichkeit bemerkt oder Distanzen verglichen werden.«[19]

6 Die Tonverschmelzung

Von dem auf Ähnlichkeit und Steigerung beruhenden Distanzurteil ist die *Intervallbeurteilung* zu unterscheiden, die das Grundverhältnis der *Verschmelzung* zur Grundlage hat. Der Verschmelzungsbegriff ist von zentraler Bedeutung in Stumpfs Philosophie[20] und bedarf der Erläuterung: Verschmelzung tritt bei zwei gleichzeitigen Empfindungen auf, wobei beide Empfindungen voneinander getrennt werden können: Jede Empfindung bleibt ohne die andere bestehen. Die Empfindungen sind also keine Empfindungsmomente eines Empfindungsganzen, sondern bilden jede selber ein Empfindungsganzes. Zwei gleichzeitige Töne sind ein Beispiel für zwei solche Empfindungsganze: Jeder Ton besteht aus mehreren Empfindungsmomenten, die *Empfindungsqualität* (oder Tonqualität) ist dabei die *Tonhöhe*. Beide Töne werden auch bei gleichzeitiger Präsentation herausgehört, die *gleichzeitigen Tonempfindungen sind trennbar.* Das bedeutet jedoch nicht, dass beide Empfindungen bzw. beide Töne in der Gleichzeitigkeit isoliert nebeneinander stehen. Ihre Empfindungsqualitäten, d. h. ihre Tonhöhen

19 Ebd., S. 142.

20 Vgl. Carl Stumpf: Erkenntnislehre. 2 Bde. Leipzig 1939/1940 (Nachdruck Lengerich 2011), hier Bd. 1, S. 26 und 156.

treten in das *Grundverhältnis der Verschmelzung*, die durch das Empfinden von Einheit gekennzeichnet ist.

> Eine losere, gleichwol aber von der blos collectiven noch wol zu unterscheidende Einheit ist die der gleichzeitigen Empfindungsqualität unter einander. Diese speciell wollen wir Verschmelzung nennen. Sie ist der vorhin genannten [der Einheit des Empfindungsganzen, gebildet aus verschiedenen Empfindungsmomenten] insofern analog, als auch hier verschiedene Inhalte ein Ganzes miteinander bilden; aber die Teile sind nicht mehr wie dort untrennbar. Ich kann eine Intensität nicht ohne Qualität und umgekehrt empfinden, wol aber einen der gleichzeitigen Töne auch ohne den anderen. Nur wenn sie zugleich empfunden werden, dann ist es unmöglich, sie nicht als Ganzes, nicht im Verschmelzungsverhältnis zu empfinden.[21]

Nach den umfangreichen Hörexperimenten von Carl Stumpf unterliegt das Empfinden von Einheit bei der Verschmelzung ebenfalls einer Steigerung, die aber hier keine kontinuierliche und lineare Ordnungsstruktur wie bei der Ähnlichkeit der Tonhöhen hervorbringt, sondern zu den Verschmelzungsstufen führt. Jedes Intervall, gebildet von zwei Tonqualitäten, hat einen ihm zugeordneten Verschmelzungsgrad (vgl. Abb. 1). Stumpf fasst zusammen:

> Halten wir uns zunächst in einem Tongebiet, welches durch das Schwingungsverhältnis 1:2 abgegrenzt ist, so bemerke ich folgende Stufen der Verschmelzung verschiedener Töne, von der stärksten bis zur schwächsten Stufe:
> *Erstens* die Verschmelzung der Octave (1:2).
> *Zweitens* die der Quinte (2:3).
> *Drittens* die der Quarte (3:4).
> *Viertens* die der sog. Natürlichen Terzen und Sexten (4:5, 5:6, 3:5, 5:8), zwischen welchen ich in dieser Hinsicht keine deutlichen Unterschiede finde.
> *Fünftens* die aller übrigen musikalischen und nicht-musikalischen Toncombinationen, welche, für mein Gehör wenigstens, untereinander keine deutlichen Unterschiede der Verschmelzung, vielmehr alle den geringsten Grad derselben darbieten. Höchstens die sogenannte natürliche Septime (4:7) könnte noch um etwas mehr als die anderen verschmelzen.
> Wenn wir hier die modernen Intervallnamen und den allgemeinen Ausdruck »Intervall« selbst gebrauchen, so geschieht es noch nicht in irgend einer musikalischen Bedeutung, sondern nur um einen bekannten und kurzen Ausdruck für die bezüglichen Zahlenverhältnisse der Schwingungen zu haben.
> Indem wir von »Stufen« der Verschmelzung reden, wollen wir andeuten, dass es sich um Gradunterschiede handelt, die doch nicht stetig vom höchsten bis zum niedrigsten Grade ineinander übergehen. Weiterhin bedienen wir uns aber auch des allgemeinen Ausdrucks »Verschmelzungsgrade«.[22]

21 Stumpf (Anm. 1). Bd. 2, S. 65.
22 Ebd., S. 135.

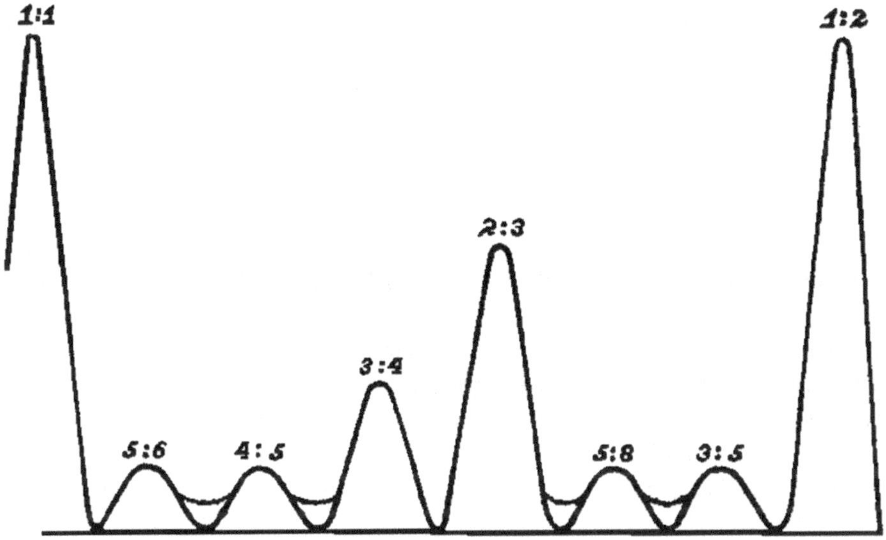

Abb. 1 »System der Verschmelzungsstufen in einer Curve« von Carl Stumpf (1890).[23] Hält man einen Ton fest und bewegt dazu einen zweiten Ton gleichzeitig von der Prim (1:1) bis zur Oktave (1:2), so zeigen die entstehenden Zweiklänge die skizzierten Verschmelzungsgrade.

Nach gründlicher Erwägung möglicher psychologischer Ursachen für die Tonverschmelzung kommt Stumpf zu dem Schluss, dass die Tonverschmelzung eine physiologische Ursache hat, also neuronal verursacht wird.[24] Die Ursache für die Tonverschmelzung im auditorischen System konnte ich selbst nachweisen.[25] Der Zusammenhang zwischen dem satztechnischen Konzept von Konsonanz-Dissonanz und der Tonverschmelzung bei Stumpf ist offenkundig. Dabei definiert Stumpf Verschmelzung abstrakt für beliebige Empfindungen und benutzt das Intervallhören lediglich als paradigmatisches Beispiel.

Zwar bezieht sich das Verhältnis der Verschmelzung auf gleichzeitige Empfindungsqualitäten. Wenn man sich aber vergegenwärtigt, dass aufeinander folgende Empfindungen nur deshalb verglichen werden können, weil die frühere Empfindung noch in der Vorstellung fortdauert, während die spätere Empfindung gerade aktuell ist, wird klar, dass der Vergleich von sukzessiven Tönen auf einer Gleichzeitigkeit in der Vorstellung beruht. »Es ist notwendig, dass das, was als eine Mehrheit, als ähnlich u. s. w. beurteilt wird, *gleichzeitig im Bewusstsein*

23 Ebd., S. 176.

24 Vgl. ebd., S. 211.

25 Vgl. Martin Ebeling: Verschmelzung und neuronale Autokorrelation als Grundlage einer Konsonanztheorie. Frankfurt a. M., Berlin, Bern u. a. 2007.

vorhanden sei. Wenn aufeinanderfolgende Töne miteinander verglichen werden, muss der vergangenen doch als Gedächtnisbild gegenwärtig sein.«[26] Weil beide gleichzeitigen Tonempfindungen aber auch trennbar sind, kann andererseits die Gleichzeitigkeit in der Vorstellung auch in eine Aufeinanderfolge aufgelöst werden.

7 Distanzurteil oder Verschmelzungsurteil

Daraus folgt, dass zwei Töne, egal ob sie gleichzeitig oder nacheinander klingen, auf zwei Weisen und unter drei verschiedenen Grundverhältnissen beurteilt werden können: Die Ähnlichkeit und die Steigerung führen auf ein Distanzurteil (es wird der Abstand der Tonhöhen aus der empfundenen Ähnlichkeit der Tonhöhen abgeschätzt) und die Verschmelzung führt auf ein Harmonizitäts- oder Intervallurteil (aus dem Verschmelzungsgrad wird auf die Verwandtschaft der Töne geschlossen). Je höher der Verschmelzungsgrad ist, umso größer ist die Verwandtschaft der Töne, denn umso stärker ist das Empfinden der Einheitlichkeit des Intervalls.

Die Wirksamkeit dieser Grundverhältnisse im Tonhöhenmoment, das der Ähnlichkeit zusammen mit der Steigerung und das der Verschmelzung, lassen sich mit den messbaren Frequenzen der Stimuli in Beziehung setzen. Die Grundverhältnisse der Ähnlichkeit und Steigerung im Tonhöhenempfinden im Vergleich zu den Stimulusfrequenzen zeigen sich in der psychoakustischen Tonhöhenskala, der Mel-Skala.[27]

Auf der Abszisse sind die Frequenzen abgetragen, auf der Ordinate das Tonhöhenempfinden mit der Einheit Mel. Bis zu einer Frequenz von 500 Hz verläuft die Kurve annähernd linear. Im Bereich unter 500 Hz entspricht einer Verdoppelung der Frequenz auch eine Verdoppelung der zugehörigen Mel-Werte:

$$mel(2v) = 2 \cdot mel(v); \quad mit\ 2v \leq 500\ Hz \tag{2}$$

Oberhalb von 500 Hz steigt das Tonhöhenempfinden nicht mehr im selben Verhältnis wie die zugehörigen Frequenzen, sondern in einem annähernd logarithmischen Verhältnis. Wird in diesem Bereich die Frequenz verdoppelt, so klingt der Ton nicht mehr doppelt so hoch (vgl. Abb. 2).

---

26 Stumpf (Anm. 1). Bd. 1, S. 98.
27 Vgl. Hartmann (Anm. 8), S. 295.

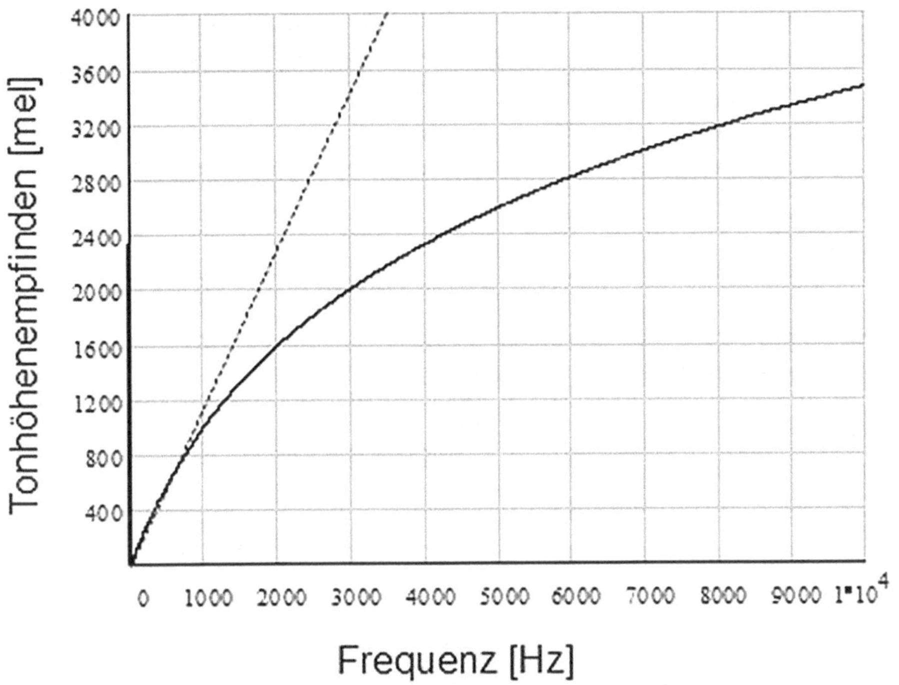

Abb. 2 Die Mel-Skala (durchgezogene Linie): bis zu einer Frequenz von ca. 500 Hz wird eine Verdopplung der Frequenz (Abszisse) als Verdopplung der Tonhöhe empfunden (Ordinate). Für höhere Frequenzen ergibt sich eine logarithmische Beziehung zwischen Frequenzen und Tonhöhenempfinden.

Wird im musikalisch relevanten Frequenzbereich die Frequenz ν_0 eines Ausgangstons T_0 verdoppelt, so entsteht ein Ton T_1 mit der Frequenz $2\nu_0$, der eine Oktave höher klingt und auf Grund der Oktavidentifikation denselben Tonnamen trägt. Verdoppelt man die Frequenz nochmals, so erhält man einen Ton T_2 mit der Frequenz $2 \cdot 2\nu_0 = 2^2 \cdot \nu_0$, der zwei Oktaven höher als der erste Ton klingt und ebenfalls denselben Tonnamen trägt; lediglich bei Bedarf wird mit einem kleinen Zusatz kenntlich gemacht, in welcher Oktave dieser Ton nun steht, z.B. »eingestrichenes c«, statt einfach nur »Ton c«. Daraus wird deutlich, dass unser vergleichendes Tonhöhenempfinden multiplikative Frequenzverhältnisse als additive Tonabstände wahrnimmt. Sind ν_0, ν_1 die Frequenzen von zwei Stimuli, so ergibt sich als deren logarithmischem Tonhöhenempfinden nach dem Logarithmusgesetz die Distanz:

$$\Delta = \log\left(\frac{\nu_1}{\nu_0}\right) = \log(\nu_1) - \log(\nu_0) \qquad (3)$$

Die multiplikativen Frequenzverhältnisse werden im Tonhöhenmoment als additive Abstände empfunden. Zum Beispiel ist eine reine Quinte (Verhältnis 3:2) aus einer großen Terz (5:4) und einer kleinen Terz (6:5) zusammengesetzt.

r. Quinte = große Terz + kleine Terz

Die zugehörige Multiplikation der Schwingungsverhältnisse ergibt:

$$\frac{3}{2} = \frac{5}{4} \cdot \frac{6}{5} = \frac{6}{4} \tag{4}$$

Wendet man darauf den Logarithmus an, erhält man mit dem Logarithmusgesetz ein additives Verhältnis für das Tonhöhenempfinden

$$\log\left(\frac{3}{2}\right) = \log\left(\frac{5}{4} \cdot \frac{6}{5}\right) = \log\left(\frac{5}{4}\right) + \log\left(\frac{6}{5}\right) \tag{5}$$

das auf der Reizebene den Schwingungsverhältnissen (4) entspricht. Jede Logarithmusfunktion lässt sich durch eine andere Logarithmusfunktion ausdrücken. Darum ist es mathematisch gesehen egal, welche Basis benutzt wird. Es ist aber günstig, den Logarithmus zur Basis 2 zu verwenden, weil dann das Schwingungsverhältnis der Oktave 2 : 1 = 2 auf die Zahl 1 für eine Oktave abgebildet wird: $\log_2 (2/1) = \log_2 (2) = 1$. So benutzt Ellis zur Definition des *Cent* als Abstandsmaß von Tonhöhen den Logarithmus zur Basis 2. Der Halbton wird in 100 gleiche Tonschritte geteilt, die Oktave aus 12 Halbtönen folglich in 1200 gleiche Tonschritte: ein Halbton hat 100 Cent, die Oktave 1200 Cent. Der Tonabstand $\Delta(T_1 - T_0)$ in *Cent* zwischen zwei Tönen T_i mit der jeweiligen Frequenz v_i wird dann berechnet nach:[28]

$$\Delta\,(T_1 - T_0) = 1200 \cdot \log_2\left(\frac{v_1}{v_0}\right) \tag{6}$$

8 Verhältnisurteil und Transponierbarkeit

Die Tatsache, dass Schwingungsverhältnisse logarithmisch in Tonhöhendistanzen nach (3) im Tonhöhenempfinden übertragen werden, ist die Ursache für die Transponierbarkeit von Intervallen. Zahlenverhältnisse, als Brüche notiert, können erweitert und gekürzt werden, ohne dass sich das Verhältnis ändert. Weil

28 Vgl. ebd., S. 271.

dieses als Schwingungsverhältnis einem bestimmten Intervall entspricht, ändert sich auch das Intervall nicht.

Als Beispiel soll die große Terz $c^1 - e^1$ rechnerisch zur großen Terz $f^1 - a^1$ transponiert werden.

Die große Terz $c^1 - e^1$ hat die Frequenzen $\nu_c = 264\ Hz$ und $\nu_e = 330\ Hz$, die große Terz $f^1 - a^1$ hat die Frequenzen $\nu_f = 352\ Hz$ und $\nu_a = 440\ Hz$. Durch Kürzen der Brüche erhält man sofort:

$$\frac{\nu_e}{\nu_c} = \frac{330\ Hz}{264\ Hz} = \frac{66}{66} \cdot \frac{5}{4} = \frac{5}{4} \text{ und } \frac{\nu_a}{\nu_f} = \frac{440\ Hz}{352\ Hz} = \frac{88}{88} \cdot \frac{5}{4} = \frac{5}{4}, \tag{7}$$

also ist $\frac{\nu_e}{\nu_c} = \frac{\nu_a}{\nu_f} = \frac{5}{4}$, oder nach Anwendung des Logarithmus:

$$\log(\nu_e) - \log(\nu_c) = \log(\nu_a) - \log(\nu_f), \tag{8}$$

oder als Tondistanzen geschrieben:

$$|e^1 - c^1| = |a^1 - f^1| \tag{9}$$

Geht man von einem Distanzurteil aus, so ist die empfundene Tondistanz bei unterschiedlicher Tonhöhe gleich. Der Vergleich der Schwingungsverhältnisse führt in beiden Fällen auf das Verhältnis 5:4. Die Transponierbarkeit der Gestaltqualität der Tonhöhe[29] beruht logisch betrachtet auf der Beziehung (1). Die Tondistanz (bzw. das Schwingungsverhältnis) bleibt unter einer Tonhöhenverschiebung invariant.

Die Verschiebung (Translation) ist eine spezielle Symmetrieoperation. Alle Symmetrien haben die Eigenschaft, die Verhältnisse (Winkel und Längenverhältnisse) invariant zu lassen. Warum nur die Translation in Form der Transposition für die Gestaltqualität von Bedeutung sein soll, andere Symmetrieoperationen aber nicht, ist aus logischen Gründen nicht nachvollziehbar.

29 Vgl. Christian von Ehrenfels: Über Gestaltqualitäten. In: Vierteljahrsschrift für wissenschaftliche Philosophie 14 (1890), S. 249–292.

9 Psychoakustische Skalierung der Tonhöhe und neuronale Tonanalyse

Der nichtlineare Verlauf der Mel-Skala zeigt, dass die Tonhöhenbestimmung im auditorischen System für tiefe Frequenzen anders erfolgt als für hohe Frequenzen. Für Frequenzen bis ca. 2500 Hz wird in einer Periodizitätsanalyse der Zeitverlauf der Hüllkurve des Signals ausgewertet, für hohe Frequenzen scheint die Tonotopie der Basilarmembran das Tonhöhenempfinden zu bestimmen. Die Mel-Skala steht mit der Skala für die kritischen Bänder, der Bark-Skala, in unmittelbarem Zusammenhang: 100 mel entsprechen 1 Bark.[30] Ein Bark entspricht der Breite eines auditorischen Filters auf der Basilarmembran und umfasst 150 Haarzellen.[31] Die Dichte der Haarzellen und die darauf beruhende Breite der auditorischen Filter im auditorischen System bestimmen also das Distanzurteil der Tonhöhe.

Der Neuroakustiker Gerald Langner hat im Bereich von Stamm- und Mittelhirn neuronale Schaltkreise gefunden, die zu einer orthogonalen räumlichen Repräsentation von Frequenzinformation und Periodeninformation im *inferior colliculus* (IC) führen, was auf neuronaler Ebene beiden Formen der Tonhöhenbestimmung entspricht.[32] Die Frequenzinformation steht mit dem Distanzurteil in Beziehung, die Periodizitätsinformation bestimmt das Intervallurteil. Denn der Periodizitätsanalysemechanismus von Gerald Langner erklärt auch die neuronalen Grundlagen der Tonverschmelzung. Anhand der eigens definierten Allgemeinen Koinzidenzfunktion konnte Martin Ebeling in einem mathematischen Modell zeigen, dass die von Stumpf experimentell in Hörversuchen bestimmten Verschmelzungsstufen der verschiedenen Intervalle den theoretisch zu erwartenden Feuerraten der Koinzidenzneuronen im IC entsprechen.[33] Die Allgemeine Koinzidenzfunktion (vgl. Abb. 3) zeigt weitgehende Übereinstimmung mit Stumpfs Stufen der Tonverschmelzung, die er in Hörversuchen ermittelt hat. Tatsächlich haben Bidelman und Krishnan höhere Feuerraten von Stammhirnneuronen bei Konsonanzen als bei Dissonanzen im Experiment gemessen.[34]

---

30 Vgl. ebd., S. 257.

31 Vgl. Zwicker, Fastl (Anm. 9), S. 162.

32 Vgl. Gerald Langner: Evidence for neuronal periodicity detection in the auditory system of the guinea fowl: implications for pitch analysis in the time Domain. In: Experimental Brain Research 52 (1983), S. 333–355 und G. L.: Die zeitliche Verarbeitung periodischer Signale im Hörsystem: Neuronale Repräsentation von Tonhöhe, Klang und Harmonizität. In: Zeitschrift für Audiologie 46 (2007). H. 1, S. 8–21.

33 Vgl. Ebeling (Anm. 25) und M. E.: Neuronal periodicity detection as a basis for the perception of consonance: A mathematical model of tonal fusion. In: Journal of the Acoustical Society of America 124 (2008), S. 2320–2329.

34 Vgl. Gavin M. Bidelman, Ananthanarayan Krishnan: Neural Correlates of Consonance, Disso-

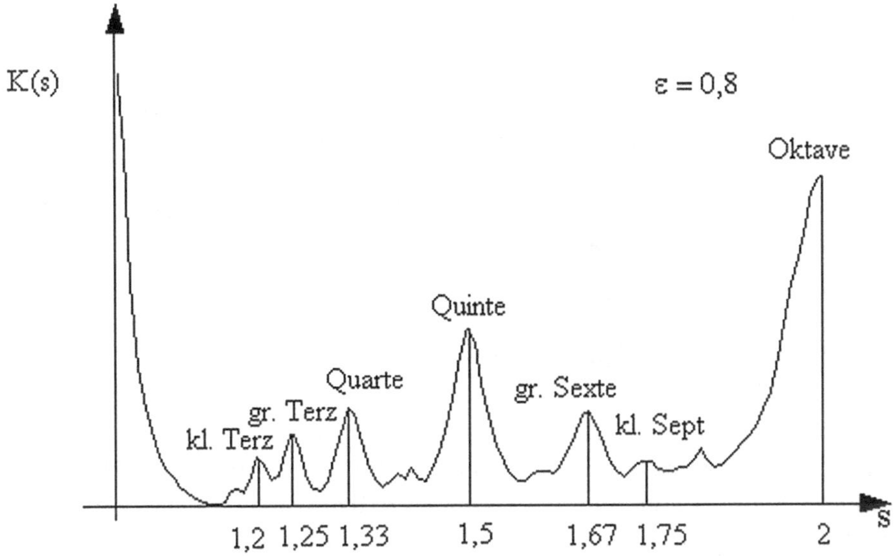

Abb. 3 Der Graph der *Allgemeinen Koinzidenzfunktion* ordnet jedem Schwingungsverhältnis einen Koinzidenzgrad der Periodizitätsanalyse zu, der einer theoretischen Feuerrate entspricht, die auf der Grundlage von Langner Modell der neuronalen Periodizitätsanalyse berechnet wird.

10 Distanzprinzip oder Sonanzprinzip

Tonhöhen können einerseits aufgrund der Distanz (»Distanzprinzip«), andererseits aufgrund des Verschmelzungsgrades (»Sonanzprinzip«) verglichen werden. Von Seiten der Musikethnologie wird auf die Gleichteilungssysteme fernöstlicher Musikkulturen hingewiesen, die belegen, dass dort das Distanzprinzip Vorrang hat. In der Gamelanmusik auf Bali und Java werden die Stimmungssysteme *Slendro* und *Pélog* in verschiedenen Ausprägungen verwendet. Außer der Oktave werden keine reinen Intervalle benutzt. Das Slendro hat fünf gleiche Tonstufen, ist also ein Gleichteilungssystem, das dem Distanzprinzip folgt. In der europäischen Musikkultur tritt neben dem reinen Distanzurteil fast immer auch das auf dem Grundverhältnis der Verschmelzung beruhende Intervallurteil auf. Schon Stumpf stellte fest:

nance, and the Hierarchy of Musical Pitch in the Human Brainstem. In: The Journal of Neuroscience 29 (2009), S. 13165–13171.

> Nur bei sehr kleinen Distanzen verhält sich die Sache anders. Hier fällt der Einfluss des Intervallurteils hinweg. Sind die Töne um weniger als eine halbe Tonstufe von einander entfernt, aber doch noch leicht unterscheidbar, [...] so hält der Musiker 1/4 und 1/8 Ton in mittlerer Lage wol auseinander und ordnet eine gegebene Distanz leicht unter die eine oder andere Classe. Er fällt dabei in der That ein reines Distanzurteil.[35]

In allen anderen Fällen treten bei westlicher Musik das Distanzurteil und das Verschmelzungsurteil zusammen auf.

11 Oktavidentifikation

Wie stark das Verschmelzungsurteil die Konzeptionalisierung von Tonhöhen in Musiksystemen bestimmt, zeigt sich am oben bereits erwähnten Phänomen der Oktavidentifikation.[36] Im *leminiscus lateralis* des auditorischen Systems, im Stammhirn gelegen, ist die Oktavidentifikation neuronal in einer Spiralstruktur repräsentiert.[37] Töne im Oktavabstand haben nach dem Distanzprinzip aufgrund der großen Distanz eine geringe Ähnlichkeit, aber erscheinen aufgrund starker Verschmelzung als fast identisch und tragen in den meisten Musiksystemen sogar denselben Tonnamen. Die Aufteilung der unendlichen Tonreihen in für das Gehör und das Musikdenken leicht fassliche Oktaven ist eine der wesentlichen Grundlagen für die Musikkognition und offenbart insbesondere die auf dem Grundverhältnis der Verschmelzung gegründete phänomenale und nichttriviale Strukturiertheit des Tonraums. Es werden mit Moritz von Hornbostel zwei Dimensionen der Tonhöhe unterschieden, die *Tonigkeit* und die *Helligkeit*.[38] Die Tonigkeit ist zyklisch und wird durch die in jeder Oktave in gleicher Anordnung wiederkehrenden Tonnamen repräsentiert, während die Helligkeit die lineare Dimension des Tonhöhenempfindens bezeichnet. Die angelsächsische Literatur unterscheidet zwischen »tone chroma« für die Tonigkeit und »tone height« für die Helligkeit.[39]

---

35 Vgl. Stumpf (Anm. 1). Bd. 1, S. 252.

36 Vgl. Kengo Ohgushi: The origin of tonality and a possible explanation of the octave enlargement phenomenon. In: Journal of the Acoustical Society of America 73 (1983), S. 1694–1700.

37 Vgl. Langner (Anm. 32).

38 Vgl. Moritz von Hornbostel: Psychologie der Gehörerscheinungen. In: Albrecht Bethe, Gustav von Bergmann, Gustav Embden u. a. (Hg.): Handbuch der normalen und pathologischen Physiologie. 18 Bde. Berlin 1926, hier Bd. 11.

39 Vgl. Wendy L. Idson, Dominic W. Massaro: A bidimensional model of pitch in the recognition of melodies. In: Perception and Psychophysics 24 (1978), S. 551–565.

12 Zusammenfassung

Zusammenfassend lässt sich feststellen: Die Tonhöhe ist ein Empfindungsmoment aus dem Empfindungsganzen des Tones und wird als das tonbestimmende Moment auch Tonqualität genannt. Tonhöhen sind skalierbar und werden als unendliche Reihe gedacht, in der Tonhöhen auch beliebig dicht zusammenliegen können. Im Bereich bis zu 500 Hz entspricht das Tonhöhenempfinden linear dem Logarithmus der Frequenzenverhältnisse. In diesem Bereich wird auf neuronaler Ebene die Periode des Tones zur Tonhöhenbestimmung analysiert. Bei höheren Frequenzen wird die Tonhöhe unmittelbar aus der Frequenz extrahiert. Das Tonhöhenempfinden entspricht dann der tonotopen Skalierung der Basilarmembran. Töne können je nach Gegebenheiten als Distanzen nach dem Grundverhältnis der Ähnlichkeit oder als Intervall nach dem Grundverhältnis der Verschmelzung verglichen und beurteilt werden. Die Oktavidentifikation führt auf eine universale Klassenbildung im unendlichen Raum der Tonhöhen.

Jens Blauert und Rolf-Dieter Dominicus

Die Dinge, Gefühle und Gedanken der auralen Welt

Eine epistemologische Analyse in Hinblick auf Qualitätsbeurteilung

Das vorliegende Kapitel befasst sich mit Querverbindungen zwischen Erkenntnistheorie, Psychologie und den Ingenieurwissenschaften – hier speziell der *Ingenieurakustik*. Anlass für die Betrachtung ist die Beobachtung, dass Akustikingenieure, insbesondere solche, die auf Gebieten der *Kommunikationsakustik*[1] tätig sind, zur Zeit ihre erkenntnistheoretischen Grundvorstellungen differenzieren und zum Teil revidieren. Einschlägige Arbeitsgebiete sind zum Beispiel die Beurteilung von *Sound Quality* und *Lärmwirkungen, Audio-Design, Sound Scapes, maschineller Spracherkennung, maschinellem Sprachverstehen, Dialogsystemen* sowie *Roboterhörsystemen*. Ingenieuraufgaben auf diesen und verwandten Gebieten gewinnen ständig an Bedeutung. Ihnen allen ist gemeinsam, dass Wahrnehmungs-, Verstehens- und Beurteilungsvorgänge als technische Systemleistungen erforderlich werden. Bei der Bearbeitung solcher Aufgaben tritt klar zu Tage, dass die stringent physikalistisch-mechanistische Herangehensweise der klassischen technischen Akustik der Komplexität der Aufgaben nicht gerecht wird; stattdessen werden vermehrt multi-disziplinäre Ansätze erforderlich.

Die neuen Sichtweisen und Lösungsansätze erweisen sich interessanterweise auch auf nicht-ingenieurspezifischen Gebieten als hilfreich, zum Beispiel bei der *Musikproduktion*, der *musikalischen Aufführungspraxis*, in den *Musikwissenschaften* generell und bei *klangbezogener Architektur*. Weiterhin ist zu beobachten, dass die pragmatische und lösungsorientierte Herangehensweise der Ingenieure auch von Geisteswissenschaftlern mit Interesse verfolgt und manchmal durchaus als erfrischend empfunden wird – wobei allerdings in der Regel noch Skepsis überwiegt. Diese Sachlage hat die Autoren, einen Akustik-Ingenieur und einen Philosophen/Neurologen, ermutigt, den Versuch zu unternehmen, exemplarisch das Gebiet der *Sound-Quality-Beurteilung* unter epistemologischen Gesichtspunkten neu zu gliedern, um damit einen Beitrag zu der aktuellen Diskussion zu liefern.

---

1 Siehe z. B. Jens Blauert (Hg.): Communication Acoustics. Berlin, Heidelberg, New York 2005.

1 Perzeptionismus versus Realismus

Akustikingenieure hängen oftmals einem stark von der klassischen (Newtonschen) Mechanik geprägten Weltbild an, was nicht verwunderlich ist, denn die Akustik ist ein Zweig der Mechanik und das Studium der Mechanik nimmt bei der Ingenieurausbildung großen Raum ein. Erkenntnistheoretisch betrachtet läuft dies auf ein solches Modell der Welt hinaus, das als (objektivistischer) *Realismus* in den Naturwissenschaften eine lange Tradition hat.[2] Kennzeichnend hierfür ist die folgende Vorstellung: Es existiert eine Welt jenseits der wahrgenommenen Welt. Diese Welt jenseits der wahrgenommenen ist die ›eigentliche‹ Realität. Sie ›verursacht‹ die wahrgenommene Welt, ist aber nicht direkt zugänglich (transzendent). Das Wahrgenommene ist folgerichtig Abbild (Widerspiegelung, Isomorphie) dieser eigentlichen Welt – vermittelt durch die Sinnesorgane und beschränkt durch deren Unzulänglichkeit. Das Wahrgenommene entbehrt danach streng genommen ›eigentlicher‹ Realität. Es gleicht eher einer Illusion – ist ›subjektiv‹ und schemenhaft, bildet aber den einzigen Zugang, den wir zu der ›eigentlich-realen‹ Welt haben, derart, dass wir von diesem auf jene mittels Verstand und Vernunft schließen können.

Dieses Weltmodell hat sich in den Ingenieurwissenschaften und damit auch in der technischen Akustik traditionell als sehr tragfähig erwiesen, zumindest solange dort bezüglich des ›Wesens‹ des Wahrgenommenen keine ernsthaften Zweifel aufkommen. Letzteres geschieht aber sehr bald, wenn man sich zum Beispiel mit *Sound Quality* oder anderen der oben genannten Gebiete der Kommunikationsakustik befasst. Das Wahrgenommene wird dann nämlich zu dem Produkt, das die Ingenieure konstruieren und gestalten wollen, und die Wahrnehmungsvorgänge müssen deshalb verstanden und algorithmisch nachgebildet werden. Viele Ingenieure geben an dieser Stelle übrigens auf – es wird ihnen zu ›psychologisch‹, zu ›subjektiv‹ und damit vermeintlich unwissenschaftlich.[3]

Es wird nun im vorliegenden Beitrag daran erinnert, dass eine alternative Weltsicht existiert, in der das Wahrgenommene, und zwar das bewusst Wahrgenommene (engl. *percept*), als das eigentlich Reale im Vordergrund steht und sich der erkenntnistheoretisch problematische Schluss auf eine prinzipiell unzugängliche Welt außerhalb der Wahrnehmung erübrigt. Diese alternative Weltsicht

---

2 Vgl. z. B. René Descartes: Meditationes de prima philosophia (1641) und Karl R. Popper, John C. Eccles (Hg.): The self and its brain. An argument for interactionism. Berlin, Heidelberg, New York 1977.

3 Es wird in den Ingenieurwissenschaften in diesem Zusammenhang immer wieder versucht ›Subjektivität‹ durch Normung zu überwinden und so die Wahrnehmung zu ›objektivieren‹. Solche Versuche müssen natürlich ins Leere gehen.

heißt in der Erkenntnistheorie *Perzeptionismus* (auch Konszientialismus) und hat ebenfalls eine lange wissenschaftliche Tradition.[4] In seinen naturwissenschaftlich begründeten Varianten[5] steht der Perzeptionismus fest auf dem Boden biologischer Tatsachen. Die biologistisch-perzeptionistische Sichtweise eignet sich deshalb auch für Anwendungen in der Ingenieurpraxis, und dort insbesondere zur gedanklichen Strukturierung ingenieurspezifischer Zusammenhänge der Kommunikationsakustik.

Die Grundaussage des Perzeptionismus lautet wie folgt: Die Summe allen (bewusst) Wahrgenommenen bildet die Welt. Existieren und Wahrgenommensein sind Synonyme: *»Esse est percipi«*.[6] Die biologisch begründeten Varianten des Perzeptionismus, zu denen z. B. auch der radikale Konstruktivismus[7] gehört, berücksichtigen zusätzlich die Erkenntnis, dass das Gehirn das Organ des Bewusstseins ist, und fügen hinzu: Die Welt ist ein *brain child*, ein Gehirnprodukt.[8]

---

4 Sie zieht sich von der Antike (Protagoras: ›Der Mensch ist das Maß aller Dinge‹) über das Mittelalter (Konzeptualismus des Wilhelm von Occam im Universalienstreit) bis hin zur Neuzeit. Vgl. z. B. George Berkeley: Treatise concerning the principles of human knowledge. Dublin 1710 (deutsch: Eine Abhandlung über die Prinzipien der menschlichen Erkenntnis. Hamburg 2004); David Hume: A treatise of human nature (1740) (Neuausgabe: Ein Traktat über die menschliche Natur. 2 Bde. Hg. von Reinhard Brandt. Hamburg 1978–1989); Immanuel Kant: Critik der reinen Vernunft. Riga ²1787; Richard von Schubert-Soldern: Über Transzendenz des Objects und Subjects. Leipzig ²1882; Ernst Mach: Die Analyse der Empfindungen und das Verhältnis des Physischen zum Psychischen. Jena ²1900 und Wilhelm Schuppe: Grundriss der Erkenntnistheorie und Logik. Berlin 1910.

5 Hans Lungwitz: Die Entdeckung der Seele. Allgemeine Psychobiologie. Berlin ⁵1947; Humberto R. Maturana: Biology of language. The epistemology of reality. In: George A. Miller, Eric Lenneberg (Hg.): Psychology and Biology of Language and Thought. New York 1978, S. 27–63.

6 Berkeley (Anm. 4).

7 Vgl. Heinz von Foerster: Über das Konstruieren von Wirklichkeiten. In: Siegfried J. Schmidt, Heinz von Foerster (Hg.): Wissen und Gewissen. Versuch einer Brücke. Frankfurt a. M. 1996 (stw 876); Ernst von Glaserfeld: Radikaler Konstruktivismus. Ideen, Ergebnisse, Probleme. Frankfurt a. M. 1997 (stw 1326); Gerhard Roth: Das Gehirn und seine Wirklichkeit. Kognitive Neurobiologie und ihre philosophischen Konsequenzen. Frankfurt a. M. ²1997 (stw 1275); Rolf-Dieter Dominicus: Radikaler Konstruktivismus versus Realismus. Hamburg 2010.

8 Vgl. Lungwitz (Anm. 5) und Maturana (Anm. 5). Um Missverständnissen vorzubeugen, ist anzumerken, dass es sich um die Sicht eines Beobachters handelt. Das damit verknüpfte Problem der Rückbezüglichkeit, das in der Frage nach dem sich selbst beobachtenden Beobachter und damit in der Gefahr eines infiniten Regresses besteht, lässt sich dadurch lösen, dass man nach Kant die Unterscheidung in ein empirisches und ein transzendentales Subjekt (eben den Beobachter) vornimmt, wobei letzteres nicht weiter hinterfragbar ist – vgl. Dominicus (Anm. 7). Das transzendentale Subjekt greift in das Wahrgenommene weder ein noch ›bewirkt‹ es dieses gar. Man gelangt auf diese Weise zu einer metaphysik-kritischen Weltsicht – was der Denkweise der Ingenieure entgegenkommt.

Jedem Wahrgenommenen entspricht dabei ein bestimmter physiologischer Zustand eines Gehirns, und zwar eineindeutig, denn sowohl die Gehirne sowie auch alles andere Wahrgenommene ändern sich ständig – sind also immer anders: »πάντα ῥεῖ« (*panta rhei*).[9]

2 Kategorien des Wahrgenommenen

Zunächst gilt grundsätzlich: Jedes Wahrgenommene ist räumlich, zeitlich und eigenschaftlich bestimmt, d. h. es existiert zu seiner spezifischen Zeit an seinem spezifischen Ort und ist mit seinen spezifischen Eigenschaften ausgerüstet. Es gibt bekanntlich nichts Existentes, das nicht irgendwie, irgendwo und irgendwann wäre.

Für Ingenieuraufgaben macht es nun aus konzeptionellen Gründen Sinn, das Wahrgenommene *in toto* in perzeptuelle Kategorien zu untergliedern, die dann allerdings fließende Grenzen haben. Wir schließen uns hier der von der Psychobiologie[10] vorgeschlagenen Gliederung an, ohne andere damit prinzipiell auszuschließen. Demnach lässt sich die Welt in drei unterschiedliche Kategorien von Wahrgenommenem unterteilen. Diese drei Kategorien lassen sich als die *Gefühle*, die *Dinge* und die *Gedanken* benennen. Sie werden im Folgenden näher erläutert:

Gefühle (Emotionen)

Diese treten in der Regel auf, wenn Sensoren im Inneren des Körpers ansprechen, und werden dann zumeist dort wahrgenommen, wo diese Sensoren platziert sind – z. B. bei Herzangst, Magenschmerzen. In Einzelfällen kommen Gefühle aber auch außerhalb der Körpergrenzen vor, z. B. ›Phantomschmerzen‹ nach einer Amputation.

Einige Autoren[11] bezeichnen Hunger, Angst, Schmerz, Trauer und Freude als *Grundgefühle* und beziehen sich dabei unter anderem auf physiologische Abläufe, z. B. die Peristaltik. Hunger ist dabei das Gefühl der Leere, der Höhlung; Angst das Gefühl der (engen) Öffnung; Schmerz das Gefühl der Schwelle, des

9 Dieser Satz wird Heraklit zugeschrieben. Der Ausspruch ist nicht wörtlich überliefert, stellt aber eine schon in der Antike bekannte Interpretation von Heraklits Flusslehre dar.

10 Vgl. Lungwitz (Anm. 5).

11 Vgl. z. B. Wielant Machleidt, Leopold Gutjahr, Andreas Mügge: Grundgefühle. Phänomenologie, Psychodynamik, EEG-Spektralanalytik. Berlin, Heidelberg, New York 1989 und Reinhold Becker: Die Gefühlslehre von Hans Lungwitz. In: R. B., Hans-Peter Wunderlich (Hg.): Gefühl und Gefühlsausdruck. Stuttgart, New York 2004.

Bohrens und Windens; Trauer das Gefühl des Stück- oder Teilseins; und Freude das Gefühl der Erfülltheit, der Vollendung. Man findet in der Literatur allerdings auch diverse davon abweichende Klassifizierungen.[12]

Dinge (Gegenstände)

Dies sind die so genannten Sinneswahrnehmungen,[13] denn sie treten zumeist im Zusammenhang mit Aktivitäten der Sinnesorgane auf. Es gibt jedoch auch hier Ausnahmen, z. B. Augenflimmern bei Migräne. Das dinglich Wahrgenommene ist sinnesspezifisch, d. h. Sehding, Hörding, Riechding, Schmeckding oder Tastding. Hinzu kommt das ebenfalls gegenständliche, als kinästhetisch, statisch oder topisch Wahrgenommene – auch im Zusammenhang mit Propriozeption.

Sinneswahrnehmungen sind in der Regel außerhalb des Körpers oder an den Körpergrenzen positioniert, kommen aber vereinzelt auch innerhalb derer vor, man denke z. B. an Ohrgeräusche (Tinnitus) oder Magenknurren (Borborygmus).

Dingen haftet jeweils eine spezifische Gefühlstönung (»*Gefühligkeit*«[14]) an. Diese ist beispielsweise bei Lauten hohler Anordnungen anders als bei solchen gestreckter oder gedrehter Anordnungen. Dies wird z. B. bei Sprachlauten deutlich. Man hört die bei der Phonation eingestellten unterschiedlichen Höhlungen und Verengungen des Vokaltraktes heraus. Dabei gilt z. B. das U [u:] als Höhlen- oder Hungervokal, das O [o:] als Öffnungs- oder Angstvokal, das I [I:] als Schwellen- oder Schmerzvokal und das A [ɑ:] als Fülle- oder Freudevokal.

Gedanken (Begriffe, Vorstellungen, Erinnerungen, Ideen)

Gedanken sind Gefühlen oder Dingen zwar zugeordnet, sie resultieren aber nicht direkt aus Aktivitäten von körperinternen Sensoren oder Sinnesorganen. Dem

12 Siehe beispielhaft Carroll Ellis Izard: Human emotions. New York 1977. Vgl. auch Patrik N. Juslin: A functionalist perspective on emotional communication in music performance. Uppsala 1998.

13 Die in der Psychologie hierfür häufig benutzte Benennung Empfindung (engl.: *sensation*) wird hier vermieden, da diese in der Umgangssprache mit Emotion verwechselt wird. Auch der in der Psychophysik geläufige Ausdruck ›Sinnesereignis‹, z. B. in Hörereignis, kann missverstanden werden, denn es handelt sich ja um etwas Wahrgenommenes und nicht um einen Vorgang. Das gleiche gilt für ›Sinneswahrnehmungen‹. Der hier nunmehr verwendete Ausweichausdruck Ding ist in seinem umgangssprachlichen Sinne zu verstehen, also nicht etwa im Sinne von Kants ›Ding an sich‹.

14 Vgl. Lungwitz (Anm. 5).

Wesen nach sind die Gedanken Erinnerungen an Gefühle und/oder Dinge. Dies macht sie zu einer besonderen Art von Wahrgenommenem in dem Sinne, dass sie zwar einerseits selbst wahrgenommen sind, andererseits aber gleichzeitig anderes Wahrgenommenes abbilden.

Die Art der Abbildung kann dabei mehr oder weniger abstrakt sein, wobei wir *Abstraktion* in diesem Zusammenhang als einen Prozess der Auswahl relevanter bei gleichzeitigem Weglassen redundanter und/oder irrelevanter Merkmale verstehen wollen, derart, dass eine Verallgemeinerung stattfindet, bei der aber die Essenz erhalten bleibt und ggf. sogar deutlicher hervortritt.

Je nach Abstraktionsgrad kann man *Individual-*, *Sammel-* und *Endbegriffe* unterscheiden. Individualbegriffe sind Erinnerungen an individuelle Gefühle oder Dinge, z. B. die (erinnerte) Vorstellung des Gesichtes eines bestimmten Menschen. Sammelbegriffe fassen Individualbegriffe bezüglich bestimmter Merkmale zusammen, z. B. die Gattungsbegriffe *Menschen* oder, noch abstrakter, *Lebewesen*. Endbegriffe sind so beschaffen, dass eine weitere Abstraktion nicht mehr möglich ist, z. B. das *Seiende* (als kontradiktorisch zum *Nicht-Seienden* = *Nichts*).

3 Grundlagen für ein kognitives Modell auditiver Perzeption

Es ist eines der Ziele des vorliegenden Beitrags, eine epistemologische Analyse der auralen Welt derart durchzuführen, dass Akustik-Ingenieuren dadurch eine konzeptionelle Strukturierungshilfe für ihre Aufgaben angeboten wird. Dies gelingt am besten, wenn man sich eine konkrete Anwendung als Beispiel nimmt. Wir wählen hierzu eine wichtige Ingenieuraufgabe aus der Kommunikationsakustik, nämlich die *Messung und Beurteilung von Sound-Quality*.

Qualitätsbeurteilung ist ein wichtiger Aspekt der Ingenieurkunst, folgerichtig wird überall in den Ingenieurwissenschaften intensiv darüber nachgedacht. Es gibt eine Vielzahl nationaler und internationaler Normen, die sich mit Qualitätsaspekten befassen. Dabei herrscht Einigkeit darüber, dass Qualität – pragmatisch betrachtet – etwas damit zu tun hat, inwieweit festgelegte und vorausgesetzte Erfordernisse oder Erwartungen erfüllt werden.[15] Qualität, speziell im Falle von Sound-Quality, entspricht der perzeptuellen Distanz zwischen einer Menge

15 Vgl. DIN EN ISO 8402: Quality management and quality assurance. Vocabulary. Berlin 2004.

von Hördingmerkmalen (dem sog. Lautcharakter)[16] und einer Menge von Referenzmerkmalen (dem sog. Referenzcharakter).[17]

Um diese – im Allgemeinen multidimensionale – Distanz zu bestimmen, bedarf es der Festlegung geeigneter Referenzen. Die jeweils heranzuziehenden Referenzen sind aufgaben-, nutzer- und situationsspezifisch. Zu ihrer Festlegung wird im Falle der Sound Quality in besonderem Maße auf begriffliche Konzepte und Modelle zurückgegriffen, d. h. auf interne Referenzen des beurteilenden Menschen oder des beurteilenden technischen Systems.

Diese Referenzen sind Teil der Gedankenwelt des Beurteilenden oder Teil der kognitiven Repräsentation im technischen System. Sie sind somit nur *aus der Sicht* des beurteilenden Menschen bzw. des technischen Systems zugänglich und verständlich. Es ist offensichtlich, dass ein perzeptionistischer Denkansatz das Verständnis solcher Zusammenhänge unterstützt.

Es wird deshalb im Folgenden der Versuch unternommen, das Gebiet der *Sound-Quality-Messung und -Beurteilung* nach dem Grade der begrifflichen Abstraktion der jeweils verwendeten Referenzen von dem auditiv dinglich Wahrgenommenen (den Lauten) zu gliedern.

In diesem Zusammenhang wurden vier unterschiedliche Aspekte von Sound-Quality identifiziert, die in einem operationalen Schichtenmodell von Sound-Quality Verwendung finden sollen.[18] Diese Aspekte von Sound Quality wurden, nach dem Grade der Abstraktion aufsteigend geordnet, von den Autoren in einer vorangehenden Arbeit[19] wie folgt benannt:

- *Lautqualität*
- *Hörszenenqualität*
- *Akustikqualität*
- *Hörkommunikationsqualität*

Diese vier Qualitätsschichten werden nun im Folgenden im Einzelnen diskutiert. Hinter ihnen verbirgt sich im Übrigen eine generellere Vorstellung von der Struktur der auditiven Perzeption, denn die Schichten korrespondieren mit Hauptas-

---

16 Hördinge werden in der Akustik ›Hörereignis‹ oder ›Laut‹ genannt. Vgl. DIN 1320: Akustik. Begriffe. Berlin 2009.

17 Vgl. Ute Jekosch: Voice and speech quality perception. Assessment and evaluation. Berlin, Heidelberg, New York 2005; Jens Blauert, Ute Jekosch: Auditory quality of concert halls. The problem of references. In: Proceedings of the 19th International Congress on Acoustics. ICA 2007 Madrid. Revista de Acústica 38 (2007), paper RBA 06–004.

18 Vgl. Jens Blauert, Ute Jekosch: A layer model of sound quality. In: Proceedings of the 3rd International Congress on Perceptual Quality of Systems. Bautzen 2010. Die Ausführungen dieses Vortrages bilden eine wesentliche Grundlage für das vorliegende Kapitel.

19 Vgl. Jens Blauert, Rolf-Dieter Dominicus, Ute Jekosch: Die Hörwelt aus perzeptionistischer Sicht. Gliederungshilfen für die Psychoakustik. In: Fortschritte der Akustik. DAGA. Berlin 2011.

pekten, nach denen Laute in der Wissenschaft interpretiert und beurteilt werden, nämlich dem Aspekt der *Psychophysik*, dem der *Wahrnehmungspsychologie*, dem der *Physik* und dem der *Kommunikationswissenschaft*.

Das Schichtenmodell der Sound-Quality-Beurteilung kann deshalb u. a. als Grundlage für ein umfassenderes kognitives Modell der auditiven Perzeption dienen, d. h. für ein Modell der begrifflichen (kognitiven) Vorgänge, die im Gehirn ablaufen, wenn sich die aurale Welt bildet. Technische Systeme, die Sound-Quality-Beurteilungen vornehmen sollen, müssen vergleichbare kognitive Strukturen aufweisen, also über inhärentes Wissen verfügen und vergleichbar *denken* können, z. B. entsprechend einem solchen Modell konstruiert werden.

In diesem Zusammenhang sei noch Folgendes erwähnt: Modellvorstellungen, die wie die unsere von einem perzeptionistischen Weltbild ausgehen, verstehen den Hörer als Organismus, der seine Welt interaktiv exploriert und sie dabei ausdifferenziert,[20] während auf dem Realismus beruhende Modelle postulieren, dass die *eigentliche* Welt durch Sinnesreize auf den Organismus *einwirkt* und so in dieses ein Weltmodell induziert, welches die *eigentliche* Welt mehr oder weniger (nur) widerspiegelt. In der Robotik wird heute der erstere Ansatz verfolgt, nach dem technische Systeme sich durch autonome interaktive Exploration selbst ein *Weltmodell* erarbeiten (*machine learning*). Ein Architekturvorschlag, dem entsprechend sich die vorgestellten Schichten in ein algorithmisches Gesamtmodell des interaktiven Hörens einbinden lassen, wurde vom Erstautor bereits vor geraumer Zeit vorgeschlagen[21] und wird nun von einer internationalen Forschergruppe intensiv weiterverfolgt.[22]

3.1 Lautqualität

Lautqualität im hier gemeinten Sinne bezeichnet diejenige Schicht von Sound Quality, die vergleichsweise am wenigsten von den gegenständlichen Lauten ab-

---

20 Dieser Ansatz wird in der Psychologie seit langen diskutiert, vgl. z. B. James J. Gibson: The senses considered as perceptual systems. Boston 1966.

21 Vgl. Jens Blauert: Models of binaural hearing. Architectural considerations. In: Proceedings of the 18th DANAVOX Symp. DANAVOX Jubilee Found. Ballerup 1999, S. 189–206 und J. B.: Epistemological bases of binaural listening. A perceptionist's approach. In: Proceedings of Forum Acusticum. Aalborg 2011.

22 Vgl. Jens Blauert, Jonas Braasch, Jörg Buchholz, Steven H. Colburn, Ute Jekosch, Armin Kohlrausch, John Mourjopoulos, Ville Pulkki, Alexander Raake: Aural assessment by means of binaural algorithms. The AABBA project. In: Jörg Buchholz, T. Dau, J. C. Dalsgaard, T. Poulsen (Hg.): Binaural Processing and Spatial Hearing. Proceedings of the 2nd Int. Symp. Auditory & Audiolog. Res. ISAAR'09. Ballerup 2010, S. 113–124.

strahiert. Diese Schicht wird üblicherweise mittels klassischer psychoakustischer Methodik untersucht.[23] Die dazu durchgeführten Hörversuche laufen in der Regel folgendermaßen ab: Versuchsteilnehmern werden unter kontrollierten Bedingungen (zumeist im Labor) physikalisch genau spezifizierte Schallsignale vorgespielt. Sie haben dann die Aufgabe, bestimmte Merkmale dessen, was sie hören, quantitativ zu beurteilen. Lautmerkmale, die auf diese Weise beurteilt werden, sind etwa eindimensionale wie *Lautstärke, Tonhöhe, Rauigkeit, Schärfe, Schwankungsstärke*, aber auch mehrdimensionale wie *Klangfarbe* und/oder *Position und Ausdehnung im Raum*.

Die Ergebnisse der quantitativen Beurteilung durch die Versuchsteilnehmer erlauben die Messung von Schwellen, Unterschiedschwellen, Punkten gleicher Wahrnehmung (indirekte Skalierungsmethoden), jedoch auch die Messung von Intervallen und Verhältnissen der beobachteten Lautmerkmale (direkte Skalierungsmethoden).

Interessant ist, dass Akustikingenieure vielfach der Auffassung sind, dass die Ergebnisse klassischer psychoakustischer Versuche kontextneutral (engl.: *unbiased*) sind. Um diesen Ansatz noch zu unterstützen, werden bevorzugt Schallsignale verwendet, die vermeintlich *bedeutungsneutral* sind, beispielsweise breitbandige oder bandbegrenzte Rauschschalle, Sinusschalle oder Impulsschalle. Weiterhin wird den Versuchsteilnehmern zumeist keinerlei Information über die Schallquellen und den situativen Gesamtzusammenhang gegeben. Sie sollen sich ›Nichts dabei denken‹, denn durch das Denken erfolgende Bedeutungszuweisungen könnten ja die Urteile ›beeinflussen‹.

Natürlich ist kontextfreies Hören letztlich eine Utopie.[24] Schon die Laborsituation selbst ist ein spezieller Kontext, jedoch bleibt der Abstraktionsgrad bei der Beurteilung durch den Verzicht auf begriffliche Interpretation vergleichsweise niedrig. Man schließt deshalb, dass die Effekte, die man mittels Methoden der klassischen Psychoakustik misst, ihre Quelle vorwiegend in der Peripherie des auditorischen Systems haben – bis etwa hinauf zum Stammhirn.

Es ist nun aber keineswegs so, dass keinerlei Abstraktion von den Lauten selber geschieht, denn es werden Lautmerkmale selektiv beurteilt.[25] Das Ergebnis der Beurteilung wird zudem dem Versuchsleiter (ggf. zahlenmäßig) mitgeteilt. Dies ist zweifellos ein kognitiver und somit abstrahierender Prozess.

---

23 Vgl. z. B. Gustav Theodor Fechner: Elemente der Psychophysik. 2 Bde. Leipzig 1860 und Stanley Smith Stevens: On the theory of scales of measurement. In: Science 103 (1946), S. 677–680.
24 Vgl. Rainer Guski, Jens Blauert: Psychoacoustics without psychology? In: Fortschritte der Akustik. NAG-DAGA. Berlin 2009, S. 1518 f. und J. B., R. G.: Critique of ›pure‹ psychoacoustics. In: Fortschritte der Akustik. NAG-DAGA. Berlin 2009, S. 1550 f.
25 Lautstärke ist kein Laut, sondern Laute haben eine (ihre spezifische) Lautstärke!

Referenzcharakter für die Beurteilung von Lautqualität bestehen in der Regel aus einem Satz von Richtwerten für psychoakustische Größen, d. h. bestimmten Werten oder Wertebereichen für z. B. Lautstärke, Rauigkeit, Position etc., die erfahrungsgemäß im jeweils betrachteten speziellen Nutzungszusammenhang mit einer guten Lautqualität korrelieren. Wieso bestimmte Merkmalskonstellationen zu guten Qualitätsurteilen führen, ist umstritten. Neuerdings wird diskutiert, dass dies mit der Gefühlstönung der Laute zu tun hat[26] – eine Hypothese, die übrigens nicht neu ist.[27] Danach gilt: Wenn die Gefühlstönung eines Lautes beispielsweise positiv und/oder harmonisch ist, wird die Lautqualität ebenso beurteilt. Wenn sie negativ und/oder unharmonisch ist, gilt Entsprechendes.

3.2 Hörszenenqualität

Im vorangehenden Abschnitt wurden Qualitätsurteile unter dem Blickwinkel der Psychoakustik betrachtet, d. h. solche Qualitätsurteile, die Versuchsteilnehmer durch selektives Hinhören auf bestimmte, vorgegebene Eigenschaften von Lauten gewonnen haben. Solch selektives Hören ist im täglichen Leben allerdings nicht der Normalfall. Dort hören wir eher holistisch-integrativ (synkretistisch). Einzelne Lauteigenschaften treten in der Regel erst dann zu Tage, wenn Zuhörer mit unerwarteten und/oder fremd klingenden Lauten konfrontiert werden, denn dann schalten sie ggf. auf analytisch-selektives (diskretistisches) Hören um.

Beim synkretistischen Hören stellt sich das Wahrgenommene als eine Szene dar, die in perzeptive Einheiten gegliedert ist, welche in der Wahrnehmungspsychologie *Objekte* genannt werden.[28]

Als Beispiel eines Objekts sei nun eine (spezielle) Glocke betrachtet. Wenn man diese anschlägt, hört man einen typischen, metallisch klingenden Glockenton. Dieser allein macht das Objekt ›Glocke‹ jedoch nicht aus. Möglicherweise ist die Glocke z. B. gleichzeitig sichtbar, d. h. sie enthält auch visuelle Komponenten. Man sieht zwar jeweils nur die sichtbare Seite, hat aber dennoch eine Vorstellung davon, wie die andere Seite aussieht. Auch weiß man – schon auf Grund ihres

---

26 Vgl. Daniel Vjästfäll: Affects as a component of perceived sound and vibration quality. Göteborg 2003.

27 Vgl. Lungwitz (Anm. 5).

28 Objekte im hier benutzten Sinne sind Reihen bzw. Komplexe von Wahrgenommenem, die Einheiten (Entitäten) bilden, welche durch jeweils spezielle Eigenschaften (Attribute) beschreibbar und von anderen Objekten einerseits abgrenzbar sind, zu diesen aber andererseits in spezifischen Beziehungen stehen. In der Erkenntnistheorie versteht man hingegen unter Objekt den einen der beiden Pole der Subjekt-Objekt-Beziehung.

Klanges –, dass die Glocke aus einem speziellen Material besteht, nämlich Metall. Wenn man sich von der Glocke entfernt und (selektiv) auf die Lautstärke achtet, merkt man zwar eine Lautstärkeabnahme, würde aber deshalb dennoch nicht sagen, dass diese nun eine leisere Glocke geworden ist (Phänomen der Wahrnehmungskonstanz von Objekten). Insgesamt ist das Objekt ›Glocke‹ also seinem Wesen nach ein konzeptuelles Konstrukt, das gegenständlich Wahrgenommenes (in der Regel multi-sensoriell) und begriffliche Vorstellung integrativ beinhaltet. Auch Gefühle können noch hinzukommen.

Die Bildung von Objekten und ihre Gruppierung zu Szenen ist eine generische Leistung des zentralen Nervensystems. Die Organe des Bewusstseins, d. h. die Gehirne, sind im Zusammenspiel mit ihren ›Antennen‹, d. h. den Sinnesorganen und den Sensoren im Körperinnern, so organisiert, dass sie Objekte und daraus zusammengesetzte Szenen formen. Dies ist ganz offensichtlich die Art und Weise, wie Gehirne ›denken‹.[29]

Es wird angenommen, dass die Objektbildung und die Formation von Szenen überwiegend nach relativ festen Regeln (sog. *Schemata*) geschieht, die im Gehirn angelegt sind – aber natürlich im Zuge der Lebenserfahrung ausreifen, d. h. sich ausdifferenzieren – beispielsweise beim Lernen aufgrund von Erfahrung. Beispiel für solche Regeln sind die bekannten (sog. primitiven) *Gestaltregeln*, welche als Rückgrat der Objektbildung und Szenenformation gelten,[30] so etwa die der *Nähe*, der *Ähnlichkeit*, des *gemeinsamen Schicksals*, der *guten Fortsetzung*, der *Geschlossenheit*, der *Einfachheit*, der *Gewöhnung* und der *Trägheit*. Laute und Lautreihen, die solche Eigenschaften aufweisen, fusionieren im Zuge der Objektbildung bevorzugt.

Neben diesen primitiven Schemata gibt es höher differenzierte, also abstraktere, beispielsweise solche, die Laute nach Substanzen und Aggregatzuständen klassifizieren (z. B. menschliche, tierische, pflanzliche, metallische, hölzerne, glasige, flüssige, gasige Laute).

Im Zusammenhang dieses Kapitels interessieren wir uns für Hörszenen unter dem Gesichtspunkt von Sound Quality. Auf dem Abstraktionsniveau auraler Objekte und Hörszenen hat man es mit perzeptiven Phänomenen zu tun wie zum Beispiel dem *Präzedenzeffekt* (die erste Wellenfront prägt den Hörereignisort), dem *Cocktail-Party-Effekt* (Möglichkeit des Heraushören eines Sprechers aus

---

29 Vgl. Rainer Mausfeld: Vom Sinn in den Sinnen. Wie kann ein biologisches System Bedeutung generieren? In: Norbert Elsner und Gerd Lüer (Hg.): ... sind eben alles Menschen. Verhalten zwischen Zwang, Freiheit und Verantwortung. Göttingen 2005.

30 Albert S. Bregmann hat sie kürzlich für Laute wieder entdeckt (vgl. A. S.B.: Auditory scene analysis. Cambridge, Mass. 1991 und bezüglich einer Übersicht über die Historie Jekosch [Anm. 17]).

einem Stimmengewirr oder eines bestimmten Instrumentes aus einem Orchester),[31] dem rudimentären Erkennen von Melodien, von Tier- und Sprachlauten – jedoch noch nicht mit dem Sprachverstehen. Ein wichtiger Effekt ist noch die sog. Raumkonstanz, d. h. die Interpretation der Positionen der Objekte (zu denen auch das propriozeptive Objekt ›ich selbst‹ gehört) in einer solchen Weise, dass sich bei einer Eigenbewegung die anderen Objekte nicht notwendigerweise mit bewegen.

Höhere intellektuelle Funktionen, wie zum Beispiel symbolische Repräsentation, sind auf dieser Abstraktionsstufe noch nicht einbezogen, jedoch durchaus multi-sensorielle Information, z. B. visuelle und/oder taktile. Es wird vielfach angenommen, dass die physiologischen Vorgänge, die zu diesen Bewusstseinsleistungen führen, im Mittelhirn (›*crocodile brain*‹) ablaufen oder dort zumindest weitgehend vorbereitet werden. So erklärt sich, dass neben Säugern auch Amphibien und Vögel zu solchen Leistungen fähig sind.

Die Bedeutung der Hörszenenqualität für Ingenieure kann man sich am Beispiel von Tonmeistern klarmachen, da diese sich im Rahmen ihrer Aufgaben besonders auf die Gestaltung auraler Objekte und Hörszenen konzentrieren. Zu diesem Zwecke nehmen sie bei Veranstaltungen geeignete Schallsignale derart auf, dass diese die akustischen Signale der beteiligten Schallquellen (Sprecher, Musikinstrumente) möglichst getreu widerspiegeln. Diese Signale werden dann so bearbeitet und gemischt, dass der Adressat (z. B. der Konsument einer CD) bei der Wiedergabe Hörszenen hoher Qualität erleben kann. Qualitätsmerkmale, die dabei gestaltet werden, sind z. B. *gute Klangbalance, Transparenz* (klare Identifizierbarkeit und *klar definierte räumliche Positionen* von auralen Objekten), *hohe Sprachverstehbarkeit* (Deutlichkeit der Sprachlaute), *gut gegliederte aurale Perspektiven* (inklusive deutlicher Entfernungsstaffelung).

Wenn Tonmeister beispielsweise Musikaufnahmen oder Play-Backs für Aufführungen gestalten, formieren sie in der Tat Hörszenen – und zwar überwiegend mit dem Ziel, eine hohe künstlerische Wirkung zu erzielen. Dabei ziehen sie grundlegende psychoakustische und wahrnehmungspsychologische Effekte in Betracht, verlassen sich dabei aber insbesondere auf ihre reiche professionelle Erfahrung. In anderen Worten, sie hören professionell zu – und zwar sowohl selektiv wie integrativ. Sie interpretieren, was sie hören, und entwerfen und realisieren dann Hörszenen als perzeptiv-kohärente Produkte.[32]

31 Vgl. z. B. Jens Blauert, Jonas Braasch: Räumliches Hören. In: Stefan Weinzierl (Hg.): Handbuch der Audiotechnik. Berlin, Heidelberg, New York 2007, S. 87–122.

32 Dass dabei die Elemente, die sie gestalten, nicht auf hohem abstrakten Niveau angesiedelt sind, heißt übrigens nicht, dass Tonmeister selbst bei dieser Gestaltungsaufgabe nicht auf hohem intellektuellem Niveau agieren.

Mit der Gestaltungsaufgabe geht zwangläufig die Aufgabe der Qualitätsbeurteilung einher. Wie schon bemerkt, verlassen sich Tonmeister zunächst gern auf ihr geschultes Gehör und ihre individuelle Erfahrung. Sie sind auf Grund ihrer Ausbildung jedoch auch in der Lage, die Messmethoden der Psychoakustik (siehe Abschnitt 3.1) oder der technischen Akustik (siehe Abschnitt 3.3) anzuwenden. Allerdings sind ›kontextfreie‹ Beurteilungsergebnisse für sie zumeist wenig hilfreich, denn sie müssen ja z. B. das Programmmaterial und die anvisierte Zuhörergruppe als wesentlichen Kontext mitberücksichtigen. Qualitätsmerkmale, die in diesem nutzerbezogenen Zusammenhang diskutiert werden, sind z. B. *Raumeindruck*, *Immersion* (Wahrnehmung von Einbezogensein), *Präsenz*, *Höranstrengung* und *perzeptive Plausibilität*.

Diese Qualitätsmerkmale haben einen deutlich höheren Abstraktionsgrad als denjenigen, der für die Objektbildung und Szenenformierung selber erforderlich ist. Die Erstellung hochwertiger Produkte und deren Beurteilung erfordern professionelle Referenzen und Interpretationen – so sind z. B. Emotionen, Aktionen und Vorwissen der Zielgruppe beim Zuhören zu bedenken. Das Programmmaterial selber, z. B. eine musikalische Komposition, ist jedoch vorgegeben. In anderen Worten, Tonmeister tun ihr Bestes, um das Programmmaterial (*the ›content‹*) effektiv zu präsentieren, sie erstellen aber das Programmmaterial nicht selbst. Sie sorgen eben für eine gute ›Hörszenenqualität‹.

Auf Hörszenenqualität im hier gemeinten Sinne kommt es auch an, wenn man z. B. die Sound-Quality von Audio-Codecs, Lautsprechern oder Surround-Sound-Systemen beurteilt. Auch hier ist es die perzeptive Form von auralen Objekten und Hörszenen, die zu beurteilen ist, und nicht das Programmmaterial selber, obwohl Letzteres in diesem Kontext immer mit zu bedenken ist.

Die Messmethoden für abstraktere perzeptive Konstrukte, wie es aurale Objekte und Hörszenen sind, unterscheiden sich grundsätzlich von den in der klassischen Psychoakustik verwendeten. Man muss hierbei zwei Kategorien von Messaufgaben unterscheiden, nämlich

(1) die perzeptive Analyse von Objekten und Szenen mit dem Ziel, die Komponenten, die sie beinhalten und die ihr Wesen ausmachen, zu identifizieren und zu skalieren, (2) die Bewertung der Qualität von Szenen *in toto* – z. B. im Sinne eines Einzahlkriteriums entsprechend der Schulnotenskala.

Es ist hier zu vermerken, dass In-toto-Qualitätsurteile, die auf der reduktionistischen Annahme fußen, dass die Gesamtqualität aus der Summe der Komponentenqualitäten vollständig ermittelbar wäre, sich oftmals als nicht hinreichend valide erweisen. Ein synkretistisches Beurteilungsergebnis umfasst oftmals mehr als die Summe der tatsächlich ermittelbaren diskretistischen Urteile. Qualitätsschätzverfahren, die auf der reduktionistischen Annahme beruhen, müssen deshalb immer auf Validität überprüft werden. Hier müssen viele Ingenieure umlernen. Die Berücksichtigung von Gestaltregeln kann dabei hilfreich sein.

Für Mess- und Beurteilungsaufgaben der Kategorie (1) sind Methoden wie das Polaritätsprofil (*semantic differential*) oder die multidimensionale Skalierung in Gebrauch, oftmals auch in Kombination. Es existieren zahlreiche Varianten dieser Methoden.[33] Für Aufgaben der Kategorie (2) werden häufig Methoden verwendet, die Merkmale wie *Präferenz, Eignung* oder *Gesamtqualität* eindimensional skalieren.

Grundsätzlich gilt für Qualitätsbeurteilungen, dass letztlich die perzeptive Distanz zu Referenzmerkmalen bzw. Mengen von Referenzmerkmalen (d.h. dem Referenzcharakter) ermittelt wird. Die Bereitstellung geeigneter Referenzen erweist sich oft als sehr aufwendig, denn diese sind für jedes Produkt, jede Situation und jeden Nutzer spezifisch. So wurden z.B. für die Beurteilung von Kfz-Innenraumgeräuschen mittels aufwendiger Hörversuche unterschiedliche Referenzen für Nutzer mit sportlichen Ambitionen und solchen erstellt, die eher Komfort bevorzugen.

Um den experimentellen Aufwand zu verringern, wird bei der Beurteilung von industriellen Produkten häufig ein spezielles Produkt mit anerkannt guter Sound-Quality ausgewählt und als Referenz deklariert – z.B. ein bestimmter Lautsprechertyp oder auch eine bestimmte Konzertaufnahme auf CD. Andere Produkte werden dann gezielt mit diesem Referenzprodukt im Hörversuch direkt verglichen (sog. *benchmarking*). Wenn man sich ferner auf die Beurteilung von Unterschieden zwischen verschiedenen Produkten beschränkt, kann man Fragen wie die folgende relativ leicht beantworten: ›Welche Surround-Sound-Lautsprecheranlage aus einer Auswahl mehrerer solcher Anlagen ist die Beste für einen bestimmten Zweck und eine bestimmte Nutzergruppe?‹

Es wird in der Forschung intensiv daran gearbeitet, algorithmische Modelle des auditorischen Systems und des zentralen Nervensystems zu entwickeln, mit denen sich u.a. Prognosen von Hörszenenqualität vornehmen lassen.[34] Vor der Verwendung solcher, durch Computer-Algorithmen gewonnener Prognosen, sind im konkreten Anwendungsfall sorgfältige Validitätschecks unverzichtbar, denn diese Modelle haben durchweg einen sehr begrenzten Gültigkeitsbereich.

---

33 Vgl. Søren Bech, Nick Zacharov: Perceptual audio evaluation. Theory, method and application. Chichester 2006 und Charles E. Osgood, George J. Suci, Percy H. Tannenbaum: The measurement of meaning. Urbana (IL) 1957.

34 Blauert u.a. (Anm. 22).

3.3 Akustische Qualität

Die akustische Qualität betrifft die physikalischen Aspekte des Hörens. *Per definitionem* ist *Akustik* die Lehre von den Schwingungen und Wellen elastischer Medien. Solche elasto-dynamischen Schwingungen und Wellen werden in der Fachsprache ›*Schalle*‹ genannt,[35] um sie auch terminologisch von dem Gehörten, den ›*Lauten*‹ zu unterscheiden. Die Schwingungen und Wellen sind also physikalische Objekte. Für unseren Zusammenhang ist dabei wichtig, dass diese physikalischen Objekte mit Lauten, und damit auch mit auralen Objekten korrelieren. Wird z. B. ein (junger) Mensch mit gesundem Gehör einem Sinusschall im Frequenzbereich des Hörens (ca. 16 Hz–16 kHz) ausgesetzt, so wird er in der Regel einen (reinen) Ton bestimmter Tonhöhe hören.[36]

Soweit die Korrelationen zwischen beliebigen Schallen und Lauten so detailliert bekannt sind, dass man diese exakt aufeinander abbilden kann, ist es möglich, Laute auf Grund physikalischer Messwerte und ggf. anschließender physikalischer Rechnungen mit hoher Präzision zu prognostizieren. Dies hat insbesondere für Ingenieure erhebliche Vorteile, denn die physikalischen Mess- und Berechnungsverfahren wurden so ›gezüchtet‹, dass ihre Ergebnisse weitgehend unabhängig von speziellen Beobachtern sind. Man kann also ein physikalisches Experiment in ein anderes Labor tragen und wird (bis auf ›Messungenauigkeiten‹) die gleichen Ergebnisse erhalten. Diese Unabhängigkeit von speziellen Beobachtern wird als ›Objektivität‹ bezeichnet.[37] Von der Verwendung physikalischer Messgrößen, die elasto-dynamische Schwingungen und Wellen kennzeichnen, sowie durch die Anwendung von physikalischen Modellen auf diese Größen (z. B. die *Newton*sche Mechanik) erhofft man sich, dass man die Präzision und Objektivität physikalischer Vorhersagen auf die Hörphänomene, d. h. auf Laute, aurale Objekte und Hörszenen übertragen kann.

Dieser Ansatz ist deshalb gerade in den Ingenieurwissenschaften weit verbreitet und erweist sich dort für viele Aufgaben als durchaus tragfähig. Trotzdem

---

35 Vgl. DIN 1320 (Anm. 12) und Jens Blauert: DIN 1320. Dez. 2009. ›Akustik: Begriffe‹. Kommentiert aus der Sicht der Hörakustik. In: Lärmbekämpfung 5 (2010), S. 117–119.

36 Es kommt auch vor, dass man trotz Schall nichts hört (z. B. im Schlaf oder bei Schwerhörigkeit)) oder dass man etwas hört, obwohl kein Schall da ist (z. B. Tinnitus oder auch beim ›elektrischen Hören mittels Innenohrimplantaten). Es besteht also kein kausaler Zusammenhang derart, dass der Schall den Laut ›macht‹ – Schalle und Laute sind aber zweifellos hoch korreliert. In seltenen Fällen werden Laute übrigens sogar vor den korrelierten Schallen wahrgenommen (Vorahnung).

37 Im objektivistischen Realismus wird Objektivität damit begründet, dass die ›eigentliche‹ Welt unabhängig vom Beobachter existiere. Im Perzeptionismus erübrigt sich dieser – ohnehin rein gedankliche – Schluss auf eine Welt jenseits der Wahrnehmung des Subjekts.

ist es erforderlich, ihn im Zusammenhang dieses Artikels, d. h. hinsichtlich der Beurteilung von Sound-Quality, kritisch zu hinterfragen. Die Sichtweise des Perzeptionismus ist dabei wiederum hilfreich, da sie strikt wahrnehmungsorientiert ist. Zwei hier relevante Aspekte der Akustik als physikalischer Disziplin werden im Folgenden diskutiert.

- *Physikalische Objekte sind begriffliche Konstrukte*
  Offensichtlich sind physikalische Objekte und die physikalischen Größen, die sie beschreiben, Abstraktionen von tatsächlich sensorisch Beobachtetem, also von den Dingen, von denen sie sich ursprünglich ableiten. Sie sind also nicht die Dinge selbst, sondern Sammelbegriffe von solchen. Ihr begriffliches Wesen wird schon dadurch deutlich, dass man sie durch Buchstabensymbole repräsentieren kann.

- *Die Akustik stützt sich überwiegend auf visuelle Beobachtungen*
  Elasto-dynamische Schwingungen und Wellen sind zeitliche und räumliche Änderungen von massenbehafteter, federnder Substanz, z. B. von Fluiden (d. h. Gasen und Flüssigkeiten) oder Festkörpern. Solche koordinativen Änderungen kann man nicht hören. Man kann sie allenfalls, wenn sie langsam genug erfolgen, sehen oder ggf. ertasten. Dass man ›dabei‹ auch etwas hören kann, ist epistomenologisch eine ganz andere Sache, denn das Gehörte vibriert oder wellt ja nicht – zumindest nicht so wie das elastische Material. In anderen Worten, das physikalische Konzept ›Schall‹ ist perzeptiv nur mit der visuellen und ggf. noch mit der taktilen Modalität direkt verknüpft. Die auditive Modalität ist lediglich damit korreliert. Die physikalische Akustik gründet sich also tatsächlich gar nicht auf auditive Beobachtungen!

Es wird hier klar, dass der Ansatz, Laute auf Schalle abzubilden, wobei letztere sich auf visuelle und taktile Beobachtungen gründende begriffliche Konstrukte sind, ein hohes Maß an Abstraktion erfordert. Es handelt sich in der Tat um einen hoch-intellektuellen, theoretischen Ansatz. Bei der Anwendung dieses Ansatzes auf Beurteilung von Sound-Quality sind deshalb eine Reihe von Restriktionen zu beachten, die oft übersehen werden. Wichtige Beispiele für solche Einschränkungen sind die folgenden:

Da physikalische Modelle eine Abstraktion von dem tatsächlich Wahrgenommen darstellen – woraus sich im Übrigen ihre Generalisierbarkeit und Prognosekraft ableitet –, können sie niemals exakt das in einer konkreten Situation Wahrgenommene voraussagen. Außerdem gründen sich physikalische Modelle vorwiegend auf visuelle Beobachtung. Die Verknüpfung physikalischer Modelle mit der auditiven Welt erfordert deshalb die Kenntnis intersensorieller Beziehungen. Diese werden allerdings in letzter Zeit verstärkt erforscht.[38]

Die physikalische Akustik befasst sich ausschließlich mit Schwingungen und Wellen, d. h. koordinativen Änderungen in elastischen Medien. Laute sind hingegen nicht nur durch ihre Koordinatik, sondern auch durch ihre essentiellen Eigenschaften (properties) bestimmt, können also durch koordinative Merkmale gar nicht vollständig beschrieben werden. Dies berührt ein Problem, das in der Philosophie als *Qualia*-Problem diskutiert wird.[39] Danach kann z. B. ein elektromagnetisches Spektrum letztlich nicht erklären, was Farbe perzeptiv bedeutet. Ähnliches gilt offensichtlich für die Klangfarbe von Lauten.

Alle diese Bedenken bei der Anwendung physikalischer Modelle laufen letztlich auf eines hinaus, nämlich auf das *Problem der Validität* der physikalischen Prognosen in Hinblick auf das tatsächlich Wahrgenomme. In anderen Worten, es ist immer sorgfältig zu prüfen, inwieweit akustische Größen und Modellvorhersagen tatsächlich das repräsentieren, was eigentlich beurteilt werden soll, in unserem Falle also die Sound Quality.

Nachdem diese Sachlage nun diskutiert ist und die daraus sich ergebende Bedenken klar ausgesprochen sind, sei trotz allem festgestellt, dass einschlägige Prognosemethoden der Akustik bei der Sound-Quality-Beurteilung durchaus nutzbringend sein können. Dies gilt auch für die z. T. sehr ›ausgeklügelten‹ Verfahren der computergestützten Audio-Signalverarbeitung, die in solchem Zusammenhang Verwendung finden.[40]

Der ›physikalistische‹ Ansatz zur Beurteilung von Hörereignissen ist speziell dann Erfolg versprechend, wenn solche Aspekte der Hörwahrnehmung betrachtet werden, zu denen gut dokumentierte und möglichst quantitativ formulierte akustisch-auditive Entsprechungen existieren. Wenn beispielshalber elektrische Signale, welche entsprechende Schallsignale widerspiegeln, über eine elektroakustische Übertragungskette geschickt werden, können sie auf dem Übertragungswege Verzerrungen erleiden, durch die die Schallsignale am Ausgang der Kette beeinträchtigt werden. Diese Verzerrungen können dann zu einer Beein-

---

38 Vgl. z. B. Michael Haverkamp: Essentials for description of cross-sensory interaction during perception of a complex environment. In: Proceedings of the Inter-Noise 2007. Istanbul 2007; M. H.: Look at that sound! Visual aspects of auditory perception. In: Proceedings of the 3rd International Congress on Synaesthesia. Science and Art. Granada 2009 und Erçan Altinsoy: Audiotactile interaction in virtual environments. Bochum, Aachen 2005.

39 Siehe hierzu z. B. Joseph Levine: On leaving out what it's like. In: Glyn W. Humphreys, Martin Davies (Hg.): Consciousness. Psychological and Philosophical Essays. Oxford 1993 (Readings in mind and language; 2), S. 121–136.

40 Vgl. Abschnitt 3.1, letzter Absatz und den vorletzten Absatz des laufenden Abschnitts.

trächtigung auch der Hörereignisse führen und deren Qualität mindern. Art und Ausmaß solcher Qualitätsminderungen sind für viele Arten von Signalverzerrungen gut erforscht.

Nicht nur elektroakustische Systeme können als Übertragungssysteme betrachtet werden, sondern auch viele rein akustische, z. B. Versammlungsstätten wie Theater und Konzertssäle. Der physikalistische Ansatz zur Qualitätsbeurteilung der ›Akustik‹ eines solchen Saales ist unter Akustikplanern und -beratern sehr populär. Dies ist auch dadurch gerechtfertigt, dass das Validitätsproblem sich weniger auswirkt, wenn man lediglich *Unterschiede* der akustischen Gegebenheiten beobachtet und verfolgt – zum Beispiel beim relativen Vergleich unterschiedlicher Systeme oder bei der Verfolgung von Veränderungen in gegebenen Systemen.

Die Referenz für akustische Qualität ist in der Regel in Form eines Satzes instrumentell messbarer akustischer Zieldaten vorgegeben. Im Bereich der Raumakustik kann ein Akustikplaner z. B. die Zielvorgabe haben, eine bestimmte Nachhallzeit zu realisieren. Er könnte möglicherweise sogar haftbar gemacht werden, wenn er die spezifizierte Nachhallzeit nicht erreicht – obwohl die Nachhallzeit, wenn sie nicht völlig ›daneben‹ liegt, aus der Sicht eines Konzertbesuchers keineswegs ein zuverlässiges auditives Qualitätskriterium für die Güte der ›Akustik‹ eines Saales ist (Problem der Validität!).

Als akustische Parameter für Sound-Quality-Bestimmungen sind solche besonders beliebt, deren Werte man mit physikalischen Messinstrumenten bestimmen kann, beispielsweise *Schalldruckpegel, Impulsantworten* (Echogramme), *Übertragungsfunktionen, Signalspektren, Seitenschallmaße, Nachhallzeiten* und *Schallquellenpositionen*. Es werden aber auch komplizierte Schallsignal-Verarbeitungsalgorithmen angewandt, die z. B. Aspekte der auditorischen Signalverarbeitung nachbilden und Schätzwerte z. B. für Lautheit, Tonhöhe, Rauigkeit, Hörereignisposition und -ausdehnung liefern. Man bedenke aber, dass die Schätzwerte entsprechend der zu Grunde liegenden physikalischen Methodik immer generalisiert (›objektiviert‹) sind und den auditiven Einzelfall ggf. nicht präzise abbilden.

Bezüglich der vorgetragenen Überlegungen zur akustischen Qualität sei noch einmal betont, dass physikalische Betrachtungen gedankliche Abläufe von hohem Abstraktionsgrad sind, d. h. intelligente Prozesse darstellen. Qualitätsbeurteilung hinsichtlich akustischer, d. h. physikalischer Aspekte setzten ein abstraktes, quantitativ formuliertes, multi-modales Weltmodell voraus.

3.4 Hörkommunikationsqualität

Es ist die generische Funktion des Gehörs, für seine Besitzer Information über die Umwelt zu sammeln und ihnen diese in vorverarbeiteter Form zur weiteren Auswertung zur Verfügung zu stellen. Auf diese Weise wird z. B. die Identifikation von Schallquellen hinsichtlich Art, Position im Raum und Bewegungszustand ermöglicht. Weiterhin gilt, und zwar insbesondere für uns Menschen, dass die interindividuelle Kommunikation ganz überwiegend über die auditive Modalität, d. h. über Sprache und Gehör abläuft. Dies macht den Gehörsinn zu unserem wichtigen sozialen Sinn.

Sehr verallgemeinert gesagt ist festzustellen, dass jeder Laut (und damit auch der jeweils korrelierte Schall) als *Zeichenträger* aufgefasst werden kann, mittels dessen dem Zuhörer Information über die Welt vermittelt wird. Dies führt letztlich dazu, dass mit diesen Zeichenträgern in der Welt des Zuhörers *Bedeutung* (engl.: *meaning*) assoziiert wird. Die diesen Vorgängen zu Grunde liegenden Denkschemata werden von der *Semiotik* untersucht.[41]

Sound Quality auf abstraktester Ebene ist Hörkommunikationsqualität.[42] Sound Designer erweisen sich somit als Ingenieure für aurale Kommunikationssysteme und -prozesse.[43]

Dieser Sachverhalt kann gut am Beispiel von *Product-Sound Quality* verdeutlicht werden.[44] Mit Product-Sound-Quality ist die Qualität der Geräusche gemeint, die z. B. industrielle Produkte von sich geben. Bei diesen wird die Rolle als Zeichenträger unmittelbar klar, denn es kommt hierbei nicht auf die Qualität der Geräusche als solche an (*quality of sound*), sondern darauf, dass diese Geräusche dem Nutzer eine hohe Qualität des Produktes signalisieren (*sound of quality*). Die Anforderung an die Qualität solcher Geräusche betrifft also deren Eignung als Zeichenträger für den jeweils spezifischen Zweck.

Die Semiotik lehrt,[45] dass für die Bedeutungszuweisung zu einem Laut drei Komponenten erforderlich sind, nämlich ein Zeichenträger (der Laut), ein Zuhörer und eine begriffliche Referenz. Nur wenn diese drei Komponenten vorhanden

---

41 Vgl. Jakob Johann von Uexküll: The theory of meaning. Semiotica 42 (1982), S. 25–82 und Winfried Nöth: Handbuch der Semiotik. Stuttgart, Weimar [2]2000.

42 Vgl. Ute Jekosch: Assigning meaning to sounds. Semiotics in the context of product-sound design. In: Jens Blauert (Hg.): Communication Acoustics. Berlin, Heidelberg, New York 2005, S. 193–219.

43 Zur Bestätigung dieser Argumentationslinie vgl. Juri Michailowitsch Lotman: Universe of the mind. A semiotic theory of culture. Bloomington 1990.

44 Vgl. Ute Jekosch, Jens Blauert: A semiotic approach towards product-sound quality. In: Proceedings of Internoise 96. Liverpool 1996, S. 2283–2286.

45 Vgl. Jekosch (Anm. 42).

sind, kann das Zeichen ›verstanden‹ werden, d. h. Bedeutung mit ihm assoziiert werden.

Um beispielsweise Sprachlaute verstehen zu können, muss man sie als solche identifizieren (Phone) und als zugehörig zu einer Sprache erkennen (Allophone), ihnen symbolische Repräsentationen zuweisen (Phoneme) und diese auf Wortebene und Satzebene interpretieren. Neben syntaktischen und grammatikalischen Regeln spielen dabei prosodische Abläufe eine Rolle. Natürlich muss man als weitere Voraussetzung das Vokabular der jeweiligen Sprache kennen.

Product Sounds sind zwar in der Regel keine Elemente einer standardisierten Sprechsprache. Die Grundlagen der Bedeutungszuweisung sind aber ähnlich, z. B. wenn man aus dem Sound einer zuschlagenden Autotür schließt, dass die Tür nun sicher verschlossen ist. In jedem Falle ist Kognition im Spiel und damit ein hoher Abstraktionsgrad der beteiligten Wahrnehmungsvorgänge gegeben. Es ist deshalb nicht verwunderlich, dass in der Semiotik die Ansicht vertreten wird, dass die perzeptive Organisation unserer Welt ganz überwiegend auf Zeichen, deren Verständnis und Interpretation und der anschließenden Bedeutungszuweisung beruht.[46] Hierbei ist durchaus zu bedenken, dass die Interpretationen im Laufe der Zeit in ›Fleisch und Blut‹ übergehen und die Bedeutung dann ›intuitiv‹ erfasst wird. Das ist bei gesprochener Sprache ebenso.

Die semoitische Sichtweise ist von herausragender Bedeutung für die Qualitätsbeurteilung von Product-Sounds, denn in aller Regel urteilen und reagieren Menschen nicht darauf, *wo* sie etwas hören und *was* sie dort hören, sondern auf Grund dessen, was das Gehörte für sie *bedeutet* – zum Beispiel auf Grund des Wissens, welche spezifischen Aktivitäten in ihrer Umwelt etwas Gehörtes anzeigt.

Um die Kommunikationsqualität von Lauten und Lautreihen zu untersuchen, sind die Methoden der Psychophysik und Physik zumeist weniger hilfreich. Methoden der Wahrnehmungspsychologie wie multidimensionale Skalierung oder semantische Differenziale mögen anwendbar sein, aber die Szenarien, in denen die Messungen stattfinden, müssen reale oder simulierte aurale Kommunikationssituationen enthalten. Ein bekanntes Beispiel ist die Evaluierung von telefon-basierten automatischen Dialogsystemen, für welche tatsächliche Dialogsituationen experimentell realisiert wurden.[47]

Wenn Bedeutung gemessen werden soll, kommen insbesondere Methoden der kognitiven Psychologie in Betracht. Naturgemäß ist es so, dass die Methoden zur Messung von Bedeutung und zur Spezifikation von Qualitätsreferenzen auf Bedeutungsebene massiv auf kognitive Zusammenhänge und Effekte zurück-

---

46 Vgl. z. B. ebd. und Lotmann (Anm. 43).

47 Vgl. Sebastian Möller: Quality of telephone-based spoken dialogue systems. New York 2005.

greifen. Um solche Aufgaben sachgerecht zu behandeln, bedarf es gründlicher Kenntnisse in kognitiver Psychologie (inkl. Semiotik). Möglicherweise können zukünftig auch die Neurowissenschaften experimentelle Methoden und nützliches Wissen beisteuern.

Übrigens, obwohl der Terminus Produkt-Sound zumeist in Zusammenhang mit industriellen Produkten verwendet wird, können die dargelegten Überlegungen auch auf andere aurale Kommunikationssituationen angewandt werden, z. B. auf musikalische Aufführungen. Es besteht ja kein Zweifel daran, dass die Musik ein Kommunikationsmedium darstellt, d. h. musikalische Laute sind Zeichenträger. Die Zeichen signalisieren die musikalische Form, den Inhalt und schließlich die Funktion, die der Komponist im Sinne hatte, als er das Werk schrieb. Musikalische Kommunikation bedient sich als Zeichenträgern Elementen wie Melodie, Tempo, Rhythmus, aber auch Musikstil, Instrumentierung, und (*last but not least*) der Räume, in denen die Aufführung stattfindet.[48] Alle diese sind Qualitätselemente.

4 Resümee

Der vorliegende Beitrag schafft die Grundlagen für ein Schichtenmodell der auditiven Wahrnehmung, wobei versucht wird, die aurale Welt entsprechend den Aspekten von Psychophysik, Wahrnehmungspsychologie, Physik und Kommunikationswissenschaft zu gliedern. Die vier Schichten unterscheiden sich nach dem Grade der involvierten begrifflichen Abstraktion, wobei die Kategoriegrenzen allerdings als konfluent zu verstehen sind. Die schichtweise Betrachtung des auditiv Wahrgenommen wird am Beispiel der Ingenieuraufgabe *Beurteilung von Sound Quality* im Detail erläutert.

Obwohl dieses Kapitel keine direkten Anweisungen für das technische Handeln enthält, erhoffen sich die Autoren, dass es sich bei der Gliederung von Qualitätsbeurteilungsaufgaben als nützlich erweist, indem es den Leser in die Lage versetzt, das komplexe Gebiet der Sound-Quality-Beurteilung begrifflich besser zu strukturieren. Eine solche Strukturierung kann z. B. hilfreich sein, um bei gegebenen Qualitätsbeurteilungsaufgaben ein jeweils adäquates Messverfahren auszuwählen.[49]

---

48 Vgl. Barry Blesser, Linda-Ruth Salter: Spaces speak, are you listening? Experiencing aural architecture. Cambridge, Mass. 2007.

49 Die Autoren danken zwei anonymen Gutachtern sowie Herrn Prof. T. Pittrof, Eichstätt, für konstruktive Anregungen zur Bearbeitung des Manuskriptes.

Jürgen Hellbrück, Sabine Schlittmeier und Maria Klatte

Klang und Krach

Wirkungen von Lärm auf den Menschen

In diesem Beitrag erläutern wir zu Beginn den Begriff ›Lärm‹ und beschreiben anschließend in einem Überblick die unterschiedlichen Auswirkungen des Lärms auf den Menschen. Dann gehen wir auf Wirkungen von Lärm auf kognitive Prozesse ein, wobei wir zunächst das Phänomen des ›Irrelevant Sound Effect‹ erklären und anschließend die Auswirkungen der akustischen Situation in Mehrpersonenbüros und Klassenräumen auf mentale Leistungen und Lernen beschreiben.

1 Schall und Lärm

Ein altes Rätsel fragt: »What comes with a carriage and goes with a carriage, is of no use to the carriage and yet the carriage cannot move without it«? – Die Antwort ist: Lärm!

Der Begriff ›Lärm‹ geht auf das Wort ›Alarm‹ zurück, das sich von dem italienischen Kampfruf ›all' arme‹ (›zu den Waffen‹) ableitet. Lärm alarmiert uns, versetzt uns in Schrecken, macht uns Angst, löst Wut, Zorn oder Ärger aus, weil er uns stört und unsere Handlungen unterbricht. Warum ist das so?

Immer wenn sich etwas bewegt, werden Luftmoleküle angestoßen, beginnen zu schwingen und regen ihrerseits benachbarte Luftmoleküle zu Schwingungen an. Auf diese Weise entsteht eine Schallwelle, die sich rings um die auslösende Bewegung, die Schallquelle, ausbreitet. Die Beschreibung und Analyse einer Schallwelle ist Aufgabe der physikalischen Akustik. Erreicht die Schallwelle das Gehör, werden Töne, Klänge und Geräusche wahrgenommen, sofern die im Schall enthaltenen Schwingungen Frequenzen zwischen 20 Hz und 20 kHz aufweisen und ihre Amplituden über der Hörschwelle liegen. Mit der Beschreibung und Analyse auditiver Empfindungen und Wahrnehmungen betritt man das Feld der physiologischen und psychologischen Akustik.[1]

Geräusche informieren uns über die Vorgänge in unserer Umwelt. Mit dem Gehör hat die Evolution vor allem ein perfektes Warnorgan geschaffen. Es ist hochempfindlich, rund um die Uhr geöffnet und empfängt Signale von allen

1 Vgl. Jürgen Hellbrück, Wolfgang Ellermeier: Hören. Physiologie, Psychologie und Pathologie. Göttingen, Bern, Toronto u. a. ²2004.

Seiten. Es ist ein Bewegungsdetektor, der es den Lebewesen – Jägern und Gejagten – ermöglicht, vor allem in der Nacht, wenn das Auge von geringem Nutzen ist, feinstes Rascheln und Knacken zu lokalisieren und sofort darauf zu reagieren. Die Reaktionszeiten auf akustische Signale sind wesentlich kürzer als auf visuelle Reize.

Auch sehr laute Geräusche hält das Gehör aus, wenn es ihnen nicht zu lange ausgesetzt ist. Laute, grelle Geräusche, wie der Donner eines nahen Gewitters, lösen unmittelbaren Schrecken und Defensivreaktionen aus, z. B. Ducken und Einziehen des Kopfes, während das tiefe Grollen eines entfernten Donners eher diffuse Angst und Besorgnis hervorrufen kann. Geräusche sind somit auch Bedeutungsträger mit impliziten Folgen für das Erleben und Verhalten. In der heutigen Welt jedoch werden aufgrund technischer Bedingungen Geräusche hervorgerufen, die keineswegs alle auf potenzielle Gefahrenquellen zurückgehen. Unter den jetzigen Verhältnissen ist dieses Warnsystem daher zum Teil fehlangepasst. Es reagiert auf akustische Signale wie zu prähistorischen Zeiten und alarmiert den Organismus, obwohl die auslösenden Vorgänge keine Bedrohung für Leib und Leben darstellen. Die Geräusche werden dadurch lästig, denn sie stören und unterbrechen unnötigerweise die Aktivitäten. Die Folgen sind emotionale Reaktionen wie Verärgerung und Zorn. Hieraus resultiert die Definition des Lärms: Lärm ist unerwünschter Schall.

Die Wirkungen des Lärms auf den Menschen sind vielfältig. Wir unterscheiden aurale Wirkungen und extraaurale Wirkungen. Erstere beziehen sich auf das Gehör selbst, letztere auf alle nicht direkt das Gehör betreffenden Bereiche. Wir können ferner nach akuten, kumulativen und chronischen Lärmwirkungen differenzieren. Dies ist eine nur grobe Klassifizierung mit unscharfen Grenzen, aber als Orientierung hilfreich. Akute Lärmwirkungen setzen gleichzeitig mit dem Lärm oder unmittelbar nach seinem Beginn ein, kumulative bauen sich während der Lärmexposition auf. Als chronische Lärmwirkungen bezeichnet man solche, die sich nach jahrelanger Lärmexposition in Form von Gesundheitsbeeinträchtigungen manifestieren. Anstelle von akuten, kumulativen und chronischen Lärmwirkungen spricht man auch von primären, sekundären und tertiären Lärmwirkungen.[2]

2 Vgl. Jürgen Hellbrück, Rainer Guski, August Schick: Schall und Lärm. In: Ernst-Dieter Lantermann, Volker Linneweber, Elisabeth Kals (Hg.): Spezifische Umwelten und Umwelt bezogenes Handeln. Göttingen, Bern, Toronto u. a. 2010 (Enzyklopädie der Psychologie: Umweltpsychologie; 2), S. 3–44 und Michael Kloepfer, Barbara Griefahn, Andrzej M. Kaniowski u. a.: Leben mit Lärm? Risikobeurteilung und Regulation des Umgebungslärms im Verkehrsbereich. Berlin, Heidelberg, New York 2006 (Wissenschaftsethik und Technikfolgenbeurteilung; 28).

Akute aurale Lärmwirkungen sind beispielsweise Lärmtraumata, die durch Explosionsknalle unmittelbar ausgelöst werden. Kumulative aurale Lärmwirkungen sind temporäre Hörschwellenverschiebungen, die sich in Ruhe wieder zurückbilden. Temporäre Hörschwellenverschiebungen ergeben sich nach langem Aufenthalt in lauten Umgebungen, wie z. B. Diskotheken, in denen oft Schallpegel zwischen 90 und 110 dB erreicht werden. Eine chronische aurale Lärmwirkung kann sich nach immer wiederkehrenden Expositionen mit hohen Schallpegeln im Verlauf von Jahren ergeben. Es handelt sich in diesem Fall um Lärmschwerhörigkeit, die einzige medizinisch anerkannte lärmbedingte Krankheit.[3]

Akute extraaurale Lärmwirkungen sind z. B. Orientierungsreaktionen, d. h. unmittelbare reflexartige Hinwendungen der Aufmerksamkeit zur Schallquelle. Des Weiteren zählen auch Kommunikationsbeeinträchtigungen und Schlafstörungen dazu. Kommunikationsstörungen kommen dadurch zustande, dass insbesondere laute tiefe Frequenzen im Lärm die Sprache verdecken und zwar vor allem die energieschwachen hohen Frequenzen der Konsonanten. Kommunikationsstörungen zählen zu den lästigsten Begleiterscheinungen des Lärms. Sie zwingen zu Kompensationshandlungen, wie zu mehr Anstrengung beim Zuhören, zu lauterem Sprechen, zum Schließen von Fenstern und zum Wechseln des Aufenthaltsortes. Lärmbedingte Schlafstörungen können zum einen in Störungen des Einschlafens, zum anderen in vorzeitigem Aufwachen bestehen. Kumulative extraaurale Lärmwirkungen ergeben sich vor allem, wenn man bei geistiger Arbeit von Lärm gestört wird. Zunächst wehrt man sich dagegen durch stärkere Konzentration, bis man mit andauerndem Lärm diese Anstrengung nicht mehr aufrechterhalten kann und sich zunehmend Konzentrationsschwächen und Fehler bei der Arbeit einstellen.

Kommen wir zu chronischen Lärmwirkungen. Mit den lärmbedingten Störungen und Unterbrechungen sind, wie schon gesagt, affektive Bewertungen verbunden. Diese können psychophysiologische Stressreaktionen hervorrufen. Dabei sind zwei Möglichkeiten denkbar: Wird die Situation als eine Bedrohung der Statuskontrolle erlebt, reagiert der Organismus mit einer ›Fight/Flight‹-Reaktion. Dadurch wird der Hypothalamus aktiviert, der das sympathische Nervensystem stimuliert und die Freisetzung von Stresshormonen (Katecholamine und Cortisol) veranlasst. Stresshormone, insbesondere Cortisol, sind wichtig, wenn man sich in einer Notsituation befindet. Die Pumpleistung des Herzens wird erhöht und das Blutvolumen zugunsten der Muskeldurchblutung umverteilt. Diese Reaktionen dienen – neben der Aktivierung leistungssteigernder Stoffwechselprozesse –

3 Vgl. Hans-Georg Dieroff: Lärmschwerhörigkeit. Jena, Stuttgart [3]1994.

dazu, mehr Energie für motorische Aktivitäten bereitzustellen. Gleichzeitig hemmt Cortisol auch die Immunreaktion.[4]

Erlebt der Mensch jedoch in langanhaltenden Stresssituationen Kontrollverlust, führt dies zu einer Niederlagereaktion, die mit einer dauerhaften Erhöhung des Cortisol-Spiegels einhergeht. Die Niederlagereaktion äußert sich in Rückzugsverhalten, Niedergeschlagenheit, Hilflosigkeit und depressiver Verstimmung. Wird der Stress chronisch und stehen keine adäquaten Bewältigungsressourcen und Bewältigungsoptionen zur Verfügung, kann sich der Stress in Krankheitsbildern manifestieren, z. B. in Herz-Kreislauferkrankungen oder auch in Immunsuppression mit erhöhtem Erkrankungsrisiko. Auch für Anwohner lauter Straßen oder Anrainer von Flugplätzen könnte sich somit ein erhöhtes Gesundheitsrisiko ergeben.[5]

Es soll auch nicht unerwähnt bleiben, dass vor allem der Verkehrslärm – Straßen-, Schienen- und Luftverkehr – Vermögenswerte in beträchtlicher Höhe vernichtet. Der Wert von lärmbelasteten Immobilien kann bis zur Unverkäuflichkeit sinken. Dadurch, dass in lärmbelasteten Wohngebieten Immobilienpreise und Mieten geringer sind, besteht auch die Gefahr der sozialen Entmischung (›Lärmgettos‹). Lärm hat somit neben physiologischen, psychologischen und medizinischen Wirkungen auch sozio-ökonomische Implikationen. Es handelt sich zwar hierbei um keine direkten Wirkungen des Lärms auf den Menschen, aber doch um gesellschaftliche Auswirkungen von erheblicher Relevanz.

Im Folgenden wollen wir uns unmittelbaren Wirkungen von Geräuschen auf den Menschen widmen – und zwar einem kognitionspsychologischen Phänomen, das weniger im Fokus des öffentlichen Interesses steht, nämlich der Wirkung von Hintergrundsprechen und Hintergrundmusik auf mentale Prozesse. Das Phänomen, von dem nun die Rede ist, wird als ›Irrelevant Sound Effect‹ bezeichnet.

2 Irrelevant Sound Effect

In den frühen 1980er Jahren berichteten die Gedächtnisforscher Alan Baddeley und Pierre Salamé in einer Fachzeitschrift, dass Sprechen, auch wenn es nicht beachtet wird (Hintergrundsprechen), die Leistung in einer Kurzzeitgedächtnis-

4 Vgl. James N. Butcher, Susan Mineka, Jill M. Hooley: Klinische Psychologie. München [13]2009, hier S. 188–193 (Kap. 5.2: Auswirkungen von schwerem Stress).

5 Vgl. Wolfgang Babisch: Transportation noise and cardiovascular risk. Updated review and synthesis of epidemiological studies indicate that the evidence has increased. In: Noise & Health 30 (2006). H. 8, S. 1–29.

Aufgabe signifikant beeinträchtigt. Bei dieser Aufgabe werden bis zu neun Ziffern oder Konsonanten sukzessive in zufälliger Folge mit einer Darbietungsrate von einem Item pro Sekunde präsentiert. Kurz nach der Präsentation des letzten Items müssen die Ziffern bzw. Konsonanten in richtiger Reihenfolge wiedergegeben werden. Die Störwirkung durch Hintergrundsprache, die in einer Fehlererhöhung von durchschnittlich zehn Prozent besteht, aber auch weit darüber liegen kann, wird sowohl durch Muttersprache als auch durch Fremdsprache, die den Versuchsteilnehmern nicht geläufig ist, ausgelöst. Salamé und Baddeley bezeichneten diesen Effekt, der sich in weiteren Experimenten zuverlässig reproduzieren ließ, als ›unattended speech effect‹.[6]

Es konnte experimentell nachgewiesen werden, dass dieser Effekt nicht auf Beeinträchtigungen bei der Enkodierung des Behaltensmaterials beruht, sondern im Kurzzeitgedächtnis lokalisiert ist.[7] Es wurde auch in späteren Experimenten belegt, dass man an das Hintergrundsprechen nicht habituieren kann.[8] Auch die Lautstärke spielt keine Rolle, zumindest nicht innerhalb eines ›normalen‹ Lautstärkebereichs zwischen 40 und 70 Dezibel.[9] Es handelt sich also um kein Stressphänomen, sondern um ein kognitives Phänomen.

Der Effekt ließ sich stimmig in ein zur damaligen Zeit relativ neues Modell des Arbeitsgedächtnisses integrieren, das vor allem durch Baddeley entwickelt und ausgebaut wurde. Dieses Modell geht davon aus, dass unsere intentionalen Kontroll- und Steuerungsprozesse sowie unsere bewussten Entscheidungen von einer ›zentralen Leitstelle‹ (›central executive‹) bearbeitet werden, die von zwei Hilfssystemen (›slave systems‹) unterstützt wird, die ihre Arbeit im Hintergrund (unbewusst) verrichten. Das eine Hilfssystem wird als ›phonologische Schleife‹ (›phonological loop‹), das andere als ›visuell-räumlicher Notizblock‹ (›visuospatial sketchpad‹) bezeichnet. Ersteres kann man sich analog einer Tonbandschleife

---

6 Vgl. Pierre Salamé, Alan D. Baddeley: Disruption of short-term memory by unattended speech. Implications for the structure of working memory. In: Journal of Verbal Learning and Verbal Behavior 21 (1982), S. 150–164.

7 Vgl. z. B. Tom Campbell, C. Philip Beaman, Dianne C. Berry: Auditory memory and the irrelevant sound effect. Further evidence for changing-state disruption. In: Memory 10 (2002). H. 3, S. 199–214 und Sabine Schlittmeier, Jürgen Hellbrück, Maria Klatte: Does irrelevant music cause an irrelevant sound effect for auditory items? In: European Journal of Cognitive Psychology 20 (2008), S. 252–271.

8 Vgl. Jürgen Hellbrück, Sonoko Kuwano, Seiichiro Namba: Irrelevant background speech and human performance. Is there long-term habituation? In: Journal of the Acoustical Society of Japan 17 (1996), S. 239–247.

9 Vgl. Wolfgang Ellermeier, Jürgen Hellbrück: Is level irrelevant in ›irrelevant speech‹? Effects of Loudness, signal-to-noise ratio, and binaural unmasking. In: Journal of Experimental Psychology. Human Perception and Performance 24 (1998), S. 1406–1414.

vorstellen, die phonologisches Material für kurze Zeit (zwei bis vier Sekunden) festhält und immer wieder neu überschrieben werden kann. Der visuell-räumliche Notizblock ist hilfreich bei der räumlichen Orientierung. In späteren Jahren wurde das Modell noch ergänzt durch einen ›episodischen Puffer‹ (›episodic buffer‹) für das Behalten von zusammenhängenden Gedächtnisinhalten (›Episoden‹ oder ›Szenen‹) und zur Integration unterschiedlich kodierter Informationen (z. B. visuell-räumlicher und sprachlicher Informationen).[10] Die phonologische Schleife hat sich als sehr sensitiv für die Wirkungen von Störschall erwiesen, vor allem für Hintergrundsprechen.

In Baddeleys Arbeitsgedächtnis-Modell wird angenommen, dass Sprachschall, wann immer er vom menschlichen Hörsystem registriert wird, privilegierten Zugang zur phonologischen Schleife erhält, um dort zur Dekodierung kurzfristig gespeichert zu werden. Wenn er jedoch dort mit verbalem Material zusammentrifft, das wie in der oben beschriebenen Gedächtnisaufgabe explizit gelernt werden muss, wird dieses Gedächtnismaterial aufgrund der Ähnlichkeit mit dem zusätzlichen phonologischen Material undeutlich und dadurch beeinträchtigt. Die Hintergrundsprache erhöht gewissermaßen das Rauschen in der phonologischen Schleife. Warum aber hat Sprachschall einen privilegierten Zugang zu ihr? Was ist der ›Schlüssel‹, der die phonologische Schleife öffnet, während nicht-sprachlicher Schall ausgeschlossen bleibt?

Für Baddeley waren die Phoneme die distinkten Merkmale, die Sprachschall spezifisch für den Zugang zur phonologischen Schleife machen. Andere Forscher in Großbritannien, Deutschland und in den USA konnten jedoch zeigen, dass nicht nur Sprache, sondern auch andere Schalle den ›Unattended speech effect‹ auslösen, sofern sie bestimmte Bedingungen erfüllen. Baddeleys Annahme von der Sprachspezifität dieses Phänomens ließ sich nicht aufrechterhalten. Folglich musste der Effekt auch umbenannt werden, und zwar in den neutraleren Begriff ›Irrelevant sound effect‹ (ISE). Vor allem die Forschergruppe um Dylan Jones von der Universität Cardiff zeigte in zahlreichen Experimenten, dass der Schall eine gewisse Veränderlichkeit (›changing state‹) aufweisen muss, um den Effekt auszulösen (›Changing-state‹-Hypothese).[11] Viele Experimente, die in unabhängigen psychologischen Labors durchgeführt wurden, unterstützen die ›Changing-state‹-Hypothese. Es konnte z. B. gezeigt werden, dass Gesang den Effekt auslöst, gesummte Lieder jedoch nicht, Instrumentalmusik ebenfalls den Effekt bewirkt –

---

10 Vgl. Grega Repovs, Alan Baddeley: The multi-component model of working memory. Explorations in experimental cognitive psychology. In: Neuroscience 139 (2006), S. 5–21.

11 Vgl. Dylan M. Jones, Clare A. Madden, Christopher Miles: Privileged access by irrelevant speech to short-term memory. The role of changing state. In: Quarterly Journal of Experimental Psychology 44A (1992), S. 645–669.

oft in gleicher Stärke wie Sprechen – aber nur, wenn sie deutlich segmentiert ist, wie typischerweise in barocken Bläserkonzerten. Während Stakkato-Spielweise die Gedächtnisleistung beeinträchtigt, können bei Legato-Spielweise keine Wirkungen nachgewiesen werden.[12] Ein einzelner Sprachlaut, immer wieder repetiert, hat keinen Effekt, jedoch eine Folge mit unterschiedlichen Lauten sehr wohl. Analoges gilt für Töne.[13] Auch hat ein einzelner Sprecher eine stärkere Wirkung als mehrere übereinander gelagerte Stimmen.[14] Gemeinsames Merkmal dieser verschiedenen Schalle, die den ›Irrelevant sound effect‹ bewirken können, scheint zu sein, dass diese Schalle deutlich distinkte Segmente aufweisen. Beim Sprechen, das in zuverlässigster Weise den Effekt auslöst, segmentieren Mikropausen mit steilen Energietransienten den Schallfluss, bedingt durch die Abfolge einzelner Silben sowie Pausen zwischen Satzteilen und durch das Luftholen.

Leider konnte bis heute nicht befriedigend geklärt werden, wo der Übergang von nicht wirksamem ›Steady state‹ zu wirksamem ›Changing state‹ erfolgt. Daher besteht die Gefahr einer Zirkeldefinition: Der ›Irrelevant sound effect‹ entsteht durch ›Changing state‹-Schall; ›Changing state‹-Schall ist dann gegeben, wenn er einen ›Irrelevant sound effect‹ auslöst. Ungeachtet der theoretischen Schwäche hat dieser Effekt beachtenswerte Implikationen für die Lärmschutzpraxis an allen Orten, an denen geistig gearbeitet wird.

Im Folgenden wollen wir uns zwei besonderen Problemen der Lärmschutzpraxis zuwenden, nämlich Räumen, in denen Menschen in Gemeinschaft mit anderen Menschen geistig arbeiten. Zum einen widmen wir uns der akustischen Situation in sogenannten Mehrpersonenbüros, zum anderen betrachten wir das Lernen von Schulkindern und die Arbeit von Lehrkräften unter den akustischen Bedingungen von Klassenzimmern.

---

12 Vgl. Maria Klatte, Horst Kilcher, Jürgen Hellbrück: Wirkungen der zeitlichen Struktur von Hintergrundschall auf das Arbeitsgedächtnis und ihre theoretischen und praktischen Implikationen. In: Zeitschrift für Experimentelle Psychologie 42 (1995), S. 517–544 und Schlittmeier, Hellbrück, Klatte (Anm. 7).

13 Vgl. Dylan M. Jones, William Macken: Irrelevant tones produce an irrelevant speech effect. Implications for phonological coding in working memory. In: Journal of Experimental Psychology: Learning, Memory & Cognition 19 (1993), S. 369–381.

14 Vgl. Dylan M. Jones, William J. Macken: Auditory babble and cognitive efficiency. Role of number of voices and their location. In: Journal of Experimental Psychology: Applied 1 (1995), S. 216–226 und Horst Kilcher, Jürgen Hellbrück: The irrelevant speech effect. Is binaural processing relevant or irrelevant? In: Michael Vallet (Hg.): Noise & Man '93. Arcueil 1993, S. 323–328.

3 Lärm in Gruppen- und Großraumbüros und seine Wirkung auf die Beschäftigten

Mindestens die Hälfte aller Beschäftigten in Deutschland arbeitet in Büroräumen.[15] Die Arbeitsplätze sind häufig in Mehrpersonen- oder Gruppenbüros untergebracht, manche sogar in Großraumbüros, in denen zum Teil weit über 100 Menschen arbeiten. Geistiges Arbeiten ist so nur selten in Ruhe möglich. Der Hintergrundschall, der von den Büroangestellten als am stärksten störend erlebt wird, ist Sprache.[16] Die Gespräche von Kollegen untereinander oder am Telefon werden jedoch nicht nur als störend empfunden, sie beeinträchtigen auch tatsächlich kognitive Leistungen. Eine Reihe von Laboruntersuchungen hat diese negative Wirkung von Hintergrundsprache und Bürolärm für die Arbeitsgedächtnisleistung, aber auch für andere kognitive Funktionen belegt.[17]

Für die Arbeitsgedächtnisleistung hat sich, wie oben dargestellt, die der Hintergrundsprache immanente ›Changing state‹-Charakteristik als ausschlaggebend für die Störwirkung erwiesen. Der Ansatzpunkt für effektive akustische Optimierungsmaßnahmen ist daher, die Segmentierung und Variabilität des Sprachschalls zu reduzieren. In Büroumwelten muss dies auf dem Weg der Schallübertragung zwischen Sender und Empfänger erfolgen, da es weder sinnvoll ist, zu flüstern noch Gehörschutz zu tragen. Zwei mögliche Lärmschutzmaßnahmen zur Bekämpfung der negativen Folgen von Hintergrundsprache in Büroumwelten werden im Folgenden dargestellt, nämlich das Dämpfen bestimmter Frequenz-

15 Vgl. Willi Schneider, Armin Windel, Bruno Zwingmann: Die Zukunft der Büroarbeit. Bewerten, vernetzen, gestalten. Bremerhaven 2004.

16 Vgl. Simon Banbury, Dianne C. Berry: Office noise and employee concentration. Identifying causes of disruption and potential improvements. In: Ergonomics 48 (2005). H. 1, S. 25–37 und Anders Kjellberg, Ulf Landström, Maria Tesarz u. a.: The effects of nonphysical noise characteristics, ongoing task and noise sensitivity on annoyance and distraction due to noise at work. In: Journal of Environmental Psychology 16 (1996). H. 2, S. 123–136.

17 Vgl. Simon Banbury, Dianne C. Berry: Disruption of office-related tasks by speech and office noise. In: British Journal of Psychology 89 (1998), S. 499–517; Adrian Furnham, Lisa Strbac: Music is as distracting as noise. The differential distraction of background music and noise on the cognitive test performance of introverts and extraverts. In: Ergonomics 45 (2002). H. 3, S. 203–217; Sabine J. Schlittmeier, Jürgen Hellbrück, Rainer Thaden u. a.: The impact of background speech varying in intelligibility. Effects on cognitive performance and perceived disturbance. In: Ergonomics 51 (2008), S. 719–736; S. S., J. H.: Background music as noise abatement in open-plan offices. A laboratory study on performance effects and subjective preferences. In: Applied Cognitive Psychology 23 (2009), S. 684–697 und J. H., Andreas Liebl: Noise effects on cognitive performance. In: Sonoko Kuwano (Hg.): Recent topics in environmental psychoacoustics. Osaka 2008, S. 153–184.

bereiche des Sprachsignals einerseits und die Überlagerung mit einem weiteren Schall, einem sog. Sound-Maskierer, andererseits.

Werden höhere Frequenzen der Hintergrundsprache gedämpft (etwa ab 1000 Hz), wird die Arbeitsgedächtnisleistung signifikant weniger beeinträchtigt als im unbehandelten Fall; zum Teil ist kein Unterschied mehr zur Ruhebedingung nachweisbar.[18] Tiefpassfilterung ergibt ein dumpf klingendes Sprachsignal, da die Konsonanten mit ihren hohen Frequenzen maskiert und somit kaum noch zu hören sind. Dadurch wird auch die ›Changing state‹- Charakteristik der Hintergrundsprache deutlich reduziert und somit auch ihre Störwirkung. Dementsprechend besteht eine Lärmschutzmaßnahme in Mehrplatzbüros darin, Absorptionsflächen anzubringen, die speziell die höheren Frequenzen dämpfen. Dabei kann es sich um akustisch wirksame Decken, Bodenbeläge, Wandverkleidungen, Stellwände etc. handeln. Zu beachten ist, dass die Maßnahme nur dann effektiv ist, wenn die hohen Frequenzbereiche des Hintergrundschalls stärker gedämpft werden als die tiefen. Erfolgt die Pegelabsenkung gleichmäßig über alle Frequenzen, stört Hintergrundsprache weiterhin in nahezu unverminderter Weise, und zwar auch dann, wenn sie sehr leise ist (35 dB[A]).[19] Denn bei einer reinen Pegelminderung bleiben die Konsonanten relativ zu den anderen Schallanteilen erhalten; die Hintergrundsprache ist weiterhin klar segmentiert und stört so trotz reduziertem Pegel die Leistung.

Eine weitere Möglichkeit, die ›Changing-state‹-Merkmale von Hintergrundsprache in Büroräumen zu reduzieren, ist das Einbringen zusätzlichen Schalls. Das erscheint auf den ersten Blick kontraintuitiv. In der Regel erzeugen dazu an der Decke angebrachte Lautsprecher ein leises breitbandiges kontinuierliches Rauschen, das – zumindest partiell – die Sprachfrequenzen verdeckt und die Mikropausen im Sprachfluss auffüllt. Diese ›Verrauschung‹ der Hintergrundsprache und anderer Bürogeräusche erfüllt den gleichen Zweck wie die oben beschriebene Schallabsorption: Die Leistung wird nun weniger bis gar nicht mehr durch den (gesamten) Hintergrundschall beeinträchtigt.[20]

Allerdings gibt es gegenüber solchen Schallmaskierungssystemen vor allem im deutschsprachigen Raum Vorbehalte, da hier solche Systeme – anders als in Nordamerika oder Skandinavien – bislang nicht üblich sind und man eine geringe Akzeptanz der Beschäftigten befürchtet. Damit stellt sich die Frage nach alternativ einzuspielenden Schallen, wie beispielsweise Musik.

18 Vgl. Schlittmeier, Hellbrück, Thaden. (Anm. 17).
19 Vgl. ebd.
20 Vgl. Schlittmeier, Hellbrück (Anm. 17).

In einer experimentellen Studie wurde als zusätzlicher Hintergrundschall Meditationsmusik und ein barockes Bläsermusik-Stück eingesetzt.[21] Auch wenn sich unter dem Meditationsstück tendenziell eine Verbesserung ergab, war bei keinem der beiden Musikstücke eine signifikante Reduktion der Störwirkung von Bürolärm auf die Arbeitsgedächtnisleistung gegeben. Ein anderes Bild ergeben jedoch die subjektiven Präferenzurteile der Versuchsteilnehmer: In einem postexperimentellen Interview sprachen sich zwei Drittel der Versuchsteilnehmer für eines der beiden Musikstücke – und damit gegen Rauschen – als zusätzlich eingespielten Schall aus. Für die Akzeptanz einer akustischen Optimierungsmaßnahme geben die subjektiven Urteile der Betroffenen den Ausschlag. Eine hinreichend hohe Akzeptanz ist notwendig, damit nach der Einführung eines Sound-Maskierungssystem nicht auf ein Abschalten des Systems gedrängt oder es umgangen wird, beispielsweise indem selbst gewählte Musik oder auch Radiosendungen über Kopfhörer gehört werden, um den Sound-Maskierer selbst zu maskieren.

Die Aufgabe besteht also darin, Musik so zu arrangieren, dass die positiven subjektiven Beurteilungen erhalten bleiben und zugleich die kognitive Leistung signifikant vom Einspielen der Musik profitiert. Als Ausgangsbasis kann hier das verwendete Meditationsmusikstück dienen, das bereits tendenziell die Störwirkung von Bürolärm mindern konnte. Hinweise zum Design von Hintergrundmusik können aus Arbeiten abgeleitet werden, die sich mit Rauschen und seinen für eine wirksame Maskierung notwendigen spektralen und temporalen Eigenschaften befassen.[22]

Zu beachten bleibt, dass jede Art von Musik vor ihrem Einsatz in Büroräumen hinsichtlich ihrer Wirkung auf Leistung und Wohlbefinden zu prüfen ist. Für eine solche Evaluation sind bislang Verhaltensexperimente notwendig. Für die Zukunft ist die Forschung gefordert, instrumentell messbare Parameter zu entwickeln, damit die ›Changing state‹-Charakteristik und damit das Störpotenzial eines Schalls aus seinen physikalischen oder psychoakustischen Eigenschaften berechnet werden kann. Dazu könnte die psychoakustische Größe der Schwankungsstärke (›fluctuation strength‹) geeignet sein, mittels derer bereits die Modellierung einer Vielzahl von Experimentalbefunden zum ›Irrelevant Sound Effect‹

---

21 Vgl. ebd.

22 Vgl. Takahiro Tamesue, Shizuma Yamaguchi, Tetsuro Saeki: Study on achieving speech privacy using masking noise. In: Journal of Sound and Vibration 297 (2006), S. 1088–1096; Jennifer A. Veitch, John S. Bradley, Louise M. Legault u. a.: Masking speech in open-plan offices with simulated ventilation noise: Noise-level and spectral composition effects on acoustic satisfaction. Ottawa 2002 (IRC Internal report; 846) [http://www.nrc-cnrc.gc.ca/obj/irc/doc/pubs/ir/ir846/ir846.pdf. (zuletzt eingesehen: 1.4.2011)].

gelang.[23] Die Empfindung der Schwankungsstärke wird durch Pegel- und Frequenzmodulationen des Schalls hervorgerufen, sofern die Modulationsfrequenz unter 20 Hz liegt. (Ab einer Modulationsfrequenz von ca. 20 Hz geht die Empfindung der Schwankungsstärke in die Empfindung der Rauigkeit über.) Am empfindlichsten reagiert das Gehör auf eine Modulationsfrequenz von 4 Hz. Dies entspricht auch in etwa der Abfolgefrequenz der Silben und kann als Hinweis auf die funktionale, gegenseitige Abstimmung von Hören und Sprechen gedeutet werden.[24]

Dass Lärm im Großraumbüro ein Problem darstellt, wird oft erst dann offensichtlich, wenn sich Beschwerden und Fehlzeiten häufen; Arbeitsunzufriedenheit, Fehlzeiten und Arbeitsfehler verursachen Kosten, die um ein Vielfaches höher liegen können als die Kosten für Raummieten und Büroausstattung. Tiefpassfilterung und Sound-Masking können die ›Changing state‹-Charakteristik von Hintergrundsprache so reduzieren, dass die Arbeitsgedächtnisleistung durch den resultierenden Gesamtschall signifikant weniger gestört wird als in der unbehandelten Situation.[25] Es ist davon auszugehen, dass diese positiven Wirkungen nicht nur auf das Arbeitsgedächtnis beschränkt bleiben. Die beiden genannten akustischen Optimierungsmaßnahmen reduzieren auch die Verständlichkeit gesprochener Sprache. Damit werden auch diejenigen kognitiven Leistungen weniger gestört, die auf semantikbasierten Prozessen beruhen. Dazu zählen z. B. Leseverständnis, Texterinnern oder Korrekturlesen, die nachweislich durch verständliche Sprache beeinträchtigt werden.[26] Im Idealfall profitiert so ein weiter Bereich kognitiver Leistungen von der akustischen Optimierung einer Büroumwelt.

---

23 Vgl. Sabine J. Schlittmeier, Tobias Weißgerber, Stefan Kerber u. a.: An algorithm modelling the Irrelevant Sound Effect (ISE). In: *Société Française d'Acoustique* (Hg.): Proceedings of the Acoustics '08. Paris 2008, S. 1197–1201.

24 Vgl. Hugo Fastl, Eberhard Zwicker: Psychoacoustics. Facts and models. Berlin, Heidelberg [3]2007 (Springer series in information sciences; 22), S. 248.

25 Vgl. Schlittmeier, Hellbrück, Thaden (Anm. 17) und Schlittmeier, Hellbrück (Anm. 17).

26 Vgl. Igor Knez, Staffan Hygge: Irrelevant speech and indoor lighting: Effects on cognitive performance and self-reported affect. In: Applied Cognitive Psychology 16 (2002), S. 709–718; Catherine J. P. Oswald, Sébastian Tremblay, Dylan M. Jones: Disruption of comprehension by the meaning of irrelevant sound. In: Memory 8 (2000). H. 5, S. 345–350 und Niina Venetjoki, Annu Kaarlela-Tuomaala, Esko Keskinen u. a.: The effects of speech and speech intelligibility on task performance. In: Ergonomics 49 (2006), S. 1068–1091.

4 Lärmwirkungen auf Kinder und Konsequenzen für die Klassenraumakustik

Kinder stellen in Bezug auf negative Lärmwirkungen eine besonders vulnerable Gruppe dar. Leistungsbeeinträchtigungen durch Lärm moderater Pegel sind bei ihnen stärker ausgeprägt als bei Erwachsenen. Kinder haben wesentlich größere Schwierigkeiten als Erwachsene, Sprache zu verstehen, wenn die zu identifizierenden Sprachreize von Hintergrundgeräuschen begleitet sind.[27] Die Verstehensleistung im Störgeräusch steigt über das Vor- und Grundschulalter kontinuierlich an und erreicht erst mit etwa 14 Jahren das Niveau Erwachsener.[28] Auch die Wirkungen bestimmter Hintergrundgeräusche auf das phonologische Arbeitsgedächtnis (›Irrelevant Sound Effect‹; siehe oben) sind bei Grundschulkindern um ein Vielfaches stärker als bei Erwachsenen.[29] Man geht davon aus, dass die hohe Störanfälligkeit der Kinder in beiden Bereichen teilweise aus der noch mangelnden Aufmerksamkeitskontrolle resultiert: Kinder sind generell schlechter in der Lage als Erwachsene, irrelevante akustische Reize nicht zu beachten und ihre Aufmerksamkeit auf die Aufgabe zu fokussieren.[30]

Lärmbedingte Leistungsbeeinträchtigungen müssen bei Kindern im Vergleich zu Erwachsenen als gravierender bewertet werden, da sich die betroffenen Funktionen noch in der Entwicklung befinden. Permanente Störungen durch Lärm können – bei langfristiger Exposition – zu persistierenden Defiziten im Erwerb dieser Funktionen führen. Diese Annahme wird gestützt durch Feldstudien, in denen unterschiedlich lärmexponierte Kinder hinsichtlich ihrer sprachlichen Leistungen verglichen wurden.[31] Kinder, die in der Nähe großer Flughäfen aufwuchsen, zeigten schlechtere Leistungen im Lesen und in der Sprachwahrnehmung. Allerdings sind diese Befunde aufgrund der starken Konfundierung

27 Vgl. Andrew Stuart: Development of auditory temporal resolution in school-age children revealed by word recognition in continuous and interrupted noise. In: Ear and Hearing 26 (2005), S. 78–88.

28 Vgl. Carole E. Johnson: Children's phoneme identification in reverbaration and noise. In: Journal of Speech, Language, and Hearing Research 43 (2000), S. 144–157.

29 Vgl. Emily Marie Elliott: The irrelevant speech effect and children. Theoretical implications of developmental change. In: Memory & Cognition 30 (2002), S. 478–487.

30 Vgl. Maria Klatte, Thomas Lachmann, Sabine J. Schlittmeier, Jürgen Hellbrück: The irrelevant sound effect in short-term memory. Is there developmental change? In: European Journal of Cognitive Psychology 22 (2010), S. 1168–1191.

31 Vgl. Stephen A. Stansfeld, Britta Berglund, Isabel Lopez-Barrio u. a.: Aircraft and road traffic noise and children´s cognition and health. A cross-national study. In: Lancet 365 (2005), S. 1942–1949.

der Fluglärmbelastung mit dem Sozialstatus nicht zweifelsfrei als Beleg für einen Kausalzusammenhang zwischen Lärmbelastung und Leistungsdefiziten interpretierbar.[32]

Neben dem Verkehrslärm ist in den letzten Jahren der Lärm in Schulen und Kindertagesstätten zunehmend in den Blickpunkt des öffentlichen und wissenschaftlichen Interesses gerückt. Anlass hierfür gaben zunächst Studien zur Arbeitsbelastung im Lehrer- und Erzieherberuf, in denen sich der Lärm konsistent als einer der wesentlichsten Belastungsfaktoren in diesen Berufsgruppen erwies.[33] Weiterhin zeigte sich ein Anstieg der Lärmbelastung mit zunehmendem Dienstalter: Die Belastung wird mit den Jahren als immer gravierender empfunden. Zudem schätzen sich Lehrkräfte, die unter Lärm leiden, als weniger geduldig im Umgang mit den Schülerinnen und Schülern ein, berichten häufiger psychosomatische Beschwerden und bleiben häufiger aus Krankheitsgründen dem Unterricht fern.[34]

Neben dem Aspekt der Lehrergesundheit trägt auch die Veränderung der Unterrichtsformen zum wachsenden Interesse an der Akustik in Schulräumen bei. Der klassische Frontalunterricht wird zunehmend durch moderne Unterrichtsformen mit Frei- und Gruppenarbeitsphasen ergänzt. Hierbei entsteht zwangsläufig ein höherer Geräuschpegel in den Klassen. Umfangreiche Messungen in Grundschulen dokumentieren, dass die mittleren Schallpegel in Abhängigkeit von der Unterrichtssituation zwischen 55 und 77 dB(A) variieren können.[35] Am lautesten wird es während der Gruppenarbeitsphasen, in denen an mehreren Tischen gleichzeitig gearbeitet und diskutiert wird. Die erfolgreiche Umsetzung solcher zeitgemäßen Unterrichtsformen setzt – neben vielen anderen Faktoren – auch adäquate akustische Bedingungen im Klassenraum voraus.

Die bauliche Gestaltung der Klassenräume trägt maßgeblich zur Lärmentstehung bzw. Lärmminderung bei. Die wesentlichste Determinante der Raumakustik ist die Nachhallzeit. Sie gibt die Zeitdauer in Sekunden an, in welcher der Pegel eines Schallereignisses in einem Raum um 60 dB abfällt. Für die mittlere

---

32 Vgl. Mary M. Haines, Stephen Stansfeld, Jenny Head, Soames Job: Multilevel modelling of aircraft noise on performance tests in schools around Heathrow Airport London. In: Epidemiology and Community Health 56 (2002), S. 139–144.

33 Vgl. Hans-Georg Schönwälder: Die Arbeitslast der Lehrerinnen und Lehrer. Ausmaß, Art und Zumutbarkeit. Empirische Befunde und ihre Bedeutung für die Qualität von Schule. Essen 2001.

34 Vgl. Gary W. Evans, Staffan Hygge: Noise and cognitive performance in children and adults. In: Linda M. Luxon, Deepak Prasher (Hg.): Noise and its Effects. New York 2007, S. 549–566.

35 Vgl. Bridget Shield, Julie E. Dockrell: External and internal noise surveys of London primary schools. In: Journal of the Acoustical Society of America 115 (2004), S. 730–738.

Nachhallzeit in Unterrichtsräumen gilt nach der DIN 18041 ein Richtwert von 0,6 s. Durch die fachgerechte Installation von schallabsorbierenden Materialien kann in jedem normal gebauten Klassenraum ein dieser Norm entsprechender Wert erzielt werden. Dennoch weisen viele Klassenräume deutlich längere Nachhallzeiten auf; Werte über einer Sekunde sind keine Seltenheit.[36]

Lange Nachhallzeiten verschlechtern die Sprachverständlichkeit im Raum, da die Sprachsilben durch den zu langen Abklingvorgang der vorhergehenden Silben überlagert werden. Zudem steigt der Hintergrundgeräuschpegel an, da alle – auch im Schulunterricht unvermeidlichen – Geräusche länger im Raum verbleiben. Hinzu kommt, dass Schülerinnen und Schüler und auch Lehrkräfte sich unter solchen Bedingungen lauter verhalten, da jede Person ihre Sprechlautstärke soweit anhebt, dass sie sich selbst gut hört und das Gefühl hat, auch für andere gut verständlich zu sein (›Lombard-Effekt‹ bzw. ›Café-Effekt‹).[37] Insbesondere in Gruppenarbeitsphasen führen diese Prozesse zu einem erheblichen Anstieg des Innenlärmpegels, da jede Gruppe versucht, den von anderen Gruppen produzierten Störgeräuschpegel zu übertönen.

Lärm und Nachhall in Klassenräumen beeinträchtigen das Lernen auf vielfältige Weise. Besonders gravierend sind die Wirkungen auf das Sprachverstehen. Schulisches Lernen basiert maßgeblich auf mündlicher Kommunikation. Kinder verbringen einen Großteil der Unterrichtszeit mit Zuhören.[38] Schulräume müssen daher so gestaltet sein, dass sie das Zuhören fördern – die Sprache sollte an allen Sitzplätzen klar und mühelos zu verstehen sein. Diese Grundvoraussetzung für erfolgreiches Zuhören ist in halligen Klassenräumen nicht gegeben. Dies zeigen Studien, in denen die Sprachverstehensleistungen von Kindern in Klassenräumen mit unterschiedlich langen Nachhallzeiten verglichen wurden. Die Kinder zeigten in den akustisch ungünstigen Räumen signifikant schlechtere Leistungen. In einer dieser Studien wurden die kombinierten Wirkungen von Hintergrundgeräuschen und Nachhall auf Leistungen von Erstklässlern, Drittklässlern und Erwachsenen beim Identifizieren von gesprochenen Wörtern analysiert.[39] Die Aufgabe bestand darin, die den gehörten Wörtern entsprechenden Bilder auf einem Antwortbogen

---

36 Vgl. Karl Gertis, Klaus Sedlbauer: Schulsanierung. In: Bauphysik, 32 (2010). H. 2, S. 100–109.

37 Vgl. James A. Whitlock, George Dodd: Speech intelligibility in classrooms. Specific acoustical needs for primary school children. In: Building Acoustics 15 (2008), S. 35–47.

38 Vgl. Margarete Imhof: What have you listened to in school today? In: International Journal of Listening 22 (2008), S. 1–12.

39 Vgl. Maria Klatte, Thomas Lachmann, Markus Meis: Effects of noise and reverberation on speech perception and listening comprehension of children and adults in a classroom-like setting. In: Noise & Health 12 (2010). H. 49, S. 270–282.

zu markieren. Die Datenerhebung erfolgte in einem mit einer elektroakustischen Großanlage ausgestatteten Seminarraum im Oldenburger »Haus des Hörens«. Die in dem Raum installierte Anlage ermöglicht die realitätsgetreue Simulation der Nachhallzeitcharakteristiken unterschiedlichster Räume. Für die Untersuchung wurden die Nachhallzeitverläufe zweier realer Grundschulklassenräume in dem Versuchsraum implementiert. Einer der Räume entsprach der DIN 18041, im anderen Raum war die mittlere Nachhallzeit mit 1,1 s erheblich zu lang. Die zu identifizierenden Wörter wurden über einen vorne im Raum befindlichen Lautsprecher mit einem Pegel von 66 dB(A), entsprechend einer angehobenen Lehrerstimme, präsentiert. Die Hintergrundgeräusche wurden über eine Lautsprecheranlage so eingespielt, dass der Pegel an allen Arbeitsplätzen etwa 55 dB(A) betrug. Wie oben dargestellt, wird dieser Pegel in Grundschulklassen schon während der leisesten Unterrichtsphasen erreicht. Alle Probanden bearbeiteten die Aufgabe einmal in Ruhe und einmal mit Hintergrundgeräusch.

Im halligen Raum verschlechterte sich die Verstehensleistung um 23 % bei den Kindern bzw. 12 % bei den Erwachsenen, wenn Hintergrundgeräusche eingespielt wurden. Bei kurzen Nachhallzeiten bewirkten dieselben Geräusche dagegen nur eine Verschlechterung um 6 % bzw. 2 %. Im akustisch ungünstigen Raum zeigte sich weiterhin ein dramatischer Einfluss des Sitzplatzes auf die Verstehensleistungen der Kinder. Kinder, die im halligen Raum in den hinteren Sitzreihen saßen, verstanden durchschnittlich jedes dritte Testwort falsch. Diese Wechselwirkung zwischen Nachhall und Sitzreihe resultiert aus dem Umstand, dass der Pegel der Lehrerstimme mit zunehmender Entfernung von der Signalquelle abnimmt, die Störgeräusche jedoch überall im Raum etwa gleich stark sind. Das resultierende Verhältnis zwischen Signal- und Störgeräuschpegel ist daher hinten im Raum wesentlich ungünstiger als vorne.

In dieser Studie wurden die Kinder nach jedem Versuchsteil gebeten, die Störwirkung der Störgeräusche auf das Sprachverstehen anhand einer kindgerechten ›Smiley-Skala‹ mit den Bezeichnungen ›gar nicht gestört‹ bis ›sehr stark gestört‹ einzuschätzen. Die Störungsbeurteilungen der Kinder erwiesen sich als überraschend gering: die Mittelwerte lagen in allen Bedingungen unterhalb der Kategorie ›ein bisschen gestört‹. Die Beurteilungen standen in keinem Zusammenhang zur tatsächlichen Leistungsverschlechterung. Die teilweise gravierenden Auswirkungen der akustischen Bedingungen auf die Leistung waren den Kindern offensichtlich nicht bewusst.

Die berichteten Befunde belegen die negativen Wirkungen von Lärm und Nachhall auf die Wahrnehmung und Verarbeitung sprachlicher Information bei Kindern. Über die langfristigen Wirkungen des Lärms in Bildungseinrichtungen auf Kinder ist bislang wenig bekannt. In einer Studie wurden Vorschulkinder aus einer Einrichtung untersucht, in der aufgrund raumakustischer Mängel durchschnittliche Lärmpegel von etwa 76 dB(A) vorherrschten.[40] Die Autoren verglichen die sprachlichen Leistungen von Kindern, die die Einrichtung vor bzw. nach einer akustischen Sanierung der Räumlichkeiten besuchten. Die nach der Sanierung untersuchten Kinder zeigten signifikant bessere Leistungen als die Gruppe, die im Jahr vor der Sanierung untersucht worden war. Die Autoren gehen davon aus, dass chronischer Lärm die Entwicklung von sprachlichen Funktionen beeinträchtigt, welche für den Schriftspracherwerb von maßgeblicher Bedeutung sind.

Klatte und Mitautoren untersuchten Zweitklässler, die seit Beginn ihrer Schulzeit in Klassenräumen mit guter bzw. schlechter Raumakustik unterrichtet wurden.[41] Die Kinder aus den schlechten Räumen schnitten bei Aufgaben zum phonologischen Arbeitsgedächtnis signifikant schlechter ab als Kinder aus akustisch günstigen Räumen – trotz Kontrolle soziodemografischer Einflussfaktoren. Darüber hinaus berichteten die Kinder aus den halligen Räumen von einer stärkeren psychischen Belastung durch Innenlärm im Klassenraum sowie von einem schlechteren Klassenklima und weniger positiven Beziehungen zu den Lehrkräften.

Das Wissen um die Optimierung der Klassenraumakustik ist in Fachkreisen seit langem bekannt und durch die DIN 18041 allgemein zugänglich. Auch der erhebliche Einfluss der Klassenraumakustik auf Wohlbefinden und Lernleistungen ist inzwischen eindeutig belegt. Trotzdem wird bei Neubauten und Sanierungsmaßnahmen in Schulen oft an der Akustik gespart. Dies liegt vermutlich zum einen an mangelndem Wissen der jeweiligen Entscheidungsträger um die Bedeutung der Klassenraumakustik, zum anderen an der vergleichsweise schlechten Kalkulierbarkeit der Effizienz raumakustischer Maßnahmen. Bei Investitionen in anderen Bereichen wie etwa dem energetischen Sektor ist das Verhältnis zwischen Einsatz und Gewinn monetär berechenbar; dies gilt für die Akustik nicht. Bei anstehenden Maßnahmen sollten sich daher Schulleiter, Lehrkräfte und Eltern dafür einsetzen, dass die Akustik von Beginn der Planung an angemessen berücksichtigt wird.

---

40 Vgl. Lorraine E. Maxwell, Gary W. Evans: The effects of noise on pre-school children's prereading skills. In: Journal of Environmental Psychology 20 (2000), S. 91–97.

41 Vgl. Maria Klatte, Jürgen Hellbrück, Jochen Seidel, Philip Leistner: Effects of classroom acoustics on performance and well-being in elementary school children. A field study. In: Environment & Behavior 42 (2010), S. 659–692.

5 Zusammenfassung und Resümee

Bei aller Faszination für die Welt der Klänge, darf man deren Gegenwelt, den Krach und den Lärm, nicht ignorieren. Lärm ist unerwünschter Schall. Er mindert in hohem Maße die Lebensqualität. Lärm belästigt und ärgert, beeinträchtigt die Kommunikation und stört Erholung und Schlaf, verschlechtert die Leistung und kann Krankheiten auslösen. Durch Lärm können Schwerhörigkeit und psychosomatische Beschwerden entstehen. Aber nicht nur extrem lauter Schall in der Umwelt und in der Arbeitswelt stellt ein Risiko für den Menschen dar, Schall kann auch in subtiler Weise mit kognitiven Funktionen interferieren. Der ›Irrelevant sound effect‹ ist ein Beispiel dafür. Schall von besonderer zeitlicher Charakteristik erhält privilegierten Zugang zum Arbeitsgedächtnis und kann die dort ablaufenden Prozesse beeinträchtigen, auch wenn der Schallpegel relativ niedrig ist.

Dies kann letztlich zu einer verminderten Leistung an allen Arbeitsplätzen führen, an denen geistig gearbeitet wird. Schall ist ein wichtiger Informationsträger. In Mehrpersonen- und Großraumbüros stehen nützlicher Schall und irrelevanter Schall oft im Konflikt. Einerseits ist gut hörbare und leicht verstehbare sprachliche Kommunikation erwünscht, andererseits stört gut verständliches Hintergrundsprechen diejenigen, die sich in ihre geistige Arbeit vertiefen möchten.

Von besonderer Bedeutung ist die akustische Situation in Klassenräumen für das Lernen der Schulkinder und die Unterrichtsarbeit der Lehrkräfte. In Klassenräumen herrschen oft aufgrund suboptimaler raumakustischer Bedingungen Lärmpegel, die an jedem Büroarbeitsplatz untersagt wären – zum Nachteil für den Lernerfolg der Kinder, die nicht in der Lage sind, sprachliche Informationen klar und deutlich artikuliert zu hören und zu verstehen, und zum Schaden für die Gesundheit der unter Dauerstress stehenden Lehrkräfte. Raum- und bauakustische Maßnahmen können Abhilfe schaffen, in Großraumbüros und in Klassenräumen.

Susanne Metzner

Prägnanz und Unbestimmtheit

Das Phänomen ›Klang‹ in der Musiktherapie

Der Beitrag der Musiktherapie zum Topos Klang kann im interdisziplinären Diskurs mit anderen damit befassten wissenschaftlichen Fächern und professionellen Disziplinen weniger eine Antwort auf die Frage sein, was Klang aus musiktherapeutischer Perspektive ist, sondern wie mit Klang in der Musiktherapie umgegangen wird, d. h. wie Klänge konkretisiert werden, welche Handlungsweisen und Einstellungen in der Hervorbringung und dem Erleben von Klang entwickelt werden und welche Bedeutung dem Klang im Zusammenhang mit Gesundheit zugemessen wird. Bevor diesen Fragen nachgegangen werden kann, sind aus Gründen der Nachvollziehbarkeit für Leser anderer Fachrichtungen einige Prämissen zur Musik in der Musiktherapie angebracht. Die Referenzen zur Anthropologie, Philosophie, Musikwissenschaft, Neurophysiologie und Entwicklungspsychologie sind mit Bedacht ausgewählt, um mögliche Schnittflächen mit anderen in diesem Band versammelten Beiträgen anzudeuten.

1 Therapie und Musik

Musiktherapie lässt sich als Fachdisziplin verstehen, die die Wirkungen von Musik auf die Gesundheit von Menschen innerhalb einer therapeutischen Beziehung zum Gegenstand hat,[1] und dafür unterschiedliche Erklärungsmodelle heranzieht und auch eine Reihe wissenschaftlicher Nachweise erbracht hat. Die Überzeugung, dass Musik in einem Zusammenhang mit dem subjektiven (insbesondere dem emotionalen) Erleben steht, ist freilich weltweit und seit alters her in der Kulturgeschichte, d. h. in der Medizin, in der Philosophie und in den neuzeitlichen, mit der Thematik befassten (musik-)wissenschaftlichen Fächern unumstritten, und auch Laien würden dies aufgrund eigener Erfahrung bestätigen. In diesem Zusammenhang wird Musik überwiegend als Kunstobjekt[2] angesehen, von dem eine aktivierende oder beruhigende, in jedem Fall aber harmonisierende Wirkung

1 Zu Definitionen von Musiktherapie vgl. Kenneth Bruscia: Defining Music Therapy. Gilsum [2]1998; Kasseler Konferenz: Thesen der Kasseler Konferenz. In: Musiktherapeutische Umschau 19 (1998), S. 232–235.

2 Volksmusik und -liedgut seien hier subsummiert.

ausgeht. Die moderne Musiktherapie hingegen setzt bei ihrer begrifflichen Definition von Musik weniger am hörbaren Gegenstand selbst an, sondern betrachtet Musik, wie es auch einige Musikwissenschaftler tun, phänomenologisch, d. h. als (*music as heard*),[3] oder als Prozess (*musicking*),[4] d. h. als ein sinnlich-auditives Erlebnis mit körperlichen, psychischen, sozialen und kulturellen Implikationen, das untrennbar in einen Kontext simultan existierender, außermusikalischer Bezüge eingebettet ist.

Musik wird vom Menschen gestaltet und konstituiert sich innerhalb der Dimensionen Hörbarkeit (Materialität), Zeitlichkeit (Prozess- und Ereignishaftigkeit) und Bedeutungshaftigkeit (symbolische Repräsentation, Referenz).

Bei der musikalischen Gestaltung, sei dies nun improvisierend, komponierend, reproduzierend oder rezipierend, werden Klänge[5] in rhythmische, melodische und harmonische Struktur- und Sinnzusammenhänge gebracht. Dieser Vorgang, der ja Grundlage aller musikalischen Schaffensprozesse ist, kann auch von Menschen ohne musikalische Fachkenntnisse vollzogen werden, denn eine basale Musikalität, derzufolge jeder Mensch angenehme von unangenehmen, d. h. spannungsvollen, dissonanten Klängen unterscheiden kann, ist angeboren. Darüber hinaus bilden der entwicklungspsychologisch gleich nach Geburt angelegte Gebrauch der eigenen Stimme, die Fähigkeit, die emotionale Tönung am Stimmklang der erwachsenen Bezugsperson zu erkennen,[6] sowie das in den ersten Lebensmonaten einsetzende Spiel mit Klangkörpern die präverbale Erfahrungsbasis für Expression und Kommunikation mit klanglichen Mitteln – ein Leben lang. Nicht nur entwicklungspsychologisch, sondern auch anthropologisch argumentiert beruht bereits die elementare musikalische Praxis, das Lallen etwa oder das Hantieren mit Babyrasseln, darauf, dass der Mensch eines konkreten Außens bedürftig ist, um seiner selbst gewahr sein zu können. Im Umgang mit einem Material wie Klang entwickelt sich die gleichzeitige Wahrnehmung von Welt und eigener Person, d. h. subjektiv *äußerer* Welt und subjektiv *innerer* Schemata. Doch nicht nur in den frühen Phasen, sondern bis zum Ende des Lebens ermöglicht das

3 Thomas Clifton: Music As Heard. A Study in Applied Phenomenology. New Haven 1983. Es bietet sich hier an, auch die moderneren Auffassungen zu den qualitativen Eindrücken des phänomenalen Bewusstseins einzubeziehen. Die Qualia-Debatte ist jedoch bisher von sehr divergierenden Positionen geprägt (vgl. Tobias Janz: Qualia, Sound, Ereignis. Musiktheoretische Herausforderungen in phänomenologischer Perspektive. In: ZGMTH Sonderausgabe [2010], S. 217–239), so dass der ältere, von Clifton begründete theoretische Referenzrahmen für den musiktherapeutischen Zusammenhang vorerst verlässlicher ist.

4 Christopher Small: Musicking. The meanings of performing and listening. Hanover, NH 1998.

5 Geräusche sind hier subsummiert.

6 Anna Blasi, Evelyne Mercure, Sarah Lloyd-Fox u. a.: Early Specialization for Voice and Emotion Processing in the Infant Brain. In: Current Biology (2011), doi:10.1016/j.cub.2011.06.009.

sinnlich wahrgenommene und gestaltete (Klang-)Material Orientierung in Raum und Zeit, es erinnert, schafft Rückbindungen, bereichert Erleben und Verhalten durch die Entwicklung von Alternativen und evoziert Entscheidungen.[7]

Wenn der Mensch eine Übereinstimmung zwischen äußerer Gestalt und innerer Struktur findet, stellt sich das befriedigende Gefühl ein, dass etwas »richtig« sei. Dies bezieht sich nicht nur auf das Schöne. Auch das Unschöne, Unpassende, Niedergedrückte oder auch Schmerzhafte einer Musik kann als stimmig erlebt werden, und der Mensch fühlt sich gewissermaßen verstanden.[8] Eine Reihe von emotional-kognitiven Prozessen spielt dabei eine Rolle, die unter dem Begriff Empathie zusammengefasst werden können und für die unter anderem die sog. Spiegelneuronen verantwortlich sind.[9] Doch handelt es sich dabei keineswegs um zwangsläufig ablaufende Mechanismen. Vielmehr ist auch die Fähigkeit des Menschen zur Selbstbestimmung beteiligt. Die Befriedigung des Menschen bemisst sich nicht an der (Wohl-)Gestalt des Gegenstandes und auch nicht allein an der Vermitteltheit von inneren und äußeren Strukturen, sondern immer auch an der Freiheit des eigenen Ermessens.[10]

Das gestaltete Klangmaterial an sich ist so lange bedeutungslos, bis ihm eine Bedeutung *gegeben* wird. Der Klang bekommt dann einen Als-ob-Charakter und steht für etwas anderes. Dabei handelt es sich in der Regel nicht um eine direkte

---

7 Ich lehne mich dabei an die Ausführungen von Max Fuchs an, der sich auf Neumann, Gehlen und Cassirer bezieht. Vgl. M. F.: Wozu Kunst? Zur sozialen und individuellen Funktion und Wirkung von Kunst. In: Arbeitsmaterialien zum Modellprojekt »Schlüsselkompetenzen erkennen und bewerten« der BKJ. Remscheid 2001 (vgl. http://data.bkj-remscheid.de/fileadmin/netkk/daten/pdf/kunst_inkl.pdf. [zuletzt eingesehen: 7.2.2014]).

8 Vgl. hierzu ausführlicher Susanne Metzner: Über das nahezu unmerkliche Gefühl des Ich-Seins. Psychoanalytische Musiktherapie mit geistig behinderten Klienten. In: Georg Theunissen, Ulrike Großwendt (Hg.): Kreativität von Menschen mit geistigen und mehrfachen Behinderungen. Grundlagen, Ästhetische Praxis, Theaterarbeit, Kunst- und Musiktherapie. Bad Heilbrunn 2006, S. 205–216, hier S. 213.

9 Aktuelle Forschungsergebnisse sowie Quellenüberblick bei Stein Bråten: Intersubjektive Partizipation. Bewegungen des virtuellen Anderen bei Säuglingen und Erwachsenen. In: Psyche – Z Psychoanal 65 (2011), S. 832–861.

10 Diese Aussage trifft mitten in eine Debatte, die – ausgelöst durch neurowissenschaftliche Analysen phänomenalen Bewusstseins – aktuell in den Geistes- und Sozialwissenschaften zu führen ist und Fragen berührt, in deren Zentrum das Subjekt und seine kognitiven Fähigkeiten stehen, insbesondere auch im Hinblick auf die Vorstellungen von Ich-Bewusstsein, Autonomie und Spontaneität. Im Zusammenhang mit der in diesem Beitrag behandelten Thematik ist von besonderem Interesse, inwiefern sich eine Person (auf präsemantische Weise) bewusst ist, selbst einen Ausdruck erzeugt zu haben. Da es den Rahmen dieses Beitrags sprengen würde, auf diese Fragen detaillierter einzugehen, verweise ich auf Stefan Lang: Spontaneität des Selbst. Göttingen 2010 (Neue Studien zur Philosophie; 23).

Referenz im Sinne einer Übersetzung. Vielmehr sind es Andeutungen, mit denen auch unter Zuhilfenahme von ästhetischen Strategien wie Fragmentierung, Übertreibung oder Verzerrung ein Sinn eingekreist wird.

Der Als-ob-Charakter von Klängen erbringt besondere Vorteile für die Kommunikation und für die Lebensbewältigung. Das Gemeinte, aber Unaussprechliche kann artikuliert werden, und die musikalische Praxis wird zum Dialog mit sich selbst und mit anderen. Im dialogischen Spiel mit Klangphänomenen werden Beharrungskräfte wahrgenommen, Konditionierungen und Gesetzmäßigkeiten, Erwartungen, Bereitschaften, Verlockungen, Vermeidungen und Möglichkeiten. Auch unangenehme, unerwünschte, schwer tolerierbare Erfahrungsbereiche können kommunizierbar werden.

Das bisher Gesagte lässt sich für den therapeutischen Einsatz von Musik noch etwas weiter spezifizieren: Die Arbeit mit Musik ist nicht nur ideal für die Wahrnehmung des Zusammenwirkens von Raum und Zeit, für die Aufmerksamkeit für Grenzen, Übergänge und Entwicklungen, für das Gewahrsein der eigenen Gegenwart samt den Selbst-Empfindungen für Kohärenz, Urheberschaft und Geschichtlichkeit, sondern auch für das Bewusstsein für die eigene Beteiligung am Fortgang der Dinge, was überall dort von Vorteil ist, wo diese basalen Selbst- und Weltbezüge gestört sind, unabhängig davon, ob es sich dabei um körperliches oder psychisches Leiden handelt.

Auf eine sehr knappe Formel gebracht, liegt aus therapeutischer Sicht die Wirksamkeit von musikalischen Prozessen für den Menschen in dem Gewinn von ästhetischen (performativen, mimetischen, responsiven) und semiotischen (interpretativen, translationalen, reflexiven) Kompetenzen sowie in einem damit einhergehenden Selbstmodellierungsvorgang.[11] Dieser berührt das unmittelbare Verhalten und die sowohl bewussten als auch unbewussten psycho-somatischen Erfahrungsbereiche des Menschen.

2 Klangphänomene in der Musiktherapie

Innerhalb der musiktherapeutischen Fachdisziplin ist vom Phänomen Klang zwar sehr häufig die Rede, wie an fast allen einschlägigen Veröffentlichungen zu erkennen ist, doch präsentiert sich dies zumeist als implizites Praxiswissen.

---

11 Vgl. hierzu ausführlicher Susanne Metzner: Über die Kluft vom Tatsächlichen zum Möglichen. Oder: Die Wirksamkeit von Musik in der musik-imaginativen Schmerzbehandlung. In: Monika Nöcker-Ribaupierre (Hg.): Musiktherapie und Schmerz. 16. Musiktherapietagung am Freien Musikzentrum München e. V. (1.–2. März 2008). Wiesbaden 2009 (Zeitpunkt Musik; 11), S. 31–48.

Wenn der Begriff Klang in einem theoretisch-wissenschaftlichen Diskurs geführt wird, fällt auf, dass eher ein philosophischer als etwa ein musikwissenschaftlicher Referenzrahmen herangezogen wird.[12] Interessant daran ist, dass der Gebrauch des Begriffes Klang auch ohne spezifische Operationalisierung als eine Art der konsensualen Fundamentierung für die Explikation musiktherapeutischer Prozesse und Wirkungen fungiert.

Aber auch in anderen Disziplinen ist der Begriff Klang von einer gewissen definitorischen Unschärfe gekennzeichnet. Damit ist er im interdisziplinären Diskurs nicht so sehr als *tertium comparationis* prädestiniert, sondern für die Reflexion der unterschiedlichen theoretischen, methodischen und praktischen Annäherungen an den Erkenntnisgegenstand. Gleichwohl soll im Folgenden der Versuch unternommen werden, eine Grundbestimmung der für die Musiktherapie relevanten Merkmale und Merkmalsrelationen dieses Rohstoffes von Musik vorzunehmen, die zwar nicht abgeschlossen, jedoch für die anschließenden Ausführungen hinreichend ist.

Klänge sind empirisch beobachtbar und identifizierbar anhand der physikalisch definierbaren Größen des Schalls (Schallwellen, -ausbreitung, -geschwindigkeit, -druck etc.). Das bedeutet, dass Klänge einerseits Ränder haben (Anfangsimpuls, Ein- und Ausschwingvorgang), Farben und Texturen (Obertonspektrum, Geräuschbeimischungen), sowie Dauern und Spannungsverläufe. Andererseits erfüllen, ergänzen oder färben sie, einmal in Gang gesetzt, ihre (akustische) Umgebung scheinbar grenzenlos. Perspektivisch gewendet geben sie auch Auskunft über Raum- und Umgebungsqualitäten ihres Entstehungsortes und über Erzeugungsweisen. Klänge, zumindest die nicht digital erzeugten, beruhen auf mate-

12 Exemplarisch hierzu: Fritz Hegi und Maja Rüdisüli beschäftigen sich mit den sog. Komponenten der Musik, Klang – Rhythmus – Melodie – Form – Dynamik und arbeiten deren Übergänge und Wechselbeziehungen heraus (vgl. F. H., M. R.: Der Wirkung von Musik auf der Spur. Theorie und Erforschung der Komponenten. Wiesbaden 2011 [Zeitpunkt Musik]). Der Klang wird darin dem »archaischen Bereich« (S. 39) und dem Gefühl zugeordnet: »Im Klang erscheint das Gefühl, im Rhythmus das Leben, in der Melodie der Ausdruck, in der Dynamik die Beziehung und in der Form der Wandel« (S. 137). Ingo Engelmann, der ein berührendes Zitat einer psychiatrischen Patientin zu seinem Buchtitel gemacht hat (I. E.: Manchmal ein bestimmter Klang. Analytische Musiktherapie in der Gemeindepsychiatrie. Göttingen 2000, S. 242), bezieht sich auf Gebser, wenn er auf die auf die Bedeutung von Klängen und Geräuschen aus der Natur für die magische Phase der Menschheitsgeschichte hinweist (vgl. S. 111 f.). Peter Hess hingegen, der die Klangmassage mit Gong, Klangschale und Monochord zum Stressabbau und zur Gesundheitsförderung entwickelt hat, bezieht sich auf fernöstliche Meditationspraktiken, die auch in der westlich geprägten Psychotherapie inzwischen unter dem Begriff Achtsamkeit (i. S. v. mindfulness) Akzeptanz gefunden haben (vgl. P. H.: Die heilende Kraft der Klangmassage. Entspannen, Stress abbauen, Schmerz lösen mit Klangschalen. München 2006).

riellen, körperlichen Vorgängen und geben Auskunft über die Beschaffenheit der Gegenstände (Material, Größe, Oberfläche, Dichte, Volumen), mit denen sie erzeugt werden. Mit der Untersuchung solcher Phänomene und ihrer Wechselbeziehungen ist die systematische Musikwissenschaft befasst, d.h. die Akustik und die Psychoakustik, aber auch die sehr heterogenen Fachgebiete, die sich unter dem Begriff *Sound Studies*[13] versammelt haben.

Für die Musiktherapie, die ja Musik und Klang als Wahrnehmungsgegenstand erachtet, ist dabei relevant, dass neben den praktischen Erfahrungen des Menschen mit der akustischen Umwelt sowie der Fähigkeit zur empirischen, quasi intuitiv vermessenden Wahrnehmung von Klang-Eigenschaften ein ästhetischer Wahrnehmungsmodus existiert, der sich dann einstellt, wenn der Hörer oder Spieler aus einer allein funktionalen Orientierung heraustritt und dem Klang in seiner phänomenalen Erscheinung begegnet, die den Sinnen und der Imagination entgegenzukommen scheint.[14] Das bedeutet, dass das Klangphänomen seine besondere Qualität in Bezug auf Materialität, Prozess- und Ereignishaftigkeit daraus gewinnt, *wie* sich die Wahrnehmung darauf bezieht.

Klang wird dann als ästhetisch wahrgenommen, wenn er in einer Haltung der aktiven Offenheit für die Interaktionen sinnlichen Vernehmens, für die unmittelbare Gegenwart des Vollzuges und für eine imaginative Anreicherung über das fassbare Sich-Anhören hinaus wahrgenommen wird. Objekte der ästhetischen Wahrnehmung erscheinen Seel zufolge in potentiell verschiedenen Dimensionen (vgl. das *bloße*, das *atmosphärische* und das *artistische* Erscheinen).[15] Angewendet auf das Phänomen Klang wäre dies erstens der Klang an sich, d.h. derjenige, der – einfach – in seinem So-Sein wahrgenommen wird; zweitens der Klang im Widerschein einer situativen Konstellation, d.h. der Klang im Kontext anderer Klänge, seiner Entstehungsbedingungen und/oder aktuellen Rezeptionssituation; und drittens der Klang in seinem über die Gegenwart hinausgehenden symbolischen Gehalt, d.h. in seiner subjektiven Bedeutung, in seinen interpersonellen, sozialen oder kulturellen Bezügen. Zwischen diesen verschiedenen Dimensionen gibt es keine Hierarchie. Sie können koexistieren, können aber auch in einem spannungsvollen Verhältnis zueinander stehen, und es kann Übergänge und Überschneidungen geben.

In der Musiktherapie, zumindest dort, wo aktiv Klänge erzeugt werden, nimmt das Phänomen Klang die Position eines Leitmotivs ein. Mag die Wahl

---

13 Holger Schulze (Hg.): Sound Studies. Traditionen – Methoden – Desiderate. Eine Einführung. Bielefeld 2008.

14 Diese Ausführungen verdanken wesentliche Anregungen Martin Seel: Ästhetik des Erscheinens. Frankfurt a.M. 2003 (stw 1641). Seine Zusammenfassung ist auf den Seiten 146f. zu finden.

15 Vgl. ebd., S. 148–160.

eines der zahlreichen Instrumente, die in der Regel in einem Musiktherapieraum verteilt sind, zunächst vom visuellen Eindruck oder von einer (subjektiven) symbolischen Bedeutung geprägt sein, so verändert sich die Situation in dem Moment, in dem der erste Ton erklingt. Bei der unmittelbar responsiven Reaktion nimmt der Patient dem Klanggeschehen ein Muster oder eine Struktur ab, die in einem gewissen Passungsverhältnis zu bereits vorgeprägten Erfahrungsstrukturen (Erinnerungsspuren, Erwartungen) steht. Dieser Vorgang ist zunächst präreflexiv, kann sich jedoch im weiteren Vollzug für Assoziationen und imaginative Ausgestaltungen öffnen und an Bedeutung gewinnen, was für den außenstehenden Beobachter oder Teilnehmer nur begrenzt erschließbar ist. Bevor dies noch etwas näher ausgeführt wird, mag ein Beispiel der Veranschaulichung dienen.

Eine koreanische Patientin hatte beim explorierenden Erkunden der zur Verfügung stehenden Musikinstrumente mit den *Claves*[16] auf ein Tenorxylophon geschlagen und sich in der sich anschließenden Gruppenimprovisation spontan für dieses Instrument samt der außergewöhnlichen Klangerzeugung entschieden. Die fast zehn Minuten andauernden, laut und hart klingenden, schnell und monoton repetierenden Patterns, die in keinerlei musikalischem Kontext zu den umgebenden Klängen der anderen Teilnehmer zu sein schienen, lösten in der Therapeutin die Besorgnis aus, dass sich diese Patientin in eine hyperaktive, nur schwer zu kontrollierende psychische Situation hineinspielen könnte, aber sie beschloss, nicht zu intervenieren, sondern das Ende der Improvisation abzuwarten. In der reflektierenden Nachbesprechung zu der Improvisation berichtete diese Patientin, dass der Klang des mit Claves angeschlagenen Xylophons die Assoziation an eine typische Situation aus ihrer frühen Kindheit ausgelöst hatte. Sie hätte als kleines, etwa zwei bis drei Jahre altes Mädchen auf dem Boden nah bei ihrer Großmutter gelegen, den Kopf in deren Schoß gebettet, wo sie sich sehr geborgen fühlte und in einem tagtraumähnlichen Zustand verweilte, während die Großmutter auf traditionell koreanische Art die nasse Wäsche auf einem hölzernen Wäschebrett klöppelte.

Wenn sich Klangereignisse mit Lebensereignissen wie in diesem Beispiel verbinden, überlagern sich konkrete Klangräume und psychische Vorstellungsräume, ohne dass die Unterscheidung zwischen Faktischem und Gefühltem, zwischen Empfindung und Reflexion aufgehoben wäre. Im Kontext von Krankheitsbewältigung, Leidenslinderung oder Gesundheitserhaltung wird also durch die Klangerfahrung ein Prozess angestoßen, bei dem der Patient sich selbst als hörend, fühlend, imaginierend und gestaltend erlebt und spürt. Der Patient kann nicht auf die Gegenwart eines Gegenstands achten, ohne seiner eigenen Gegen-

16 Ursprünglich aus Afrika stammende, paarweise verwendete Klanghölzer.

wart innezuwerden. Dabei ist ihm zu jedem Zeitpunkt klar, dass er es selbst ist, der einen bestimmten Klang hört, spielt, anhört. Zwar mag die Aufmerksamkeit temporär völlig absorbiert werden von der ästhetischen Wahrnehmung des Klangs, aber der subtile Hintergrund des Selbsterlebens, das bis ins Vegetative hinabreicht, geht dabei nicht verloren.[17]

Die besondere Gegenwärtigkeit des *Gegenstands* der Wahrnehmung ist so an eine besondere Gegenwärtigkeit des *Vollzugs* dieser Wahrnehmung gebunden. Durch die Differenzierung von ›ist/ist nicht‹ bzw. ›passt/passt nicht‹ gewinnt einerseits der Gegenstand (der Klang, die Musik) an Kontur, andererseits bilden sich dadurch die wahrnehmenden Strukturen aus. Da diese nicht auf einen – in dem Fall den auditiven – Wahrnehmungsbereich beschränkt, sondern neurophysiologisch vielfältig vernetzt sind, treten Transfer- und Generalisierungseffekte ein. Somit verändert sich im Vollzug der ästhetischen Klang-Wahrnehmung die Art, in der körperliche, emotionale und kognitive Erlebensweisen integriert und ineinander gebettet werden,[18] wobei sich darüber hinaus das Erlebte für Kenntnis und Erkenntnis, Deutung und Bedeutung öffnen kann, aber nicht zwingend muss, was wiederum die Nachhaltigkeit von Therapie unterstützt.

3 Produktion von Klang in der Musiktherapie

Die Distanz zwischen der alltäglichen Lebenswelt der Patienten und den darin enthaltenen tatsächlichen oder möglichen Funktionen, die Musik einnimmt, und dem in der Musiktherapie angestoßenen Ansinnen, eine eigene musikalische Aktivität zu beginnen, darf man sich aus Sicht des Patienten als groß vorstellen. Musik soll in der therapeutischen Sitzung nicht mehr als ein Ergebnis der Tätigkeit von musikalischen Experten angesehen werden, sondern als Resultat eines experimentellen Umgangs mit teils bekannten, teils unbekannten Musikinstrumenten erfahren werden, bei dem Körperlichkeit, Selbstempfinden, Gefühle, (habituelle) Einstellungen und Wunschvorstellungen – vom Patienten als seine Innenwelt angesehen – bewusst werden und nach und nach in einen Zusammenhang mit musikalischen Elementen zu bringen sind. Indes zeigen die musiktherapeutischen Erfahrungen, dass Patienten sich trotz dieser unleugbaren Herausforderung mit Neugier auf Experimente mit Instrumentalklängen einlassen – im Gegensatz

17 Diese und die folgenden Ausführungen verdanken wesentliche Anregungen Thomas Metzinger: Grundkurs Philosophie des Geistes. Bd. 1. Paderborn 2006, S. 424–476.

18 Möglicherweise werden Wahrnehmungsprozesse auch im neurophysiologischen Sinne *umgebettet*.

etwa zum Gebrauch der Stimme, der häufig mit Scham besetzt ist, oder zu rhythmischen Übungen, die bisweilen mit Leistungsorientierungen verbunden sind. Wenn, wie das häufig geschieht, erst einmal gehandelt (geklopft, gezupft, gestrichen, gerieben) bevor gefragt oder geurteilt wird, dann kann dies durchaus mit dem Begriff des *praktischen Sinns*, wie ihn Bourdieu geprägt hat,[19] in Zusammenhang gebracht werden. Die Distanz zwischen alltäglicher und therapeutischer Musikpraxis wird dadurch womöglich nicht aufgehoben, aber aufseiten des Patienten kommt ein Prozess in Gang, bei dem die Loslösung von musikalischen Hörgewohnheiten, ästhetischen Idealen und stilistischen Präferenzen vollzogen wird. Für die Therapie ist dies förderlich, weil neben allgemeinen Wirkfaktoren von Psychotherapie,[20] die freilich auch für die Musiktherapie gelten, Kompetenzen für die Lebens- und Krisenbewältigung gewonnen werden, so u. a. das Gefühl für Stimmigkeit und Authentizität, oder die Offenheit für Unscheinbares, Ungewohntes und Überraschendes.

Die bevorzugte Methode der Musiktherapie, bei der Klänge selbst erzeugt werden, ist die Instrumentalimprovisation. Dabei wird unter dem Begriff Improvisation weniger ein Werk, als vielmehr eine Tätigkeit verstanden, die das simultane Hören (einschließlich Voraushören, Nachhören), das Spielen (Austausch zwischen Vorstellen und Darstellen von Klang) und das Interagieren (mit Gegenständen, mit MitspielerInnen, mit der Umwelt) in sich vereint. Diese Tätigkeit ist dann, wenn sie sich voll entfaltet, von einer psychischen Verfassung begleitet, auf die der Begriff des *Potential Space* zutrifft, den der englische Psychoanalytiker Winnicott geprägt hat.[21] (Improvisationsmusiker sprechen gerne von *flow*.) Gemeint ist damit eine psychische Verfassung, in der sich das Hantieren mit Klängen absichtslos und absichtsvoll zugleich ereignet, oder in der die Klangphänomene als zur Innen- und gleichzeitig zur Außenwelt gehörig erachtet werden. Der Potential Space wird somit als ein psychisch doppelt besetzter und spannungsvoller Raum erlebt und repräsentiert, der nur aufrechterhalten werden kann, wenn er nicht fixiert und vermessen, sondern erahnt und ermessen wird.

---

19 »Als leibliche Absicht auf die Welt [...] leitet der praktische Sinn ›Entscheidungen‹, die zwar nicht überlegt, doch durchaus systematisch, und zwar nicht zweckgerichtet sind, aber rückblickend durchaus zweckmäßig erscheinen« (Pierre Bourdieu: Sozialer Sinn. Kritik der theoretischen Vernunft. Frankfurt a. M. [8]1998 [stw 1066], S. 122).

20 Schulenübergreifend gelten in der Psychotherapie die Wirkfaktoren *Ressourcenaktivierung*, *Problemaktualisierung*, *Hilfe zur Problembewältigung* und *Klärung*, wobei die Auslegung der Begriffe durchaus unterschiedlich vorgenommen wird (vgl. Klaus Grawe, Ruth Donati, Friederike Bernauer: Psychotherapie im Wandel – Von der Konfession zur Profession. Göttingen 1994).

21 Vgl. Donald Woods Winnicott: Vom Spiel zur Kreativität. Stuttgart [3]1985 (Konzepte der Humanwissenschaften).

Die Balance dieser doppelten Besetzungen ist extrem irritabel. Die Fähigkeit, einen Potential Space zu errichten, die sich in den ersten Lebensjahren bildet, kann im Kontext lebensgeschichtlich ungünstiger Umstände und von Mangel oder von Gewalt geprägten Beziehungserfahrungen eingeengt oder zerstört werden. Es ist Angelegenheit der (Musik-)Therapie, die Restitution dieser Fähigkeit zu ermöglichen, indem entsprechende Bedingungen bereitgestellt werden. Entscheidend ist dabei eine musiktherapeutische Haltung, die darin besteht, dass der Musiktherapeut den aus dem zunächst planlosen Spiel entstehenden Klangereignissen vorbehaltlos begegnet und die im Keim erkennbaren, verborgenen oder auch unterbundenen Entwicklungen aufspürt, um dem Patienten dabei behilflich zu sein, seine eigenen Vorstellungen am Material zu entwickeln. Es handelt sich um eine Arbeit auf der Schwelle zur Symbolisierung, und zwar um die präsentative Symbolbildung im Sinne von Susanne Langer.[22] Klangsymbole sind Verdichtungen, die die Potenz zur Mehrfachdeterminierung bergen und im Gegensatz zu anderen Symbolen, besonders zu den (diskursiven) Sprachsymbolen, in sich das Merkmal des Verschwindens tragen. Sie zeugen von der unwiederbringlichen Präsenz, was in der musikalischen Improvisation noch einmal gesteigert ist, denn nicht alles, was gehört oder gespielt wird, soll sogleich (be-)greifbar oder bedeutungsvoll sein.[23]

Was für die Musiktherapie Vorteile birgt, nämlich, dass sich Entwicklungen (Neu-Orientierungen, Zuordnungen, Strukturierungen, Verstehensvorgänge) eine ganze Weile im Unscheinbaren und Unbestimmten abspielen dürfen und erst ganz allmählich an Prägnanz und Konsistenz gewinnen, erweist sich für die Darstellung solcher Prozesse als umso schwieriger. Aus diesem Grund soll im Folgenden eine weitaus seltenere Methode in den Mittelpunkt der Betrachtung gerückt werden, die Komposition innerhalb der sog. Musik-imaginativen Schmerzbehandlung. Auch wenn Improvisation und Komposition als unterschiedliche musikalische Praktiken zu verstehen sind, so lässt sich anhand der Kompositionsprozesse exemplarisch aufzeigen, wie durch die Arbeit mit Klängen körperliche, emotionale und kognitive Erlebensweisen integriert werden und welcher Sinn den Produktionen von den Patienten selbst im Zusammenhang mit ihrer Krankheitsbewältigung zuerkannt wird.

---

22 Vgl. Susanne Katherina Knauth Langer: Philosophie auf neuem Wege. Das Symbol im Denken, im Ritus und in der Kunst. Frankfurt a. M. 1984, S. 204–260.

23 Vgl. hierzu ausführlicher Susanne Metzner: Following the Tracks of the Other. Therapeutic Improvisations and the Artistic Perspective. In: Nordic Journal of Music Therapy 14 (2005), S. 155–163.

4 Musik-imaginative Schmerzbehandlung

Im Rahmen der sog. Musik-imaginativen Schmerzbehandlung[24] wird der Patient nach einem ausführlichen Interview zu seinem Schmerzerleben und allen damit zusammenhängenden Aspekten wie Anamnese und Biographie, aktuellen Lebensumständen, Vorbehandlungen und derzeitigen Einstellungen und Zielen gebeten, mit Hilfe der im Musiktherapieraum befindlichen Musikinstrumente Klänge zu suchen und zusammenzustellen, die seinem Schmerzerleben Ausdruck verleihen. Dies ist insofern nicht so abwegig, als dass schon die Sprache ein Ähnlichkeitsverhältnis zwischen dem Schmerz und einer materiellen Handlung wie Reiben, Kratzen, Stechen, Pochen, Hämmern, Durchdringen kennt. Der Weg zur Klangerzeugung ist also nicht weit, besonders wenn man auch an Schmerzlaute wie Stöhnen, Wimmern, Kreischen oder Schreien denkt. Das Ausforschen des Schmerzes, das nötig ist, um Klangqualitäten zuzuordnen – soviel sei hier aus psychologischer Sicht angedeutet – ist für den Patienten einerseits belastend, weil er auf seine Tendenzen, dem Schmerz auszuweichen, verzichten muss. Andererseits ist es befriedigend, weil er mit den Klangereignissen einen Ausdruck für sein inneres Erleben gewinnt und sich gemeinsam mit einem anderen Menschen darauf beziehen kann. Im nächsten Schritt wird der Patient aufgefordert, sich auf die Suche nach Klängen zu begeben, die sich mit seiner Vorstellung von Linderung verbinden. Psychologisch gesehen ist dies ein anders gearteter Prozess als bei der Komposition zuvor, denn die Klänge sollen sich auf das beziehen, was nicht vorhanden ist und für viele Patienten nach langer Krankheit zudem auch schwer vorstellbar geworden ist. Sie kommen in Berührung mit ihren Wunschvorstellungen, die teils diffus, teils grandios sind, aber auch mit dem, bei dem sie sich selbst im Wege stehen, mit ihren Hemmungen und ihrem Scheitern.

Wenn beide Kompositionen fertig sind und der Therapeut genau weiß, wie er sie spielen soll, werden dem Patienten, der eine bequeme Körperhaltung einnimmt, in einer sog. Anwendungsphase die Musikstücke vorgespielt, und zwar so lange er möchte. Es ist ein Werk, das vom unmittelbaren Wechsel zwischen der Komposition Schmerz und der Komposition Linderung geprägt ist. Der Patient übernimmt das Dirigat, setzt Anfangs- und Schlusspunkte, nimmt Einfluss auf die Tempo- und Dynamikgestaltung, während er sich nochmals auf sein Schmerzempfinden und auf seine Vorstellung von Linderung konzentriert. Wenn

24 Einzelheiten und weitere Quellenangaben hierzu bei Susanne Metzner: Musik-imaginative Schmerzbehandlung (Entrainment). In: Hans-Helmut Decker Voigt, Eckhard Weymann (Hg.): Lexikon Musiktherapie. Göttingen, Bern, Wien u. a. [2]2009, S. 295–298.

diese sog. Anwendungsphase beendet ist, schließt sich ein Gespräch zur Reflexion und Verarbeitung des Prozesses und zur Verabredung möglicher weiterer Behandlungsschritte an.

5 Vignette I – Bestimmte Unbestimmtheit

Herr Stein,[25] ein Patient im mittleren Lebensalter, der seit gut einem Jahrzehnt unter chronischen Rücken- und Kopfschmerzen unklarer Genese leidet und sich zur Behandlung in einer psychosomatischen Klinik befindet, begegnet der Musiktherapie aufgeschlossen. Aus seiner Alltagserfahrung mit Klängen und Geräuschen, die sich in unangenehmer Weise auf sein Schmerzerleben auswirken können, schließt er, dass auch eine positive Wirkung möglich sein könne. Bei der kompositorischen Arbeit geht es um eine als dumpf bezeichnete Schmerzqualität. Der Patient ist auf der Suche nach etwas »klanglich Tiefem«, das wiederum auch »nicht zu lang anhaltend« ist. Der Therapeut demonstriert einige Schläge auf einer tiefen *Schlitztrommel*.[26] Der weiche, dumpf pochende Klang des Instruments geht nach dem Empfinden von Herrn Stein schon in die richtige Richtung, aber er sei noch zu tief. Daran zeigt sich, dass der Patient – ohne lange darüber nachdenken zu müssen – einem Klang nicht nur die tatsächlich wahrnehmbare Qualität, sondern auch implizit vorhandene Varianten ablauscht. Die sich anschließenden Experimente mit unterschiedlichen Tonhöhen werden schließlich so sublim ausdifferenziert, dass die Nuancen zwischen den Klangqualitäten kaum noch auszumachen sind. Interessanterweise wird dabei simultan auch noch einmal die Schmerzqualität genauer gefasst: Herr Stein charakterisiert sie nun nicht mehr nur als dumpf, sondern als »unterschwellig spürbar, aber nicht voll präsent«. Aus kompositorischer Sicht besteht also die besondere Herausforderung darin, eine möglichst prägnante klangliche Ähnlichkeitsbeziehung zu einem Wahrnehmungsgegenstand, dem Schmerz, herzustellen, der selbst auf bestimmte Weise unbestimmt ist, und zwar nicht etwa in dem Sinne, dass er potentiell bestimmbar wäre, sondern dass er eine besondere, von anderen Arten der Indirektheit, Unschärfe oder Verschleiertheit zu unterscheidende Qualität des Unterschwelligen aufweist.

Eine Zuordnung von Klang und Schmerz kann nur der Patient selbst vornehmen, denn dem Therapeuten ist nicht nur die Erkenntnis über das subjektive

25 Die Namen der Patienten sind geändert.

26 Ein ursprünglich aus einem ausgehöhlten Baumstamm gefertigtes und mit Schlitzen versehenes Instrument.

Schmerzerleben verschlossen, sondern auch die Art, wie der Patient die Klänge wahrnimmt. Bei dieser Zuordnung fällt dem Therapeuten lediglich auf, dass Herr Stein die Klangqualität der weichen, pochenden Schläge auf die Schlitztrommel als fließend bezeichnet, was qualitativ nicht übereinzustimmen scheint, aber dieser verteidigt seine Wahl entschieden. Es gibt aus psychotherapeutischer Sicht einige Anhaltspunkte dafür, dass sich darin eine Neigung des Patienten verbirgt, die Deutungshoheit um jeden Preis zu bewahren und fremde Einflüsse oder Vieldeutigkeiten eher auszuschließen. Da es bei einer Komposition Schmerz jedoch um die Darstellung des status quo auch in seiner Unaufgelöstheit oder Ungereimtheit geht, interveniert der Therapeut nicht, sondern unterstützt den Patienten in seiner Selbstbestimmung und Eigenschaft als Urheber, selbst wenn das Klangergebnis im Verhältnis zur verbalen Beschreibung nicht ganz plausibel wirkt. Erst durch diese Zurückhaltung kann Herr Stein im Zuge des weiteren Kompositionsprozesses seine (generelle) Vorliebe für die Schlichtheit entdecken, d. h. eine ästhetische Wahrnehmungseinstellung, bei der das Wahrnehmungsobjekt Klang und/oder Schmerz in seinem bloßen Erscheinen Prägnanz ohne zusätzliche Bezüge oder Bedeutungen gewinnt, was sich auf die weitere Kompositionsarbeit in dieser Behandlung günstig auswirkt.

6 Vignette II – Symbolische Präsenz der Unbestimmbarkeit

Frau Linde, eine Patientin im fortgeschrittenen Lebensalter, kann sich zu Beginn der Musik-imaginativen Schmerzbehandlung nicht recht vorstellen, wie sie Klänge ihrem Schmerzerleben zuordnen könnte. Was sich zunächst als Ratlosigkeit oder Unerfahrenheit darstellt, erweist sich als eine Skepsis, ob die qualitative Zeichenzuordnung das Schmerzerleben zergliedern und somit dem Wahrnehmungsobjekt in seiner Gesamtgestalt nicht gerecht würde. Die Ausgangslage dieses Kompositionsprozesses stellt sich so dar, dass es darum geht, einen Weg zu finden, einerseits im Schmerz nicht stumm zu bleiben und andererseits das Erleben durch den artikulatorischen Akt nicht zu zerstören. Die Entscheidung des Therapeuten, konkret zu werden und vor dem Hintergrund der vorangegangenen Schmerzbeschreibung Klänge probeweise zu produzieren, erweist sich als konstruktiv für den weiteren Verlauf.

Zunächst wird in recht ausgiebigen Experimenten genau die richtige Art gefunden, mit einem Cellobogen über eine Gitarrensaite zu streichen, um einem ziehenden Rückenschmerz Ausdruck zu verleihen. Im Anschluss daran beschäftigt sich Frau Linde mit einer zweiten, brennenden Schmerzqualität, der sie den unheimlichen und von ihr als »höllisch« bezeichneten Klang der *Spring Drum*[27] zuordnet. Die größte Herausforderung besteht schließlich darin, sich mit klanglichen Mitteln dem dritten, als »starr, wie einbetoniert« charakterisierten Schmerz in der Lendenwirbelsäule zuzuwenden. Ob es die neu gewonnenen Erfahrungen mit ungewöhnlichen Klangphänomenen sind oder ob es einfach Intuition ist, lässt sich nicht abschätzen, aber Frau Linde greift selbständig zur *Ocean Drum*.[28] In einer mehrminütigen Episode kontinuierlich ab- und anschwellenden Rauschens spürt, sinniert, spricht, spielt und lauscht die Patientin, und synchronisiert in ihrer Vorstellung die Bewegungen ihres eigenen Beckens mit denen des Instruments.

Als sie innehält, übernimmt der Therapeut das Instrument, schwingt sich musikalisch auf die Bewegungen ein, und Frau Linde konzentriert sich auf das Schmerz- und das Klangerleben. Im Vollzug dieser Wahrnehmung findet sie schließlich heraus, dass sie erst dann, wenn sie die Bewegung langsam genug ausführt, den starren Schmerz überhaupt richtig spürt. Der darin liegende Widerspruch zwischen den Qualitäten von Starre und Bewegung ist in der ästhetischen Erscheinung des Ocean Drum-Klanges aufgehoben: Das Rauschen ist ein fließendes, mit dem Meer assoziiertes, an- und abschwellendes und gleichzeitig auch ein statisches, weil unaufhörliches Geräusch. Der Klang ist prägnant und unbestimmt zugleich.

Im folgenden Schritt geht es in der Musik-imaginativen Schmerzbehandlung eigentlich darum, die drei gefundenen Klangereignisse zusammenzusetzen und für die sog. Anwendungsphase vorzubereiten. Ganz im Gegensatz zu der vorherigen Präzisionsarbeit an den einzelnen Klangqualitäten geht Frau Linde sehr pragmatisch, fast beliebig vor. Sie sorgt weder für Bezüge zwischen den einzelnen Partien, noch nimmt sie nachträgliche Überarbeitungen vor. Für einen Außenstehenden entsteht nicht der Eindruck, dass die Patientin antizipiert, wie ihre Komposition klingen wird, welchen Charakter die Übergänge zwischen verschiedenen Klangereignissen haben werden und wie sie die Musik als Hörerin empfinden wird.

Die Intensität des Kompositionsprozesses bis hierher legt jedoch nahe, dass dem Handeln von Frau Linde eine kompositorische Motivation zugrunde liegt, derzufolge die Patientin, auch wenn ihr dies nicht bewusst ist, sowohl mögliche

---

27 Musikinstrument in Form einer Dose, bei der an der aufgespannten Membran eine lange Stahlfeder befestigt ist, deren freie Schwingung sich über die Membran im Resonanzkörper verstärkt und unheimliche bis grollende Klangflächen erzeugt.

28 Rahmentrommel, die mit einer zweiten, meist durchsichtigen Membran bespannt und mit vielen Metallkügelchen gefüllt ist, die über das Fell rollen und einen dem Meeresrauschen ähnlichen Klangeffekt erzeugen.

innermusikalische Bezüge als auch ihre eigene Bezugnahme zur Komposition nicht expliziert, ja nicht einmal impliziert.[29] Implizit ist hingegen, dass Klangereignisse (und damit Schmerzqualitäten) monolithisch in ihrer internen und externen Unbezogenheit für sich stehen. Somit ist die Entfremdung essentieller Teil des Werkes und die Komposition das gelungene Korrelat des Scheiterns am Schmerz. Gleichzeitig ist darin schon eine Bewegung angedeutet, die ja in Gang gekommen ist. Doch diese muss wiederum als kontingent erkannt und anerkannt werden, denn das Klangereignis ist – bedingt durch seine Erzeugung durch rollende Kügelchen – de facto nicht zu kontrollieren.

7 Der Kompositionsprozess in der Musik-imaginativen Schmerzbehandlung

Wie aus den beiden vorangegangenen Vignetten aus Musik-imaginativen Schmerzbehandlungen hervorgeht, bezeichnet der Begriff Komposition in der Musiktherapie ein musikalisches Werk, das auf einen Urheber (Patienten) zurückgeht und dessen Idee sowie dessen zeichenhafte, in diesem Fall sprachliche oder gestische Festlegung von hörbaren und zeitlich organisierten Parametern die Grundlage für eine oder mehrere performative Ausführungen durch einen Interpreten (Therapeuten) bildet. Bei dieser begrifflichen Ausgestaltung wird Komposition nicht normativ gefasst, also weder vom Umfang, von der Güte oder der überindividuellen, zeitlich überdauernden Gültigkeit, noch von einer originär künstlerischen Intention oder einer in der musikalischen und handwerklich-professionellen Expertise liegenden Legitimation des Komponisten, sondern von einer spezifischen Art der bewussten menschlichen Artikulation. Allerdings ist gerade der komponierende Laie (Patient) darauf angewiesen, sich von seinen vorhandenen Klangvorstellungen leiten zu lassen, die wiederum aus seinem musikalischen Erfahrungshintergrund erwachsen, mögen sie unter dem Gesichtspunkt eines künstlerischen Anspruchs nach Differenziertheit auch noch so diffus, rudimentär oder konventionell erscheinen.

---

29 Interessanterweise beschreibt auch eine professionelle Komponistin solch eine Phase im Kompositionsprozess: »Nicht die Wiederherstellung der alten Ganzheit ist [...] gefragt, möglichst gar naht- und narbenlos, sondern die *produktive Unschärfe* der Dinge, aus deren Mehrdeutigkeit Ganz- und Teilheit sich wechselseitig durchdringen. Die so bereinigten Elemente lassen sich nun also gezielt ›unscharf‹, ›schief‹ oder ›unvollständig‹ zusammensetzen« (Charlotte Seither: Schatten und Wahrheit. Aufspaltung im kompositorischen Prozess. In: CD-Begleitheft zu: Essay on Shadow and Truth. Orchester- und Kammermusik. Adenbüttel 2011, S. 10–12, hier S. 12).

Die Komposition entsteht in dem qualitativen Bewusstsein für die Temporarität von klanglicher Wirklichkeit und unter Zuhilfenahme von basal vorhandenen mimetischen, ästhetischen und semiotischen Kompetenzen.[30] Der Entstehungsprozess ereignet sich in einer von der Alltagswelt unterschiedenen und unterscheidbaren mimetischen Welt,[31] die zum einen von der Interdependenz zwischen Natur und Kultur bei der subjektiven Empfindung, (handwerklichen) Erzeugung und/oder Vorstellung akustischer Phänomene bestimmt ist, und die zum anderen in Beziehung zu anderen Sinnes- und Symbolwelten steht. Er vollzieht sich teils in sukzessiven oder zirkulären, teils in simultanen Abläufen zwischen Exploration und Imagination von Klangereignissen und deren Erzeugung sowie von Klangkonstellationen und -abfolgen. Die ihnen innewohnenden akustischen und raum-zeitlichen Strukturen, dynamischen Bewegungsgestalten, Spannungsverhältnisse, Texturen, Umgebungsqualitäten sowie Grenzbereiche werden sowohl innermusikalisch gegenüber hypothetischen alternativen Klang-Möglichkeiten abgewogen, als auch im Hinblick auf die außermusikalischen Bezüge, (Wider-)Strebungen und Überschneidungen von sinnlichen und symbolischen Welten in den Klangphänomenen innerhalb eines kulturellen Kontextes allmählich identifiziert. In der Vielzahl der ineinanderwirkenden Teilaspekte entsteht eine jeweils spezifische kompositorische Herausforderung, die sich in der Komposition artikuliert. Diese Artikulation ist zu verstehen als die sinnlich wahrnehmbare, in diesem Fall akustische Manifestation eines Gedankens und/oder eines Erlebens *und* als Zeichenzuordnung mit dem Ziel der Transformation des Gemeinten in ein Gesagtes und/oder der (Re-)Kontextualisierung. Neben der (nachträglichen) Bearbeitung, Mängelkompensation und Kompromissbildung zwischen imaginierten und ausführbaren musikalischen Qualitäten fließt auch die Antizipation des eigenen Höreindrucks bzw. der eigenen Werkrezeption in den Kompositionsprozess ein, und damit wiederum eine Objektivierung, die zum einen auf die intrapsychisch repräsentierte Außenwelt gerichtet ist, und zum anderen auf eine Re-Identifikation mit der Komposition.

30 Vgl. ausführlicher Metzner (Anm. 23).

31 Im Sinne von Gunter Gebauer, Christoph Wulf: Mimetische Weltzugänge. Soziales Handeln – Rituale und Spiele – ästhetische Produktionen. Stuttgart 2003 (Ursprünge des Philosophierens; 7).

8 Vignette III – Differenz zwischen Unbestimmtem und Bestimmtem

Herr Talbach ist im Prozess seiner Komposition, die mit der Vorstellung von Schmerzlinderung assoziiert sein soll, in eine Sackgasse geraten. Zu Beginn hat er sich auf der Suche nach etwas Heiterem sehr schnell für den Klang der *Steel Pan*[32] entscheiden können und dort eine kontinuierlich laufende Dreiklangsfigur in einem Fünfer-Rhythmus festgelegt, die von unregelmäßigen, klanglich schepprigen Akzenten durchsetzt ist. Indes bleibt das Gefühl, dass etwas fehlt, das er als »gleichbleibend« bezeichnet. Seine Strategie ist es, viele der zur Verfügung stehenden Instrumente improvisatorisch zu erkunden. Doch je mehr er das tut, desto mehr gerät er in einen innerlich (metaphorisch:) aufgeweichten Zustand, in dem er *nichts* findet.

So, als ob er diesen Zustand unbewusst in eine körperliche Bewegung umsetzt, wischt er mit Filzschlägeln großflächig über das Tenormetallophon, was weiche, diffuse *Glissando*-Klänge[33] ergibt. Indem dieser Klang als eine äußerlich wahrnehmbare Realität seine innere Verfassung widerspiegelt, findet der Patient *sich* und seine Orientierung wieder, setzt nun einzelne, markantere Töne in die Glissandi hinein, so dass ein *Cantus Firmus*[34] angedeutet ist, und erzeugt damit eine musikalische Struktur, die man gewissermaßen als das Rückgrat einer Komposition erachten kann.

Auf diese Weise stabilisiert und exploriert der Patient die Topographie des Instrumentes, er findet den Wechsel zwischen diatonischer (Weißer-Tasten-) und pentatonischer (Schwarzer-Tasten-)Tonalität heraus und entwickelt daran seine kompositorische Idee: eine mehrmalig hin und her pendelnde harmonische Halbton-Rückung zwischen (diatonischer) Steel Pan und den pentatonischen Stäben des Metallophons mit intermittierenden *Chimes*-Klängen.[35]

Der Therapeut, der ja das Spiel übernehmen wird, lässt sich den Ablauf genau erklären, und der Patient bessert seine Komposition sogar noch einmal nach. Dabei kommt er darauf zu sprechen, dass er das, wonach er eigentlich gesucht hatte, das Gleichbleibende, nicht gefunden hat. Das bedeutet, dass das expli-

---

32 Aus Trinidad stammendes und ursprünglich aus einem alten Ölfass gefertigtes Percussionsinstrument, in dessen Deckel verschiedene Tonfelder (Membrane) eingearbeitet werden, um beim Spiel mit Schlägeln verschiedene Tonhöhen erzeugen zu können.

33 Kontinuierlich gleitende Veränderung der Tonhöhe.

34 Festgelegte Melodie, die (besonders vom Mittelalter bis zum Barock) im Rahmen eines musikalischen Werkes von den anderen Stimmen umspielt wird, ohne selbst verändert zu werden.

35 Perkussionsinstrument, das aus einer Anzahl verschieden langer und nah beieinander hängender Klangstäbe aus Metall besteht.

zit Gefundene (und Bestimmte) das implizit Gesuchte (noch Unbestimmte) nicht einfach umstandslos ersetzt, sondern dass die Wahrnehmung der Differenz zwischen dem Bestimmten und dem Unbestimmten nicht nur spürbar, sondern erhaltenswert ist.

Etwas Gleichbleibendes hätte musikalisch gesehen aus den gewischten Glissandi auf dem Metallophon entstehen können, aber der Patient ist intuitiv einer anderen Spur gefolgt. Vom Ergebnis her betrachtet, ist das wesentliche Merkmal der Komposition Linderung eine Halbton-Rückung, welche auf zwei klanglich unterschiedliche Instrumente verteilt ist. Der Tonalitäts-Wechsel kann bei der Rückung nicht antizipiert werden, weil er sich nicht anbahnt.[36] Sie wirkt wie ein geschwinder Sprung in einen anderen Tonraum und in diesem konkreten Fall auch in eine andere (Klang-)Welt. Der Hörer merkt den unerwarteten Wechsel erst im Augenblick des Geschehens. Von dem Überraschungsmoment geht keinerlei ernstzunehmende psychische Bedrohung aus, weil in dieser Komposition die tonalen (und harmonikalen) Strukturen der neuen Klangwelt schon gleich wieder etabliert sind, besonders deswegen, weil das Metrum durchläuft. Das wahrnehmende Ich wird also nach dem Sprung sofort wieder aufgefangen.

Die Komposition Linderung von Herrn Talbach vermittelt das Gefühl oder gar die Gewissheit, überall richtig zu liegen, aber gleichzeitig bildet sich durch mehrmalige Rückungen das Bewusstsein, dass das Kontinuum einer jeden Klangwelt nicht endlos ist. Außerdem sorgen vereinzelte scheppernde Töne auf der Steel Pan sowie die Einwürfe durch die Chimes für Irritationen. Es sind allesamt Unterbrechungen, die nicht destruktiv sind. Somit ist das Gleichbleibende zwar auf vielfältige Weise Bestandteil der Komposition, aber es wird immer wieder neu gefunden und durch kleine klangliche Schärfen herausgefordert.

Was diese Komposition freilich nicht repräsentiert, sondern woran sie höchstens erinnert, ist eine Homöosthase. Für Herrn Talbach gewinnt die Vorstellung von Linderung als ein immerwährendes Gleichgewicht im Verlauf des Kompositionsprozesses an Prägnanz, und zwar als ein nicht zu explizierendes Unbestimmtes, auf das nur indirekt gedeutet werden kann. Dieses Ergebnis eines musiktherapeutischen Prozesses lässt sich mühelos in einem viel größeren, anthropologischen Kontext sehen, und es exemplifiziert eine Aussage von Matthias Jung im Kontext seiner Ausarbeitung zum Begriff der Artikulation: »Nur *symbolverwendende* [Hervorh. im Original] Lebewesen können kraft indirekter Referenz durch die Transparenz ihrer Zeichen auf etwas zeigen, das sich aller Repräsentation entzieht«.[37]

---

36 Bei einer Modulation bemerkt der Hörer zumindest retrospektiv, dass er sukzessive über unmerkliche Zwischenschritte in eine entfernte neue Tonart geführt wurde.

37 Matthias Jung: Der bewusste Ausdruck: Anthropologie der Artikulation. Berlin, New York 2009 (Humanprojekt; 4), S. 453.

9 Sinnliche Unmittelbarkeit und die Unabschließbarkeit des musikalisch artikulierten Gedankens

Im Kompositionsprozess werden nicht anders als bei der (für die Musiktherapie noch eher relevanten) Improvisation Prägnanz und Unbestimmtheit bzw. Unbestimmbarkeit von Klangphänomenen ausbalanciert. Das Bewusstsein des improvisierenden oder komponierenden Menschen richtet sich zwar auf qualitativ bedeutsame, im Klang implizit vorhandene Möglichkeiten, sowie auf die Abfolge von und die Interaktion zwischen Klangphänomenen, jedoch ohne dabei sämtliche präreflexiven, intuitiven oder unbewussten Vorgänge (Motivationen, Neigungen, Vorlieben, Entscheidungsquellen) aus der Welt schaffen zu können oder zu wollen. Die Bewusstwerdung dieser Vorgänge geschieht, soweit nötig und möglich, in der nachfolgenden verbalen Reflexion.

In Abgrenzung zur Improvisation findet beim Kompositionsprozess die (gedanken)experimentelle Arbeit an den Klangphänomenen weder in Übereinstimmung mit dem Zeitmaß noch mit der späteren chronologischen Abfolge der Klangereignisse in dem fertigen Werk statt. Daraus ergeben sich andere Möglichkeiten, ein Klangmaterial zu wählen und zu spezifizieren. »Im Komponieren wird ein Spezifisches, Genaueres von einem Unspezifischen, Allgemeineren abgetrennt«, schreibt die Komponistin Charlotte Seither.[38] Dass dies für die kompositorische Arbeit von musikalischen Laien ebenso gilt, lässt sich aus den Vignetten gut ersehen.[39] Auch hier wird nämlich – diesmal im Kontrast zur Improvisation – entweder aus eigenem Antrieb des Patienten oder durch die motivierende Unterstützung des Therapeuten die Akzeptanz des Unfertigen, Unpassenden und Unbestimmten so lange wie möglich aufgeschoben.

---

38 Seither (Anm. 29), S. 11.

39 Als ein Nebeneffekt der Untersuchung von Kompositionsprozessen von musikalischen Laien stellen sich neue Fragen bezüglich der Besonderheiten der konzeptuellen Arbeit von Komponisten. Ungeheuer schreibt dazu: »Es gibt derzeit noch keine systematisch vergleichenden Untersuchungen zur konzeptuellen Arbeit von Komponisten, in Werkanalysen und Komponistenmonographien findet diese Erwähnung als werkspezifische Poetik oder als Individualstil des Komponisten. Die Experten streiten sich darüber, was dabei originär hervorgebracht wird, sich also erzeugenden Formungsbedingungen verdankt, oder was übersetzt wurde, also übersetzenden Formungsbedingungen folgt (vom Klang ins visualisierte Modell oder vom visualisierten Modell in Klang, vom Gefühl in Zahl oder unmittelbar in Zahl gedacht)« (Elena Ungeheuer: Ist Klang das Medium von Musik? Zur Medialität und Unmittelbarkeit von Klang in Musik. In: Schulze [Anm. 13], S. 57–76, hier S. 63).

Für die klanglich-musikalische Interaktion zwischen Patient und Therapeut gilt, dass in dem als gemeinsam erlebten psychischen Raum (Potential Space) eine gesteigerte Aufmerksamkeit für die Möglichkeiten und Begrenztheiten von Wahrnehmung und Handeln waltet, allerdings ohne wechselseitig jemals eine vollkommene Gewissheit darüber zu haben, im klanglichen Ausdruck dasselbe zu empfinden oder zu meinen. Beim Komponieren bildet der Patient ein Begleitbewusstsein für die Unbestimmbarkeit von Festlegungen und für die Interpretierbarkeit und die Unabschließbarkeit des musikalisch artikulierten Gedankens aus. Dies berührt das Selbstempfinden für die Urheberschaft nicht unbedingt im Kern, aber dieses wird angereichert vom Gefühl für das Vorhandensein einer Fülle nicht gekannter alternativer Möglichkeiten, was für aktuelle und zukünftige Krisenbewältigungen ein Gewinn ist.

Unbestimmtheit lässt sich beim Komponieren in Anlehnung an Jung in doppeltem Sinn begreifen, nämlich als postsemantisch gespürte Stimmigkeit des Ausdrucks und »präsemantisch auf den durch semantisches Wissen nicht antizipierbaren Strom des erlebenden Bewusstseins«.[40] Wenn man zur Veranschaulichung dessen noch einmal die Vignetten heranzieht, so ging es ja bei dem Patienten Herrn Stein darum, eine möglichst prägnante, klangliche Ähnlichkeitsbeziehung zu einem nicht genau bestimmbaren, d. h. unterschwellig präsenten Schmerz herzustellen, während die Patientin Frau Linde Wahrnehmungsinhalte der Unbezogenheit, der Entfremdung und des Scheiterns implizit in einer scheinbar beliebigen Zusammensetzung der zuvor präzisierten Klangereignisse verwirklicht hat. Der Patient Herr Talbach wiederum hat in der Überwindung einer Krise während des Kompositionsprozesses seine Vorstellung vom Abwesenden, der Schmerzlinderung, präzisiert und dies in seiner Komposition nicht etwa zu repräsentieren oder zu kompensieren versucht, sondern eine Form erfunden, mit der er indirekt auf jene Wunschvorstellung deutet, die sich jeder Repräsentation entzieht.

Was daraus deutlich wird, ist, dass die Annahme einer direkten Referenz von Klangphänomenen zu außermusikalischen Wahrnehmungsgegenständen, in diesem Fall dem Schmerz, durchaus als geeigneter Ausgangspunkt für den Einsatz von Musik in der Therapie dient. Darüber hinaus zeigt sich, dass in der klanglichen Komposition Bedeutungen gefunden werden können, die prägnant, aber zugleich auch unbestimmt und daher offen für Veränderung sind. Ein ganz besonderes Augenmerk verdient indes die Beobachtung, dass Bedeutungen, die sich jeder Bestimmung entziehen, auch von Laien klanglich artikuliert werden (können). Dies ist aus sowohl anthropologischer als auch (kunst-)philosophischer Sicht bemerkenswert und zeigt nicht nur eine Besonderheit von Musikthe-

---

40 Jung (Anm. 37), S. 455.

rapie im Kanon anderer heilkundlicher Disziplinen, sondern könnte womöglich auch darüber hinaus zum Erkenntnisgewinn über das klanglich-phänomenale und intersubjektiv verfasste Bewusstsein des Menschen beitragen.

Teil II: **Klang und Kulturtheorie**

Christiane Leiste und Wolf Gerhard Schmidt

»Verstopfte Ohren« oder hörphysiologisches Raster?

Zur Situation der ›Neuen Musik‹ und der Bedeutung von Tonalität. Ein Gespräch

Schmidt:
In der ursprünglichen Formulierung Ihres Vortrags, den Sie auf unserer Tagung halten wollten, fand sich zu Beginn ein metaphorisches Paradoxon: *Löffelöffner – ›Neue Musik‹ braucht neue Rezeptionsformen.* Würden Sie sagen, dass dieses ›Paradoxon‹ auch ein wenig die schwierige Situation der sog. ›Neuen Musik‹ beschreibt?

Leiste:
Was verstehen Sie hier unter ›Paradoxon‹?

Schmidt:
Weil es keinen ›Löffelöffner‹, sondern allenfalls einen Dosenöffner gibt. Ich vermute, dass Sie mit diesem Paradoxon neue, ungewöhnliche Rezeptionsformen erfassen wollten.

Leiste:
Das stimmt. Der Begriff »Löffelöffner« sollte allerdings weniger einen Dosenöffner assoziieren als einen Flaschenöffner oder Korkenzieher. Ich habe mir dabei unsere Ohren vorgestellt, die heutzutage so verstopft sind von den Zivilisationsgeräuschen und der medialen Berieselung, dass wir eigentlich gar nicht mehr angemessen hören können. Und deshalb dachte ich an ein Gerät, das diesen ganzen Dreck ›herauszieht‹ und dadurch die Ohren wieder öffnet. Einmal abgesehen vom alliterativen Klang dieser Worterfindung ...

Schmidt:
Das Phänomen, das Sie gerade beschreiben, trifft allerdings für die gesamte Kunstmusik zu. Nun bleibt aber die Frage, wie man das Publikum dazu bringt, eine Musik, die als kathartischer »Löffelöffner« fungieren soll, stärker zu rezipieren. Denn ungeachtet aller subventionierten Popularisierungsversuche fristet die ›Neue Musik‹ noch immer eine Ghetto-Existenz – wesentlich stärker als die tonal fundierte E-Musik.

Leiste:
Das trifft nicht gleichermaßen auf die traditionelle klassische Musik zu. Es gibt markante Unterschiede. Mit den traditionellen Rezeptionsformen kommen wir heute nicht weiter. ›Neue Musik‹ kann man beispielsweise in vielen Fällen nicht auf CD hören. Nicht einmal, wenn man sich im Wohnzimmer konzentriert hinsetzt, um sie zu hören – sogar das ist schwierig. Man muss wirklich körperlich beim Erzeuger beziehungsweise bei der Erzeugung dieser Musik anwesend sein. Und dann ist es gleichgültig, ob es sich um Töne, Geräusche oder Lärm handelt. Vielleicht besteht die neue Rezeptionsform gerade darin, nicht mehr in bestimmten Schemata zu denken, denen zufolge Musik Harmonien haben und bestimmten Gesetzen folgen muss. Wichtig wäre, dass man überhaupt erst einmal wieder anfängt zu *hören*. Das ist für mich entscheidend. Hören heißt hier: Neues erwarten. Gewohnte Erwartungen über Bord werfen. Etwas erwarten, was man gewissermaßen gar nicht erwarten kann. John Cage hat ja grundlegend aufgeräumt mit den formalästhetischen Musikvorstellungen, die man bis dato hatte. Denn obwohl man sich nach Schönberg von der Tonalität emanzipiert hat – was schon unglaublich revolutionär war –, blieben bestimmte Gesetzmäßigkeiten doch weiterhin unangetastet.

Schmidt:
Schönberg, der wie Webern harmonikal gedacht hat, war ja nicht apodiktisch und hat in späteren Jahren auch wieder tonal komponiert.

Leiste:
Cage auch. Von Cage gibt es ›schöne‹, ›wohlklingende‹ Musik. Aber er hat auch Werke geschaffen, die nur aus Krach und Lärm oder aus gar nichts bestehen – denken Sie an das Stück *4'33"*, in dem nichts Festgelegtes passiert und das trotzdem ein komponiertes Stück ist. Ich war einmal dabei, wie eine Pianistin dieses Stück einstudiert hat. Sie war so nervös, obwohl sie es so oft geübt hatte, aber sie hatte eine solche Angst vor diesem Stück, weil sie aus der Klassik kam. Das war für sie unheimlich aufregend.

Schmidt:
Man hat das Stück also mit einer gestandenen Pianistin besetzt. Theoretisch hätte es ja auch ein Schauspieler sein können, der respektabel Klavier spielen kann, oder auch nur ein Schauspieler.

Leiste:
Das Stück wird immer mit Top-Pianisten besetzt.

Schmidt:
Aber dann bleibt ja de facto die ›alte Ordnung‹ erhalten. Man könnte sagen, der traditionelle Rahmen muss – wie bei der anti-aristotelischen Theaterrevolte (u. a. Beckett) – vorausgesetzt werden, weil sonst das ›Neue‹ (unterkomplex gesagt) nicht funktioniert. Meinen Sie nicht auch, dass man auf diese Weise das klassische Modell implizit fortschreibt?

Leiste:
Nicht fortschreibt, sondern voraussetzt. Das Stück ist ja auch für Klavier geschrieben. Schon das Instrument transportiert die Tradition eminent. Aber ich glaube, dass da natürlich auch eine Art Ironie dabei ist. Aber nicht nur. Es ist schon diese Konzentration des Spielers auf das Nichtstun. Die Pause ist ja eigentlich nicht Nichts, sondern eine unglaubliche Spannung. Wenn sich ein Bauarbeiter ab und zu ans Piano setzte, wäre das wahrscheinlich nicht das Gleiche, weil es eben doch einen künstlerischen Spannungsbogen gibt, der während dieser Zeit durchgehalten werden muss. Das Piano ist wie ein leerer Rahmen, eine weiße Leinwand, auf die sich ein augenblickliches Bild einzeichnet.

Schmidt:
Glauben Sie nicht, dass das Nichtstun bei Cage auch eine gewisse Utopie-Funktion besitzt? Dass das Schweigen als Grundlage für etwas dient, das erst noch entstehen soll?

Leiste:
Also, ich glaube, bei Cage ist alles es selbst. Es steht nicht für etwas, was man machen soll, sondern es ist wirklich die Aufmerksamkeit auf das, was jetzt ist. Ohne eine Erwartung. Wenn Cage in seinem Zimmer sitzt und komponiert und es klingelt das Telefon, ärgert er sich im Gegensatz zu anderen Komponisten nicht, weil diese Störung für ihn in den ganzen Zusammenhang der Komposition gehört. Es geht also überhaupt nicht um Utopie, sondern um konsequente Gegenwart, Aufmerksamkeit auf das, was ist – das Gegenteil von Utopie somit.

Schmidt:
Da würde ich widersprechen, denn die Utopie wird in der Avantgarde keineswegs verabschiedet, sondern nur in die ›Leerstellen‹ verlegt – das ist ein Verfahren, das man häufig beobachten kann, u. a. auch bei Cage. Nach eigener Aussage zielt er auf ein Hörexperiment, das wie das Leben selbst »purposeless play« sein soll. Dieses ›Spiel‹ geht damit – trotz *kairos*-Vorstellung – über das *hic et nunc* hinaus und besitzt letztlich sogar eine ontologische Dimension.

Leiste:
Eine ontologische Dimension würde ich darin sehen, dass durch das Nichts und eine absichtslose Haltung – und vielleicht nur dadurch – Neues erscheinen, entstehen, gelten gelassen werden kann. Einerseits ist das Stück der totale Augenblick, andererseits ist es ein Wegbereiter dafür, dass ich meine Ohren öffne und reinige für das, was wirklich ist. Ich muss es üben, immer wieder hinzuhören, auch wenn meine Erwartungen nicht wie in der tonalen E-Musik künstlerisch gelenkt und erfüllt werden. Ich empfinde es als viel schwieriger, klassische Musik als ›Neue Musik‹ zu hören. Man kann quasi jeden Ton voraussagen, auch wenn man das Stück nicht kennt. Klassische Musik lässt sich eigentlich nicht mehr mit unbefangener Erwartung hören. Sich von allem Wissen freizumachen ist ja wesentlich schwieriger als zu sagen, ich weiß nichts, ich schaue, was kommt und lasse mich überraschen – wie bei der ›Neuen Musik‹.

Schmidt:
Goethe vertritt in den *Maximen und Reflexionen* – nicht zu Unrecht – die Gegenthese: »Musik im besten Sinne bedarf weniger der Neuheit, ja vielmehr je älter sie ist, je gewohnter man sie ist, desto mehr wirkt sie«. Ähnlich sieht es Peter Sloterdijk. Seiner Ansicht nach ist die »moralisierende Forderung nach einem ›Neuen Hören‹« ein wissenspoetischer Mythos: »Alle Musik, die elementare oder primitive zumal, geschieht zunächst ganz im Zeichen des Wiederfindens, auch in dem der Wiederholungsobsession – und bis hinauf zu ihren höchsten Gebilden ist die spezifische Faszination der Tonkunst mitsamt ihren Momenten der Evidenz, der Mitbewegtheit und des beglückten Erstaunens, an den Effekt gebunden, dass eine vergessen geglaubte sonore Präsenz sich wieder einstellt. Wenn die Musik am meisten sie selbst ist, spricht sie uns an als *musique retrouvée*«. Ist es also nicht – wie der Kognitionswissenschaftler David Huron konstatiert – vielmehr die Interferenz von Erfüllung und Aufschub von Erwartungshaltungen, die die musikalische Perzeption beim Menschen bestimmt – übrigens eine Vorstellung, die auf die Antike zurückverweist? Schon Heraklit konstatiert: »Nichtoffenkundige Harmonie ist stärker als offenkundige«, und Sulzer schreibt 1771 in seiner *Allgemeinen Theorie der Schönen Künste*: »Obgleich nur der Unisonus die vollkommene Harmonie hat, so ist er deswegen nicht die angenehmste Consonanz, sondern nur die volleste. Die Übereinstimmung des Mannigfaltigen (Concordia discors) ist allemal angenehmer, als die noch vollkommnere Übereinstimmung des Gleichartigen«. Man zielt also keineswegs auf absolute Harmonie, sondern auf die – musikalische Universalität in Produktion wie Rezeption allererst ermöglichende – Verbindung von Konsonanz und Dissonanz. Es handelt sich hier um das künstlerische Modell einer ›Freiheit in der Begrenzung‹. Nur solange die tonale Metastruktur intakt bleibt (und es wäre ein lohnendes Forschungsgebiet,

graduelle Abstufungen zu bestimmen), lässt sich Musik durch Assimilation und/oder Bildung ›zurechthören‹ und mit integral-existentiellem Erleben verbinden. Zudem zweifle ich daran, dass man bei Beethoven, Wagner oder Mahler wirklich jeden Ton voraussagen kann. In der Tat – und da haben Sie recht – tritt man mit Erwartungen an die ›Neue Musik‹ heran, die von dieser nicht befriedigt werden. Für diese ›Erwartungen‹ können wir aber nichts, weil sie anthropologisch fundiert sind. Schönberg und Webern haben noch geglaubt, der Mensch werde sich problemlos an die »ferneren Obertonverhältnisse« gewöhnen. Deshalb dauere es nicht mehr lange, bis Briefträger Zwölftonreihen pfiffen, was sich – wie wir wissen – nicht bewahrheitet hat. Martin Braun u. a. haben inzwischen experimentell belegt, dass der Mensch eine Oktavkartierung besitzt, und Martin Ebeling hat zweifelsfrei nachgewiesen, dass bei den Impulsmustern im Hörnerv dieselben Gesetzmäßigkeiten der Koinzidenz vorliegen wie bei der Obertonkoinzidenz. D. h. wir können gar nicht anders, als mit denselben Konsonanz-/Dissonanz-Hierarchien zu hören, wie sie in der Naturtonreihe vorgegeben sind. Meiner Ansicht nach, und ich plane hierzu im Rahmen meines Akademieprojekts eine umfassende Monographie, ist die Tonalität auch kein Korsett und keine Verengung, sondern die Bedingung der Möglichkeit integral-intuitiver Musikrezeption[1]. Transhistorisch und transkulturell virulente Klangwirkungen wie bei Bachs *Matthäus-Passion*, Beethovens *9. Symphonie* oder Wagners *Tristan* sind jenseits des tonalen Metasystems nicht zu erzielen. Wenn ich mich recht erinnere, hat auch Henze konstatiert, dass man im nicht-tonalen Modus keine Möglichkeit habe, Freude, Heiterkeit oder Schönheit darzustellen. Tatsächlich lassen sich von jedem Menschen in tonaler Musik (und damit ist nicht nur die Dur-Moll-Tonalität gemeint) vier Grundgefühle gut identifizieren: Wut, Trauer, Freude, Furcht. Für nicht-tonale Musik müsste man dies noch experimentell nachweisen, aber ich bin sicher, dass sich dieser Nachweis nicht erbringen lässt. Und genau hierin besteht das unaufhebbare Grundproblem: ›Neue Musik‹ muss – insofern sie die Tonalität verabschiedet – immer gegen anthropologische Raster ankämpfen und notwendig unterliegen, wenn man nicht für sich die Ideologeme ›Freiheit‹ und

---

1 Vgl. hierzu ausführlich Wolf Gerhard Schmidt: Die Tonalität als privilegiertes Ordnungssystem zwischen Naturvorgabe und Kulturalisation. Exposé des Akademieprojekts und Plenumsgespräch. In: W.G.S. [Hg.]: Die Natur-Kultur-Grenze in Kunst und Wissenschaft. Historische Entwicklung – interdisziplinäre Differenz – aktueller Forschungsstand. Würzburg 2014, S. 141-192. Siehe auch die diversen Diskussionsbeiträge der Pariser Gesprächsrunde (Christian Bruhn, Gordon Kampe, Philipp Maintz: [National]Kulturelle Identitätsmuster in der U- bzw. E-Musik des 20. und 21. Jahrhunderts. Ein Gespräch mit Wolf Gerhard Schmidt u.a. In: W.G.S., Jean-François Candoni, Stéphane Pesnel [Hg.]: Klang – Ton – Musik. Theorien und Modelle [national]kultureller Identitätsstiftung. Hamburg 2014, S. 275–298, hier S. 282–298).

›Innovation‹ so hypostasiert, dass sie kompensativ-kunstreligiösen Charakter erhalten und die eigene Ghettoposition zum – im doppelten Sinne – ›Schein‹ elitär-unangepasster Vorreiterschaft umgewertet werden kann.

Leiste:
Also, das glaube ich einfach nicht. Ich glaube, dass es eine anthropologische Determinierung gibt, die man im Gehirn auch nachweisen kann. Gleichwohl halte ich das menschliche Gehirn – und ich meine, die neuere Gehirnforschung zeigt das auch – für sehr flexibel.

Schmidt:
Die Frage ist, wie weit diese Flexibilität reicht und ob damit grundlegende Raster und Prädispositionen aufgehoben werden können. Der Humangenetiker Karl Sperling, der meine Tonalitätsthese unterstützt, betont nicht von ungefähr, dass die Erbanlagen, die unser Weltverhalten nachdrücklich bestimmen, seit der Steinzeit substantiell invariant sind. Auch das menschliche Gehirn entwickelte sich in den vergangenen 400 000 Jahren nicht weiter. Verändert hat sich lediglich die Nutzung seiner Funktionen und Möglichkeiten – allerdings nur innerhalb der biologisch vorgegebenen Grenzen.

Leiste:
Ich halte das nicht für die letzte zwingende Wahrheit. Es gibt auch andere Thesen. Bei meinen Überlegungen stütze ich mich z. B. auf den Hirnforscher Gerald Hüther, der sagt, dass unser Gehirn in hohem Maße flexibel ist. Es bildet sich dann im Laufe des Lebens aus, und man kann es bis ins hohe Alter verändern. Durch neue Anregungsbereiche und Aktivitäten entstehen neue Synapsen und das Gehirn modifiziert sich. Wenn unser Gehirn so festgelegt ist, dass wir immer nur tonale Harmonien hören und erwarten und das, was wir Hören nennen, darauf beschränken, dann liegt es meiner Ansicht nach stärker an kulturellen Gewohnheiten als an unseren biologischen Voraussetzungen.

Schmidt:
Gerald Hüther ist in diesem Feld allerdings ein Außenseiter, der momentan primär populärwissenschaftlich agiert – zuletzt mit einem Buch, in dessen Titel die These vertreten wird: »Jedes Kind ist hoch begabt«, was sehr an entsprechende Modelle der DDR-Didaktik erinnert: »Prometheus an jeder Geige«. Die Intelligenzforscher Elsbeth Stern und Aljosche Neubauer erklären solche Vorstellungen mit Recht für szientifisch unhaltbar. Tatsächlich geht die Mehrheit der international reputierten Neurobiologen und Kognitionswissenschaftler inzwischen davon aus, dass die sog. ›tabula rasa‹-These zu den (linksutopischen) Forschungsmy-

then zählt. – Aber für Sie, Frau Leiste, ist das große Rezeptionsproblem ›Neuer Musik‹ kein anthropologisches, sondern ein zivilisatorisch-kulturelles – da habe ich Sie schon richtig verstanden?

Leiste:
Ja, das ist mein Ansatz als künstlerische Leiterin eines Festivals. Und was ›Neue Musik‹ betrifft, so war Mozart auch einmal ›neue Musik‹ und ist scharf angegriffen worden. So ging es immer.

Schmidt:
Das trifft so pauschal wohl nicht zu. Schon zu Lebzeiten galt Mozart unter den Zeitgenossen als Paradigma des musikalischen Genies. Ein neueres Beispiel macht den Sachverhalt vielleicht noch offensichtlicher: *Salome* von Strauss ist heute eine vielgespielte und -verkaufte Oper, *Moses und Aron* von Schönberg trotz sporadischer Aufführungen nicht. Nun sind seit der Komposition inzwischen fast achtzig Jahre verflossen – eine Assimilationszeit, wie sie keine der Größen klassisch-tonaler Musik benötigt hat, und trotzdem ist Schönberg jenseits des musikwissenschaftlich-avantgardistischen Diskurses noch immer nicht ›assimiliert‹. Seine meistgespielten Werke sind die tonalen (*Verklärte Nacht, Gurrelieder*). Eben dies erklärt auch den Fall *Salome*, deren Musik zwar an die Grenzen der Tonalität reicht, das Metasystem aber nie verlässt und sich damit – entsprechende Bildung vorausgesetzt – historisch ›zurechthören‹ lässt, anders als *Moses und Aron*. Beide Werke gehören somit nicht derselben Epoche an; die von großen Teilen der Forschung postulierte Evolution der Tonsysteme erweist sich kulturanthropologisch als Graben. Und das gilt für sämtliche Vertreter der sog. ›Neuen Musik‹. Leonard Bernstein hat mit Nachdruck auf dieses historisch singuläre Phänomen hingewiesen, wenn er betont, dass wir im 20. Jahrhundert erstmals in der Geschichte einen E-Musikbetrieb haben, der nicht auf der Musik seiner Zeit basiert. Der Grund hierfür sei die Verabschiedung der Tonalität.

Leiste:
Meiner Ansicht nach erklärt sich diese bedauernswerte Tatsache auch daraus, dass seit der Emanzipation von der Tonalität die neuen Medien existieren. Vorher gab es kein Radio. Wenn nach dem Zweiten Weltkrieg die Cellisten aus irgendwelchen Kellern mit ihren Instrumenten kamen und spielten, hörte das Publikum erstmals seit Jahren wieder klassische, hochkulturelle Musik. Das war so, wie wenn Verhungernde plötzlich eine Suppe bekommen. Es war die Beglückung schlechthin. So etwas gibt es heute nicht mehr. Wir werden ja permanent mit klassischer Musik und Popmusik konfrontiert.

Schmidt:
Wohl eher mit Popmusik, deren Format sich die Klassik zunehmend anpassen muss. Natürlich ist die traditionelle Klassik dank der tonalen Ordnung ›einfacher‹ zu rezipieren als die ›Neue Musik‹. Trotzdem hat sie es aufgrund ihrer Komplexität deutlich schwerer als populäre Musik. Furtwängler hat ferner die bedenkenswerte These vertreten, dass Beethovens ›Einfachheit‹ letztlich komplexer sei als die Experimente der Avantgarde um 1900. Aber diese Diskussion würde zu weit führen. Ich möchte nur darauf verweisen, dass die DFG 2014 eine Villa-Vigoni-Konferenz zu eben diesem Thema ausgeschrieben hat. Andererseits wird durch zurückgehende musikalische Bildung selbst die Rezeption eingängiger Klassik zunehmend erschwert. Ein Mitarbeiter von BR-Klassik hat mir gegenüber konzediert, dass man immer kürzere Rezeptionsformen entwickeln müsse, weil große Teile des Publikums sonst nicht mehr erreichbar seien.

Leiste:
Ja, deswegen wird die Klassik heute auch wie Popmusik vermarktet.

Schmidt:
Derselbe Mitarbeiter sagte mir – auf diese These angesprochen – resigniert: »Wer nicht mit der Zeit geht, geht mit der Zeit!«. Was halten Sie von dieser Einschätzung?

Leiste:
Ich nahm letztes Jahr an einem *Education*-Kongress der Körber-Stiftung teil, bei dem es darum ging, wie man Jugendlichen klassische Musik näher bringen kann. Und da wurde die Popularisierung der klassischen Musik bis zum Exzess forciert. Man berichtete von großen Konzerthäusern wie Düsseldorf, in denen man ein Symphoniekonzert spielt und parallel dazu an der Decke des Konzertsaals ein Video aus *Star Wars* zeigt. Das hat für mich nichts mit Musikerziehung zu tun, im Gegenteil. Es geht nur darum, dass die Kasse klingelt. Mir kommt es so vor, dass Klassik heutzutage auch Showbusiness ist. Das kostet alles viel, und das Geld muss natürlich wieder reinkommen. Dieser Betrieb geht meines Erachtens gegen die Musik. Ich würde dann lieber ganz darauf verzichten und wirklich nur noch bei Kindern und Jugendlichen ansetzen, um sie zu motivieren, dass sie selbst ein Instrument lernen. Meine eigenen Kinder z. B. sind sensibilisiert. Wenn meine kleine Tochter den Wasserhahn aufdreht und da zufällig eine Metallschüssel drunter liegt, hört sie zu. Sie hört die verschiedenen Geräusche als sei es Musik, weil sie durch meine Geschichten gelernt hat, dass alles Musik ist, wenn man richtig hinhört.

Schmidt:
Sie würden also keinen Unterschied machen zwischen Geräusch, Klang und Musik?

Leiste:
Ich würde sagen: In jedem Geräusch kann Musik leben, wenn ich sie darin entdecke. Ich finde nicht, dass jedes Geräusch oder jeder Lärm Musik ist. Aber das Hören kann sich für diese Phänomene gleichermaßen öffnen. Und die ›Neue Musik‹ baut die Hierarchien dazwischen ab. Geräusch wird ebenso geschätzt wie Klang. Auch Geräusch ist wert gehört zu werden. Wenn ich mich mit meinem Bewusstsein so darauf einlasse, dass ich wirklich anfange zu hören, dann erkenne ich Musikalisches darin. Ich habe das schon als Kind erlebt. Wenn ich von der Schule nach Hause ging, hatte ich keine Kopfhörer in den Ohren, ich blieb auf mein Innenleben und auf das, was mir auf der Straße begegnete, angewiesen. Ich war oft verträumt und in Gedanken. Ich erinnere mich, dass ich einmal stehen blieb und mich fragte, wo die Musik herkomme, die ich wie ein Symphonieorchester hörte. Dann bin ich da bewusst ›reingegangen‹ und habe gemerkt, dass es die Autos sind. Das war für mich ein entscheidendes Erlebnis als Kind, weil ich plötzlich erkannte, dass in den Motorengeräuschen unglaublich viele Reibungen, Töne und Intervalle enthalten sind. Man muss eben nur mal richtig ›reingehen‹ mit den Ohren.

Schmidt:
Nun wird ja der Kunstcharakter eines Werks – je nach Ästhetik – unterschiedlich verortet. Die einen behaupten wie Adorno, er liege primär in der Werkstruktur, und daher interessiere es sie nicht, wie die Menschen ihre Musik wahrnähmen. Andere behaupten dagegen, das Werk selbst sei nur Auslöser; erst die Rezipienten müssten in einem kreativen Akt ›Kunst‹ daraus machen. Folgt man dieser Vorstellung (was mir persönlich fernliegt), könnte in der Tat auch der Autolärm zum Artefakt werden.

Leiste:
In der Tat glaube ich, dass der Rezipient aus fast allem Musik erzeugen kann. Dann ist das Hören der künstlerische Prozess. Aber natürlich steht ein komponiertes Werk auf einer anderen, ›höheren‹ Stufe der ›Raffiniertheit‹, als es bei Alltagsgeräuschen der Fall ist. Ich kann an dem einen jedoch das andere üben. Ich kann am Werk meine Aufmerksamkeit für das Alltagsgeräusch oder eben am Alltagsgeräusch meine Aufmerksamkeit für das Werk schulen. Im glücklichen Fall verschränken sich Werk und Rezeption zu etwas Neuem. Eigentlich ist dieses Geräuschehören wie ein Reinigungsprozess. Cage macht das deshalb auch radi-

kal, um alles frei zu räumen und von vorne anzufangen. Von der ›Neuen Musik‹ aus kann es uns passieren, dass wir klassische Musik ›neu‹ hören können – nicht aus der Routine heraus, sondern aus ›neu geöffneter‹ ästhetischer Erfahrung. Die ›Neue Musik‹ hat hier die Funktion einer Grenzgängerin. Sie ermöglicht, dass wir vor allem ästhetisch (nicht nur hirnphysiologisch) so etwas wie anthropologische Konstanten neu überdenken, dass wir uns als Menschen in Entwicklung sehen. Deshalb auch die Vokabel des ›Löffelöffners‹ – ästhetisch erschlossene ›Neue Musik‹ eröffnet die Erfahrung für *jede* Musik. Die ›Neue Musik‹ hat hier einen Auftrag für die gesamte musikalische Tradition.

Schmidt:
Ich störe mich an der These, dass wir anthropologische Konstanten »neu überdenken« sollen. Das kann nur dann sinnvoll sein, wenn diese Konstanten nicht existieren. Die Tatsache, dass alle Menschen eine Oktavkartierung aufweisen und bei den Impulsmustern im Hörnerv dieselben Gesetzmäßigkeiten der Koinzidenz vorliegen wie bei der Obertonkoinzidenz, ist aber experimentell bewiesen. Wer hier ein ›Überdenken‹ fordert, befördert – aus welchen Gründen auch immer – kunstästhetische Ideologiebildung. Aber nochmals zu der These, dass Cage »von vorne« anfangen möchte. Ich habe kürzlich auf einem DFG-Symposion die provokante These vertreten, dass die meisten Avantgarde-Künstler eine ›restaurative‹ Stoßrichtung verfolgen, weil sie etwas wiederherstellen wollen, das verloren gegangen ist. Man optiert somit nicht für die ›ewige Innovation‹ (zumindest nicht auf fundamentaler Ebene), sondern für eine Dialektik zwischen Vor- und Rückwärts[2]. Würden Sie eine solche Dialektik auch favorisieren?

Leiste:
Ja, in der Art, dass man die Unbefangenheit des Hörers wiederherstellt, oder sagen wir, dass man an der Unbefangenheit des Hörens arbeitet – aber in Kontrast zu dem durch die Musikgeschichte Vorgeprägten. – Noch einmal kurz zurück zu dem, was Sie vorhin gesagt haben: Sicher hat sich Mozart schon zu Lebzeiten durchgesetzt, aber moderne Komponisten, wie beispielsweise Schönberg, müssen sich im Musikbetrieb ständig gegen Bach, Mozart und Beethoven behaupten. Das mussten Bach & Co. früher nicht, denn es wurde in erster Linie die Musik ihrer Gegenwart gespielt.

---

2 Vgl. Wolf Gerhard Schmidt: »Le classicisme: c'est cela, *l'avantgarde*.« Zur ›restaurativen‹ Stoßrichtung radikalästhetischer Transgressionen in der Moderne. In: Monika Schmitz-Emans (Hg.): Literatur als Wagnis/Literature as Risk. DFG-Symposion 2011. Berlin, Boston 2013, S. 127–158.

Schmidt:
Darauf zielt ja Bernsteins Diktum. Wenn Sie recht hätten, könnte man allerdings nicht erklären, weshalb sich Strauss' *Metamorphosen* von 1945 oder seine *Vier letzten Lieder* von 1948 problemlos gegen die Konkurrenz von Bach & Co. behaupten – es sei denn, man postuliert ein naturakustisches, hörphysiologisches und musikolinguistisches Privileg der Tonalität. Eben deshalb war Bernstein ja der Meinung, man hätte sie in der E-Musik niemals abschaffen sollen (die U-Musik ist ja bis heute ungebrochen tonal). Wenn ich Sie recht verstehe, würden Sie dafür aber nicht die Anthropologie, sondern die Kulturindustrie verantwortlich machen.

Leiste:
Ja, auf jeden Fall. Und auch uns Menschen, die wir dadurch immer bequemer werden. Wir wollen uns nicht mehr anstrengen. Die Menschen, die Ende des 18. Jahrhunderts Haydn oder Mozart gehört haben, mussten sich anstrengen. Sie waren in ihrer Rezeption hochgradig involviert. Das, womit wir bis zur Übersättigung umgeben sind, waren für sie außerordentliche Erlebnisse, die sie forderten und verwandelten. Heute, so scheint mir, möchten wir uns einfach hinsetzen, und die Musik soll ablaufen und uns ein gutes Gefühl vermitteln. Als Rezipienten sind wir träge geworden. ›Neue Musik‹ arbeitet gegen diese Trägheit an.

Schmidt:
Gestatten Sie mir noch eine Frage zu der Vorstellung von Schönberg und Webern, die Zwölftonreihe sei ebenso naturakustisch fundiert wie die Tonalität. Wenn Sie von der Prämisse ausgehen, dass es sich hier um eine kulturell kausierte Rezeptionsproblematik handelt, dann müssten Sie doch die Vorstellung, das Volk werde eines Tages Zwölftonreihen oder Freiatonales vor sich hin pfeifen, für realisierbar halten? D. h. Sie müssten sich eine Idealgesellschaft imaginieren können, die musikalisch so herangebildet wäre, dass sie eine Dur-Melodie nicht mehr als wohlklingender empfände als eine Zwölftonreihe oder Freiatonales?

Leiste:
Eine solche Idealgesellschaft könnte man sich vielleicht vorstellen. Mir geht es allerdings weniger um eine Idealgesellschaft als um die *konkrete Erfahrung*. Und überdies ist es kein Kriterium für Schönheit, ob ich eine Melodie vor mich hin pfeifen kann – das ist ein Kriterium für Popularität. Das formulierten so schon die Beatles mit ihrem »Old Men's Whistle Test«. Hinzu kommt, dass das tonale Spektrum vielfältiger ist als die Alternative von Zwölftonreihe, Atonalität und Dur-Moll-Konsonanz. Ich denke da etwa an die neueren Kompositionen des viel zu wenig gehörten Komponisten Wolfgang von Schweinitz, der sich mit seiner

Formel des *Plainsound* an reiner Naturtönigkeit und hochgradiger Mikrotonalität orientiert. Hier wird jede Form von temperierter Stimmung, wie sie sowohl in der Dodekaphonie, der Atonalität oder der Dur-Moll-Konsonanz weiterhin besteht, radikal über- bzw. unterschritten.

Schmidt:
Ich gebe Ihnen recht, dass Tonalität keineswegs auf das Dur-Moll-System reduzierbar ist (wobei das Phänomen ›Tonalität‹ von der Temperierung der Stimmung unabhängig ist), aber ob Schweinitz noch im tonalen Spektrum komponiert, müsste man anhand einer tragfähigen Definition des Begriffs prüfen, wie ich sie in meinem Akademieprojekt entwickelt habe. Das wäre eine interessante Frage – ich vermute allerdings, dass er jenseits des Spektrums agiert, weil bei ihm das tonale Metasystem nicht mehr intakt ist. Aber ich möchte noch auf einen anderen Aspekt zu sprechen kommen: In der ›Neuen Musik‹ gab und gibt es die Tendenz, die auf Adornos Philosophie verweist, dass man bewusst nicht mehr ›schön‹ komponieren möchte. In dem Augenblick, da die eigene Musik vom Publikum genossen werden kann, zählt man bereits zum Establishment und ist somit kunstferner Konventionalisierung anheim gefallen. Und dieser Gefahr glaubt man eben und nur dadurch zu entgehen, dass man menschliche Hörgewohnheiten unbefriedigt lässt. Nun meine Frage: Lanciert sich die ›Neue Musik‹ auf diese Weise nicht in eine pseudo-elitäre Sackgasse?

Leiste:
Die Frage ist, was ›schön‹ ist. Sind tonale Klänge schön, weil sie ineinander übergehen und bestimmte Hörerwartungen befriedigen? Für mich ist ›schön‹ etwas anderes, nämlich ein inneres Erlebnis, das ich beim Musikhören habe. Das muss nicht ›schön‹ klingen. Aber darin besteht ja gerade der Prozess, den ich innerlich durchmache und den ich als aufregend empfinde. Mir geht es so, wenn ich ›Neue Musik‹ höre, aber auch nicht jedes Mal. Das liegt am Rezipienten, wie er ›reinkommt‹ in diesen Hörprozess. Wenn es gelingt, dann empfinde ich es so, als tauchte ich in die Musik ein. Dabei wird eine Spannung aufgebaut, Überraschungen ereignen sich, oder ich stürze in einen Strudel. Das Gefühl ist aber immer mit Spannung verbunden, denn ich weiß ja nie, was kommt. Ich werde von einem zum nächsten geholt. Und wenn das Stück vorbei ist, bin ich wie neu, denn ich bin wie durch etwas durchgegangen, wie durch einen spannenden Roman oder Film, obwohl es ›nur‹ Töne waren, die in diesem Sinne keine Bedeutung haben. Im Übrigen sollte man an dieser Stelle auch nicht pauschalisieren. Es lohnt sich beispielsweise, auf den eben erwähnten Komponisten Wolfgang von Schweinitz zurück zu kommen. Seinen Werken bescheinigt man eine unglaubliche, ja unerhörte Schönheit, die gerade auch auf dem Hintergrund traditioneller Hörer-

wartungen schön klingt. Aber es ist keine Schönheit, die besteht, sondern die als entstehende zu hören ist. An die ausführenden Musiker stellen seine Werke zugleich die größten Ansprüche. Und die Musikgeschichte wird nicht negiert, sondern wie unterirdisch neu erschlossen. Was Adorno angeht, sollte man auch ihn im historischen Kontext sehen. Und seine Ästhetik entsteht nicht nur auf dem Hintergrund der künstlerischen Avantgarden des frühen 20. Jahrhunderts, sondern auch der totalitären Herrschaft der Nationalsozialisten und dem Zivilisationsbruch der Shoa.

Schmidt:
Die Frage ist, ob nicht große Teile der avantgardistische Musikästhetik auf ähnlichen Prämissen basieren, wie Wolfgang-Andreas Schultz meint.[3] Aber ich wäre der letzte, der zum Apologeten von Adornos Musikästhetik taugte, weil bei ihm naturakustische, anthropologische und (kognitions)psychologische Aspekte weitgehend exkludiert sind. Adornos Thesen gehören vor der Folie moderner Forschung sicher eher in den Bereich der Ideologie denn ernstzunehmender Wissenschaft, was richtige und überaus interessante Beobachtungen im musikalischen Detail nicht ausschließt. Aber zurück zum Ghetto-Status nicht-tonaler Musik: Die zeitgenössische Literatur hat die sprachliche Syntax niemals derart suspendiert, wie dies die ›Neue Musik‹ mit der tonalen Syntax getan hat. Es gab zwar Tendenzen wie den Dadaismus, das Absurde Theater oder die konkrete Poesie, aber die sind letztlich Episode geblieben. Und die heutige Avantgarde – sofern man den Begriff noch verwenden kann – schreibt wieder in grammatisch meist korrekten Sätzen. In der ›Neuen Musik‹ findet man lediglich sporadische, wenngleich manifestativ vertretene Versuche, die Tonalität zu retablieren (u. a. bei Krzysztof Penderecki, Arvo Pärt, Ladislav Kupkovič und Wolfgang-Andreas Schultz). Würden Sie hier Parallelen zwischen den Künsten (Medien) sehen oder würden Sie sagen, die Musik hat – anders als die Literatur – keine Kommunikationsaufgabe und ist eben deshalb nicht flächendeckend zur tonalen Syntax zurückgekehrt, und das, obwohl die Tonkunst durch die Obertonreihe letztlich stärker naturfundiert ist als die Sprache? Oder ist es eher die Tatsache, dass man in der tonalen Ordnung kein Entwicklungspotential mehr sieht? Meines Erachtens stehen wir tatsächlich vor dem unlösbaren Problem, dass die Innovationsmöglichkeiten innerhalb des Metasystems ›Tonalität‹ nahezu ausgeschöpft sind, dieses Metasystem kulturanthropologisch aber unhintergehbar ist – worin nicht zuletzt seine Omnipräsenz begründet liegt. Aber selbst wenn man dies alles weiß und vor solcher Evi-

3 Vgl. den Beitrag des Komponisten im vorliegenden Band.

denz nicht die Augen verschließt, bleibt die Frage, wie man hierauf künstlerisch reagieren soll angesichts der immensen ›Last‹ abendländischer Musiktradition.

Leiste:
Das ist eine sehr interessante, aber schwer zu beantwortende Frage. Ich frage mich auch oft, wie man die Entwicklung in der Avantgardemusik mit derjenigen in anderen Künsten vergleichen kann. Man müsste hierüber genauer nachdenken ... Musik sticht aus allen Künsten heraus, weil sie noch nie eine Bedeutung vermittelt hat. Ein Ton hat keine Bedeutung. Im Bild kann ich etwas abbilden. Farben und Linien machen sich selber zugunsten der Abbildfunktion ›unsichtbar‹. Dagegen arbeitet die abstrakte Kunst. In der Musik kann ich nichts realistisch abbilden. Vielleicht auf den Feldern von Klang und Geräusch. Andererseits ist Musik die unmittelbarste Kunst, weil sie am stärksten emotional wirkt. Sie ist also nicht wirklich ohne Bedeutung, sondern transportiert eben eine andere Bedeutungsschicht, die stärker emotional oder auch spirituell orientiert ist.

Schmidt:
Aber als Erklärung dafür, dass die Musik dies vermag, würden Sie schon anthropologische Konstanten heranziehen?

Leiste:
Ich kann mit dem Begriff ›Anthropologie‹ nicht so viel anfangen, das klingt mir zu materialistisch, zu festgelegt.

Schmidt:
Das scheint mir ein grundlegendes Problem im Menschenbild des modernen Kunstdiskurses zu sein. Während das Einflusspotential des Subjekts kulturhistorisch an Virulenz verliert, vergrößert sich gleichzeitig der Raum, der (zumindest potentiell) menschlicher Verfügungsgewalt unterliegt. In der Tat begegnet kaum ein ehedem naturbasierter Bereich, der heute nicht kulturellen Interventionen zugänglich scheint (Talent/Begabung, Geschlechterdifferenz, Hörerwartung etc.), und zwar meist auf Grundlage der Vorstellung, die Realität sei dem Menschen nur unter den Bedingungen diskursiver Repräsentation gegeben. Ich halte das für ein kulturhistorisch erklärbares, wissenschaftlich aber nicht haltbares Ideologem. Wenn Sie der Begriff ›Anthropologie‹ stört, lassen Sie uns von menschlicher oder psychophysischer Konstitution sprechen. Wir können ja – um es einfach zu formulieren – nicht aus unserem Körper heraus. Wir können uns auch in gewissem Rahmen der Wirkung von Musik nicht entziehen, und sicher sind bestimmte musikalische Wirkungen an die Existenz kognitiv nachvollziehbarer Konsonanz-Dissonanz-Relationen gebunden.

Leiste:
Ja, da gibt es ganz bestimmt psychophysische Muster, aber das ist mir zu primitiv. Denn das gilt genauso für Kühe. Wenn man im Kuhstall klassische Musik spielt, geben die Kühe mehr Milch – ähnlich bei Pflanzen, die wachsen dann besser. Dem entzieht sich die ›Neue Musik‹ natürlich, denn sie verlangt einen Bewusstseinsakt, also etwas Menschliches. Da funktioniert die Wirkung nicht mehr von alleine.

Schmidt:
Ich sehe nicht, weshalb eine These »zu primitiv« ist, wenn sie nicht nur für Menschen gilt, sondern auch für Tiere und evtl. Pflanzen. Dies belegt doch nur die fundamentale Bedeutung der naturakustischen Gesetze bzw. der ihr korrespondierenden physiologischen Rasterung – der Geltungsbereich würde dann sogar über die Anthropologie hinausreichen. Mich interessiert aber noch ein weiterer Aspekt dieses Problems: Wenn Sie fordern, man müsse die Menschen so heranbilden, dass Sie ›Neue Musik‹ als spannend empfänden (sofern das überhaupt möglich ist), besteht dann nicht zugleich die Gefahr einer neuen Form von Konventionalisierung, die Sie ja in jedem Fall vermeiden wollen. Mit anderen Worten: Müssen wir uns in einer solchen Idealgesellschaft nicht schon bald wieder etwas ›Neues‹ überlegen, wodurch Komponisten wie Bach, Mozart und Beethoven plötzlich wieder ›produktive‹ Wirkungen in Ihrem Sinne entfalten? Denn – so die These der Kulturwissenschaftlerin Christa Bürger – »wo der Modernismus zur legitimen Kultur geworden ist, wird ›Tradition‹ zur Avantgarde«. Wäre dies dann aber nicht die kaum modifizierte ›Wiederkehr des Gleichen‹, die sich sinnvoll kaum *ad infinitum* fortsetzen ließe? Oder anders herum gefragt: Kann ›Neue Musik‹ Ihrer Meinung nach auch schematisiert werden, obwohl sie sich von Schematismen lösen möchte?

Leiste:
Man komponiert ja heute schon wieder anders als in den 1970er Jahren, als man wirklich nur ›hässlich‹ komponieren durfte. Jetzt werden auch wieder Harmonien in die Komposition einbezogen. Dennoch ist es etwas anderes als Mozart. Man kann nicht verleugnen, dass dazwischen eine Entwicklung stattfand. Momentan konzentrieren sich einige wieder auf Viertel- und Sechzehnteltöne, ja auf die gesamte Mikrotonalität. Andere komponieren nur mit Obertonreihen, um dadurch wieder zu den Naturtonintervallen zu gelangen. Da existieren die verschiedensten Richtungen. Ein Suchen, ein Bahnen von Wegen, ein Arbeiten mit neuen Hörerfahrungen.

Schmidt:
Also auch hier erneut – wie in der historischen bzw. der Neoavantgarde – der Versuch, auf neuem Wege ›Tiefe‹ und ›Ursprung‹ zu retablieren. Mit fällt hierzu Hermann Sabbe ein, der angesichts der fortschreitenden Isolation und Innovationsproblematik im ›Neue Musik‹-Bereich nur einen Ausweg sieht: Man solle nicht zur Tonalität zurückkehren, sondern zur »Obertonalität«, d. h. »zur gesamten Obertonreihe als allgemeinster, übergeordneter Ordnung, als erster Natur, als dem noch nicht vom Menschen Gemachten bzw. Gedachten«. Sie liefere »ein Modell für die Versöhnung von Konsonanz und Dissonanz«.

Leiste:
Genau. Man kommt dann wieder auf Harmonien, die weder harmonisch noch disharmonisch klingen, weil sie Naturtonintervalle sind. Und natürliche Intervalle haben einen ganz zauberhaften Klang.

Schmidt:
Die erste These würde ich aber so nicht vertreten wollen. Selbstverständlich unterscheidet die Obertonreihe zwischen konsonanten und dissonanten Intervallen, die Reihe ist ja – wie das Monochord – hierarchisch strukturiert: zunächst kommen die einfachen Schwingungsverhältnisse (Oktave, Quinte, Quarte, Dur-Dreiklang etc.), danach die komplizierteren – nach mathematischer Gesetzmäßigkeit. Und der naturgegebene Dur-Dreiklang der Obertonreihe ist rein und damit konsonant.

Leiste:
Aber die Obertonreihe entspricht nicht unseren temperierten Hörgewohnheiten.

Schmidt:
Das glaube ich nun nicht, denn die meisten Menschen können den Unterschied zwischen reinen und temperierten Intervallen überhaupt nicht wahrnehmen. Erst wenn man ihnen den Beginn des *Wohltemperierten Klaviers* mitteltönig und dann temperiert vorspielen würde, könnten sie (vielleicht) einen Unterschied hören. Martin Ebeling nennt dieses Phänomen »Variabilität«, d. h. wir empfinden auch eine leicht verstimmte Terz als konsonant, ja wir empfinden die leichte Verstimmung sogar als akustischen Reiz.

Leiste:
Das müsste man genauer untersuchen. Die temperierte Stimmung ist auf jeden Fall ein kulturelles Artefakt und eine seit dem Barock bei uns stark konventionalisierte Angelegenheit. Mikrotonale Unterschiede – also leichte ›Verstimmun-

gen‹ – wahrzunehmen, erfordert eine hohe Wachheit und auch Übung, die im konventionellen Musikbetrieb kaum überhaupt nur erwogen, schon gar nicht gefordert wird. Ich stütze mich hier auf die Erfahrung der beiden Musiker Helge Slaatto (Violine) und Frank Reinecke (Kontrabass), die sie während ihrer einjährigen Erarbeitungs- und Probenzeit für die Uraufführung der Komposition *Plainsound Glissando Modulation* von Wolfgang von Schweinitz gemacht haben, und mit denen ich mich in dieser Zeit oft unterhalten habe. Wir müssten hier zudem auf die Frage der Interkulturalität von Musik zu sprechen kommen. In unterschiedlichen Kulturen gibt es sehr unterschiedliche Tonsysteme, die sich nicht allein an der Naturtönigkeit orientieren. Ein Teil der ›Neuen Musik‹ besteht zum Beispiel in der Auseinandersetzung mit der Musik, den Tonsystemen, der Rhythmik anderer Kulturen. Auch hier wird die Behauptung anthropologischer Konstanten fragwürdig, zumindest unbedeutend. Es gibt anthropologische Differenz. Es gibt Unterschiede. Und für die Unterschiede sollten wir uns sensibilisieren. Und es gibt sehr unterschiedliche Arten von Schönheit oder, wenn man so will, sehr unterschiedliche Zugänge zu Schönheit. Auch da würde ich auf das Beispiel von Wolfgang von Schweinitz zurückgreifen. Das erwähnte Stück *Plainsound Glissando Modulation* dauert 90 Minuten und besteht eigentlich nur, so könnte man sagen, aus Intervallen, die gestimmt werden und aus den Interferenztönen, die sich teilweise gezielt ergeben. Es ist ein unerhörtes Stück, eine Zumutung fürs heutige Hörverhalten. Ich hatte beispielsweise durch diese reinen Intervalle immer die Vorstellung, dass ich in ein Märchenreich eintrete. Auch wenn die Menschen nicht sagen können, dass dies ein reines und jenes ein temperiertes Intervall ist – um auf das Thema der Variabilität zurück zu kommen, so gibt es trotzdem eine Wirkung, die von unterschiedlichen Tönen und Tonverhältnissen ausgeht. Kompositionen in reinen Intervallen gehen in eine andere Schicht menschlichen Empfindens.

Schmidt:
Ihre These von der anthropologischen Differenz halte ich für wissenschaftlich unhaltbar. Sicher gibt es kulturell präformierte Hörgewohnheiten, aber die widerlegen keineswegs die experimentell bestätigten biopsychischen und pankulturellen Universalien. Tatsächlich basieren alle Notensysteme, die wir kennen, auf den drei ersten Intervallen der Obertonreihe: Oktave, Quinte, Quarte, was angesichts der menschlichen Oktavkartierung und der Identität der Koinzidenzgesetze auch nicht wirklich erstaunt. Aus diesem Grund würde ich Ihnen auch zustimmen, dass reine Intervalle eine besondere Faszination ausüben können, wenn das eigene Gehör dafür sensibilisiert ist.

Leiste:
Wenn man so ein langes Oberton-Stück *hört* und sich darauf einlässt, dann sensibilisiert sich während des Konzerts das Gehör. Allerdings geht es hier nicht in erster Linie um die Sensibilisierung für die Obertonkoinzidenz, denn die ist für jeden Hörer, aus unserem Kulturkreis zumindest, da. Es geht auch um die Sensibilisierung für leichte Tondifferenzen. Und beides ist mehr als das temperierte klassische Tonsystem, das unseren Musikkonsum, den Konzertbetrieb, unsere Rundfunkanstalten und den CD-Handel dominiert.

Schmidt:
Lassen Sie uns noch einmal auf das Problem der Konventionalisierungsgefahr ›Neuer Musik‹ zurückkommen. Dahinter steht natürlich auch die Frage nach Ihrer Beurteilung der Zukunft ›Neuer Musik‹ bzw. der Musik generell. Wir klammern dabei jetzt einmal den Bereich populärer Musik aus, der ja die tonale Ordnung nie suspendiert hat. Wie Sie selbst sagen, existiert heute keine dominante Richtung mehr, wie es sie in den fünfziger bis siebziger Jahren durchaus noch gab. Ist diese Vielfalt an Richtungen vielleicht auch Ausdruck einer Angst vor Konventionalisierung?

Leiste:
Ich glaube nicht an eine Konventionalisierung der ›Neuen Musik‹ und damit auch nicht an eine Konventionalisierungsgefahr. Ich glaube, es gibt immer wieder Möglichkeiten, Neues mit den Mitteln zu schaffen, die vorhanden sind, oder auch neue Mittel zu finden. ›Neue Musik‹ definiert sich dadurch, dass sie je neue Hörerfahrungen ermöglichen will und dass sie damit immer ein Stück weit antikonventionalistisch bleibt.

Schmidt:
Sie sind also nicht so apodiktisch wie Boulez und Stockhausen oder neuerdings Philipp Maintz, die das tonale System für historisch obsolet erklären, weil es der heutigen Zeit nicht mehr entspreche. »Mittelhochdeutsch« sei die Tonalität, wie Maintz auf unserer Pariser Klang-Tagung 2012 manifestativ erklärte. Ich halte das schlichtweg für wissenschaftlich unhaltbare Avantgarde-Ideologie. Aber Sie würden sagen, dass tonale Rückgriffe erlaubt sein müssen, bevor es tatsächlich zum Schematismus kommt. Das wäre dann die Position Wolfgang Rihms, d. h. die einer ›Demokratisierung‹ formalästhetischer Mittel?

Leiste:
Ja, so sehe ich es auch. Wenn ich jetzt aber nur nach den alten Gesetzen komponieren würde, wäre es langweilig. Ein heutiger Maler, der Raffael kopieren würde,

wäre auch langweilig. Es wäre allerdings auch langweilig, wenn man heute noch so komponieren würde wie Boulez. Die Frage ist vielmehr: Was mache ich mit tonalen Systemen? Wie verhalte ich mich zur Musikgeschichte? Greife ich sie auf und dekonstruiere ich sie wie Wolfgang Rihm; oder überschreite ich sie wie Wolfgang von Schweinitz. Die Überschreitung setzt natürlich das voraus, was sie überschreitet, aber sie geht auch anderswo hin. Es geht darum, wie im konkreten Sinn gearbeitet wird, was da im Einzelnen passiert, wie komponiert wird, was ich erfahre, es geht weniger um Grundsatzerklärungen.

Schmidt:
Jetzt möchte ich Sie mit einer interessanten Gegenthese des Komponisten Manfred Trojahn konfrontieren: »Es ist doch eine falsche Vorstellung«, erklärt er in einem Interview, »daß jeder Komponist eine eigene Musiksprache entwickeln soll. Das hat es auch zu Mozarts Zeiten nicht gegeben. Mozart hat genau dasselbe gemacht wie seine Zeitgenossen, nur besser. Seine Innovationen waren sehr vorsichtig. [...] Damals gab es einen Grundkonsens, an den sich die Komponisten hielten. An den Abweichungen können wir erkennen, wie es um die Individualität des Komponisten stand. Heute schreiben wir alle unterschiedlich. Das Problem ist die fehlende Grundbasis; wir sind nur noch ›Individualitäten‹. Die individuelle und gesellschaftliche Freiheit, die wir heute für alle anstreben, ist tödlich für die künstlerische Freiheit«. Auch Strawinsky schrieb einmal, er finde es fürchterlich, beim Komponieren ein leeres Blatt vor sich zu haben und zu wissen, es sei ihm jetzt alles erlaubt. Wie stehen Sie zu solchen Aussagen?

Leiste:
Ich teile diese Einschätzungen nur bedingt, denn Freiheit erlaubt es ja auch wieder, Konventionen zu verwenden.

Schmidt:
Aber diese eingebauten Konventionen werden niemals mehr den Status haben wie zu Mozarts Zeiten, und eben dies bedauert Trojahn, weil es sich hier um die Bedingung der Möglichkeit qualitativ fundierter Identitätsbildung handelt. Heutzutage generiert jeder Privatkonventionen. Würden Sie nicht sagen, dass dies ein Grundproblem der kulturellen Moderne ist?

Leiste:
Das ist eben der Preis der Freiheit, und dabei muss jeder für sich selbst verantwortlich sein.

Schmidt:
Mancher würde entgegnen: Freiheit bedarf der Begrenzung, sonst bleibt der Begriff bedeutungslos. Sie würden Freiheit jedoch absolut und als absolute durchaus positiv sehen.

Leiste:
Ja, im Prinzip.

Schmidt:
Nun werden im ›Neue Musik‹-Bereich ständig Auszeichnungen und Preise vergeben. Woran macht man Qualitätskriterien fest, wenn doch jeder Komponist nach seiner Façon arbeitet?

Leiste:
Das ist eine gute Frage, die ich mir auch immer wieder stelle. Diejenigen, die in der Jury sitzen, sind Musikwissenschaftler, Komponisten und Musiker, die sich mit ›Neuer Musik‹ auskennen, d. h. die haben – wie auch ich – ein Qualitätsurteil. Letzteres kann ich persönlich aber nicht an etwas Konkretem festmachen, da ich weder Komponistin noch Musikwissenschaftlerin bin. Ich brauche bei einer CD nur zehn Takte zu hören, und dann weiß ich, in welche Richtung das geht und ob das meinen Qualitätskriterien entspricht. Aber um die Frage wirklich beantworten zu können, hätte ich einmal in einer Jury mitarbeiten müssen.

Schmidt:
Nun darf ein Qualitätsurteil ja nicht nur auf diffusen Gefühlen gründen, sondern muss intersubjektiv evident zu machen sein und damit auf vergleichbaren Maßstäben basieren, sonst bewegen wir uns ausschließlich im Bereich individueller Geschmacksurteile. Hat man es heutzutage in der ›Neuen Musik‹ nicht deshalb besonders schwer, weil sogar das Innovationspostulat inzwischen nachdrücklich hinterfragt wird? Was machen wir zum Beispiel mit einem Komponisten wie Arvo Pärt? Komponiert er qualitativ hochwertig, weil er eine neue Form von Tonalität entwickelt hat? Oder ist er regressiv, weil er in gewisser Weise sogar hinter avancierte Kompositionen von Strauss zurückfällt?

Leiste:
Ich weiss nicht, ob Arvo Pärt von der ›Neuen Musik‹-Szene als regressiv angesehen wird.

Schmidt:
Aber angesichts der momentanen Vielfalt in der ›Neuen Musik‹ dürfte man doch nicht per se ausschließen, dass solche Komponisten, selbst wenn sie ›Renegaten‹ sind, Preise bekommen?

Leiste:
Das weiß ich nicht.

Schmidt:
Kann es denn nicht auch andere Formen moderner Musik geben als die dodekaphone oder freitonale bzw. dodekaphone? Bedenken Sie, dass Glenn Gould nicht Arnold Schönberg, sondern Richard Strauss zum größten Komponisten des 20. Jahrhunderts erklärt hat.

Leiste:
Nun, ich halte alle beide für große Komponisten: Schönberg und Strauss.

Schmidt:
›Neue Musik‹ ist aber für Sie doch nur die Musik, die sich von der Tonalität verabschiedet hat? Denn man kann ja durchaus behaupten, dass es schon 1920 unterschiedliche Avantgarden in der Musik gab.

Leiste:
Ich meine auch nicht, dass Strawinsky 1919 keine ›Neue Musik‹ geschrieben hat.

Schmidt:
Es gibt für Sie also zwei Begriffe ›Neuer Musik‹: einen universellen (Verabschiedung der Tonalität) und einen historischen (Innovation zu einer bestimmten Zeit).

Leiste:
Ja. Das Problem liegt aber darin, dass viele Menschen auch heute noch nicht bei Schönberg angekommen sind, was den Stand des Hörens betrifft.

Schmidt:
Also würden Sie schon sagen, dass Schönberg avancierter ist als Strawinsky?

Leiste:
Ja, weil er eben die Tonalität und den Grundton aufgegeben hat. Das ist *der* große Schritt.

Schmidt:
Dann dürften Sie Arvo Pärt doch eigentlich nicht zur ›Neuen Musik‹ rechnen, denn hier ist der Grundton wieder existent und dominant?

Leiste:
Arvo Pärt ist ein bedeutender Komponist der Gegenwart. Wichtig sind mir die Hörerfahrungen und die sind natürlich für jeden unterschiedlich. Insofern möchte ich hier nur von mir persönlich sprechen. Was ich bei ihm vermisse, bei anderen erfahre, ist ein herausforderndes Moment in der Musik, das mir zu einem Teil eine verwandelnde, eine Grenzen überschreitende Erfahrung ermöglicht. Nicht: alles ist schön, alles ist gut. Sondern: aha! Und anhaltende Faszination, Forderung, fordernde, weckende Schönheit. Die kann nie gleich sein und bleiben. Und ich kann beim Hören nicht die gleiche bleiben, die ich war. Andere erleben dies gerade bei Arvo Pärt. Beim Hören einen Erneuerungsprozess durchmachen. Mir gelingt das eher bei Komponisten wie Nikolaus Brass, er komponiert zum Beispiel so, dass ich in ein anderes Hören komme.

Schmidt:
Das hat dann schon mit der Qualität dieser Musik zu tun?

Leiste:
Auf jeden Fall. Es geht ja ums Hören und darum, in die Stille zurückzukehren.

Schmidt:
Das wäre im Grunde dann aber doch wieder ein Denken in traditionellen Kategorien: Naturnähe (Schweinitz) und Ruhe bzw. Beruhigung (Brass).

Leiste:
Das brauchen wir in unserer Zeit auch. Allerdings bezweifle ich, dass man von Schweinitz' Naturtönigkeit als Naturnähe bezeichnen kann (höchstens ironisch) und dass sie in dem Sinn eine traditionelle Kategorie ist. Auch Ruhe ist keine traditionelle Kategorie, nicht in diesem Kontext. In welchem Maß könnte ein Musikfestival zum Thema ›Stille‹ (als eine wesentliche Manifestation von Ruhe) – ich hatte mir ein solches Konzept vor kurzem überlegt – auf traditionelle Musik zurückgreifen? In der ›Neuen Musik‹ gäbe es einige Bezugspunkte.

Schmidt:
Den Fall ›Schweinitz‹ kann ich aus meiner Kenntnis nicht zureichend beurteilen, aber dass ›Stille‹ in der tonalen Musik als Thema nicht präsent sei, halte ich für unzutreffend. Aber nochmals zurück zu unserem Hauptthema: Adorno hat die

Omnipräsenz der Tonalität in Konzertbetrieb und Populärkultur dafür verantwortlich gemacht, dass die ›Neue Musik‹ so schwer rezipierbar sei. Die Dur-Moll-Tonalität sei zur »zweiten Natur« des Menschen geworden. Selbst die Kirchentonarten, die ja nicht ›a-tonal‹ sind, hätten diesen Status nie erreicht. Und an anderer Stelle konzediert Adorno, die Frage nach der Tonalität könne gar nicht »tief genug« beantwortet werden. Da klingt für mich ein ungelöstes Problem an, denn wenn ausschließlich kulturelle Aspekte relevant wären, müssten beide Tonalitäten historisch gleiche Wirkung und Präsenz entfaltet haben bzw. entfalten. Aber dem ist nicht so, und das hat Adorno zu Recht erstaunt. Möglicherweise hat Deryck Cooke doch recht, dass die Dur-Moll-Tonalität sich deshalb weltweit durchgesetzt hat, weil sie der Obertonreihe am nächsten ist.

Leiste:
Das kann ich nicht beurteilen. Aber der Begriff der »zweiten Natur« entspricht im Prinzip dem, wie ich das für uns traditionelle Tonsystem verstehe, inklusive der erwähnten Funktion des Grundtons.

Schmidt:
Dieser – Ihrer Meinung nach – rein kulturell hergestellten »zweiten Natur« muss man sich jetzt also wieder entwöhnen?

Leiste:
Ja, denn ich habe sie mir als einen Mantel angezogen. Und meine Freiheit ist, dass ich aus diesem aussteigen kann. Ich habe meinen Grundton in mir und kann mich herausschwingen, ohne ihn ständig hören zu müssen. Das ist eigentlich wie ein Loslassen.

Schmidt:
Aber der Grundton ist nicht notwendigerweise ein tonal eingebundener?

Leiste:
Ich kann ihn weglassen, weil ich ihn lange genug gehabt habe. Er ist damit auf tonale Einbindung nicht mehr angewiesen. Sie wird zur Vergangenheit.

Schmidt:
Könnten Sie sich vorstellen, dass man auch die tonale Kunstmusik wieder anders hören würde, wenn man die Leute so heranbilden könnte, wie Sie es sich wünschten?

Leiste:
Auf jeden Fall!

Schmidt:
Das bedeutet, die klassisch-tonale Musik müsste gar nicht auf dem Friedhof der Geschichte liegen. Sie liegt dort eigentlich nur, weil sie konventionalisiert ist? Wir könnten also in dem Augenblick, da das neue Hören etabliert wäre, auch Bruckner wieder anders wahrnehmen?

Leiste:
Ja, genau! Das habe ich auch selbst erlebt. Ich habe mal mit Helmut Lachenmann ein Seminar veranstaltet, bei dem er uns ›phänomenologisch‹ ein Webern-Stück und ein Trio von sich hat hören lassen. Und durch seine existentielle Vortragsart, mit der er uns jeden Ton und jedes Intervall vorführte, hat er auch bei mir eine Veränderung des Hörens bewirkt. Am nächsten Tag habe ich im Auto Radio gehört, und man spielte das *Rheingold*-Vorspiel, das ich normalerweise ausschalten würde. Ich saß wirklich kerzengerade im Auto, weil ich dieses Stück mit einer solchen Spannung, inneren Aufregung gehört habe wie am Tag vorher Webern und Lachenmann.

Schmidt:
Bleiben wir bei Helmut Lachenmann. Man unterstellt ihm ja auch, er sei im Alter konservativer geworden. Nun äußert er 2005 in einem Gespräch über Strauss' *Alpensinfonie* einen – auch metaphorisch gesehen – erstaunlichen Satz: »Die Musik [i.e. von Strauss] strahlt bis heute. Strukturell sind wir ohnehin gar nicht so viel weiter gekommen. Wir fortgeschrittenen Komponisten blicken zwar fleissig [sic!] in die Abgründe, aber letztlich stehen wir am Geländer der Tonalität und halten uns fest«. Und wenig später meint man eine quasi transzendentale Legitimation der naturakustischen Privilegierung der Tonalität zu lesen, d. h. der Tonalität als Bedingung der Möglichkeit musikalischen Hörens: »Akkorde sind [...] entweder dissonant oder konsonant, das heisst [sic!], sie entstammen der Generalbasspraxis im weitesten Sinne. Und selbst wenn ich in einer Klavierkomposition den Pianisten einen Zehnklang spielen lasse – ob trocken, verhallt oder künstlich verlängert spielt keine Rolle –, stehe ich mit einem Zeh im tonalen Bereich. Ich kann mich demgegenüber dumm stellen und beim Schreiben auf irgendein abstraktes Konstruktionsgesetz starren – im Kern wird die Musik latent tonal gepolt bleiben«. Leonard Bernstein vertritt eine ähnliche These, wenn er sagt, wir könnten keine zwei Töne hören, ohne automatisch zwischen ihnen eine tonale Beziehung herzustellen. Wie würden Sie diese Bemerkung Lachenmanns deuten? Argumentiert er hier nicht doch latent anthropologisch, also in dem Sinne, dass jeder Kom-

ponist gegen ein tonales Grundraster im Menschen ›ankämpfen‹ muss und sich dessen auch bewusst sein sollte?

Leiste:
Ich glaube nicht, dass Lachenmann anthropologisch denkt; eher geht er phänomenologisch vor – wie beschrieben ist er ein echter ›Löffelöffner‹, er kann uns neue Hörerfahrungen ermöglichen. Ich glaube, dass er wie ich eine Gewohnheit oder kulturelle Prägung meint, die tief verankert ist; er spricht vom *Phänomen* der Konsonanz und Dissonanz. Man muss lediglich an andere Kulturen denken, die in anderen tonalen Systemen leben. Sie erleben Musik anders, weil sie anders geprägt sind. Sie erleben *andere* Konsonanzen und Dissonanzen.

Schmidt:
Diese These trifft so pauschal nicht zu, weil die Identität der Koinzidenzgesetze für alle Menschen gilt. Selbstverständlich hat man einzelnen Intervallen und Klängen syn- wie diachron unterschiedliche Konsonanzgrade zugesprochen, aber nur innerhalb eines bestimmten Bereichs. In keiner Kultur und zu keiner Zeit wurde die Quinte als Dissonanz, der Tritonus als Konsonanz wahrgenommen – und Martin Ebelings mathematisch fundierte Klangtheorie erklärt unwiderlegbar, weshalb dies so ist. Reduziert man Tonalität nicht auf das Dur-Moll-System, dann existieren sogar keine Kulturen, die nicht tonal musizieren, denn alle Notensysteme basieren ja auf den drei ersten Intervallen der Obertonreihe: Oktave, Quinte, Quarte. Carol L. Krumhansl konnte zudem nachweisen, dass auf basal-emotionalem Niveau alle Menschen identisch auf Musik reagieren. Das ist eigentlich das stärkste Argument dafür, dass man ›Neue Musik‹ nie konventionalisieren kann, weil sich aufgrund dieser kognitiven Rasterung kein ›Harmonisierungseffekt‹ einstellen wird.

Leiste:
Das finde ich jetzt wunderbar, dass wir zu diesem Punkt kommen: ›Neue Musik‹ als Musik, gegen die man sich unwillkürlich wehrt – weil sie erst Freiheit erzeugt! Dennoch glaube ich, dass es primär um die Frage der Kultivierung des Hörens geht, was dann auch eine Befreiung des Hörens ist.

Schmidt:
Können Sie sich vorstellen, dass man ›Neue Musik‹ in der Werbung einsetzt?

Leiste:
Eher nicht. Das widerspricht sich ja. Weil sie nicht eingängig ist, und die Werbung gerade auf diesem Prinzip aufbaut.

Schmidt:
Sie würden also schon sagen, dass tonale Musik emotional ›breiter‹ und damit einfacher zu funktionalisieren ist?

Leiste:
In jeder Hinsicht.

Schmidt:
Obwohl die klassischen Komponisten dies ja keineswegs immer beabsichtigten.

Leiste:
Nein, die wollten das nicht. Aber was heute mit der Klassik gemacht wird, zielt in jedem Fall hierauf ab. Wer hört irgendein Klavierkonzert von Mozart wirklich bewusst?

Schmidt:
Das bedeutet aber, um auf die medienpolitische Ebene zu sprechen zu kommen, dass ›Neue Musik‹ immer auf Subventionen angewiesen sein wird.

Leiste:
In gewisser Weise schon. Denn die Wirtschaft erzeugt Güter und Geld, die Musik aber kann keinen materiellen Gegenwert erzeugen. Kunst ist auf Staat und Ökonomie angewiesen. Die *Hamburger Klangwerktage*, die ich leite, werden allerdings nicht subventioniert, auch nicht von der Stadt Hamburg. Der größte Teil meiner Arbeit besteht darin, für die Finanzierung zu sorgen. Das ist eine Knochenarbeit, und vor allem deshalb, weil es sich um ›Neue Musik‹ handelt. Wenn ich jetzt ein Klassik-Festival veranstalten würde, mit dem man sich schmücken könnte, bei dem man einen Gegenwert hätte, dann wäre alles viel leichter. Natürlich kommt es auch auf die Stadt an: In München ist die Situation eine andere. Dort gibt es die *Biennale*, in die so viel Geld investiert wird, dass man für *ein* Konzert mehr ausgibt, als unser gesamtes Festival kostet. Das Problem liegt in Hamburg selbst: György Ligeti, der an der Hamburger Hochschule Professor war, sagte, Hamburg sei »schalltoter Raum« für ›Neue Musik‹. Manche behaupten sogar, Ligeti habe sich aus Verzweiflung darüber seinen Kopf an der Wand blutig geschlagen ...

Schmidt:
Wie würden Sie denn die Situation der ›Neuen Musik‹ generell sehen? Einerseits reißt die kritische Diskussion um sie nicht ab, andererseits ist ihre Lobby im Intellektuellen-Bereich (zumindest offiziell) überaus groß. Und würde sie nicht stark subventioniert, wäre sie wohl schon längst von der Bildfläche verschwunden.

Leiste:
Ich erlebe, dass in Städten wie Berlin, Paris oder New York Konzerte von›Neuer Musik‹ besser besucht werden. Wenn ich in die Seine-Metropole komme und in ein ›Neue Musik‹-Konzert im Centre Pompidou oder IRCAM gehe, sitze ich in einem vollen Saal. Neben mir sitzt vielleicht ein altes Mütterchen und ein alter Mann, vor mir irgendwelche Jugendliche – ein ganz gemischtes Publikum. Man scheint dort viel offener zu sein.

Schmidt:
Sie würden aber schon sagen, dass die ›Neue Musik‹ noch immer Ghetto-Status besitzt.

Leiste:
Ja, auf jeden Fall. Auch die *Biennale* in München ist nicht so gut besucht wie die Staatsoper.

Schmidt:
Haben Sie den Eindruck, dass die ›Neue Musik‹ eine lebendige Szene mit Aufbruchcharakter ist, oder gibt es im Konzertbetrieb bereits Konventionalisierungen? Mitunter hört man ja Klagen darüber, dass die *Donaueschinger Musiktage* zum Ritual geworden seien. Teilen Sie diese Kritik und wenn ja, gibt es Versuche, die dem entgegenwirken?

Leiste:
Es gibt beides: die *Subculture*-Graswurzel-Arbeit mit›Neuer Musik‹, bei der Komponisten und Musiker für wenig Geld ihre Werke aufführen. Das ist schon sehr lebendig. Aber manches, was im Konzerthaus landet, ist vielleicht auch eher so, wie Sie es jetzt mit Blick auf Donaueschingen beschreiben.

Schmidt:
Gibt es bei den Festivals bestimmte Hierarchien?

Leiste:
Natürlich gibt es die. Es gibt große Festivals, die hervorragend subventioniert werden wie z. B. Donaueschingen. Hier werden zum Teil neue Komponisten vorgestellt, aber auch avancierte Komponisten gespielt. Manche Komponisten kommen gewissermaßen in Mode, und man kann sie dann bei allen Festivals hören. Wir versuchen bei den *Hamburger Klangwerktagen* viele Künstler aufzuführen, die noch keinen Namen haben – was die Presse mir häufig zum Vorwurf macht. Es ist eine Herausforderung für das Publikum, da man sich auf kein schon be-

kanntes Qualitätsurteil beispielsweise der Fachpresse verlassen kann, sondern aktiv hinhören und sich selbst ein Urteil bilden muss.

Schmidt:
Es gibt also auch in der ›Neuen Musik‹ Modephänomene?

Leiste:
Ja, sicher. Und das ist dann natürlich nicht weit entfernt von Konventionalisierung – auch wenn es letztlich nur unser ›Ghetto‹ betrifft.

Schmidt:
Gibt es einen Austausch auf der Ebene der Festivalorganisatoren? Claus-Steffen Mahnkopf ist vor einigen Jahren sehr hart mit der ›Neuen Musik‹ ins Gericht gegangen, weil sie keinen wahrnehmbaren Anteil am kulturellen Gegenwartsdiskurs habe. In der Tat sieht und hört man Philosophen, Literaten, ja sogar bildende Künstler, aber Komponisten ›Neuer Musik‹ fast nie.

Leiste:
Ja, das ist wirklich sehr schade. Aber es gab in den letzten Jahren einen starken innermusikalischen Austausch durch das *Netzwerk ›Neue Musik‹* von der Kulturstiftung des Bundes, zu dem in elf Städten jeweils ein Projekt organisiert wurde. In Hamburg hieß das Projekt zum Beispiel *Klang!*. Darüber hinaus wurden immer wieder Netzwerktreffen veranstaltet. Hinzu kommen entsprechende Publikationen in der *Neuen Musikzeitung*. Wir sind uns innerhalb von Hamburg wesentlich näher gekommen, aber programmatisch versucht schon jeder Veranstalter seine eigenen Vorstellungen zu verwirklichen, die immer von besonderen Schwerpunkten geprägt sind. Manchmal gibt es natürlich auch Koproduktionen wie z. B. die der *Klangwerktage* mit IRCAM. Jeder investiert Geld, damit eine große neue Komposition entsteht, die an den beteiligten Orten uraufgeführt werden kann.

Schmidt:
Der bekannte U-Komponist Christian Bruhn beklagt in seinem Essay, der auch in unserem Sammelband enthalten sein wird, dass die Unterhaltungsmusik immer uniformer werde. Bis in die 1980er Jahre habe man sich noch um interessante Melodien bemüht, während heute vieles gleich klinge und musikalisch uninspiriert sei. Wie sehen Sie das Verhältnis der ›Neuen Musik‹ zur Populärkultur? Gibt es da Beziehungen? Adorno hat die U-Musik ja sehr negativ beurteilt; dennoch betont er, dass Evergreens eine Qualität enthielten, die in Avantgarde-Kompositionen nicht mehr realisiert werden könne, weil sie an die tonale Ordnung gebunden sei: »In der leichten Musik«, so Adorno in der *Einleitung in die Musiksoziologie*, »fin-

det eine Qualität ihr Refugium, die in der oberen verlorenging: die des qualitativ verschiedenen Einzelmoments in der Totalität«. Adorno meint hiermit die Qualität des sofort wiedererkennbaren musikalischen Einfalls. Und er fährt fort: »Die paar wirklich guten Schlager sind eine Anklage gegen das, was die Kunstmusik, indem sie zu ihrem eigenen Maß sich machte, einbüßte«.

Leiste:
Für mich ist die sog. U-Musik tendenziell langweilig, weil wenige Akkorde nach einem bekannten Schema variiert werden. Aber es gibt ja auch eine anspruchsvollere Populärkultur, die nicht nur den Mainstream bedient. Da gibt es Überschneidungen, Annäherungen oder Wechselwirkungen mit der ›Neuen Musik‹. Wir haben letztes Jahr ein Orchesterstück des Schweizer Komponisten Thomas Kessler aufgeführt, das dieser zu dem Epos *Said the shotgun to the head* des Rappers Saul Williams verfasste. Der Sprechgesang des Rappers wurde dabei von Kesslers Avantgardemusik begleitet – ein grandioses und abgründiges Stück. In Hamburg engagierten wir als Sprecher fünfzehn Jugendliche Hip Hopper, die auch in das Orchester gingen, um dort Impulse zu geben.

Schmidt:
Wurde das Stück stärker rezipiert?

Leiste:
Das wurde schon stärker rezipiert, weil es natürlich Jugendliche anspricht. Das ist für mich eine zeitgemäße Form der Rezeption und Vermittlung. Und es führt vor, dass ›Neue Musik‹ keinen elitären Status haben muss.

Schmidt:
Beugen Sie sich dann nicht doch gegenwärtigen Moden, denn letztlich können auch Bach oder Beethoven zeitgemäß sein.

Leiste:
Ich verstehe ›zeitgemäß‹ hier im Sinne von Zeitphänomen. Unsere Jugendlichen sind die ›Zeitgemäßen‹ unserer Zeit. Sie bringen uns voran. Und ich habe auch immer den Anspruch zu hören, was die Jugendlichen machen, denn sie wollen etwas ausdrücken. Natürlich ist Rap für mich keine hohe Kunst oder *die* zeitgemäße Kunst an sich, aber er ist ein Zeitphänomen, dem man zuhören sollte und in dem Jugendliche sich substanziell ausdrücken können. Mitunter ist es ergreifend, was Jugendliche hier von sich preisgeben. Mehr, denke ich, als wenn ein Jugendlicher auf der Geige seinen Bach spielt, denn dabei gibt er mehr Gelerntes und Antrainiertes wieder als etwas aus seinem eigenen Inneren. Deshalb finde

ich z.B. Hip Hop als Bestandteil der Populärkultur spannend. Und da kann ich auch nach Wilhelmsburg in Hamburg gehen, einem Viertel, wo hauptsächlich Migranten leben, die im Jugendhaus ihr musikalisches Können präsentieren und sich ausprobieren dürfen. Und was die machen finde ich authentisch. Deswegen sollte man diese Musik auch ernst nehmen. Und wenn man sie dann mit avancierten Kompositionen wie der von Kessler verbindet und bei Festivals aufführt, an denen auch Vertreter von Elbphilharmonie und NDR teilnehmen, dann ist das für mich gelungene Musikvermittlung. Und wenn ich genau hinhöre, kann ich feststellen, dass die Rap-Songs teilweise keinen Rhythmus mehr haben oder vielleicht nur noch den Rhythmus der Sprache. Und selbst der ist oftmals aufgelöst, indem es zu einer neuen Art von schneller Eintönigkeit kommt. Da steckt viel drin, was sich aus sich heraus der ›Neuen Musik‹ nähert; wichtig ist das aktive Element. Ich habe zwar auch CDs, aber die höre ich meist zur Information, selten zum Genuss oder zur Erbauung. Ästhetische Erfahrung habe ich dagegen im Konzertsaal. Darin liegt für mich die Möglichkeit, Geistesgegenwart einzuüben, d.h. bei der Wahrnehmung bewusst zu sein. Und sobald das Konzert zu Ende ist, dann ist es zu Ende, und ich kann es nicht nochmals hören.

Schmidt:
Ihre Hörpräferenzen erinnern an Walter Benjamins Vorstellung eines auratischen Kunstwerks, das durch technische Reproduzierbarkeit zerstört wird.

Leiste:
Benjamins Überlegungen sind vielschichtig. Und die ›Neue Musik‹ bezieht oft Elemente technischer Produktion ein. Es hilft natürlich, wenn ich ein Stück auf CD höre, darüber spreche und auf bestimmte Stellen hinweise. Dann nehme ich bestimmte Momente beim zweiten Hören bewusster wahr. Nur diese Wiedererkennbarkeit dient ja auch oft dem Ausruhen, so dass ich das Relevante wieder verpasse.

Schmidt:
Sie beschreiben hier das Janusgesicht der Wiederholung, die ich einerseits natürlich brauche, um mich auf die Musik einlassen zu können und mehr von ihr zu verstehen. Andererseits muss ich aufpassen, dass das Hören nicht zur Gewohnheit wird, weil ich sonst jene Augenblicksoffenheit verliere, die Sie sich wünschen.

Leiste:
Genau. Und natürlich gehe ich sehr gerne zu Proben von Konzerten. Und Werke, die ich besonders mag, höre ich auch mehrmals. Das steigert ja auch das Erle-

ben, weil ich noch nicht so weit bin, dass ich bei einmaligem Hören alles erfasse. Es gibt Komponisten, die können ihr Hören so weit ausspannen, dass sie alles gleichzeitig und im Anfang das Ende hören. Ich bin indes schon froh, während des Rezeptionsprozesses geistesgegenwärtig bleiben zu können. Und selbst wenn ich nur irgendeine Geräuschmusik höre oder Jugendliche mit Plastiktüten rascheln, finde ich das wichtig und faszinierend.

Schmidt:
Schön, dass sich der Kreis am Ende wieder schließt und wir erneut bei der entscheidenden Frage angelangt sind, die unser Gespräch durchaus kontrovers bestimmt hat. Gibt es ›neues‹ Hören, und muss es das Ziel zeitgemäßer musikalischer Bildung sein? Oder ist es nicht vielmehr eine Chimäre, eine unsinnige Forderung nach einer Perzeption, die es niemals geben wird, weil die menschliche Wahrnehmung naturakustisch respektive anthropologisch fundiert ist (durch Obertonreihe, Hörphysiologie und – zumindest auf basaler Ebene – transkulturell invarianten Erwartungshaltungen)? ›Zurechthören‹ von Musik wäre dann nur begrenzt möglich, wahrscheinlich aber nicht jenseits des tonalen Metasystems. Träfe dies zu, wären unsere Ohren seit jeher ›verstopft‹ und eine Reinigung utopisch, vielleicht aber auch gar nicht wünschenswert, denn diese ›Verstopfung‹, besser ›Kartierung‹, ermöglicht erst jene integrale Musikrezeption, die diese Kunstform so existentiell attraktiv macht. Das hieße aber, dass Adornos These vom Ende einer Kunst, die zugleich avanciert und unterhaltsam sein kann, einen gewissen Wahrheitsgehalt besitzt, jedoch aus anderen Gründen als denen, die er selbst anführt. Vielleicht müssen wir uns tatsächlich daran gewöhnen, dass – wie der norwegisch-walisische Schriftsteller Roald Dahl glaubt – der Welt wohl niemals wieder »ein Bach oder Mozart oder Beethoven oder Schubert oder Brahms geschenkt werden wird«, und wir deshalb »dankbar sein« müssen »für das, was wir haben«. Während ich dieser These zuneige, bleiben Sie, Frau Leiste, mit Blick auf die Musikentwicklung sicher weiterhin optimistisch.

Leiste:
Ja, das tue ich.

Schmidt
Liebe Frau Leiste, ich danke Ihnen herzlich für dieses hochinteressante Gespräch.

München, November 2011 (Überarbeitung: Mai 2014)

Boris Previšić

Polyphonie und Stimmung

Musikalische Metaphern zur Aktualisierung der Literatur- und Kulturtheorie

1

Bei den Begriffen Polyphonie und Stimmung handelt es sich um Metaphern, die im aktuellen kulturtheoretischen und kulturkritischen Diskursfeld – insbesondere für die Beschreibung von Artefakten – hoch im Kurs sind. Damit greift die Theorie auf ein Begriffsarsenal zurück, deren Bildspender musikalischer Provenienz sind. Die produktionsästhetische Performanz verschiedener, dialogisierender und sich widersprechender Stimmen im literarischen Text (Erzähler, Figurenreden) erfordert auf der rezeptionsästhetischen Seite ganz im Sinne des kompositorischen terminus technicus der musikalischen Polyphonie »kontrapunktische Lektüren«. Der Stimmungsbegriff wiederum wird im tendenziell breiter angelegten Feld der Kulturwissenschaften diskutiert; doch auch hier werden »Stimmungen [ge]lesen« und betreffen somit eine besondere Art von Rezeption.[1] Während das theoretische Werkzeug zur Analyse ›poylphoner Texte‹ durchwegs als Fortführung einer poststrukturalistischen Methodik begriffen wird, im postkolonialen Kontext Verdrängtes, d.h. eine unterbewusste Latenz, zu erfassen,[2] liefert uns das Stimmungskonzept ein prae- bzw. ein atheoretisches Präsenzmodell einer synästhetischen Rezeption. Beide Konzepte haben durchwegs ihre Berechtigung in der aktuellen Forschung und müssen vertieft werden.

Ohne eine Bewertung abgeben zu müssen, kann man an dieser Stelle provisorisch festhalten, dass ihr Potential noch nicht ausgeschöpft ist. Dies gilt es in folgenden Schritten zu systematisieren: Als erstes soll die Hypothese aufgestellt werden, dass es einen kulturhistorischen und im Anschluss daran einen methodischen Zusammenhang zwischen den beiden Konzepten gibt (1), um darauf das Problem ihrer Konturlosigkeit – da sie zu metaphorisch verhandelt werden – zu skizzieren (2). Im dritten Teil geht es darum, beide Konzepte in der musikalischen Rückbindung und in der historischen Verortung zu ›rekonturieren‹ (3), bevor sie

1 Hans Ulrich Gumbrecht: Stimmungen lesen. Über eine verdeckte Wirklichkeit der Literatur. München 2011.

2 Vgl. dazu Axel Dunker: Kontrapunktische Lektüren. Koloniale Strukturen in der deutschsprachigen Literatur des 19. Jahrhunderts. München 2008.

vor diesem theoretischen Hintergrund explizit miteinander verknüpft und dynamisiert werden (4). Damit soll nicht ein einheitliches Modell angestrebt, sondern gezeigt werden, dass erst in der genauen historischen Verortung der musikalischen Metaphorik ein wirklich tragfähiges theoretisches Modell entwickelt werden kann, das nicht nur einen rezeptionsästhetischen Mehrwert erzeugt, sondern auch von gesellschaftspolitischer Relevanz sein könnte.

2

So zufällig folgendes Beispiel ausgewählt zu sein scheint, so sehr eignet es sich als Ausgangspunkt der vorliegenden Überlegungen zum Begriffspaar Polyphonie und Stimmung und lässt sich in einem politischen Kontext verstehen. Zwar bezieht sich das nachfolgende Zitat auf die Rückerinnerung an eine spezifische historische Konstellation Mitteleuropas vor 1918, doch steht es im Kontext des durch den Eisernen Vorhang zweigeteilten Raums der einstigen kulturellen Vielfalt jenseits ideologischer und nationaler Einkapselung:

> Heimweh oder Ironie, vollendete Beschreibung oder flüchtige Skizzierung des geistigen Hintergrunds kennzeichnen die Erinnerung an ›Kakanien‹, wie es bei Musil heißt; und trotz aller Unterschiede des Temperaments oder der vielleicht gegensätzlichen Anschauungen, mit denen diese Welt betrachtet und wiedererlebt wird, hat dieses Erinnern eine charakteristische Prägung; man kann sie schwer völlig erfassen, da es sich mehr um eine musikalische Stimmung handelt als um eine organische Darstellung. Dies wird völlig offensichtlich, wenn man den stark persönlichen, lyrischen, mythologischen Ton dieser Schriftsteller, von Werfel bis Roth, berücksichtigt, den sie der untergegangenen österreichisch-ungarischen Gesellschaft gegenüber anwenden. Ihr dichterisches Erleben geht von dieser quälenden Bindung an die Vergangenheit und von diesem Mythos, der ihrer Erinnerung, Phantasie, oder besser: Kultur innewohnt, aus.[3]

Zunächst gilt es den Komplexitätsgrad des hier intendierten Bezugs auf dieses Zitat zu formulieren: Die doppelte Erinnerungsstruktur (einerseits des Literaturwissenschaftlers Claudio Magris, andererseits der erwähnten Autoren Musil, Werfel, Roth usw.) und die darin enthaltene dreifache Zeitschichtung (Österreich-Ungarn, Zwischenkriegszeit, Kalter Krieg) werden um den heutigen Aktualitätsbezug des unter zum Teil großen Schwierigkeiten zusammenwachsenden Europas erweitert. In der kultur- und literaturwissenschaftlichen Charakterisierung der

---

3 Claudio Magris: Der habsburgische Mythos in der österreichischen Literatur. Übers. von Madeleine von Pásztory. Salzburg 1966, S. 8 f.

Erinnerung an eine komplexe kulturelle Mehrschichtigkeit und Mehrsprachigkeit (Polyphonie) fällt gleichzeitig der Begriff der »musikalischen Stimmung«, wobei der Bildspenderbereich mit »Temperament« und »Ton« untermauert und mit der musikalischen Technik der Polyphonie, mit dem Kontrapunkt, verbunden wird, wenn Magris von »gegensätzliche[n] Anschauungen« spricht; selbst im Wort »Kakanien« schwingt die Verballhornung polyphoner Musik, die »Kakophonie«, mit und hat somit Anteil an der Musikalisierung der ästhetischen Rezeption.

Damit legt der Philologe – wohl eher implizit – ein musikalisches Modell vor, das fast fünfzig Jahre später aktualisiert werden kann – in einer Zeit notabene, welche vor neuen Herausforderungen in Bezug auf kulturelle Pluralitäten und Ambivalenzen steht, die wiederum im massenmedialen Stimmungsjargon sehr oft mit den allzu simplen Prädikaten ›schlecht‹ und ›gut‹ bedacht werden. Grundsätzlich sind zwei Problemfelder in der scheinbaren Unmöglichkeit zu orten, Stimmungs- bzw. Polyphoniemodelle in der aktuellen Kultur- und Literaturanalyse einzusetzen: erstens ihr jeweils zu hoher Metaphorisierungsgrad und die zusehende Entfremdung vom musikalischen Bildspender; zweitens der bisher fehlende Ansatz, beide Modelle zusammenzudenken, obwohl – zunächst einmal grob skizziert – in der polyphonischen Technik des Kontrapunkts grobstofflich und mit der Stimmung feinstofflich verschiedene Stimmen zueinander in ein dynamisches Verhältnis gebracht werden. Das Ziel der mitformulierten Hypothesen müsste darin bestehen, einerseits auf theoretischer Ebene ein Modell zur Analyse von künstlerischen Artefakten namentlich in der Literatur, aber auch in benachbarten Künsten, zu entwickeln, andererseits in der (interkulturellen) Praxis ein Vermittlungsmodell zur Wahrnehmung von ›kultureller‹ Alterität zur Erhöhung der »Ambiguitätstoleranz« anzubieten.[4]

Dass Polyphonie- und Stimmungsmodelle nicht erst bei Claudio Magris zueinander in Beziehung stehen, sondern eine eigene Tradition von Symbiose aufweisen, zeigt ein Blick auf die systemische Ausdifferenzierung im 18. Jahrhundert, in dem der Stimmungsbegriff mit all seinen umliegenden Bedeutungsfeldern von Ton, Temperatur oder Resonanz von der Musik auf weitere Disziplinen der Ästhetik, aber auch der Naturwissenschaft übertragen und schließlich metaphorisiert worden ist. In der begrifflichen Genese kann die Symbiose von Polyphonie und Stimmung exemplarisch im physiologischen Diskurs dieser Zeit nachgezeichnet werden. Im so genannten Cluster-Modell, welches Adam Melchior Weikard in seiner Schrift *Der Philosophische Arzt* (1790) aus David Hartleys *Observations*

4 Dass es durchwegs Kulturen gegeben hat, welche gerade nicht auf einer Letztbegründung insistieren, zeigt Thomas Bauer in Bezug auf denjenigen Kulturkreis auf, in dem wir eine solche »Ambiguitätstoleranz« nicht als erstes erwarten: im Islam vor der westlichen Modernisierung (vgl. Thomas Bauer: Die Kultur der Ambiguität. Eine andere Geschichte des Islams. Berlin 2011).

on Man (1749) übernimmt, wird das Zusammenspiel komplexer Gefühle und Ideenassoziationen physiologisch begründet.[5] Die Übertragung der Sinnesempfindung erfolgt als Schwingungsübertragung von den Sinnesorganen über die einzelnen Nervenfasern bis zu den Gehirnfasern. Entscheidend in diesem Modell ist, dass komplexere gehirnphysiologische Vibrationsmuster als individuelle Gefühlskomplexe gespeichert werden können. Dabei spricht Hartley von »Clusters of Vibrations«. Die ›mehrstimmige‹ Übereinanderschichtung unterschiedlicher Schwingungen wird als Stimmung gespeichert, welche sich damit als Oberbegriff zur Polyphonie konfiguriert.

In einer vergleichbaren diskursiven Konstellation ist Sömmerings psychosomatische Abhandlung *Über das Organ der Seele* zu verstehen, welche Kant kommentiert. Bevor er im Nachwort zur Kritik an der These, dass die Hirnflüssigkeit Übergang zwischen Nerven und Hirn sei, ausholt, greift er in einem von Sömmering zitierten Brief auf die Metapher der musikalischen Polyphonie zurück, um die »Einheit des Aggregats« zu beschreiben, die in »das unendlich Mannichfaltige aller sinnlichen Vorstellungen des Gemüths zu bringen« ist. Die Hirnflüssigkeit im Übergang von den einzelnen Sinnesnervenzellen zu den Gehirnzellen sieht Kant als probates Mittel gegen die ›synästhetische Verwirrung‹ »z. B. [der] Gesichtsvorstellung von einem Garten« mit der »Gehörvorstellung einer Musik in demselben« oder mit dem »Geschmack einer da genossenen Mahlzeit«. Daraus folgert Kant:

> So kann [...] das Wasser der Hirnhöhlen den Einfluß des einen Nerven auf den andern zu vermitteln, und durch Rückwirkung des letzteren, die Vorstellung, die diesen correspondirt, in ein Bewußtsein zu verknüpfen dienen, ohne daß sich diese Eindrücke vermischen, so wenig, wie die Töne in einem vielstimmigen Concert vermischt durch die Luft fortgepflanzt werden.[6]

Die Luft als Übertragungsmedium der akustischen Wellen korrespondiert hier mit dem Wasser der Hirnhöhlen als somatischem Übertragungsmedium im Menschen. Bemerkenswert ist die musikalische Metapher am Schluss von Kants Briefstelle: Auch wenn das »Concert« polyphon ist, werden die Töne nicht vermischt;

---

5 Vgl. Caroline Welsh: Die »Stimmung« im Spannungsfeld zwischen Natur- und Geisteswissenschaften. Ein Blick auf deren Trennungsgeschichte aus der Perspektive einer Denkfigur. In: NTM Zeitschrift für Geschichte der Wissenschaften, Technik und Medizin 17 (2009), S. 135–169, hier S. 147 f. Es handelt sich bei David Hartley um folgenden Text: Observations on Man, his Frame, his Duty and his Expectations (2 Bde. London 1749 [Nachdruck Hildesheim 1967], Bd. 1).

6 Samuel Thomas Sömmering: Über das Organ der Seele. Königsberg 1796, S. 45 f. (§ 36). Siehe dazu auch Caroline Welsh: Hirnhöhlenpoetiken. Theorien der Wahrnehmung in Wissenschaft, Ästhetik und Literatur um 1800. Freiburg i. Br. 2003 (Rombach Litterarae; 114), S. 64.

es geht einerseits um die Verhältnismässigkeit innerhalb der verschiedenen Töne – als Bildspender –, andererseits um die Distinktionsmöglichkeit zwischen den verschiedenen Sinneseindrücken – als Bildempfänger in der Metaphorik.[7]

Hartleys Clustermodell und Kants Erklärung in Soemmerings Schrift gleichen sich insofern, als dass sie in der Grundmetaphorik auf musikalische Parameter zurückgreifen: Was bei Ersterem als »Vibrations« verhandelt wird, welche in der Stimmung zusammengefasst werden, entspricht bei Letzterem den »Töne[n]«, welche als distinktive Einheiten in der polyphonen Musik wahrgenommen werden können. Im einen Fall bildet die Stimmung das Erklärungsmodell für die Vereinheitlichung, für das Zusammenklingen, für das ›Symphonische‹ im eigentlichen Sinn; im anderen Fall ist die Polyphonie Bildspenderin für einen Rezeptionsmodus, der aus dem Ganzen das Einzelne extrahiert. Kurz: In ihrer Metaphorik im physiologischen Diskurs des ausgehenden 18. Jahrhunderts steht die Stimmung für die Synthese, die Polyphonie für die Analyse im ästhetischen Produktions- bzw. Rezeptionsprozess. Was Claudio Magris rein assoziativ in seinen kultur- und literaturhistorischen Überlegungen andenkt, muss historisch zum Ursprung einer Genealogie der Metaphorik zurückgeführt werden, um beide musikalischen Begriffe präziser zu erfassen.

3

Bevor wir auf das eigentliche musikalische Material und auf die damit verbundenen Polyphonie- und Stimmungsparadigmen eingehen, soll in diesem Teil zunächst das Problem der Konturlosigkeit der musikalischen Metaphorik in Polyphonie- und Stimmungsmodellen skizziert werden. Grundsätzlich kann festge-

7 Wichtig im Kontext der metaphorischen Übertragung von musikalischem Bildspender zum synästhetischen Bildempfänger ist der damit verbundene Medienwechsel von der Luft der akustischen Wellenübertragung zum Wasser der Hirnhöhlen. Aus diesem Grund ist das Akustische zwar Paradigmengeber, führt aber nicht zu einer paradigmatischen Wende, da sie dem Akustischen schon immer eingeschrieben ist. Jeder ›turn‹ impliziere »eine akustische Dimension«, so die Argumentation von Petra Maria Mayer (Vorwort. In: P. M. [Hg.]: Acoustic Turn. München 2008, S. 11–32, hier S. 14). Bezeichnenderweise konzentriert sich Kants Kritik im Nachwort zu Sömmerings Schrift auf die Substanz der Seele, auf die Hirnhöhlenflüssigkeit: »Nun tritt aber die große Bedenklichkeit ein: daß das Wasser, als Flüssigkeit, nicht füglich als organisirt gedacht werden kann, gleichwohl aber ohne Organisation, d.i. ohne zweckmäßige und in ihrer Form beharrliche Anordnung der Theile, keine Materie sich zum unmittelbaren Seelenorgan schicke, jene schöne Entdeckung ihr Ziel nicht erreiche« (Sömmering [Anm. 6], S. 83 f.). Zur Aktualisierung vgl. Michael Hagner: Homo cerebralis. Der Wandel vom Seelenorgan zum Gehirn. Berlin 1997.

halten werden, dass sich die literaturwissenschaftlichen Polyphoniemodelle trotz konjunktureller Abundanz mit Michail Bachtin und in der kontrapunktischen Präzisierung durch Edward Said zusehends den musikalischen Paradigmen annähern, während der Stimmungsdiskurs eine viel längere Metaphorisierungsgeschichte aufweist und eine musikalische ›Methodisierung‹ dementsprechend vielschichtiger ausfallen muss.[8] So breit sich die Polyphonieforschung im Bereich der Intertextualität, Diskursforschung und Mehrsprachigkeit verankert,[9] so sehr lässt sie sich zur methodischen Präzisierung auf die wichtigsten Vordenker, auf Michail Bachtin, Oswald Ducrot und Edward Said, fokussieren. Ausgangspunkt der heute so populären Begrifflichkeit ist sicherlich Bachtins »Redevielfalt« im Roman.

Folgt man Bachtins Argumentation, so entsteht der Roman durch dezentralisierende, zentrifugale Kräfte (Dialekte, niedere Gattungen etc.). Dabei nimmt der Literaturwissenschaftler vor allem Bezug auf eine bestimmte Romantradition, welche bei Grimmelshausen, Cervantes, Rabelais, Sterne etc. ansetzt und die »ihren Ausdruck in den Stilisierungen, im ›skaz‹, in den Parodien, in den vielfältigen Formen der verbalen Maskierung, des ›nicht direkten Sprechens‹ und in den komplexeren künstlerischen Formen der Organisation der Redevielfalt, der Orchestrierung ihrer Themen mit Sprachen gefunden hat«. Polyphonie bedeutet bei Bachtin mehr als »Redevielfalt«. Sie impliziert »das nicht direkte Sprechen«, die »Organisation«, ja genauer, die »Orchestrierung« der Themen in verschiede-

---

8 In diesem Kontext ist es unabdingbar, neben der Monographie von Hans Ulrich Gumbrecht (Anm. 1) auf die aktuellen Projekte in Lausanne und in Berlin im Kontext des Exzellenzclusters *Languages of Emotion* zu verweisen. Vgl. dazu insbesondere die beiden Bände von Hans-Georg von Arburg (Hg.): Stimmung – Mood. Themenheft. Figurationen. Gender, Literatur, Kultur 11/2 (2010) sowie H.-G.v.A., Sergej Rickenbacher (Hg.): Concordia discors. Ästhetiken der Stimmung zwischen Literaturen, Künsten und Wissenschaften. Würzburg 2012. Alle neueren Erscheinungen beziehen sich auf den grundlegenden Artikel von David E. Wellbery: Stimmung. In: Karlheinz Barck, Martin Fontius (Hg.): Ästhetische Grundbegriffe. Historisches Wörterbuch in sieben Bänden. Bd. 5. Stuttgart, Weimar 2003, S. 703–733. Von den neueren Publikationen bezieht sich Wellbery vor allem auf Caroline Welshs Hirnhöhlenpoetiken (Anm. 6) und auf den Artikel von Béatrice Han: Au-delà de la métaphysique et de la subjectivité. Musique et »Stimmung«. In: Etudes philosophiques 4 (1997), S. 519–539.

9 Vgl. dazu beispielsweise die beiden Studien zu Einzelautoren: Christa Baumberger: Resonanzraum Literatur. Polyphonie bei Friedrich Glauser. Paderborn 2006 und Nigel Harkness, Jacinta Wright (Hg.): George Sand. Intertextualité et polyphonie. Oxford 2011. Zu Mehrsprachigkeit und Intertextualität siehe Michaela Bürger-Koftis, Hannes Schweiger, Sandra Vlasta (Hg.): Polyphonie – Mehrsprachigkeit und literarische Kreativität. Wien 2010 und Marion Grein, Miguel Souza, Svenja Völkel (Hg.): Polyphonie, Intertextualität und Intermedialität. Ein interdisziplinäres Forschungsfeld. Aachen 2010.

nen »Sprachen«, in verschiedenen »Soziolekten«.[10] An der Schlüsselstelle, wo das »Wort im Roman« definiert wird, ist die musikalische Metaphorik zentral:

> Das Wort, das durch eine Sphäre fremder Wörter und unterschiedlicher Akzente zu seinem Sinn und seiner Expression hindurch dringt, indem es mit verschiedenen Momenten harmonisiert und dissoniert, kann in diesem dialogisierten Prozess sein stilistisches Erscheinungsbild und seinen Ton ausformen. [...] Die direkte und unmittelbare Intention des Wortes ist in der Atmosphäre des Romans unzulässig naiv und eigentlich nicht möglich, denn gerade die Naivität hat unter den Bedingungen des Romans unweigerlich einen in sich polemischen Charakter und ist infolgedessen dialogisiert.[11]

Die Polyphonie, die hier Bachtin verhandelt, ist einerseits höchst metaphorisch zu lesen, da sie nicht von einer Gleichzeitigkeit verschiedener Stimmen ausgeht, sondern um die Ausformung von »Sinn« (»smysl«) entlang der Zeitachse, auf der das noch so naive »Wort im Roman« mit anderen Konzepten »dialogisiert«. Nicht innerhalb des fiktionalen Universums, sondern im Austausch mit der Außenwelt entsteht Harmonie bzw. Dissonanz. Die Mehrstimmigkeit (oder zumindest die Zweistimmigkeit) ist immer auf eine kontextualisierende Folie angewiesen und als Vorläufer zu Oswald Ducrots wichtigem Übertragungsversuch in der Linguistik, in seinem rhetorischen Konzept, zu verstehen, in dem sich die eigentliche Polyphonie auf der paradigmatischen Achse der Tropik von Ironie und Sarkasmus abzeichnet.[12] Das Modell Bachtins weist trotz seines hohen Metaphorisierungsgrads gleichzeitig eine Affinität zum Konzept einer atmosphärischen Stimmung sowie zu einer ›harmonisierenden‹, genauer konsonierenden, und ›dissonierenden‹ Stimmführung auf. Offenbar geht es nicht nur um ein temporales Spannungsverhältnis, das sich syntagmatisch aufbaut und auflöst, sondern auch um eine implizite Kontrapunktik, in der immer zumindest eine weitere Stimme präsent ist. Obwohl es Bachtin auch um die im Jahre 1934 noch nicht etablierte Unterscheidung zwischen Autor und Erzähler geht und Ducrot die La-

---

10 Michail Michailowitsch Bachtin: Das Wort im Roman [1934]. In: M. M.B.: Die Ästhetik des Wortes. Aus dem Russischen übersetzt. Hg. und eingeleitet von Rainer Grübel. Frankfurt a. M. 1979 (es 967), S. 154–300, hier S. 166 und 168.

11 Ebd., S. 170 f.

12 Oswald Ducrot: Esquisse d'une théorie polyphonique de l'énonciation. In: O. D.: Le dire et le dit. Paris 1984, S. 171–233. Darin unterscheidet der Autor zwischen »énonciateur« und »locuteur«, die in hierarchischem Verhältnis zueinander stehen, in dem der »locuteur« über das Aussagesubjekt des Texts, den »énonciateur«, verfügt. Eine an der Literaturwissenschaft orientierte Linguistik der 80er und 90er Jahre in Frankreich und in Dänemark befasst sich eingehender mit der Polyphonie als metaphorischem Theoriemodell, wobei die musikalische Herkunft weitgehend ausgeblendet wird (vgl. dazu Marie-Hélène Pérennec: Polyphonie und Textinterpretation. In: Cahiers d'Études Germaniques 27 [1994], S. 125–136).

tenz anderer Bedeutungen in der monologischen Rede hervorhebt, wird hier in literaturwissenschaftlich-linguistischer Hinsicht ein Modell entwickelt, das seine Fortsetzung in Saids aus Bachs Musik entwickelter Kontrapunktik findet.[13]

Das Problemfeld der Stimmungsmodelle ist um einiges weitläufiger. Durchaus anschlussfähig könnte sich Schillers Begriffsprägung der »mittleren Stimmung« erweisen, die sich zwischen »Empfindung« und »Gedanken«, zwischen »Sinnlichkeit und Vernunft« im Menschen ›einmittet‹; eine solche »freye Stimmung« erachtet Schiller als freies Spielfeld zwischen sinnlicher-physischer und logisch-moralischer Be-Stimmung, als »ästhetischen« »Zustand der realen und aktiven Bestimmbarkeit«.[14] Die »mittlere Stimmung« kann durchwegs als Grundlage für den Spieltrieb zwischen Stoff- und Formtrieb fungieren und die Übergangsstelle in der politischen Phylogenese des Menschen markieren. Der normative Idealzustand der Freiheit ist zugleich ein ästhetischer Zustand der Potentialität. Hier löst sich Schiller zwar vom Resonanzmodell Sömmerings, das die Vernunft des Menschen allzu sehr an die Sinneseindrücke von außen bindet. Dennoch insistiert er auf dem Zusammenspiel zwischen ästhetischem und logischem Denkvermögen. Hier werden durchwegs Anschlussmöglichkeiten vorgezeichnet, die wiederum auf ihre musikalischen Bildspender zurückgeführt werden können.

David Wellbery, der einen wertvollen Überblick über die Begriffsgeschichte der Stimmung von Kant bis in die Philosophie des ausgehenden 20. Jahrhunderts bietet, findet in den jüngsten Beiträgen zur Stimmungsthematik nur mehr »Exhaustionssymptom[e]« und schließt mit dem ernüchternden Befund und einer möglicherweise fruchtbaren Stoßrichtung: »Die Stimmungssemantik [...] ist [...] dumm geworden [...]. Schließlich ist daran zu erinnern, daß die philosophische Bedeutsamkeit des Stimmungsbegriffs [...] daher rührte, daß die musikalische Sinndimension desselben unverzichtbare Instrumente der Konzeptualisierung bereitstellte«.[15] Mit anderen Worten: Da, wo aktuelle Modelle der Polyphonie weiter zu entwickeln sind, wird der explizite Rückbezug zum Stimmungsdiskurs im 18. Jahrhundert gefordert. In beiden Fällen sind aber die musikalischen Techniken der beiden Konzeptualisierungen unabdingbar.

---

13 Vgl. dazu Alexander Honold: The Art of Counterpoint. Music as Site and Tool in Postcolonial Readings. In: Tobias Döring, Mark Stein (Hg.): Edward Said's Translocations. Essays in Secular Criticism. New York 2012, S. 187–204 und Boris Previšić: Autorität und Autor, Kanon und kontrapunktische Polyphonie. Literaturtheorie in musikalischer Verschärfung. In: Jens Herlth, Roger W. Müller Farguell (Hg.): Autorität und Moderne. Fribourg 2011 (Colloquium Helveticum 41 [2010]), S. 187–202.

14 Friedrich Schiller: Über die ästhetische Erziehung des Menschen in einer Reihe von Briefen [1795]. Stuttgart 1965, S. 81 (20. Brief).

15 Wellbery (Anm. 8), S. 732 f.

Unterstreichen lässt sich Wellberys Desiderat nach musikalischer Präzisierung mit einem literarischen Beispiel, mit Kevin Vennemanns Roman *Mara Kogoj*, der sich auch musikhistorisch explizit ins 20. Jahrhundert einschreibt. In einer Dialogszene gibt die Hauptprotagonistin, die slowenischstämmige Historikerin, nach der auch der Roman benannt ist und welche mit ihrem Kollegen im Rahmen eines Oral-History-Projekts über einen deutschnationalen Neonazi in Kärnten forscht, zu bedenken:

> Kogoj: Damals wie heute, und eben dieses Tautologische sei die Stimmigkeit der Musik gewesen, die Stimmigkeit des widerspruchslosen Systems. Von Mahler werde es gekündigt, und der Bruch werde zur Form, ohne jedes vermittelnde Bewußtsein jedoch behielten Verhängnis, der Mythos das letzte Wort, und Kogoj: Der Haß gegen Mahler, mit antisemitischen Nebentönen natürlich, sei deshalb von dem gegen die: neue Musik gar nicht so verschieden gewesen, vermittelndes Bewußtsein [...].[16]

Hier macht die Historikerin auf die in bestimmten Stimmungsmodellen eingelagerte Gefahr reiner »Stimmigkeit« aufmerksam, die allzu statisch nicht mehr das ›Totalitäre‹ im Sinne Schillers, sondern das Ideologisierte im Sinne Hannah Arendts transportiert. So kommt es nicht von ungefähr, dass der politisch deutschnational ausgerichtete Kärntner namens Pflügler Gustav Mahler hasst – nicht nur als jüdischen, sondern auch als innovativen Komponisten des Bruchs, der eine solche »Stimmigkeit« (wofür im Roman das einfache Volkslied oder in noch reduzierter Form ein einzelner Ton eingesetzt wird) nicht zulässt. Die ideologische Gleichschaltung verhindert andere ›Stimmen‹; »Stimmigkeit« und Mehrstimmigkeit sind sich feind. Der Roman bietet durchwegs eine Lösung an, die sich in einem modernen Musikverständnis verortet. Es beginnt mit den ästhetischen Prämissen von Mahlers Musik und findet sein Motto in den Konzepten von John Cage.[17] Kevin Vennemanns Roman zeigt geradezu idealtypisch auf, dass in der zeitgenössischen Literatur bereits Konzepte verhandelt werden, die in einer literaturwissenschaftlichen Konzeptualisierung unbedingt aufgegriffen werden müssten. Damit impliziert das Desiderat Wellberys nach einer musikalischen Rückbindung sowohl eine Verortung in der Musikgeschichte und Musiktheorie als auch eine Dynamisierung des Stimmungsmodells selbst, das gerade nicht in »Stimmigkeit« erstarrt. Bevor die Dynamisierung im vierten Teil dieses Beitrags ausgeführt wird, um ein zeitgenössisches Theoriekonzept zu entwickeln, soll die

---

16 Kevin Vennemann: Mara Kogoj. Roman. Frankfurt a. M. 2007, S. 202.

17 So stammt das Motto des Romans, welches die Medialisierung und Historisierung von Musik problematisiert, aus John Cages Anthologie *Silence* (1961): »There are two great dangers for magnetic tape: one is music (all the history and thinking about it); and the other is feeling obliged to have an instrument« (ebd., S. 7).

historische Anschlussstelle, auf die selbst Wellbery nicht mehr explizit zurückgreift, im musikalischen Kontext benannt werden.

4

Es kann nicht nur darum gehen, den metaphorischen Abstraktionsgrad der Stimmung und der Polyphonie zurückzubinden. Der Vorschlag zu einer Lösung des Problems stammt einerseits aus einer Auseinandersetzung mit dem Stimmungsbegriff in der ersten Hälfte des 18. Jahrhunderts, in der er noch direkt an die Affektenlehre gekoppelt war, andererseits aus einer historischen Vogelschau der musikalischen Polyphonie, die es erst seit dem ausgehenden Mittelalter gibt und ausschließlich als okzidentales Kunstphänomen bekannt ist. Um 1750 ist wohl die wichtigste historische Nahtstelle der Ambivalenz auszumachen, die sich am besten in der Differenzlogik zwischen melodiöser Horizontale und harmonischer Vertikale, zwischen ihren jeweiligen Vertretern, zwischen Jean-Jacques Rousseau und dem Komponisten Jean-Philippe Rameau,[18] artikuliert und von Theodor W. Adorno wie folgt zusammengedacht wird:

> Das Reich der Freiheit, der Subjektivität, der spezifischen, konventionslosen Gestaltung war das der Horizontale, das nur eben in harmonischen Brechungen und Differenzierungen sich spiegelt, die Harmonik selbst aber nicht prinzipiell einschließt. Dies blieb das Residuum gleichsam apriorischer Allgemeinheit.[19]

Für Adorno ist Johann Sebastian Bach der letzte Höhepunkt dieser harmonisch-polyphonen Differenzlogik, bevor die Musikgeschichte in der Klassik der harmonischen Ordnung und Einstimmigkeit anheimfällt – was natürlich wiederum sehr klischiert daherkommt, jedoch das Problem der begriffsgeschichtlichen Trennung von Stimmung und Polyphonie umso deutlicher hervortreten lässt.

Entscheidend ist der von Adorno skizzierte historische Höhepunkt in der harmonisch-melodiösen Differenzlogik, welche direkt an das Stimmungsproblem gekoppelt ist. Mit anderen Worten: Die Ablösung der nicht-temperierten Tonartencharakteristiken durch ein temperiertes System und die damit verbundene Aufgabe der musikalischen Affekttheorie und -praxis führen direkt zu einer Me-

---

18 Vgl. dazu Jean-Philippe Rameau: Traité de l'harmonie réduite à ses principes naturels (1722). Hg. von Joseph-François Kremer. Bourg-la-Reine 2009; Jean-Jacques Rousseau: Dictionnaire de musique (1768). Fac-similé de l'édition de 1768 augmenté des planches sur la lutherie tirées de l'Encyclopédie de Diderot. Hg. von Claude Dauphin. Paris 2007 und Jean-Jacques Rousseau: Essai sur l'origine des langues, où il est parlé de la mélodie et de l'imitation musicale (posthum 1787).

19 Theodor W. Adorno: Gesammelte Schriften. 20 Bde. Hg. von Rolf Tiedemann. Frankfurt a. M. 1978, hier Bd. 16, S. 155 (Die Funktion des Kontrapunkts in der neuen Musik).

taphorisierung der Stimmung in einem reduzierten Stimmungsmodell.[20] Selbst das »Wohltemperirte Clavier« greift auf nicht-wohltemperierte Tonarten zurück;[21] vielmehr soll das Gemüt der Musikrezipienten »wohltemperirt«, d. h., dessen verschiedenen Temperamente in Ausgleich gebracht werden – was paradoxerweise nur mit verschieden und nicht gleichstufig gestimmten Tonarten möglich ist. Darum unterliegen die Stimmungskonzepte, wie sie im 18. Jahrhundert zuhauf in der Musik entwickelt und praktiziert werden sowie in physiologischen und literarischen, theologischen und philosophischen Diskursen propagiert werden, immer einer Differenzlogik.[22] So ist Stimmung – ganz im Sinne Heideggers – der Intervallstruktur, der Struktur der Tondifferenzen zwischen den einzelnen Stimmen »gleichsam abzuhören«.[23]

Wie Wellbery feststellt, bezeichnet der Stimmungsbegriff – der im Deutschen im Unterschied zu allen anderen Sprachen einmalig ist[24] – drei verschiedene

---

20 Vgl. dazu Stuart Isacoff: Temperament. How Music Became the Battleground for the Great Minds of Western Civilization. London ²2007.

21 Dass sich Johann Sebastian an eine spezifische nicht-temperierte Stimmung hält, welche Kirnberger später propagiert, zeigt die neuere Forschung (vgl. Eckhard Roch: Temperatur und Charakter. Johann Sebastian Bachs Wohltemperiertes Klavier aus der Sicht seines Schülers Kirnberger. In: Volker Kalisch [Hg.]: Bachs *Wohltemperiertes Klavier* in Perspektiven. Essen 2002 [Musik-Kultur; 10], S. 29–41). Einen wichtigen Hinweis auf eine nicht-gleichschwebende Stimmung gibt schon Bach selbst im Untertitel: »Das Wohltemperirte Clavier. / oder Praeludia, und / Fugen durch alle Tone und Semitonia, / So wohl tertiam majorem oder Ut Re Mi anlangend, / als auch tertiam minorem oder Re / Mi Fa betreffend« (vgl. ebd., S. 31). Damit bringt er bewusst zwei diametral entgegengesetzte Stimmungen in Anschlag: erstens eine pythagoräische, welche sich an der Intervallstruktur der Sekundschritte der diatonischen Tonleiter (also »Ut Re Mi« bzw. »Re / Mi Fa«) orientiert; zweitens eine zeitgenössische, deren Grundmaß gewissermaßen die große bzw. kleine Terz bildet – wie bei Rameau (Anm. 18).

22 Vgl. dazu Boris Previšić: Gleichschwebende Stimmung und affektive Wohltemperierung im Widerspruch. Literarisch-musikalische Querstände im 18. Jahrhundert. In: Arburg/Rickenbacher (Anm. 8), S. 127–142. Einschlägige literarische Beispiele finden sich bei Johann Gottlob Krüger: *Träume* (1751). Mit einer Vorrede von Johann August Eberhard. Halle 1785. Der direkte Einfluss der Musikstimmungen auf die ästhetische Philosophie kann anhand von Moses Mendelssohn einsichtig nachgezeichnet werden (vgl. Laurenz Lütteken: Zwischen Ohr und Verstand. Moses Mendelssohn, Johann Philipp Kirnberger und die Begründung des »reinen Satzes« in der Musik. In: Anselm Gerhard [Hg.]: Musik und Ästhetik im Berlin Moses Mendelssohns. Tübingen 1999, S. 135–163).

23 Die gängige Dichotomie zwischen Außen und Innen wird bei Heidegger aufgehoben. Die Stimmung versteht er als Existential, als Erschließung der Seinsart des Daseins; in diesem Kontext insistiert er auf der musikalischen Metaphorik: So habe der Phänomenologe die Selbstauslegung des Daseins »gleichsam abzuhören« (M. H.: Gesamtausgabe. Hg. von Friedrich Wilhelm von Hermann. 4 Abt. 102 Bde. Frankfurt a. M. 1977, hier Abt. 1, Bd. 2, S. 140 [Sein und Zeit (1927)]).

24 Vgl. dazu Pascal David: Stimmung. In Barbara Cassin (Hg.): Vocabulaire européen des philosophies. Dictionnaire des intraduisibles. Paris 2004, S. 1217–1219.

Momente in der Musikpraxis: erstens die Stimmung als Prozessualität (Vorgang des Stimmens beispielsweise der Saiten und des »In-Verhältnis-Setzens« der einzelnen Instrumente [engl. attunement; russ. nastróika]), zweitens Stimmung als Verhältnisstruktur (Resultat des Stimmens [russ. nastroénije]) und drittens Stimmung als Disposition (das Bereitsein des Instruments bzw. der Instrumente zum Spielen).[25] Der Befund, dass sich der metaphorische Bildspenderbereich bereits gegen Ende des 18. Jahrhunderts auf das dritte Moment der Disposition beschränkt, lässt erahnen, welches Potential der Stimmungsbegriff relativ schnell eingebüßt hat. Umso mehr gilt es, eine umfassende Metaphorik der musikalischen Stimmung in Anspruch zu nehmen – die sich mit der Polyphonie als konzeptuellem Widerpart am besten operationalisieren lässt.

5

So sehr es den Anschlusspunkt der beiden Modelle historisch in der doppelten Polyphonie-Stimmungs-Differenzlogik in der Mitte des 18. Jahrhunderts zu verorten gilt, so sehr müssen beide Metaphernmodelle heute aufeinander abgestimmt und dynamisiert sowie mit der zeitgenössischen Kunst aktualisiert und auf ihren praktischen Anwendungsbereich abgefragt werden. Grundsätzlich kann man festhalten, dass die Polyphonie – gerade auch im Kontext des »performative turn« im Anschluss an Bachtin – zu prozesshaft, die Stimmung hingegen zu sehr im Hinblick auf die Disposition (bis hin zum Extremfall der ideologisierten »Stimmigkeit«) theoretisiert wird, obwohl beide Begriffe im musikalischen Sinn durchwegs ausgetauscht werden könnten. So gibt es die Möglichkeit, die Polyphonie als Performanz disparater und meist entgegengesetzter Stimmen auch als dispositive Technik des Kontrapunkts zu verstehen, wie sie von Said angedacht worden ist. Die Stimmung als Dispositiv wiederum könnte als performative Technik des prozessualen Abstimmens, Umstimmens etc. theoretisiert werden, wie sie Wellbery noch im 18. Jahrhundert festmacht. Die beiden musikalischen Bildspender lassen sich somit zwischen die beiden Pole von Disposition und Prozess, von »Konsonanz« und »Dissonanz« im autoreferentiellen System der Musik, von »ergon« und »energeia« nach Humboldt, von »langue« und »parole« nach Saussure bzw. von »Kompetenz« und »Performanz« einspannen:

25 Wellbery (Anm. 8), S. 706 f.

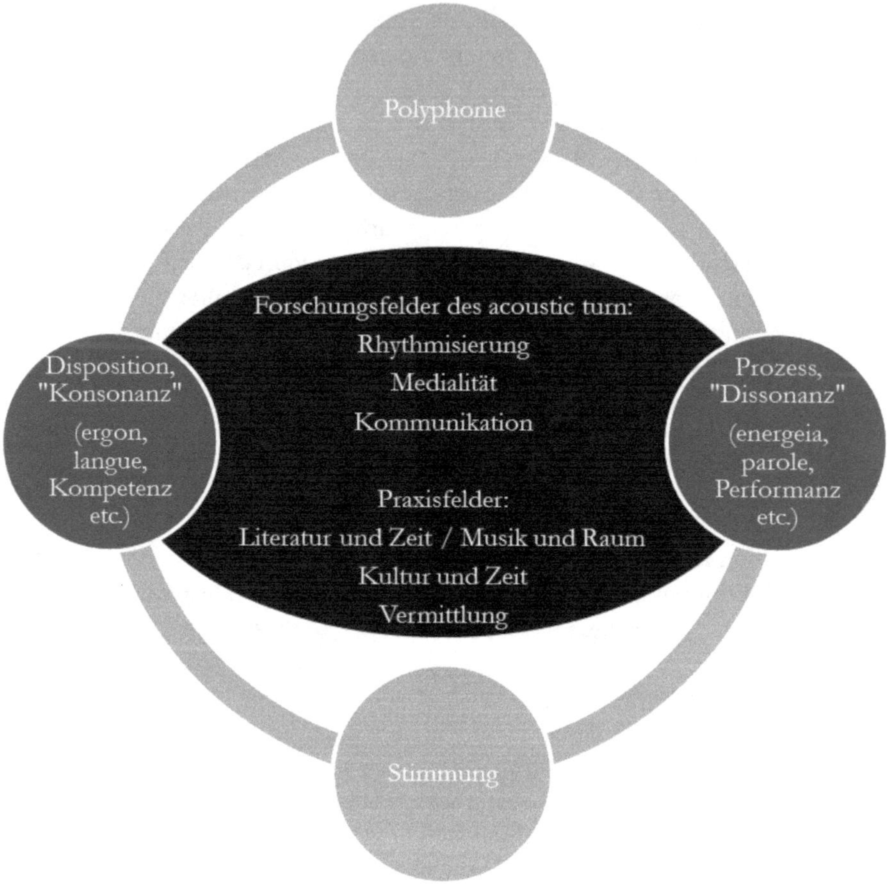

Eine Vierteldrehung der Modelle von Stimmung und Polyphonie im Uhrzeigersinn würde den traditionellen Metaphernbildungen entsprechen; eine Vierteldrehung im Gegenuhrzeigersinn könnte hingegen als Umkehrung der bisherigen Aufgabenbereiche gelesen werden. Doch wichtiger ist es, das Spannungsmoment zwischen den beiden Polen aufrecht zu erhalten. Wie bereits oben im ersten Teil mit Bezug auf Petra Maria Mayers Sammelband *Acoustic Turn* formuliert, verweist das Akustische immer schon auf das Medium und die Darstellungsform. Das bedeutet für das Literarische selbst, das sich zwar auch in ihrer dramatischen, narrativen und/oder versifizierten Struktur wie die Musik als Zeitkunst versteht, die sich im Raum entfaltet, nichts anderes, als dass die musikalischen Zuschreibungen von Stimmung zum Raum (als harmonische Vertikale gedacht) und von Polyphonie zur Zeit (als Horizontale gedacht) umgekehrt werden können. Es gibt mehr Sinn, das literarische Stimmung-Polyphonie-Verhältnis als Zeit-Raum (und nicht mehr als Raum-Zeit) zu verstehen: So entwickelt Literatur Stimmung in der Zeit – nicht in teleologischer Reduktion, sondern in ihrer performierenden Rhythmisierung.[26] Das wiederum impliziert, dass sich das literarische Polyphoniekonzept einerseits in die Stimmungsmetapher einschreibt, indem im Laufe der Zeit je nach ›Tonwechsel‹ wieder andere Stimmen hörbar werden, andererseits sich als Raumparadigma etablieren lässt, in dem sich die verschriftlichten Stimmen in ihrer polyphonen Anordnung graphisch in der Vertikalen verräumlichen lassen, was sich – um die exemplarischen Nahtstellen der Lyrikgeschichte zu nennen – bereits bei Hölderlin ankündigt, in Mallarmés »Coup de dés« zum Konzept der Partitur führt und selbst in Celans polyphoner »Engführung« erst in der präzisen graphischen Entzifferung und akustischen Übertragung wieder zum Erklingen gebracht werden kann.

Bezeichnenderweise implizieren der Wechsel vom Paradigmatischen zum Syntagmatischen auf der Stimmungsebene und der Wechsel in die umgekehrte Richtung im Bereich der Polyphonie auch einen Gattungswechsel vom Epischen zum Lyrischen (und Dramatischen). Das anhand des Romans entwickelte Konzept der Mehrstimmigkeit bei Bachtin wird dadurch nicht abgeschwächt, sondern in seiner musikalischen Rückbindung für alle literarischen Gattungen geöffnet. Der Dynamisierungseffekt mündet so in eine Generalisierung, welche aber dem jeweiligen Medium durchwegs gerecht wird. Die Diskussion könnte hier im Hinblick auf andere Kunstgattungen wie Film oder Tanz erweitert werden. Noch dringender scheint mir aber die Rückbindung an aktuelle Gesellschaftsprobleme mit der Frage, wie sich das dynamisierte Polyphonie-Stimmungs-Modell auf eine erhöhte ›Ambiguitätstoleranz‹ übertragen lässt. Auch hier kann die Literatur als eigentliche Mittlerin zwischen Musik und Gesellschaft fungieren, indem sie ihr mehrschichtiges Kommunikationspotential ausnützt.

Bereits in Kants *Kritik der Urteilskraft* wird deutlich, dass die Übereinkunft im ästhetischen Urteil nicht über eine Begrifflichkeit bewerkstelligt werden kann, sondern durch die »Zusammenstimmung« der Proportionen des Kunstwerks[27] und durch deren Übertragung auf einen »Gemeinsinn«:

---

26 So ist es wenig erstaunlich, dass literarische Stimmungsmodelle um 1800 auf eine rhythmische Episteme verweisen und somit einem »Wechsel der Töne« unterliegen (vgl. dazu Janina Wellmann: Die Form des Werdens. Eine Kulturgeschichte der Embryologie 1760–1830. Göttingen 2010). Zur Entlehnung von Hölderlins Konzept siehe Ulrich Gaier: Neubegründung der Lyrik auf Heinses Musiktheorie. In: Hölderlin-Jahrbuch 31 (1998/1999), S. 129–138.

27 Immanuel Kant: Werke in sechs Bänden. Hg. von Rolf Toman. Köln 1995, hier Bd. 4, S. 95 (§ 17).

> Da sich nun diese Stimmung selbst muß allgemein mittheilen lassen, mithin auch das Gefühl derselben (bei einer gegebenen Vorstellung); die allgemeine Mittheilbarkeit eines Gefühls aber einen Gemeinsinn voraussetzt: so wird dieser mit Grunde angenommen werden können [...].[28]

Die begriffslose »Mittheilbarkeit« der Stimmung wird im Kommunikationsmodell von Fritz Kaufmann weiterentwickelt, wenn er vom Leitmotiv der ›gleich gestimmten Seelen‹ als »Grundmöglichkeit sozialer Strukturbildung« und einer »Einheitlichkeit interpersonaler Konsonanz« spricht.[29] So sehr die »Zusammenstimmung« im Sinne Kants teleologisch auf einen Totaleindruck, eine comprehensio aesthetica, abzielt, die genauer besehen keine »Ambiguitätstoleranz« mehr zulässt, so sehr wird bei der zusehenden semantischen Einengung des Stimmungsbegriffs deutlich, wie sehr er vorkantisch prozessual ganz im Sinne der musikalischen Differenzlogik begriffen werden muss.

Werden Kulturkonflikte weniger im Sinne von Huntingtons These als Raumprobleme mit den entsprechenden Abgrenzungsdiskursen, sondern als ›Verhärtungsprozesse‹ auf der historisch-zeitlichen Achse betrachtet, reduziert sich der Stimmungsbegriff nicht mehr auf das dispositive Charakteristikum der »Konsonanz«. Obschon Wellbery bereits bei Kant den operationalen Stimmungsbegriff ausgeblendet sieht, wird im ersten Teil der *Kritik der Urteilskraft*, in der »Kritik der ästhetischen Urtheilskraft«, der musikalische Bildspender auf scheinbaren Nebenschauplätzen reaktiviert. So subsumiert Kant die »Phantasieen« als musikalische Gattung und die Instrumentalmusik unter dem Begriff der »freie[n] Schönheit (pulchritudo vaga)«[30] und spricht bei der Bestimmung des »gemein-

---

28 Ebd., S. 102 (§ 21). »Seit ihrer Etablierung in der Kunstphilosophie des deutschen Idealismus um 1800 bei Kant und Schiller sind in der ›Stimmung‹ gleichzeitig Objekt- und Subjektqualitäten aktiv. ›Stimmung‹ kann daher zusammenfassend als ein undifferenziertes und ungerichtetes ästhetisches Empfinden bezeichnet werden, bei dem ein Subjekt entweder ganz bei sich ist oder in welchem es sich mit anderen Subjekten verbunden und mit dem Objekt seiner Empfindung vereinigt weiss. In diesem Empfinden ist ein Integrationsversprechen angelegt, das bis zur Ich-Entgrenzung und zur All-Einheit führen kann« (Hans-Georg von Arburg, Sergej Rickenbacher: Einleitung. In: Concordia discors [Anm. 8], S. 7–20, hier S. 10).

29 »Und in der durch solche Transposition vermittelten Einstimmigkeit mit dem künstlerischen Geiste wird auch alles so gestimmte Leben einstimmig in sich und unter sich selbst: in der Gleichmäßigkeit der Resonanz verwirklicht sich eine Einheitlichkeit interpersonaler Konsonanz« (Fritz Kaufmann: Die Bedeutung der künstlerischen Stimmung [1929]. In F. K.: Das Reich des Schönen. Bausteine zu einer Philosophie der Kunst. Stuttgart 1960, S. 96–125, hier S. 116, zit.n. Wellbery [Anm. 8], S. 727). Gleichsam in ein solches Kommunikationsmodell schreibt sich Schmitz' Konzept des Gefühlsraums ein. Siehe Wellbery (Anm. 8), S. 731.

30 »Man kann auch das, was man in der Musik Phantasien (ohne Thema) nennt, ja die ganze Musik ohne Text zu derselben Art zählen« (Kant [Anm. 27], S. 90 [§ 16]).

schaftlichen Maße[s]« von einem »dynamischen Effect« in der Einbildungskraft.[31] Die Simultaneität verschiedener Stimmen, die Polyphonie als gesellschaftsprägender Zustand, entspricht vielmehr unserer Zeit. Dementsprechend sind ganz nach dem oben skizzierten Modell Momente der Stimmungswechsel und der Stimmungsdynamik auszumachen, in denen die Literatur das nächstliegende Experimentierfeld darstellt und die Philologie die besten Werkzeuge zur Verfügung stellen könnte, besänne sie sich auf die Herkunft der musikalischen Bildspender, ohne darob die mediale Differenz zwischen Literatur und Musik zu unterschlagen. Denn erst im chronologischen Wechsel (und nicht bereits in einer kontrapunktischen Latenz) kommen die verdrängten Stimmen zum Klingen, auch wenn sie – wie hier am Schluss von Kevin Vennemanns *Mara Kogoj,* wo die Historikerin beginnt, vom Hergang des Massakers an der slowenischen Bevölkerung zu Kriegsende im Jahre 1945 zu erzählen – in der Aufforderung zuzuhören, gleichsam abbrechen:

> Kogoj: Ganz im Gegenteil: Ich weiß ganz genau, mir bleibt gar nichts übrig. Eine Sicherheit daher ein für allemal, meine Korrektur nun endlich unser Instrument auch in Zukunft, denn so geht es und ging es am Nachmittag weiter: vierundzwanzigster, vielleicht fünfundzwanzigster April fünfundvierzig. Pflügler: Hören Sie zu:[32]

---

31 Ebd., S. 96 f. (§ 17).
32 Vennemann (Anm. 16), S. 218.

Melanie Wald-Fuhrmann

Natur und Kunst

Zum Transfer lebensweltlicher Klangphänomene in komponierte Musik

1 Einleitung

Seit der Antike wird die Geschichte der Musik als die immer nachdrücklichere Emanzipation artifiziell erzeugter, Funktion und Bedeutung tragender Klänge von den kontingenten Lauten und Geräuschen der Lebenswelt be- und geschrieben. Der »sonus« als akustisches Ereignis, als, so schon Aristoteles, Ergebnis der durch die Kollision zweier Körper entstehenden Luftschwingungen, ist von der »vox« als nur von Lebewesen, besonders von Menschen absichtsvoll hervorgebrachtem Ton kategorial unterschieden. Physikalisch zwar eine Teilmenge aller denkbaren *soni*, sind die *voces* distinkte Tonhöhen und in einem Tonsystem hierarchisch organisiert. Durch Tonerzeugungsregeln können sie, auch auf Instrumenten, kontrolliert und mit weitgehend klar abgegrenztem Frequenzspektrum hervorgebracht werden. Ästhetische Konventionen bestimmen über ihre Kombination und Abfolge und machen diese dadurch umgekehrt nachvollziehbar und verstehbar. Aus der Kontingenz und Unreinheit von Naturklängen wird so ein semiotisch-ästhetisches System.

Dabei beziehen freilich die meisten Tonsysteme ihre Dignität gerade aus Diskursen, die ihre Natürlichkeit und Archetypik herausstellen. Die Entdeckung Pythagoras' etwa, dass den Konsonanzen und einfachen Intervallen der diatonischen Oktave einfache Zahlenproportionen nach dem Muster (n+1):n zugrunde liegen, verpflichtete die europäische Musiktheorie letztlich bis ins frühe 20. Jahrhundert auf eine Rückbindung ihrer Elemente an die mathematisch verstandene Natur (bzw. göttliche Schöpfungsprinzipien).[1] Am nachhaltigsten schlug sich das in der Idee einer mikro- und makrokosmischen Analogie nieder: »Coelum quoque et terra, vel omnia, quae in eis superna dispensatione peraguntur, non sunt sine musica disciplina: cum Pythagoras hunc mundum per Musicam conditum, et gubernari posse testetur«,[2] so Cassiodor als einer von zahlreichen Autoren. Aber

1 Dieser mathematische Naturbegriff durchzieht auch die Ausführungen Tibor Kneifs: Die Idee der Natur in der Musikgeschichte. In: Archiv für Musikwissenschaft 28 (1971), S. 302–314.

2 Vgl. Cassiodor: Institutiones musicae 2.5. In: Martin Gerbert: Scriptores ecclesiastici de musica sacra potissimum, St. Blasien 1784. Reprint Hildesheim 1963. Bd. 1, S. 15–19, hier S. 16: »Der Him-

auch Jean-Philipp Rameau griff für sein System der Dur-Moll-Harmonik auf das Argument der Natürlichkeit zurück, indem er die Entdeckungen Joseph Sauveurs zu den Obertönen entsprechend funktionalisierte.[3] Die Obertonreihe entfaltete trotz vereinzelter Versuche, sie zu relativieren, eine derart große Anziehungskraft, dass sie rasch zur »Naturtonreihe« avancierte – »Die Töne 1–6 der Obertonreihe [...] zeigen uns den ausgebreiteten Durdreiklang, für den geschulten wie für den einfältigen Geist gleicherweise eine der großartigsten Naturerscheinungen«, so der sonst nicht so emphatische Paul Hindemith[4] – und als objektiver Maßstab[5] auch die Auseinandersetzung mit nicht-europäischen Tonsystemen lange färbte.

In gleichsam dialektischer Verschränkung zu diesen Ideen einer höheren Natur der Musik durchzieht dieselbe Musikgeschichte ein markanter Strang des Interesses an und der lebhaften Auseinandersetzung mit den vorzufindenden Klängen von Natur und Lebenswelt.[6] Von der ersten kompositorischen Verwendung des Kuckucksrufes im englischen Sommerkanon aus dem 13. Jahrhundert (»Sumer is icumen in, Lhude sing cucu«) über die Maschinen- und Arbeitsgeräusche in einer modernen Eisengießerei (Zavod) im gleichnamigen Stück aus dem Ballett op. 19 *Stahl* (1926/28) des sowjetischen Komponisten Andrei Mossolow bis hin zu Pierre Schaeffers ganz aus tatsächlichen Eisenbahngeräuschen gesampelter *Etude aux chemins du fer* (1948) und der zeitgenössischen Sound und Noise Art: Klänge und Geräusche waren und sind ein veritabler Inspirationsquell für Komponisten, obwohl – oder gerade weil – sie dem definierten und kalkulierten Klang von Instrumenten und ausgebildeten menschlichen Stimmen diametral entgegengesetzt sind. Das Faszinosum dürfte genau in der scheinbaren Wider-

---

mel und die Erde sowie alles, was zu ihnen gehört, kann nicht ohne die Musik existieren: Denn Pythagoras hat bewiesen, dass diese unsere Welt durch Musik begründet wurde und geleitet werden kann«. Siehe hierzu ausführlich Wolf Gerhard Schmidt: Harmonikalität und Inkommensurabilität als Komplemente barocken Systemdenkens. Zur Integralästhetik von Harsdörffers *Frauenzimmer Gesprächspielen* (1641–1649). In: Deutsche Vierteljahrsschrift für Literaturwissenschaft und Geistesgeschichte 86 (2012), S. 483–531, besonders S. 491–508.

3 Vgl. Jean-Philippe Rameau: Traité de l'harmonie réduite à ses principes naturels. Paris 1722.

4 Paul Hindemith: Unterweisung im Tonsatz. 1: Theoretischer Teil. Mainz ^{2}1940, S. 39.

5 Tatsächlich hat man in der Hirnforschung vor wenigen Jahren herausgefunden, dass Säugetiere im auditorischen Thalamus eine Oktavkartierung haben (vgl. Martin Braun, Vladimir Chaloupka: Carbamazepine induced pitch shift and octave space representation. In: Hearing Research 210 [2005], S. 85–92) und dass bei den Impulsmustern im Hörnerv dieselben Gesetzmäßigkeiten der Koinzidenz vorliegen wie bei der Obertonkoinzidenz (vgl. Martin Ebeling: Verschmelzung und neuronale Autokorrelation als Grundlage einer Konsonanztheorie. Frankfurt a. M. u. a. 2007, S. 127 f., 230). Ergebnisse wie diese treffen nicht zuletzt deshalb oft auf große Resonanz, weil sie mit modernen Methoden und Paradigmen die alte Denkfigur einer Natürlichkeit und Universalität musikalischer Elemente fortsetzen.

6 Für eine Übersicht dieser Geschichte vgl. Paul Hegarty: Noise/Music. A History. New York 2009.

ständigkeit der vorgefundenen Klänge liegen, in der letztlich unaufhebbaren und daher herausfordernden Inkongruenz zwischen *sonus* und *vox*, die einerseits an eine lebensweltliche Soundscape vor dem Komponisten, ja vor dem Menschen gemahnt, andererseits Nukleen kompositorischer Formbarkeit enthält und zu Stellungnahme und experimenteller Anverwandlung herausfordert. Das Spektrum reicht dabei von dem gleichsam auf kompositorische Weise geführten Beweis für die Kunstfähigkeit von Naturklängen bis hin zu Bruitisierung der Musik: Die Grenzen zwischen Natur und Kunst werden dabei ebenso engagiert verhandelt wie ihr jeweiliger Wert und ihr Verhältnis zueinander.

Diesem schöpferischen Konnex von un- oder wenig geformtem Klang und kalkuliert entworfener Komposition sollen in diesem Text einige Kriterien und Thesen abgewonnen werden: In was für einem Verhältnis können Klangmaterial und komponiertes Ergebnis zueinander stehen? Welche Gruppen von Geräuschen und Klängen lassen sich unterscheiden? Wie wurden solche Klangzitate ästhetisch diskutiert? Was sagen entsprechende Aufgriffe über das Weltverhältnis der entsprechenden Musiken, über ihre soziale und ästhetische Funktion aus?

Gleichsam als Motto dafür können die antiken Mythen und Legenden um die Zikaden stehen:[7] Obwohl nur Insekten, wurde ihr Zirpen für über die Maßen schön gehalten und sie deshalb als Repräsentanten der apollinischen und musischen Sphäre verehrt bzw. gar als Mittler zwischen den Menschen und den Musen. Die berühmteste Zikaden-Geschichte ist bei Strabon überliefert:[8] Bei einem pythischen Kitharoden-Wettstreit in Delphi traten Eunomos und Ariston gegeneinander an. Eunomos will dem siegessicheren und vom Publikum favorisierten Ariston die Teilnahmeberechtigung absprechen, da er aus einem Gebiet komme, in dem die Zikaden nicht sängen. Ariston tritt dennoch an. Eunmos aber siegt, denn als ihm während seines Vortrags eine Saite an seiner Kithara riss, setzte sich eine Zikade – wohl auf Geheiß Apolls – auf sein Instrument und ersetzte den fehlenden Ton:[9] Es ist die Utopie der wechselseitigen Durchdringung von Kunst und Natur unter der Maßgabe, dass beide Abbilder oder gar Repräsentanten der harmonischen Weltordnung sind, die diesen Mythos für die hier zu erzählende Geschichte der kompositorischen Inspiration durch Natur und Alltag so einschlägig macht.

---

7 Vgl. hierzu R. Böhme: Unsterbliche Grillen. In: Jahrbuch des deutschen archäologischen Instituts 69 (1955), S. 49–66.

8 Ediert bei F. Jacoby: Die Fragmente der griechischen Historiker. Bd. 3. Leiden 1950, S. 614.

9 Zu Überlieferung und v.a. bildkünstlerischer Rezeption dieser Geschichte siehe Reinhold Hammerstein: Von gerissenen Saiten und singenden Zikaden. Studien zur Emblematik der Musik. Tübingen, Basel 1974, S. 91 ff. (Kapitel II: »Die wiederhergestellte Harmonie«).

2 Alltagsklang und höfische Lebenswelt: Clément Janequin

Zu den wohl spektakulärsten Kompositionen der Renaissance zählen einige Programmchansons von Clément Janequin (um 1485–1558), in denen Klänge der Lebenswelt, der natürlichen wie der zivilisierten, thematisiert und zugleich verarbeitet werden: *La Chasse, La Bataille de Marignan* (auch *La guerre*), *Le Chants des oyseaux, L'Alouette, Les Cris de Paris* (alle gedruckt um 1528)[10], *Le Chant du rossignol* (gedruckt 1537)[11], *La Bataille de Mets*[12] und *Le Caquet des femmes* (beide gedruckt 1555)[13]. Diese Chansons wurden gleichsam zu Janequins Markenzeichen und ausgesprochen populär. Schon zu seinen Lebzeiten oft wiederaufgelegt, band man sie gar in eigenen thematischen Drucken zusammen.[14] Noch am Ende des 17. Jahrhunderts, als sich der musikalische Geschmack längst mehrfach und grundlegend gewandelt hatte, nahm der Notenbibliothekar Ludwigs XIV., André Danican Philidor, die *Bataille de Marignan* in seine musikgeschichtlich orientierte Sammlung älterer Stücke auf.[15]

Rein vokal, doch mit enormer kompositorischer wie sängerischer Virtuosität und nicht wenig Witz erscheinen hier verschiedene Vogelgesänge, das Kläffen und Bellen von Hunden, Jagdhornsignale, das Laufen und Reiten von Jägern, Schlachtenlärm, Militärsignale, das Einschlagen von Kanonenkugeln, Frauengeplapper oder die Rufe von Händlern und Marktfrauen nachgeahmt. Auch menschliche Gesänge – etwa ein Gebet nach der gewonnenen Schlacht – sind integriert.

Gattungsgeschichtlich vollzieht sich in diesen Werken eine Abkehr vom damals geltenden Prärogativ höfischer Liebeslyrik hin zu einer musikalisch verwirklichten Narrativität.[16] Klangästhetisch verzahnen sich hier Naturalismus und Artifizialität bis zum Ununterscheidbaren in einer komponierten Enzyklopädie des Natur- und Kunstklanges, die ihrerseits den geltenden Standards kunstvoller Polyphonie genügt. Vor den Ohren des verfeinerten aristokratischen und

10 Vgl. Clément Janequin: Chansons polyphoniques. Hg. von Arthur T. Marritt und François Lesure. Bd. 1. Monaco 1965 (Chansons de maistre Clement Janequin, Paris [um 1528]).

11 Vgl. ebd. Bd. 2, S. 197 (Les Chansons de la guerre, la chasse, le chant des oyseaux, lalouette, le rossignol. Paris 1537).

12 Vgl. ebd. Bd. 6, S. 78 (Premier Livre des inventions musicales. Paris 1555).

13 Vgl. ebd., Bd. 3, S. 142 (Le Caquet des femmes. Paris 1555).

14 Siehe beispielsweise die in Anm. 11 genannte Sammlung.

15 Vgl. Recueil de plusieurs vieux Airs. Versailles 1690.

16 Vgl. Jean-Pierre Ouvrard: Du narratif dans la polyphonie au XVIème siècle. Martin menoit son pourceau au marché – Clément Marot, Clément Janequin, Claudin de Sermisy. In: Analyse musicale 9 (1987), S. 11–16.

klerikalen Publikums zur Zeit Königs Franz I. für das Janequin seine Chansons komponierte, entfaltet sich ein Klangbild der Welt aus höfischer Perspektive, zu dem Natur und Menschenwelt, Kunst, Krieg und Jagd, niedrige und hohe soziale Sphäre gleichermaßen gehören.

So verherrlichen und memorieren die beiden Bataille-Stücke bedeutende Siege der Könige Franz I. (1515) und Heinrich II. (1552), machen sie im performativen Vollzug nacherlebbar (und stehen somit ganz fern auch in der Tradition des epischen Heldengesangs), stellen zugleich aber auch eine geschichtsmächtige Deutung der Vorgänge dar und üben insofern auch eine politische Funktion aus.[17] *La chasse* wiederum bildet in einer vergleichbaren Kombination von Anrede, Erzählung und onomatopoetischer Nachahmung einen Idealverlauf der höfischen Pendant-Beschäftigung und Vorübung zu Krieg und Liebe gleichermaßen dar.[18] Die Faszination für den relativ neuen städtischen Lebensraum und soziale bzw. geschlechtliche Stereotype bringen *Les Cris de Paris* und *Le Caquet des femmes* zum Erklingen.

Selbst die drei Vogelgesangs-Chansons schließlich sind, wie für Mittelalter und Renaissance typisch, keine proto-romantischen, gar ›authentischen‹ Naturbilder, sondern zitierten die Rufe von Amsel, Drossel, Star, Nachtigall und Kuckuck im Rahmen des höfischen Frühlings- und Liebesspiels am ersten Mai. Das Gemachte und Zitierte ist deshalb textlich wie musikalisch prononciert: »Resveillez vous, coeurs endormis, | Le dieu d'amour vous sonne. | A ce premier iour de may | Oyseaulx feront merveilles, | Pour vous mettre hors d'esmay | Destoupez voz oreilles.« So lautet der Beginn des Textes der *Chants des oyseaux*. Und der zweite Teil setzt, noch deutlicher auf den das Spiel inszenierenden Künstler bezogen, so ein: »Vous orez, à mon advis, | Une doulce musique | Que fera le roy mauvis | D'une voix autentique: | Ti, ti, pyti, chouty thouy.«

Mit den ersten vier Zeilen exponiert Janequin zwei einprägsame melodische Motive, die die einzelnen Strophen jeweils einrahmen und die Erzählung vortragen. Dazwischen erklingt jeweils gleichsam wie mit Doppelpunkt und Anführungszeichen eingeführt die sowohl musikalische wie lautmalerische Exposition eines Vogels.

Janequin grenzt diese zwei klanglichen Sphären deutlich voneinander ab: Melodie und Imitation stehen v. a. rhythmisch und geräuschhaft geprägten Passagen gegenüber. Das Deklamationstempo der Vogel-Imitationen ist gegenüber

---

17 Zum ästhetischen Kontext dieser Stücke siehe Don Harrán: The Concept of Battle in Music of the Renaissance. In: Journal of Medieval and Renaissance Studies 17 (1987), S. 175–194.

18 Zur Funktion der Jagd in der höfischen Gesellschaft siehe etwa Burkhardt Krause: Die Jagd als Lebensform und höfisches »spil«. Mit einer Interpretation der »bast« in Gottfrieds von Straßburg *Tristan*. Stuttgart 1996.

den narrativen Passagen ungefähr verdoppelt, Tonrepetitionen spielen eine große Rolle, die Entfaltung melodischer Motive mit klaren Kadenzen ist ersetzt durch einen patternartigen Satz, wobei die einzelnen Formeln wie Bausteine übereinandergestapelt oder von Stimme zu Stimme gereicht werden.

Damit überschreiten bzw. negieren die Vogelpassagen die gängige Chansonästhetik gleich in mehrfacher Hinsicht: Die lautmalerischen Silben lassen einen bedeutungsfreien, rein klangpoetischen Text in der Form moderner Nonsense-Poetik entstehen; in *La Chasse* gibt es dann so schöne Wendungen wie »gnof, gnof, pif, pof« für das Kläffen der Hunde und das Schießen der Flinten. Die Überlagerung verschiedener Konsonanten in hohem Tempo erzeugt Schnalz- und Zischlaute sowie generell eine dominante Geräuschhaftigkeit. Die vorwiegend rhythmische, weniger melodische Auffassung der Vogelgesänge lässt auch in der kompositorischen Umsetzung den rhythmischen Aspekt deutlich in den Vordergrund treten, Polyrhythmik ersetzt die in erster Linie melodisch gedachte Polyphonie. Die höfische Lyrik mit ihren Topoi und Versbildungskonventionen hat hier keinen Platz.

Mit den Mitteln des kunstvollen mehrstimmigen Satzes generiert Janequin somit ein diesem diametral entgegengesetztes Klangbild. Er legitimiert diese Verstöße gegen die Konvention – wie es in der europäischen Kompositionsgeschichte immer wieder geschehen wird – durch Witz, Naturnachahmung und Programmatik. Dennoch zeigen diese zunächst spielerischen Überschreitungen die Fehlstellen des gegenwärtigen Komponierens und brechen den Rahmen der Konventionen irreversibel auf. Das Interesse an rhythmisch akzentuierter Homophonie jedenfalls nahm im Laufe des 16. Jahrhunderts bedeutend zu. Das Spiel mit dann auch affektgeladener Rhythmik wurde schließlich für das wortwörtlich epochemachende Wirken Claudio Monteverdis um 1600 schlichtweg zentral.

In gewisser Hinsicht lauschte Janequin der Natur und Alltagswelt also genau das ab, was im zeitgenössischen Komponieren ausgespart blieb, um es in sublimierter Form für dieses verfügbar zu machen.

3 Geschichte und Systematik komponierter Naturklänge: eine Tour d'Horizon

Das Feld, das Janequin in seinen Klang-Kompositionen – um diesen anachronistischen Ausdruck zu borgen – absteckte, ist auch von den meisten anderen Komponisten bevorzugt beackert worden: Vogelgesänge, Schlacht und Jagd zählen neben Wetterereignissen und pastoralen Soundscapes zu den festesten Konstanten musikalischer Programmatik. Krieg und Jagd sind dabei eng mit der höfischen

Gesellschaftsordnung verquickt und insofern im 17. und 18. Jahrhundert, als die Musik diese besonders nachdrücklich zu repräsentieren hatte, vermehrt kompositorisch thematisiert worden, vornehmlich in der französischen Cembalo-Musik, in Kantaten und Opernszenen sowie in der Sinfonik. Als beliebige, aber besonders signifikante Beispiele für Jagdmusiken seien das Cembalostück *The King's hunt* von John Bull, das Divertissement *La chasse du cerf* von Jean Baptise Morin (1707) und Johann Sebastian Bachs Jagdkantate BWV 208, der Teil *La chasse* aus Jean Baptiste Lullys *Ballet des Arts* von 1663, Vivaldis Konzert *La caccia*, die Jagdsinfonien von Joseph Haydn (Nr. 73) und François-Joseph Gossec (op. 13, Nr. 3) oder das seinerzeit ausgesprochen populäre Singspiel *Die Jagd* von Johann Adam Hiller (1770) genannt. Schlachtmusiken finden sich am prominentesten in Beethovens Sinfonie Nr. 3 *Eroica* und in *Wellingtons Sieg oder die Schlacht bei Vittoria* op. 91 (1813), aber auch in zahlreichen anderen Sinfonien und Sinfoniesätzen um 1800[19] oder im 17. Jahrhundert in Claudio Monteverdis *Combattimento di Tancredi e Clorinda* sowie Heinrich Ignaz Franz Bibers Streicher-Sonate *La Battalia* (1673).

Die Themen Krieg und Jagd dürften nicht nur der Repräsentation und Selbstbestätigung der höfischen Lebenswelt gedient haben, sondern rufen auch Anthropologisches auf: Tod und Leben, den existenziellen Kampf, Zivilisation gegen Wildheit, Machtausübung, daneben die fundamentalen Empfindungen Erregung, Jubel und Trauer in seltener Affektintensität. Im 19. Jahrhundert traten zum Topos der Jagd die Zugangsweisen der Naturromantik (in Form des artifiziellen Jägerlieds) und der Romantik des Unheimliches hinzu, wie sie sich etwa in den Nummern 8 und 12 aus Franz Liszts 12 *Études d'exécution transcendante* finden: »Wilde Jagd« und »Chasse neige« betitelt.

Was musikalisch an diesen Sujets neben der semantisch nutzbar zu machenden Integration geradezu vokalbelartiger Militär- und Jagdsignale faszinierte, zeigt sich kaum je deutlicher als an der genannten *Battalia* des Salzburger Vize- und späteren ersten Kapellmeisters Biber (1644–1794): Die eröffnende Sonate, der vierte Satz »Mars« und der eigentliche Schlachten-Satz setzen auf akzentuierte Rhythmik, hohes Tempo und für die Gattung unübliche Geräuscheffekte. Die Spieler müssen mehrfach rhythmisch aufstampfen und der Kontrabass wird so geschlagen, dass er wie eine Kriegstrommel oder Schüsse klingt. Der kurze zweite Satz »Die liderliche Schwarmen der Musquetirer« dann bildet das bunte Treiben im Soldatenlager durch das damals unerhörte Miteinander harmonisch nicht zusammenpassender einzelner Melodien ab, durch das Dissonanzen entstehen, die außerhalb mimetischer Programmatik nicht zu rechtfertigen gewesen

19 Siehe die entsprechenden Aufzählungen bei Richard Will: The Characteristic Symphony in the Age of Haydn and Beethoven. Cambridge 2002.

wären. Primat des Rhythmus, überzogenes Tempo, Geräusche und Dissonanzen: all diese Komponenten dehnen oder zerreißen gar das konventionelle Gefüge, arbeiten dafür umso nachdrücklicher auf das hin, was man von der Musik nicht nur im 17. Jahrhundert in erster Linie erwartete: Unmittelbarkeit und hohe Intensität des Affektes bis zur ›Ansteckung‹ des Hörers. Wie existenziell das gemeint sein konnte, zeigt sich auch daran, dass Biber von dem eher humorigen Dissonanzen-Satz über den majestätischen Mars, ein zuversichtlich-forsches Presto und eine empfindungsvolle Aria bis hin zum finalen »Lamento der verwundeten Musquetirer« die gesamte Palette menschlicher Grundempfindungen abschreitet.[20]

Etwas anders dürfte das Faszinationspotenzial des Vogelgesangs geartet sein, da dieser dem menschlichen Musizieren eben nicht als Geräusch diametral entgegengesetzt ist, ihm vielmehr in vieler Hinsicht schon ausgesprochen, geradezu erschreckend nahekommt. Er hat daher mit Musik befasste Menschen immer wieder besonders bewegt. Theoretiker suchten ihn zu systematisieren und in das europäische Tonsystem einzupassen[21] – was umgekehrt zu einem Beweis für die Naturgesetzlichkeit des letzteren genommen werden konnte –, Komponisten verwendeten charakteristische Intervalle, Motive und Rhythmen in programmatischen Kompositionen. Zwischen dem Sommerkanon und den im Zentrum von Olivier Messiaens Werken stehenden Vogelgesängen im 20. Jahrhundert[22] finden sich zu allen Zeiten kompositorische Zitate v. a. von Kuckuck, Nachtigall und Wachtel in Lied, Oper, Oratorium, Klavierstück, Sinfonie und Kammermusik.[23]

Als moderne Apotheose des Vogelgesanges ist immer wieder die »Szene am Bach« aus Beethovens *Pastorale* zitiert worden: Neben Nachtigall, Wachtel und Kuckuck hat Bernhard Hoffmann – dessen ebenso sorgfältiges wie emphatisches Buch *Kunst und Vogelgesang* in der These gipfelt, »Die musikalische Kunst ist schon bei den Vögeln entwickelt.«, wobei er mit der musikalischen Kunst nicht weniger als ein Komponieren ganz anhand der diastematischen, harmonischen, rhythmischen, motivischen und formbildenden Kategorien klassischer Musik meinte – in diesem Abschnitt auch Goldammer, Kohlmeise und Rotkehlchen-Mo-

---

20 Zu einem möglichen lebensweltlichen Kontext des Werkes siehe Simone Heilgendorff: Bibers Battalia. Schlachtmusik zum Karneval? In: Österreichische Musikzeitschrift 62 (2007), S. 20–32.

21 Beispielhaft seien hier Athanasius Kircher (Musurgia universalis. Rom 1650) und Bernhard Hoffmann genannt (Kunst und Vogelgesang, in ihren wechselseitigen Beziehungen vom naturwissenschaftlich-musikalischen Standpunkte beleuchtet. Leipzig 1908 [Nachdruck Walluf 1973]).

22 Vgl. hierzu etwa Marie Bessière: Oiseaux exotiques d'Olivier Messiaen. De la nature à l'oeuvre musicale. In: Analyse musicale 7 (1987), S. 62–67, die herausarbeitet, wie Messiaen aus den Vogelzitaten heraus seinen Stil thematisch, harmonisch, rhythmisch und orchestral erweitert.

23 Vgl. dazu auch Antoine Ouellette: Le chant des oyseaulx. Comment la musique des oiseaux devient musique humaine. Essai biomusicologique. Montréal 2008.

tive identifizieren können.[24] Ähnlich wie in den Stillleben der Niederländer geht die Kunst hier aber über die Kontingenz der Natur hinaus, da sie Vogellaute, die in Wirklichkeit kaum zur selben Tages- oder Jahreszeit oder im selben Habitat zu hören wären, zu einer höheren Harmonie verbindet.

Zu diesen drei Hauptbereichen kompositorischer Weltnachahmung kamen weitere hinzu: So lag es nahe, außer dem Vogelgesang auch andere Tierstimmen musikalisch nachzuahmen: Neben dem Bellen der Hunde, das schon Janequin übertrug, wurden in vornehmlich humoristischer Absicht u. a. Katze, Esel, Pferd, Frosch, Grille und fliegende Insekten von der Mücke bis zur Hummel transkribiert.

Angeregt wohl durch die petrarkistisch-arkadische Dichtung spielen seit dem 18. Jahrhundert auch Geräusche aus der unbelebten Natur eine bedeutende Rolle vor allem in Arien, aber auch in der Instrumentalmusik: Topisch ist das idyllisch-pastorale Murmeln von Bächen, Säuseln von Winden und Rascheln der Blätter, topisch ist aber auch – besonders in der französischen Oper des 18. Jahrhunderts – deren Wendung ins Unwetterhafte und Katastrophale, in Sturm und Gewitter, Erdbeben und Meeresaufwallung, verbunden jeweils mit emotionaler Aufwühlung und dramatischer Peripetie.

Die Zivilisationsgeräusche, denen bereits Janequin zwei Chansons ablauschte, werden erweitert um Geräusche, die bestimmte Handwerke vom Schmieden bis zum Herden Hüten erzeugen, sowie um weitere protomusikalische Signale wie die Fanfare, das Posthorn (Wolfgang Amadé Mozarts *Posthornserenade* KV 320, Franz Schuberts Lied »Die Post« aus der *Winterreise* D 911 oder die Posthornepisode in Gustav Mahlers dritter Sinfonie[25]) oder die Schlittenglocke (Leopold Mozarts *Musikalische Schlittenfahrt*). Im 20. Jahrhundert brechen dann mit Macht die Umwälzungen von Industrialisierung, Verstädterung und Technisierung in die Musik ein. Die moderne Technik des Samplings, also der Aufnahme von Alltagsgeräuschen und deren (originale oder technisch veränderte) Verwendung als musikalisches Material, macht es seit den 1950er Jahren nicht einmal mehr nötig, Umgebungsklänge auf Instrumenten mühsam und eben nicht immer abweichungslos zu reproduzieren.

Noch mit konventionellen Mitteln setzte Arthur Honegger 1923 in seinem Orchesterstück *Pacific 231* einer modernen Dampflock ein Klangdenkmal.[26] Charles

24 Vgl. Hoffmann (Anm. 21), S. 180 f. und 192–197.

25 Vgl. hierzu etwa Timothy Freeze: Vieldeutigkeit in den Posthornepisoden von Mahlers Dritter Symphonie. In: Nachrichten zur Mahler-Forschung 60 (2009), S. 33–50.

26 Siehe dazu Hubert Kupper und Frank Wankmüller: Pacific. Musikalische Umsetzung eines Eisenbahnmythos bei Honegger und Hindemith. In: Axel Beer, Kristina Pfarr, Wolfgang Ruf (Hg.): Festschrift Christoph-Hellmut Mahling zum 65. Geburtstag. Tutzing 1997 (Mainzer Studien zur Musikwissenschaft; 37), S. 737–748.

Ives komponierte mit seinem ebenfalls für Orchester besetzten *Central Park in the Dark* 1906 eine durchaus auch antimoderne Hommage an das New York der 1870er, in der neben den Klängen der Nacht und der Natur Zivilisationsgeräusche von der Hochbahn über Feuerspritze und Droschkenpferd bis zu Kneipenmusik, Gesängen Betrunkener und Zeitungsausrufern integriert sind: eine Aktualisierung der Janequinschen *Cris de Paris* sozusagen. Das Moderne und auch kompositionsgeschichtlich Innovative an diesem Schlüsselwerk der musikalischen Moderne ist die Überlagerung eigentlich nicht zusammengehöriger akustischer und musikalischer Ereignisse, die zu collageartigen Texturen, poly- oder atonalen Passagen, clusterartigen Klängen und stilistischer Multiplizität durch Zitate führen.[27] Aber wie Janequin und Biber griff auch Ives nach einem Programm, um seine Abkehr von den Konventionen gleichsam zu entschuldigen und den Hörern verständlich zu machen.

Die konsequenteste Emanzipation der Geräusche schrieben sich indes dezidierte Moderne auf die Fahnen: die italienischen Futuristen und Bruitisten auf der einen, die Anhänger von Pierre Schaeffers Musique concrète auf der anderen Seite. Den frühesten, gleichermaßen systematischen wie pointierten Ausdruck fand dieser Paradigmenwechsel 1913 in dem Zeitungsmanifest *L'Arte dei Rumori* des Malers Luigi Russolo: Der »sonus« wird hier in die Kunst wiedereingegliedert, die Reduzierung des musikalischen Materials auf die »voces« als historisch überholt und akustisch schal gebrandmarkt: »Bisogna rompere questo cerchio ristretto di suoni puri e conquistare la varietà infinita dei ›suoni-rumori‹.«[28] Zwar knüpft auch Russolo an das traditionelle Reservoir von Naturklängen und -geräuschen an, wenn er Bäche, Wasserfälle, Winde, Laub oder Vögel nennt, und sein Zitat aus einem onomatopoetischen Brief Marinettis von einer Schlacht bei Adrianopel scheint wie eine moderne Interpretation von Janequins *Bataille*, doch viel mehr interessieren ihn die Stadt-, Maschinen- und Technikklänge seiner Gegenwart, die er nach der ästhetischen Erziehung von »futuristischen Ohren« selbst zu den neuen Musikinstrumenten der Gegenwart umzustimmen hofft. Die menschengemachten Klänge lösen die Naturklänge als Paradigma musikalischer Erneuerung ab.

---

27 Zur Bedeutung und Faktur des Werkes siehe Marianne Betz: The Voice of the City. New York in der Musik von Charles Ives. In: Archiv für Musikwissenschaft 61 (2004), S. 207–225 und Raffaele Pozzi: Polemica antiurbana ed isolamento ideologico in Central Park in the Dark di Charles Ives. In: Nuova rivista musicale italiana 19 (1985), S. 471–481.

28 Vgl. Luigi Russolo: L'Arte dei Rumori. Manifesto futurista (1913). Ediert in: Luigi Russolo e l'arte dei rumori. Con tutti gli scritti musicali. Hg. von Gianfranco Maffina. Turin 1978. Zu diesem gesamten Aspekt siehe Pierre-Albert Castanet: Tout est bruit pour qui a peur. Pour une histoire sociale de son sale. Paris 1999 (^{2}2007).

4 Der Ursprung der Musik

Neben der Aneignung der Welt und der identifikatorischen Auseinandersetzung mit der eigenen Lebenswelt scheint die Frage nach dem Ursprung der Musik ebenfalls zu den zentralen Motivationen für die hier beschriebenen kompositorischen Phänomene zu zählen. Woher stammt die Musik? Das ist eine Frage, die im Musikschrifttum seit der Antike immer wieder gestellt und auf unterschiedliche Weise beantwortet wurde: Neben der sich v. a. in Mythen artikulierenden Überzeugung von einem göttlichen Ursprung der Musik – Götter und ihre Abkömmlinge werden in allen Kulturen immer wieder als die Erfinder der Musik allgemein, von einzelnen Instrumenten, Liedern oder musikalischen Gattungen genannt –, gibt es namentlich zwei Stränge einer der ersten mal entgegengesetzten, mal komplementären innerweltlichen Erklärung. Entweder heißt es mit Rousseau und Herder, die Musik sei aus dem (erregten) Sprechen bzw. zugleich mit der Sprache aus dem Empfindungslaut hervorgegangen,[29] oder aber, die Menschen hätten ihre Lieder der Natur abgelauscht.[30]

In letzterem Sinne schreibt der Jesuit Athanasius Kircher in seiner *Musurgia universalis* von 1650 in einem »De Musicae Inuentione« überschriebenen Kapitel in einer erkennbaren Paraphrase von Lukrez' wirkmächtigen Passagen in *De rerum natura* (ich zitiere aus der zeitgenössischen deutschen Teilübersetzung):

> In disem grossen Welt-*Theatro* ist nichts gemeineres als der *sonus*: derselbe aber | wie er noch heutigs tags | also hat er auch den ersten Welt-Menschen mancherlei Anleitung und Gelegenheit geben zu seiner Erfindung | und zwar vornemlich die Wind | wie auch das Zischen etlicher Thier | dann weil die erste Weltleut meistentheils dem Baur- und Hirten-Leben abgewartet | auch daselbsten ihre Wohnungen und Hütten geschlagen | wo sie fette Waiden und feuchte Oerter befinden | so mit Bintzen | Röhren | schilfen und dergleichen | bewachsen gewesen | hat es nicht geschehen können | daß solche Leut den gantzen Tag müssig | ohne einige Gemüts-Erfrischung hätten zugebracht | sondern vermuthlich haben sie ihnen aus pfeifigten langen | geraden Stengeln | allerhand Pfeifen | Zincken | Krumhörner zugerichtet | dann das thun unsere Hirten und Baursleut noch auf den heutigen Tag | so ist auch das *ingenium* viel frischer und schärpfer gewesen | zu dem | weil sie der Zimmer-

29 Vgl. Jean-Jaques Rousseau: Essai sur l'origine des langues où il est parlé de la mélodie et de l'imitation musicale (Paris 1781). Hg. von Charles Porset. Bordeau. Paris 1970 (^{2}1976) [Deutsche Übersetzung und Kommentierung in Jean-Jaques Rousseau: Musik und Sprache. Ausgewählte Schriften. Mit einem Essay von Peter Gülke: Rousseau und die Musik oder Von der Zuständigkeit des Dilettanten. Leipzig 1989, S. 99–168] und Johann Gottfried Herder: Abhandlung über den Ursprung der Sprache. Berlin 1772.

30 Eine ausführliche Auseinandersetzung aus systematischer, anthropologischer und kulturgeschichtlicher Perspektive findet sich bei Carl Stumpf: Die Anfänge der Musik. Leipzig 1911. Vgl. hierzu auch den Beitrag von Martin Ebeling im vorliegenden Band.

> kunst | ohn welche die Menschliche Gesellschaft nicht bestehen kann | wohl erfahren gewesen | hat es nicht gefehlet | daß nicht bißweilen *ex casuali collisione corporum*, under dem Arbeiten | mancherlei *sonitus & strepitus* ist erwecket worden | durch welche gelegenheit sie dann auch vermuthlich in die Wissenschaft der Schlag-Instrumenten gelanget seyn.[31]

Das ist eine Anthropologie und Naturgeschichte der Musik gleichermaßen, gleichsam ein evolutionstheoretisches Gegenstück zu dem, was sonst unter der Überschrift »De inventione musicae« verhandelt wird, nämlich Pythagoras in der Schmiede (häufig samt seinem biblischen Pendant, dem Schmied Jubal): Die Musik erscheint hier nicht als mathematische Scientia, sondern als Praxis der Naturnachahmung mit psychohygienischem Zweck. Sie entsteht aus dem omnipräsenten *sonus*, in der Nachahmung von Wind- und Arbeitsgeräuschen sowie Tierlauten, unter Zuhilfenahme natürlicher Klangerzeuger, aus denen dann Instrumente entwickelt werden.

Dass indes für Kircher zwischen den Naturlauten und der menschlichen Musik kein Widerspruch besteht, scheint nicht zuletzt in einem kurzen Passus über das südamerikanische Faultier auf, welches – so Kircher nach dem Zeugnis eines Mitjesuiten – die Hexachordtonleiter (damals die gegenüber der Oktave gleichsam archaischere Grundlage des Tonsystems) herauf und herab singe:[32] Ein besserer Beweis für die natürliche und nicht bloß kulturelle Fundierung musikalischer Systeme ließe sich kaum denken. Die Konvergenz von Natur- und Kunstlaut plazierte Kircher sogar auf der Titelseite der *Musurgia*, wo angeblich eine antike Gemmendarstellung der Zikade auf der Leier des Eunomos reproduziert ist.

Aber die bedeutenste Rolle in Ausformulierungen dieser Nachahmungstheorie spielte doch der Vogelgesang, namentlich der der Nachtigall. Kircher selbst widmet den so mannigfaltigen *voces* der Tiere etliche Seiten seiner Enzyklopädie,[33] darunter eine viel beachtete ganzseitige Abbildung, in der typische Motive der Nachtigall, von Hahn und Henne, Kuckuck und Wachtel in Noten transkribiert wurden (siehe Abb. 1).

Das Schriftbild der verschiedenen »Pigolismi« und »Glazismi« der Nachtigall erinnert dabei verblüffend an dasjenige der zeitgenössischen hoch virtuosen instrumentalen Fantasienkunst von Violinisten, Lautenisten oder Cembalisten in Italien, Frankreich und Deutschland. Die Vogelthemen scheinen im deutsch-österreichischen Raum besonders virulent: So komponierte Biber neben seiner

---

31 Athanasius Kircher: Musurgia universalis sive Ars magna consoni et dissoni. Rom 1650. Reprint Hildesheim 1970, hier Bd. 1, S. 44 (deutsche Teilübersetzung von Andreas Hirsch: Philosophischer Extract und Auszug aus deß Welt-berühmten Teutschen Jesuitens Athanasii Kircheri von Fulda Musurgia Universali. Schwäbisch Hall 1662. Reprint Kassel u. a. 2006, S. 68 f.).

32 Ebd., Bd. 1, S. 26 f. (bei Hirsch S. 44 f.).

33 Ebd., Bd. 1, S. 19 f. und 25–34 (bei Hirsch S. 34 f. und 43–57).

Glottismi modulationum sibilo exprimendi in Luscinia obseruati
Iconismus III fol. 30
Pigolismus
Glazismus
Teretismus
Pigolismus
Teretismus
Glazismus
Pigolismus
Glazismus
Chromatico-enharmonicum nescio quid affectans
Pigolismus
Glazismus
Pigolismus
Pigolismus
Glazismus
Teretismus
Diuersarum uolucrium voces notis musicis expreßæ
Gallicinium
Cuculicu Cuculicu Cuculicu Cuculicu
A
Vox parturientis Gallinæ
to to to to to to to to ∴ to to to to to to to to toto ∴
B
Gallina conuocans pullos
glo glo glo
C
Vox Cuculi
Gucu gucu gucu ∴ gucu
E
Vox Coturnicis
Bikebik bikebik bikebik
D

Abb. 1

Battalia auch eine *Sonata violino solo rappresentativa* (1669) mit zahlreichen entsprechenden Motiven.[34] Von Johann Jacob Walther stammt die Sammlung *Hortulus chelicus*[35] mit Stücken wie der Suite »Galli e Galline« (S. 47), »Rossignuolo« (S. 95) und dem »Scherzo d'Augelli con il Cuccu« (S. 63). Und so ist es wohl auch kein Zufall, dass ein weiterer Zeitgenosse, der kaiserlicher Kammer- und Hoforganist Alessandro Poglietti, in dem mit Kircher so besonders verbundenen Wien gerade mit Tastenkompositionen brillierte, die Naturnachahmungen darstellten: So existieren eine Variations-Suite mit dem Titel *Rossignolo* sowie ein dreisätziges Stück mit den Satztiteln *Canzon Vber dass Henner, vnd Hannergeschrey – Capriccio vber das hennen Geschrey – Daß hannen Geschray* (beide wohl aus den 1670er Jahren).[36] Selbst seiner Lehrschrift für angehende Organisten, dem *Compendium* von 1676, ist am Ende eine Sammlung von Motiven beigegebenen, die Naturlaute und Alltagsgeräusche aufgreifen und der improvisierten oder komponierten kontrapunktischen Ausarbeitung dienen sollen.[37] Darunter befinden sich neben Nachtigall, Kuckuck und Hahn und Henne auch eine »Imitation von dem Canari Vogl«, Nachahmungen von Berufen (Schmiede, Binder, Kuhhirten) sowie menschliche Alltagsszenen (»Alter Weiber-Krieg am Wiennerischen Graben«, Glocken am Kirchtag oder ein Kinderwiegen).[38]

Es scheint denkbar, dass hier in der zweiten Hälfte des 17. Jahrhunderts das Interesse an den Klängen der Natur eben auch aus der genannten Frage nach dem Ursprung der Musik genährt wurde. Denn die für die entsprechenden Programme einschlägigen Gattungen des solistischen instrumentalen Musizierens sind eben dieselben, in denen unter den Bezeichnungen Fantasie oder Capriccio

34 Hg. von Jiři Sehnal. Graz 1976 (Denkmäler der Tonkunst in Österreich; 127).

35 Gedruckt in Mainz 1694. Ein Digitalisat des Druckes wird auf den Seiten der Sächsischen Landesbibliothek Dresden bereitgestellt.

36 Beide sind nur handschriftlich überliefert und ediert in: Wiener Klavier- und Orgelwerke aus der zweiten Hälfte des 17. Jahrhunderts. Hg. von Hugo Botstiber. Wien 1906 (Denkmäler der Tonkunst in Österreich; XIII, 2), S. 1–31 und 37–39 sowie in: Alessandro Poglietti: Composizioni per il cembalo. Hg. von Emilia Fadini. Mailand 1984. Zu *Rossignolo* siehe Rudolf Pečman: Volkstanzmotive in Pogliettis Suite »Rossignolo«. In: Eitelfriedrich Thom (Hg.): Tanz und Musik im ausgehenden 17. und im 18. Jahrhundert. Blankenburg 1993 (Studien zur Aufführungspraxis und Interpretation von Instrumentalmusik des 18. Jahrhunderts; 45), S. 112–118.

37 Vgl. Alessandro Poglietti: Compendium, oder, kurtzer Begriff, und Einführung zur Musica, sonderlich einem Organisten dienlich. Ms. Kremsmünster 1676. Reprint Stuttgart 2007 (Faksimile-Edition Kremsmünster; 5).

38 Ebd., S. 103–130. Zu einer Bestimmung des Verhältnisses von Poglietti und Kircher siehe Melanie Wald-Fuhrmann: Kircher in Wien: Einflüsse auf Theorie und Kompositionspraxis. In: Dies. (Hg.): Steinbruch oder Wissensgebäude? Zur Rezeption von Kirchers »Musurgia universalis« in Musiktheorie und Kompositionspraxis. Basel 2013 (Bibliotheca helvetica romana; 34), S. 107–129, besonders S. 110–115.

auch die Frage nach der individuellen Kreativität gestellt und immer wieder mit der Überschreitung von Konventionen zugunsten augenblickshafter, gleichsam naturhafter Inventio beantwortet wird.[39] Insofern wird in den entsprechenden Werken nicht nur die Distanz von Kunst und Natur vermessen, sondern auch von Objektivität und Subjektivität, Regel und Spontaneität, Konvention und affektiver Wahrhaftigkeit.

Rund einhundertfünfzig Jahre später machte Richard Wagner den Ursprung der Musik geradezu zum Hebel seines gesamten musikdramatischen Wirkens: Mit dem berühmten Beginn des *Rheingold* beginnt auch die Musik noch einmal ganz neu, und sie beginnt aus dem Naturlaut, dem Wogen des Wassers – Elementarischer ließe es sich kaum denken –, musikalisch dargestellt durch die langsame, geradezu evolutive Entfaltung sämtlicher musikalischer Parameter von der Naturtonreihe über die verschiedenen Dauernwerte bis hin zum Tonraum und orchestralen Klangfarbenspektrum.[40] Als elementar wären auch die Luft- und Feuerszenen im *Ring des Nibelungen* zu nennen, also etwa das Gewitter am Ende des *Rheingold*, der Sturm und die Waberlohe in der *Walküre*. Das Waldweben mit dem Gesang des Waldvögleins im *Siegfried* exponiert dann schon die weiter entwickelte Natur. Und mit Hundings und Siegfrieds Hörnern verfolgt Wagner diese evolutionäre Linie bis hin zu urtümlichen Naturinstrumenten und deren Einsatz bei der Jagd. Hirtenmusik auf einer als Imitation der Schalmei fungierenden Oboe gibt es dann in *Tristan und Isolde*, ebenso wie eine weitere – enorm stilisierte und gebrochene – Jagdmusik und ein Seemannslied.[41]

Das Weltenepos, das Wagner mit dem *Ring* entwarf, war für ihn untrennbar verbunden mit einer völlig neuen Idee von Musik, Musiktheater und musikalischer Semantik.[42] Damit einher ging nun aber auch eine Art Nacherzählung der musikalischen Evolution in Tönen. Die Natur- und Urmusiken, die sich in Wagners Musikdramen immer wieder finden, sind damit gleichermaßen eine Illustration der Handlung wie die Legitimation des ästhetischen Bruches. Einmal mehr wird hier die Besinnung auf die vormusikalischen Klänge, auf den Ursprung der Musik aus der Natur zum Ansatzpunkt einer kompositionsgeschichtlichen Re-

39 Zur Gattungsgeschichte siehe Dagmar Teepe: Die Entwicklung der Fantasie für Tasteninstrument im 16. und 17. Jahrhundert. Gattungsgeschichtliche Studie. Kassel u. a. 1988 (Kieler Schriften zur Musikwissenschaft; 36).

40 Zur Bedeutung dieses Vorspiels in Wagners Schaffen siehe u. a. Eva Martina Hanke: Wagner in Zürich. Individuum und Lebenswelt. Kassel u. a. 2007 (Schweizer Beiträge zur Musikforschung; 9).

41 Zu diesem Aspekt am Beispiel des *Tristan* vgl. ausführlich Wolfgang Fuhrmann und Melanie Wald: Ahnung und Erinnerung. Die Dramaturgie der Leitmotive bei Richard Wagner. Kassel u. a. 2013, S. 119–127.

42 Siehe hierzu grundlegend Carl Dahlhaus: Wagners Konzeption des musikalischen Dramas. Regensburg 1971. Neuauflage München 1990.

volution. An ihrem Ende steht die Utopie eines die Grenzen von Raum und Zeit sprengenden, mythisch-welthaltigen Gesamtkunstwerks.

5 Jahreszeitendarstellungen zwischen aufgeklärter Naturbeherrschung und Versöhnungsutopie

Ähnlich enzyklopädisch wie Janequin widmete sich Antonio Vivaldi in seinem Jahreszeiten-Zyklus den Inspirationen von Alltagsgeräusch und Naturlaut. Die vier »concerti figurati«, gedruckt 1725 in seinem op. 8,[43] portraitieren die Jahreszeiten nämlich bevorzugt mittels der für sie charakteristischen akustischen Erscheinungen. Griff Janequin noch auf einen Gesangstext zurück, der die entsprechenden Nachahmungen aus sich heraustrieb, ist die narrative Komponente bei Vivaldi in den Paratext eines die Programmatik eines jeden Konzerts anführenden Sonetts ausgelagert.[44] Die Sonette evozieren einerseits eine für jede Jahreszeit typisch Empfindungslage, andererseits reihen sie Szenen und Bilder, die sich akustisch abbilden lassen.

So stehen vor dem Eröffnungssatz der *Primavera* beispielsweise die beiden folgenden Quartette:

> Giunt' è la Primavera e festosetti
> La Salutan gl'Augei con lieto canto,
> E i fonti allo Spirar de' Zeffiretti
> Con dolce mormorio Scorrono intanto:
> Vengon' coprendo l'aer di nero amanto
> E Lampi, e tuoni ad annuntiarla eletti
> Indi tacendo questi, gl'Augelletti;
> Tornan' di nuovo al lor canoro incanto:

Das ist zwar einerseits eine frühlingshafte Szenenfolge: Naturidylle mit Vögeln und Quellen, Frühlingsgewitter, neuerlicher Vogelgesang, zugleich aber auch eine Ansammlung von akustischen Signalwörtern bzw. akustischen Handlungen: begrüßen, singen, hauchen, murmeln, donnern, schweigen. Solche Klangevokationen bestimmen auch die anderen Sonette: An Naturgeräuschen – die bei Janequin noch keine Rolle spielten – werden außer dem Säuseln der Winde, dem

43 In derselben Sammlung erschienen auch die ebenfalls programmatischen Konzert *La tempesta di mare*, *Il piacere* sowie *La caccia*. Zu den *Jahreszeiten* siehe die Darstellungen von Werner Braun: Antonio Vivaldi. Concerti grossi op. 8, Nr. 1–4: Die Jahreszeiten. München 1975 sowie Bernhard Moosbauer: Antonio Vivaldi. Die Vier Jahreszeiten. Kassel u. a. 2010.

44 Der Dichter wird nicht genannt. Die Forschung nimmt eine Autorschaft Vivaldis an.

Donner und dem Murmeln von Bächen auch Blätterrascheln, Sturm, das Trommeln von Regen sowie das Klirren und Zittern der Kälte genannt. Zum generalisierten Vogelgesang treten einzeln genannt Kuckuck, Turteltaube und Stieglitz hinzu, das Surren der Mücken und das Bellen von Hunden. Aus der menschlichen Sphäre stammen dann das Singen und Tanzen der ländlichen Bevölkerung, der Klang von Jagdhörnern und Flinten sowie Weinen und Zittern.

Gerade das Murmeln und Säuseln von Bächen, Laub und Winden sind zwar wie erwähnt Topoi der damals dominierenden Dichtungsästhetik; doch innerhalb eines streng regulierten instrumentalmusikalischen Rahmens stellen solche direkten und miteinander verzahnten Referenzen auf Natur- und Alltagsklänge ein erregendes Novum dar.

Dass Vivaldi sich dessen bewusst war, zeigt der Gesamttitel seines op. 8: *Il cimento dell'armonia e dell'inventione*. Das dürfte zweifelsohne als ein ästhetisches Programm gemeint sein. Der Komponist versucht hier, Phantasie und Erfindungskraft (inventio) mit den noch immer mathematisch begründeten Regeln der Kunst (harmonia) in einen produktiven Konflikt (cimento) zu verwickeln. Dabei bilden das Dur-Moll-System sowie die weitgehend von Vivaldi selbst entwickelte Ritornellform für die Ecksätze das regulierende Fundament der Konzerte. Die Programme bzw. die in ihnen enthaltenen Erfindungskerne initiieren die inventio.

Die Kollision ergibt sich nun dadurch, dass die Ritornellform mit ihrer rein architektonischen Formidee – abschnittsweiser Wechsel von Orchesterpassagen mit dem Hauptthema und virtuosen, das Hauptthema ausschmückenden oder neues motivisches Material exponierenden Solopassagen – eine denkbar abstrakte und insofern beliebige und semantisch absolut neutrale Schablone ist, die Sonette aber konkrete, individuelle Stimmungen, Szenen und Ereignisfolgen suggerieren. Darüber hinaus stellen gerade die klangmimetischen Momente eine besondere Herausforderung dar, sind doch die Geräusche der unbelebten Natur im diatonisch-chromatischen Tonsystem eigentlich nicht abzubilden.

Vivaldi stellt sich den Herausforderungen auf allen Ebenen der Komposition:[45] So trimmt er die Ritornellform nachdrücklich darauf, Ereignisfolgen und Szenenwechsel repräsentieren zu können. Die Orchestertutti mit dem Hauptthema gestaltet er gleichsam als Motti bzw. Hauptstimmung des jeweiligen Satzes, die Solopassagen werden zu den Episoden. Im Herbst beispielsweise gilt das Hauptthema des ersten Satzes dem ausgelassenen Erntefest der Bauern (»Ballo, e Canto de' Villanelli«, so die Partitureintragung), während die Solopassagen wie in einer Nahaufnahme den zunehmenden Rausch einzelner Feiernder protokollieren. Der

45 Den folgenden Analysen liegt die bei Bärenreiter erschienene Studienpartitur der *Jahreszeiten* zugrunde. Hg. von Christopher Hogwood. Kassel u. a. 2002 [²2006] (TP 399).

formsynchrone Wechsel zwischen Gesamtszene und Detail, Gruppe und Individuum ist eine der ebenso originellen wie adäquaten semantischen Konkretisierungen der Ritornellform, die Vivaldi in seinen programmatischen Konzerten häufiger angewendet. Im Finale des Herbstes beispielsweise schlüpft die Solo-Violine regelmäßig in die Rolle des fliehenden Wildes.

Die motivisch und harmonisch geradezu karikiert schlichte Gestaltung des Hauptthemas im ersten Satz des Herbstes – das Thema besteht über weite Strecken nur aus der Abwechslung zweier benachbarter Töne, es kommen nur stampfende, homophon vorgetragene Viertel als rhythmische Werte vor, statt der barocktypischen Fortspinnung wird einfach eine Oktave tiefer und im piano wiederholt, die Harmonik kennt kaum andere Stufen als Tonika und Dominante – ist ein programmatisch motivierter Verstoß gegen die Konventionen dieser städtisch-höfischen Gattung und wohl auch als augenzwinkernde Vorführung sozialer Distinktion gemeint.

Die Solopassagen, die den »Ubriacho« vor Ohren führen, erfüllen äußerlich die Klischees virtuosen solistischen Musizierens: gebrochene Akkorde in kleinen Notenwerten, schnelle Läufe, scheinbar improvisiertes Wechseln der Einfälle, chromatische Ausweitungen. Die Reihenfolge und konkrete Art der Effekte, die Vivaldi hier vorgibt, lassen das sonst absichtslose virtuose Brillieren hier ganz in den Dienst der Programmatik gestellt erscheinen: So tritt der erste abrupte Wechsel der Spielfiguren in T. 36 ein. Die Violine spielt über einer Quintfallsequenz im Bass sekundweise absteigende Skalen, kümmert sich aber nicht mehr um die harmonische Einrichtung, so dass auch dissonante Tonfolgen entstehen. Dann klingt wie von fern herübergeweht das Anfangsmotiv des Tanzliedes herüber, worauf die Violine in Triolenketten aufwärts steigt, womit sich die kohärente Struktur endgültig auflöst. Zusammenhanglos folgen Skalen und Sequenzen; alles ist gegenüber einem ›normalen‹ Konzertsatz etwas übertrieben.

Die inventio überschreitet hier also die rein musikalischen Konventionen, legitimiert diesen Regelverstoß aber und federt ihn eben durch die mimetische Absicht ab. Ohne diese schließlich wäre ein Satz wie der erste von *L'inverno* nicht einmal denkbar: Die sich taktweise in den Streichern aufbauende Kette aus repetierten Achteln wird einzig durch den – freilich sehr langsamen – harmonischen Wechsel und durch die Geräuschebene bewegt, die durch die Triller auf jedem Ton entsteht. Wie Triller sowieso stets einen gewissen Geräuschanteil mit sich bringen, ist dieser Effekt hier durch die beständige Wiederholung und die Überlagerung von drei, teilweise vier verschiedenen Trillergrundtönen enorm verstärkt und zum Prinzip des Satzes erhoben. In den Trillern überlagen sich semantisch das Zittern der Menschen – gestisch reproduziert in den Bewegungen der Musiker – und seine witterungsbedingte Ursache, das Klirren der Kälte – als ein durch den Triller repräsentiertes akustisches Phänomen.

Die Welt, die Vivaldi hier in die Musik holt, ist in so vielen ihrer akustischen Seinsweisen aufbereitet wie bei keinem seiner Vorgänger, und immer wieder streift er dabei bereits die Grenze zwischen ikonischer und symbolischer Repräsentation, verbindet Lautmalerei und Empfindungsdarstellung und nimmt damit kompositorisch die am Ende des Jahrhunderts unter dem Stichwort der »musikalischen Malerei« geführte ästhetische Debatte vorweg.[46] Dennoch ist es eine zuallererst durch das domestizierende und beherrschende Auge des Menschen gesehene Natur, eine jahreszeitlich, lebensweltlich und sozial geordnete Natur, in der alles seinen Platz hat, die der Mensch vorhersehen kann und über die er verfügt.

Beide Aspekte, die enzyklopädisch-geordnete musikalische Naturdarstellung und die durchaus kontrovers geführte Debatte um die Legitimität solcher weitgehenden Nachahmung – und den Status der Musik als Ausdrucks- und nicht Nachahmungskunst – sind auch für Joseph Haydns zwei späte Oratorien, *Die Schöpfung* und *Die Jahreszeiten* einschlägig.[47] Für jedes Geschöpf, von dessen Schaffung es zu berichten gilt, findet Haydn zunächst ein musikalisches Motiv, wobei er die gesamte semiotische Palette von Ikon, Index und Symbol ausschöpft – und damit eben nicht nur »malt«. In den *Jahreszeiten* sind es die saisonalen Witterungsphänomene, menschlichen Handlungen und Empfindungen, die es musikalisch zu repräsentieren gilt.[48] Das summiert sich dann zu nicht weniger als einer Evokation einer gesellschaftlichen Ordnung aus der Welt- und Naturordnung heraus, zur postrevolutionären Beschwörung moderat aufgeklärter Weltsicht und eines Lebens im Einklang mit der Natur.[49]

Musikalisch revolutionär ist Haydn, dem es mit diesen Werken nicht zuletzt darum ging, seinen Nachruhm zu sichern, nicht. Ihm geht es um Ordnung, um eine rationale Zeichenstruktur der Musik und – um Welthaltigkeit. Fast scheint es,

---

46 Der einschlägigste Originaltext dafür ist Johann Jakob Engel: Ueber musikalische Malerey. In: Cramers Magazin der Musik. Berlin 1780. Auf die hier geführte Diskussion bezieht sich auch Beethovens Erläuterung zu seiner *Pastorale*: »Mehr Ausdruck der Empfindung als Malerei« (siehe dazu Walter Serauky: Die musikalische Nachahmungsästhetik im Zeitraum von 1700 bis 1850. Münster 1929 und Laurenz Lütteken: Das Monologische als Denkform in der Musik zwischen 1760 und 1785. Tübingen 1998, S. 192–208).

47 Zur Kritik an den wahren und vermeintlichen Tonmalereien bei Haydn vgl. Georg Feder: Die Jahreszeiten nach Thomson, in Musik gesetzt von Joseph Haydn. In: Rainer Cadenbach, Helmut Loos (Hg.): Beiträge zur Geschichte des Oratoriums seit Händel. Festschrift Günther Massenkeil. Bonn 1986, S. 185–201, v. a. S. 192–199.

48 Zur eminenten Bedeutung der Jahreszeiten in der Kunst des 18. Jahrhunderts siehe Herbert Zeman (Hg.): Die Jahreszeiten in Dichtung, Musik und bildender Kunst. Graz, Wien, Köln 1989.

49 Vgl. hierzu Wolfgang Fuhrmann: Die Ordnung der Idylle. Haydns späte Oratorien. In: Jahrbuch des Staatlichen Instituts für Musikforschung Preußischer Kulturbesitz 2010, S. 169–195, v. a. S. 190–194 (zu den mimetischen Aspekten der Werke).

als sollte die Opposition von Natur und Kunst hier vor dem übergeordneten Gedanken des von Gott in die Naturordnung gestellten Menschen aufgehoben werden.

Ähnliches gilt schließlich auch von einem vergleichbaren liebevoll und sanft melancholischen Alterswerk, Leoš Janáčeks Oper *Das schlaue Füchslein* (komponiert 1921 bis 1923). Nicht nur, weil der Wald und die wilden wie domestizierten Tiere hier eine beinahe noch größere Rolle als das Dorf und seine Menschen spielen, sind Tier- und Naturlaute in den Orchestermotiven auf eine überwältigende Weise omnipräsent. Noch einmal dekliniert Janáček die ganze Reihe musikalischer Natur- und Tierdarstellungen durch, wenn er in einem Chor die Stimmen des Waldes, daneben Hennen und Hahn, Hund, verschiedene Vögel und Insekten auftreten lässt. In erster Linie ging es dem Naturfreund Janáček – der sich wie später Olivier Messiaen selbst in die Natur begab, um authentische Klänge, Motive und Melodien einzufangen – indes um die Darstellung des Jahres- und Lebenszyklus, in den Mensch und Natur gleichermaßen eingebunden sind, um die Idee, dass der Mensch ein Teil der Natur ist.

Dabei entwickelt auch er einmal mehr eine neue musikalische Sprache aus der Naturnachahmung heraus – im Zentrum seiner Motivbildung in den Gesangsparts stehen die sogenannten Sprechmelodien,[50] die möglichst originale Umsetzungen des affektiven Sprechens in distinkte Tonhöhen sein sollen, inspiriert aus dem Volkslied, und hier auf die Natur- und Tierlaute übertragen werden, sie dienen aber auch als Bausteine der Formbildung –, doch wichtiger als das poetologische und ästhetische Moment scheint nun die kompositorisch beschworene Wiederannäherung von Natur und Kunst. Es ist eine sentimentalische Utopie, gewonnen aus den Erfahrungen der beginnenden Moderne. Doch in ihrer Grundhaltung, der Faszination für die Naturklänge und der Überzeugung davon, dass Natur- und Menschenmusik in eins fließen können, berührt sie sich eng mit dem Mythos von der Zikade und dem Leierspieler. Das aktuellste Kapitel in dieser Denk- und Kompositionsgeschichte hat der Komponist und Musikphilosoph David Rothenberg mit seinem Buch *Bug Music: How Insects gave us Rhythm and Noise* geschrieben, dessen erstes Kapitel sich den Zikaden widmet. Bücher und Musikprojekte zur Musik von Vögeln und Walen waren vorausgegangen.[51]

---

50 Zu diesem Kompositionsprinzip vgl. Markéta Stefkova: Das ›Prinzip der Sprechmelodie‹ Leoš Janáčeks. Die Theorie des mährischen Volksliedes und ihre Auswirkungen auf Janáčeks kompositorische Praxis. In: Musiktheorie 18 (2003), S. 142–168.

51 Vgl. David Rothenberg: Bug Music. How Insects gave us Rhythm and Noise. New York 2013 und D. R.: Why Birds sing. A Journey into the Mystery of Bird Song. New York 2005 (deutsche Ausgabe u. d. T. Warum Vögel singen. Eine musikalische Spurensuche. Heidelberg 2007). Eine CD mit dem gleichen Titel erschien 2005 bei Terra Nova Music Newark.

Teil III: **Klang und Literarästhetik**

Sibylle Baumbach

»Such sweet thunder«

Harmonische Verstimmungen in Shakespeares dramatischen Klangwelten

»I never heard | So musical a discord, such sweet thunder«:[1] Als wohlklingende Dissonanz und süßer Donner beschreibt die von Theseus bezwungene Amazonenkönigin Hippolyta den Klang der Natur, der Herkules' und Cadmus' erfolgreiche Bärenhatz in den Wäldern von Kreta kommentierte. Der in der Jagd zur Schau gestellte Gewaltakt, in dem der Mensch seine Macht über die Tierwelt demonstriert, gibt den Auftakt zu einem höchst ungewöhnlichen ästhetischen Erlebnis, in dem der Aufschrei vereinter natürlicher Kräfte in Hippolytas Entzücken über die scheinbar paradoxale Klangfarbe verhallt.

> Never did I hear
> Such gallant chiding; for besides the groves,
> The skies, the fountains, every region near
> Seemed all one mutual cry. I never heard
> So musical a discord, such sweet thunder. (*A Midsummer Night's Dream* 4.1.111–115)

Die zweifache oxymorische Verbindung unterstreicht nicht nur die *concordia discors*, die als gestalterisches Prinzip für viele von Shakespares Stücken, vor allem aber für *A Midsummer Night's Dream*, grundlegend ist:[2] sie verweist auch auf die Konstellation des ungleichen Liebespaares, dessen Verbindung aus eben diesem Spannungsfeld von Harmonie und Disharmonie erwächst. Der geplanten Hochzeit von Theseus und Hippolyta geht die Bezwingung der Amazonenkönigin und die Bändigung ihrer Macht voraus. Bemüht seiner künftigen Gattin einen neuen Ohrenschmaus zu bereiten, der der ihrer Erinnerung in nichts nachsteht, verspricht Theseus ihr ein ähnliches Klangspiel bei der anstehenden Jagd zu bieten. Dort allerdings wird das Prinzip der *concordia discors* nicht gewahrt: »mark

---

1 William Shakespeare: A Midsummer Night's Dream, 4.1.114–115. Alle Zitate aus Shakespeares Dramen folgen The Norton Shakespeare. Hg. von Stephen Greenblatt, Walter Cohen, Jean E Howard. New York, London 1997.

2 Die Harmonie der Disharmonie und die angenehme Zusammenführung von (scheinbar) dissonanten Klängen, die Misstöne überspielen, ohne jedoch über sie hinwegzutäuschen, lassen sich in Shakespeares Stücken entweder explizit oder implizit häufig nachzeichnen (vgl. Christopher R. Wilson, Michaela Calore: Music in Shakespeare. A Dictionary. London, New York 2005, S. 137–139 [›discord‹]).

the musical confusion | Of hounds and echo in conjunction« (4.1.107 f.). Das Hundegebell vermengt sich mit dem Echo der Berge in einem Spiel von Verwirrung und Verbindung, das in seinem Fokus auf letzerem die Zuschauer oder eher: die Zuhörer zugleich auf ein (scheinbar) harmonisches Ende einstimmt – ein Ende, das die entzweiten Liebespaare Hermia und Lysander sowie Helena und Demetrius zusammenführt und auch die Feenkönigin Titania mit Oberon Frieden schließen lässt, der durch Gesang und Tanz besiegelt wird (vgl. 5.1.345). Vor allem in dem aristokratischen Paar der Feenwelt, das sich zahlreiche Machtspielchen liefert und mit seiner Zänkerei die Natur gehörig durcheinanderbringt (vgl. 2.1.93–117), entlädt sich der ›süße Donner‹ des Stücks insoweit als ihr Disput – wie zumeist auf Shakespeares Bühne – in wohlklingenden Versen ausgetragen wird. Die »musical confusion«, das tonale Durcheinander, auf das Theseus in der eingangs zitierten Szene anspielt, wird schließlich in eine künstlerische Ordnung überführt, die auf der Bühne – im Gegensatz zu den von Hippolyta und Theseus beschriebenen Klangwelten – hör- und sichtbar dargestellt wird.

Es ist nicht allein deren Absenz, die die eingangs beschriebenen Klangwelten zum Faszinosum stilisieren, sondern vor allem die Kombination kontrastiver Stimuli, die sowohl Wohl- als auch Missklang evozieren und ebenso anziehend wie abstoßend wirken, die die Faszination dieser Klänge ausmacht.[3] Wenngleich die Jagd für Hippolyta und Theseus nichts Ungewöhnliches darstellt, lässt sich das besondere Klangerlebnis als etwas fassen, das »ästhetisch radikal von der *Norm* abweich[t]«[4] und als solches Faszination auslösen kann. Das eigentliche Klangerlebnis bleibt zudem dem Publikum verwehrt. In seiner Absenz schürt es nicht nur das Verlangen nach einem ästhetischen Erlebnis dieser Art, sondern sensibilisiert die Zuschauer zugleich für disharmonische Verbindungen, die auf der Bühne tatsächlich umgesetzt werden. Ohne an dieser Stelle auf die Debatte zur Dominanz visueller oder auditiver Stimuli in Shakespeares Theater näher einzugehen,[5] zeigt sich hier die zentrale Rolle der in den Stücken evozierten Klangwelten für die Konstruktion und Konstellation von Charakteren, die individuell und im Verbund als Klang- und Resonanzkörper fungieren.

Es ist das komplexe Zusammenspiel von stillen, lediglich evozierten Klangwelten, auf die von Charakteren verwiesen wird, von Gesang und Instrumentalmusik, die in die Aufführung integriert war, und von Klangfarben, die über die

3 Zur Ästhetik der Faszination siehe Hans-Ulrich Seeber: Ästhetik der Faszination? Überlegungen und Beispiele. In: Anglia 128 (2010), S. 197–224 und Sibylle Baumbach: Medusa's Gaze and the Aesthetics of Fascination. In: Ebd., S. 225–245.

4 Hans-Ulrich Seeber: Literarische Faszination in England um 1900. Heidelberg 2012, S. 17.

5 Siehe hierzu v. a. Andrew Gurr: Hearers and Beholders in Shakespearean Drama. In: Essays in Theatre 3 (1984), S. 30–45.

Poesie der Sprache einerseits und die Stimmen der Figuren andererseits enstehen, das das Faszinosum Klang auf Shakespeares Bühne ausmacht und im Folgenden näher analysiert werden soll. Hierbei wird ein Schwerpunkt auf der Rolle diskordanter Verbindungen liegen. Diese klanglichen Besonderheiten oder Störungen erfüllen in Shakespeares Dramen unterschiedliche Funktionen: Zum einen bietet die Abweichung von wohlklingenden Klangwelten eine Möglichkeit, sich in frühneuzeitliche Musikdiskurse nicht nur einzuschalten, sondern auch eine Distanz zu ihnen herzustellen, die eine kritische Reflexion erlaubt, um etwa die Klangprinzipien einzelner Instrumente oder Klangkörper miteinander zu vergleichen – etwa Streich- und Blasinstrumente gegeneinander auszuspielen[6] – oder zeitgenössische Debatten zur ambivalenten Wirkung von Musik auf der Bühne (kritisch) zu beleuchten. Zum anderen lenken die vermeintlichen Missklänge die Aufmerksamkeit der Zuschauer und Zuhörer, der *audience*, auf bestimmte Situationen und Charaktere, die auf diese Weise ins Zentrum des Geschehens rücken.

So auch in der eingangs zitierten Szene: An die Stelle des besonderen Klangerlebnisses, das Theseus im Einklang mit Hippolyta verbal ausmalt, tritt ein Bild der von ihm heraufbeschworenen Konkordanz in den nebeneinander friedlich schlummernden RivalInnen Lysander und Demetrius, Hermia und Helena – ein Anblick, den Theseus als »gentle concord« (4.1.140) beschreibt. Fraglich bleibt, inwieweit diese Eintracht am Ende des Stücks erhalten bleibt. Wenn Theseus angesichts des missglückten Spiels der Handwerker schließlich erneut die Frage aufwirft, »How shall we find the concord of this discord?« (5.1.60), so wird hiermit die dramaturgische Notwendigkeit der *concordia discors*, die speziell im *Sommernachtstraum* den Ton angibt, bestärkt. Nicht zuletzt mündet das Stück in dem Bild einer hissenden Schlange, der Puck zu entfliehen versucht – mithilfe eines süßen Donners, den er in dem erlösenden Beifall der Zuschauer zu suchen scheint:

> Now to 'scape the serpent's tongue,
> We will make amends ere long, [...]
> Give me your hands, if we be friends,
> And Robin shall restore amends. (*A Midsummer Night's Dream*, Epilog 11–16)

Die Faszination, die Shakespeares Klangwelten zugrunde liegt, speist sich nicht primär aus harmonischen Verbindungen, sondern liegt in einem Spannungsverhältnis, in dem divergierende Klangfarben und -körper miteinander gekoppelt werden. So gerät auch in *A Midsummer Night's Dream* die scheinbare Ordnung im Verlauf des Stücks aus den Fugen. Mit dem Eintritt in die ›green world‹ beginnt

6 Vgl. Christopher R. Wilson: Shakespeare's »Fair Viols, Sweet Lutes, and Rude Pipes« as Symbolic Musics. In: Lute News 48 (1998), S. 7–12.

die Konfusion, auf die Hippolyta und Theseus in ihren Klangbildern verweisen. Bevor jedoch der Kobold Puck mit der magischen Blume zirkuliert und Verwirrung stiftet, regierte in den Wäldern der Zauber der (reinen) Musik. Es ist kein Zufall, dass gerade in diesem Stück, in dem die Magie das Zepter in der Hand hält, die Musik eng mit dem Phänomen der (Liebes-) Faszination verbunden ist. Die Faszinationskraft (*fascinare* – ›behexen‹, ›verzaubern‹) wird in erster Linie einer Blume, »love-in-idleness« (2.1.168) beziehungsweise deren magischen Saft zugeschrieben, der, eingeträufelt in die Augen eines Menschen, diesen in unsterbliche Liebe verfallen lässt zu dem Lebewesen, das sie oder er als erstes erblickt.[7] Wie Oberon berichtet, erhielt die Blume ihre Zauberkraft in einer Nacht, die von den betörenden Gesängen einer Meerjungfrau durchzogen war, die selbst die Gestirne in ihren Bann zogen:

> I [...] heard a mermaid on a dolphin's back
> Uttering such dulcet and harmonious breath
> That the rude sea grew civil at her song
> And certain stars shot madly from their spheres
> To hear the sea-maid's music[.] (2.1.149–154)

Die durch Musik erzeugte übernatürliche Anziehungskraft bereitet Cupids Auftritt vor. Laut Oberon befand sich dieser auf der Jagd nach dem Herzen einer Jungfrau, als er sein Ziel verfehlte und sein verirrter Pfeil »love-in-idleness« ihre magische Kraft verlieh. In Gestalt der Blume wird die verzaubernde Kraft der Liebe ebenso wie die der Musik zum Instrument der *concordia discors* umfunktioniert, das dazu dient bestehende Ordnungen zu unterlaufen und Einheit im Uneinheitlichen herzustellen.

In *A Midsummer Night's Dream* wie auch in anderen Stücken Shakespeares fußt das Faszinosum Klang vor allem auf der Verbindung von Gegensätzen, von unterschiedlichen Klängen und Klangkörpern, die miteinander in Konflikt geraten, wobei der Begriff der Klangkörper sich nicht in erster Linie auf die Instrumente bezieht, sondern vielmehr auf die Charaktere. Auf einer Bühne, die nur männliche Schauspieler duldete, jedoch zahlreichen Frauenrollen Platz bot, hatten die *dramatis personae* nicht zuletzt als Klangkörper eine besondere Bedeutung, wie Cleopatras gefürchtete Vision des »squeaking Cleopatra boy» (*Antony and Cleopatra* 5.2.216) bestätigt. Diese Verstimmungen, die oft zu produktiven Störungen werden und wesentlich zur Faszination des Klangs in Shakespeares Dramen beitragen, wird der folgende Beitrag untersuchen. Hierfür wird zunächst

---

7 Siehe Sibylle Baumbach: Voice, Face, and Fascination: The Art of Physiognomy in *A Midsummer Night's Dream*. In: Shakespeare Survey 65 (2012), S. 77–91.

die Rolle der Musik in Shakespeares Werken skizziert, bevor Klangfarben und -körper sowie deren (Ver-) Stimmungen in ausgewählten Stücken analyisert werden. Da historisierende Studien zur musikalischen Untermalung von Aufführungen von Shakespeares Werken und zu den dort verwendeten Instrumenten sowie zur Musikgeschichte der Dramen, deren Adapationen und Rezeptionen bereits vorliegen,[8] konzentriert sich dieser Beitrag vor allem auf Figuren, die als ›verstimmte‹ Klangkörper[9] in den Dramen auftreten, und eröffnet hiermit neue Perspektiven auf die unterschiedlichen Klangwelten, die über die vielfältigen Instrumentarien des Theaters – die Charaktere, die Zuschauer, aber auch den Theaterraum – sowie deren Interaktion im ›Globe‹ konstruiert werden.

1 Shakespeares multiple Klangwelten

Musik spielt eine wesentliche Rolle in Shakespeares Dramen. Zahlreiche Stücke des ›Barden von Avon‹ enthalten Lieder, die nicht nur – ebenso wie die Erwähnung von Instrumenten in den Stücken – auf ein kleines instrumentales Ensemble in Shakespeares Theater verweisen, das das Spiel der Akteure musisch untermalte,[10] sondern auch einen ersten Einstieg in die vielschichtigen Klangwelten der Dramen bieten. Letztere gaben den Auftakt für zahlreiche Adaptionen und Appropriationen, sei es, dass einzelne Lieder aus den Stücken entkoppelt und eigenständig rezipiert wurden, wie etwa »Under the greenwood tree« und »It was a lover and his lass« aus *As You Like It*, das Lied des Frühlings (»When daisies pied«) und des Winters (»When icicles hang by the wall«) aus *Love's Labour's Lost* oder Festes »Come away Death« aus *Twelfth Night*, sei es dass teils vollständige Dramen in die Musikwelt überführt wurden, wo sie als Opern (Giuseppe Verdis *Othello*), Ouvertüre (Pyotr Tschaikowskys *Romeo und Julia*), klassische Symphonie (Felix Mendelssohns *A Midsummer Night's Dream*) und als Musical

---

8 Vgl. Gerard Brender à Brandis, David Hoeniger: Concord of Sweet Sounds. Musical Instruments in Shakespeare. Erin 2009 und Wes Folkerth: The Sound of Shakespeare. New York, London 2002. Eine Aufstellung von musikalischen Stücken zwischen dem 17. Jahrhundert und 1989, denen Shakespeares Werke zugrunde liegen, findet sich in: Bryan Gooch, David Thatcher (Hg.): A Shakespeare Music Catalogue. 5 Bde. Oxford 1991.

9 Diese Perspektive bietet sich nicht zuletzt deshalb an, weil in den Dramen Musik auch als Körper beschrieben wird, wie etwa in *Cymbeline* (2.3.10–13). Siehe auch Joseph M. Ortiz: Broken Harmony. Shakespeare and the Politics of Music. Ithaca, London 2011, S. 157.

10 Siehe hierzu John H. Long: Shakespeare's Use of Music. 3 Bde. Gainesville 1961–1971, hier Bd. 1 und 3.

(Leonard Bernsteins *West Side Story*) adaptiert ein reichhaltiges Nachleben genossen.[11]

Die breite Rezeption von Shakespeares Werken in der Musik ist nicht allein auf die enge Affinität zwischen Musik und Dichtung zurückzuführen, die in der frühen Neuzeit ein Allgemeinplatz und in sämtlichen Handbüchern zur Dichtung zu finden war (so gibt George Puttenham etwa den Auftakt zu seiner *Arte of English Poesie* mit der Bemerkung, dass Dichtung musische Sprache sei).[12] Vielmehr ist es die Vielschichtigkeit der in den einzelnen Dramen eröffneten Klangwelten, die das Faszinosum Klang auf Shakespeares Bühne ausmacht.

Zunächst bieten die in die Stücke integrierten Lieder und musikalisch unterlegten Maskenspiele sowie die poetische Sprache ideale Vorlagen für musische Adaptionen. Vor allem in den *festive comedies* findet sich Musik in Gesang und Tanz vielfältig umgesetzt, um zum einen das Publikum zu unterhalten und die Liebesthematik klanglich zu untermalen und zum anderen vor allem im letzten Akt Ausgelassenheit und Harmonie zu suggerieren.[13] Diese musikalische Qualität ist nicht auf die Komödien beschränkt, sondern findet sich auch in den Tragödien und Historien, wenngleich die Art und Weise, in der Musik in den Dramen eingesetzt wird, durchaus Hinweise auf das spezifische Genre geben kann: So finden sich in den Tragödien zumeist Teile von Balladen oder traditionelle, volkstümliche Gesänge, während in den Komödien eher Kunstlieder und das Flötenspiel integriert sind. Die Tragödien scheinen zudem Musik als Medium zur Kommunikation innerer Konflikte einzusetzen, wogegen die Historien sie primär zur Untermalung von Festlichkeiten und öffentlichen Auftritten nutzen.[14] Einige Dramen scheinen für eine musische ›Karriere‹ geradezu bestimmt, wie *Othello* – ein Stück, dessen Versen eine besonders hohe klangliche Qualität zugesprochen wurde, folgt man etwa George Bernard Shaw:

> the truth is that instead of Otello being an Italian opera written in the style of Shakespear, Othello is a play written by Shakespear in the style of Italian opera. ... Desdemona is a prima donna, with ... vocal solo all complete ... Othello's transports are conveyed by a magnificent but senseless music which rages from the Propontick to the Hellespont in an orgy of thundering sound and bounding rhtythm; ... With such a libretto, Verdi was quite at home.[15]

---

11 Siehe Julie Sanders: Shakespeare and Music. Afterlives and Borrowings. Cambridge, Malden 2007.

12 George Puttenham: The Arte of English Poesy (1589). Hg. von Frank Whigham und Wayne A. Rebhorn. Ithaca 2007, S. 98.

13 Vgl. François Laroque: Shakespeare's Festive Comedies. In: Richard Dutton, Jean E. Howard (Hg.): A Companion to Shakespeare's Works. Bd. 3. Malden, Oxford 2003, S. 23–46, hier S. 43.

14 Vgl. Long (Anm. 10). Bd. 1, S. 267 f.

15 Edwin Wilson (Hg.): Shaw on Shakespeare. An Anthology of Bernard Shaw's Writings on the Plays and Production of Shakespeare. New York 1961, S. 174.

Die besondere Klangqualität der Dramen wurde durch deren Aufführung im 1599 errichteten Globe-Theater weiter befördert. Mit seinen verschiedenen von Holzbalken und -stützen gehaltenen Ebenen bot das Globe rein architektonisch einen idealen Resonanzkörper.[16] Das »wooden O«, wie das Globe im Prolog (v. 13) zu *Henry V* genannt wird, eröffnete nicht nur eine Arena, in der die Produktion, Kommunikation und Perzeption von Klängen dargestellt werden konnte, sondern fungierte gewissermaßen selbst als Klangkörper, in dem die Mechanismen der Theaterwelt, des Welttheaters und des menschlichen Geistes zusammenlaufen und sichtbar beziehungsweise hörbar gemacht werden: »this distracted globe« (*Hamlet* 1.5.97), die kleine und große sowie die mentale (Welt-)Bühne, auf die Prinz Hamlet verweist, als er darüber reflektiert, welchen Platz *memoria* in diesem Rundbau eingenommen hat, wird zur Spielwiese, auf der unterschiedliche klangliche Variationen und Wirkmechanismen von Musik erprobt werden können. Die unterschiedlichen Formen, in denen Klangwelten auf Shakespeares Bühne eröffnet werden (über instrumentale, theatrale und personelle Klangkörper), verweisen auf die zentrale Bedeutung des Theaters als kognitiver Raum, der nicht nur der Speicherung und Kommunikation beziehungsweise Zirkulation von Wissen dient,[17] sondern in dem Wahrnehmungsprozesse inszeniert und die der Musik zugeschriebenen Funktionen und Gefahren reflektiert werden.

Die Wirkmächtigkeit von Musik war weitgehend anerkannt und wurde vielerorts problematisiert: So schreibt etwa Thomas Wright in *The Passions of the Minde in Generall* (1604): »Let a good and a godly man heare musicke, and he will lift up his heart to heaven: let a bad man heare the same, and hee will convert it to lust.«[18] Da die natürliche Disposition eines Menschen bei der Wahrnehmung von Musik eine zentrale Rolle spielt,[19] bleibt die Wirkung der Musik eine zweifelhafte: »it moveth a man to mirth & pleasure, and affecteth him with sorrow and sadnesse; it inciteth to devotion, and inticeth to dissolution«:[20] Musik kann Gefühle der Distanz und der Nähe auslösen, zum Guten und Schlechten verleiten. Auch in Shakespeares Dramen findet sich diese ambivalente Haltung gegenüber

---

16 Siehe Bruce R. Smith: The Acoustic World of Early Modern England. Attending to the O-Factor. Chicago, London 1999, S. 208 f.

17 Vgl. ebd., S. 65.

18 Thomas Wright: The Passions of the Minde in Generall. In sixe bookes. Hg. von Thomas Dewe. London 1620, S. 171.

19 »Wherefore the naturall disposition of a man, his custome or exercise, his vertue or vice, for most part at these sound diversificate passions: for I cannot imagine, that if a man never had heard a Trumpet or a Drum in his life, that he would at first hearing be mooved to warres« (ebd.).

20 Ebd., S. 163.

der Musik, wie in *Measure for Measure*, wo es heißt, »music oft hath such a charm | To make bad good, and good provoke to harm« (4.1.14 f.).

Für das Theater bot Musik eine Möglichkeit, die Zuhörer in das Geschehen auf der Bühne affektiv einzubinden. Durch das gemeinsame Hör- und Seherlebnis der Aufführung bildete sich eine Klanggemeinschaft innerhalb des Globe, in der für den Zeitraum des theatralischen Erlebnisses Standesunterschiede nivelliert wurden.[21] Eben diese Nivellierung und die über Musik ausgespielte Faszinationskraft einer breiten Masse geriet in die Kritik puritanischer Theateropponenten wie Philip Stubbes, der vor dieser Wirkung warnt: »Their is no ship, so balanced with massie matter, as [musicians'] heads are fraught with all kind of bawdie songs, filthie ballads, and scurvie rymes, serving for every purpose, and for every Cumpanie«.[22] In antitheatralischen Pamphleten wurde die Musik zudem selbst oft als ›verstimmter‹ Körper dargestellt. Stephen Gosson zum Beispiel verweist in *The Schoole of Abuse* (1579) in diesem Zusammenhang auf Phaerecrates: »a Comicall Poet [who] bringeth in Musicke and Justice upon the stage: Musicke with her clothes tottered, her flesh torne, her face deformed, her whole bodie mangled and dismembred«.[23] Wenn sich in Shakespeares Dramen ebenfalls verstimmte Körper identifizieren lassen, so stellt sich die Frage, inwieweit unstimmige Körper und Miss-Stimmungen in den Stücken als Reaktionen auf die Theater- und Musikkritik der Zeit gelesen werden können beziehungsweise inwieweit verstimmte (Klang-)Körper auf Shakespeares Bühne eine apotropäische Funktion ausübten, indem sie Zuschauer und -hörer auf Dissonanzen in der Theaterwelt wie im Welttheater und die Macht der Musik aufmerksam machen und sie hiermit gegen die manipulativen Kraft von Klangwelten schützen konnten.

Im Zentrum der Aufmerksamkeit steht hierbei die Möglichkeit der Instrumentalisierung von Klangkörpern und deren Manipulation. Diese ist nicht nur ein Hauptkritikpunkt frühneuzeitlicher Musik- und Theateropponenten, sondern dem Theater gewissermaßen inhärent, da es Figuren präsentiert, die auf der Bühne stets vorgeben andere Körper und andere Stimmen zu besitzen, als es ihnen angemessen wäre. Angesichts der Theaterkonventionen, die keine Schauspielerinnen zuließen und verlangten, dass für Frauenrollen Knabenschauspieler eingesetzt wurden, deren Stimmen über einen höheren Klang verfügten als die

21 Vgl. Doris Kolesch: Shakespeare Hören. In: Shakespeare Jahrbuch 144 (2008), S. 11–27, hier S. 18 und Susanne Rupp: Sommernachtsklänge: Die Klangwelt des *Midsummer Night's Dream*. In: Ebd., S. 115–131, hier S. 120.

22 Phillip Stubbes: The Anatomie of Abuses (1583). Hg. von Arthur Freeman. New York 1973, S. 303r.

23 Stephen Gosson: The Schoole of Abuse (1579). Hg. von Arthur Freeman. New York 1973, B2r–B2v.

ihrer erwachsenen Kollegen, herrschte auf der frühneuzeitlichen Bühne gewissermaßen eine dramatische Grundstörung, die die Zuschauer und -hörer, die mit diesen Konventionen vertraut waren, zumeist entsprechend ausblenden konnten. Zugleich war vor allem Shakespeares *audience* für Klangvariationen sensibilisiert, da auf der dekorationsarmen Bühne, die durch das in Shakespeares Stücken vorherrschende Prinzip der Wortkulisse ausgeschmückt wird, wie es der Prolog in *Henry V* beschreibt, »Think, when we talk of horses, that you see them« (V. 26), vor allem die Stimme als Kommunikationsmedium und Bedeutungsträger eine zentrale Rolle spielt.

Bedeutsamkeit erhalten ›verstimmte‹ Körper auf Shakespeares Bühne vor allem dann, wenn eine Figur aus der Rolle fällt beziehungsweise diese durch metatheatralische Kommentare selbst unterläuft und in der auf der Bühne konstruierten Welt Verstimmungen eintreten, die an eine bestimmte Figur gebunden sind und über sie ausgespielt werden. Beispiele für diese Form der Dramatisierung verstimmter Körper lassen sich vor allem in den Tragödien Shakespeares finden, insbesondere in *Antony and Cleopatra*, *Othello*, *Hamlet* und *Romeo and Juliet*. Dort werden Miss-Stimmungen[24] genutzt, um eine Faszination mit dem Anderen, dem Fremden oder Exotischen zu inszenieren, die auf den Ebenen von Geschlecht, Ethnizität und schließlich auch auf der Ebene von Genre evoziert wird, um zum einen die Faszination theatralischer Klangwelten kritisch zu reflektieren und zum anderen poetische in dramatische Klangwelten zu überführen.

2 Dramatisierungen des Klangs: Gestimmte Körper – Verstimmte Körper

Mit Shakespeares Klangkörpern verhält es sich ähnlich wie mit den Sphärenklängen, den »tunèd spheres« (*Antony and Cleopatra* 5.2.83), die dem pythagoreischen System zufolge aufgrund der idealen Proportionen der in ihr enthaltenen Resonanzkörper erzeugt werden und, obschon präsent, nicht wahrgenommen werden können. In den Dramen werden Klangkörper vor allem dann thematisiert, wenn sie aus dem harmonischen Geflecht, in das sie eingewoben sind, heraustreten, wie etwa Charaktere, die keinen Zugang zur Musik haben und hierdurch aus der sozialen Gemeinschaft ausgegliedert erscheinen – wie Malvolio in *Twelfth Night*

24 Stimmung wird in diesem Zusammenhang als klangliche Gestimmtheit der Elemente verstanden, die zur Erzeugung von Klangwelten im Theater beitragen (Musik, die Stimme der Figuren und der Schauspieler etc.).

oder Shylock in *The Merchant of Venice*,[25] denn, »[t]he man that hath no music in himself | [...] Let no such man be trusted« (*Merchant* 5.1.82–87) – oder selbst Dissonanz prognostizieren, wie Cleopatra es unternimmt, als sie ihr Nachleben auf den römischen Bühnen imaginiert:

> Saucy lictors
> Will catch at us like strumpets, and scald rhymers
> Ballad us out o'tune. [...]
> I shall see
> Some squeaking Cleopatra boy my greatness
> I'th'posture of a whore. (*Antony and Cleopatra* 5.2.210–217)

Cleopatra befürchtet, verstimmt auf die Bühne gebracht zu werden in der komischen Brechung, die der Stimmbruch eines Knabenschauspielers generiert – eine Brechung, die sie auf Shakespeares Bühne *sui generis* bereits mit sich bringt. Durch den metatheatralen Kommentar von Cleopatra, die selbst durch einen *boy actor* verkörpert wurde, wird der Stimm-Bruch potenziert. Zugleich werden die Mechanismen des Theaters in dieser doppelten Reflektion der inszenierten Stimme offengelegt. In Shakespeares Dramen wird diese Miss-Stimmung, die sich zwischen dem Klangkörper und der Dramenfigur ergibt, zuweilen auch genutzt, um weitere Dissonanzen auf anderen Ebenen anklingen zu lassen. Wenn Henry in *Henry V* sich etwa über die »broken music«[26] in Katherines Stimme mokiert, die in erster Linie durch ihr gebrochenes Englisch entsteht, so werden hier neben einem metatheatralischen Verweis auf den *boy actor* auch die politischen Spannungen und die zweifelhafte Verbindung von England und Frankreich in den (Klang-)Körpern Henry und Katherine über das Bild der Musik ausgespielt.

Darüber hinaus ist nicht nur das, was gesagt wird, von Bedeutung, sondern auch die Art und Weise, in der Informationen kommuniziert werden. Wie das Beispiel der Cleopatra suggeriert, wird die Aufmerksamkeit der Zuhörer insbesondere auch auf prosodische Merkmale der Stimme gelenkt. Hierbei greift Shakespeare auf frühneuzeitliche physiognomische Traktate zurück, denen zufolge der Klang einer Stimme Rückschlüsse auf den Charakter zulässt. In Thomas Hills *The Contemplation of Mankind* (1571) etwa wird eine kleine, schwache Stimme mit einer furchtsamen oder abgünstigen Person assoziiert; eine hastige wird als Zeichen von Boshaftigkeit gelesen und eine laute Stimme als Hinweis auf einen dreis-

---

25 Vgl. Lawrence Danson: The Harmonies of *The Merchant of Venice*. New Haven, London 1978, S. 188.

26 »Come, your answer in broken music – for thy voice is music and thy English broken. Therefore, queen of all, Catherine, break thy mind to me in broken English: wilt thou have me?« (Henry V, 5.2.225–228).

ten und streitsüchtigen Zeitgenossen.[27] Oft ist zur Einführung eines Charakters die Stimme das tragende Element. Die Eingangsfrage in *Hamlet*, »Who's there?« (1.1.1), setzt im nächtlichen Dänemark vor allem die Stimme als Medium zur Identifikation ein; Caliban in *The Tempest* ist zunächst nur als Stimme präsent, bevor er leibhaftig auf der Bühne erscheint. Ihre Klangfarbe kann Aufschluss über die Positionierung der Dramenfiguren in den jeweils eröffneten Klangwelten dienen. So werden zum Beispiel Cleopatras Rivalinnen, »shrill-tongued Fulvia« (*Antony and Cleopatra* 1.1.34) und »low-voiced« (3.3.13) Octavia, von der Protagonistin klanglich deutlich abgesetzt. Wenn Bottom in der Rolle des Pyramus in *A Midsummer Night's Dream* vorgibt, »I see a voice [...] an I can hear my Thisbe's face« (5.1.190 f.), so ist dies folglich nicht nur als eine parodistische Umkehrung und Teil einer unfreiwilligen Sprachkomik von Seiten des schauspielerisch unbegabten Webers zu sehen. Vielmehr deutet sich hier ein Grundprinzip des Shakespeareschen Theaters an, das mit seinen eigenen Repräsentationsgrenzen spielerisch umgeht und sich, wie das Beispiel des »squeaking Cleopatra boy« zeigt, erst in der Kombination von Auditivem und Visuellem, das sich bis zu einem gewissen Grad über das Gehörte konstituiert (»I see a voice«), voll entfalten kann.

Obschon über die Art und Weise, in der diese Szene ursprünglich aufgeführt wurde, nur spekuliert werden kann, ist anzunehmen, dass der Knabenschauspieler, der diese Figur verkörperte, seine Stimme adäquat an seine Rolle anzupassen wusste und nur für die »squeaking Cleopatra«-Passage aus dieser temporär herauszufallen scheint, um einen komischen Effekt zu erzielen. Diese Annahme gründet sich auf der Darstellung der Königin als perfekte Schauspielerin, die sich in der Öffentlichkeit zu inszenieren und ihre Reize einzusetzen weiß und eine »infinite variety« (*Antony and Cleopatra* 2.2.241) verkörpert, die einen Teil der Faszination der Figur ausmacht und nicht zuletzt auch klanglich begründet ist.

Für die Darstellung der ägyptischen Königin ist die Aussicht auf ihren künftig verstimmten Körper in vielerlei Hinsicht wegweisend. Zum einen deutet sie auf die Unmöglichkeit der Repräsentation eines Körpers hin, der sich als Inbegriff para-göttlicher Schönheit (»O'er-picturing that Venus«, 2.2.206) jeglicher Beschreibung zu entziehen scheint (»It beggared all description«, 2.2.204) und lediglich umschrieben werden kann, wie in Enobarbus' berühmter Ekphrasis und der dort konstruierten Scheinwelt angedeutet wird (»The barge she set in, *like* a burnished throne | [...] On each side her | Stood pretty dimpled boys, *like* smiling Cupids«, 2.2.197–208).[28] Diese Grenzen verbaler Beschreibung ließen sich durch

27 Vgl. Thomas Hill: The Contemplation of Mankinde. London 1571, S. 134 f.

28 Hervorhebungen von S. B. Vgl. hierzu auch Phyllis Racking: Shakespeare's Boy Cleopatra, the Decorum of Nature, and the Golden World of Poetry. In: PMLA 87 (1972), S. 201–212, hier S. 205.

Musik geschickt überspielen,[29] was erklärt, weshalb vor allem Cleopatra Musik zu ihren Zwecken einsetzt. Zum anderen räumt die Imagination des unstimmigen Körpers in künftigen Aufführungen, die sich mit dem Klangerlebnis deckt, das den Zuschauern in diesem Moment auf Shakespeares Bühne geboten wird, mit dem Schönheitsmythos der Cleopatra auf, der – wenngleich durch historische Quellen kaum belegt – einen festen Platz in unserer kulturellen Erinnerung eingenommen hat. Darüber hinaus unterstreicht das Bild des verstimmten Cleopatra-Körpers die Charakterisierung dieser Figur, die durch die polyphone Darstellung im Stück (vor allem die Spannung, die zwischen den unterschiedlichen römischen und ägyptischen Perspektiven auf die Königin entsteht) nicht nur unstimmig wirkt, sondern zudem auch eine Launenhaftigkeit erkennbar werden lässt, die durch die Unausgewogenheit der Körpersäfte ausgelöst werden kann und gerade in ihrer Verstimmtheit und durch ihre Verstimmtheit kraftvoll wird: »Herod of Jewry dare not look upon you | But when you are well pleased« (*Antony and Cleopatra* 3.3.3–4).

Wie Alexas bemerkt, birgt Cleopatras Unmut zugleich eine Gefahr für ihre Mitmenschen, vor allem ihre männlichen Rivalen. Mit dem intertextuellen Verweis auf Herodes Antipas wird an dieser Stelle zugleich der Salomé-Mythos aufgerufen. Statt die Hinrichtung von Johannes dem Täufer zu fordern, dessen Kopf Salomé von Herodes als Belohnung für einen Tanz erhielt, richtet sich Cleopatras Drohung gegen das Oberhaupt des Staates selbst: »That Herod's head | I'll have« (3.3.4 f.). Die Miss-Stimmung der Cleopatra-Figur setzt sich auf der Ebene der Staatsform fort. In Rom und Ägypten treffen zwei unterschiedliche Klang- und Herrschaftswelten aufeinander, die in dem Stück über die Figuren des Caesar und der Cleopatra ausgespielt und mit entsprechender Rhetorik verbunden werden: das ›weibliche‹, warme, leidenschaftliche und fruchtbare Ägypten trifft auf das ›männliche‹, kalte und rationale Rom, das *constantia* proklamiert, sich jedoch im leidenschaftlichen Ägypten aufzulösen droht (»Let Rome in Tiber melt«, 1.1.35) ebenso wie sein Konsul Antony dem Zauber der exotischen Königin unterliegt.

Eine klangliche Variabilität, wie sie in Cleopatra beschrieben wird, findet sich auch andernorts in Shakespeares Dramen. Dabei ist sie stets mit Figuren verbunden, die die größte Flexibilität in ihrer eigenen Erscheinung aufweisen beziehungsweise die Fertigkeit besitzen, andere Klangkörper nach ihrem Willen ein- oder umzustimmen. Zugleich tritt sie in Figuren zutage, die über musisches Wissen verfügen. In den Komödien trifft dies vor allem auf weibliche Charaktere

---

29 Vgl. Jonathan Bate: The Genius of Shakespeare. Picador 1997, S. 284: »Music allows the audience to imagine the mingling of bodies and souls. Its ›indefinition‹ means that it can appeal directly to the emotions without being filtered through the ›screen‹ of verbal or even visual representation«.

zu, die im Laufe der Handlung in Männerrollen schlüpfen und hierzu die nötige Klangbreite vorweisen müssen, wie Viola, deren Name bereits auf das Spektrum der hohen und tiefen Stimmen hindeutet, die diese Figur perfekt abzudecken vermag,[30] oder aber eine hohe Sensibilität für die Bedeutung stimmlicher *variatio* erkennen lassen, wie Portia in *The Merchant of Venice*, die Nerissas Verkleidung in einen Anwaltsgehilfen und ihre einhergehende ›Vertonung‹ dirigiert: »And speak between the change of man and boy | With a reed voice« (3.4.66 f.).

Diese metatheatralische Perspektive auf ›Verstimmungen‹ findet sich in ihrer eindrücklichsten Form in *Hamlet*, einem Stück, das die frühneuzeitlichen Mechanismen des Theaters auf mehreren Ebenen – von metatheatralischen Kommentaren der Figuren bis hin zum *play-within-the-play* – näher beleuchtet und den Spielraum von Klang und Klangkörpern kritisch reflektiert. Allen voran ist hier Hamlet selbst zu nennen, der sich über Rosencrantz und Guildensterns missglückte Versuche, ihn zu manipulieren, mokiert, indem er ihnen mangelnde Kenntnisse in der Musik vorwirft:

> Why, look you now, how unworthy a thing you make of me! You would play upon me, you would seem to know my stops, you would pluck out the heart of my mystery, you would sound me from my lowest note to the top of my compass; and there is much music, excellent voice in this little organ, yet cannot you make it speak. 'Sblood, do you think I am easier to be played on than a pipe? Call me what instrument you will, though you can fret me, you cannot play upon me. (*Hamlet* 3.2.334–41)

Hamlets entrüsteter Ausbruch scheint zudem selbst aus einer Miss-Stimmung (»distemper«, 3.2.308) zu entstehen, die zum einen durch den Wechsel von der poetischen Sprache in die Prosa, in der er mit Rosencrantz und Guildenstern kommuniziert, angedeutet wird, zum anderen aus der Störung seines ersten Triumphs über den König durch eben diese beiden Figuren erwächst: in dem Moment, in dem Hamlet seiner Freude über den Effekt seines Stücks auf den König, dessen Reaktion auf die Aufführung der »Mousetrap« die Worte des Geistes bekräftigt (»O good Horatio, I'll take the Ghost's word for a thousand pound. Didst perceive?«, 3.2.263 f.), Ausdruck verleihen will – und dies durch Musik (»Ah ha! Come, some music, come, the recorders«, 3.2.268) –, treten Rosencrantz und Guildenstern auf, um Hamlet dafür zu rügen, den König verstimmt zu haben (»The King, sir – | [...] Is in his retirement marvellous distempered«, 3.2.274–276). Die Miss-Stimmung des Königs bestätigt die affektive Kraft des Theaters, die

---

30 Die Viole war das am weitesten verbreitete Saiteninstrument in der Elisabethanischen Zeit und dürfte somit den Zuschauern vertraut gewesen sein (vgl. Edward W. Naylor: Shakespeare and Music with Illustrations from the Music of the 16th and 17th Centuries. London 1896, S. 44 f.).

Hamlet für seine Zwecke ausspielt, vor der die Zuschauer – so scheint es – jedoch bewahrt werden. Für eine kritische Reflektion der im Theater im Allgemeinen und auf der Shakespearebühne im Besonderen eröffneten (Klang-)Welten bedarf es eines (temporären) Bruchs mit den sprachlich und charakterologisch erzeugten Harmonien, der die Zuschauer und Zuhörer von dem Faszinosum des Klangs wie dem Faszinosum des Theaters befreit beziehungsweise aus ihrer Faszination abrupt herausreißt. Dies geschieht vor allem in *Hamlet*, das durch das *play-within-the-play* die Elemente des Theaters nicht nur spiegelt, sondern die Zuschauer in zahlreiche, teils parallele Klangwelten einbindet und auf diese Weise die Wirkmechanismen des Theaters offenlegt.

Wie gegenüber Rosencrantz und Guildenstern angedeutet, regiert Hamlet seine ›Stimmungen‹ selbst und wechselt fortwährend die Rollen vom wahnwitzigen Prinzen, der unter der »antic disposition« (1.5.173) bei Hofe Verwirrung stiftet, zu einer Form eines frühneuzeitlichen Schauspielmanagers, der die Aufführung von *The Murder of Gonzago* leitet, zum schwermütigen Protagonisten, wie er sich Horatio und dem Publikum in zahlreichen Monologen präsentiert. Hamlets Spiel endet schließlich in der Festschreibung seiner Rolle als »soldier« nach seinem Tod, wobei es die Musik ist, die diese Identität kommuniziert: »Bear Hamlet like a soldier to the stage, | [...] The soldiers' music and the rites of war | Speak loudly for him« (5.2.340–344), wobei fraglich bleibt, inwieweit Fortinbras, der diese Worte spricht, den richtigen Ton von Hamlets Klangwelt treffen kann.

Ein musikalisches Grundwissen ist die Voraussetzung für die kontrollierte Eigen- und Fremddarstellung. Während Hamlet sein Wissen um die Musikalität des Körpers für sein eigenes Rollenspiel nutzt, kündigt Iago in *Othello* an, die (Stimm-)Wirbel anderer Klangkörper zu manipulieren: »O, you are well tuned now, | But I'll set down the pegs that make this music, | As honest as I am« (2.1.198 f.). Durch das Wortspiel ›peck‹ (=Kuss) | ›peg‹ (=Wirbel) wird der Kuss von Othello und Desdemona, den Othello mit Musik assoziiert (»And this, [*they kiss*] and this, the greatest discords be | That e'er our hearts shall make«, 2.1.195 f.),[31] zur Schnittstelle, an der sich die Verstimmungen entzünden: Der von Iago suggerierte Gedanke an einen »unauthorized kiss« (4.1.2), an den Ehebruch von Desdemona zusammen mit dem fehlenden »ocular proof« (3.3.365), dem Taschentuch, das die Beschuldigte nicht präsentieren kann, treibt Othello in den Wahn.

Betrachtet man allein die Affinität der Charaktere zur Musik in diesem Stück, so lässt sich in dem Paar Othello und Desdemona eine beachtliche Miss-Stimmung (›discord‹) erkennen. Während Desdemona als musikalisch beschrieben wird, hat Othello kein Ohr für Musik (»as they say, to hear music the general does

---

31 Siehe Bate (Anm. 29), S. 286.

not greatly care«, 3.1.16). Diese Ungestimmtheit für musikalische Klangwelten, die Kontrastierung der beiden Figuren, die über die Hautfarbe ausgespielt wird, und damit stereotypische Charakterisierungstendenzen fördern könnte, wird jedoch unterlaufen nicht nur durch ihre Liebe, sondern vor allem auch durch die verführerische Kraft der Sprache, der sie beide gleichermaßen verfallen. Othellos Geschichten vermögen Desdemona in ihren Bann zu ziehen (»She'd come again, and with a greedy ear | Devour up my discourse«, 1.3.148 f.), während sich Othello in das Netz verstrickt, das Iago aus falschen Anschuldigungen und manipulierten ›ocular proofs‹ für ihn webt. Iagos Umdeutung des ›peck‹ in ›peg‹ markiert für die verzaubernde Kraft der unterschiedlichen Klangwelten im Stück einen Wendepunkt, insofern als Othellos natürliche Sprachmagie, »the Othello Music«,[32] von Iagos manipulativer Rhetorik zunächst übertönt und sodann inhaltlich eingefärbt wird. So erreicht Othellos Musik einen Höhepunkt, als er angesichts der schlafenden Desdemona sein Vorhaben in einer von paradoxalen Aussagen durchwachsenden Rede bekräftigt: »It is the cause, it is the cause, my soul. | [...] Yet I'll not shed her blood, | [...] Yet she must die, else she'll betray more men« (5.2.1–6).[33] In der Doppelbedeutung von »cause«, das auf persönliche, autonome wie entpersonalisierte, heteronome ›Gründe‹ verweisen kann, erklingt sowohl Othellos innere Stimme (›my soul‹), als auch Iagos manipulativer Einfluss, unter dem Desdemona zum »fair devil« (3.3.481) degradiert wurde.

Erst nach Desdemonas Tod vermag die Harmonie der (auditiven, verbalen wie visuellen) Zeichen wieder hergestellt zu werden – durch ein Lied, das Emilia anstimmt, als sie Othello die Wahrheit vor Augen führt:

> Hark, canst thou hear me? I will play the swan,
> And die in music. [*Sings*] ›Willow, willow, willow.‹ –
> Moor, she was chaste. She loved thee, cruel Moor.
> So come my soul to bliss as I speak true.
> So, speaking as I think, alas, I die. (5.2.254–258)

Gegen Ende des Stücks scheint die Musik von manipulativen Kräften gereinigt, jedoch stirbt sie zusammen mit den Stimmen von Emilia, Desdemona – und Iago: Shakespeares Meister der Manipulation verweigert die Aussage über seine Taten und verstummt.

Der Gehalt der Musik bleibt in *Hamlet* wie in *Othello* ambivalent: Sie ist sowohl Wahrheitsträger als auch Mittel zur Manipulation; sie verschleiert und ent-

---

32 George Wilson Knight: The Wheel of Fire. Interpretations of Shakespearian Tragedy. New York, London 2001, S. 135.
33 Vgl. ebd., S. 117.

hüllt und vermag den Unachtsamen und auf dem Gebiet der Musik Unbewanderten in ihren Bann zu ziehen.

3 Von Zauberklängen und Stimmzauber

Der Gedanke der Magie, des Zaubers der Musik wird vor allem in *The Tempest* deutlich, das auf einer Insel spielt, einer in sich abgeschlossenen Klangwelt, »full of noises« (3.2.130) und »sweet music« (3.3.19), die vom Magier Prospero dirigiert wird.[34] Vor allem in diesem Stück wird der Bedeutungsgehalt von Musik kritisch hinterfragt.[35] Einerseits findet sich die neoplatonische Idee vertreten, dass das Unvermögen, Musik zu hören, auf einen korrumpierten Charakter schließen lässt. Antonio und Sebastian, die beide einen Mord planen, scheinen unfähig, Musik überhaupt wahrzunehmen, während Gonzales, der nicht direkt am Mordplan beteiligt ist, jedoch nicht gegen ihn vorgeht, sie lediglich als Summen vernimmt. Musikalische Kompetenz dient in diesem Stück somit als Indikator für die moralische Disposition der Figuren.[36] Andererseits werden diejenigen, die die Musik hören können, von ihr getäuscht. Als sie zum ersten Mal im Stück erklingt, steht sie in direktem Zusammenhang mit Magie. Der Luftgeist Ariel ist zusammen mit anderen Geistern im Auftrag von Prospero ausgezogen, um Ferdinand zu verzaubern (1.2.378–90). Aufgrund der unsichtbaren Quelle, die eine Lokalisierung ihrer Produzenten verwehrt, erscheint die Musik nicht nur als außerweltliches Phänomen, sondern zugleich auch als eine eigenständige Instanz, die eine eigene Geschichte erzählt – eine Geschichte, die Tatsachen verfremden und Zuhörer verführen kann (Ferdinand: »Thence I have followed it – | Or it hath drawn me rather«, 1.2.397 f.). So wird Alonso etwa durch die Musik der Winde, die als Teil der *magia naturalis* fungieren, fälschlicherweise kommuniziert, dass sein Sohn Ferdinand nicht mehr lebt: »The winds did sing it to me, and the thunder, | That deep and dreadful organ-pipe« (3.3.97–98).

Wenngleich sich in der Unterwerfung der Einwohner der Insel, durch Prosperos Regime – und vor allem in der sprachlichen Unterwerfung des Caliban, dessen erste Kommunikationsversuche als ›brutish gabble‹ (1.2.358 f.) beschrieben werden, eine Kolonialisierung von Klang andeutet, so liegt der Schwerpunkt des Stücks nicht auf der Darstellung der Zivilisierungsfunktion von Musik:

34 Ortiz ([Anm. 9], S. 164) zufolge ist es vor allem die musische Qualität, die dem Stück zu seiner fortwährenden Popularität auf den Schauspielbühnen verhalf.

35 Ebd., S. 170.

36 Ebd., S. 171. Vgl. David Lindley: Shakespeare and Music. London 2006, S. 218.

> the play does not uniformly represent music as the triumph of civilized society over unruly noise, despite the fact that most early modern histories of music link the discovery of music with advances in civilization. Rather, the play develops a complex relationship between language, sound, and music, avoiding a hierarchical ordering of language and sound in favor of a more unsettled relationship.[37]

Über diese Ungewissheit, in der die Grenzen von Sprache, Klang und Musik verschwimmen und die keine Priorisierung von der harmonisierenden oder korrumpierenden Funktion von Musik zulässt, wird die Theater- und Musikkritik der Zeit Shakespeares in das Stück integriert – und überspielt: Im Epilog zieht sich Prospero zurück oder vielmehr bittet er das Publikum, ihn zu entlassen: »But release me from my bands | With the help of your good hands« (Epilog, 9 f.). Was Prospero von der Insel und den Schauspieler von seiner Rolle entbindet, ist der Applaus – der Beifallssturm, in dem das Donnern, das den Auftakt zum *Tempest* gibt (»*A tempestuous noise of thunder*«[38]), widerhallt und in dem die Macht über die Musik und deren Deutung an das Publikum übergeben wird, das nach Ende der Aufführung von der kleinen Theaterwelt, dem Globe-Theater, wieder in das große Welttheater eintritt und dort – wie Prospero – sein Wissen um die Ambiguität der Musik nutzen und für seine Zwecke einsetzen kann.

Wenngleich sich *The Tempest* auf den übernatürlichen Zauber der Musik konzentriert, wird Klangmagie zumeist in Verbindung mit Liebesrhetorik verhandelt.[39] Die Assoziation von Musik und Liebe findet sich in der Beziehung von Desdemona und Othello bereits angedeutet, kommt jedoch am ausdrucksvollsten in seiner parodistischen Form in der Liebesbeziehung zwischen Titania und Bottom zum Vorschein. Bezeichnenderweise ist es nicht das Antlitz des eselsköpfigen Webers, dem die Elfenkönigin – den Blick durch den Zaubersaft der wundersamen Blume »love-in-idleness« (*A Midsummer Night's Dream* 2.1.168) verklärt – verfällt, sondern sein vermeintlich betörender Gesang: »The ousel cock so black of hue, | With orange-tawny bill; | The throstle with his note so true, | The wren with little quill« (3.1.110–113). Obschon Bottom ein talentierter Musiker zu sein scheint – Quince beschreibt ihn als »a very paramour for a sweet voice« (4.2.11 f.),[40] wird der Text der (scheinbar) engelsgleichen Musik, die die Elfenkönigin zu hören vorgibt (»What angel wakes me from my flow'ry bed?«, 3.1.114),

---

37 Ortiz (Anm. 9), S. 165 f.

38 Bühnenanweisung, The Tempest, 1. Akt, 1. Szene.

39 Zur Assoziation von Musik und Liebe in der Frühen Neuzeit siehe Linda Phyllis Austern: Love, Death and Ideas of Music in the English Renaissance. In: Kenneth R. Bartlett, Konrad Eisenbichler, Janice Liedl (Hg.): Love and Death in the Renaissance. Ottawa 1991, S. 17–36.

40 Vgl. hierzu Rupp (Anm. 21), S. 120. Rupp bietet eine ausführliche Analyse des Klanggeschehens in diesem Stück.

nur bedingt gerecht. Wenn der Weber von sich selbst behauptet, ein gutes Ohr für Musik zu haben (»I have a reasonable good ear in music. Let's have the tongs and the bones«, 4.1.26 f.), wird deutlich, dass dies allenfalls für die ihm vertrauten ländlichen Klänge gilt. Liebe in diesem Stück scheint nicht nur blind, sondern auch taub zu sein und über jegliche Form verstimmter Körper hinwegzutäuschen.

In der reichhaltigen Klangwelt von *A Midsummer Night's Dream*, in der Musik und Traum eng ineinandergreifen, dient die Musik in erster Linie der sozialen und poetischen Differenzierung zwischen der ländlich-einfachen Welt der Menschen und der klangvollen, gehobenen Feenwelt, zu der – wie die Beispiele Bottom und des bedingt talentierten Schauspielers Flute zeigen – der Zugang letztlich verwehrt bleibt:[41] So bleibt auch Bottoms Ballade nur ein Traum: »I will get Peter Quince to write a ballad of this dream. It shall be called ›Bottom's Dream‹, because it hath no bottom, and I will sing it in the latter end of our play, before the Duke« (4.1.207–10). Die Ballade bleibt aus, nicht zuletzt da der Charakter des eselsköpfigen Liebhabers von Titania zum Ende des Stücks zusammen mit der Feenwelt verklungen ist.

Auch der Zauber der ›verstimmten‹ Cleopatra in *Antony and Cleopatra* ist nicht zuletzt in der Musik begründet, die als Nahrung der Liebe und Ausdruck der Sehnsucht allein in Ägypten, jedoch nicht in Rom erklingt, wo sie lediglich als Trinklied zu Bacchus Ehren angestimmt wird (vgl. 2.7.108–113):

> CLEOPATRA: Give me some music – music, moody food
> Of us that trade in love.
> CHARMIAN, IRAS, *and* ALEXAS: The music, ho! (2.5.1 f.)

Cleopatra ist verstimmt: in der Absenz ihres Geliebten Antony, dessen Klangkörper sich ideal in die Sphärenmusik einfügen lässt (»His voice was propertied | As all the tunèd spheres«, 5.2.82 f.), sucht sie Trost in der Musik. Doch wie in *Twelfth Night*, das in einer Hommage an die Musik, in dem vielzitierten Satz Orsinos, »If music be the food of love, play on« (1.1.1) seinen Auftakt nimmt, wird die Musik hier nicht als Heilmittel,[42] sondern vielmehr als Vermittler und Erzeuger von Emotionen gehandelt (»trade«) – Funktionen, die sowohl Orsino als auch Cleopatra, als auch Shakespeares Stücke selbst gezielt einzusetzen wissen. Orsino nutzt sie als Lockmittel für Olivia und – unwissend – auch für Viola, die dem Lied lauscht und in ihrer Verkleidung als Orsinos Diener Cesario seine Wirkung kommentiert (»ORSINO: How dost thou like this tune? | VIOLA: It gives a very echo to the seat |

41 Vgl. ebd., S. 120.

42 Musik wurde weithin als Heilmittel gegen (Liebes-)Melancholie betrachtet (vgl. u. a. Robert Burton: The Anatomy of Melancholy. London 1652 [Nachdruck London 1850], S. 367).

Where love is throned«, 2.4.19–21). Dieselbe Verwendung findet Musik bei Cleopatra, die zunächst vergeblich ihre Eifersucht und ihren Liebeskummer in ihr zu mindern sucht, bevor sie sie als Köder auswirft:

> We'll to th' river. There,
> My music playing far off, I will betray
> Tawny-finned fishes. [...]
> I'll think them every one an Antony,
> And say ›Ah, ha, you're caught!‹ (*Antony and Cleopatra* 2.5.10–15)

Die Musik ist Teil von Cleopatras Verführungsstrategie, bis diese durch Caesar schließlich unterlaufen wird. Kurz bevor Cleopatras Soldaten von Caesars Truppen in die Flucht geschlagen werden, hören sie Musik, die anzeigt, dass Herkules, der Antony stets beistand, ihn nun verlassen hat: »'Tis the god Hercules, whom Antony loved | Now leaves him« (4.3.14 f.). Diese Musik wird allerdings in die Unterwelt verlegt:

> 2nd SOLDIER: Peace, what noise? [...]
> 1st SOLDIER: Music i'th' air.
> 3rd SOLDIER: Under the earth.
> 4th SOLDIER: It signs well, does it not?
> 2 nd SOLDIER: No. (4.3.10–12)

Die Musik scheint den Liebenden vorausgeeilt zu sein und bereitet ihren tragischen Tod vor. Zugleich bleibt sie – in ihrer Verbindung mit Cleopatra – über das Stück hinaus erhalten. Wenn Caesar der toten Cleopatra schließlich ins Gesicht blickt und konstatiert, »she looks like sleep, | As she would catch another Antony« (5.2.336 f.), so bleibt hiermit die Faszinationskraft der Figur auch über das Ende des Stücks hinaus aktiv und bereitet die *audience* implizit auf weitere Begegnungen mit ihrem in unterschiedlichen Adaptionen ›verstimmten‹ Körper vor.

Die Anziehungskraft verschiedener Klangkörper wird jedoch nicht nur auf der Ebene der Charaktere ausgespielt, sondern erreicht in Shakespeares Dramen eine weitere Dimension in einer Klangwelt, die an die Liebesthematik und vor allem -werbung anbindet und diese noch unterstreicht: der Klangwelt des Sonetts, die in *Romeo and Juliet* dramatisiert wird.

4 Klangwelten zwischen Drama und Sonett

Dass Komponisten, wie Tschaikowsky, Bernstein oder Berlioz, sich vor allem dieser Liebestragödie zugewandt haben, verwundert kaum, gilt doch dieses Stück als »Western culture's archetypal myth of youthful passion«,[43] ein Stück, dessen Schlüsselszene an der Schnittstelle zwischen Poesie und Musik liegt. Die Liebenden treffen sich im Sonett:

> ROMEO: If I profane with my unworthiest hand
> This holy shrine, the gentler sin is this:
> My lips, two blushing pilgrims, ready stand
> To smooth that rough touch with a tender kiss.
> JULIET: Good pilgrim, you do wrong your hand too much,
> Which mannerly devotion shows in this.
> For saints have hands that pilgrims' hands do touch,
> And palm to palm is holy palmers' kiss.
> ROMEO: Have not saints lips, and holy palmers, too?
> JULIET: Ay, pilgrim, lips that they must use in prayer.
> ROMEO: O then, dear saint, let lips do what hands do:
> They pray; grant thou, lest faith turn to despair.
> JULIET: Saints do not move, though grant for prayers' sake.
> ROMEO: Then move not' while my prayer's effect I take. [*He kisses her*]
> (*Romeo and Juliet* 1.5.90–103)

Die Begegnung von Romeo und Juliet nimmt ihren Auftakt in einem Quartett, gesprochen von Romeo, das – der Spiegelung des Liebenden im Geliebten gemäß – in der Erwiderung von Juliet mit einem weiteren Quartett gepaart wird und sich auf diese Weise in die poetische Form des Sonetts einfügt. Werden in den ersten acht Versen die Kinder zweier verfeindeter Familien noch einander gegenübergestellt, so findet sich im dritten Quartett die spielerische Verbindung von Gegensätzlichem, die in der Berührung, in dem Kuss der Geliebten und damit dem Bruch mit Sonettkonventionen mündet. Hierbei ist es Romeos Stimme, die den zweiten Teil des Sonetts dominiert und Juliets Worte in ein *rhyming couplet* überführt: »Then move not while my prayer's effect I take«. Die Bewegungslosigkeit, die das Sonett ausklingen lässt, verweist zugleich auf ein Faszinationsmoment, das durch die Faszinationskraft, die speziell der Liebe zugeschrieben wurde,[44] generiert wird. Kaum ist das Sonett verklungen, hebt Romeo zu einem zweiten Klanggedicht an:

---

43 Bate (Anm. 29), S. 278.

44 Vgl. Burton (Anm. 42), S. 516: »for, as all hold, love is a fascination«.

> Thus from my lips, by thine my sin is purged.
> JULIET: Then have my lips the sin that they have took.
> ROMEO: Sin from my lips? O trespass sweetly urged!
> Give me my sin again.
> [*He kisses her*]
> JULIET: You kiss by th'book. (1.5.104–107)

Das zweite Sonett wird vorzeitig beendet – zum einen durch den Kuss, der bereits das erste Sonett beschloss, zum anderen durch den Auftritt der Amme, die die Stimme der Mutter und zugleich einen komischen Körper im Stück repräsentiert: »Madam, your mother craves a word with you« (1.5.108).

Das ›kleine Lied‹, in dem die Liebe nicht nur rhetorisch, sondern auch physisch Ausdruck findet und das Romeo und Juliet für einen Augenblick in einem perfekten poetischen Klangkörper miteinander vereint, ist wegweisend für dieses Stück, was bereits durch dessen musikalisch-poetische Rahmung angedeutet wird. Schon zu Beginn wird die *audience* auf die Liebesthematik eingestimmt durch den in die Form eines Sonetts gegossenen Prolog (Prolog, 1–14). Auch der Epilog ist an die Sonettform angelehnt und bildet ein Fragment, das dem zweiten Teil eines Sonetts, der sich aus einem Quartett und dem *rhyming couplet* zusammensetzt, gleichkommt:

> PRINCE: A glooming peace this morning with it brings.
> The sun for sorrow will not show his head.
> Go hence, to have more talk of these sad things.
> Some shall be pardoned, and some punishèd;
> For never was a story of more woe
> Than this of Juliet and her Romeo. (5.3.304–309)

Das Drama scheint folglich in ein Sonett gegossen – zumindest suggeriert dies der Epilog, der hiermit zugleich den Auftakt gibt zu einer Suche nach den fehlenden Quartetten. Hier bietet das Stück mehrere Möglichkeiten an. Es ist naheliegend, das erste Quartett in dem Vierzeiler zu identifizieren, der sich an das geteilte Sonett anfügt. Die dort inszenierte Unterbrechung der wechselseitigen Konstruktion des zweiten Klangkörpers in der Liebeslyrik schürt das Verlangen nach dessen Vollendung, nach einer harmonischen Verbindung von Romeo und Juliet, die schließlich der Epilog als Sonettfragment andeutet.

Ein mögliches Quartett, das als Bindeglied zwischen den beiden Fragmenten, zwischen der ersten Begegnung des Paares und seiner Vereinigung im Tod, gelten kann, insoweit als es den Abschied von Romeo von Juliet und somit die Trennung des Paares markiert und zudem sowohl an die Jagdmetaphorik der Sonett-Tradition als auch an die Lichtmetaphorik des Epilogs und darüber hinaus den Aspekt der Stimme (»that voice«) als Störungsmoment wieder aufnimmt, findet sich zum Ende des dritten Akts.[45]

> JULIET: Since arm from arm that voice doth us affray,
> Hunting thee hence with hunt's-up to the day.
> O, now be gone! More light and light it grows.
> ROMEO: More light and light, more dark and dark our woes. (3.5.33–36)

Zwar verweist »that voice« in diesem Kontext auf die Lerche, jedoch erklingen im Kontext eines akt- und szenenübergreifenden Sonetts hier zugleich die lästigen Rufe der Amme, die auch kurz nachdem der letzte Vers gesprochen ist wieder auf der Bildfläche erscheint. Darüber hinaus erscheint die Lerche ebenso als Störfaktor wie die Amme: Sie erscheint nicht nur verfrüht, sondern ist darüber hinaus verstimmt:

> JULIET: It is, it is. Hie hence, be gone, away.
> It is the *lark* that sings so *out of tune*,
> Straining *harsh discords* and unpleasing *sharps*.
> Some say the lark makes *sweet division*;
> *This* doth not so, for she *divideth us*. (3.5.26–30)[46]

Harmonie und Missklang sind in der Musik entlehnten Metaphern gefasst. Die Lerche singt schief, da sie Romeos Abschied verkündet und darüber hinaus weitere »harsh discords« prophezeit, die nicht nur Chronos ungelenk werden (»The time is out of joint«, *Hamlet* 1.5.189), sondern auch Harmonia aus dem Takt geraten lässt. Sie bricht die Komposition, um Klangkörper zu variieren und neu miteinander zu verbinden (›divisions‹ im Sinne von »playing extempore ›divisions‹ or variations«).[47] Hier findet sich das Konzept der ›gebrochenen Musik‹ angedeutet, das die Kombination von unterschiedlichen Instrumenten beschreibt.[48] In *Romeo and Juliet* wird diese Brechung zweifach umgesetzt: Zum einen im Liebespaar selbst, das verfeindete Familien miteinander verbindet; zum anderen in der Trennung und ›Neuordnung‹ der Liebespaare. Während zu Beginn Romeo von seiner Liebe zu Rosaline verzehrt wird, bevor er auf Juliet trifft, mündet die Trennung von Romeo und Juliet im Versuch der forcierten Verbindung von Juliet

---

45 Vgl. hierzu auch Sibylle Baumbach: *For I am sure I shall turn sonnet*. Shakespeares Bühnensonette und ihre dramatische Funktion. In: Erika Greber, Evi Zemanek (Hg.): Sonett-Künste. Transformationen eines klassischen Genres. Dozwil 2012, S. 315–344.

46 Hervorhebungen von S. B.

47 Naylor (Anm. 30), S. 29.

48 Vgl. Francis Bacon: Sylva Sylvarum: Or a Natural History in Ten Centuries (1627), III. 278.

und Paris. Letzterer wird Juliet zwar von ihrer Mutter in Form eines Sonetts präsentiert (1.3.83–96), jedoch hat die Protagonistin ihren Resonanzkörper zu diesem Zeitpunkt bereits in Romeo gefunden, wie der Epilog bestätigt, wenn er die Geschichte von »Juliet and her Romeo« (5.3.309) beschließt.

Wenn die Klangwelten von Sonett und Drama schließlich miteinander verschmelzen, so wird hiermit nicht nur das traditionelle Klanggedicht in eine neue Form überführt, sondern das dramatisierte Sonett bestärkt die (neue) Rolle des Dramas in der Konstruktion von (poetischen) Klangwelten, die nicht nur über die Sprache, sondern auch über Figuren ausgespielt werden.

5 Wie klingen Shakespeares Klangwelten?

Der kreative, spielerische Umgang mit Klangkörpern, die auf der Bühne in unterschiedlichen Formen inszeniert werden, die Plurivokalität der Stücke, die nach zahlreichen Adaptionen und Revisionen ihre Faszination nicht eingebüßt haben, und schließlich der Aspekt der Improvisation, der dem Theater inhärent ist, lässt sich am ehesten im Jazz wiederfinden – in der Musikform, die, wie Terence Hawkes in Rekurs auf Geoffrey Hartman argumentiert, durch ihren Fokus auf kreative Repräsentation und Reinterpretation geradezu ein Modell für Literaturwissenschaft im Allgemeinen und für Shakespeares Dramen im Besonderen bietet.[49] Zahlreiche Vertonungen der Stücke finden sich bereits, die den Aspekt des Spielerischen herausstellen,[50] wie die von Duke Ellington und Billy Strayhorn, die in ihrer Adaption der Beziehung zwischen Shakespeares berühmtesten Liebespaar, Romeo und Juliet, Juliets dominierende Rolle musisch inszenieren – Juliets Saxophonstimme spielt Romeo gewissermaßen an die Wand[51] – und Puck, der im musischen Reigen der Instrumentpaare (zwei Klarinetten, zwei Violinen, und ein Alto und Tenor Saxophone), die die Konfusion der im Wald von Athen irrenden Liebespaare ausspielen, als einziger die Kontrolle behält: Durch den vollen Klang der Trompete repräsentiert, gibt er den Ton an, markiert die Einsätze der anderen ›Charaktere‹ und übernimmt aufgrund der Klangvarietät seiner musisch umgesetzten Stimme die Führung – ebenso wie im Stück selbst,

---

49 Siehe Terence Hawkes: That Shakespeherian Rag: Essays on a Critical Process. London, New York 1986, S. 125 und Sanders (Anm. 11), S. 13.

50 Vgl. Christiana Drapkin: Shakespeare in Jazz; Cleo Lane: Shakespeare and all that Jazz. Fontana Records 1964. Siehe auch Adam Hansen: Shakespeare and Popular Musik. London, New York 2010, S. 61–66.

51 Vgl. Sanders (Anm. 11), S. 20.

Up and down, up and down,
I will lead them up and down.
I am feared in field and town.
Goblin, lead them up and down.
Here comes one. (*A Midsummer Night's Dream* 3.2.397–401)

Hier findet sich ein Beispiel für die Umsetzung der Dramenhandlung in musische Narrative, die – folgt man der Annahme, dass Musik selbst keine Narrative bildet, sondern diese nur auslösen kann[52] – wiederum den Auftakt geben für neue Erzählungen und Adaptionen der Dramen – Erzählungen, die in bestehende Klangwelten von Shakespeares Dramen eingespielt werden und dort neue Klangwelten erzeugen, die bei Gelingen in »sweet thunder«, den Beifallssturm der *audience*, münden.

52 Vgl. Jean-Jacques Nattiez: Music and Discourse: Toward a Semiology of Music. Princeton, N. J. 1990.

Achim Hölter

Reim und Assonanz als Bedeutungsträger in der Romantik

> Dies ist es, was man so oft gesagt hat und was doch nur in einem gewissen Sinne wahr ist: Poesie und Musik sei vom Anfange an dagewesen und gleichalt mit der Sprache. Welch eine Poesie und welch eine Musik kann man sich hierbei denken? Beiden fehlte noch etwas, woran doch ihre ganze Entwicklung zu den schönen Künsten hing, nämlich ein Gesetz der äußeren Form; und wie dieses gefunden worden, ist dadurch noch im geringsten nicht erklärt.[1]

Es wäre vermessen, hier mehr zu beanspruchen, als die Klangphänomene Reim und Assonanz im Horizont der literarischen Romantik zu reflektieren, anknüpfend an August Wilhelm Schlegels eben zitierte Ausführungen.

1

Zuvor eine knappe Umrahmung: »Trägt die Sprache schon Gesang in sich, oder lebt der Ton erst getragen von ihr?« Die Frage formuliert Richard Strauss' späte Oper *Capriccio*, die ja ganz den alten Wettbewerb zwischen Musik und Text in den Mittelpunkt rückt.[2] Christoph Vratz und zuvor Steven Paul Scher[3] haben sogar umfangreiche Monographien dem sprachlichen Musizieren gewidmet, wobei sich herausstellte, dass die sogenannte »verbal music« hauptsächlich ein Phänomen der Narrativik ist, denn Musikwerke in ihrem zeitlichen Verlauf zu imitieren, scheint erst in der Ausdehnung des Erzählens Reiz auszuüben. Hingegen ließe sich, mit etwas Zuspitzung, für die Lyrik formulieren, dass sie als Text der Musik dem Redestatus nach äquivalent ist. Dadurch entsteht etwa das logische Problem des »Singens innerhalb der Oper«, das gestisch-szenisch gelöst werden kann, aber nicht musikalisch. Liedern und sonstigen Lyrikvertonungen ist denn auch tatsächlich oft eine Tendenz zur Tautologie eigen, insofern unzählige Lieder selbstreferentiell vom Singen singen.

---

1 August Wilhelm Schlegel: Sprache und Poetik. Hg. von Edgar Lohner. Stuttgart 1962, S. 157.

2 Vgl. Christoph Vratz: Die Partitur als Wortgefüge. Sprachliches Musizieren in literarischen Texten zwischen Romantik und Gegenwart. Würzburg 2002 (Epistemata: Reihe Literaturwissenschaft; 371), S. 43.

3 Vgl. Steven Paul Scher: Verbal Music in German Literature. New Haven, London 1968 (Yale Germanic Studies; 2).

2

Bekanntlich ist die Benennung der Dinge nach ihrer *Natur* (Mimologismus) durch einen göttlichen Nomotheten die These des Kratylos in Platons gleichnamigem Dialog (384 b-d), worauf Hermogenes mit der moderneren These erwidert, die der metaphysischen Bindung die schlichte kulturelle Konvention entgegensetzt.[4] Geht die Linguistik seit Saussure davon aus, dass Bedeutung in sprachlichen Systemen primär durch phonemische Differenz erzeugt, genauer: zugewiesen wird, dass in einem deutschen Minimalpaar wie »fɪʃ« vs. »tɪʃ« also die Bedeutung eines im Wasser lebenden Tiers oder eines trapezoiden Möbels weder von der Tonsilbe noch vom Anlaut generiert wird, so öffnet sich von hier aus jenseits der Konstruktion semantischer Systeme doch bereits eine ästhetische Ebene. Zum einen, weil der Reim zweier Wörter in sich bereits die strukturalistische Theorie bzw. Probe der Oppositionsbildung in Minimalpaaren zu performieren oder sogar eigentlich zu präformieren scheint, so dass man erwägen könnte, ob diese Theorie nicht eine Frucht des Paarreims ist. Zum andern aber, da sich das Sem innerhalb eines komplexen Systems aus Abgrenzungen der Lautgestalt (nachgelagert auch einem Schriftbild, aber hier soll es um Klänge gehen) assoziiert. Daher würden Störungen in der akustischen Kommunikation, die sich auf den Anlaut beschränkten, etwa bei starkem »Klirren« in elektronischer Übertragung, dennoch die Bedeutungsübermittlung massiv vereiteln. Was sie aber nicht zerstören könnten, wäre, wie schon A. W. Schlegel (siehe unten) andeutete, der Reim. Wer etwa in einer Menschenmenge ein gereimtes Lied nur unscharf verfolgen kann, wird dennoch zuletzt noch bestätigen können, dass in der Tat gereimte Verse vorliegen, denn der vokalische Gleichklang an den Wort- bzw. Versenden dringt unabhängig vom inhaltlichen Verstehen des Texts durch, und akustisch deutlicher als ein konsonantischer Silbenschluss. Der rudimentäre Rest legt gewissermaßen den eigentlichen ästhetischen Stimulus frei, der, approximativ gehört und spitzfindig gesprochen, von der Assonanz ausgeht, exakter gehört und, falls vorhanden, mitsamt abschließenden Konsonanten, vom Endreim.

4 Vgl. Platon: Sämtliche Werke in zehn Bänden. Griechisch und Deutsch. Nach der Übersetzung Friedrich Schleiermachers, ergänzt durch Übersetzungen von Franz Susemihl und anderen. Hg. von Karlheinz Hülser. Frankfurt a.M, Leipzig 1991, hier Bd. 3, S. 108–111 u. ö. Siehe auch die Analyse von Gérard Genette in: Mimologiken. Reise nach Kratylien. Aus dem Französischen von Killisch-Horn. Frankfurt a. M. 2001 (stw 1511), v. a. S. 13–45.

3

Noch einmal zu Platon und Saussure: Dessen Zeichentheorie leitete die moderne Linguistik mit einer Art Schock ein, der keinesfalls aus einem Null-Status entstand und doch eine einzelsprachunabhängige Semantiktheorie erst ermöglichte; insofern konvergierte hier ein früher strukturalistischer »turn« mit einer lange schon akzeptierten Säkularisierung. Vereinfacht könnte man sagen, dass die Linguistik begann, sich von der Philologie zu lösen und dem naturwissenschaftlichen Paradigma zuzustreben. Was von Saussure geopfert wurde, war das Vertrauen in eine – möglicherweise ursprünglich gottgegebene – verbindliche Achse zwischen dem *signifiant* und dem *signifié*. Der logische Empirismus des frühen 20. Jahrhunderts, insbesondere bei Otto Neurath, verzichtet dann nicht nur bewusst auf alle Nebeneffekte der Sprache, sondern versucht sie mit allen Mitteln auszublenden, und zwar genau, um jede Art von »Metaphysik«[5] aus der Sprachverwendung zu verbannen. Natürlich war der vergleichende Ansatz auch in der Sprachforschung sehr viel älter; weshalb die Vorstellung einer natürlichen oder wenigstens perfekt denkbaren Bezeichnung der Welt durch Sprache lange aufgegeben war. Diese Hintergründe hat detailliert Umberto Eco in seinen Vorlesungen »La ricerca della lingua perfetta nella cultura europea« ausgeleuchtet. Für die Geschichte der Poetik ist am Glottogonie-Diskurs und der Idee einer Lingua Adamica[6] und ihrer Identität mit der Sprache Gottes stets die These eines mimetischen Urverhältnisses zwischen Sprache und Welt relevant, die im Reim nicht nur vermittelt, nämlich über onomatopoietische Vokabeln, oder unvermittelt, nämlich als Sinn-Übersprung zwischen Wörtern, die ihre Bedeutung qua Konvention tragen, aufscheint, sondern außerdem im statistischen Normalfall, dem Reim zweier Wörter, eine Art minimaler Probe auf die Potenz zur Sinnerzeugung bietet. Bekanntlich besaß und besitzt man im Phänomen der Onomatopoie in praktisch allen natürlichen Sprachen einen Anker, der das jeweilige lexikalische Inventar via Klang an die Wirklichkeit bindet, zumindest in einem deutlich benennbaren, wenn auch vielleicht begrenzten Sektor des Vokabulars: Für »summen« oder »schnarchen«, für das Geräusch eines Schusses oder den Klang eines Instruments halten die Idiome zuallermeist in ihrer Genese leicht als Imitationen

---

5 Vgl. Manfred Geier: Der Wiener Kreis mit Selbstzeugnissen und Bilddokumenten. Reinbek 1992, S. 26.

6 Vgl. Umberto Eco: Die Suche nach der vollkommenen Sprache. Aus dem Italienischen von Burkhart Kroeber. München [2]1994, S. 21–37 und 52–55 und Gerhard F. Strasser: Von der Lingua Adamica zur Lingua universalis. Theorien über Ursprachen und Universalsprachen in der Frühen Neuzeit. In: Herbert Jaumann (Hg.): Diskurse der Gelehrtenkultur in der Frühen Neuzeit. Ein Handbuch. Berlin, New York 2010, S. 517–592.

natürlicher Klänge durchschaubare Wörter bereit. Jenseits davon geht die Paläo-Linguistik, die sich stets wieder auf Rousseau oder Herder bezieht, bis heute davon aus, dass die Wortwurzeln in archaischen Sprachformungsphasen mehr oder minder direkt jeweils auf Lautmalereien zurückzuführen sind, die freilich schon in frühen Schichten der Ausbildung von Sprachsystemen einer Abstraktion unterworfen wurden. Das alles ist von Belang für den Reim, weil er bereits existierende Wortstämme koppelt. Das Finden eines Reims aber wird gemeinhin als aktive Creatio gesehen, während man ihn genausogut als kognitiven Akt verstehen könnte, als (Wieder-)Erkennen einer präexistenten Harmonie zwischen Wörtern in praktisch allen Sprachen.

4

Linguisten summieren als wesentliche sprachliche Normverstöße, die die lyrische Rede kennzeichnen, Wortschatzphänomene wie Archaismen, Neologismen und als poetisch konnotierte Lexik, Wortstellung, Rhythmik, vor allem aber Klangtechniken und dort an erster Stelle Lautmalerei, Reim und Verwandtes. Während die Vergleichende Metrik schon früh feststellte, dass die verschiedenen Nationalsprachen inhärenten Systeme stark differieren, bedarf dies für den Reim noch einer synchron-suprakulturellen Erforschung. In der *Cambridge Enzyklopädie der Sprache* heißt es summarisch:

> Unter den Lauten läßt sich ein Geflecht von Assoziationen aufbauen. Durch Wiederholung von Vokalen oder Konsonanten können Wörter und Satzteile formal miteinander verknüpft werden, was manchmal einen rein ästhetischen Zweck erfüllt, manchmal auf mögliche inhaltliche Beziehungen hinweist.[7]

So richtig dies ist – es wird aber nur durch einsprachige Beispiele konkretisiert –, so problematisch ist genau letztere Alternative: ›manchmal rein ästhetischer Zweck‹, manchmal ›mögliche inhaltliche Beziehungen‹?

Die Dichtungstheorie hat sich bekanntlich nie ganz von der magischen, später kabbalistischen Sprachkonzeption gelöst, die in Zaubersprüchen, aber eben auch im direkten lyrischen Beschwören der Dinglichkeit wirksam wird. Wann immer Lyrik zu inhaltsbezogen, zu rational zu werden drohte, trat jemand auf, der die dem Klang verhaftete Sprache wieder in ihr Recht setzte, Peter Rühmkorf

7 David Crystal: Die Cambridge Enzyklopädie der Sprache. Übersetzung und Bearbeitung der deutschen Ausgabe von Stefan Röhrich, Ariane Böckler, Manfred Jansen. Frankfurt a. M. o. J., S. 74.

etwa, der damit der sinnlichen Seite des sprachlichen Zeichens ihr Recht und ihre Wirkung verschaffen wollte, oder die Sound poets der 1960/70er Jahre,[8] die parallel zu den konkreten Dichtern eine der sensuellen Konkretionen des lyrischen Ensembles bestätigten. Rühmkorfs berühmte Reimpoetik spricht davon, dass der Reim »in zweimaligem Anlauf seinen Zugang zu unserem Seelenleben« finde: »einmal als einverständnisvoller Wiederholungstrieb und einmal als Entzweiungslust«.[9] Damit bewegt er sich, wie wir sehen werden, eher eklektisch im Fahrwasser Hegelscher Kunst-Psychologie. Etwas rationaler, nüchterner hat in seinem Lyrik-Aufriss Rüdiger Zymner kürzlich konstatiert: »An und für sich ist die verstechnische Komplexitätssteigerung durch Versmaß oder Reim vollkommen sinnfrei, es sind ›asemantische‹ sinnfreie Ordnungsmuster.« Sinn formiere sich jedoch durch »Wiederholung« und »Parallelität«: »›Zusammenklang‹ konstituiert in seiner Wahrnehmung durch den Rezipienten für den Rezipienten ›Zusammenhang‹«.[10] Wenn man all jene Verfahren katalogisiert, die, im Sinne einer formalistischen Analyse, als »Attraktoren« gelten können, also als Zeichen, die die Aufmerksamkeit eben auf sich selbst und ihre Medialität lenken, dann ist klar, dass »graphisch oder phonisch repräsentierte Reime«[11] dazugehören. Zwar wäre es zu viel gesagt, dass sie als Abweichung von einer Standardsprache ›störten‹, aber sie signalisieren eben etwas, und zuallererst sich selbst. Es ist übrigens beinahe erstaunlich, dass die gleichsam lückenlose Diskussion, die Genette über das kratylische Problem in Bezug auf die Sprache der Poesie (der Lyrik) insbesondere an Mallarmé, Valéry und natürlich Jakobson vorträgt,[12] zwar immer wieder auf die »Untrennbarkeit« oder »Gleichwertigkeit« usw. von »Klang und Sinn« zu sprechen kommt, aber, vielleicht, weil seine Ausgangssprache das Französische ist, den Endreim vernachlässigt.

---

8 Vgl. Christian Scholz, Urs Engeler (Hg.): Fümms bö wö tää zää Uu. Stimmen und Klänge der Lautpoesie. Basel, Weil am Rhein, Wien 2002.

9 Peter Rühmkorf: agar agar – zaurzaurim. Zur Naturgeschichte des Reims und der menschlichen Anklangsnerven. Frankfurt a. M. 1985 (es 1307), S. 92.

10 Rüdiger Zymner: Lyrik. Umriss und Begriff. Paderborn 2009, S. 72.

11 Ebd., S. 114.

12 Genette (Anm. 4), S. 300–372, z. B. besonders S. 344.

5

Nun scheint es eine ganze Topik des gedanklichen Einverständnisses im Reim zu geben – bei Zymner repräsentiert durch Goethe und den im Reim-Diskurs unvermeidlichen Karl Kraus, bei dem es vom Reim heißt: »Er ist das Ufer, wo sie landen, | sind zwei Gedanken einverstanden«.[13] Die Romantiker haben zu dieser Subtradition nicht unwesentlich beigetragen wie eben auch generell zur Theorie von Reim und Assonanz. Hatte schon einer der Stifter deutscher Sprach- und Poetikgelehrsamkeit, Daniel Georg Morhof, genau 1700 dekretiert: »Wer ein guter Poete ist | wird die Wörter und Reime so fügen können | daß es scheine | als wenn sie dazu gebohren wären. Ja es kann ein Reim bißweilen zu solchen guten und bequemen Gedancken Anlaß geben | die niemand in den Sinn gekommen wären | wenn man nicht den Reim zum Führer gehabt«,[14] so war die Aufklärungsepoche dem Reim nicht so günstig gesonnen. Gottsched plädierte eher für ungebundene Dichtung, konzedierte aber immerhin, er wolle »nicht behaupten, daß man die Reime ganz und gar aus unserer Poesie abschaffen sollte«.[15] Herder, der über den Gehörsinn den Klang für die Sprachentstehung privilegiert hatte,[16] besänftigte in seinen *Briefen zu Beförderung der Humanität* (1786): »Den Reim lasse ich unsrer Poesie nicht nehmen«, womit er insbesondere für Kirchen- und Volkslieder eintrat, für Denksprüche, Konversationspoesie und alle Poesie, wo das Volkstümliche sein Recht behalten sollte. Darüber hinaus rechtfertigt Herder den Reim als Movens der poetischen Kreativität mit mehreren Bildern: Der Reim könne »ein Steuer« sein oder »ein Ruder der Rede«, gar ein »Erwerbmittel der Gedanken« und schließlich »eine Werb-Trommel, Bilder zu versammeln«.[17] Die Zeit kurz vor 1800 nun hatte sich neue Reservoirs an Reimpoesie erschlossen, namentlich die paargereimte mittelhochdeutsche Epik. Gerade die artifizielle Technik in Gottfrieds von Straßburg *Tristan* dürfte einen nachhaltigen Eindruck hinterlassen

---

13 Karl Kraus: Schriften. Hg. von Christian Wagenknecht. Bd. 7. Frankfurt a. M. 1987, S. 323 (Der Reim). Vgl. auch Rühmkorf (Anm. 9), S. 129.

14 Daniel Georg Morhof: Unterricht von der teutschen Sprache und Poesie. Hg. v. Henning Boëtius. Bad Homburg v.d.H., Berlin, Frankfurt a. M. 1700 (Nachdruck Zürich 1969 [Ars poetica: Texte; 1]), S. 280, zit.n. Ulrich Ernst, Peter-Erich Neuser (Hg.): Die Genese der europäischen Endreimdichtung. Darmstadt 1977 (Wege der Forschung; 444). Vgl. auch Alexander Ehrenfeld: Studien zur Theorie des Reims. Zürich 1897, S. 451.

15 Johann Christoph Gottsched: Versuch einer critischen Dichtkunst. Leipzig [4]1751 (Nachdruck Darmstadt [5]1962), S. 405, zit.n. Ernst, Neuser (Anm. 14), S. 454.

16 Johann Gottfried Herder: Werke in fünf Bänden. Ausgewählt und eingeleitet von Regine Otto. Berlin, Weimar 1982, hier Bd. 2, S. 139 (Über den Ursprung der Sprache).

17 Johann Gottfried Herder: Werke. Hg. von Eugen Kühnemann. Tl. 5. Abt. 2. Stuttgart o. J. (Kürschners Deutsche National-Litteratur. Bd. 77. Abt. 2. Bd. 2), S. 371.

haben. Hinzu kamen das für die Assonanz maßgebliche Spanien-Interesse sowie die einsetzende Dante-Rezeption, bei der zunächst der frühe »Horen«-Aufsatz August Wilhelm Schlegels das Augenmerk auf das Potential des Dreireims lenkte, ein Potential, das dann bald standardmäßig mit »Mystik« und »Tiefsinn« verbunden wurde.[18]

6

Die vielleicht kohärenteste, wenngleich nicht originelle Theorie für Reim und Assonanz lieferte 1803 August Ferdinand Bernhardi (1769–1820). Der am Berliner Friedrichswerderschen Gymnasium lehrende, mit den frühen Romantikern befreundete und verschwägerte Bernhardi erwarb sich 1811 eben durch seine sprachwissenschaftliche Kompetenz eine Privatdozentur. Jochen Fried hebt mit Recht hervor, dass seine zweibändige *Sprachlehre*[19] nicht nur als Übersicht des grammatischen, anthropologisch-historischen und pädagogischen Wisssens diente, sondern Sprache »als das transzendentale Substrat der erkennbaren Welt« definierte, »ausgehend von der Nachahmung elementarster Naturlaute bis hin zu den vollendetsten Exempeln der Dichtkunst«.[20] Dass Bernhardi sich dabei an Fichte und Schelling, primär aber an Herders Ideen über den Ursprung der Sprache anlehnte,[21] liegt auf der Hand. Von zentraler Aussagekraft für die Reimtheorie der Romantiker ist die aufgrund Grimmscher Erinnerungen für die Gründungsgeschichte der Germanistik beinahe mythische Vorrede, die Ludwig Tieck (auf dem Frontispiz archaisierend »Ludewig« genannt) seinen ebenfalls 1803 erschienenen *Minneliedern aus dem Schwäbischen Zeitalter* vorausschickte:[22] »Gewiß«, sagt er dort,

18 Vgl. Achim Hölter: Religione e linguaggio mistico nelle letture Dantesche di Ludwig Tieck. Per una concezione romantica dell'ambiguità.Religiosität und mystische Sprache in der Dante-Lektüre Ludwig Tiecks. Zum romantischen Verständnis von Mehrdeutigkeit. In: Donatella Mazza (Hg.): Pensiero religioso e forme letterarie nell'età classicistico-romantica. Pasian di Prato 1996, S. 145–163.

19 Vgl. August Ferdinand Bernhardi: Sprachlehre. 2 Bde. Berlin 1801–1803 (Nachdruck Hildesheim, New York ²1972).

20 Jochen Fried: August Ferdinand Bernhardi. In: Walter Killy (Hg.): Literaturlexikon. Autoren und Werke deutscher Sprache. Bd. 1. Gütersloh, München 1988, S. 465.

21 Vgl. Eugen Klin: August Ferdinand Bernhardi als Kritiker und Literaturtheoretiker. Bonn 1966 (Bonner Arbeiten zur deutschen Literatur; 14), S. 151.

22 Vgl. Ludwig Tieck (Hg.): Minnelieder aus dem Schwäbischen Zeitalter. Berlin 1803 (Nachdruck Hildesheim 1966), S. I–XXX.

zeigt sich in keinen andern Gedichten die Natur und Absicht des Reims so vollständig, als in diesen. So wie man hier eine sichere und gebildete Hand im Gebrauch desselben fast allenthalben erkennt, so wird dem Leser doch fast immer auch zugleich die Entstehung dieses Wohlklangs, welcher die ganze neuere Poesie gestimmt und beseelt hat, deutlich. (S. XIII)

Ob dies nun zutrifft oder eher auf eine unvollkommene historische und morphologische Kenntnis des Mittelhochdeutschen zurückgeht, die anderenorts deutlich zutagetritt, soll hier keine Rolle spielen. Interessanter scheint die These, dass die Gedichte der Manessischen Handschrift, die ja durch Bodmer bereits ein halbes Jahrhundert bekannt waren,[23] als Medien betrachtet werden, die das Prozessuale der Reimgenese transparent machen, ein dynamischer Gedanke, der nicht weiter erläutert wird, heute indes an Benjamins Übersetzungstheorie erinnert. In Tiecks Vorrede klingt aber vor allem die für die Frühromantik typische Distanzierung von der Aufklärungspoetik an, etwa als Abwehr realer oder fiktiver Vorwürfe gegen sogenannte »Künstlichkeit« der Lyrik in der Stauferzeit, wie sie sich in teils komplexen Reimschemata – die man 130 Jahre später dem »Formalismus« zugschlagen hätte – manifestiere. Der Übersetzer hält dagegen:

Es ist nichts weniger als Trieb zur Künstlichkeit, oder zu Schwierigkeiten, welche den Reim zuerst in die Poesie eingeführt hat, sondern die Liebe zum Ton und Klang, das Gefühl, daß die ähnlichlautenden Worte in deutliche oder geheimnißvollere Verwandtschaft stehn müssen, das Bestreben die Poesie in Musik, in etwas Bestimmt-Unbestimmtes zu verwandeln. (S. XIII)

Kaum ein Satz ist besser geeignet, die romantische Reim-Doktrin dort zu zeigen, wo sie das Vage zelebriert und die Übergängigkeit, das Verfließen von Signifikant und Signifikat als eigentliche Leistung jedes Reims feiert. Des Weiteren bemüht Tieck sich darum, die historische Ablösung der quantitierenden Metrik, die ja im Kontext von Klopstock und Voß auch ein Thema seiner Jugendzeit gewesen war, als eine systematische Wertentscheidung zu verstehen. Das setzt voraus, dass die Literatur gleichsam synchron als ein Spiel freier Optionalität betrachtet wird:

Dem reimenden Dichter verschwindet das Maaß der Längen und Kürzen gänzlich, er fügt nach seinem Bestreben, welches den Wohllaut im gleichförmigen Zusammenklang der Wörter sucht, die einzelnen Laute zusammen, unbekümmert um die Prosodie der Alten, er vermischt Längen und Kürzen um so lieber willkührlich, damit er sich um so mehr dem Ideal einer rein musikalischen Zusammensetzung annähere. (S. XIIIf.)

»Wohllaut«, »Zusammenklang«, »Ideal einer rein musikalischen Zusammensetzung«, das sind die Schlüsselbegriffe, die hier in eine Richtung tendieren, näm-

23 Johann Jacob Bodmer (Hg.): Proben der alten schwäbischen Poesie des Dreyzehnten Jahrhunderts. Aus der Maneßischen Sammlung. Zürich 1748 (Nachdruck Hildesheim 1973).

lich zum Primat der Musik. Es wäre ein Leichtes, daraus den Verzicht auf Sinn oder mindestens die Rückstufung aller gehaltlichen Ansprüche an Lyrik zu konstruieren, sei es nun mittelalterliche oder in den Ohren der Romantiker »mittelalterliche« oder deren eigene Klang-Lyrik. Beispiele gibt es in der Tat genug: Tiecks Gedichte aus der *Magelone* und vor allem dem *Sternbald*, Texte wie *Posthornschall*[24] oder *Schalmeiklang* (»Himmelblau, | Hellbegrünte Frühlingsau, | Lerchenlieder | Zur Erde nieder« usw., deren unregelmäßiger Rhythmus und deren unvollständige Syntax den Reim ganz ins Zentrum rücken)[25] gelten als – mit Zymner zu sprechen – weitgehend »sinnfrei«. Die Pointe besteht aber darin, dass Tieck Klang und Sinn gerade nicht dissoziiert, sondern dem Reim die ungeheure Kraft zuschreibt, eine eigentliche, tiefe semantische Bindung zu markieren:

> Eine unerklärliche Liebe zu den Tönen ist es, die seinen Sinn regiert, eine Sehnsucht, die Laute, die in der Sprache einzeln und unverbunden stehn, näher zu bringen, damit sie ihre Verwandschaft erkennen, und sich gleichsam in Liebe vermählen. (S. XIV)

Bei alldem bleibt die Frage bestehen, welches Prinzip oder, wenn man so will, welche Kraft den Reim herbeiführt. Tieck beruft sich noch einmal auf nichts Geringeres als die Liebe, die er in die Sprache selbst verlegt. In einer Epoche, in der eine romantisch-irrationale Naturwissenschaft, geprägt von Novalis und Johann Wilhelm Ritter, allmählich die verschiedensten Diskurse unauffällig durchziehen sollte, wird hier in einem Text, der zunächst einmal rhetorisch-bildlich funktioniert, als Erklärung eine unsichtbare Kraft angeboten. Es liegt geradezu nahe, die romantische Reimtheorie im Horizont von Magnetismus, Elektrizität oder chemischer Wahlverwandtschaft zu sehen. Auch aus der magischen Mineralogie, wie sie neben Tieck vor allem Novalis bedichtet hat, ließen sich Homologien konstruieren, denn selbst die Elemente scheinen um 1800 ein aktives Eigenleben zu führen. Das Minnelieder-Vorwort führt aus:

> Ein gereimtes Gedicht ist dann ein eng verbundenes Ganze, in welchem die gereimten Worte getrennt oder näher gebracht, durch längere oder kürzere Verse auseinander gehalten, sich unmittelbar in Liebe erkennen, oder sich irrend suchen, oder aus weiter Ferne nur mit der Sehnsucht zu einander hinüber reichen; andre springen sich entgegen, wie sich selbst überraschend, andre kommen einfach mit dem schlichtesten und nächsten Reim unmittelbar in aller Treuherzigkeit entgegen. (S. XIV)

Für die kommentierende Literaturwissenschaft besteht die Herausforderung solcher Zeilen nicht primär darin, dieses Reimmodell auf seine Triftigkeit zu prüfen,

---

24 Vgl. Ludwig Tieck: Schriften in zwölf Bänden. Bd. 7. Hg. von Ruprecht Wimmer. Frankfurt a. M. 1995, S. 39 f.
25 Ebd., S. 38 f.

sondern darin, dass es jenseits der Paraphrase kaum zu besprechen ist. Man kann »Widerhall« durch »Echo« ersetzen, man kann hinter Frage und Antwort leicht die gemeinte Struktur verstehen, aber das Ganze des umschreibenden Texts bietet eben keine Metasprache an, sondern eine unendliche Um- und Fortschreibung getreu der Maxime: »Über Dichtung ist es dir nur erlaubt zu dichten«.[26]

> In diesem lieblichen, labyrinthischen Wesen von Fragen und Antworten, von Symmetrie, freundlichem Widerhall und einem zarten Schwung und Tanz mannigfaltiger Laute schwebt die Seele des Gedichtes, wie in einem klaren durchsichtigen Körper, die alle Teile regiert und bewegt und weil sie so zart und geistig ist, beinahe über die Schönheit des Körpers vergessen wird.[27]

Hier mögen überdies die »cristallinen wortelin« anklingen, die Hartmann von Aue in Gottfrieds Dichterkatalog[28] zugeschrieben wurden. Vor dem Hintergrund dieser metaphernreichen Ausführungen darf man nun auch die Rungesche[29] Titelvignette des Bandes betrachten, die zwei Genien oder Kinder darstellt (vgl. Abb. 1). Der Kranz aus erblühten und knospenden Rosen mit Laub kombiniert die Liebes-Ikonographie mit einem Anklang an den traditionellen Lobpreis des gekrönten Dichters, den Lorbeerkranz. Die beiden einander zwillingshaft ähnlichen Putten küssen einander und umschlingen sich mit den Armen. Man sieht also eine absolut symmetrische Paarbeziehung, für den das Attribut der Kindlichkeit bedeutsamer scheint als das Geschlecht der Küssenden, die eine unschuldige Geschwisterlichkeit zu verbinden scheint. Tiecks Vorrede und Runges Vignette suggerieren Gleichzeitigkeit. Nun ist der Reim aber immer ein Vorher-Nachher. Das typisch Romantische an der Reimtheorie ist also u. a., dass sie ein Simultanes behauptet, aus dem erst eigentlich die Sprachmetaphysik entsteht.

Vielleicht ist hier der Ort, an das Buch *Suleika* von Goethes *West-Östlichem Divan* zu erinnern, weil auch dort die Reimphänomene mit Liebestopik beleuchtet werden:

> Behramgur, sagt man, hat den Reim erfunden,
> Er sprach entzückt aus reiner Seele Drang;
> Dilaram schnell, die Freundin seiner Stunden,
> Erwiderte mit gleichem Wort und Klang.

---

26 Ludwig Tieck: Kritische Schriften. 4 Bde. Leipzig 1848, hier Bd. 1, S. 139 (Briefe über Shakespeare).

27 Tieck (Anm. 22), S. XIIIf.

28 Gottfried von Straßburg: Tristan, V. 4629 (vgl. Günther Schweikle [Hg.]: Dichter über Dichter in mittelhochdeutscher Literatur. Tübingen 1970, S. 6).

29 Vgl. Jens Christian Jensen: Philipp Otto Runge. Leben und Werk. Köln 1977, S. 107–113.

Abb. 1 Ludwig Tieck (Hg.): Minnelieder aus dem Schwäbischen Zeitalter. Berlin 1803 (Nachdruck Hildesheim 1966), Titelblatt.

Und so, Geliebte, warst Du mir beschieden,
Des Reims zu finden holden Lustgebrauch,
Daß auch Behramgur ich, den Sassaniden,
Nicht mehr beneiden darf: mir ward es auch.

Hast mir dies Buch geweckt, du hast's gegeben;
Denn was ich froh, aus vollem Herzen, sprach,
Das klang zurück aus deinem holden Leben,
Wie Blick dem Blick, so Reim dem Reime nach.[30]

---

30 Johann Wolfgang Goethe: Werke. Hamburger Ausgabe. Bd. 2, S. 79, zit.n. Ernst, Neuser (Anm. 14), S. 460 f. Vgl. auch die Wechselrede Fausts und Helenas im 3. Akt des *Faust II* (V. 9367–9384).

Der »Lustgebrauch« ist ein prägnantes Bild für das, was der Reim an psychischem Mehrwert erzeugt, und Goethes Blick-Parallele scheint beinahe unmittelbar auf Runges Vignette zurückzuverweisen.

Reimen gehört nach naiver Vorstellung zur Dichtungskompetenz. Wollte man H. C. Artmanns Diktum für bürgerliche Familienfeiern umformen oder an ein laienhaftes Literaturbild anpassen, so hieße es nicht: »Wer dichten kann, ist Dichtersmann«, sondern: ›Wer reimen kann, ist Dichtersmann‹. Robert Gernhardts spöttische Lyrik privilegiert geradezu dieses scheinbar gesunkene Kulturgut Reim. Um so aufschlussreicher, dass die Romantiker die Schlüsselkompetenz in diesem Kontext nicht so sehr dem Poeten (bei dem das Reimen ja eine Art seelischer Automatismus, ein Geschenk des Himmels oder der Musen oder eine Eigenfunktion der Sprache ist) zuschreiben, sondern dem Rezipienten: A. W. Schlegel hatte wohl die italienische Canzonenpoesie im Ohr, wenn er wertete: »Ein reizbares geübtes Gehör kann die Reime noch in einer großen Ferne vernehmen, während ein rohes oder stumpfes durch ihre schnelle Folge stark getroffen zu werden verlangt«.[31] Tieck aber fühlte die ganze Imaginationsfähigkeit des Hörers (auch er spricht vom Hörorgan!) durch die Klangeffekte der mittelalterlichen Reimkunststücke aktiviert: »Einem ungeübten Ohre dürfte das Schönste dieser Art nur als kindische Spielerei erscheinen, wo der feinere Sinn die zartesten Laute der Sehnsucht vernimmt, die sich in Thränen und Schluchzen auflöst, anderswo wie ein klagendes Echo aus dem Gemüthe, oder das Rieseln eines muntern Baches, dessen Wellen freudig zusammenklingen«.[32]

7

Blicken wir kurz auf die Halbschwester des Reims, die Assonanz. Ein bewährtes linguistisches Lexikon definiert sie als »Vorform des Reims, bei der nur die Vokale von der letzten Tonsilbe an übereinstimmen (männl.: Bad / Tag, weibl.: Suppe / hundert), ersetzte in der vokalreichen spanischen Dichtung zeitweise den Endreim«.[33] August Ferdinand Bernhardi hatte einen Begründungszusammenhang für evident erklärt: »Da aber ein jeder Vocal und Diphthong seine bestimmte Bedeutung hat, so sieht man leicht, daß die Wahl der Assonanz durch

31 A. W. Schlegels Vorlesungen über schöne Litteratur und Kunst. Hg. von Jakob Minor. 3 Tle. Heilbronn 1884, hier Tl. 3, S. 49.

32 Tieck (Anm. 22), S. XVI.

33 Helmut Glück (Hg.): Metzler Lexikon Sprache. Stuttgart, Weimar 1993, S. 62.

den Stoff bedingt wird, und daß sie von ihm abhängt«.[34] Das bedeutet historisch, dass in erster Linie die spanische Romanzenpoesie und deren Übersetzung die Assonanz populär machte, eine Lied- und Dichtungstradition, von der wiederum Friedrich Schlegel enthusiastisch sagte, sie sei »ganz melodisch, musikalisch, ganz Gesang, alle Worte lösen sich in Hauch und Wohllaut auf«.[35] Dahinter steckte freilich mehr. Denn wenn sein Bruder in einer der Berliner Vorlesungen – wir halten wieder um das Jahr 1803 – formuliert hatte, das Mittelalter sei »die eigentliche Epoche der Romanzen« und sie selbst »gleichsam Nachklang und letzter Wiederhall des älteren Naturgesanges«,[36] so bedeutet dies, ohne dass hier explizit von der Form der Assonanz die Rede wäre, dass quasi die Patina den besonderen Reiz dieses Genres, seiner Stoffe wie seiner Technik, ausmachte. An anderer Stelle erklärte Schlegel dies nun auch deutlicher: »Selbst die Unvollkommenheiten der Sprache und des Versbaues, wo oft eine Assonanz oder sonst ein unvollkommener Gleichlaut die Stelle des Reimes vertreten muß, beweisen, daß die Verfasser gar keine Ansprüche auf gelehrte oder gebildete Poesie machten«,[37] so schreibt er über jene Volkslieder, die er im Gefolge Herders und seines eigenen Mentors Bürger für den Literaturkanon retten will. Assonanz ist also, ähnlich wie der Knittelvers, ein ironisch-historisierendes Sprachvehikel, eine Art Additiv, wobei freilich das Umspielen und Nicht-Erreichen des echten Reims im Sinne romantischer Vagheit (Tieck spricht vom »seltsame[n] Zauber dieses Klanges, der neben dem Reime ahnungsreich schwebt«)[38] bis hin zu Wagners Vorhalt auch noch eine weiterreichende Potenz ausüben dürfte. Dass etwa um das Jahr 1804 die Assonanz eine kurze neue Blüte erlebte, die dann bei den späteren Romantikern, Fouqué, Grillparzer, Immermann, Heine prolongiert wurde, wobei man die »Treuherzigkeit« der frühromantischen Texte eher mühsam durch Ironie belebte, merkt man besonders beim jungen Brentano in den *Romanzen vom Rosenkranz* und dessen unmittelbarem Vorbild Tieck, insbesondere in einigen mythologischen Romanzen sowie in dem kurios-teuflischen Erzählgedicht *Die Zeichen im*

34 Bernhardi (Anm. 19). Bd. 2, S. 405.

35 Kritische Friedrich-Schlegel-Ausgabe. Hg. von Ernst Behler. München, Paderborn, Wien u. a. 1958 ff., hier Bd. 11, S. 155.

36 A. W. Schlegel (Anm. 31), S. 161.

37 August Wilhelm Schlegel: Kritische Schriften und Briefe. Hg. von Edgar Lohner. 7 Bde. Stuttgart 1965, hier Bd. 4, S. 150.

38 Tieck schreibt 1828: »Man hatte damals [um 1800] zuerst die Assonanz versucht, die nachher viele Widersacher gefunden hat. Will man den Calderon treu übersetzen, [...] so kann man diese spanische Tonart nicht entbehren. In wie fern sie deutsch werden kann, ist der Zeit anheim gegeben. Der seltsame Zauber dieses Klanges, der neben dem Reime ahnungsreich schwebt, gefiel meinem Ohr so sehr, daß ich im Octavian ihn in allen Lauten sprechen ließ« (Schriften. Bd. 1. Berlin 1828, S. XXXIX).

Walde, das 1802 im *Musenalmanach* erschien. Im Schema x a y a assonieren nicht weniger als 114 vierversige Strophen, wobei der Leitvokal das u ist, von:

> O mein Sohn, wie gräßlich heulend
> Klagt herauf vom Moor die Unke!
> Hörst du wohl die Raben krächzen?
> Die Gespenster in dem Sturme?-

bis:

> Durch das Tal sieht man ihn schleichen,
> Gram verzehrt die frische Jugend.
> Bauern fanden seinen Leichnam,
> Legten ihn ins Grab zur Ruhe.[39]

Dabei akkumuliert der Dichter Unsummen an u-Stämmen: hinunter, Burgen, drunten, verdunkeln, verschlungen, verbunden, Tugend, Blute, Wunden, Mutter, aber auch so gezwungene Funde wie »begunnte«, »gulden«, »zurucke«, »blumend«, »erhube« und das zweisilbige »Tuen«. – »Einem jedem«, schrieb Bernhardi praktisch zeitgleich,

> besonders aber den musikalischen und poetischen Kunstwerken, liegt eine durchgehende, eine Hauptempfindung zu Grunde, welche zwar im Fortgange sich an manchen Stellen verdunkelt und zurückweicht, an andern dagegen, besonders am Schlusse einzig heraustritt, und auf diese Art das Ganze durchströmt, erleuchtet und verbindet. Eine solche durchgehende Empfindung heißt man Stimmung, und derselben werden alle andere Empfindungen untergeordnet, so daß man die Vollendung eines Kunstwerkes von Seiten des Effekts auf die Empfindung, sehr zweckmäßig und wahr ein Empfindungsconcert nennen kann. Die Darstellung dieser Stimmung kann, wie man sieht, vorzüglich durch das Ruhen und die Wiederhohlung des einen und desselben Vocals erreicht werden, und aus diesem Umstande, wollen wir die poetische Kraft und den Gebrauch der Assonanz ableiten und erläutern.[40]

Man darf dies ruhig ernstnehmen; nicht nur die ebenso problematische wie aktuelle ästhetische Kategorie der »Stimmung«,[41] sondern auch die gleichsam kompositionstheoretische Deskription der Assonanz als eine Art »Empfindungs-

---

39 Vgl. Tieck (Anm. 24), S. 349–364. Zu Tiecks Lyrik vgl. zusammenfassend Stefan Scherer: Lyrik. In: Claudia Stockinger, Stefan Scherer (Hg.): Ludwig Tieck. Leben – Werk – Wirkung. Berlin, New York 2011, S. 476–495.

40 Bernhardi (Anm. 19). Bd. 2, S. 403 f.

41 Vgl. Carolin Fischer: Stimmung als ästhetische Kategorie? In: Achim Hölter (Hg.): Comparative Arts. Universelle Ästhetik im Fokus der Vergleichenden Literaturwissenschaft. Heidelberg 2011, S. 349–356 (mit weiterer Literatur).

concert« in a-, e-, i-, o-Dur oder u-moll. – Doch noch einmal zurück zur Frage nach dem inneren Zusammenhang zwischen Reim und Bedeutung. In dem wohl besten Überblick zur Geschichte und Theorie des Reims referieren Ulrich Ernst und Peter Erich Neuser die Position A. W. Schlegels: Dieser rücke »auch die Dependenz des Reims von linguistischen Gegebenheiten in das Blickfeld und differenziert zwischen Reimen in den germanischen Sprachen, in denen jeweils die sinntragenden Wortwurzeln den Reim mitbilden – er spricht hier von *Gedankenreimen* – und Reimen in den romanischen Sprachen, in denen oft nur die Flexionssilben der Wortausgänge am Gleichklang beteiligt sind«.[42] Interessanterweise wählte Bernhardi ganz dieselbe Vokabel, als er ausführte:

> Man sieht, daß eine Reihe von Spielen, welche man gewiß auf sehr sinnreiche Arten ausbilden kann, gar nicht möglich wären, ohne die Voraussetzung eines gewissen Zusammenhanges, zwischen den gleichtönenden Wörtern, und der Sache, welche sie bezeichnen, und so beruhte auch hier das Vergnügen an diesen Spielen auf der Anschauung jener absoluten Identität, welche wir als Princip dieser ganzen Gattung von Figuren festgelegt haben. Diese Gattung der Reime wollen wir Gedankenreime nennen [...].[43]

Beide betonen also mit diesem »Gedankenreim« eine etymologische Begründung für die Zusammengehörigkeit der reimenden Vokabeln. Die hermeneutische Problematik hinter dieser Entdeckung bleibt freilich erhalten, denn Bernhardi sieht ganz richtig, dass der »gewisse[.] Zusammenhang[.]« zugleich Produkt und Prämisse des Reimvorgangs ist. Zusätzlich aber versucht er auch, den Lustgewinn zu begreifen, der in einem sehr elementaren Akt der »Anschauung« von »Identität« wurzelt, eine beinahe gestaltpsychologische Idee. Viel weiter sind wir auch heute nicht gekommen als festzustellen, dass das Erkennen von Identität Vergnügen bereitet.[44]

8

Kommen wir zum Schluss noch zu Hegel, über dessen Ästhetik Ernst und Neuser resümieren: »Analog zum Geist seiner Epoche betrachtet er den Reim als klanglich-sinnlichen Ausdruck der subjektiven Empfindung und damit als ein

---

42 Ernst, Neuser (Anm. 14), S. 466.

43 Bernhardi (Anm. 19). Bd. 2, S. 420.

44 Vgl. Achim Hölter: Über den Grund des Vergnügens am philologischen Vergleich. In: Komparatistik. Jahrbuch der Deutschen Gesellschaft für Allgemeine und Vergleichende Literaturwissenschaft (2010), S. 11–23.

der romantischen Poesie essentiell zugehöriges Formprinzip«.[45] Was heißt das konkret? Hegel erklärt in seiner Ästhetik-Vorlesung (*Die Poesie* B. 3.b.):

> Wie nun aber die romantische Kunst [...] für dies Subjektive im Klang das entsprechendste Material aufsucht, so vertieft sich nun auch die *romantische* Poesie, da sie überhaupt verstärkter den Seelenton der Empfindung anschlägt, in das Spielen mit den für sich verselbständigten Lauten und Klängen der Buchstaben, Silben und Wörter und geht mit diesem Sichselbstgefallen in ihren Tönungen fort, da sie teils mit der Innigkeit, teils mit dem architektonisch verständigen Scharfsinn der Musik zu sondern, aufeinander zu beziehen und ineinander zu verschlingen lernt.[46]

Manches kommt hier schon bekannt vor. Individuell jedoch unterstreicht Hegel den psychologischen Ansatz und die – modern ausgedrückt – selbstreferentielle Komponente des Reimens und Assonierens:

> Das Bedürfnis der Seele, sich selbst zu vernehmen, hebt sich voller heraus und befriedigt sich in dem Gleichklingen des Reims, das gegen die fest geregelte Zeitmessung gleichgültig macht und nur darauf hinarbeitet, uns durch Wiederkehr der ähnlichen Klänge zu uns selbst zurückzuführen. Die Versifikation wird dadurch dem Musikalischen als solchem, d. h. dem Tönen des Inneren, nähergebracht [...].[47]

Seine Ausführungen kreisen im Grunde um diese These einer Rekursivität, die strenggenommen rätselhaft bleiben muss. Was heißt es, dass die Seele »sich selbst« vernimmt, dass Reime uns »zu uns selbst zurück[..]führen«? – Schon Hegel also unterstreicht das Erlebnis von Identität und das Wiederholungsprinzip, Basiselemente jeder musikalischen Formenbildung (Sequenzierung, Barform, Refrain).[48] »Auch im Innern und Ganzen der größten modernen Gedichte ist Reim, symmetrische Wiederkehr des Gleichen«, hatte schon Friedrich Schlegel geschrieben.[49]

---

45 Ernst, Neuser (Anm. 14), S. 471.

46 Georg Wilhelm Friedrich Hegel: Werke in 20 Bänden mit Registerband. Hg. von Eva Moldenhauer, Karl Markus Michel. Frankfurt a. M. 1986 (stw 615), hier Bd. 15, S. 304.

47 Ebd. Vgl. auch Ernst, Neuser (Anm. 14), S. 472.

48 Vgl. Clemens Kühn: Formenlehre der Musik. München. Kassel 1987, S. 14–18.

49 Kritische Friedrich-Schlegel-Ausgabe (Anm. 35). Bd. 2, S. 163. Vgl. auch Ernst, Neuser (Anm. 14), S. 464.

9

Will man kurz resümieren, so kann man das am besten mit Bernhardi tun, der bereits seine Analyse so pointiert hatte:

> Es ist nach allem diesen nur noch ein einziger Punkt zu erläutern übrig, nehmlich die poetische Bedeutsamkeit des Reimes. Hier aber müssen wir, um in diese Materie keine Verwirrung zu bringen, nicht von dem Reime, wie er in Versen vorkommt, ausgehen, sondern wie er sich in einzelnen Worten darstellt. Da die Sprachen sich imaginativ gebildet haben, da die einzelnen Wörter die Bilder einzelner Substanzen und Gefühle sind: so darf es uns nicht wundern, wenn gefühlte Identität in den Substanzen, oder in den Empfindungen, Identität in den Bildern derselben, in den tönenden Sphären hervorgebracht hat. Daher kann man in der Regel annehmen, daß Reime, besonders wenn zwei Wörter welche sie bilden, zu Einer Art der Redetheile gehören, auch in der Bedeutung zusammenhängen.[50]

Was zu beweisen war oder, um einen Buchtitel Ecos zu zitieren: »Quasi dasselbe mit anderen Worten«?[51] Auch Karl Kraus Aufsatz »Der Reim« sagte 1927 sinngemäß das Gleiche in dem Diktum: »Reimen kann sich nur, was sich reimt; was von innen dazu angetan ist und was wie zum Siegel tieferen Einverständnisses nach jenem Einklang ruft, der sich aus der metaphysischen Notwendigkeit worthaltender Vorstellungen ergeben muß«.[52] Es ist aber auch wahr, dass jede Reformulierung der immergleichen Feststellung dem Sachverhalt zwangsläufig eine weitere Facette hinzufügt, bei Kraus z. B. die nur scheinbar selbstverständliche Dichotomie von Innen vs. Außen, die nun wieder in das Dilemma jeder zweiwertigen Zeichentheorie münden muss. In der deutschsprachigen Romantik hat man es also, kurz gesagt, mit einer spannenden Umbruchssituation zu tun: Im Umbruch ist die Zeichentheorie, im Umbruch ist die theologische Situation, im Umbruch ist das Sprachverhalten (hin zu einem selbstreferenten Reden), im Umbruch ist auch das Sprachverständnis in Richtung eines freien Spiels der Vokale. Auch dies lässt sich um 1800 den Reimen und Assonanzen ablauschen.

---

50 Bernhardi (Anm. 19). Bd. 2, S. 419.

51 Vgl. Umberto Eco: Quasi dasselbe mit anderen Worten. Über das Übersetzen. Aus dem Italienischen von Burkhart Kroeber. München 2006.

52 Kraus (Anm. 13), S. 358. Vgl. Marcel Proust in *Le côté de Guermantes*: »N'est-ce pas déjà un premier élément de complexité ordonnée, de beauté, quand en entendant une rime, c'est-à-dire quelque chose qui est à la fois pareil et autre que la rime précédente, qui est motivé par elle, mais y introduit la variation d'une idée nouvelle, on sent deux systèmes qui se superposent, l'un de pensée, l'autre de métrique?« (A la recherche du temps perdu. Edition publiée sous la direction de Jean-Yves Tadié. Bd. 2. Paris 1988, S. 351).

Norbert Otto Eke

»Bis an die unerhörte Grenze« oder: Der Klang des Schmerzes

Vielstimmigkeit in Anne Dudens Schreibkonzept

1 »O dolorosa sorte«

Am Beispiel des Madrigalwerks Carlo Gesualdos beschreibt Anne Duden in ihrem Essay *O dolorosa sorte*, mit dem sie 1995 ihre Essaysammlung *Der wunde Punkt im Alphabet* eröffnet,[1] wie durch die Verwendung ›gegenstrebiger‹[2] tonaler Fügungen Intensitätssteigerungen entstehen. Das Interesse Anne Dudens am Werk des Fürsten von Venosa gilt strukturellen Eigenheiten der Kompositionstechnik, die Gesualdo bei seinen Zeitgenossen den Ruf eines Erneuerers der Musik eingetragen haben,[3] die Anerkennung seines Werkes in späteren Jahrhunderten für lange Zeit aber zunächst verhinderten: den ungewöhnlichen Klangverbindungen *nota contra notam* und häufigen Tonartwechseln, dem chromatischen Fortschreiten in verschiedenen Stimmen, dem freiem Dissonanzgebrauch. Mit diesen Mitteln, weniger dagegen mit den in seinen Kompositionen durchaus auch begegnenden klangschönen melodischen Wendungen,[4] so Anne Duden, steigere Gesualdo in seiner Musik den Ausdruck des Schmerzes in eine beispiellose Nachdrücklichkeit hinein:

> Bis an eine unerhörte Grenze ist, was je ausdrückbar schien, vorgerückt und vorgestoßen. Noch die Grenze selbst wird transparent, gibt sich plötzlich zu erkennen als das, was sie immer schon gewesen sein muß: eine dünne Haut, verwundbar, ja *durch*stoßbar. Einer großen vielköpfigen Leidenschaft ist immer auch ihr gefürchtetes oder wütend ersehntes

---

1 Der Essay wurde erstveröffentlicht unter dem Titel »Bis an die unerhörte Grenze. Über die Musik Carlo Gesualdos« in: Basler Zeitung. Basler Magazin. Nr. 33, 19.8.1989, S. 11.

2 Vgl. zu diesem Begriff Anne Duden: Gegenstrebige Fügung. In: A. D.: Der wunde Punkt im Alphabet. Hamburg 1995, S. 119–125.

3 Dass Gesualdo zugleich damit auf die Musik seiner Zeit reagierte, hat Peter Niedermüller herausgestellt. Vgl. Peter Niedermüller: Gesualdo. In: Die Musik in Geschichte und Gegenwart. Zweite, neubearbeitete Ausgabe. Hg. von Ludwig Finscher. Personenteil 7. Stuttgart ²2002, Sp. 833–846, hier Sp. 843 f. Vgl. auch den sehr ausführlichen Artikel von Joshua Kosman, in: The New Grove Dictionary of Music and Musicians. Second Edition. Hg. von Stanley Sadie. Bd. 9. London 2001, S. 775–787.

4 Ein Beispiel dafür aus dem geistlichen Werk Gesualdos, die Komposition *O vos Omnes*, nennt Anne Duden selbst (vgl. A. D.: O dolorosa sorte. Über die Musik Carlo Gesualdos (1560–1613). In: A. D.: Der wunde Punkt [Anm. 2], S. 7–12, hier S. 8).

> Abkappen, Vertilgen, Auslöschen benachbart, ihr panikartig herbeigewünschtes, und sei es gewaltsames, Ende. Jeder Moment, auch noch der der Ruhe, überwach ausgehaltene, nie nachlassende Spannung; ein Durchqueren eines einzigen, wenn auch vielfältig geformten und sich stets neu formenden Geländes: des Schmerzes. [...] Durchdringend scharf und süß zugleich, vertraut und schneidend fremd in einem zwingen die Töne das Disparateste zusammen, werden die größtmöglichen Entfernungen nicht überbrückt, sondern kurzgeschlossen, werden Unterscheidungen schwergemacht, sind die Pole als einander Entgegengesetztes kaum noch zu orten. Ist nicht schon alles eins, ohne daß der Schmerz nachlassen würde? Wird er nicht, im Gegenteil, noch verstärkt?[5]

Mit den Überlegungen zur Kompositionskunst Gesualdos führt Anne Duden die Linie ihrer poetologischen Reflexionen im Echoraum der abendländischen Kultur über das Verhältnis von Ästhetik und Aisthesis, von künstlerischer Produktion und Sinnenwahrnehmung weiter, die ihr Werk durchzieht. Der Essay *O dolorosa sorte* selbst weist in die Mitte einer ästhetischen Theorie, die, getragen von dem Wunsch, »alles auf einmal«[6] sagen zu können, die Vokalpolyphonie des 15. und 16. Jahrhunderts als Ausdrucksmöglichkeit des Schmerzes – zunächst allgemein im Sinne von Intensitätssteigerungen, im weiteren und konkret dann aber vor allem im Blick auf die deutsche Geschichte und bezogen auf das Sagbarmachen des Unsagbaren – aufruft, und dies weit über die exaltierte Musik Gesualdos hinaus im Rückgriff zumal auf die Tradition einer wohlklingenden, dabei kompliziert strukturierten Musikrichtung, für die Martin le Franc um 1440 den Begriff der *contenance angloise* geprägt hat (John Dunstable, Guillaume Dufay u. a.).[7] Dabei sind es vor allem (die notwendige Unterscheidung zwischen vertikal-klangorientierter und horizontal-polyphoner Konzeption[8] einmal beiseite) zwei konstitutive

5 Duden: O dolorosa sorte (Anm. 4), S. 7 f.

6 Diese Fähigkeit der Multiperspektivität bzw. Multidimensionalität und Gleichzeitigkeit findet Duden auch in der Malerei: »Eine Fähigkeit der Malerei ist eben dieses ›alles auf einmal‹, ›alles auf einen Blick‹« (Sprachliche Sensibilität und Wahrnehmungsfähigkeit. Werkstattgespräch von Almut Hoppe und Kai-Jochen Voss mit Anne Duden am 27.1.2004. In: Mitteilungen des Deutschen Germanistenverbandes 51 [2004], S. 404–416, hier S. 405). Insofern ist die Beschäftigung mit der Vokalpolyphonie des 15. und 16. Jahrhunderts auch nur ein Gegenstück zu Anne Dudens Auseinandersetzung mit der Malerei, insbesondere derjenigen der frühen Neuzeit. Vgl. weiterführend zur Bedeutung des gemalten Bildes in Dudens Werk Norbert Otto Eke: »Sehen: dahin, wo kein Bild mehr ist«. Anne Dudens Augen-Blicke. In: N. O.E.: Wort/Spiele. Drama – Film – Literatur. Berlin 2007, S. 237–256.

7 Anne Duden selbst erinnert an diese Bezeichnung musikalischen Wohlklangs im 15. Jahrhundert in einem Essay über die Bilder der Malerin Clea Wallis (vgl. A. D.: Vergittert im Gefilde oder Contenance angloise [über die Bilder von Clea Wallis]. In: A. D.: Zungengewahrsam. Kleine Schriften zur Poetik und zur Kunst. Köln 1999, S. 114–124, hier besonders S. 123 f.).

8 Vgl. dazu Dietrich Manicke: Der polyphone Satz. Teil I: Grundlagen und Zweistimmigkeit. Köln 1965.

Merkmale der Polyphonie, die Anne Duden mit dem Versuch aufnimmt, ein poetologisches Modell für eine ›welthaltige‹ Dichtung zu entwickeln, die den Text zum eigenständigen Erfahrungsraum werden lässt: zum einen die melodische Selbständigkeit der Stimmen, zum anderen die »Verbindung gegensätzlicher und eigenwilliger Wesenheiten zur sinnvollen Einheit eines Ganzen«.[9] Ehrenfried Muthesius hat in seiner 1971 erschienenen Untersuchung zur *Logik der Polyphonie* im Rahmen einer philosophischen Musiktheorie das Verhältnis von Einzelnem und Ganzem in der mehrstimmigen Musik als Verbindung selbständiger, dabei aber nicht etwa in »wechselseitiger Gleichgültigkeit« nebeneinander herlaufender Stimmen beschrieben:

> Sie sind nicht nur selbständig, sondern aus dieser Selbständigkeit heraus verhalten sie sich auch zueinander, und dieses Verhalten tritt als ein Zusammenwirken Unterschiedener in Erscheinung. Indem nun der Beitrag zum Ganzen für die Stimmen das Motiv ihrer näheren Gestalt bildet, so sind sie auch nicht mehr aus sich selbst heraus verständlich, und ihre Selbständigkeit kann nicht den Sinn haben, daß sie isolierbar wären und in dieser Isoliertheit als in sich selbst sinnvolle Melodien wirkten. Aber trotzdem stammt dieser Beitrag zu einer Bewegungsgesamtheit von den Stimmen selbst als freien Wesenheiten. Das, was sie für das Ganze sind, können sie nur als Selbständige sein.[10]

Hier setzt Anne Duden mit der Absage an Dichtungsformen an, die sie als »Kunst des Nacheinander«[11] definiert. Sie stellt sich damit – freilich ohne selbst weiter darauf einzugehen – in eine lange, von Lessings kontrastiver Kunsttheorie angestoßene Tradition ästhetischer, im 20. Jahrhundert dann vor allem auch semiotischer, Theoriebildung im Allgemeinen und der Interferenzbildung von Literatur und Musik im Besonderen, die in der Aufklärung mit der Theorie des Sprachsingens beginnt (vgl. dazu Herders Sprachphilosophie), von dort aus zunächst in die Theorien lyrischen Sprechens und seit der Frühromantik (vgl. Wackenroders/Tiecks *Herzensergießungen eines kunstliebenden Klosterbruders*, 1796, und *Phantasien über die Kunst*, 1799) verstärkt auch Eingang in die Literatur selbst findet – thematisch, vor allem aber auch strukturell. Die Liste derartiger intermedialer und interartieller ›Verfransungen‹ (Adorno),[12] struktureller Inferierungen[13]

9 Ehrenfried Muthesius: Logik der Polyphonie. Beiträge zu einer philosophischen Musiktheorie. Meisenheim am Glan 1971, S. 82.

10 Ebd., S. 81.

11 Duden: Zungengewahrsam (Anm. 7), S. 42.

12 Als ›Verfransungen‹ bezeichnet Adorno Grenzüberschreitungen zwischen einzelnen Kunstgattungen (vgl. Die Kunst und die Künste. In: T. W.A.: Ohne Leitbild. Parva Aesthetica. Frankfurt a. M. 1967, S. 158 f.).

13 Yvonne Spielmann hat diesen Begriff ursprünglich für den Einschluss von Bildeinheiten in eine andere Bildeinheit geprägt (vgl. I. S.: Intermedialität. Das System Peter Greenaway. Mün-

des komplex differenzierten Zeichensystems der Musik in das der Sprache/Literatur, seiner Umcodierung und Transferierung, ist lang und reicht bis in die Gegenwart.[14] Kleists Ringen mit der Struktur des Sonatenhauptsatzes zur Vermittlung des Erhabenen in der Erzählung mit dem sprechend gewordenen Titel *Die Heilige Cäcilie oder die Gewalt der Musik* (1810/11)[15] und Thomas Manns Versuch, mit der Verarbeitung der Zwölftonmusik Musik in Sprache nachzubilden (*Doktor Faustus*, 1947),[16] sind lediglich prominente Beispiele, denen sich in jüngerer Zeit etwa Thomas Lehr mit der Aneignung der Sonatenform[17] für die narrative Struktur seines Romans *September. Fata Morgana* (2011) an die Seite stellen ließen.

chen 1998, S. 136 f.), er lässt sich meines Erachtens aber auch auf andere Bereiche intermedialer und interartieller Grenzüberschreiten übertragen.

14 In der Forschung ist dies eingehend diskutiert worden. Vgl. dazu aus jüngerer Zeit lediglich exemplarisch: Christoph Vratz: Die Partitur als Wortgefüge. Sprachliches Musizieren in literarischen Texten zwischen Romantik und Gegenwart. Würzburg 2002; Corina Caduff: Die Literarisierung von Musik und bildender Kunst um 1800. München 2003; Andreas Sichelstiel: Musikalische Kompositionstechniken in der Literatur. Möglichkeiten der Intermedialität und ihrer Funktion bei österreichischen Gegenwartsautoren. Essen 2004; Hannes Fricke: Intermedialität Musik und Sprache. Über Formentlehnungen aus der Musik als ordnende Fremd-Strukturen in Literatur am Beispiel »Thema und Variation« und »Fuge«. In: Zeitschrift für Literaturwissenschaft und Linguistik 36 (2006), H. 141, S. 8–29; Joachim Grage (Hg.): Literatur und Musik in der klassischen Moderne. Mediale Konzeptionen und intermediale Poetologien. Würzburg 2006; Torsten Valk: Literarische Musikästhetik. Eine Diskursgeschichte von 1800 bis 1950. Frankfurt a. M. 2008; Peter Kivy: Antithetical Arts. On the Ancient Quarrel between Literature and Music. Oxford 2009.

15 Vgl. Christine Lubkoll: Die heilige Musik oder die Gewalt der Zeichen. Zur musikalischen Poetik in Heinrich von Kleists Cäcilien-Novelle. In: Heinrich von Kleist: Kriegsfall – Rechtsfall – Sündenfall. Hg. von Gerhard Neumann. Freiburg 1994, S. 337–364; Bernhard Greiner: »Das ganze Schrecken der Tonkunst«. ›Die heilige Cäcilie oder die Gewalt der Musik‹. Kleists erzählender Entwurf des Erhabenen. In: Zeitschrift für deutsche Philologie 115 (1996), S. 501–520; Marc Oliver Schäfer: Kleists Novelle von der Heiligen Cäcilie als kunsttheoretisches Gedankenexperiment 1998. In: Heilbronner Kleist-Blätter 5, 1998, S. 30 f.; Jean-Charles Margotton: Die Gewalt der Heiligen Cäcilie. Das Bild der Musik bei Wackenroder, Hoffmann und Kleist. In: Spurensuche in Sprach- und Geschichtslandschaften. Hg. von Andrea Hohmeyer, Jasmin S. Rühl und Ingo Wintermeyer. Münster 2003, S. 409–420.

16 Thomas Manns Auseinandersetzung mit Schönbergs Zwölftonmusik ist in der Forschung eingehend behandelt worden. Vgl. dazu an neueren Veröffentlichungen u. a. Angelika Abel: Musikästhetik der klassischen Moderne. Thomas Mann, Theodor W. Adorno, Arnold Schönberg. München 2003; Johannes Odendahl: Literarisches Musizieren. Wege des Transfers von Musik in Literatur bei Thomas Mann. Bielefeld 2008; Jens Schmitz: Konstruktive Musik. Thomas Manns »Doktor Faustus« im Kontext der Moderne. Würzburg 2009; Apropos Doktor Faustus. Briefwechsel Arnold Schönberg – Thomas Mann. Tagebücher und Aufsätze 1930–1951. Hg. von E. Randol Schoenberg. Wien 2009.

17 Norbert Otto Eke: »Es gibt keinen Sieger außer Gott«. Dialog im Raum der Schrift: Thomas Lehrs Roman September. Fata Morgana. In: Morgenland und Moderne. Orient-Diskurse in der

Wenn Duden von Polyphonie spricht, zielt dies allerdings in erster Linie auf ein spezifisches Element der Polyphonie: das der Überlagerung, hier von Textpassagen im Arrangement der Stimmen, was für sich genommen zunächst einmal Dunkelheit (Unverständlichkeit) produziert (und darum auf dem Konzil von Trient, [1545–1563] fast zum Verbot der Kunstmusik in der Liturgie geführt hätte), Duden aber als Steigerung des aisthetischen Möglichkeitsraums auf der Seite der Produzenten wie der Rezipienten verstanden wissen will. Der österreichisch-jüdische Dichter Robert Schindel hat von der in die lyrischen Texte eingesenkten Dunkelheit als dem Regulativ einer im »Lichtzwang« geblendeten Aufklärung gesprochen; sie solle diejenigen Realitätsausschnitte produktiv machen, die in den ideologisch ausgetrockneten, von Schindel selbst unter Ideologieverdacht gestellten,[18] realistischen Ästhetiken ausgespart bleiben und solcherart ein Text-Leser-Verhältnis vermitteln helfen, das den Denk*prozeß* eröffnet, indem sie – wie es in dem Gedicht *Vor und fort* aus Schindels Band *Wundwurzel* heißt – den »Gegenwartsmund«[19] zertrümmert: »Kein Lichtzwang. | Eine rätselhafte Formel hat der Erfinder des Begriffs ›Weltliteratur‹, Johann Wolfgang Goethe, angeboten: ›Die Form, ein Geheimnis den meisten.‹ | In diesem Sinn lasst uns das Lichte eindunkeln, damit Dunkles sich erhellt. Etwas wird sichtbar«.[20] Schindel plädiert damit für eine anästhetisch, genauer: für das *Problem der Anästhetik*[21] sensibi-

deutschsprachigen Literatur von 1890 bis zur Gegenwart. Hg. von Axel Dunker und Michael Hofmann. Frankfurt a. M. 2014, S. 205–220.

18 »Die Ideologieinfektion, eine Plage dieses Jahrhunderts«, so Robert Schindel, »gedeiht am besten in klaren Räumen mit festen Begrenzungen, guter Beleuchtung« (R. S.: Die zwei Leben des Paul Celan. In: R. S.: Mein liebster Feind. Essays, Reden, Miniaturen. Frankfurt a. M. 2004, S. 118–136, hier S. 133.)

19 Robert Schindel: Wundwurzel. Gedichte. Frankfurt a. M. 2005, S. 74.

20 Ders.: Schreibtechniken: Über das Geheimnis, über Aussparung. In: Schindel (Anm. 18), S. 97–103, hier S. 103.

21 Lyotard hat im Begriff der Anästhetik das Problem gefasst, dass jedes Sprechen als Erinnerung dem Vergessen zuarbeite. Jede Darstellung, so Lyotard, sei »ihrer Natur nach notwendig ›rhetorisch‹ [...] und mitunter selbst poetisch [...] sie ist notwendig eine Aufhebung, eine Erhöhung, die etwas beiseite schafft und aufhebt, in beiden Bedeutungen des Wortes« (Lyotard: Heidegger und »die Juden«. Wien 1988, S. 16). D. h. die Darstellung des mörderischen Geschehens verfehlt notwendigerweise ihren Gegenstand, mehr noch: »›Auschwitz‹ in Bildern und Worten wiederzugeben, ist eine Weise, dies zu vergessen« (ebd., S. 37). Dass nicht gesagt werden kann, was gesagt werden muss, erklärt Lyotard mit einem verschobenen Verdrängungsmechanismus: das außerhalb von Sprache und Erfahrung liegende Ereignis entzieht sich auch der Formung durch die Einbildungskraft: »Es gelingt der Einbildungskraft nicht, von einem Absoluten eine sinnliche Darstellung zu geben«. Lyotard nun stellt hier eine Verbindung zum Erhabenen her. Dem, was nicht darstellbar ist (das ist das Anästhetische, nicht Aisthetische und damit nicht Wahrnehmbare), kommt allein eine Ästhetik nahe, die eben das Anästhetische zu reflektieren imstande ist, die Verzerrungen mitwahrzunehmen in der Lage ist.

lisierte Ästhetik, die der Blindheit der Wahrnehmung nicht ausweicht und das Gespür für die Erfahrung der Inkommensurabilität mitteilt.[22]

Ganz ähnlich argumentiert Duden im Grunde genommen mit der Behauptung (und eine solche bleibt es zunächst einmal), Vielstimmigkeit (im Sinne der Überlagerung) ließe Literatur zum eigenständigen Erfahrungsraum werden, in welchem dem Leser buchstäblich hören und sehen vergehe, in dem ›gewohnte‹ kognitive Perzeptionsstrategien in Frage und neue Wahrnehmungsmuster für die Beziehung des Subjekts zu seiner Umwelt zur Diskussion stünden.[23] Polyphonie erscheint im Horizont dieser Überlegungen in erster Linie damit als metaphorischer Konzeptbegriff, in dem der Vorstellung der sinnlichen Überwältigung ein zentraler Stellenwert zukommt: das Getroffen- oder Ergriffensein im Vorgang der Kunstrezeption, die das Feld der klaren Scheidungen hinter sich lässt und Grenzen verwischt, die, mit anderen Worten, die Ebenen des Realen und des Traums, der »Außen- und der Innenwelt, der Vergangenheit und der Gegenwart, des Tages und der Nacht, der Natur und der Kunst; der Tatsachen, des Eingebildeten und des Bildes«[24] ineinanderschiebt.

Die Perspektive dieser Überbietung des cartesianischen Erkenntnisideals deutet ein Vers aus dem 43. Sonett Shakespeares an, an den Anne Duden selbst in ihren 1999 unter dem Titel *Zungengewahrsam* erschienenen Paderborner und Züricher Poetikvorlesungen erinnert: »When most I wink, then do mine eyes best see, | For all the day they view things unrespected« (in der Übersetzung Paul Celans: »Mein Aug, wenns zu ist, siehts, wie's sonst nicht sieht, | denn tags, da siehts vorbei an Tagesdingen«[25]). Das hier angesprochene Paradoxon des Sehens mit geschlossenen Augen, dem an anderer Stelle in Dudens Ästhetik das Bild des Sprechens mit geschlossenem Mund, eines Sprechens jenseits der funktionalen, vielfach geschundenen und vernutzten Alltagssprache, an die Seite tritt, beschreibt eine Form von Hellsichtigkeit, die weiter sieht als das offne Auge und von hier aus von den Dingen abzusehen als Voraussetzung dafür erklärt, um eben diese Dinge wieder (und genauer) sehen zu können. Hier kommen Störung und Irritation von Rezeptionsgewohnheiten als produktive Herausforderungen einer

---

22 Weiterführend Norbert Otto Eke: »›Ich hab mich schon in der Erd.‹ Robert Schindels Gegen-Sprechen«. In: Fährmann sein. Robert Schindels Poetik des Übersetzens. Hg. von Iris Hermann. Göttingen 2012, S. 64–84.

23 Duden: Zungengewahrsam (Anm. 7), S. 44.

24 Ebd., S. 42 f.

25 William Shakespeare, Sonette. Übersetzung: Paul Celan. In: P. C.: Gesammelte Werke in fünf Bänden. Bd. 5. Hg. von Beda Allemann und Stefan Reichert unter Mitwirkung von Rolf Bücher. Frankfurt a. M. 1983, S. 326 (englisch) und 327 (deutsch). Vgl. dazu Duden: Zungengewahrsam (Anm. 7), S. 41.

›anderen‹ Wahrnehmung ins Spiel, wie Anne Duden sie im Werk Gesualdos in exemplarischer Weise zum Ausdruck gebracht findet:

> Wenn die Sprache Gesang zu werden versteht, kommt eine Fülle immer neuer, immer anderer Arten zustande, entstehen neue Spezies, und werden dadurch den Sinnen auch immer neue und andere Hör- und Erhör-, Spür- und Erspürmöglichkeiten angeboten und damit – wenn sie das Angebot akzeptieren – auch abverlangt. [...] Um eben das zu erreichen, muß die Sprache manchmal beinah unmenschlich werden, muß sie selbst erst einmal das eigene Gehäuse durchstoßen, die vorgegebene und von ihr internalisierte Enge aufbrechen, muß sie Ge- und Verbote aufheben und so erst wieder in Kontakt kommen mit dem, was ist und was war. So wie Carlo Gesualdo bestimmte Hör- und damit auch Erkennungsgewohnheiten durch seine Madrigale, die Art ihrer Komposition überschreitet und so nun ans Unerhörte, hörend kaum noch Verkraftbare fast ständig stößt, ja momentweise selbst das noch sprengt und geradezu auffliegen läßt. Beim Er- und Verklingen dieser Stimmgefüge mag es einen schaudern, man mag sie von sich weisen oder an ihnen ein aufgebrachtes Gefallen finden – in jeden Fall aber hat sich etwas gezeigt, von dem man sich nicht einmal hätte träumen lassen, daß es möglich sei, daß es vorkomme als Ausdrucksmöglichkeit – wo es doch in Wahrheit die ganze Zeit da gewesen ist und existiert hat. Man hat nun sozusagen einen Zipfel vom Vorhang der Artenvielfalt gelüpft, auch der Artenvielfalt der Gefühle und Tatsachen.[26]

Hieran anknüpfend konzeptualisiert Anne Duden Dichten als ein Schreiben ›bis an die unerhörte Grenze‹ und über sie hinaus, das den »Rhythmus des Erkennens, der Wahrnehmung, des Denkens«[27] in einem *verdichteten*, den Leser regelrecht in einen Strudel aus einander überlagernden Themen, Bildern, Motiven, kultureller Bezugnahmen, Anspielungen und Assoziativen hineinziehenden Text selbst abzubilden und so die ›andere‹ Verknüpfungsweise der Polyphonie in der Literatur nachzuschreiben (was nicht heißt musikalische Strukturen in Dichtung zu imitieren) in der Lage ist. »Es hilft alles nichts«, so Anne Duden in ihren Poetikvorlesungen: »Aber vielleicht werden die Dinge so, in ihrer Unerträglichkeit oder zumindest Unzulänglichkeit, kenntlich, werden sie in der Wahrnehmungsfähigkeit bis an die Schmerzgrenze getrieben, ja überschreiten sie diese vielleicht bis hin zu einer eigentlich unaushaltbaren, im Text aber gehaltenen, ausgehaltenen und sich haltenden Vision.« Und weiter: »Ein Rhythmus des Erkennens, der Wahrnehmung, des Denkens – keine Methode – hat sich ins Werk gesetzt, oder kann sich ins Werk setzen und erhält die Möglichkeit dazu, und damit die Aufnahme oder Wiederaufnahme etlicher Stimmen auf einmal. Ein Rhythmus, der den Umgang mit der Wahrheit ermöglicht, zumindest aber mit einem Wunsch danach – und den Umgang mit einem unerträglichen Wissen. Un-

26 Duden: Zungengewahrsam (Anm. 7), S. 47 f.
27 Ebd., S. 49 f.

erträglich wissender, aber auch unerträglich begehrender Blick, Auge, das sich nicht mehr schließen läßt, Stimme, die nicht zu singen aufhört, ob man es hört und sieht oder nicht«.[28]

2 Im »Steinschlag« oder: Sehen mit geschlossenen Augen, Sprechen mit geschlossenem Mund

Fluchtpunkt dieses poetologischen Programms, das ein Schreiben in den Blick nimmt, das »alle Schichten, über/unter/ineinander, Stimme werden zu lassen und sie doch zugleich in ihrer ihnen gehörenden, ihnen zustehenden Verschwiegenheit zu belassen«[29], und eben dies aus analogen Verfahren der Zeichenverknüpfung in der Musik heraus zu plausibilsieren sucht, ohne daraus eine Methodik des Schreibens zu entwickeln (»keine Methode«), ist das tief in die »Krypta«[30] des Körpers eingesenkte[31] Trauma einer buchstäblich ›herzzerreißenden‹ »Verrückung«,[32] die sich für Anne Duden in ganz elementarer Weise mit der deutschen Geschichte verbindet. »Im Grunde ging es aber um etwas ganz anderes«, heißt es in der 1985 erschienenen Erzählung *Das Judasschaf*, die ihren gedanklichen Bezugspunkt im Auseinandertreten von Sprache/Gedächtnis/Erinnerung auf der einen und Geschichte/Wirklichkeit auf der anderen Seite findet und sich von hier aus Fragen nach den Konstitutionsbedingungen weiblicher Identitätsbildung, des Umgangs mit der deutschen Schuld und dem Dilemma der Repräsentation zuwendet:

> Darum nämlich, daß sich Deutschland über einem ausatmete. Unaufhörlich seit vielen Jahren. Auch über der Person. Und darum, daß diese vollkommen verbrauchte Luft natürlich nichts mehr hielt. Ein Sättigungsgrad war erreicht, ein totenstiller Punkt, in dem ununterbrochen die Fäden, die dort zusammenliefen, einander neutralisierten, sich aufhoben zu einem Nichts, in dem alles, was hätte schweben sollen, durchsackte. Was immer neu aufgeworfen worden war, im Nu war es verschwunden, mundtot, unsichtbar, nicht mehr zu ergründen. Deshalb kam es zu den gefährlichsten Situationen, wenn nur noch diese nackt

28 Ebd.
29 Ebd., S. 42 f.
30 Ebd., S. 34.
31 »Erinnerungen, Vorstellungen und Aussichten«, heißt es in dem Essay *Arbeitsgänge*, »stecken als Messer Nägel Nadeln Pfeile fest« im Körper (Anne Duden: Arbeitsgänge. In: A. D.: Wimpertier. Köln 1995, S. 39–47; hier S. 43).
32 Duden: Zungengewahrsam (Anm. 7), S. 22.

> verbrauchte Luft über der Person klaffte. Wenn die Musik nur noch auslief, die Bilder nicht mehr zu Aufenthaltsorten taugten, die Gefühle kein wenn auch noch so fadenscheiniges Netz über die Person mehr spannten. Das war lebensgefährlich. Ja. Dann mußte sie sich hinlegen und liegend mit Gewalt gegen ihr Herz ankämpfen, das raus wollte, irgendwas durchstoßen und bis ins Letzte zerkleinern. Sie mußte mit vielen Tabletten so tun, als sterbe sie nicht, als sei alles ganz normal.[33]

In einer weniger poetischen Sprache hat Anne Duden in ihren Poetikvorlesungen von Deutschland als dem, »Wirtsgelände von bis dahin Ungedachtem, Unausdenkarem und der Umsetzung dessen in die Tat, von einer gigantischen Unmenschwerdung und -machung und einer hyperaktiven Tatenlosigkeit« gesprochen: »Wirtsgelände von Verhältnissen, die ihrerseits von massivem Fehlverhalten getragen und aufrechterhalten wurden«.[34] Das Sich-Begreifen und Selbstpositionieren in diesem ›Gelände mit der untrüglichen Spur‹ der Shoah (Celan) ist – als Voraussetzungen des Schreibens – der Arbeit Anne Dudens in und mit der Sprache vorgängig, auch wenn die Auseinandersetzung mit dem Nationalsozialismus in ihren jüngeren Veröffentlichungen hinter den Blick auf das zurücktritt, was sie selbst etwas unscharf das »allgemeine Verschwinden« und die Entstehung von surrogathaften Lebenswelten im Virtuellen genannt hat: »Die diversen Methoden der Ausrottung, auch der Ausrottung von Stimmen und Körpern damit, lassen mich nicht mehr los. Und mich bewegen vornehmlich die Reste, ›die großen abgeschobenen Reste‹ (*Steinschlag*)«.[35]

In der Konsequenz dieser Überlegungen, mit denen Duden auf die Leistung der Form abhebt (ihr kommt es zu, die Voraussetzung zu schaffen für einen veränderten Umgang des Zuschauers mit der Geschichte), hat Duden im Übergang von der Prosa zu Lyrik und Essayistik, der ihre Werkgeschichte in der Abfolge der Veröffentlichungen *Übergang* (1982), *Das Judasschaf* (1985), *Steinschlag* (1993), *Wimpertier* (1995), *Der wunde Punkt im Alphabet* (1995), *Zungengewahrsam* (1999), *Hingegend* (1999) bestimmt und den sie als »Befreiung« erlebt hat[36], mit den Möglichkeiten einer zersprengten und segmentierten Formensprache experimentiert, deren Leitidee sich bereits im zitierten Gesualdo-Essay andeutet. Statt die Widersprüche zu glätten, statt Erlösung im schönen Schein zu antizipieren, heißt es hier, habe Gesualdo in seiner Musik den Schmerz verstärkt, indem er das Zersprengte als Zersprengtes ausgestellt und die Trümmerteile um einen leeren Kern habe kreisen lassen:

---

33 Anne Duden: Das Judasschaf. Berlin ²1994, S. 47.

34 Duden: Zungengewahrsam (Anm. 7), S. 29.

35 Sprachliche Sensibilität und Wahrnehmungsfähigkeit (Anm. 6), S. 406.

36 Ebd., S. 404 f.

> Eine Explosion hat stattgefunden in einem Zentrum, vielleicht schon weit vor der eigenen Zeit. Ein großes Gefühl, ein Kern ist dabei in die Luft gegangen, gewaltsam zerteilt und in alle Richtungen weggesprengt worden. Keiner weiß mehr, wo die Teile aufzusuchen, aufzufinden wären. Nur eine Art Wunde öffnet sich bisweilen, ein Loch wird spürbar, ein Mangel – im allgemeinen.
> Hier aber werden andere Saiten aufgezogen und andere Töne angeschlagen. Hier wird das Auseinandergesprengte unter größter Anstrengung aufgesucht und – die Schleuderweite der Explosionstrümmer in umgekehrter Richtung abmessend – auf größtmögliche Nähe zusammengezwungen. Es ist der unermüdliche und natürlich verzweifelte Versuch, die Kernzertrümmerung rückgängig zu machen, sie aufzuheben, die Teile wieder zu vereinigen. Auf immer vergeblich, auf ewig zum Scheitern verurteilt, und auch das weiß diese Musik noch und findet sich nicht damit ab. Sie hat und will keine Trostgebärden, will und kann nicht abwiegeln oder gar einwiegen.
> Aus den entferntesten Weltgegenden werden die Sprengstücke mit der Federhantel des Schmerzes einander genähert, weiter und weiter, aufgeladen noch mit der flimmernden Tageshitze der Wüsten, den Gewittern der Kalmengürtel, der Kälte der Eiszonen und den Turbulenzen der Lüfte. Ein ungeheurer Druck preßt sie zusammen, zwingt sie erregt auf ein Zentrum zu, um einen Ort herum, der einmal der Sitz des Kerns gewesen sein muß – heute ein totenstilles Nichts. Um dieses herum zittern, beben, vibrieren sie unter der Belastungsprobe der Zusammenkunft, leuchten flirrend bis in die Welträume, Töne nun, ohne je übereinzukommen.[37]

Wie in einem Brennspiegel eingefangen ist in dieser poetisch aufgeladenen, schwebend unkonkreten Beschreibung von Gesualdos Kompositionstechnik der Kerngedanke von Dudens Schreibprogramm gleichzeitiger Anwesenheit, der Fülle und Überlagerungen, das Ideal einer ästhetischen Struktur der Gleichzeitigkeit und Gleichstimmigkeit, mit dem die Autorin einerseits an Dichtungskonzepte der Romantik (das lyrischen Sprechen in Analogie zum Sprachsingen: »Wenn die Sprache Gesang wird ...«; die Ästhetik des Fragments), andererseits an zeitgenössische Konzepte ex-zentrischen Dichtens (Volker Braun, Thomas Brasch)[38] anschließt. Die sich aufdrängende Frage nach dem Zusammenhalt des Disparaten hat Anne Duden selbst dabei im Hinblick auf eine berühmte Überlegung Kleists zur Statik von Gewölbearchitekturen beantwortet:

> »Warum, dachte ich, sinkt wohl das Gewölbe nicht ein, da es doch keine Stütze hat? Es steht, antwortete ich, weil alle Steine auf einmal einstürzen wollen«, schreibt Kleist in einem Brief an Wilhelmine von Zenge. Und man möchte, das Gesetz der Schwerkraft einfach umgehend oder übertretend oder umschreibend, hinzufügen: weil alle Steine auf einmal

37 Duden: O dolorosa sorte (Anm. 4), S. 9 f.

38 Vgl. Norbert Otto Eke: »Kein neues Theater mit alten Stücken«. Entgrenzung der Dramaturgien in der DDR-Dramatik seit den 70er Jahren (Müller, Braun, Brasch, Trolle). In: Rückblicke auf die Literatur der DDR. Hg. von Hans-Christian Stillmark unter Mitarbeit von Christoph Lehker (Amsterdamer Beiträge zur neueren Germanistik 52 [2002]), S. 307–346.

auffliegen wollen. Das Gewölbe, auch das der Sprache, steht, weil alles Feste, alle Materie in einen Rhythmus versetzt worden, in eine sicht- und spürbare Bewegung geraten ist, wo auch der Stillstand noch erkennbar wird als Moment anhaltender Gezeitenreibung; weil in und mit einem Raum Böden, Mauern, Decken und Zwischenräume entstanden sind, die Teile einer Komposition bilden. Es ist dann der Raum, der beginnen kann, die eigenen Mauern zu durchstoßen; der irgendwann mühelos durch die eigenen Wände zu gehen vermag, ohne dabei ins Wanken zu geraten, ohne sich selbst der Einsturzgefahr auszusetzen; der, und nicht nur am Ende, abheben kann.[39]

Dieser im Wortsinn ›stürzenden‹ Ästhetik, die sie auch für die »musikalischen Raumbewegungen« von Thomas Tallis Motette *Spem in alium* geltend macht,[40] versucht Anne Duden in den Dichtungen des 1993 erschienenen Bandes *Steinschlag* ganz unmittelbar Ausdruck zu geben. Auf der Spur von Gottfried Benns Forderung »Alles um ein Substantiv werfen«[41] folgen die in diesem Band gesammelten Gedichte der Idee, »Alles um[zu]werfen, selbst das Alphabet und die Grammatik«.[42] Der aus sechs mehrteiligen Langgedichten zusammengesetzte Band ist als Ganzes wie in seinen Teilen ein dichtgewebtes Netz disparater Teile – Assoziationsstücke, Bildreminiszenzen, Musik- und Textzitate –, mit denen die zentralen Themen und Motive von Dudens Werk anklingen: die Trümmerspur der gewaltgesättigten abendländischen Geschichte, das »übliche Schauspiel«[43] der Regulierungs-, Selbstregierungs- und Disziplinierungstechniken, die noch jede Form zivilisatorischer Subjektkonstitution begleitet haben, das Auseinandertreten von Selbst, Ich und Körper, die Durchquerung des Schmerzgeländes der Geschichte, die stimmlose Rede der Toten, das Verschließen des Mundes, die Möglichkeiten, Bedingungen und Grenzen einer ›Kunst nach Auschwitz‹ etc. *Steinschlag* verzichtet weitestgehend auf die Setzungen eines Sprechens in der ersten Person (Ich). Duden verwendet viele Partizipien, vermeidet Verben, das Erzählen von ›Geschichte(n)‹. Die Sprache zwingt Unterschiedliches, Disparates

39 Duden: Zungengewahrsam (Anm. 7), S. 51 f.

40 Vgl. dazu ebd., S. 52: »So führen es auch die musikalischen Raumbewegungen vor, mit der vierzigstimmigen Motette ›Spem in alium‹ von Thomas Tallis etwa. [...] Die Sprache will sich immer wieder an diesen Gebilden orientieren, sie läßt sich von ihnen beflügeln oder auch beschweren, sie folgt ihrem beispiellosen Aufschwung und läßt ihn zum Tragen kommen«.

41 Vollständig lautet das Zitat: »Vor allem alle Verben fort. Alles um ein Substantiv werfen, Türme errichten aus Hauptworten, an denen die Reihen herunterrieseln. Keine Einführung! ... Gleich los mit affektivem Ruf« (Aus einem Brief Gottfried Benns an Carl Werckshagen vom 10.12.1926. In: Dichter über ihre Dichtungen: Gottfried Benn. Hg. von Edgar Lohner. München 1969, S. 241. Anne Duden zitiert diese Aussage nicht ganz vollständig in *Zungengewahrsam* [Anm. 7], S. 24 und 63).

42 Duden: Zungengewahrsam (Anm. 7), S. 24.

43 Duden: Das Judasschaf (Anm. 33), S. 29.

zusammen, die Tonlagen (hoher Ton, Ironie) wechseln, Bildinseln werden überbrückt; erledigt Geglaubtes, Vergessenes, Abgesunkenes liegt quer im Sprachgeröll; Grenzen verwischen: zwischen dem Eigenen und dem Anderen, Gegenwart und Vergangenheit. Mit *Steinschlag* hat Anne Duden von hier aus gleichsam die Probe aufs Exempel der dichtungsästhetischen Praxis ihres Polyphonie-Konzepts vorgelegt: das artifiziell komponierte Aggregat einer aus Überlagerungen und Überschichtungen konstituierten Dichtung, deren »Auftrag« (Programm) das Gedicht *Nacht neben Nacht über Tag* als Suche nach einer Sprache, im übertragenen Sinn: nach dem einmal und einmalig gültigen Ausdruck, dem Hapaxlegomenon,[44] für das Unsagbare und Inkommensurable – des Schmerzes, des Leidens (an und mit der Geschichte) – bestimmt:

WAS IST DER AUFTRAG
nachts um drei zwischen Bett und Badezimmer
nachdem die ersten Pflichten
nie abgeleistet wurden
im Frühstadium tumultuarisch zurückgewiesen
kalt umnachtet der Dienst aufgekündigt wurde.

In der unverantwortlichen Sprache Toter
nicht hörbar reden
Hapaxlegomena
Bitter- Süß- und Senkstoffe
auflösen in Hauchbares
das an den Tätigen vorbeiströmt
nur ausnahmsweise Nerven wäßrige Organe Zerrgelenke
streift
und schon wieder weitertreibt
unteilbar
aufs Geflockte zu.[45]

Der *Auftakt* markiert mit den einleitenden Versen des Titelgedichts *Steinschlag* (die Geschichte des ›schrecklichen‹ 20. Jahrhunderts steht hier ungenannt im Hintergrund) die Vernutzung der deutsche Sprache als Kontext für Duden Sprachwirbel:

44 Plural: *Hapax legomena*, von griech. ἅπαξ (*hápax*): einmal, einmalig; λεγόμενον (*legómenon*): das Gesagte, eigentlich Präsens, also: »das gesagt werdende«.
45 Anne Duden: Steinschlag. Köln 1993, S. 37.

Der Tonfall ein Dauerregen
gleichmäßig geschnürt Litaneien des Verhangenen
in denen die Bilder ertrinken
aus einem Deutschland
das nie existiert hat.[46]

Das *letzte Wort* wiederum hat der an der Grenze zum Verstummen um Sprache ringende Dichter Hölderlin. Die vierteilige Gedichtfolge *Mundschluß*, mit der Anne Duden den Band beschließt (und sich mit dem Verweis auf ein ›anderes‹ Erkennen ihrerseits das Wort nimmt), klingt aus in einem Kryptozitat aus Hölderlins Gedicht-Fragment *Der Adler*:

Am Einfallstor
zum Ende
der Verklappung
an Kanal Schacht Gang
tönen den Raum
irrlichternd auf
die Kehlchen.
Nur der Mauerrand brennt
lodert schwarzgrün
von Samenmänteln glühend befleckt.
In die Nachtverschalung Tagetes
gegen die SEUCHE
die anpäßliche Schreckensherrschaft.

Mit Wolkenrotten geht's auf
bliebe der Blick
WO DIE AUGEN ZUGEDECKT.[47]

Das Zitat weist auf das Andere einer Wahrnehmung jenseits der hochaufsteigenden Tagerkenntnis: die von Anne Duden selbst so benannte »Nachtintelligenz«[48], mit dessen Benennung das Fragment abbricht, die Stimme Hölderlins mitten im Satz verlischt:

Will einer wohnen,
So sei es an Treppen,
Und wo ein Häuslein hinabhängt
Am Wasser halte dich auf.

46 Ebd., S. 7.
47 Ebd., S. 60 f.
48 Duden: Zungengewahrsam (Anm. 7), S. 36.

Und was du hast, ist
Athem zu hohlen.
Hat einer ihn nemlich hinauf
Am Tage gebracht,
Er findet im Schlaf ihn wieder.
Denn wo die Augen zugedekt,
Und gebunden die Füße sind,
Da wirst du es finden.
Denn wo erkennest.[49]

Das 2005 in der Anthologie *Die Hölderlin Ameisen* veröffentlichte Gedicht *Motette für geschlossene Augen*, eines der letzten Gedichte Anne Dudens, nimmt Hölderlins Bild des Sehens (Wahrnehmens, Erkennens) mit geschlossenen Augen (»wo die Augen zugedekt«) noch einmal auf und antwortet gleichsam auf die Stimme des gescheiterten Dichters mit einem Text, der in ganz eigentümlicher Weise Gesehenes und Gehörtes verschmilzt und zugleich damit ein Beispiel gibt für die Verknüpfungsform der Überlagerung von Stimmen, Themen und Motiven in Dudens Dichtungen:

MOTETTE FÜR GESCHLOSSENE AUGEN
(nach Heinrich Isaac 1450–1517)

Das Geschundene
in der Pilgermuschel fratzenhaft gereckt
und erst die Gebirge draußen von lauter
Stauch-Gott umgeben.
Immer Freitags um drei das Totalgeläut
zum Gedenken neunter Stunden
und sommers dazu in den Tälern
der Schußapparate Widerhall.
Terrassen himmelhoch
als würde am Ende Schnee- Wolken- und Gipfelwein angebaut
über glühender Goldsuppe so hoch.
Von Block zu Block
gleitender Kehlchenschwirr
und eilende Wasserbreiten.
Nischen hier innen und unten
für lose Vogelzungen
für herausgetrennte Organherzen
und alles in Flammen
in Flämmchenregimentern

49 Friedrich Hölderlin: Sämtliche Werke (Große Stuttgarter Ausgabe). Bd. 2. Hg. von Friedrich Beissner. Stuttgart 1951, S. 471 (das Fragment bricht hier ab).

auf der Stelle züngelnd
gebunden tanzend
sich windend
wie in Kammern.
Vielleicht vom gestauten Wind noch im Gewölbe
vom durch die Kuppelgeburten
die Schenkelbeben
verursachten Zug bis hier runter.
Ausgehoben
genommen der Weltraum
im Extraloch
ins Meer des All
versinkende Sehfähre ohne Lid
abgekoppeltes nicht wieder einzuholendes Blickgerät
Zentrum der Rotunde
aus Kampf
Klima- und Imperialzonen
Wettern und Wolken.

Die rote Totenhaube des Herrschers mein Käppchen
ich will dich nicht
Innsbruck
ich muß dich lassen.[50]

Motette für geschlossene Augen entwirft einen weitgespannten Assoziations- und Anspielungsraum zwischen Musik und Bild/Architektur. Das Gedicht bringt vorgängiges Material in ein neues, vielstimmiges und vielschichtiges Spannungsverhältnis. Unvermittelt evoziert das Gedicht mit den ersten Versen das Bild des Innsbrucker »Doms zu St. Jakob« mit den Heiligen- und Märtyrerfiguren seiner Fassade und der »Mariahilfglocke«, die nachmittags um 15 Uhr zur Erinnerung an die Sterbestunde Christi (neunte Stunde) geläutet wird. Die Perspektive verschiebt sich in einem zweiten Schritt hin auf die Innsbrucker Hofkirche mit dem Kenotaph Kaiser Maximilians I. (1459–1519), der am 12. Januar 1519 auf der Reise von Innsbruck zum Landtag in Linz gestorben und in der St. Georgs-Kapelle der Burg in Wiener Neustadt unter den Stufen des Altars im Ornat des St. Georg Ritterordens – ein im Gedicht nicht explizit genanntes, im Hinblick auf die für Dudens Werk zentrale Auseinandersetzung mit den Drachenkampfszenarien der frühen Neuzeit als ikonographischen Vergegenwärtigungen des gewaltsamen, den Kör-

50 Anne Duden: Motette für geschlossene Augen. In: Die Hölderlin Ameisen. Vom Finden und Erfinden der Poesie. Hg. von Manfred Enzensperger. Köln 2005, S. 46 f.

Abb. 1 Anonymus, Totenbildnis Maximilian I., Tiroler Landesmuseum Ferdinandeum, Innsbruck (Bild im Internet verfügbar)

per unterwerfenden Kulturwerdungsprozesses[51] aber bedeutsames Detail – beigesetzt worden war. Die letzten Verse des Gedichts wiederum rufen assoziativ das Bild Maximilians auf dem Totenbett an, das ein anonymer Meister 1519 gemalt hat und sich heute im Besitz des Tiroler Landesmuseums Ferdinandeum befindet.

Sie schlagen damit kreisförmig den Bogen zurück zum Titel des Gedichts, der über das Augenmotiv als Anspielung auf Ludwig Senfl Trauermotette auf den Tod des Kaisers *Quis dabit oculis* (»Wer wird unseren Augen [einen Quell an Tränen] geben«) gelesen werden kann. Das Gedicht selbst endet mit einer Anspielung auf das Innsbrucklied »Innsbruck ich muß dich lassen» von Maximilians Hofkomponist Heinrich Isaac, dem das Gedicht nach-schreibt, indem das Ich gleichsam unter die Kappe des toten Kaisers schlüpft, der sich selbst in einer Zeit des Übergangs zum Idealbild des burgundischen Rittertums stilisierte.

Am Ende steht so – als ›Treffpunkt‹, in dem der das Gedicht konstituierende »Denkvorgang des Durchlaufens, -ziehens und -messens in einer Verschiebung, Verrückung, ungleichen Gleichung, ja Behauptung zum Stillstand« kommt[52] – der Schmerz darüber, das ›Schöne‹ nicht lassen zu können und es doch lassen zu müssen: ein Bild des Aufbruchs und Scheiterns (des Todes), das die Trauer nicht stillstellt im Schönen, das im Gegenteil die Differenz aushält. In der Lakonie dieser ›Schließung‹ des Gedichts, die abermals einer fremden Stimme das letzte Wort gibt, ist gleichsam die Summe der poetologischen Überlegungen Anne Dudens zur Bedeutung der Vielstimmigkeit in der Literatur formuliert. Sie behauptet den Riss, der durch die Welt geht, als Ort der Dichtung. Geradezu programmatisch zu verstehen ist, was das angeht, die Auswahl des Einbandes von *Steinschlag*.[53]

Es zwingt den Blick des Lesers mit einem Detailausschnitt des Schmerzensmannes Christus aus dem Bartholomäus-Altar (Kunsthalle Bremen) auf die klaffende, regelrecht offen gehaltene Wunde und damit auf die Wahrheit des Schmerzes (des Leidens, der Gewalt, des Todes als den Signaturen der abendländischen Kultur). Von ihr – und der damit implizit vermittelten Sehnsucht nach Erlösung – nimmt Anne Dudens Versuch, den vielstimmigen Klang des Schmerzes aufzunehmen, seinen Ausgang: *»O dolorosa sorte« – »O schmerzliches Geschick«*. Nur

---

51 Vgl. dazu insbesondere Franziska Frei Gerlach: Schrift und Geschlecht. Feministische Entwürfe und Lektüren von Marlen Haushofer, Ingeborg Bachmann und Anne Duden. Berlin 1998. Auch im Dom findet sich mit dem Grabmal des Deutschmeisters Maximilian III., das den Landesfürsten kniend mit St. Georg (bis 1772 Landespatron) und dem Drachen zeigt, ein Beispiel dieser Darstellungen.

52 Anne Duden: [Nachschrift zur »Motette für geschlossene Augen«.] In: Die Hölderlin Ameisen (Anm. 50), S. 49 f., hier S. 50.

53 Vgl. hierzu Eke (Anm. 6), S. 255 f.

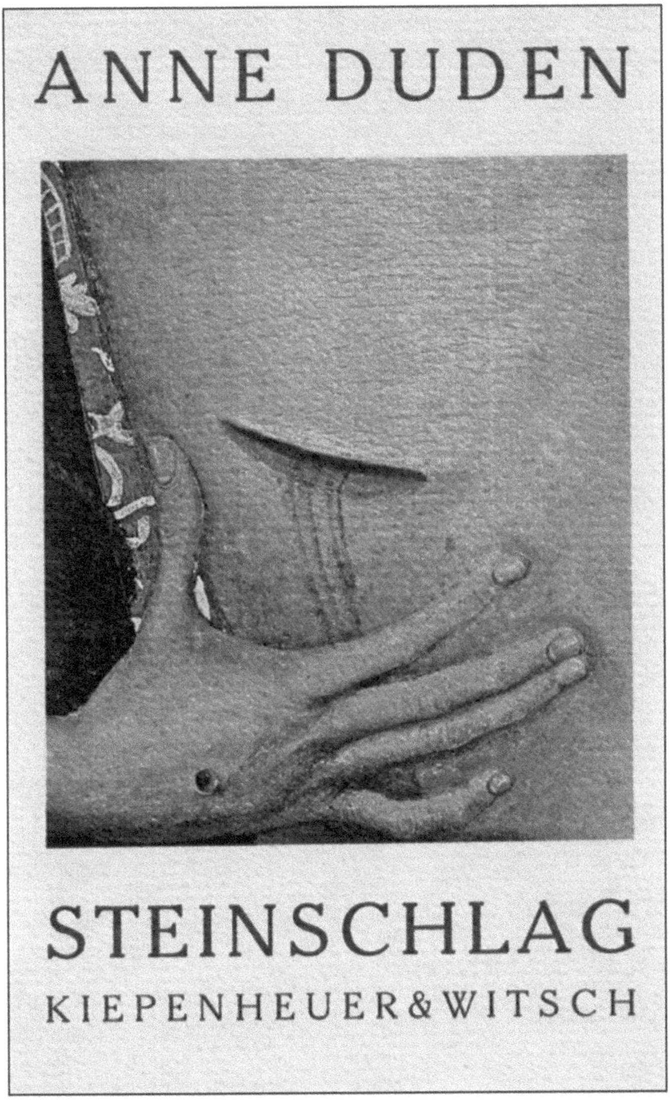

Abb. 2 Titelumschlag Anne Duden: Steinschlag, Verlag Kiepenheuer & Witsch.

bedingt allerdings findet sich dies auch in der Formensprache der Texte wieder. So wie Anne Duden in ihren Texten *nach* Bildern nicht ekphrastisch im engeren Sinn arbeitet, sondern Bild-Wahrnehmungs-Nachschriften vorlegt und damit die hermeneutische Erwartung unterläuft, so bleibt auch ihr Schreiben *nach* Musik primär dabei ein Schreiben *mit* oder genauer: *aus dem Geist* der Musik.

Teil IV: **Klang und Medialität**

Jürgen Seeger

Schöne neue Medienwelt

Musik und Musikvermittlung im öffentlich-rechtlichen Rundfunk

1

Vielleicht haben Sie diese Erfahrung auch schon gemacht: Wenn Sie sich mit Freunden oder Kollegen über »klassische Musik«, über die Klassikszene oder Klassikstars unterhalten, dann steuert das Gespräch innerhalb kürzester Zeit auf eine Frage zu, die noch viel interessanter zu sein scheint als die klassische Musik selbst: »Ist die Klassik in der Krise?«. Das fragen sich heutzutage viele, denen die traditionelle Musikkultur am Herzen liegt.

In der Tat deutet vieles darauf hin, dass die Klassik zunehmend zurückgedrängt wird und die globale Verbreitung und öffentliche Wahrnehmung von Musik eindeutig von anderen Genres geprägt und dominiert wird als von der Klassik: nämlich von der Rock- und Popmusik.

Kein Wunder, wird doch der Musikunterricht an den allgemeinbildenden Schulen auf geradezu fahrlässige Weise immer mehr eingeschränkt. Junge Leute kommen also immer weniger in Kontakt mit musikalisch-ästhetischer Erziehung und damit auch mit klassischer Musik. Die Rituale herkömmlicher Konzertangebote erscheinen ihnen fremd. Überhaupt unterscheiden sich ihre Lebenswelt und die medialen Räume, in denen sie sich bewegen, stark vom Bildungs- und Erfahrungshintergrund der hochgebildeten und gut ausgebildeten Über-50-Jährigen, die etwa das Stammpublikum beim Gewandhausorchester Leipzig oder beim Beethovenfest in Bonn bilden.

Es gibt viele Entwicklungen, die die Zukunft der Klassik-Rezeption und damit des klassischen Musikbetriebs gefährden. Ich persönlich warne jedoch davor, den Untergang der Klassik herbeizureden. Ein erfreuliches Faktum ist beispielsweise die Tatsache, dass sich städtische und private Musikschulen vor Anmeldungen kaum noch retten können. Es gibt also durchaus Bedarf für musikalisch-ästhetische Bildung. Dennoch sind wir aufgefordert, die gefährdenden Entwicklungen zu analysieren und Strategien zu entwickeln, wie gerade bei jungen Leuten – auch bei bildungsfernen Gruppen – die musikalische Urteilsfähigkeit, ein musikalisches Qualitätsbewußtsein, ein kritisch-reflexives Hören und – als hehrstes Ziel – das Musizieren selbst wieder stärker vermittelt und attraktiv gemacht werden können.

2

Ich will in meinem Vortrag davon berichten, welchen Stellenwert Musik und Musikvermittlung in einer öffentlich-rechtlichen Rundfunkanstalt wie dem Bayerischen Rundfunk spielen und welche Wege wir beschreiten, um nicht nur junge Menschen, sondern generell ein breiteres Publikum überhaupt, mit unseren Klassikangeboten anzusprechen. Als Grundlage zunächst einige Informationen über »BR-KLASSIK«.

Zur Zeit seiner Gründung, im Jahre 1980, war das Hörfunkprogramm »Bayern 4 Klassik« der erste reine Klassiksender der ARD. Später führten auch andere Landesrundfunkanstalten Klassikwellen ein, die jedoch nach und nach durch andere Kulturangebote ergänzt und zu Kulturwellen verschmolzen wurden. So ist das Klassikprogramm des Bayerischen Rundfunks heute wieder das einzige Spartenprogramm für klassische Musik im öffentlich-rechtlichen Bereich in Deutschland.

Im Jahre 2009 wurde »Bayern 4 Klassik« in »BR-KLASSIK« umbenannt.

Die neue Benennung hängt mit der Gründung der Dachmarke »BR-KLASSIK« zusammen, unter der das umfassende Klassikpotential des Bayerischen Rundfunks nun vereint ist. Zu »BR-KLASSIK« gehören:

- das *Symphonieorchester des Bayerischen Rundfunks* unter der Leitung seines Chefdirigenten Mariss Jansons
- der *Chor des Bayerischen Rundfunks* unter der Leitung von Peter Dijkstra
- das *Münchner Rundfunkorchester* unter der Leitung von Ulf Schirmer
- die Konzertreihe für zeitgenössische Musik *»musica viva«*
- die *Hörfunkwelle BR-KLASSIK*
- die BR-KLASSIK-Fernsehsendungen im *Bayerischen Fernsehen* und in *BR-alpha* (mit Zulieferungen an alle Dritten Programm der ARD sowie an 3Sat und arte)
- das *BR-KLASSIKportal* im Internet
- das *CD- und DVD-Label »BR-KLASSIK«*

Die Aufgabe, einerseits Musik in höchster Qualität zu produzieren und zu verbreiten und andererseits Zukunftsperspektiven zu entwickeln und neue Formen der Musikvermittlung zu erarbeiten und umzusetzen, gilt für alle Teilbereiche von »BR-KLASSIK«. Dies ist eine Herausforderung, der sich nicht nur die öffentlich-rechtlichen Rundfunkanstalten zu stellen haben, sondern auch die staatlichen und städtischen Orchester und Theater sowie die vielen privaten Konzertveranstalter, die das klassische Musikleben in Deutschland lebendig erhalten und prägen. Und das sind gar nicht wenige: Wenn man sich allein die Landschaft des deutschen Musiktheaters ansieht, stellt man fest, dass sie weltweit ihresgleichen sucht. So erarbeiten in der gerade begonnenen Spielzeit 2010/2011 die fast

80 ausschließlich staatlich geförderten Staats-, Landes- und Stadt-Theater, Oper- und Operettenhäuser mit zumeist eigenem Ensemble mindestens 587 Premieren als Neuproduktionen in den Bereichen Oper, Operette und Musical.

Diese reiche Angebotspalette ist gut und schön, sie reicht jedoch nicht aus, um die Zukunft dieses Kulturbereichs zu sichern. Deshalb sind die Verantwortlichen dieser Institutionen parallel zur Erarbeitung ihrer Premieren mit Hochdruck damit beschäftigt, neue Ideen in Sachen Musikvermittlung zu entwickeln und umzusetzen: originelle (moderierte) Konzertformen, neue didaktische Konzepte in Zusammenarbeit mit Schulen, Musikschulen und Betrieben, attraktive Plattformen im Internet.

3

Wie wichtig ein früher Kontakt zu klassischer Musik (im Folgenden auch »E-Musik« genannt) ist, zeigt eine E-Musik-Grundlagenstudie der ARD aus dem Jahre 2005. Im Hinblick auf die Sozialisationshintergründe heißt es darin:

> E-Musikoffene hatten in ihrer Kindheit und Jugend deutlich häufiger Kontakt mit klassischer Musik als Nichtoffene. Lässt man den Sozialisationskontakt Schule unberücksichtigt, dann sind E-Musikoffene knapp doppelt so häufig mit klassischer Musik in Kontakt gekommen als Nichtoffene.
> Insbesondere die aktive Beschäftigung mit klassischer Musik ... sowie ein klassiknahes Umfeld scheinen einen Einfluss auf die spätere Affinität zu haben.
> Die E-Musikoffenen haben viel häufiger positive Erinnerungen an klassische Musik in Kindheit und Jugend als die Nichtoffenen. Es scheint demnach nicht nur relevant zu sein, ob ein Kontakt mit klassischer Musik stattgefunden hat, sondern auch welche Spuren er hinterlassen hat.
> Das Mitsingen in einem Chor wird von mehr als vier Fünftel der E-Musikoffenen und knapp drei Viertel der Nichtoffenen positiv erinnert.
> Der Chor steht damit an der Spitze der produktiven Sozialisationskontakte.[1]

Die Klangkörper des Bayerischen Rundfunks (BR-Symphonieorchester und Chor sowie das Münchner Rundfunkorchester) unternehmen seit vielen Jahren große Anstrengungen, Kinder- und Jugendprogramme zu entwickeln und anzubieten.

1 Anette Mende, Ulrich Neuwöhner: Wer hört heute klassische Musik? ARD-E-Musikstudie 2005. Musiksozialisation, E-Musiknutzung und E-Musikkompetenz. In: MEDIA PERSPEKTIVEN (2006). H. 5, S. 246–258.

So arbeitet das *BR-Symphonieorchester* mit Jugendlichen aus sozialen Brennpunkten wie dem Münchner Stadtteil Hasenbergl oder den Insassen der Jugendvollzugsanstalt Neuburg an der Donau, um Proben- und Konzertbesuche vorzubereiten und sie mit der Arbeit eines Orchesters und Werken der klassischen Musik vertraut zu machen, oder besser: sie überhaupt erst einmal mit dieser Welt in Kontakt zu bringen. Das *Münchner Rundfunkorchester* bietet seit vielen Jahren Kinder- und Jugendkonzerte für verschiedene Altersgruppen.

Der *Chor des Bayerischen Rundfunks* lädt Sängerinnen und Sänger aller Altergruppen zu einem großen Event in den Manegenrund des Münchner Circus-Krone-Baus. Bei einem gemeinsamen Probentag unter der Leitung von Peter Dijkstra werden zusammen mit dem Münchner Rundfunkorchester und dem BR-Chor populäre Chorkompositionen erarbeitet, schließlich am Abend aufgeführt und im Radio gesendet. Ein überwältigendes Gemeinschaftserlebnis, an dem bis zu 1500 Laiensänger teilhaben.

4

Bei den Verantwortlichen der *Hörfunkwelle »BR-KLASSIK«* nehmen die Überlegungen, wie mit gezielten Programmangeboten Kinder und Jugendliche angesprochen werden können, breiten Raum ein. Beispiele für die altersgerechte Musikvermittlung bietet die Reihe »Deine Musik im Radio«, bei der die jüngsten Hörer von BR-KLASSIK zweimal täglich das Programm gestalten. Über ein Hörertelefon können sie rund um die Uhr ihre Musikwünsche aufsprechen. Sie nennen ihren Namen und begründen ihren Musikwunsch. Auf diese Weise werden sie selbst zu den »Moderatoren« ihrer eigenen Lieblingsmusik (dabei kommt es gelegentlich zu amüsanten Aussagen, die auch für die älteren Hörerinnen und Hörer hohen Unterhaltungswert haben. Zwei Beispiele: »Ich wünsche mir das Regentropfen-Prélude von Frédéric Chopin, das mein Vater immer wieder übt. Ich möchte es einmal richtig gespielt hören.« Oder: »Ich wünsche mir von Franz Schubert die Symphonie, die nie zu Ende geht«).

Das Musikmagazin für *Kinder* »Do Re Mikro« bietet einmal pro Woche am Sonntagnachmittag eine ganze Stunde Programm für Kinder: spannende Geschichten, Hörspiele oder Rätsel zu musikalischen Themen. Einmal pro Jahr gehört ein ganzer Radio-Tag den Kindern. Jeweils an einem Samstag von 8.00 bis 20.00 Uhr wird ein umfassender musikalischer Bogen gespannt – mit einer spannenden Fortsetzungsgeschichte, einer musikalischen Reise um die Welt oder einer zwölfstündigen Reise durch die Musikgeschichte. Die Musik gestalten den ganzen Tag über die Kinder selbst durch ihre Anrufe beim Hörertelefon.

An mehreren Radiotagen waren auch Bayerns Musikschulen beteiligt – mit musikalischen Beiträgen, die zuvor von einem durchs Land fahrenden Ü-Wagen aufgenommen wurden. Eine Werbeaktion auch für die Musikschulen im ganzen Land – und für das aktive Musizieren.

Für *junge Erwachsene* gibt es die wöchentliche Sendung »U 21 – Deine Szene. Deine Musik«. Junge Interpreten spielen live im Studio, sprechen über Klassik, Jazz, Rock und Pop und lassen ihrer Begeisterung über gute Musik freien Lauf. Andere Ideen wie die »KlassiXmiX«-Sommerparty im Funkhaus des BR in München oder auf dem BR-Gelände in Nürnberg, sowie eine Musiklounge im Rahmen der »Langen Nacht der Musik« in München oder des Deutschen Mozartfestes in Augsburg laden ein junges Publikum dazu ein, Musik von Renaissance bis Rap gleichermaßen zu geniessen (oder auch erst kennenzulernen).

Auch »U21 – Deine Szene. Deine Musik« produziert alljährlichen einen ganzen Radiotag. Unter dem Motto »So klingt meine Stadt« werden junge Hörerinnen und Hörer eingeladen, sich als Reporter zu bewerben. Bis zu 30 Jugendliche werden jeweils im Sommer ins Funkhaus nach München eingeladen, wo sie von erfahrenen Radiojournalisten im Umgang mit Aufnahmegeräten geschult und in Interviewtechnik unterrichtet werden. Sie nehmen dann selbständig in ihren Heimatgemeinden Interviews und O-Töne auf, die sie – wiederum unter der Anleitung von Fachleuchten – zu ganzen Sendungen zusammenbauen. Schließlich präsentieren sie – unterstützt von Profi-Moderatoren – die Ergebnisse ihrer akustischen Erkundungen beim Jugendradiotag von »BR-KLASSIK«.

Diese Angebote setzen sich im Internet fort, das ja für Kinder und Jugendliche eine viel größere Bedeutung hat als das gute alte Radio. Einerseits ist all das, was im Radio zu hören ist, zeitgleich als Streaming oder als Podcast auch zum Nachhören rezipierbar. Andererseits gibt es programmbegleitend auch vertiefende Informationen, Interviews oder Spiele, die nicht nur »BR-KLASSIK« als mediales Angebot, sondern klassische Musik insgesamt noch interessanter machen sollen.

Und »U 21 – Deine Szene. Deine Musik« sendet inzwischen sogar aus einem multimedialen Studio, das mit Kameras ausgerüstet ist. Die Moderatoren und Studiogäste sind im Radio zu hören und gleichzeitig auch im Internet-Livestream zu sehen. Die Hörerinnen und Hörer können sich interaktiv – bis hin zu eigenen musikalischen Darbietungen – immer wieder live in die Sendung einklinken. »Klassik plus ...« heißt dabei die Devise, denn: »Angrenzende Musikgenres wie Jazz, Chansons und Weltmusik«, so eine weitere Aussage der E-Musik-Grundlagenstudie der ARD, »können einen wesentlichen Beitrag dazu leisten, die Attraktivität von Klassikprogrammen zu steigern (jüngere/mittlere Generation; insbesondere *Leistungsorientiere* und *Aufgeschlossene*)«.

Die »Schöne neue Medienwelt« – und hier in erster Linie natürlich das Internet – bietet freilich nicht nur neue Chancen für Programmangebote und Beteiligungsprogramme für junge Leute, sondern auch für das Stammpublikum von »BR-KLASSIK«, dessen Durchschnittsalter bei beachtlichen 61 Jahren liegt. Aber auch die *Generation 60 plus* nutzt in zunehmendem Maße das Internet und damit die Informationen und Services von »BR-KLASSIK«.

Es gibt hier zeit- und ortsunabhäng nutzbare Podcasts wie »Klassik aktuell« oder »Starke Stücke – Meisterwerke der Musik«, »CD-Tipps« oder »Zoom – Musikgeschichte und was sonst geschah«. Aktuelle Information und Wissensvermittlung stehen hier im Vordergrund.

Die rasant wachsenden Zugriffszahlen im Klassikportal von »BR-KLASSIK« sind erfreulich und zeigen, dass es sich lohnt, im Hinblick auf den trimedialen Auftrifft von BR-KLASSIK (Gebühren-)Gelder und Manpower zu investieren.

5

Es sind freilich nicht nur die neuen technischen Möglichkeiten und »Ausspielwege«, die bei der Gestaltung eines öffentlich-rechtlichen Klassikangebots der Zukunft in den Blick genommen werden müssen, sondern in erster Linie natürlich die Inhalte und deren Gestaltung.

Gerade weil es die Klassik bei einem jüngeren Publikum nicht so leicht hat wie beim älteren Stammpublikum, ist hier Kreativität gefragt.

So sind wir herausgefordert, nicht nur im Internet neue Formen zu kreieren, sondern auch in Hörfunk und Fernsehen neue Sendungs-Formate zu entwickeln, um vor allem jüngere Rezipienten zu erreichen – ein »zappeliges« Publikum, das sich oft unruhig durch die Programme zappt, und das zunehmend Schwierigkeiten hat, sich für längere Zeit zu konzentrieren. Eine ganze Symphonie? Um Gottes Willen! Viel zu lang!

Wir spielen dennoch ganze Symphonien, aber wir haben auch Sendestrecken – in den sogenannten »Primtimes« morgens und abends, also dann, wenn uns viele Menschen im Autoradio zuhören – in denen wir auch Einzelsätze aus größeren Werken präsentieren.

Und damit sind wir bei einem Dilemma, mit dem wir Programm-Macher leben müssen. Unser Auftrag besteht beim Gestalten der Radiosendungen darin, in einem linearen Programm, also in einem 24-Stunden-Angebot, möglichst viele, und dabei auch diametral entgegengesetzte Hörerinteressen zu bedienen. Die einen wollen ganze Symphonien hören. Ihnen sind auch Bruckner-Symphonien zum Frühstück nicht zu schwer. Die anderen wollen Musik mit ausschließlich leichter, heiterer Anmutung, am besten Tag und Nacht. Unter einen Hut bringen lassen sich diese höchst unterschiedlichen Bedürfnisse nicht – wohl aber zeitlich steuern. So gibt es die leichtere Anmutung tagsüber – und abends die schwerere klassische Kost, auch Opern in herausragenden Gesamtaufnahmen, zeitgenössische Musik etc.

6

Klassikfreaks, Klassikaffine und Klassikeinsteiger wollen gleichermaßen bedient sein. Auch im *Fernsehen* gibt es deshalb neue Präsentationsformen. Nicht nur um »mit der Zeit zu gehen«, sondern auch um »Zaungäste« zu erreichen, Zuschauer, die Berührungsängste gegenüber der E-Musik haben.

Ein Beispiel ist unser Magazin »KlickKlack«. Abwechselnd moderiert von den jungen Klassikstars Sol Gabetta und Martin Grubinger bietet es einen sympathischen, frischen Zugang zu klassischer Musik, zu interessanten Interpreten und neuen Tendenzen im Musikbetrieb. Sogar Opern lassen sich originell, mit einem sympathisch-persönlichen Touch, präsentieren. Zum Beispiel mit dem im BR sehr populären Moderator Christoph Süß, der Bizets *Carmen* aus der Wiener Staatsoper in seiner zeitkritischen Sendung »Quer« ankündigte, um noch am selben Sendeabend aus dem »Quer«-Studio weiter durch den (Opern-)Abend zu führen – mit großem Erfolg.

Nicht nur bei »BR-KLASSIK« im Bayerischen Fernsehen und in BR-alpha wird mit neuen Formen der Klassik-Vermittlung experimentiert, auch in anderen öffentlich-rechtlichen Programmen ist dies der Fall (»Annettes Dasch-Salon auf 3Sat« oder die Klassik-Lounge auf arte).

Für uns Programm-Macher bieten die Herausforderungen der »Schönen neuen Medienwelt« permanent neue, hoch interessante Aufgaben, denen wir uns gerne stellen. Doch eines sollte man dabei nie vergessen: die Bereitschaft und Fähigkeit des Publikums, kulturelle Angebote anzunehmen, muss in Elterhaus und Schule angebahnt, ausgeprägt und gefördert werden.

Wir können nur immer wieder helfen, Zugänge zu schaffen und das Interesse wachzuhalten – um auf diese Weise dem öffentlich-rechtlichen Auftrag nachzukommen, so wie er im Rundfunkgesetz des Freistaates Bayern formuliert ist: das Publikum »zu informieren, zu bilden und zu unterhalten«.

Keine leichte Aufgabe, ich könnte mir jedoch keine schönere vorstellen.

Max Kullmann

Klangraum und Interaktion

Ein Projektbericht mit Fragen von Frauke Schmidt

Einleitend möchte ich kurz etwas zu meinen bisherigen Projekten sagen: 2009 habe ich zusammen mit dem Sounddesigner und Programmierer Jan Paul Herzer die *hands on sound GmbH*, ein Büro für akustische Szenografie gegründet. Entworfen und realisiert werden hier klingende Objekte und raumgreifende Klangkonzepte für Museen und Ausstellungen sowie akustische Orientierungssysteme an der Schnittstelle zwischen Kunst, Kommunikation und medialer Inszenierung. Unter den Auftragsarbeiten befinden sich Klangszenen für einen Mercedes-Benz Messepavillon, generative Multikanalkompositionen für MINI-Showrooms, schwingende Holzstelen für den Department Store im Berliner Q206 oder eine klingende Fassade aus dutzenden Piezo-Plättchen für den Kreuzberger Schmuckladen Staub Gold. Unser Team vereint die Freude an allem Hörbaren, ein ausgeprägter Spieltrieb und der gleichzeitige Respekt vor dem vielleicht wichtigsten akustischen Gestaltungsmittel: der Stille.

Das Photo zeigt die freie Arbeit $y = ax^2$ von mir im Rahmen der Transmediale 2011. Hierbei handelt es sich um ein mobiles Gerüst mit zwei Dutzend eingehängten

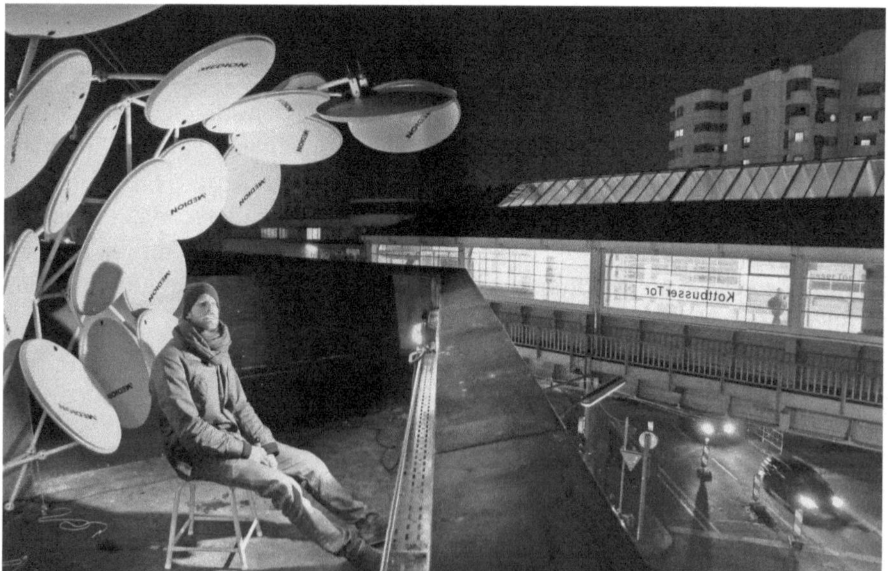

Parabolantennen für Satellitenempfang auf einem Balkon zum Kottbusser Tor. Bekannt für seine unzähligen solcher Antennen ist das Gebäude an einem der belebtesten Plätze Berlins inzwischen Hort für eine bunte Mischung aus Sozialwohnungen, Hostels, Imbissen und Bars. Die über drei Raumachsen parabelförmig angeordneten Antennen reflektieren und bündeln statt Fernsehbildern nun wüste Geräusche des Großstadtverkehrs vom Platz über die Betonbrüstung des Balkons im 3. Stockwerk. Dabei werden aber auch Schritte und sogar Stimmen vom direkt darunterliegenden Bürgersteig deutlich hörbar in den akustischen Brennpunkt übertragen – völlig unerwartet in diesem ›Chaos‹ von Sinneseindrücken. Und eine Einladung, Ordnung ins Chaos zu hören.[1]

Da es mir einfacher fällt, meine Klangvorstellungen diskursiv zu entwickeln, habe ich eine Kollegin von mir, Frauke Schmidt,[2] gebeten, mir diesbezüglich Fragen zu stellen, die ihr interessant erscheinen:

Schmidt:
Wie erschließt du dir Räume akustisch, wie nimmst du sie wahr?

Kullmann:
Wenn ich einen Raum betrete, bin ich nach längerem Fokus auf das Ohr auch wieder verstärkt mit dem Auge unterwegs: Ich schaue, wie hell oder dunkel der Raum ist, welche Geometrie er hat. Ich nehme das zunächst gar nicht so wahr, wie es das Klischee über den Raumakustiker vielleicht behauptet: Man komme in einen Raum rein, klatsche und sage *Ah, so klingt also der Raum*. Nein, ich arbeite natürlich auch mit den Augen. In einem zweiten Schritt überlege ich dann, wie man die Visualität des Raums akustisch konsequent weiterentwickeln könnte: Unterstütze oder kontrapunktiere ich sie? Egal, was ich tue, ich denke und arbeite transmedial, in den verschiedenen Medien gleichzeitig.

Schmidt:
Gibt es Räume, die dich besonders interessieren?

Kullmann:
Da trenne ich; es gibt akustisch wahnsinnig interessante Räume, die man sich erlaufen kann. Das sind oft enge oder vertrackt geschnittene Räume, in denen die Akustik auf den ersten Höreindruck sehr ungewöhnlich gefiltert ist, oder es

1 Aktuelle Arbeiten finden sich unter http://www.hands-on-sound.com/work/references (zuletzt eingesehen: 10.2.2014).

2 Frauke Schmidt lebt in Berlin und arbeitet vor allem an Klanginstallationen, Hörspielen und Performances.

sind auf der anderen Seite Baukörper mit großen Ausmaßen, deren Hall lange andauert. Dann gibt es Räume, die auf den ersten Blick visuell sehr dominant sind: wenn es sich um besonders starke lineare oder areale Kontraste, um starke visuelle Modulationen des Raumes handelt. Dass sich Auge und Ohr eindrucksvoll ergänzen, passiert mir eigentlich immer beim Betreten von Kirchen. Das sind meine Lieblingsorte, wenn es darum geht, Hör- und Sehbares auch ›zusammenzufühlen‹.

Schmidt:
Welchen Unterschied machst du zwischen privatem und öffentlichem Raum?

Kullmann:
Ein öffentlicher Raum ist für mich zunächst ein Ort, den sich niemand in irgendeiner Weise ganz zu eigen machen sollte. Man kann partizipieren, aber für einen öffentlichen Raum gibt es ganz andere Regeln, als für einen privaten Raum. Wenn ein privater Bauherr bestimmt, in seinem Privatbesitz dieses und jenes zu verändern, dann muss er selber damit klarkommen, er lebt und wirtschaftet in diesen Räumen. Er hat eine ganz andere Handhabe, während wir den öffentlichen Raum allenfalls partizipativ beanspruchen können. Wenn es um klangliche Interventionen im öffentlichen Raum geht, dann empfinde ich das als wesentlich komplexer. Ich muss zuerst herausfinden, welche verschiedenen Ansprüche an den Raum und welche verschiedenen Nutzungen über die Zeit dort existieren. Was würde eine Intervention tatsächlich mit sich bringen? Würde sie eine Balance herstellen, oder würde sie die Balance zerstören? Hörbares kann noch penetranter als Sichtbares einfach stören. Im privaten Raum kann man künstlerisch eher auf ein polarisierendes Ziel hinarbeiten und das wesentlich kurzfristiger, intuitiver.

Schmidt:
Arbeitest du bei der Klanggestaltung auch gegen den Raum? Brichst du das Vorgefundene durch eine Intervention auf oder arbeitest du eher mit dem, was du vorfindest?

Kullmann:
Hier gibt es ja auch zwei Strömungen bei Architekten und Städteplanern: die einen freuen sich über eine *tabula rasa* oder einen Ort, den man komplett umprogrammieren und umkonditionieren kann, damit es mal wieder etwas Visionäres zu tun gibt. Mir fehlt die Vision, ich bevorzuge den Prozess. Ich bin ein Freund davon, einen Ort oder einen Raum, sei er auch noch so ›falsch‹, kennen- und schätzen zu lernen und eine diplomatische Haltung zu diesem zu entwickeln. Ich arbeite an diesem Raum dann im Sinne des Betonens, des Überformens. Nicht

nur akustisch, sondern auf allen korrespondierenden Ebenen der Raumprogrammierung und der Raumwahrnehmung. Ich traue mir selber gar nicht zu, einen Raum komplett umzuformen, sondern eigentlich nur zuzuspitzen, zu akzentuieren und in eine Richtung zu geleiten. Die Arbeit an einem konkreten Raum, und mit dem, was der Raum schon selber mit sich bringt, stellt meines Erachtens die größte Herausforderung dar. Das beginnt mit den banalen Möglichkeiten der Haustechnik und ihrer Lautsprecheranlage, geht über die Funktionen der Einbauten und die Struktur der Wände bis hin zu Geometrie und Volumen des gesamten Baukörpers.

Schmidt:
Welchen Nutzen siehst du in der bewussten klanglichen Gestaltung eines Raumes für den Besucher?

Kullmann:
Bewusste klangliche Gestaltung eines Raumes heißt für mich, bewusst mit klanglicher Subtilität, mit Akustik umzugehen. Sie beeinflusst die gesamte Raumwahrnehmung und entscheidet schließlich mit, ob ein Raum seine programmierte Funktion erfüllt. Das heißt für mich nicht, dass der Besucher oder Rezipient dies auch deutlich mitbekommt. Auditives Entwerfen ist Teil des Gestaltungsprozesses, der wichtig ist. Aber ich bin der Meinung, dass kein Wahrnehmungskanal dauerhaft überbetont oder überbeansprucht werden sollte. Das kann eine interessante Perspektive eröffnen, aber eigentlich möchte ich alles zu einem Ganzen zusammenfügen – es geht ja eher um wirkliche Gleichberechtigung der Sinne im Gestaltungsprozess. Auch wenn ich mir das Hörbare spezifisch herausnehme und bearbeite, wird es trotzdem immer im Kontext des Seh-, Greif- und Riechbaren stehen. Der Mensch wird nie nur Ohr sein können. Ich bin selber überfordert, wenn ich merke, dass die Leute nur mit ihren Ohren an etwas herangehen – ich habe davor großen Respekt, aber ich selber kann aus dem Stegreif so gar nicht wahrnehmen.

Schmidt:
Wie, glaubst du, hören die Rezipienten?

Kullmann:
Schon der Kontext, dass man sich als Architekt *und* Klanggestalter mit einem Raum beschäftigt, impliziert ja, dass etwas klanglich Bedeutsames passiert sein muss. Das ist interessanterweise natürlich nicht allen Rezipienten, Besuchern wie Passanten, bewusst. Es hängt auch nicht einfach mit der Lautstärke zusammen, ob man aufhorcht. Vielmehr ›wittern‹ die Leute in einer solchen Umgebung,

wenn sie ungewöhnlich, vieldimensional gestaltet ist: Etwas ist anders, der visuellen Dominanz ist etwas hinzugefügt, die Leute ändern ihre Bewegungen, ihren Takt. Das deutet auf eine deutliche Ansprache des auditiven Erlebens hin. Ich versuche dann herauszufinden, was die Leute sonst noch wahrgenommen haben, wie sich das mit einem Mal bewusst Gehörte im Zusammenhang mit allen anderen Wahrnehmungen verhält.

Schmidt:
Mit welchem Klangmaterial arbeitest du bevorzugt?

Kullmann:
Ein Raum und seine Akustik erschließen sich mir nach und nach über klanglich übersichtliche Grundbausteine: Schläge sind sehr interessant, der Raum antwortet mit seinen Reflexionen darauf ganz direkt. Letztere ermöglichen die Wahrnehmung eines räumlichen Maßstabs und tragen überhaupt zur Strukturierung des Hörbaren bei. Nun verrät der tonale Anteil eines reflektierten Geräusches im Raum einiges über seine Resonanzfrequenzen und Filterungen. Schon kurze Töne erzählen so viel über den umgebenden Raum! Mich fasziniert das Rauschen, weil in ihm so viele Möglichkeiten stecken. Beim Staubsaugen zum Beispiel kann ich ein Lied in das Rauschen singen – irgendwie klingt das immer harmonisch, trotz des anteiligen 50 Hz-Netzbrummens. Ich nehme immer bewusst in der Zeit wahr. Ich kenne keinen statischen klanglichen Zustand, sondern es gibt immer ein Einschwingen, ein Halten und dann ein Ausschwingen. Das kann alles in sich tragen: Transienten, Rauschen, Sinus- und verschiedenste Obertöne. Aber natürlich gibt es jenseits dieser analytischen Betrachtungsweise auch ganz einfach vom Kunden vorgegebene Themen und Kontexte, die bestimmte generische oder synthetische Klänge erfordern. Die generischen Klänge nehme ich möglichst naturalistisch am Ort ihrer Entstehung auf. Die synthetischen Klänge lasse ich durch Software generieren. Oft mische ich beide Welten und versuche dabei, nicht nach der fleißigen Erfüllung einer Gestaltungsaufgabe zu klingen.

Schmidt:
Achtest du bei der Auswahl des Klangmaterials auf die möglichen Effekte im Raum?

Kullmann:
Wenn ich merke, dass sich eine Klangquelle nicht bewegt, dass sie tatsächlich statisch ist, dann muss ich mich selbst relativ zu dieser Klangquelle bewegen. Da ist diese Neugier in mir, ich halte es kaum aus, dazusitzen und statisch zu hören. Ein Geräusch, einen Klang, in der Zeit zu hören reicht nicht, ich möchte diesen

Klang auch räumlich erfahren und erfassen. Deshalb stehe ich oft auf, egal, wo die Schallquelle nun ist und wandle durch den Raum, um diese Schallquelle zu orten und in einem räumlichen Bezug zu hören. Viele Menschen verharren leider. Loszugehen und das zu erforschen, ist wohl meine Eigenart.

Schmidt:
Wie sehr ist deine Arbeit von technischen Hilfsmitteln beeinflusst oder gar eingegrenzt?

Kullmann:
Ich bin neugierig, wie sich Hörbares überhaupt erst einmal räumlich entwickelt und quasi durch meine eigene Bewegung verändert. Das hängt natürlich von der Schallquelle und ihrer Position ab – ob es sich beispielsweise um eine stereophone Klangprojektion handelt, bei der man ganz bestimmte Regeln zum korrekten Abhören befolgen muss. Bei der Stereophonie ist natürlich meine Erwartungshaltung eine andere. Diese Art der Verräumlichung von Klang ist sehr sensibel und störanfällig. Bei dieser oder noch komplexeren Anordnungen von Schallquellen konzentriere ich mich darauf, wie das technisch vorbereitet ist und möglichst optimal und zielführend genutzt wird. Es schränkt allerdings auch künstlerisch ein. Nicht normierte Konstellationen dagegen empfinde ich eher als Einladung, mich zu bewegen, die hörbare Geometrie eine Raumes abzulaufen. Wunderbar finde ich, wenn es eine Vielzahl von Klangquellen gibt, die nach keinem besonderen technischen Schema aufgestellt sind, sondern nach narrativen Gesichtspunkten: oben, weiter unten, ganz links, hinten, weiter davor ...

Schmidt:
Was ist auffällig, wenn sich Leute in klanglich gestalteten Räumen bewegen?

Kullmann:
Mir fällt die fast andächtige Haltung der Hörenden auf, die durch einen Raum laufen und dann ganz nah an die Schallquellen herangehen und sich vor- und wegbewegen, wie beim Betrachten von Bildern in einer Galerie. Unbewusst werden die Sicht- und Hörbezüge erlaufen und ertastet. Die Rezipienten nehmen die Geräuschquellen dann sehr objekthaft wahr – faszinierend. Deshalb arbeite ich selbst gerne mit Geräuschquellen, die man sieht, die man tatsächlich verorten kann.

Schmidt:
Gibt es Räume, in denen dem Klang wenig oder im Gegenteil sehr viel Bedeutung zukommt?

Kullmann:
Ich bin sehr gerne in den Alpen, ihre Höhe, ihre Dramatik ist mit dem ganzen Körper spürbar. Insbesondere *höre* ich gerne in den Bergen, weil es dort ganz besondere landschaftliche Modulationen gibt. Es gibt Ebenen, Steigungen und Steilwände, die einen Meter weit weg sind oder eben einen Kilometer – all das überformt eine Klanglandschaft. Die Berge bilden eine wirklich hörbare Topographie, sie stellen Geräusche ganz anders dar als das Flachland. Sehr differenziert und überraschend plastisch klingen aber auch einfache Wohnräume, in denen sich Menschen aufhalten, die ihren ganz normalen Tätigkeiten nachgehen: die einfachen vier Wände mit ihren sehr individuellen Ausstattungen.

Schmidt:
Du arbeitest auch mit Schülern und besprichst insbesondere klangliche Elemente von Ausstellungen – gibt es da eine spontane Haltung der Kinder?

Kullmann:
Die Wahrnehmungsneugier von Kindern finde ich sehr spannend, manchmal glaube ich, sie auch noch zu haben. Gemeinsam mit Kindern Klanginstallationen zu entdecken und über das Erfahrene zu sprechen macht einfach Spaß. Sie begeistern sich für ein Thema, und für sie ist es nicht selbstverständlich, wenn das, was man sieht, auch gleichzeitig so klingt. Wir Erwachsene haben oft ganz andere Vorstellungen von logischen Zusammenhängen. Erfahrungen stumpfen uns ab, wir nehmen manche Widersprüche schlicht nicht mehr wahr. Kinder haben noch keine ausgeprägte Erwartungshaltung. Sie können noch viel assoziativer und somit phänomenologisch präziser beschreiben, was gerade zu hören ist und es neugierig hinterfragen. Das bietet mir die Möglichkeit, diese Dinge dann zu erklären und in einen kreativen Kontext zu setzen. Die meisten Kinder stellen auch noch nicht die Frage nach der feinen Unterscheidung von »Was ist Musik?« oder »Was ist keine Musik?«. Meiner Erfahrung nach ist für sie etwas, das irgendeine Art von Muster, Rhythmus, Tonalität hat, schlicht »Musik«. Die Frage der Gestaltungshöhe stellen sie nicht. Es gefällt oder gefällt nicht – so einfach ist das Erleben manchmal.

Heiko Schulz

Akustische Markenführung

Der gute Ton eines Unternehmens

»Das Auge führt den Menschen in die Welt,
das Ohr führt die Welt in den Menschen.«
Lorenz Oken (1779–1851)

1 Einführung

In der jüngeren Vergangenheit wurde der Begriff der akustischen Markenführung vielfältig definiert. Ich selbst halte mich an den Begriff ›Sound Branding‹ gemäß der Sichtweise der Hamburger Audio Branding Academy (ABA) und des Kollegen John Groves.[1] Begriffsnah seien hier die Bezeichnungen ›Acoustic Branding‹, ›Sonic Branding‹ und ›Audio Branding‹ erwähnt. ›Sound‹ ist demnach als umfassender Begriff für all das zu verstehen, was wir mit dem menschlichen Gehör wahrnehmen können. Diese Definition liegt meinen Ausführungen zum Thema Marken- und Urheberrecht ebenso zugrunde wie – angesichts ähnlicher Uneinheitlichkeit – denen zu den Begriffen Hörmarke, Audiomarke und Klangmarke. Die Tatsache, dass bis heute keine einheitliche, allgemeingültige Definition des Begriffs existiert, bestärkt meine Ansicht, dass akustische Markenführung hinsichtlich ihrer kommerziellen und wissenschaftlichen Erforschung eine junge Disziplin ist. Für Unternehmen relevant ist sie seit Beginn des 20. Jahrhunderts, für uns Menschen reicht sie mehr als 4.000 Jahre zurück. Man denke dabei an das unterschiedliche Kirchengeläut, das vom Anzeigen der Uhrzeit bis zum Brandschutz vielerlei Funktionen erfüllen sollte, oder die akustischen Rituale verschiedener Naturvölker, die sich auch heute noch anhand klanglicher Merkmale unterscheiden lassen.[2]

Ergänzend zur Beschreibung der wichtigsten Grundlagen akustischer Markenführung soll der folgende Beitrag Einblicke in die Praxis eines Musikproduzenten geben. Der Autor möchte dabei neue Perspektiven aufzeigen, um Klang in seiner ökonomischen und ökologischen Bedeutung besser zu begreifen.

1 Vgl. Audio Branding Barometer der (ABA) [2010]. Vgl. http://www.audio-branding-academy.org/media/barometer/ABB2010_20101109-online-version.pdf (zuletzt eingesehen: 17. 8. 2014).

2 Vgl. Raymond M. Schafer: Klang und Krach. Eine Kulturgeschichte des Hörens. Frankfurt a. M. 1988, S. 220–224.

2 Grundlagen der akustischen Markenführung

Ausgehend von der Definition der Markenführung als strategischer Prozess des Aufbaus und der Weiterführung einer Marke mit dem Ziel der Abgrenzung zum Wettbewerb, soll also für Unternehmen mithilfe geeigneter Kommunikationsmaßnahmen eine klare Positionierung am Markt geschaffen werden. Die akustische Markenführung kann demnach als Prozess verstanden werden, bei dem eine Übertragung der Marke in Klangbotschaften stattfindet.

Unternehmen sehen einen Mehrwert darin, ihre Marken durch akustische Reize aufzuladen, um diese aus der zunehmenden Vielfalt an Angeboten hervorzuheben und signifikant vom Wettbewerb abzugrenzen. Dabei orientieren sich die Unternehmen an einer fest umrissenen Kommunikationsstrategie mit dem Ziel einer eindeutigen Positionierung. Für uns als Experten für Musikproduktion und Markenkommunikation geht dieser Trend einher mit einem wachsenden Bewusstsein für einen strukturierten Schaffensprozess. Anders ausgedrückt: Aus Sicht eines Unternehmens ist eine akustische Markenführung erst dann effizient, wenn der Konzeption und Kreation eine nachvollziehbare Struktur zugrunde liegt.

2.1 Multisensorisches Branding-Prinzip

Bei zahlreichen Gesprächen mit marketingorientierten Unternehmen hat es sich als erfolgreich erwiesen, den Fokus der Beratung zunächst auf die menschlichen

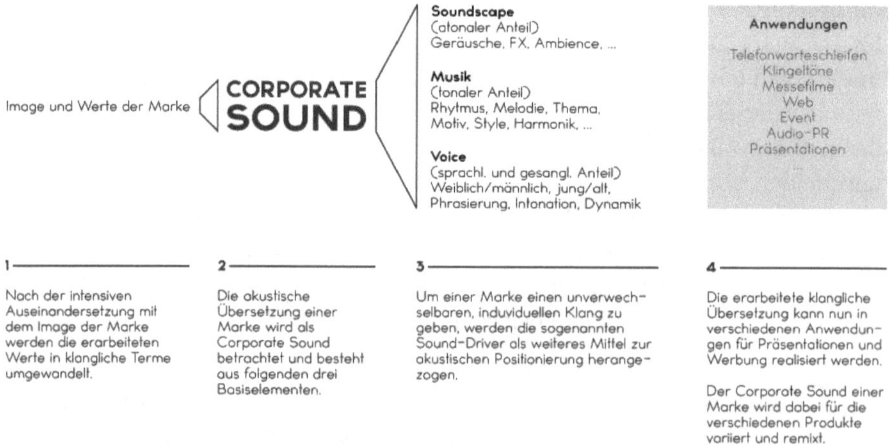

Abb. 1 Strukturierter Prozess des Sound Brandings

fünf Sinne zu legen. So analysieren wir, wie Unternehmen ihre Ressourcen auf die Wahrnehmungen Sehen, Hören, Riechen, Schmecken und Fühlen aufteilen. Demnach fließen immer noch über 80 Prozent der gesamten Aufwendungen für Markenkommunikation in die Aktivierung visueller Reize.[3] Hörbares folgt mit gut zehn Prozent und steigender Tendenz. Den Rest teilen sich die verbleibenden drei Sinne.[4] An dieser Stelle sei auf die Ergebnisse des englischen Neurowissenschaftlers Charles Spence hingewiesen. Seine Gespräche und Darstellungen beim Audio Branding Kongress der ABA im November 2010 in Hamburg inspirierten mich, über weitere Sinneswahrnehmungen nachzudenken.

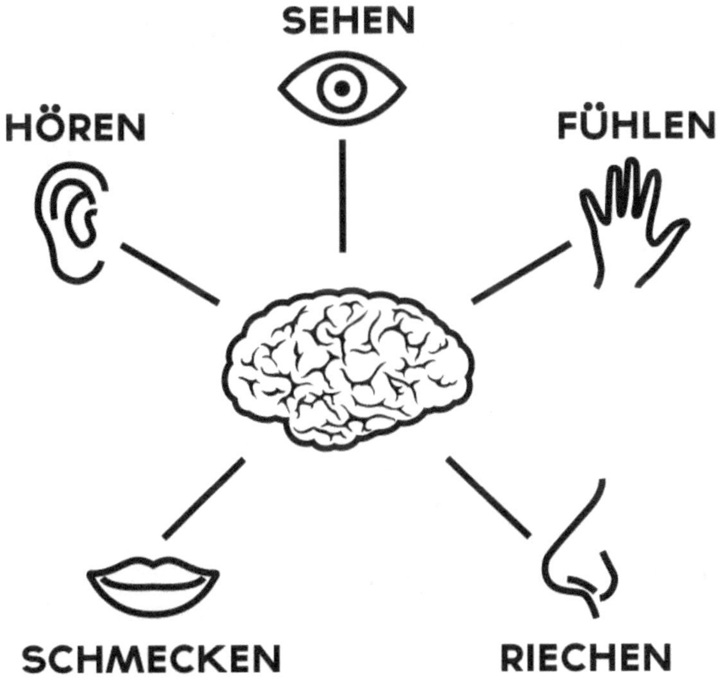

Abb. 2 Multisensorisches Branding

3 Vgl. Martin Lindstrom: Brand Sense. How to build brands, through touch, taste, smell, sight and sound. London 2005.

4 Vgl. Aradhna Krishna: Sensory Marketing. Research on the sensuality of products. New York 2010.

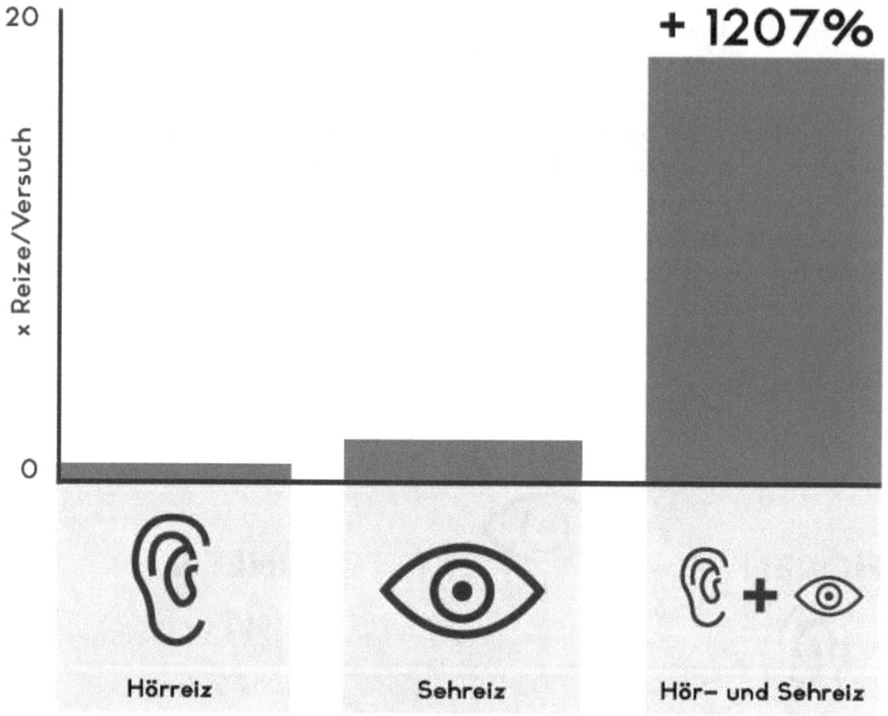

Abb. 3 Multisensorische Interaktion und Superadditivität (in Anlehnung an Spence, Anm. 5)

Spence betont die Wichtigkeit, möglichst viele Sinne in die Betrachtung einzubeziehen, selbst wenn es nur um auditives Branding gehen sollte.[5] Dabei demonstriert er drei Schlüsselregeln multisensorischer Interaktion: die Superadditivität,[6] die Subadditivität[7] und die sensorische Dominanz.[8]

Die isolierte Betrachtung eines Sinnes führe zu anderen Ergebnissen als die gleichzeitige Betrachtung mehrerer Sinne. Demnach kann eine Änderung beim akustischen Branding dazu führen, auch die visuellen Stimulierungen zu über-

5 Vgl. Charles Spence: Sound Design. Using Brain Science to Enhance Auditory and Multisensory Product. Brand Development. Hamburg 2010.

6 Superadditivität von Sinnen: Ein nicht-linearer Verarbeitungsprozess mehrerer Sinne kann im menschlichen Gehirn zu einem überproportionalen Anstieg unserer Wahrnehmung führen.

7 Subadditivität von Sinnen: Durch inkongruente Beziehungen von Sinneswahrnehmung untereinander kann es zu einer Abschwächung der Produktakzeptanz kommen.

8 Sensorische Dominanz: Eine Sinneswahrnehmung kann so dominant sein, dass andere Sinne nicht mehr zum Zuge kommen und es so zu einer realitätsfremden Einschätzung beim Konsumenten kommt.

denken. Wie die folgende Abbildung verdeutlicht, bildet vor allem die Superadditivität für Klangschaffende ein belastbares wissenschaftliches Fundament des Sound Branding-Prozesses.

Mit Superadditivität meint die Wissenschaft, dass unser Gehirn individuelle Reize nicht linear verarbeitet. Für Unternehmen folgt daraus, dass eine Botschaft beim Konsumenten erheblich stärker wirkt, wenn unterschiedliche Stimuli aufeinander abgestimmt werden.

Offenbar gibt es einen neuronalen Verstärker-Mechanismus im Gehirn. So wirkt ein Ereignis, das gleichzeitig mehrere Sinne aktiviert, um ein Vielfaches intensiver als die summierte Stärke der einzelnen Sinneseindrücke. Häusel spricht in diesem Zusammenhang von einer Wirkungsexplosion im Kopf.[9]

Charles Spence berichtete in Hamburg von Sound-Experimenten an elektrischen Zahnbürsten und der Suche der Automobilindustrie nach dem optimalen Klang von Elektroautos – innen wie außen. In beiden Fällen assoziieren wir mit den Geräuschen bestimmte Erfahrungen. Dabei wird schnell deutlich, welche bedeutende Rolle unsere anderen Sinne spielen. So erinnert das Geräusch elektrischer Zahnbürsten oft an den Bohrer beim Zahnarzt. Diese Assoziation kann über die hörbare Frequenz gesteuert werden.

Eine weitaus komplexere Angelegenheit ist die klangliche Ausstattung von Elektroautos. Die Gefahren, die von der Geräuschlosigkeit dieser Autos im innerstädtischen Straßenverkehr für die Menschen ausgehen, stellt die Hersteller vor große Herausforderungen. Spence zeigt deutlich, dass wir auch die drohende Gefahr eines sich von hinten nähernden Fahrzeugs wahrnehmen sollten. Klangakustiker versuchen, das über das Beschallungssystem im Auto zu lösen: Künstlich erzeugte Klänge mit richtungsbezogener Abstrahlung im Fahrzeug und außerhalb sollen für eine möglichst realitätsnahe und gelernte akustische Situation sorgen. Der Klang im Inneren eines Elektroautos belegt, wie komplex unser Gehirn auf zeitgleich ablaufende Reize reagiert.

Besonders beeindruckend sind Spences Forschungen auf dem Gebiet der Wechselwirkung aller Sinne beim Essen.[10] Seine Arbeiten mit dem prominenten Sternekoch Heston Blumenthal beschreiben Klang in seinen vielfältigen Erscheinungsformen äußerst praxisnah.[11]

---

9 Vgl. Hans-Georg Häusel: Neuromarketing. Erkenntnisse der Hirnforschung für Markenführung, Werbung und Verkauf. Planegg, München 2007, S. 168.

10 Vgl. Charles Spence, Maya U. Shankar, Heston Blumentahl: Sound bites. Auditory contributions to the perception and consumption of food and drink. In: Francesca Bacci, David Melcher (Hg.): Art and the senses. Oxford 2010, S. 207–238.

11 Vgl. Heston Blumentahl: The Big Fat Duck Cookbook. London 2008.

Zurück zu den marketingorientierten Unternehmen, die sich in steigendem Maße für eine akustische Identität interessieren. ›Wie klingt eigentlich Ihr Unternehmen?‹, lautet eine meiner beliebtesten Fragen, die ich Markenverantwortlichen stelle. Meine Beobachtung: Je weiter ein Produkt oder ein Unternehmen von einer klanglichen Wahrnehmung entfernt scheint, desto interessanter sind die Reaktionen. Jens Plachetka, Europachef von Heinz Ketchup, bestätigt mir noch heute, dass ihn diese Frage nie wieder losgelassen hat. Sie war quasi der Urknall für zahlreiche Marketingmaßnahmen von selbsterstellten ›Bottlesound-Videos‹ bis zu komplexen Klanglandschaften rund um das Thema Grillen.

Stellen Sie sich vor, Sie werden von einem Pharma-Unternehmen beauftragt, ein Medikament ›erklingen‹ zu lassen, um den Vertrieb zu fördern ...

In den letzten zwölf Jahren unseres Schaffens haben wir gerade in dieser Branche rund zwei Dutzend Produkten einen Song auf den Leib geschrieben und damit in der Pharma-Kommunikation neue Wege beschritten; einige Beispiele sind an einem passwortgeschützten Bereich im Internet zum Anhören hinterlegt. Die Songs sind – je nach Kundenwunsch – sehr unterschiedlich ausgefallen. Es handelt sich in der Regel um Auftragsproduktionen für den deutschen Markt, die zumeist dennoch in englischer Sprache getextet werden sollten.[12] Dank unserer Organisationsstruktur, die eine Eventagentur, eine Musikproduktionsfirma und eine Künstlervermittlung unter einem Dach vereint, kamen wir in den Genuss, das Songmaterial direkt in der Zielgruppe zu platzieren. So konnten wir im Verlauf der Jahre wertvolle Erfahrungen über die Machart derartiger Brand-Songs sammeln.

2.2 Sound Branding – eine hörbare Analyse

Beobachtet man Werbung und Kommunikation im 20. Jahrhundert, etabliert sich Sound Branding zunehmend als erfolgreiches Marketinginstrument,[13] vor allem in Radio, TV und Internet – wobei neueste Trends darauf schließen lassen, dass das Internet in Zukunft dem TV überlegen sein wird. Einer der Gründe dafür könnte die Wirtschaftlichkeit des Internets sein. Hier ist es Unternehmen möglich, ihre Zielgruppen mit einem Bruchteil an finanziellen Aufwendungen zu erreichen. Darüber hinaus liefern intelligente Rückkopplungsalgorithmen (*predictive behavioral targeting*)[14] hilfreiche Informationen über das Konsumen-

12 Zu Pharmasongs vgl. http://www.hsproductions.de/pharmasongs.html (zuletzt eingesehen: 17.8.2014).

13 Vgl. Simone Roth: Akustische Reize als Instrument der Markenkommunikation. Wiesbaden 2005.

14 Vgl. http://de.wikipedia.org/wiki/Predictive_Behavioral_Targeting (zuletzt eingesehen: 9.8.2011).

tenverhalten. Bevor ich prominente Beispiele des Sound Brandings der letzten Jahrzehnte nenne, möchte ich die wichtigsten Elemente auflisten (aufsteigend sortiert nach der Spiellänge):

- Sound Icon: kürzestes akustisches Branding Element (z. B. Klicks, ›Plops‹ usw.)
- Sound Logo: kurze (ein bis drei Sekunden) akustische Signatur zur Wiedererkennung eines Produkts oder eines Unternehmens
- Jingle: kurze melodiöse Tonfolge mit oder ohne integriertem Claim
- Brand Song: Werbesong, eigens für ein Produkt und die Länge eines Spots produziert
- Corporate Song: Firmensong, in der Regel für die interne Unternehmenskommunikation zur besseren Identifikation der Mitarbeiter mit dem Unternehmen
- Sound-Landschaft: meist instrumentale Klanglandschaft zur akustischen Darstellung des Produkt- oder Unternehmensumfelds

Von besonderer Bedeutung ist die sogenannte Brand Voice, da sie die besten Eigenschaften eines ›akustischen Fingerabdrucks‹ aufweist und nahezu nicht reproduzierbar ist.

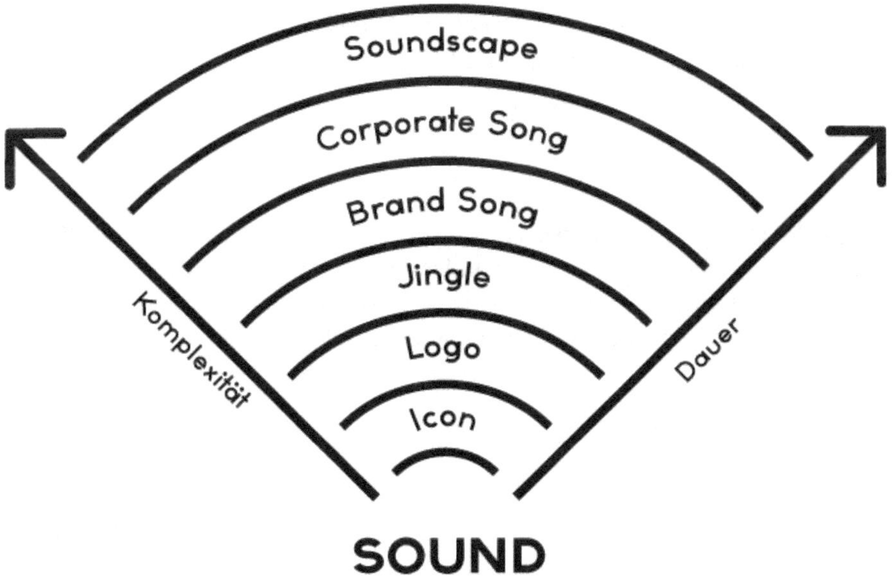

Abb. 4 Sound Branding-Elemente

Sound Icon

Dieses kürzeste aller Sound Branding-Elemente verbreitet sich aktuell am stärksten. Oft werden der ›Flensburger Plop‹ der gleichnamigen Biersorte oder der Coca-Cola ›Zischer‹ erwähnt.[15] Darüber hinaus möchte ich auf die Sound Icons der Computer- und Mobiltelefonbranche hinweisen, etwa die kurzen akustischen Signaturen von Skype, AOL oder die unterschiedlichen Systemsounds von Apple. Diese als ursprünglich rein funktional und anwendungsbezogen gedachten Klänge werden zunehmend zu Branding-orientierten Icons weiterentwickelt und tragen so zu einem beachtlichen Teil zum Sound Branding einer Marke bei.[16]

Sound Logo

Das Sound Logo verkörpert seiner Bezeichnung nach am besten die Parallele zur visuellen Welt des Brandings. Es ist das akustische Signet einer Marke oder eines Unternehmens und die reinste Form einer klanglichen Identität. Telekom, Audi, Intel und BMW sind nur einige Unternehmen, denen es gelungen ist, eine Bekanntheit des Sound Logos zu erreichen, die an die 100-Prozent-Marke heranreicht. Hervorzuheben ist die Anpassungsfähigkeit für vielfältige Anwendungen in unterschiedlichen Medien, die allerdings mit viel Fingerspitzengefühl vorgenommen werden sollte. Da die Konsumenten zunehmend über den Computer erreicht werden, verändern hierfür auch etablierteste Sound Logos ihr Frequenzspektrum, wie zum Beispiel Audi und BMW.[17]

Jingle

Ein Jingle ist vom Ursprung her ein akustisches Warenzeichen und wurde Anfang des 20. Jahrhunderts von Radiostationen geprägt. Es galt in Verbindung mit den sogenannten Station Voices als Differenzierungsmerkmal eines Senders. Der gesungene Claim als kurze, prägnante Tonfolge oder Melodie galt lange als am

15 Vgl. Kai Bronner: Audio-branding. Entwicklung, Anwendung, Wirkung akustischer Identitäten in Werbung, Medien und Gesellschaft. München 2007 (Praxisforum Medienmanagement; 5), S. 88.

16 Zu Sound-Iconbeispielen vgl. http://www.hsproductions.de/soundicon.htmll (zuletzt eingesehen: 17. 8. 2014).

17 Zu Sound-Logobeispielen vgl. http://www.hsproductions.de/soundlogo.html (zuletzt eingesehen: 17. 8. 2014).

stärksten erinnerungsfähiges Sound Branding-Element. Ergänzend zu den im deutschsprachigen Raum bekanntesten Jingles wie »Auf diese Steine können sie bau'n – LBS«,[18] »Nichts geht über Bärenmarke«, »Wenn's ums Geld geht – Sparkasse« und dem instrumentalen Jingle der Tagesschau sei an dieser Stelle auf einen frühen akustischen Meilenstein hingewiesen: die ›Fox-Fanfare‹ von Alfred Newman aus dem Jahre 1933.[19] Newman, von 1940 bis 1960 Musikdirektor bei 20th Century Fox, gilt bis heute mit 44 Oscar-Nominierungen und neun Oscar-Auszeichnungen als erfolgreichster Filmkomponist aller Zeiten.

Brand Song

Brand Songs (Brand = Marke) sind Lieder, die eigens für ein Produkt komponiert werden, um Produkteigenschaften zu transportieren und eine markenadäquate Atmosphäre zu schaffen. Sie werden strategisch eingesetzt und ändern ihre Hauptaussage in der Regel nicht. Commercial Songs (Commercial = Werbespot) hingegen sind eher trendabhängige, kurzfristig eingesetzte und meist auch subjektiv ausgesuchte Songs, die oft darauf schließen lassen, dass die Markenverantwortlichen ihr Produkt nicht eindeutig positioniert haben oder die Markenpersönlichkeit nicht klar definiert ist.[20] In diesem Zusammenhang verwende ich gerne den Begriff ›Donuts-Produkt‹, da er sehr anschaulich beschreibt, dass der Markenkern nicht klar definiert ist, also innen hohl wie das gleichwohl schmackhafte Teigprodukt aus den USA. Als eines der lebendigsten Beispiele für einen gelungenen Brand Song gilt ›Bacardi feeling‹.[21]

Wissenswertes: Kate Markowitz singt für die Rum-Marke Bacardi 1990 einen Werbe-Jingle des französischen Komponisten Olivier Bloch-Laine. Schon bald werden erste Raubkopien in europäischen Diskotheken gespielt. Der Komponist beschließt, aus der ursprünglichen 30-Sekunden-Version eine radiotaugliche 3-Minuten-Version zu produzieren. Bloch-Laine ruft Kate in Kalifornien an. Die ist zwar gerade mit James Taylor auf Tour, nimmt sich aber die Zeit, um den Song neu aufzunehmen. Der Text muss aus nutzungsrechtlichen Gründen geändert

---

18 Dieses Jingle stammt von Christian Bruhn (vgl. hierzu auch den Essay von C. B. im vorliegenden Band).

19 Vgl. das Jinglebeispiel unter http://www.hsproductions.de/jingle.html (zuletzt eingesehen: 17. 8. 2014).

20 Vgl. Patrick Langeslag, Wilbert Hirsch: Acoustic Branding. Neue Wege für Musik in der Markenkommunikation. In: Jahrbuch Markentechnik 2004/2005. Frankfurt a. M. 2003, S. 231–245.

21 Vgl. das Brand-Songbeispiel unter http://www.hsproductions.de/beispiele/ (zuletzt eingesehen: 9. 8. 2011).

werden: Aus ›Bacardi Feeling‹ wird ›Summer Dreaming‹. Die neuen Aufnahmen schickt Kate nach Paris. Dort mischt Bloch-Laine es mit der Originalmusik neu ab und veröffentlicht die Single unter dem Künstlernamen Kate Yanai. 1991 wird ›Summer Dreaming‹ der Sommerhit in Deutschland. Insgesamt acht Wochen lang hält sich der Titel an der Spitze der Radiocharts.

Corporate Song

Die oft auch als Firmenhymnen bezeichneten Songs werden in erster Linie für die interne Unternehmenskommunikation verwendet. Sie sollen das Wir-Gefühl der Belegschaft stärken. Auch Kundenbeziehungen lassen sich durch den Einsatz solcher Lieder beeinflussen. Ihr Einsatz bei Unternehmensveranstaltungen, Präsentationen, auf Firmenhandys, in Telefon-Warteschleifen oder auf Messen gibt den Verantwortlichen eine hervorragende Feedback-Möglichkeit. Bei Live-Events kann der Corporate Song zudem mit den zuvor erwähnten anderen menschlichen Sinnen interagieren. Im folgenden Kapitel beschreibe ich, wie wir mit Corporate Songs in der Praxis umgehen und warum ich den Stellenwert von Sound Branding bei Events als wachstumsstark erachte.[22] Entgegen einer DAX-30-Studie und den daraus resultierenden Marktforschungsergebnissen der Audi Consulting Group (ACG) aus dem Jahre 2007 schmücken wir rund 50 Prozent aller Veranstaltungen mit eigens für das jeweilige Unternehmen komponierten Songs. Dies mag sicher auch an der Tatsache liegen, dass wir neben unserer Tätigkeit als Eventagentur auch als Musikproduktionsfirma und Künstlervermittlung tätig sind.

Soundscape

Die in Verbindung mit Events angesprochenen Sound Branding-Elemente sind durchaus mit den Sound-Landschaften vergleichbar, die sich im Internet oder auf Messen bemerkbar machen. Subtil eingesetzt, wird der Hörer in eine eigens für die Marke geschaffene Klanglandschaft ›entführt‹. Diese umfangreichen Klangräume können musikalisch oder geräuschlastig gestaltet sein. Sie geben dem Zuhörer ein Gefühl des Wohlfühlens, Vertrauens und Wiedererkennens. Hier erleben Mitarbeiter und Geschäftspartner, wie das Unternehmen klingt. Zahlreiche Akustikfirmen haben sich auf entsprechende Beschallungssysteme spezialisiert

---

22 Zu Corporate-Songbeispielen vgl. http://www.hsproductions.de/corporatesong.html (zuletzt eingesehen: 17. 8. 2014).

und werden diesen Trend weiter unterstützen. Der Internetauftritt einer Marke und Klanginstallationen namhafter Künstler bilden die Speerspitze. Ein gutes Beispiel sind die ›Grounds‹ (tiefe, warme Flächensounds) und ›Figures‹ (prägnante, kurze Klanghighlights) von O2.[23]

2.3 Marken- und Urheberrecht

Um sich eine Hörmarke schützen zu lassen, sollten grundsätzlich zwei Szenarien beachtet werden:

Beinhaltet eine Hörmarke Musikteile, besteht ein Urheberrecht, das dem Erschaffer nach deutschem Recht zu Lebzeiten und bis zu 70 Jahre nach seinem Tod einen Anspruch auf Zahlung von Tantiemen verleiht. Das Markenrecht wiederum besagt, dass sich der Eigentümer der Marke alles aneignen kann, was mit der Marke zu tun hat; nur so bleibt sie handelbar für ihn.

Es gibt Hörmarken, die zwar keine urheberrechtlich schützbare Tonfolge (Melodie) aufweisen, aber aufgrund ihrer Gestalt aus Sound-Design und Naturgeräuschen dennoch als Hörmarke markenrechtlich schutzfähig sind. Im deutschsprachigen Raum stehen hier drei Begriffe gleichberechtigt nebeneinander: Klangmarke für Österreich, Hörmarke für Deutschland und Akustische Marke für die Schweiz.

Die Eintragung kann beim nationalen Patent- und Markenamt (DPMA) in München, als Gemeinschaftsmarke beim Europäischen Harmonisierungsamt für den Binnenmarkt (HABM) in Alicante und/oder bei der World Intellectual Property Organization (WIPO) in Genf erfolgen. Zu berücksichtigen ist allerdings, dass bei Eintragungshindernissen in einem EU-Land die Marke nicht flächendeckend auf europäischer Ebene eingetragen werden kann. Allen gemein ist eine Schutzdauer von zehn Jahren, die jeweils um weitere zehn Jahre verlängert werden kann.

2.4 Die Hörmarkenregistrierung: Beispiele und Statistik

In allen Ländern des deutschsprachigen Raums gilt: Die Markenanmeldung hat in Form einer gängigen Notenschrift und eines Tonträgers pro Hörmarke zu erfolgen. Teilweise konnte man dies noch durch das sogenannte Sonogramm unter-

23 Vgl. die Soundlandschaft unter http://www.hsproductions.de/soundlandschaft.html (zuletzt eingesehen: 17. 8. 2014).

mauern, ein zeitabhängiges Frequenz-Amplitudenspektrum. Diese Form der Darstellung einer Hörmarke, deren Klangbild verstärkt auf Geräusche begründet ist, wurde allerdings 2003 in Deutschland eingeschränkt. Demnach sind nur noch Hörmarken in Form von Notationen in das Markenregister beim DPMA eintragbar. Dies sollten die Statistiker stets im Blick haben.

Abb. 5 Notationsbeispiel – Nokia Tunes (aus *Grand Valse* von Francisco Tárrega, 1909)

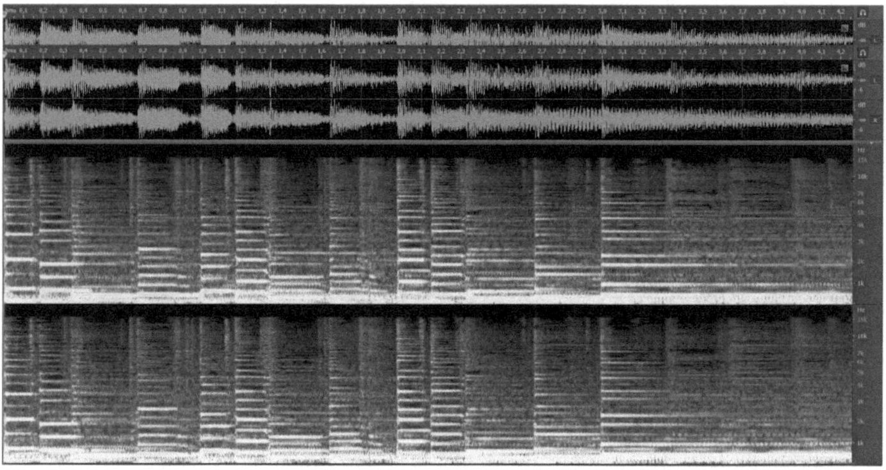

Abb. 6 Beispiel für ein Sonogramm (Nokia Tunes)

Im August 2008 wies das DPMA 205 Hörmarken-Registrierungen in Deutschland aus. Allerdings ist seit 2004 ein genereller Aufwärtstrend zu beobachten. Die Betreiber von Glücksspielautomaten und die Fernsehanstalten (insbesondere das ZDF) machen dabei einen beachtlichen Anteil der Neuanmeldungen aus. Betrachtet man alle nationalen und internationalen Markenämter, kann seit 2001 ein signifikanter Anstieg bei der Registrierung von Hörmarken festgehalten werden.[24]

24 Vgl. die Veröffentlichungen der DMPA, HABM und WIPO.

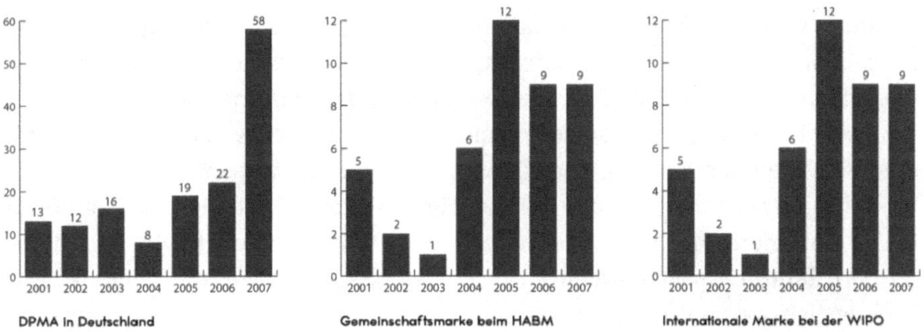

Abb. 7 Hörmarkenregistrierungen national, europäisch und international 2001–2007

Praxisbeispiel: Lufthansa City Center

Ausgangssituation

Im August 2010 wurde unsere Agentur von der Frankfurter Zentrale der Lufthansa City Center (LCC) beauftragt, einen Corporate Song zu produzieren, der als Grundlage für die zukünftige Unternehmenskommunikation in unterschiedlichen Medien dienen sollte. Dabei war zu beachten, dass LCC am Markt als Franchisegeber agiert, aber auch als eigenständiges Reisebüro-Filialunternehmen tätig ist. LCC darf den Markennamen Lufthansa tragen, obwohl es sich um eine rechtlich eigenständige Organisation handelt. Zentral von Frankfurt aus gesteuert, versorgt die Marketing-Abteilung über 600 Partner-Reisebüros mit vertriebs- und mitarbeitermotivierenden Marketing-Instrumenten. Der in Auftrag gegebene Corporate Song sollte die zentralen Botschaften der Lufthansa City Center-Büros vermitteln, in englischer Sprache getextet und live von einer Band spielbar sein.

Arbeitsprozess

Beim Erstgespräch in der Frankfurter Unternehmenszentrale sollte ich auf drei Marketingverantwortliche treffen. Ausgestattet mit den Ergebnissen meiner intensiven Internet-Recherche, machte ich mich auf den Weg und wurde im Verlauf des Meetings mit diversen Unterlagen und Promotionsartikeln ausgestattet. Beim Gespräch arbeiteten wir eine Checkliste mit grundlegenden Fragen zum gewünschten Song durch. Die Antworten fielen den Beteiligten nicht immer leicht, was als Indiz für die Positionierungsbemühungen von Unternehmen durchaus üblich ist. Oft versuchen Unternehmen parallel zur Beauftragung eine neue Ausrichtung des Unternehmens vorzunehmen, was eine zusätzliche Anforderung für einen Corporate Song mit sich bringt. Jegliche Vorgaben zur klanglichen Übersetzung der Unternehmensbotschaften blieben in meiner Zuständigkeit, was mir unendlich großen Gestaltungsspielraum verlieh, mich aber auch mit der größtmöglichen Bandbreite musikalischer Stilrichtungen konfrontierte.

Zurück in der Agentur, setzte ich mich prompt an meinen Flügel und tauchte ein in die Welt von Unternehmensbroschüren und Internetauftritten. Eine Wettbewerbsanalyse stand an: Was haben Mitbewerber in Sachen Sound Branding bisher unternommen, was Unternehmen verwandter Branchen? Bei den Mitbewerbern fand ich weder statistisch noch tatsächlich etwas Vergleichbares, um Differenzierungsmerkmale herausarbeiten zu können. Die Corporate Songs von Air Berlin, Lufthansa und einigen anderen Fluggesellschaften gaben zwar bessere Einblicke in den Reiseverkehrsmarkt, wurden allerdings nach erneutem Nachfragen beim Auftraggeber als zu ›flugbranchenlastig‹ erachtet. LCC wolle sich nicht auf das Fliegen reduzieren lassen, schließlich laute der Claim: »Reisen. Spürbar nah«.

Viele Kunden und Gesprächspartner fragen mich, womit ich bei einem Song anfange. Schreibe ich zuerst den Text oder die Musik? An dieser Stelle kann ich keine eindeutige Antwort geben. Bei stark groovigen, rhythmusbetonten Songs beginne ich mit dem Schreiben der Musik, bei textlastigen, balladesken, ruhigeren Stücken mit einem ersten Textentwurf. In Worten steckt Musik, aber auch in Melodien stecken Worte – ein sich wechselseitig bedingender Schaffensprozess ohne feste Regeln. Im Falle des LCC-Songs begann ich mit der Melodielinie des Refrains und stellte dabei die drei Buchstaben an den Anfang des Melodiebogens. Es folgte ein Satz mit den Worten »... Travel the world from A to Z«. So entstanden Melodie und Refrain quasi von selbst. »LCC – Travel the world from A to Z« (Z in amerikanischer Aussprache ›sie‹): »L. C.C. – Travel the world from A to Z / L. C.C. – Travel with fantasy«.

Parallel zum Songwriting bat ich den Kunden, bei den Mitarbeitern Textzeilen und Schlagworte zu sammeln und an mich zu schicken. Kurz darauf erhielt ich zwei Seiten, prall gefüllt mit nicht singbarem Vokabular, aber auch hilfreichen Fragmenten. Viel wichtiger als die Verwertbarkeit dieser Worte war mir dabei die Eingrenzung, die der Kunde selbst vornahm. In den meisten Fällen steigt nämlich die Akzeptanz eines Corporate Songs, wenn dem Kunden das Gefühl vermittelt wird, dass er an der Komposition beteiligt ist.

Im Verlauf des Prozesses hielt ich den Kunden auf dem Laufenden, indem ich neue Textteile aufnahm und ihm übermittelte. Das musikalische Grundgerüst hatte ich zu diesem Zeitpunkt recht einfach gehalten: Akkorde, einige Bassfiguren, ein computerbasierter Beat und gesampelte Gitarrenriffs aus unserem Sound-Archiv. Dieses Grundgerüst genügt dem Kunden in der Regel, um sich eine Meinung zu bilden. Es soll Kollegen geben, die den Arbeitsprozess anders gestalten und das mehr oder weniger fertige Produkt abliefern. Ich habe mit dieser Arbeitsweise seit vielen Jahren die besten Erfahrungen gemacht, da die Marketingbudgets nach oben nicht flexibel und Änderungen an einer fast fertigen Produktion weitaus kostspieliger sind. Man denke nur an die Honorare der Studiomusiker, die an jedem Aufnahmetag entstehen. Außerdem gibt es nichts Schöneres, als dem Kunden einen fertigen Song zu präsentieren, nachdem er sich schon vom musikalischen Grundgerüst begeistert gezeigt hat – einen starken Song erkennt man in der Regel auch schon in seinem frühen Stadium!

Die Instrumentierung des Corporate Songs verlief wie folgt: Die Rhythmusgruppe haben wir bodenständig zusammengestellt – man könnte sagen, wie das Unternehmen aufgestellt ist: ein klarer Schlagzeug-Beat in tanzbarer Geschwindigkeit, solide Basslinien und die dazu vorantreibende, akkordorientierte Rhythmusgitarre. Um die Event- und Live-Tauglichkeit des Songs auszubauen, integrierten wir funkige Gitarren, einen kurzen Clavinetsound und einen synthetischen Leadsound, der dem Stück direkt zu Beginn eine gewisse Unverwechselbarkeit verlieh. Ab der Hinleitung zum Refrain machen Streicherlinien Sehnsucht auf den nächsten Urlaub. Die Hauptstimme besetzten wir mit einer Sängerin, da in der Mehrzahl der Fälle Frauen über eine Reisebuchung entscheiden und die meisten Berater in den LCC-Reisebüros Frauen sind. LCC sollte an den diversen Kundenkontaktpunkten eher weiblich klingen. Bei den Voiceover-Stimmen in den Telefon-Warteschleifen vertreiben allerdings sympathisch klingende Männer den weiblichen Anrufern die Zeit. Hier nun der fertige Songtext, den kompletten Song finden Sie an der angegebenen Stelle.[25]

Vers 1:
Step into the world we like to share with you
Day and night – our competence, a guiding light.
We're inspired – by passion, earth and your desires.

Bridge:
Imagine all the smiling faces
Imagine all the wonderful places
No matter where your journey will take you
We'll be there with you.

Chorus I:
L. C.C. – Travel the world from A to Z
L. C.C. – Travel with fantasy

25 Vgl. den LCC-Song unter http://www.hsproductions.de/lcc.html (zuletzt eingesehen: 17.8.2014).

Vers 2:
Trust is the key – I care for you so personally.
One of a kind – we assist the individual mind.
Unite as one – our people make us number one.

Bridge

Chorus II:
L. C.C. – Travel the world from A to Z
L. C.C. – Satisfaction guaranteed
L. C.C. – Spin the globe and let your mind run free
L. C.C. – Travel with fantasy

C-Teil:
L. C.C. Travel the world with me
L. C.C. from A to Z

Chorus III

Implementierung des Sound Brandings

Nach dem finalen Mixdown des Corporate Songs entwickelten wir das Konzept für die Live-Präsentation auf der Jahrestagung des Auftraggebers im Süden Spaniens. Da sich der Song mit einer Band hervorragend spielen ließ, bereiteten die Studiomusiker – Mitglieder unserer eigenen Band – den Song für den Auftritt vor. Er sollte zweimal präsentiert werden: nur mit Sängerin und Halbplayback zum Abschluss der Tagung sowie komplett live beim Gala-Abend.

Kurz vor der Songpräsentation wurde der Text für die Gäste, größtenteils Inhaber der rund 600 Reisebüros, auf Großbildleinwände projiziert. Dann stellte das Marketingteam die Idee zum Song vor und der Auftritt begann. Dreieinhalb Minuten später endete ein äußerst emotionaler Moment mit Standing Ovations! Zwei Stunden später bewies der Song seine Eventtauglichkeit beim Gala-Abend. Alle sangen nach kurzer Zeit ›ihren‹ Song mit. Mühelos fand er seinen Weg in die Menschen hinein – genau so, wie es mein Zitat zu Beginn des Beitrags beschreibt.

Um den Song nach dem Event für jeden Teilnehmer parat zu halten, fertigten wir ›Sound Grußkarten‹ an, die wir als Präsent in den Hotelzimmern der Eventteilnehmer hinterlegten. Zurück von der Tagung, stellten wir den Song im Internet als mp3-File zum Download bereit. Parallel produzierten wir eine Version für die interne und externe Telefonkommunikation, einen eher ruhigen und entspannten Remix des Songs, der in die Anrufbeantworter der Mitarbeiter und Partnerbüros eingespeist werden sollte. Dabei standen wir vor der Aufgabe, 21 Sprachversionen zu produzieren – ein äußerst komplexer Prozess, wenn man bedenkt, dass jede Sprache ihre eigene Brand Voice erhalten sollte. Entsprechend aufwendig gestaltete sich die Auswahl geeigneter Telefonstimmen. Alle Sprecher sollten Muttersprachler sein und ›das gewisse Extra‹ mitbringen. Dank unserer technischen Möglichkeiten und unseres umfangreichen, internationalen Sprechernetzwerks waren wir in der Lage, auch diese knifflige Aufgabe innerhalb kurzer Zeit zu bewältigen. Überzeugen Sie sich selbst und hören Sie sich unsere Beispiele an.[26]

Rechtliche Situation unserer Auftragsproduktion
Ordnungsgemäß registrierten wir den Song bei der GEMA. Die Leistungsschutzrechte zur Verwertung der Produktion durch den Kunden werden mittels Honorarzahlung an die an der Produktion beteiligten Studiomusiker und die Sängerin an mich als Produzent übertragen. Erst dadurch ist sichergestellt, dass ich die Nutzungsrechte an dem Song ohne rechtliche Bedenken an unseren Kunden übertragen kann. Über die Vergütung der GEMA an uns (Urheber und Verlag) aufgrund der Nutzung in den unterschiedlichen Medien (Telefon, Messeaktionen etc.) entsteht eine zusätzliche stetige Einnahmequelle zu dem sogenannten Buyout-Honorar[27] für unsere Produktion.

3 Fazit und Zukunftsperspektive

Akustische Markenführung hat in den letzten zehn Jahren signifikant an Bedeutung gewonnen. Das Bewusstsein von Unternehmen für eine klangliche Identität in Verbindung mit einem multisensorischen Ansatz bei der Markenbildung ist gewachsen. Auch der Konsument geht strukturierter mit seiner Sinneswahrnehmung um. Die Agenturlandschaft wird zukünftig die Potentiale, die in den vernachlässigten Sinnen schlummern, verstärkt nutzen. Musiker und Sound-Designer sollten ihre Fähigkeiten nutzen und sich ein weiteres, ertragreiches Standbein aufbauen. Mein eigenes Beispiel zeigt, dass der Dur-Moll-Raum, die tonale Musik und ein paar wenige Sprachen ausreichen, um Marken weltweit akustisch zu führen. Als Vollblut-Musiker und erfahrener Eventmanager halte ich das persönlich Erlebte bei Konzerten, Live-Präsentationen und Point of Contact-Aktionen für eine erfolgreiche Implementierung des Sound Brandings für weitaus relevanter, als in der aktuell verfügbaren Literatur beschrieben wird. Schon bald wird

26 Zu den LCC-Telefonjingles vgl. http://www.hsproductions.de/lcctelefonjingles.html (zuletzt eingesehen: 17. 8. 2014).
27 Vgl. LG Berlin, Urteil vom 21. 04. 2009 – Az. 16 O 8/07.

sich die Entwicklung spürbar auf das Markenrecht und die Urheber auswirken. Es wird sich zeigen, ob die Gesetzgebung in der Lage ist, das hohe Tempo dieser rasanten Entwicklung mitzugehen und dieser jungen Disziplin einen angemessenen Ordnungsrahmen zu geben.

Unternehmen haben mit der akustischen Markenführung ein neues, starkes Instrument in der Hand, ein Instrument, das sie allmählich zu spielen lernen. Dabei verhält es sich ähnlich wie beim Erlernen eines Musikinstruments: Es ist ein langer Weg, bis sie es beherrschen. Die Fähigkeiten wachsen nur durch kontinuierliches Üben. Es braucht seine Zeit – und das ist gut so. Denn all das, was ein Unternehmen an Klang für sich und seine Produkte erschafft, muss von den Zuhörern verarbeitet werden. Die kritische Perspektive der Klangökologie, die hierbei mitschwingt, sollten alle Beteiligten stets im Auge behalten. Überall dort, wo Grenzen nur schwerlich zu setzen sind, kommt automatisch die Frage nach der Berechtigung zur auditiven Reizung auf. Wir haben gelernt, dass wir die Augen schließen können. Schwieriger ist das Weghören. Stille ist aber wichtig, um Seele und Geist der Konsumenten in der Balance zu halten. Dessen sollte sich jeder Klangschaffende bewusst sein. Unsere menschlichen Sinne begleiten uns ein Leben lang.

Teil V: **Klang und Kunstpraxis**

Wolfgang-Andreas Schultz

Klangkomposition – zwischen Naturlaut und Vision

1

Sprechen wir nicht immer dann von ›Klang‹, wenn wir uns über Einzelnes wie Melodik, Harmonik, Rhythmus oder Form nicht äußern wollen oder können? Vom Klang eines Instruments oder eines Orchesters unabhängig davon, was gespielt wurde? Oder wir nehmen einen Klang wahr und können nicht sagen, woher er kommt, was ihn hervorbringt, was genau ihn ausmacht?

Es scheint, mit dem Begriff ›Klang‹ verbindet sich eine gewisse Unbestimmtheit oder Unbestimmbarkeit. So kann Klang unter Umständen die Fantasie anregen, in ihm etwas wahrzunehmen, was wir selber, vielleicht ohne uns dessen bewusst zu sein, in ihn hineingelegt haben. Jene Aura von Unbestimmtheit und Offenheit haben die Romantiker geliebt: »Elemente des Romantischen: Die Gegenstände müssen wie die Töne der Äolsharfe da sein, auf einmal, ohne Veranlassung – ohne ihr Instrument zu verraten«, heißt es bei Novalis.[1]

2

»Wie die Töne der Äolsharfe«, – damit ist das Instrument benannt, das zur Zeit der Romantik, im Garten aufgestellt oder im Rahmen eines geöffneten Fensters, die Landschaft verzaubernd als Stimme der Natur wahrgenommen wurde.[2] In einen Rahmen gespannte Saiten, meist mehrere auf denselben Ton gestimmt, werden dem Wind ausgesetzt, und auf eine bis heute nicht endgültig geklärte Weise entlockt der Wind dem Instrument die Obertöne dieses Grundtons, bei sanftem Wind den Dur-Dreiklang der Teiltöne zwei bis sechs, stärker blasend die oft als klagenden Ton wahrgenommenen Naturseptime und die None, und hef-

1 Novalis: Werke und Briefe. München o. J., S. 502 (Neue Fragmente, Nr. 473).

2 Vgl. hierzu Matthias Bumiller, Nathalie Wolff: Luftmusik. Über die Äolsharfe. Stuttgart o. J.; Mins Minssen: Zur Phänomenologie des Windes und der Windmusik. In: Gernot Böhme, Gregor Schiemann (Hg.): Phänomenologie der Natur. Frankfurt 1997 (stw 1325), S. 232 und M. M.: Die Windharfe als Stimme der Natur zwischen romantischer Tradition und technischer Vision. In: M. M., Georg Krieger (Hg.): Äolsharfen. Der Wind als Musikant. Frankfurt 1997, S. 21.

tige Windstöße lassen die dissonanten höheren Teiltöne erklingen: der »Schrei der Harfe«, wie es in Mörikes Gedicht heißt.[3]

So entstand ohne jedes menschliche Zutun ein fluktuierendes Obertonspektrum, nicht eigentlich Melodien, aber die Fantasie mag solche hineingelegt haben, natürlich ohne Metrum und bestimmbare Rhythmen, mit allenfalls zufällig entstehenden Phrasen, aber doch letztlich ohne das, was eine menschliche musikalische Sprache ausmacht: Gestaltung eines Zeitablaufs, sprachähnliche Artikulation, Beziehungen von Identität und Nichtidentität.[4] Deshalb kam damals auch niemand auf die Idee, den Äolsharfen zuliebe das Komponieren aufzugeben. Und doch vermag der Mensch mit den Klängen der Äolsharfe auf einer gleichsam naturhaften Ebene zu kommunizieren, besonders dann, wenn er die Natur als belebt und beseelt erlebt, eine Sprache sprechend, die nur noch nicht entschlüsselt ist, wie die Romantiker glaubten.

3

Von heute aus betrachtet, enthalten diese vom Wind hervorgebrachten Klänge zwei Komponenten, die oft mit dem, was man als ›Klangkomposition‹ bezeichnet, in Verbindung gebracht werden: erstens der Verzicht auf den gestaltenden Eingriff des künstlerischen Subjekts – es wird eine Einrichtung (heute sagt man ›Installation‹) geschaffen, dann tritt der Künstler zurück; und zweitens die von der Natur bereitgestellte Klangwelt des Obertonspektrums (heute: ›spektrale Klänge‹). Die Äolsharfe also – eine ›spektrale Klanginstallation‹.

4

Bevor wir uns den Nachahmern der Äolsharfe im 20. Jahrhundert zuwenden, sollten wir noch einmal zurückschauen auf all die Musik, die zwar komponiert, also – philosophisch gesprochen – durch das Subjekt, durch die Subjektivität des gestaltenden Künstlers vermittelt ist, und dennoch auf jener Grenze zur Unbestimmtheit oder Unbestimmbarkeit balanciert, die die Aura dessen ausmacht, was wir ›Klang‹ nennen.

---

3 Eduard Mörike: Sämtliche Gedichte. Hg. von Herbert G. Göpfert. München 1987, S. 35 (An eine Äolsharfe).

4 Gemeint ist die Bildung erinnerbarer Einzelheiten und deren Beziehung aufeinander durch Wiederholung, Variation und Kontrast.

Über je mehr Stimmen eine polyphone Komposition verfügt, desto schwieriger wird es, die einzelnen Stimmen zu verfolgen, bis bei großer Stimmenzahl schließlich alle Einzelstimmen in einem in sich belebten, wogenden Klang untergehen. Dafür finden sich in der Musik der Renaissance Beispiele: etwa der 24-stimmige Kanon *Qui habitat in adiutorio altissimi* von Josquin Desprez und der 36-stimmige Kanon *Deo Gratias* von Johannes Ockeghem. Nicht zufällig sind beides Kanons, die durch das Stimmgewebe meist nur zwei sich abwechselnde Harmonien hervorbringen, also zu einer gewissen harmonischen Entwicklungslosigkeit tendieren und in ihrer Statik die Zeit gleichsam stehenbleiben lassen. Das Ergebnis ist ein überwältigender Klangstrom – aber kein Naturlaut wie bei der Äolsharfe, sondern ein durch den Menschen hindurchgegangener Klang: Die einzelnen Stimmen artikulieren durch Phrasenbildung den Zeitablauf, es gibt Motive (also Beziehungen von Identität), ein Metrum und eine bestimmbare Rhythmik, alles Elemente einer menschlichen Musiksprache, aber in einer solchen Vervielfältigung, dass sie sich gegenseitig gleichsam aufheben; nicht vorsprachlich-naturhaft, sondern menschlich in einer das Menschliche transzendierenden Vervielfältigung – wer mag: jenseitig, visionär.

5

Die Zeit der Wende von der Renaissance zum Barock, um 1600, brachte noch einmal in der Vielstimmigkeit der venezianischen Mehrchörigkeit das Phänomen hervor, dass die einzelne Stimme im Gesamtklang aufgeht. Aber im Gegensatz zu Ockeghem und Desprez waren das keine Kanons, deren harmonische Entwicklungslosigkeit die Zeit stillstehen ließ, sondern es gab deutlich wahrnehmbare harmonische Fortschreitungen, die gliedern und den Zeitablauf artikulieren.

In den folgenden zwei Jahrhunderten war die zentrale Aufgabe der Musik die Entwicklung und Verfeinerung einer genuin musikalischen Sprache, die reine Instrumentalmusik ermöglichen sollte, ohne Bindung an einen Text – diese begann um 1600. Die Übertragung rhetorischer Prinzipien auf die Musik erlaubte die Bildung von Phrasen, die durch abgestufte Schlusswendungen (offen bleibend, schwach schließend, stark schließend) aufeinander bezogen waren und übergeordnete Einheiten bilden konnten, unterstützt durch eine ökonomische Disposition der Tonartenfelder (Definition eines Zentrums, Entfernung von ihm und schlussendliche Rückkehr zu ihm). So erhielt die Musik eine differenzierte Sprachlichkeit, dazu – durch Bildung charakteristischer Motive – die Fähigkeit, mit Identität und Nichtidentität zu spielen, und die Möglichkeit, größere Zeitabläufe als eine Einheit zu gestalten und erlebbar zu machen, also nicht bloß Abschnitte zu reihen.

Damit sind jetzt jene Dimensionen ins Zentrum gerückt, die die spezifisch menschliche Ebene ausmachen: Sprachlichkeit, das Bewusstsein von und für Zeit und das Spiel von Identität und Nichtidentität. Dadurch war die Musik der Menschen von den Klängen der Natur geschieden. Eine Annäherung erfolgte in der Romantik unter der Prämisse, dass auch die Natur spricht – eine Sprache, die es noch zu entziffern galt. So dürfte es kein Zufall sein, dass in der Romantik der ›Klang‹ wieder wichtiger wurde, nicht nur dank der Äolsharfen, sondern auch in der komponierten Musik.

Die entscheidende Frage ist die nach der Rolle des Subjekts und der Subjektivität. Als ›künstlerische Gestaltung‹ bis zur Notwendigkeit, Konventionen und Formeln zu befragen und gegebenenfalls durch spezifisch gestaltete Elemente zu ersetzen, trägt sie das Werk Beethovens. Anders bei Schubert: Bei ihm gibt es Momente, in denen sich das Subjekt zurückzunehmen scheint, und da öffnen sich die Fenster zum ›Klang‹. Würde ein klassischer Komponist im Anfang der *Fantasie-Sonate G-dur für Klavier* (DV 894) ein tragfähiges, entwicklungsfähiges Thema erkennen? Wohl kaum. Die Plastizität der thematischen Gestalten ist nicht groß, flächig, keineswegs dicht komponiert – aber welch ein Klang! Oder denken wir an das Lied *Im Abendrot* (DV 799): Immer wieder kommt die Musik zur Tonika zurück, will sich nicht entwickeln, auch in der die Tonika-Quinte umkreisende Melodie nicht, einfach nur da sein, Klang.

Wichtig zu betonen aber ist, dass Schubert die Ebenen der menschlichen Musiksprache dennoch niemals preisgibt. Die Phrasen und ihre durch Schlusswendungen hergestellten Bezüge sind stimmig, auch wenn sie manchmal gleichsam auf der Stelle treten; Zeit wird durch Form gestaltet, es gibt Motive und Themen, aber alles gedehnt und bisweilen schon an der Grenze balancierend zum Gestaltlos-Werden – aber niemals diese Grenze überschreitend.

Das Zurücktreten des Subjekts, die Zurücknahme von Subjektivität wird im 20. Jahrhundert zum zentralen Problem von Klangkomposition. Dabei darf aber Subjektivität in der Kunst nicht mit Willkür gleichgesetzt werden. Theodor W. Adorno hat immer wieder auf der dialektischen Verschränkung von Subjekt und Objekt, von Subjektivität und Objektivität insistiert.[5] Gerade die Musik der Klassik ist bei aller Subjektivität von großer innerer Logik und Nachvollziehbarkeit, mithin Objektivität. Das Subjekt ganz außen vor zu lassen, bringt keine künstlerische Objektivität hervor, sondern Objekte, Materialien, die nicht mehr sprechen.

---

5 Vgl. Theodor W. Adorno: Negative Dialektik. Frankfurt a. M. 1966, S. 141–144; T. W.A.: Stichworte. Kritische Modelle 2. Frankfurt a. M. 1969 (es 347), S. 151–168 (Dialektische Epilegomena zu Subjekt und Objekt) und T. W.A.: Gesammelte Schriften. 20 Bde. Hg. von Rolf Tiedemann. Frankfurt a. M. 1970, hier Bd. 7, S. 244–249 (Ästhetische Theorie).

So haben die Romantiker, auch wenn sie in ›Klang‹ verliebt waren, immer, wenn gelegentlich auch reduziert, an den Ebenen der menschlich-musikalischen Sprache festgehalten, an Phrasenbildung, Form, Zeitgestaltung, Identität und Nichtidentität. Und verliebt in ›Klang‹ waren sie oft, denn die geheimnisvolle Aura einer gewissen Unbestimmtheit faszinierte sie, man denke an Chopins *Etüde in As-dur* (op. 25 Nr. 1), in der die Figuration dicht und undurchschaubar wird, besonders dann, wenn rechte und linke Hand verschieden viele Noten pro Zählzeit spielen und Linien zum Takt verschoben auftreten. Auch Schumann und Liszt haben diese geheimnisvolle Unbestimmtheit in ihren Klavierwerken Klang werden lassen.

6

Die späteren Romantiker haben dann versucht, Natur Klang werden zu lassen, aber nicht in den geheimnisvollen, nicht zu entschlüsselnden Klängen der Äolsharfe, sondern viel realistischer in der Transformation von bestimmten Naturphänomenen in Musik.

Das verweist auf ein anderes Verhältnis zur Natur als die frühen Romantiker es hatten: statt Naturmystik mehr der Blick eines Landschaftsmalers – wie malt man in Tönen den Rhein im Naturzustand, vor dem Raub des Goldes? Ein liegender Es-dur-Klang, keine harmonische Entwicklung, von dem Obertonklang der Hörner ausgehend, allmählich von so viel wogenden Linien durchflutet, dass sie sich zu einem in sich bewegten, stehenden Klang vereinigen – der Beginn von Richard Wagners Oper *Rheingold*. Oder einen Wasserfall? Auf der Wanderung in der *Alpensymphonie* von Richard Strauss kommen wir an einem vorbei: Kaskaden von glitzernden Tönen; und so wenig, wie man einzelne Wassertropfen erkennen kann, so wenig kann man die einzelnen Instrumente heraushören, die sich zu den herabstürzenden Figuren verbinden; auch hier erst einmal ohne harmonische Bewegung, bis sich dann eine Melodie der Oboen aus dem Klang herauslöst.

In der Transformation von Naturerscheinungen finden wir wieder wesentliche Elemente von Klangkomposition: eine gewisse Unbestimmtheit durch die Überfülle der Details, und eine gewisse Statik, Zeitlosigkeit. Aber auch die Nacht kann zauberisch klingen: Im zweiten Akt von Wagners Oper *Tristan und Isolde* beginnt die Nacht geheimnisvoll zu schimmern, wenn bei Brangänes Worten »wem der Traum der Liebe lacht« die vielfach geteilten Streicher eine dichte, kaum durchhörbare Polyphonie entfalten, wogende Klänge, aus denen einzelne Motive der Holzbläser auftauchen und wieder versinken.

Ob es die sechs Harfen und die vielfach geteilten Streicher sind, die die Regenbogenbrücke am Ende von *Rheingold* glitzern lassen, oder die Verbindung von geteilten Streichern, großen und kleinen Flöten im *Feuerzauber* der *Walküre*, immer erzeugt die Überfülle der musikalischen Ereignisse jene Unbestimmtheit, die Naturphänomene in Klang transformierbar macht.

Noch im Frühwerk von Arnold Schönberg finden wir solche Techniken: die Waldatmosphäre in der Orchestereinleitung zum Oratorium *Gurrelieder* – auch hier ein fast statischer, reich ausfigurierter Klang mit zunächst noch relativ unauffälligen Motiven – und in dem Melodram *Des Sommerwinds wilde Jagd* an der Stelle »Was mag der Wind nur wollen?«, wo in der dichten Polyphonie der den Liebenden zugeordneten Themen die Natur von der Liebe Waldemars zu Tove zu erzählen scheint.

Während Wagner, Strauss und der frühe Schönberg bei der Transformation von Natur in Klang das atmosphärisch Unbestimmte durch Überfülle herstellen, durch kalkulierte Überforderung des Ohres, mit dem Ergebnis, dass man nicht jede Einzelheit wahrnehmen kann und soll, geht Claude Debussy einen anderen Weg: Er löst den Tonsatz auf in kleine und kleinste Partikel, die für sich aber alle deutlich wahrnehmbar sind, sich aber im Hörer zu einem atmosphärisch-unbestimmten Gesamtbild zusammensetzen. Die Details sind oft ganz unbedeutend, aber das aus ihnen sich ergebende Ganze ist prägnant, wie etwa am Beginn des zweiten Satzes von *La Mer*. Die Unbestimmtheit des Klanges resultiert also nicht aus der durch Überfülle hervorgerufenen Unschärfe, sondern aus der Reduktion vieler Einzelheiten, die erst zusammen ein sprechendes Gesamtbild ergeben. Darüber hinaus finden wir aber auch bei Debussy als Erbe der Romantik die kalkulierte Undeutlichkeit durch Überlagerung verschiedener rhythmischer Schichten,[6] durch eine schwebende und fluktuierende Rhythmik und gelegentlich durch Heterophonie.[7]

Dennoch bleibt auch an dieser Stelle noch einmal festzuhalten, dass bei allen diesen Komponisten die menschliche Musiksprache im oben beschriebenen Sinne nicht aufgegeben wird. Aber gelegentlich werden Form, Syntax, Zeitgestaltung, das Spiel von Identität und Nichtidentität zurückgenommen, um den Blick freizugeben für die Laute der Natur – für ›Klang‹.

---

6 Etwa im ersten Satz von *La Mer* bei Ziffer 2 und 8.

7 Überlagerung verschiedener Varianten derselben Melodie, etwa im zweiten Satz jeweils zwei Takte vor den Ziffern 17 und 18.

7

Die Zeit nach dem Ersten Weltkrieg war nicht günstig für Klangkomposition, waren die Ideale doch jetzt Klarheit und Präzision, ja eine gewisse Kälte und Distanziertheit als Grundhaltung. Man war mehr von der Technik und der Welt der Maschinen fasziniert als von der Natur. Die Aura und die Poesie der Unbestimmtheit hatten in dieser Zeit keine Heimat mehr. Das Verhältnis zur Natur war von der Wissenschaft und ihrer technischen Anwendung geprägt und kaum einer wollte ihrer Sprache lauschen und diese in Klang transformieren.

Die entscheidenden Begriffe waren jetzt ›Ordnung‹ und ›Objektivität‹. Als Folge der Traumata des Ersten Weltkrieges[8] neigten viele Menschen dazu, sich einen inneren Panzer anzulegen, um die Schmerzen nicht spüren, der eigenen Verletzlichkeit nicht gewahr werden zu müssen – einen Panzer aus Kälte, Distanz und Unempfindlichkeit. Das gilt in den 20er Jahren in unterschiedlicher Weise für den Neoklassizismus (Strawinsky, Hindemith) und für die Zwölftontechnik der Schönberg-Schule.

Was herauskam war aber keine wirklich objektive Musik in dem Sinne, in dem Bach und Mozart subjektiv und zugleich objektiv sind, sondern nur die Aura von Objektivität, von Beherrschtheit, Überlegenheit, Unverletzlichkeit und Distanz.[9] Ausdruck macht verletzbar, weil er das Innere offenbart, und eben deshalb wurde Ausdruck vermieden und die innere Welt entwertet.

Vielleicht gerade weil es eine Scheinobjektivität war, konnte jetzt der Gedanke einer Kunst gedacht werden, aus der sich das Subjekt ganz zurückzieht – Kunst, bei der sich das Subjekt darauf beschränkt, eine Anordnung zu erfinden, die dann ohne menschliches Zutun tönt. In der bildenden Kunst kam das ›Ready Made‹, während sich die Komponisten noch etwas gedulden mussten, weil bestimmte technische Voraussetzungen wie Speicherung und Bearbeitung von Tönen und Klängen noch nicht geschaffen waren.

8

Aber nicht die elektronische oder die mit konkreten Klängen arbeitende Musik soll ins Zentrum der Entwicklung nach 1945 gerückt werden, sondern die vielfältigen Folgen dessen, was man philosophisch als ›Subjektverlust‹ beschreibt,

---

8 Vgl. Wolfgang-Andreas Schultz: Avantgarde und Trauma. Die Musik des 20. Jahrhunderts und die Erfahrungen der Weltkriege. In: Lettre International. Deutsche Ausgabe 71 (2005), S. 92–97.
9 Ausführlich dargestellt ebd.

die Erfahrung der Menschen, mehr Opfer als Gestalter ihres Lebens zu sein, eine Erfahrung, die nach dem Zweiten Weltkrieg sehr verbreitet gewesen sein muss.

Mögen die Klänge das Ergebnis serieller Berechnungen sein (Boulez, Stockhausen und Nono zu Beginn der 1950er Jahre) oder das von Zufallsoperationen (Cage) – das gestaltende, sich ausdrückende Subjekt hat sich in unterschiedlichem Maße aus dem klingenden Ergebnis zurückgezogen. Die seriellen Konstruktionen bleiben unhörbar im Hintergrund, Cage verzichtet oft ganz auf Konstruktionen – was hörbar bleibt, meist von einer allerdings sehr unpoetischen Unbestimmtheit, wird dann gern unter das Abstraktum ›Klang‹ subsumiert, als ›Klangkomposition‹. Dieser Begriff erhält nun einen anderen Sinn: weil es weder Sprachlichkeit noch Gestaltung eines sinnvollen Zeitablaufs noch ein wahrnehmbares Spiel von Identität und Nichtidentität gibt, bleibt dem Hörer nur, den Klängen zu lauschen, sie zu registrieren, ohne zu erwarten, in ihnen einen Sinn zu finden. Er nimmt eine ähnliche Haltung ein wie den Klängen der Äolsharfe gegenüber, nur dass die Musikwerke hochartifiziell sind und fern einer geheimnisvollen Sprache der Natur. Es fehlen jene Dimensionen, die die menschliche Musik von der der Äolsharfe schieden. Doch auch die Klänge der Neuen Musik dieser Zeit mögen interessant sein, bisweilen sogar schön, aber ein Subjekt, das durch sie sprechen könnte, hat sich sehr weit aus ihnen zurückgezogen.

Für John Cage war diese Haltung lange Zeit Programm.[10] Aus seinem Umkreis gibt es eine Komposition – nein, besser: eine Installation, die in ihrem Ergebnis der Äolsharfe nicht unähnlich ist: Alvin Lucier, *Music On A Long Thin Wire* (1977). Peter Niklas Wilson schreibt dazu:

> Derjenige, der den akustischen Prozeß in Gang setzte, hat keine Kontrolle über seinen Verlauf. Er hat den Mechanismus entworfen, die Maschine installiert und den Schalter umgelegt, mehr nicht. [...] Ein langer Draht, durch einen großen Raum geführt, [...] ein starker Magnet, [...] ein Sinusgenerator, der den Draht in Schwingung versetzt, [...] Mikrophone [...].[11]

So lautet stark verkürzt die Anordnung. Das klangliche Ergebnis ist ganz interessant, aber der Wind vermag der Äolsharfe differenziertere Klänge zu entlocken.

Wird nun aber das Fehlen der menschlichen Ebenen in der Klangkomposition auf ältere Werke zurückprojiziert, entsteht eine merkwürdige Wahrnehmungsverzerrung beim Versuch, solche Kompositionen zu Ahnherren der eigenen zu machen. Debussys Prélude *Brouillards* (*Nebel* – das Erste des zweiten Bandes) ist ein gutes Beispiel für eine Klangkomposition als Naturschilderung; die Unbestimmt-

10 Vgl. Richard Kostelanetz: John Cage im Gespräch. Köln 1989.

11 Vgl. Peter Niklas Wilson: Reduktion. Zur Aktualität einer musikalischen Strategie. Mainz 2003, S. 50–52. Das klangliche Ergebnis ist auf der dem Buch beigegebenen CD dokumentiert.

heit der Dinge im Nebel wird in Klang transformiert. Wenn Dieter Schnebel dazu schreibt: »Kein Thema, keine Entwicklung; keine traditionelle Form; kein Kontrapunkt, aber auch keine sogenannte Harmonik«,[12] dann ist ihm die zwar reduzierte, aber immer noch gerade tragfähige Basis traditioneller Formbildung entgangen, die für die spezifisch menschliche Ebene (Zeit, Syntax, Identität) steht. Dass das Hauptzentrum C-Dur durch andere Tonalitäten verschleiert wird, ändert nichts am Vorhandensein einer tonalen Basis. Die Melodie der linken Hand erreicht im vierten Takt einen Halbschluss auf der Dominante (keine Modulation, wie Schnebel vermutet). In Takt 18 wird sorgfältig vorbereitet als Nebenzentrum cis-Moll mit einem neuen Motiv eingeführt und die letzten zehn Takte runden das Stück reprisenartig ab. Eine genaue Analyse kann darlegen, wie schlüssig sich das Werk entwickelt, und natürlich spielen dabei Melodik und Motive, Tonalität und Phrasenbildung, wenn auch reduziert, eine tragende Rolle. Schnebel analysiert dann die Techniken, mit denen Debussy Unschärfe und Unbestimmtheit entstehen lässt – auch das ist wichtig, aber die Leugnung aller vermeintlich traditionellen musiksprachlichen Elemente macht aus Klangkomposition eine Ideologie.

9

> Die Emanzipation des akustisch vorgestellten Klangs aus seiner vergleichsweise untergeordneten Funktion in der alten Musik gehört zu den Errungenschaften der musikalischen Entwicklung in unserem Jahrhundert. Anstelle der alten, tonal bezogenen, konsonanten und dissonanten Klang-Auffassung ist heute die unmittelbar empirisch-akustische Klang-Erfahrung zwar nicht in den Mittelpunkt, aber doch an den Schlüsselpunkt des musikalischen Erlebnisses gerückt.[13]

So der Komponist Helmut Lachenmann. Er spricht dann von der Befreiung des »akustischen Aspekts«; es geht ihm also um Klänge, die in keinerlei tonale Bezüge eingebunden sind, keine musikalischen Bedeutungen tragen, um für sich stehende akustische Ereignisse. So interessant und bisweilen faszinierend die gefundenen Klänge auch sind, so nahezu unüberwindlich sind die Schwierigkeiten, sie über sich hinausweisen zu lassen, um Träger formaler Entwicklungen zu werden, also zu helfen, einen Zeitablauf sinnvoll zu strukturieren. Diesbezüglich

---

12 Vgl. Dieter Schnebel: ... Brouillards. Tendenzen bei Debussy. In: D. S.: Denkbare Musik. Schriften 1952–1972. Hg. von Hans Rudolf Zeller. Köln 1972, S. 62–69.

13 Helmut Lachenmann: Musik als existenzielle Erfahrung. Schriften 1966–1995. Hg. von Josef Häusler. Wiesbaden 1996, S. 1 f.

sind Lachenmanns Kommentare zu seinen Werken dürftig, vielleicht hat ihn das Problem nicht wirklich interessiert.

Ein anderes schwer lösbares Problem lautet: Wie kann Musik jetzt etwas ausdrücken, mehr sein als bloß zu registrierende akustische Ereignisse? Lachenmann hat anhand eines Vergleichs versucht, seinen Ausweg zu skizzieren: »so ist es ein feiner und gar nicht so kleiner Unterschied zwischen Musik, die ›etwas ausdrückt‹ [...] und dem Werk, welches ›Ausdruck‹ ist, also gleichsam stumm zu uns spricht wie die Falten eines vom Leben gezeichneten Gesichts. Ich glaube nur an die letztere Form von Ausdruck«.[14] Woher aber nimmt Lachenmann die Gewissheit, dass seine Klänge sich zu einem »vom Leben gezeichneten Gesicht« formen, dass sie mehr sind als ausgestelltes, bedeutungsloses akustisches Material?

Solches Material ist in nur geringem Maße strukturfähig und damit gibt es kaum Möglichkeiten zur ›ästhetischen Transformation‹, das heißt zur Umwandlung von Gefühlen, von inneren Bewegungen in musikalisch sinnvolle Strukturen. Das ist nur im Reich der Töne möglich und so versucht Lachenmann durch einen naiven Realismus, die Klänge sprechen zu lassen; zu seiner Oper *Das Mädchen mit den Schwefelhölzern* schreibt Nonnenmann:

> [...] verschiedene Atem- und Spieltechniken (Hauchen, Pusten, Händereiben) geben ein Bild von den verzweifelten Aufwärmversuchen des Mädchens und bringen schlotternde Lippen, gestammelte Konsonanten und gebibberte Worte sein jämmerliches Frieren unmittelbar physisch zum Ausdruck.[15]

»Unmittelbar physisch« – das heißt ohne eine Überführung in musikalische Strukturen, ohne eine ›ästhetische Transformation‹.

Im Gegensatz zu dem, was wir bisher an Klangkomposition kennen gelernt haben, ist Lachenmanns Musik von großer Diskontinuität; selten entfalten sich Klänge in der Zeit, erhalten sie Raum zur Entwicklung, bleiben meist punktuelle akustische Ereignisse, dem äußerlichen Zugriff des Komponisten ausgesetzt. Wo könnten die existenziellen Gründe für eine solche schockhafte Diskontinuität liegen? Oft spricht Lachenmann vom »gebrochenen Ich«, polemisiert sogar gegen Musik, »die wider besseres Wissen ein intaktes Ich setzt«,[16] und zu seinem Werk *Fassade* schreibt er: »Es gibt in meinen Stücken oft Situationen, wo alles stehen

---

14 Ebd., S. 78.

15 Rainer Nonnenmann: ›Musik mit Bildern‹. Die Entwicklung von Helmut Lachenmanns Klangkomponieren zwischen Konkretion und Transzendenz. In: Jörn Peter Hiekel, Siegfried Mauser (Hg.): Nachgedachte Musik. Studien zum Werk von Helmut Lachenmann. Saarbrücken 2005, S. 36.

16 Lachenmann (Anm. 13), S. 70.

bleibt: in *Fassade* das zwei Minuten lange leere Bandrauschen mit darunter verschütteten Kinderstimmen [...]«[17] – sollte das auf Kriegserlebnisse verweisen? Tragen am Ende die vermeintlich nur ›akustisch vorgestellten‹ Klänge eine dem Komponisten gar nicht bewusste Bedeutung?

10

Mit Giacinto Scelsi begegnen wir einem Komponisten, der ganz anders mit Klang umgeht. Seit seinen *Vier Stücken über eine Note* (1959) arbeitet er mit fließenden Klängen von reicher innerer Struktur; das wirkt so, als würde der Klang Leben gewinnen und aus sich heraus sich entfalten und entwickeln. Dabei findet die Musik gelegentlich zu Momenten großer Intensität, die Energien des Klanges bilden musikalische Bögen, und so sind trotz aller Abstraktion Subjektivität und Expressivität gegenwärtig. Im vierten Streichquartett wird der Hörer dank der Intensitätskurve, aber auch dank der langsamen Veränderung der harmonischen Felder von der Entwicklung des Klangs mitgetragen, die Zeit scheint stehenzubleiben und doch verändert sich der Klang, eine schwebende Musik jenseits aller Zufälligkeiten des Windes oder der Cageschen Zufallsoperationen, hinter der man trotz aller Reduktion ein gestaltendes und sich ausdrückendes Subjekt spürt.

Dabei lädt die reiche innere Struktur des Klanges zum genauen Hinhören ein. Vielleicht lässt sich eine Analogie bilden zwischen der Konzentration der Aufmerksamkeit auf elementare und einfache Dinge wie das Atmen in der Meditation und der Konzentration des Hörens auf kleinste Verästelungen des Klanggewebes bei Scelsis Musik, beim Sich-Zurückziehen von melodischen Gestalten, prägnanten Rhythmen und klar gegliederten formalen Abschnitten gleichsam auf eine Innenwelt des Klangs. Aber das ist eine Analogie, eine Transformation der meditativen Haltung in Musik. Scelsi komponierte keine Meditationsmusik, denn Meditation braucht Stille. Vielleicht hat er, der dem Buddhismus nahestand, der Musik einen neuen Ausdrucks-Topos geschenkt, den einer meditativen Haltung, der meditativen Stille – trotz und wegen des Klanges.

---

17 Ebd., S. 200.

11

Die Äolsharfe bewegt sich in den Klängen des Obertonspektrums, ein Naturphänomen, und deshalb lag es nahe, solche Klänge als ›Sprache der Natur‹ zu hören. Die extrem stark konstruierte und damit auch extrem ›naturferne‹ Musik der seriellen Periode scheint eine Gegenreaktion provoziert zu haben, die wieder mehr Nähe zur Natur sucht – und damit zum Obertonspektrum: die Musik der ›Spektralisten‹. Ein frühes Stück ihres wichtigsten Vertreters Gérard Grisey *Partiels* beginnt tatsächlich mit einem ausinstrumentierten Obertonklang, wobei die höheren Teiltöne eine etwas größere Rolle spielen als normalerweise bei der Äolsharfe, und doch: die Verwandtschaft ist verblüffend.

Im weiteren Verlauf entfernt sich das Stück von diesem Klang, komponiert ihn weiter, und auch hier kommt ein eher statisches Klangband zum Erklingen mit vagen, nicht sehr prägnanten Gestalten, also mit all dem, was die Unbestimmtheit einer Klangkomposition ausmacht.

Nun geht es aber Grisey nicht wie den Romantikern um ein poetisches Verhältnis zur Natur, um die Entschlüsselung ihrer geheimen Sprache. Sein Zugriff ist wissenschaftlich distanziert, er rückt der Natur mit Analysen der Klangspektren zu Leibe und lässt sich von naturwissenschaftlichen Theorien inspirieren.

Mit dem Spektralismus wird aber ein Tabu gebrochen, das für Jahrzehnte galt, das über Tonalität (man denke an Lachenmanns Formulierung von der Emanzipation des akustisch gedachten Klanges von tonalen Bindungen). *Partiels* steht in E. Zwar ist es noch ein weiter Weg, bis die Musik wieder an die tonalen Traditionen anknüpfen konnte, diese verwandelnd und weiter entwickelnd, aber ein entscheidender Schritt war getan.[18]

12

Seit den 60er Jahren begann die Musik sich immer weiter zu befreien, sowohl von den konstruktiven Fesseln des Serialismus als auch von der Idee der Subjektlosigkeit, wie sie von Cage und Lucier vertreten wurde. Damit war auch wieder

18 Vgl. hierzu Wolfgang-Andreas Schultz: Das Ineinander der Zeiten. Kompositionstechnische Grundlagen eines evolutionären Musikdenkens. Berlin 2001; W.-A. S.: Tonalität heute – warum nicht? Ein Plädoyer für die Vielfalt der Stile. In: Das Orchester (2008). H. 4, S. 36–38 und W.-A. S.: Bausteine einer neuen Tonalität. Zu Krzysztof Penderecki und Lera Auerbach. In: Die Tonkunst (2008). H. 1, S. 87–91.

die Tür offen zu einer Klangkomposition, die das subjektive Element, die gerade noch nötigen Anteile der menschlichen Musiksprache, nicht verleugnen musste.

Als von György Ligeti das Orchesterstück *Atmosphéres* uraufgeführt wurde, war vielen klar, dass hier der entscheidende Schritt aus dem seriellen Konstruktivismus heraus getan war, hin zu einer Klangkomposition, deren Details in der unglaublich dichten Textur untergehen, in einem Klang von großer Unbestimmtheit, der aber gleichwohl als innerlich lebendig erfahren wurde. Das Werk folgt einer schlüssigen Dramaturgie: Es beginnt mit einem stehenden Klang, der sich allmählich von innen her belebt, seine Lage verändert bis in die höchsten Regionen, dann folgt der Absturz in die allertiefsten. Aus dieser Spannung heraus, gleichsam um das durch die extremen Lagen entstandene Loch zu füllen, entwickeln sich dichte, intensive in sich bewegte Strukturen, mit dem Zentrum einer bedrohlich wirkenden Massierung gedämpfter Blechbläser. Danach folgt das Ausatmen in immer luftiger werdenden Klängen bis zum Verstummen in den letzten Pausentakten. In diesem formalen Bogen liegt das gestaltende subjektive Moment, das den Hörer durch das Stück hindurchträgt und damit einen sinnvollen Zeitablauf gestaltet – im Gegensatz zu den meisten Kompositionen derselben Zeit, wo nur verschiedenes Klangmaterial aneinander gereiht wurde.

Zwei Werke mögen diesen Rundgang durch die Landschaften der Klangkomposition abrunden, die beide mit Licht-Visionen zu tun haben: Das erste soll *Lux aeterna* für 16 Stimmen von György Ligeti sein, von dem aus sich die Brücke zu den Kanons von Ockeghem und Desprez schlagen lässt, denn auch Ligetis Werk besitzt vielerorts kanonische Strukturen, wenngleich in ganz anderem harmonischen Kontext. Die Stimmen umschlingen sich meist Cluster bildend, aber auch hier bleiben die Einzelstimmen kaum wahrnehmbar und werden Teil der ›Klanges‹; die Zeit scheint stehenzubleiben, man hört keine prägnanten Rhythmen und irgendwelche hervortretenden Details, und dennoch durchpulst atmende Subjektivität die Musik.

Das zweite Werk ist Morton Feldmans *Coptic Light*. In seinen Klavier- und Kammermusikwerken arbeitet Feldman mit klar erkennbaren Gestalten, nur dass ihre Veränderungen und Entwicklungen extrem langsam vor sich gehen. In dem Orchesterwerk *Coptic Light* sind solche Prozesse gleichsam vervielfältigt, überlagern und neutralisieren sich zu einer Klangkomposition von geheimnisvoller Unbestimmtheit. Gleichwohl sind die Veränderungen und Prozesse unterschwellig wirksam, die Intensität verändert sich, es gibt zum Ende hin rhythmische Beschleunigungen, kurz: der Klang ist lebendig und keineswegs zufällig wie die Klänge der Äolsharfe.

Sowohl bei Ligeti als auch bei Feldman sind die Ebenen der menschlichen Musiksprache (Zeitgestaltung, Sprachlichkeit, Identität und Nichtidentität), vielleicht noch stärker als in Debussys *Prélude*, in reduzierter Form vorhanden, dürfen aber nicht übersehen oder verleugnet werden, damit das Denken über Klang nicht in Ideologie und die Musik nicht zu reiner Materialsammlung und -präsentation verkommt. Ob Klangkomposition auch möglich bleibt mit einer noch stärkeren subjektiven, menschlich-musiksprachlichen Komponente, das zu erforschen wäre eines Versuches wert.

Nikolaus Brass

Die Kunst des Hörens[1]

Schall, Geräusch, woher? Es gibt nichts Urtümlicheres für unser Gehör, nichts, das ihm gemäßer wäre, als: orten, von wo? Und blitzschnell entschlüsseln: Alarm oder Signal der Freundschaft? Die Ohraufgabe seit jeher. Jedes Hören wendet sich nach draußen und drinnen und ist aufs engste verkoppelt mit motorischen, physiologischen und seelischen Blitz-Reaktionen. Jeder Schall, jeder Klang, jeder Ton, jedes Geräusch geht durch den Filter unserer vorzeitlichen Akustik-Schaltanlage: Freund oder Feind?

1 Die Welt und wir

Wir wissen durch unsere Sinne von uns und von der Welt. Unser in der Welt sein macht für uns Sinn, da unsere Sinne sich mit uns so weit entwickelt haben, dass sie uns etwas sinnvolles von der Welt, der äußeren und der inneren, vermitteln.

Wir hören immer, selbst in der Ohnmacht hören wir. Und der Gehörsinn ist der letzte, der uns verlässt, wenn wir sterben.

Unser leibhaftiges Ich kann nicht sein, ohne zu hören.

Unsere Akustik-Schaltanlage sichert aber nicht nur durch das Freund/Feindschema unser Überleben: indem sie Schall »sortiert«, wird aus Schall Information. Unsere Sinne »ordnen« Schall. Als (erinnerbare) Schall-Gestalt wird er spezifischer Klang und aus Klang wird (durch Instinkt und Erfahrung) Information: Hörend gewinnen wir nicht nur Erkenntnisse über Freund oder Feind, Kampf oder Liebe, Futter oder Flucht, sondern auch: Hörend erkennen wir Klang als ein Kontinuum der Welt, in der wir leben und die wir selbst sind. Um mit dieser Welt des Seins und Selbstseins in Kontakt zu bleiben, tasten unser Instinkt und unser Geist unablässig dieses Kontinuum ab, um daraus durch Graduierung und Skalierung weitere Klang-Qualitäten zu gewinnen, welche vielleicht noch differenziertere Informationen über »Welt und uns« bereithalten.

Ein Sonderfall dieses Abtastens ist das Tasten der Musik. Musik schneidet in das Kontinuum von Klang, löst daraus Elemente (Oberton-Spektren, Geräuschspektren, Pulse, Metren, Rhythmen) und bildet daraus Gestalten. Das Ohr der Musik reagiert auf die Gestalten, die es im Kontinuum des Klangs findet. Wie das Ohr zunächst un- oder vorbewusst Klang organisiert, um ihm Informationen

1 Erweiterte und überarbeitete Fassung eines Beitrags zu den Hamburger Klangwerktagen 2009.

zu entnehmen, organisiert Musik (bewusst) Klang, um darin Informationen zu verschlüsseln. (Primär war wohl die Mimesis: keine »Verschlüsselung«, sondern einfach Mitteilung durch Nachahmung: Der Ruf des Büffels, der Schrei der Gans.)

Musik organisiert Klang. Was als Ernst begann (Freund/Feind) wird über die Notwenigkeit und Lust an der Mimesis zum Spiel. Als strukturierte Gestalt steht Musik als historisch, kulturell, geographisch und sozial differenzierte »Organisation und Bändigung von Schall« mit dem ursprünglichen Hören in direkter Verbindung. Über den Schritt der semantischen Aufladung in Ritus und Kult entwickelt sie sich in immer reichhaltigerer Ausdifferenzierung hin zum freien Verfügen über und Spiel mit der ursprünglichen, atavistischen, biologisch gebundenen Freund/Feind-Hörerfahrung.

Stand am Anfang die biologisch begründete Selbst- und Welterfahrung, wurde in Ritus und Kult die Organisation von Klang zum Spielfeld der religiösen und spirituellen Selbst- und Welterfahrung. Und Selbst- und Welt-Schöpfung.

Und letztlich – aber innerlich immer noch gebunden an den zurückgelegten Weg über Ritus und Kult – entfaltete organisierter Klang in der uns heute geläufigen säkularen Welt eine weitere bestimmende Qualität: Musik als soziale Struktur.

2 Differenzierung und Entdifferenzierung

Befreit aus der ursprünglichen Bezogenheit auf die Kasten der Schamanen, Priester und anderer Personen »reservierte« soziale Orte, entfaltete sich die Musik in ihrem Weg durch die Zeit ubiquitär in höchst verschiedenen sozialen Kontexten. Dieser Gewinn wird aber bezahlt. Es scheint ein Grundgesetz von Entwicklung zu sein, dass immer weitere Differenzierungsschritte mit Entdifferenzierungsbewegungen zusammen gehen. Die soziale »Befreiung« der Musik aus der »Hochkultur« und massenhafte Verfügbarkeit war nur durch eine gewaltige Entdifferenzierung der Musik und damit eine gewaltige Über- und Unterforderung unseres Hörsinns zu haben. Überforderung, wenn man die Möglichkeiten der Schallverstärkung betrachtet, Unterforderung wenn man die unsägliche Einförmigkeit der musikalischen Zusammenhänge in der Popularmusik analysiert.

Mit der vielfältigen Gebundenheit unseres Hörens kann eine Gesellschaft »emanzipatorisch« oder »ideologisch« umgehen. Und Ideologie, also »falsches Bewusstsein« ist überall. Sicher war es nötig, der sogenannten Hochkultur den elitär hochgeknöpften Ideologie-Mantel abzustreifen und den Kunstgenuss der oberen 10 000 als das zu entlarven, was er war: eine Chimäre. Aber ohne die sogenannte Hochkultur sind wir verloren, wenn wir Wert auf Differenzierung und

Weiterentwicklung legen, also auf fortschreitende Differenzierung unserer geistigen Sinne aus sind.

Auf der anderen Seite: die Popularkultur erliegt in ihrer Unterwerfung unter die Verwertungsgesetze des Marktes der Ideologie des Geldes, gerade in der Geste der Differenz und stellt sich unter das Diktat der Massengängigkeit von Ausdrucks-Produkten, die jeweils neue Stil- und Flair-feelings bedienen müssen.

Das Paradox: Musik ist heute überall und (fast) nirgends. Das heißt: Überall ist eine bestimmte Definition von Musik, die stark und erfolgreich von den atavistischen Reiz-/Reaktionsmechanismen der physiologisch codierten Musikerfahrung lebt und (fast) nirgends ist die Musik, die – jenseits von kommerziellen Verwertungsinteressen – an die geistig-spirituelle oder lustvoll-spielerische Selbst- und Welterfahrung durch Hören anknüpft.

Was gefährden wir, wenn Musikerfahrung als Kunsterfahrung, und damit als Differenzierungserfahrung, lediglich ein gesellschaftliches Nischendasein fristet? Und was gefährden wir, wenn die Strukturen unserer Musikerfahrung (Konzert- und Opernhäuser, Ausbildungsinstitute) überwiegend museal konnotiert sind und nicht auf die Neuschöpfung ausgerichtet sind? Was gefährden wir, wenn wir den Zustand der sogenannten »Neuen Musik« als kulturelles »Nischenprodukt« akzeptieren?

Was steht auf dem Spiel?

3 Soziale Struktur

Musik kann je nach Kontext und Vokabular sowohl eine soziale Massenstruktur als auch eine differenzierte Binnenstruktur unter den Beteiligten (Spieler, Hörer) stiften.

Im ersten Fall ist sie Teil einer ideologischen Struktur (Ideologie ganz allgemein verstanden als Negierung von Differenz). In letztem Falle ist sie eine lebendige soziale Struktur, da sie über den »Motor« Differenz- und Differenzierungs-Erfahrung Menschen in Achtsamkeit verbindet.

Musik-Denken, Musik-Schreiben, Musik-Spielen, Musik-Hören in einer differenzierten Binnenstruktur der Beteiligten ist undenkbar ohne Achtsamkeit, ohne ein Versammeltsein nach innen und außen. Dieses Versammeltsein bringt uns mit uns selbst und dem Anderen in Berührung. Das ist der soziale »Sinn« von Musik. Das ist der »Sinn« dessen, was wir unter »Hochkultur« tradieren. In der ideologischen Vereinnahmung von Musik ist dieser soziale Sinn unter Umständen mit enthalten, aber nicht bestimmend und anderen Zwecken (Kommerz, Manipulation etc.) unterworfen. So gesehen muss das, was wir Tradition nennen, immer wieder neu auf seinen ursprünglichen sozialen, das heißt implizit ethischen »Sinn« hin befragt werden.

Der spezielle soziale Sinn der Musik bedarf der Pflege und Sorge.

In der sozialen Struktur einer Stadt, eines Gemeinwesens braucht es »die Kümmerer«, die sich darum sorgen, dass sozialer Sinn entstehen kann. Der kann auf viele Art entstehen, einer davon ist lebendige Musik. Und im Falle der Musik können Kümmerer alle sein, die »Hervorbringer« der Musik, die Komponisten und Musiker, das können die Institutionen sein wie Kulturreferate, Rundfunkanstalten öffentlichen Rechts, Veranstalter: die planen und Geld und Räume vorhalten. Die Kümmerer sind aber auch vor allem »die Empfänger«, also die Hörer selbst, wenn sie ihre Bedürfnisse artikulieren und die Begegnung suchen.

So gesehen darf es keine Delegation an »Fachleute« geben, die sich beispielsweise um »die Klassik« oder »Neue Musik« kümmern, sondern das ist eine Aufgabe, die von allen Beteiligten ein »Sich-Kümmern« verlangt. Denn nur wenn alle Beteiligten sich als »Mitwirkende« erleben, entsteht das, was ich als sozialen Sinn der Kunst, hier: der Musik beschrieben habe. Wo dies nicht gegeben ist, geschieht das, was sich dann »kulturell abspielt«, ohne sozialen Sinn, d. h. nur aus kommerziellem, repräsentativem oder manipulativem Interesse.

4 Komponieren

In welchem Kontext steht dann heutiges Komponieren?

Als Komponist suche ich einen Weg in das Innerste von Musik.

Ihr Innerstes ist ihr Äußerstes: Ihr Vergehen in der Zeit.

Die Gestalt des Klingenden entsteht in seinem Vergehen.

Nur indem Klingendes vergeht, entsteht die Gestalt von Musik.

Musik ist, wie alles Lebendige, eine Gestalt in der Zeit.

Man kann auch sagen: Nur indem Lebendes vergeht, entsteht die Gestalt von Lebendigem.

Aus dieser Beziehung rührt wohl die existenzielle Bedeutung von Musik: Sie macht uns fähig zur Berührung dieses Kerns unseres Seins. Berührt von Musik berühren wir uns selbst.

Was ich wahrnehme: Dieses, jetzt, hier.

Nehme ich in Achtsamkeit wahr, so geschieht dies in liebender Hinwendung zum Jetzt-Hier-Sein von Dingen, Lebewesen, Klängen oder Farben.

Bezogen auf Musik heißt das: Achtsamkeit dem Ton gegenüber, ja dem Laut, seiner Dauer, seiner Farbe, seiner Dynamik, seiner Beziehung und Bezogenheit zu anderen Tönen oder Lauten, seinem Erscheinen und Verschwinden, seiner Anziehungs- oder Abstoßungskraft auf andere Töne etc., seiner Fähigkeit zur Verwandlung oder zur Unwandelbarkeit, seiner Fähigkeit, neue Verbindungen einzugehen oder sich diesen zu verweigern, und: die Achtsamkeit richten auf den klingenden oder nicht klingenden Zwischenraum zwischen den Klangereignissen, auf die Stille als die Matrix des Klingenden, die Färbung der Stille, und so fort.

Achtsamkeit ist der Wesenskern schöpferischen Denkens. Schöpferisches Denken ist immer auch kritisches Denken, insofern die »anschauende Erkenntnis« (Adorno) nicht auf die Verwertbarkeit der Dinge gerichtet ist, sondern auf deren Eigen-Ständigkeit.

Schöpferisches Denken ist ethisches Denken, insofern jede so anschauend gewonnene Erkenntnis An-Erkennung der Differenz ist und so den Ver-Wertungs- und Ent-Wertungskreislauf durchbrechen hilft.

5 Warten, Finden, Erkennen

Komponieren (wie wohl jeder kreative Akt) ist liebevolles, vertrauendes Warten.

Versammeltes Ausgerichtetsein auf etwas Abwesendes, das zunächst nur durch seine Abwesenheit erfahrbar ist. Das Finden und Erkennen der Musik führt keine Beute heim, sondern ist ein Verweilen bei den Dingen. Beim Komponisten sind »die Dinge« Töne, Dauern, Tonbeziehungen, Obertonnuancen etc., beim Maler oder Bildhauer Entsprechendes. Als Komponist, »kaue« ich die Dinge meiner Zuneigung, lasse sie auf meiner Zuge zergehen, die Töne, die Dauern, die Intervalle, wie früher der Weise die Worte kaute, immer wieder. Dadurch erschließen sich mir Zusammenhänge neu, im Vertrauen auf »Zusammenhang«. Das Neue gibt sich zu erkennen, gerade im Vertrauen auf Zusammenhang mit »dem Tradierten«, nicht, wie im dekonstruktivistischen Ansatz, im Misstrauen der »Sinnkonstruktion« des Tradierten gegenüber.

Musikhören ist ein Eintauchen in die Musikzeit, die eine andere ist als die Minutenzeit. Musikzeit ist Erlebenszeit, die wie die Traumzeit anderen Gesetzen gehorcht. Sie gehorcht als Erlebenszeit der »Sinnzeit«, der Zeit, die es braucht, um einen Sinn zu entschlüsseln, zu »transportieren«, zu ver»sinnlichen«.

Erlebenszeit ist gefühlte Gegenwart, die vergeht.

Als Hörender bleibe ich stehen, um mich dem Vergehen zu öffnen. Dabei scheint es manchmal als würde mein Vergehen vergehen vor dem Vergehen der Musik. Musik macht erahnbar, was uns im Selbsterleben verwehrt ist: uns ganz (also als Vergangene) zu erfahren.

6 Erinnern und Vergessen

Musik spricht als Gedächtnis. Immanent im Werk als individuelles Gedächtnis (durch die gestifteten Beziehungen) und werkübergreifend als kulturelles Gedächtnis, da jede musikalische Formulierung und Form sich auf schon geformte Formulierungen und Formen bezieht (positiv oder negativ) und diese in einer bestimmten Art fortspinnt. Als Gedächtnis- und Erinnerungswesen schafft Musik in ganz besonderer Weise und vielleicht dichter als jede andere Kunstform eine ganz besondere seelische Kohärenz, indem sie individuelles und kulturelles Gedächtnis über die Formelsprache signifikanter Symbole (das sind Tonverbindungen, Klangfarben, rhythmische Modelle etc.) verknüpft. Ist in musikalische *Formeln* vor allem Ausdruckhaftes eingeschrieben, so in musikalische *Formen* (seit der Klassik) vor allem: Zeit als Schicksal.

Musikalische Formen sind (überwiegend) Erinnerungsformen.

Arbeit an musikalischer Form ist (seit der Klassik) Erinnerungsarbeit.

Was war? Was ist? Was kehrt wann wie wieder?

Musikalische Arbeit ist Arbeit am Abbild der Zeit. Zeit kann ich nur erinnernd, d. h. vergleichend wahrnehmen. In dieser »Erinnerungsarbeit« berührt sich Kunstarbeit mit Gedenken. Dieses Gedenken weißt über die werkimmanente Gedächtnisarbeit hinaus und berührt Geschichte.

Es gibt kein Bewusstsein ohne Niederschlag von Geschichte. Alle Formen des Ich-Sagens bzw. Nicht-Ich-Sagens sind sozial-geschichtlich gegeben. Bevor wir »Ich« sind, sind wir »Sie«. »Sie« sind vorher, vor uns. Wir sind von Ihnen. Im Ich ist das Vorher »geschichtet« (bewusst oder unbewusst). Das Vorher ist im Ich. Und dennoch vollzieht sich jedes Leben und jedes Bewusstsein als ein singuläres. Ein singuläres Lebendiges. Jede individuelle Erfahrung ist gefiltert durch das Sediment der Geschichtlichkeit (hat daran Anteil) und ist gleichzeitig singulär. In dieser Spannung vollzieht sich künstlerische Vergegenwärtigung.

7 Vergegenwärtigung

Vergegenwärtigung wird erlebt als das aufscheinende Augenblickhafte des Lebendigen, gespiegelt in der Lebendigkeit meines Bewusstseins.

Im Wissen und in der Erfahrung meines »geschichteten« Ich-Bewusstseins wird Kunstarbeit aber immer auch zur »Gedächtnisarbeit«, sie gedenkt immer des Gewesenen. Und führt – gebunden in die Form- und Formel-Sprache der Kunst – zu eine Verlebendigung sowohl des Gewesenen als desjenigen selbst, der sich dieser Vergegenwärtigung und Verlebendigung aussetzt.

Diese leuchtende (einleuchtende) Vergegenwärtigung des Lebendigen und Gewesenen im Kunstwerk – und ganz besonders im musikalischen Kunstwerk – wird als Gegensatz, ja als Widerstand zur bloßen Vorhandenheit der übrigen, austauschbaren Objektwelt erlebt. In dieser Kunst-geschenkten Erfahrung erfahre ich mich selbst neu. Dieser Art von Gegenwärtigkeitsfahrung und damit Selbsterfahrung, zu der Kunst, das Kunstwerk verhelfen kann, eignet etwas Zwingendes, etwas Appellhaftes, das im dringendsten Fall sagt: Du musst Dein Leben ändern.

Das ist es, was auf dem Spiel steht. Die Musik-geschenkte Selbsterfahrung in einem umfassenden existenziellen Sinn, die unsere biologische und geistige Existenz gleichermaßen umgreift. Dieses Hören delegiert die Gesellschaft in die Nische. Wollen wir uns aber von der Kunst und der Fülle des Hörens wirklich verabschieden?

Christian Bruhn

Die Entwicklung der deutschsprachigen Unterhaltungsmusik im 20. Jahrhundert – mit einigen Seitenblicken auf das Ausland

Ein Essay

1

Lassen Sie mich mit ebenso einschlägigen wie provokanten Äußerungen zur sog. ›Unterhaltungsmusik‹ beginnen: »Wildes, parfümiertes Zeug, teils schmachtend, teils exerzierend, von fremdem Rhythmus, ein monotones, mit orchestralem Zierrat, Schlagzeug, Geklimper und Schnalzen aufgeputztes Neger-Amüsement«, so Thomas Mann über Tanzmusik, etwa 1920. Der Volksmund drückt es etwas einfacher aus: »Bumm-bumm-bumm, Musik macht dumm.« »Wenn das Gewölbe widerschallt, fühlt man erst recht des Basses Grundgewalt«, das könnte Goethe zur Diskomusik sagen. »Nichts ist so erfolgreich wie das Übermaß«, meint Oscar Wilde zum Schlager, und Verdi schreibt zur freitonalen Musik: »Exzessive – ich sage exzessive – Reflexion erstickt die Inspiration.« Und Hans Zippert ergänzt: »Musik wird störend oft empfunden, wenn mit Zwölfton sie verbunden«. Richard Strauss: »Aftermusik«. Gleichzeitig kommt es zu nachhaltigen Aufwertungen der U-Musik, u. a. bei Marcel Proust: »Ein Lob der schlechten Musik: Da man sie viel leidenschaftlicher spielt als die gute, hat sie sich nach und nach mehr noch als diese mit der Träumerei und den Tränen der Menschheit gefüllt. Deswegen sei sie euch verehrungswürdig«. Das Lob der Musik stimmt ja bereits die Romantik an: »Mit Hilfe der göttlichen Tonkunst lässt sich mehr ausdrücken und ausrichten als mit Worten«, so Carl Maria von Weber. Aber erst die Kultur macht sie zu dem, was sie sein kann: »Wer nur was von Musik versteht, versteht auch davon nichts«, erklärt Hanns Eisler, und der Wiener Musik-Kritiker Eduard Hanslick konstatiert: »Melodie und Harmonie, die zwei Hauptfaktoren der Tonkunst, finden sich in der Natur nicht vor. Sie sind Schöpfungen des Menschen.«

So weit das Potpourri interessanter Stellungnahmen zu unserem Thema ›Unterhaltungsmusik‹, der man auch große Komponisten wie Mozart, Weber und Verdi mit einem Teil ihres Schaffens zurechnen sollte, sind ihre Melodien doch populär wie Schlager. Oder ist das bereits zu ketzerisch? Dann kann ich nur warnen. Da wir über die sogenannte ›Leichte Musik‹ sprechen werden, die man besser »leichter verständliche Musik« nennen sollte, könnte es für rein klassisch oder E-lastig geschulte Ohren ein wenig ungemütlich zugehen. Denn Schlager sind Musik, Musik ist Kultur, und ohne Kultur stirbt der Mensch. Und damit sind wir bei einem der größten selbsternannten Feinde der unterhaltenden Musik – Theodor W. Adorno. »Der Begriff der leichten Musik liegt im Trüben der Selbstverständlichkeit« beginnt er seinen – inzwischen bald 50 Jahre alten – Artikel über eben diese Musik. Und er fügt hinzu: »Wie stets der Schwachsinn den erstaunlichen Scharfsinn aufbringt, sobald ein schlechtes Bestehendes zu verteidigen ist.« »Sie« – und Adorno meint die Schlager und ihre Komponisten – »rechnen mit Unmündigen, die des Ausdrucks ihrer Emotionen und Erfahrungen nicht mächtig sind; sei es, dass Ausdrucksfähigkeit ihnen überhaupt abgeht, sei es, dass sie unter zivilisatorischen Tabus verkrüppelte.« Recht elitär formuliert: Adorno spricht von Unterschichtenmusik und bezeichnet den gesamten US-Pop, der vor allem in der ersten Hälfte des 20. Jahrhunderts eine ungeheure Blüte zu verzeichnen hat, als trist, standardisiert, öde, d. h. bildlich gesprochen als ›leere Büchsen‹, in welche der musikalische Stoff hineingepresst werde. Und kurzsichtig, wie er ist, konsultiert er ein amerikanisches Handbuch aus den 1930er Jahren mit zugegeben stupiden Anleitungen zum Songschreiben als bare Münze, nicht erkennend, dass es jenen Autoren, ebenso wie den Herstellern einer wirkungslosen Pickelcreme für Halbwüchsige, nur um den schnöden Mammon ging.

Ferner schmäht Adorno das nun doch wirklich bezaubernde Musical *My Fair Lady* von Frederick Loewe, weil es seiner Meinung nach »musikalisch nicht einmal den vulgärsten Ansprüchen nach Originalität und Einfallsreichtum genügt.« Welch Fehlurteil, wenn man nur an den wunderbaren Evergreen *On the Street where you live* denkt! Über den irregeleiteten, ja bösartigen Artikel Adornos den Jazz betreffend wollen wir hier gnädig den Mantel des Schweigens breiten. »Die halsstarrige Unempfänglichkeit, der auflauernde böse Wille sind monströs«, schrieb Thomas Mann an anderer Stelle mit Blick auf derartige Kritiker. Aber es spricht für Adornos intellektuelle Kompetenz, dass er den eigenen Verdikten gegenüber mitunter skeptisch bleibt und bemerkt, dass die Komposition von Evergreens eine Leistung darstellt, wie sie freitonalen Komponisten nicht mehr möglich scheint, weil diese Leistung an die tonale Ordnung gebunden ist: »In der leichten Musik«, so Adorno in der bereits zitierten *Einleitung in die Musiksoziologie*, »findet eine Qualität ihr Refugium, die in der oberen verlorenging: die des qualitativ verschiedenen Einzelmoments in der Totalität. [...] Die paar wirklich guten Schlager sind eine Anklage gegen das, was die Kunstmusik, indem sie zu ihrem eigenen Maß sich machte, einbüßte.« Leider ist dieses Zitat zu wenig bekannt!

2

Und damit sind wir wieder beim Schlager, der ja den Mittelpunkt der Unterhaltungsmusik darstellt, umgeben von diversen anderen Formen wie Operette, Musical, Jazz, Film-/Werbemusik, volkstümliche Musik sowie der heute fast verschwundenen Sparte instrumentaler Unterhaltungsmusik. Ältere Jahrgänge erinnern sich noch an die Mittagskonzerte im Rundfunk, in denen die (musikalisch bedenkliche) Suite *Südlich der Alpen* von Ernst Fischer, das sogenannte Charakterstück *Der Student geht vorbei* von Julio Cesar Ibanez oder der fürchterliche Nazi-Marsch *Froh und heiter* von Carl Michalski erklangen. Der Begriff ›Schlager‹, der heute eher pejorativ konnotiert ist und nur noch sehr eingeschränkt benutzt wird, kommt aber – wie die musikalisch-klassische Hochkultur – aus Wien und bezeichnete ehedem ein höchst erfolgreich verkauftes Produkt. *Mein Schlager* nannte z. B. ein Wiener Fleischhauer seine preiswerten Fleischlaberln (Frikadellen), Bouletten oder Fleischpflanzerln, die ihm aus der Hand gerissen wurden.

Der reine Schlager dient, wie alle Populärmusik, zur Unterhaltung. Er ist ein Konsumartikel, der eine gewisse Halbwertzeit hat. Je länger die Halbwertzeit, desto besser der Schlager – getreu meinem eigenen Motto: »Was Kunst ist und bleibt, erweist allein die Zeit.« Und auch nach Ablauf der Strahlungsdauer wird der Schlager nicht etwa weggeworfen, sondern verglüht ganz still. Man kann ihn natürlich wieder ausgraben, und ich bin sicher, dass Beethoven sich im Musikerhimmel heimlich gefreut hat über das *Freude-schöner-Götterfunken*-Remake von Miguel Rios. Ich kenne keinen Musiker, dem Erfolg gleichgültig ist. Die ältesten Schlager stammen aus Singspielen und Opern, sind also von Mozart, der das Volkslied *Schlafe mein Prinzchen, schlaf ein* komponierte, das – rhythmisiert – in den 1960er Jahren auf Schallplatte zum Schlager wurde, von Verdi und Puccini oder von Carl Maria von Weber. – Ja richtig: *Wir winden dir den Jungfernkranz* war ein richtiger Hit, und zwar seit der Uraufführung 1821. Jedermann konnte dieses Lied aus dem *Freischütz* singen. Einer Anekdote zufolge soll beim Ausbruch des Hamburger Stadtbrands 1842 ein Lehrling aus dem brennenden Keller eines Handelhauses nach oben gerann sein, habe vor lauter Schrecken aber kein Wort herausbringen können. »Singen!«, schrie der Prinzipal, und der Azubi sang zur Melodie vom *Jungfernkranz*: »Der Keller brennt, der Keller brennt, / er steht in hellen Flammen! / Und wenn ihr nicht zu Hilfe rennt, / dann stürzt das Haus zusammen!« Gewiss nicht wahr, aber schön erzählt. Und die kleine Geschichte spricht für die große Popularität dieser deutschen Volksoper, die man gar nicht oft genug hören kann. Aber der erste richtige – also eigenständige – Schlager war möglicherweise das Wiener Volkslied oder auch der Gassenhauer *Oh, du lieber Augustin*, welcher von einem Straßenmusikanten berichtet, der betrunken in eine mit Pestleichen gefüllte Grube gestürzt sein soll. Ein weiterer ›Ur-Schlager‹ ist das inzwischen 150 Jahre alte Lied *La Paloma*. Interessanterweise wurde er als eigenständiges Lied verfasst, von Sebastian Yradier, der auch Opern und Vaudevilles schrieb und von dem Bizet die *Habanera* für *Carmen* übernommen haben soll. *La Paloma* enthält bis auf eine Ausnahme lediglich zwei Harmonien, nämlich Tonika und Dominante, d. h. die erste und die fünfte Stufe. Es besteht aus drei Teilen, die jeweils wiederholt werden. Der erste Teil umfasst zehn Takte, der zweite und dritte Teil je traditionell acht Takte. Wenn ein Stück – so wie ein bayerisches Schnaderhüpferl und der Großteil der Volksmusik (besonders der bayerischen) – nur zwei Begleitakkorde hat (I und V), dann muss es – dies sah selbst Adorno – andere Qualitäten aufweisen, um sich 150 Jahre lang zu bewähren. Und diese Qualitäten hat *La Paloma* offenbar. Denn es gibt Tausende von Tonaufnahmen dieses Werks, dessen schwerblütig-gefühlvolle Melodienfolge noch heute fasziniert und daher mit immer neuen Interpreten auf Tonträger gebannt wurde – ob Benjamino Gigli oder Hans Albers, ob Freddy Quinn, Rosita Serrano oder Mireille Mathieu. Gern hätte ich hier noch etwas angeführt zur Kompositionstechnik von Carl Zellers Operette *Der Vogelhändler*, Wilhelm Kienzls Volksoper *Der Evangelimann* oder Engelbert Humperdincks Märchenoper *Hänsel und Gretel*. Aber sie alle wurden vor 1900 aufgeführt, und mein Essay soll nicht ausufern.

3

Denn nun sind wir im 20. Jahrhundert, und Sie erlauben mir einen kleinen Exkurs: Stellen Sie sich vor: Auf dem Klavier wird *Hänschen klein* und anschließend der weltberühmte *Schlusschor aus Beethovens 9. Symphonie* gespielt, jede Melodie *una nota*, also mit einem Finger. Beide Melodien haben den Tonumfang einer Quinte und stützen sich auf nur zwei Harmonien, wieder die erste und die fünfte Stufe. Auch der Mittelteil beginnt jeweils harmonisch auf der fünften Stufe und melodisch auf der Sekunde, dem zweiten Ton der Tonskala. Deshalb sind beide Stücke vergleichsweise leicht nachzusingen. Und doch existiert ein großer Unterschied zwischen den Melodien, es ist die sog. ›Erfindungshöhe‹. Während *Hänschen klein* sehr einfache, ja platte Kurzsequenzen aufweist, fächert ein Meister wie Beethoven sein Thema trotz gleicher Taktlänge breit auf und besitzt danach noch die Courage – für jene Zeit sogar ein Wagnis – den wieder einsetzenden ersten Teil auf der vierten Taktzeit, also vorgezogen, beginnen zu lassen. Genialität als Abweichung von der Norm in der Norm! »Wie – und größer ist der Unterschied zwischen der sogenannten U- und E-Musik nicht?«, wird mancher hier fragen. Und selbstverständlich gibt es einen ganzen Notensack voll mit Unterschieden: Instrumentierung, Themenvariationen (auch die harmonischen), mit einem Wort:

die kompositorische Komplexität des Werkes. Gleichwohl: Es zählt grundsätzlich die Qualität der Erfindung einer Melodie, die Bedeutung des musikalischen Einfalls, den nicht von ungefähr so divergente Musiktheoretiker wie Pfitzner und Adorno hervorheben. Sofern man heute überhaupt noch von ›Melodie‹ sprechen kann, denn erstaunlicherweise verbreitet sich ein identischer Mangeleffekt in der zeitgenössischen E- wie U-Musik. Beiden fehlt die schöne, unverwechselbare und zeitenüberdauernde Melodie. Man mag hier an eine einschlägige Formulierung Robert Schumanns denken: »›Melodie‹ ist das Feldgeschrei der Dilettanten, und gewiß, eine Musik ohne Melodie ist gar keine.« Ist nun aber die ›leichte Musik‹ schlechter? Ist ein C-dur-Akkord an sich vulgär und ein kunstvoll alterierter Klang niveauvoller? Diese Frage muss für heute offen bleiben, fest steht jedoch, dass es sowohl Mozart als auch die U-Musik mit einer nicht enden wollenden Akkordfolge von erster und fünfter Stufe, also z. B. C- und G-dur, sehr weit gebracht haben.

Die U-Musik des 20. Jahrhunderts beginnt in Wien mit der sog. ›Silbernen Operette‹, in Berlin mit der Berliner Operette und in den USA mit den ersten Musicals, die sich von der Tradition der Operette deutlich absetzen und unterscheiden. »Operette sich, wer kann« sagte man früher geringschätzig. Dabei gab und gibt es – wie ich deutlich machen werde – sehr gute, kompositorisch fein ziselierte Operetten. Und ihren Gegnern, Verächtern und Feinden sei zugerufen: »Es ist die Operette eben / nun einmal nicht das wahre Leben«. Insbesondere Franz Lehár, der 1905 mit *Die lustige Witwe* eine der erfolgreichsten Operetten überhaupt schuf, wusste sehr gut, wie man große Wirkungen erzielen kann. Das *Wolgalied*, ein Evergreen, ist nämlich eigenartig und überaus geschickt gebaut. Auf Einleitung und recht ausladende Verse in Moll folgt ein ganz einfacher, aber eben daher erlösender Refrain. (Ich selbst bin in meinem Grandprix-Lied *Wunder gibt es immer wieder* strukturell ähnlich vorgegangen.) Schon der ›Klangmagier‹ Richard Wagner war sich bewusst, dass am Ende immer der »Dreiklang« stehen und die »erlösende Melodie« alle Dissonanzen auflösen muss. Verwiesen sei in diesem Zusammenhang noch auf den von mir besonders wegen seiner ehrenhaften Haltung während des Dritten Reichs, aber auch im musikalischen Sinne hochverehrte Robert Stolz, dessen Evergreen *Adieu, mein kleiner Gardeoffizier* gekonnt aus dem achttaktigen Schema ausbricht.

Auch in dem musikalischen Schmelztopf Berlin brodelt es ab 1900 gewaltig – jedenfalls bis 1933. Hier ist zu allererst Paul Lincke zu erwähnen, dessen Musik oft nicht richtig eingeordnet wird. Wie die Diskussion nie endet, was denn nun ›leichte‹ oder ›schwere‹, ›gute‹ oder ›schlechte‹ Musik eigentlich sei, so ist die Einordnung des Schlagers »unter den Strich«, also zur *quantité négligeable* (d. h. zum ›Schrott‹), ein Zeichen deutscher Un-Kultur. Gibt es nicht vielmehr ›dumm‹ und ›gescheit‹ gemachte Musik, oder anders ausgedrückt, langweilige und interessante? Gerade Paul Linckes Schlager (und es sind solche, weil sie noch immer populär sind), zeigen, dass Witz, rhythmische Eleganz und natürlich Seligkeit bzw. Pfiffigkeit der Melodieführung die leichte Musik bestimmen können, diejenige zumindest, die als Evergreen bestehen bleibt. In *Berliner Luft* verwendet Lincke als Eck- oder Zielnoten fünfmal *nicht* zum funktionellen Akkord gehörige Töne, nämlich die Sexte *a-a-a* zum Grundakkord C-dur, dann nochmal *a-a-a* diesmal in Nonen-Funktion zum Dominantseptimakkord G-dur, dann zweimal die Terz *e-e-e* wieder zur Dominante und schließlich die Sekunde *d-d-d* zur Tonika. Das ist weder banal noch derb, sondern überaus raffiniert und gekonnt! Was lernen wir hieraus? Nun, wir lernen, dass sich die verschiedenen Musikrichtungen weniger durch Quali- oder Quantität unterscheiden, sondern dadurch, ob höhere Komplexität, geniale Einfachheit oder gähnende Langeweile vorherrschen.

Im Ersten Weltkrieg wurde – wie im Zweiten auch – zunächst heftig und national musiziert. Die meisten Künstler schlossen sich der allgemeinen Kriegsbegeisterung an und sonderten entsprechend zeitgebundenes ›Zeug‹ ab, dessen wir hier nicht weiter erwähnen wollen. Nach dem Ersten Weltkrieg herrschte in puncto U-Musik zunächst ein ›Kulturtal‹, wie nach Weltkriegen und Diktaturen nicht ungewöhnlich. Böse Zungen behaupten, in Deutschland halte dieses Negativniveau auch nach dem Zweiten Weltkrieg an. Mit Beginn der wilden 1920er Jahre, in den USA *The Roaring Twenties* genannt, begann eine neue musikalische Ära. Der Schlager löste sich nun endgültig vom Operetten-Lied-Schema, und auch in der übrigen Unterhaltungsmusik gab es größere Veränderungen. Jazz, damals Ragtime, Dixieland und Stomp, dann Charleston, Shimmy und Foxtrott kamen über den ›großen Teich‹ nach Mitteleuropa. Die sog. Salonorchester stellten sich um, die Geiger lernten Trompete, die Cellisten Saxophon oder Posaune hinzu, und man suchte händeringend »Trap-Drummer«, wenn man auch nicht genau wusste, was die machten oder konnten. In Deutschland machte man humorvolle Schlager mit witzigen Texten wie *Mein Papagei frisst keine harten Eier, Was will der Maier am Himalaya* und übersetzte *Yes we have no bananas* in *Ausgerechnet Bananen.* Man fragte: *Wo sind deine Haare, August?* und *Wer hat denn den Käse zum Bahnhof gerollt?* Zudem war man lasziv, wie später selten: Man sang: *Amalie geht mit'm Gummikavalier ins Bett*, und hoffte darauf, *Das Fräulein Helen baden [zu] sehn.*

In Wien stellte man wie seit eh und je die sog. ›Wiener Lieder‹ her, eine Musikform, der selbst eingefleischte U-Musik-Gegner wegen des versöhnlichen Charmes nicht böse sein können. Das *Fiakerlied*, das *Hobel-Lied, Der Dienstmann, Ja, ja der Wein ist gut* und ungezählte andere Stücke zeugen von einer sehr eigenständigen und kunstvollen musikalischen Hochkultur der U-Musik im ehemaligen Mittelpunkt des Habsburger Reiches.

4

Das vorige Jahrhundert beginnt in den USA – wie bereits erwähnt – mit den neuartigen Musicals. Ich liebe sie mit jeder Faser meines Herzens, besonders die in der ersten Hälfte des 20. Jahrhunderts entstandenen. Mit der Musik der »Großen Fünf« Jerome Kern, George Gershwin, Irving Berlin, Richard Rodgers, Cole Porter, und der nächsten großen Fünf: Harold Arlen, Hoagy Carmichael, Jules Styne, Harry Warren, Victor Young. Sie haben ein Harmonie-Gebäude errichtet, das sich kraftvoll und ganz entschieden von der europäischen Operettenmusik unterscheidet. Man konnte ihre Stücke jazzen. Immer wieder. Heute noch. Bis der Jazz sich (später zum Free Jazz) verselbständigte und alle Stars eigene Stücke komponierten, spielten auch die größten Jazzer die Standards der Großen Fünf (plus Fünf). Am meisten bewundere ich Jerome Kern, aus dessen Feder das raffiniert gebaute und unsterbliche *Ol' Man River* stammt und auch *All the things you are*. Letzteres wäre durchaus zum Harmonielehre-Unterricht geeignet, da es fast den gesamten Quintenzirkel durchschreitet und unglaublich elegant mittels immer neuer Zwischendominanten durch wenigstens vier Tonarten führt. Direkt nach Kern folgt für mich Richard Rodgers. Von dem, was diesem bescheidenen und mitunter melancholischen Genie alles eingefallen ist, könnten andere Kollegen nicht nur zehren, sondern auskömmlich leben. Sein Melodienbogen (und was für Melodien!) reicht von *My funny Valentine* über *Bewitched* und *My Heart stood still* bis zu *The Lady is a Tramp*. Spielt man den Lady-Song *una nota* fällt insbesondere das Kopfthema auf – ein Thema, mit welchem auch eine Bach-Fuge beginnen könnte. Alle erfolgreichen Musicals von Richard Rodgers zu kommentieren, würde den Rahmen des Essays sprengen, erwähnt seien stellvertretend *Oklahoma* und *South Pacific*. Rodgers schwebt schwindelfrei und atemberaubend durch die Tonarten, wobei die Melodie stets logisch aufgebaut und sangbar bleibt. Der (wirkliche) Titan George Gershwin schuf die einzigartige Musicaloper *Porgy and Bess* und ungezählte Evergreens wie z. B. *Blue Skies* und *They can't take that away from me*. Von Irving Berlin stammt das weltberühmte Weihnachtslied *White Christmas*, das auch dort gesungen wird, wo nie Schnee fällt. Von Cole Porter, der Text und Musik schrieb, kennt man noch heute *Begin the Beguine* und *Night and Day*. Ein außergewöhnliches Lied ist aber auch *Love for sale*, der Gesang einer Prostituierten, mit dem traumhaft poetisch-veristischen Textschluss: »If you like to buy my wares, follow me and climb the stairs ... love for sale«.

Auch im deutschsprachigen Europa erblüht die ›leichte Muse‹ Anfang der 1930er Jahre noch einmal zu voller Schönheit. Der unvergessene Werner Richard Heymann schreibt die Musik zu *Der Kongress tanzt* mit dem zauberhaft-aparten Lied *Das gibt's nur einmal*. Zudem komponiert *Ein Freund, ein guter Freund* für den Film *Die Drei von der Tankstelle* und Schlager wie *Das ist die Liebe der Ma-*

trosen mit der genialen Zeile »Auf die Dauer, lieber Schatz, ist mein Herz kein Ankerplatz« und viele, viele andere *wie Liebling, mein Herz lässt dich grüßen*. In Berlin reüssiert Ralph Benatzky, den es zwar schon seit 1911 in Wien als Operettenkomponisten gab, der aber nun mit dem *Weißen Rössl* und den Musik-Lustspielen *Meine Schwester und ich* sowie *Bezauberndes Fräulein* seinen weltweiten Durchbruch feiern kann. Jeder singt *Ach Louise*! Benatzky, der österreichische Cole Porter, weil er sowohl Text wie Musik schrieb, gilt unter Jazz-Musikern auch als Erfinder der Jazz-Stilrichtung Be-Bop, weil er die erste (und typische) Be-Pop-Phrase erfand: »Mein Mädel ist nur eine Verkäuferin«. Mit der Schmach, dass er auf Anweisung des allmächtigen Direktors Erik Charell nicht die ganze Musik für das *Weiße Rössl* schreiben durfte, und dass ihm seine eigenen Texte in letzter Minute gestrichen wurden, musste er leben. So ist *Was kann der Sigismund dafür* von Robert Gilbert, und auch Robert Stolz und Bruno Granichstaedten sind im *Rössl* als Komponisten mit Liedern vertreten.

Während der Nazi-Herrschaft machten die nicht vertriebenen, geflohenen oder ermordeten Komponisten und Textdichter in Deutschland ›fröhlich‹ weiter: Werner Bochmann, Hans Carste, Peter Kreuder, Peter Igelhoff, Franz Grothe, Michael Jary, Theo Mackeben, Fred Raymond, Friedrich Schröder und Adolf Steimel schrieben zum Teil auch Soldaten- und/oder sog. ›Durchhaltelieder‹. Der nach 1945 als »Mitläufer« eingestufte Norbert Schultze wollte lieber komponieren als zum Militär eingezogen werden, wie er sagte. Peinlich bekannt ist er für Nazi-Songs wie *Bomben auf Engeland*, die er allzu naiv komponierte, bekannt und berühmt aber auch für seine Komposition *Lili Marleen* auf den Text von Hans Leip sowie für seine Bühnenwerke *Schwarzer Peter*, *Das kalte Herz* und *Käpt'n Bay Bay*. Überhaupt entstanden auch in dieser Zeit einige sehr ansprechende Kompositionen wie z. B. *Illusion* von Franz Grothe, *Abends in der Taverne* von Werner Bochmann und natürlich die Lieder von Michael Jary für Zarah Leander (*Ich weiß, es wird einmal ein Wunder geschehn* und *Das kann doch einen Seemann nicht erschüttern*).

5

Es hätte eigentlich nahe gelegen, dass sich die deutschsprachige U-Musik der frühen Nachkriegszeit an den amerikanischen Vorbildern orientiert hätte (was sie bereits im Dritten Reich per Plagiat oder heimlicher Adaption vollzog). Sie tat dies auch vereinzelt (vgl. *Dob's Boogie* von Walter Dobschinski oder *Mitternachtsblues* von Franz Grothe), aber insgesamt zieht sich vom *Pferdehalfter an der Wand* bis zum *Anton aus Tirol* ein bunter Reigen überaus einfach gestrickter Songs. Die harmonisch und melodiös komplizierteren Standard-Songs aus den USA blieben meist den Jazzern vorbehalten, die sich mit wenigen Ausnahmen im Nachkriegsdeutschland nicht recht durchsetzen konnten – möglicherweise auch wegen der lieblos und schlecht gemachten Textübertragungen. So wurde aus *The Lady is a Tramp* die »Lady von 10.000 Volt«. Die in Deutschland ansässige Schlagerszene werkelte unbeirrt weiter, mit Ausnahme der Kollegen, die es vorzogen, doch lieber eine Auszeit in Südamerika zu verbringen. Werner Bochmann schrieb mit Kurt Feltz den *Theodor im Fußballtor*, immerhin an Boogie-Harmonien orientiert.

Nun streifen wir noch kurz den Rock'n'Roll: Es darf als Treppenwitz der Musikgeschichte gelten, dass der erste Rock'n'Roll-Hit, nämlich *Rock around the Clock* von *Bill Haley and the Comets* überhaupt keinen typischen Rock'n'Roll darstellt. Das Stück ist ein zwölftaktiger Blues im Boogie-Tempo und Shuffle-Rhythmus. Echter Rock'n'Roll hat aber das Achtel-Feeling wie *Roll over Beethoven* von Chuck Berry. Gleichwohl wurzelt der Rock'n'Roll auch im Rhythm and Blues, denn er symbolisierte ein rebellisches Aufbegehren der Jugend gegen allzu schematische Schlager, gegen nichtssagende Texte voll von Klischees, aber auch gegen vermeintlich zu anspruchsvolle Akkordfolgen. Interessant ist die neue Besetzung mit meist zwei elektrischen Gitarren, Bass und Gitarre, zudem häufig noch ein Keyboard, hier die für Rhythm and Blues und Rock'n'Roll typische Hammond-Orgel. Gleichwohl entstand in den USA gleichzeitig eines der zauberhaftesten Lieder, geschrieben von Jay Livingston und Ray Evans für den Hitchcock-Film *Der Mann, der zuviel wusste*, gesungen von Doris Day: *Que sera, sera (whatever will be)*. Der Song wurde ein Welthit, sozusagen als Anti-Rock'n'Roll. Unterhaltungsmusik ist eben doch sehr vielfältig. In England übernahmen den Rock'n'Roll die Rolling Stones mit ihrem Hit *I can't get no satisfaction* und die Beatles mit *Can't buy me Love*. Die Beatles blieben aber nicht lange bei dieser einfachen Form, sondern kreierten durch *Michelle* (mit vermindertem Akkord!) oder *Yesterday* (mit Streichquartett und Anklängen an Schubert) Songs, die man lediglich deswegen Rock'n'Roll bezeichnet, weil sie von einer Kult-Rock'n'Roll-Band geschaffen wurden.

In Deutschland versuchten sich die *Lords* und die *Rattles* am modernen Beat des Rock'n'Roll, auch Drafi Deutscher mag mit dem von mir komponierten Lied *Marmor, Stein und Eisen* im weiteren Sinne dazu gehören. Was aber von Conny Froboess und Peter Kraus angeboten wurde, hatte mit Rock'n'Roll nichts zu tun. *Diana* (als US-Original Paul Ankas erster Hit) und *Sugar Baby* (eigentlich eine Country-Nummer) sind zwar gute Songs, aber kein Rock'n'Roll. Maßgebend für den deutschen Rock'n'Roll waren dagegen Achim Reichel, Wolfgang Michels und Rio Reiser, während Peter Maffay manchmal eher zum Country-Rock neigt. Der Rock'n'Roll aber lebte weiter, führte zum Twist mit Chubby Checker, wird immer noch von AC/DC, Motörhead und vielen anderen Bands vertreten. Ein musikalischer Seitenarm mündete in den krachenden Heavy-Metal-Stil, der zuweilen kirchentonale Wendungen integrierte. Gruppen wie ABBA mit ihren bewundernswerten Songs, reich an Melodien wie an Kontrapunkten (Nebenstimmen und Gegenmelodien) prägten die Popmusik-Szene der 1970er Jahre. Daneben etablierten sich *Boney M.*, produziert von Frank Farian mit eher einfach gestrickten Disco-Weisen, aber eben Welterfolgen, im Gegensatz zu Dieter Bohlens ›Fabrikprodukten‹, die zwar auch international einschlugen, aber eben nicht oder kaum in GB und USA. Aber wohlgemerkt: In der Unterhaltungsmusik zählt der Erfolg, nicht die Herstellungsweise. Auch der weltberühmte Filmkomponist Hans Zimmer bedient sich einer Manu- und Computerfaktur, bestehend aus unzähligen Mitarbeitern, Orchestratoren und Mit-Komponisten. Hierzulande versuchte sich die »Neue Deutsche Welle« vom sog. ›Schlagerballast‹ zu befreien, konnte sich aber trotz einiger origineller und ansprechender Titel nicht lange behaupten. Dennoch warf ein Phänomen wie *Nena* (*99 Luftballons*) alle Regeln, Prinzipien und Schemata der Schlagermacher über den Haufen: Die Direktheit, Naivität und Herzlichkeit des Gesangs und die unverfrorenen neuen Texte samt einfacher, aber doch recht abgehobener Musik zogen Millionen von *Music Lovern* dauerhaft in ihren Bann.

6

Waren es früher hauptsächlich einzelne Komponisten und Textdichter, welche die Welt mit ihren Erzeugnissen umwarben und versorgten, so sind es heute unzählige Musikmacher, die allesamt ihren Platz an der Tantiemen-Sonne beanspruchen. Während die GEMA 1960 etwa 20.000 Mitglieder zählte, hatte sie um die Jahrtausendwende bereits über 60.000. Und je stärker die Zahl der Tonsetzer weltweit wuchs, desto kürzer wurden die von ihnen komponierten Melodien. Zweitaktige Phrasen, vielfach wiederholt, prägen das Bild der neuen Popmusik. Die Unzahl der Songs, Hits und sonstigen Werke lässt hier nur einzelne Schlaglichter werfen. Interessant ist zunächst die Entwicklung vom Charakterstück und der Operette bis zur heutigen – vielfach aufgespaltenen – Popmusik. Unendlich weit scheint der Weg von *Heinzelmännchens Wachtparade* bis zu *99 Luftballons*. Auseinandergedriftet sind selbst die einzelnen Sparten der U-Musik: Hip-Hop, House, Bass & Drums, Techno und Rap stehen heute neben gängigem Pop, und es existiert hierzulande auch noch die höchst erfolgreiche Schlagerecke mit Andrea Berg und Helene Fischer. Dabei werden die Bass & Drums- bzw. Techno-Stücke nicht von Komponisten, sondern von DJs oder computer-technisch begabten Amateuren verfasst – *eine neue Technik ist wie ein neues (Musik-)Leben!* Ist es ein Rätsel oder nicht? Tonal ist die Unterhaltungsmusik – im Gegensatz zur ernsten – immer geblieben, mögen die Akkordfolgen sich auch etwas geändert haben. Echte Dissonanzen – etwa zwischen Bass-Phrase und Gesangsmelodie – entstehen meist unbewusst und/oder aus Unkenntnis. Bis lange nach dem Zweiten Weltkrieg war der durchschnittliche Popmusik-Geschmack bei Alt und Jung nahezu identisch. Ein Beleg hierfür ist die Tatsache, dass in der Jugendzeitschrift BRAVO fast zeitgleich hintereinander die sog. ›Star-Schnitte‹ von Freddy Quinn und den Beatles folgten. Bevor sich der Rock'n'Roll durchgesetzt hatte, war jenseits der Klassik der Jazz die Musik der Jugendlichen und jungen Erwachsenen, die sich – ein wenig elitär – vom Mainstream unterscheiden wollten. Aber hier handelte es sich nur um eine kleine Schicht: *Ein* Jazzlokal pro größere Stadt war schon viel, Diskotheken gab es noch keine.

Dennoch gelangen deutschen Autoren erstaunlicherweise mehrere Top-Ten-Hits in den USA: u. a. Heino Gaze mit *Kalkutta (liegt am Ganges)*, Peter Moesser mit *Morgen*, Werner Scharfenberger mit *Seemann*, die beiden letzten auf Deutsch gesungen, wobei die Amerikaner sich fragten, weshalb ein Sänger wie Ivo Robic einen Herrn namens »Morgan« singend anhimmelte. Die frechen Lieder der 1920er Jahre waren sorgfältig gereimt, mit vielen versteckten Anspielungen (»Süße kleine Klingelfee, lass mich hinein in die Zentrale«); die heutigen Songs gehen dagegen direkt und unumwunden zur Sache wie die Stücke der Prinzen, verwenden Vulgärsprache wie das Trio *Tick Tack Toe* (»Verpiss dich«), verbreiten Nonsens wie das Trio, welches sich *Trio* nannte (*Da da da*) oder sind nur mehr lautmalerisch tätig wie Xavier Naidoo in *Abschiednehm'*. Gleichwohl finden sich auch poetische Wendungen, nur eben auf dem heutigen Sprachniveau. Erwähnen sollte man in diesem Zusammenhang noch den Textdichter Kurt Feltz, der seit Mitte der 1930er Jahre Erfolge hatte, nach dem Krieg vom WDR-Rundfunkmann zum erfolgreichsten Plattenproduzent wurde (u. a. Caterina Valente, Peter Alexander), wobei die Songs immer primitiver und schließlich von der Jugend abgelehnt wurden. Interessant ist aber auch, dass sich die sog. ›Schnulzen‹, wie von Roy Black vorgetragen, bis weit in die 1980er Jahre reüssierten. Die Neue Deutsche Welle war dann eine Antwort auf beides. Waren die damaligen Lieder sehr vielfältig und hatten einen hohen Wiederkennungswert, klingen die Songs der heutigen Gruppen *Juli, Silbermond, Wir sind Helden, Die Ärzte, Zweiraumwohnung, Ich und ich, Rosenstolz, Söhne Mannheims*, neuerdings auch wieder *Silly* sowie die von Christina Stürmer für manche Ohren recht ähnlich, was vermutlich vor allem an dem stromlinienförmig gleichgerichteten Gesangsstil der Frontfrauen und -männer liegt. Und welche Werke – so ansprechend sie auch sein mögen – sich längere Zeit halten werden, das muss die Zeit entscheiden. Dies gilt auch für die heute sog. ›Volksmusik‹ (z. B. beim nunmehr abgeschafften ›Grand Prix der Volksmusik‹), die in Wahrheit keine Volksmusik ist, die aus dem Volke stammt (wie etwa *Ein Jäger aus Kurpfalz*), sondern Musik, die für einen Teil des Volkes von einem kleinen anderen Teil desselben Volkes hergestellt wird. Böse Zungen meinen, für jenen Teil, der musikalisch keine hohen Ansprüche stelle. ›Volkstümlich‹ sollte man sie deshalb nennen, denn diese Musik »tümelt«. Man kehrt zurück zu den drei Grundharmonien I, IV, V, und die Lieder selbst bestehen lediglich aus kurzen Versatzstücken. »In Harmlosigkeit erstarrt«, bezeichnet der österreichische Schriftsteller Clemens J. Setz diese Musik. Die harmonischen Abläufe, die melodischen Wendungen wie auch die Rhythmik sind von der Natur der Sache her eher eingeschränkt, die einzelnen Phrasen oder Bausteine von Melodie und Text meist irgendwo vorhanden, nämlich in den Schlagern von 1910 bis 1970. Das Verbum *componere* (lat. zusammenstellen) findet hier zu seiner eigentlichen Bedeutung zurück. Gleichwohl gab es im letzten Fünftel des vergangenen Jahrhunderts einen wahren ›Volksmusik‹-Boom mit durchaus großen Hits wie *Herzilein* oder *Patrona Bavariae*.

Abschließend möchte ich einen ganz großen Kollegen erwähnen, der leider schon geraume Zeit nicht mehr unter uns weilt: Bert Kaempfert. Aus seiner genialen Feder flossen die Instrumentals *Afrikaan Beat*, *A swinging Safari*, *Happy Trumpeter* und *Moon over Naples*, später als *Blue Spanish Eyes* einer von Kaempferts größten Dauerbrennern. Nicht zu vergessen den alles überragenden Welterfolg von *Strangers in the Night*, zunächst als Instrumental in den Film *A Man could be killed* eingebaut, vom amerikanischen Verleger Hal Fein erkannt und gleich doppelt vermarktet, wobei Frank Sinatra die Siegespalme davontrug. Der musikalische Trick Bert Kaempferts ist die hohe Kunst der Einfachheit, d. h. einer eleganten und inspirierten Einfachheit. Die Verbindung älterer Instrumentationstechniken, wie z. B. der von Ray Conniff, der samtene Chor- und Streichersound, der sog. Knack-Bass, die gemächliche Gelassenheit, das Ausgeschlafene – und dazu Melodien von absoluter Weltgültigkeit. Sein kurzes Leben lang litt Bert Kaempfert unter der Tatsache, dass er von seiner deutschen Tonträger-Company nur bedingt anerkannt wurde, weil seine erfolgreichen Kompositionen, die er ja in Deutschland produzierte, erst re-importiert werden mussten, um seine Vertragsfirma zu überzeugen. Ganz vereinzelt begegnen uns aber auch heute noch erfolgreiche deutsche Musikexporte: auf einsamer Flur steht hier *Elisabeth*, das Musical von Michael Kunze und Sylvester Levay. Es wurde in Wien aus der Taufe gehoben und lief über viele Jahre im Theater an der Wien. Wenngleich *Elisabeth* in den USA nicht Fuß fassen konnte (die Gestalt der österreichischen Kaiserin Sisi ist dort eher unbekannt), lief es doch weltweit auf zahlreichen Bühnen. *Elisabeth* ist meines Erachtens ein durch und durch gelungenes Musical, hat mehrere große Songs, ›groß‹, weil sie interessante und schöne Melodien haben. Das Werk ist spannend und voller Menschenliebe, hat viele Farben, ist ebenso historisch wie modern und hat den blendenden Einfall, der Protagonistin Elisabeth von Beginn an den »Tod« als allegorische Figur zur Seite zu stellen, mit dem sich die Unglückliche gedanklich immer wieder befasst und der das traurige Ende unausweichlich erscheinen lässt.

7

Was bleibt: selbstverständlich die noch immer nicht wirklich beantwortete Frage nach dem Niveau der sog. ›Unterhaltungsmusik‹. Man stellt sie oft. Noch öfter aber scheint sie irrelevant, weil das Niveau der U-Musik von ihren Verächtern grundsätzlich geleugnet wird. Nun – angesichts des kaum übersehbaren Feldes ›leichter Muse‹ gelangt tatsächlich viel Fragwürdiges ans Tageslicht respektive in den Gehörgang. Es gibt jedoch immer wieder Highlights wie den US-Komponisten Burt Bacharach mit seinem kongenialen Textdichter Hal David, der viele Hits für Dionne Warwick schrieb (u. a. *Walk on by* oder den Welterfolg *Raindrops keep falling on my Head*). Gleichwohl lässt sich – infolge digital begünstigter Herstellungsweise von Musik und stetig steigender Zahl von Urhebern – eine Art ›schiefe Ebene‹ erkennen. Die Gestaltungsweise simplifiziert und vereinheitlicht sich, die Melodielinien werden sukzessive kürzer bis hin zu einzelnen ständig wiederholten ›Schnipseln‹ (was Oscar Wildes zitiertem Diktum entspricht). Dies alles geschieht in früher ungeahnter technischer und klanglicher Qualität. Die Komplexität der Harmonisierung weicht einer sehr einfachen, wenn auch manchmal ungewohnten Form, die aber eben *jeder* zustande bringt. Daher entstehen weniger Evergreens, und die Livemusikkapellen greifen häufig auf überkommenes Material zurück. Trotzdem möchte ich nicht in das uralte Lamento einstimmen, dass die Jugend nichts mehr tauge. Jede Zeit hat ihre Kunst und Kultur, mal anspruchsvoller, mal glatt und stromlinienförmig, und ich verzeichne – gerade in der Popmusik – vielfältige Bestrebungen mit dem Ziel, das öde Tal der Uniformität aufsteigend wieder zu verlassen.

Welchen Sinn hat nun aber die Populärmusik? Und nimmt sie Einfluss auf unser Leben? Auch diese beiden Fragen sind schwer zu beantworten. Eingangs habe ich konstatiert, dass Schlager selbstverständlich Kultur sind. Manche Menschen behaupten sogar, sie seien davon aufgerichtet und/oder getröstet worden. Viele haben mir das auch geschrieben. Dass die sog. ›Leichte Musik‹ Freude und Spaß, Kick und Fun bereiten kann, steht außer Frage. Aber nimmt sie wirklich Einfluss? Kann sie beispielsweise über den Tod eines geliebten Menschen hinwegtrösten? Kann sie ausweglose Situationen erleichtern? Kann sie die Prüfungsangst nehmen? Kann sie uns helfen, mit dem Leben besser zurechtzukommen? Zwar wurden die Beatles in den Adelsstand erhoben, aber wird ihretwegen die

Menschheitsgeschichte umgeschrieben, werden Menschendinge, Menschenangelegenheiten anders entwickelt oder gestaltet? Wohl kaum. ›Leichte Musik‹ nennt man sie, weil sie vermutlich leichter zu begreifen ist. »Alles vernebelnd« nennt Max Goldt sie. Aber sie ist harmlos, sie verletzt nicht, sie vergiftet auch nicht die Herzen, wie es die Gossenblätter tun, und wer sie denn gar nicht hören will, der meidet sie einfach, aber *wer* sie hören will, dem versüßt sie das Leben, lässt ihn träumen, hebt seine Stimmung, richtet ihn gar auf, und vielleicht lernt er oder sie bei U-Musik die Frau/den Mann ihres oder seines Lebens kennen. Denn demjenigen, der Musik liebt, und mag sie noch so einfach sein, muss sie auch etwas geben. Etwas ganz Persönliches: Balsam für seine Seele. *Und damit nimmt sie Einfluss auf ihn*, den Nutzer, den Hörer, den Bewunderer. Dies kann auch unbewusst geschehen, wie es Dieter Thomas Heck einmal treffend formulierte: »Komponisten sind oft Herz- oder Seelenärzte gewesen, ohne es direkt und persönlich zu wissen.« Eine Gesellschaft jedoch, die den momentanen Kick und den beinahe zwanghaften Fun zum Ideal stilisiert hat, ist natürlich nicht auf Beständigkeit ausgerichtet ebenso wenig wie das, was sie als Kultur hervorbringt. Und so werden heute viele Musikproduktionen im Orkus verschwinden, Melodien untergehen, Songs vergessen werden. Ich aber bleibe dabei: Unterhaltungsmusik kann Freude machen, Stimmungen erzeugen, Gefühle erwecken – man soll ihr nur *keine unzumutbaren Aufgaben* aufbürden, welche sie nicht erfüllen kann, weil sie dafür nicht geeignet und gedacht ist. Denn für sie wie für alle Musik gilt, was mein E-Musik-Kollege Luciano Berio zu Recht konstatiert hat: »Es ist dumm, zu glauben, mit Hilfe der Musik könne man den Brotpreis senken, Kriege verhindern oder Slums beseitigen.« *When all is said and done – there will be more said than done.* Mit diesem pessimistisch angehauchten Paralipomenon möchte ich schließen. Viele, wenn nicht alle Fragen bleiben weiterhin offen. Zwar kann man Populärmusik wortreich beschreiben, sie niederknüppeln oder hochloben. Doch um sie zu verstehen, muss man sie entweder machen – oder noch besser: lieben.

Cornelius Meister

Vom innerlichen Hören – über das musikalische Gedächtnis

Ein Gespräch mit Wilhelm Sinkovicz und Sven Friedrich

Sinkovicz:
Lieber Herr Meister, wir wollen heute vom »innerlichen Hören« reden. Vielleicht können wir dabei auch die Klangräume bzw. klanglichen Vorstellungen einbeziehen, die man in der Musik haben kann. Die abendländische Musik besteht ja letztlich aus einer vielstimmigen Architektur und erfordert eben deshalb differenziertes Hören. Ich möchte aber, bevor wir über das innerliche Hören sprechen, mit Blick auf das Thema *Faszinosum ›Klang‹* gerne noch wissen, weshalb jemand Dirigent wird. Hat das damit zu tun, dass man vom Klang und der Möglichkeit fasziniert ist, diesen Klang auch beeinflussen zu können, was ja die eigentliche Aufgabe des Dirigenten ist? Ich erinnere mich in diesem Zusammenhang an einen Ausspruch Herbert von Karajans, der gesagt hat, dass er seit seinen Anfängen in Ulm immer zwei Orchester dirigiert hat: Das Orchester, das er hören wollte, und das Orchester, das tatsächlich gespielt hat. Zwischen diesen waren immer große Diskrepanzen. Ist das wirklich so, dass man gemäß einer bestimmten Vorstellung dirigiert, dann aber das, was herauskommt, schlechter ist? Und bringt einen das ›Faszinosum Klang‹ zum Dirigieren, oder kommt da noch etwas ganz anderes hinzu?

Meister:
Nein, das ist in der Tat die entscheidende Frage für einen Dirigenten. Hier geht es vor allem bei der Probenarbeit darum, dass ich – bevor ich tatsächlich das Orchester höre – erst einmal genau weiß, was ich hören möchte. Die jahrelange Vorbereitung auf diese Minute Probe führt ja dazu, dass ich am Ende hoffentlich genau weiß, was ich schön finde. Und dann muss ich das vergleichen mit dem, was ich tatsächlich als Klangergebnis erhalte. Und das muss gar nicht schlechter oder besser sein, es reicht schon, wenn es anders ist. Es kann ja sein, dass zum Beispiel ein Solobläser eine Stelle anders spielt, als ich es in meinem Gesamtkonzept für angemessen halte, selbst wenn er es aus seinem Blickwinkel in dieser Form für gut hält. Und das ist dann eben die Probenarbeit.

Sinkovicz:
Das heißt: Der Solobläser findet schön, was er macht, aber er weiß nicht, worauf Sie hinauswollen beziehungsweise was Ihnen in der Gesamtarchitektur wichtig ist. Hören Sie also, wenn Sie eine Partitur lesen, das, was da steht, akustisch? Können Sie das nach innen transportieren?

Meister:
Ich verbrachte einen Teil meiner Sommerferien in einem sehr schönen Ferienhaus in Dänemark und hatte dort ein stummes Klavier dabei. Ein stummes Klavier ist ein ganz altes Instrument, das schon Franz Liszt auf seinen Reisen in der Kutsche verwendet hat. Man darf das nicht mit den modernen elektronischen Geräten verwechseln, bei denen man den Ton abstellen kann. Nein, es ist wirklich ein Klavier, das genau wie ein Klavier funktioniert und auch genau den Anschlag eines Klaviers hat, nur kommt eben kein Ton. Aber es ist ein rein mechanisches Instrument, kein elektronisches. Ich nehme dieses stumme Klavier tatsächlich sehr gerne in die Ferien mit, und in Dänemark habe ich vor allem *Tristan und Isolde* gespielt. Der entscheidende Vorteil, wenn ich auf dem stummen Klavier spiele, ist, dass ich dann den Orchesterklang in meinem inneren Ohr höre. Denn normalerweise, wenn ich Opernpartituren spiele, höre ich ja nur den Klavierton.

Sinkovicz:
Und hören Sie es, wenn Sie daneben greifen?

Meister:
Ja! Und das verdeutlicht vielleicht ganz gut, wie ich als Dirigent in der Lage bin, einerseits die Partitur auf meinem Instrument, dem Klavier, darzustellen, aber andererseits den Klang eines Orchesters innerlich zu hören.

Sinkovicz:
Das ist also die Klangvorstellung ›nach innen‹. Sie könnten ja die Partitur auch lesen und würden wissen, was da steht. Jetzt aber eine ketzerische Frage: Bis zu welchem Zustand der abendländischen Musik hinsichtlich der Tonalität funktioniert es, dass Sie das, was eine so komplexe Partitur Ihnen sagt, hören können? Dass Sie tatsächlich wissen, wie das klingt? Ich stelle mir das ab einem gewissen Punkt schwierig vor. Nämlich ab dem Punkt, wo es dann atonal zugeht, wo jeder eine eigene Stimme spielt und dieses Koordinatensystem nicht mehr existiert. Wenn Sie *Così fan tutte* anschauen, wissen Sie, das ist in A-Dur, und Sie wissen, welche Töne die Hörner spielen. Bei Strawinsky müssen Sie schon genau hinschauen, um zu wissen, worum es da geht. Bei Stockhausen wird es noch schwieriger. Wie lang kann man wirklich innerlich hören, was man liest?

Meister:
Ich behaupte, dass man das wirklich bei jeder Musik kann, allerdings dauert es natürlich länger. Wenn ich eine Partitur habe, bei der ich überhaupt keine Ahnung habe, in welcher Stilistik ich mich bewege, benötige ich natürlich mehr Zeit, um überhaupt erst einmal zu entziffern, in welche Richtung das gehen soll. Es gibt einen schönen Ausspruch von Gustav Mahlers Frau, die über irgendeinen Dirigenten gesagt hat, er sei noch nicht einmal in der Lage, die Partitur zu lesen, sich die Musik vorzustellen. Man habe ihm erst einmal zwei Pianisten besorgen müssen, die ihm das Stück vierhändig hätten vorspielen müssen. Und das war abfällig gemeint. In der damaligen Zeit, da man als Dirigent keine Möglichkeit hatte, sich vor dem CD-Spieler vorzubereiten, wie das heute möglicherweise bei einigen Kollegen üblich ist, war es schlichtweg ein Ding der Unmöglichkeit, dass man als Dirigent eine Partitur nicht erfassen konnte. Und Mahler Symphonien gehörten damals auch zur modernen Musik. Die Uraufführung einer Mahler-Symphonie war aber vermutlich nicht weniger komplizierter als eine heutige, obwohl wir es nun fast mehrheitlich mit atonaler Musik zu tun haben.

Sinkovicz:
Das ist interessant und möglicherweise korrekt. Jedenfalls könnte ich Ihnen Namen von Dirigenten nennen, von denen ich weiß, dass sie vor Aufführungen selbstverständlich CD-Aufnahmen des Werks von ihrer Plattenfirma geschickt bekommen, möglichst von toten Dirigenten, die ihnen das gleichsam ›vordirigieren‹. Igor Strawinsky hat einmal berichtet, sein Kompositionslehrer Rimski-Korsakow sei ein Nicht-am-Klavier-Komponierer gewesen, habe alles am Schreibtisch gemacht. Strawinski selbst war ein Am-Klavier-Komponierer. Er hat jeden Klang wirklich probiert, so lange, bis er mit dem übereinstimmte, was er innerlich hörte. Und dann hat er ihn notiert. Das wäre nun im Sinne des Rimski-Korsakow-Systems ein großer Fehler gewesen. Aber Strawinsky hat Rimski-Korsakow einmal gefragt, ob man am Klavier komponieren dürfe, und Rimski-Korsakow antwortete, manche Künstler komponierten am Klavier, manche nicht. War das jetzt ein Defizit von Strawinsky, dass er sich selbst die Klänge auf einem Klavier so lange hat vorspielen müssen, bis der Akkord saß? Oder erweist sich das musikalische Arbeiten als so schwierig, dass man konzediert, er habe es ausprobieren müssen? Und kann sich ein Komponist dann alles dessen bewusst sein, was er notiert?

Meister:
Vielleicht lässt sich dieses Phänomen mit den vier Gedächtnisarten vergleichen, die ich als Interpret zu verwenden gewohnt bin. Da ist zunächst das auditive Gedächtnis, das für einen Musiker selbstverständlich das wichtigste ist. Dann

das motorische Gedächtnis, das für die Instrumentalisten möglicherweise noch bedeutender ist als für den Dirigenten, aber auch ich erinnere mich rein motorisch, zum Beispiel daran, dass ich einen Einsatz an einer Stelle üblicherweise nach rechts oder links gebe, oder ich erinnere mich motorisch, dass ich an einer bestimmten Stelle einen Dreivierteltakt dirigiere. In gewisser Hinsicht ist auch das visuelle oder photographische Gedächtnis entscheidend, das allerdings – glaube ich – Nicht-Musiker häufig überbewerten. Photographisches Gedächtnis ist zudem ein irreführender Begriff. Ich kenne keinen Musiker, der vor seinem inneren Auge das Notenblatt ablaufen sieht. Das visuelle Gedächtnis ist auch eine wichtige Gedächtnisart, aber der Musiker sieht das Notenblatt und setzt es in Klang um. Und damit wird es Teil des auditiven Gedächtnisses. Viertens ist ein Gedächtnis architektonisch-kognitiver Art notwendig, durch das ich beispielsweise weiß: Wir befinden uns gerade in der Reprise, deswegen sind wir in dem und dem Quintverhältnis zur Exposition und aus diesem und jenem Grund muss das jetzt so und nicht anders weitergehen. Insbesondere bei Weichenstellungen hilft einem das auditive Gedächtnis nicht weiter, weil die andere Möglichkeit am selben Abend ja auch schon vorkam. Diese vier Gedächtnisarten verwende ich als Musiker schon deshalb ständig nebeneinander, weil der Fall eintreten könnte, dass eine davon ausfällt. Das kann allen Dirigenten passieren, wenn sie zum Beispiel schlecht geschlafen haben. Jeder Komponist – ob er nun das Klavier verwendet oder nicht – hat hier eine unterschiedliche Gewichtung. Aber ich kenne keinen Musiker, der nicht in der Lage wäre, das, was er äußerlich hört, auch innerlich zu hören. Und dies zu erlernen ist manchmal auch eine Lebensaufgabe.

Sinkovicz:
Folgender Fall: Sie studieren als Chefdirigent des ORF Radio-Symphonieorchesters Wien eine ganz neue Partitur, was häufiger vorkommt, da eine der Hauptaufgaben des Orchesters darin besteht, Gegenwartsmusik aufzuführen. Haben Sie dabei schon einmal Komponisten ertappt, die selbst nicht genau wussten, was sie wollten? Es gibt ja Künstler, die erklärten, als sie ihr Stück das erste Mal bei der Probe gehört hatten: Also, das solle nicht so, sondern so klingen, und sie hätten sich das auch anders gedacht. Wie sakrosankt ist demnach ein Partiturtext in dem Moment, wo er niedergeschrieben ist? Gibt es da noch Phasen, in denen man mit dem Komponisten reden und ihn fragen kann, ob es nicht doch anders sein sollte?

Meister:
Ich habe den Eindruck, dass man bei Komponisten und Interpreten eigentlich zwei Gruppen unterscheiden kann. Die eine Gruppe hört sehr harmonisch, d. h. wenn jemand eine falsche Note spielte oder in der Intonation unsauber wäre, so

fiele ihr das sofort auf. Dann gibt es eine andere Gruppe von Komponisten, die vielleicht nicht so harmonisch entwickelte Ohren haben, die dafür aber sehr viel mit Farben spielen und sehr genau hören, ob meinetwegen bei einem Beckenwirbel andere Schlägel verwendet oder an einer bestimmten Stelle die Bratschen lieber mit Dämpfern gespielt werden sollten. Und schließlich gibt es auch einige wenige, die das verbinden können. Das ist dann vielleicht die höchste Kunst. Aber mit allen drei Gruppen arbeite ich sehr gerne. Ich würde auch nicht behaupten, dass es das entscheidende Kriterium für einen Komponisten ist, ob er bei seinem eigenen Werk einen falschen Ton hört oder nicht. Ich bin der festen Überzeugung, dass das Werk über dem Komponisten steht. Und selbst wenn er einiges nicht bemerkt, heißt das nicht, dass man entsprechende Passagen nicht – dem Werk zuliebe – gut aufführen sollte.

Sinkovicz:
Es gibt wohl auch unterschiedliche Zugänge zu der Frage, was Musik in einem bestimmten Moment überhaupt soll, auch seitens des Komponisten. Von Richard Strauss ist ein berühmter Satz überliefert. Als ein Oboist bei der Wiener Einstudierung der *Ägyptischen Helena* zu ihm kam und klagte, eine Oboenpassage könne man nicht spielen, entgegnet Strauss, es sei nicht so wichtig, dass er das genauso spiele, wie es in der Partitur stehe, es müsse nur *so* klingen. (Und machte dazu eine Wellenbewegung mit der Hand.) Also gibt es eine gewisse Klangvorstellung, und sie zu realisieren ist auch Sache des Musikers und besonders des Dirigenten, der ja das Ganze im Auge haben muss: Was will der Komponist eigentlich mit dieser Musik? Was soll das sein? Was will er von mir? – Stellt ein Dirigent eigentlich auch mal etwas in großen Partituren um, weil er sagt, aus dem ›Geist des Werks‹ heraus kann der Komponist nur das meinen?

Meister:
Nach der Uraufführung des *Tristan* hat Wagner eindeutig die Anweisung an nachfolgende Dirigenten gegeben, Dinge instrumentatorisch zu verändern, was heute keiner macht und was ich mich auch nicht trauen würde. Aber Wagner sagte ausdrücklich, er sei sich bewusst gewesen, dass er an manchen Stellen überinstrumentiert habe, und man solle nicht nur Dynamikretuschen anbringen, sondern auch wirklich rausstreichen. Das ist ein ungewöhnlicher Freibrief, den Wagner dem Interpreten ausstellt. Und auch hier kann man heute, glaube ich, Komponisten zweier Lager unterscheiden: Die einen, die wirklich erwarten, dass man genau das macht, was dasteht, bei denen man also wirklich nicht Interpret ist, sondern Ausführender, d. h. man bringt dann deren Werk zum Klingen. Und die anderen, die sagen: Um Gottes Willen, nur weil da nicht ritardando steht, heißt das doch nicht, dass man nicht etwas langsamer werden dürfe o. ä. Und das finde

ich in meiner Arbeit als Dirigent mit das Spannendste herauszufinden, was der Komponist von mir erwartet. Und beides habe ich zu respektieren: Wenn es ein Komponist ist, der sagt, ich habe es so geschrieben und wenn nichts dasteht, dann bedeutet das auch automatisch, ›nichts‹ zu machen oder wenn er sagt, nein, die Partitur ist lediglich die Grundlage, nun geht es überhaupt erst los.

Sinkovicz:
Der Vorteil mit zeitgenössischen Komponisten ist also, dass man mit ihnen sprechen, sie fragen kann, was sie wirklich wollen. Bei Wagner kann man es schon nicht mehr, obwohl man den Freibrief hat. Das finde ich einen faszinierenden Gedanken in Zeiten, in denen man sagt, man müsse doch alles möglichst exakt realisieren. Jeder kennt spätestens seit dem Film *Odyssee 2001* den Anfang von *Also sprach Zarathustra* von Richard Strauss. Jeder hat im Kopf, wie zuerst der berühmte Trompetenauftakt kommt und dann das gesamte Orchester. Und der junge Karajan hat einmal versucht, es so zu realisieren, wie es in der Partitur steht. Strauss schreibt nämlich einen Sechzehntelauftakt, was verhältnismäßig langsam ist. Heute machen mehr und mehr Dirigenten diese Sechzehntel. Bei Karajan stand dann ein Musiker auf und sagte: »Entschuldigen Sie, ich habe das vor fünf Spielzeiten mit Richard Strauss selbst dirigiert und der sagte, dies sei eigentlich ein Notationsfehler, es solle nur ein ganz kurzes Aufblitzen sein«. Und Karajan erwiderte: »In Ordnung, wir spielen es kurz«. Er hat dann allerdings noch die Gelegenheit gehabt, Strauss selbst zu fragen, und Strauss antwortete ihm: »Die Geschichte stimmt, aber wenn Sie den Charakter der Musik anschauen, ist doch vollkommen klar, dass der Auftakt nur kurz sein kann«. Aber hier betreten wir jetzt ein heikles Terrain. Sie als Interpret müssen ja ununterbrochen Ihren eigenen Klangraum hinterfragen. Was steht da wirklich? Wir alle sind uns im Klaren, dass man immer nur Annäherungen zu dem, was wirklich gemeint ist, notieren kann. Wie lange dauert eine Fermate etc.? Aber gut, eine Fermate ist wenigstens eine Fermate. Da steht eine Fermate und Sie wissen, da müssen Sie jetzt anhalten, wie lange, darüber kann man diskutieren. Aber bei dieser Sechzehntel und jener Zweiunddreißigstel wissen Sie es schon nicht mehr. Wahrscheinlich war von Strauss irgend etwas zwischen beiden Notationen gemeint. Wieviel Freiheit darf man sich nehmen? Welches Recht besitzt der innere Klangraum des Dirigenten? Sie erwecken die Partitur zu einem inneren Leben auf Ihrem stummen Klavier. Und später ist das Orchester das Klavier, das klingt. Und nun muss man dem Orchester klarmachen, dass es genauso klingen soll, wie es bei Ihnen drinnen klingt. Und diesen Klang kann man ja nicht aufschreiben. Wo liegt also der Spielraum und wie ist er begrenzt.

Meister:
Erlauben Sie mir zunächst noch ein Wort dazu, was ›innerliches Hören‹ physiologisch betrachtet meint. Ich habe mich während der Studienzeit gerne als Proband für Forschungen angeboten, die am Musikmedizinischen Institut der Hochschule Hannover stattfanden. Professor Eckart Altenmüller, der Institutsdirektor, hat uns Studenten damals gerne eingesetzt. Ein Projekt befasste sich damit, in welchem Hirnareal Aktivität messbar ist, während ich im inneren Ohr Musik höre. Ich bekam die übliche Badekappe mit Elektroden aufgesetzt, damit man meine Gehirnströme messen kann. Es gab zwei Probandengruppen. Die einen waren professionelle Musiker, die anderen allenfalls Liebhaber. Und bei den Liebhabern waren das motorische und das auditive Areal relativ klar voneinander getrennt. Wenn wir professionellen Musiker aber auf einer stummen Klaviatur spielen, für einen Laien betrachtet also nur die Finger bewegt haben, ist bei uns nicht allein das motorische, sondern auch das auditive Areal sehr aktiv gewesen. Und Herr Altenmüller hat sogar in seinen Forschungen nachweisen können, dass diese Areale – vereinfacht gesagt – zusammengewachsen sind, was ich sehr spannend fand. Dies nur, um deutlich zu machen, was in mir passiert. Aber wie vermittle ich das dann dem Orchester? Karl Böhm hatte bei einer Probe der Wiener Philharmoniker die Situation, dass ein Cellist falsch einsetzte. Er hatte ihm keinen Einsatz an dieser Stelle gegeben und daher dem Cellisten gesagt: »Sie waren hier falsch«. Und der Cellist entgegnete: »Herr Doktor Böhm, ich hatte den Eindruck, Sie wollten, dass ich spiele«. Und Karl Böhm war so ehrlich einzugestehen, dass er zwar keinen Einsatz gegeben und offensichtlich auch nicht gezuckt habe, dass er es aber in seinem inneren Ohr tatsächlich falsch gehört und deshalb irgend etwas ausgesendet habe, was jene Cellisten dazu gebracht habe, sogleich einzusetzen.

Sinkovicz:
Das ist ein interessanter Vorfall, der mich an eine Geschichte erinnert, die mir ein Solocellist über ein Konzert mit einem berühmten Dirigenten erzählte. Bei ihm ist genau das Gegenteil von dem geschehen, was Sie gerade berichteten. Der Dirigent habe offenbar gespürt, dass er unsicher war und ihm – ohne seinen regelmäßigen Schlag zu unterbrechen – mit einer ganz klar zu identifizierenden Handbewegung suggeriert: Das ist jetzt die Zwei, du bist noch nicht dran, aber jetzt, auf Drei .... D. h. beim Dirigieren passiert irgend etwas über die bloße Bewegung hinaus. Nun meine Frage an Sie: Ist man sich dessen bewusst als Dirigent, dass man Dinge suggerieren kann, bei denen ein Laie sagen würde, der tut doch eigentlich gar nichts? Hierin besteht ja das eigentliche Phänomen, man mag es als Charisma oder anders bezeichnen. Wichtig ist, dass hier etwas passiert, was man mechanisch nicht anzeigt, und trotzdem enthält die Gebärde eine Information. Setzt man das als Dirigent bewusst ein?

Meister:
Ja, unbedingt. Ich bin der festen Überzeugung, dass sich der Hauptunterschied zwischen Dirigenten nicht im Tempo oder in Details äußert, sondern im Klang des Orchesters. Selbst wenn man nur fünf Minuten eines Konzerts mit dem selben Orchester mit verbundenen Augen anhören könnte, man würde sofort hören – allein vom Klang her, welcher Dirigent vorne steht. Und ich bin auch sicher, dass nur der letzte und geringste Anteil darin besteht, wie er das Werk dirigiert. Der weitaus größere Anteil betrifft den Aspekt, wie exakt er den Klang in sich hört, den er erzeugen möchte. Denn er kann nichts von anderen Menschen verlangen, worüber er sich selbst nicht vollkommen im Klaren ist. Dies hat wenig mit Wissen zu tun, beispielsweise über das Tempo, sondern damit, wie intensiv der Dirigent das Werk innerlich hört. Gerade die großen Dirigenten – meine Vorbilder – machen desto weniger, je älter sie werden, aber man spürt, dass sie um so mehr Klang in sich wahrnehmen. Und deshalb bedarf es keiner großen Gesten, allein durch ihr Dastehen weiß das Orchester, wie es klingen soll.

Sinkovicz:
Also existieren die zwei Orchester, von denen Karajan gesprochen hat, tatsächlich. Nämlich dasjenige, das den Klang, den Sie haben wollen, produziert, und dasjenige, das die Musik hervorbringt, die wirklich zu hören ist und den Sie mit Ihrer Gebärde aus dem Orchester herausholen. Nun bleibt die physikalische Frage, um wieviel Prozent dieser Klang verschoben ist?

Meister:
Das ist ganz unterschiedlich. Während einer Aufführung gibt es Momente, bei denen ich genau weiß, in einer halben Minute kommt etwas, wo ich aufpassen muss. Während einer Probe denke ich manchmal sogar noch weiter. Wenn ich mir beispielsweise überlegen muss, dass ich nur noch eine halbe Stunde Zeit habe, aber noch vieles proben möchte, dann hört man – während man eine Sache probt und äußerlich hört – innerlich Dinge, die in der Partitur zehn Minuten entfernt sind. Man hört gleichzeitig Dinge übereinander. Aber bei der Aufführung gibt es natürlich den Film, der direkt hintereinander abläuft, vielleicht mit einer halben Sekunde Verschiebung. Aber es begegnen einem mitunter auch größere Abstände, u. a. bei einer Bruckner-Symphonie, wenn ich in erster Linie dafür sorgen muss, dass der große Spannungsbogen erhalten bleibt.

Sinkovicz:
Beginnt bei Ihnen der erste Einsatz, den Sie an einer Nahtstelle geben, mit der Klangvorstellung des Kulminations- oder des Endpunktes?

Meister:
Ich denke, es ist ein Dreischritt. Erstens: Der Dirigent stellt sich vor, was er hören möchte. Zweitens: Er übermittelt das an die Orchestermitglieder. Letztere imaginieren sich ja auch, wie es klingen soll. Und das ist ein ganz wichtiger Punkt. Daniel Barenboim hat einmal gesagt, dass er die Staatskapelle Berlin an guten Tagen dahin brachte, dass kein Musiker einfach zu spielen anfing. Alle begannen erst, als sie hörten, was gleich kommen würde. Das setzt natürlich voraus, dass jeder einzelne den Gesamtklang des Werks sehr gut kennt. Und als dritter Schritt kommt eben der tatsächliche Klang. Dass gerade die brühmten Orchester traditionell eher spät spielen, hat hiermit zu tun. Wenn bei denen der Dirigent schlägt, geht es nicht gleich los. Man wartet so lange, bis auch der Letzte den Klang ›vorausgehört‹ hat, und erst dann spielt man ihn.

Sinkovicz:
Sie wissen, dass bei Karajan in seiner Zeit bei den Wiener Symphonikern deswegen einmal der Schlussakkord von Brahms Dritter unterblieben ist. Die Musiker haben einfach nicht mehr gespielt.

Friedrich:
Ich möchte nochmals das Thema ›Werktreue versus interpretatorische Freiheit‹ ansprechen. Mir scheint, dass die Interpretation Teil des Werks ist. Um es plastisch zu sagen: Ich kann mir nicht vorstellen, Wagner zu hören, als hätte es Furtwängler und Toscanini, um nur zwei Namen zu nennen, nicht gegeben. Zudem hat Wagner selbst in diese Richtung argumentiert, wie Sie bereits erwähnt haben. Es gibt hier aber noch zwei weitere Beispiele: Wagner war der erste, der nach dem *Tannhäuser* auf Metronomangaben verzichtete. Im *Lohengrin* machte er es dann ganz bewusst. Liszt hat permanent gefragt, wie schnell er dies und jenes spielen solle und bat um klare Metronomangaben. Wagner kam ihm auch widerstrebend entgegen, aber er sagte stets, Liszt werde das Tempo schon selbst aus seiner inneren Empfindung heraus finden. – Mit Blick auf das Thema ›Klang und Instrumentierung‹ ist vielleicht der Anfang des *Parsifal*-Vorspiels interessant: Soll man ihn »con sordino« spielen oder ohne? Im Erstdruck der Partitur steht »con sordino«, d. h. mit Dämpfern. Bei der Uraufführung in Bayreuth wurde es aber ohne Dämpfer gespielt. Denn nachdem Wagner das Vorspiel mit dem verdeckten Bayreuther Orchester geprobt hatte, erschien ihm die Lösung ohne Dämpfer besser. Jetzt stehen alle Dirigenten vor der Frage, ob Sie mit oder ohne Dämpfer spielen lassen sollen. Wie sehen sie diesen Fall?

Meister:
Also bei der Dämpferfrage ist für mich die Antwort eindeutig. In Bayreuth muss ich das Vorspiel ohne Dämpfer aufführen, weil Wagner selbst fand, dass es ihm im Festspielhaus ohne Dämpfer besser gefällt.

Friedrich:
Aber damals waren Darmsaiten auf den Geigen.

Meister
Ja, das stimmt, aber nur weil wir heute Stahlsaiten haben, heißt das ja nicht, dass wir noch etwas anderes verändern müssen, oder?

Friedrich:
Aber es klingt anders.

Meister:
Ja. Aber ich glaube, dass bei der Beantwortung solcher Klangfragen letztlich der Raum ganz wichtig ist. Ich selber habe das bei Komponisten erlebt, für deren Werke ich ein anderes Tempo wählte, als sie metronomisch angegeben hatten. Ich fragte sie dann, ob es ihnen recht sei, und sie erwiderten, dass sie es gar nicht gemerkt hätten. Sie hätten gedacht, es sei gut so, und nun wollten sie ihre Metronomangabe entsprechend ändern, weil sie meine Interpretation angemessener fanden. Ich habe sie jedoch davor bewahrt, weil ich in einem anderen Raum je nach Nachhallzeit etc. wieder ein anderes Tempo wählen würde. Als Interpret habe ich einerseits Komponisten erlebt, mit denen ich ein ganzes Wochenende zusammen saß – auch als Pianist, wo ich allein für den Klang verantwortlich war, und der Komponist sagte mir nur, was ohnehin in der Partitur stand: »Hier haben Sie den Akzent nicht beachtet, hier mezzopiano statt piano gespielt«. Am nächsten Tag habe ich ihn dann gefragt, ob es etwas über die Partitur hinaus gebe, was er mir mitteilen könne. Denn ich wisse, ich sei unzulänglich, tue aber mein Bestes. Und der Komponist antwortete, dass es über den Notentext hinaus nichts gebe und er auch nicht darüber sprechen wolle. Es sei genauso aufzuführen, wie es da stehe. Das habe ich natürlich zu respektieren. Das ist ungewöhnlich, aber das gibt es. Und andererseits existieren die Ausgaben der Lisztschen Klavierwerke von Emil Sauer, in denen man häufig unten notiert findet, dass der Herausgeber an dieser Stelle gewöhnlich zwei Takte wiederhole. Und das ist gedruckt und war seinerzeit überhaupt nicht ehrenrührig. Also, ich glaube, man muss einfach nur wissen – und das betrachte ich als Respekt vor der Originalität des Werks, was der Komponist wollte. Und wenn ein Komponist wie Liszt damit offenbar gut leben konnte und auch selbst als Interpret relativ frei mit anderen

Kompositionen umging, dann denke ich, sollten wir das auch tun als Interpreten. Hingegen bei einem Komponisten wie Boulez würde ich es mir nicht anmaßen wollen, auch nur eine Note irgendwie zu verändern.

Friedrich:
Ich muss nochmals zum vermeintlichen Originalklang nachfragen: Darm- oder Stahlsaiten, wie stehen Sie hierzu?

Meister
Ja, die Frage nach der Besaitung ist in der Tat ein immerwährendes Problem – vergleichbar mit dem Problem ›Bach auf dem Klavier spielen‹. Aber ich meine, hier steht man nur vor der Wahl: Führen wir heute gar keinen Bach mehr auf als Pianisten und überlassen es den Cembalisten und Klavichordspielern, oder machen wir es einfach und sind uns bewusst darüber, dass es in gewisser Hinsicht eine ›Bearbeitung‹ ist. Dann ist das für meine Begriffe vollkommen legitim – die Freiheiten, die man sich im sog. ›Regietheater‹ herausnimmt, sind doch ungleich größer. Zudem sind wir schlechterdings nicht in der Lage, die Bedingungen herzustellen, die bei der jeweiligen Uraufführung herrschten, denn dazu müssten wir in eine Zeitmaschine gehen. Wie besitzen ja auch das Hörempfinden des 17., 18. oder 19. Jahrhunderts nicht mehr, werden es auch niemals wirklich rekonstruieren können. Der sog. ›Originalklang‹ ist also letztlich eine Konstruktion, die hermeneutisch durchaus fragwürdig ist.

Sinkovicz:
Ich möchte auch dazu etwas sagen: Die Frage ›Bach und Klavier‹ ist eine besonders spannende. Wir kennen die legendäre Ankunft des alten Bach bei seinem Sohn Carl Philipp Emanuel, der Hofkapellmeister Friedrichs II. in Potsdam war. Aus dieser berühmten Geschichte resultiert das sog. *Musikalische Opfer*. Bach musste dort improvisieren und danach fragte ihn der König, ob er auch eine sechsstimmige Fuge komponieren könne, und dann antwortete Bach, das müsse er sich vorbehalten. Und diese sechsstimmige Fuge ist jetzt als Hauptstück im *Musikalischen Opfer*. Und im *Musikalischen Opfer* steht diese rätselhafte Triosonate: vier Sätze im empfindsamen Stil. Es gibt sonst nichts von Bach im empfindsamen Stil, aber der Alte hatte sich natürlich auch angehört, was die Jungen gerade versuchen, und komponierte dann diese Triosonate in einem Stil, der damals absolut modern war. Natürlich konnte er auch das besser als alle anderen. Das Größte, was je im empfindsamen Stil komponiert wurde, ist dieser Beitrag dazu von Bach. Jede Aufnahme, die Sie heute vom *Musikalischen Opfer* hören können, wird natürlich auf dem Cembalo musiziert. Wir wissen aber, dass bei Friedrich dem Großen selbstverständlich die modernsten Instrumente standen,

die es damals gab. Und das waren Hammerklaviere. D. h. Bach hat seinerzeit auf dem Hammerklavier gespielt und deshalb ist der ›Originalklang‹ für die Triosonate der eines Hammerklaviers. Nun aber eine Frage zurück: Was heißt ›Originalklang‹? Kein heutiger Mensch, da hat Cornelius Meister vollkommen recht, kann das sagen. Beethoven schrieb seine frühen Sonaten für Klaviere, die nicht einmal den Umfang des heutigen Klaviers hatten. Jeden Ton, der dazu kam, feierte man mit einer Beethoven-Sonate. Die Klaviere wurden immer moderner und näherten sich der Klangästhetik, die wir heute kennen. Glauben Sie wirklich, Beethoven wäre im Jahr 1825 aufgestanden und hätte gesagt, dass die f-Moll-Sonate (op. 2, Nr. 1) auf einem älteren Klavier gespielt werden müsse, weil beim Komponieren kein anderes existiere habe? Das sind doch absolut unsinnige Forderungen, die wir heute bei der Originalklangästhetik stellen. Was nicht heißt, dass es nicht interessant wäre zu wissen, wie das klingen würde.

Friedrich:
Herr Meister, wie beurteilen Sie die Beethoven-Retuschen von Weingartner?

Meister:
Das sind wirklich andere Werke, aber durchaus solche, die man aufführen kann. Ich werde 2011, im Mahler-Jahr, auch beispielsweise die Ouvertüre der *Verkauften Braut* mit den Mahler-Retuschen aufführen. In Amerika hat man mich ausdrücklich darum gebeten. Das mache ich sehr gerne. Aber das ist dann eben nicht Smetana, sondern Smetana/Mahler. Und in diesem Fall ist es Beethoven/Weingartner.

Friedrich:
Lassen Sie Beethoven mit vier Holzbläsern spielen?

Meister:
Nein, bisher habe ich Beethoven immer mit zweifachen Holzbläsern aufgeführt. Es gibt ein fantastisches Karajan-Video von Beethovens Fünfter mit acht Hörnern. Und es sitzen mindestens zwölf Celli da. Dadurch entsteht schon – zumal bei Karajan – eine unglaubliche Präsenz, und wenn man den heutigen Hörern den Erhabenheitseffekt mitteilen möchte, den Beethovens Musik seinerzeit erzeugte (u. a. bei E. T.A. Hoffmann), dann kann man es vielleicht so machen, denn unsere heutigen Ohren sind ja bereits Wagner, Strauss und Mahler gewohnt.

Sinkovicz:
Mit diesem angenehmen und unter uns sicher mehrheitsfähigen ›Sowohl-als auch‹ möchte ich das Gespräch gerne schließen. Lieber Herr Meister, ich danke Ihnen ganz herzlich für Ihre hochinteressanten Ausführungen.

Teil VI: **Klang und Transzendenz**

Jürgen Doetsch

»Wie weinte ich bei den Hymnen und Gesängen auf Dich«[1]

Symphonische Elemente einer religiösen Klangwelt

1 Transzendenz oder Religion?

Wie sehr Musik den Menschen »bewegt«, erreicht in der Auseinandersetzung von *Klang und Transzendenz* eine Dimension, die einerseits über ihn hinausweist, andererseits den Menschen in seinem Inneren erreicht. Diese Klangwelt fasziniert. Doch zur Faszination gesellt sich das Erschrecken. Es gibt das *Tremendum* vor dem Unbekannten, wenn etwa die Sirenen von der Ferne säuseln: »Hier steuerte noch keiner [...] vorüber, ehe er dem süßen Gesang aus unserem Munde gelauscht; Dann ging er fort, beglückt und weiser als vorher«.[2] Das Versprechen ist verlockend und Odysseus kann sich kaum dagegen wehren: »Wissen, was irgend geschieht auf der lebensschenkenden Erde«.[3] An den Mast gebunden, steht er da und vernimmt die jenseitige Betörung, um deren todbringenden Abgrund er weiß. Die Macht des Wissens im Diesseitigen ist bekannt, um wie viel mehr drängt es, auch das Jenseitige, das Transzendente zu wissen und in Besitz zu nehmen. Je mehr der Mensch über sich hinaus will, offenbart er seine Abgründigkeit. »Ungeheuer ist viel, doch nichts ungeheurer als der Mensch. ..... Rat für alles weiß er sich, und ratlos trifft ihn nichts, was kommt. Nur vorm Tod fand er keine Flucht«.[4] Dieser Einsicht begegnet der Mensch seit jeher unterschiedlich. Das irdische Bleiberecht ist begrenzt und nicht nur diese Begrenzung macht ihm zu schaffen. Auch der hohe Anspruch an das, was »Glück« heißt, geht gegen unendlich. Das, was »Transzendenz« genannt wird, ist eine Platzhalterin. Eine für den Sinn von Leben, der nicht allein immanent gefunden wird. Eine für die Sehnsucht nach Bedeutung, und mehr noch nach dem Bleibenden im Vergänglichen. Tief innerlich auch die Klage über das Erleben, wie

---

1 Augustinus: Bekenntnisse [Confessiones]. Hg. von Joseph Bernhart. München [4]1980, S. 446 f. (IX 6,14).

2 Homer: Ilias und Odyssee. In der Übertragung von Johann Heinrich Voß. Nach dem Text der Erstausgabe Stuttgart 1957, S. 162 (Zwölfter Gesang, 186–188).

3 Ebd., S. 163 (191).

4 Sophokles: Antigone. Hg. und übers. von Heinrich Weinstock. Stuttgart [5]1984, S. 275 (1. Chorlied, 333–364).

zerbrochen und unheil die menschliche Existenz ist. Wollte man all das und noch viel mehr, was den Menschen unruhig umtreibt, verorten, so reicht der Begriff der »Psyche« für vieles. Das deutsche Kompositum »Geistseele« aber geht weiter, da wir neben dem Resonanzboden für das, was sich jenseits des empirisch Erfassbaren bemerkbar macht und zu Gehör bringt, etwas brauchen, womit der Mensch fähig wird, überhaupt von so etwas bewegt zu werden, was *al di là* ist, jenseits seiner selbst. Es wäre töricht, wollten wir Transzendenz als einen Ort verstehen, in dem wir es uns gemütlich machen können, wenn das Immanente nicht mehr gefällt oder wir höhere Ansprüche hegen. Der moderne Mensch tut nicht selten so, als könne er das Unverfügbare gefügig machen. Das ist ein fataler Irrtum. Ginge es bei *Klang und Transzendenz* um das Sättigen diffuser pluriformer Sehnsuchtsgefühle, bliebe der fahle Beigeschmack des Selbstbetrugs. Das gilt für alle modernen Formen des Flüchtigen religiöser Gefühle, oft mit »Spiritualität« verwechselt, welche erzeugt und auf Knopfdruck abgestellt werden kann. Will uns Transzendenz in der uns umgebenden Wirklichkeit erreichen, braucht es die Einsicht, dass dem menschlichen Geist dies nur vermittelt geschieht, nicht aber unmittelbar. Immanenz und Transzendenz sind nicht zwei voneinander getrennte Stockwerke oder Ebenen, die wir frohgemut beständig wechseln können, sondern sind ineinander so verschränkt, dass es die Anstrengung des Geistes ist, Identität und Differenz, Einheit und Andersheit auszuhalten. Den kahlen Denkraum des Transzendenten in seiner Unhörbarkeit haben wir zunächst mit dem Symbol einzurichten, das dem Menschen am nächsten kommt, nämlich Gott! Damit bekommt die Transzendenz einen Klang, der die Menschen durchaus unterschiedlich erreicht und bewegt, welchem sich zu entziehen aber kaum möglich ist, gerade weil es ihn übersteigt. Selbst wenn ich mich dem Bekenntnis Gottes verweigere – als Schöpfer, Erhalter und Erlöser z. B. – klingt das Symbol in mir, dem kontingent Seienden in der Ahnung einer unbedingten Fülle. Auch für den Gläubigen gibt es keine Freifahrt ins Glück der Unendlichkeit. Ihm ist es nur leichter, Geist und Sinn zu erheben und vermittels des Schauens im Sinne der inneren Betrachtung – Kontemplation – und des äußeren Sehens der Dinge in Bewunderung – Admiration – hierin Gott zu sehen und zu hören. Für die Kräfte der Geistseele gibt es im Deutschen das Wort *Gemüt*. Es gerät in Schwingung oder Schauer, schaut es den »gestirnten Himmel über mir und das moralische Gesetz in mir«, welches die zwei Dinge sind, die »das Gemüt mit immer neuer und zunehmender Bewunderung« erfüllen.[5] Kant drückt wunderbar aus, worum es bei der Bewegung des Geistes geht: um das

5 Immanuel Kant: Werke in zehn Bänden. Hg. von Wilhelm Weischedel. Darmstadt 1983, hier Bd. 6, S. 300 (Kritik der praktischen Vernunft).

Erforschen dessen, was außerhalb meiner ist, damit ich es wisse und verwende, was Bewunderung einschließt, und dem, was in mir ist, damit ich mich danach richte und handle. Entscheidend für Kant ist, dass sich beides unmittelbar mit der menschlichen Existenz verknüpft – also zu ihr gehört. Erst nach ihm wird sich so etwas wie die Naturromantik entwickeln und eine musikalische Kunstreligion im Gewand der »Tondichtung«.[6] Die nachmetaphysische Philosophie, die alles in das Subjekt verlegt und wovon her allein sich alles gründe, nimmt dennoch hier ihren Anfang. Kant gehört nicht zu den musikalisch Begabten. Die Choräle, die aus dem seiner Wohnung nahegelegenen Gefängnis an sein Ohr dringen, belästigen ihn. Die Betrachtung der Sterne geschieht in einer klangvollen Stille des Schauens und Ethik ist der Aufruf zu gutem Handeln »da capo al fine«. Kant philosophiert und hört in sich die klaren Klänge des Lateinischen, wenn er seine Werke in deutscher Sprache verfasst. Mag er auch nicht musikalisch sein, gehört er dennoch nicht zu denen, die sich »religiös unmusikalisch« nennen.[7] Der Sozialphilosoph Jürgen Habermas gebraucht diese Wendung für zwei unterschiedliche und trotzdem aufeinander bezogene Bereiche: einmal mit Bezug auf die Bedeutung der Religion im säkularen, demokratischen Staat,[8] ein andermal verwendet er sie mit Blick auf die Intuition der Gottesebenbildlichkeit des Menschen, die »auch dem religiös Unmusikalischen etwas sagen kann«.[9] Was sich aber sagen lässt, muss sich nachvollziehbar sagen lassen. Hierzu gehört, dass in der Klangwelt des Religiösen Wort und Klang zusammengehören.

2 Die Rhythmik des Heils

Im Herbst des Jahres 386 wird in Mailand der kaiserliche Rhetor Augustinus endgültig gewahr, dass Gott im Menschen und also auch in ihm der »innwendig Ewige- *internum aeternum*« ist, auf den es zu hören gilt.[10] Aus der Zwie-

---

6 Vgl. hierzu Martin Geck: Eine andere Schöpfung. Unsere Kunstreligion – Beethoven, Hölderlin und Caspar David Friedrich. In: Lettre international 90 (2010), S. 124–131.

7 Das Bildwort stammt von Max Weber, so z. B. in einem Brief an Ferdinand Tönnies vom 9. 2. 1909. Vgl. hierzu Max Weber: Gesamtausgabe. Hg. von Horst Baier, Gangolf Hübinger, Rainer M. Lepsius u. a. 3 Abt. 41 Bde. Tübingen 1990, hier Abt. 2.

8 Zum Gespräch zwischen Jürgen Habermas und Josef Kardinal Ratzinger 2004 in München siehe Jürgen Habermas, Josef Ratzinger: Dialektik der Säkularisierung. Über Vernunft und Religion. Hg. von Florian Schuller. Freiburg i. Br. 2005.

9 Jürgen Habermas: Glauben und Wissen. Friedenspreis des Deutschen Buchhandels 2001. Frankfurt a. M. 2001, S. 22 f.

10 Augustinus (Anm. 1), S. 438 f. (IX 4,10).

sprache heraus und nicht in der Suche »draußen« nach amorpher Transzendenz kommt Umkehr und der drängende Wunsch, in der Taufe als Kind Gottes wiedergeboren zu werden. Das geschieht am 24. April 387, einem Karsamstag. Die Tage danach sind geprägt von tiefer Freude über Gottes Plan »zum Heil des Menschengeschlechtes« durch Jesus Christus. In seinem Gemüt bewegt, schreibt er:

> »Wie weinte ich bei den Hymnen und Gesängen auf Dich, mächtig bewegt vom Wohllaut dieser Lieder Deiner Kirche! Die Weisen drangen an mein Ohr, und die Wahrheit flößte sich ins Herz und fromminniges Gefühl (*affectus pietatis*) wallte über; die Tränen flossen, und mir war wohl bei ihnen«.[11]

Noch heute singt die Kirche die Hymen dieser Zeit, die vielfach von Bischof Ambrosius stammen, der einer der großen lateinischen Kirchenväter ist. Ihm wird in Teilen der große Lobgesang des *Te Deum* zugeschrieben. Ambrosius' Hymnen gehören noch heute zum Gebetsschatz der Kirche.[12]

Es bleibt festzuhalten, dass »Klang und Transzendenz« im Zusammenhang mit Religion, und näher mit der jüdischen und christlichen, ein »inneres Gewahrwerden« ist, und nicht eine Reise ins Ungewisse außerhalb oder im Draußen. Der Überstieg zum Transzendenten geschieht innerhalb der Seelenkräfte. Dennoch bleibt Gott ein personales Gegenüber und ist nicht nur ein Schalldeckel meiner selbst. Die Bedeutung von *persona* als *Maske*, hinter der es tönt und durchschallt (*per-sonare*), ist hier hilfreicher, als es die des Menschen in seiner Individualität und seinem Charakter ist. Denn Gott ist es, der mich zu mir bringt als der, der ich bin. Damit haben wir innerhalb der religiösen Klangwelt einerseits eine Urparadoxie christlicher Mystik überhaupt angesprochen: dem endlichen Geschöpf klingt Gott »inwendig ewig«. Andererseits haben wir ein wichtiges Element, wie »Offenbarung« zu verstehen ist: in der personalen Dimension des Menschen und dem personalen Gegenüber Gottes in Wort und Gestalt. Musik, näher hin der Schatz der Kirchenmusik, vermag, des Menschen Gemüt anzurühren – zur Selbsterkenntnis und zur Erkenntnis des lebendigen Gottes. Beides erschöpft sich nicht im Wohlgefühl, sondern speist sich auf Seiten des Menschen mit der tiefen Sehnsucht nach dem Verlorenen und der göttlichen Bereitschaft, das Verlorene zu schenken: Heil. Bei dieser rhythmischen Bewegung gilt:

---

11 Ebd., S. 446 f. (IX, 6.14).

12 Vgl. Adolf Adam: Te Deum laudamus. Große Gebete der Kirche. lateinisch-deutsch. Freiburg i. Br., Basel, Wien 1987, v. a. S. 16–24, 36, 128, 182, 186.

> Verliere dich nicht nach außen, gehe in dich selbst zurück, im inneren Menschen wohnt die Wahrheit. Und wenn du dann entdeckst, daß dein Wesen veränderlich ist, so übersteige dich selbst, aber beachte dabei, daß du eine geistig-denkende Seele überschreitest. Strebe also dorthin, woher das Licht der Geistvernunft ursprünglich scheint.[13]

Als Augustinus aber die Wirklichkeit seiner selbst im Licht der liebenden Aufmerksamkeit Gottes sieht, bleibt auch dem klugen Mann aus Hippo nichts anderes übrig als jedem anderen: er weint!

3 Der Donnerhall des Sündenfalls

In der wohl ältesten literarischen Schrift, der Bibel, wird ab dem 2. Kapitel der Genesis eine Schöpfungsgeschichte erzählt, die mit der Erschaffung des Menschen aus »Staub vom Acker« beginnt (2,7) und sodann das Paradies als Garten Eden, als »Üppigland« beschreibt, in das Gott den Menschen setzt und ihm gebietet, es zu bedienen und zu hüten (2,8–14).[14] Es folgt die Belehrung, was verboten ist: vom Baum der Erkenntnis von Gut und Böse zu essen (2,16 f). Die Strafe bei Übertretung ist der Tod: »Denn am Tag, da du von ihm issest, musst sterben du, sterben« (2,17b). Nachdem Eva geschaffen war und beide Menschenkinder sich ihrer Nacktheit nicht schämten (2,18–25), kommt es durch die Schlange zur Versuchung, die verbotene Frucht zu essen: »Ihr werdet wie Gott, erkennend Gut und Böse« (3,5b). »Sterben, sterben werdet ihr nicht« (3,4b). Adam und Eva tun es: sie essen und erkennen, »daß sie nackt waren. Sie flochten Feigenlaub und machten sich Schurze« (3,7). Um den Baum des Lebens zu schützen, vertreibt Gott die beiden aus dem Garten Eden (3,22–24) und lässt den Eingang von Cherubim mit kreisend lodernden Schwertern bewachen.

Soweit der Schöpfungsbericht nach dem *Jahwisten*. Was noch aussteht, ist der dramatische Augenblick, in dem Gott den Menschen sucht und befragt, was

---

13 Augustinus, De vera religione 72 (»Noli foras ire, in te ipsum redi; in interiore homine habitat veritas. Et si tuam naturam mutabilem inveneris, transcende et te ipsum. Sed memento, cum te transcendis, ratiocinantem animam te transcendere. Illuc ergo tende, unde ipsum lumen rationis accenditur«). Vgl. Augustinus: Theologische Frühschriften. Von der wahren Religion. Lateinisch/Deutsch. Übersetzt von Wilhelm Thimme. Zürich 1962.

14 Zit.n. Martin Buber: Die Schrift. Verdeutscht von Martin Buber gemeinsam mit Franz Rosenzweig. 4 Bde. Heidelberg [12]1997, hier Bd. 1, S. 13–15. Zur literarischen Erzählschicht bzw. Quelle des Jahwisten siehe Christoph Levin: Das Alte Testament. München [2]2003. Anders dagegen, d. h. der Jahwist, ist keine eigenständige Quelle, sondern nur eine nicht-priesterliche Einfügung, bei Erich Zenger, Heinz Josef Fabry, Georg Braulik: Einleitung in das Alte Testament. Stuttgart [7]2008.

er getan hat. Für unser Thema ist er bedeutungsvoll. Wir wollen ihn deshalb bedenken:

> Sie hörten SEINEN Schall, Gottes, der sich beim Tageswind
> im Garten erging.
> Es versteckte sich der Mensch und sein Weib vor SEINEM,
> Gottes, Antlitz mitten unter den Bäumen des Gartens. /
> ER, Gott, rief den Menschen an und sprach zu ihm:
> Wo bist du? /
> Er sprach:
> Deinen Schall habe ich im Garten gehört und fürchtete mich,
> weil ich nackt bin,
> und ich versteckte mich. (3,8–10)

Die Übersetzung von Martin Buber spricht vom »Schall Gottes«, bei dessen Vernehmen der Mensch sich versteckt. Adam und Eva sind wie Kinder, die bei den vertrauten Schritten des Vaters auf der Treppe unter die Bettdecke kriechen und sich nicht zeigen mögen, weil sie wissen, dass er Rechenschaft verlangt für ihr verbotenes Tun über Tag. Allein der Schall, der vertraute genügt! Es ist nicht einfach ein Geräusch, sondern Gottes vertrauter Klang wird erkannt. Und des Menschen Erkenntnis gebiert Furcht – Adam und Evas erste Frucht! In ihrer Hilflosigkeit und ihrer Unfähigkeit, sich der Verantwortung zu stellen, die daraus erwächst, das Gute vom Bösen zu unterscheiden, tauchen sie unter. Sie mögen sich nicht stellen. Ihre Nacktheit wird zur doppelten Scham – der körperlichen Scham und der geistigen. Es entsteht in der Bibel der erste, gleichsam protokollierte Dialog von Gott und Mensch. Vorher war dies unnötig. Jetzt, wo der Mensch fähig ist zur Unterscheidung und damit zur Erkenntnis, was Irrtum und Eigensinn eben einschließt, wird das Gehör zu einem Zentralsinn und das Verhör zur Methode der Wahrheitsfindung. Vom Hören ist in der Bibel immer wieder die Rede und wird bei Paulus zur Wendung: »Der Glaube kommt vom Hören, das Hören aber vom Wort Christi« (Röm 10,17). Nach dem Sündenfall ist das unmittelbare Einverständnis und Einvernehmen von Gott und Mensch zerbrochen. Gott ist dem Menschen fremd geworden. Der Sündenfall ist die Entfremdung des Menschen im doppelt tragischen Sinn, weil nicht nur Gott als »fremd« erfahren wird, sondern auch die beiden Menschenkinder sich als einander fremd oder als anders erfahren, was Scham hervorruft. Nach christlichem Verständnis ist Christus Gott nicht fremd, sondern eins mit ihm und kann daher wahrhafte Kunde von Gott bringen, weil er sagt, was er vom Vater gehört hat.[15] Für den in der Genesis aufbewahrten Schöpfungsbericht hebt Erkenntnis mit dem Schamempfinden dem

15 Vgl. z. B. Joh 6,45; 8,26; 8,40; 8,47; 15,15.

anderen gegenüber an, und im Hören des göttlichen Schalls wird der Mensch gewahr, wie radikal unterschieden Gott von ihm ist, denn der Schöpfer wird Richter. Die Grunderkenntnis jenes Augenblicks bestimmt das gläubige Hören fortan: »Gott ist ganz anders«. Und dennoch bringt er sich zu Gehör und hört. Der geheimnisvolle Schall Gottes im Paradies wird der »*Sound of the Lord God*«[16] durch die wechselhafte Geschichte Gottes mit den Menschen und zum nachhallenden Donner des Sündenfalls. Es gilt nicht, ihn irgendwie historisch festzumachen, sondern er hat einen Nachhall in jeder menschlichen Existenz durch die Angst. Sie meint im Unterschied zur Furcht (z. B. vor Strafe oder bestimmten Umständen wie Dunkelheit, Alleinsein etc.) das Phänomen, das den Menschen überkommt, wenn er sich in die Welt geworfen sieht.[17] Ist im Paradies vom Hüten des Gartens als Aufgabe des Menschen die Rede, so wird ihm nunmehr die Sorge um sich selbst aufgegeben. Die Frucht des Baums der Erkenntnis ist nicht das nette Äpfelchen mancher Sünde, sondern etwas, was jeder Mensch seither mit sich herumschleppt: »Die Angst vereinzelt das Dasein auf sein eigenstes In-der-Welt-sein, das als verstehendes wesenhaft auf Möglichkeiten sich entwirft«.[18] Bei der Angst ist es nicht wie mit der Furcht damit getan, pfeifend im dunklen Wald der Welt sich selbst Mut zu machen. Vielmehr wird er darauf angewiesen bleiben, dass eine Saite in ihm zu Klingen gebracht wird, die Glauben heißt und meint, sich der Wirklichkeit aller Möglichkeiten zu stellen, die Gott heißt. Als Geschenk, d. h. Gnade, ist der Glaube unverfügbar. Ist aber der Mensch in diesem Stand der Gnade, ist seine Antwort einfach: er singt!

---

16 So übersetzt *The New King James Version* – hier in der Ausgabe Thomas Nelson (Hg.): Holy Bible. The New King James Version. Nashville 1983, Gen 3,8 – und lässt Adam in 3,10 antworten, er habe Gottes Stimme (*voice*) gehört. Die italienische Übersetzung in der liturgisch zugelassenen edizioni paoline (Roma 1983) spricht im Unterschied von »Schall« oder »sound« vom »*rumore dei passi*« – vom »Geräusch der Schritte«, was mich auf den Vergleich mit dem Geräusch der Schritte des Vaters brachte, das den Kindern vertraut ist und vor dem sie sich zuweilen fürchten, wenn sie sich schuldbewusst verkriechen. Unterstützt finde ich dies in der deutschen Ausgabe der *Jerusalemer Bibel* (Freiburg 1968), die Gen 3,8 übersetzt mit: »Da vernahmen sie den Schritt Jahwes Gottes [...] und der Mensch und sein Weib verbargen sich vor Jahwe Gott unter den Bäumen des Gartens«.

17 Vgl. hierzu Martin Heidegger: Sein und Zeit. Tübingen [15]1984, S. 184–191.

18 Ebd., S. 187.

4 Prima la parola dopo la musica – Ein Intermezzo

Gräfin Madeleine in der Oper *Capriccio* von Richard Strauss weiß nicht, zu wessen Gunsten sie dem Liebeswerben nachgeben soll: ob des Dichters Olivier oder des Musikers Flamand.[19] »Sind es die Worte, die mein Herz bewegen, oder sind es die Töne, die stärker sprechen.«[20] Wort und Ton, sind sie »verliebte Feinde« oder »freundliche Gegner«?[21] Flamand behauptet die Geschwisterschaft der beiden, was Olivier sehr gewagt findet. Der Streit ist damit nicht aus der Welt. Beide hoffen auf das Urteil der Gräfin – zugunsten der jeweiligen Kunst. Doch die Gräfin vermag es nicht:

> Ihre Liebe schlägt mir entgegen, zart gewoben aus Versen und Klängen. Soll ich dieses Gewebe zerreißen? Bin ich nicht selbst in ihm schon verschlungen? Entscheiden für einen? Für Flamand, die große Seele mit den schönen Augen? Für Olivier, den starken Geist, den leidenschaftlichen Mann?[22]

Bei all dem Gegurre möchte man es fast mit dem Bruder der Gräfin halten, der zwar Märsche mag, aber ansonsten kein Ohr für die Musik hat und dem Wort den Vorzug gibt.[23] Wer weiß aber um den Text der Bravourarie »Der Hölle Rache« für Sopran als *Königin der Nacht* in Mozarts Oper *Zauberflöte*? Ist sie nicht berühmt wegen ihrer Koloraturen und schwindelnden Tonhöhe bis zum f3? Anders mag es bei »Nessun dorma« sein. Aber die Stimmfülle des Startenors Luciano Pavarotti in Giacomo Puccinis Oper *Turandot* als *Prinz Kalaf* machte wohl eher bleibenden Eindruck; ähnlich, aber nicht mit der gleichen Meisterschaft, der englische Amateur Paul Pott, der mit dieser Arie tourt. Die Musik ist im Ohr und manche Satzfetzen auch, vor allem, wenn es um solche geht wie in: »*La donna è mobile*« Soweit kommen wohl die meisten – Männer vor allem! Aber wie geht es weiter?[24] Viele werden passen müssen.

---

19 Uraufführung: München, 28. 10. 1942; Ort der Handlung: ein Schloss bei Paris um 1775.
20 Letzte Szene. Das Libretto findet sich unter: http://www.opera-guide.ch/libretto.php?id=363&uilang=de&lang=de (zuletzt eingesehen: 1. 5. 2014).
21 Ebd. (Flamand und Olivier in der ersten Szene).
22 Ebd. (letzte Szene).
23 So die Gräfin im Oktett II. Teil II: »Mein Bruder ist nicht sehr musikalisch. Er hat eine Vorliebe für Einzugsmärsche und betrachtet in der Oper die Komponisten als ›Wortmörder‹«.
24 Canzone des Herzogs von Mantua in Verdis Oper *Rigoletto* zu Beginn des 3. Aktes: »Qual piuma al vento, | Muta d'accento | E di pensiero. | Sempre un amabile | Leggiadro viso, | In pianto o in riso, | È menzognero« (dt. »Die Frauen sind unbeständig | Wie Federn im Wind, | Leicht ändern sie ihre Worte | Und ihre Meinung. | Immer ein liebreizendes, | Hübsches Gesicht, | Weinend oder lachend, | Ist es doch trügerisch«).

Es geht um den praktischen Nachweis, dass in vielen Tondichtungen, so nennt auch Richard Strauss seine Musik und auch Opern, die Dichtungen, die Libretti, gerade nicht im Vordergrund stehen oder sich ins Bewußtsein der Hörer drängen. Es gibt die Dominanz der Melodie vor der des Wortlautes. Das weiß auch Direktor La Roche in *Capriccio*:

> Ihre gute Musik! Man lauscht voll Rührung dem Zauber der Arie, bewundert voll Staunen die Kunst der Sänger. Die Opera buffa ganz im besonderen, – Maestro Piccinni versteht seine Kunst – sie wird von arm und reich verstanden, sie unterhält und ergötzt auch den einfachen Mann.[25]

In Wien aber ist daran zu erinnern, dass die Idee zum Libretto zur Oper *Capriccio* von Stefan Zweig stammt.[26] Richard Strauss und Stefan Zweig, beides feinsinnige Künstler, bei denen die Qualität der Dichtung auf Augenhöhe mit der der Musik steht. Und dennoch: der Streit zwischen Dichtung und Musik ist einer, der tatsächlich erst mit dem Barock aufkommt, aber nie vorher zu einem Opernthema geworden war, was in *Capriccio* mit einem Augenzwinkern mit Blick auf die vorherigen Opernthemen von Strauss gesagt wird, wenn es darum geht, ob ein Thema der Mythologie oder eine historische Tragödie auf die Bühne geholt werde. Der Direktor La Roche aber wünscht sich ein Thema, das die Menschen interessiert.[27] Die im Laufe der Geschichte erreichte und danach wieder zerbrochene Gemein-

25 Strauss (Anm. 19), Erste Szene.

26 Dieser erlebt die Uraufführung aber nicht mehr. Er beging am 22.2.1942 im brasilianischen Exil Selbstmord. – Das Libretto hatte eine lange Entstehungszeit (von 1934–1941) und verschiedene Mitwirkende (von Joseph Gregor über Clemens Krauß zu Hans Swarowsky und Richard Strauss). Im Zentners und Würzs Opern- und Operettenführer wird nur Clemens Krauß als Librettist aufgeführt (vgl. Wilhelm Zentner, Anton Würz [Hg.]: Reclams Opern- und Operettenführer. Stuttgart [18]1956, S. 482–486). Allerdings findet sich hier der interessante Hinweis: »Anregung gab das von Salieri komponierte Opernbuch Giambattista Castis *Prima la musica e poi le parole* (Erst die Musik und dann die Worte), 1786« (S. 482).

27 Vgl. wiederum Oktett II. Teil: »OLIVIER *zur Gräfin*: Wie würde Euch ›Ariadne auf Naxos‹ gefallen? – FLAMAND Schon zu oft komponiert. [auch von Strauss – Anm. des Verf.] – DIREKTOR: Die bekannte Gelegenheit zu sehr vielen, langen Trauerarien. – FLAMAND: Mich würde ›Daphne‹ weit mehr interessieren. [Ein Stoff, den Strauss ebenfalls bearbeitet hat. – Anm. des Verfassers] – OLIVIER: Eine verlockende Fabel, doch äußerst schwierig darzustellen: Daphnes Verwandlung zum ewigen Baum des Gottes Apollo – FLAMAND: Das Wunder der Töne kann sie gestalten! – GRÄFIN: Ein schöner Stoff, ich lieb' ihn ganz besonders. – DIREKTOR: Schon wieder Nymphen und Schäfer, Götter und Griechen! Ihr wart doch selbst gegen die Mythologie. – GRAF: Alltägliche Dinge – – – Es fehlte nur noch der Trojanische Krieg! DIREKTOR: Auch Ägypter und Juden, Perser und Römer haben wir genug in unseren Opern. *Wählt doch einen Vorwurf, der Konflikte schildert, die auch uns bewegen.* [Hervorhebung des Verf.] – GRAF: Ich wüsste ein äußerst fesselndes Thema! Schreibt eine Oper, wie er sie sich wünscht. Schildert Konflikte, die uns bewe-

samkeit von Dichtung und Musik, erreicht im Streit der beiden das Stadium, wo einer dem anderen die Grenzen seiner Kunst aufzeigt:

> *Olivier*: Tanz und Musik stehen im Bann des Rhythmus, ihm unterworfen seit ewiger Zeit.
> *Flamand*: Deiner Verse Maß ist ein weit stärkerer Zwang.
> *Olivier:* Frei schaltet in ihm des Dichters Gedanke! Wer zieht da die Grenze zwischen Form und Gehalt?
> *Flamand*: In irdischer Form ein Unfassbar-Höheres: Musik! Sie erhebt sich in Sphären, in die der Gedanke nicht dringt.
> *Olivier*: Nicht in unfassbaren Klängen, in klarer Sprache forme ich meine Gedanken. Dies ist der Musik für immer verwehrt.
> *Flamand*: Mein Gedanke ist die Melodie. Sie kündet Tieferes, ein Unaussprechliches! In einem Akkord erlebst du eine Welt.[28]

Die sich verselbständigte Instrumentalmusik und eine Trennung der Lebens- und Weltdurchdringung in Wort und Melodie in der Neuzeit verdunkeln das Gemeinsame von Musikern und Dichtern als von den Göttern begnadeten Propheten seit der griechischen Antike, weil sie Hörbares schaffen, also etwas, was den Göttern ähnlich ist, die sich auf ihre Weise Gehör verschaffen. Musik und Dichtung dienen dem Schönen und Guten, sie erheben den Geist und Sinn zum Göttlichen wie zum Sittlichen.[29] Gräfin Madeleine in *Capriccio* schätzt am Dichter seinen starken Geist und des Musikers große Seele. Das trifft es sehr schön: dem Geist des Wortes wird in der Musik die Seele gegeben! Das ist keine Galanterie, sondern lässt das ineinander verwoben Gemeinsame erkennen. »Vergebliches Müh'n, die beiden zu trennen. In eins verschmolzen sind Worte und Töne – zu einem Neuen verbunden. Geheimnis der Stunde. Eine Kunst durch die andere erlöst!«[30] Sucht man nach einem Beispiel, darf wiederum in Wien an Ludwig van Beethoven und seine 9. Symphonie d-moll erinnert werden. Sie gilt musikhistorisch bedeutsam als erste sogenannte Symphoniekantate. Das Chorfinale mit Friedrich Schillers »Ode an die Freude« ist das Werk begnadeter Menschen. In Japan kennt dieses

---

gen. Schildert euch selbst! Die Ereignisse des heutigen Tages – was wir alle erlebt – dichtet und komponiert es als Oper!«.

28 Ebd. (III. Tanz Gavotte – Fuge).

29 Vgl. Karl Heinrich Wörner: Geschichte der Musik. Ein Studien- und Nachschlagebuch. Göttingen ^{5}1972, S. 51 f.: »Die hohe Bedeutung der griechischen Musik [...] liegt in der Verbindung von direkter Lebensbezogenheit und unmittelbarer Beziehung zur Gottheit. Musik ist nicht Beigabe, sondern ein wesentlicher Bestandteil bei Kult, Staatsfesten, Feiern oder Geselligkeit. ›Die Musik der Griechen durchdringt den ganzen göttlich-menschlichen Lebensraum in umfassender Gültigkeit‹ (Wegner). Sie steht in völlig organischer Weise im Leben und ist zugleich Bildungsmittel [...]. Und zu seiner sittlichen Erziehung«.

30 So die Gräfin Madeleine in der letzten Szene von *Capriccio*.

Chorfinale fast jedes Kind und kann es mitsingen. Bei uns Europäern bin ich mir da nicht sicher. Wer sie singt, nicht nur als Europahymne, spürt etwas vom Genius der Zeit und kann in sich erspüren, was des Menschen Freude ausmacht: Er ist erlöst.

5 Eine Symphonie des Wortes

Es gibt keine vergleichbare Sammlung in der Weltliteratur. Wer immer sich mit dem Menschen beschäftigt, wird darauf zugreifen. Eine unerschöpfliche Quelle an Weisungen und Geschichten, an Ratschlägen und Widersprüchen, an Glück und Leid sprudelt hier. Wer gläubig sich Gott bekehrt, schlägt es auf und liest. Im jüdischen wie christlichen Kult wird das Gotteswort im Menschenwort verehrt. Die beiden Teile, der alte und der neue werden Testamente genannt, Vermächtnisse und Zeugnisse, wie Gott klingt und wie der Mensch in seiner Antwort singt oder eben nicht und wie in Jesus Christus das letzte Wort Gottes Fleisch wird und sein Leben aushaucht und mit der Sonne des Ostersonntags sich aus dem Grab erhebt. Die Bibel. Klangwelten! »In den Heiligen Büchern kommt ja der Vater, der im Himmel ist, seinen Kindern in Liebe entgegen und nimmt mit ihnen das Gespräch auf.«[31] Es eignet der lateinischen Kirche, wesentliche Dinge spröde zu formulieren. Dem II. Vatikanischen Konzil (1962–1965) war es neben anderen Anliegen darum zu tun, den »Tisch der Heiligen Schrift«[32] bzw. den »Tisch des Wortes Gottes«[33] reich zu decken. Mit Blick auf den Tisch des Sakramentes ist diese Wendung zu verstehen, weil auch das Wort Gottes die Gläubigen nährt wie die Sakramente. Im Wort der Schrift lässt sich die Stimme des Heiligen Geistes hören. Das Liebeswerben Gottes um den Menschen, wie es in der Bibel überliefert wird, ist vernehmbar im »Gesetz« oder der von Gott her gesetzten Lebensordnung, in der Geschichte des Volkes Gottes im Bund mit Israel und dem neuen Gottesvolk, in der laut tönend kraftvollen Prophetie, im Leben und Tod Jesu Christi, in seiner Auferstehung und dem Zeugnis der Apostel. Die Antwort des Menschen ist vielstimmig. Einerseits in der kindlichen Freude am »Gesetz« oder an der Weisung des Herrn, in der Geschichte mit seinen Abgründen, dem Versagen und Scheitern,

---

31 Karl Rahner, Herbert Vorgrimler (Hg.): Kleines Konzilskompendium. Sämtliche Texte des Zweiten Vatikanischen Konzils. Freiburg i. Br. [17]1984 (Dogmatische Konstitution, Dei Verbum).

32 Ebd. (Dekret über Dienst und Leben der Priester, Presbyterorum ordinis, 18).

33 Ebd. (Dogmatische Konstitution über die Heilige Liturgie, Sacrosanctum Concilium, 51; Dogmatische Konstitution über die Göttliche Offenbarung, Dei Verbum, 21; Dekret über die zeitgemäße Erneuerung des Ordenslebens, Perfectam Caritatis, 6).

der Sünde wider den Herrn, aber auch in der gelebten Treue und dem gelungenen Leben. Treue und Bundesbruch werden ebenso thematisiert wie die Schönheit des Glaubens und der Weisheit, die daraus erwächst. Liebe und Barmherzigkeit bilden sich als entsprechende Haltungen des Menschen als Antwort auf Gottes Wort heraus. Sie bewähren sich auch im Leid eines Hiob und im Zweifel im Angesicht der scheinbaren Übermacht, die gegen einen Glauben an den lebendigen Gott antritt. In den Psalmen sind alle Gemütslagen des Menschen aufbewahrt und ins Gebet gebracht. Sie sind bis heute so etwas wie das Gesangbuch von Juden und Christen gleichermaßen. Gerade hier erhebt sich die Seele zu Gott, so z. B. um die Schöpfung zu preisen, Vertrauen zu schöpfen und das Leben Gott anzuvertrauen. Nicht ausgenommen bleiben aber die dunklen Seiten und vor allem die Sehnsucht nach Gottes Erbarmen. Hier möge als eindrucksvolle musikalische Deutung die Vertonung des 51. Psalms des römischen Priesters und Komponisten Gregorio Allegri (1582–1652) angeführt sein und genügen. Der schlichte neunstimmige a-capella Fauxbourdonsatz in Doppelchorausführung ergreift zunächst fünfstimmig in schlichter Psalmodie das Wort, worauf der zweite vierstimmige Chor ornamentierend mit dem nächsten Psalmvers weitergeht. Solche Psalmenvertonungen sind an sich keine aufregende Sache. Aber darf man Wikipedia glauben, hat sie Mozart beeindruckt.[34] Allegri ist mit seinem *Miserere* aber nicht deswegen unsterblich geworden, sondern wegen des hohen C, das bis heute in englischen Kathedralchören oder College Choirs von Knaben gesungen wird und die Solosänger (solo treble) zu kleinen Stars macht. Was macht es, dass scheinbar ein schlichter Übertragungsfehler beim Kopieren der Noten diese Stimme eine Quarte zu hoch setzte, es also wohl gar nicht Allegris Idee war? Nichts. Im Gegenteil. Die Seele erhebt sich mit einer gleichsam göttlichen Melodie zu Gott empor, dass schauernd hörbar wird: »Das Opfer, das Gott gefällt, ist ein zerknirschter Geist, / ein zerbrochenes und zerschlagenes Herz wirst du, Gott, nicht verschmähen« (Ps 51,19). Jeden Freitag betet die Kirche den 51. Psalm im Morgenlob. Wer Allegris *Miserere* kennt, hört diese Musik, wenn er betet.

Nach christlichem Glauben ist Gott der Dreiklang von Vater und Sohn und Heiligem Geist, aus dem sich der variationsreichste Einklang ableitet, den sich kein menschlicher Geist ausgedacht hat. Die Dreieinigkeit ist nicht Denkkonstrukt, sondern eine »Gabe von oben«, die mit den Klangfarben von »Gedanke-Wort-Hauch« umschrieben werden kann. An dieser Stelle kann keine Betrachtung über das in Dogmen aufbewahrte *Paradoxon* folgen, sondern wird mit Blick auf unser Thema festgehalten, dass sich gerade hier, wo es um die innergöttliche Lebendigkeit geht, wir als Geschöpfe und Abbilder Gottes etwas von dieser Melodie

34 Vgl. http://de.wikipedia.org/wiki/Miserere_(Allegri) [zuletzt eingesehen: 1. 5. 2014].

Gottes in uns hören dürfen. »Wenn du die Liebe siehst, siehst du die heiligste *Dreifaltigkeit.«*[35] Das Wort des Augustinus dürfen wir spiegeln mit einem noch älteren Wort des Kirchenvaters Ignatius von Antiochien, das er vor 117 n. Chr. an die Gemeinde in Ephesus schreibt:

> Es ziemt sich, auf jede Weise Jesus Christus zu verherrlichen, der euch verherrlicht hat. [...] Ihr sollt zum Chor werden, damit ihr in Eintracht zusammenklingt, Gottes Melodie in Einigkeit aufnehmt und einstimmig durch Jesus Christus dem Vater singt, auf daß er euch höre [...].[36]

Wer sich ernsthaft zunächst für sich allein und vor der »Chorprobe« mit anderen darauf einlässt, wird merken, wie sehr gerade die Melodie Gottes nur in der Stille gehört und aufgenommen werden kann. Ob wir die göttliche Melodie auch richtig singen, erweist sich dann in unseren »guten Werken«, wozu wohl kaum das viele Gerede gehört, das gemacht wird, wenn es um das Christentum geht.

Zurück zur Heiligen Schrift. In ihr spiegelt sich die unerhörte Partitur Gottes. Die historischen, literarischen, kognitions- oder kommunikationtheoretischen Aspekte müssten an anderer Stelle erörtert werden.

Im Schreiben »Verbum Domini« von Papst Benedikt XVI. nach den Beratungen der Bischofssynode im Jahr 2008 zum Wort Gottes wird mit einem Wort des Augustinus aus seinem Kommentar der Psalmen gesagt: »Dein Gebet ist dein an Gott gerichtetes Wort. Wenn du [die Bibel] liest, spricht Gott zu dir; wenn du betest, sprichst du zu Gott«.[37] Bevor überhaupt von der Bibel als Kulturgut der Menschheit gesprochen werden kann, muss vom Menschen gesprochen werden, der vom Klang dieses Buches angezogen wird, sich darin findet und zu ihm flüchtet. »Im Licht der durch das göttliche Wort gewirkten Offenbarung klärt sich das Rätsel des menschlichen Daseins endgültig.«[38] Es klärt sich allerdings nichts einfach nebenbei. Das ist die Hauptsache: durch Gott und sein Wort komme ich zu mir selbst. Danach gestaltet sich dann das Leben. Auch das nicht leichthin und fehlerfrei, sondern in der Haltung des Hörens und der stets neuen Ausrichtung im Fall der Verirrungen, die in jedem Menschenleben zahllos sein können. Sünde

---

35 Augustinus: De Trinitate, 8,8,12.

36 Ignatius von Antiochien: Brief an die Epheser, 2,1 und 4,2 (zit.n. Schriften des Urchristentums. 3 Tle. Hg. von Joseph A. Fischer. Darmstadt 1981, hier Tl. 1, S 145).

37 Enarrationes in Psalmos, 85,7: PL 37, 1086 (zit. in: Nachsynodales Schreiben »Verbum Domini« zur XII. Ordentliche Generalversammlung der Bischofssynode in Rom vom 5.–26.10.2008 von Papst Benedikt XVI. vom 30.9.2010, Nr. 86 (vgl. http://www.vatican.va/holy_father/benedict_xvi/apost_exhortations/documents/hf_ben-xvi_exh_20100930_verbum-domini_ge.html#ERSTER_TEIL [zuletzt eingesehen: 1.5.2014]).

38 Ebd., Nr. 6.

ist dafür das Wort und meint, dass die Saiten unseres Klangkörpers, den wir Existenz nennen, dadurch verstimmt werden. Wir müssen gestimmt werden, damit unser Lebenslied nicht wie ein Jaulen klingt. Unsere gläubige Existenz umweht stets »Segen und Fluch«. In der Religion – der jüdischen wie der christlichen – geht es nicht um Flucht in die Transzendenz. Es geht vielmehr um das Dasein in Einklang mit den Geboten Gottes.

> Denn dieses Gebot, das ich heuttags dir gebiete, nicht entrückt ist es dir, nicht fern ists. Nicht im Himmel ist es [...]. Nicht überm Meer ist es. Nein, sehr nah ist dir das Wort, in deinem Mund und in deinem Herzen, es zu tun. [...] Das Leben und den Tod habe ich vor dich hin gegeben, die Segnung und die Verwünschung, wähle das Leben, damit du lebst, du und dein Same.[39] (Dtn 30,11–14.19)

Insofern sind es Herzensmelodien, die aus der Bibel als Lieder klingen. An vielen Stellen werden sie ausdrücklich auch so genannt. Berühmt, auch als Stück der Weltliteratur, »das schönste der Lieder Salomos«, das Hohelied der Liebe. Aber auch das Lied der Debora im Buch der Richter 5,1–31 sei erwähnt, das Gott nach unheilvoller Geschichte preist und mit der Zuversicht für die Gott Liebenden endet: »Die ihn lieben sind, wie die Sonne ausfährt in ihrer Heldenwehr«[40] (V 31). Die Nacht der Nächte kennt seit alters her das Lied des Mose (Ex 15,1–20), das gesungen wurde, nachdem der Auszug aus Ägypten trotz Verfolgung durch Pharaos Streiter gelungen war. Dieses Lied singen die Engel am Ende der Zeiten, zugleich mit dem Lied des Lammes (Offb 15,3 f). Weitere Lieder säumen den Zug der Israeliten bis zum Gelobten Land.[41] Immer und immer wieder wird es Gesang sein – oder auch die Ablehnung von Liedern bei den Propheten[42] –, der das Gemüt aufhellt oder einstimmt. Insgesamt sind die Heiligen Schriften eine »Symphonie des Wortes, eines einzigen Wortes, das sich auf verschiedene Weisen ausdrückt: als ein ›mehrstimmiger Gesang‹«.[43] In der Fülle der Zeit bekommt das Wort nicht nur einen Ton, der im Herzen der Gläubigen widerhallt, sondern ein Gesicht und den unverwechselbaren Klang der Stimme in Jesus Christus. Bevor sie anhebt, wird sein Kommen mit Liedern vorbereitet, die das christliche Leben und Beten bis heute täglich rings um den Erdkreis begleitet: morgens das *Benedictus* aus dem

39 Zit.n. Buber (Anm. 13). Bd. 1, S. 555 f.
40 Übersetzt von Martin Buber (ebd. Bd. 2, S. 91).
41 Vgl. Num 21,17 und das letzte Lied Mose in Dtn 32,1–43, das die Taten Gottes und die Geschichte des Volkes bis dahin zusammenfasst.
42 Sehr deutlich Ezechiel: »Ich werde dem Lärm deiner Lieder ein Ende machen« (26,13) und drohend Amos: »Hinweg von mir mit dem Lärm deiner Lieder« (5,23) sowie »Da verwandle ich all eure Lieder in Klagegesang« (8,10).
43 Verbum Domini (Anm. 36), Nr. 7.

Mund des Zacharias, dem Vater Johannes des Täufers (Lk 1,68–79): »[...] durch die herzliche Barmherzigkeit unseres Gottes, durch die uns besuchen wird das aufgehende Licht aus der Höhe [...]« (V 78a) und des Nachts der Lobgesang des greisen Simeon *Nunc dimittis* (Lk 2,29–32): »[...] meine Augen haben deinen Heiland gesehen« (V 30). Gäbe es die Liste der Top 10 biblischer Lieder müsste dauerhaft Platz eins für das Lied der Maria, der Gottesmutter, eingeräumt werden, dem *Magnificat* (Lk 1,46–55), das Loblied auf die Größe, Gerechtigkeit und Treue Gottes, in das der Gläubige einstimmt: »Meine Seele erhebt den Herrn, und mein Geist freut sich Gottes, meines Heilandes.« (V 46 f)

Allein diese Skizzen mögen verdeutlichen, dass es im Klang der christlichen Religion nicht um eine Buchreligion geht, sondern um die Gestalt und Person Jesu Christi. Er ist das fleischgewordene menschliche Wort Gottes, das »unter uns wohnt«.[44] Mit Papst Benedikt XVI. können wir zusammenfassen:

> Um es in einem Bild auszudrücken, können wir den Kosmos mit einem ›Buch‹ vergleichen – so sagte es auch Galileo Galilei – und ihn als ›das Werk eines Autors [betrachten], der sich durch die ›Symphonie‹ der Schöpfung kundtut. Innerhalb dieser Symphonie findet sich an einem bestimmten Punkt das, was man in der Sprache der Musik ein ›Solo‹ nennen würde: ein Thema, das einem einzelnen Instrument oder einer einzigen Stimme anvertraut ist. Und dieses Thema ist so wichtig, daß von ihm die Bedeutung des gesamten Werkes abhängt. Dieses ›Solo‹ ist Jesus [...]. Der Menschensohn fasst in sich die Erde und den Himmel zusammen, die Schöpfung und den Schöpfer, das Fleisch und den Geist. Er ist der Mittelpunkt des Kosmos und der Geschichte, da sich in ihm der Autor und sein Werk vereinen, ohne sich zu vermischen.[45]

Wer sich solcherart dem Wort der Heiligen Schrift nähert und seinen kosmischen Klang vernimmt und sich selbst angesprochen und geführt sieht, wird nicht anders können, als es sich zu Herzen und in den Mund zu nehmen.

6 »Lachens voll ist dann unser Mund, unsere Zunge Jubels.« (Ps 126,2)[46]

Manchmal fragt man sich, was wohl wichtig wäre, jungen Menschen mit auf den Weg zu geben und den Älteren in Erinnerung zu rufen? Es kommt einem das eine

44 Vgl. ebd. und Joh 1,14.

45 Verbum Domini (Anm. 36), Nr. 13.

46 Zit. n. Buber (Anm. 13). Bd. 4, S. 187. Psalm 126 ist ein »Aufstiegsgesang« oder ein Wallfahrtslied zum Zion in Jerusalem.

oder andere in den Sinn, wovon man meint, es wäre für die junge Generation gut zu wissen. Doch im Nachdenken darüber wird klar, dass es nicht um ›etwas‹ gehen kann, sondern immer um ›alles‹. Und hierfür braucht es nicht Informationen oder Kenntnisse, sondern die Einübung in eine Haltung. Was gemeint ist, hat Johann Wolfgang von Goethe in *Wilhelm Meisters Wanderjahren* trefflich ausgedrückt, wo es um die Haltung in der Erziehung geht, die keiner von Natur hat, »und doch ist es das, worauf alles ankommt, damit der Mensch nach allen Seiten zu Mensch sei. [...] *Ehrfurcht*!«[47] Der Dreiklang der Ehrfurcht vor dem, was über uns ist, Gott, vor dem, was unter uns ist, die Schöpfung, und vor denen, die neben uns sind, die Nächsten, führt dazu, »daß der Mensch zum Höchsten gelangt, was er zu erreichen fähig ist, daß er sich selbst für das Beste halten darf, was Gott und Natur hervorgebracht haben, ja, daß er auf dieser Höhe verweilen kann, ohne durch Dünkel und Selbstheit wieder ins Gemeine gezogen zu werden«.[48]

Was für den Einzelnen gilt, sei er Schüler oder Lehrer, hat besondere Bewandtnis für eine Gemeinschaft – die eines Volkes oder für das Volk Gottes in Israel oder der Kirche. Kirche ist dabei »Zeichen und Werkzeug der innigsten Vereinigung mit Gott wie für die Einheit der ganzen Menschheit«.[49] Hierzu wird sie nur in der Lage sein, wenn sie selbst der Wahrheit im Glauben und der Sitten einerseits verpflichtet ist und andererseits das Geheimnis Gottes, in dem die Wirklichkeit des Menschen eingefaltet ist, ehrfürchtig feiert. Diese Feier ist auf das Dasein des Menschen gerichtet, bildet aber darin die himmlische Feier ab, wo die Engel und die Heiligen Gottes Herrlichkeit preisen. Wie kann aber der Mensch Gott preisen, wenn er nicht singt? Mit den Engeln singt er das Trishagion: »Heilig, heilig, heilig ist der Herr der Heere. Von seiner Herrlichkeit ist die ganze Erde erfüllt« (Jes 6,1). Mit den Engeln stimmt er ein in deren Lobgesang: »Ehre sei Gott in der Höhe und Friede auf Erden den Menschen seiner Gnade« (Lk 2,14). Allein mit diesen Bezügen wird deutlich, wie sehr sich im Kult der Kirche die Transzendenz mit der Existenz des Menschen verbindet. Es ist so, dass wir in der sichtbaren Gestalt Jesu den unsichtbaren Gott erkennen. Nicht um einer Neugier oder Information willen, sondern »um in uns die Liebe zu entflammen zu dem, was kein Auge geschaut hat. Darum singen wir!«[50]

Der Gesang ist Ausdruck einer Vokaltradition in der Kirche, die stets den Vorrang vor der Instrumentalmusik hatte. In der Katholischen Kirche unterstrich das

---

47 Zit.n. Johann Wolfgang Goethe: Poetische Werke. Vollständige Ausgabe in 10 Bänden. Hg. von Liselotte Lohrer. Stuttgart 1949 ff., hier Bd. 7, S. 483 (Wilhelm Meisters Wanderjahre, Buch 2.1).
48 Ebd., S. 485.
49 Rahner, Vorgrimler (Anm. 30) [Dogmatische Konstitution über die Kirche, Lumen gentium, 1].
50 Deutsche Ausgabe des Römischen Meßbuches, Weihnachtspräfation I.

der Gregorianische Choral.[51] Indem dieser verschwunden ist, hat sich die Kirche eines Schatzes beraubt, der darin liegt, die Heilige Schrift zu singen. Die Auseinandersetzung in der Katholischen Kirche und im Protestantismus um die Orgelmusik zeigt, wie sehr die Orgel reduziert werden sollte, das Wort, d. h. das Lied zu begleiten, aber nicht aufzufallen durch Präludien oder lange Zwischenspiele.[52] In der getreuen Übung des Kultes kann die Kirche nicht alle Musikrichtungen und -moden aufnehmen und mit gleichem Recht ausstatten. Gerade im Kult und der darin geübten Ehrfurcht ist ein wahlloses Experimentieren kein gangbarer Weg. Wenn Kathedralliturgien dadurch auffallen, dass sie üppige Kirchenkonzerte bieten, aber sonst nur das Nötigste, gehören sie abgeschafft. Gleiches gilt für die sich einschleichende Praxis, fragwürdiges Liedgut mit geringer poetischer Qualität, aber plakativer Modernität zu bevorzugen oder gar zu Lebensanlässen wie Hochzeiten, Taufen oder Beerdigungen einen Popsong »einzuspielen« statt selbst zu singen. Ist der singende Mund verstummt, scheint nicht selten das Herz abwesend. Im Kult, in jedem übrigens, muss das Wort einen Klang haben und nicht nur einen Wortlaut. Wo die biblischen Texte einfach nur gelesen werden, nicht aber vorgelesen, ergibt es sich fast von selbst, sie als austauschbar anzusehen. Es wundert mich nicht, wenn bei Vorbereitungen von kirchlichen Eheschließungen immer wieder gefragt wird, ob nicht diese oder jene der handelsüblichen Geschichten oder Gedichte gelesen werden können, die durchaus nett sind, aber mehr nicht. Sie klingen nicht, nicht im Sinne des Kultes, nicht im Sinne der Ehrfurcht, nicht im Sinne der Transzendenz. In den letzten 40 Jahren hat die katholische Liturgie eine galoppierende Inflation der Worte erlebt, dass einen nichts mehr wirklich wundert. Wie sollen die Gläubigen denn wissen, dass die Liturgie gerade nicht dazu dient, »zugetextet« oder musikalisch »berieselt« zu werden, wenn sie bei den Gelegenheiten, wenn sie eine Liturgie besuchen, gerade das erleben. Meine Kritik geht also nicht an die, die genau das verlangen, was sie erleben, nämlich Bedürfnisbefriedigung und Angebotsorientierung, sondern gilt denen, die im Angesicht des Allerheiligsten »plappern wie die Heiden« (Mt 6,7). Die Mahnung Jesu aus der Bergpredigt mahnt zum Wesentlichen im Gebet, nämlich das

---

51 In Sacrosanctum Concilium, der Liturgiekonstitution, widmet das II. Vatikanische Konzil ein Kapitel (6) der Kirchenmusik. Darin, in Nr. 116, wird ausdrücklich dem Gregorianischen Choral der erste Platz in der Liturgie eingeräumt (»der römischen Liturgie eigene Gesang«). Die Zeit ist darüber hinweggegangen. Zu Gesang und Musik im Gottesdienst siehe Michael Kunzler: Die Liturgie der Kirche. Paderborn 1995, S. 193–209.

52 Die Orgel und ihre Geschichte zur Königin der Instrumente ähnelt dem Märchen vom Aschenputtel, denn die Instrumente des 14.-16. Jahrhunderts taugten nicht zur Chor- oder Liedbegleitung. Erst nach und nach kam die Orgel zu Ehren, was auch das II. Vatikanische Konzil anerkannte (vgl. ebd., Nr. 120).

Vertrauen, und hat mit Blick auf den Kult ein klares Wort für ein biblisches suum quique, jedem das Seine, aber nicht allen das Gleiche: »Gebt das Heilige nicht den Hunden, und werft eure Perlen nicht den Schweinen vor, denn sie könnten sie mit ihren Füßen zertreten und sich umwenden und euch zerreißen« (Mt 7,6). Hier werden sich die Diener Christi den Spiegel vorhalten lassen müssen, wie sie es mit der Ehrfurcht halten. Das fängt im stillen Kämmerlein an, wo man beten soll. Lese ich das Brevier wie die Tageszeitung und den darin befindlichen Todesanzeigen oder bewege ich die Lippen, zeige also, dass die Worte aus mir herauskommen – möglichst von der Herzmitte – und einen Klang bekommen, den Gott hört? Oder beten wir geräuschlos und damit letztlich harmlos, trotz mancher Tragödien, die wir vorzubringen haben in unseren Fürbitten? Gemeint ist, dass ich die biblischen Worte, die ich zu begreifen meine, auch in meinem Herzen ergreife und zueigen mache! Hier möchte ich darauf aufmerksam machen, dass dies nicht psychologistisch misszuverstehen ist im Sinne von ständiger Betroffenheit, die letztlich jedes wirkliche Gefühl abtötet und mundtot macht. Vielmehr ist Aufmerksamkeit gemeint, jene oft genug lästige Schwester der Ehrfurcht, die darauf achtet, dass dem göttlichen Wort mein eigener Klang geschuldet ist. Es sind die Herzklänge des Beters: »Die Augen mögen schlafen, das Herz immer zu dir wache«.[53] Das Gebet des Gläubigen und umso mehr das der Priester möge sein, wie es Ambrosius beschreibt: »Dich singe unser tiefstes Herz, dich lobe heller Stimme Laut, dich liebe keuscher Liebe Lust, dich bete nüchtern an dein Mensch«.[54] Diese Nüchternheit meint der Herr in der Bergpredigt und ist gerade auf die priesterliche Existenz gerichtet, die nicht einfach von seiner menschlichen getrennt zu betrachten ist. Sonst ist sie schon gescheitert.[55] So gilt für den öffentlichen Kult, die Feier Gottes in der Gemeinde analog das, was für das eher stille häusliche und private Gebet gilt: Es sei wesentlich oder es droht zu scheitern an den immanenten Ansprüchen, nicht an der Transzendenz! Sie wird umso leuchtender, je mehr Innerlichkeit darin gelegt wird. Daher ist eine klangvolle Stille im Gebet und in der Liturgie von unermesslich höherem Wert gegenüber geräuschvoller Berieselung durch Worte und Töne. So gilt hier das Plädoyer des gepflegten Rezitierens.

Das Wort ist mit »vorlesen« zwar gut übersetzt, ist im üblichen Gebrauch aber vom Ablesen oder Herunterlesen kaum zu unterscheiden. Es geht aber um den Unterschied und darin um den Klang des Transzendenten. Im jüdischen Synago-

53 Hymnus *Christe, qui lux es et dies*, Beginn der 4. Strophe. Vgl. Augustinus (Anm. 1), S. 39 f.
54 Ebd., S. 37.
55 Vgl. hierzu Andreas Wollbold: Als Priester leben. Ein Leitfaden. Regensburg 2010. Siehe v. a. S. 137–166 sowie den Denkanstoß auf S. 162, wo das alte Gebot, labialiter zu beten, d. h. mit Lippenbewegungen, die den Herzrhythmus nachbilden, für die alltägliche Praxis des Breviergebetes aufgegriffen wird.

gengottesdienst wird die Mündigkeit gefeiert, indem der Junge (in progressiven Gemeinden auch die Mädchen) aufgerufen wird, einen Abschnitt aus der Thora vorzulesen. »Es ist keine Kleinigkeit, zur Thora aufgerufen zu werden, das erste Mal überhaupt, an dem man selbst das Wort aussprechen muß!«[56] Im Lauf der Geschichte hat sich das Rezitieren mit entsprechenden Tönen entwickelt, die einem »Singsang« ähneln.[57] Für den Vortrag der biblischen Texte in der lateinischen Liturgie gelten ebenfalls bestimmte Melodiefolgen und mehr noch für den Gesang des Evangeliums. Über die Feierlichkeit hinaus bleibt das Rezitieren die rechte Haltung. »Recitatio« als Vorlesen kommt von »recito«, was »hervorlesen« vor einem Publikum meint, auch öffentlich im Senat oder gar vor dem römischen Kaiser.[58] Gegenstände dieser Recitatio konnten Urkunden, Listen und Lieder sein, vor allem auch das »Herlesen einer Urkunde«, was eine für deren Gültigkeit nötige Übung war und bis heute bei notariellen Urkunden Vorschrift ist. Ein Aspekt des Rezitierens in römischer Zeit war das Vorlesen eigener Werke. Dieser Gedanke scheint für das Rezitieren biblischer Abschnitte einen eigenen Klang zu bilden. Es ist der Aspekt der Aneignung des Gotteswortes im Menschenwort einerseits und andererseits die Freude am Gotteswort, das des Menschen Antwort herausfordert. In diesem Wechselspiel vollzieht sich die Klangwelt der Bibel und ist daher wirklich nicht einfach ein Buch, sei es noch so heilig, sondern vielmehr ein in die Gemeinschaft der Gläubigen eingestiftetes Gedächtnis, das sich der einzelne aneignet, indem er es rezitiert. Das ist kein einmaliger Leseakt, sondern ein Geschehen zwischen Gott und Mensch, das Geschichte macht. Insofern bleibt das aufmerksame Rezitieren im Gottesdienst und beim täglichen Gebet eine Form der Ehrfurcht, weil in das irdische Leben des Menschen hinein das Wort, womit der ewige Logos gemeint ist, Fleisch werden will und ihn so zu einem ewigen Ton in der kosmischen Symphonie machen will.

7 »Aus dem Mund der Unmündigen schaffst du dir Lob!« (Ps 8,3)

Wenn es um *Klang und Transzendenz* geht, gibt es wahrlich genug Kluges und viel Weisheit. Geht es aber um das Verständnis und die Erkenntnis Gottes und seiner Offenbarung, gibt es das Wort Jesu, dass es dem Vater gefallen habe, »all

56 Simon de Vries: Jüdische Riten und Symbole. Reinbek bei Hamburg 1990, S. 28.

57 So Rabbi de Vries (ebd., S. 37). Vgl. auch ebd., S. 27.

58 Vgl. Friedrich Adolph Heinichen, Carl Wagner: Lateinisch-deutsches Schulwörterbuch. Leipzig ^{6}1897, S. 712.

das den Klugen und Weisen verborgen [zu haben], den Unmündigen aber offenbart« (Mt 11,25). Nicht ästhetische Maßstäbe werden angelegt oder akademische. Glaube ist kein Wettbewerb oder eine Leistung zur Meisterschaft. In der Hinwendung zum lebendigen Gott wird im Menschen ein Grundton angeschlagen, der ein ganzes Leben mit all seinen Klangfarben und Tonarten zu durchtönen vermag. Und gar mancher, der sich hier für »unmusikalisch« hält oder unmündig im biblischen Sinne, hat zuweilen größere Einsicht in »all das« und den Zusammenklang von allem.

Mit einer literarischen Gestalt beschließe ich meine Betrachtung. Es ist *Caliban* in *Der Sturm* von William Shakespeare. Vorgestellt als »wilder und missgestalter Sklav«, der gerne trinkt, sind seine Worte alles andere als grobschlächtig und roh.[59] Wenn er spricht, sind es Verse, die nicht so recht zur Gestalt passen wollen.[60] Es ist Poesie, die schön ist, weil sie aus Calibans Mund kommt, dem Unmündigen. »Ein Wilder, der wie Byrd oder Purcell über Musik spricht!«[61] Die Insel des Prospero ist mir hier ein Bild für die Welt, über die Gottes Offenbarung ausgegossen ist wie Klänge aus der Ewigkeit. Caliban singt des genialen Dichters Worte:

> Sei nicht in Angst! Die Insel ist voll Lärm,
> Voll Tön' und süßer Lieder, die ergötzen,
> Und niemand Schaden thun. Mir klimpern manchmal
> Viel tausend helle Instrument' ums Ohr,
> Und manchmal Stimmen, die mich, wenn ich auch
> Nach langem Schlaf erst eben aufgewacht,
> Zum Schlafen wieder bringen: dann im Traume
> War mir, als thäten sich die Wolken auf
> Und zeigten Schätze, die auf mich herab
> Sich schütten wollten, daß ich beim Erwachen
> Aufs neu' zu träumen heulte.[62]

---

59 William Shakespeare: Shakespeares sämtliche dramatische Werke in zwölf Bänden. Übersetzt von August Wilhelm Schlegel und Ludwig Tieck. Stuttgart 1889, hier Bd. 4, S. 553.

60 Diesen Hinweis verdanke ich Julien Green: Tagebücher. Hg. von Jacques Petit. Aus dem Französischen von Eva Groepler, Eva Moldenhauer und Alain Claude Sulzer. 7 Bde. München, Leipzig 1992, hier Bd. 2, S. 132 f.

61 Ebd., S. 133.

62 Shakespeare (Anm. 58), S. 588. Treffend zu ergänzen ist hier T. S. Eliots *The Rock* von 1934, wo es heißt: »Where is the wisdom we have lost in knowledge? | Where is the knowledge we have lost in information? | The cycles of Heaven in twenty centuries | Bring us farther from GOD and nearer to the Dust (T. S.E.: Werke in vier Bänden. Hg. von Eva Hesse. Frankfurt ²1988, hier Bd. 4, S. 238). Die ersten zwei Zeilen sind wohlbekannt, die beiden folgenden werden meist unterschlagen.

Monika Schmitz-Emans

Der Klang der Zauberformeln

Diskursive Verknüpfungen zwischen Magie, Sprache und Dichtung

Die Ausformulierung poetologischer Konzepte, Modellvorstellungen und Thesen erfolgt vielfach unter Bezugnahme auf spezielle Wissensdiskurse. Deren Vorstellungen, Begrifflichkeiten und Semantiken werden durch ihre zitathafte Verwendung und ästhetische Rekontextualisierung unausweichlich neu- und uminterpretiert: Ein zitierter Topos, ein zitiertes Theorem ist niemals mit seiner ursprünglichen Ausformulierung identisch. Entsprechend werden die angeführten oder zum Gegenstand der Anspielung gemachten Wissensdiskurse nebst ihren Semantiken nicht einfach bestätigend wiederholt. Allerdings bilden sie ein Substrat, das durch seine zitathafte Wiederholung hindurch scheint – wie eine Projektionsfläche, die unter dem Bild, das sich auf ihr zeigt, nicht ganz verschwunden ist. Exemplarisch beobachten lässt sich dieser Substratcharakter von poetologisch rekontextualisierten Semantiken am Wissensdiskurs über Magie. In der Geschichte poetologischer Reflexionen sind Vorstellungen über Magie und Zauberei besonders oft zu Projektionsflächen im angedeuteten Sinn geworden.

Sprechen – im Sinne von Artikulieren – und Zaubern gehören eng zusammen, so will es der Diskurs über Zauberkunst.[1] Bronislaw Malinowski vertritt sogar die Überzeugung, der Zauberspruch sei die allerwichtigste Komponente der Magie.[2] Die geläufige und von Vertretern verschiedener Wissensdiskurse aus ganz unterschiedlichen Anlässen bekräftigte assoziative Verknüpfung zwischen »Magie« und Prozessen des Sprechens oder Singens lässt sich auf verschiedenen kulturhistorischen Zusammenhängen beziehen, die hier nur ganz skizzenhaft

---

1 Laut Robert Stockhammer (Zaubertexte. Die Wiederkehr der Magie und die Literatur 1880–1945. Berlin 2000, S. XI) »läßt sich der magische Akt besonders anschaulich in drei Komponenten gliedern: Zauberer, Zauberutensilien und Zauberspruch«. Zum Konzept Sprachmagie vgl. u. a. Eva Kimminich: Wort und Wirklichkeit – Magie und Autopoiese. Gedanken über Literatur und Sprache. In: Marianne Sammer (Hg.): Leitmotive. Kulturgeschichtliche Studien zur Traditionsbildung. Festschrift für Dietz-Rüdiger Moser zum 60. Geburtstag. Laßleben 1999, S. 298–281 und Ingrid Schröder: Die Funktion magischer Sprachhandlungen. In: Jörg Hennig, Jürgen Meier (Hg.): Varietäten der deutschen Sprache. Festschrift für Dieter Möhn. Frankfurt a. M. 1996 (Sprache in der Gesellschaft; 23), S. 161–179.

2 Vgl. Bronislaw Malinowski: Argonauts of the Western Pacific. An account of native enterprise and adventure in the Archipelagoes of Melanesian New Guinea. London ^{5}1960, S. 403: »The spell is by far the most important constituent of magic«. Vgl. dazu Stockhammer (Anm. 1), S. 22.

in Erinnerung gerufen werden können. So bestehen etymologisch signifikante Relationen zwischen dem einen und dem anderen Wortfeld: Ausdrücke, die magische Handlungen bezeichnen, sind oft von Ausdrücken abgeleitet, die ein artikulatorisches Geschehen bezeichnen (z. B. ›besprechen‹ im Sinne von: durch Zaubersprüche etwas/jemanden beeinflussen; ›in-cantatio‹: Verzauberung). Ein zweiter Grund für die enge diskursive Verbindung der Vorstellungskreise um Magie und um Sprache bzw. Artikulation ist ein überlieferungsgeschichtlicher: Zumindest im deutschen Sprachraum sind die ältesten überlieferten deutschen Texte magische Texte, die offenbar beschwörende bzw. bannende Funktion hatten (Orakelsprüche, Heil- und Schadenszauber, apotropäische Sprüche). Nicht nur in vormodernen Gesellschaften scheinen magische Operationen und poetische Prozesse zu konvergieren. Viele Zaubersprüche wirken offenbar bis heute auf die Hörer ›dichterisch‹, insofern sie formale Besonderheiten aufweisen, vor allem Reime, Klangmalereien, Wiederholungen. Solchen Sonderformen der Sprachgestaltung hat man immer wieder eine Wirkungsmacht unterstellt, die konventionelle Ausdrucksformen nicht haben. Aber es bedarf keines magischen Weltbildes, um die Effizienz von Klangdopplungen und Wiederholungen, wie sie in Zaubersprüchen verwendet werden, zu begründen; die Verfremdungs- und ›Entautomatisierungs‹-Ästhetik der Moderne leistet Analoges: Als oftmals von der Alltagssprache abweichende rätselhafte Ausdrucksform macht der Zauberspruch auf sich aufmerksam – und das heißt: unabhängig davon, ob er seinen gewünschten Effekt erzielt, erzielt er zumindest den Effekt, aufzufallen.[3]

Dass die Geschichte der Dichtung und die des Zauberspruchs in den Anfängen deckungsgleich sei, haben viele Dichter der Moderne nachdrücklich betont, so etwa Paul Valéry.[4] Mit solchen an kulturhistorisch-philologische Befunde anknüpfenden, diese aber durch den Argumentationskontext semantisch oft weiter ›aufladenden‹ Diskursen über die Anfänge der Dichtung wird zumindest implizit das Dichterische selbst verhandelt, vielfach, wenn auch nicht immer, in Absetzung vom ›Literarischen‹. Insbesondere geht die Entdeckung der ›magischen‹ Dimension des poetischen Worts oft einher mit einer Akzentuierung der performativen Dimension von Dichtung. Zaubersprüche haben vielfach einen imperativischen Gestus (etwa der Wurmzauber als Befehl an die Würmer zu verschwinden). Einfache Imperative könnte man unter dem Aspekt ihrer performativen Dimension als das normalsprachliche Pendant zu exotisch-unverständlichen Formeln betrachten. Zaubersprüche existieren nicht nur als mündliche Artiku-

---

3 Vgl. zu Zaubersprüchen (*incantamenta*) Charlotte Bretscher-Gisiger: Lexikon Literatur des Mittelalters. 2 Bde. Stuttgart, Weimar 2002, hier Bd. 2, S. 526–530.

4 Vgl. Paul Valéry: Dichtkunst und abstraktes Denken. In: P. V.: Zur Theorie der Dichtkunst. Frankfurt a. M. 1975, S. 136–168, hier S. 160.

lationen, sondern auch in geschriebener Gestalt – letzteres aber in der Regel, um laut und dabei manchmal auf besondere Weise artikulierend gelesen zu werden. Schriftliche Dokumente über althochdeutsche Zaubersprüche betten deren Wiedergabe gelegentlich in einen narrativen Kontext ein, so etwa der zweite Merseburger Zauberspruch (›Phol ende uuodan uuoron zuholza‹). Von anderen Sprüchen weiß man nur, weil Texte über ihre Anwendung und Wirkung sprechen, ohne dass diese Sprüche sich selbst erhalten hätten.[5]

Der diskursiv so folgenreiche Zusammenhang zwischen Dichtungsgeschichte und Magiegeschichte ist übrigens keineswegs nur einseitig prägend – in dem Sinn, dass die Geschichte magischer Praktiken ihr Echo in der Geschichte dichterischer Texte findet. Auch das Umgekehrte gilt: Die Dichtungsgeschichte hat offenbar die Geschichte magischer Praktiken beeinflusst. Neben dem tief greifenden kulturellen und diskursiven Umbruch der Christianisierung ist auch eine dichtungsgeschichtliche Innovation, nämlich die Ablösung des Stabreims durch den Endreim, als – freilich ganz andere – Ursache dafür genannt worden, dass Zaubersprüche als Fluch- und Heilformeln im Lauf des Mittelalters ihre Popularität verloren: Die Form dieser meist stabreimenden Zauber-Dichtung wurde damit gegenüber den endgereimten Texten altmodisch.[6] Wenn diese stilistisch ›veralteten‹ Texte dennoch überliefert wurden, so mutmaßlich aus einem (avant la lettre) philologischen Interesse heraus. Immerhin haben mittelalterliche Mönche volkstümliche Zaubersprüche aufgeschrieben, obwohl diese doch aus der Sicht ihrer Religion als Teufelswerk erscheinen mussten. Manfred Geier nimmt an, ein ästhetisches Gefallen an der Form dieser Texte sei das Motiv dafür gewesen. Und er sieht noch in den Bemühungen der Philologen des 19. Jahrhunderts um Zaubersprüche eine Verbindung zwischen Faszination und Ablehnung wirksam werden.[7]

---

5 Die Merseburger Zaubersprüche sind zweiteilig: zusammengesetzt aus einem narrativen und einem besprechenden Teil (vgl. Manfred Geier: Die magische Kraft der Poesie. Zur Geschichte, Struktur und Funktion des Zauberspruches. In: Deutsche Vierteljahresschrift für Literaturwissenschaft und Geistesgeschichte 56 [1982], S. 359–385, hier S. 366).

6 Vgl. Oskar Ebermann: Blut- und Wundsegen in ihrer Entwicklung dargestellt. Berlin 1903, S. 132: »Die Wirksamkeit der Segensformeln ist durchaus an ihren Wortlaut geknüpft. Diesen zu zerstören waren zwei Kräfte zugleich thätig: das Eindringen des Christentums und der Übergang von der stabreimenden zur endreimenden Poesie«. Eine Tradition der Spruchmagie erhält sich gleichwohl noch lange in der Volksheilkunde.

7 Geier (Anm. 5), S. 362. Zwiespältig hätten, so Geier, selbst Wissenschaftler (Germanisten) den Zaubersprüchen gegenübergestanden: bewundernd und zugleich mit Vorbehalten. Vgl. den Hinweis auf Jacob Grimm: Deutsche Mythologie. 3 Bde. Göttingen 1835 (Nachdruck Frankfurt a. M., Berlin 1981), S. 1023–1044 und Ludwig Uhland: Schriften zur Geschichte der Dichtung und Sage. Hg. von Wilhelm Ludwig Holland. 8 Bde. Stuttgart 1866, hier Bd. 3, S. 181–382. Siehe auch Geier

Es gibt ein verbreitetes kollektives Wissen über Sprachzauber und Wortmagie, auf das auch und gerade in aufgeklärten und säkularen Zeiten oft indirekt Bezug genommen wird. Auf der einen Seite sollte natürlich zwischen vormoderner sprachmagischer Praxis und moderner Dichtung unterschieden werden, auch wenn letztere sich manchmal mit großem Nachdruck auf erstere beruft; auf der anderen Seite handelt es sich bei jeder wiederholenden Performanz sprach›magischer‹ Rituale um ein Wiederholungsphänomen – und die Wiederholung basiert auf einem stets ›zitierten‹ Vorwissen, so dass die Differenzen als graduell, nicht als kategorial zu gelten haben. An den einschlägigen Topoi und Theoremen über Sprach-Zauberei wird exemplarisch ablesbar, inwiefern sprachliche Praktiken das Produkt diskursiver Aushandlungen sind, die eine teilweise lange und wechselvolle Geschichte haben, dabei aber immer wieder auf Wiederholungen und mit Wiederholungen verbundenen Resemantisierungen beruhen. Zwischen atavistischen Vorstellungen und deren Reformulierung durch spätere Zeiten – bis hin zu wissenschaftlichen und poetologischen Thesen zur ›magischen‹ Dimension des Wortes – sind die Übergänge eigentümlich fließend, zumindest, was die Ebene der Ausdrucksweise angeht. »Das« Sprechen gibt es ebenso wenig wie »das Zaubern«; wo beide aber profiliert werden, schlägt der Sprach-Magie-Diskurs oft wie selbstverständlich eine konzeptuelle Brücke zwischen beiden. (Zwischen Magie-Diskursen und moderner Linguistik bestehen im übrigen allerlei komplexe Wechselwirkungen, die es kurzschlüssig erscheinen lassen, zwischen einer Ära der rituell-atavistischen Praxis des Sprachzaubers und einer Ära der reflektiert-distanzierten Rekurse auf diese Praxis klar unterscheiden zu wollen.[8]) Als ein hinsichtlich zentraler Komponenten recht stabiler Bezugsrahmen ›weiß‹ der Diskurs über Sprache und Magie vieles, was für die Auslegung des Sprechens wie für die des Zauberns immer wieder anschlussfähige Perspektiven eröffnet. (1) Gezaubert wird vor allem durch das Aussprechen von Zauberwörtern und -formeln; zum Bild des Zaubernden gehört die Vorstellung der ›magischen‹ Rede fast notwendig hinzu – sei es, dass die Zauberworte allein oder in Begleitung anderer Maßnahmen die gewünschten Effekte erzielen.[9] (2) Durch Zauberformeln tritt der Zauberer in Verbindung zum innersten Wesen der Dinge selbst.[10] Seine Worte geben ihm Gewalt über das Besprochene – durch Befehle oder durch bloße Na-

---

(Anm. 5), S. 363: »Etwas von der zauberischen Wirksamkeit des Wortes muß die philologischen Sammler noch fasziniert haben, die in ihm die Quelle der Poesie vermuteten«.

8 Vgl. hierzu Stockhammer (Anm. 1), S. 32 f.

9 Vgl. Ulrich Ernst: Sprachmagie in fiktionaler Literatur: Textstrukturen, Zeichenfelder, Theoriesegmente. In: Arcadia 30 (1995), S. 113–185, u. a. S. 118.

10 Vgl. ebd., S. 117.

mensnennung.[11] Im Märchen vom Rumpelstilzchen ist diese Vorstellung noch lebendig: Wesen, deren wahren Namen man kennt und nennt, verlieren einen Teil ihrer eigenen Macht und müssen gehorchen. (3) Zauberworte sind für den Uneingeweihten oft schwer oder gar nicht verständlich, sie klingen kompliziert und geheimnisvoll. (In einem Umkehrschluss geraten dann unverständliche Fremdwörter in den Verdacht, Zauberworte zu sein; aus ›hoc est corpus‹ wird für den lateinunkundigen Laien ›Hokuspokus‹.[12]) In Dantes *Göttlicher Komödie* findet sich die Beschwörungsformel: »Pape Satan, Pape satan Aleppe«. Umberto Eco charakterisiert diese Wörter als Zeichen, die nicht im Sinne einer decodierbaren Referenz zu deuten sind (also im Sinn der Frage: Was bedeutet das?), sondern die auf (ihre eigene) Unverständlichkeit verweisen.[13] Nicht eine bestimmte Bedeutung wird also durch die Wörter bezeichnet, sondern der ›magisch‹ bzw. ›diabolisch‹ wirkende Code als solcher. (4) Das Aussprechen von Zauberwörtern und -formeln durch den Sprachmagier unterscheidet sich einer geläufigen Vorstellung gemäß auch klanglich-artikulatorisch von normalem Sprechen; Zauberformeln klingen auch auf artikulatorischer Ebene ›anders‹. Ihr Einsatz bedarf einer besonderen Sprechweise, etwa eines Flüsterns oder Singens. Hexen murmeln; Zauberer haben ›bannende‹ Stimmen. Der Gebrauch von Zauberformeln hat eine signifikante performative Dimension.[14] Werden die Zauberformeln leise und murmelnd gesprochen, dann gestaltet sich das Zaubergeschehen geheimnisvoller; die Hörer bleiben ausgeschlossen. Lauter, gesungener Sprachzauber hat dafür etwas auch die Zuhörer Bannendes. Die Abweichung von alltäglicher Artikulation kann so weit gehen, dass nicht gesprochen, sondern geheult wird. (5) Bestimmte Worte auszusprechen, kann ein »magischer Sprechakt« sein, dessen Folgen dem Spre-

---

11 Wichtige ethnologische Beiträge zur Erforschung des magischen Denkens leisteten Marcel Mauss, James Frazer, Edward Evans-Pritchard, Claude Lévi-Strauss sowie vor allem Bronislaw Malinowski.

12 Zauberwörter klingen fremdartig wie die Dinge, die Magier treiben. Vgl. das Volksbuch *Historia von D. Johann Fausten* (1587) in: Jan-Dirk Müller (Hg.): Romane des 15. und 16 Jahrhunderts. Nach den Erstdrucken mit sämtlichen Holzschnitten. Frankfurt a. M. 1990, S. 844: »die giengen mit Chaldeischen | Persischen | Arabischen und Griechischen Worten | *figuris*, *characteribus*, *coniurationibus*, *incantationibus*, vnnd wie solche Namen der Beschwörung vnd Zauberey mögen genennet werden. Vnd diese erzehlte Stück waren lauter *Dardaniae artes*, *Nigromantiae*, *carmina*, *veneficium*, *vaticinium*, *incantatio*, vnnd wie solche Bücher | Wörter vnd Namen genennt werden mögen«.

13 Umberto Eco: Apokalyptiker und Integrierte. Zur kritischen Kritik der Massenkultur. Aus dem Italienischen von Max Looser. Frankfurt a. M. 1984, S. 83.

14 Vgl. Ernst (Anm. 9), S. 117. Ernst verweist auf Ludwig Milichius: Der Zauber Teuffel (Frankfurt a. M. 1663). Vgl. Ria Stambaugh (Hg.): Teufelbücher in Auswahl. 5 Bde. Berlin 1970, hier Bd. 1, S. 50 und Ernst (Anm. 9), S. 126.

chenden aber nicht bewusst sind. Wer etwas ausspricht, was man nicht aussprechen darf, verstrickt sich und andere manchmal in Zwänge (etwa im Lohengrin am Ende des *Parzival*). Andererseits kann auch der Verzicht auf Worte zu Folgen führen, die dem Betroffenen nicht vorher bekannt sind. Manche Wesen *müssen* angesprochen und befragt werden, andere dürfen gerade *nicht* angesprochen und befragt werden. (Thematisch verhalten Aussprechen und Schweigen sich in literarischen Darstellungen komplementär zueinander.) In jedem Fall ist angesichts der möglichen magischen Kräfte, die sich mit Wörtern verbinden, Vorsicht geboten. Der Glaube an Sprachmagie lehrt, anders gesagt, offenbar Respekt vor der Sprache.[15]

Soweit die wichtigsten Ideen und diskursiven Konstrukte, an denen sich der Epochen übergreifende Diskurs über Sprache und Magie unter wechselnden Vorzeichen orientiert und die insbesondere einen ergiebigen Bezugsrahmen poetologischer Reflexion bilden. Poetischer und magischer Sprachgebrauch sind schon seit der Antike immer wieder miteinander verglichen, analogisiert oder gleichgesetzt worden. Entsprechend sind Dichter als Zauberer verstanden worden – und Zauberer als Inkarnationen des Dichtertums. Jacob Grimm betont in seiner *Deutschen Mythologie*, dass sprachmagische Vorstellungen stets einem Glauben an die Macht der Wörter entspringen:

> Noch stärkere macht als in kraut und stein liegt in dem *wort*, und bei allen völkern gehen aus ihm segen oder fluch hervor. Es sind aber gebundene, feierlich gefasste worte (verba concepta), wenn sie wirken, erforderlich, *lied* und *gesang*; darum hängt alle kraft der rede, deren sich priester, arzt, zauberer bedienen, mit den *formen der poesie* zusammen.[16] (Vgl. auch Stockhammer [Anm. 1], S. 21: »[...] schon der älteste integral überlieferte Text der abendländischen Rhetorik, Gorgias' *Rede auf Helena*, handelt von der Zaubermacht der Rede«.)

Wenn in modernen Texten über die dichterische Rede von deren ›Magie‹ gesprochen wird, dann wird damit meist eine entsprechende Akzentuierung verbunden. Weitere Konnotationen schließen sich an: Die Vorstellung vom ›abweichenden‹ Charakter magischer Rede – mit Bezug auf die geheimnisvollen unverständlichen Wörter wie mit Bezug auf die ungewöhnliche Artikulationsweise – korrespondiert mit einem zentralen Theorem moderner Ästhetik, nämlich der These, künstleri-

---

15 Vgl. Ernst Jünger: Sämtliche Werke. 2 Abt. 22 Bde. Stuttgart 1981, hier Abt. 2, Bd. 13, S. 297 (Zahlen und Götter): »Nicht nur beim Beten, sondern auch beim Fluchen, Schwören und Zaubern wird den Namen noch ursprüngliche Kraft zugetraut und vor ›unnützlichem Führen‹ gewarnt«.
16 Jacob Grimm: Deutsche Mythologie. Göttingen 1835 (Nachdruck Frankfurt a. M., Berlin 1981), S. 1023–1044, hier S. 1023.

sche Darstellung sei durch ihren Differenzcharakter gegenüber normaler, konventioneller, alltäglicher Darstellung charakterisiert.

Dichtungstheoretiker der Moderne haben sich immer wieder auf wortmagische Vorstellungen bezogen, um die Besonderheit poetischer Texte zu erläutern, sei es deskriptiv, sei es postulativ, und vor allem, um die weltschöpferische Dimension poetischer Sprache zu betonen. Die dabei zum Tragen kommenden Vorstellungen über Magie orientieren sich zum einen an volkstümlichen Ideen, zum anderen aber auch an wissenschaftlichen Einsichten und Theorien der Anthropologie, der Ethnologie und der historischen Wissenschaften. Der Topos vom dichterischen als einem quasi-magischen Sprachgebrauch wird insbesondere zum Ausgangspunkt zahlreicher autorenpoetologischer Reflexionen.[17] Natürlich ist die in *rituelle Handlungen* eingebettete Verwendung von Zaubersprüchen in vormodernen Kulturen nicht einfach ›dasselbe‹ wie die Orientierung späterer Dichter an Konzepten ›magischen‹ Sprachgebrauchs. Beide sind in historisch und pragmantisch differente Kontexte eingebunden. Im Fall der modernen Dichtung gehört es aber vielfach zum von ihr selbst mitkonstruierten Rahmen, an die vormodernen Artikulations- und Zauberpraktiken anzuschließen, sie zitierend zu wiederholen.

Stéphane Mallarmé vertieft sich in okkultistische Literatur und liest unter anderem die Schriften des Eliphas Lévi (=Abbé Alphonse Louis Constant). In Mallarmés poetologischen Reflexionen spielt das Konzept des Wortzaubers dann eine entsprechend zentrale Rolle: »Le vers, trait incantatoire! et, on ne déniera au cercle que perpétuellement ferme, ouvre la rime une similitude avec les ronds, parmi l'herbe, de la fée ou du magicien«.[18] Mit Hugo Balls performativer Selbstdarstellung als schamanischer ›Wort-Zauberer‹ im Zürcher Cabaret Voltaire verbindet sich der selbstbewusste Anspruch, mit den vorgetragenen Lautgedichten eine neue dichterische Gattung geschaffen zu haben; dieser Anspruch artikuliert sich anlässlich von Balls Selbstbeschreibung als ›magischer Bischof‹.[19] Letztlich ist Balls Rekurs auf die Vorstellung von der Magie des Wortes und vom Dichter als Magier vor allem eines: der Versuch einer Bespiegelung der eigenen avantgardistischen Lautgedichte – also ein Stück Meta-Literatur zur dadaistischen Kunstpraxis. Beispielhaft illustriert Balls künstlerische Praxis den Einfluss, den

---

17 William Butler Yeats, durch Okkultismus und Spiritismus beeinflusst, schreibt: »I believe in the practice and philosophy of what we have agreed to call magic, in what I must call the evocation of spirits, though I do not know what they are, in the power of creating magical illusions, in the visions of truth in the depths of the mind when the eyes are closed« (W. B. Y.: Essays and Introductions. London 1971, S. 28 [Magic]).

18 Stéphane Mallarmé: Œuvres complètes. Hg. von Henri Mondor. Paris 1945 (Bibliothèque de la Pléiade; 65), S. 400. Zu Mallarmé vgl. auch Ernst (Anm. 9), S. 134.

19 Vgl. dazu Hugo Ball: Die Flucht aus der Zeit. Luzern 1946, S. 98 f.

im engeren und weiteren Sinn ethnographische Studien auf die Avantgarden genommen haben. Andere Dichter wären anführbar, so etwa Raoul Hausmann, Paul Scheerbart und Richard Huelsenbeck. Die Kontuinuität spekulativer Kurzschlüsse zwischen Dichtung und ›magisch‹-evokativem Sprachgebrauch belegen Scholz und Engeler in der Abteilung ihrer lautpoetischen Anthologie, die unter dem Stichwort »Abakadabra« steht (»Gebete, Zaubersprüche, Glossolalie«).[20] Explizit erwähnt Ball in seinen autobiographischen Aufzeichnungen die zeitgenössische Wiederentdeckung der Welt »des Animismus und der Magie« durch die Ethnologie. Sie habe Einfluss auch auf die gegenwärtige Deutung künstlerischer Produktivität. Denn getrieben vom »Verlangen, aus ferner Urzeit neue Kräfte der Vereinfachung und der Verbundenheit zu schöpfen«, glaube mancher, in der Magie »den Schlüssel aller primitiven Kunstübung und -wirkung zu erkennen«.[21] Die Sprache selbst bedürfe dringend der Erneuerung.

> Man verzichte mit dieser Art Klanggedichte in Bausch und Bogen auf die durch den Journalismus verdorbene und unmöglich gewordene Sprache. [...] Man verzichte darauf, aus zweiter Hand zu dichten: nämlich Worte zu übernehmen (von Sätzen ganz zu schweigen), die man nicht funkelnagelneu für den eigenen Gebrauch erfunden habe.[22]

Balls Beschreibung zufolge werden im magischen Sprachgebrauch die Wörter selbst lebendig. Die Sprache selbst verwandelt sich vollständig, entfaltet neue Erscheinungsformen und Sinnpotenziale – und der Dichter sieht sich in der Rolle des Zauberlehrlings, der Formeln verwendet, ohne die Konsequenzen ihres Gebrauchs abzusehen.

> Ich will keine Worte, die andere erfunden haben. Alle Worte haben andre erfunden. Ich will meinen eigenen Unfug, meinen eigenen Rhythmus und Vokale und Konsonanten dazu, die ihm entsprechen, die von mir selbst sind. [...] Da kann man nun so recht sehen, wie die artikulierte Sprache entsteht. Ich lasse die Vokale kobolzen. Ich lasse die Laute ganz einfach fallen, etwa wie eine Katze miaut ... Worte tauchen auf, Schultern von Worten, Beine, Arme, Hände von Worten. Au, oi, uh. Man soll nicht zu viel Worte aufkommen lassen. Ein Vers ist die Gelegenheit, allen Schmutz abzutun. Ich wollte die Sprache hier selber fallen lassen. Diese vermaledeite Sprache, an der Schmutz klebt, wie von Maklerhänden, die die Münzen abgegriffen haben. Das Wort will ich haben, wo es aufhört und wo es anfängt. Dada ist das Herz der Worte.[23]

---

20 Christian Scholz, Urs Engeler: Fümms bö wö tää zää Uu. Stimmen und Klänge der Lautpoesie. Basel, Weil am Rhein, Wien 2002, S. 57–94.

21 Hugo Ball: Der Künstler und die Zeitkrankheit. Ausgewählte Schriften. Hg. von Hans Burkhard Schlichting. Frankfurt a. M. 1984, S. 105 f.

22 Ebd., S. 100.

23 Ebd., S. 40 (Das erste dadaistische Manifest).

Für Octavio Paz gehört der Glaube an die magische Kraft des Wortes zur anthropologischen Grundausstattung.[24] Die natürliche und spontane Einstellung des Menschen gegenüber dem Wort sei die des Vertrauens in seine Aussagekraft, seine die Dinge erschließende Kraft. Dieser Glaube gehe auf animistische Vorstellungen zurück – auf die Überzeugung von einem Eigenleben der Dinge und der Dopplung dieses Eigenlebens der Dinge in der Welt der Wörter. Die Wörter gelten aus animistischer Perspektive als lebendige Dialogpartner einer lebendigen Welt, und für Paz ist dieser Glaube auch von nüchternen sprachkritischen Positionen aus niemals zum Schweigen gebracht worden.

> Niemand kann sich dem Glauben an die magische Kraft der Worte entziehen. Nicht einmal jene, die den Worten mißtrauen. [...] Die Sprache ist ein Komplex lebender Wesen, von Rhythmen bewegt, die denen ähneln, welche die Gestirne und die Pflanzen bewegen.[25]

Der Dichter wäre demnach jemand, der kraft seiner Fähigkeit des Verfügens über die Wörter die Dinge selbst zu bewegen vermag.[26] Maßgeblich für die Vorstellung, die dichterische Sprache besitze magisch-evokative Kraft, ist für Paz vor allem der Rhythmus. Die Rhythmik des Gedichts verleiht ihm beschwörenden Charakter. Und Rhythmik ist das Hauptkennzeichen poetischer Rede.

> Der Dichter ist kein Magier, aber seine Konzeption der Sprache als einer ›society of life‹ – wie Cassirer die magische Vorstellung des Kosmos definiert – bringt ihn in die Nähe der Magie. Obgleich das Gedicht weder Zauber noch Beschwörung ist, in der Art der Beschwörungs- und Zauberformeln, weckt der Dichter doch die geheimen Kräfte, die der Sprache innewohnen. Er bezaubert die Sprache mittels des Rhythmus. Ein Bild ruft ein anderes hervor. So unterscheidet die vorherrschende Funktion des Rhythmus das Gedicht von allen anderen Formen. Das Gedicht ist ein Komplex von Sätzen, eine verbale Ordnung, die auf den Rhythmus gründet.[27]

Es sind erwartungsgemäß vor allem die Lyriker, die dem Konzept der Sprachmagie ihre Reverenz erweisen. Peter Rühmkorf erörtert unter dem Titel *agar agar – zaurzaurim* in seiner Frankfurter Poetikvorlesung auch die »Magie« poetischer Sprachgestaltung. Dabei knüpft er an die Vorstellung von der Beziehung zwischen »Poesie« und »Magie« an (wobei er zu letzterer auch Sehertum, Orakelwesen etc. rechnet), fasst »Magie« jedoch nicht als Kontakt zu einer Sphäre des Übernatürlichen auf, sondern als etwas, das ›evokativ‹, ›bannend‹, ›bezaubernd‹ wirkt und das involvierte Publikum (affektiv) beeinflusst. Diese ›evokative‹,

---

24 Octavio Paz: Der Bogen und die Leier. Poetologischer Essay. Frankfurt a. M. ^{2}1990, S. 29 ff.
25 Ebd., S. 61.
26 Vgl. ebd., S. 64.
27 Ebd., S. 68.

›bannende‹, ›bezaubernde‹ Kraft gewinnen sprachliche Gebilde aufgrund ihrer Formen: Wiederholungen (Reime, Metren ...) haben entsprechende Wirkungen, und Dichtung ist insofern die Fortsetzung früher Formen sprachlichen Zaubers. Die Poesie beruht – wie Rühmkorf in Übereinstimmung mit anderen Theoretikern magischer Sprachpraxis betont – auf analogen Prinzipien wie die magisch-atavistische Praxis, ist ursprünglich mit dieser deckungsgleich. Die Macht poetischer Sprache verweise weit »zurück, in zaubrisch verhangene Zeiten, als das Losorakel und die Runenmagie in allen möglichen politischen oder familiären Entscheidungskonflikten zu Rate gerufen wurde«.[28]

Sprachkunst wurzelt auch für Raoul Schrott im Sprach-Zauber. Über die archaische Poesie bemerkt er, deren »wesentliches Charakteristikum« sei die »Inkantation« gewesen.[29] Die sprachmagische Praxis habe wie der Akt der Benennung im Wesentlichen darauf abgezielt, sich die solcherart benannten und beschworenen Dinge anzueignen, also die Welt zu erobern. Solcher Welt-Eroberung diene vor allem auch der in Poesie und Musik substanzielle Rhythmus: Er gliedere die an sich gestaltlos verlaufende Zeit, präge dem amorphen Rauschen eine Struktur auf. In der onomatopoetischen Artikulation geht es Schrott zufolge um eine Demonstration der Nachbarschaft von tönender Natur und Wortsprache: Indem letztere die erstere imitiert, greift sie auf deren Gelände über. Die Suggestion eines Gleich-Klangs von Sprache und natürlicher Welt stehe im Hintergrund onomatopoetischer Texte, seien diese nun als Beschwörungen gemeint oder als parodistische Zitate. Lautmalerische Gedichte seien zudem Demonstrationen der Nähe von Sprachkunst und Musik. Denn in ihnen stelle die dichterische Sprache ja ihre eigenen musikalischen Qualitäten heraus.

> Die Onomatopoeia [...] symbolisiert die Grenzfläche von prä-verbaler Sprache und Natur; von ihr geht eine ganze Entwicklungslinie zu den Lautgedichten und bis zu den künstlichen Sprachen; von Aristophanes' onomatopoetischem Chor in den ›Fröschen‹, bis zu Wagner oder dessen Parodie durch die Dadaisten:
> Weia! Waga!
> Woge, du Welle,
> Walle zur Wiege!
> Wagalaweia!
> Wallala weiala weia!

28 Peter Rühmkorf: agar agar – zaurzaurim. Zur Naturgeschichte des Reims und der menschlichen Anklangsnerven. Reinbek bei Hamburg 1981, S. 20.

29 Raoul Schrott: Fragmente einer Sprache der Dichtung. Grazer Poetikvorlesung. Graz, Wien 1997.

Tapa tapa tapa
pata pata
Maurulam katapultilemm i lamm
Haba habs tapa
Mesopotaminem masculini
Bosco & belachini
Haba habs tapa
Woge du welle
Haha haha[30]

Vertreter der ästhetischen Avantgarden berufen sich vielfach auf eine magische Dimension des Poetischen. Carlfriedrich Claus spricht zur Erläuterung seiner experimentallen Arbeiten im Bereich der skriptural-visuellen wie der akustischen Poesie über

> Versuche der magischen und noch mythischen Bewußtseinsphase, mit menschlicher Sprache, magisch sinngeladener Lautung, oder Schriftchiffer [...], in die beseelt empfundene anorganische und organische Natur einzugreifen. Sprache ist hier zauberkräftige Materie, Kontaktstoff, bis zu Stein, Feuer, Gestirn, Wasser hin; diese reagieren wie im Traum auf das wie in starkem Traum intonierte passende Wort.[31]

Je konkreter sich Dichter und Dichtungstheoretiker auf Illustrationen und Explikationen dessen einlassen, was sie als ›Magie‹ des Wortes auffassen, desto nachdrücklicher pflegt die klangliche Dimension der Sprache in den Blick zu rücken. Es ist dabei eine Frage des Standpunktes, ob man in der Formel von der »Magie« poetischer Rede ›nur‹ ein Gleichnis sieht oder mehr.

1 Akustische Poesie und Sprachzauber

Mit dem Aufkommen der akustischen Poesie als einem (gegen die konkrete Musik und das moderne Hörspiel nicht trennscharf abgrenzbaren) neuen künstlerischen Genre ändert sich die Situation für poetische Rekurse auf die klingende Zauberformel: Klänge werden vernehmbar gemacht, und unter ihnen finden sich

30 Ebd., S. 86. (Beispiel 1 ist Richard Wagners *Rheingold* entnommen; das zweite Beispiel stammt aus Hans Arps *Die Schwalbenhode, 4.* von 1921).

31 Carlfriedrich Claus: Notizen zwischen der experimentellen Arbeit – zu ihr. In: Claus: Erwachen am Augenblick. Sprachblätter. Hg. von den Städtischen Museen Karl-Marx-Stadt und dem Westfälischen Landesmuseum für Kunst und Kulturgeschichte Münster. Münsterschwarzach 1990, S. 91–122, hier S. 103.

verschiedene Beispiele, die an Sprachmagie und Zauberformeln anklingen – und sich implizit oder explizit auf Gebetspraktiken beziehen, wie Gerhard Rühms *gebet* von 1954:

a a u
e e o i

a da hu
e de bo i
da ha u
de e do bi
ba ba u
be be o ni
na a bu
me he so mi
ma ma su
e ne so ji
sa sa ju
je e ho di
ga ja gu
e ge do i
a na nu
ne he go gi
wa da du
we we o wi
sa ha wu
e se mo hi
a sa hu
me me wo i
na na mu
se de no si
a na u
e de jo i
a a nu
e de o i
a a u
e e o i[32]

Die Herausgeber einer Anthologie zur Geschichte der Lautpoesie, die diesen Text Gerhard Rühms aufgenommen und kommentiert haben, charakterisieren ihn als ein Musterbeispiel konkreter Poesie, vergleichen ihn zugleich aber auch mit Litaneien und betonen zugleich seine artikulatorisch-somatische Dimension; als

32 Gerhard Rühm: Gesammelte Gedichte und visuelle Texte. Reinbek bei Hamburg 1970, S. 52.

meditativer Text erfordere Rühms *gebet* eine spezifische Atem- und Rezitationstechnik.[33]

Angesichts der Bedeutung, die das Konzept des »Sprachzaubers« bzw. der poetischen »Magie« seit der Zeit um 1900, also im Vorfeld der frühen Avantgarden gehabt hat, spricht vieles für die These, gerade dieses Konzept habe bei der Entstehung moderner akustischer Poesie – des Lautgedichts, des avantgardistischen Hörspiels, der »Sprechoper« und vielleicht auch der konkreten Musik – katalysatorisch gewirkt. Die Anthologie von Scholz und Engeler liefert entsprechendes Belegmaterial.[34] Das Kapitel über »Gebete, Zaubersprüche, Glossolalie« steht unter dem ›magischen‹ Leitwort »Abakadabra«.[35] Im einleitenden Teil heißt es erläuternd zu diesem Kapitel in einer charakteristischen, zwischen Behauptung und Meta-Diskurs changierenden Weise:

> Zauberworte, -sprüche und -formeln sind jene Bindungskräfte, mit deren Hilfe man sich die Geister und mit ihnen Natur und Schicksal untertänig zu machen glaubt. Ihre drei Funktionen sind zu bannen, zu beschwören und Segen herbeizurufen. Als wichtigste Funktion von feststehenden Zauberformeln gilt die Abwehr von Unheil, was man mittels völlig unbekannter Worte zu erreichen sucht. Dem aus sinnfreien Lautfolgen bestehenden Zauberspruch wird eine größere Kraft zugesprochen, eine geheimnisvolle Wirkung verlangt ihren mysteriösen Klang, und man preist und benennt die Geister und Götter am wirksamsten, wenn man sinnfreie Lautreihungen ertönen lässt.[36]

Sind Zauberformeln Bindungskräfte, oder *gelten* sie als solche? Wird dem Zaubertext Kraft *zugesprochen*, oder *besitzt* er ›wirksame‹ Kräfte? Gerade das Konzept der Zauber-Sprache als poetisches Projekt scheint dazu anzuregen, theoretische

---

33 Scholz, Engeler (Anm. 20), S. 68: »der titel ›gebet‹ spielt auf den meditativen charakter dieser lautkonstellation an. | der vortrag erfolgt in einem litaneiartig gedämpften sprechgesang innerhalb einer großen terz. [...]. geatmet wird am besten nach jeder sechsten zeile«.

34 Die Anthologie, als Buch und als CD realisiert, ist in zehn Kapitel gegliedert. Die Kapiteleinteilung entspricht einer thematischen Gliederung – was bei Lautpoesie zunächst überraschen könnte, sich aber als praktikabel erweist: »Abzählverse, Zungenbrecher, Kindersprache | Ene mene mu«, »Gebete, Zaubersprüche, Glossolalie | Abakadabra« | »Geheimsprachen, Literaturrätsel, Kunstsprachen | Das große Lalula« – »Tierstimmen | Kukuk« – »Konstruktivismus, Futurismus, Dadaismus, Merz | fmsbw« – »Lettrismus, Wiener Gruppe, Konkrete Poesie, Oulipo | ö i u a« – »Visuelle Poesie | kp'erioum« – »Laut und Musik | awopbopaloobob alopbamboom« – »Simultangedichte | [übereinandergedruckte Buchstaben]« – »Semantik und klang | I AM THAT I AM«.

35 Das Abakadabra-Kapitel enthält folgende Teile (vgl. Liste S. 9): »Regenlied«, »coyote song«, »Bill Bissett«, »Jesus & Gnosis«, »Richard Huelsenbeck«, »Gerhard Rühm«, »Teufelsmusik«, »Zaubersprüche«, »Wolfgang Amadeus Mozart«, »Paul Scheerbart«, »Glossolalie«, »Aleksej Krutschonych«, »D. Dod«, »Josef B.« – also Beispiele ganz unterschiedlicher Provenienz.

36 Scholz, Engeler (Anm. 20), S. 8.

Reflexionen und poetische Praxis ineinander übergehen zu lassen; in diskursiver Rede wird hier und in ähnlichen Kommentaren, zu Beispielen der Lautpoesie, eine neue, andere, fremdartige und ›magische‹ Sprache beschworen – so als gebe es sie. Ein prägnantes Beispiel dafür ist auch Aleksandr Krutschenychs bei Scholz und Engeler zitierter Kommentar zur Sa-um-Sprache.

cho
E O
ro

go
tscho
ro

tscha
ga
ra

sso
bo
ro[37]

Dazu schreibt der Dichter Krutschonych selbst:

> [...] Gedanke und Rede reichen an das Erleben der Inspiration nicht heran, daher drängt es den Künstler, sich nicht allein durch die allgemeine Sprache (Begriffe) auszudrücken, sondern auch durch die persönliche (individueller Schöpfer) und durch die Sprache, die keine genaue Zeichen-Bedeutung besitzt (nicht erstarrt ist): die sa-umnische. [...]. Sa-umnische Rede gebiert ein sa-umnisches Ur-Bild (und umgekehrt) – exakt unbestimmbar, z. B.: die formlosen Buka, Gorgo, Mormo, die Nebel-Schöne Illajali; Awoska und Neboska, usw. [...] Sa-umnische Schöpfungen vermögen eine universale poetische Sprache zu geben, organisch geboren und nicht künstlich erzeugt wie Esperanto. / Baku 1921[38]

Neben Krutchonych wäre auch Velimir Chlebnikov als ein wichtiger von sprachmagischen Vorstellungen beeinflusster Vertreter der russischen Avantgarde zu nennen. Für ihn verknüpft sich die Frage nach dem evokativen Charakter der Sprachlaute mit Spekulationen über eine Universalsprache, und er widmet den

37 Ebd., S. 159.

38 Ebd. Zu Krutschonych (Krutchenykh) vgl. auch Jed Rasula, Steve McCaffery: Imagining Language. An Anthology. Cambridge/Mass., London 1998, S. 356 f. und Aage Hansen-Löve: Kruchenych vs. Chlebnikov. Zur Typologie zweier Programme im russischen Futurismus. In: Avant-Garde. Interdisciplinary and International Review. Amsterdam 1990, S. 15–44.

einzelnen Sprachlauten, repräsentiert durch einzelne Buchstaben, eingehende semantische (bzw. semantisierende) Kommentare.[39]

Eine Zwischenbilanz: Die ›Erfindung‹ und performative Realisierung einer ›poetischen Sprache‹ darf als Großprojekt der Literatur und Poetik des 20. Jahrhunderts gelten; Anteil an diesem Projekt hatten die Experimente der Avantgarden mit neuen Formen des Poetischen ebenso wie die Reflexionen und Modellierungen von Dichtung, welche sie begleiteten. Die Konzeption des poetischen ›Zauberworts‹ spielt dabei durchgängig eine signifikante Rolle – und sie sensibilisiert insbesondere für die klangliche Dimension dichterischer Artefakte. Poetisch-poetologische Rekurse auf den ›Klang der Zauberformeln‹ verweisen (u. a.) auf ein kontinuierliches sprachreflexives Interesse der künstlerischen Avantgarden des 20. Jahrhunderts; deren Vertreter unterstreichen die Kontinuität dieses Interesses selbst durch die häufige Anknüpfung an historische Textzeugnisse und Redepraktiken. Diskurse über Sprachmagisches und poetische Wortzaubereien tendieren dazu, geläufige Grenzziehungen zu subvertieren: die zwischen Rationalität und Irrationalismus, zwischen atavistischem Glauben und Avantgarde, zwischen Kunst und wissenschaftlicher Theoriebildung – und zwischen Ernst und Spiel. Das Konzept des ›poetischen Zauberspruchs‹ interessiert Visualdichter wie Klangdichter gleichermaßen, und es bildet einen wichtigen Bezugspunkt für ästhetische Arrangements, die eine synästhetische Rezeption provozieren, visuelle und akustische Dimension der Phänomene stärker aneinander knüpfen. Jenseits der Alternative von Präsentation und Repräsentation wird der ›Zauberspruch‹ durch Vertreter der Avantgarden in verschiedenen Spielformen realisiert. Auch in solcher Stimulation poetischer Produktivität durch theoretische Konzepte und das mit ihnen verbundene kulturwissenschaftliche, historische, ethnologische und psychologische Wissen liegt ein Moment quasimagischer Performanz.

Texte, die der Auseinandersetzung mit dem ›Klang der Zauberformeln‹ gewidmet sind – sei es als akustische, an Zauberformeln erinnernde Texte, sei es als deren visuelle Darstellung, sei es auch als eine Sammlung einschlägiger Texte oder als deren Beschreibung –, besitzen eine ausgeprägte performative Dimension und sensibilisieren den Hörer oder Leser für Phänomene sprachlicher Performanz. Mittels ihrer ›geschieht‹ etwas; darum haben gerade Vertreter der Avantgarden, aber auch Lyrik-Theoretiker der Moderne sich so für diese Phänomene interessiert. Die immer noch nächstliegenden Umschreibungen für das,

---

39 Vgl. Velimir Chlebnikov: Werke. Hg. von Peter Urban. 2 Bde. Reinbek bei Hamburg 1972, hier Bd. 1, S. 57–59. Chlebnikov beruft sich unter anderem auf Baudelaire und Mallarmé. Vgl. auch Oskar Pastior: Mein Chlebnikov. Basel, Weil am Rhein, Wien 2003 und Rasula, McCaffery (Anm. 38), S. 361–364.

was da geschieht, entstammen dem Vorstellungskreis um Magie. Hier zwischen eigentlicher und uneigentlicher Bedeutung unterscheiden zu wollen, wäre kaum aussichtsreich.

2 Sprachliche Artikulation zwischen Semantik und Prä-Semantischem: Sprachphilosophische Perspektiven

Wie lässt sich die Bedeutung des Konzepts Sprach-Klang-Magie im Kontext sprachspekulativer und poetologischer Reflexionen aus sprachphilosophischer Perspektive erklären? Einen Ausgangspunkt zur Auseinandersetzung mit dieser Frage bietet eine Position der Sprachphilosophie, wie sie Bernhard Waldenfels vertritt.[40] Kritisch bezieht sich dieser auf die von Vertretern sprachpragmatischer Ansätze modellierte Sprache als ein durch Regeln der Gestaltung und des Gebrauchs normiertes Gefüge, als substanziell ›geordnete‹ Sprache. In ganz anderer Weise als diese begreift Waldenfels den Bezug einer regelkonformen, ›ordentlichen‹ Sprache zum Außerordentlichen – und das heißt: den Bezug der intentional kontrollierten, verständlichen Mitteilung zum Unkontrollierbaren und Unverständlichen.

Ist das Fremde, das Außerordentliche nur ein Störfaktor, der sich durch die Sprachnorm bändigen und prinzipiell ausschalten lässt? Oder ist Fremdes innerhalb jeder sprachlichen Artikulation immer schon präsent? Ist das Unverständliche, der ›ordentlichen‹ Deutung Widerständige nur ein Abweichungsphänomen, ein Produkt der Verfremdung, also etwas Abgeleitetes, Sekundäres? Sind nicht vielmehr umgekehrt die sprachliche Norm, die regelhafte Kommunikation und das Verstehen etwas, das sich von einem Hintergrund des Nichtgeordneten und Unverständlichen abhebt, ohne sich diesen je völlig zu assimilieren? Waldenfels optiert für die letztere Auffassung. Mit Michail Bachtin insistiert er auf der Hybridität aller sprachlichen Äußerungen, auf der unausweichlichen und konstitutiven Beimischung von Fremdem in die jeweils eigene Rede. Seine kritische Auseinandersetzung mit sprachtheoretischen Positionen, die Sprache primär als ein Ordnungsgefüge, Kommunikation primär als regelgeleitet, sprachlich Artikuliertes primär als kontrollierbar, als etwas »Vermitteltes« und »Entschlüsselbares« verstehen, korrespondiert mit seinem auch in anderen Zusammenhängen vertre-

40 Vgl. Bernhard Waldenfels: Vielstimmigkeit der Rede. Studien zur Phänomenologie des Fremden 4. Frankfurt a. M. 1999 (stw 1442), v. a. S. 152 ff. (Hybride Formen der Rede).

tenen Grundansatz, demzufolge sich das Fremde aus dem Vertrauten nicht ausgrenzen lässt, das Außerordentliche alles Geordnete nicht nur als dessen Schatten begleitet,[41] sondern sich auch in Zonen vermeintlicher Ordnung zur Geltung bringt – als etwas, das nicht aus nachträglicher Abweichung entspringt, sondern den Ordnungen, Sprachnormen und Kommunikationsregeln vorgängig ist.[42]

Zu ästhetischen Verfahren, performativen Arrangements und Selbstbeschreibungen der Avantgarden bestehen in mehrerlei Hinsicht Korrespondenzen: Beginnt der von Waldenfels vertretenen Position zufolge die Fremdheit mit und in der eigenen Rede, weil das Ich in seiner eigenen per se vielstimmigen Artikulation nicht zuhause ist und die Sprache nicht von der souveränen Position eines sie kontrollierenden Subjekts der Rede verwendet, so korrespondiert dies mit der gerade von Lautdichtern (wie Hugo Ball) umschriebenen Vorstellung, sprechend und artikulierend zum *Medium* eines nicht kontrollierbaren ›Anderen‹ zu werden – analog zu Effekten, die sich bei magischen Ritualen einstellen. Die somatische Erfahrung des Artikulierens bzw. der Erzeugung von Klängen sowie des Vernehmens solcher Klänge wird entsprechend akzentuiert. So werden Artikulierende und Hörende daran erinnert, dass sie über ihre eigene Körperlichkeit nicht perfekt verfügen, diese nicht kontrollieren – dass das Fremde im Eigenen immer schon anwesend ist, wenngleich unsichtbar und meist unvernehmbar.[43] Eine Artikulation, in der sich das Außerordentliche als etwas den Ordnungen Vorgängiges zur Geltung bringt, erscheint aus der Perspektive konventionellen Sprachverständnisses und aus der diesem affinen Perspektive sprachpragmatischen Philosophierens als ›unverständlich‹. Vertreter der akustischen Poesie (Lautdichtung) produzieren ›Unverständliches‹. Dieses Unverständliche ist nicht

---

41 »*So viele Ordnungen so viele Fremdheiten.* Das Außer-ordentliche begleitet die Ordnungen wie ein Schatten« (Bernhard Waldenfels: Topographie des Fremden. Studien zur Phänomenologie des Fremden 1. Frankfurt a. M. 1997 [stw 1320], S. 33).

42 Waldenfels' Ausgangsthese ist, »daß es ein radikal Fremdes gibt, das keinem bloßen Defizit an Verständnis und Verständigung entspringt, sondern in seiner Unzugänglichkeit zur Sache und somit auch zur Rede selbst gehört« (Waldenfels [Anm. 40], S. 9). Die andere Seite, das entgegengesetzte sprachphilosophische Lager, hält das Fremde für vermittelbar. Waldenfels spricht in kritischer Absetzung dagegen von einer »Einbettung der Sprechakttheorie in die Regelungen einer verständigungsorientierten Universalpragmatik« (ebd., S. 155). Jürgen Habermas vertrete, so Waldenfels kritisch, einen »Zentrismus des Normalen« (ebd., S. 155). Habermas als Vertreter des kontroversen Lagers hat seinerseits kritisch über Adorno und Derrida bemerkt: »Beide entschlüsseln einfallsreich den Normalfall von seinen Grenzfällen her; sie treffen sich in einem negativen Extremismus, entdecken das Wesentliche im Marginalen, Nebensächlichen, das Recht auf Seiten des subversiven und Verstoßenen, die Wahrheit an der Peripherie und im Uneigentlichen«; dies führe – so Habermas – zu einem »Umsturz der Fundierungszusammenhänge und konzeptuellen Herrschaftsverhältnissen« (zit.n. Waldenfels [Anm. 40], S. 156).

43 Waldenfels (Anm. 41), S. 27 f.

einfach als Abweichung vom ›Verständlichen‹ zu beschreiben, sondern es demonstriert seine Präsenz im Raum des Verständlichen und Geordneten in einer Weise, die es als unregulierbar und nicht-ausgrenzbar erscheinen lässt. Ein besonderes Interesse konzentriert sich ausgehend von einer solchen Betrachtung der Sprache als unkontrolliertes Artikulationsmedium eines Außerordentlichen und aus dem Blickwinkel normierter Sprache Fremden auf die akustische Dimension von Artikulationen, auf Rhythmus und Klänge. Das, was von der sprachlichen Normierung nicht reguliert wird, sind insbesondere Rhythmus und Klang. Im akustisch-poetischen Experiment (sowie im diesem benachbarten visualpoetischen Experiment) werden Rhythmus und Klang vernehmlich.

Wie Waldenfels darauf insistiert, dass das Außer-Ordentliche und Ungeregelte dem Ordentlichen, den Codes der Rede und den Ordnungen des Denkens stets vorgängig ist,[44] so betont er auch, dass Spracherwerb, also die Aneignung einer Sprache durch den einzelnen Sprecher, nicht mit Sinnverstehen, also im Feld der geordneten und kontrollierten Kommunikation, beginnt – sondern mit dem Vernehmen von Klängen, die als Folge ihrer Wiederholung ›wiedererkannt‹ werden, und mit dem wiederholungsbedingten ›Wiedererkennen‹ von Schriftbildern. Rhythmen werden perzipiert; dies geht jedem Sinnverstehen als dessen Bedingung voraus. ›Hinter‹ der Sprache als (späterem) Kommunikationsmedium liegen andere Dimensionen der Sprache, die dem verstehenden Begreifen fremd bleiben. So heißt es über den Rhythmus:

> Der erste Schritt des Spracherlernens besteht nicht im Sinnverstehen, sondern im Wiedererkennen von Lautgestalten und Schriftbildern [...]. Gibt es auf dieser Stufe ein Zusammenspiel der Sinne, so wäre dieser als präsemantisch und präteleologisch bzw. als subsemantisch und subteleologisch zu bezeichnen [...]. Rhythmus und Sinn durchdringen sich, aber sie decken sich nicht.[45]

Der Rhythmus als etwas »Prä-Semantisches« wäre demnach also nicht durch die Ausrichtung auf einen Sinn, einen Zweck bestimmt, sondern er ergibt sich aus der Bewegung und ist an die prärationale Sphäre des Somatischen gebunden.[46]

---

44 Ebd., S. 79.

45 Vgl. Bernhard Waldenfels: Sinnesschwellen. Studien zur Phänomenologie des Fremden 3. Frankfurt a. M. 1999 (stw 1397), S. 63.

46 Ebd., S. 64: »Rhythmische Einzelbewegungen bestimmen sich jedoch nicht funktional vom Erreichen eines Ziels her, wie es bei den Wachstumsphasen einer Pflanze oder den Stadien eines Krankheitsverlaufs der Fall ist, sondern sie erhalten ihre Bestimmtheit aus der Art und Weise des *Bewegungsablaufs*. Was zählt, ist nicht das Woraufhin des Ziels und das Was des Ergebnisses, sondern das Wie der Bewegtheit. Jedwedes Phänomen verwandelt sich in einen Rhythmus, wenn man es als ›Bewegungsart‹ betrachtet, anstatt etwa bei einer Wortfolge auf den Tonfall oder an-

Als ein analoges Hinter-die-Sprache-zurück-Gehen beschreibt Bob Cobbing die ›cri-rhythmischen‹ Experimente von Francois Dufrêne und Gils Wolman.

> [...] in 1950, Francois Dufrêne and Gils Wolman (France) began to make their cri-rhythmes and mégapneumes without any aid from the tape-recorder. They had gone back beyond the word, beyond the alphabet to direct vocal outpourings which completely unified form and content. They were back where poetry and music began. In primitive song, the melody often starts on a high note [...]. The emotional outburst, the physical giving out of sound and breath is the song. One thinks of primitive song on hearing Francois Dufrêne. His cri-rhythmes employ the utmost variety of utterances, extended cries, shrieks, ululations, purrs, yarrs, yaups and cluckings, the apparently uncontrollable controlled into a spontaneously shaped performance. Wolman places more emphasis on breath sounds and works in shorter, more isolated, less rhythmically organized sound units.[47]

Cobbings Beispiel bestätigt einmal mehr, dass die konzeptuelle Orientierung an der Idee der klingend wirksamen Zauberformel und ihre experimentelle Umsetzung im Kontext avantgardistischer Kunstpraxis nicht voneinander zu trennen sind. Konzepte wie dieses haben offenbar einen performativen Effekt, der als ›magisch‹ charakterisiert werden könnte: Sie überschreiten die Grenzen des Vertrauten und lassen die Sprache und ihren Gebrauch aus einer gegenüber konventionellen Anschauungen verschobenen Perspektive erscheinen: als etwas nur vordergründig Vertrautes, das von Unvertrautem, von Fremdem nicht nur um-

---

gesichts des Meeres auf die Farbe zu achten (Valéry, *Cahiers*, Bd. I, S. 1296, dt. Bd. 4, S. 60). Der Rhythmus ist nur unterwegs heimisch. Demgemäß wird er durchweg verstanden als geordnete *Wiederkehr* des gleichen Zustandes, äußerlich markiert durch das Schlagen des Taktes«. Um der Mythisierung des Rhythmus zu entgehen, verweist Waldenfels im Folgenden auf den Paläontologen André Leroi-Gourhan (Hand und Wort, 1984), der die zentrale Bedeutung von Rhythmen für die Entwicklung von Technik, Sprache und Kunst erörtert hat.

47 Zit.n. Michael Lentz: Musik? Poesie? Eigentlich ... In: Neue Zeitschrift für Musik 157 (1996). H. 2, S. 47–55. Explizit erwähnt Cobbing Dufrênes *Tombeau de Pierre Larousse*, »in which he [Dufrêne] employs words, often proper names, elided, strangely spelt, given unexpected accents, structures into rhythmical, textured sound patterns of subtlety and force«. Cobbing konstatiert, dass die entsprechenden lautpoetischen Experimente zum einen eine Affinität zur Sphäre des Technischen, zum anderen eine zu der des Atavistischen besitzen. »Two lines of development in concrete sound poetry seem to be complementary. One, the attempt to come to terms with scientific and technological development in order to enable man to continue to be at home in his works, the humanization of the machine, the marrying of human warmth to the coldness of much electronically generated sound. The other, the return to the primitive, to incantation and ritual, to the coming together again of music and poetry, the amalgamation with movement and dance, the growth of the voice to its full physical powers again as a part of the body, the body as language.«

geben, sondern (um mit Waldenfels zu reden) ›durchfurcht‹ ist.[48] Aus der von Waldenfels eröffneten Perspektive auf Sprache und Sprachnormen beschrieben, korrespondieren solche Experimente mit einer Umkehrung der konventionellen Hierarchisierung von ›Ordentlichem‹ und ›Außerordentlichem‹: Letzteres erscheint nicht als nachträgliche Abweichung vom Normgerechten (wie es der normalerweise mit dem Stichwort »Verfremdung« verbundenen Vorstellung entspricht), sondern als etwas, das dem ›Ordentlichen‹ vorausgeht und von ihm nie ganz eingeholt wird, weil es auch in der ›ordentlichen‹ Rede immer noch zumindest unterschwellig präsent ist.

Die skizzierten Konvergenzen zwischen experimenteller Poesie und phänomenologischer Sprachphilosophie als einer kritischen Reflexion über die These vom Primat sprachlicher Ordnungen und einer Betonung des Fremden, Außerordentlichen wären durch vielfältige Beispiele illustrierbar. Entsprechende künstlerische Experimente legen es dabei jedoch, anders als die philosophische Reflexion, darauf an, den Bereich des Begrifflichen performativ hinter sich zu lassen – um jenes Außerordentlichen willen, das als ›Magisches‹ vielleicht auch nur behelfsweise umschrieben ist. Es geht, so gesehen, mit den akustisch- und visuell-poetischen Experimenten um eine Manifestation des Anderen ›hinter‹ und ›in‹ der Sprache. Vom Standpunkt der Normalsprache aus gesehen, geht es um eine fremde Form des Sprechens, eine fremde Form der Bewegung im sprachlichen Raum.

Über dieses Sprechen zu sprechen, ist notgedrungen Annäherung. Zitiert sei nochmals Claus:

> Diesem neuen ›Sprechen‹ liegt (wenn man in diesem Zusammenhang einmal von den Experimenten zu dialektischen Operationen in wortgebundener Rede absieht, die aber stets auch Sur- und Sous-Semantisches entfesseln) nicht mehr eine bereits vorhandene ›Sprache‹ zugrunde. Es ist also in seiner letzten Konsequenz kein ›Sprechen‹ wie es durch die Phonologie definiert wird, wonach ›jeder Sprechakt ein Sprachgebilde voraussetzt‹ (v. Essen). Denn die Sprechlaute, die Elemente des sprachlichen Zeichensystems, beginnen ja, sich zu nennen, und damit: sich zu verselbständigen. Sie gehen neue Verbindungen ein, werden zu Elementen ›anderer‹ Botschaften. – Geschehe dies nun durch aufspaltende dialektische Prozesse innerhalb vorhandener Sprachsysteme, – oder durch Lautprozesse, die von vornherein außerhalb der sprachlichen Semantik in Gang gebracht werden […] – oder geschehe es durch Synthesen beider Möglichkeiten, […] – – – stets scheinen mir diese voneinander so verschiedenen akustischen Strukturen, Systeme, Lautraumbildungen überzugreifen in

48 »Die Hervorhebung eines Fremden, das nicht assimiliert oder übertüncht, sondern als halber Fremdkörper gekennzeichnet wird, versetzt uns an die *Schwelle von Eigenem und Fremdem*, an die Schwelle von eigener und fremder Sprache, an einen Ort also, wo die Normalität nicht mehr bloß durch Anomalien umrahmt, sondern von ihnen durchfurcht wird« (Waldenfels [Anm. 40], S. 167).

> die ›intensitätsreichste Menschwelt‹ (Ernst Bloch) – : in Musik. Als relativ autonomer, neuer Distrikt, als im Entstehen begriffener Relationsbezirk jenes dichten und weiten Quellreichs des Unbekannten, das durch den Menschen: tönt.[49]

Im Ausgang von Erörterungen zu lautpoetischen »Exerzitien« konzeptualisiert Claus hier noch einmal Musik in einer Weise, die von Bloch und von der Romantik beeinflusst ist, zugleich aber Affinitäten zur Phänomenologie des Fremden aufweist: Die durch den Menschen(-Körper) tönende Musik ist das Fremde, Unverfügbare, die geordnete Sprache zugleich Bedingende und Unterlaufende (Subvertierende), das jenem Außerhalb entspricht, von dem sich alle Ordnungen abheben, von dem alle Ordnungen abgeleitet sind, – und jenem Fremden, das immer präsent ist, auch dort, wo wir uns vermeintlich verstehend ›auskennen‹. Gerade Carlfriedrich Claus umkreist mit seinen Erwägungen insistent diese Spannung zwischen Fremdem und Geordnetem, wobei er tendenziell die Musik aufseiten des Fremden verortet, ja mit diesem gleichsetzt:

> Ich sehe sowohl die Entfesselung der ›objektiven‹ Sprechklänge aus dem semantischen Gefüge, und ihre Verformung [...], wie auch die Entfesselung des ausgesprochen ›subjektiven‹ Faktors im Sprechen, d. h. der wechselnden, papillarliniendurchlaufenen Affektlandschaft, die sich aus Stimmfarbe, Sprechrhythmus, Tonhöhenschwankungen, Sprechmelodie, Dynamik usw. bildet, und ihre Montage, als einen Prozeß, der zur Formierung von Botschaften führt, die mehr und mehr organische, existenziell-universale *Musik* werden; ›... bis heute ist noch nicht recht bekannt, wie die Musik selbst heißt und wer sie sei‹ (Ernst Bloch).[50]

Und er schlägt, Ilse Garniers Unterscheidung von »Sprech- und Singstimme« aufgreifend, vor, beide als zwei bedeutende potentielle Arbeits-Distrikte dessen zu sehen, was sie als Produktions-Multiversum ›Musik‹ übergreift und umfasst.[51] Die utopische Richtung, welche Claus' Vorstellungen zufolge Exerzitien und Experimente haben, indem sie das fundierend ›Musikalische‹ der Sprache in seiner unterschwelligen, durch Begriffe nicht auslotbaren Präsenz zum Vorschein bringen, wird mit antizipatorischen Wendungen umschrieben, die an Magie-Diskurse erinnern: An Diskurse über universale Korrespondenzen zwischen Mikro- und Makrokosmos, die durch die Zauberformel wirkmächtig gemacht werden – auf dass die Dinge selbst ihre latente Sprachlichkeit enthüllen.

---

49 Carlfriedrich Claus: Lautprozesse. Offener Brief an Ilse Garnier, 6. 9. 64. In: Claus (Anm. 31), S. 123.

50 Ebd., S. 124.

51 Ebd., S. 123.

> Als letztes: die potentiellen organischen Energien im Sprechen, die, durch unsere Experimente befreit, Bestandteil von ›Musik‹ werden, tragen – vielleicht – dazu bei, daß .... Musik, in allerdings wohl noch ferner Zukunft, das wird, was in ihr als Utopikum angelegt ist, auf das hin sie seit je tendiert – – –: S p r a c h e. Neue kosmisch-existenzielle Sprache, die die Mikro- und die Makro-Welt, ihre Existenz-Figurationen, Leben und Tod, ihr Unbekanntes, ihr schwebendes Geheimnis, vielleicht zu vermitteln fähig sein wird.[52]

Was Claus gegenüber Waldenfels noch an die romantische Musikästhetik (und Bloch) bindet, ist erstens die Akzentuierung bzw. Interpretation dessen, was er als das dem Rationalen, der Ordnung, dem Geregelten Widerständiges und dabei (wie Waldenfels) Vorgängige begreift: Für ihn ist das der Bereich des »Emotionalen«, und des »Individuellen«. (Ein zweiter wichtiger Unterschied, der Claus als Nachfolger und Erbe nicht nur romantischer Musikästhetik, sondern auch romantisch-idealistischen Philosophierens ausweist, ist [wie das letzte Zitat belegt] die Denkfigur der Vermittlung.)

Die Beziehung zwischen akustischer und visueller Poesie verdient im Zusammenhang der Erörterung ihrer ›magischen‹ Anteile und Erbschaften über Vergleiche des Klang- bzw. Erscheinungsbildes hinaus noch in einer weiteren Hinsicht Aufmerksamkeit: Folgt man Überlegungen, wie sie Carlfriedrich Claus angestellt hat, dann sind akustische und visuelle Sphäre im Bereich der Visualdichtung zwar getrennt und werden durch die Experimente selbst in ihrer Konzentration auf das Akustische oder das Visuelle sogar noch in ihrer jeweiligen Eigenheit betont. Im Rezipienten aber (und auch im Produzenten, insofern dieser Rezipient ist) lösen Klangereignisse die Vorstellung visueller Formen und visuelle Gestaltungen die Vorstellung akustischer Ereignisse aus – und zwar in einer Weise, welche – wie Claus betont – nicht durch einen Code vermittelt ist, keiner Ordnung unterliegt.

> Die beiden Weisen der Sprache konzentrieren sich: der Schrift-Text auf das Optische, der Klang-Text auf das Akustische. Der Autor kommt, vom Klangreich ins Schriftreich übergehend, in eine völlig andere Materie. Hat er da Töne um sich, so hier Bilder. In Zukunft wird man, glaube ich, den ›Gedichtbänden‹ wohl – wie jetzt hie und da – Langspielplatten oder Bänder beigeben, d. h. falls sich der betreffende Autor mit Klangtexten befaßt, doch der Leser hört – in extremen, dann aber vielleicht nicht mehr so ganz extremen Fällen – das Gelesene nicht noch einmal auf der Platte, wie jetzt, sondern etwas ganz Anderes taucht in seinem Ohr auf. Er wird aus den Schriftbildern, den gedruckten ›Gedichten‹, die ihn nicht an eine von vornherein festliegende Zeit-, Lese-Ordnung binden, KLANGTEXTE, die sich je nach seiner Disposition wandeln, selbst ermessend zusammenstellen, und aus den Klangtexten (auf Band) werden/können ihm dann Schriftbilder, BILDER, fallen. In der Wahl der Zellen, des Ablaufs, ist der Leser bzw. Hörer total frei, wird aber gerade dadurch an

52 Ebd., S. 124.

> sein eigenes Schöpferisches gebunden, der Künstler in ihm aus seinen Fesseln gelöst. Eine atemberaubende Sache ist es zu beobachten, zu erleben, wie ungetrübt und vielformig die Schöpferkraft des Menschen sprudelt, – eh' der Profit-Giergeist ihn faßt [...].[53]

Claus geht es auch um das »Andere« der rationalistischen Ordnung, insofern diese sich für ihn mit kapitalistischen Strukturen verbindet; er versteht sich insgesamt als rationalismuskritisch im Sinne einer Aufklärung über Aufklärung. Entscheidend ist die sowohl politisch und soziologisch als auch anthropologisch, psychologisch und ästhetisch akzentuierbare Denkfigur des Bruchs: Das Außer-Ordentliche relativiert das Geordnete, wo es sich vernehmbar macht:

> Extrem entgegengesetzte – über und unter der gewohnten Redewelt schwingende.
> mit den mannigfachsten Verbindungsfasern, Übergängen, Brücken zu ihr, bis zum abrupten Bruch – KONKRETE SPRECHWEISEN steigen im Klangbildraum auf.[54]

Claus betont übrigens ebenfalls die somatische Grundierung der Wirkungen entsprechender Experimente, die er »Exerzitien« nennt (»Veranlagt sind diese konkreten Sprachweisen [...] in der Kehlwelt selbst [...]«); er spricht von einer »Durchdringung des einzelnen Lauts mit dem Leib«.[55] Im (von Claus behaupteten) spontanen Transfer vom Akustischen ins Visuelle, vom Visuellen ins Akustische bringt sich also wiederum etwas Un-Normiertes, Nichtgeregeltes zur Geltung, etwas, das Außerhalb der sprachlichen Ordnungen liegt und diesen dabei doch offenbar unauflöslich verbunden ist. Die Erzeugung von Klangimpressionen durch Bilder, von Bildimpressionen durch Klänge unterliegt aus Claus' Sicht nicht der Reglementierung durch einen Code, nicht der Kontrolle durch Normen der Kommunikation. Was ein Hörer bei Klängen ›sieht‹, was ein Betrachter bei visuellen Strukturen ›hört‹, unterliegt nicht der intentionalen Steuerung durch den Urheber der Klänge bzw. visuellen Gestaltungen. Es ist nicht codiert und nicht decodierbar. Und es lässt sich entsprechend auch nicht auf einen explizierenden, vermittelnden Begriff bringen. Claus bezeichnet die Wirkungen, die Klänge im Hörer, Bilder im Betrachter auslösen, als »individuell« und spricht von der »Freiheit« des Rezipienten, welche sich in seiner ›individuellen‹ Rezeption bezeuge. Wenn aus der Waldenfelsschen Perspektive gegenüber dem Begriff der Individualität und dem der Freiheit zweifellos auch Bedenken anzumelden wären, zielen Claus' Überlegungen doch auf etwas, das Affinitäten zu den sprachphilosophischen Erläuterungen des Phänomenologen aufweist: auf den Primat und

---

53 Carlfriedrich Claus: Klangtexte Schriftbilder [1959]. In: Claus (Anm. 31), S. 85.
54 Ebd.
55 Ebd., S. 86.

die Präsenz des Unnormierten, Unkontrollierten, Nicht-Verfügbaren im Raum der Sprache.

Es geht hier nicht um die Frage, ob Claus ›Recht hat‹, ob er die Wirkungen von akustischer und visueller Experimentaldichtung ›adäquat‹ beschreibt; es geht um die Haltung gegenüber der Sprache, die sich in seinen Überlegungen ausdrückt: um das Bewusstsein von der Gegenwart eines Unverfügbaren, von der Vorgängigkeit des Außer-Ordentlichen. Die Beschreibung der hier erörterten Wirkungen akustischer und visueller Arrangements mit dem Wortfeld um ›Magie‹ liegt nahe, und sie ist dann, wenn man ›Magie‹ strukturell begreift und nicht an einen bestimmten Glauben, eine bestimmte Kultur, eine bestimmte Tradition knüpft, auch mehr als eine Metapher.[56]

Aus Clausscher Perspektive betrachtet, wirken akustische und optische poetische Experimente entgrenzend: zwischen dem Produzenten und dem Rezipienten, zwischen dem Klanglichen und dem Visuellen, zwischen dem Somatischen und dem Imaginären. Das sich akustisch oder visuell (schrift-gestisch) zur Geltung bringende Wort bewirkt diese Entgrenzung, sich abhebend von sprachlichen Regeln, Normen und Ordnungen. Das Außer-Ordentliche bekundet sich. (Der Rekurs auf [sprach-]magische Konzepte zur Beschreibung dieses Geschehens mag aus der Perspektive derer, die den Primat sprachlicher Ordnungen vertreten, als ›metaphorisch‹ im Sinne ›uneigentlicher‹ Rede erscheinen. Aus der entgegengesetzten Perspektive betrachtet, wären die Äußerungen derer, die in diesem Sinn über poetische Arrangements sprechen, beim Wort zu nehmen.)

---

56 Selbst bei Waldenfels (Anm. 40) finden sich Anklänge an magisches Vokabular. So spricht er von einem »Inkubationsbereich der Sprache, wo etwas noch nicht *in der Sprache* ist, sondern mehr oder weniger *zur Sprache* kommt« (S. 160 f.).

Sabine Koller

»Die Seelenwanderung einer Melodie«

Julian Stryjkowskis Tanz der Chassiden um Yitskhok Leybush Perets

> Sobald wir uns in Gottes freie lichte Welt herausgerettet hatten, fingen wir beide, ich und Meni, an, unsere Dankbarkeit zur Natur, unser Glück zu bezeigen. [...] aus meiner vollgeatmeten Brust löst sich unwillkürlich eine Art Gesang, schöner als am Feiertag mit dem Vater beim Altar, ein Gesang ohne Worte, ohne Noten, ohne Melodie, eine Art Naturgesang wie von einem Wasserfall, von jagenden Wellen, eine Art von Hohem Lied, eine göttliche Inspiration, himmlische Begeisterung: ›Oh, oh, Tate! Oh, oh, Vater! Oh, oh, oh! lebendiger Go-o-tt!
> (Aroysgekhapt zikh af gots frayer likhtiker velt, hobn mir beyde, ikh un Meni, oys dankbarkeyt tsu der natur, zikh genumen oysdrikn undzer tsufridnkayt. [...] un es rayst zikh aroys fun mayn ongefilter brust, on mayn visn, a min gezang, nokh shener vi yon-tev mitn tatn baym omed, a gezang on verter, on notn, on shum motiv, a min natur-gezang fun a vaser-fal, fun yogndike khvalyes, a min shir-hashirim, getlekhe hispayles, a himlishe bagaysterung: oy-vey, tate! oy-vey, foter! oy-vey, lebediker goooooot!!!)[1]

> [...] alles ist im Gesang! Die Befreiung kommt im Gesang.
> ([...] wszystko jest w śpiewie! Wyzwolenie przyjdzie w śpiewie.)[2]

1 Julian Stryjkowskis Prosa: Ein Lied der Intertextualität

Folgt man den Klangspuren der osteuropäisch-jiddischen Literatur, so hallen in ihnen – wie in Scholem-Alejchems Fragment gebliebenem letzten Roman *Motl Peyse dem khazns* (*Mottl Peyse, der Kantorssohn*, erster Teil 1907 veröffentlicht, zweiter Teil 1916)[3] – die Gesänge aus dem *Tanach*, der hebräischen Bibel, nach.

---

1 Scholem-Alejchem [Sholem-Aleykhem]: Motl Peyse dem khazns. In: S.-A.: Ale verk. 15 Bde. Buenos Aires 1953, hier Bd. 4, S. 11 f. (dt. 1965 im Insel Verlag Frankfurt a. M. erschienen als *Mottl der Kantorssohn* in der Übertragung von Grete Fischer). Die Transliteration jiddischer Zitate und Namen richtet sich, gängige Schreibungen wie Scholem-Alejchem ausgenommen, nach der wissenschaftlichen YIVO-Umschrift des Jiddischen. Die Übersetzungen im vorliegenden Beitrag stammen, soweit nicht anders angegeben, von mir.

2 Julian Stryjkowski: Austeria. Warszawa [2]1968, S. 158 (dt. erschienen 1968 u. d. T. *Austeria* sowie 1969 als *Die Osteria*).

3 Scholem-Alejchem (Anm. 1).

David, der mit seinem Spiel auf der Lyra Saul aufheitert und dem zahlreiche Lob- und Trauergesänge aus den Psalmen, den *Tehilim*, zugeschrieben werden, mag als ihr Schirmherr gelten. Zugleich erzeugen sie ein Echo in der Literatur russisch oder polnisch schreibender jüdischer Autoren. Auch sie notieren (nicht nur biblische) jüdische Melodien gleichsam in Buchstaben.

Der im galizischen Stryj geborene Julian Stryjkowski (1905–1996) ist einer von ihnen. Weniger bekannt als Bruno Schulz, jedoch nicht minder bedeutend für die literarische Darstellung der polnischen Juden als Isaak Bashevis Singer, spannt er mit direkten und verborgenen Anspielungen auf die jüdische literarische Tradition ein dichtes Netz der Intertextualität über seine Werke.[4] Heilige und profane Schriften schwingen in ihnen mit, das *Shir ha-Shirim* (*Lied der Lieder*) ebenso wie Scholem-Alejchem – oder Yitskhok Leybush Perets (1852–1915).[5] Perets bildet neben Mendele und Scholem-Alejchem das dritte Glied der jiddischen Klassiker. Was ihn, die dominierende Figur der polnischen Judenheit,[6] herausragen lässt: Seine Texte öffnen der jiddischen Literatur den Weg in die (symbolistische) Moderne. Mit *Khsidish* (*Chassidisches*, 1908) und den *Folkstimlekhe geshikhtn* (*Volkstümliche Geschichten*, verfasst 1894–1912),[7] neoromantischen Erzählungen, die tief in der Lebens- und Glaubenswelt der osteuropäischen Juden verankert sind, gibt er dafür die Richtung vor:[8] Das (ost)jüdische religiöse Erbe behindert die Juden nicht, sondern begleitet sie – ästhetisch transformiert – bei ihrer Suche nach kultureller Autonomie und Identität.

---

4 Zu Stryjkowski siehe in Auswahl Jan Pacławski: Kronikarz żydowskiego losu. Szkice o twórczości Juliana Stryjkowskiego. Kielce 1993; Anna Sobolewska: Ostatnia nitka wiary: O poszukiwaniach religjnych w twórczości Juliana Stryjkowskiego. In: A. S.: Mistika dnia powszedniego. Warszawa 1992, S. 161–188; Eugenia Prokop-Janiec: Stryjkowski: Sny i jawa. In: Ruch Literacki 36 (1995). H. 5, S. 647–662; Wiesław Kot: Julian Stryjkowski. Poznań 1997 und Agnieszka von Zanthier: Julian Stryjkowski und Edgar Hilsenrath. Zur Identität jüdischer Schriftsteller nach 1945. Essen 2000.

5 Andere Schreibungen des Namens sind: Jizchak Leib Perez oder Peretz. Die Quellenangaben zu den behandelten Primärtexten von Yitskhok Leybush Perets' Erzählzyklus *Khsidish* (*Chassidisches*) und zu Julian Stryjkowskis *Austeria* stehen im Folgenden einschließlich dem jiddischen respektive polnischen Original unmittelbar in Klammern dahinter, siehe Yitskhok Leybush Perets: Ale verk. 11 Bde. New York 1947, hier Bd. 4 und Stryjkowski (Anm. 2).

6 Siehe hierzu Ruth Wisse: I. L. Perets and the Making of Modern Jewish Culture. Seattle, London 1991, S. 34.

7 Vgl. Perets (Anm. 5), Bd. 5.

8 Zu diesen beiden Erzählzyklen siehe insbesondere Shmuel Niger: Y. L. Perets. Zayn lebn, zayn firndike perzenlekhkayt un yidishe shriftn, zayn virkung. Buenos Aires 1952; Ken Frieden: Classic Yiddish Fiction. Abramovitsh, Scholem Aleichem, and Peretz. New York 1995, S. 225–309 und David Roskies: A Bridge of Longing. The Lost Art of Yiddish Storytelling. Cambridge/Mass., London 1995, S. 99–146.

In Stryjkowskis Roman *Głosy w ciemności* (*Stimmen in der Finsternis*, 1946)[9] spielt Perets als Autor sozialkritischer Texte eine wichtige Rolle für die ostjüdische Jugend, die gegen überkommene Glaubens-, Werte- und Lebensvorstellungen der Väter aufbegehrt. Stryjkowskis unter dem unmittelbaren Eindruck der Shoah verfasster Roman lässt ohne allzu große Hoffnung menschliche Rede, ob jüdisches Gebet oder Gericht, ob zionistische Idee oder assimilatorischer Impuls, im Dunkel einer rabbinisch geprägten ostjüdischen Welt verhallen. In der rationalen, von Thora und Talmud bestimmten Welt von *Głosy w ciemności* hat keinen Platz, was in Stryjkowskis *Austeria*[10] voll Inbrunst und in deutlicher Anspielung auf Perets' Erzählungen erklingt: der Gesang der Chassidim.[11]

2 Musik im Chassidismus

Der Chassidismus (von hebr. *chasid*: fromm), eine ostjüdische religiöse Erweckungsbewegung, wird vom Bal-Shem-Tov (BeShT, eigentlich: Israel ben Eliezer), dem »Mann des guten Namens« (1700–1760) ins Leben gerufen. Während andernorts Aufklärung und Rationalismus das europäische Denken regieren, entsteht in »ukrainischen Flecken«[12] Wolhyniens und Podoliens – der Bal-Shem wirkte in Medžibiž (poln.: Międzybóż, jidd.: Mezbizh) – die mystische, dem einfachen

9 Vgl. Julian Stryjkowski: Głosy w ciemności. Warszawa 1957 (dt. Stimmen in der Finsternis. Berlin 1963).

10 Stryjkowski (Anm. 2). Der Roman wurde 1984 von Jerzy Kawalerowicz verfilmt.

11 Zum Chassidismus als »Ethik gewordener Kabbala« (Martin Buber) siehe Simon Dubnow: Geschichte des Chassidismus. In zwei Bänden. Berlin 1931; Martin Buber: Werke. 3 Bde. Heidelberg, München 1963, hier Bd. 3; Gershom Scholem: Die jüdische Mystik in ihren Hauptströmungen. Frankfurt a. M. 1980 (stw 330), S. 156–385; Karl E. Grözinger: Jüdische Mystik. Eine Einführung in die Geisteswelt des Chassidismus. In: Evangelische Akademie. Baden (Hg.): Der Chassidismus. Leben zwischen Hoffnung und Verzweiflung. Karlsruhe 1996, S. 26–51 und Pinchas Lapide: Von der Heiligung des Alltags und der Erneuerung des Bewährten. Der Chassidismus als zum Lebensweg gewordene Mystik. In: Ebd., S. 9–25. Zu chassidischem Legendengut speziell siehe Martin Buber: Die Erzählungen der Chassidim. Zürich [12]1996; Naḥman ben Śimḥah: Die Erzählungen des Rabbi Nachman von Bratzlaw. Zum ersten Mal aus dem Jiddischen und Hebräischen übersetzt, kommentiert und mit einem Nachwort versehen von Michael Brocke. Hg. von Michael Brocke. München, Wien 1985 und Dan Ben-Amos, Jerome R. Mintz (Hg.): In Praise of the Baal Shem Tov [Shivhei ha-Besht]. The Earliest Collection of Legends about the Founder of Hasidism. Translated by Dan Ben-Amos and Jerome R. Mintz. Northvale, New York 1970 (Nachdruck Northvale, NJ 1993).

12 Dubnow (Anm. 11). Bd. 1, S. 104.

Juden und dem Leben zugewandte Bewegung.[13] Statt rational-talmudischer Gottesbeweise sucht sie – in Synagoge und auf freiem Feld – eine emotionale, ekstatische Gotteserfahrung. Statt schriftorientierter Exegese und talmudischem Argumentieren verschreibt sich der Chassid dem Fabulieren und Erzählen (von Wundern), statt rabbinischer Hirn›akrobatik‹ dem einfachen Herzensgebet: »Nicht der Glaube, der Geist des Gläubigen sollte erneuert werden: dieser war es, in dem das Gefühl über den Verstand, die Gottverbundenheit über die Gotteserkenntnis, die Thora im Herzen über die Thora als Buch die Oberhand gewinnen sollte«, so fasst es der große Geschichtsphilosoph Simon Dubnow zusammen.[14] Als höchstes Ziel propagiert der Chassidismus das Anhangen an Gott (hebr. *devekut*, jidd. *dveykes*) durch Lebensfreude. Freude wirkt als Heilmittel gegen Traurigkeit, zu der man angesichts der vielen Verfolgungen und Pogrome im Zarenreich genügend Anlass hat. Der Chassidismus ist in erster Linie eine »Lehre des Lebens« (*torat chaim*).[15]

Der Zadik (hebr. für »gerecht«), der, kraft seines Glaubens zum Anführer berufen, einen chassidischen Hof um sich schart, übernimmt bei dieser Bewegung, die Askese und Ekstase gleichermaßen umspannt, die Funktion des Anhaftens an Gott. Er agiert als Mittler und Mediator zwischen Mensch und Gott. Ziel seines Herabsteigens auf die profane Ebene des alltäglichen Lebens ist es, die gesamte Gemeinde auf eine höhere Ebene zu heben.[16]

Die Musik, der im Judentum generell große Bedeutung zukommt, spielt hierbei eine wichtige Rolle.[17] Die chassidische Lehre betrachtet die Musik als den »Atem Gottes«.[18] Zusätzlich zu den Gesängen der jüdischen Liturgie entstehen chassidische Weisen. Für unterschiedliche Tätigkeiten entwickeln sich verschiedene Melodien. Doch auch jede chassidische Richtung oder Dynastie hat ihren eigenen *nign* (hebr. Sg. *nigun*: »Melodie«).[19] Diese *nigunim* sind von großer spiri-

---

13 Zu der Stadt, die zu Lebzeiten des BeShT zum Polnisch-Litauschen Bund gehörte, siehe Verena Dohrns Beschreibung (vgl. V. D.: Reise nach Galizien. Grenzlandschaften des alten Europa. Frankfurt a. M. 1993, S. 146–154).

14 Dubnow (Anm. 11), S. 23.

15 S. A. Horodetzky zit.n. Shmuel Barzilai: Musik und Ekstase (Hitlahavut) im Chassidismus. Frankfurt a. M., Berlin, Bern u. a. 2007, S. 29.

16 Ebd., S. 26.

17 Seinen Ursprung hat dies zum einen in der häufigen Erwähnung der Musik in der hebräischen Bibel (vgl. Gen 4,21; Jes 24,16; Ps 30,1/6, 93,4; 100,2 u. ö.), zum anderen im frühen Tempeldienst (siehe hierzu das Basiswerk von Shmuel Barzilai [Anm. 15], v. a. S. 16 f.). Musik prägt damit die Heilige Schrift und den Kult.

18 Leo Nadelmann: Nachwort. In: L. N.: Jiddische Erzählungen von Mendele Mojcher Sforim, Jizchak Lejb Perez, Scholem Alejchem. Zürich [2]1985, S. 425.

19 Siehe ebd., S. 56–68.

tueller Kraft. Sie werden vom Zadik »als Hilfsmittel zur Aufdeckung der Geheimnisse des Menschen verwendet – des Schlechten wie des Toratreuen – und als Mittel des Erlangens der ersehnten *devekut*«.[20] Den Höhepunkt chassidischer Glaubenspraxis stellt ein *nign* ohne Worte dar. Seine Kraft besteht u. a. darin, dass er unabhängig von einem ihm zugrunde liegenden Text (und dessen Semantik) als reine Stimme Lebenskraft und die Verbindung zu Gott ermöglichen kann. Der *nign* ist damit jedem Menschen, auch dem einfachsten, zugänglich, nicht nur solchen, die durch ihre Aufgaben im Tempel (z. B. die Leviten) oder durch Begabung (vgl. König David) an Musik gebunden sind.

Außer im Gesang wird Gott im Tanz erfahrbar. Der Tanz als Ausdruck gläubiger Freude bleibt im Chassidismus nicht auf das Fest der Torafreude, die Simkhat Tora, beschränkt. Der Tanz, sei es derjenige des Zadiks, sei es derjenige der Gemeinschaft, wird verstanden als Gottesdienst mit Körper *und* Seele.[21] Körper und Körperliches erleben so – im Unterschied zur reinen Geistigkeit des Thora-Studiums – eine Aufwertung. Chassidische Glaubenspraxis hat gerade auch durch den Tanz eine stark physisch-performative Seite. *Devekut*, Musik und Freude verbinden sich zu einer Einheit und ermöglichen den Aufstieg der Seele zu Gott.[22]

3 Stryjkowskis singende und tanzende Chassiden in *Austeria* – eine ambivalente Beschreibung

Die Chassidim aus *Austeria* bilden keineswegs das hoffnungs- und klangvolle Gegenstück zur messerscharfen talmudischen Beweisführung, wie Stryjkowski sie in *Głosy w ciemności* vorführt. Über den singenden und tanzenden Chassiden des späteren Romans hängen finstere Wolken (des Untergangs):[23] Die Handlung spielt unmittelbar nach Ausbruch des Ersten Weltkrieges, der das Ende der *belle époque* der k.u.k.-Monarchie besiegelt. Russische Truppen fallen in die Städte und Kleinstädte Galiziens nahe der russisch-habsburgischen Grenze ein. Zur hastigen Flucht vor pogromlüsternen Kosaken gezwungen, findet neben den jüdischen Bewohnern eines galizischen Stetl eine Gruppe Chassidim Unterschlupf in

20 Barzilai (Anm. 15), S. 52.

21 Ebd., S. 72.

22 Siehe ebd., S. 31.

23 Beide sind auch als Teile der Tetralogie aneinander gebunden, die um *Sen Azrila* [*Azrils Traum*] (1975) und *Echo* (1988) ergänzt wird.

der Schenke des alten Tag.[24] Mitnehmen können sie nur ihre Glaubenswelt. Diese besteht vornehmlich aus Gesang und Tanz.

Bereits die Beschreibung ihrer Ankunft rückt die Anhängerschaft des chassidischen Führers, des *Zadik* von Żydaczów, in die Nähe von Musik und Tanz:

> Jedną ręką trzymali kapelusze, żeby im nie spadły z głowy, a drugą chwytali się jeden drugiego, jak w tańcu. Jakby w strachu, żeby nie zostać w tyle.
> (Mit einer Hand hielten sie ihre Hüte, damit sie ihnen nicht vom Kopf fielen, mit der anderen hielten sie einander fest wie im Tanz. Als hätten sie Angst, allein zu bleiben; S. 129)[25]

Zugleich vermittelt die Art und Weise, wie der extra- und heterodiegetische Erzähler sie beschreibt, (ironische) Distanz zu einer religiösen Bewegung, die von der Erweckung in die Entstellung rutscht. Körperlich deformiert und vom Erzähler grotesk überzeichnet, treten Stryjkowskis Chassiden in Erscheinung. Ihre Identität beziehen sie nicht aus Eigennamen, sondern aus wie Epitheta eingesetzten Beschreibungen, die ganz und gar nicht schmücken, sondern das Individuum zum grotesken Typus reduzieren: Den gebrechlichen, brabbelnden Zadik umringen der »Rothaarige« (rudy, ebd.), der als des Zadiks Sprachrohr agiert, der »Chassid mit der schiefen Schulter« (chasyd z jednym ramieniem wyższym, S. 150), der »Jüngling mit Flaum im Gesicht statt eines Bartes« (młodzieniec z puszkiem na twarzy zamiast zarostu, S. 132), der »Schönste mit den goldenen Korkenzieherpejes« (najpiękniejszy ze złotymi korkociągami pejsów, S. 150), der »Größte mit einem Gesicht, weiß wie ein Stück Leinwand und mit Löchern anstatt Augen und Mund« (najwyższy o białej twarzy jak kawałek płotna z dziurami na oczy i usta, S. 157) usw.[26] Sie alle stimmen ein chassidisches Lied an. Sein Inhalt ist schlicht, seine Wirkkraft so hoch angesetzt, dass der Kantorssohn nicht einmal den Psalm 130, *Mimaamakim* (*Aus der Tiefe rufe ich zu dir*), intonieren darf, der an Yom Kipur die Türen zum Schöpfer der Welt öffnet (S. 148).[27] Auf das mes-

---

24 In ihrer Zusammensetzung stellen die geflüchteten Juden einen »Querschnitt der geistigen Ausrichtungen – vom Chassidismus bis zum Sozialismus hin« (pełny przekrój ideowych orientacji – od chasydyzmu po socjalizm) dar (vgl. Kot [Anm. 4], S. 17).

25 Die angegeben Seitenzahlen beziehen sich auf die in Anm. 2 genannte Ausgabe.

26 Ein ähnlich stereotypisierendes Verfahren wendet Stryjkowski auch für die chassidischen Frauen an.

27 Der Psalm wird in der lateinischen Bibel als »De profundis clamavi ad te Domine«, in Luthers Nachdichtung als »Aus tiefer Not schreie ich zu Dir« übersetzt. Mehr als alle anderen Psalmen inspirierte er Dichter wie Charles Baudelaire, Oscar Wilde, Georg Trakl und den jiddischen Lyriker Layzer Aykhenrand, aber auch Komponisten wie Gluck, Bach, Mozart, Schönberg oder Penderecki zur Nachdichtung (siehe Josef Witt: Ecce Poeta. In: Lajzer Ajchenrand: Mimaamakim. Aus der Tiefe rufe ich. Lider un ssonetn. Gedichte. Jiddisch und Deutsch. Aus dem Jiddischen übertragen und mit einem Nachwort von Hubert Witt. Zürich 2006, S. 312).

sianische Hoffnungen weckende Singen folgt die Legende vom singenden Hirten, die einst vom BeShT erzählt wurde und in ihrer Tiefenbedeutung vom Anbruch der Endzeit kündet (S. 159–168).

Das gesungene, gesprochene und gehörte Wort versetzt die Chassidim in Ekstase. Während sich das Unheil in Form eines Pogroms zusammenbraut, versuchen sie, die Ankunft des Messias herbeizutanzen. Das chassidische *hislayves* (hebr.: *hitlahavot*), das Entbrennen für Gott, als Inbegriff der Gotteserfahrung übersetzt Stryjkowski in eine synkopische Diegese. Der Erzähler wechselt hierfür von der Unterredung zwischen dem alten Tag und dem polnischen Pfarrer darüber, wie die reale Vernichtung der Juden aufgehalten werden kann, hinüber zu einem Tanz der Chassidim, der einen *nign* (ohne Worte) begleitet und die göttliche Vernichtung der Jetztzeit beschleunigen soll (S. 174–178). Stryjkowskis staccatohafte Syntax imitiert den Rhythmus des Aufstampfens. Auslassungen (von Verb oder Subjekt) repräsentieren sprachlich die Akzeleration des Tanzes, syntaktische Parallelismen das Crescendo von Bewegung, Gesang und Ekstase, die Tollheit gleicht.

Nur: Der *Zadik* tanzt nicht mit; in die Beschreibung mischt sich die Irritation des Beobachters, der nicht aus der ekstatischen Innenperspektive des Reigens, sondern aus kritischer Distanz unappetitliche Einzelerscheinungen aus dem Kollektiv herauslöst: Ein dicker Chassid glänzt vor Fett, ein anderer verdreht die Augen so sehr, dass man nur das Weiße sieht (S. 177). Die Narration tilgt die Grenze zwischen heiligem Tanz und lächerlicher Hysterie.[28]

Der Vergleich fungiert als das rhetorische Hauptvehikel der komisch-grotesken Entthronung des Heiligen. »Wie eine Hummelschar« (jak rój trzmieli, S. 129)

---

28 Jan Prokop stellt diesen Tanz in einer Besprechung von Stryjkowskis Roman als lyrisches Interludium innerhalb der Roman-Tragödie dar (der Text folgt den aristotelischen Vorgaben von der Einheit des Ortes und der Zeit), siehe Jan Prokop: Austeria czyli wierność. In: Ruch 11 (1968), S. 145–151. Auch Wiesław Kot folgt diesem Deutungsmuster, wenn er schreibt: »Dieser Tanz bringt die Vitalität der Volkskräfte und der Volksstradition zum Ausdruck – der Ausrottung zum Trotz, der das Volk bald verschlingen wird« (Ten taniec wyraża żywotność sił narodu i jego tradycji – na przekór zagładzie, która naród niebawem pochłonie). Vgl. Kot (Anm. 4), S. 10. Die narratologische Detailanalyse der Szene führt jedoch zu einem anderen Ergebnis. Im Gespräch mit Piotr Szewc erläutert Julian Stryjkowski wider derart idealisierende Lesarten und für die betonte Hässlichkeit der Tanzenden: »Hier gestehe ich den Einfluss Célines ein. Ihm verdanke ich den missbilligenden Blick auf mich selbst und meine Nächsten. Mein Verhältnis zu meinem Volk war das eines Fremden, der mit kaltem Blick betrachtet. Und der als einer von ihnen das ohnehin dunkle Bild unterstreicht« (Tu przyznaję się do wpływu Céline'a. Jemu zawdzięczam patrzenie na siebie i swoich bliskich z dezaprobatą. Miałem stosunek do mego narodu jak człowiek obcy, patrzący chłodnym okiem. A jako swój, podczerniający i tak ciemny obraz). Vgl. Julian Stryjkowski, Piotr Szewc: Ocalony na Wschodzie. Z Julianem Stryjkowskim rozmawia Piotr Szewc. Montricher 1991, S. 234 f.

fallen die Chassidim ein; einer der Tanzenden ist »biegsam wie eine Katze« (zwinny jak kot, S. 176). Gerade diese Tiervergleiche sprechen Bände: Sie entsprechen der Zuweisung, Tags Schenke sei eine »Arche Noah« (arka Noego, S. 170) – und entlarven sie zugleich: Der Vergleich zwischen der Schenke und Noahs Arche hinkt ebenso wie derjenige zwischen biblischen Helden (Moses, Josef) und den grotesk-krüppelhaften Chassiden.[29]

Die körperliche Deformation, der die Chassidim kennzeichnet, ist verdächtig. In der Tat nimmt er den Zerfall des chassidischen Hofes um den Zadik von Żydaczów vorweg. Das Hohe kippt ins Niedrige, die lebensbejahende Freude im Tanz (auf der Inhaltsebene) in Morbidität (auf der Ausdrucksebene): Der mit den verdrehten Augen beispielsweise ist »dürr wie ein Skelett mit herabrinnendem Speichel« (»[c]hudy jak szkielet z cieknącą śliną«, S. 177).

Mit Perets' idealisierten neochassidischen Erzählungen hat dies nichts mehr zu tun, wohl aber mit den Bettlern aus An-Skis Dreiakter *Tsvishn tsvey veltn: Der dibek* (*Zwischen zwei Welten: Der Dibbuk*, 1913),[30] die anlässlich einer Heirat zusammenkommen. Julian Stryjkowski hat die berühmt gewordene Inszenierung des jiddischen Paradestücks in der Regie Evgenij Vachtangovs gesehen, der von 1918 bis zu seinem frühen Tod 1922 am hebräisch spielenden Moskauer *Habimah*-Theaters tätig war.[31] Vachtangov übersteigert den Hochzeitstanz der Bettler zum grotesken *danse macabre*. Stryjkowski, den die Aufführung über Jahre beschäftigt, übersetzt die theatralische Umsetzung eines Tanzes aus der jiddischen Literatur (durch einen armenischen Regisseur) zurück ins Medium der – nun polnischen – Belletristik. Er funktionalisiert ihn für die Dekonstruktion der Chassidim. Diese erleben in *Austeria* einen zweiten Auftritt, der erneut ihre gesungene und getanzte Weltabgewandtheit vorführt.

---

29 Der Erzähler zieht während der Beschreibung der tanzenden Chassidim Analogieschlüsse zu Moses und Josef. Zugleich zweifelt er deren Existenz an (vgl. S. 174 und 177).

30 Vgl. Salomon An-Ski: Gezamlte shriftn. 15 Bde. Vilno, Varshe, Nyu-York 1928, hier Bd. 2, S. 3–107 (Tsvishn tsvey veltn: Der dibek) und S. An-skij: Mež dvuch mirov (›Dybuk‹). [Hg. und mit einem Glossar versehen von Vladislav Ivanov.] In: Boris Entin (Hg.): Polveka evrejskogo teatra 1876–1926. Antologija evrejskoj dramaturgii. Moskva 2003, S. 319–385.

31 Bühnenbild und Kostüme stammten von Natan Al'tman, die Übersetzung des ursprünglich in russischer Fassung, dann ins Jiddische übertragenen Textes An-Skis (Pseudonym für Shloyme Zaynvl Rapoport, 1863–1920) ins Hebräische besorgte Chaim Bialik. Nach eigenen Angaben beeindruckte Stryjkowski diese Inszenierung von 1922 in ihrer magischen Mystik nachhaltig; unterschwellig ging sie in seinen Roman *Glosy w ciemności* ein, siehe Stryjkowski, Szewc (Anm. 28), S. 237. Eine weitere wichtige intertextuelle Folie für die behandelte Tanzszene stellt das Drama *Wesele* [*Hochzeit*] (1901) des Schriftstellers, Malers und Hauptvertreters der *Młoda Polska* (*Junges Polen*) Stanisław Wyspiański dar (1869–1907), vgl. hierzu auch Prokop (Anm. 28), S. 146.

Die Chassiden besingen in Tags Stube »wesele i radość« (Frohsinn und Freude; S. 168), während realiter Mord und Totschlag auf sie warten und Asia, der jüdischen Toten im Hause, höchste Ehrerbietung geziemt.[32] Am nächsten Morgen, bei Tagesanbruch, begibt sich die skurrile Glaubensgemeinschaft wie bei der ersten Beschreibung als »rój trzmieli« (Hummelschwarm, S. 256) tituliert und »niby w tańcu« (wie im Tanz, ebd.) singend nach draußen. In der freien Natur, dem bevorzugten Ort der Chassidim, um die Trennung zwischen Heiligem und Profanem zu überwinden, gedenken sie, an den Lippen des altersschwachen Zadiks hängend und parallel zum Anbrechen des neuen Tages, des Schöpfungsberichts und Gottes »Es werde Licht« (jehi or, Gen 1,3). Dass zur selben Zeit das nicht weit entfernt liegende Stetl in Flammen aufgeht, rührt sie wenig. Als der Kantorssohn deshalb einen unerlaubten Segensspruch anbringt, brechen sie, einer »heiligen Herde« ([t]rzódka Świętości; S. 266) gleich, »im Gänsemarsch« (gęsiego, S. 265) zum Bach auf, um sich vom Bittspruch des Kantors rein zu waschen.

Erneut charakterisieren Tiervergleiche die Chassiden und unterstreichen die Exotik ihres Erscheinens. Im Unterschied zur ersten Passage entrückt der Erzähler die Chassidim in eine kindgleiche Naivität, in der selbst eine karikierte Beschreibung ihrer Ekstase keinen Platz mehr hat. Zwar imponiert ihm ihre (oft durch übermäßigen Alkoholgenuss gesteigerte) Freude an Gottes Thora und Sein, doch entfernt sich das bizarre chassidische Kollektiv aus dem Romangeschehen, ohne noch einmal erwähnt zu werden. Es singt und tanzt ins Ungewisse und hat – in seiner Weltfremdheit – nichts zur Rettung der eigenen Spezies beizutragen. Unfähig, zwischen Tätern und (jüdischen) Opfern zu vermitteln, da einzig mit der (aufgrund der narrativen Darbietung schwer ernst zu nehmenden) Mittlerfunktion zwischen Gott und Mensch befasst, fällt diese schwierige Ausnahme zwei Menschen zu, die nur bedingt die Gnade des jüdischen Gottes finden: dem sündigen Tag (er hat ein Verhältnis mit seiner ukrainischen Magd) und dem polnischen Priester.

4 Die Seelenwanderung chassidischer Melodien und Tänze – von Perets zu Stryjkowski

Die teilweise groteske Beschreibung der Chassiden in Stryjkowskis *Austeria* ist ein deutlicher Hinweis auf die Degeneration der ostjüdischen Frömmigkeitsbe-

32 Asia wird im Zuge der Kosakenangriffe getötet und in Tags Schenke aufgebahrt. Der alte Schankwirt versucht vergebens, beim fast tauben (oder debilen?) Zadik eine Beendigung des Tanzes zu erwirken, um den traditionellen Trauergeboten und -riten zu entsprechen (vgl. S. 178 f.).

wegung. Nach ihrem Aufblühen schrumpft sie ab ca. 1815 zu einem Zadikim-Kult zusammen.[33] Auf die Berufung einzelner großer Führer der ersten Phase (BeShT, Dov Ber von Mezritsh, Rabbi Nakhman Bratslaver) folgt später ein – gefährliches – ›Erbrecht‹ auf Führerschaft und Erleuchtung. Die Aura des Heiligen, die die ersten Zadikim umgibt, wird zum Amtsgeschäft. Von den einst charismatischen Anführern bleiben nur (teilweise dem Alkohol oder Nikotin erlegene) Karikaturen übrig. Stryjkowskis Zadik ist ein (literarisches) Beispiel dafür: Außer Ächzen, Seufzen und Niesen ist wenig von ihm zu hören.

Das ganze Ausmaß dieser desillusionierten und den Chassidismus entlarvenden Literarisierung erschließt sich jedoch erst in Kenntnis der intertextuellen Prätexte von Yitskhok Leybush Perets. Musik und menschliche Stimme sind wichtige Motive seiner Prosa, die sich wesentlich aus der ostjüdischen Folklore speist:[34] Seine Karriere als jiddischer Autor beginnt Perets 1888 mit der Erzählung *Monish*,[35] benannt nach einem Jungen, der dem Charme einer nichtjüdischen Musik erliegt und in der Hölle endet. In *Neile* – mit diesem Gebet wird Yom Kippur beschlossen – kommt er in einer seiner letzten Erzählungen zu diesem Thema zurück.[36] Ein jüdischer Kantor aus Lahadam ist mit einer außerordentlichen Stimme ausgestattet. Der Satan ist deshalb so in Sorge um Nachschub für die Hölle, dass er den Kantor mithilfe schwarzer Magie dessen Stimme beraubt.[37] Eines der letzten Gedichte Perets' ist ein »dudele« (Dim. zu »dude«: Pfeife), »a parody of the intimate song that the great Hasidic leader Rabbi Levi Yitzkhok of Berdichev had addressed to God«.[38]

---

33 Vgl. Dubnow (Anm. 11), S. 13 und 69.

34 Leah Garrett zeichnet in *A Knight at the Opera* (vgl. L. G.: A Knight at the Opera. Heine, Wagner, Herzl, Peretz, and the Legacy of Der Tannhäuser. West Lafayette [Indiana] 2011) Peretsens Rückgriff und Transformation von Wagners *Tannhäuser* für seine Erzählung *Mesires-nefesh* [*Völlige Hingabe*] (1904) nach. Zur Funktion der jiddischen Folklore für die Entwicklung der jiddischen Literatur von der Haskalah bis zu Perets siehe Dan Miron: Folklore and Antifolklore in the Yiddish Fiction of the Haskala. In: Frank Talmage (Hg.): Studies in Jewish Folklore. Cambridge, Mass. 1980, S. 219–149 und Mark Kiel: Vox Populi, Vox Dei. The Centrality of Peretz in Jewish Folkloristics. In: Polin 7 (1992), S. 88–120. Perets' Impetus, der später auch Chaim Bialik in Bezug auf das Hebräische antreiben wird, ist es in Mark Kiels Augen »to collect, preserve and revitalize the best the [Yiddish] culture and language had to offer« (S. 114).

35 Vgl. Yitskhok Leyb Perets: Monish. Di drey brider. Drey neytorins. Folks-motiv. Main nisht. Shtutgort 1947, S. 5–23 und Roskies (Anm. 8), S. 268 f. Das Poem erschien ursprünglich im ersten Band von Scholem-Alejchems Almanach *Di yudishe folks-biblyotek* (*Die jüdische Volksbibliothek*).

36 Yitskhok Leybush Perets: Ale verk. 18 Bde. Vilne 1922, hier Bd. 7, S. 130–143 (Neile).

37 Vgl. Perets (Anm. 35) und Wisse (Anm. 6), S. 105 f.

38 Wisse (Anm. 6), S. 108. Ruth Wisse schreibt später zur Funktion des Liedes angesichts des realen Kontextes (Erster Weltkrieg): »Peretz's *dudele* assures God that although the rabbi shepherd had not been able to keep the Jewish flock from jumping the fences, these bad times – by which

Die Welt der Musik spielt auch in Peretsens neochassidischen Erzählungen eine tragende Rolle. Die chassidische Doktrin von der Emanation Gottes ist hier literarisch umgeformt in die romantische Suche nach Harmonie in der Natur und im Zusammenleben, in Musik und Tanz.[39] Der Chassidismus wird bei Perets »a way of story telling«,[40] der in Inhalt und ästhetischer Faktur aus der Musikalität der religiösen Bewegung schöpft: »Der chassidische Niggun findet in Perez seinen berufenen Dichter; von seinem Werden, seinen Wandlungen, seiner Macht erzählen viele und die beschwingtesten seiner Geschichten«.[41]

Dient in der Erzählung *Der nayer nign* (*Die neue Melodie*)[42] das Singen dem Übertönen starker Hungergefühle, so setzt Perets Musik, Gesang und Tanz andernorts ein, um die irdische und die himmlische Welt in Verbindung zu bringen. In seiner ästhetischen Stilisierung und Idealisierung chassidischen Singens und Tanzens vollzieht sich die Materialisierung des Immateriellen und die Entmaterialisierung des physischen Seins gleichermaßen.

In *Mekubolim* (*Kabbalisten*)[43] kommt genau dies zum Tragen: Die Stimme »an der Grenze zwischen Geistigem und Stofflichem« (on der grenets tsvishn rukhnies un gashmies, S. 21) muss zurückstehen vor der Melodie, die »ohne Stimme« (on a kol, S. 21), rein »innerlich« (ineveynik, ebd.) ertönt. Sie wird nicht gesungen, ist also kein bewusst-intentionaler Akt, sondern »singt sich selbst« (zingt zikh, ebd.) – als »Teil der Melodie, mit der Gott die Welt erschuf, der Seele, die er in sie eingoss« (a kheylek fun nign, mit velkhn got hot di velt bashafn, fun der neshome, vos er hot arayngegosn in ir, ebd.). *Sh'ma Ysroel oder der bas* (*Höre Israel oder: Der Bassgeiger*) aus Peretsens *Volkstümlichen Geschichten*[44] erzählt auf ähnliche Weise von der Kraft, mittels der Musik – und um den Preis des Lebens – die irdische und die himmlische Welt zu verbinden. Hier ist es Avromeles Spiel auf dem Kontrabass, das während einer Hochzeit die Himmelspforten öffnet. Dem Himmelsorchester fehlt ein Bassgeiger, und so ruft es Avromele, der auf Erden schon die göttliche Musik erlauscht hat, zu sich. Auch in *Baym goyses tsukopns* (*Zu Häupten des Sterbenden*)[45] wird der Widerhall des irdischen Gesche-

Peretz means these anti-Semitic times – are certain to keep the flock penned in. Beneath the irony of this prayer of solace is a terrifying unintentional irony, for Peretz really tried to believe that the Jews could be morally strengthened through political adversity« (ebd., S. 108).

39 Roskies (Anm. 8), S. 118.

40 Ebd.

41 Ludwig Strauss: Nachwort. In: Jizchak Leib Perez: Chassidische Erzählungen. Aus dem Jiddischen übertragen von Ludwig Strauss. Berlin 1936, S. 75–83, hier S. 83.

42 Vgl. Perets (Anm. 36). Bd. 5, S. 21–23.

43 Vgl. Perets (Anm. 5). Bd. 4, S. 20–25.

44 Vgl. ebd. Bd. 5, S. 183–197.

45 Vgl. ebd., S. 73–80.

hens vor Gottes Thron dargestellt: Als es mit dem alten Leybl Konskivoler zu Ende geht, hallt sein *Sh'ma Ysroel* nicht mehr in die himmlischen Sphären hinauf. Dem Engel des Lichts im Paradies erscheint dies gerade so, als sei der ersten Geige des Himmelsorchesters eine Seite gesprungen (S. 73). *A gilgul fun a nign* (*Die Seelenwanderung einer Melodie*, S. 118–135) aus *Khsidish* erzählt von den verschiedenartigen Metempsychosen ein und desselben chassidischen *nign*, der sogar auf der jiddischen Bühne eine Reinkarnation erlebt.

Perets' literarische Inszenierungen der spezifisch chassidischen *musica mundi* bilden den Hintergrund zu Stryjkowskis Tanz und Gesang der Chassidim in *Austeria*. Angesichts Peretsens ästhetischer Stilisierung, die auf säkularem Terrain die Größe der Erweckungsbewegung perpetuiert, wirkt Stryjkowskis Darstellung als eine Kontrafaktur von beidem, der realen ostjüdischen Vorlage und der Literarisierung durch den großen jiddischen Autor. Eine genauere Betrachtung zweier Erzählungen soll dies verdeutlichen.

Mishnes khsidim (*Mishna der Chassidim*, dt. übersetzt als: *Chassidische Mischna*, S. 179–186), der Prototyp der späteren neo-chassidischen Erzählungen, und *Tsvishn tsvey berg* (*Zwischen zwei Bergen*, S. 103–117) rücken den Tanz und sein Potenzial des *hislayves* in den Vordergrund.[46] In *Mishnes khsidim* werden anlässlich einer Hochzeit zwei Wege zu Gott unmittelbar gegenüber gestellt, die einen innerjüdischen Zentralkonflikt des 18. und 19. Jh. repräsentieren: Die sinnenfrohen Chassidim erreichen Gott durch die Musik. Ihre Gegner, die *Misnagdim* (Sg.: *misnaged*), lehnen dies vehement ab. Ihr Weg zu Gott führt über die ratio, über die Auslegung der Thora und strikte Einhaltung der talmudischen Gesetze.[47]

Der Rebbe von Nemirov, ein »Admor«, der die Einheit von Körper und Stimme, Tanz und Melodie kennt, singt und tanzt in der Erzählung Gottes Wort.[48] Er erlebt und vermittelt die Thora körperlich und reißt dabei die Hochzeitsgesellschaft mit. Allein der den Chassidismus ablehnende Bräutigam entzieht sich der kollektiven Gottesbegeisterung, um später die Thora mündlich auszulegen – und dadurch in

46 Wie bei *Kabbalisten* verfasst Perets die Erstversion von *Mishnes khsidim* in hebräischer Sprache (1894; jidd. Erstveröffentlichung in: Der yid, 8.5.1902, S. 11–14), siehe Wisse (Anm. 6), S. 33 und 116. Zu *Mishnes khsidim* und zu *Tsvishn tsvey berg* existieren zwei Übersetzungen ins Deutsche. Die eine stammt von Alexander Eliasberg, erschienen 1922 im Jüdischen Verlag Berlin, die andere – aus dem Jahre 1936 – von Ludwig Strauss (Schocken Verlag).

47 Zu den Gegnern der Chassidim zählen sowohl der Aufklärung anhängende Juden, die *Maskilim*, als auch streng orthodoxe Juden, die *Misnagdim*. Ihr berühmtester Widersacher war die Zentralfigur der litauischen Judenheit, der Gaon von Vilna (Eliyahu ben Shelomoh Zalman, 1720–1797), der die Bewegung mit einem Bann belegt.

48 »Admor« ist die Abkürzung für »Adoyneynu moyreynu verabeynu« (unser Herr, unser Lehrer und unser Meister).

Worten des Rebbes Tanz zu wiederholen. In der Größe des Thora-Verständnisses gleichen sich Tanz und Wort, in der Form jedoch sind sie unvereinbar.

Mishnes khsidim paraphrasiert literarisch virtuos die auf Martin Buber, den begeisterten Sammler chassidischen Erzählguts gekommene Legende vom BeShT, der die Thora tanzt und damit die geistige Thora verkörpert.[49] Dieselbe Konfrontation zweier Welten, derjenigen der Chassidim und ihrer Gegner, und ein ähnliches Konzept der in Freude gelebten, da getanzten Thora motiviert Perets' *Tsvishn tsvey berg*. Der Titel markiert die Position des Erzählers zwischen zwei Oberhäuptern, zwei fiktiven Größen ostjüdischen Glaubens, dem Brisker Rov (also einem Rabbiner als Vertreter des talmudischen Judentums) und dem chassidischen Rebben von Biala, seinem ehemaligen Schüler. Der Hochzeitssaal wird hier durch das freie Feld eingetauscht, das Individuum durch das Kollektiv, das über die Wiesen tanzt und sich so mit Gott und der Natur gleichermaßen vereinigt. Perets legt den beiden disputierenden Antagonisten die Kernunterschiede zwischen Chassidismus und Rabbinertum in den Mund: Rabbinische Lehre ist kristallin, eisig und seelenlos, die chassidische hingegen licht, freudig und beseelt.[50] Das in beiden Erzählungen propagierte chassidische Credo, »dass die ganze Welt nichts anderes ist als Lied und Tanz vor Gott, gesegnet sei Er!« (az di gantse velt iz nisht mer nor a zemer un a tants far hakoydesh-borkhu; S. 179), wird in *Tsvishn tsvey berg* durch derartige Kontrastierungen profiliert. Ebenso wird es durch die explizite Konzeptionierung einer chassidischen Weltmusik gestützt, die in der *descriptio* des Erzählers eingelagert ist:

> Und zum Balkon des verehrten Rabbis drang e i n e Melodie ... als sängen alle einen einzigen Gesang. Und alles singt – der Himmel singt, die Himmelskörper singen, und die Erde unten singt, und die Weltseele singt — - alles singt!
> (Un tsum rabeynus ganikl iz tsugekumen e y n nign ... glaykh ale zingen eyn zemer. Un ale zingn – der himl zingt, di galgalim zingn, un di erd fun untn zingt, un di neshome fun der velt zingt – – – alts zingt!; S. 117)

Perets' Erzähler ›besingt‹ hier die *unio mystica* zwischen Mensch, Gott und Welt, die kraft der Musik erreicht wird. Gottes Einwohnen in der Welt wird hier ebenso erfahrbar wie in der hebräischen Sprache, kennt man ihre Symbolik: der Buch-

49 Siehe Buber [1996] (Anm. 11), S. 134.

50 Vgl. Perets (Anm. 5), S. 115: »Hart iz geven ayer toyre, hart un trukn, vayl zi iz nor der guf un nisht di neshome fun der toyre!« (Hart war eure Thora, hart und trocken, weil sie ist nur der Körper und nicht die Seele der Thora!) – so spricht der ehemalige Schüler zum Rov. Siehe hierzu auch David Roskies, der auf die trügerische Attraktivität des Rebben aufmerksam macht: Dessen Rede sei die klischierte Vorstellung eines Judentums voll Freude, Musik, Natur und Einheit. Nur der Kritiker Hirsh Dovid Nomberg habe darauf hingewiesen (vgl. Niger [Anm. 8], S. 120).

stabe (Graphem), der Laut (Konsonanten), die »Farben der Laute« (Vokale) und die »Melodie des Wortes« bilden für Friedrich Weinreb ihre vier Komponenten.[51] Diese Vierteilung ist wiederum im Menschen gespiegelt, in dem sich – wie in der Musik – das geistige und das körperliche Prinzip entfalten:[52] Der Körper (parallel das Schriftzeichen) stellt die materielle Realität dar, der nicht sichtbare Laut (der Konsonant) das »nefesh« (übersetzbar als Lebenskraft), das das Sprechen des (in der Thora festgeschriebenen) Wortes ermöglicht. Die Vokale stehen in der jüdischen Buchstabenmystik für den »ruach« (jidd.: ruekh), den »Geist«, »Wind«, aber auch »Atem«, der auch dem Menschen eingegeben ist.[53] Das vierte Elemente ist die »neshamah« (jidd.: neshome) als das Göttliche im Menschen, die »Melodie, die jedem Wort seinen Ton gibt«.[54] Die »neshome« eines jeden Wesens kommt von Gott.

In Perets' romantischer Apotheose des Chassidismus bilden Seele, heiliger Buchstabe (Thora) und Musik eine unauflösliche Einheit:

> Jeder Jude ist ein Sänger, in jedem Buchstaben der geheiligten Thora ist eine Singstimme, und jede Seele in jedem Körper ist ebenfalls eine Singstimme, denn jede Seele ist ein Buchstabe der heiligen Thora, alle Seelen zusammen bilden gemeinsam die heilige Thora, und beide sind sie ein Gesang vor dem König der Könige aller Könige [...]!
> (yeder yid iz a meshoyrer, in yedn os fun der toyre hagdoyshe iz a kol-negine, un yede neshome in yedn guf iz oykh a kol-negine, vorem yede neshome iz an os fun der toyre hagdoyshe, ale neshomes tsuzamen zenen di toyre hagdoyshe ingantsn un beyde zenen eyn zemer lifney meylekh mlokhim hamlokhim [...]!; S. 179 f.)

Die Chassiden in Stryjkowskis *Austeria* sind weit von diesem Ideal der gesungenen und getanzten Thorafreude entfernt, in der göttlicher Buchstabe und menschliche Stimme konvergieren. Stryjkowski versagt sich (und dem Leser) die Idealisierung des Chassidismus im Stile Perets'. Fungieren Gesang und Tanz bei Perets als Inkarnation eines göttlichen Gehalts, so präsentiert Stryjkowski eine hohle Form. ›Schuld‹ ist der Erzähler: Statt mit Perets'scher Sympathie ist er mit großer Skepsis ausgestattet. Er beschreibt den Chassidismus nicht wie Perets von innen heraus als Vision, sondern aus einer Außenposition (der Entfremdung).[55] Stryjkowskis distanzierter Narrator verleiht den Chassidim weder die (Glaubens-)

---

51 Friedrich Weinreb: Die Symbolik der Bibelsprache. Einführung in die Struktur des Hebräischen. Zürich 1969, S. 1.

52 Ebd., S. 3.

53 Ebd., S. 4.

54 Ebd., S. 5. Aus diesem Grund gibt es auch keine Satz- oder Verseinteilung im Tanach, um die freie Entfaltung der Melodie und damit der Seele nicht zu behindern.

55 Dem Erzähler, zwischen dem Rebben und dem Rabbiner stehend, scheint es, als falle ein Vorhang: Statt der üblichen Darbietung der Natur sieht er sie in ihrem Durchwirkt-Sein von Gott

Kraft noch die menschliche Größe, Gott zu erreichen. Er lässt – anders als Perets – keine Vertikalität zu. Stryjkowskis Chassiden erscheinen immer als Kette (poln. »koło«; siehe S. 174), bewegen sich in der Horizontalen. Ihre Gruppe ist nicht homogen wie bei Perets, sondern zerstritten. Der glaubwürdige Dialog mit Gott wird unterwandert durch das Machtgerangel um den Zadik und um hypertrophierte messianische Erwartungen.[56] Statt der mystischen Vereinigung mit Gott und der Welt dank aus Musik geschöpfter *dveykes* und *hislayves* zeigt Stryjkowski eine Isolation, die durch Tanz und Gesang noch verstärkt wird. Die Flammen der Gottesgegenwart, welche in Perets' *Tsvishn tsvey berg* die fromme Schar umzüngeln und »um jeden Chassiden, mit Begeisterung, mit Hingabe, tanzen ...« (tantsn arum yedn khosid, mit hislayves, mit libshaft; S. 116), sind ersetzt durch Tauspritzer auf den weißen Strümpfen der Chassidim (S. 266). Flammen tauchen in *Austeria* nicht als Symbol für Gottes Gegenwart in der Welt, für die *Schechinah* auf, sondern als realer Ausdruck für den Brand während des Pogroms.[57] Dieser wiederum steht symbolisch – wie der Tanz der Chassidim ins Nirgendwo – für die Auslöschung der Juden durch die Shoah, unter deren Unstern fast Stryjkowskis gesamtes Schaffen steht.

Stryjkowski legt in *Austeria* bloß, wie sich der Chassidismus durch entartetes Zadikentum, durch den Kult um eine Person und nicht mehr für Gott selbst

---

und wird Gottes Abglanz in der irdischen Welt gewahr. Dieser idealistischen Stilistik steht der nüchterne Ton in *Austeria* gegenüber.

56 Der Rothaarige als Sprachrohr des Zadik duldet keine Kontaktaufnahme, die nicht über ihn erfolgt. Drastisch ist die Perspektive der chassidischen Frauen auf das Verhältnis zwischen Zadik und dem Rothaarigen: Von der eigenen Frau wird der Rote als »Arsch des Zadiken« (dupa cadyka, S. 221) beschimpft.

57 Die Schechinah meint Gottes »Einwohnung« in die Welt, also seine Gegenwart und Glorie (hebr. *kavod*). Gleich einem Feuer umglüht sie Gott. Das Konzept der Schechinah als weiblicher Kraft in der göttlichen Welt stammt aus der jüdischen Mystik, siehe hierzu u. a. Joseph Dan: Die Kabbala. Eine kleine Einführung. Stuttgart 2007, S. 65–70; Gershom Scholem: Von der mystischen Gestalt der Gottheit. Studien zu Grundbegriffen der Kabbala. Frankfurt a. M. 1977 (stw 209), S. 135–191 und Scholem (Anm. 11), S. 41, 120–123, 251–254. Der Vorstellung der in Flammen die Chassiden umtanzenden Schechinah in Perets' Erzählung mag folgende Überlieferung des BeShT Pate gestanden haben: »Am Fest der Freude an der Lehre vergnügten sich die Jünger im Haus des Baalschem; sie tanzten und tranken und ließen immer neuen Wein aus dem Keller holen. Nach etlichen Stunden kam die Frau des Baalschem in seine Kammer und sagte: ›Wenn Sie nicht aufhören zu trinken, wird bald für die Sabbatweihe kein Wein mehr übrig sein.‹ Er antwortete lachend: ›Recht redest du. Geh also zu ihnen und heiße sie aufhören.‹ Als sie die Tür der großen Stube öffnete, sah sie: die Jünger tanzten im Kreis, und um den tanzenden Kreis schlang sich lodernd ein Ring blauen Feuers. Da nahm sie selber eine Kanne in die rechte und eine Kanne in die linke Hand und eilte, die Magd hinwegweisend, in den Keller, um alsbald mit den gefüllten Gefäßen zurückzukehren« (Buber 1996 [Anm. 11], S. 134).

zersetzt. Das Medium dieser Botschaft ist die Musik: In Perets' *Mishnes khsidim* formuliert der Erzähler theoretisch die Funktion, die dem Zadik beim heiligen Gesang zukommt: »In jeder Gemeinschaft gibt es eine besondere Gebetsmelodie, und der Zadik, der der Gemeinschaft vorsteht, fungiert als Kapellmeister zur Melodie dieser Gemeinschaft« (in yeder klal iz a bazunderer nign, un der tsadik, vos shteyt ibern klal, iz der kapelmeyster tsum nign fun klal; S. 180). Dies wird in Gestalt des ehrwürdigen Admor von Nemirov in die Praxis umgesetzt: »Seine Gesänge und seine Tänze waren angefüllt mit heiligem Geist« (zayne zmires und zayne rikudim zenen oysgezapt geven mit ruekh-hakoydesh; S. 179).

Der Zadik in *Austeria* kann kaum noch singen und tanzen. Nur mit Mühe kommt er seiner Führerfunktion nach. Die Herde hat keinen Hirten mehr, wie er in den Psalmen so oft beschworen wird. Sie ist ohne Anführer, der der wichtigen Aufgabe des »Kapellmeisters« nachkommen könnte. Damit ist der Untergang der chassidischen Melodie, die metonymisch für die gesamte chassidische Glaubenswelt steht, besiegelt. Ein Ton der Dissonanz stört nicht nur einen *nign*. Er *zer*stört die Harmonie zwischen Irdischem und Himmlischem, die Präsenz des Göttlich-Geistigen in dieser Welt:

> Die *neschamah* gibt dem Menschen [...] die Freiheit, sich innerhalb der feststehenden Grenzen nach allen Seiten zu entfalten. Darum bedeutet das hebräische Wort für Melodie, Ton, *taam*, zugleich auch Geschmack und im übertragenen Sinne so viel wie Einsicht, künstlerischer Geschmack usw. Das Wort für Lied, *schir*, bedeutet zugleich so viel wie Regel; denn wenn man beim Singen von der Regel abweicht, so zerstört man das Lied.[58]

Angesichts dieser gestörten Ordnung des Klanglichen nimmt es nicht wunder, dass in der Schlussszene von *Austeria* das Visuelle das Auditive überbietet. Die Tanzenden, die sich jeweils an der Schulter des Vorgängers festklammern, evozieren Pieter Bruegels Zug der Blinden in *Blindensturz* (1568).[59] Wie Blinde irren sie durch eine kriegsbedingte Realität, der sie nur die Karikatur ihrer selbst entgegensetzen können.

58 Weinreb (Anm. 50), S. 7.

59 In Bruegels Bild und in Stryjkowskis Text fassen sich die – real oder metaphorisch – Erblindeten mit ausgestrecktem Arm an der Schulter (siehe die Abb. in: Christian Vöhringer: Pieter Bruegel 1525/1530–1569. Köln 1999, S. 122 f. und Stryjkowski [Anm. 2], S. 266).

Autorenverzeichnis

Sibylle Baumbach, geboren 1978, Studium der Anglistik, Germanistik und Komparatistik in Heidelberg, Cambridge (UK) und an der UC Santa Barbara. Promotion 2006. Habilitation 2013. Mitglied der Jungen Akademie (2011–2016), Juniorprofessorin für Englische Literatur- und Kulturwissenschaft an der Universität Mainz (seit 2011). Wichtigste Publikationen: ›Let me behold thy face‹. Physiognomik und Gesichtslektüren in Shakespeares Tragödien (2007); An Introduction to the Study of Plays and Drama (2009); (Hg.) Literature and Values: Literature as a Medium for Representing, Disseminating and Constructing Norms and Values (2009), Metaphors Shaping Culture and Theory (2009), Regions of Cultures – Regions of Identity (2010), A History of British Drama (2011), Travelling Concepts, Metaphors and Narratives: Literary and Cultural Studies in an Age of Interdisciplinary Research (2012). Forschungsschwerpunkte: Britisches Drama, Narrative der Faszination, literarische Polemik, Intermedialität, Literatur- und Kulturtheorie.

Jens Blauert, geboren 1938, Studium der Elektrischen Nachrichtentechnik in Aachen. Promotion 1969, Habilitation 1973. Ordentlicher Professor für Allgemeine Elektrotechnik und Akustik der Ruhruniversität Bochum (1974–2003, dort Gründer des Institutes für Kommunikationsakustik), Distinguished Visiting Professor für Architekturakustik am Rensselaer Institute of Technology in Troy NY (seit 2005). Publikationen: mehr als 180 referierte Veröffentlichungen, darunter fünf Monographien, z. B. Räumliches Hören (1974, 1981, 1987), (mit Ning Xiang): Engineering Acoustics (2008, 2009). Forschungsschwerpunkte: Ingenieurmodelle der auditiven Perzeption und Kognition, Psychobiologie, Binauraltechnik, Aurale Architektur. Auszeichnungen (Auswahl): Ehrendoktorwürde der Universität Aalborg (1995).

Nikolaus Brass, geboren 1949, Studium der Humanmedizin, zeitgleich private Kompositionsstudien bei Helmut Lachenmann. Promotion 1978. Redakteur in einem medizinisch-naturwissenschaftlichen Verlag (bis 2009) und freischaffender Komponist. Veröffentlichte Werke seit 1980. Zahlreiche Aufführungen auf nationalen und internationalen Festivals für Neue Musik, dazu CD-Produktionen und Rundfunksendungen. Veröffentlichungen in Musikzeitschriften zu musikästhetischen und kulturpolitischen Fragen. Schwerpunkt des kompositorischen Schaffens im Bereich Kammermusik und symphonische Musik. 2014 Uraufführung der Kammeroper *Sommertag* nach dem gleichnamigen Theaterstück von Jon Fosse im Rahmen der 14. Münchener Biennale für neues Musiktheater.

Christian Bruhn, geboren 1934, Musikstudium, dann Musiker und Bearbeiter, seit 1958 freier Komponist und Musikproduzent: Schlager, Jazz, Film- und Fernsehmusik, Musicals, Liederzyklen, Musik für Kinder, Werbung, Bühnenmusik, Instrumentalmusik. Preise und Auszeichnungen (Auswahl): 1962 und 1964 Sieger der Deutschen Schlagerfestspiele, viele weitere 2. und 3. Preise bzw. Plätze, diverse Goldene Schallplatten, Paul-Lincke-Ring, Goldene Stimmgabel, Goldene Partitur, Goldene Europa, Goldene Nadel der Dramatiker-Union, Verdienst-Medaille des Deutschen Musikverleger-Verbandes, Richard-Strauss-Medaille der GEMA, GEMA-Ehrenring, Ehrenmitglied der GEMA, Medaille des Deutschen Komponisten-Verbandes für Verdienste um die deutsche Musik. Wichtigste Werke (Auswahl): Midi-Midinette; Zwei kleine Italiener (Cornelia Froeboess); Gartenzwerg-Marsch (»Adelheid, Adelheid«) (Billy Sanders u.v.a.); Liebeskummer lohnt sich nicht (Siw Malmkvist); Marmor, Stein und Eisen bricht; Cinderella Baby (Drafi Deutscher); Er ist wieder da (Marion Maerz); Winter in Canada (Elisa Gabbai); Tanz mit mir (Peter Alexander); Monsieur Dupont (Manuela); Wärst du doch in Düsseldorf geblieben (Dorthe); Flower Power Kleid (Wencke Myhre); Ein bißchen Goethe (France Gall); Irgendjemand liebt auch dich (Roy Black); Hinter den Kulissen von Paris; Akropolis Adieu; Meine Welt ist die Musik (Mireille Mathieu); Wunder gibt es immer wieder; 99,9 Prozent (Graham Bonney); Aus Böhmen kommt die Musik (Gitti und Erika); Ein bißchen Spaß muß sein (Roberto Blanco); Patrik Pacard (Lady Lily = Erika Bruhn). Lieder-Zyklen: James' Tierleben (James Krüß); Heinrich-Heine-Lieder; Wilhelm-Busch-Zyklus; Der Rhein (Georg Buschor), Fernseh- und Filmmusik (Auswahl): Timm Thaler, Silas, Jack Holborn, Sindbad, Alice im Wunderland, Captain Future, Manni der Libero, Nesthäkchen, Die Wicherts von nebenan, Alle meine Töchter, Hotel Shanghai u.v.a. Titelmusiken: Die rote Zora, Wickie, Heidi, Mona Lisa u.v.a. Musical: Wibbel (nach Müller-Schlösser, Liedertexte: Mischa Mleinek), Mein Freund Wickie, Heidi, Sterntaler. Werbemusik (Auswahl): Milka, die zarteste Versuchung; Wir geben Ihrer Zukunft ein Zuhause, LBS.

Jürgen Doetsch, geboren 1959, Studium der Philosophie und Theologie in Trier und Rom. 1988 Priesterweihe in Rom. Kaplan in Neunkirchen/Saar (1991–1993), Hochschulpfarrer an der Universität des Saarlandes (1993–2003), Mitglied des Auswahlgremiums der Grundförderung des Cusanuswerks (1998–2003), Direktor der Katholischen Akademie Trier (2003–2013), Mitarbeiter in der Apostolischen Nuntiatur in Berlin (seit 2013). Publikationen: Studien zur Philosophie mit dem Schwerpunkt ›Nikolaus von Kues‹.

Rolf-Dieter Dominicus, geboren 1938, Studium der Medizin in Köln, Freiburg i. Br., Berlin (FU). Promotion 1966. Facharzt für Psychiatrie und Psychotherapie. Studium der Philosophie, Geschichte und Psychologie an der FernUniversität Hagen. Magister Artium 2009. Publikationen: Radikaler Konstruktivismus versus Realismus, Apologie des Subjektivismus (2010).

Martin Ebeling, geboren 1958, Studium der Schulmusik, Musikwissenschaft und Mathematik in Köln und Bochum sowie Orchester- und Chorleitung in Essen. Promotion 1998. Habilitation 2009. Kapellmeister und Solorepetitor an der Oper (1986–1996), Dozent in der Studienabteilung des Peter-Cornelius-Konservatoriums Mainz (1996), Privatdozent für Systematische Musikwissenschaften an der TU Dortmund (seit 2009). Wichtigste Publikationen: Tonhöhe: physikalisch – musikalisch – psychologisch – mathematisch (1999), Verschmelzung und neuronale Autokorrelation als Grundlage einer Konsonanztheorie (2007), (mit Margret Kaiser-el-Safti [Hg.]) Die Sinne und die Erkenntnis (2011). Forschungsschwerpunkte: Psycho- und Neuroakustik der Musik, Psychologie und Phänomenologie der Musik, musikalische Akustik, Konsonanztheorie, mathematische Musiktheorie, Tonsatz, Carl Stumpf.

Norbert Otto Eke, geboren 1958, Studium der Germanistik und Theologie u. a. an der FU Berlin. Promotion 1988. Habilitation 1995. Professor für deutsche Literatur an der Universität Amsterdam (2003–2005), Professor für Neuere deutsche Literaturwissenschaft und Literaturtheorie an der Universität Paderborn (seit 2006). Wichtigste Publikationen: Heiner Müller. Apokalypse und Utopie (1989), Signaturen der Revolution. Frankreich – Deutschland: Deutsche Zeitgenossenschaft und deutsche Drama zur Französischen Revolution um 1800 (1997), Heiner Müller (1999), Einführung in die Literatur des Vormärz (2005), Wort/Spiele. Drama – Film – Literatur (2007), (Hg.) Shoah in der deutschsprachigen Literatur (2006), (Hg.) Poetologisch-poetische Interventionen: Gegenwartsliteratur schreiben (2012), (Hg.) »Nach der Mauer der Abgrund«? (Wieder-)Annäherungen an die DDR-Literatur (2013), (Hg.) Bühne. Raumbildende Prozesse im Theater (2014), (Hg.) Entautomatisierung (2014). Forschungsschwerpunkte: Drama und Theater vom 18. Bis zum 20. Jahrhundert, Literatur zwischen Spätaufklärung und Vormärz, Gegenwartsliteratur, deutsch-jüdische Literatur, Automatismen-Forschung.

Sven Friedrich, geboren 1963, Bankkaufmann, Studium der Theaterwissenschaft, Neueren deutschen Literatur und Kommunikationswissenschaft in München (LMU). Promotion 1994. Direktor des Richard-Wagner-Museums mit Nationalarchiv und Forschungsstätte der Richard-Wagner-Stiftung Bayreuth, des Jean-Paul-Museums und Franz-Liszt-Museums der Stadt Bayreuth und Vizepräsident der Jean-Paul-Gesellschaft (seit 1993), Lehrbeauftragter für Theaterwissenschaft an den Universitäten Bayreuth und Regensburg, Mit- und Gründungshg. der Zeitschrift »wagnerspectrum« und der Reihe »Wagner in der Diskussion« (seit 2005), Referent der Inszenierungseinführungen der Bayreuther Festspiele (seit 2011). Wichtigste Publikationen: Das auratische Kunstwerk. Zur Ästhetik von Richard Wagners Musiktheater-Utopie (1996), Richard Wagner – Deutung und Wirkung (2004), (Hg.) Richard Wagner – Werke, Schriften und Briefe [Digitale Bibliothek; 107] (2004), Richard Wagners Opern. Ein musikalischer Werkführer (2012), (Hg.) Wagner im Spiegel seiner Zeit (2013), »Das Kunstwerk der Zukunft«. Beiträge zum Aufsatzwettbewerb der BF Medien (2014). Zahlreiche Veröffentlichungen, Ausstellungen und Vorträge zu Leben, Werk, Rezeptions-, Aufführungs-, Wirkungs- und Ideologiegeschichte Richard Wagners. Hörbücher zu Wagner und seinen Werken sowie zu Jean Paul und Gustav Mahler in der Reihe »Der Klassik(ver)führer« (2004 ff.).

Jürgen Hellbrück, geboren 1950, Studium der Psychologie in Würzburg. Promotion 1979, Habilitation 1986. Gastwissenschaftler an der University of Osaka (1986–1988), Lehrstuhlvertretungen in Oldenburg (1988–1990) und Konstanz (1990/91), Professor für Arbeits-, Umwelt- und Gesundheitspsychologie an der KU Eichstätt-Ingolstadt (seit 1991). Wichtigste Publikationen: (mit W. Ellermeier) Hören – Physiologie, Psychologie und Pathologie (2004), (mit E. Kals) Umweltpsychologie (2012).

Achim Hermann Hölter, geboren 1960, Studium der Germanistik, Mediävistik, Philosophie, Romanistik und Allgemeinen Literaturwissenschaft in Wuppertal und Düsseldorf. Promotion 1988. Habilitation 1993. Professor für Komparatistik an der Universität Münster (1997–2009), Professor für Vergleichende Literaturwissenschaft an der Universität Wien (seit 2009), Vorsitzender der Deutschen Gesellschaft für Allgemeine und Vergleichende Literaturwissenschaft (2005–2011). Wichtigste Publikationen: Ludwig Tieck: Literaturgeschichte als Poesie (1989), Die Invaliden. Die vergessene Geschichte der Kriegskrüppel in der europäischen Literatur bis zum 19. Jahrhundert (1995), Die Bücherschlacht. Ein satirisches Konzept in der europäischen Literatur (1995), (Hg.): Marcel Proust. Leseerfahrungen deutschsprachiger Schriftsteller von Theodor W. Adorno bis Stefan Zweig (1998), Comparative Arts. Universelle Ästhetik im Fokus der Vergleichenden Literaturwissenschaft (2011), (mit Rüdiger Zymner [Hg.]): Handbuch Komparatistik. Theorien, Arbeitsfelder, Wissenspraxis (2013), (mit Monika Schmitz-Emans [Hg.]): Literaturgeschichte und Bildmedien (2014). Forschungsschwerpunkte: Romantikforschung, Themen- und Diskursforschung, Kunst- und Literaturhistoriographie, Ritualisierungen der Literatur, Ästhetische Selbstreferenz, Supramediale Ästhetik/ Comparative arts, Internationale Rezeptionsgeschichte, Kanonforschung, Bibliotheken und Literatur.

Maria Klatte, geboren 1962, Studium der Psychologie in Oldenburg und Bielefeld. Promotion 1996. Habilitation 2007. Postdoktorandenstipendium im Oldenburger Graduiertenkolleg Psychoakustik (1997), apl. Professorin in der Abteilung Kognitive und Entwicklungspsychologie der TU Kaiserslautern (seit 2008). Wichtigste Publikationen: Effects of classroom acoustics on performance and well-being in elementary school children: A field study (2010), Effects of noise and reverberation on speech perception and listening comprehension of children and adults in a classroom-like setting (2010), The irrelevant sound effect in short-term memory: Is there developmental change? (2010), Does noise affect learning? A short review of noise effects on cognitive performance in children (2013), Phonologische Verarbeitung bei Grundschulkindern mit schwacher Lesefähigkeit (2013).

Sabine Koller, geboren 1971, Studium der Slavistik und Romanistik in Regensburg, Grenoble und St. Petersburg. Promotion 2002. Habilitation 2011, Professorin für slavisch-jüdische Studien an der Universität Regensburg [Leuchtturm-Verfahren] (seit 2013). Wichtigste Publikationen: Das Gedächtnis des Theaters. Stanislavskij, Mejerchol'd und das russische Gegenwartstheater Lev Dodins und Anatolij Vasil'evs (2005), Ein Tag im jüdischen Regensburg mit Joseph Opatoshu und Marc Chagall (2009), (mit Matthias Klatt [Hg.]) Lehre als Abenteuer. Anregungen für eine gute Hochschulausbildung (2012), Marc Chagall. Grenzgänge zwischen Literatur und Malerei (2012), (mit Gennady Estraikh, Mikhail Krutikov, Joseph Opatoshu [Hg.]): A Yiddish Writer Between Europe and America (2013). Forschungsschwerpunkte: Ostjüdische Kulturrenaissance, Russisch-jüdische und jiddische Literatur unter Stalin: Identität, Ideologie und Poetik, Slavisch-jüdisch-jiddische Intertextualität – Intermedialität – Interkulturalität, Prozesse kultureller Übersetzung, Formen des kulturellen Gedächtnisses, Stadt-Texte (St. Petersburg), Gewalt in Text und Bild.

Max Kullmann, geboren 1978, Studium der Architektur (TU Berlin) und Akustischen Kommunikation (UdK Berlin). Geschäftsführer der hands on sound GmbH – Büro für akustische Szenografie, Berlin (seit 2010). Tätigkeitsschwerpunkte: Sound- und Akustikdesign für Kuratoren, Ausstellungsplaner und Architekten; Hör- und Soundworkshops für Schüler und Designer.

Christiane Leiste, geboren 1962, Studium der Anglistik, Pädagogik und Musikdidaktik in München (LMU), Pädagogin, Kulturmanagerin und Kuratorin, Tätigkeitsschwerpunkt auf dem Feld der zeitgenössischen Musik: bei ZeitZeichen, an der Hochschule für Musik und Theater Hamburg und als Leiterin bzw. Kuratorin der Hamburger Klangwerktage. Projektleiterin Interkulturelle Waldorfpädagogik Hamburg-Wilhelmsburg (seit 2011).

Cornelius Meister, geboren 1980, Studium von Klavier und Dirigieren in Hannover und Salzburg. Assistent des GMD am Theater Erfurt (2001/02), Kapellmeister an der Staatsoper Hannover (2002–2005), Generalmusikdirektor der Stadt Heidelberg (2005–2011/12) [bei seiner Berufung der jüngste Generalmusikdirektor Deutschlands], Chefdirigent und Künstlerischer Leiter des RSO Wien (seit 2010), Dirigententätigkeit u. a. an den großen Opernhäusern in Berlin, München, Frankfurt a. M. und Hamburg. Auszeichnungen und Preise (Auswahl): 1. Preis beim Südwestdeutschen Kammermusikwettbewerb (1996), Publikumspreis des Schleswig-Holstein Musik Festival (1998), Preis der Deutschen Stiftung Musikleben des Deutschen Musikwettbewerbs (2000), mehrfache Nominierung als wichtigster Nachwuchsmusiker und Wahl unter die »100 Köpfe von morgen«.

Susanne Metzner, geboren 1958, Studium der Musiktherapie, Musik und Sozialpädagogik in Hamburg und Berlin. Promotion 1998. Teilzeitprofessorin für Musiktherapie an der Hochschule für Musik und Theater, Hamburg (1991–2002), Approbation als Kinder- und Jugendlichenpsychotherapeutin (1999), Professorin für Musiktherapie an der Hochschule Magdeburg-Stendal (seit 2001). Wichtigste Publikationen: Tabu und Turbulenz. Musiktherapie mit psychiatrischen Patienten (1999), [Beiträge in Zeitschriften und Sammelbänden:] A Polyphony of Dimensions: Music, Pain and Aesthetic Perception (2009), Verweilen, Verstören, Verwandeln. Betrachtungen über Schwellen (2011), Von zerstörten Liedern. Psychodynamische Musiktherapie mit einer psychotischen Patientin (2013), (mit M. Hauck, F. Rohlffs, J. Lorenzen, A. K. Engel) The influence of music and music therapy on neuronal pain induced oscillations measured by MEG (2013), Musiktherapie bei Depression – Forschungsergebnisse aus klinischer Sicht (2014). Forschungsschwerpunkte: Musiktherapeutische Schmerzbehandlung, Kompositions- und Improvisationsprozesse, psychodynamische Musiktherapie, rhythmisches Attunement bei schizophrenen Patienten.

Sabine Janina Schlittmeier, geboren 1975, Studium der Psychologie und Mathematik in Eichstätt. Promotion 2005. Akademische Rätin an der KU Eichstätt-Ingolstadt. Wichtigste Publikationen: (mit J. Hellbrück) Background music as noise abatement in open-plan offices: A laboratory study on performance effects and subjective preferences (2009), (mit T. Weißgerber, S. Kerber, H. Fastl, J. Hellbrück) Algorithmic modeling of the Irrelevant Sound Effect (ISE) by the hearing sensation fluctuation strength (2012). Forschungsschwerpunkte: Kognitive Leistung unter Hintergrundschall, Akustische Optimierung von Büroumwelten hinsichtlich Leistung und Wohlbefinden.

Wolf Gerhard Schmidt, geboren 1973, Studium der Germanistik, Musikwissenschaft, Philosophie und Komparatistik in Saarbrücken, Cambridge (UK) und Frankfurt a. M. Promotion 2003. Habilitation 2008. Mitglied der Jungen Akademie (2009–2014), Privatdozent für Neuere deutsche Literaturwissenschaft und Komparatistik in Eichstätt-Ingolstadt (2004–2012), Göttingen (2012) und Bayreuth (seit 2012). Wichtigste Publikationen: Friedrich de la Motte Fouqués Nibelungentrilogie »Der Held des Nordens«. Studien zu Stoff, Struktur und Rezeption (2000), ›Homer des Nordens‹ und ›Mutter der Romantik‹. James Macphersons *Ossian* und seine Rezeption in der deutschsprachigen Literatur. 4 Bde. (2003/04), Zwischen Antimoderne und Postmoderne. Das deutsche Drama und Theater der Nachkriegszeit im internationalen Kontext (2009), (mit Thorsten Valk [Hg.]) Literatur intermedial. Paradigmenbildung zwischen 1918 und 1968 (2009), (Hg.) Körperbilder in Kunst und Wissenschaft (2014), (mit Jean-François Candoni, Stéphane Pesnel [Hg.]) Klang – Ton – Musik. Theorien und Modelle (national)kultureller Identitätsstiftung (2014), (Hg.) Die Natur-Kultur-Grenze in Kunst und Wissenschaft: historische Entwicklung – interdisziplinäre Differenz – aktueller Forschungsstand (2014), (mit Stefan Keppler-Tasaki [Hg.]) Zwischen Gattungsdisziplin und Gesamtkunstwerk. Literarische Intermedialität 1815–1848 (2015). Zahlreiche referierte Aufsätze zur Literatur-, Musik- und Theaterwissenschaft. Auszeichnungen und Preise (Auswahl): Cambridge European Trust Scholar (1998), Dr.-Eduard-Martin-Preis der Universität des Saarlandes (2004), Förderpreis für herausragende wissenschaftliche Leistung der KU Eichstätt-Ingolstadt, erst- und einmalig ad personam verliehen (2008), Top 10-Platzierung beim »Ars legendi«-Preis für exzellente Hochschullehre (2010), Heisenberg-Stipendium (2010). Forschungsschwerpunkte: Deutsche Literatur vom 16. bis 21. Jahrhundert, Intermedialität (Gesamtkunstwerk), Kunst und Wissen (Kulturanthropologie, Integralästhetik, Tonalität).

Monika Schmitz-Emans, geboren 1956, Studium der Germanistik, Philosophie, Italianistik und Pädagogik in Bonn. Promotion 1984. Habilitation 1992. Professorin für Europäische Literatur der Neuzeit an der Fern-Universität Hagen (1992–1995), Professorin für Allgemeine und Vergleichende Literaturwissenschaft an der Ruhr-Universität Bochum (seit 1995). Wichtigste Publikationen: Schrift und Abwesenheit. Historische Paradigmen zu einer Poetik der Entzifferung und des Schreibens (1995), Die Literatur, die Bilder und das Unsichtbare. Spielformen literarischer Bildinterpretation vom 18. bis zum 20. Jahrhundert (1999), Fragen nach Kaspar Hauser. Entwürfe des Menschen, der Sprache und der Dichtung (2007), Kafka. Epoche – Werk – Wirkung (2010), (mit Christian A. Bachmann) Literatur-Comics. Adaptationen und Transformationen der Weltliteratur (2012). Forschungsschwerpunkte: Studien zur allgemeinen Literaturtheorie und Poetik, Studien zu Beziehungen zwischen Literatur und Philosophie, Literatur und

Musik, Literatur und bildender Kunst, Spezialuntersuchungen zu Themen der Poetik und Erzähltheorie sowie der Reflexion von Geschichte und Geschichtlichkeit im literarischen Medium.

Wolfgang-Andreas Schultz, geboren 1948, Studium Musikwissenschaft und Philosophie in Hamburg sowie der Komposition bei György Ligeti. Assistent von G. L. an der Hochschule für Musik und Theater Hamburg (1977–1988), Professor für Musiktheorie und Komposition in Hamburg (seit 1988). Zahlreiche im In- und Ausland aufgeführte Werke, darunter Opern, Symphonien, Solokonzerte und Kammermusik. Wichtigste CD-Veröffentlichungen: Profile – Komponistenportrait (1997), Nacht der Versuchungen – Nacht des Todes (2004), Japanische Landschaften (2013). Wichtigste Publikationen: Damit die Musik nicht aufhört ... (1997), Das Ineinander der Zeiten – Kompositionstechnische Grundlagen eines evolutionären Musikdenkens (2001), Trauma. Avantgarde. Spiritualität – Vorstudien zu einer neuen Musikästhetik (2014).

Heiko Schulz, geboren 1969, Studium der Wirtschaftswissenschaften und der Betriebswirtschaftslehre in Wuppertal und Gießen. Produzent und Komponist zahlreicher Werke in den Bereichen Pop und Rock sowie Werbemusik (seit 1995). Wichtigste Produktionen: Album »KULT-Tour Collection«, erschienen auf 7b Records (1996), Album »Semikolon« (farfarello), erschienen auf farfarello Records (2000). Songkomposition »Kein Entrinnen«, erschienen auf farfarello Records (2000), Werbekompositionen: »Everyday« (2006), »Changing Diabetes« eine weltweite Markenkampagne (2006), »Our People make us number one« (2007), »Get to the Roots« (2009), »LCC Travel the world from A-Z« (2011), »LCC Symphony« (2013). Umfangreiche Tätigkeit in diesem Bereich für Boehringer Ingelheim, Novartis, Novo Nordisk, Lufthansa City Center, Coface u. a.

Jürgen Seeger, geboren 1952, Studium an der Hochschule für Fernsehen und Film (HFF) in München. Redaktionsleiter am Bayerischen Rundfunk in den Bereichen »Kultur aktuell«, Bayern 4 Klassik, BR-KLASSIK – Hörfunk, Fernsehen, Online (seit 1990). Wichtigste Sendereihen und Projekte: Hörfunkreihe »Kultur live aus der Bayerischen Staatsoper« (1995–2006). Wichtigste Fernsehproduktionen: J. S. Bach »Weihnachtsoratorium« – visualisierte Fassung (2010), Vineta, versunkene Stadt – Vokale Visionen (2011), J. S. Bach »Matthäuspassion« – visualisierte Fassung (2013). Aktuelle Projekte: Entwicklung des Bereichs »Livestreams und Videos-on-demand« von BR-KLASSIK.

Wilhelm Sinkovicz, geboren 1960, Studium der Musikwissenschaft und Komposition in Wien. Promotion 1993. Musikkritiker bei der Tageszeitung *Die Presse* (seit 1984). Regelmäßig gestaltet er Rundfunksendungen und hält Vorlesungen am Konservatorium der Stadt Wien (Privatuniversität) und am Institut für Theaterwissenschaft der Universität Wien, (bis 2011 auch an der Universität für Musik). Wichtigste Publikationen: Paul Hindemiths Liederzyklus »Marienleben« und seine beiden Fassungen als Beispiel für den Stilwandel der Musik in der ersten Hälfte des 20. Jahrhunderts (1993), Das Haus am Ring: die Wiener Oper. Ein Spaziergang durch das Haus mit einem Blick hinter die Kulissen (1997), Mehr als zwölf Töne: Arnold Schönberg (1998), (mit Herwig Knaus) Johann Strauss (1999), Mozart: seine Musik (2005), Kadenzen. Notizen und Gespräche mit Franz Welser-Möst (2007), (mit Herwig Knaus) Alban Berg: Zeitumstände, Lebenslinien (2008), (mit Michaela Schlögl) Georges Prêtre – maestro con brio Graz (2009). Auszeichnungen und Preise (Auswahl): Kulturjournalist des Jahres (2005).

Melanie Wald-Fuhrmann, geboren 1979, Studium der Musikwissenschaft und Gräzistik in Rostock, Marburg, Salzburg und Berlin (FU). Promotion 2005. Habilitation 2009. Professorin für Musikwissenschaft an der Musikhochschule Lübeck (2010/11), Professorin für Musiksoziologie und historische Anthropologie der Musik an der HU Berlin (2011–2013), Direktorin der Abteilung Musik am MPI für empirische Ästhetik in Frankfurt a. M. (seit 2013). Wichtigste Publikationen: Welterkenntnis aus Musik. Athanasius Kirchers »Musurgia universalis« und die Universalwissenschaft im 17. Jahrhundert (2006), Ein Mittel wider sich selbst: Melancholie in der Instrumentalmusik um 1800 (2010), (mit Wolfgang Fuhrmann) Ahnung und Erinnerung: Die Dramaturgie der Leitmotive bei Richard Wagner (2013), (mit Klaus Pietschmann [Hg.]) Der Kanon der Musik: Theorie und Geschichte. Ein Handbuch (2013). Forschungsschwerpunkte: Musikästhetik (historische, transkulturelle und empirisch-experimentelle Ansätze), Musik und Bedeutung, europäische Musikkulturen und -praktiken vom 15. bis zum 19. Jahrhundert.

Kolibri 360 GmbH
Ferdinand-Jühlke-Straße 7
99095 Erfurt, Deutschland
produktsicherheit@kolibri360.de

Schriften zum
Internationalen Privatrecht
und zur Rechtsvergleichung

Band 48

Herausgegeben im
European Legal Studies Institute /
Institut für Europäische Rechtswissenschaft /
Institut pour le droit en Europe
der Universität Osnabrück

von
Professor Dr. Dr. h. c. mult. Christian von Bar, FBA, MAE,
Professor Dr. Christoph Busch,
Professor Dr. Hans Schulte-Nölke, MAE, und
Professor Dr. Dr. h. c. Fryderyk Zoll

Caroline Mahret

Die Entstehung des luxemburgischen Verbraucherrechts

V&R unipress

Universitätsverlag Osnabrück

UNIVERSITÄT OSNABRÜCK

MIX
Papier aus verantwortungsvollen Quellen
FSC www.fsc.org FSC® C083411

Bibliografische Information der Deutschen Nationalbibliothek
Die Deutsche Nationalbibliothek verzeichnet diese Publikation in der Deutschen Nationalbibliografie; detaillierte bibliografische Daten sind im Internet über https://dnb.de abrufbar.

Veröffentlichungen des Universitätsverlags Osnabrück erscheinen bei V&R unipress.

Zgl. Dissertation, Rechtswissenschaftliche Fakultät der Universität Osnabrück, 2020.

Druck und Bindung: CPI books GmbH, Birkstraße 10, D-25917 Leck
Printed in the EU.

Vandenhoeck & Ruprecht Verlage | www.vandenhoeck-ruprecht-verlage.com

ISSN 2198-7041
ISBN 978-3-8471-1278-5

Inhalt

Vorwort 13

Einleitung 15
A. Einführung in die Thematik und Problemstellung 15
B. Analyse des bestehenden Forschungsstandes 16
I. Die Anfänge des Verbraucherrechts in der Literatur 19
II. Umfassende Analyse des Gesetzes von 1983 20
III. Literatur in der Zeit zwischen dem Gesetz von 1983 und dem Aufkommen der Diskussion um die Schaffung eines *Code de la cons. lux.* 20
IV. Der luxemburgische *Code de la cons.* im Fokus der Literatur . . 21
C. Begrenzung des Untersuchungsgegenstandes 22

Kapitel 1: Die Grundlagen der luxemburgischen Rechtsordnung 25
A. Die Staatswerdung Luxemburgs 25
I. Die Übergangszeit: Luxemburg zwischen 1815 und 1914 25
II. Das zwanzigste Jahrhundert und die Gegenwart 27
III. Fazit 28
B. Das Vorliegen einer autonom luxemburgischen Rechtsentwicklung? 28
I. »Aufzwingen« fremden Rechts und erste Ansätze einer Eigenständigkeit 29
II. Der Einfluss der Rechtsvergleichung auf die Rechtsentwicklung . 32
C. Fazit 35

Kapitel 2: Die Herausbildung des Verbraucher (-vertrags-) rechts 37
A. Die erste Gesetzgebungswelle: Das Gesetz von 1983 38
I. Die gesetzgeberische Zielsetzung 38
II. Erste Maßnahmen 39
III. Vollendung der Reform im Jahre 1987 39

B. Die Folgezeit: Konsolidierung und Einzelfalleingriffe 41
I. Modifikationen des Gesetzes von 1983 als Ausdruck der Konsolidierung und Europäisierung des Verbraucherrechts . . . 41
II. Das Gesetz vom 09.08.1993 über das private Anschaffungsdarlehen 42
III. Das Gesetz vom 14.08.2000 über den elektronischen Geschäftsverkehr 42
IV. Das Gesetz vom 16.04.2003 über den Fernabsatz sowie Gesetz vom 18.12.2006 über den Fernabsatz von Finanzdienstleistungen 43
V. Das Gesetz vom 21.04.2004 über die Haftung des Verkäufers für Vertragswidrigkeiten 44
VI. Der steigende Einfluss europäischer Vorgaben 44
C. Der französische *Code de la cons.* als Vorbild der luxemburgischen Rechtsentwicklung? 45
D. Die Phase der Konsolidierung und Verfestigung: Die Schaffung eines luxemburgischen *Code de la cons.* 46
I. Die Frage nach der Notwendigkeit eines Verbrauchergesetzbuches 47
II. Kodifikation des geltenden Rechts oder umfassende Reform des Verbraucherrechts? 48
E. Die Situation des luxemburgischen Verbrauchers 50
F. *Union luxembourgeoise des Consommateurs* 51
G. Fazit 53

Kapitel 3: Begriffsbestimmungen 57
A. Der Verbraucher als Leitbild der verbraucherschützenden Bestimmungen 57
I. Die Definition des luxemburgischen Gesetzes von 1983 58
II. Die Frage nach der Verbrauchereigenschaft juristischer Personen 59
III. Vereinheitlichung des Verbraucherbegriffes durch den *Code de la cons. lux.?* 61
IV. Die Verbrauchereigenschaft in *dual use*-Fällen 62
V. Der Fortbestand ungeklärter Zweifelsfälle 63
VI. Der Begriff des Verbrauchers im französischen Recht 64
B. Der Unternehmer als Vertragspartner des Verbrauchers 66
C. Der *contrat d'adhésion* als besondere Vertragskategorie 72
I. Begriffsbestimmung 72
II. Die Frage nach der Rechtsnatur des Vertrages 75

III. Notwendigkeit einer Modifikation der allgemeinen Vertragslehre? 76
D. Allgemeine Begriffsbestimmungen als Spiegel der Eigenständigkeit der Rechtsordnung 78

Kapitel 4: Der »Schutz der schwächeren Vertragspartei« nach dem *Code Civil* 81
A. Die Übervorteilung nach Art. 1118 *Code Civil* 81
I. Vorliegen eines offensichtlichen Missverhältnisses zwischen Leistung und Gegenleistung 85
II. Bewusste Ausnutzung einer überlegenen Stellung 86
III. Rechtsfolgen 88
IV. Der französische *status quo* 89
B. Die Garantie für verborgene Mängel nach Art. 1641 *Code Civil* . . . 91
I. Vorliegen eines relevanten Fehlers 92
II. Geltendmachung des Fehlers innerhalb der notwendigen Frist . 96
III. Rechtsfolgen 100
C. Der Schutz der schwächeren Partei gegen »unangemessene« Vertragsstrafen 102
I. Die Rechtslage vor 1987 103
II. Änderungen in Luxemburg durch das Gesetz von 1987 107
D. Fazit 113

Kapitel 5: Die Kontrolle Allgemeiner Vertragsbedingungen als Zwitter zwischen dem luxemburgischen *Code Civil* und dem *Code de la cons.* . . 115
A. Grenzen der Kontrolle in persönlicher und sachlicher Hinsicht . . . 116
I. Beschränkungen in persönlicher Hinsicht 116
II. Diskussion über die Ausklammerung von Vertrags- oder Bedingungstypen aus dem Anwendungsbereich? 117
B. Kontrollzuständigkeit: Die Wahl zwischen außergerichtlicher Kontrolle und der Kontrolle durch die Rechtsprechung 118
I. Die *Loi Scrivener* (Gesetz Nr. 78–23 vom 10. Januar 1978): Die *Commission des clauses abusives* 119
1. Regelung durch Dekrete des Staatsrates 119
2. Empfehlungen der Kommission aufgrund eines eigenen Initiativrechts 120
3. Jahresberichte 121
4. Abgabe von Stellungnahmen zu Vertragsmustern 121
5. Die Unzulänglichkeit der gesetzlichen Regelungen 121

II. Die Zulassung einer richterlichen Kontrolle durch die *Cour de Cass. fr.* 122
III. Frankreich zwischen richterlicher Kontrolle und Beibehaltung der *Commission des clauses abusives* 123
IV. Frühe Rechtsklarheit in Luxemburg 124
C. Wirksamkeit der Aufnahme von Vertragsbedingungen 124
I. Fehlende gesetzliche Regelungen: Richterliche Lösungen vor 1983 125
1. Die Aufnahme von Vertragsbedingungen mittels Annahme durch den anderen Vertragspartner 125
2. Die zweite Grenzziehung: Das Erfordernis einer wirksamen Annahme 127
3. Weitere Regelungsinstrumente als »Patentlösung« zur Überprüfung, ob die Bedingungen wirksamer Vertragsbestandteil wurden? 128
II. Die Reaktion des luxemb. Gesetzgebers: Schaffung einer ausdrücklichen Regelung in Art. 1135-1 *Code Civil lux.* 128
1. Divergenzen zwischen *Conseil d' Etat* und dem Gesetzgeber . 129
2. Schaffung eines umfassenden Regelung oder weitergehende Beschränkungen des Anwendungsbereichs? 130
3. Möglichkeit der Kenntnisnahme 133
4. Zustimmung der anderen Partei 134
5. Weitergehende Verschärfung der Anforderungen für die Wirksamkeit besonderer Arten von Bedingungen 136
6. Fazit 139
III. Der »französische« Weg 139
D. Das »Transparenzgebot« 141
I. Die ausdrückliche Regelung des französischen *Code de la cons.* . 142
II. Richtlinienwidrige Umsetzung durch den luxemburgischen Gesetzgeber? 142
E. Überprüfung des Inhalts der Vertragsbedingung 145
I. Vorgehensweise bei Unklarheit über den Inhalt einer Vertragsbedingung 146
II. Berücksichtigung anderer Vertragsbedingungen und/ oder verbundener Verträge 147
III. Die Kontrolle des Inhalts der Vertragsbedingungen aus französischer Sicht 149
IV. Die Kontrolle des Inhalts der Vertragsbedingung nach dem luxemburgischen Recht 153
1. Die »schwarze« Liste 153

a) Die Entstehung der Liste 154
b) Die Anwendung der Liste im Allgemeinen 155
c) Ausgewählte Anwendungsbeispiele 156
aa) Einseitige Bestimmung des Vertragsinhalts/ Änderung des Vertrags durch den Unternehmer 156
bb) Bedingungen mit Bezug zum Preis und Zahlung (-smodalitäten) 157
cc) Bedingungen, die die Rechte des Verbrauchers einschränken, wenn der Unternehmer seinen vertraglichen Verpflichtungen nicht nachkommt 157
dd) Bedingungen, die sich auf die Vertragsmäßigkeit beziehen 158
ee) Bedingungen, die die Haftung des Unternehmers ausschließen oder beschränken 159
ff) Bedingungen mit Bezug zur Vertragsdauer und zur Möglichkeit der Vertragsaufhebung 160
gg) Bedingungen, die den Rechtsschutz des Verbrauchers beschränken 161
2. Vervollständigung des Verbraucherschutzes durch die Generalklausel 162
a) Für die Beurteilung einer Bedingung als unwirksam maßgebende Kriterien 162
b) Die Anwendung der Generalklausel durch die Rechtsprechung 164
aa) Modifikation des Vertragsschlusses 164
bb) Ausschluss oder Beschränkung der Haftung 165
cc) Bedingungen im Zusammenhang mit der Vertragsbeendigung 166
V. Rechtsfolgen 167
1. Rechtsfolgen auf Ebene des Vertragsrechts 167
2. Rechtsfolgen außerhalb des Vertragsrechts 168
F. Die Kontrolle Allgemeiner Vertragsbedingungen als Paradigma der Eigenständigkeit 169

Kapitel 6: Originärer Verbraucherschutz nach dem *Code de la cons.* 171
A. Typisierung von Verträgen zur Strukturierung des Anwendungsbereichs 171
I. Fernabsatz- und Außergeschäftsraumvertrag 172
1. Das Vorliegen eines Fernabsatzvertrages (mit Ausnahme eines Fernabsatzvertrages über Finanzdienstleistungen) . . . 172

2. Der Außergeschäftsraumvertrag als scheinbar neuer Vertragstypus 177
a) Generelles Verbot des Hausiererhandels in der Vergangenheit 177
b) Die Umsetzung der Haustürwiderrufsrichtlinie als Anlass der Modifikation der gesetzlichen Bestimmungen? 179
c) Der Umsetzungsauftrag der Verbraucherrechterichtlinie als Wendepunkt für die luxemburgische Gesetzgebung . . 180
3. Fernabsatz über Finanzdienstleistungen 183
II. Persönliches Anschaffungsdarlehen 184
B. Informationspflichten und Pflichten des Unternehmers, den Vertrag zu bestätigen 187
I. (Vorvertragliche) Informationspflichten als wichtige Stütze des Verbraucherrechts 187
1. Allgemeine Informationspflicht nach Art. L. 111-1 *Code de la cons. lux. bzw. française* 187
2. Allgemeine Informationspflicht für die besonderen Verträge, Art. L. 221-2 *Code de la cons. lux.* 189
3. Differenzierte Informationspflichten für besondere Verträge bzw. besondere Situationen des Vertragsschlusses 189
a) Informationspflichten bei Verträgen, soweit es sich nicht um Fernabsatz- oder Außergeschäftsraumverträge handelt 190
b) Informationspflichten bei Fernabsatz- und Außergeschäftsraumverträgen 192
aa) Inhaltliche Anforderungen an die zu erteilenden Informationen 193
bb) Formelle Anforderungen an die Informationserteilung . . 194
i) Formelle Anforderungen im Rahmen eines Fernabsatzvertrages 194
ii) Formelle Anforderungen beim Außergeschäftsraumvertrag 195
c) Informationspflichten in einem Vertrag über den Fernabsatz von Finanzdienstleistungen 196
aa) Inhaltliche Anforderungen an die Erfüllung der Informationspflicht nach luxemburgischen Recht 196
bb) Abweichungen, bei telefonischer Kommunikation mit dem Unternehmer 197
cc) Die Form, in der die Informationen zu erteilen sind . . . 197
dd) Die französischen Informationspflichten im Vergleich . . 198

d) Informationspflichten im Zusammenhang mit dem Abschluss eines persönlichen Anschaffungsdarlehens . . 199
aa) Ein Blick in die Vergangenheit: Informationspflichten nach dem luxemburgischen Gesetz von 1987 199
bb) Gesetzliche Vorgaben an die Werbung 199
cc) Die Entwicklung des Umfangs vorvertraglicher Informationspflichten 200
dd) Informationspflichten im Zusammenhang mit dem persönlichen Anschaffungsdarlehen nach dem französischen *Code de la cons.* 203
4. Rechtsfolgen der Verletzung von Informationspflichten . . . 205
II. (Nachvertragliche) Bestätigungspflichten 208
C. Das Bestehen eines Widerrufsrechtes 209
I. Der Widerruf durch den Verbraucher im luxemburgische Recht vor Schaffung des luxemburgischen *Code de la cons.* 210
1. Das Festhalten am Vertrag als Leitprinzip am Beginn der verbraucherschützenden Gesetzgebung 210
2. Der Widerruf privater Anschaffungsdarlehen als Zwischenschritt 212
3. Ausweitung der Widerrufsrechte beim Abschluss von Verträgen im elektronischen Geschäftsverkehr und bei Fernabsatzverträgen 214
4. Die Ausweitung der Gewährung eines Widerrufsrechts auf den Fernabsatz über Finanzdienstleistungen 219
II. Allgemeines Widerrufsrecht, Art. L. 221-3 *Code de la cons. lux.* . 221
III. Modifikationen des allgemeinen Widerrufsrechts für bestimmte Vertragstypen bzw. Situationen 222
IV. Rechtsfolgen nach Ausübung eines Widerrufsrechts 226
1. Rückgewährpflichten der Parteien 226
2. Kosten der Hin- und Rücksendung der Ware 227
3. Verpflichtung des Verbrauchers zum Wertersatz 228
4. Gefahrtragung für Untergang oder Beschädigung der Sache bei Rücktransport 230
5. Schicksal verbundener Verträge 231
D. Sonstige Rechte des Verbrauchers 231
I. Die Berücksichtigung von Werbeaussagen als Vertragsbestandteil 231
II. Gesetzliche und kommerzielle Garantien als Ergänzung zum Haftungsregime des *Code Civil* 233

1. Der »Dualismus« der Regelungssysteme in Luxemburg vor Umsetzung der Verbrauchsgüter-kaufrichtlinie 235
2. Die Unterscheidung zwischen gesetzlicher und kommerzieller Garantie 236
3. Das Vorhandensein einer gesetzlichen Garantie 236
a) Verpflichtung des Unternehmers zur Lieferung einer vertragsgemäßen Ware 237
b) Die Rechte des Verbrauchers bei Vorhandensein einer Vertragswidrigkeit 238
c) Beschränkungen der Einstandspflicht des Unternehmers durch Fristenregelungen 242
d) Verhältnis zum Haftungsregime des *Code Civil* 244
4. Kommerzielle Garantie 245
5. Die französischen Regelungen im Vergleich 247
a) Gesetzliche Garantie 248
b) Kommerzielle Garantie 250
c) Zusammenfassung 251
III. Unaufgeforderte Zusendung von Gegenständen oder unaufgeforderte Erbringung von Dienstleistungen 252
V. Fazit 255

Das Bestehen eines eigenständigen luxemburgischen Verbraucherrechts . 259
A. Tradition trifft Eigenständigkeit: Luxemburgs *Code Civil* geht eigene Wege 259
B. Die Mischform: Das Recht der Allgemeinen Vertragsbedingungen . 261
C. Europas Einfluss und Ansätze der Eigenständigkeit: Der *Code de la Consommation* 262
D. Der Blick in die Zukunft 263

Literaturverzeichnis 265

Vorwort

Die vorliegende Arbeit wurde im Wintersemester 2019/2020 von der Juristischen Fakultät der Universität Osnabrück als Dissertation angenommen. Sie entstand zum größten Teil während meiner Zeit als wissenschaftliche Mitarbeiterin am Lehrstuhl für Bürgerliches Recht, Europäisches Privat- und Wirtschaftsrecht, Rechtsvergleichung und Europäische Rechtsgeschichte bei Herrn Prof. Dr. Schulte-Nölke. Die Zeit dort als studentische und wissenschaftliche Mitarbeiterin und meine dortigen Kollegen und Kolleginnen werde ich stets in guter Erinnerung behalten.

Ich danke meinem Doktorvater Herrn Prof. Dr. Schulte-Nölke. Ohne seine konstruktive Unterstützung durch wertvolle Hinweise und Anregungen bei der Bearbeitung wäre die vorliegende Arbeit nicht in dieser Form möglich gewesen. Auch das von ihm organisierte Doktorandenseminar und dessen Teilnehmer haben maßgeblich zur Bearbeitung beigetragen. Ich danke auch Herrn Prof. Dr. Christoph Busch für die Erstellung des Zweitgutachtens.

Von Herzen danken möchte ich schließlich jenen Menschen, ohne deren Unterstützung diese Arbeit nicht möglich gewesen wäre: Meinem Ehemann sowie meiner Familie, die mich jeder Lebenslage unterstützt haben; meinen Eltern ist diese Arbeit gewidmet.

Osnabrück, im Oktober 2020 Caroline Mahret

Einleitung

A. Einführung in die Thematik und Problemstellung

»Un droit luxembourgeois – existe-t-il?« Diese Frage stellte *Nicolas Majerus*[1] bereits im Jahre 1938. Auch fast 80 Jahre später verspricht ein erster Blick in die einschlägige Literatur weder eine zufriedenstellende noch eine abschließende Antwort, obwohl diese Frage unbestritten auch heute noch für die konkrete Rechtsanwendung von Relevanz ist.

Geht man unbefangen an die von *Majerus* gestellte Frage heran, mag sie einfach zu beantworten sein: Als eigenständiger Staat hat Luxemburg selbstverständlich ein eigenes Recht. Die Allgemeinen Geschäftsbedingungen eines bekannten Versandhändlers erhalten ferner den Hinweis, dass der dort abgeschlossene Vertrag dem luxemburgischen Recht unterfalle. Diese Annahme bzw. diese Beobachtung scheinen eine positive Beantwortung der oben gestellten Frage zu implizieren.

In der Praxis der Rechtsanwendung bringt diese scheinbar klare Antwort allein nur einen geringen Erkenntnisgewinn. Ein – aus Sicht Luxemburgs betrachtet – im Ausland tätiger Richter, der sich in einem Rechtsstreit zwischen einem Verbraucher und einem Unternehmer der Notwendigkeit ausgesetzt sieht, einen Günstigkeitsvergleich nach Art. 6 Rom I-VO[2] durchzuführen, muss – vereinfacht gesagt – entscheiden, ob in dem konkreten Fall für den Verbraucher

1 Geistlicher, Historiker und Jurist, dem noch heute wegen seiner beiden Bücher zur Rechtsgeschichte des Großherzogtums Luxemburg aus dem Jahre 1949 eine große Bedeutung zukommt.

2 Verordnung (EG) Nr. 593/2008 des Europäischen Parlaments und des Rates vom 17. Juni 2008 über das auf vertragliche Schuldverhältnisse anzuwendende Recht (Rom I), Amtsblatt Nr. L 177 vom 4.7.2008, S. 6, ber. Amtsblatt Nr. L 309 vom 24.11.2009, S. 87. Art. 6 Abs. 2: »Ungeachtet des Absatzes 1 können die Parteien das auf einen Vertrag, der die Anforderungen des Absatzes 1 erfüllt, anzuwendende Recht nach Artikel 3 wählen. Die Rechtswahl darf jedoch nicht dazu führen, dass dem Verbraucher der Schutz entzogen wird, der ihm durch diejenigen Bestimmungen gewährt wird, von denen nach dem Recht, das nach Absatz 1 mangels einer Rechtswahl anzuwenden wäre, nicht durch Vereinbarung abgewichen werden darf.«

dessen »Heimatrecht« oder das luxemburgische Recht »günstiger« ist[3]. Für ihn stellt sich dann bei der Suche nach dem Ergebnis die praktisch interessante Frage, inwieweit er – weil er insoweit einen Gleichlauf der Rechtsordnungen erwartet und die Literatur zum luxemburgischen Recht nicht oder nur schwer verfügbar ist – zur Ermittlung der Rechtslage auf Bücher zum französischen Recht zurückgreifen kann oder er im Gegenzug darauf angewiesen ist, Untersuchungen zur Rechtswirklichkeit in Luxemburg – u. a. mit der Hürde des Zugangs zu Literatur und Rechtsprechung – anzustellen.

Auf diese Fragen sucht die vorliegende Arbeit, Antworten zu geben. Ihr Fokus soll dabei auf dem Verbraucherrecht und damit der Frage nach der Schaffung eines eigenständigen luxemburgischen Verbraucherrechts liegen. Für eine entsprechende Fokussierung spricht, dass es sich dabei um eine stark im Wandel befindliche Materie handelt, von der zu erwarten ist, dass Entwicklungstendenzen deutlicher sichtbar werden als bei der Untersuchung von Rechtsgebieten, die seit vielen Jahren scheinbar unverändert geblieben sind. Zudem kommt gerade dieser Rechtsmaterie aufgrund der Notwendigkeit eines Günstigkeitsvergleichs auch für die deutschsprachige Literatur eine hohe praktische Bedeutung zu. Zu berücksichtigen ist auch, dass es sich bei dem Verbraucher (-vertrags-) recht um einen im Gegensatz zum luxemburgischen Banken- und Finanzrecht noch in geringeren Umfang erforschten Bereich handelt.

Grundlage der Untersuchung sollen daher verschiedene Regelungsinstrumente des Verbraucherschutzrechts sein. Diese werden in einen Vergleich mit den Bestimmungen des französischen Rechts gesetzt, sodass Gemeinsamkeiten aufgezeigt und Unterschiede verdeutlicht werden können, um davon ausgehend die eingangs gestellte Frage zu beantworten. Zudem soll versucht werden, Gründe dafür aufzuzeigen, warum der Einfluss des französischen Rechts in manchen Teilbereichen stärker ausgeprägt ist, während in anderen eindeutig festzustellen sein wird, dass es sich um eigenständige luxemburgische Regelungen handelt.

B. Analyse des bestehenden Forschungsstandes

Eine Darstellung des bestehenden Forschungsstandes muss sich an zwei Themenkomplexen orientieren. Zum einen gilt es, der Frage nachzugehen, inwieweit die Frage nach dem Bestand einer eigenständigen Rechtsordnung behandelt

3 Aus diesem Grund von einem unrichtigen Verständnis des Günstigkeitsvergleichs dahingehend ausgehend, dass deutsches Recht allein deshalb anzuwenden sei, weil der Verbraucher in Braunschweig wohne und ihm deutsches Recht nicht durch die Wahl des luxemburgischen Rechts entzogen werden dürfe, AG Braunschweig Urt. v. 08.01.2014, BeckRS 2014, 05553.

wird. Zum anderen lohnt es sich zu untersuchen, in welchem Maß das luxemburgische Verbraucherrecht selbst Gegenstand von Untersuchungen ist.

Ausgangspunkt aller Überlegungen zur Frage nach der Eigenständigkeit der luxemburgischen Rechtsordnung ist das insoweit wegweisende Buch von *Nicolas Majerus* aus dem Jahre 1938.

Aus der historischen Perspektive der Rechtsgeschichte beschäftigt sich auch *Numa Wagner*[4] mit der Frage der Eigenständigkeit des luxemburgischen Rechts. Auf den Bereich des Zivilrechts geht die Autorin allerdings nur am Rande ein, indem sie die Anzahl der Modifikationen des *Code Civil lux.* benennt. Ausführlicher beschäftigt sich *Wagner* hingegen mit den aus der französischen Rechtstradition allgemein übernommenen Elementen wie Terminologie und Stil von Gerichtsentscheidungen sowie Faktoren dieser »Zirkulation« des »französischen Modells«.

Ein weiterer Beitrag von *Elvinger*[5] geht der Frage nach, inwieweit die Gerichte des Landes bei der Entscheidungsfindung Methoden der Rechtsvergleichung nutzen. Er geht zudem darauf ein, welche tatsächlichen Einflüsse die Auswahl der Rechtsordnung beeinflussen, die der luxemburgische Rechtsanwender zur Lösung seiner Fälle heranzieht.

Daneben behandelt ein Tagungsband aus dem Jahre 2013[6] die Frage nach der Entwicklung der Rechtsquellen und der Rechtssetzungstechnik allgemein und geht insbesondere auf den Bereich des Strafrechts ein. Verbraucherrechtliche Fragestellungen werden – wenn überhaupt – nur am Rande betrachtet.

Weiter beachtlich ist ein Aufsatz von *Ancel* aus dem Jahre 2014, der insbesondere im Bereich des Vertragsrechts die Wechselwirkungen des luxemburgischen und des französischen Rechts untersucht.[7] Zum einen beschränkt sich dieser Aufsatz aber auf den Bereich des Vertragsrechts im Allgemeinen und behandelt die hier zu untersuchenden Fragen des Verbraucherrechts nur am Rande. Zum anderen konzentriert er sich notwendigerweise auf einige ausgewählte Beispiele, die die aufgeworfenen Thesen stützen, ohne jedoch auf die Fragestellungen im Detail einzugehen.

Insgesamt lässt sich in Bezug auf die in diesem Bereich bestehende Literatur damit der Schluss ziehen, dass diese zwar allgemein die Problematik der Eigenständigkeit der luxemburgischen Rechtsordnung beleuchtet, jedoch allenfalls am Rande auf die Frage eingeht, wie diese Frage für bestimmte Rechtsgebiete und das Verbraucherrecht im Speziellen zu beantworten ist.

4 Luxembourg, 93 ff.
5 Le recours, 231 ff.
6 Quo vadis droit luxembourgeois?
7 Revue des contrats 2014, 295 ff.

Eine differenziertere Betrachtung erfordert hingegen der Forschungsstand, soweit dieser das luxemburgische Verbraucherrecht betrifft. Zwar spricht *Kreché* für diesen Themenkomplex davon, dass in der luxemburgischen Literatur eine gewisse Leere vorzuherrschen scheine; die Literatur scheine die Wichtigkeit von Verbraucherverträgen zu ignorieren.[8] Zu einem ähnlichen Ergebnis gelangt auch *Lege*[9], wenn sie feststellt, dass die Rechtsordnung bis auf den Bereich des Finanz – und Steuerrechts wenig erforscht sei. Wie sich jedoch zeigen wird, sind diese Aussagen aus heutiger Sicht zu relativieren.

Einen besonderen Beitrag zur Aufarbeitung der Rechtslage leisten die seit 1994 im Abstand von 10 Jahren von der *Association luxembourgeoise des juristes de droit bancaire* (ALJB) veröffentlichten mehrbändigen Werke zum luxemburgischen Bank- und Finanzrecht, die in mehreren Beiträgen[10] auf verbraucherrechtliche Fragestellungen eingehen. Daneben gibt die Organisation mit dem *Bulletin Droit et Banque* eine regelmäßig erscheinende Zeitschrift heraus, die sich immer wieder mit Fragen des Verbraucherrechts (bspw. bei der Kreditvergabe an einen Verbraucher) beschäftigt[11].

Gewiss kann ein Grund für die bisher eher geringe Beschäftigung der Literatur mit den Fragestellungen des Verbraucherrechts darin gesehen werden, dass die Rechtsprechung nur teilweise veröffentlicht wird[12] und es auch heute noch an einem offiziellen System zur systematischen Verfolgung von Entscheidungen fehlt[13], sodass der Zugang zur Rechtsprechung zumindest erschwert ist[14]. Wie zu zeigen sein wird, ist dies jedoch kein durchgreifender Grund mehr, der eine eingehende Beschäftigung mit der luxemburgischen Rechtsordnung verhindert.

Nicht zu vernachlässigen ist schließlich, dass umfangreiche Gesetzgebungsmaterialien veröffentlicht werden. Aus den zum jeweiligen Gesetzgebungsvorhaben vorliegenden Stellungnahmen der Interessenvertreter und des *Conseil d' Etat* sowie aus der Auseinandersetzung der zuständigen Gesetzgebungsorgane mit diesen, lassen sich Erkenntnisse über Definitionen, Rechtsquellen und für die Lösung möglicher Auslegungsschwierigkeiten gewinnen. Aus diesem Grund haben die Materialien immer wieder Eingang in die vorliegende Arbeit gefunden.

8 *Kreché*, Préface, 7 (8).

9 Sprache und Verbraucherinformation, S. 7.

10 Zu nennen sind hier beispielsweise die Darstellungen von *Brucher/ Thieltgen*, Le consommateur et sa banque, 556ff. und *Morel/ Omes*, L'obligation, 481ff.

11 So u. a. der Aufsatz von *Brucher*, ALJB 05/2012, 22ff.

12 Dies stellen bereits *Fontaine/ Bourgoignie*, Consumer Legislation, S. 189 fest.

13 Darauf verweisen für den bankenrechtlichen Bereich *Thieltgen/ Ka*, ALJB 2013, n° 52, 83. Aus diesem Grund sei es nicht möglich, für jede der in ihrer Rechtsprechungsübersicht genannten Entscheidung systematisch zu überprüfen, ob diese rechtskräftig sei.

14 Soweit die vorliegende Arbeit daher bei zitierten luxemburgischen Entscheidungen ein »zitiert nach ..« angeben muss, konnten diese Entscheidungen bei einer Recherche in der entsprechenden Datenbank nicht aufgefunden werden.

Für eine eingehendere Analyse der Literatur im Bereich des Verbraucherrechts abseits allgemeiner Betrachtungen muss zwischen verschiedenen Zeiträumen (Literatur vor 1983, Gesetz von 1983, Literatur in der Zeit zwischen dem Gesetz von 1983 und dem *Code de la cons. lux.* sowie Untersuchungen zum *Code de la cons. lux.* selbst) unterschieden werden. Denn durch diese Unterscheidung zeigt sich, dass der These von einer fehlenden Beschäftigung mit der Rechtsordnung insbesondere für die Zeit zwischen 1983/87 bis zum Anfang dieses Jahrtausends zugestimmt werden muss, während diese These aus heutiger Sicht abzulehnen sein wird.

I. Die Anfänge des Verbraucherrechts in der Literatur

Vor der fundamentalen Änderung der Rechtslage im Jahre 1983[15] muss berechtigterweise der Schluss gezogen werden, dass man sich kaum mit dem Verbraucherschutzrecht beschäftigte. Die Rechtsmaterie befand sich in diesem Zeitpunkt erst in der Entstehung. Eingehender und tiefer befasst sich einzig *Hofmann*[16] mit dem Themenkreis missbräuchlicher Vertragsbedingungen. Allgemein zum Schutz der Verbraucher beim Abschluss von Verträgen äußert sich daneben *Maul*[17]. Schwerpunktmäßig werden dabei besondere Vertragstypen und die Preiskontrolle behandelt.

Ferner besteht mit der Studie von *Fontaine/ Bourgoignie*[18] eine knapp vierzigseitige Überblicksdarstellung des geltenden Verbraucherrechts, besonders ausführlich zur Gesetzgebung über Preise und Werbung, aber auch zum Verbraucherkredit und zu missbräuchlichen Vertragsbedingungen (unter Hinweis auf die anstehende Reform).

Es zeigt sich daher das Bild einer auf Überblicksdarstellungen beschränkten Forschung, deren Schwerpunkt Fragen der Preiskontrolle bilden.

---

15 Das heißt dem Erlass des auch heute noch maßgeblichen ersten Gesetzes aus dem Bereich des Verbraucherschutzes, dessen Gegenstand vor allem die Kontrolle missbräuchlicher Vertragsbedingungen war.

16 RIDC 1982, 851ff.; dieser Beitrag findet sich erneut in Feuille de liaison 58 (1984) 5ff./ 59 (1984), 17ff.

17 Rapport sur la protection du consommateur, 191ff.

18 Consumer Legislation.

II. Umfassende Analyse des Gesetzes von 1983

Die umfangreichste Literatur zu einem einzelnen Gesetz lässt sich zum Gesetz vom 25. August 1983 über den rechtlichen Schutz des Verbrauchers finden. Zugleich unterstreicht diese Beobachtung die immense Bedeutung dieses Gesetzes für den Verbraucherschutz.

Grundlegend lassen sich hier die Aufsätze in Heft 60 der Zeitschrift *Feuille de liaison de la Conférénce Saint-Yves* aus dem Jahre 1984 anführen. Zunächst beschäftigt sich *Elvinger*[19] mit der Frage nach der Vereinbarkeit der neuen gesetzlichen Regelungen mit den allgemeinen Vertragsbedingungen der luxemburgischen Banken. Allgemeiner kommentiert *Bauler*[20] das gesamte Gesetz aus Sicht der bestehenden Literatur. Zu nennen ist weiterhin eine Darstellung von *Arendt*[21], die sich mit Art. 1135–1 Code Civil und dessen Zusammenspiel mit dem Gesetz von 1983 befasst. Einen Überblick gibt auch das Buch von *Decker/ Bodry*[22].

Beachtung fand das Gesetz auch in der deutschsprachigen Literatur. Es findet sich beispielsweise ein Aufsatz von *Bennemann*[23], der die Vorschriften betreffend der missbräuchlichen Vertragsbedingungen und damit den Kernbereich des Gesetzes analysiert. Am Rande geht er daneben auf die Vorschriften zum Widerrufsrecht, zum Werkvertragsrecht und zur Verbindlichkeit von Werbeaussagen ein. Einen weiteren Teilbereich behandelt *Schockweiler*[24], der das Gesetz unter dem Gesichtspunkt des Internationalen Privatrechts betrachtet. Insbesondere geht es dabei um das anzuwendende Recht und Gerichtsstandsklauseln.

III. Literatur in der Zeit zwischen dem Gesetz von 1983 und dem Aufkommen der Diskussion um die Schaffung eines *Code de la cons. lux.*

Einzig zum Gesetz vom 14.08.2000 über den elektronischen Geschäftsverkehr existiert ein ausführlicher Kommentar[25]. Dieser ist jedoch – da sich das Gesetz überwiegend mit technischen Erfordernissen befasst – nur in Teilbereichen für die vorliegende Arbeit von Relevanz. Zu den Entwürfen dieses Gesetzes äußern sich überblickartig zudem *Boriths Müller/ Roessler*[26] sowie *Le Goueff*[27]. Einge-

19 Feuille de liaison 60 (1984), 15ff.
20 Feuille de liaison 60 (1984), 21ff.
21 Bulletin du Cercle François Laurent IV/1993, 3ff.
22 Verbraucherrechtsschutz in Verträgen.
23 RIW 1986, 594ff.
24 IPRax 1984, 337ff.
25 Le commerce électronique en droit luxembourgeois.
26 MMR 1999, X.
27 Ann. dr. lux. 1998, 411ff. sowie *ders.*, Ann. dr. lux. 2000, 71ff.

hender mit dem gesamten Problemkreis des Internets und des E-Commerce befasst sich *Le Goueff*[28], der erneut die sich in Bezug auf Websites stellenden Fragen behandelt. Nur am Rande erfolgen Hinweise zu vorvertraglichen Informationspflichten sowie zum Widerrufsrecht.

Zwar fehlt es in diesem Zeitraum weitestgehend an Gesamtdarstellungen, jedoch werden vereinzelt Aufsätze veröffentlicht, die sich mit Teilbereichen dieser Arbeit befassen. Beispielsweise ist der Aufsatz von *Biltgen*[29] zum Recht der Vertragsstrafe zu nennen. Zu nennen sind aber auch die Darstellungen von *Elvinger*, die sich der Umsetzung der Richtlinie 93/13/EWG vom 05. April 1993[30] und der Richtlinie 99/44 vom 25. Mai 1999[31] in das luxemburgische Recht widmen. Auch diese Aufsätze sind Nachweise für die aufgestellte These einer nur partiellen Bearbeitung der Materie durch die einschlägige Literatur.

Besondere Erwähnung verdient schließlich die Darstellung von *Brucher/ Thieltgen/ Bena*[32], die sich ausführlich mit der Frage des Verbraucherschutzes im *Code Civil* auseinandersetzt. Sie deckt jedoch nur einen Teilbereich der vorliegenden Untersuchung ab und geht beispielsweise nicht auf die Kontrolle des Inhalts missbräuchlicher Vertragsbedingungen ein. Ebenso fehlt weitestgehend ein Vergleich mit dem französischen Recht, den die vorliegende Bearbeitung vornehmen möchte.

Herauszuheben als einzige eingehendere Beschäftigung mit dem luxemburgischen Verbraucherrecht in deutscher Sprache ist die Monographie von *Lege*[33]. Diese behandelt erstmals umfassend die verbraucherschützende Gesetzgebung Luxemburgs in deutscher Sprache, wobei die einzelnen Bereiche des Verbraucherrechts unter dem Gesichtspunkt der Sprachenfrage behandelt werden. Trotz des Vorhandenseins dieser umfassenden Untersuchung hat das Thema nicht an Relevanz verloren, da die Autorin zum einen nur am Rand auf die Frage nach der Eigenständigkeit der luxemburgischen Rechtsordnung und zum anderen nicht auf den *Code de la cons.* eingeht.

IV. Der luxemburgische *Code de la cons.* im Fokus der Literatur

Eine deutliche Erweiterung der Beschäftigung mit Fragen des Verbraucherrechts zeigt sich vor der Schaffung des *Code de la cons.* So erschien mit dem Tagungsband *La codification en droit luxembourgeois du droit de la consommation* eine

28 Internet et e-Commerce en droit luxembourgeois.
29 Ann. dr. lux. 1993, 75ff.
30 ERPL 1997, 185ff.
31 ERPL 2001, 309ff.
32 La protection juridique, 165ff.
33 Sprache und Verbraucherinformation.

umfassende Behandlung des Gesetzgebungsentwurfs. Grundlegend geht es hierbei um die auch in der vorliegenden Darstellung gestellte Frage, ob es sich um eine Kodifikation des geltenden Rechts handelt.[34] Erläutert werden zudem zukünftige Entwicklungsperspektiven[35].

Daneben beschäftigt sich *Gouden*[36] in einem Überblicksaufsatz aus dem Jahre 2010 mit dem Schutz des Verbrauchers im neuen *Code de la cons.* Daneben ist auf einen Aufsatz von *Poillot*[37] hinzuweisen. Auch hier gibt die Autorin einen Überblick über den Inhalt des Gesetzbuchs und analysiert den Kodifikationsansatz des Gesetzgebers.

Anhand der vorliegenden Literatur lässt sich erkennen, dass – mit Ausnahme der ausführlichen Gesetzgebungsmaterialien – bisher vor allem Fragen der Gesetzgebungstechnik und der inhaltlichen Beschränkung des Anwendungsbereiches im Blick standen. Eine umfassende Darstellung der Bestimmungen des Gesetzbuches fehlt bisher.

Zumindest für den Bereich des allgemeinen Vertragsrechts (und damit auch in Randbereichen der hier interessierenden Fragestellungen) ist demgegenüber festzustellen, dass eine umfassende Aufarbeitung durch die Forschung erfolgt ist. Neben dem nunmehr in 3. Auflage erschienenen Werk von Ravarani zur *responsabilité civile des personnes privées et publiques* existiert mit dem Werk von *Poelmans*[38] eine umfassende Darstellung des Schuldrechts.

Daher lässt sich der These einer »Ignoranz« des Verbraucherrechts durch die Literatur nicht mehr umfassend zustimmen. Aus heutiger Sicht ist vielmehr davon auszugehen, dass die Besonderheiten der eigenen Rechtsordnung zunehmend in den Fokus der Betrachtung rücken. Statt von einer »Ignoranz« ist daher nunmehr von einem Aufschwung zu sprechen.

C. Begrenzung des Untersuchungsgegenstandes

Notwendigerweise kann die vorliegende Arbeit nicht alle möglichen Untersuchungsgegenstände umfassend behandeln. In mehrfacher Hinsicht ist daher eine Eingrenzung vorzunehmen.

Zunächst werden Fragen der Produkthaftung ausgeklammert, selbst wenn sich diese in einem zwischen einem Verbraucher und einem Unternehmer ab-

34 Siehe hierzu S. 29.
35 Zur Entwicklung des Verbraucherrechts bis zum Jahre 2006 siehe *Thewes*, Ann. dr. lux. 2006, 49ff.
36 DCCR 87/2010, 50ff.
37 Journal des tribunaux Luxembourg, n° 25, 1ff.
38 Droit des obligations au Luxembourg.

geschlossenen Vertrag stellen.[39] Diese erste Grenzziehung berücksichtigt, ob die entsprechenden Regelungen Bestandteil des auf alle Verträge anwendbaren *Code Civil* oder des speziell auf Verbraucherverträge anwendbaren *Code de la cons.* sind. Dem Ausschluss der Produkthaftung aus dem Anwendungsbereich des *Code de la cons.* liegt eine bewusste gesetzgeberische Entscheidung zu Grunde: Nach Ansicht des Gesetzgebers weist die allgemeine Produktsicherheit keinen Zusammenhang zu den anderen verbraucherschützenden Regelungen auf.[40]

Das Kriterium der fehlenden Behandlung durch den *Code de la cons.* kann auch für den Ausschluss von Fragestellungen des verwaltungsrechtlichen Verbraucherschutzes herangezogen werden.[41]

Daneben bleiben jedoch auch einige Bereiche außer Betracht, deren Regelungen sich im *Code de la cons.* finden. Nicht behandelt werden Fragen des Time-Sharing und des Pauschalreiserechts.[42] Zum einen kommt dem Time-Sharing in Luxemburg nur eine geringe Bedeutung zu.[43] Zum anderen steht im Bereich des Pauschalreiserechts wegen der Notwendigkeit der Umsetzung der Richtlinie 2015/2302 in Kürze eine Novellierung an[44].

Daneben werden auch die Bestimmungen über die Preisangaben ausgeklammert. Der Gesetzgeber selbst hatte festgestellt, dass die Vorschriften über die Preisangaben eher ein Mechanismus der Marktüberwachung denn ein Mittel des Verbraucherschutzes sind. Da der Information des Verbrauchers jedoch eine enorme Wichtigkeit zugesprochen wurde, entschied sich der Gesetzgeber dennoch für die Aufnahme der Regelungsmaterie in das Gesetzbuch.[45] Dieser Entscheidung soll hier jedoch nicht gefolgt werden.

39 Siehe hierzu *Pierrat*, Ann. dr. lux. 2009, 237ff.

40 Projet de loi n° 5881, Exposé des motifs, S. 57.

41 Eingehender zu diesen Fragestellungen *Krieps*, La protection du consommateur en droit administratif luxembourgeois, 13ff.

42 Im Einzelnen zum früheren Gesetz von 1994 über die *agences des voyages* vgl. *Folmer*, Ann. dr. lux. 1994, 13ff. Überblickartig zur Umsetzung der RL 94/47/EG zum Schutz der Erwerber im Hinblick auf bestimmte Aspekte von Verträgen über den Erwerb von Teilzeitnutzungsrechten an Immobilien in Luxemburg vgl. Bericht über die Anwendung der Richtlinie 94/47/EG, SEC (1999) 1795 final.

43 Insgesamt kommt dem Time-Sharing-Markt heute eine eher untergeordnete Rolle zu, vgl. *Bütter*, Immobilien-Time-Sharing und Verbraucherschutz, S. 3 unter Verweis auf u.a. *Martinek*, ZeuP 1994, 470 (477).

44 Richtlinie (EU) 2015/2302 des Europäischen Parlaments und des Rates vom 25. November 2015 über Pauschalreisen und verbundene Reiseleistungen, zur Änderung der Verordnung (EG) Nr. 2006/2004 und der Richtlinie 2011/83/EU des Europäischen Parlaments und des Rates sowie zur Aufhebung der Richtlinie 90/314/EWG des Rates, Abl. der Europäischen Union v. 11.12.2015, L 326/1ff.

45 Projet de loi n° 5881, Exposé des motifs, S. 59f.

Auch Fragestellungen aus dem Bereich des Lauterkeitsrechts werden weitestgehend aus der vorliegenden Untersuchung ausgeklammert.[46] Eine Ausnahme von diesem Grundsatz wird für die unverlangte Zusendung von Waren oder die unverlangte Erbringung von Dienstleistungen gemacht, denen im Bereich des Verbraucherschutzes traditionell eine große Relevanz zukommt.

Schließlich werden Fragen des Rechtsschutzes, aber auch Maßnahmen zur außergerichtlichen Beilegung von Streitigkeiten ausgeklammert,[47] da sich die Untersuchung auf den Bereich des Verbraucher (-vertrags-) rechts konzentrieren soll.

Aufgrund der weitestgehenden Vereinheitlichung der Bestimmungen zur Frage nach dem zuständigen Gericht durch die Brüssel-I-Verordnung sowie hinsichtlich der Bestimmung des anwendbaren Rechts durch die Rom-I-Verordnung vermögen detaillierte Untersuchungen dieser Teilbereiche wenig zur Beantwortung der hier gestellten Frage beitragen zu können. Bei der vorliegenden Untersuchung des Verbraucher (-vertrags-) rechts werden diese Fragestellungen daher auch aus diesem Grund außer Betracht gelassen.

46 Dazu im Einzelnen *Emering*, WRP 1991, 72ff.; *Henning-Bodewig*, GRUR Int. 1994, 809 ff; *Schricker*, RabelsZ 40 (1976), 535ff. sowie überblickartig aus neuerer Zeit *Schulze/ Janssen*, The European Legal Forum 2004, 77ff.

47 Dazu weiterführender Micklitz/ Rott/ u.a./ *Rott*, Verbraucherschutz durch Unterlassungsklagen, insbes. S. 113ff. sowie speziell zur Rolle des Verbrauchers im Prozess *Rauchs/ Bruck*, Ann. dr. lux. 2007–2008, 417ff.

Kapitel 1: Die Grundlagen der luxemburgischen Rechtsordnung

Üblicherweise bildet die Entstehung der Rechtsordnung eine erste Rahmenbedingung für die folgende Rechtsentwicklung. Davon ausgehend soll an dieser Stelle allgemein der sich hier gestellten Frage nach der Eigenständigkeit der Rechtsordnung nachgegangen werden.

A. Die Staatswerdung Luxemburgs

Die Entstehung der Rechtsordnung ist eng mit der Frage nach der Staatswerdung Luxemburgs verbunden. Die Rechtsentwicklung kann daher sinnvollerweise nur in den Blick genommen werden, wenn zuerst dargestellt wird, wie sich der Staat Luxemburg als solcher entwickelt hat.

I. Die Übergangszeit: Luxemburg zwischen 1815 und 1914

Erst seit dem Londoner Vertrag von 1839 zwischen England, Österreich, Frankreich, Preußen, Russland und Belgien sowie Holland erscheint es gerechtfertigt, von der Eigenständigkeit des Großherzogtums Luxemburg zu sprechen.[48] Zwar erfolgte bereits durch den Wiener Vertrag von 1815 eine internationale Anerkennung des Großherzogtums,[49] jedoch wurde dieses unter die Personalunion des Königs der Niederlande gestellt (der gleichzeitig den Titel Großherzog erhielt).[50] Der letztlichen Unabhängigkeit ging Widerstand gegen den autoritären

48 *Majerus*, Staatswesen, S. 5. Jedoch kann man vor dem Wiener Vertrag nicht wirklich vom Bestehen der »Nation Luxemburg« sprechen, siehe *Pauly*, Nation und Staat, S. 41.

49 Zu den Ursachen für die Gründung eines eigenständigen Großherzogtums (neben territorialer Kompensation Bildung einer »Barriere« gegen Frankreich) vgl. *Scuto*, Staatsbildung und Staatsangehörigkeitsrecht, 249 (250).

50 *Pauly*, Geschichte Luxemburgs, S. 66f. Der König der Niederlande regierte das Land in der Folge eher als 18. Provinz des niederländischen Königreichs denn als selbstständiges Terri-

Herrschaftsstil des Königs und Großherzogs voraus, in dessen Folge die Regierung des neuen belgischen Staates 1830 Luxemburg als Teil Belgiens proklamierte. Eine Ausnahme bildete allein die Hauptstadt, die weiterhin preußischer Verwaltung unterlag.[51]

Im Londoner Vertrag wurde diese Regelung offiziell anerkannt: Während der wallonische Westen Belgien angegliedert wurde, wurde der Osten endgültig für selbstständig erklärt, wobei der niederländische König noch immer in Personalunion herrschte.[52] Auch die preußischen Truppen zogen ab.[53] Damit wurde die Teilung des Landes bestätigt.[54]

Nunmehr wurde versucht, die als selbstständig erklärten »Reste« des ursprünglichen Herzogtums zu einer Einheit zu formen. Vor allem die Beamten trugen durch die Organisation nationaler Feiern und die Errichtung von Denkmälern wesentlich zu diesem Prozess bei, während die Rolle der Sprache uneinheitlich beurteilt wird.[55] Zur Konsolidierung trug ferner bei, dass das Land eine landständische Verfassung erhielt, die Verwaltung zu einer Staatsverwaltung ausgebaut wurde[56] und 1843 der Beitritt zum deutschen Zollverein erfolgte[57].

Während der Revolution von 1848 erhielt das Land eine Verfassung, die Luxemburg zu einer parlamentarischen Monarchie machte.[58] Mit Scheitern der Paulskirchenversammlung stand nicht mehr zur Debatte, ob Luxemburg Teil eines Deutschen Reiches werden sollte (während es in der Vergangenheit Teil des Deutschen Bundes gewesen war[59]). Berechtigterweise kann daher von einer ersten Verfestigung der geschaffenen Strukturen ausgegangen werden.

Nicht einmal 20 Jahre später verlangte Napoleon III. die Kontrolle über das Land als Gegenleistung für seine im preußisch – österreichischen Krieges gewahrte Neutralität. Bismarck verweigerte jedoch seine Zustimmung zu diesem Handel. Luxemburg blieb folglich selbstständig.[60] Da Luxemburg ständige Neutralität zusicherte, wurde 1867 die Selbstständigkeit auf internationaler Ebene anerkannt.[61] Als 1870 erneut eine Annexion drohte, regte sich Widerstand

torium. Ein Wechsel dieser Handhabung ließ sich erst nach dem Londoner Vertrag von 1839 erkennen, vgl. *Scuto*, Staatsbildung und Staatsangehörigkeitsrecht, 249 (250).

51 *Pauly*, Geschichte Luxemburgs, S. 67f.

52 *Pauly*, Geschichte Luxemburgs, S. 69.

53 *Witz/ Laule*, Benelux-Ploetz, S. 81.

54 *Eyschen*, Staatsrecht, S. 9.

55 *Pauly*, Geschichte Luxemburgs, S. 70.

56 *Scuto*, Staatsbildung und Staatsangehörigkeitsrecht, 249 (251).

57 *Eyschen*, Staatsrecht, S. 10f.

58 *Pauly*, Geschichte Luxemburgs, S. 73.

59 *Hattenhauer*, Europäische Rechtsgeschichte, S. 650; *Witz/ Laule*, Benelux-Ploetz, S. 23.

60 *Pauly*, Geschichte Luxemburgs, S. 74f.

61 *Eyschen*, Staatsrecht, S. 13.

aus den Reihen des Volkes. Dies war ein starkes Indiz für ein erstmals auf breiter Ebene erwachendes Nationalgefühl.[62]

Mit dem Tod von Wilhelm dem III. erhielt das Land 1890 in Folge der von den Niederlanden verschiedenen Erbfolgerechte eine eigene Dynastie. Dies führte zugleich zum Ende der Personalhoheit mit den Niederlanden.[63] Auch die wirtschaftliche Anerkennung durch die Mitgliedschaft im Deutschen Zollverein und die Schaffung einer eigenen Eisenbahn beschleunigten die Bildung eines eigenen Nationalbewusstseins, welches durch den damit einhergehenden wirtschaftlichen Erfolg und die Gewährung eines allgemeinen Wahlrechts weitergehend gefestigt wurde.[64] Diese Phase ab 1890 wird als erste »Nationalisierungsphase« angesehen, die ihren Höhepunkt im Jahre 1919 erreichte.[65]

II. Das zwanzigste Jahrhundert und die Gegenwart

Trotz des erwachenden Nationalgefühls stand Luxemburg zu Beginn des 20. Jahrhunderts erneut im Spannungsfeld kriegerischer Auseinandersetzungen. Mitte 1914 kam es im Rahmen des ersten Weltkrieges zu einem Einmarsch der deutschen Armee, die das Land bis 1918 besetzte. Aufgrund der Anordnung strikter Neutralität regte sich gegen diese Besetzung nur wenig Widerstand. Auch die Nachbarstaaten machten keine eigenen Ansprüche geltend: Während Belgien die Wiedervereinigung anstrebte, verzichtete Frankreich 1917 im Geheimen auf Ansprüche.[66]

Trotz der Besetzung festigte sich die politische Lage: 1918 wurde die sofortige Abschaffung der Monarchie abgelehnt. Im Rahmen einer Volksabstimmung stimmten fast 80 % für die Beibehaltung der regierenden Großherzogin und damit für die Unabhängigkeit des Landes.[67] Zudem wurde für eine wirtschaftliche Anbindung an Frankreich votiert,[68] dessen Truppen das Land bis 1925 besetzten[69]. Zu Deutschland wahrte man nach den Erfahrungen des ersten Weltkrieges hingegen eine deutliche Distanz, da man eine Gefährdung der Unab-

62 So auch *Franz/ Lehners*, Die Auseinandersetzung, 11 (12): »... Bevölkerung, deren Identität sich seit dem 19. Jahrhundert tendenziell immer stärker als eigenes Nationalbewusstsein ausformte.«

63 *Eyschen*, Staatsrecht, S. 6; *Pauly*, Geschichte Luxemburgs, S. 74f.

64 *Pauly*, Geschichte Luxemburgs, S. 77f., 82.

65 *Péporté*, Das Jahr 1919, 49 (50).

66 *Pauly*, Geschichte Luxemburgs, S. 82f.

67 *Pauly*, Geschichte Luxemburgs, S. 85.

68 *Fayot*, Les quatre référendums du Grand-Duché, S. 36. Vgl. zur Rolle des Conseil d'Etat bei den Referenden *Gillen*, Le Conseil d'Etat, 223ff.

69 *Witz/ Laule*, Benelux-Ploetz, S. 25.

hängigkeit fürchtete.[70] Bereits 1921 war man daher u. a. eine Wirtschafts- und Währungsunion mit Belgien eingegangen.[71]

1940 wurde das Land erneut von deutschen Truppen besetzt. Der ernannte Chef der Zivilverwaltung verkündete:[72] »Das Land Luxemburg ist altes deutsches Siedlungsgebiet. Die Bevölkerung ist deutschstämmig, moselfränkisch.« Das Land wurde Deutschland nicht im völkerrechtlichen Sinne zugeordnet, sondern alle Gesetze mussten für das Land eigens in Kraft gesetzt werden.[73] Erneut zeigte sich kein wirklicher Widerstand gegen die Besetzung. Zudem war dieser keineswegs einheitlich, sondern gliederte sich in viele verschiedene Gruppierungen auf.[74] 1944 erfolgte die Befreiung.

Früh erkannte Luxemburg, dass internationale Beziehungen zu einer Stabilisierung führen konnten. Deshalb trat es 1943 der Benelux-Währungsunion und ein Jahr später der entsprechenden Zollunion bei.[75] Zudem folgte 1949 die Beteiligung an der NATO als Gründungsmitglied. 1951 folgten dann schließlich unter Beteiligung Luxemburgs die Gründung der Montanunion sowie 1957 die der EWG.[76]

III. Fazit

Dieser kurze Blick auf die Geschichte zeigt, dass Luxemburg eine wechselvolle Entwicklung zwischen Besetzung und Befreiung hinter sich hat. Erst vergleichsweise spät verfestigte sich ein eigenständiges Staatsgebiet und bildete die Grundlage für die Ausbildung eines Nationalbewusstseins. Es ist daher zu vermuten, dass sich dieses späte Bewusstsein der Eigenständigkeit auch für die Rechtsentwicklung als solche nachzeichnen lassen wird.

B. Das Vorliegen einer autonom luxemburgischen Rechtsentwicklung?

Ausgehend von der geschilderten »lebhaften« Geschichte des Großherzogtums zwischen Fremdbeherrschung und -verwaltung und der Anerkennung der Eigenständigkeit drängt sich die Frage auf, ob und inwieweit eine eigenständige

70 *Péporté*, Das Jahr 1919, 49 (54).
71 *Trausch*, A hue et à dia, 109.
72 Zitiert nach *Pauly*, Geschichte Luxemburgs, S. 94.
73 *Pauly*, Geschichte Luxemburgs, S. 95.
74 *Pauly*, Geschichte Luxemburgs, S. 99.
75 *Pauly*, Geschichte Luxemburgs, S. 105.
76 *Wesel*, Geschichte des Rechts in Europa, S. 545.

Rechtsordnung entstehen konnte. Dass diese Frage heute noch von Relevanz ist, zeigt sich an einem Beitrag zum ersten luxemburgischen Juristentag 2012, der die Frage stellt: »Y a-t-il vraiment un droit luxembourgeois?«.[77]

I. »Aufzwingen« fremden Rechts und erste Ansätze einer Eigenständigkeit

Obwohl der *Code Civil* unter französischer Herrschaft eingeführt worden ist, wurde dieser trotz Wiedererlangung der eigenen Souveränität beibehalten. Als Grund hierfür wird vor allem die Klarheit seiner Sprache wie auch seine Ausgeglichenheit und Kohärenz genannt.[78]

Da der *Code Civil* damit auch heute noch die textliche Grundlage für das luxemburgische Zivilrecht bildet, kann bereits hieraus eine starke Prägung durch das französische Recht abgeleitet werden.[79] Aus historischer Sicht wird teilweise von einer »tutelle française« (»französische Vormundschaft«) gesprochen.[80] Denn neben dem eigentlichen Gesetzestext wurden das Schrifttum und die Rechtsprechung rezipiert, der teilweise sogar eine größere Bedeutung als der Rezeption des Gesetzbuchs selbst zugesprochen wird. Diese liegt insbesondere darin, dass sich die Richter an der französischen Rechtspraxis orientierten.

Im Allgemeinen wird angenommen, dass es in der zweiten Hälfte des 19. Jahrhunderts vermehrt zu einer Emanzipation einiger Länder von den Vorgaben des französischen Rechts kam.[81] Im Vergleich etwa zum Nachbarstaat Belgien ist der Wandel in Luxemburg durchaus langsamer erfolgt. Dennoch musste auch hier u. a. aufgrund von Regelungslücken in den französischen Texten eine eigenständige Lösung in Form von Spezialgesetzen gefunden werden. Dies zeigt ein Vergleich mit anderen Ländern dieser Rechtstradition, in denen entsprechende Reformdiskussionen angestrengt worden sind.[82] Ein vollständiger Gleichlauf mit dem französischen Recht wurde zudem durch dessen Fortbildung durch richterliche Eingriffe erschwert.[83]

Dennoch vollzog sich dieser Perspektivenwechsel nur langsam. Die Ausbildung der Rechtsgelehrten erfolgte weiterhin ausschließlich anhand einer Exegese verschiedener Gesetzbücher unter Beachtung der diese abändernden Gesetze. Eine Analyse aus historischer Perspektive erfolgte hingegen nur selten.[84] Einige

77 *Jacoby*, Introduction, 13.
78 *Wagner*, Luxembourg, 93 (97).
79 *Ancel*, Revue des contrats 2014, 295 (295f.); *Wagner*, Luxembourg, 93 (98).
80 *Hoscheit*, Pas. 34, 353.
81 *Ranieri*, 200 Jahre Code Civil, S. 6f.
82 *Ranieri*, 200 Jahre Code Civil, S. 15.
83 *Ranieri*, 200 Jahre Code Civil, S. 17.
84 *Majerus*, Droit luxembourgeois, S. 1.

Rechtswissenschaftler sprachen in diesem Zeitraum davon, dass alle Gesetze des Landes lediglich Kopien anderer, französischer Gesetze seien und es daher vermessen sei, von einer eigenständigen luxemburgischen Rechtsordnung zu sprechen.[85] Diese Aussage ist denkbar weit von dem Bewusstsein einer Eigenständigkeit des Rechts entfernt, steht aber beispielhaft für die zunächst vorherrschende Annahme.

Als Anhaltspunkt für den eintretenden Perspektivenwechsel kann erneut auf das 1938 erschienene Buch von *Majerus* »Un droit luxembourgeois existe-t-il et comment faut l'étudier?« zurückgegriffen werden. Dieser wies erstmals nach, dass bereits 1938 eine gewisse Eigenständigkeit der Rechtsordnung bestand. Er stimmt zwar der Gegenauffassung insoweit zu, als dass weder eine dem französischen Recht vergleichbare Originalität vorliege als auch die Rechtsprechung nicht vollständig autonom geschaffen sei. Jedoch hätten weder das französische noch das deutsche Recht die ihnen zugesprochene Reinheit, sondern nähmen Anleihen am romanischen Recht. Zudem sei es mit fortschreitender gesetzgeberischer Aktivität immer schwieriger, den französischen Büchern zu folgen. Bei der Beantwortung der Frage nach der Eigenständigkeit sei zudem eine rein praktische Erwägung zu berücksichtigen: Als vergleichsweise kleines Land könne sich Luxemburg nicht den »Luxus teurer Experimente« gönnen, sodass bewährte Lösungen aus den Nachbarländern übernommen werden müssten. Unter Berücksichtigung dieser Erwägungen gelangt *Majerus* bereits 1938 zu dem Schluss, dass eine eigenständige luxemburgische Rechtsordnung vorliege.[86]

Auch aus der heutigen Perspektive hat eine differenzierte Beantwortung der Frage nach der Eigenständigkeit zu erfolgen. So findet sich der Hinweis, dass allein aus der Souveränität des Staates nicht automatisch geschlossen werden könne, dass es sich auch um eine autonome Rechtsordnung handelt. Ferner besteht das geltende Recht unbestritten aus Texten, deren Ursprünge im Ausland liegen, die durch entsprechende Texte inspiriert worden sind oder diese aus historischen Gründen übernommen haben. Trotz dieser Zweifel erkennen auch diese Autoren an, dass die Gesetze nicht die gleiche Entwicklung wie in den Nachbarländern genommen, sondern ihre Eigenständigkeit behalten haben. Die textliche Identität wurde damit durch Reformen relativiert. Insgesamt erscheint es daher gerechtfertigt, vom Bestehen eines eigenständigen luxemburgischen Rechts zu sprechen.[87] Durch die Gründung der Universität Luxemburg ist ein weiterer Aufschwung der Rechtsentwicklung zu erwarten. Auch aufgrund der an

85 Darauf bezieht sich *Majerus*, Droit luxembourgeois, S. 3f., ohne jedoch Quellen anzugeben. So zitiert er einen Juristen mit den Worten: »Il n'y a pas de droit luxembourgeois. On n'a qu'à réunir les histoires du droit allemand et du droit français, car il n'existe pas de droit luxembourgeois, ni a fortiori d'histoire du droit luxembourgeois?«

86 *Majerus*, Droit luxembourgeois, S. 5ff.

87 *Ancel*, Revue des contrats 2014, 295 (295); *Jacoby*, Introduction, 13 (13ff.).

dieser entstehenden Publikationen handelt es sich nicht mehr um eine »science secrète« der Rechtsprechung. Zu erwarten ist vielmehr, dass unter diesen Einflussfaktoren das luxemburgische Recht eine neue Qualität erhalten wird.[88]

Nur vereinzelt findet sich hingegen der Hinweis, dass es sich trotz der Vornahme wesentlicher Veränderungen um französisches Recht handele und man daher besser von den »ensemble des règles applicables sur le territoire luxembourgeoise« statt von einem luxemburgischen Recht sprechen sollte.[89] Unter Berücksichtigung der obigen Erwägungen kann dem nicht zugestimmt werden.

Geht man einen Schritt weiter und betrachtet den hier interessierenden Bereich, gelangt man zu dem Ergebnis, dass in der Vergangenheit vor allem das Vertrags- und Schuldrecht des *Code Civil* stark rezipiert worden ist[90] und damit ein großer Einfluss des französischen Rechts zu beobachten ist. Aus heutiger Sicht wird aber weitergehend davon ausgegangen, dass vor allem im Bereich des Schuldrechts eine Lösung des luxemburgischen Rechts von seinem französischen »Vorbild« erfolgt ist. Insbesondere durch Gesetz aus dem Jahre 1987 wurden Vorschriften eingeführt, die das Prinzip der Willensfreiheit zum Schutz der schwächeren Partei einschränken.[91] Dieser Abkehr von einer strengen Befolgung des französischen Rechts entspricht auch die von *Ranieri* zitierte Aussage eines französischen Kollegen, wonach »*l' influence du modèle français diminue inexorablement au fil des décennies dans la plupart des pays concernés*«.[92]

Daher geht man heute davon aus, dass das luxemburgische Recht keine autonome, national geschaffene Rechtsordnung ist, sondern dass sie sich unter Bezugnahme auf das französische Modell definiert. Nichtsdestotrotz bestehen keine miteinander identischen juristischen Kulturen.[93] Es verbleibt zwar bei einer Zugehörigkeit zur Tradition des französischen Rechts, zu beobachten sind jedoch auch belgische Einflüsse. Daher besteht berechtigterweise weiterhin das Bewusstsein einer gemeinsamen Grundlage der Rechtsprechung und der Fachliteratur. Sucht man hingegen nach einem Einfluss des deutschen Rechts, beschränkt sich dieser vor allem auf die Regelungen zur Gewährleistung der sozialen Sicherheit und den Bereich des Steuerrechts.[94]

In neuerer Zeit ist der Hinweis auf einen prägnanten Einfluss des französischen Rechts und die Vornahme von Reformen in dessen Sinne nicht gänzlich unberechtigt – belgische und eingeschränkt auch deutsche Vorbilder sind jedoch

88 *Mousel*, Conclusions, S. 188 (191 f.).
89 *Mousel*, Conclusions, S. 188 (189 f.).
90 *Ranieri*, 200 Jahre Code Civil, S. 2.
91 *Hoscheit*, Pas. 34, 353 (361 f.).
92 *Ranieri*, 200 Jahre Code Civil, S. 3.
93 *Hoscheit*, Pas. 34, 353 (353).
94 *Hoscheit*, Culture et droit processuel, 1 (2); *Pescatore*, Luxembourg, L 47 (L-50 f.).

nicht von der Hand zu weisen.[95] Zudem haben sich einige »originär luxemburgische« Besonderheiten entwickelt, wobei der Bereich des Obligationenrechts eine gewisse Zurückhaltung gegenüber einer wesentlichen Veränderung zeigt[96].

II. Der Einfluss der Rechtsvergleichung auf die Rechtsentwicklung

»Der luxemburgische Jurist ist der wahre Rechtsvergleicher.« Auch wenn diese Aussage überspitzt klingen mag, so kann ihr wahrer Kern nicht geleugnet werden. Bezugnahmen auf Rechtsprechung und Literatur fremder Rechtsordnungen sind »das täglich Brot« der luxemburgischen Juristen.[97]

Ein wichtiger Grund für die Anwendung ausländischer Rechtsordnungen ist, dass wegen der im Vergleich zu anderen Staaten geringen Landesgröße nur eine beschränkte Zahl gerichtlicher Entscheidungen ergehen kann. Die Rechtsprechung ist daher nicht in der Lage, alle auftretenden Fragestellungen selbst zu lösen, sondern muss sich von der Rechtsprechung aus jenen Ländern inspirieren lassen, die die Grundlage für die anzuwendenden gesetzlichen Vorschriften sind.[98] Es bestehen lediglich drei Friedensgerichte, zwei Tribunaux d'arrondissement sowie jeweils ein Cour d'appel bzw. Cour de cassation. Im Jahr ergehen etwa 3–4 Entscheidungen der Cour de Cassation im Bereich des Vertragsrechts.[99] Zu vielen Fragen gibt es daher bis heute keine oder nur wenige alte Entscheidungen, sodass oftmals nicht einmal beurteilt werden kann, inwieweit die heutige Rechtsprechung an den getroffenen Lösungen festhalten möchte.[100]

Einen starken Einfluss auf die Notwendigkeit der Rechtsvergleichung wird der Tatsache zugeschrieben, dass erst im Jahre 2003 die Universität Luxemburg gegründet wurde. Bis dahin und in größerem Umfang auch noch heute war und ist es üblich[101], die juristische Ausbildung in Frankreich oder Belgien zu absolvieren. Damit geht einher, dass trotz eines gewissen »Aufschwungs« in den letzten

95 *Poillot*, Propos liminaires, 57 (67f.).

96 *Ancel*, Revue des contrats 2014, 295 (296).

97 *Elvinger*, Le recours, 231; *Gillen*, Bull. Dr. et Banque n° 4, 35 (37). Dies zeigt auch die Praxis der Rechtsprechung, siehe beispielsweise die Begründung im Urteil der Cour de Cass., Urt. v. 13.06.2013, n° 3207 du registre.

98 *Elvinger*, Le recours, 231 (232).

99 So die Schätzung von *Ancel*, Revue des contrats 2014, 295 (299). Dies liegt darin begründet, dass es fast keine Divergenzen zwischen den verschiedenen Gerichten oder deren Kammer gibt, die durch die Cour de Cassation geklärt werden müssen, *Hoscheit*, Culture et droit processuel, 1 (12).

100 *Ancel*, Revue des contrats 2014, 295 (302).

101 Teilweise erfolgt auch an der luxemburgischen Universität die Lehre durch im französischen Recht ausgebildete Professoren, vgl. *Ancel*, Revue des contrats 2014, 295 (296).

Jahren nur wenig originär luxemburgische Literatur vorhanden ist.[102] Auch diese kann daher in den meisten der zu entscheidenden Fragen nicht als *autosuffisant* bezeichnet werden, sodass auch aus diesem Grund ein Rückgriff notwendig wird.

Neben der bereits geschilderten Berücksichtigung des Ursprungs der Vorschrift, der häufiger eher im französischen als im belgischen Recht zu finden ist,[103] lassen sich aber weitere Faktoren ausmachen, die für die Entscheidungsfindung von Relevanz sind. So spielt es nach *Elvinger*[104] eine Rolle, in welchem Land der Richter ausgebildet wurde, wie die gerichtsinterne Bibliothek ausgestattet ist und inwieweit die Rechtsanwälte in ihren Schriftsätzen Bezüge zum ausländischen Recht hergestellt haben. Auch wenn *Elvinger* daneben noch Opportunitätsgründe dergestalt nennt, dass der Richter das zu erreichende Ergebnis kenne, aber noch dessen Begründung suche, wird diese Lösung nicht als ausschlaggebend angesehen. Vielmehr sei davon auszugehen, dass den erstgenannten Faktoren eine größere Bedeutung zukomme.

Nicht zu unterschätzen ist für die Rechtsfindung daneben die Rolle der französischen Sprache. Ursprünglich »von der Machtelite aufgezwungen« erfolgte ihr Aufschwung durch die Stilisierung als Symbol politischer Unabhängigkeit sowie als Schutzschild gegen die Gefahr deutscher Annektion. Damit einher ging die Stellung als Sprache der höheren Verwaltung und damit auch der Gesetzgebung.[105] Daran vermochte die Tatsache nichts zu ändern, dass der französische Teil des Landes 1839 an Belgien fiel und die »verbliebenen« Einwohner fast ausschließlich deutschsprachig waren. Für die Aufrechterhaltung des Französischen in dieser Zeit wird dem *Code Civil* eine starke Rolle zugesprochen.[106] Seit 1848 war das Land wieder offiziell zweisprachig.[107] Diese Festlegung wurde zwar im Jahre 1948 außer Kraft gesetzt,[108] 1984 folgte aber eine erneute Regelung der Sprachenfrage durch das Sprachengesetz[109]. Darin wurde Luxemburgisch zur Nationalsprache erklärt; Französisch, Deutsch und Luxemburgisch sind in dieser Reihenfolge Verwaltungs- und Gerichtssprachen. Die Verwaltung

---

102 Vgl. die Nachweise auf S. 3ff. Zu diesem Ergebnis gelangt auch *Elvinger*, Le recours, 231 (232). Auch im Jahre 2014 spricht *Ancel*, Revue des contrats 2014, 295 (300) davon, dass sich die Literatur eher im embryonalen Stadium befinde und Gegenstand dieser eher die Beschreibung vorhandener Lösungen denn ein wahrer wissenschaftlicher Diskurs sei.

103 *Elvinger*, Le recours, 231 (233).

104 *Elvinger*, Le recours, 231 (233).

105 *Fehlen*, Die Stellung des Französischen, 37 (37).

106 *Fehlen*, Die Stellung des Französischen, 37 (39f.).

107 Entsprechend lautete Art. 30 der Verfassung von 1848: »Der Gebrauch der deutschen und französischen Sprache steht Jedem frei; es darf derselbe nicht beschränkt werden.«, Mémorial A n° 52 vom 21.07.1848, S. 389 (395).

108 Révision de la Constitution – Art. 29, Mémorial A n° 30 vom 10.05.1948, S. 685; Art. 29 der Verfassung von 1948 lautete daher: »La loi réglera l'emploi des langues en matière administrative et judiciaire«.

109 Loi du 24 février 1984 sur le régime des langues, Mémorial A n° 16 vom 27.02.1984, S. 196f.

selbst soll weitestmöglich dreisprachig agieren. Das Luxemburgische hat heute vor allem eine Bedeutung als Sprechsprache.[110]

Trotz des damit einhergehenden scheinbaren Dualismus der Sprachen Französisch und Deutsch kann man in der Rechtswirklichkeit eher eine Vormachtstellung der französischen Sprache beobachten. Zwar kann bei der Gesetzgebung auch die deutsche Sprache Verwendung finden; jedoch ist allein der französische Text verbindlich, wenn das Gesetz / eine Ausführungsbestimmung auch in einer anderen Sprache abgefasst wurde.[111] Mit Ausnahme weniger Gesetze erfolgt daher keine Veröffentlichung einer deutschen Übersetzung.[112] *De Roussel*[113] leitet aus dieser Praxis sogar ab, dass das Recht Teil der französischen Rechtsfamilie sei und sich die Juristen der in dieser vorherrschenden Konzepte und Ausdrücke bedienen würden. Auch wenn sich diese Aussage in ihrer Pauschalität sicherlich nicht folgen lässt, so handelt es sich bei der Verwendung des Französischen zumindest um ein Indiz für eine – teilweise – Anlehnung an das Recht des französischen Rechtskreises. Diese Anlehnung vermag jedoch keinesfalls die Frage nach der Eigenständigkeit der Rechtsordnung im Bereich des Verbraucherrechts zu beantworten.

Letztlich soll noch ein Blick darauf geworfen werden, wie die Rechtsvergleichung durch die Gerichte erfolgt.[114] Zum einen kann – sehr häufig praktiziert – eine Bezugnahme auf Rechtsprechung und Literatur der fremden Rechtsordnung zur Auslegung und Anwendung des eigenen Rechts erfolgen. Dann zeigt sich in der Regel bereits bei der Lektüre der jeweiligen Entscheidung, in welchem Umfang der Richter Rechtsvergleichung betrieben hat[115]. Hat er die Lösung einer fremden Rechtsordnung nicht aufgegriffen, die zu einem anderen Ergebnis geführt hätte, findet sich hingegen keine entsprechende Angabe.[116] Eine Besonderheit besteht hierbei für Entscheidungen französischer Gerichte: Diese werden nicht als rechtsvergleichende Elemente zitiert, sondern ohne weitergehende Diskussion als Begründungselement aufgenommen.[117] Zum Teil entsteht daher der Eindruck »*que la Cour de cassation française est considérée comme la juri-*

110 *Fehlen*, Die Stellung des Französischen, 37 (49f.).

111 *De Russel*, Lebende Sprachen 1992, 19 (19); *Lege*, Sprache und Verbraucherinformation, S. 30.

112 *Fehlen*, Die Stellung des Französischen, 37 (48).

113 *De Russel*, Lebende Sprachen 1992, 19 (20).

114 Die Gliederung der folgenden Darstellung orientiert sich an *Elvinger*, Le recours, 231 (232).

115 Beispielhaft ist ein Urteil der Cour de Cass., Urt. v. 13.06.2013, Pas. 36, 768 (769f.) zu nennen. Dort heißt es: »L'intervention d'un arrêt de la Cour de cassation française du 21 février 2001 [...] a introduit le principe .... [...] Cette jurisprudence de principe posée par la troisième chambre civile de la Cour de cassation française n'a jamais connu de revirement. [...].«

116 *Elvinger*, Le recours, 231 (233).

117 *Ancel*, Revue des contrats 2014, 295 (300).

diction suprême luxembourgeoise.«[118] Handelt es sich um Entscheidungen der *Cour de Cassation* zeigt sich der Einfluss nur durch das Vorhandensein einer übereinstimmenden Lösung.[119]

Daneben kann der Richter auch einen »wirklichen« rechtsvergleichenden Ansatz dahingehend nutzen, dass er die Gesetze, Rechtsprechung oder Literatur aus zwei oder mehreren Rechtsordnungen einander gegenüberstellt. Häufig findet sich in den Entscheidungen daher ein Vergleich mit einer ähnlich lautenden Vorschrift einer anderen Rechtsordnung (insbesondere unter Darstellung der bestehenden Abweichungen). Daneben kann sich der Richter zur Begründung seiner Entscheidung auch auf Argumentationsstrukturen aus mehr als einer anderen Rechtsordnung beziehen. Es ist aber eher selten, dass ein Richter die Lösungen mehrerer Rechtsordnungen vergleicht. In der Praxis handelt es sich bei der Nutzung dieses Ansatzes vor allem um eine Berücksichtigung des französischen und belgischen Rechts.[120] Rückgriffe auf das deutsche Recht sind wegen der Unterschiede der Rechtssysteme und des zusätzlichen Sprachhindernisses eher selten.[121]

C. Fazit

Allgemein ist daher als Ergebnis festzuhalten, dass aufgrund der Größe des Landes und der damit einhergehenden begrenzten Anzahl richterlicher Entscheidungen dem französischen Recht gerade in den Bereichen, in denen das luxemburgische Recht auf diesem basiert, ein großer Einfluss zukommt. In diesen Bereichen ist daher zu erwarten, dass ein Rückgriff auf die Lösungen des französischen Rechts erfolgt, sei es, weil der Zugang zu diesem erleichtert ist, sei es, weil der Richter selbst entsprechend ausgebildet wurde, sei es aus einem anderen Grund.[122] Dennoch wird sich zeigen, dass heute auch einige Entscheidungen von einer gewissen Autonomie der luxemburgischen Rechtsprechung zeugen.[123] In anderen Bereichen dürfte es hingegen schwer sein, einschlägige Entscheidungen zur Lösung konkreter Rechtsfragen nach dem luxemburgischen Recht zu finden.[124]

118 *Ravarani*, La responsabilité civile, S. 23 Fn. 3.
119 *Ancel*, Revue des contrats 2014, 295 (301).
120 *Elvinger*, Le recours, 231 (234).
121 *Elvinger*, Le recours, 231 (234 Fn. 1).
122 *Cuniberti/ Rueda*, Luxembourg, 255 (255). In dem vom Beitrag untersuchten Bereich des Internationalen Privatrechts würden die Gerichte normalerweise den von den französischen Gerichten getroffenen Entscheidungen folgen.
123 Zu diesem Ergebnis gelangt auch *Ancel*, Revue des contrats 2014, 295 (295, 298).
124 So die Einschätzung von *Ancel*, Revue des contrats 2014, 295 (300).

Kapitel 2: Die Herausbildung des Verbraucher (-vertrags-) rechts

Luxemburg wird von einigen Autoren als »einer der Vorreiter im Bereich des Verbraucherrechts« bezeichnet.[125] Bereits in den Jahren vor dem wegweisenden Verbrauchergesetz von 1983 erfolgten erste Eingriffe zum Schutz der schwächeren Partei im Bereich des Arbeitsschutzes, der Mietverträge und der Kraftfahrzeugversicherung.[126] Eine noch längere Tradition weist das hier ausgenommene Wettbewerbsrecht auf, dessen erste Regelung auf das Jahr 1936 zurückgeht[127].

Traditionell basiert das luxemburgische Verbraucherrecht auf drei Säulen:[128] Zunächst auf der Erweiterung und Modifikation bestehender Gesetze, daneben in einer angemessenen Information und Aufklärung der Verbraucher[129] und schließlich in der Vereinfachung des Zugangs zu den Gerichten.

Die auf diesen Zielsetzungen basierenden Gesetze sollen an dieser Stelle nur in einem ersten Überblick dargestellt werden. Bemerkenswert sind die Gesetze von 1983 und 1987, die bis zur Schaffung des *Code de la cons.* Rahmengesetze für Fragen allgemeiner Natur darstellten[130], aber auch Gesetze, die allein einen be-

---

125 So beispielsweise *Thewes*, Ann. dr. lux. 2006, 49 (52).

126 Aufzählung nach *Decker/ Bodry*, Verbraucherrechtsschutz, S. 3f.

127 Arrêté grand-ducal du 15 Janvier 1936 concernant la concurrence déloyale, Mémorial A n° 5 vom 22.01.1936, S. 49ff. Vgl. zur weiteren Entwicklung des Wettbewerbsrechts *Henning-Bodewig*, GRUR Int. 1994, 809.

128 Zusammenstellung nach *Europäische Kommission*, Verbraucherpolitik in Luxemburg, S. 6f.

129 Beispielsweise sieht Artikel 189 des modifizierten Gesetzes vom 07. März 1980 über die Organisation der Gerichte vor, dass bei diesen Rechtsberatungsstellen eingerichtet werden. (Abs. 1: »Il est institué auprès des juridictions, [...] un service d'accueil et d'information juridique qui a pour mission d'accueillir les particuliers et de leur fournir des renseignements généraux sur l'étendue de leurs droits et sur les voies et moyens à mettre en ouvre en vue de les sauvegarder.«). Daneben ist die Information der Verbraucher und deren Beratung sowie die Sensibilisierung von Erwachsenen und Jugendlichen in Verbraucherfragen Aufgabe der *Union luxembourgeoise des Consommateurs*, entnommen aus http://ulc.lu/de/Presentation/Default.asp?Id=3 (zuletzt besucht am: 18.10.2020).

130 So *Coustance*, ACE 5/2012, 3 nach der das Gesetz von 1983 auch heute noch einen Eckpfeiler des Verbraucherrechts darstellt.

stimmten Vertrag oder eine bestimmte Art des Vertragsschlusses regeln. Dies sind:

- Loi modifiée du 9 août 1993 réglementant le crédit à la consommation;
- Loi modifiée du 14 août 2000 sur le commerce électronique;
- Loi du 16 avril 2003 concernant la protection des consommateurs en matière de contrats à distance;
- Loi du 21 avril 2004 relative à la garantie de conformité due par le vendeur de biens meubles corporels;
- Loi modifiée du 18 décembre 2006 portant transposition de la directive 2002/65/CE concernant la commercialisation à distance de services financiers auprès des consommateurs.

A. Die erste Gesetzgebungswelle: Das Gesetz von 1983

Der bis heute für den Verbraucherschutz unbestritten bedeutendste Rechtsakt ist das Gesetz vom 25. August 1983 betreffend den rechtlichen Schutz des Verbrauchers und das internationale Privatrecht (im Folgenden Gesetz von 1983), welches im *Code de la cons.* aufgegangen ist.

I. Die gesetzgeberische Zielsetzung

1978 leitete der luxemburgische Gesetzgeber eine allgemeine Reform des Vertragsrechts ein, um die schwächere Partei vor einer Ausbeutung durch die (in wirtschaftlicher Hinsicht) stärkere Partei zu schützen[131]. Neben der Gewährleistung der Vertragsautonomie sollte damit das vertragliche Gleichgewicht wiederhergestellt werden.[132] Zugleich impliziert das aber, dass das bisher im *Code Civil* vorherrschende Prinzip der absoluten Willensfreiheit aufgegeben werden musste.[133] In dieser Änderung und in der Befürchtung, dass Rechtsunsicherheiten entstünden, sahen die Gegner der Reform zugleich ihre Argumentationsgrundlage.[134]

131 *Schockweiler*, IPRax 1984, 337.
132 *Bauler*, Feuille de liaison 60 (1984), 21 (25, 29ff.).
133 *Arendt*, Bulletin du Cercle François Laurent IV/1993, 3 (3).
134 *Schockweiler*, IPRax 1984, 337.

II. Erste Maßnahmen

In inhaltlicher Hinsicht beschränkte sich der Gesetzgeber zunächst auf die Schaffung ausschließlich verbraucherschützender Bestimmungen,[135] insbesondere auf den Schutz vor aus seiner Sicht missbräuchlichen Vertragsbedingungen. Auch dieser war einer Beschränkung unterworfen: Denn er beschränkte sich auf eine Kontrolle deren Inhalts mittels einer Generalklausel und eines Katalogs von Klauselverboten. Die daneben bestehenden Regelungen über die Gewährung eines Widerrufsrechts beim Vertragsschluss durch Briefwechsel sowie beim Abschluss von sog. Haustürgeschäften betreffen demgegenüber besonders streitnotorische Teilbereiche. Dies gilt ebenso für die Sanktion fehlender Preistransparenz von Rechnungen oder die Einschränkung der Geltendmachung von Zurückbehaltungsrechten. Eine letzte Regelung betrifft die Frage, inwieweit vom Unternehmer abgegebene Werbeaussagen eine Bindung entfalten und damit deren Nichteinhaltung Rechtsbehelfe des Verbrauchers auszulösen vermögen.

Allein bei einem ersten Blick auf diese überblicksartige Zusammenstellung erscheinen die gesetzgeberischen Maßnahmen insgesamt – gemessen an den in anderen Ländern in dieser Epochen bestehenden Regelungen – als eher rigide Regelungen.[136] Bei näherer Betrachtung wird sich jedoch zeigen, dass Hemmnisse oder Einschränkungen den zu erreichenden Schutz insgesamt wieder erheblich relativieren.[137] Nichtsdestotrotz kann nicht verkannt werden, dass das Gesetz einen wichtigen Meilenstein des luxemburgischen Verbraucherschutzes darstellt.

III. Vollendung der Reform im Jahre 1987

Der Gesetzgeber musste erkennen, dass die juristische Gleichheit, die durch die Gewährleistung einer umfassenden Vertragsfreiheit erreicht werden sollte, aufgrund tatsächlich bestehender Unterschiede zwischen den Vertragsparteien nicht umgesetzt werden konnte[138] und dass nicht allein Verbraucher schwächere Vertragsparteien sein können. Aus diesem Grunde entschloss er sich, den Schutz des Verbrauchers allgemein auf den Schutz der »schwächeren Vertragspartei«

135 *Schockweiler*, IPRax 1984, 337.

136 Vgl. *Bennemann*, RIW 1986, 594 (601): »vermitteln [...] Eindruck einer unnachgiebigen, kompromißlosen Regulierung.«

137 *Bennemann*, RIW 1986, 594 (601).

138 *Welter*, A propos, S. 84.

auszuweiten.[139] Entsprechend der ursprünglichen Konzeption des Gesetzes von 1983 erfolgte daher die Aufnahme weiterer Bestimmungen in den *Code Civil lux.*, die jedoch nicht den Begriff des Verbrauchers verwenden. Dies verdeutlicht zugleich die Erstreckung des Anwendungsbereiches.

Neben einer Regelung der *lésion* in Art. 1118 *Code Civil lux.*, beschäftigt sich Art. 1135–1 *Code Civil lux.* mit der Frage, wann allgemeine Vertragsbedingungen Vertragsbestandteil werden. Von Interesse für die vorliegende Arbeit sind daneben die Regelungen über die richterliche Kontrolle von Vertragsstrafen und über die Einstandspflicht des Verkäufers wegen verborgener Mängel.

Nur untergeordnete Bedeutung für die vorliegende Arbeit und den luxemburgischen Verbraucherschutz im Allgemeinen kommt hingegen den Änderungen zu, die in diesem Zuge eher »kosmetisch« am Gesetz von 1983 vorgenommen wurden. Eine Ausnahme ist für die Regelung zu machen, wonach bei privaten Anschaffungsdarlehen gewisse Pflichtangaben in den Vertrag aufzunehmen sind.

Betrachtet man das Gesetz insgesamt, gelangt man zu dem Schluss, dass das Gesetz wenig zu einer Erweiterung des Verbraucherschutzes im engeren Sinne beigetragen hat. Es zeigt sich eher die Intention des Gesetzgebers, den bereits in den Entwürfen des Gesetzes von 1983 angelegten allgemeinen Schutz der schwächeren Vertragspartei über den Bereich des Verbraucherrechts hinaus auszudehnen. Da Verbraucher aber als Teil des umfassenderen Begriffs der schwächeren Vertragspartei einzuordnen sind, haben die Regelungen – zumindest mittelbar – auch verbraucherschützenden Charakter.

Diese allgemeine Reform wurde von einer weiteren Reform begleitet, deren vorrangiges Ziel allein die Stärkung des Verbraucherschutzes war. Durch Gesetz vom 16.07.1987[140] wurde u.a. der »Hausiererhandel«[141] verboten und eine relative Unwirksamkeit verbotswidrig geschlossener Verträge vorgesehen. Zudem wurde dem Verbraucher nach Art. 10 des Gesetzes eine gewisse Überlegungsfrist eingeräumt, innerhalb derer er von dem geschlossenen Vertrag Abstand nehmen konnte. Auch hier handelt es sich wieder um einen Einzelfalleingriff des Gesetzgebers in Reaktion auf tatsächlich bestehende Problemlagen.

---

139 Loi du 15 mai 1987 modifiant et complétant certains articles du code civil et complétant la loi du 25 août 1983 relative à la protection juridique du consommateur, Mémorial A n° 36 vom 29.05.1987, S. 570ff.

140 Loi du 16 juillet 1987 concernant le colportage, la vente ambulante, l'étalage de marchandises et la sollicitation de commandes, Memorial A n° 61 vom 31.07.1987, S. 1175ff.

141 Dies ist nach der Legaldefinition in Art. 1 Abs. 2 des Gesetzes der Verkauf oder das Anbieten von Waren, Titeln oder Effekten, welcher von Tür zu Tür erfolgt.

B. Die Folgezeit: Konsolidierung und Einzelfalleingriffe

Nach dieser ersten Gesetzgebungswelle Mitte der 80'er Jahre trat eine Phase der Konsolidierung ein. Nach dem »großen Wurf« des Jahres 1983 und den massiven Eingriffen in das allgemeine Vertragsrecht im Jahr 1987 finden sich zunächst nur vergleichsweise kleine Gesetzgebungsvorhaben, die sich eher auf die Korrektur einzelner Regelungen, denn auf eine Neukonzeption bzw. erstmalige Regelung bestimmter Vertragstypen oder Abschlusssituationen beschränken.

Erst ab der Schaffung des Gesetzes zur Regelung des privaten Anschaffungsdarlehens aus dem Jahre 1993 kann man von einer erneuten Fokussierung des Gesetzgebers auf den Schutz des Verbrauchers sprechen. Daneben wird aber auch deutlich, dass es sich nicht mehr um den mit dem Gesetz von 1983 zum Ausdruck kommenden »Alleingang« des luxemburgischen Gesetzgebers handelt, sondern verstärkt europäische Vorgaben umgesetzt wurden. Zwar kommt es zu einer Konsolidierung bereits geregelter Bereiche; verstärkt wird jedoch der Schutz auf bisher nicht oder nur in geringem Umfang geregelte Vertragstypen und – Abschlusssituationen ausgeweitet. All dies geht mit einer stärkeren Europäisierung einher.

I. Modifikationen des Gesetzes von 1983 als Ausdruck der Konsolidierung und Europäisierung des Verbraucherrechts

Gleich mehrere Male erfolgten Eingriffe des Gesetzgebers in das Gesetz von 1983. Diese waren jedoch nicht »ureigene Schöpfungen« des Landesgesetzgebers, sondern sind Resultate der Notwendigkeit einer Richtlinienumsetzung. Im Wesentlichen sind die Änderungen des Gesetzes von 1983 damit nur »Reflexe« der Spezialregelungen bestimmter Bereiche. Zu nennen sind hier beispielsweise Änderungen durch das Gesetz über die privaten Anschaffungsdarlehen und über den Schutz des Verbrauchers in Fernabsatzverträgen.

Eine Ausnahme von diesem eher als »Reflexwirkung« zu bezeichnenden Einfluss anderer Gesetzesvorhaben ist jedoch zu finden: Durch Gesetz vom 26.03.1997 wurde die Liste der als missbräuchlich anzusehenden Vertragsbedingungen um vier weitere Bestimmungen erweitert. Aufgrund unzureichender Umsetzung der europäischen Vorgaben erfolgte 2000 eine erneute Erweiterung um eine Definition der Missbräuchlichkeit einer Vertragsbestimmung.

II. Das Gesetz vom 09.08.1993 über das private Anschaffungsdarlehen[142]

Das Gesetz über das private Anschaffungsdarlehen aus dem Jahre 1993 ist insoweit eine Neuerung als dass erstmals ein Vertragstyp umfassend und nicht mehr allein problematische Vertragssituationen geregelt worden sind. Dieser umfassende Charakter zeigt sich im Vorhandensein von Vorgaben an die Werbung, zwingenden Pflichtangaben im Vertragstext, aber auch von Regelungen zur Auswirkung eines ausgeübten Widerrufsrechts auf einem mit dem Kreditvertrag in Zusammenhang stehenden Kaufvertrag.

III. Das Gesetz vom 14.08.2000 über den elektronischen Geschäftsverkehr[143]

Zumindest bis zur Schaffung des *Code de la cons.* fanden sich auch im Gesetz über den elektronischen Geschäftsverkehr verbraucherschützende Regelungen. Dieses Gesetz ist insoweit besonders erwähnenswert, als dass es sich nach eigener Aussage bei Luxemburg um das erste Land handelte, dass den elektronischen Handel besonderen gesetzlichen Anforderungen unterstellt hat. Dadurch sollte unter anderem die Gleichbehandlung von elektronischem und traditionellem Handel gewährleistet werden.[144] Daher sind auch Bestimmungen über den Vertragsschluss als solchen Gegenstand des Gesetzes.

Die Gewährleistung des Verbraucherschutzes durch das Gesetz beruht auf drei Säulen:[145] Neben der Sicherung der Transparenz durch Informationspflichten in Bezug auf die Eigenschaften des Produkts soll für den Verbraucher vor Vertragsschluss die Möglichkeit bestehen, seine Bestellung zu verändern. Daneben wird ihm eine Widerrufsfrist gewährt.

Nach der Einführung des *Code de la cons.* hat das Gesetz für den Bereich des Verbraucherschutzes nur noch eine geringe Bedeutung: Die einschlägigen Bestimmungen der Art. 52bis- 59 wurden aufgehoben und mit den für den Fernabsatzvertrag bestehenden Regelungen zusammengeführt. Die Art. L. 222-3 sowie 222-4 *Code de la cons.* verweisen aber hinsichtlich zusätzlicher Informationspflichten und soweit es sich um die Bestimmungen über den Vertrags-

---

142 Loi du 9 août 1993 réglementant le crédit à la consommation, Memorial A n° 66 vom 24.08. 1993, S. 1181ff.

143 Loi du 14 août 2000 relative au commerce électronique modifiant le code civil, le nouveau code de procédure civile, le code de commerce, le code pénal et transpossant la directive 1999/93 relative à un cadre communautaire pour les signatures électroniques, la directive relative à certains aspects juridiques des services de la société de l'information, certains dispositions de la directive 97/7/CEE concernant la vente à distance des biens et des services autres que les services financiers, Mémorial A n° 96 vom 08.09.2000, S. 2176ff.

144 Projet de loi n° 4641, Expose des motifs, S. 4/ 12.

145 Zusammenstellung nach Projet de loi n° 4641, Expose des motifs, S. 21f.

schluss der Art. 50–52 handelt, weiterhin auf die im Jahre 2000 geschaffenen gesetzlichen Bestimmungen.

IV. Das Gesetz vom 16.04.2003 über den Fernabsatz[146] sowie Gesetz vom 18.12.2006 über den Fernabsatz von Finanzdienstleistungen[147]

Der Schutz des Verbrauchers bei Abschluss eines Vertrages im elektronischen Geschäftsverkehr wird durch zwei weitere Gesetzes komplettiert. Das erste dieser Gesetze beschäftigt sich mit dem Schutz des Verbrauchers bei einem Vertragsschluss im Wege des Fernabsatzes. Um Überschneidungen mit anderen Gesetzen zu vermeiden, sind sowohl der Fernabsatz über Finanzdienstleistungen als auch Verträge, die dem Gesetz über den elektronischen Geschäftsverkehr unterfallen, aus dem Anwendungsbereich ausgenommen. Auch für dieses Gesetz ist zu bemerken, dass eine umfassende Regelung der Vertragstypen getroffen wurde: Dem Verbraucher sind vor Vertragsschluss verpflichtende Informationen zu geben, die zwingender Vertragsbestandteil werden und die dem Verbraucher gegenüber schriftlich bestätigt werden müssen. Weiterer Kerninhalt ist die Gewährung eines Widerrufsrechts. Daneben wird es dem Unternehmer untersagt, Verbrauchern ohne vorherige Bestellungen Waren zuzusenden bzw. Dienstleistungen zu erbringen, wenn diese Übersendung von einer Zahlungsaufforderung begleitet wird. Ähnlich den bisher betrachteten Gesetzen wurde auch dieses Gesetz im Zuge der Schaffung des *Code de la cons.* aufgehoben.

Ergänzt werden die Bestimmungen durch das Gesetz zum Fernabsatz von Finanzdienstleistungen, das die Vorgaben der Richtlinie 2002/65/EG umgesetzt hat.

146 Loi du 16 avril 2003 concernant la protection des consommateurs en matière de contrats à distance et abrogeant l'article 7 de la loi modifiée du 25 août 1983 relative à la protection juridique du consommateur, Mémorial A n° 61 vom 08.05.2003, S. 1026ff.

147 Loi du 18 décembre 2006 portant transposition de la directive 2002/65/CE concernant la commercialisation à distance de services financiers auprès des consommateurs et portant modification de: 1. la loi du 27 juillet 1997 sur le contrat d'assurance; 2. la loi modifiée du 14 août 2000 relative au commerce électronique; 3. l'article 63 de la loi modifiée du 5 avril 1993 relative au secteur financier, Mémorial A n° 223 vom 21.12.2006, S. 3802ff.

V. Das Gesetz vom 21.04.2004 über die Haftung des Verkäufers für Vertragswidrigkeiten[148]

Als zeitlich letztes Gesetz dient das Gesetz über die Haftung des Verkäufers für Vertragswidrigkeiten der Umsetzung der Richtlinie 1999/44/EG. Geregelt werden die Möglichkeiten des Käufers, im Falle des Kaufs einer vertragswidrigen Sache, gegen deren Verkäufer vorzugehen. Im Zuge dieses Gesetzgebungsvorhabens wurde zudem die Liste der als missbräuchlich anzusehenden Vertragsbedingungen wie auch die Bestimmung über die kommerzielle Garantie im Gesetz von 1983 geändert.

VI. Der steigende Einfluss europäischer Vorgaben

Ähnlich der in anderen europäischen Ländern zu beobachtenden Entwicklung ist auch im luxemburgischen Recht zu beobachten, dass den unionsrechtlichen Vorgaben ein steigender Einfluss auf die Rechtsentwicklung zukommt. Zwar hat der luxemburgische Gesetzgeber 1983 einer europäischen Entwicklung, die in der Schaffung der Richtlinie 93/13/EWG mündete, vorgegriffen. Selbst in diesem Gesetz kann jedoch nicht eine Eigenkreation gesehen werden, da sich der Gesetzgeber an entsprechenden Initiativen und Vorschlägen auf europäischer Ebene orientierte.

Spätestens mit der Notwendigkeit der Umsetzung der RL 85/577/EWG über den Verbraucherschutz bei außerhalb von Geschäftsräumen geschlossenen Verträgen wurde der Einfluss des europäischen Rechts zunehmend greifbar und steigerte sich in den nächsten Jahren deutlich. Insbesondere führte diese Entwicklung zur Behebung bestehender gesetzlicher Regelungslücken bei der Produkthaftung, dem Zugang zum Recht sowie dem Recht missbräuchlicher Vertragsbedingungen.[149] Die Betrachtung der Vorschriften im Einzelnen wird zeigen, dass heute kaum noch eine Vorschrift geschaffen wird, die nicht auf unionsrechtlichen Vorgaben beruht.

Eine einheitliche Umsetzungstechnik ist nicht auszumachen. Teilweise erfolgt die Umsetzung durch bloßes Copy and paste, d.h. durch Kopieren des Richtlinientextes in ein eigenes Gesetz und ohne eine Anpassung weiterer Gesetze. Demgegenüber greift der Gesetzgeber teilweise auf die Nachbesserungsmethode

---

148 Loi du 21 avril 2004 relative à la garantie de conformité due par le vendeur de biens meubles corporels portant transposition de la Directive 1999/44/CE du Parlement et du Conseil du 25 mai 1999 sur certains aspects de la vente et des garanties des biens de consommation et modifiant la loi modifiée du 25 août 1983 relative à la protection juridique du consommateur, Memorial A n° 69 vom 29. April 2004, S. 938ff.

149 Consumer Law Compendium, Rechtsvergleichende Studie, S. 128.

zurück. Bei dieser werden bestehende Gesetze an die Vorgaben des Unionsrechts angepasst, in dem diese aufgehoben, geändert oder ergänzt werden.[150] Nur selten geht der Gesetzgeber dabei über die Vorgaben der jeweiligen Richtlinie hinaus.[151]

C. Der französische *Code de la cons.* als Vorbild der luxemburgischen Rechtsentwicklung?

Bereits 1993 und damit fast zwei Jahrzehnte vor dem luxemburgischen Gesetzgeber wurde in Frankreich ein *Code de la cons.* geschaffen.[152] Daher liegt die Vermutung nahe, dass dieser gewissermaßen als »Vorbild« für den luxemburgischen Gesetzgeber gedient haben könnte. Notwendigerweise sind daher für die Frage nach dem Einfluss des französischen Rechts auch Erwägungen zur Entstehungsgeschichte des Verbrauchergesetzbuches anzustellen, während die Sachfragen als solche an späterer Stelle behandelt werden.

Dem aus Sicht anderer europäischer Länder »frühen« Erlass des französischen Gesetzbuchs war eine zehnjährige Gesetzgebungsphase vorausgegangen. Schon im Jahre 1982 wurde eine Kommission zur Reform des Verbraucherrechts unter Leitung von *Calais - Auloy* eingesetzt, die nach drei Jahren einen Reformvorschlag vorlegte. Kern war dabei vor allem eine Neuformulierung bestehender Bestimmungen wie auch deren Erweiterung, wobei dies mit dem Ziel geschah, ein verständliches und vereinheitlichtes Verbraucherrecht zu schaffen. Nichtsdestotrotz kam es nicht zur Annahme des Vorschlags, sondern zur Bildung einer neuen Arbeitsgruppe unter gleichem Vorsitz, die mit einer Überarbeitung der Vorschläge aus dem Jahre 1985 betraut worden ist. Obwohl zwischenzeitliche Gesetzesänderungen eingearbeitet und wesentliche Änderungen an bestehenden Gesetzen vorgenommen worden sind, handelte es sich jedoch insgesamt eher um eine geringfügige Modifikation des ersten Gesetzgebungsvorschlags. Wie sich später zeigen wird, war die Idee, die Beurteilung der Missbräuchlichkeit von Vertragsbedingungen anhand von Dekreten abzuschaffen und stattdessen sowohl »schwarze« als auch »graue« Listen und die Möglichkeit der richterlichen Kontrolle der Missbräuchlichkeit vorzusehen, geradezu »revolutionär«.[153]

Diese gesetzgeberischen Ambitionen wurden jedoch in der Folgezeit nahezu aufgegeben. Statt einer weitestgehenden Neufassung des Verbraucherrechts er-

150 Consumer Law Compendium, Rechtsvergleichende Studie, S. 129; *Lege*, Sprache und Verbraucherinformation, S. 26f. (dort auch mit Beispielen für die jeweilige Technik).

151 Consumer Law Compendium, Rechtsvergleichende Studie, S. 130.

152 Loi n° 93–949 du 26 juillet 1993 relative au Code de la consommation (partie Législative), JORF n°171 vom 27.07. 1993, S. 10538f.

153 *Heuer*, Code de la Consommation, S. 48 (mit der Darstellung des Inhalts des Entwurfs auf den folgenden Seiten) sowie S. 70; *Witz/ Wolter*, ZEuP 1995, 35 (36f.).

folgte lediglich eine Sammlung und Zusammenfassung bestehender Gesetze; in inhaltlicher Hinsicht wurden nur wenige Änderungen vorgenommen. Selbst die ergangene Rechtsprechung fand keine Aufnahme.[154]

Zu Recht kann daher nur von einer »codification à droit constant« ausgegangen werden,[155] d.h. eine reine Konsolidierung, Zusammenfassung und Neuordnung bestehender Vorschriften ohne inhaltliche Änderungen[156]. Diese erfolgten nur insoweit, als dass diese »erforderlich sind, um die Normenhierarchie und die redaktionelle Stimmigkeit der verschiedenen Gesetzestexte zu gewährleisten und somit zur Harmonisierung des Rechts beizutragen«.[157] Neben der Beseitigung überflüssiger Regelungen sollte damit auch eine Beständigkeit der bestehenden Gesetzeslage erreicht werden.[158] Gleichzeitig wurde mit der Schaffung eines eigenen Gesetzbuches das Verbraucherrecht als eigenständiges Rechtsgebiet anerkannt.[159]

Die Aufnahme bestehender Gesetzgebung erfolgte auf zwei Arten: Teilweise wurden, wie hinsichtlich des Gesetzes zum Schutz der Verbraucher bei Haustürgeschäften und dem Haustürverkauf, bestehende Vorschriften gänzlich aufgehoben; teilweise wurden zwar Bestimmungen in den *Code de la cons. fr.* überführt, aber die bestehenden Bestimmungen an ihrem bisherigen Regelungsort belassen.[160]

D. Die Phase der Konsolidierung und Verfestigung: Die Schaffung eines luxemburgischen *Code de la cons.*[161]

Ausgehend von dem Vorhandensein eines entsprechenden Gesetzbuchs in Frankreich wäre bei einer starken Vorbildwirkung zu erwarten gewesen, dass ohne größeren zeitlichen Abstand ebenfalls eine luxemburgische Regelung getroffen

154 *Heuer*, Code de la consommation, S. 3; *Raymond*, CCC 08/09 1993, 1 (1f.), der sogar zu dem Schluss gelangt, dass das Gesetzbuch hinsichtlich der Texte und der Schutzmechanismen praktisch nichts Neues gebracht habe; *Witz/ Wolter*, ZeuP 1995, 35 (35/38/43).

155 *Bureau*, D. 1994, chr. 291.

156 *Besch*, Traité, S. 110; *Licari/ Bauerreis*, ZEuP 2004, 132 (139).

157 Art. 1 der *loi d' habilitation*, deutsche Übersetzung entnommen aus *Licari/ Bauerreis*, ZEuP 2004, 132 (145).

158 *Licari/ Bauerreis*, ZEuP 2004, 132 (150f.).

159 *Raymond*, CCC 08/09 1993, 1 (1).

160 *Heuer*, Code de la consommation, S. 78f.; *Raymond*, CCC 08/09 1993, 1 (1).

161 Der Titel *Code de la consommation* wurde gewählt, da bereits vor dessen Schaffung eine Zusammenstellung einschlägiger Texte durch die ULC unter dem Titel *Code du consommateur* bestand, vgl. Projet de loi n° 5881, Exposé des motifs, S. 53. Dabei handelt es sich um eine Zusammenstellung von Gesetzes- und Verordnungstexten, aber auch wichtiger Rechtsprechung, die einen konkreten Einfluss auf die vertragliche Beziehung zwischen Unternehmern und Verbrauchern haben, vgl. Code du consommateur, S. 3.

worden wäre. Auch dieser Annahme muss jedoch eine Absage erteilt werden: Erst im Jahre 2002 schlug der *Conseil d' Etat* eine Befassung der Regierung mit der Frage vor, ob ein entsprechendes Gesetzbuch eingeführt werden solle.[162] In der Koalitionsvereinbarung 2004 fand sich erneut der Hinweis auf die Schaffung eines Verbrauchergesetzbuches.[163] Im Gegensatz zu der französischen Vorgehensweise sollte es sich nicht um eine reine Zusammenstellung bereits bestehender Gesetze handeln, sondern Ziel war die Schaffung einer größeren Kohärenz beispielsweise durch Vereinheitlichung von Fristenregelungen.[164]

Eine eingehendere Beschäftigung mit der Schaffung des Gesetzbuches darf aber auch nicht außer Acht lassen, dass das ursprünglich umfassende Reformprojekt während der Gesetzgebungsphase zur Vermeidung einer Verurteilung durch den EuGH aufgrund verspäteter Richtlinienumsetzung aufgespalten werden musste.[165] Aus dem gleichen Grund erfolgte wenig später eine erneute Auftrennung.[166]

I. Die Frage nach der Notwendigkeit eines Verbrauchergesetzbuches

Trotz des scheinbaren französischen Vorbildes war nicht unumstritten, inwieweit überhaupt die Notwendigkeit der Schaffung einer zusammenfassenden Kodifikation bestand. So wurde diese mit dem Argument angezweifelt, dass aufgrund der Häufigkeit gesetzgeberischer Eingriffe und einer ständigen Weiterentwicklung der technischen Gegebenheiten die Gefahr bestünde, dass das Gesetzbuch schnell überholt sei.[167]

Die Befürworter, die sich letztlich gegen die Kritik durchsetzen konnten, argumentierten hingegen mit einem besseren Zugang zum Recht und damit mit

162 Projet de loi n° 4861², Avis du Conseil d'Etat, S. 2.

163 Accord de coalition (annexe à la déclaration gouvernementale 2004), S. 31, verfügbar unter: https://www.google.com/url?sa=t&rct=j&q=&esrc=s&source=web&cd=&ved=2ahUKEwjstNeA4L3sAhVPzKQKHd0YBoEQFjAFegQIARAC&url=http%3A%2F%2Fdownload.rtl.lu%2Fprogramme_accord.pdf&usg=AOvVaw1XN7n7camm0iHIOpQYDQqV, zuletzt besucht am: 18.10.2020.

164 Program national du ministère de l' economie du 19 juilliet 2005, S. 2; verfügbar unter: https://www.gouvernement.lu/784204/prog_min.pdf, zuletzt besucht am: 28.12.2017.

165 Projet de loi n° 5881⁵, Dépêche du Président de la Chambre des Députés au Président du Conseil d'Etat, S. 1.

166 Loi du 20 juillet 2010 modifiant la loi modifiée du 21 avril 2004 relative à la garantie de conformité. Memorial A N° 115 vom 22.07.2010, S. 1964. Siehe zum Gesetzgebungsvorhaben an sich Projet de loi n° 5881C.

167 *Cabrillac*, Approche générale. 37. Vgl. auch zur Diskussion nach der Notwendigkeit der Schaffung eines entsprechenden »Verbrauchergesetzbuches« in Deutschland *Micklitz*, Gutachten A, insbes. A 25f. und A 30f.

einer Steigerung der Rechtssicherheit.[168] Dies bringt zugleich mit sich, dass Verbraucher bessere Kenntnis vom Inhalt der sie schützenden Bestimmungen nehmen können.[169] Nicht zu vernachlässigen ist daneben das auch in Frankreich vorgebrachte Argument, dass der Gesetzgeber damit seinen Willen manifestiert, dass das Verbraucherschutzrecht als selbstständige Rechtsdisziplin Anerkennung finden soll.[170] Dies hat aber eher symbolischen Wert.[171]

II. Kodifikation des geltenden Rechts oder umfassende Reform des Verbraucherrechts?

Gestellt wurde aber nicht nur die Frage nach der Notwendigkeit der Schaffung eines Gesetzbuches, sondern auch die Frage, ob dies in Form einer reinen Zusammenstellung geltenden Rechts oder durch eine tiefgreifende Reform geschehen sollte. Dabei handelt es sich zugleich um eine der am meisten diskutierten Fragen im Zusammenhang mit dem *Code de la cons. lux.*

Zu Beginn der Debatte wurde allgemein darauf hingewiesen, dass mangels Notwendigkeit einer tiefgreifenden Änderung des Verbraucherrechts eine reine Zusammenstellung geltenden Rechts ausreichend sei.[172] Dass das allein nicht dem gesetzgeberischen Willen entsprochen hat, zeigt sich jedoch, wenn man die Koalitionsvereinbarung aus dem Jahre 2004 betrachtet, die ausdrücklich darauf verweist, dass es sich nicht allein um eine Zusammenstellung handeln sollte (»permettra partant d'atteindre une meilleure cohérence ainsi qu'une meilleure transparence et lisibilité«[173]).

Untersucht man ausgehend von dieser Vorstellung des Gesetzgebers die rechtswissenschaftliche Literatur, steht diese im Widerspruch zur Idee einer Neufassung des Verbraucherrechts: Darin findet sich vielmehr der Hinweis, dass der Gesetzgeber allein die bestehenden Bestimmungen in logischer und kohärenter Weise strukturieren wolle,[174] um den Zugang zu diesem und dessen An-

168 *Cabrillac*, Approche générale, 37 (43); *Krecké*, Préface, 7 (7). So auch *Prüm*, Introduction, 11 (12) nach dem eine Kodifikation zu einem »guten Funktionieren der Märkte führe«.
169 *Gramenga*, Plaidoyer en faveur, 73 (75).
170 *Poillot*, Journal des tribunaux N° 25, 1 (5).
171 *Prüm*, Introduction, 11.
172 *Cabrillac*, Approche générale, 37 (45).
173 Accord de coalition (annexe à la déclaration gouvernementale 2004), S. 31, verfügbar unter: https://www.google.com/url?sa=t&rct=j&q=&esrc=s&source=web&cd=&ved=2ahUKEwjstNeA4L3sAhVPzKQKHd0YBoEQFjAFegQIARAC&url=http%3A%2F%2Fdownload.rtl.lu%2Fprogramme_accord.pdf&usg=AOvVaw1XN7n7camm0iHIOpQYDQqV, zuletzt besucht am: 18.10.2020.
174 *Schmitz*, La codification du droit, 83 (83).

wendung durch eine vereinfachte Lesbarkeit zu erleichtern[175]. Zudem bestehe bei einer erstmaligen Kodifikation und dem Vorsehen wesentlicher Änderungen immer die Gefahr eines Scheiterns, jedenfalls aber einer Verlängerung des Gesetzgebungsprozesses.[176] In Fortführung dieses Argumentes wertet auch die *Chambre des employés prives* den Ansatz einer reinen Kodifikation des geltenden Rechts positiv, sofern dann in einem zweiten Schritt eine detaillierte Untersuchung der Regelungen in Bezug auf ihre Kohärenz und Widerspruchsfreiheit vorgenommen werde und sich daraus ergebende inhaltliche Änderungen umgesetzt werden würden.[177] Eine davon abweichende Vorgehensweise könnte sich vor allem deshalb als schwierig erweisen, weil viele der einschlägigen Bestimmungen auf Rechtsakten der europäischen Gemeinschaften mit einem nur geringen Handlungsspielraum beruhen. Zuletzt könne auch der Vergleich mit dem französischen und italienischen Recht herangezogen werden, bei denen sich die jeweiligen Gesetzgeber ebenfalls nur für geringe Änderungen entschieden hatten.[178]

Betrachtet man die vorhergehenden Erwägungen scheint die ursprünglich ambitionierte Idee einer umfassenden Revision wenig Wiederklang gefunden zu haben. Dieses Bild wandelt sich erneut, wenn in die Betrachtung die Analyse nach der Schaffung des Gesetzbuches einbezogen wird: Denn diese gelangt zu dem Schluss, dass es sich nicht ausschließlich um eine Festschreibung des geltenden Rechts handelt,[179] auch wenn der Gesetzgeber nicht alle notwendigen Änderungen direkt vorgenommen hat[180]. Dies soll bereits dadurch deutlich werden, dass der Gesetzgeber Lösungsansätze wie das Bestehen einer allgemeinen Informationspflicht kodifiziert hat, die bisher allein Gegenstand der Rechtsprechung waren.[181] Weiteres Indiz für den Bruch mit dem Ansatz einer reiner Kodifikation geltenden Rechts ist, dass die Schaffung des Gesetzbuches als Anlass genommen worden ist, vorzeitig und überschießend europäische Vorgaben umzusetzen.[182] Bis auf diese Integration der umzusetzenden Richtlinien und die Behebung offensichtlicher Fehler wurden insgesamt aber keine neuen Rechte oder Pflichten

175 Projet de loi n° 5881, Exposé des motifs, S. 61.
176 *Hiez*, Le Code de la consommation luxembourgeois, 97 (98).
177 Projet de loi n° 5881[1], Avis de la Chambre des employés prives, S. 1. So auch Projet de loi n° 5881[4], Avis de la Chambre de travail, S. 1.
178 *Poillot*, Journal des tribunaux N° 25, 1 (2).
179 *Hiez*, Le code de la consommation luxembourgeois, 97 (102).
180 Projet de loi n° 5881[3], Avis de la Chambre des métiers, S. 2. Zu der Einschätzung, dass das Prinzip der Kodifikation des geltenden Rechts nicht durchgehalten wurde, gelangt auch Projet de loi n° 5881 A[1], Avis de la Chambre de Commerce, S. 7.
181 *Cabrillac*, Approche générale, 37 (47). So auch *Hiez*, Le Code de la consommation luxembourgeois, 97 (99): Zwar würde die Einführung dieser Pflicht als Neuerung dargestellt – es handele sich aber um ein in anderen Texten sichtbar werdendes Prinzip, welches auch von der Rechtsprechung angewandt werde.
182 Projet de loi n° 5881 A[1], Avis de la Chambre de Commerce, S. 9.

der Parteien geschaffen.[183] Im Wesentlichen ergibt sich daher das Bild einer Kodifikation des geltenden Rechts mit gewissen Brüchen im Kodifikationsansatz.

E. Die Situation des luxemburgischen Verbrauchers

Da anzunehmen ist, dass auch die tatsächliche Situation der Verbraucher einen Einfluss auf die Rechtsentwicklung hatte, ist auch ein Blick auf diese lohnenswert.

Bei dieser Analyse zeigt sich zunächst, dass dem elektronischen Handel eine große Rolle zukommt. Entsprechend ergibt sich, dass 2/3 aller Einwohner mindestens einmal monatlich Waren über das Internet erwerben,[184] wobei dies zu 41 % im EU-Ausland geschieht. Eine der Ursachen dafür ist sicherlich darin zu sehen, dass der luxemburgische Markt in diesem Bereich relativ schmal ist.[185] Nichtsdestotrotz besteht mit einer Quote von 69 % bei einem EU-Durchschnitt von 59 % ein starkes Vertrauen in einen Online-Kauf am heimischen Markt.[186] Auch das Vertrauen in den Erwerb von Produkten von Verkäufern aus anderen EU-Staaten ist mit 54 % gegenüber einem europaweiten Wert von 36 % stark ausgeprägt.[187] Nichtsdestotrotz soll auch darauf hingewiesen werden, dass 17 % der Befragten angaben, dass ihnen der Verkauf oder die Lieferung durch ausländische Verkäufer verweigert worden ist.[188]

Dieses starke Vertrauen in den elektronischen Handel geht damit einher, dass 2002 mehr als die Hälfte der Befragten sagten, dass sie sich durch die bestehenden Verbraucherrechte gut geschützt fühlen[189] und dass ihre Interessen durch die Politik sowie leicht stärker durch die Verbraucherorganisationen gut geschützt seien.[190] Dieses Bild bestätigte sich 2011 mit Prozentzahlen von jeweils mehr als 70 %.[191]

Ein anderes Bild zeigt sich hingegen, soweit man die tatsächliche Kenntnis der Verbraucher von ihren Rechten betrachtet. Bei einer exemplarischen Befragung nach bestimmten Rechten lag Luxemburg teilweise 10 Prozent unter dem EU-weiten Durchschnitt, teilweise knapp über diesem. Positiv hervorzuheben ist hier

183 Projet de loi n° 5881 A[11], Rapport de la commission, S. 3.
184 La lettre des Consommateurs, 05/2010.
185 Flash EB 332, Consumer attitudes, S. 20; Flash EB 358, Consumer attitudes, S. 5.
186 Flash EB 358, Consumer attitudes, S. 8.
187 Flash EB 358, Consumer attitudes, S. 9.
188 Flash EB 299a, Analytical Report, S. 9.
189 ILReS Market Research, EFS FL 117, S. 9.
190 ILReS Market Research, EFS FL 117, S. 10/ 16.
191 Flash EB 332, Resultats pour le Luxembourg, S. 1.

die Frage nach der Unwirksamkeit einer haftungsbeschränkenden Vertragsklausel, die mit 88 % zu einem sehr hohen Prozentsatz richtig beantwortet worden ist.[192] Entsprechend haben nur 43 % der Antwortenden 3 oder 4 richtige Antworten auf die gestellten 4 Fragen gegeben.[193]

Positiv fällt hingegen die Angabe auf, dass in nur 10 % der abgeschlossenen Verträge Grund für eine Beanstandung bestand. Dies liegt deutlich unter dem EU-Durchschnitt von 25 %. Jedoch sind diese Zahlen nur teilweise aussagekräftig, da für Luxemburg eine zu geringe Datenbasis vorliegt.[194] In eine ähnliche Richtung gehen auch die Zahlen aus dem Jahre 2011, wonach in 85 % der Fälle aus den letzten 12 Monaten keine Probleme beim Kauf einer Sache bestanden haben.[195] Unter der gleichen Einschränkung einer nur unzureichenden Datengrundlage ergab die Studie, dass nur in 14 % der Fälle ein Produkt verspätet oder überhaupt nicht geliefert worden ist – der EU – Durchschnitt liegt insoweit bei 38 %.[196]

Aus diesen Statistiken lässt sich ableiten, dass der elektronische Handel mit Vertragspartnern aus anderen Mitgliedsstaaten eine wichtige Rolle spielt. Weiterhin zeigt sich aber auch, dass die Verbraucher selbst vom Bestehen eines hohen Schutzniveaus ausgehen. In der Praxis scheint der Abschluss der Verträge zumindest im untersuchten Rahmen weniger Schwierigkeiten zu bereiten als anzunehmen ist. Es mag sich zeigen, ob diese Erkenntnis von den bestehenden gesetzlichen Regelungen beeinflusst ist.

F. *Union luxembourgeoise des Consommateurs*[197]

Zuletzt ist als allgemeiner Einflussfaktor auf die luxemburgische Rechtswirklichkeit das Bestehen der ULC zu vermuten. Gegenüber der Situation in vielen europäischen Ländern stellt dies insoweit eine Besonderheit dar, als dass es sich um die einzige Organisation des Landes handelt, die sich speziell mit Verbraucherfragen und -interessen befasst.

Anders war dies vor der Gründung: Vorläufer waren die bereits 1916 in einigen Gemeinden gegründeten lokalen Verbraucherverbände sowie der Verband für Konsumenten-Interessen für das gesamte Land. Deren Tätigkeit beschränkte sich vor allem auf die Veröffentlichung der Namen von Unternehmen, die den Krieg und die allgemeine Armut zum Anlass nahmen, um sich zu bereichern. So

192 Flash EB 358, Consumer attitudes, S. 14ff.
193 Flash EB 358, Consumer attitudes, S. 18.
194 Flash EB 358, Consumer attitudes, S. 19.
195 Flash EB 332, Resultats pour le Luxembourg, S. 2.
196 Flash EB 358, Consumer attitudes, S. 22.
197 Diese wird im Folgenden als ULC bezeichnet.

beschränkten sich die Forderungen der Organisationen auf eine gerechte Verteilung der Güter, eine strenge Preiskontrolle und eine Beteiligung an den zuständigen Organen.[198] Einhergehend mit dem Aufschwung der Nachkriegszeit nahm die Bedeutung dieser Organisation ab, deren Themen die Gewerkschaften übernahmen, für die sie Teil der geforderten allgemeinen Verbesserung der Arbeits- und Lebensbedingungen waren.[199]

Erst zu Beginn der 60er Jahre kam es zur Gründung der ULC in der heutigen Form. Ausgangspunkt war eine Versammlung der Gewerkschaften, mit der gegen die Pläne der Regierung, bestimmte Gesetze aus der Vorkriegszeit zu verlängern, protestiert werden sollte.[200] Diese Ausrichtung an der Tätigkeit der Gewerkschaften zeigte sich auch an den Gründungsmitgliedern sowie an den heute beteiligten Organisationen: Action Familiale et populaire; Association luxembourgeoise des employés de banque et d'assurances; Confédération générale de la fonction publique; Entente des coopératives; Fédération chrétienne du personnel des transports; Fédération des employés prives; Fédération indépendante des travailleurs et cadres; Foyer de la femme; Fédération générale de la fonction communale; Fédération luxembourgeoise des travailleurs du livre; Fédération nationale des cheminots, travaillerais du transport, fonctionnaires et employés, Luxembourg; Fédération nationale des femmes luxembourgeoises; Fédération syndicaliste des facteurs et des travailleurs des postes et télécommunications; letzebuerger chreschtleche gewerkschaftsbond; neutral gewerkschaft letzebuerg; onofhängegeg gewerkschaftsbond letzebuerg. Eine Lösung von der starken gewerkschaftlichen Orientierung trat ein, als weitere Organisationen beitraten und auch Einzelpersonen als Mitglieder zugelassen wurden. Damit ging einher, dass die Verbraucherpolitik ihre eigentliche Fokussierung auf Arbeiter verließ und nunmehr einen weiteren Bereich erfasste.[201]

Aufgabe der Vereinigung ist nach Art. 2 ihrer Statuten[202] »das Verteidigen der Verbraucherinteressen in aller Unabhängigkeit und mit den geeignetsten Mitteln. Die Vereinigung untersagt sich jede konfessionelle, philosophische und politische Tendenz und Diskussion.«

Zu Beginn beschränkte sich die Tätigkeit vor allem auf die Veröffentlichung von Testberichten.[203] In der Gegenwart erfüllt die ULC jedoch weitaus vielfältigere Aufgaben. Diese lassen sich grob in drei Bereiche unterteilen.[204]

---

198 *De Toffoli*, La protection du consommateur, S. 156f.; Geschichte der ULC, S. 1.

199 *De Toffoli*, La protection du consommateur, S. 157; Geschichte der ULC, S. 1.

200 *De Toffoli*, La protection du consommateur, S. 157.

201 *De Toffoli*, La protection du consommateur, S. 158; Geschichte der ULC, S. 1.

202 Statuten, Koordinierter Text aufgrund der Statutenänderung, die am 23. April 2003 von der ordentlichen Hauptversammlung beschlossen wurde.

203 *De Toffoli*, La protection du consommateur, S. 160; *Fontaine/ Bougoignie*, Consumer Legislation, Rn. 400.

- Verbraucherpolitik: Diese umfasst die Geltendmachung der Interessen der Verbraucher durch Teilnahme im Gesetzgebungsverfahren u. a. durch Abgabe von Stellungnahmen und die Vertretung in (inter-) nationalen beratenden Gremien wie beispielsweise dem *Conseil de la Consommation*[205] oder der *Commission des Prix.*[206]
- Verbraucherinformation und -ausbildung: Dieser zweite Aufgabenbereich erfüllt eine präventive Funktion. Durch praktische Ratschläge in Broschüren und die Zeitschrift »de Konsument«, Rechtsberatung und die Erstellung von Vergleichstests soll dem Verbraucher ermöglicht werden, eine informierte und freie Produktauswahl zu treffen. Daneben werden Unterrichtsmaterialien und Musterverträge erarbeitet.[207]
- Verteidigung des Verbrauchers »im engeren Sinne«: Dies beinhaltet die (außer-) gerichtliche Ahndung von Verstößen gegen Verbraucherrechte, aber (auch ohne entsprechende vorherige Verbraucherbeschwerden) von Verstößen u. a. gegen Preisvorschriften. Eine solche Ahndung hat zwar keine Rechtskraft, wirkt aber durchaus abschreckend.[208]

Aufgrund der Vielfalt dieser Aufgaben hat die ULC heute immense Bedeutung. Insbesondere hat sie zu einer Bewusstseinsbildung für Verbraucherinteressen sowohl in der Politik wie auch bei den einzelnen Verbrauchern geführt. Dies zeigt sich auch daran, dass inzwischen mehr als 43.000 Familien Mitglieder sind.[209]

G. Fazit

Betrachtet man diese Gegebenheiten und Entwicklungen, lassen sich verschiedene allgemeine Tendenzen der Entwicklung des Verbraucherrechts ausmachen.

Zunächst zeigte sich deutlich die wachsende Bedeutung vom Vorgaben des europäischen Gesetzgebers. Während man sowohl beim Gesetz von 1983 als auch beim Gesetz von 1987 zwar Einflüsse anderer Rechtsordnungen erkennen konnte, handelte es sich bei diesen insgesamt um Gesetze nationaler Konzeption.[210] Die nachfolgende Gesetzgebung berücksichtigt zunehmend europäische Bestrebungen. Es steht zu erwarten, dass sich diese Tendenz weiterhin verstärkt.

204 Aufteilung nach Geschichte der ULC, S. 1f.
205 Art. R. 301-1 Code de la Consommation.
206 *De Toffoli,* La protection du consommateur, S. 167; Geschichte der ULC, S. 1.
207 Geschichte der ULC, S. 1. Eine nähere Erläuterung der verschiedenen Aktivitäten in diesem Bereich findet sich bei *De Toffoli,* La protection du consommateur, S. 160ff.
208 *De Toffoli,* La protection du consommateur, S. 165; Geschichte der ULC, S. 2.
209 Geschichte der ULC, S. 2.
210 *Thewes,* Ann. dr. lux. 2006, 49 (59).

Daneben kommt es zu einer Konsolidierung der Schutzmechanismen.[211] Während sich in den ersten Gesetzen eine Vielzahl unterschiedlichster Maßnahmen zum Schutz der Verbraucher fanden, beschränkt sich der Gesetzgeber nun meistens darauf, die folgenden drei Instrumente[212] zu implementieren: Hauptsäule des Verbraucherschutzes ist das Verbot bestimmter als missbräuchlich anzusehender Vertragsbedingungen, die entweder als nicht geschrieben gelten oder jedenfalls nicht gegenüber einem Verbraucher geltend gemacht werden können. Belegt wird die Wichtigkeit dadurch, dass die Liste der als missbräuchlich anzusehenden Bestimmungen zwischen 1983 und 2004 von 17 auf 24 Bedingungen erweitert wurde, sodass sich auch im Gesetz über den Verbraucherkredit von 1993 und im Gesetz von 2004 über die Vertragsmäßigkeit entsprechende Regelungen finden. Zweiter Schwerpunkt ist, dass dem Unternehmer vorvertragliche Informationspflichten auferlegt werden. Diese Pflichten werden von der Option des Verbrauchers, dem dritten Schwerpunkt, untermauert, sich in einer bestimmten Frist vom Vertrag lösen zu können, an den er grundsätzlich gebunden ist. Das Zusammenspiel dieser beiden Schutzinstrumente zeigt sich darin, dass die Frist zur Lösung vom Vertrag verlängert werden kann, wenn der Unternehmer den Verbraucher unzureichend informiert hat.

Zuletzt ist zu beobachten, dass die Bedeutung der Verbraucherorganisation wächst. Während die Verbraucher zunächst fast ausschließlich als mittelbar Begünstigte einer verwaltungsrechtlichen Kontrolle angesehen worden sind, wurden ihnen im Jahre 1983 erstmals individuelle Rechte zugesprochen, bei denen die Möglichkeit einer gerichtlichen Geltendmachung bestand. Während es im Bereich der Lebensmittel- und Produktsicherheit noch immer die Verwaltung ist, die Schutz gewährleistet und ggf. auch durchsetzt, findet sich im Gesetz vom 19. 12. 2003[213] erstmals eine Regelung, unter welchen Voraussetzun-

211 Überschrift nach *Thewes*, Ann. dr. lux. 2006, 49 (61).

212 Zusammenstellung nach *Thewes*, Ann. dr. lux. 2006, 49 (61 f.). Abweichend von der dortigen Darstellung wird jedoch das Vorsehen einer Beweislastumkehr nicht als einer der Eckpunkte des Verbraucherschutzes angesehen.

213 Loi du 19 décembre 2003 fixant les conditions d'agrément des organisations habilitées à intenter des actions en cessation en matière de protection des intérêts collectifs des consommateurs et portant modification: 1. de la loi modifiée du 11 avril 1983 portant réglementation de la mise sur le marché et de la publicité des médicaments; 2. de la loi modifiée du 25 août 1983 relative à la protection juridique des consommateurs; 3. de la loi modifiée du 16 juillet 1987 concernant le colportage, la vente ambulante, l'étalage de marchandises et la sollicitation de commandes; 4. de la loi modifiée du 27 juillet 1991 sur les médias électroniques; 5. de la loi modifiée du 9 août 1993 réglementant le crédit à la consommation; 6. de la loi du 14 juin 1994 portant réglementation des conditions d'exercice des activités relatives à l'organisation et à la vente de voyages ou de séjours; 7. de la loi modifiée du 18 décembre 1998 relative aux contrats portant sur l'acquisition d'un droit d'utilisation à temps partiel de biens immobiliers; 8. de la loi du 14 août 2000 relatives au commerce électronique; 9. de la loi du 30 juillet 2002 réglementant certaines pratiques commerciales, sanctionnant la concurrence

gen anerkannte Organisationen eine sog. *action en cessation* geltend machen können.[214] Insbesondere verfügt die ULC über eine entsprechende Gestattung und hat schon mehrfach von dieser Gebrauch gemacht. Neben den individuellen ist damit ein starker kollektiver Verbraucherschutz getreten.

déloyale et transposant la directive 97/55/CE du Parlement européen et du Conseil modifiant la directive 84/450/CEE sur la publicité trompeuse afin d'y inclure la publicité comparative; 10. de la loi du 16 avril 2003 concernant la protection des consommateurs en matière de contrats à distance, Mémorial A n° 189 vom 31.12.2003, S. 3990ff.

214 *Thewes*, Ann. dr. lux. 2006, 49 (62ff.).

Kapitel 3: Begriffsbestimmungen

Vor einer eingehenden Analyse der inhaltlichen Unterschiede zwischen dem französischen und dem luxemburgischen Recht muss die Frage stehen, welche Personen überhaupt dem Verbraucherschutz unterfallen. In den Blick genommen werden soll aber auch der Adhäsionsvertrag.

A. Der Verbraucher als Leitbild der verbraucherschützenden Bestimmungen

Auch wenn sich einige der Bestimmungen des luxemburgischen *Code Civil* mit Fragen des Verbraucherschutzes beschäftigen oder schwerpunktmäßig darauf angewandt werden[215], definiert der Code Civil selbst den Begriff des Verbrauchers nicht[216]. Vielmehr wird durch Bezugnahme auf die *partie lésée* ein weiterer Begriff eingeführt.[217] Diese Beobachtung stützt zugleich die Feststellung, dass der *Code Civil lux.* davon ausgeht, dass allgemein die schwächere Vertragspartei als solche zu schützen ist. Anders stellt sich dies dar, soweit man auf die übrige verbraucherschützende Gesetzgebung abstellt.

215 *So Brucher/ Thieltgen/ Bena*, La protection juridique, 167 (170), nach denen die in Frage stehenden Bestimmungen des Code Civil zwar theoretisch auch auf B2BBeziehungen Anwendung finden, es in der Praxis eher so ist, dass die Bestimmungen erst in B2C-Beziehungen ihre volle Wirksamkeit entfalten.

216 *Brucher/ Thieltgen/ Bena*, La protection juridique, 167 (170).

217 Auf diesen wird im Folgenden noch näher einzugehen sein – er soll aber bei der hier in Frage stehenden Betrachtung des Verbraucher- und Unternehmerbegriffs außer Betracht bleiben.

I. Die Definition des luxemburgischen Gesetzes von 1983

Von der Konzeption des allgemein gehaltenen *Code Civil* abweichend, bestimmte bereits das Gesetz von 1983, welche Personen seinem Schutzbereich unterfielen. Denn dort hieß es ausdrücklich, dass dieses auf private Endverbraucher Anwendung findet. Eine Definition des Begriffes findet sich jedoch nicht. Damit lässt sich bei unbefangener Betrachtung die zum französischen Recht geäußerte Kritik übertragen, dass der Begriff des Verbrauchers eher verwendet als definiert wird.[218]

Unstreitig stand fest, dass das Gesetz auf Verträge zwischen zwei Unternehmern keine Anwendung finden soll.[219] Zur Vermeidung von Rechtsunsicherheiten war jedoch in die Gesetzgebungsmaterialien aufgenommen worden, wer privater Endverbraucher sein soll. In Anlehnung an eine Definition von *von Hippel*[220] ist dies eine Person, die außerhalb ihrer beruflichen Tätigkeit für ihren persönlichen Bedarf oder den persönlichen Bedarf ihrer Familie handelt[221] und deren Handeln nicht unternehmerisch ist[222].

Teilweise wurde weitergehend gefordert, dass es wegen der Bezeichnung als »End-« Verbraucher erforderlich sei, dass die vom Kunden erhaltenen Waren oder Dienstleistungen nicht zum Weiterverkauf bestimmt sind.[223] Diese Aussage relativiert *Elvinger* als scheinbarer Befürworter dieser Voraussetzung jedoch selbst,[224] indem er schreibt, dass sich dieser finale Charakter von selbst ergebe, da der Verbraucher bereits per definitionem die letzte Person in der Vertriebskette sei[225]. Für die fehlende Relevanz der Frage, ob der Verbraucher die Waren weiterverkaufen möchte oder nicht[226], spricht entscheidend, dass sich der Gesetzgeber bewusst an der Definition von *von Hippel* orientierte, die dieses Erfordernis gerade nicht vorsieht, und dass die Begriffe *final* und *privé* nicht gesondert definiert werden. Zudem lässt sich dafür anführen, dass der Gesetzgeber den Begriff im Jahre 2000 durch den des Verbrauchers ersetzt hat, ohne dass damit

218 *Berlioz*, J.C.P. 1979, I, 2954 n° 7.

219 Trib. Arr. Lux., Urt. vom 06.10.1983, n° 98303464 JUDOC; Urt. vom 16.03.1984, n° 98404721 JUDOC.

220 *v. Hippel*, RabelsZ 40 (1976), 513.

221 Entsprechend definiert dies auch *Schockweiler*, IPRax 1984, 337 (337). Das Gesetzgebungsvorhaben verweist insoweit auch auf die gleichlautende Definition von *Calais-Auloy*, Unlautere Vertragsbedingungen, ZVP 1980, 231 (232).

222 Projet de loi n° 2217, Expose des motifs, S. 2537. Die Definition mit dem entsprechenden Zusatz verwendet auch Trib. Arr. Lux., Urt. v. 15.03.2006, n° 362/06 du rôle.

223 So *Elvinger*, Feuille de liaison 60 (1984), 15 (16).

224 *Elvinger*, Feuille de liaison 60 (1984), 15 (16).

225 So auch *Brucher*, La protection juridique, 643 (646).

226 So wohl auch im Umkehrschluss *De Toffoli*, La protection du consommateur, S. 130, der darauf abstellt, dass aus dem Begriff Ankäufe für die gewerbliche Nutzung ausgeschlossen sind, auch wenn diese Sachen nicht weiterverkauft werden sollen.

(abgesehen von der Frage nach der Verbrauchereigenschaft juristischer Personen, auf die an späterer Stelle einzugehen sein wird) inhaltliche Änderungen verbunden waren.[227]

Insgesamt ist der Aussage zuzustimmen, dass der Verbraucherbegriff trotz seines anders lautenden Wortlauts zumindest in der Praxis mit demjenigen aus den EWG-Übereinkommen übereinstimmt, der den Verbraucher als Person ansieht, die zu einem Zweck handelt, der als außerhalb ihrer beruflichen Tätigkeit liegend anzusehen ist.[228] Ausgeschlossen sind folglich immer ein Erwerb für unternehmerische Zwecke und damit wohl auch die im Rahmen einer *profession non commerciale* abgeschlossenen Geschäfte.[229] Zweifelsfälle bei der Abgrenzung von privatem und gewerblichem Handeln mögen bleiben, wenn es sich um ein kleines Unternehmern handelt oder wenn das Verhältnis zwischen einem Unternehmer und einer Bank in Frage steht.[230]

Trotz dieser scheinbaren Klarheit war die luxemburgische Definition des Verbrauchers jedoch auch Kritik ausgesetzt. So schlug die Verbraucherorganisation eine abweichende Regelung vor, nach der für die Frage nach der Verbrauchereigenschaft einer Person auf die fehlende Gewinnerzielungsabsicht abzustellen sei.[231] Der Gesetzgeber hielt dennoch an seiner Auffassung fest, dass aufgrund des Verweises auf die Definition der französischen *Commission des clauses abusives*[232] in den Gesetzgebungsmaterialien die getroffene Regelung in der Praxis rechtssicher anzuwenden sei.[233]

II. Die Frage nach der Verbrauchereigenschaft juristischer Personen

Während insbesondere unter Geltung des deutschen Rechts zahlreiche Fragen im Zusammenhang mit dem Begriff des Verbrauchers gestellt werden, werden nur wenige von ihnen in Luxemburg aufgegriffen. Die dortige Diskussion beschränkt sich auf die Fragen danach, inwieweit auch juristische Personen Ver-

---

227 Es wurde jedenfalls darauf hingewiesen, dass der Begriff des privaten Endverbrauchers ohne weitere Erläuterung durch den des Verbrauchers ersetzt werden würde, vgl. Projet de loi n° 4674[7], Avis de la Chambre de commerce, S. 2. Darauf, dass diese Streichung entgegen der Annahme des Gesetzgebers weitreichendere Folgen hat, weist *Rauchs*, Le projet de Code, 51 (56) hin.

228 So das Ergebnis von *Schockweiler*, IPRax 1984, 337 (339).

229 *Elvinger*, Feuille de liaison 60 (1984), 15 (16) nennt dafür das Beispiel des Erwerbs von Büromaterial für die Ausübung einer freien Tätigkeit.

230 *Elvinger*, Feuille de liaison 60 (1984), 15 (16).

231 Projet de la loi n° 2217[1], Avis de l'Union luxemb. des consommateurs, S. 21.

232 *Lamberterie/ Wallaert*, Revue internationale de droit compare 1982, 673 (686): »Verbraucher ist derjenige, der einen Vertrag abschließt um eine Ware oder eine Dienstleistung für seine persönlichen und nicht für seine geschäftlichen Bedürfnisse zu erhalten«.

233 Projet de la loi n° 2217[3], Rapport de la commission juridique, S. 8.

braucher sein können, wie die aus dem französischen Recht bekannten *non-professionnel* und wie sog. *dual use*-Fälle zu behandeln sind. Dagegen findet sich keine Aufarbeitung der Frage, ob auch Arbeitnehmer und Existenzgründer Verbraucher sind und was gilt, wenn der Verbraucher bei Vertragsschluss durch einen Unternehmer vertreten wird.

Unter den genannten Fragen bildet sicherlich die Frage nach der Verbrauchereigenschaft juristischer Personen den Schwerpunkt der Diskussion. Sie stellt sich beispielsweise bei der Qualifikation von Holdings, die ausschließlich eigenes Vermögen verwalten.[234] Die Frage hatte jedoch ausschließlich Relevanz für die Bestimmung des Anwendungsbereichs des Gesetzes von 1983, da es für die anderen Gesetze als geklärt galt, dass aufgrund des ausdrücklichen Wortlautes der dortige Verbraucherbegriff juristischen Personen nicht erfasst.[235] Wenig weiterführend zur Beantwortung der Frage ist ein Vergleich mit der RL 93/13/EWG – zwar besagt diese in ihrem Artikel 2 lit. c), dass der Verbraucher eine natürliche Person ist – jedoch bestand die in Frage stehende Definition bereits vor der Schaffung der Richtlinie, zum anderen ist es den Mitgliedsstaaten nach deren Art. 8 gestattet, strengere Vorschriften zu erlassen und damit auch andere Personen dem Schutz der Richtlinie zu unterstellen.[236]

Hilfreich könnte sich demgegenüber erweisen, auf den Wortlaut des Gesetzes abzustellen. Dieser schließt eine Verbrauchereigenschaft juristischer Personen nicht aus, da das Gesetz insoweit allgemeine Begrifflichkeiten verwendet. Vor allem ist eine wirtschaftliche »Unterlegenheit« nicht davon abhängig, ob es sich um eine natürliche oder juristische Person handelt.[237] Eine entsprechende Festlegung hat der Gesetzgeber jedoch unterlassen und die Frage ausdrücklich der Entscheidung durch die Gerichte überlassen.[238] Auch 15 Jahre nach Inkrafttreten der Vorschrift fand sich in der Literatur noch immer der Hinweis, dass die Frage bisher nicht entschieden sei.[239]

Erst 2007 entschied der *Cour d'Appel lux.*[240], dass der Anwendungsbereich des Gesetzes von 1983 bis zum Jahre 2000 allein auf natürliche Personen beschränkt war. Seit der begrifflichen Änderung vom privaten Endverbraucher in den Ver-

234 *Elvinger*, Feuille de liaison 60 (1984), 15 (16).

235 *Brucher*, ALJB 2012, 22 (23).

236 Zu diesem Ergebnis gelangt auch *Elvinger*, ERPL 1997, 185 (187).

237 *Bauler*, Feuille de liaison 60 (1984), 21 (23).

238 *Bauler*, Feuille de liaison 60 (1984), 21 (24). So auch *De Toffoli*, La protection du consommateur, S. 131.

239 *Elvinger*, ERPL 1997, 185 (187).

240 Es stand in Frage, ob ein Vertrag über die langfristige Miete eines Wagens durch eine *société commerciale* in den Bereich der gewerblichen Tätigkeit dieser Gesellschaft fällt. Die Frage, ob auch schon vor dem Änderungsgesetz von 2000 der fragliche Vertrag den Bestimmungen des Verbraucherschutzes unterfiel oder nicht, konnte dahinstehen, da der Vertrag erst nach der Gesetzesänderung abgeschlossen worden war.

braucher können damit auch juristische Personen als Verbraucher angesehen werden. Denn der Begriff des Verbrauchers setzt nicht notwendigerweise voraus, dass es sich um eine natürliche Person handelt. Allerdings müssen auch juristische Personen für die Anerkennung der Verbrauchereigenschaft außerhalb ihrer beruflichen Tätigkeit handeln.[241] Das Urteil wurde einzig deshalb kritisiert, weil es verkenne, dass bei einer Gesellschaft Gewinnerzielung und Spezialisierung vorliegen. Zudem schafft die Rechtsprechung mit der Einbeziehung juristischer Personen einen Widerspruch zum belgischen Recht.[242]

III. Vereinheitlichung des Verbraucherbegriffes durch den *Code de la cons. lux.*?

Mit Schaffung des *Code de la cons.* erfolgte eine Vereinheitlichung des Verbraucherbegriffes,[243] die bis dahin fehlte[244].

Definitionsunterschiede in den verschiedenen Gesetzen beruhten vor allem darauf, dass die jeweiligen Gesetze eine spezielle Richtlinie umgesetzt und damit oftmals deren Begrifflichkeiten übernommen haben. Dies führte neben mangelnder Kohärenz zu Rechtsunsicherheit.[245] Nichtsdestotrotz sollte mit der Angleichung keine inhaltliche Veränderung einhergehen.[246]

Eine Ausnahme besteht mit der ausdrücklichen Klarstellung, dass juristische Personen keine Verbraucher sein können. Damit wollte der Gesetzgeber vor allem Abgrenzungsschwierigkeiten vermeiden und Rechtssicherheit schaffen.[247] Notwendigerweise ist auch den *associations sans but lucratif* der Schutz des Verbraucherrechts zu versagen.[248] Wenn dies auch im Widerspruch zur bisherigen Rechtsprechung steht,[249] besteht doch Übereinstimmung mit der Rechtsprechung des EuGH[250].

241 Cour d'Appel Lux., Urt. vom19. 12. 2007, DAOR 2010/96, 448 (448/ 449).

242 *Straetmans*, DAOR 2009, 405 ff, zitiert nach DAOR 2010/96, 448 (450).

243 Art. L. 010-1 *Code de la Consommation:* »Toute personne physique, qui agit à des fins qui n'entrent pas dans le cadre de son activité professionnelle.« Nur noch ausnahmsweise schützt das Gesetz hingegen eine andere Kategorie von Personen, siehe bspw. Art. L. 122-1 *Code de la Consommation*, in dem vom »consommateur moyen« die Rede ist.

244 Darauf weist auch *Christmann*, Réponse au questionnaire, 1 (3).

245 Projet de loi n° 5881, Commentaire des articles, S. 64.

246 Projet de loi n° 5881, Commentaire des articles, S. 64.

247 *Poillot*, Journal des tribunaux lux., n° 25, 1 (2).

248 *Brucher*, La protection juridique, ALJB 2012, 22 (23).

249 Dies erkennt richtigerweise Projet de loi n° 5881 A^2, Avis du Conseil d'Etat, 5. Dies verkennt hingegen Projet de loi n° 5881, Commentaire des Articles, S. 64, wonach sich das Gesetz mit dem ausdrücklichen Ausschluss juristischer Personen aus der Definition der Verbraucher nach bestehender Gesetzgebung und Rechtsprechung richten würde.

250 EuGH, Urt. vom 22. 11. 2001, Rs. Slg. 2001, I-9064 (Cape und Idealservice).

Verbraucher sind damit laut Gesetz nur natürliche Personen.[251] Diese Definition ist zwar restriktiver, findet aber einheitlich auf den gesamten *Code de la cons. lux.* Anwendung, auch wenn für bestimmte Bereiche ggf. eine Konkretisierung durch die Rechtsprechung erforderlich sein mag.[252] Leitbild bleibt auch unter der neuen Gesetzesfassung der durchschnittliche Verbraucher, der in einem normalen Maß informiert und zudem in angemessener Weise aufmerksam und beraten ist.[253]

IV. Die Verbrauchereigenschaft in *dual use*-Fällen

Des Weiteren stellt sich auch nach der Schaffung des *Code de la cons.* noch die Frage, wie dual-use-Fälle[254] zu behandeln sind. Klar ist insoweit die Rechtsprechung des EuGH, nach der die Verbrauchereigenschaft nur dann vorliegt, wenn der Vertragszweck zu einem wesentlichen Teil außerhalb der beruflichen Tätigkeit liegt.[255] Zur Abgrenzung kommt es nicht auf den subjektiven Parteiwillen, sondern auf den objektiven Vertragszweck an.[256]

Im Gegensatz dazu wurde die Frage nach der Behandlung dieser Fälle in Luxemburg nur wenig behandelt. Nur ein Urteil geht darauf ein: Danach handelt eine Person als Verbraucher, wenn sie im Wesentlichen zu privaten Zwecken handelt.[257] Ebenso hatte *Brucher*[258] für den Bankenbereich hergeleitet, dass eine Anwendung der verbraucherschützenden Bestimmungen möglich sei, wenn eine Finanzdienstleistung im Wesentlichen für außerhalb der beruflichen Tätigkeit liegende Zwecke verwendet werden solle. Er begründet dies im Wesentlichen damit, dass gemischte Zwecke nicht ausdrücklich aus dem Anwendungsbereich ausgeschlossen wurden.

Anders hingegen stellt sich die Lage dar, soweit man die Schaffung des *Code de la cons. lux.* betrachtet: Dort findet sich in den Gesetzgebungsmaterialien der ausdrückliche Hinweis, dass aus Gründen der Rechtssicherheit nicht der ge-

251 *Bourin*, L'investisseur privé, 705 (707); *Gouden*, DCCR 87/2010, 50 (64). Für den Ausschluss von Gesellschaften aus dem Verbraucherbegriff unter Geltung des ursprünglichen Gesetzes von 1983 bereits *Elvinger*, Feuille de liaison 60 (1984), 15 (16).

252 *Rauchs*, Le projet de Code, 51 (57).

253 *Rauchs*, Le projet de Code, 51 (57) unter Verweis auf EuGH, Urt. vom 16.07.1988, Rs. Slg. 1998, I-4691.

254 Dabei schließt die in Frage stehende Person einen Vertrag zu einem Zweck, der sowohl mit ihrer gewerblichen/ beruflichen Tätigkeit in Zusammenhang steht als auch private Zwecke betrifft; Definition nach EuGH, Urt. vom 20.01.2005, Rs. Slg. 2001, I-474.

255 EuGH, Urt. vom 20.01.2005, Rs. Slg. 2001, I-475f.

256 *Pfeiffer*, Der Verbraucherbegriff, 21 (37).

257 Cour d'Appel Lux., Urt. vom 19.05.1993, n° 13680 du rôle; zitiert nach *Coustance*, Les clauses abusives, ACE 5/2012, 3 (4).

258 La protection juridique, 643 (646).

bräuchlichen Ansicht gefolgt werden soll.[259] Da das o.g. Urteil jedoch festgestellt hatte, dass eine Anwendung des Verbraucherrechts zu Gunsten eines Unternehmers immer dann möglich ist, wenn dieser aus rein privaten Zwecken handelt, bestand keine Notwendigkeit, entsprechendes in das Gesetz aufzunehmen. Auch die Gefahr einer divergierenden Argumentation besteht daher nicht.[260]

Auch die Notwendigkeit der Umsetzung der Verbraucherrechterichtlinie hat der Gesetzgeber nicht zu einer weitergehenden Klarstellung genutzt. Zwar ist in Erwägungsgrund 17 dieser Richtlinie vorgesehen, dass bei »Verträgen mit doppeltem Zweck« die Verbrauchereigenschaft bejaht werden kann. Dieses Ergebnis ergibt sich nach Ansicht des luxemburgischen Gesetzgebers aber bereits aus der Rechtsprechung. Eine unzureichende Umsetzung der Richtlinie ist in der fehlenden Aufnahme der Regelung in den Gesetzeswortlaut nicht zu sehen: Erwägungsgründe sind nicht Bestandteil des Richtlinientextes und haben daher für die Mitgliedsstaaten nur mittelbare Wirkung.[261]

V. Der Fortbestand ungeklärter Zweifelsfälle

Auch wenn damit zwei problemnotorische Fragestellungen geklärt wurden, bleiben andere Fragen bis heute ungeklärt, die sich im Zusammenhang mit der Verbrauchereigenschaft einer Person stellen können.

Eine dieser Fragen ist, ob ein Verbraucher auch dann als Verbraucher anzusehen ist, wenn ein Unternehmer als Verbraucher handelt. Eine gesetzliche Regelung besteht nicht: Der Gesetzgeber hat die Einordnung ausdrücklich der Rechtsprechung überlassen.[262]

Einen Beitrag zur Lösung dieser Frage kann ein Blick auf die Verbraucherrechterichtlinie leisten: Unternehmer ist danach jede »natürliche oder juristische Person […], die bei Verträgen selbst, oder durch eine andere Person, die in ihrem Namen oder Auftrag handelt […]« vertreten wird. Das Handeln »durch eine andere Person« ist demgegenüber in der Verbraucherdefinition nicht vorgesehen. Hieraus kann abgeleitet werden, dass das Dazwischentreten einer Mittelsperson die Verbrauchereigenschaft entfallen lässt. Zudem ist eine Ausdehnung des Verbraucherbegriffs nicht nach Sinn und Zweck geboten, da die Mittelsperson des Verbrauchers in der Regel über größere geschäftliche Erfahrung

259 Projet de loi n° 5881, Commentaire des articles, S. 65.

260 Projet de loi n° 5881, Commentaire des articles. S. 65. Insbesondere die ULC sprach sich für eine ausdrückliche Regelung aus, vgl. Projet de loi n° 6478[1], Avis de l'Union Luxemb. des Consommateurs, S. 3.

261 So für die Erwägungsgründe der Richtlinie 93/13/EWG Grabitz/ Hilf/ *Pfeiffer*, Das Recht der Europäischen Union, A 5, Rn. 89.

262 Projet de loi n° 5881, Commentaire des articles, S. 65.

verfügt. Insgesamt wird man aber trotz dieser Anhaltspunkte die Situation als eher unklar ansehen müssen.[263]

VI. Der Begriff des Verbrauchers im französischen Recht

Suchte man bis 2014 im französischen Recht nach einer ausdrücklichen Definition des Verbrauchers, blieb diese Suche erfolglos.[264] Erst durch das Gesetz n° 2014–344 vom 17.03.2014 wurde eine solche geschaffen, indem der Wortlaut des Art. 2 Nr. 2 der Verbraucherrechterichtlinie übernommen wurde. Danach »est considérée comme un consommateur tout personne physique qui agit à des fins qui n'entrent pas dans le cadre de son activité commerciale, industrielle, artisanale ou libérale«. Eine andere Definition – insbesondere unter Aufnahme der *activités agricoles* – wurde aus Angst vor einer nicht richtlinienkonformen Umsetzung abgelehnt.[265]

Zuvor war die Konkretisierung weitestgehend der Rechtsprechung überlassen. Üblicherweise wurden sowohl natürliche als auch juristische Personen geschützt, »die einen Vertrag zu einem Zweck abschließen, der nicht in direktem Zusammenhang [...] mit ihrer gewerblichen Tätigkeit steht.«[266]

Non-professionnelles sind damit ausdrücklich in den Schutzbereich einbezogen.[267] Entsprechend entschied die *Cour de Cass. fr.*, dass das Verbraucherrecht Anwendung findet, wenn dem Vertragsgegenstand ein unmittelbarer Zusammenhang zur geschäftlichen Tätigkeit und den besonderen Fachkenntnissen des Unternehmers fehlt.[268] Diesen überaus weitreichenden Schutz schränkte die *Cour de Cass. fr.* im Folgenden dahingehend ein, dass es allein auf das Vorhandensein eines direkten Bezugs von Vertragsschluss und beruflicher Tätigkeit ankomme.[269] Für die Bejahung der Verbrauchereigenschaft sei daher nicht mehr ausreichend, dass der Vertrag nur außerhalb des speziellen Tätigkeitsbereiches liege.[270]

---

263 *Purnhagen*, ZRP 2012, 36 (37).

264 Ausnahme war lediglich die in Art. L. 311–1 *Code de la cons. fr.* durch Gesetz vom 01.07.2010 eingeführte Definition des Verbrauchers für den Bereich des Verbraucherkreditvertrags. Hier wird jedoch nicht »der Verbraucher an sich« definiert, vgl. *Sauphanor-Brouillaud*, Les contrats de consommation, Rn. 106.

265 Travaux parlamentaires, Sénat, séance du 11.09.2013. Dieser Befürchtung entgegentretend aber *Raymond*, CCC 05/ 2014, 16 (16).

266 Consumer Law Compendium, Rechtsvergleichende Studie, S. 87.

267 *Nobis*, Missbräuchliche Vertragsklauseln, S. 463f.

268 Cour de Cass., Urt. vom 28.04.1987, n° de pourvoi: 85–13674.

269 Cour de Cass., Urt. vom 24.01.1995, n° de pourvoi: 93–10514.

270 *Nobis*, Missbräuchliche Vertragsklauseln, S. 469.

Klarer als im Vergleich zur luxemburgischen Regelung schien hingegen die Rechtsprechung in Bezug auf die Einbeziehung juristischer Personen: So entschied die *Cour de Cass. fr.* ausdrücklich, dass auch juristische Personen als Verbraucher einzuordnen sind, wenn diese die übrigen Voraussetzungen erfüllen.[271] Später erfolgte jedoch eine Wende dahingehend, dass juristischen Personen die Einordnung als Verbraucher verwehrt ist.[272] Damit stimmen das luxemburgische und das französische Recht zunächst in ihrer Bewertung dieser Frage überein.

Im Bereich der Haustürgeschäfte wurde der Verbraucherbegriff weitergehend eingeschränkt, da hier Existenzgründer aus dem Anwendungsbereich ausgenommen werden. Schließt der Kunde Verträge ab, um in Zukunft einer gewerblichen Tätigkeit nachzugehen, tritt er bereits einem Unternehmer vergleichbar auf.[273] War hingegen das Geschäft sowohl privater als auch unternehmerischer Natur stellt die Rechtsprechung vor allem darauf ab, in welchem Bereich der Gegenstand des Vertrages hauptsächlichen Einsatz finden sollte,[274] sodass auch hier eine Anwendung des Verbraucherrechts auf dual-use-Fälle in Betracht kommt.

Die wirkliche Neuerung 2014 lag darin, dass es nun erstmals eine ausdrückliche gesetzliche Definition des Verbrauchers gab – an diesem »Vorbild« hatte sich der luxemburgische Gesetzgeber wie gesehen nicht orientiert. Nach der nunmehrigen oben genannten Definition ist ausdrücklich klargestellt, dass allein natürliche Personen Verbraucher sein können.[275] Auch in anderer Hinsicht ist eine Änderung der Rechtsprechung zu erwarten: Zumindest *Raymond* geht davon aus, dass das Kriterium der Qualifikation für das in Frage stehende Geschäft, welches für die Einordnung als *non-professionnel* Verwendung fand, als Bezugspunkt aufzugeben ist. Im Gegensatz dazu wird es vermutlich zu einer Beibehaltung der Frage nach dem direkten Zusammenhang mit der beruflichen Tätigkeit kommen.[276]

Scheint das Vorsehen einer gesetzlichen Definition eine neue Klarheit und vor allem eine Vereinfachung in der Rechtsanwendung mit sich zu bringen, muss diesem Wunsch mit Blick auf die Literatur eine Absage erteilt werden. Vielmehr bleiben viele der »alten« Streitfragen weiterhin Diskussionsgegenstand.

---

271 Cour de Cass., Urt. vom 15.03.2005, n° de pourvoi: 02–13285. Anders hingegen der EuGH, Urt. vom 22.11.2001, Rs. C-541/99 und C-542/99 (Idealservice), Slg. 2001, I-9049, wonach Verbraucher im Sinne der Klausel-Richtlinie ausschließlich natürliche Personen sind.

272 Cour d' Appel, Urt. vom 10.07.1996, CCC 1996, comm. 157; ebenso Cour de Cass., Urt. vom 02.04.2009, CCC 2009, comm. 182. Siehe auch *Raymond*, CCC 05/2014, 16 mit weiteren Nachweisen zur insoweit uneinheitlichen Rechtsprechung der Instanzgerichte.

273 *Liedtkte*, Die Umsetzung, S. 93; *Mestre/ Fages*, Rtd. Civ. 2001, 870 (873).

274 Cour de Cass., Urt. vom 04.05.1999, D., inf. rap. 1999, 170.

275 *Raymond*, CCC 05/2014, 16 (17).

276 *Raymond*, CCC 05/2014, 16 (17).

So wird bereits der Ausschluss juristischer Personen als unklar angesehen: Einigkeit besteht beim Ausschluss von Handelsgesellschaften,[277] bereits bei Eigentümergemeinschaften bestehen Zweifel. So wird zumindest argumentiert, dass diese über den Begriff des *non-professionnels* weiterhin in einigen Teilen des *Code de la cons. fr.* erfasst seien[278]. Hier wäre eine Klarstellung des Verhältnisses von Verbraucher und non-*professionnel* wünschenswert gewesen.[279] In diesem Fall zeigt sich aber auch deutlich, dass noch immer nicht alle Bestimmungen des *Code de la cons. fr.* den gleichen Anwendungsbereich haben, selbst wenn zu Beginn eine einheitliche Definition des Verbrauchers eingeführt wurde. *Paisant* sieht das als Beispiel dafür, dass vor der Schaffung einheitlicher Definitionen zunächst eine umfassende inhaltliche Neugestaltung unter Kohärenzgesichtspunkten geboten gewesen wäre.[280]

Weiterhin ist zweifelhaft, inwieweit landwirtschaftliche Tätigkeiten in den Anwendungsbereich der verbraucherschützenden Bestimmungen fallen. Sie werden nicht ausdrücklich aus der Definition des Verbrauchers ausgeschlossen, sodass der Schluss gezogen wird, dass diese Tätigkeiten selbst dann erfasst seien, wenn ein Landwirt im Interesse seines Unternehmens handelt. Wegen des klaren Wortlauts äußert *Raymond* die Befürchtung, dass eine entgegenstehende Entscheidung des *Cour de la Cass. fr.* nicht zu erwarten sei.[281]

Mit Anordnung vom 14.03.2016 hat der französische Gesetzgeber nunmehr auch den Begriff des *non-professionnel* definiert[282]. Die Definition entspricht der des Verbrauchers mit Ausnahme des Merkmals, dass eine natürliche Person vorliegt – vielmehr handelt es sich ausdrücklich nur um eine juristische Person. Daher dürfte nunmehr die Frage nach der Einbeziehung juristischer Personen als geklärt gelten.

B. Der Unternehmer als Vertragspartner des Verbrauchers

Für den Begriff des Unternehmers, der eine dem Begriff des Verbrauchers ähnliche Geschichte durchlaufen hat, kann ebenso nur die Aussage getroffen werden, dass die Gesetzeslage teilweise unklar ist.

277 *Raymond*, CCC 05/2014, 16 (17) unter Verweis auf die bisherige Rechtsprechung des Cour de Cass., die bereits in diese Richtung entschieden hatte.
278 *Raymond*, CCC 05/2014, 16 (17).
279 *Raymond*, CCC 10/2013, repère 9.
280 *Paisant*, JCP 2013, n ° 589.
281 *Raymond*, CCC 05/2014, 16 (18).
282 Article préliminaire des *Code de la cons. fr.*: »Toute personne morale qui agit à des fins qui n'entrent pas dans le cadre de son activité commerciale, industrielle, artisanale, libérale ou agricole.«

Ausgangspunkt des luxemburgischen Gesetzes von 1983 war nicht der Begriff des Unternehmers, sondern der des »Verpflichteten«. Dieser war ein professioneller Lieferant von lang- oder kurzlebigen Ge- und Verbrauchsgütern oder ein Erbringer von Dienstleistungen. Somit handelte es sich um diejenige Person, die als Unternehmer am Vertrag teilnimmt.[283] Anerkannt war, dass es sich um eine natürliche oder juristische Person handelt, die berufs- oder gewerbsmäßig Warenlieferungen tätigt oder Dienstleistungen erbringt bzw. auch um einen Auftragnehmer.[284] Die Abgrenzung zum Verbraucher erfolgte dabei nach der konkreten Art des Tätigwerdens im Einzelfall, war aber zumindest problematisch, soweit die Einordnung von Freiberuflern und Vermietern von Wohnraum in Frage stand.[285] Maßgeblich kam es daher eher auf das Vorliegen von Gewinnerzielungsabsicht[286] und darauf an, ob sonst zu beruflichen Zwecken gehandelt wurde[287]. Abgesehen davon scheint die Anwendung des Begriffs zumindest nach Ansicht der Literatur keine Schwierigkeiten zu verursachen.[288]

Dennoch kam es im Jahre 2000 zu einer Änderung des Begriffes nachdem die Europäische Kommission kritisiert hatte, dass Luxemburg den Anwendungsbereich der Richtlinie 93/13/EWG nur unzureichend umgesetzt habe. Während sich aus der Richtlinie[289] ergebe, dass alle Verträge zwischen Unternehmern und Verbrauchern erfasst seien, würde das luxemburgische Gesetz nur einen Teil der Unternehmer verpflichten.[290] Zudem sei die Eröffnung des Anwendungsbereichs des luxemburgischen Gesetzes immer dann fraglich, wenn es sich bei dem Lieferanten nicht um den Verkäufer, sondern beispielsweise um einen einen Ge-

283 Projet de la loi n° 2217, Commentaire des articles, S. 2537.

284 Trib. Arr. Lux., Urt. vom 25.03.1987, n° 293/ 87 du rôle; *Bennemann*, RIW 1986, 594 (595) unter Verweis auf Calais-Auloy, ZVP 1980, 231 (232) und Thanh-Bourgeais, D.1979, Chronique, 15 (18); *Brucher*, La protection juridique, 643 (645) mit dem ausdrücklichen Hinweis, dass damit auch die sog. Versicherungsvereine auf Gegenseitigkeit dem Anwendungsbereich unterfallen. Unter Verwendung einer gleichgelagerten Definition auch die Übersetzung des Gesetzes, RIW 1986, 602 (602 Fn. 42).

285 *Bennemann*, RIW 1986, 594 (595).

286 *Bauler*, Feuille de liaison 60 (1984), 21 (24).

287 *Ravarani*, La responsabilité civile, Rn. 759.

288 *Bauler*, Feuille de liaison 60 (1984), 21 (23).

289 Art. 2 Buchstabe c) der Richtlinie 93/13/EWG: »Gewerbetreibender: eine natürliche oder juristische Person, die bei Verträgen, die unter diese Richtlinie fallen, im Rahmen ihrer gewerblichen oder beruflichen Tätigkeit handelt, auch wenn diese dem öffentlich-rechtlichen Bereich zuzurechnen ist.«

290 Avis motivé de la Commission des Communautes européennes adressé au Grand-Duché de Luxembourg au titre de l'article 226 du traité CE concernant la transposition incorrecte de la directive 93/13/CEE vom 06.03.2000.

brauchtwagen in Zahlung nehmenden Händler handele.[291] Um einer Verurteilung zu entgehen, wurde der Begriff durch den des »professionnel« ersetzt.

Entsprechend der Geschichte des Verbraucherbegriffs wurde auch der des Unternehmers bei der Schaffung des *Code de la cons. lux.* vereinheitlicht.[292] Auch hier hatte es eine Vielzahl unterschiedlicher Begriffe und vor allem divergierende Definitionen gegeben.[293] Während teilweise vom *fournisseur*[294] oder mit abweichender Definition vom *professionnel*[295] die Rede war, war an anderer Stelle der *producteur* genannt[296]. Mit Ausnahme der Vereinheitlichung hatte die Modifikation auf den ersten Blick im Gegensatz zu den Änderungen bei der Definition des Verbrauchers keine wesentliche Inhaltsänderung zur Folge.[297] Einzige Ausnahme ist, dass nun auch der Vertreter des Unternehmers ausdrücklich in den Kreis der Verpflichteten einbezogen ist.[298] Daneben erfolgte ein ausdrücklicher Bezug auf die *activité professionnelle*, sodass jeder Gewerbetreibende, sei es ein Landwirt oder ein Angehöriger eines freien Berufes, erfasst ist.[299] Genau dies führt zu erheblichen Auswirkungen der Änderungen auf den Bereich der (vor-)vertraglichen Pflichten.[300]

Eine erneute Änderung erfolgte im Rahmen der Umsetzung der Verbraucherrechterichtlinie, bei der die Definition der Richtlinie übernommen wurde. Um Divergenzen zwischen vollharmonisierten und nicht harmonisierten Bereichen zu vermeiden, gilt die Definition für den gesamten *Code de la cons. lux.* Klarstellend sind nunmehr auch öffentlich-rechtliche Personen wie der Staat, Gemeinden und öffentliche Einrichtungen erfasst,[301] was insbesondere von Seiten der Gemeinden Kritik ausgelöst hat. Von den verbraucherschützenden Bestimmungen sei nach deren Auffassung nun auch der Fall erfasst, dass die Gemeinde ermäßigte Tickets für eine von dieser organisierte Veranstaltung verkaufe. Die zusätzlichen Pflichten seien insbesondere deshalb eine zusätzliche

291 Projet de loi n° 4674, Commentaire des articles, S. 4. Zur Kritik an diesem von der Kommission vorgebrachten Beispiel vgl. Projet de loi n° 4674[7], Avis de la Chambre de commerce, S. 2.

292 Die neue Definition entspricht nun derjenigen, die sich im Vorschlag einer Richtlinie über die Rechte der Verbraucher vom 08.10.2008 findet.

293 Zusammenstellung nach *Christmann*, Réponse au questionnaire par le groupe luxembourgeoise, 1 (5).

294 Art. 2 des Gesetz vom 09.08.1993 über den Verbraucherkredit.

295 Art. 1 des Gesetz vom 18.12.2006 über den Fernabsatz von Finanzdienstleistungen.

296 Art. 1 des Gesetzes vom 21.04.2004 über die Vertragsmäßigkeit.

297 Teilweise wurden jedoch auch die Spezialbegriffe mit abweichendem Inhalt beibehalten, vgl. Projet de loi n° 5881, Commentaire des articles, S. 65.

298 *Brucher*, ALJB 2012, 22 (23). Ausreichend ist danach, wenn die Person im Namen oder für die Rechnung des Gewerbetreibenden handelt.

299 Projet de loi n° 5881, Commentaire des articles, S. 65.

300 Projet de loi n° 5881 A[1], Avis de la Chambre de commerce, S. 20.

301 Projet de loi n°6478, Commentaire des articles, S. 26.

Belastung, weil die Gemeinde in der Regel nur zusätzlich zu ihren öffentlichrechtlichen Pflichten und überdies nur sehr selten gewerblich handele. Daneben gewähren auch die Regelungsinstrumente des öffentlichen Rechts ausreichenden Schutz des Verbrauchers.[302] Auch wenn diese Kritik durchaus nachvollziehbar erscheint, hat sie keinen Niederschlag in das Gesetz gefunden.

Die neue Rechtslage führt noch zu einem weiteren Unterschied: Denn nach der neuen Regelung ist ausgeschlossen, dass der Vertreter selbst als Unternehmer angesehen werden kann. Vielmehr gilt nur der Vertretene als Unternehmer (»durch eine andere Person, die in ihrem Namen oder Auftrag handelt«).[303] Unerheblich ist, ob der Dritte nach außen als Verbraucher erscheint.[304] Diese Folge entspricht den Regeln des Vertretungsrechts, da auch hier bei einem Handeln mit Vertretungsmacht nur der Vertretene rechtsgeschäftlich verpflichtet wird. Zum Teil wird aber gefordert, dass zumindest für den Bereich der vorvertraglichen Verpflichtungen sowohl Vertreter als auch Vertretener Verpflichtete sind.[305] Eine solche Forderung dürfte jedoch nur schwerlich mit dem ausdrücklichen Wortlaut der Verbraucherrechterichtlinie in Einklang zu bringen sein und scheidet bereits aus diesem Grunde aus.

Im Gegensatz zur Diskussion im französischen Recht scheint die Frage nach der Einordnung eines *non-professionnel* in Luxemburg eher in Bezug auf die Unternehmereigenschaft diskutiert zu werden. Auch hier findet sich die Argumentation, dass dem Unternehmer die notwendigen Fachkenntnisse fehlen und dieser daher ähnlich einem Verbraucher zu schützen sei. Im Einzelfall soll die Entscheidung aber der Rechtsprechung überlassen bleiben.[306]

Wenig hilfreich bei der Suche nach einer Antwort ist der vorzufindende Hinweis auf den Fall des Fernsehkaufs eines Unternehmers für dessen Familie. Da der Unternehmer in diesem Bereich kein Experte sei, soll er nicht als Unternehmer handeln.[307] Mag diese Argumentation zunächst nachvollziehbar sein, übersieht sie aber, dass in diesem Fall bereits das Merkmal des Handelns im Interesse der Familie erfüllt ist, sodass sich die Frage nach der Einordnung des *non-professionnel* nicht stellt.

Auch die Rechtsprechung ist insoweit nicht weiterführend. Nur ein Urteil weist auf eine Nichtanwendbarkeit des Gesetzes von 1983 hin, wenn der Unternehmer einen Vertrag im Interesse seines Unternehmens abschließt,[308] befasst

302 Projet de la loi n° 6478[3], Avis de la Chambre des fonctionnaires et employés publics, S. 2.
303 Projet de loi n° 6478, Commentaire des articles, S. 26.
304 *Purnhagen*, ZRP 2012, 36 (38).
305 Projet de loi n° 6478[2], Avis de la Chambre des salaries, S. 20.
306 *Bauler*, Feuille de liaison 60 (1984), 21 (24).
307 So aber *Ravarani*, La responsabilité civile, Rn. 759.
308 Cour d'Appel Lux., Urt. vom 19.05.1993, n° 13680 du rôle, zitiert nach *Coustance*, Les clauses abusives, ACE 5/2012, 3 (4).

sich damit aber nur am Rande mit der Fragestellung. Auch die Literatur versucht aus der Ausdehnung des Verbraucherbegriffes auf juristische Personen zu schließen, dass die Rechtsprechung die Bestimmungen auch auf solche Personen angewandt finden möchte, die zwar im Rahmen ihrer beruflichen Tätigkeit, aber in einem Bereich, der nicht ihrer Spezialisierung entspricht, einen Vertrag schließen.[309] Insgesamt bleibt es aber dabei, dass die Rechtslage hier nur als ungeklärt angesehen werden kann. Viel wird jedoch dafür sprechen, hier keine Ausdehnung vorzunehmen, da zwar keine einschlägigen, aber doch unbestreitbar Erfahrungen im geschäftlichen Bereich als solche vorliegen und daher gerade keine den übrigen Verbrauchern vergleichbare Situation besteht.

Abweichend offenbart auch ein erster Blick in ältere Fassungen des französischen Gesetzes, dass weder der Begriff des Gewerbetreibenden noch der des Unternehmers definiert wurde. Die nähere Ausgestaltung blieb wieder der Rechtsprechung überlassen.[310] Dementsprechend fehlt auch hier wieder ein gesetzgeberischer Anhaltspunkt dafür, ob es sich um eine natürliche oder juristische Person handelt (handeln muss) oder ob öffentlich-rechtliche Personen Unternehmer sein können.[311]

Die *Cour de Cass. fr.* hatte zunächst entschieden, dass Unternehmer nur derjenige sein kann, der in seinem Handlungsbereich kompetent sei; außerhalb des Kompetenzbereiches kann die Person nicht als Unternehmer handeln.[312] Eine alleinige Anwendung dieses Kriteriums führt jedoch dazu, dass auch alle Angestellten als Unternehmer anzusehen sein müssten, die einen Vertrag abschließen, der in deren Kompetenzbereich fällt.[313]

Entsprechend wird heute darauf abgestellt, ob der fragliche Vertrag einen Bezug zur unternehmerischen Tätigkeit aufweist.[314] Unerheblich davon, ob es sich um eine natürliche oder um eine juristische Person handelt, muss der abgeschlossene Vertrag der Ausübung einer industriellen, kaufmännischen, handwerklichen, freiberuflichen, landwirtschaftlichen oder einer anderen Aktivität dienen.[315] Zudem wird gefordert, dass der Gewerbetreibende zu einem

309 *Rauchs*, Le projet de Code, 51 (57).
310 Consumer Law Compendium, Rechtsvergleichende Studie, S. 407.
311 *Sauphanor-Brouillaud*, Les contrats de consommation, S. 111.
312 *Raymond*, Droit de la consommation, Rn. 35 unter Verweis auf Cour de Cass., Urt. vom 28.04.1987, D. 1988, Jurisprudence, S. 1; Cour de Cass., Urt. vom 06.01.1993, CCC 1993, comm. 62.
313 *Raymond*, Droit de la consommation, Rn. 35.
314 *Raymond*, Droit de la consommation, Rn. 36. Die *Cour de Cass. fr.* hatte diese Definition bereits für den Bereich der missbräuchlichen Vertragsbedingungen verwendet, vgl. Cour de Cass., Urt. vom 21.02.1995, CCC 1995, comm. 84; *Leveneur*, CCC 08/1996, chron. 4, 1 (2); Cour d' Appel, Urt. vom 10.07.1996, CCC 1996, comm. 157.
315 *Sievers*, Verbraucherschutz gegen unlautere Vertragsbedingungen, S. 78.

Zweck handelt, der auf Gewinnerzielung ausgerichtet ist.[316] Demgegenüber ist nicht entscheidend, dass eine Eintragung in das Handelsregister erfolgt ist.[317] Zwar entspricht diese Definition und vor allem die direkte Verbindung zwischen dem abgeschlossenen Geschäft und der geschäftlichen Tätigkeit der überwiegenden Rechtsprechung, jedoch kann keinesfalls von einer einheitlichen Rechtsprechung in diesem Bereich gesprochen werden.[318] Aus Gründen der Rechtssicherheit ist daher die in Luxemburg gewählte Lösung einer direkten gesetzlichen Definition demgegenüber sicherlich vorzugswürdig.

Entsprechend ist daher auch nicht auszuschließen, dass das französische Recht in mancherlei Hinsicht von den europäischen Vorgaben abweicht. In Anwendung der o.g. Grundsätze hatte die *Cour de cass. fr.* beispielsweise entschieden, dass bei einem Vertrag zur Beendigung eines Agrarbetriebs der Landwirt als Verbraucher einzuordnen sei, da es sich nicht um die »Ausübung« einer der genannten Tätigkeiten handele, sondern das Geschäft zu deren Beendigung diene.[319] Damit besteht ein Widerspruch zur Auffassung des EuGH: Nach dessen Rechtsprechung fallen auch die den Verkauf eines Gewerbebetriebs vorbereitenden Verträge in die unternehmerische Tätigkeit. Daher finden die verbraucherschützenden Vorschriften auf diese Verträge keine Anwendung.[320] Jedoch ist diese Entscheidung ohne Einfluss auf die französische Rechtslage geblieben.[321]

Zumindest bei der Umsetzung der Verbraucherrechterichtlinie hätte auch der französische Gesetzgeber eine ausdrückliche Unternehmerdefinition schaffen müssen. Ein reiner Umkehrschluss aus der Verbraucherdefinition oder ein Verweis auf die bisherige Rechtsprechung reicht hierfür gerade nicht aus.[322] Frankreich ist dieser Pflicht erst mit Wirkung zum 01.07.2016 in Übernahme der in der Richtlinie vorgesehenen Definition nachgekommen, sodass die Richtlinienkonformität des französischen Rechts jetzt – wenn auch verspätet – zu bejahen ist. Im Ergebnis sollten damit keine Unterschiede mehr zwischen dem französischen und dem luxemburgischen Recht bestehen.

---

316 *Raymond*, CCC 2006, comm. 212.

317 *Raymond*, Droit de la consommation, Rn. 34 unter Verweis auf eine Entscheidung des *Cour de Cass. fr.* zu verborgenen Mängeln, vgl. Cour de Cass., Urt. vom 30.09.2008, CCC 2009, comm. 4.

318 *Raymond*, Droit de la Consommation, Rn. 36.

319 Cour de Cass., Urt. vom 14.04.1984, n° de pourvoi: 82–15991.

320 EuGH, Urt. vom 14.03.1991, Rs. C-361/89, Slg. 1991, I-1189.

321 *Liedtke*, Die Umsetzung, S. 95.

322 *Sauphanor-Brouillaud*, Les contrats de consommation, Rn. 157 unter Verweis auf die entsprechende luxemburgische Definition. Dort auch zur Ausgestaltung der einzelnen Defintionselemente.

C. Der *contrat d'adhésion* als besondere Vertragskategorie

Von herausragender Bedeutung im Bereich des Verbraucherrechts ist der dem deutschen Juristen weitestgehend unbekannte Formularvertrag. Wegen der mit der Definition verbundenen Schwierigkeiten, kann zu einer Orientierung allein darauf hingewiesen werden, dass es sich um einen Vertrag handelt, bei dem eine Person der anderen den Vertragsinhalt auferlegt.[323]

I. Begriffsbestimmung

Der Begriff des *contrat d'adhésion* fand erstmals in einer Schrift von *Saleilles* aus dem Jahre 1901 Erwähnung.[324] Danach ist dieser ein Gebilde, »das nur scheinbar ein Vertrag sei, in Wirklichkeit vom Vertrag nur den Namen habe und dessen Inhalt praktisch nur durch den Willen der einen Vertragspartei bestimmt sei«.[325] Diese Definition allein bringt keinen großen Erkenntnisgewinn: Es bleibt völlig offen, worum es sich bei dem *contrat d'adhésion* handelt.

Eine deutsche Übersetzung des Begriffes führt zu keiner weiteren Klarstellung: Teilweise bleibt der Begriff unübersetzt,[326] teilweise wird der Vertrag als »Beitrittsvertrag«,[327] »Adhäsions-« bzw. »Unterwerfungsvertrag«[328] bezeichnet[329]. Diese Begriffsvielfalt schafft mehr Verwirrung als Erkenntnis. Um keine »Vorfärbung« der Definition durch den verwendeten Begriff herbeizuführen, wird im Folgenden der Begriff des Formularvertrages verwendet.

Wie diese terminologischen Schwierigkeiten nahelegen, fand sich auch in den folgenden Jahren keine allgemeingültige Definition.[330] Das Fehlen einer Definition wurde dadurch zu kompensieren versucht, dass jedenfalls bestimmte Vertragstypen dem Begriff unterfallen sollten: Genannt werden Versicherungs- und Arbeitsverträge, Verträge über den Ankauf von Aktien sowie Verträge mit Warenhäusern zu einem im Voraus festgelegten Preis.[331]

---

323 Definition in Anlehnung an JurisPedia, Stichwort: Contrat d'adhésion (fr.), verfügbar unter: http://fr.jurispedia.org/index.php/Contrat_d'adh%C3%A9sion_%28fr%29, zuletzt besucht am: 18. 10. 2020.

324 *Saleilles*, De la déclaration de volonté, u. a. auf Seite 229.

325 Deutsche Übersetzung von *Schmidt-Salzer*, AcP 167, 504 (505). Der französische Originaltext findet sich u. a. bei *Raiser*, Das Recht derAllgemeinen Geschäftsbedingungen, S. 149.

326 Unter anderem *Schmidt-Salzer*, AcP 167, 504 (505).

327 So bei *Simitis*, Die faktischen Vertragsverhältnisse, S. 469.

328 U. a. bei *Kessler*, Festschrift Ehrenzweig, 113 (126); *Kimball*, VersR 1964, 985.

329 *Starke*, VersR 1966, 889 (890) Fn. 1 c.

330 *Otto*, Allgemeine Geschäftsbedingungen und Internationales Privatrecht, S. 16.

331 So beispielsweise von *Dollat*, Les contrats d'adhésion, S. 14.

Daneben wurden Merkmale einer möglichen Definition diskutiert, bei deren Vorliegen das Bestehen eines Formularvertrages angenommen wurde.[332] Diese sind weitestgehend als Mindestvoraussetzungen anerkannt. Der Vertrag muss erstens abstrakt vorformuliert, also vom Anbieter vor Vertragsschluss abstrakt festgelegt worden sein, sodass er für alle Adressaten sowohl inhaltlich gleich als auch unveränderbar ist.[333] Der Adressat kann daher nur den Vertrag unverändert annehmen oder auf den Abschluss verzichten.[334] Zweitens muss dem konkreten Vertragsschluss ein unpersönliches Angebot an eine unbekannte und unbestimmte Personenmehrheit vorhergehen.[335] Unerheblich sind daher die persönlichen Bedürfnisse der Adressaten in Bezug auf den konkret abgeschlossenen Vertrag.[336]

Während hinsichtlich der beiden vorgenannten Voraussetzungen Einigkeit besteht, wird diskutiert, ob für die Einordnung eines Vertrages als Formularvertrag weitere Voraussetzungen zu erfüllen sind. Manche Autoren fragen zusätzlich danach, ob der Abschluss des Vertrages für den Adressaten notwendig ist.[337] Andere stellen auf die äußere Gestaltung des Vertrages ab: Dieser müsse u.a. zahlreiche Nebenbestimmungen enthalten[338] oder der Vertrag dürfe nur Vertragsbedingungen zum Vorteil des Anbietenden enthalten.[339] Letzteres brächte jedoch mit sich, dass es der Unternehmer allein durch Einführung einer einzigen für den Verbraucher vorteilhaften Bedingung in der Hand hat, das Vorliegen eines Formularvertrages auszuschließen, sodass aus diesem Grund dieses Erfordernis abgelehnt werden muss. Weitere Autoren fordern zudem, dass die Bedingungen inhaltlich komplex und unübersichtlich sind.[340] Damit wird eine unklare Definition nur durch weitere unbestimmte Rechtsbegriffe ersetzt, sodass auch dieser Ansatz nicht weiterführt.

---

332 *Carbonnier*, Droit civil, No. 35; *Sallé*, L'évolution technique du contrat et ses conséquences juridiques, S. 39.

333 *Schmidt-Salzer*, AcP 167, 504 (506); Vgl. zudem die Nachweise bei *Schröder*, Der contrat d'adhésion, S. 4.

334 *Schröder*, Der contrat d'adhésion, S. 4.

335 *Pichon*, Des contrats d'adhésion. Leur interpretation et leur nature, S. 13f.; *Gounot*, Le principe de l'autonomie de la volonté en droit privé, S. 227; jeweils zitiert nach *Schröder*, Der contrat d'adhésion, S. 4. Ebenso *Dollat*, Les contrats d'adhésion, S. 3.

336 *Schröder*, Der contrat d'adhésion, S. 5.

337 *Dollat*, Les contrats d'adhésion, S. 116ff.; *Fortier*, Des pouvoirs du juge en matiére de contrats d'adhésion, S. 11f.

338 *Dereux*, Rev. trim. dr. civ. 1910, 503 (527f.); *Fortier*, Des pouvoirs du juge en matière de contrats d'adhésion, S. 9ff.

339 *Dereux*, Rev. trim.dr. civ. 1910, 503 (527).

340 *Fortier*, Des pouvoirs du juge en matière de contrats d'adhésion, S. 9.

Andere Stimmen in der Literatur verlangen das Vorliegen einer wirtschaftlichen Übermacht auf Seiten des den Vertrag Aufstellenden,[341] d.h. dass dieser seinem Vertragspartner die Bedingungen quasi aufzwingen kann[342]. Dieses Erfordernis hat jedoch die *Cour de Cass. fr.* 1994 für die Einordnung eines Vertrages als Formularvertrag ausdrücklich als nicht ausschlaggebend angesehen.[343] Die Frage nach der Übermacht einer der Vertragsparteien dürfte daher auch in Luxemburg keine Rolle spielen.[344] Nichtsdestotrotz ist die Voraussetzung in der Praxis in einer Vielzahl von Fällen zu bejahen: Eine Vertragspartei wird der anderen aufgrund ihrer Schwächeposition ihre Bedingungen auferlegen[345].

Nach der überwiegend vertretenen Sichtweise bleiben allein das fehlende Aushandeln des Vertrages und die einseitige Gestaltung des Inhalts Voraussetzung.[346] Damit ergibt sich zusammenfassend folgende Definition: »*Das Wesen des Vertrages besteht darin, dass sein Inhalt ganz oder teilweise von einer Vertragspartei im Voraus für eine unbestimmte Anzahl von Geschäften und für eine unbestimmte Anzahl von Kunden abstrakt formuliert wird und dem anderen Vertragsteil nur die Möglichkeit der vorbehaltlosen Annahme verbleibt*«[347]. An dieser Definition zeigt sich, dass zwar das Angebot häufig allgemeine Vertragsbedingungen enthält, dies aber weder zu den Voraussetzungen des Vertrages gehört, noch dass beide Begrifflichkeiten gleich zu setzen sind.[348]

Wendet man diese Definition auf die tatsächlich vorhandenen Vertragsgestaltungen an, stellt man fest, dass auch der über Webseiten abgeschlossene Vertrag in der Regel als Formularvertrag einzuordnen ist.[349] Dem Adressaten

341 So beispielsweise *Schmidt/ Niggemann*, RIW 1974, 309 (310). Ablehnend demgegenüber wohl *Bennemann*, Fiktionen und Beweislastregelungen, S. 86 sowie *Barfuss*, RIW 1975, 319 (321).

342 *Fortier*, Des pouvoirs du juge en matiére de contrats d'adhésion, S. 5ff.

343 Cour de Cass., Urt. vom 06.01.1994, J.C.P. 1994.II.22237: Anmerkung *Paisant*, der darauf hinweist, dass das Vorliegen eines Formularvertrages davon ausgeht, dass eine wirtschaftliche Übermacht ausgenutzt wird. Damit wird ausgeschlossen, dass diese als Tatbestandsmerkmal eine zusätzliche Rolle bei der Bestimmung des Vorliegens eines solchen Vertrages spielt.

344 Ähnlich *Cornu*, Vocabulaire juridique, S. 26: »... tous les contrats dans la formation desquels le consentement de l'une des parties [..] consiste à accepter une proposition qui est à prendre ou à laisser sans discussion, adhérant aussi aux conditions [..] établies unilatéralement à l'avance par l'autre partie [...].«

345 *Guillemard/ Onguene Onana*, Les Cahiers de Droit 2007, 635 (640).

346 *Bennemann*, Fiktionen und Beweislastregelungen, S. 85.

347 Definition nach *Bennemann*, Fiktionen und Beweislastregelungen, S. 86, der auf *Otto*, Allgemeine Geschäftsbedingungen und Internationales Privatrecht, S. 17 verweist, der jedoch noch das Merkmal des wirtschaftlich übermächtigen Aufstellers einbezieht, auf das Bennemann in der Definition nicht weiter eingeht.

348 So u.a. auch *Bennemann*, Fiktionen und Beweislastregelungen, S. 86.

349 So im Ergebnis *Guillemard*, Le droit international privé face au contrat de vente cyperspatial, S. 492.

bleibt in diesen Konstellationen keine Möglichkeit, tatsächlich in Vertragsverhandlungen einzutreten.[350] Damit zeigt sich, dass die hier geschilderte Vertragskategorie auch heute nicht an Bedeutung verloren hat.

II. Die Frage nach der Rechtsnatur des Vertrages

Bei der Frage nach der rechtlichen Einordnung des Formularvertrages setzen sich die geschilderten (Definitions-) Schwierigkeiten fort. Ausgehend vom in der Regel vorliegenden Vertragsschluss zwischen wirtschaftlich ungleichen Partnern und der Gefahr des Missbrauchs dieser Position in eigennütziger Weise,[351] wurde vereinzelt erwogen, den Formularvertrag nicht vertragsrechtlichen, sondern eigens hierfür entwickelten Regeln zu unterwerfen[352] und ihn damit als Rechtsform *sui generis* anzusehen. Rechtstechnisch wurde dies auf zwei Wegen zu erreichen versucht: Teilweise wurde der Vertragscharakter verneint und der Formularvertrag als selbstständiges Rechtsinstitut qualifiziert;[353] andere bemühten hingegen eine Doppelnatur des Formularvertrages (Vertragselement und *element réglémentaire* mit je nach Einordnung unterschiedlicher Gewichtung)[354].

Die überwiegende Literatur stellt hingegen nicht das Vorliegen eines Vertrags in Frage, sondern modifiziert die Rechtsbehelfe zum Schutz des Vertragspartners.[355] Auch der Formularvertrag wird danach durch übereinstimmenden Parteiwillen geschlossen; die Adhäsion ist nur eine besondere Form der Annahme[356]. Diese Autoren erkennen, dass die Vertragsfreiheit neben der Abschluss- auch die Gestaltungsfreiheit umfasst, die die Parteien jedoch nicht zwingend ausüben müssen.[357] In jedem Fall ist die Geltung des Vertrages auf den Willen des Adressaten zurückzuführen, da es diesem stets möglich bleibt, den Vertrag nicht abzuschließen.[358] Schließlich hat er den Vertrag abgeschlossen, weil ihm dessen Bedingungen – zumindest insgesamt – trotz allem als vorteilhaft erschienen.[359]

350 *Guillemard/ Onguene Onana*, Les Cahiers de Droit 2007, 635 (638).

351 *Dekkers*, Precis de droit civil belge, Bd. II, No. 106.

352 U.a. *Marty/ Raynaud*, Droit civil, Bd. II, No. 116.

353 U.a. *Saleilles*, De la déclaraion de volonté, S. 229 sowie *Hauriou*, Principes de droit public, S. 206f., der den Formularvertrag als »réglement« ansieht und so den Privatunternehmen eine Verordnungsmacht verleihen möchte.

354 *Gounot*, Le principe de l'autonomie de la volonté en droit privé, S. 303; *Louis-Lucas*, Volonté et cause, S. 251ff., der das Vertragselement stärker betont, zitiert nach *Schröder*, Der contrat d'adhésion, S. 35ff.

355 Cour de Cass., Urt. vom 18.01.1965, JCP 1965, Jurisprudence, 14114. Vgl. auch die Erwägungen bei *Dollat*, Der contrat d'adhésion, S. 132ff.

356 So u.a. *Dollat*, Les contrats d'adhésion, S. 116ff.

357 *Schmidt-Salzer,* AcP 167 (1967), 504 (509).

358 *Patry*, Les contrats, 367 (382f.).

359 *Marty/Raynaud,* Droit civil, Bd. II, No. 117.

Ergänzend wird vorgebracht, dass selbst wenn man fordert, dass Verträge vor ihrem Abschluss stets ausgehandelt werden müssen, auch dies nicht gewährleistet, dass die Rechtsposition des Adressaten tatsächlich verbessert wird.[360] Die Gefahr für den Adressaten beruht zudem nicht auf der rechtlichen Einordnung, sondern auf den unterschiedlichen wirtschaftlichen Positionen der künftigen Vertragspartner[361]. Ein solches Ungleichgewicht lasse sich in vielen Verträgen feststellen,[362] der Gesetzgeber habe aber nur in den ausdrücklich genannten Fällen dessen Berücksichtigung gestattet[363].

Neben den bereits vorgebrachten Argumenten sprechen noch zwei weitere für eine vertragsrechtliche Qualifikation: Zunächst ist es den Vertretern der erstgenannten Theorien nicht möglich, eine Definition dafür zu geben, wann nach ihrer Ansicht ein Vertrag vorliegt und in welchen Fällen nicht[364]. Gerade für Verbraucher besteht dann aber eine nicht hinzunehmende Unsicherheit, welches Recht Anwendung findet. Zudem bleiben die Vertreter der erstgenannten Auffassung in der Regel eine Antwort darauf schuldig, welche Regeln anstelle des Vertragsrechts anzuwenden sind. Damit stünde für die Behandlung einer Vielzahl von Verträgen keine gesetzliche Regelung zur Verfügung,[365] was die Unsicherheit für den Adressaten damit eher verschärfen als verbessern würde.

Damit sprechen die besseren Argumente dafür, den Formularvertrag wie die sonstigen Verträgen zu behandeln. Besonderheiten können – soweit erforderlich – über eine Modifikation bestehender Regelungen berücksichtigt werden. Dies entspricht auch der neueren Rechtsprechung des *Cour d'Appel lux.*[366]

III. Notwendigkeit einer Modifikation der allgemeinen Vertragslehre?

Da es sich damit bei dem Formularvertrag zwar um einen klassischen Vertrag handelt, das Vertragsrecht jedoch nur mit gewissen Modifikationen angewandt werden soll, muss erwogen werden, auf welchen Wegen diese Besonderheiten Berücksichtigung finden. Da dem luxemburgischen *Code Civil* bis 1983/1987 gänzlich unbekannt war, dass Vertragsbedingungen einseitig bestimmt werden

360 *Ripert*, Le régime democratique, Mo. 96.
361 Vgl. die Nachweise bei *Schröder*, Der contrat d'adhésion, S. 38f.
362 *Otto*, Allgemeine Geschäftsbedingungen, S. 18.
363 *de Page*, Traité élémentaire de Droit civil belge, Bd. II, No. 551; *Sallé*, L'évolution technique du contrat et ses conséquences, S. 40f.
364 *Dereux*, Rev. trim.dr. civ. 1910, 503 (507ff.).
365 *Dereux*, Rev. trim.dr.civ. 1910, 503 (509).
366 Cour d'Appel Lux., 10.01.2008, BIJ 2008, S. 177f.: Adhäsionsverträge seien keine eigene Vertragskategorie, aber es sei darauf zu achten, ob der Adherent im Moment des Vertragsschlusses tatsächliche Kenntnis von den in Frage stehenden Klauseln hatte.

können,[367] wurden verschärfte Anforderungen an die Zustimmung des Adressaten beim Vertragsschluss gestellt. Sachgerechte Ergebnisse wurden zudem über die Vertragsauslegung erreicht.

In der Prüfung vorgelagert erfolgt zunächst eine Kontrolle auf der Ebene der Zustimmung des Adressaten zum Vertragsschluss. Von dem Vorliegen der Zustimmung ist immer dann auszugehen, wenn diese ausdrücklich erfolgte,[368] d.h. der Adressat beispielsweise ein die Bedingungen enthaltendes Vertragsformular unterzeichnete.[369] In den weniger eindeutigen Fällen ist bei der Frage nach dem Vorliegen der Zustimmung zu prüfen, ob die sonstigen Umstände des Vertragsschlusses dafür sprechen, dass der Wille vorlag, die Bedingungen Vertragsbestandteil werden zu lassen. Zwar ist dies vom Vertragspartner des Adressaten zu beweisen, dieser Beweis wird ihm jedoch durch verschiedene Vermutungen erleichtert. So wird beispielsweise angenommen, dass bei auf der Rückseite von Vertragstexten abgedruckten Bedingungen,[370] öffentliche Bekanntmachungen[371] oder bei allgemein sichtbaren Aushänge in Geschäftslokalen[372] ein entsprechender Wille besteht. Teilweise weichen die Gerichte jedoch von diesen Vermutungen ab, um dem Adressaten größeren Schutz zu gewähren. In diesem Fall fordern sie, dass von bestimmten Bedingungen tatsächlich Kenntnis genommen wurde.[373] Auf diesem Wege vermögen sie im Einzelfall als ungerecht empfundene Ergebnisse zu korrigieren. Zudem steht dem Verbraucher selbst bei Eingreifen einer solchen Vermutung stets der Beweis des Gegenteils offen.

Auch im Rahmen der Auslegung zeigen die Gerichte überwiegend, dass die tatsächliche wirtschaftliche Übermacht einer Partei unberücksichtigt bleiben muss. Dies ist nur konsequent, soweit die Gerichte der geschilderten Vertragstheorie folgen. Liegt ein Vertrag vor, liegt auch der für die Auslegung maßgebliche gemeinsame Wille der Parteien vor[374]. Eine gewisse Ausnahme von diesem Grundsatz wird für den Fall unklarer Bestimmungen gemacht. In diesem Fall erfolgt eine Auslegung zu Ungunsten des die Bedingung Aufstellenden.[375] Eine

367 *Brucher/Thieltgen*, Le consommateur, 556 (566).

368 *Domergue*, Etude d'ensemble, S. 42 und 160, zitiert nach *Schröder*, Der contrat d'adhésion, S. 53.

369 Grundlegend: Cour de Cass., Urt. vom 01.02.1853, D.P. 1853.1.77, S. 185.

370 Cour de Cass., Urt. vom 09.03.1942, D.C. 1942.I.61; Lyon, Urt. vom 23.07.1952, D. 1952.I.586 für eine Klausel in einem Reisevertrag.

371 Poitiers, Urt. vom 20.02.1946, G.P. 1946.1.160.

372 *Schröder*, Der contrat d'adhésion, S. 55. Zu weiteren Nachweisen insbesondere zur französischen Rechtsprechung siehe dort, S. 52ff.

373 Cour d'Appel Paris, Urt. vom 03.05.1949, G.P. 1949, II, S. 26.

374 *Schmidt-Salzer*, AcP 167 (1967), 504 (509). So im Ergebnis auch *Neumayer*, Frankreich, S. 22 (24).

375 Cour de Cass., Urt. vom 14.02.1866, D 1866, 1, S. 84.

weitere Ausnahme wird zugelassen, wenn eine Vertragsbedingung im Widerspruch zu einer individuellen Vereinbarung steht, der dann der Vorrang zu geben ist.[376]

Scheinbar wurde dadurch – zumindest auf französischer Seite – eine weitreichende richterliche Kontrolle zugelassen. Jedoch ist dies aus zwei Gründen tatsächlich kaum der Fall. Zum einen setzt die Anwendung der Ausnahmen einen Zweifel voraus, der in den meisten Fällen nicht vorliegt.[377] Zudem ist auch der französische *Cour de Cass.* einer breiteren Anwendung der Ausnahmeregeln entgegen getreten, indem er entsprechenden Versuche unterer Instanzen eine Absage erteilt hat, da diese durch ihre Auslegung den Inhalt des Vertrages aufgehoben hätten.[378]

Die parallel mögliche Billigkeitskontrolle haben die Gerichte stets mit Hinweis auf die Unantastbarkeit des Vertragsinhalts[379] abgelehnt.[380] Der Ausschluss unbilliger Ergebnisse blieb damit weitestgehend Sache des Gesetzgebers.[381] Wie sich in der folgenden Betrachtung zeigen wird, hat er den Ausschluss solcher von ihm als »unbillig« empfundener Ergebnisse von der Frage des Formularvertrages größtenteils losgelöst und auf die Ebene der Kontrolle allgemeiner Vertragsbedingungen verlagert. Damit zeigt sich aber auch, dass heute zwar die Einordnung als Formularvertrag noch eine Rolle spielt, die Berücksichtigung der als ungerecht empfundenen tatsächlichen Situation aber vor allem bei der Frage nach dem Vorliegen unwirksamer Vertragsbedingungen erfolgt.

D. Allgemeine Begriffsbestimmungen als Spiegel der Eigenständigkeit der Rechtsordnung

Mit Ausnahme des Begriffs des Formularvertrages bei dem keine inhaltlichen Unterschiede zwischen beiden Rechtsordnungen auszumachen sind, sind die Begriffe des Verbrauchers und des Unternehmers und damit der Kernbereich des Verbraucherrechts, Symbol für eine gewisse Eigenständigkeit der luxemburgischen Rechtsordnung. Denn die Analyse hat gezeigt, dass hier bereits in einem frühen Stadium eine Abkehr vom französischen Recht dadurch erfolgt ist, dass eine ausdrückliche Definition erfolgt ist, um den nach dem französischen Recht bestehenden Definitionsschwierigkeiten entgegen zu wirken. Es zeigt aber auch, dass der luxemburgische Gesetzgeber (mit Ausnahme der frühen Regelung des

376 Vgl. die Nachweise bei *Schröder*, Der contrat d'adhésion, S. 63.
377 *Otto*, Allgemeine Geschäftsbedingungen, S. 32.
378 Cour de Cass., Urt. vom 16.11.1961, Publication N° 767.
379 Vgl. *Larenz*, Geschäftsgrundlage und Vertragserfüllung, S. 67.
380 Dieses Ergebnis formuliert auch *Neumayer*, Frankreich, S. 22 (31).
381 *Schröder*, Der contrat d'adhésion, S. 112.

»Endverbrauchers«) eine gesetzliche Regelung gegenüber einer Lösung durch die Rechtsprechung für vorzugswürdig erachtet – dies mag Resultat der eher geringen Fallzahlen der Rechtsprechung sein.

Die Betrachtung hat aber auch ergeben, dass insbesondere die Frage nach der Einbeziehung juristischer Personen ein Schwerpunkt der Diskussion war. Während diese in Luxemburg zunächst nicht erfasst waren, galt in Frankreich das Gegenteil. In beiden Rechtsordnungen trat dann jeweils ein Wandel ein. Erst nach der Umsetzung der Verbraucherrechterichtlinie kann man berechtigterweise von einer Vereinheitlichung sprechen.

Interessant ist zudem die Beobachtung, dass die Diskussion um die Einbeziehung von *non-professionnels,* die vor allem im französischen Recht Gegenstand wissenschaftlicher Abhandlungen ist, in Luxemburg kaum Niederschlag gefunden hat. Bis heute kann man hierzu in Luxemburg kein ausdrückliches Ergebnis finden. Im Zweifel wird man aber annehmen müssen, dass sich dann die Rechtsprechung an der zum französischen Recht orientieren wird.

Im Übrigen sind heute aber kaum mehr inhaltliche Unterschiede zu erwarten. Die ursprüngliche Eigenständigkeit der luxemburgischen Begrifflichkeiten dürfte sich damit heute relativiert haben.

Kapitel 4: Der »Schutz der schwächeren Vertragspartei« nach dem *Code Civil*

Geht man unbefangen an die Analyse des *Code Civil* heran, vermag es verwundern, dass dieser trotz seiner – von einer Verbraucherstellung unabhängigen – grundsätzlichen Anwendbarkeit auf alle Vertragstypen Bestimmungen beinhaltet, denen eine Rolle im Bereich des Verbraucherschutzes zugesprochen wird. Auch wenn Regelungsgegenstand dieser Bestimmungen nicht allein der Schutz des Verbrauchers ist, unterfallen sie aufgrund ihrer Einführung im Zuge der verbraucherschützenden Gesetzgebung dem hier interessierenden Bereich. So bestehen im Bereich des Schutzes schwächerer Personen Regelungen, die sich dem Bereich des Verbraucherschutzes zurechnen lassen.[382] Gegenstand der folgenden Darstellung sollen daher die *lésion*[383] (Art. 1118 Code Civil lux.), die *garantie des vices caches*[384] und der Schutz gegen *clauses pénales*[385] sein.

A. Die Übervorteilung nach Art. 1118 *Code Civil*

Um eine Übervorteilung im Sinne des *Code Civil* handelt es sich bei Vorliegen eines ungerechtfertigten Missverhältnisses zwischen den Vertragspflichten der Parteien[386] oder ausführlicher, »wenn zwischen den versprochenen Leistungen ein offenbares Missverhältnis besteht, die Entscheidungsfreiheit des Übervorteilten im Zeitpunkt des Vertragsschlusses beeinträchtigt ist und die Übervorteilende diese Entscheidungsschwäche des Übervorteilten bewusst ausnutzt«[387].

382 *Raymond*, Droit de la consommation, Rn. 8.

383 Entsprechend Art. 21 des schweizerischen Obligationenrechts wird diese im Folgenden als Übervorteilung bezeichnet. Insoweit wird nicht der von *Jaouid*, Lexique juridique auf Seite 116 vorgeschlagenen Übersetzung als Missverhältnis zwischen Leistung und Gegenleistung bzw. Schädigung gefolgt.

384 Im Folgenden als Garantie für verborgene Fehler bezeichnet.

385 Im Folgenden wird diese unter dem Begriff der Vertragsstrafe behandelt.

386 *Decker/Bodry*, Verbraucherrechtsschutz in Verträgen, S. 6.

387 *Huguenin*, Obligationenrecht – Allgemeiner und Besonderer Teil, S. 128 Rn. 451.

Bis 1987 taugte diese Rechtsfigur wenig zum Schutz des Verbrauchers, da die Berufung auf sie allein in gesetzlich gesondert geregelten Fällen zulässig war (Verträge mit Minderjährigen[388] sowie Kauf von Gebäuden[389] bzw. bei der *partage* (Auseinandersetzungs- bzw. Verteilungsverfahren)[390]). Diese Einschränkung wurde zum einen mit dem Prinzip des Individualismus und zum anderen mit der Skepsis gegenüber einer richterlichen Kontrolle des Gleichgewichts der Leistungen zu rechtfertigen versucht.[391] Zumeist handelte es sich beim »angemessenen Preis« damit nur um eine moralische Verpflichtung,[392] jedoch gerade nicht um ein angemessenes Mittel zur Kontrolle von Adhäsionsverträgen[393].

Seit den 1980ern drang mit Aufkommen der Verbrauchergesellschaft die Erkenntnis durch, dass der Verbraucher durch die andere Partei »ausgebeutet« wird. Ergebnis der Analyse war, dass diese Ausbeutung vor allem durch das Prinzip der Willensfreiheit begünstigt wird, sodass die bestehenden Bestimmungen das vertragliche Gleichgewicht nicht mehr in ausreichendem Maße sicherten. Aus diesem Grund sollte eine Ausnahme von der Grundregel geschaffen werden, wonach der Vertrag als das Gesetz der Parteien anzusehen ist.[394] Da in diesen Fällen bereits kein freier Wille besteht, liegt in der allgemeinen Anerkennung der Übervorteilung auch keine Einschränkung der Willensfreiheit.

388 Art. 1305 Code civil: »La simple lésion donne lieu à la rescision en faveur du mineur non émancipé contre toutes sortes de conventions.« Dabei ist danach allein das Vorliegen eines Ungleichgewichts zwischen Leistung und Gegenleistung erforderlich, ohne dass weitere Voraussetzungen zu erfüllen wären.

389 Ein entsprechendes Recht ist aber ausgeschlossen, wenn nach den Umständen des Vertrages dieser als »Risikogeschäft« einzuordnen ist oder der Verkäufer den Käufer durch Gewährung eines niedrigeren Kaufpreises beschenken wollte. Daneben kann der Käufer das Recht zur Vertragsauflösung auch durch die Zahlung des Differenzbetrages abwenden; zu weiteren Einzelheiten vgl. *Kötz*, Europäisches Vertragsrecht, S. 200.

390 Art. 1674 Code civil: »Si le vendeur a été lésé de plus de sept douzièmes dans le prix d'un immeuble, il a le droit de demander la rescision de la vente, quand même il aurait expressément renoncé dans le contrat à la faculté de demander cette rescision, et qu'il aurait déclaré donner la plus-value«. Zu einer Anwendung durch die Rechtsprechung siehe Trib. Arr. Lux., Urt. vom 10.06.1929, Pas. 1930/31, 309 (309ff.). Bis heute handelt es sich hier um die Regelung eines Spezialfalls, sodass Art. 1118 *Code Civil lux.* keine Anwendung findet, vgl. Cour d'Appel Lux., Urt. vom 24.03.2010, n° 33536 du rôle. sowie Art. 887 Abs. 2 Code Civil: »Il peut aussi y avoir lieu à rescision, lorsqu'un des cohéritiers établit, à son préjudice, une lésion de plus du quart. La simple omission d'un objet de la succession ne donne pas ouverture à l'action en rescision, mais seulement à un supplément à l'acte de partage.«

391 *Brucher/ Thieltgen/ Bena*, La protection juridique, 165 (171).

392 *Decker/ Bodry*, Verbraucherrechtsschutz in Verträgen, S. 6.

393 *Brucher/ Thieltgen/ Bena*, La protection juridique, 165 (171); Projet de loi n° 2217[5,] Rapport de la Commission juridique, S. 3.

394 Projet de loi n° 2217, Commentaire des articles, S. 2531.

Zudem hat die Idee von *Portalis*, wonach der Vertrag Ausdruck gleichberechtigter Willen und Parteiinteressen ist, nie der Realität entsprochen.[395]

Ziel des Gesetzgebers war daher, zumindest eine Ausnutzung der »Schwachen« zu verhindern.[396] Diese Zielsetzung blieb jedoch nicht unkritisiert: In Belgien und Frankreich habe sich die herrschende Lehre gegen die Einführung der Übervorteilung bzw. gegen deren Ausdehnung auf weitere Fälle ausgesprochen.[397] Die französische Rechtsprechung habe entsprechenden Fällen auf Grundlage der Theorie der *cause* und der sonstigen Willensmängel abgeholfen. Auch sonst könne man über eine Anwendung von Art. 6 Code Civil nachdenken.[398] Für eine eingeschränkte Anwendung sei auch der zu Grunde liegende schweizerische Text ein gutes Beispiel: Dieser sei weit formuliert, finde aber tatsächlich nur in wenigen Fällen Anwendung.[399] Die angestrebte Reform habe zwar eine gewisse Daseinsberechtigung, wenn ihr alleiniges Bestehen Missbräuche verhindern würde; deren »richtige« Anwendung sei aber eher vom Zufall abhängig. Daher sei nicht auszuschließen, dass sich diese gegen die zu schützende Partei wende, wenn die »Urheber« der Übervorteilung vor Gericht auf eine Gefährdung der Rechtssicherheit plädieren würden. Auch umgekehrt bestünde Missbrauchsgefahr, da die »schwächere Vertragspartei« den Vertrag bei fehlendem Interesse am Fortbestand des Vertrages nachträglich aufheben könne. Viel eher seien daher das Recht der Willensmängel, die Preisgesetzgebung und das Wettbewerbsrecht heranzuziehen.[400]

Dieser Kritik sind aber mehrere Erwägungen entgegenzuhalten. Selbst wenn eine Berufung auf die Generalklausel des Art. 6 *Code Civil* zugelassen würde, schafft eine ausdrückliche Regelung größere Rechtssicherheit. Dies ist vor allem unter dem Blickwinkel der »Abschreckungswirkung« deutlich zu begrüßen. Den Bedenken bezüglich einer »richtigen« Anwendung der Vorschrift begegnet der Gesetzgeber dadurch, dass er insbesondere den 1. Absatz der Vorschrift an Art. 21 des schweizerischen Obligationenrechts orientiert hat. Die Gerichte können daher in weiten Teilen (mit Ausnahme der im schweizerischen Recht

395 Projet de loi n° 2217, Commentaire des articles, S. 2530 unter Verweis auf *Ripert*, La règle morale, S. 74, zitiert nach diesen Gesetzgebungsmaterialien.

396 *Brucher/ Thieltgen/ Bena*, La protection juridique, 165 (172); Projet de loi n° 2217, Commentaire des articles, S. 2530. Grundgedanke des Art. 21 des schweizerischen Obligationenrechts waren, dass sich keiner auf Kosten des anderen bereichern soll und das Gebot zur Rücksichtnahme, vgl. *Gauch*, recht 1989, 91 (92).

397 Projet de loi n° 2217[1], Avis de la Chambre de Commerce, S. 14; Projet de loi n° 2217[2], Avis de la Chambre des Metiers, S. 3.

398 Projet de loi n° 2217[2], Avis de la Chambre des Metiers, S. 3 jedoch ohne Nennung einschlägiger Urteile.

399 Darauf verweist Projet de loi n° 2217[2], Avis de la Chambre des Metiers, S. 3. So auch *Gauch*, recht 1989, 91 (93).

400 Projet de loi n° 2217[2], Avis de la Chambre des Metiers, S. 3; Avis de Conseil d' Etat, S. 7f.; Henckes, 62 séance, 14.05.1986, S. 3707; Lulling, 62 séance, 14.05.1986, S. 3739.

nicht bestehenden Minderungsmöglichkeit) auf die bestehende Rechtsprechung zurückgreifen.[401] Aus diesem Grund verweist auch der Gesetzgeber darauf, dass weder Rechtsunsicherheit noch eine inkohärente Anwendung der Bestimmung zu befürchten ist.[402]

Neuheit der Modifikation des Art. 1118 Code Civil ist vor allem die Ausdehnung der auf Sonderfälle beschränkten Übervorteilung auf alle Fälle. Damit handelt es sich nunmehr um einen allgemeinen Mangel der Einigung.[403] Dennoch wurde erwogen, diesen allein in das Gesetz von 1983 zu integrieren. So wurde argumentiert, dass man eine allgemeine Regel, die aber in einer Vielzahl von Fällen keine Anwendung findet, nicht in den *Code Civil* aufnehmen sollte.[404] Berechtigterweise wurde hierauf entgegnet, dass kein Grund dafür bestehe, die Frage nach dem Vorliegen einer Übervorteilung allein auf das Verhältnis zwischen Verbrauchern und Unternehmern zu beschränken.[405] Hinsichtlich des persönlichen Anwendungsbereichs gilt die Vorschrift daher unabhängig vom Vorliegen einer Verbraucherstellung.

Trotz der Allgemeinheit ihrer Geltung in persönlicher Hinsicht findet die Vorschrift im Prinzip keine Anwendung auf einen *contrat aléatoire* (Vertrag mit nachträglicher Bestimmung des Leistungsumfangs; die Wirkungen des Vertrages sind von einem ungewissen Ereignis abhängig)[406] sowie auf einen *contrat de bienfaisance*[407]. Da die Vorschrift wie ihr schweizerisches Vorbild auf synallag-

401 Projet de loi n° 2217^5, Commentaire des articles, S. 5. Aus diesem Grund wurde auch der u. a. in Projet de loi n° 2217^1, Avis de la chambre des employes prives, S. 3 aufgeworfenenen Forderung einer genauen Begriffsdefinition nicht gefolgt. Auch die folgende Bearbeitung wird gegebenenfalls auf die schweizerische Rechtsprechung und Literatur zurückgreifen.

402 Projet de loi n° 2217^7, Rapport de la Commission juridique, S. 2. Dagegen hingegen Projet de loi n° 2217^2, Avis du Conseil d' Etat, S. 7 nach dem die Rechtsprechung mangels ausreichender Anwendung des Gesetzes keine Gelegenheit habe, diese Begriffe hinreichend zu konkretisieren.

403 *Decker/ Bodry*, Verbraucherrechtsschutz in Verträgen, S. 7; Projet de loi n° 2217^5, Commentaire des articles, S. 5. So auch Projet de loi n° 2217^1, Avis de l' Union luxembourgeoise des Consommateurs, S. 21: Die vorgeschlagene Bestimmung führe in der Summe keinen neuen Willensmangel ein.

404 Projet de loi n° 2217, Expose des motifs, S. 2529. Dagegen hingegen Projet de loi n° 2217^6, Avis du Conseil d' Etat, S. 2: Wenn man überhaupt eine entsprechende Bestimmung einführen wolle, habe diese jedenfalls ihren Platz im Gesetz von 1983.

405 Projet de loi n° 2217^7, Rapport de la Commission juridique, S. 2.

406 *Poelmans*, Droit des obligations au Luxembourg, Rn. 16. Hier hätten die Parteien gewollt, dass sich nachträglich eine Chance auf einen Gewinn oder Verlust realisiere, vgl. *Deprez*, Rtd. Civ. 1955, 1 (2).

407 Cour d' Appel Lux., Urt. vom 11.06.2008, n° 27137, BIJ 2008, 126, zitiert nach: *Poelmans*, Droit des obligations, Rn. 17. Dabei leistet eine Partei einer anderen etwas, ohne dafür eine Gegenleistung zu erhalten. Darunter fällt beispielsweise ein Vertrag, nach dem eine Partei einer anderen kostenfrei oder nur gegen die Kosten des Hauses selbst die Nutzung einer Immobilie überlässt, siehe *Poelmans*, Droit des obligations, Rn. 17. Wenn aber bereits keine

matische Verträge ausgelegt ist,[408] ist daneben eine Anwendung auf einseitige Rechtsgeschäfte ausgeschlossen[409]. Ferner ist wegen Bestehens einer Sonderregelung eine Anwendung auf Fälle der *partage* nicht möglich.[410]

Erforderlich für die Erfüllung des Tatbestands der Übervorteilung ist das Vorliegen eines offensichtlichen Missverhältnisses zwischen Leistung und Gegenleistung sowie die bewusste Ausnutzung einer überlegenen Stellung. An der Analyse dieser Merkmale wird sich zeigen, warum auch heute die Vorschrift trotz ihres scheinbar weiten Anwendungsbereichs vor allem im Verhältnis zwischen Unternehmern und Verbrauchern Bedeutung erlangt.

I. Vorliegen eines offensichtlichen Missverhältnisses zwischen Leistung und Gegenleistung

Das Vorliegen eines offensichtlichen Missverhältnisses ist unter Einbeziehung aller im Vertrag vereinbarten Rechte und Pflichten der Parteien zu bestimmen,[411] insbesondere sind die vereinbarten Leistungen nach ihrem objektiven Wert gegenüberzustellen.[412] Dazu ist der Marktpreis oder ein für diese Leistung übliches Entgelt heranzuziehen.[413]

Maßgeblich ist der Zeitpunkt des Vertragsschlusses;[414] spätere Veränderungen im Verhältnis der Werte sind nicht zu berücksichtigen.[415] Unter Anwendung dieser Kriterien muss das Missverhältnis derart offensichtlich sein, dass es jedem,

---

wirkliche Gegenleistung besteht, kann das Verhältnis zwischen Leistung und Gegenleistung nicht bestimmt werden.

408 *Gauch*, recht 1989, 91 (94). Dort findet sich aber auch die Aussage, dass Art. 21 des Obligationenrechts auch auf andere Verträge wie Gesellschaftsverträge sinngemäß angewandt werden kann.

409 *Poelmans*, Droit des obligations au Luxembourg, S. 332, n° 267.

410 Cour d' Appel Lux., Urt. vom 03.07.1996, Pas. 30, 421 (424).

411 Berner Kommentar/ *Kraamer*, Art. 21 OR Rn. 18. So u.a. Bundesgericht, Urt. vom 21.06. 1966, BGE 92 II 168 (170ff.). Anders hingegen bei dem Sonderfall eines Immobilienkaufs bei dem der Preis des Gebäudes und der Preis, den der Verkäufer hätte erhalten können, wenn sich unter Berücksichtigung des Marktpreises der Kauf normal zugetragen hätte, gegenüber zu stellen sind. Zur Anwendung dieser Kriterien durch die Rechtsprechung vgl. Cour d'Appel Lux., Urt. vom 19.06.2001, Codex 2001, n° 9, S. 290ff.

412 Bundesgericht, Urt. v. 26.06.1997, BGE 123 III 292 (303).

413 *Gauch*, recht 1989, 91 (94f.). Dort auch zu weiteren Kriterien zur Ermittlung des objektiven Werts der Leistung.

414 Bundesgericht, Urt. v. 26.06.1997, BGE 123 III 292 (303); Vgl. mit weiteren Erläuterungen *Gauch*, recht 1998, 55 (63).

415 *Furrer/ Müller – Chen*, Obligationenrecht – Allgemeiner Teil, S. 169. Dies wurde zwar in Projet de loi n° 2217[1], Avis de l' Union luxembourgeoise des Consommateurs, S. 22 angeregt, jedoch letztlich abgelehnt, vgl. Huss, 62 séance, 14.05.1986, Vorschlag eines Amendement 2, S. 3726. Mangels ausreichender Beteiligung wurde über diesen Vorschlag jedoch nicht abgestimmt, vgl. 62 séance, 15.05.1986, S. 3774.

der das Verhältnis vernünftig beurteilt, »in die Augen sticht«.[416] Bejaht wurde dies beispielsweise als der Kaufpreis einer Gaststätte 80 % über deren Marktwert lag oder der Kaufpreis für einen Lastwagen dessen Marktpreis um 78 % überstieg.[417] Dagegen wurde das Vorliegen einer Übervorteilung beim Kauf von Gesellschaftsanteilen allein weil der Wert der Gesellschaft unter dem Kaufpreis lag, abgelehnt.[418]

II. Bewusste Ausnutzung einer überlegenen Stellung

Dieses Missverhältnis muss zudem das Ergebnis einer bewussten Ausnutzung einer der aufgezählten Machtpositionen, d. h. Notlage, Unerfahrenheit oder Leichtsinn gewesen sein. Allein das Vorliegen des Ungleichgewichts ist demnach zur Erfüllung des Tatbestands nicht ausreichend.[419] Im schweizerischen Recht wird diese gesetzgeberische Aufzählung der Unterlegenheit jedoch keineswegs als abschließend angesehen – auch Alkohol-, Drogen- oder Medikamentenkonsum, Erschöpfungszustände, Überraschungssituationen sowie Geistes- und Charakterschwächen können eine überlegene Stellung begründen.[420] In Luxemburg ist die Rechtslage hingegen nicht eindeutig: Soweit ersichtlich finden sich keine Hinweise in der Literatur und Rechtsprechung darauf, dass eine entsprechende Ausdehnung vorzunehmen ist. Aufgrund der deutlichen Orientierung an der schweizerischen Rechtslage liegt jedoch die Vermutung nahe, dass im Zweifelsfall eine ähnliche Beurteilung erfolgt.

Für das Vorliegen einer Notlage kommt es entscheidend darauf, dass diese dazu zwingt, den Vertrag zu ungünstigen Bedingungen abzuschließen. Dementsprechend reicht es nicht aus, dass der Vertrag selbst die Partei in die Notlage bringt.[421] Die Notlage kann sowohl wirtschaftlicher als auch persönlicher Natur sein, sogar eine politische Zwangslage und eine starke Bedrängnis sollen ausreichen.[422] Angesichts dieser Zwangslage muss der Vertrag – auch nach objektiver

416 *Furrer/ Müller-Chen,* Obligationenrecht – Allgemeiner Teil, S. 169.

417 Bundesgericht, Urt. vom 13. 10. 2005, 4.C.238/2004, E.2.2.

418 Trib. Arr. Lux., Urt. vom 15. 02. 2008, n° 103193, BIJ 2008, 93, zitiert nach *Ancel,* Contrats et obligations, Rn. 257; anders hingegen für den Kauf von Gesellschaftsanteilen bei Vorliegen der weiteren Voraussetzungen, Cour d'Appel Lux., Urt. vom 10. 11. 2010, Pas. 35, 283 (286). Ebenso eine Übervorteilung ablehnend, wenn 10 % des gewährten Darlehens zu zahlen waren, Trib. Arr. Lux., Urt. vom 12. 02. 2008, n° 110393 du rôle.

419 Cour d' Appel Lux., Urt. vom 10. 11. 2010, Pas. 35, 283 (283); Projet de loi n° 2217, Commentaire des articles, S. 2531.

420 *Furrer/ Müller-Chen,* Obligationenrecht – Allgemeiner Teil, S. 169; so auch *Huguenin,* Obligationenrecht – Allgemeiner und Besonderer Teil, Rn. 457.

421 Bundesgericht, Urt. vom 21. 11. 2001, 4.C.226/2001, E.4.

422 *Furrer/ Müller-Chen,* Obligationenrecht – Allgemeiner Teil, S. 170; *Huguenin,* Obligationenrecht – Allgemeiner und Besonderer Teil, Rn. 459.

Beurteilung[423] – als das geringere Übel angesehen werden.[424] Dies gilt selbst dann, wenn die geschädigte Partei tatsächlich die Mittel haben sollte, um die geforderte übermäßige Leistung zu erfüllen.[425]

Bei Vorliegen der Unerfahrenheit weist die geschädigte Partei nicht das normalerweise erforderliche Wissen zur sachgerechten Einschätzung der Situation des Vertragsschlusses auf.[426] Entsprechend dieser Definition haben die schweizerischen Gerichte dieses Merkmal angesichts fortschreitender Spezialisierung weit ausgelegt, da aufgrund dieser der Einzelne auf Angebote angewiesen ist, deren wahren Wert er nicht beurteilen kann.[427]

Leichtsinn liegt hingegen vor, wenn die geschädigte Partei ohne die gebotene Vorsicht und Überlegtheit handelt.[428] Erforderlich ist nicht, dass die geschädigte Person generell einen leichtsinnigen Charakter hat.[429] Ausreichend ist vielmehr, dass der Geschädigte bei Abschluss des konkreten Vertrages die »Bedeutung und Trageweite nicht ausreichend würdigt und allfällige Bedenken leichthin in den Wind schlägt«.[430]

Daneben ist erforderlich, dass der Ausbeutende diese überlegene Stellung kennt und bewusst ausnutzt, um den in Frage stehenden Vertrag abzuschließen.[431] Gerade das Wissen um die Schwäche der anderen Partei muss ihn zum Vertragsschluss motivieren.[432] Keine Rolle spielt hingegen, von wem die Initiative zum Abschluss des Vertrages ausgegangen ist.[433] Zudem ist auch nicht erforderlich, dass der Vertrag nur wegen dieser Vorteile abgeschlossen wird.[434]

---

423 BGE 123 III, 292 (301). So auch *Huguenin*, Obligationenrecht – Allgemeiner und Besonderer Teil, Rn. 459. Anders hingegen *Gauch*, recht 1998, 55 (62f.), nach dem es ausreichen soll, wenn der Übervorteilte glaubt, dass er sich in einer Notlage befände.

424 *Stark*, Die Übervorteilung, 377 (384).

425 BGE 123 III 292, 302.

426 Projet de loi n° 2217, Commentaire des articles, S. 2531; so auch *Poelmans*, Droit des obligations au Luxembourg, Rn. 77. Ausführlicher BGE 92 II, 168 (175f.): Der unerfahrenen Partei fehlen bei Vertragsschluss diejenigen Kenntnisse, die erforderlich sind, damit sie den in Frage stehenden Vertrag richtig zu würdigen und das für sie nachteilige (offenbare) Missverhältnis der Austauschleistungen zu durchschauen vermag.

427 BGE 92 II, 168 (176).

428 *Furrer/ Müller-Chen*, Obligationenrecht – Allgemeiner Teil, S. 170; *Gauch*, recht 1989, 91 (97).

429 Bundesgericht, Urt. vom 13. 10. 2005, 4C.238/2004 E.2.5.

430 BGE 61 II, 31 (36f.). So nun auch ausdrücklich Cour d' Appel., Urt. vom 10. 11. 2010, Pas. 35, 283 (283).

431 BGE 123 III, 292 (305).

432 *Furrer/ Müller-Chen*, Obligationenrecht – Allgemeiner Teil, S. 170.

433 *Huguenin*, Obligationenrecht – Allgemeiner und Besonderer Teil, Rn. 463.

434 *Gauch*, recht 1989, 91 (98).

Der Beweis dieser Voraussetzungen kann mittels aller zur Verfügung stehenden Mittel erbracht werden,[435] wobei die geschädigte Partei die Beweislast trägt[436].

III. Rechtsfolgen

Sind diese Voraussetzungen erfüllt, bestehen für den Geschädigten zwei Handlungsmöglichkeiten. Die geschädigte Partei kann entweder – nach eigener Wahl – die Nichtigerklärung des Vertrages oder die Reduktion der vertraglichen Verpflichtung auf das gesetzlich zulässige Maß verlangen.[437] Der Vertrag ist damit einseitig unverbindlich.[438] Bei der Aufhebung wird der Vertrag ex tunc unwirksam, sodass die geschädigte Partei auch Schadensersatz verlangen kann.[439] Demgegenüber ist für eine Reduktion auf das zulässige Maß immer erforderlich, dass die Parteien nach ihrem hypothetischen Parteiwillen den Vertrag auch mit diesem Inhalt abgeschlossen hätten.[440] Anders als beim Spezialfall des Grundstückskaufs kann die Rechtsfolge nicht durch Zahlung des »gerechten Preises« abgewendet werden.

Diese Rechtsfolgen treten jedoch nur ein, wenn der Rechtsbehelf in einem Jahr nach Vertragsschluss geltend gemacht wird.[441] Dabei handelt es sich um eine

435 *Decker/ Bodry,* Verbraucherrechtsschutz in Verträgen, S. 6.

436 Cour d'Appel Lux., Urt. vom 10.11.2010, Pas. 35, 283 (285); *Brucher/Thieltgen/ Bena,* La protection juridique, 165 (174). Bei der Spezialregelung für den Kauf einer Immobilie nach Art. 1674 *Code Civil lux.*, obliegt dem Verkäufer des Gebäudes der entsprechende Beweis, vgl. Cour d'Appel Lux., Urt. vom 19.06.2001, Codex 9/2001, 290 (292).

437 Die Übersetzung der Begriffe ist angelehnt an *Decker/ Bodry,* Verbraucherrechtsschutz in Verträgen, S. 7; Projet de loi n° 2217, Commentaire des articles, S. 2531 f.

438 *Furrer/ Müller-Chen,* Obligationenrecht – Allgemeiner Teil, S. 171; *Gauch,* recht 1989, 91 (92).

439 *Brucher/ Thietgen/ Bena,* La protection juridique, 165 (173); *Decker/ Bodry,* Verbraucherrechtsschutz in Verträgen. S. 7. In der Schweiz wird diese Rechtsfolge unter Anwendung des Rechtsinstituts der culpa in contrahendo gewährt; vgl. *Gauch,* recht 1989, 91 (100).

440 *Furrer/ Müller-Chen,* Obligationenrecht – Allgemeiner Teil S. 171; *Gauch,* recht 1989, 91 (100). Hinsichtlich der Maßgeblichkeit des Parteiwillens für die Beurteilung der Zulässigkeit einer Teilanfechtung abweichend Honsell/ *Herzog,* Kurzkommentar OR, Art. 21 Rn. 11 sowie für die Rechtsprechung BGE 123 III 292 (300): Da die Möglichkeit der Vertragskorrektur durch den Richter unmittelbar aus Art. 21 folge, ist der hypothetische Parteiwille höchstens noch im Rahmen der Neugestaltung des Vertrages zu berücksichtigen. In Luxemburg wurde diese Regelung in Projet de loi n° 2217[2], Avis de la Chambre des Métiers, S. 3 kritisiert, da damit eine Vertragspartei die Vertragsdurchführung zu einem gerichtlich festgesetzten Preis erzwingen könne, dem die andere Partei nicht zugestimmt habe. Diesem Bedenken ließe sich aber durch die hier vorgeschlagene Anwendung des hypothetischen Parteiwillens begegnen.

441 Der in Projet de loi n° 2217[1], Avis de la Chambre de commerce, S. 15 unterbreitete Vorschlag, dass aus Gründen der Rechtsunsicherheit eine Frist von 6 Monaten seit dem Vertragsschluss

Verwirkungsfrist. Wird diese nicht eingehalten, bleibt der Übervorteilte an den Vertrag gebunden.[442] Entscheidend für den Fristbeginn ist nicht das Vorliegen einer mündlichen Beanstandung, sondern der Zeitpunkt der Klageerhebung.[443]

IV. Der französische *status quo*

Während bisher allein die Sonderregelung des luxemburgischen *Code Civil* Gegenstand der Untersuchung war, sei nun auch auf die Situation im französischen Recht eingegangen.

Der französische Rechtswissenschaftler versteht die Übervorteilung zunächst begrifflich übereinstimmend dahingehend, dass »il y a lésion lorsque l'une des parties subit un préjudice en raison de la disproportion de valeur existant, au moment de la formation du contrat, entre sa propre prestation et celle qui lui est due«[444]. Grundlage des weiteren richterlichen Vorgehens ist auch hier Art. 1118 des französischen *Code Civil*, wonach die Übervorteilung nur für ausdrücklich bestimmte Verträge bzw. gegenüber bestimmten Personen zu einer Unwirksamkeit des Vertrages führt. Im Allgemeinen handelt es sich daher bei der Übervorteilung nicht um einen Nichtigkeitsgrund. Die Begründung dafür wird vor allem in der Schwierigkeit einer sicheren Bestimmung des Werts einer Sache oder einer Leistung gesehen.[445] Daneben liegt der Grund im Prinzip der Willensfreiheit und des Liberalismus.[446]

Wie auch zu Beginn der luxemburgischen Rechtsentwicklung werden gewisse Ausnahmen von diesem allgemeinen Grundsatz vorgesehen. Zunächst steht dem nicht volljährigen Minderjährigen nach Art. 1305 *Code Civil fr.* die Berufung auf die Übervorteilung zu. Da dieser jedoch nur Geschäfte des täglichen Lebens und Geschäfte abschließen kann, bei denen er durch seine gesetzlichen Vertreter wirksam vertreten wird, spielt die Übervorteilung nur in diesen beiden Konstellationen eine Rolle – ansonsten führen bereits die Bestimmungen des Minderjährigenrechts zu einer Unwirksamkeit des geschlossenen Vertrages.[447] Daneben kann sich auch der Volljährige unter dem Schutz der Justiz auf die Übervorteilung berufen (Art. 435 *Code Civil fr.*). Auch bei einem Kaufvertrag

---

zu gelten habe, wurde hingegen abgelehnt. Ebenso wurde der in Projet de loi n° 2217[2], Avis de la Chambre des metiers, S. 3 unterbreitete Vorschlag nicht weiter verfolgt, eine kurze – nach den Umständen zu bestimmende – Frist einzuführen.

442 *Furrer/ Müller-Chen,* Obligationenrecht – Allgemeiner Teil, S. 171.

443 *Brucher/ Thieltgen/ Bena,* La protection juridique, 165 (174); *Decker/ Bodry,* Verbraucherrechtsschutz in Verträgen, S. 7.

444 *Bihr,* Droit civil général, S. 209.

445 *Malinvaud,* Droit des obligations, Rn. 295.

446 *Buffelan-Lanore/ Larribeau-Terneyre,* Droit civil – Les obligations, Rn. 913.

447 *Malinvaud,* Droit des obligations, Rn. 296.

über ein Grundstück kann bei einer Übervorteilung um 7/12 nach Art. 1674 *Code Civil fr.* die Aufhebung des Vertrages verlangt werden – dies erfolgt jedoch zum Schutz des Verkäufers und nicht des Käufers.[448] Ebenso wird für die *partage* nach Art. 887ff. *Code Civil fr.* eine Ausnahme vorgesehen.

Daneben hat der Gesetzgeber vereinzelt in Spezialgesetzen Ausnahmen von der Unbeachtlichkeit der Übervorteilung geschaffen. Von Interesse ist hier allein Art. L. 313-3 *Code de la cons. fr.* Wird ein verzinsliches Darlehen gegenüber einem Verbraucher gewährt, dessen Zinssatz den gewöhnlichen Zinssatz um mehr als 1/3 übersteigt, erfolgt eine Herabsetzung auf den gewöhnlichen Zinssatz.

Auch die Rechtsprechung hat vereinzelt Ausnahmen zugelassen: Bei Gewerbetreibenden kann die Bezahlung herabgesetzt werden, wenn diese gegenüber der erbrachten Dienstleistung überhöht ist. Grundlage dieser Rechtsprechung ist jedoch nicht das Vorliegen einer etwaigen Übervorteilung, sondern das Prinzip der Gutgläubigkeit während der Vertragsdurchführung (Art. 1134 Abs. 3 *Code Civil fr.*).[449]

Selbst wenn es sich bei der Übervorteilung damit nicht um einen allgemeinen Unwirksamkeitsgrund handelt, gelangt die Literatur zu dem Schluss, dass der Gesetzgeber immer dann eingeschritten sei, wenn in der Praxis tatsächlich Missbräuche auftraten.[450]

Auch das französische Recht erfordert daneben für die erfolgreiche Geltendmachung einer Übervorteilung die Erfüllung weiterer Voraussetzungen: Zum einen muss sich auch hier das Ungleichgewicht aus einem nicht ausreichenden oder überhöhten Preis ergeben; geht es hingegen um eine andere Leistung, ist dieser Fall nicht erfasst.[451] Hinsichtlich der Höhe des »erforderlichen Schadens« ist zu differenzieren: Während bei Minderjährigen jeder Schaden ausreicht, müssen für die anderen speziell geregelten Fälle gewisse Quoten erfüllt werden bspw. mehr als 7/12 beim Verkauf von Gebäuden oder mehr als ¼ bei der *partage.*[452]

Während die Übervorteilung in den vom *Code Civil fr.* zugelassenen Fällen in der Regel zur Unwirksamkeit des Vertrages führt[453], führt der gesetzgeberische Eingriff in gewissen Teilbereichen heute eher zu einer Vertragsänderung.[454]

448 Eingehender zu den Problemen der französischen Rechtsprechung bei Anwendung der Vorschrift siehe *Deprez*, Rtd. Civ. 1955, 1 (15ff.); *Le Griel*, D. 1967, chron., 57 (63).

449 Cour de Cass., JCP 1987.II.20791; *Mestre*, RTD. Civ. 1998, 898 (901).

450 *Malinvaud*, Droit des obligations, Rn. 299.

451 *Buffelan-Lanore/ Larribeau-Terneyre*, Droit civil – Les obligations, Rn. 923.

452 *Buffelan-Lanore/ Larribeau-Terneyre*, Droit civil – Les obligations, Rn. 924f.

453 In diesen Fällen aus historischen Gründen als *rescision* statt als *nullité* bezeichnet, ohne dass jedoch heute ein inhaltlicher Unterschied bestünde, vgl. *Malaurie/ Aynès/Stoffel-Munck*, Les obligations, Rn. 670.

454 *Malinvaud*, Droit des obligations, Rn. 301.

Auch wenn der Gesetzgeber den *Code Civil fr.* seit dessen Schaffung mehrmals reformiert hat, wurde die grundlegende Entscheidung gegen eine allgemeine Zulassung der Übervorteilung beibehalten. Der Gesetzgeber akzeptiert damit das Bestehen von gewissen »ungerechten« Verträgen, die nicht sanktioniert werden.[455]

B. Die Garantie für verborgene Mängel nach Art. 1641 *Code Civil*[456]

Von Relevanz für den Verbraucherschutz ist ferner Art. 1641 *Code Civil*, wonach es bei verborgenen Mängeln des Gegenstandes möglich ist, den Vertrag aufzulösen oder den ursprünglichen Kaufpreis zu mindern.[457] Da insbesondere die Vorschrift des Art. 1641 *Code Civil* heute noch wörtlich übereinstimmt,[458] sollen hier das luxemburgische und das französische Recht gemeinsam dargestellt werden.

Im ursprünglichen *Code Civil* aus dem Jahr 1804 war die Garantie für verborgene Mängel lediglich ein *régime de faveur*.[459] Sie war nur bei einigen abschließend aufgezählten Vertragstypen zulässig und schützte lediglich den Vertragspartner, der nach dem *droit commun* beispielsweise aufgrund des Vorliegens eines Falls der *force majeure* keine Entschädigung erhalten konnte. Zudem hatten die Bestimmungen lediglich ergänzenden Charakter; wegen des Prinzips der Willensfreiheit konnte diese Bestimmung durch Parteivereinbarung außer Kraft gesetzt werden. Dem Käufer wurde aber bereits zum damaligen Zeitpunkt gestattet, entweder den Vertrag aufzulösen oder den Kaufpreis zu mindern.[460]

Wie sich im Folgenden zeigen wird, hat sich die Garantie für verborgene Mängel zu einem leichter zugänglichen und wirksameren Rechtsmittel entwickelt. Insbesondere hat sie in Streitigkeiten zwischen Unternehmern und Ver-

455 *Buffelan-Lanore/ Larribeau-Terneyre*, Droit civil – Les obligations, Rn. 932.

456 Ausgeklammert sei an dieser Stelle der Bereich der Haftung für verborgene Mängel zu errichtender Gebäude.

457 Übersetzung nach *Biltgen/ Schiltz*, Recht hunn, Recht kréien, S. 62.

458 Deren Wortlaut besagt: »Le vendeur est tenu de la garantie à raison des défauts cachés de la chose vendue qui la rendent impropre à l'usage auquel on la destine, ou qui diminuent tellement cet usage que l'acheteur ne l'aurait pas acquise, ou n'en aurait donné qu'un moindre prix, s'il les avait connus.«

459 Dabei handelt es sich um Ausnahmeregelungen, die dem Käufer nur bei bestimmten, abschließend geregelten Verträgen eine Berufung auf das Vorliegen eines verdeckten Mangels erlauben, vgl. *Le Tourneau*, Droit de la responsabilité, Rn. 6071.

460 *Brucher/ Thieltgen/ Bena*, La protection juridique, 165 (182); *Le Tourneau*, Droit de la responsabilité, Rn. 6071.

brauchern immense Bedeutung.[461] Auch hier handelt es sich jedoch um eine allgemein im Verhältnis zwischen jedem Käufer und jedem Verkäufer geltende Bestimmung. Zudem ist ihr Anwendungsbereich nicht allein auf Kaufverträge beschränkt; auch eine Anwendung auf Dienstleistungsverträge ist möglich, wenn sich der Unternehmer neben der Arbeitsleistung zur Lieferung von Waren verpflichtet.[462] Auch wenn dies im französischen Recht nicht ausdrücklich vorgesehen ist, wird angenommen, dass auch hier eine Anwendung auf Werkverträge möglich ist. Allerdings erfolgt diese unter gewissen Modifikationen: So ist die Haftung im Gegensatz zum Kauf auf Verträge über körperliche Gegenstände beschränkt; daneben sollen hier haftungsbeschränkende Bestimmungen wirksam und auch die in Art. 1648 *Code Civil fr.* für diesen Fall vorgesehene Frist nicht anwendbar sein.[463]

Zu beachten ist daneben, dass die Garantie sowohl im französischen als auch im luxemburgischen Recht nicht nur gegenüber dem ursprünglichen Verkäufer, sondern auch gegenüber dem, von dem dieser den Vertragsgegenstand erworben hat, geltend gemacht werden kann. Der zweite Erwerber kann wählen, gegen welchen der Verkäufer er vorgehen möchte.[464]

I. Vorliegen eines relevanten Fehlers

Die Garantiehaftung gelangt nur zur Anwendung, wenn ein relevanter Fehler vorliegt und wenn der Käufer den Fehler der Sache nicht kannte[465].

Ein solcher Fehler ist gegeben bei einem »défaut non apparent que l'acquéreur [...] ne peut, à lui seul, déceler dans la chose vendue [...], lors de la conclusion du contrat et qui, sous certains conditions, oblige le vendeur [...] à garantie«[466]. Die luxemburgischen Gerichte hatten unter anderem einen Fall zu entscheiden, bei dem sich an einem gebrauchten Wagen nach einiger Zeit Rost an der Karosserie zeigte. Die erste Instanz hatte das Vorliegen eines verborgenen Fehlers noch mit der Begründung abgelehnt, dass der Rost an dem Wagen bereits sehr fortgeschritten und daher auch für einen Nichtfachmann leicht zu entdecken war. Zudem waren mit dem Wagen seit dessen Kauf bereits mehr als 26.000 km zurückgelegt worden, sodass eine normale Nutzung gerade möglich war. Die zweite

461 *Brucher/ Thieltgen/ Bena,* La protection juridique, 165 (182/ 183).

462 Cour de Cass Lux., Urt. vom 25.02.1988, Pas. 27, 215 (216).

463 Cour de Cass, Urt. vom 02.06.1982, Bull. Civ. 1982, I, n° 204; *Le Tourneau,* Droit de la responsabilité, Rn. 3948.

464 Cour de Cass., Urt. vom 04.03.1997, N° de pourvoi: 94-22026; Trib. Arr. Diekirch, Urt. vom 24.03.1904, Pas. 6, 503.

465 *Brucher/ Thieltgen/ Bena,* La protection juridique, 165 (184).

466 *Cornu,* Vocabulaire juridique, S. 961 (Schlagwort: vice).

Instanz urteilte hingegen abweichend: Es handele sich hierbei um einen verborgenen Fehler. Der Rost hat sich vor allem im Bereich des Unterbodens befunden und zudem war die Karosserie gerade im Bereich des Motors mit Farbe überstrichen, die den Rost überdecken sollte. Unerheblich war ferner auch, dass der Wagen bei einer technischen Kontrolle für die Nutzung im Straßenverkehr zugelassen wurde. Dieser Mangel war auch erheblich: Im Wissen um dessen Vorliegen, wäre kein Erwerb erfolgt; dies gilt insbesondere deshalb, weil die Behebung der Mängel wirtschaftlich nicht sinnvoll war.[467] Abgelehnt wurde die Offensichtlichkeit zudem in einem Fall, in dem die Isolierung einer Wasserleitung Asbest enthielt, dessen Vorliegen erst nach Durchführung einer Laboranalyse nachzuweisen war.[468]

Ausgeschlossen ist die Geltendmachung von Ansprüchen hingegen bei offenen Mängeln.[469] Offene Mängel kann der Käufer bereits bei Vornahme einer oberflächlichen Prüfung entdecken. Sie liegen damit nicht vor, wenn der Käufer den Fehler nicht vernünftigerweise bei Besitzerlangung erkennen musste und auch keine sonstigen Umstände darauf hingedeutet haben.[470] Im Falle eines offenen Mangels stehen dem Käufer keine Rechtsbehelfe zu; weiß dieser vom Mangel der Sache, erhält er mit der mangelhaften Sache den von ihm erwarteten Gegenstand.[471] Im Umkehrschluss ergibt sich aber auch, dass der Mangel bereits vor Eigentumsübergang vorgelegen haben muss.[472]

Die Beurteilung der Erkennbarkeit erfolgt *in abstracto* durch den Richter der Hauptsache.[473] Insoweit gelten unterschiedliche Beurteilungsmaßstäbe abhängig davon, ob es sich bei dem Käufer um einen professionellen Käufer oder um einen Verbraucher handelt – bei ersterem ist eine Erkennbarkeit des Mangels vor allem bei entsprechenden technischen Kenntnissen eher zu bejahen.[474] Der Verbraucher ist entsprechend nur zu einer elementaren Prüfung verpflichtet;[475] bei-

467 Cour d'Appel Lux., Urt. vom 20.12.1989, Pas. 27, 366 (366f.).

468 Cour d'Appel Lux., Urt. vom 27.11.2002, Pas. 32, 307 (308f.).

469 Für diese greift nach Art. 1642 *Code Civil* ein Gewährleistungsausschluss. Auch hier wird der Käufer der Sache nicht schutzlos gestellt, vielmehr kann er sich in einem solchen Fall auf die Rechtsbehelfe wegen Nichterfüllung berufen, vgl. *Nagel*, DB 1995, 2581 (2584). So auch bereits die frühe Rechtsprechung, vgl. Trib. Arr. Lux., Urt. vom 31.03.1928, Pas. 1930/31, 255 (255), wonach der Käufer in Fällen offensichtlicher Fehler die Annahme der Sache abzulehnen habe und die Auflösung des Vertrages verlangen müsse.

470 *Brucher/ Thieltgen/ Bena*, La protection juridique, 165 (183).

471 *Malaurie/ Aynes/ Gautier*, Les contrats spéciaux, Rn. 390.

472 *Brucher/ Thieltgen/ Bena*, La protection juridique, 165 (184).

473 *Ravarani*, Pas. 28, doctr., 3 (11). Ebenso *Hoffeld*, Bulletin de la Conference Saint-Yves, n° 39 (1977), 8 (9).

474 Siehe dazu Cour d'Appel Lux., Urt. vom 24.01.1967, Pas. 20, 274 (280f.).

475 *Malaurie/ Aynes/ Gautier*, Les contrats spéciaux, Rn. 391.

spielsweise muss er daher keinen Sachverständigen zu Rate ziehen[476], er darf aber auch nicht »mit verschlossenen Augen« kaufen[477]. Insbesondere muss er die Sache auspacken und ein technisches Gerät in Betrieb setzen.[478]

Daneben spielt auch die Art der fehlerhaften Sache eine Rolle. Diskutiert wird hier fast ausschließlich, wie sich die Eigenschaft als gebrauchter Gegenstand auswirkt. Eine solchen muss der Käufer besonders wachsam überprüfen. Auch die Schwere des Mangels ist dann strenger zu beurteilen.[479] Vielmehr muss er davon ausgehen, erforderlichenfalls gewisse Reparaturen durchzuführen zu müssen, weil der gebrauchte Gegenstand nicht die gleiche Qualität wie eine neue Sache aufweist.[480] Bei der Beurteilung der Erkennbarkeit ist daher auch auf das Alter, den Preis und das Erscheinungsbild des Gegenstands abzustellen.[481]

Unberücksichtigt bleibt hingegen, ob der Verkäufer gut- oder bösgläubig handelte.[482] Dies ist in Frankreich nach Art. 1645 *Code Civil fr.* erst für die Frage nach dem Bestehen einer Schadensersatzpflicht von Relevanz. Die französische Rechtsprechung hat auch angenommen, dass jeder professionelle Verkäufer den Mangel der Sache kennt; insoweit besteht eine unwiderlegliche Vermutung für die Begründung der Schadensersatzpflicht[483]. In Luxemburg kommt es bei einem Vertrag zwischen einem Verbraucher und einem Unternehmer überhaupt nicht auf diese Unterscheidung an, da der professionelle Verkäufer nach Art. 1645 *Code Civil*[484] auch bei fehlender Kenntnis zum Schadensersatz verpflichtet ist. Relevanz hat diese Frage nach beiden Rechtsordnungen nur für die Frage der Zulässigkeit von Freizeichnungsklauseln, vgl. Art. 1643 *Code Civil.* Daher kommen letztlich beide Rechtsordnungen zum gleichen Ergebnis.

Voraussetzung für eine erfolgreiche Geltendmachung der Haftung ist zudem, dass der Fehler den geplanten Gebrauch derart einschränkt, dass der Käufer die Sache bei Kenntnis der Umstände nicht erworben hätte.[485] Der Fehler der Sache

476 Cour de Cass., Urt. vom 03.05.1989, D. 1990, J., 117 (118); *Tournafond*, D. 1990, Jurisprundence, 118.

477 *Malaurie/ Aynes/ Gautier,* Les contrats spéciaux, Rn. 391.

478 *Le Tourneau,* Droit de la responsabilité, Rn. 6090.

479 *Thiel/Mersch,* Kaufvertragsrecht in Luxemburg, 645 (672). Für den Kauf eines Gebrauchtwagens beispielsweise Cour d'Appel Lux., Urt. vom 25.05.1977, Pas. 23, 529 (530, 532).

480 Cour d' Appel Lux., Urt. vom 25.05.1977, Pas. 23, 529 (532).

481 *Malaurie/ Aynes/ Gautier,* Les contrats spéciaux, Rn. 395.

482 *Wagner,* Remedies for International Sellers of Goods, II, 415 (435). So auch Cour d'Appel Lux., Urt. vom 19.02.1997, n° 18062 du rôle.

483 Cour de Cass., Urt. v. 20.01.1970, JCP 1972,II, 17280, Urt. vom 25.02.1981, D.1981, IR, 445. Auch in Luxemburg hat die Rechtsprechung ausdrücklich festgestellt, dass jede Beschränkung der Garantie in einem Vertrag zwischen einem Verbraucher und einem Unternehmer als nicht geschrieben gilt, vgl. beispielsweise Trib. Arr. Lux., Urt. vom 05.07.2004, n° 66967 du rôle.

484 *Overstake,* RTD civ. 1972, 485 (501).

485 Cour d'Appel Lux., Urt. vom 20.12.1989, Pas. 27, 366 (367).

muss also verhindern, dass diese normal genutzt werden kann, d.h. eine der wesentlichen Eigenschaften der Sache betreffen und von ausreichender Wichtigkeit sein.[486] Dies ist nicht der Fall, wenn nur die aus der Sache zu ziehenden Annehmlichkeiten vermindert werden.[487] Beispielsweise soll dies der Fall sein, wenn ein Pkw gewisse Vibrationen und Luftverwirbelungen aufweist, die keinen Einfluss auf dessen wirtschaftliche Nutzung haben.[488] Diese Beurteilung steht jedoch im freien Ermessen der Gerichte.[489]

Der Verkäufer hat (wenn der Käufer nicht etwas abweichendes ausdrücklich zur Kenntnis gebracht hat) nur einzustehen, wenn das Produkt entweder für den üblichen Zweck oder in der speziell vereinbarten Art verwendet wird.[490] Fehler aus missbräuchlicher Nutzung sind dem Verkäufer nicht zuzurechnen.[491] Auch wenn die Fehler der Sache durch den Verkäufer behoben wurden, haben die französischen Richter entschieden, dass die Sache »normal« funktioniere und daher kein Rechtsbehelf zu gewähren sei.[492]

Der Fehler gilt nur dann als erwiesen, wenn dessen Ursache unzweifelhaft feststeht. Dafür reicht es nicht aus, die fehlerhafte Sache allein mit einer fehlerfreien zu vergleichen.[493] Der Käufer trägt die Beweislast.[494] Er hat daher das Bestehen des Mangels, dessen Erheblichkeit und die Verborgenheit des Fehlers wie auch dessen Vorliegen vor Abschluss des Kaufvertrages zu beweisen.[495] Hingegen ist es keine Voraussetzung, dass der Käufer einen erfolglosen Reparaturversuch nachzuweisen hat oder beweisen muss, dass es sich um einen irreparablen Fehler der Sache handelt.[496]

Der Anspruch ist ausgeschlossen, wenn der Käufer den Fehler kannte oder kennen musste. Dies kann sich entweder aus den Umständen des Einzelfalls (wie einem geringen Preis) oder aus Informationen des Verkäufers ergeben. Dieser Ausschluss gilt jedoch nur unter der Einschränkung, dass der Verkäufer den Fehler so genau angegeben hat, dass der Käufer dessen Folgen tatsächlich ab-

---

486 *Brucher/ Thieltgen/ Bena*, La protection juridique, 165 (183); *Wagner* Remedies for International Sellers of Goods, II, 415 (434). So auch Cour d'Appel Lux., Urt. vom 27.11.2002, Pas. 32, 307 (310).

487 Cour d'Appel Lux., Urt. vom 14.05.1997, n° 19247 du rôle.

488 Nîmes, Urt. vom 18.12.1980, D.1983, Jur., 29.

489 *Wagner*, Remedies for International Sellers of Goods, II, 415 (434). So auch für Frankreich Cass. Civ., Urt. vom 22.01.1997, Bull. Civ. III, n° 23.

490 *Thewes*, Luxembourg, 319 (343).

491 *Brucher/ Thieltgen/ Bena*, La protection juridique, 165 (184).

492 Cour de Cass., Urt. vom 02.12.1997, D.1999 Somm., S. 17; *Gautier*, Rtd. Civ. 1998, 396 (398).

493 Trib. Arr. Lux., Urt. vom 06.06.2003, n° 74283.

494 *Thiel/Mersch*, Kaufvertragsrecht in Luxemburg, 645 (672).

495 Cour de Cass., Urt. vom 10.12.1973, JCP 1975, II, 17950; Cour d'Appel, Urt. vom 27.11.2002, Pas. 32, 307.

496 Cour de Cass. Lux., Urt. vom 22.05.2008, n° 2500 du registre.

schätzen konnte.[497] Ausgeschlossen ist hingegen der Einwand des Verkäufers, dass die Sache dem »state of art« entsprach.[498] Es kam in einem von den luxemburgischen Gerichten entschiedenen Fall beispielsweise nicht darauf an, ob der als Isolierung der Wasserleitung verwendete Asbest im Zeitpunkt des Verkaufs als gefährlich eingestuft wurde.[499]

Daneben kann sich der Käufer auch dann nicht auf den Fehler der Sache berufen, wenn er diesen zwar dem Verkäufer angezeigt hat, dann aber die fehlerhafte Sache verbraucht. Dies gilt selbst dann, wenn deren Gebrauch unter Vorbehalt erfolgt, da die Nutzung der Sache als solche mit Vorbehalten oder Protesten nicht zu vereinbaren ist.[500]

II. Geltendmachung des Fehlers innerhalb der notwendigen Frist

Vor der luxemburgischen Gesetzesänderung 1987 war der Käufer gezwungen, die Klage innerhalb einer kurzen Frist[501] nach Entdeckung des Mangels zu erheben. Die Richter beurteilten die Länge der Frist zur Klageerhebung *in abstracto*.[502] Obwohl dies dem Richter deutliche Flexibilität bei der Beurteilung des Einzelfalls gab, ist nicht zu verkennen, dass entsprechend auch wenig Rechtssicherheit für die Parteien des Verfahrens bestand[503]. Aus Sicht des Käufers problematischer war, dass die Frist nach erfolglosen Verhandlungsversuchen mit dem Verkäufer meist verstrichen war – entscheidend war nämlich allein die Klageerhebung.[504] Teilweise haben die Gerichte deshalb entschieden, dass die Frist durch Verhandlungen unterbrochen werden konnte und erst bei definitivem Scheitern der

497 *Thewes*, Luxembourg, 319 (343).

498 Cour d'Appel Lux., Urt. vom 27.11.2002, Pas. 32, 307.

499 Cour d'Appel Lux., Urt. vom 27.11.2002, Pas. 32, 307 (310) unter Verweis auf *Elvinger*, Pas. 28, 429 (451): Der Unternehmer ist zum einen ohne Verschulden zur Haftung verpflichtet, zum anderen muss der Fehler aber bereits bei Vertragsschluss vorgelegen haben.

500 Cour supérieure de justice Lux., Urt. vom 16.07.1920, Pas. 11, 121 (121).

501 Diese sei gewahrt, wenn die Frist nichts exzessives an sich hätte. Ein Zeitraum von 2,5 Monaten sei nach der Rechtsprechung nicht als exzessiv anzusehen, Cour d' Appel Lux., Urt. vom 11.03.1900, zitiert nach Code du consommateur, S. 354.

502 Es kam also darauf an, wann der Käufer den Mangel hatte entdecken müssen, vgl. Cour d'Appel Lux., Urt. vom 20.06.1984, zitiert nach Code du consommateur, S. 355; Trib. Arr. Diekirch, Urt. vom 27.11.1984, n° 241/84 du rôle.

503 *Ficker*, Die Schadensersatzpflicht, S. 60: ».. wenn auch nicht verkannt werden soll, daß eine solche Regelung naturgemäß sehr häufig Anlaß geben muß, die richterliche Entscheidung zu suchen.«

504 *Brucher/ Thieltgen/ Bena*, La protection juridique, 165 (184f.); *Decker/ Bodry*, Verbraucherrechtsschutz in Verträgen, S. 16. Ebenso auch Projet de loi n° 2217, Expose des motifs, S. 2534.

Verhandlungen erneut zu laufen begann.[505] Voraussetzung war aber immer, dass die Parteien in ernsthafte Verhandlungen eingetreten waren; reine Reklamationen sollten nicht ausreichen.[506] Uneinheitlich wurde darüber hinaus auch beurteilt, ob das Einschalten eines Gutachters die Frist hemmen sollte.[507] Einig war man sich hingegen insoweit, als dass allein die Klageerhebung vor dem Richter des Hauptsacheverfahrens fristwahrend war.[508] Für die Verbraucher war die bestehende Regelung daher vor allem von Nachteil, weil die Gefahr bestand, dass sie sich zunächst an den Unternehmer wandten, dieser Verhandlungen führte und diese erst nach Ablauf einer angemessenen Frist scheitern ließ. Teilweise soll es sogar so gewesen sein, dass die Unternehmer absichtlich eine Verzögerungstaktik angewendet haben. In der Regel haben dann dem Verbraucher keine weiteren Ansprüche zugestanden; es kam damit zu einer Benachteiligung derjenigen Käufer, die zunächst eine einvernehmliche Lösung zu erreichen suchten.[509]

Aufgrund der dadurch zu Tage tretenden Unzulänglichkeiten wurde das luxemburgische Gesetz 1987 in Anlehnung an Art. 201 des schweizerischen Obligationenrechts und Art. 16 des Benelux-Projekts über den Kauf[510] dahingehend modifiziert, dass nunmehr zwei Fristen vorgesehen sind. Zunächst hat der geschädigte Käufer[511] eine kurze Frist[512] zur Geltendmachung des Fehlers (um dem Unternehmer eine Überprüfungsmöglichkeit zu gewähren)[513], danach beginnt eine zweite Frist von einem Jahr, um die Klage vor dem zuständigen Gericht[514] zu erheben. Beruft sich der Verkäufer auf Nichteinhaltung der Frist zur Geltendmachung des Fehlers, muss er darlegen, an welchem Tag der Mangel aufgetreten

505 So bereits Cour supérieure de justice Lux., Urt. v. 04.02.1927, Pas. 11, 313: Während der Verhandlungen müssten die Rechte gegenüber keiner anderen Stelle geltend gemacht werden, nach dem Scheitern der Verhandlungen bestünde hingegen die Pflicht, sich in kurzer Frist auf das Vorhandensein eines verborgenen Fehlers zu berufen.

506 Cour d'Appel Lux., Urt. vom 23.05.1985, AG DE 1830c/ KALMES, zitiert nach *Ravarani*, La responsabilité civile, S. 727 Fn. 5; Urt. vom 13.11.1986, zitiert nach Code du consommateur, S. 355; Urt. vom 09.01.1989, Mehl/ Grethen et Reiffers, zitiert nach *Ravarani*, La responsabilité civile, S. 727 Fn. 5.

507 Vgl. die Nachweise bei *Ravarani*, La responsabilité civile, S. 728 Fn. 2.

508 Cour d'Appel Lux., 19.01.1989, MELH c/ Grethen et Reiffers, zitiert nach *Ravarani*, La responsabilité civile, S. 727 Fn. 5.

509 Projet de loi n° 2217, Expose des motifs, S. 2534f.

510 Projet de loi n° 2217, Expose des motifs, S. 2535. Dafür stattdessen die Lösung der Haager Konvention zu verwenden, Projet de loi n° 2217^2, Avis du Conseil d'Etat, S. 10.

511 Diese Frist gilt nur für den Kaufvertrag; hingegen findet sie keine Anwendung auf Werkverträge, vgl. Pas. 32, 9 (9f.).

512 Gegen das Vorsehen eines angemessenen Momentes, da dies Kontroversen auszulösen vermag, Projet de loi n° 2217^2, Avis du Conseil d'Etat. S. 10.

513 Projet de loi n° 2217, Expose des motifs, S. 2534.

514 Nach Margue, 62 séance, 14.05.1986, S. 3735 sei hier aber eine Klarstellung erforderlich, dass auch das Eilverfahren einer gerichtlichen Geltendmachung gleichzustellen sei, da die Rechtsprechung – wie gezeigt – diesbezüglich nicht einheitlich entschieden hatte.

ist. Andernfalls ist sein Einwand ausgeschlossen.[515] Daraus ergibt sich auch, dass die Frist nicht mit Vertragsschluss, sondern erst mit Entdeckung des Mangels beginnt.[516]

Das Gesetz gibt nicht an, wie die Geltendmachung während der ersten Frist zu erfolgen hat. Die Gerichte gestatten beispielsweise den Beweis der Geltendmachung durch einen Zeugen.[517] In der Parlamentsdebatte wurde aber angeregt, dass selbst wenn ein entsprechendes Erfordernis nicht bestehe, der Käufer den Fehler zur besseren Beweisbarkeit durch eingeschriebenen Brief geltend machen solle.[518] Darin lag aber lediglich eine praktische Empfehlung.

Trotz dieser Klarstellungen durch den Gesetzgeber gilt die kurze Frist weiterhin als wichtigster Streitgegenstand,[519] zumal der Richter auch heute noch den Beginn *in abstracto* unter Berücksichtigung der Umstände und der Art des Fehlers beurteilen muss[520]. Dies zeigt sich auch in der Auswertung der Literatur: In einigen Fällen wird eine Frist von einem Monat als kurze Frist angesehen,[521] in anderen werden hingegen 2–3 Monate gewährt[522]. Zum Teil findet sich auch nur der Hinweis darauf, dass die Gerichte trotz der Änderung nicht von ihrer Rechtsprechung abzuweichen scheinen.[523]

Nach Art. 1648 Abs. 5 *Code Civil lux.*[524] kann der verdeckte Fehler nach Fristablauf nicht einmal mehr einredeweise geltend gemacht werden.[525] Eine Ausnahme gilt allein, wenn der Erwerber den Kaufpreis nicht beglichen und den Mangel ordnungsgemäß angezeigt hat. Dann ist es ihm gestattet, gegen die Klage auf Kaufpreiszahlung Widerklage auf Herabsetzung des Kaufpreises zu erhe-

515 Cour d'Appel Lux., Urt. vom 11. 12. 2002, BIJ 2003, 42.

516 Cour d'Appel Lux., Urt. vom 20. 12. 1989, Pas. 27, 366 (367).

517 Cour d'Appel Lux, Urt. vom 05. 04. 2000, n° 18950 et 20945 du rôle, zitiert nach *Brucher/ Thieltgen/ Bena*, La protection juridique, 165 (186).

518 Bodry, 62 séance, 14. 05. 1986, S. 3687.

519 *Elvinger*, ERPL 2001, 309 (314). Vgl. die Zusammenstellung von zu langen Fristen Ravarani, Pas. 28, 3 (17/18).

520 *Brucher/ Thieltgen/ Bena*, La protection juridique, 165 (185); anders hingegen *Thewes*, Luxembourg, 319 (354) nach dem eine Betrachtung in concreto erfolgt. Vgl. zudem Cour Superieure de Justice Lux., Urt. vom 11. 12. 1980, Pas. 28, 16f.: Der erstinstanzliche Richter hat einen eigenständigen Beurteilungsspielraum.

521 *Decker/ Bodry*, Verbraucherrechtsschutz in Verträgen, S. 17.

522 *Thiel/Mersch*, Kaufvertragsrecht in Luxemburg, 645 (676).

523 *Ravarani*, La responsabilite civile, Rn. 702 unter Verweis auf Cour d'Appel lux, Urt. vom 12. 02. 2003, n° 24253 du rôle (Zeitraum von 4 Monaten).

524 Art. 1648 Abs. Code Civil lux.: »Après l'expiration du délai d'un an, l'acheteur ne peut plus se prévaloir du vice de la chose, même par voie d'exception. L'acheteur peut toutefois, s' il n'a pas acquitté le prix et à condition d'avoir régulièrement dénoncé le vice dans le bref délai prévu à l'alinéa premier, opposer, comme exception contre la demande de paiement, une demande en réduction de prix ou en dommages et intérêts.«

525 Einzige Ausnahme gilt nach *Ravarani*, La responsabilité, civile Rn. 702 für den Fall, dass der Verkäufer den Käufer durch *fraude* an der Erhebung der Klage gehindert hat.

ben.[526] Auch dieser Vorschlag war Kritik dahingehend ausgesetzt, dass der Kunde dann alle Möglichkeiten hätte, seine Zahlung zurückzuhalten und den Unternehmer zu einer Preisminderung zu zwingen.[527] Zudem belohne dieses System den bösgläubigen Käufer, der einen Mangel geltend mache, den man praktisch nicht nachweisen könne.[528] Dieser Kritik ist jedoch entgegen zu halten, dass den Käufer auch bei Erhebung der Widerklage die Beweislast für das Vorliegen eines verdeckten Fehlers trifft. Wie bereits dargestellt, gilt dieser jedoch nur als erwiesen, wenn dessen Ursache unzweifelhaft feststeht; dies ist jedoch nicht der Fall, wenn der Fehler praktisch nicht nachzuweisen ist. Damit ist die vorgebrachte Kritik zumindest hinsichtlich dieses Punktes zu entkräften.

Die einjährige Frist wird durch Verhandlungen zwischen den Parteien unterbrochen[529]; bei entsprechendem Nachweis beginnt eine neue einjährige Frist.[530] Der Beweis des Scheiterns der Verhandlungen gelingt nur durch einen eingeschriebenen Brief des Verkäufers an den Käufers.[531] Durch den Wortlaut der Vorschrift zeigt sich, dass der Gesetzgeber nunmehr Parteiverhandlungen einer gerichtlichen Geltendmachung vorzieht.[532]

Anders ist hingegen in diesem Bereich die französische Rechtslage. Bis 2005 hatte der Käufer auch hier seine Rechtsbehelfe in kurzer Frist geltend zu machen, deren Länge wieder von der Art des Mangels abhängig war. Ferner stand die Bewertung im freien Ermessen des Richters.[533] Auch hier hatte die Rechtsprechung jedoch verschiedene Lösungsmöglichkeiten entwickelt, um den wie in Luxemburg empfundenen Unzulänglichkeiten entgegenzuwirken. Entweder ließ man die kurze Frist erst ab dem Tag laufen, an dem der Käufer effektive Kenntnis vom Mangel hatte[534] oder den Instanzgerichten wurde die Möglichkeit der freien Beurteilung der Fristlänge zugesprochen, sodass diese Verhandlungen einbe-

526 *Thiel/Mersch,* Kaufvertragsrecht in Luxemburg, 645 (676).

527 Projet de loi n° 2217^2, Avis de la Chambre des metiers, S. 4.

528 Projet de loi n° 2217^2, Avis de la Chambre des metiers, S. 4.

529 Als Verhandlungen gelten auch die Anforderung eines gütlichen Expertengutachtens und die *assignation en référe*, nicht hingegen wenn nur eine der Parteien ein Gutachten in Auftrag gibt; vgl. *Ravarani,* La responsabilite civile, Rn. 702.

530 *Decker/ Bodry,* Verbraucherrechtsschutz in Verträgen, S. 17. Für die Notwendigkeit zur Vermeidung von Kontroversen ausdrücklich vorzusehen, dass eine neue Frist von 1 Jahr beginne vgl. Projet de loi n° 2217^2, Avis du Conseil d' Etat, S. 10f.

531 Projet de loi n° 2217, Expose des motifs, S. 2535.

532 Dazu, dass dies den Käufer dazu verleiten könne, nicht die gesamte geschuldete Summe zu begleichen oder dies erst verspätet zu tun und dass eine entsprechende Vorschrift die Handelsbeziehungen gefährden könnte, vgl. Flesch, 62 séance, 14.05.1986, S. 3729.

533 *Calais-Auloy/ Steinmetz,* Droit de la consommation, Rn. 230: Es bestehe ein Risiko der Abweisung nach 3–4 Monaten. Beispielsweise habe die Rechtsprechung aber 2 Monate ausreichen lassen (Cour d'Appel Paris, Urt. vom 08.09.1994, D.1994, IR., 238).

534 Cour de Cass., Urt. vom 21.12.1971, D. 1972.somm.112.

ziehen konnten[535]. Seit 2005 muss die Klage hingegen innerhalb von 2 Jahren nach Entdeckung des Mangels erhoben werden[536]. Unzureichend ist hingegen der Versuch einer gütlichen Beilegung.[537]

III. Rechtsfolgen

Neben der Auflösung des Vertrages oder einer Minderung des Kaufpreises[538] kann auch die Erfüllung des Vertrages in Natur verlangt werden[539]. Ein entsprechendes Verlangen ist jedoch ausgeschlossen, wenn die Erfüllung entweder tatsächlich unmöglich ist oder diese – insbesondere im Verhältnis zum Wert des Gegenstandes – unverhältnismäßig hohe Kosten hervorruft.[540] Weist die Sache nur leicht behebbare Fehler auf und entzieht eine Behebung dem Käufer den Gebrauch der Sache nicht für einen längeren Zeitraum, ist allein ein Reparaturverlangen zulässig.[541] Anders scheint hingegen die bisherige französische Rechtsprechung zu sein, die nur dem Käufer eine solche Wahl zuspricht.[542]

Die Minderung ist unter Einbeziehung eines Sachverständigen zu ermitteln. Während sich dies in Luxemburg direkt aus dem Wortlaut des Art. 1644 *Code Civil* ergibt, wurde es in Frankreich durch die Rechtsprechung so entschieden[543].

Die Aufhebung des Vertrages ist nur zulässig, wenn die Sache noch zurückgegeben werden kann. Eine Ausnahme gilt nur für den Fall, dass die Sache gerade aufgrund des Fehlers untergegangen ist.[544] Auch der Untergang der Sache wegen höherer Gewalt geht nach dem ausdrücklichen und übereinstimmenden Wortlaut des Art. 1647 Abs. 2 *Code Civil* zu Lasten des Käufers. Ausgeschlossen ist jedoch nicht, dass der Käufer eine Minderung des von ihm gezahlten Kaufpreises

535 Cour de Cass., Urt. vom 16.07.1987, D.1987, IR, 182.

536 Bei Verbrauchern gilt hingegen eine Frist von 2 Jahren ab Lieferung der Sache – da der Verbraucher hier jedoch gegenüber einem sonstigen Käufer schlechter gestellt werden würde, kann er sich für die im *Code Civil fr.* vorgesehene Frist entscheiden, vgl. *Malaurie/Aynès/Gautier*, Les contrats spéciaux, Rn. 400.

537 *Malaurie/Aynès/Gautier*, Les contrats spéciaux, Rn. 400.

538 Im Ergebnis aufgrund Fehlens einer gerichtlichen Geltendmachung ablehnend Cour d'Appel, Urt. vom 17.04.1985, Pas. 26, 322 (323).

539 Cour Supérieure de Justice Lux., Urt. vom. 25.05.1977, Pas. 23, 529 (530).

540 Cour Supérieure de Justice Lux., Urt. vom 25.05.1977, Pas. 23, 529 (530); *Christmann*, Réponse au questionnaire, 1 (13). Für eine Anwendung durch die Rechtsprechung Cour d'Appel Lux., Urt. vom 20.12.1989, Pas. 27, 366.

541 Cour Superieure de Justice Lux., Urt. vom 25.05.1977, Pas. 23, 529 (530); *Thiel/Mersch*, Kaufvertragsrecht in Luxemburg, 645 (673).

542 Cour de Cass., Urt. vom 23.05.1995, Bull. Civ. I, Nr. 216.

543 Cour de Cass., Urt. vom 10.11.1999, D 1999.IR., 274.

544 *Thiel/Mersch*, Kaufvertragsrecht in Luxemburg, 645 (674).

zugesprochen bekommt.[545] Die Klage auf Vertragsaufhebung ist hingegen nicht allein dadurch ausgeschlossen, dass der Käufer die Sache nach Entdeckung des Fehlers weiter genutzt und sogar einen Reparaturversuch unternommen hat.[546]

In jedem Fall muss der Käufer aber eine eigene Klage anstrengen - nicht ausreichend ist, dass er das Bestehen eines Rechtsbehelfs lediglich als Einrede gegen den Zahlungsanspruch des Verkäufers geltend macht.[547]

Ist dem Verkäufer die Fehlerhaftigkeit seines Produktes bekannt oder handelt es sich um einen professionellen Verkäufer, ist dieser nach Art. 1645 *Code Civil* neben der Rückzahlung des Kaufpreises auch dazu verpflichtet, Schadensersatz zu leisten. Bei dem Hersteller sowie bei gewerbsmäßigen Verkäufern wird aber nach Art. 1645 *Code Civil* unwiderleglich vermutet, dass diese die Fehlerhaftigkeit ihres Produktes kennen. Umgesetzt wurde hier demnach ein sehr starker Verbraucherschutz, da nicht einmal der Beweis der Gutgläubigkeit zur Entlastung gestattet ist.[548] Zwischen Kaufleuten ist hingegen in diesem Bereich eine haftungseinschränkende Bestimmung im Vertrag möglich.[549] Anders ist hingegen die französische Regelung, nach der der Verkäufer nur bei Bösgläubigkeit zum Schadensersatz verpflichtet ist; aufgrund der oben geschilderten Vermutung bestehen jedoch in der Praxis kaum Unterschiede. Zu ersetzen sind neben dem *dommage materiel*[550] auch der *dommage moral*[551] sowie alle Schäden, die die Sache aufgrund ihres Fehlers hervorgerufen hat.[552]

Ausgeschlossen ist ein Anspruch hingegen auch hier, wenn der Fehler zwar innerhalb der vorgesehen Frist geltend gemacht wurde, der Käufer die Sache dann aber nutzt. Dies gilt selbst dann, wenn dies nur unter Vorbehalt gilt.[553]

Nach Art. 1645 Abs. 2 *Code Civil* kann eine Garantie gegenüber einem Verbraucher als Käufer weder ausgeschlossen noch beschränkt werden; vielmehr gilt ein entsprechender Ausschluss als nicht geschrieben. Ausdrücklich ungeregelt bleiben hingegen Haftungsbeschränkungen zwischen Unternehmern. Ihre Zu-

545 Cour de Cass., Urt. vom 04.03.1997, N° de pourvoi: 94–22026.

546 Cour d'Appel Lux., Urt. vom 10.02.1982, zitiert nach Code de consommateur, S. 353.

547 Cour d'Appel Lux., Urt. vom 17.04.1985, Pas. 26, 322 (323/ 325): Der Inhalt des Zurückbehaltungsrechts sei von dem der Garantie für verborgene Mängel grundlegend verschieden.

548 Zu dieser Einschätzung gelangen *Brucher/ Thieltgen/ Bena,* La protection juridique, 165 (186). Die Gesetzgebungsmaterialien in Projet de loi n° 2217, Expose des motifs, S. 2534 weisen jedoch darauf hin, dass dieses Prinzip durch die Rechtsprechung entwickelt wurde – ohne jedoch einen entsprechenden Nachweis dafür zu bringen. Dieses Prinzip sei nur niederzuschreiben, damit die Bürger ihre Rechte in verständlicher Weise direkt aus dem Code Civil ableiten können.

549 *Decker/ Bodry,* Verbraucherrechtsschutz in Verträgen, S. 16.

550 Das heißt Vermögensschaden, d.h. Schaden »portant atteinte au patrimoine d'une personne«, vgl. *Cornu,* Vocabulaire juridique, S. 329.

551 Dies ist ein Nichtvermögensschaden.

552 *Brucher/ Thieltgen/ Bena,* La protection juridique, 165 (187).

553 Cour supérieure de Justice Lux., Urt. vom 16.07.1920, Pas. 11, 121 (122).

lässigkeit und etwaige Beschränkungen bleiben der Rechtsprechung überlassen.[554] Während es früher als zulässig angesehen worden ist, eine Bestimmung in den Vertrag aufzunehmen, wonach das »Vertragsobjekt im heutigen Zustand abgegeben wird«[555], wurde inzwischen entschieden, dass eine solche Bestimmung nicht ausreichend bestimmt ist und insbesondere nicht die Garantie für verborgene Mängel auszuschließen vermag.[556] Soweit andere Bestimmungen zulässig sein sollten, ist weitere Voraussetzung für deren Gültigkeit, dass es sich um einen gutgläubigen Verkäufer handelt. Bei Zweifeln ist die Bestimmung zu Gunsten des Käufers auszulegen.[557] Eine ähnliche Regelung findet sich auch in der französischen Gesetzgebung: Art. 2 des Dekrets vom 24.03.1978 über den Verbraucherschutz verbietet, dass sich gewerbliche Verkäufer gegenüber Verbrauchern durch hinsichtlich der Gewährleistungsfrist intransparente Klauseln von ihrer Haftung frei zeichnen;[558] entsprechende Bestimmungen sind daher auch hier unzulässig und gelten als nicht geschrieben[559].

C. Der Schutz der schwächeren Partei gegen »unangemessene« Vertragsstrafen

Bei einer Vertragsstrafe handelt es sich »um eine im Vertrag enthaltene Klausel aufgrund derer der Schuldner bei Nichteinhalten seiner Verpflichtungen dem Gläubiger einen Geldbetrag zu entrichten hat, dessen Höhe im Voraus festgesetzt wurde und vom erlittenen Schaden unabhängig ist«.[560] Es handelt sich damit um ein Mittel zur Sicherung der Vertragsdurchführung und zur Entlastung des Gläubigers vom Beweis des durch die Nichtleistung entstandenen Schadens,[561] jedoch auch um ein wirtschaftliches »Machtinstrument« gegenüber der schwächeren Vertragspartei. Diese »Macht« ging sogar soweit, dass vor der luxemburgischen Gesetzesänderung von 1987 teilweise vertragliche Bestimmungen eingeführt worden sind, die ausschließlich zum Vorteil des Unternehmers wa-

554 Projet de loi n° 2217, Expose des motifs, S. 2534.
555 Übersetzung der Klausel nach *Biltgen/ Schiltz*, Recht hunn, Recht kréien, S. 89.
556 Cour d'Appel Lux., Urt. vom 25.10.2000, Pas. 31, 470 (473).
557 Cour d'Appel Lux., Urt. vom 25.10.2000, Pas. 31, 470 (470).
558 *Brock*, ZvglRWiss 99, 29 (38); *Witz/ Wolter*, ZEUP 1993, 360 (362).
559 Cour de Cass., Urt. vom 16.04.1996, D. 1996, IR 136; Malinvaud, JCP 1975, Doct., Nr. 2690, n° 5.
560 Übersetzung nach *Decker/ Bodry*, Verbraucherrechtsschutz in Verträgen, S. 11 unter Verweis auf Guillien/ Vincent, Lexique des termes juridiques, Dalloz 1974.
561 *Biltgen*, Ann. dr. lux. 1993, 75 (76). So auch Projet de loi n° 2217, Expose des motifs, S. 2533.

ren.[562] Dennoch haben die Regelungen einen allgemeinen Anwendungsbereich und finden allgemein auf alle Arten von Personen Anwendung.[563]

I. Die Rechtslage vor 1987

Vor der Schaffung des *Code Civil* handelte es sich bei der Vertragsstrafe um eine Variante der nach dem gemeinen Recht zugesprochenen Entschädigung. War diese übermäßig hoch, bestand für den Richter die Möglichkeit, diese herabzusetzen.[564]

Im Code Civil hingegen galt wegen der verpflichtenden Natur der Verträge die von den Parteien festgesetzte Strafe lange Zeit als unangreifbar.[565] Diskutiert wurde aber, ob es sich im Hinblick auf deren Rechtsnatur um eine Strafandrohung oder um eine Entschädigung handelt. Hinsichtlich dieser Frage unterlag die luxemburgische Rechtsprechung einem gewissen Wandel.[566]

Zunächst urteilten die Gerichte, dass es sich um die Bestätigung der Willensfreiheit der Parteien handelt. In Anwendung des Prinzips, dass Verträge zwischen den Parteien Gesetzeskraft haben, sind der Vertrag und damit auch die Vertragsstrafe unverändert auszuführen. Die Vertragsstrafe ist allein der vertragliche Ersatz des Schadens, der dem Gläubiger dadurch entsteht, dass der Schuldner seine Hauptpflicht nicht erfüllt.[567]

In einer zweiten Phase kam es unter dem Einfluss der belgischen Rechtsprechung zu einem Wandel hin zur Anerkennung der Entschädigungsfunktion der Vertragsstrafe.[568] Die Gerichte hatten u. a. geurteilt, dass das Ziel der Strafe nur der Ausgleich des aus der Nichterfüllung entstandenen Schadens sei. Sofern dies nicht der Fall war, konnte der Richter die Strafe nach Art. 6 *Code Civil* aufheben.[569]

562 *Brucher/ Thieltgen/ Bena,* La protection juridique, 165 (188/189): Dieses Problem habe sich vor allem mit der aufkommenden starken Nutzung von Adhäsionsverträgen verschärft.

563 Cour d'Appel Lux., Urt. vom 09.11.1993, Pas. 29, 293 (295).

564 *Brucher/ Thieltgen/ Bena,* La protection juridique, 165 (188).

565 *Biltgen,* Ann. dr. lux. 1993, 75 (78); *Brucher/ Thieltgen/ Bena,* La protection juridique, 165 (188). Entsprechend mit der Aussage, dass das Vorsehen einer Strafklausel wirksam ist, wenn der Käufer im Rückstand mit der Zahlung des Kaufpreises ist, vgl. Cour supérieure de justice, Urt. vom 17.12.1929, Pas. 1930/31, 93.

566 Die Einteilung der verschiedenen Phasen der Rechtsprechung erfolgt nach *Biltgen,* Ann. dr. Lux. 1993, 75 (87ff.).

567 Cour d'Appel Lux., Urt. vom 22.12.1916, Pas. 10, 127; *Biltgen,* Ann. dr. Lux. 1993, 75 (87 f). Für die Zulassung einer Vertragsstrafe auch Cour supérieure de Justice lux., Urt. vom 17.12.1929, Pas. 1930/31, 93 (94).

568 *Biltgen,* Ann. dr. lux. 1993, 75 (90).

569 Cour de Cass. belge, Urt. vom 17.04.1970, R.C.J.B 1972, 454 (454) mit Anmerkung von *Moreau-Margrève,* 474f.

Auf zweierlei Wegen versuchte die Rechtsprechung daher, als ungerecht empfundene Vertragsstrafenregelungen abzumildern:[570] Zunächst wurde in der Vereinbarung überhöhter Vertragsstrafen ein Verstoß gegen den *ordre public* gesehen.[571] Voraussetzung eines Verstoßes war, dass der Gläubiger aufgrund der fehlenden Angemessenheit der Strafe im Vergleich zum entstandenen Schaden einen übermäßigen Vorteil aus der Nichterfüllung der Verpflichtungen durch seinen Schuldner erhalten hat. Dieses Ungleichgewicht musste auf der Ausnutzung der unterlegenen Stellung der anderen Vertragspartei beruhen und durfte nicht der *légèreté inexcusable* der geschädigten Partei geschuldet sein.[572] Zunächst war jedoch angenommen worden, dass die Strafe lediglich die sonst vom Richter zugesprochene Entschädigung ersetzt hat und daher ein Eingriff durch diesen ausgeschlossen war.[573]

Später wurde geurteilt, dass eine Bestimmung nach der sich der Gläubiger bei Nichterfüllung einen größeren Vorteil als bei Erfüllung des Vertrages versprechen lasse, nicht als Konventionalstrafe angesehen werden könne. Dem Richter sei eine Modifikation der Strafe jedoch auch hier nicht gestattet; er dürfe diese nur aufgrund eines Verstoßes gegen den *ordre public* für unwirksam erklären.[574]

Ein anderer Teil der Rechtsprechung gelangte durch die Annahme, dass die Vertragsstrafe ein Ungleichgewicht zu Lasten des Schuldners schaffe, zu einer ähnlichen Lösung, da sie diese auf Grundlage von Art. 1 des Gesetzes von 1983 als unwirksam angesehen hat.[575]

In der Rechtssache *Tines/ Eurosett-Paulick KG*[576] folgte die *Cour de Cassation lux.* jedoch wieder den vor der Anpassung an die belgische Rechtsprechung aufgestellten Grundsätzen: Sie urteilte, aus Art. 1152 *Code Civil* ergebe sich, dass eine Bestimmung in einem zwischen den Parteien wirksam abgeschlossenen Vertrag Gesetzeskraft habe. Daher müsse der Richter dem Gläubiger exakt den in der Klausel vorgesehenen Betrag zusprechen. Den Parteien stünde es selbst bei Fehlen eines Schadens frei, Zwangsmittel zur Sicherung der Vertragsdurchfüh-

570 *Biltgen*, Ann. dr. lux. 1993, 75 (91).

571 Trib. Arr. Lux., Urt. vom 29.10.1969, Pas. 21, 284 (284).

572 Hoffmann, Revue internationale de droit comparé, 1982, 851 (864).

573 Cour Superieure de Justice Lux., Urt. vom 29.11.1971, Pas. 22, 87, wobei die Voraussetzungen eines Schadensersatzanspruches vorliegen müssen; *Biltgen*, Ann. dr. lux. 1993, 75 (92).

574 Trib. Arr. Lux., Urt. vom 11.01.1984, n° 22465 du rôle; *Biltgen*, Ann. dr. lux. 1993, 75 (93).

575 Justice de Paix Lux., Urt. vom 24.01.1984, n° 207/84 du rôle; Justice de Paix d'Esch-sur-Alzette, Urt. vom 02.05.1986, n° 683/86 du rôle.

576 Cour de Cass. Lux., Urt. vom 19.01.1984, Pas. 26, 41; ähnlich auch bereits die Vorinstanz, Cour d' Appel Lux., Urt. vom 19.01.1983, Pas. 25, 434 (435): Das Vorsehen einer Strafe sei Ausdruck der Wichtigkeit, die der Gläubiger der Erfüllung der Verpflichtung beimesse. Der Schuldner könne dieser entgehen, indem er die Verpflichtung erfülle. Wirksam sei daher insbesondere eine Bestimmung, wonach die Hälfte des Preises der verkauften Waren zu zahlen sei.

rung zu bestimmen. Unerheblich sei daher auch, ob ein Ungleichgewicht zwischen dem Schaden und dem Vorteil aus der Nichterfüllung der Verpflichtung bestünde.[577]

Ausdrücklich wurde auch die Rechtsprechung abgelehnt, die die Unwirksamkeit einer Vertragsstrafe auf Art. 1 des Gesetzes von 1983 stützte. Aus der fehlenden Nennung der Vertragsstrafen im Katalog der per se als missbräuchlich anzusehenden Bestimmungen könne man schließen, dass der Gesetzgeber diese nicht generell missbillige. Zudem würde auch das Gesetz von 1987 die entsprechenden Artikel des *Code Civil* nur insoweit modifizieren, als dem Richter bei Unangemessenheit gestattet würde, die Strafe herabzusetzen.[578] Die Regeln des *Code Civil lux.* bildeten daher nach Auffassung des Gerichts den spezielleren Kontrollmaßstab. Zudem dürfte man ihnen nicht den Anwendungsbereich nehmen.[579] Darüber hinaus wäre es dem Gläubiger andernfalls gestattet, zusätzlich Schadensersatz zu verlangen.[580] Nur wenn die Bestimmung bereits aus anderen Gründen unwirksam sei, d.h. wenn sich der Missbrauch aus dem Zusammentreffen mit anderen Bestimmungen ergebe, könne die Höhe der Vertragsstrafe nicht Gegenstand einer richterlichen Herabsetzung sein.[581]

Die Frage nach der Unwirksamkeit einer Vertragsstrafe als missbräuchliche Vertragsbestimmung wird hingegen im französischen Recht teilweise abweichend beantwortet.[582] *Paisant* argumentiert insoweit, dass es zunächst nicht möglich gewesen sei, Vertragsstrafen als missbräuchliche Vertragsbedingungen anzusehen. Ein entsprechendes Verbot sei lediglich dann vorgesehen gewesen, wenn eine gegen den Unternehmer wirkende Vertragsstrafe sich insgesamt als unter dem tatsächlichem Schaden liegend herausstellte. Damit wurde ausschließlich sichergestellt, dass dem Verbraucher sein gesamter Schaden ersetzt wurde. Mit Schaffung der richterlichen Kontrolle der Missbräuchlichkeit von Vertragsbedingungen wurde es hingegen möglich, Vertragsbedingungen allein wegen des Missbrauchs einer wirtschaftlichen Macht des Unternehmers und dem daraus gezogenen übermäßigen Vorteil als missbräuchlich zu erklären. Nachdem das wesentliche Missverhältnis nach der Reform im Jahre 1995 das einzige Kri-

577 Cour de Cass. Lux., Urt. vom 19.01.1984, Pas. 26, 41, wonach nicht einmal ein Schaden erforderlich ist; Cour d'Appel Lux., Urt. vom 07.11.1984, n° 7303 du rôle; Urt. vom 24.10.1984, n° 7742 du rôle.

578 Cour d'Appel Lux., Urt. vom 18.12.1991, n° 11743 du rôle.

579 Trib. Arr. Lux., Urt. vom 18.10.2000, n° 24188 du rôle; Urt. vom 11.05.2001, n° 65521 du rôle; Urt. vom 28.09.2001, n° 65520 du rôle; Urt. vom 27.03.2012 n° 136616 unter Verweis auf Jurisclasseur civil, Art. 1146 à 1155, fasc. 22, n° 141.

580 Cour d'Appel Lux., Urt. vom 10.11.2010, n° 35743 du rôle.

581 Cour d'Appel Lux., Urt. vom 10.11.2010, n° 35743 du rôle; Trib. Arr. Lux., Urt. vom 24.04.2008, n° 122/08 du rôle.

582 Cour d'Appel Paris, Urt. vom 20.09.1991, D.1992, somm. 268; Urt. vom 20.09.1991, JCP G 1992, 21866.

terium für die Missbräuchlichkeit der Vertragsbestimmung war, ist nach *Paisant* daher anzunehmen, dass der Richter den »exces manifeste« dem »desequilibre manifeste« gleichsetze.[583]

Diese Schlussfolgerung ist jedoch abzulehnen, da sie den vom Gesetzgeber für den Spezialfall des Vorliegens einer Vertragsstrafe vorgesehenen Bestimmungen ihren Anwendungsbereich nehmen würde.[584] Die von *Paisant* vorgeschlagene Lösung führt nämlich zwangsläufig dazu, dass die Bestimmungen des *Code Civil fr.* über die Kontrolle von Vertragsstrafen ausschließlich in Verträgen zwischen Unternehmern bzw. in Verträgen zwischen Verbrauchern untereinander Anwendung finden könnten.[585]

Der französische Gesetzgeber hatte schon vor dem Gesetzgeber Luxemburgs zweimal korrigierend eingegriffen und war damit in gewisser Weise ein Vorbild.[586] Auch hier wurde angenommen, dass eine Modifikation der Vertragsstrafe nicht möglich sei; dies hatte jedoch zu erheblichen Missbräuchen geführt.[587] Nach einem Gesetz vom 09.07.1975 kann der Richter unter bestimmten Voraussetzungen die Höhe der vorgesehenen Strafe verändern, wenn diese »offensichtlich überhöht« oder »lächerlich gering« ist. Hat der Schuldner die Verpflichtung, deren Erfüllung durch die Vertragsstrafe abgesichert werden soll, bereits teilweise erfüllt, kann der Richter die Höhe unabhängig vom ursprünglichen Wert herabsetzen.

Ein Gesetz vom 11.10.1985 ermöglicht zudem ein Tätigwerden des Richters von Amts wegen. In dieser ausdrücklichen Nennung der Möglichkeit des Richters, von Amts wegen tätig zu werden, liegt denn auch der einzige Unterschied im Vergleich des Wortlauts der luxemburgischen und der französischen Bestimmungen. Deshalb soll auch an dieser Stelle eine weitestgehend gemeinsame Darstellung der beiden Rechtsordnungen erfolgen.

583 *Paisant*, D. 1995, chr. 223.

584 *Malaurie/Aynès/ Stoffel-Munck*, Les obligations, Rn. 992.

585 *Paisant*, D. 1995, chr. 223 (224).

586 *Biltgen*, Ann. dr. Lux. 1993, 75 (80). Die Gesetzgebungsmaterialien verweisen in Projet de loi n° 2217^2, Avis du Conseil d'Etat, S. 9 auch darauf, dass den neuen Regelungen nur unter der Bedingung zugestimmt werden könne, dass die Gerichte die Anwendung durch Rückgriff auf die französische Rechtsprechung sicherstellen würden.

587 *Malaurie/Aynès/Stoffel-Munck*, Les obligations, Rn. 990.

II. Änderungen in Luxemburg durch das Gesetz von 1987

Durch sein Eingreifen im Jahre 1987 wollte der luxemburgische Gesetzgeber sicherstellen, dass der Vertrag nicht als »Instrument der Unterdrückung« verwendet wird.[588] Der Richter erhielt daher in Abweichung vom bisher geltenden Postulat der Willensfreiheit die Möglichkeit, die Strafe zu reduzieren, wenn ein offensichtlichen Missbrauch vorliegt.[589] Zwar kann der Richter diese auf einen Betrag von einem symbolischen Euro herabsetzen,[590] eine vollständige Aufhebung der Vertragsstrafe ist ihm jedoch nicht gestattet[591]. Daneben darf trotz der Möglichkeit der Herabsetzung auf einen symbolischen Betrag der Wert der Vertragsstrafe nicht unter den tatsächlich erlittenen Schaden herabfallen.[592] Damit liegt eine Ausnahme von dem Grundsatz vor, dass es nach den Bestimmungen des *Code Civil* nicht darauf ankommt, ob ein Ungleichgewicht zwischen den Rechten und Verpflichtungen der Parteien vorliegt; sonst würde jeder Vertrag per se als gerecht angesehen.[593] Es sollte aber nach dem Willen des Gesetzgebers insgesamt dabei bleiben, dass Vertragsstrafen ein wirksames Instrument zur Sicherung des Vertrages sind.[594]

Leider wurde die Frage nach deren Rechtsnatur nicht ernsthaft gestellt, geschweige denn beantwortet. Die luxemburgischen Gerichte gehen heute von einer gemischten Natur der Vertragsstrafe aus.[595] Es handelt sich damit sowohl um eine Sicherung der ordnungsgemäßen Vertragsdurchführung als auch um die vorherige Festlegung eines Ersatzanspruches. Dies entspricht auch der französischen Rechtslage.[596] Dies impliziert, dass die Höhe der Vertragsstrafe den Wert des tatsächlich erlittenen Schadens übersteigen kann.[597] Liegt hingegen die Höhe

588 *Biltgen*, Ann. dr. Lux. 1993, 75 (80).

589 *Bourin*, Les mille et un commandements du banquier, 505 (522) spricht insoweit von einem »Ermessensspielraum« der Richter; *Brucher/ Thieltgen/ Bena*, La protection juridique, 165 (190).

590 *Mestre*, Rtd. Civ. 1997, 651 (654).

591 *Le Tourneau*, Droit de la responsabilité, Rn. 1218.

592 Cour de Cass., Urt. vom 11.02.1997, Bull. Civ. 1997, I, n° 47.

593 *Bourin*, Les mille et un commandements du banquier, 505 (522).

594 Projet de loi n° 2217, Expose des motifs, S. 2534.

595 Zu dieser Einschätzung gelangt jedenfalls *Biltgen*, Ann. dr. Lux. 1993, 75 (97).

596 *Malaurie/ Aynès/ Stoffel-Munck*, Les obligations, Rn. 989.

597 Cour d'Appel Lux., Urt. vom 06.05.1992, n° 13361 du rôle; Trib. Arr. Lux., Urt. vom 06.02. 1991, n° 85/91 du rôle. Anders wohl die Gesetzgebungsmaterialien in Projet de loi n° 2217, Expose des motifs, S. 2533f., die besagen, dass die Höhe der Bestimmung das Ergebnis des vorherzusehenden Schadens sein müsse. Der Gläubiger solle weder einen nicht zu rechtfertigenden Schaden noch eine nicht zu rechtfertigende Einbuße erleiden. In dem hier verstandenen Sinne heute auch die französische Literatur *Malaurie/Aynès/Stoffel-Munck*, Les obligations, Rn. 989.

der Vertragsstrafe unter der tatsächlichen Schadenshöhe, handelt es sich um eine haftungsbeschränkende Bestimmung.[598]

Deshalb wird die Vertragsstrafe heute überwiegend wie folgt definiert: »La clause pénale est destinée à garantir l'exécution du contrat et à fixer de facon forfaitaire l'indemnisation de l'une des parties lorsque l'autre reste en defaut d'exécuter ses obligations.«[599] Dem Gläubiger ist damit der Beweis des Schadens erlassen, der ihm aus der Nichterfüllung entsteht.[600]

Damit eine Reduzierung der Vertragsstrafe überhaupt in Frage kommt, muss diese wirksamer Vertragsbestandteil geworden sein. Dies ist wegen der Abweichung der Vereinbarung vom geltenden Recht restriktiv zu beurteilen. So ist erforderlich, dass die Parteien entweder in ständiger Geschäftsbeziehung zueinander stehen und die Bedingungen ausdrücklich angenommen wurden oder dass die Aufmerksamkeit der anderen Vertragspartei im Moment des Vertragsschlusses besonders auf die Vereinbarung gelenkt worden ist.[601] In Frankreich wird die Frage der Notwendigkeit der Einbeziehung in den Vertrag hingegen nicht gesondert erörtert. In Anwendung der Regelungen über die Einbeziehung Allgemeiner Vertragsbedingungen gilt jedoch hier vergleichbares. Zudem ist zu beachten, dass die vorgesehene Vertragsstrafe in der Regel nur dann wirksam ist, wenn der Vertrag, in dem sie sich befindet, als solcher wirksam ist. Dies ist wiederum von der Formulierung der entsprechenden Bestimmung abhängig.[602] Unter anderem ist dies der Fall, wenn der Schaden aus der Aufhebung des Vertrages erstattet werden soll,[603] nicht hingegen wenn die Klausel den reinen Verzug erfasst.[604]

598 *Malinvaud*, Droit des obligations, Rn. 746.

599 Cour d'Appel Lux., Urt. vom 14. 11. 2007, Pas. 34, 57. Beispielsweise liege diese nicht vor, wenn der Schuldner im Falle der Nichterfüllung verpflichtet ist, die gesamte oder einen Teil der übertragenen Summe zu erstatten – in diesem Fall sei eine richterliche Beurteilung des erlittenen Schadens notwendig; anders sei dies hingegen, wenn stets der gesamte Wert zu erstatten sei, vgl. Trib. Arr. Lux, Urt. vom 02. 04. 2014, n° 85/2014, zitiert nach der Zusammenfassung von *Ancel*, Pas. 36, 737 (745).

600 Trib. Arr. Lux, Urt. vom 02. 04. 2014, n° 85/2014, zitiert nach der Zusammenfassung in *Ancel*, Pas. 36, 737 (745).

601 Trib. Comm. Lux., Urt. vom 01. 12. 1965, Pas. 20, 148 (149); Trib. Arr. Lux., Urt. vom 12. 07. 1989, n° 437/89 für eine Annahme wegen einer Unterschrift in einem abgegrenzten Bereich; Urt. vom 14. 07. 1989, n° 38726 du rôle; Urt. vom 06. 02. 1990, n° 156/90; Urt. vom 11. 05. 1990, n° 203/90. Ebenso unter Verweis auf Art. 1135–1 Code Civil Trib. Arr. Lux., Urt. vom 06. 02. 1991, n° 85/91; ablehnend hingegen Trib. Arr. Lux., Urt. vom 06. 01. 1984, n° 33485 du rôle, bei dem sich die Bedingungen auf der Rückseite der Rechnung befanden und darüber hinaus in Niederländisch und nicht in Französisch abgefasst waren.

602 Zur alten Rechtslage: Cour Superieure de Justice Lux., Urt. vom 30. 07. 1920, Pas. 11, 1 (3). Für die neuere Rechtsprechung: Trib. Arr. Lux., Urt. vom 12. 12. 1990, n° 668/90.

603 Trib. Arr. Lux., Urt. vom 19. 04. 2002, n° 48565, 48668, 48669, 50991, 50992, 50993. So auch für die französische Rechtsprechung *Hugon*, JCP 1994, I, 3790, 421.

Vor der Anrufung des Richters bei Geltendmachung der Vertragsstrafe[605] ist zudem erforderlich, dass die andere Partei erfolglos in Verzug gesetzt worden ist. Dies wird damit begründet, dass auch bei Geltendmachung der Vertragsstrafe die Voraussetzungen eines Schadensersatzanspruches vorliegen müssten.[606] Entsprechend gelten die gleichen Gründe, unter denen eine vorherige Mahnung entbehrlich ist; so zum Beispiel, dass die Leistung innerhalb einer vorgesehenen Frist zu erbringen war und diese erfolglos abgelaufen ist.[607] Nach bestrittener Ansicht reicht es aber aus, wenn lediglich für die Hauptverpflichtung der Verzug begründet wurde.[608] Aus diesen Erwägungen lässt sich ableiten, dass die Anwendung der Bestimmung nur dann in Betracht kommt, wenn eine nicht entschuldigte und dem Schuldner vorwerfbare Nichterfüllung der entsprechenden Vertragspflicht vorliegt.[609] Unerheblich ist hingegen, ob es sich dabei um eine Nichtleistung, um eine Teilleistung oder um eine verspätete Leistung handelt.[610] Soll die Bestimmung hingegen selbst bei fehlendem Beweis eines dem Schuldner vorwerfbaren Verhaltens eingreifen, ist sie als missbräuchlich anzusehen.[611] Denn der Gläubiger soll lediglich von der Erbringung des Beweises hinsichtlich des Vorliegens eines Schadens und von dessen Höhe entlastet werden[612].

Liegen die Voraussetzungen vor, stellt sich die Frage, ob die entsprechende Vertragsstrafe einen *caractère manifestement excessif* hat. Hierbei ist zu beachten, dass der luxemburgische Richter nicht von Amts wegen die Höhe verändern

604 Trib. Arr. Lux., Urt. vom 15.11.2002, n° 75940 du rôle; Urt. vom 07.07.2004, n° 82913 du rôle; Urt. vom 24.06.2005, n° 93884 du rôle; Urt. vom 26.10.2005, n° 88184 du rôle.

605 Nicht näher eingegangen wird hier auf die Frage, inwieweit auch dem *juge des référes* die Kompetenz zugesprochen wird, dem Kläger vorläufig den vereinbarten Wert zuzusprechen; siehe dazu im Einzelnen *Biltgen*, Ann. dr. Lux. 1993, 75 (104ff.).

606 So bereits vor 1987 Cour Supérieure de Justice Lux., Urt. vom 29.11.1971, Pas. 22, 87. Zum Teil verzichten die Gerichte jedoch auf das Erfordernis eines Schadens, vgl. Cour de Cass. Lux., Urt. vom 19.01.1984, Pas. 26, 41; Cour d'Appel Lux., Urt. vom 19.01.1983, Pas. 25, 434 (435).

607 Cour Supérieure de Justice Lux., Urt. vom 29.11.1971, Pas. 22, 87 (89); Cour d'Appel Lux., Urt. vom 23.05.2000, n° 24094 du rôle.

608 So Cour d'Appel Lux., Urt. vom 24.05.1982, n° 5719 du rôle.

609 Cour d'Appel Lux., Urt. vom 19.01.1983, Pas. 25, 434; Urt. vom 04.06.1997, n° 19566 du rôle; *Malinvaud*, Droit des obligations, Rn. 746: Die Nichterfüllung darf ihren Grund nicht im Eingreifen einer *force majeure* haben.

610 Cour de Cass., Urt. vom 01.02.1978, Bull. Civ. 1978, I, n° 44.

611 Trib. Arr. Lux., Urt. vom 18.02.2011, n° 199/11. Anders wohl noch Cour de Cass., Urt. vom 07.03.1969, JCP G 1970, Jur. 16461, wonach das Erfordernis des Verzugs durch eine vertragliche Bestimmung abbedungen werden kann.

612 Cour d'Appel Lux., Urt. vom 14.07.2004, n° 28455 du rôle; ebenso Cour d'Appel Lux., Urt. vom 02.10.1996, Pas. 30, 145: Der Hinweis der unterlegenen Partei auf den tatsächlich erlittenen Schaden ist daher ohne Belang. Dahingehend auch Cour de Cass., D. 1992, 365 (366).

darf, sondern immer ein entsprechender Parteivortrag erforderlich ist.[613] Der Schuldner muss den Beweis für die Überhöhung erbringen.[614]

Hierin liegt der hauptsächliche Unterschied zum französischen Recht; dort ist ein Tätigwerden des Richters von Amts wegen möglich und ggf. auch erforderlich. Eines entsprechenden Parteivortrags bedarf es nicht.

Es handelt sich in beiden Rechtsordnungen jedoch immer um eine Entscheidung im Einzelfall. Das einzige Kriterium ist die Verhältnismäßigkeit der Strafe im Vergleich zum tatsächlich erlittenen Schaden.[615] Dabei sind die Wichtigkeit des tatsächlich erlittenen Schadens[616], die tatsächliche Stellung des Gläubigers bei Anwendung der Vertragsstrafe[617], die konkrete Parteisituation und die Einstellung der Parteien zur Vertragsdurchführung zu berücksichtigen.[618] Früher nahm die Rechtsprechung an, dass es nicht auf eine Gut- oder Bösgläubigkeit der Parteien ankäme.[619] Dies gilt heute nicht mehr.[620] Jedenfalls urteilte der *Cour d'Appel lux.*, dass es nicht zu rechtfertigen sei, wenn der Schuldner einen Nutzen aus einer Reduzierung der Vertragsstrafe ziehe, wenn er seine Verpflichtung freiwillig und bösgläubig nicht erfüllt habe.[621] Anders scheint das hingegen die französische Rechtsprechung zu sehen: Der Richter soll hier ausschließlich das Missverhältnis zwischen dem tatsächlich erlittenen und dem

613 Cour d'Appel Lux., Urt. vom 07.07.1992, n° 14306 du rôle.

614 Trib. Arr. Lux., Urt. vom 11.03.2003, BIJ 2003, 43.

615 *Biltgen*, Ann. dr. Lux. 1993, 75 (107). Zur Anwendung durch die Rechtsprechung: Cour d'Appel Lux., Urt. vom 09.11.1993, Pas. 29, 293 (303); Trib. Arr. Lux., Urt. vom 06.02.1992, n° 85/91 du rôle. Eine Vertragsstrafe ist jedenfalls überhöht, wenn es überhaupt keinen Zusammenhang zwischen dem tatsächlichen Schaden und der Höhe der Vertragsstrafe gibt, vgl. Cour d'Appel Lux., Urt. vom 19.12.2007, n° 32176 du rôle.

616 Cour d'Appel Lux., Urt. vom 10.11.2010, n° 35743 du rôle: Es handelt sich um den reellen Schaden am Tag des richterlichen Urteils. Das Opfer habe das Recht auf Ersatz seines gesamten Schadens.

617 Es sei ungerecht, wenn dieser einen übermäßigen Vorteil aus der Nichterfüllung der Verpflichtung ziehe, den er bei »normaler« Vertragsdurchführung nicht erhalten hätte, vgl. Cour d'Appel Lux., Urt. vom 14.11.2007, Pas. 34, 57.

618 Cour d'Appel Lux., Urt. vom 21.10.1998, n° 20274 du rôle, zitiert nach: *Brucher/Thieltgen/Bena*, La protection juridique, 165 (191). Die Gesetzgebungsmaterialien verweisen in Projet de loi n° 2217[1], Avis de l' Union luxembourgeoise des Consommateurs, S. 23 lediglich auf die umfassende französische und belgische Rechtsprechung in der die Richter Kriterien zur Lösung des Einzelfalles suchen müssten. So auch Cour d'Appel Lux., Urt. vom 13.11.2002, n° 26371 du rôle; Urt. vom 14.11.2007, Pas. 34, 57.

619 Cour d'Appel Lux., Urt. vom 06.05.1992, n° 13361 du rôle; Trib. Arr. Lux., Urt. vom 06.02.1991, n° 85/91 du rôle.

620 *Brucher/ Thieltgen/ Bena*, La protection juridique, 165 (191). Anders hingegen *Ravarani*, La responsabilite civile, Rn. 751 unter Verweis auf die entsprechende Rechtsprechung, die diese Frage bis heute nicht einheitlich bewerte.

621 Cour d'Appel Lux., Urt. vom 17.11.1999, n° 22147 du rôle; Urt. vom 22.11.2000, n° 23706 du rôle; Urt. vom 13.11.2002, n° 26371 du rôle; Urt. vom 14.11.2007, Pas. 34, 57. So auch *Poelmans*, Journal des tribunaux Lux. 2010, 81 (103).

durch Vertragsstrafe festgesetzten Betrag beurteilen. Hingegen sind weder das Verhalten des Schuldners noch die finanziellen Möglichkeiten der Parteien in die Beurteilung des Vorliegens eines ungerechtfertigten Missverhältnisses einzubeziehen.[622]

Ein erhebliches Übermaß liegt nur vor, wenn der Richter die Voraussetzung ohne weitere Nachforschungen bejahen kann.[623] Unter anderem wurde dies in einem Fall bejaht, in dem die zu gewährende Entschädigung höher als der bei dem Verkauf realisierte Gewinn war.[624] Jedoch berücksichtigen die Gerichte auch die gemischte Natur der Vertragsstrafe: Da die Klausel unter anderem dazu diene, die andere Partei zur Vertragstreue zu veranlassen, liegt nach Ansicht der Gerichte nicht allein deshalb ein Missverhältnis vor, weil die vereinbarte Höhe den tatsächlich erlittenen Schaden übersteige.[625] In jedem Fall sei es dem Richter nicht gestattet, die Bestimmung unter den tatsächlich erlittenen Schaden abzusenken.[626] Diese Erwägungen zeigen aber auch, dass selbst nach der Gesetzesänderung die Beibehaltung der vertraglichen Vereinbarung die Regel ist.[627]

Daneben ist nach Art. 1231 *Code Civil* eine Modifikation der Höhe der Vertragsstrafe auch dann möglich, wenn der Schuldner die vertraglich geschuldete Leistung bereits teilweise erbracht hat. Jedoch findet sich in der französischen Literatur die Aussage, dass die Bestimmung keine große Bedeutung habe, da die Parteien häufig eine abweichende Bestimmung in den Vertrag aufnähmen, die nach der Rechtsprechung als zulässig angesehen wurde.[628] Die Rechtsprechung geht daher von der Unanwendbarkeit der Bestimmung aus, wenn der Vertrag selbst vorsieht, wie sich die teilweise Leistung auf die vereinbarte Strafe auswirkt.[629]

Verneint wurde eine Möglichkeit der Minderung bei einer Vertragsstrafe in Höhe von 15 % des geschuldeten Betrags,[630] in Höhe von 18 % der für das erste

---

622 Cour de Cass., Urt. vom 14.11.1995, Bull. Civ. 1995, I, n° 412; Cour de Cass., Urt. vom 11.02.1997, Bull. Civ. 1997, IV, n° 47.

623 Trib. Arr. Lux., Urt. vom 20.12.1991, n° 461/91 du rôle. Zu weiteren Anwendungsfällen: Cour d'Appel Lux., Urt. vom 09.12.1992, n° 14299 du rôle; Trib. Arr. Lux., Urt. vom 20.02.1991, n° 120/91 du rôle.

624 Cour d'Appel Lux., Urt. vom 06.05.1992, n° 13361 du rôle. So auch allgemein Cour d'Appel Lux., Urt. vom 09.12.1992, n° 14299 du rôle.

625 Cour d'Appel Lux., Urt. vom 06.05.1992, n° 13361 du rôle; Urt. vom 05.07.1995, n° 16227 du rôle; Trib. Arr. Lux., Urt. vom 14.07.1995, n° 43714 du rôle.

626 Cour d'Appel Lux., Urt. vom 10.11.2010, n° 35743 du rôle.

627 *Brucher/ Thieltgen/ Bena,* La protection juridique, 165 (190). So auch Cour. d'Appel Lux.. Urt. vom 09.11.1993, Pas. 29, 293 (295); Urt. vom 06.07.1994, n° 14259 du rôle.

628 *Malinvaud,* Droit des obligations, Rn. 746.

629 Cour de Cass, Urt. vom 19.11.1991, D. 1993, S. 56; Cour d'Appel Paris, Urt. vom 20.09.1991, Gaz. Pal. 1993, Jur., 211.

630 Cour d'Appel Lux., Urt. vom 02.03.2005, Bull. dr. et banque 2006, n° 37, 36 (37).

Jahr geschuldeten Miete,[631] sowie bei einer Bestimmung, die den zu ersetzenden Betrag auf 20 % des Betrags der unbezahlten Rechnungen festsetzte[632]. Hingegen fand eine Herabsetzung in einem Fall statt, in dem eine Partei den Wagen unter dem Wert der Vertragsstrafe in Höhe von 1/3 des Kaufpreises weiterverkaufen konnte.[633] Als übertrieben wurde auch eine Vertragsstrafe angesehen, bei der der Unterschied zwischen der Höhe des tatsächlichen Schadens und der Bestimmung in der Vertragsstrafe 65 % betrug.[634] Die Grenze dürfte daher (bei fehlender Bösgläubigkeit des Schuldners) etwa bei 30 % zu ziehen sein.

Aus dem Gesagten ergibt sich, dass der Richter in der Regel allein darauf beschränkt ist, die Höhe der Vertragsstrafe zu reduzieren. Nach der französischen Rechtsprechung ist der Richter zwar nicht verpflichtet, diese auf die Höhe des Schadensersatzes herabzusetzen, jedoch steht es ihm auch hier nicht zu, dem Gläubiger weniger als dem ihm entstandenen Schaden zuzusprechen.[635] Nur in wenigen Fällen steht dem Richter daneben auch die Möglichkeit einer Erhöhung der vorgesehenen Strafe zu[636]. Im Normalfall ist dem Richter dies aber selbst bei tatsächlichem Vorliegen eines höheren Schadens verwehrt.[637] In keinem Fall kann der Richter bei Erhöhung einer zu niedrigen Strafe aber über den entstandenen Schaden hinausgehen.[638]

Der anderen Vertragspartei bleibt es unbenommen, statt der Durchsetzung der Vertragsstrafe die Erfüllung des Vertrages zu verlangen.[639] Eine Ausnahme von der fehlenden Gestattung der gleichzeitigen Forderung ist nur dann zu machen, wenn die Bestimmung für den bloßen Verzug vereinbart wurde[640] und auch *interets moratoires* erfasst[641] oder wenn verschiedene Personen die Erfüllung des Vertrags und die Zahlung der Vertragsstrafe verlangen[642].

631 Trib. Arr. Lux., Urt. vom 26.10.2005, n° 88184 du rôle.

632 Trib. Arr. Lux., Urt. vom 04.02.2005, n° 86013 du rôle.

633 Cour d'Appel Lux., Urt. vom 13.01.1994, n° 13161 du rôle.

634 Cour d'Appel Lux., Urt. vom 10.11.2010, n° 35743 du rôle.

635 Cour de Cass., Urt. vom 24.07.1978 und 17.07.1978, D. 1979, IR 151; Urt. vom 08.07.1986, JCP 86, IV, 275; Urt. vom 29.01.1991, Bull civ. 1991, IV, n° 43.

636 Im französischen Recht findet sich nur der Hinweis darauf, dass eine Erhöhung nicht den Schaden übersteigen darf, nicht aber, dass das nur einen Ausnahmefall darstellt, vgl. *Le Tourneau*, Droit de la responsabilité, Rn. 1221.

637 Cour d'Appel Lux., Urt. vom 16.01.2003, n° 26556 du rôle; für eine entsprechende generelle Möglichkeit Projet de loi n° 2217, Expose des motifs, S. 2534: Die andere Partei solle sich nicht ohne weiteres vom Vertrag abwenden können. Die Vertragsstrafe habe ansonsten eher die Funktion einer weitreichenden Haftungsentlastung.

638 *Krafft*, Gaz. Pal. 1994, 386 (387).

639 Cour d'Appel Lux., Urt. vom 29.01.2003, DAOR 2004, 74; zitiert nach *Poelmans*, Droit des obligations au Luxembourg, S. 611.

640 *Ravarani*, La responsabilite civile, Rn. 749.

641 Cour de Cass., Urt. vom 06.11.1986, Bull. Civ. 1986, III, n° 150.

642 Cour de Cass., Urt. vom 20.05.1997, JCP G 1998, 10125.

Daneben kann der Richter Abstand von der Anwendung der Vertragsstrafe nehmen, wenn auf Seiten des Schuldners ein *dol* oder ein *faute lourde* vorliegt, der dem Schaden des Gläubigers zu Grunde liegt. Dann darf er ausnahmsweise über den vorgesehenen Betrag hinausgehen.[643] Großzügiger ist in diesem Bereich insoweit die französische Rechtsprechung: Um dem Gläubiger einen höheren Schadensersatzbetrag zuzusprechen, ist es nicht erforderlich, dass ein *dol* auf Seiten des Schuldners vorliegt.[644]

Diese Neuerungen überschreiten sicherlich das Maß dessen, was zu einem wirksamen Verbraucherschutz erforderlich ist. Viel eher geht es um den Schutz der schwächeren Vertragspartei im Allgemeinem.[645] Nichtsdestotrotz darf nicht verkannt werden, dass die Richter nur in sehr wenigen Fällen eine Vertragsstrafe reduzieren.[646] Der Ausnahmecharakter der Herabsetzung zeigt sich auch darin, dass ausschließlich diese begründungsbedürftig ist.[647]

D. Fazit

Ausgehend vom allgemeinen Anwendungsbereich des *Code Civil* war zu erwarten, dass dieser nur wenig zu einem wirksamen Schutz von Verbrauchern beizutragen vermag. Diese Annahme muss revidiert werden: Zwar schützen die Bestimmungen des *Code Civil* die schwächere Vertragspartei im Allgemeinen, jedoch ist nicht zu verkennen, dass es sich dabei in der Regel um einen Verbraucher handeln wird.

Auch die zweite Annahme, dass es gerade wegen der Übernahme des französischen *Code Civil* in Luxemburg zu einer weitgehenden Übereinstimmung der beiden Rechtsordnungen kam, muss nach einer eingehenden Analyse der Bestimmungen revidiert werden.

Gezeigt hat sich zwar, dass die beiden Rechtsordnungen die Übervorteilung einheitlich dahingehend verstehen, dass es sich um ein Missverhältnis zwischen Leistung und Gegenleistung handelt. Während es sich in Frankreich jedoch nicht

643 Cour d'Appel Lux., Urt. vom 03.03.2010, JTL 2011, 126.

644 *Malaurie/ Aynès/ Stoffel-Munck*, Les obligations, Rn. 991.

645 *Biltgen*, Ann. dr. Lux. 1993, 75 (83); *Bourin*, Les mille et un commandements du banquier, 505 (524).

646 *Wagner*, Remedies for International Sellers of Goods 2006, II/ 415 (448); für eine Anwendung durch die Rechtsprechung: Cour d'Appel Lux., Urt. vom 14.11.2007, Pas. 34, 57 (59f.): Der Gesetzgeber habe durch sein Eingreifen nicht die abschreckende Wirkung von Strafklauseln in Frage stellen wollen. Jedoch erfolgte hier eine Herabsetzung, da der Gläubiger nur einen *préjudice moral* erlitten hatte und der Schuldner nicht bösgläubig handelte.

647 Trib. Arr. Lux., Urt. vom 27.03.2012, n° 136616 du rôle. So auch im französischen Recht: Cour de Cass., Urt. vom 26.04.1978, D.1978, Jur., 349; Urt. vom 17.01.1979, JCP 79, IV, 98; Urt. vom 14.01.1987, D 1987, IR 18; Urt. vom 26.06.2001, JCP 2001, Sommaire, n° 2560.

um einen allgemeinen Unwirksamkeitsgrund handelt, sodass eine Berufung darauf nur bei bestimmten Verträgen zugelassen wird, handelt es sich in Luxemburg um einen allgemeinen Einigungsmangel. Auch hinsichtlich der Rechtsfolgen bestehen Unterschiede: Während in Frankreich der Vertrag grundsätzlich als unwirksam angesehen wird, hat die geschädigte Partei in Luxemburg die freie Wahl. Auch wenn die luxemburgische Regelung in der Praxis doch nur begrenzte Anwendung findet, liegt in deren Schaffung insgesamt dann doch einer der deutlichsten Brüche mit dem französischen Recht.[648] Dies ist ein starkes Indiz für die Annahme einer Eigenständigkeit.

Aber auch die Frage nach einer Einstandspflicht für das Vorliegen verborgener Fehler hat gewisse Abweichungen zwischen den beiden Rechtsordnungen erkennen lassen. Trotz der wörtlichen Übereinstimmung des Art. 1641 *Code Civil* zeigen sich jedoch im Detail Unterschiede in der Anwendung, insbesondere im Hinblick auf die Frist zur Geltendmachung des Fehlers. Während übereinstimmend zunächst eine kurze Frist nach der Entdeckung des Fehlers zur Geltendmachung von Rechtsbehelfen bestand, bestehen seit 1987 in Luxemburg zwei Fristen. Während zunächst eine kurze Frist zur Geltendmachung einzuhalten ist, bleibt danach ein Jahr zur Erhebung einer entsprechenden Klage. In Frankreich wurde hingegen bis 2005 die kurze Frist beibehalten, dann aber eine Frist von zwei Jahren vorgesehen. Ein weiterer wesentlicher Unterschied besteht darin, dass in Frankreich im Grundsatz dem Käufer die Wahl der Rechtsfolgen obliegt, während diese Wahl in Luxemburg nur eingeschränkt möglich ist.

Im zuletzt betrachteten Themenkomplex der Kontrolle von Vertragsstrafen zeigen sich weitere Unterschiede. Der wesentliche ist hier sicherlich in der Frage zu sehen, ob sich die Parteien auf deren Unwirksamkeit berufen müssen (Luxemburg) oder ob eine Kontrolle von Amts wegen (Frankreich) möglich ist. Ein weiterer Unterschied besteht jedoch auch in der Berücksichtigung einer Gut- und Bösgläubigkeit. Die Verschiedenheit der Rechtsordnung beruht daher auch hier teilweise aus Unterschieden in der gesetzlichen Regelung als solcher, teilweise auf Unterschieden in der konkreten Rechtsanwendung durch die Gerichte.

648 *Ancel*, Revue des contrats 2014, 295 (297).

Kapitel 5: Die Kontrolle Allgemeiner Vertragsbedingungen als Zwitter zwischen dem luxemburgischen *Code Civil* und dem *Code de la cons.*

Während der Arbeit bisher eine starre Trennung zwischen Regelungen des *Code Civil* und solchen aus dem *Code de la cons.* zu Grunde lag, stellt die Kontrolle Allgemeiner Vertragsbedingungen in diesem System quasi einen »Fremdkörper« dar. Im Gegensatz zu den bisher behandelten Materien lassen sich die auf die Kontrolle Allgemeiner Vertragsbedingungen anwendbaren Vorschriften in Luxemburg keinem der Gesetzbücher ausschließlich zuordnen.

Allein in dieser Zweiteilung bereits eine luxemburgische »Besonderheit« zu erblicken, ginge jedoch fehl: Spiegelbildlich findet sich eine solche Verteilung auch in der französischen Rechtsordnung. Ausgehend von der These einer eigenständigen Entwicklung des luxemburgischen Rechts lässt sich dennoch erwarten, dass abweichende Lösungen in den beiden Rechtsordnungen zu beobachten sind. Bereits zu Anfang der 80er Jahre erkannte der luxemburgische Gesetzgeber nämlich die Notwendigkeit eines Verbraucherschutzes im Bereich der Allgemeinen Vertragsbedingungen, da dem Verbraucher oftmals entweder seine eigene Verhandlungsposition oder die Tragweite der ihm vorgelegten Bestimmungen unbekannt ist.[649] Daher wurden schon in diesem Zeitpunkt entsprechende Schutzmaßnahmen ersonnen. Durch den Erlass der Richtlinie 93/13/EWG[650] und der Notwendigkeit ihrer Umsetzung in das nationale Recht wird hingegen mit einer weitestgehenden Angleichung der Regelungsregime zu rechnen sein.

649 Projet de loi n° 2217, Expose des motifs, S. 2528.

650 Richtlinie 93/13/EWG des Rates vom 5. April 1993 über mißbräuchliche Klauseln in Verbraucherverträgen, Abl. EG L 95, 21.4.1993, 29.

A. Grenzen der Kontrolle in persönlicher und sachlicher Hinsicht

Betrachtet man allein die Dichotomie der Anwendungsbereiche der verschiedenen einschlägigen Gesetzbücher, ergibt sich bereits daraus die Notwendigkeit, den Anwendungsbereich in persönlicher Hinsicht zu untersuchen. Daneben muss auch danach gefragt werden, inwieweit eine Beschränkung in sachlicher Hinsicht auf gewisse Vertragstypen oder gewisse Gruppen von Vertragsbedingungen vorliegt.

I. Beschränkungen in persönlicher Hinsicht

Der vermutete Unterschied zwischen den französischen und luxemburgischen Regelungen zeigt sich bereits bei der Frage, welchen persönlichen Anwendungsbereich die Kontrolle Allgemeiner Vertragsbedingungen hat. Während Art. L. 211-1 sowie L. 211-4 *Code de la cons. fr.* vorsehen, dass Vertragsbedingungen in einem Vertrag zwischen einem Unternehmer und einem Verbraucher oder »non-professionnel« der Kontrolle unterliegen, sind nach Art. L. 211-2 des *Code de la cons. lux.* nur Verbraucherverträge im eigentlichen Sinne kontrollfähig. Eine klare Aussage zur Frage, ob damit auch Verträge mit einem *non-professionnel* erfasst sind, kann für Luxemburg aus den obigen Erwägungen nicht getroffen werden. Das französische Recht geht mit seiner Erstreckung damit auch über die Vorgaben der auf Verbraucherverträge beschränkten Richtlinie hinaus.

Übereinstimmung besteht hingegen in beiden Rechtsordnungen dahingehend, dass Verträge zwischen Verbrauchern untereinander aus dem Anwendungsbereich ausgeschlossen sind.[651]

Ebenso übereinstimmend verneinen die beiden Rechtsordnungen eine Unterscheidung zwischen verschiedenen Rechtsformen der Verwender der Bedingungen. Auch Unternehmen aus dem Bereich des öffentlichen Rechts unterliegen den Bestimmungen. Einschränkend wird jedoch gefordert, dass das Unternehmen als solches im konkreten Fall privatwirtschaftlich und unternehmerisch handelt.[652]

Seit Schaffung der entsprechenden Bestimmungen wurde in Luxemburg jedoch diskutiert, ob diese uneingeschränkt auf Banken Anwendung finden sollen oder ob nicht der Anwendungsbereich entsprechend einzuschränken ist.[653] Erst durch ein Urteil der *Cour de Cass. lux.* in 1996[654] wurde eine klare Feststellung

651 *Bennemann*, RIW 1986, 594 (596).
652 *Bennemann*, RIW 1986, 594 (596); für das französische Recht vgl. die Nachweise bei *Denkinger*, Der Verbraucherbegriff, S. 410 Fn. 1596.
653 *Elvinger*, Feuille de liaison 60 (1984), 15.
654 Cour d'Appel Lux., Urt. vom 27.03.1996, Pas. 30, 73 (73ff.).

getroffen: Danach sind auch Banken als Unternehmer anzusehen, soweit diese unternehmerisch und mit der Absicht der Gewinnerzielung handeln. Dafür ist es unerheblich, ob die in Frage stehende Leistung üblicherweise oder nur ausnahmsweise erbracht wird.[655] Da das Gesetz eine solche Unterscheidung nicht vorsieht, ist auch die Kreditgewährung der Bank an eigene Angestellte als unternehmerische Tätigkeit anzusehen. Dies gilt sogar dann, wenn diese allein erfolgt, um einem eigenen Angestellten einen Vorteil zu gewähren.[656]

II. Diskussion über die Ausklammerung von Vertrags- oder Bedingungstypen aus dem Anwendungsbereich?

Betrachtet man mögliche Beschränkungen in sachlicher Hinsicht, ist ein weiterer Unterschied zwischen den beiden Rechtsordnungen auszumachen: Während es nach luxemburgischem Recht zwar ausreichend ist, dass sich die fragliche Bestimmung auf einem Ticket oder einer Lieferbestätigung befindet, reicht ein allein mündlich abgeschlossener Vertrag nicht aus, um diesen einer Kontrolle zu unterwerfen.[657] Abweichend hiervon ist die Kontrolle in Frankreich von der Form des Vertrages unabhängig, insbesondere ist diese nicht allein auf schriftlich fixierte Bestimmungen beschränkt.[658]

Ursprünglich hatte sich der französische Gesetzgeber aber für eine andere sachliche Beschränkung entschieden, die erst bei der Umsetzung der Klausel-Richtlinie 1995 aufgegeben wurde. Danach beschränkte sich die Kontrolle auf gesetzlich abschließend genannte Typen von Vertragsbedingungen.[659] Erfasst waren neben Zahlungsmodalitäten u. a. Bestimmungen über die Gefahrtragung und den Gefahrübergang sowie den Umfang der Haftung bzw. Gewährleistungsregelungen.[660] Da die Klausel-Richtlinie entsprechende Beschränkungen nicht vorgesehen hat, wurde der Katalog aus dem Gesetz gestrichen[661]. Heute ist der Anwendungsbereich daher grundsätzlich unbeschränkt – einzig bleiben

655 *Bourin*, La gestion de portefeuille, S. 125. Im in Frage stehenden Fall erfolgte die Vergabe von Krediten durch die Bank in Luxemburg nur an ihre Mitarbeiter und deren Ehegatten. Die Bank machte daher geltend, dass es sich bei dem Kredit um einen reinen Vorteil für ihre Angestellten handele.

656 Cour d'Appel Lux., Urt. vom 27.03.1996, Bull. Dr. et Banque 25, 71 (74/75).

657 *Bauler*, Feuille de liaison 60, 21 (23).

658 *Mühlhans*, Die Umsetzung der Klausel-Richtlinie, S. 60.

659 Conseil d'Etat, Beschluss vom 03.12.1980, D. 1981, jur., 228.

660 Deutsche Übersetzung nach *Nobis*, Missbräuchliche Vertragsklauseln, S. 479. Dort auch zu den weiteren kontrollfähigen Vertragselementen.

661 *Martin*, Annales des loyers 1995, 879 (883), zitiert nach: *Nobis*, Missbräuchliche Vertragsklauseln, S. 482.

entsprechend den Vorgaben der Richtlinie der Hauptgegenstand des Vertrages und das Verhältnis zwischen Leistung und Gegenleistung unberücksichtigt.

Die von der Klausel-Richtlinie vorgesehene Beschränkung auf vorformulierte Vertragsbedingungen haben hingegen weder der luxemburgische noch der französische Gesetzgeber nachvollzogen, sondern den Anwendungsbereich ähnlich der bestehenden Regelungen auf Individualvereinbarungen erstreckt.[662] Denn auch hier soll der Verbraucher vor einem Machtmissbrauch durch den Unternehmer geschützt werden.[663] Es kommt daher nicht darauf an, ob die Parteien in Verhandlungen über die Bedingungen eingetreten sind.

Gegenüber dem durch die Richtlinie angeordneten Schutzniveau wird dem Verbraucher übereinstimmend auch insoweit ein höherer Schutz gewährt, als dass Bestimmungen jedenfalls mittelbar kontrollfähig sind, die auf bindenden Rechtsvorschriften beruhen. Wegen des Grundsatzes der Gewaltenteilung erfolgt zwar keine Gesetzeskontrolle im eigentlichen Sinne,[664] zugelassen wird aber die Kontrolle der auf Verordnungen oder Verwaltungsvorschriften beruhenden Bestimmungen in Verträgen mit öffentlichen Unternehmen[665]. Zumindest im französischen Recht liegt die Entscheidungskompetenz jedoch allein beim Verwaltungsgericht.[666]

B. Kontrollzuständigkeit: Die Wahl zwischen außergerichtlicher Kontrolle und der Kontrolle durch die Rechtsprechung

Aus gesetzgeberischer Sicht bedarf es ferner einer Entscheidung darüber, ob die Kontrolle der Missbräuchlichkeit von Vertragsbedingungen außergerichtlichen Mechanismen überlassen werden soll oder den Gerichten überantwortet wird. Von Interesse ist hier zunächst das durch den französischen Gesetzgeber 1978 geschaffene System, dessen Übernahme aus den im Folgenden zu zeigenden Gründen durch den luxemburgischen Gesetzgeber abgelehnt worden ist[667]. Hierin wird sich ein wesentlicher Unterschied der beiden Regelungssysteme zeigen. Gleichzeitig ist dies aber auch ein Beispiel dafür, dass die Übernahme von Regelungen anderer Rechtsordnungen in Luxemburg immer auch unter dem Vorbehalt der Praktikabilität steht.

662 *Bennemann*, RIW 1986, 594 (595); *Nobis*, Missbräuchliche Vertragsklauseln, S. 481.

663 *Nobis*, Missbräuchliche Vertragsklauseln, S. 477f.

664 *Meilhac*, Le Nouveau Droit, 291 (296).

665 Cour de Cass., Urt. vom 31.05.1988, D. 1988, somm., 406; *Nobis*, Missbräuchliche Vertragsklauseln, S. 482f.

666 *Nobis*, Missbräuchliche Vertragsklauseln, S. 484f. Dort auch eingehender zu dem dabei anzuwendenden Verfahren.

667 Projet de loi n° 2217[3], Prise du position du Ministère de la Justice, S. 1.

I. Die *Loi Scrivener* (Gesetz Nr. 78–23 vom 10. Januar 1978): Die *Commission des clauses abusives*

Verschaffte eine Bestimmung dem Unternehmer unter missbräuchlicher Ausnutzung seiner wirtschaftlichen Macht einen einseitigen oder übergebührlichen Vorteil,[668] hatte der französische Gesetzgeber zunächst eine richterliche Kontrolle vorgesehen[669]. Aus Angst vor einem »Leerlauf« der Kontrolle aufgrund der mit einem Prozess verbundenen Kosten sowie der Gefahr divergierender Entscheidungen[670] wurde die Kontrolle missbräuchlicher Vertragsbedingungen dennoch der Regierung überantwortet, die von der *Commission des clauses abusives*[671] unterstützt worden ist[672]. Grund für die Entscheidung gegen eine richterliche Kontrolle war sicherlich auch die zu diesem Zeitpunkt bestehende Skepsis gegenüber richterlichen Eingriffen in die Vertragsfreiheit.[673]

Die außergerichtliche Kontrolle erfolgte durch den Erlass von Dekreten durch den Staatsrat, auf eigene Initiative der *Commission des clauses abusives*, sowie durch die Erstellung von Jahresberichten und Stellungnahmen.

1. Regelung durch Dekrete des Staatsrates[674]

Nachdem die *Commission des clauses abusives* ein Gutachten erarbeitet hatte, konnte der Staatsrat durch den Erlass von Dekreten die Verwendung von als unlauter angesehenen Vertragsbedingungen untersagen, beschränken oder anderweitig reglementieren.[675] Widerspricht eine Vertragsbedingung einem sol-

---

668 Übersetzung nach *Witz/ Wolter*, ZEuP 1993, 360 (362).

669 Vgl. *Sinay-Cytermann*, La commission des clauses abusives, 471 (472).

670 Vgl. die Nachweise bei *Sinay-Cytermann*, La commission des clauses abusives, 471 (472).

671 Deutsch: Kommission für unlautere Vertragsklauseln, Übersetzung nach *Calais-Auloy*, Unlautere Vertragsbedingungen, Zeitschrift für Verbraucherpolitik 1980, 231 (233). Nach Art. 36 *Loi Scrivener* besteht die Kommission aus folgenden Mitgliedern: 3 Richtern, 3 Vertretern der Verwaltung, 3 Rechtsgelehrten sowie jeweils 3 Repräsentanten von Verbraucherorganisationen und Unternehmen.

672 Vgl. Art. 35 Abs. 1: »Dans les contrats conclus entre professionnels et non-professionnels, ou consommateurs, peuvent être interdites, limitées ou réglementées, par des décrets en Conseil d'Etat pris après avis de la commission instituée par l'article 36 [...].«

673 *Sonnenberger*, RIW 1990, 165 (174).

674 Parallel wird auch von Verordnungen des Staatsrates gesprochen, vgl. beispielsweise *Bennemann*, Fiktionen und Beweislastregelungen, S. 97.

675 Die Dekrete sind auf bestimmte Vertragsbestandteile zu beschränken z. B. Klauseln über den Gefahrübergang oder über den Umfang der Haftung; siehe zu weiteren Einzelheiten durch eine Übersetzung von Art. 35 *Loi Scrivener*, *Klima*, RIW 1992, 98 (99) Fn. 5. Diese Aufzählung wird als abschließend angesehen, Conseil d'Etat, Urt. v. 03.12.1980, D 1981 J 228; *Lamberterie/ Wallaert*, Rev. int. dr. comp. 34 (1982) 673, 692.

chen Dekret, galt sie ohne weitere Prüfung als nicht geschrieben.[676] Die Rolle des Richters beschränkte sich auf diesen Ausspruch.[677] Die Rolle des Richters wurde zudem dadurch eingeschränkt, dass ihm dieser Ausspruch nur gestattet war, wenn die Bedingung zuvor Gegenstand eines entsprechenden Dekretes war.[678]

Weiterhin geschwächt wurde die Wirksamkeit der Kontrolle ferner dadurch, dass daneben in der Regel[679] keine weitergehende Sanktionierung erfolgt ist. Vielmehr blieb insbesondere die Möglichkeit, die Bedingung in anderen Verträgen zu verwenden.[680]

Unabhängig von diesen Unzulänglichkeiten auf Seiten der Rechtsfolgen, war diesem Mechanismus bereits aus anderen Gründen kein Erfolg vergönnt. Es wurden zwar zahlreiche Empfehlungen der Kommission veröffentlicht[681], tatsächlich erließ der Staatsrat aber nur ein einziges Dekret.[682] Diese hatten daher nur geringe praktische Relevanz.

2. Empfehlungen der Kommission aufgrund eines eigenen Initiativrechts

Der Kommission war es unbenommen, auf eigene Initiative üblicherweise gegenüber Verbrauchern verwandte Bedingungen zu untersuchen sowie deren Änderung bzw. Streichung zu verlangen. Ziel war die Schaffung eines vertraglichen Gleichgewichts sowie die Gewährleistung einer angemessenen Information des Verbrauchers.[683]

Jedoch war die Bindungswirkung dieser Empfehlungen gegenüber den Dekreten des Staatsrates noch einmal abgeschwächt: Den Empfehlungen kam nämlich keinerlei Bindungswirkung zu – sie konnten lediglich einen moralischen

676 Vgl. Art. 35 Abs. 2: »De telles clauses abusives, stipulées en contradiction avec les dispositions qui précèdent, sont réputées non écrites.«

677 So u. a. *Delebeque*, D.1982, 132 (136); *Malinvaud*, D. 1981, Chron. 49, 49 (57) ; a. A. u.a *Bihl*, J.C.P. 1978, n° 2909, Rn. 24, nach der ein Richter eine Klausel in einer Individualbeziehung als missbräuchlich erklären kann, wenn diese den Kriterien des Art. 35 entspricht.

678 *Berger-Walliser*, RIW 1996, 459.

679 Eine Ausnahme bildet lediglich Art. 4 des Dekretes N° 78–464 vom 24.3.1978, der eine Geldbuße von 1000 bis 15.000 F vorsieht.

680 Deshalb die Möglichkeit eines effektiven Verbraucherschutzes kritisierend *Calais-Auloy*, Unlautere Vertragsbedingungen, Zeitschrift für Verbraucherpolitik 1980, 231 (235).

681 *Klima*, RIW 1992, 98 (100).

682 Dekret N° 78–464 vom 24. 3. 1978. Der Teil des Dekretes über die Unwirksamkeit vertraglicher Nebenbestimmungen, die einer gewissen Form nicht genügen, wurde bereits zwei Jahre später wieder vom Staatsrat zurückgenommen (Entscheidung Nr. 12814 vom 3. 12. 1980, J.O. vom 24. 12. 1980, S. 3033). Daneben wurde zwar ein weiteres Dekret N°87–1045 vom 22. 12. 1987 erlassen. Jedoch weisen *Witz/Wolter*, ZEuP 1993, 360 (362) in Fn. 6 zu Recht darauf hin, dass dieses Dekret keine Klauselverbote an sich statuiert, sondern lediglich in bestimmten Fällen die Verwendung eines Einheitsformulars vorsieht.

683 *Sinay-Cytermann*, La commission des clauses abusives, 471 (499).

Druck auf die Unternehmer auszuüben[684]. Zudem stand es dem zuständigen Minister frei, zu entscheiden, ob der Bericht veröffentlicht wurde.[685] Auch aus diesen Gründen erwies sich auch diese Befugnis der Kommission als »stumpfes« Schwert.

3. Jahresberichte

Diese Einschätzung galt ebenso für die Pflicht der Kommission zur Erstellung eines Jahresberichts. Diesem war zwar zu entnehmen, welche Empfehlungen nicht veröffentlicht worden sind und welche weitergehenden Änderungswünsche von Seiten der Kommission bestanden. Jedoch kam auch diesem Bericht keine irgendwie geartete Bindungswirkung zu.

4. Abgabe von Stellungnahmen zu Vertragsmustern

Wohl aus der Erkenntnis der weitestgehenden Wirkungslosigkeit der ihr übertragenen Befugnisse hatte sich die Kommission ferner die Befugnis zugesprochen, Stellungnahmen zu Vertragsmustern abzugeben.[686] Auch diesen kam keine Verbindlichkeit zu.

5. Die Unzulänglichkeit der gesetzlichen Regelungen

Trotz der genannten Unzulänglichkeiten wurde das System zwiegespalten beurteilt: Von Vorteil war sicherlich, dass einer Entscheidung eine größere Breitenwirkung zukam und nicht die Notwendigkeit eines Prozesses bestand,[687] was zudem Rechtsunsicherheit vermeidet[688]. Nachteilig war hingegen, dass die Regierung eher dazu tendierte, eine allzu starke Belastung der Unternehmen zu vermeiden, während die Gerichte hingegen verstärkt auf die Wahrung des vertraglichen Gleichgewichts achten.[689] Zudem verleiteten die festgestellten tatsächlichen Unzulänglichkeiten eher zu dem Schluss, dass es sich bei der Kommission um ein reines Beratungsorgan, denn um ein effektives Kontrollorgan

684 Zu diesem Ergebnis gelangt auch *Bennemann*, Fiktionen und Beweislastregelungen, S. 98.

685 *Calais-Auloy*, Unlautere Vertragsbedingungen, Zeitschrift für Verbraucherpolitik 1980, 231 (234). So waren bis 1980 lediglich zwei von einem Dutzend von Empfehlungen veröffentlicht.

686 Vgl. im Einzelnen *Sinay-Cytermann*, La commission des clauses abusives, 471 (488ff.).

687 *Calais-Auloy*, Unlautere Vertragsbedingungen, Zeitschrift für Verbraucherpolitik 1980, 231 (233).

688 *Bénabent*, Droit Civil: Les obligations, Nr. 172.

689 *Calais-Auloy*, Unlautere Vertragsbedingungen, Zeitschrift für Verbraucherpolitik 1980, 231 (233).

handelte.[690] Dies bestätigte nach *Sonnenberger*[691] die Befürchtung, »dass auf Grund politischer und wirtschaftlicher Überlegungen von der Exekutive kein Gesamtkonzept des Verbraucherschutzes gegen Allgemeine Geschäftsbedingungen zu erwarten ist.«

II. Die Zulassung einer richterlichen Kontrolle durch die *Cour de Cass. fr.*

Ende der 80er Jahre zeigten sich aufgrund der erkannten Unzulänglichkeiten erste Tendenzen einer Zulassung der richterlichen Kontrolle.[692] Durch Gesetz vom 05.01.1988[693] wurde anerkannten Verbraucherverbänden die Möglichkeit gewährt, gegen die Verwendung missbräuchlicher Bedingungen in Musterverträgen durch Untersagungsklage vorzugehen. Wenn auch auf diesen Bereich beschränkt[694], erhielten die Richter dort erstmals die Möglichkeit einer selbstständigen Kontrolle.

Ein Wandel zeigte sich auch in der Auslegung der Bestimmungen der *Loi Scrivener.* Während aufgrund des ausdrücklichen Gesetzeswortlauts und der Ablehnung der richterlichen Kontrolle im Gesetzgebungsverfahren weitergehende richterliche Befugnisse zunächst nicht zugelassen worden sind, zeigten sich doch in der Rechtsprechung Ansätze einer abweichenden Beurteilung. So hat die *Cour de Cass.* in zwei Urteilen[695] Bedingungen als ungeschrieben angesehen, die vorher nicht in ein Dekret aufgenommen worden sind. Ein »Zurückrudern« erfolgte jedoch durch den eigenen Jahresbericht,[696] der eine eigenständige Beurteilung der Wirksamkeit einer Bestimmung außerhalb eines Dekretes ausdrücklich abgelehnt hat.

---

690 In diesem Sinne auch *Sinay-Cytermann,* La commission des clauses abusives, 471 (490), die feststellt, dass sich die Kommission nach Analyse ihrer Befugnisse als reines Beratungsorgan verstehen könne.

691 RIW 1990, 165 (166).

692 Bis dahin hatten die Richter vor allem versucht, den Bestimmungen dadurch ihre Wirksamkeit abzusprechen, dass diese nicht als Vertragsbestandteil angesehen wurden oder eine einschränkende Auslegung erfolgte; siehe u. a. *Rieg,* Eudes offertes à R. Rodiére, 221 (232).

693 Loi n° 88–14 du 5 janvier 1988 relative aux actions en justice des associations agréées de consommateurs et à l'information des consommateurs, JORF du 6 janvier 1988, S. 219.

694 Zu dem Ergebnis, dass diese teilweise Zulassung richterlicher Kontrolle nicht als Gesamtkonzept betrachtet werden kann, gelangt auch *Sonnenberger,* RIW 1990, 165 (166 sowie erneut auf 169).

695 Cour de Cass., Urt. vom 28.4.1987, n° 85–13674 du pourvoi; Cour de Cass., Urt. vom 16.7. 1987, n° 84–17.731 du pourvoi.

696 Rapport de la Cour de Cassation pour l'année 1987, S. 214, zitiert nach *Klima,* RIW 1992, 98 (101).

Entscheidender Wendepunkt war ein weiteres Urteil der *Cour de Cassation fr.* vom 14. Mai 1991[697]. Im Hinblick auf eine Haftungsfreistellung entschied sie, dass eine Bestimmung wegen eines übergebührlichen Vorteils und dem Aufzwingen aufgrund eigener wirtschaftlicher Überlegenheit des Unternehmers als nicht geschrieben anzusehen sei. Das Besondere an dieser Entscheidung war, dass dieses Urteil erfolgte, obwohl die in Frage stehende Vertragsbedingung nicht durch ein Dekret untersagt worden war,[698] sodass nach dem Gesetzeswortlaut keine richterliche Entscheidung zulässig gewesen wäre[699]. Durch diese Entscheidung wurde die rein öffentlich-rechtliche und vor allem abstrakte Kontrolle hin zu einer »echten« gerichtlichen Kontrolle entwickelt.[700] Nichtsdestotrotz darf nicht verkannt werden, dass dies das Ergebnis einer fast 13jährigen Entwicklung war.

III. Frankreich zwischen richterlicher Kontrolle und Beibehaltung der *Commission des clauses abusives*

Trotz der ausdrücklichen »Rebellion« der Gerichte entschied sich der französische Gesetzgeber zunächst nicht vollends für eine Zulassung der richterlichen Kontrolle. Vielmehr gewährte er durch Dekret Nr. 93–314 vom 10. 03. 1993[701] den Gerichten die Möglichkeit, bei der Kommission unverbindlich nach der Missbräuchlichkeit einer Bedingung nachzufragen. Nichtsdestotrotz führte die Rechtsprechung den von ihr eingeschlagenen Weg, wenn auch unter Einschränkungen, fort. Zukünftig sollte die Verwerfungskompetenz allein der *Cour de Cassation* obliegen.[702]

Auch der *Code de la cons.* verwies in seinen Art. L. 132–1ff. a. F. zunächst weiterhin auf die Aufgaben der Kommission, ohne explizit auf die Möglichkeit einer richterlichen Kontrolle einzugehen.[703] Durch Gesetz vom 01. 02. 1995[704] erfolgte eine Angleichung von Gesetzestext und Rechtswirklichkeit in aus-

697 Cour de Cassation, Urt. vom 14. 03. 1991, JCP 1991, II, 21763.

698 *Beale/ Fauvarque-Cosson/ u. a.*, Contract Law, S. 790 beschreiben das Urteil aus Sicht der damaligen Zeit sogar als »coup d'état jurisprudentiel«.

699 *Paisant*, JCP 1991, II, 21763: Die Richter hätten damit entgegen dem Gesetz entschieden.

700 *Beale/ Fauvarque-Cosson/ u. a.*, Contract Law, S. 778. Die Frage nach der Tragweite der Entscheidung wegen der Tatsache, dass die Kommission 1982 eine Empfehlung erlassen hatte, die gerade die in Frage stehende Klausel als missbräuchlich bezeichnete offen lassend *Paisant*, JCP 1991, II, 21763.

701 D. 1993, législ. 271.

702 Cass. Civ., Urt. vom 26. 05. 1993, D. 1993.568, Note *Paisant*.

703 *Witz/ Wolter*, ZEuP 1995, 35 (43).

704 Loi n°95–96 du 1 février 1995 concernant les clauses abusives et la présentation des contrats et régissant diverses activités d'ordre économique et commercial, JORF, n° 28 vom 02. 02. 1995, S. 1755.

drücklicher Anerkennung der richterlichen Befugnis, Bedingungen auch bei Nichtbestehen eines Dekretes für unwirksam zu erklären.[705] Die Kommission wurde dennoch beibehalten: Ihre Empfehlungen können weiterhin von Verbrauchern dazu genutzt werden, Verträge neu zu verhandeln, dienen aber auch als Grundlage für Gerichtsverfahren.[706] Insgesamt bleibt es daher bei einem Mittelweg, auch wenn der Schwerpunkt heute sicherlich in der richterlichen Kontrolle zu sehen ist.

IV. Frühe Rechtsklarheit in Luxemburg

Die Unzulänglichkeiten der französischen Regelung erkennend, herrschte in der luxemburgischen Rechtsprechung bereits früh Klarheit dahingehend, dass dem Richter die Befugnis zugesprochen wurde, von Amts wegen über die Missbräuchlichkeit einer Vertragsbedingung zu befinden. Dem lag die Erkenntnis zu Grunde, dass der gewährte Schutz keine hinreichende Wirkung hat, wenn sich der Verbraucher erst auf diesen berufen muss.[707] In Übereinstimmung mit der Rechtsprechung des EuGH[708] ist dies nicht nur als Recht des Richters, sondern als dessen Verpflichtung auszulegen.[709]

Deutlich zeigt sich hier, dass der luxemburgische Gesetzgeber nicht »blind« Regelungen aus dem französischen Recht übernimmt, sondern deren Übernahme von der praktischen Handhabbarkeit der Bestimmung abhängig macht und aktiv auf aufgetretene Unzulänglichkeiten reagiert. Damit handelt es sich hier auch um ein deutliches Beispiel für die aufgestellte These einer Eigenständigkeit der luxemburgischen Rechtsordnung.

C. Wirksamkeit der Aufnahme von Vertragsbedingungen

Der inhaltlichen Kontrolle allgemeiner Vertragsbedingungen notwendigerweise vorgelagert ist die Frage danach, auf welche Weise diese wirksam zum Vertragsbestandteil werden.

705 Dies ergibt sich zwar nicht ausdrücklich aus dem Wortlaut des Gesetzes jedoch aus einem Umkehrschluss zur Liste im Anhang, *Witz/ Wolter*, ZEuP 1995, 885 (887f.).

706 *Beale/ Fauvarque-Cosson/ u. a.*, Contract Law, S. 791.

707 Trib. Arr. Lux., Urt. vom 22.03.2006, n° 98/2006 du rôle; Urt. vom 21.06.2006, n° 211/ 2006 du rôle; Urt. vom 24.04.2008, n° 122/2008 du rôle.

708 EuGH, Urt. vom 27.06.2000, C-240/98 – C-244/98, Slg. 2000, I-4941.

709 Cour de Cass. Lux., Urt. vom 24.06.2011, n° 43/11 du rôle.

I. Fehlende gesetzliche Regelungen: Richterliche Lösungen vor 1983

Mangels Bestehens einer besonderen gesetzlichen Regelung für die Kontrolle allgemeiner Vertragsbedingungen,[710] wurde die Frage nach der wirksamen Aufnahme von Vertragsbedingungen in eine Vereinbarung durch die luxemburgischen Gerichte vor 1983 über die Regelungen zur Annahme (*consentement*) sowie durch die Frage nach dem Vorhandensein des Gleichgewichts der Leistungen zu lösen versucht[711].

1. Die Aufnahme von Vertragsbedingungen mittels Annahme durch den anderen Vertragspartner

Besondere Bedeutung für die Frage nach der Wirksamkeit allgemeiner Vertragsbedingungen hatte sicherlich die richterliche Überprüfung, inwieweit der andere Vertragspartner diese angenommen hatte.[712] Neben der Frage, ob der andere Vertragspartner das Angebot angenommen hatte, in dem sich die allgemeinen Vertragsbedingungen befanden, wurde in einem zweiten Schritt untersucht, ob Bedenken daran bestehen, dass die Annahme wirksam erfolgte.

Bei der richterlichen Überprüfung wurde danach unterschieden, ob sich die fragliche Bedingung im oder außerhalb des Vertragsdokumentes befand.[713]

Befand sich die Bedingung auf dem Vertragsdokument selbst, fand wegen deren klarer Erkennbarkeit nur in wenigen Fällen ein richterlicher Eingriff zu Gunsten des Verbrauchers statt. So wurde eine Annahme abgelehnt, wenn die Bedingungen nicht dergestalt offengelegt wurden, dass sich der Verbraucher diesen »nicht entziehen konnte«. Eine Offenlegung fehlte beispielsweise, wenn sich die Bedingung zwischen anderen Bestimmungen auf der Rückseite eines Vertrages befand, der nur auf der Vorderseite unterschrieben war und ein hinreichend konkreter Verweis auf die Rückseite fehlte.[714] Trotz der fehlenden Annahme ging die Rechtsprechung jedoch nicht von einer Unwirksamkeit des gesamten Vertrages, sondern nur von einer Nichtgeltung der jeweiligen Bedingung aus. Dies berücksichtigte, dass der Verbraucher in der Regel weiterhin ein Interesse am Fortbestand des Vertrages hatte.[715]

710 *Fontaine/ Bourgoignie*, Consumer Legislation, S. 215.

711 Auch wenn viele der hier vertretenen Gesichtspunkte an den oben dargestellten »contrat d'adhésion« erinnern, ist darauf hinzuweisen, dass der Begriff der Allgemeinen Vertragsbedingungen und der des »contrat d'adhésion« nicht immer den gleichen Inhalt haben; siehe auch: *Barfuss*, RIW 1975, 319 (320).

712 *Bennemann*, RIW 1986, 594 (596).

713 Diese Unterteilung folgt: *Hoffmann*, RIDC 1982, 851 (852ff.).

714 Cour de Cass., Urt. vom 03.05.1979, n° 77–14689 du pourvoi; Cour de Paris, Urt. vom 11.10. 1965, D. 1966, Somm. 62.

715 *Hoffmann*, RIDC 1982, 851 (856).

Eine abweichende Beurteilung erfolgte, wenn die Bedingung nicht im Vertrag selbst, sondern in einem Aushang enthalten war. Dann unterschieden die Gerichte danach, ob es sich beispielsweise wegen zwingender Preisangaben insgesamt um einen gesetzlich vorgesehenen Aushang[716] handelte. Dies führte zu der Annahme, dass der Kunde die Angabe nicht übersehen konnte, der nach einer staatlichen Genehmigung und Veröffentlichung Gesetzeskraft zugesprochen worden ist. Aus diesen Erwägungen heraus wurde die Kenntnis der Bedingungen vermutet.[717] Diese Argumentation greift nicht, wenn es sich um eine nicht gesetzlich vorgesehene Modifikation der Verpflichtungen der Vertragspartner handelte.[718] Abweichend forderte die Rechtsprechung für deren wirksame Annahme, dass die Bedingungen dem Kunden vor Abschluss des Vertrages bekannt waren und er diese akzeptiert hatte,[719] wobei die Umstände des Einzelfalls für die Frage nach dem Vorliegen der Kenntnis maßgeblich waren[720]. Klingt dies nach eher strengen Schranken, so war jedoch zu berücksichtigen, dass gewisse Erleichterungen für den Unternehmer aufgestellt worden sind: So konnte ein ausdrücklicher Verweis im Vertrag eine ausreichende Kenntnis begründen,[721] zudem konnte die Zustimmung zu den Bedingungen dadurch konkludent erfolgen, dass in Kenntnis von deren Vorhandensein mit der Vertragserfüllung begonnen wurde[722]. Ein Ausgleich der Interessen erfolgte jedoch dadurch, dass eine einfache Vermutung und damit auch die Möglichkeit ihrer Widerlegung dafür bestand, dass Kenntnis und damit auch Zustimmung fehlten.[723]

Denkbar war daneben das Vorliegen einer Zwischenform zwischen der Aufnahme in den Vertragstext selbst und der Tatsache, dass die Bedingung ausschließlich ausgehangen worden sind. War im Hauptvertragstext ein Verweis auf die Bedingungen aufgenommen, musste dieser offensichtlich und dahingehend klar formuliert sein, so dass kein Zweifel darüber bestand, dass die Bedingungen Teil des Vertrages waren. Insgesamt musste dabei die Möglichkeit einer einfachen Kenntnisnahme bestehen.[724] Auch dies war der richterlichen Beurteilung im

716 U.a. durch Règlement grand-ducal, Affichage des prix au public des denrées alimentaires vom 08.07.1981, Mémorial A N° 43, S. 1082f. Heute – nach diversen Änderungen – Teil der partie réglementaire des Code de la Consommation.

717 Cour de Cass., Urt. vom 21.01.1959, Bull. 1959, III, 29; zitiert nach *Hoffmann*, Feuille de liaison 58 (1984), 17 (19).

718 *Hoffmann*, RIDC 1982, 851 (853).

719 Lyon, Urt. vom 12.06.1950, D. 1951 somm. 2; *Robert*, Une source mineure de droits civiles, J.C.P. 1958, 1458.

720 *De Page*, Traité élementaire de droit civil belge, T. 5, n° 205; zitiert nach *Hoffmann*, Feuille de liaison 58 (1984), 17 (19).

721 *Ghestin*, La vente, N° 242.

722 *Hoffmann*, RIDC 1982, 851 (853).

723 Hoffmann, RIDC 1982, 851 (854).

724 Vgl. die Nachweise bei *Hoffmann*, Feuille de liaison 58 (1984), 17 (21).

Einzelfall überlassen.[725] Waren die Bedingungen erst auf der Rechnung abgedruckt, ließ der Kunde durch die Annahme der Rechnung zumindest konkludent erkennen, dass er der Rechnung zugestimmt hat, sodass die Rechnung als Indiz gegen ihn verwendet werden konnte,[726] soweit weitere Indizien dafür vorlagen[727].

Gemein war daher der Rechtsprechung, dass eine Kenntnisnahme möglich sein musste und der Kunde den Bedingungen zumindest konkludent zugestimmt haben musste.

2. Die zweite Grenzziehung: Das Erfordernis einer wirksamen Annahme

Gelangte das Gericht zum Vorliegen einer Annahme der Vertragsbedingungen überprüfte es in einem zweiten Schritt, inwieweit diese Annahme wirksam erklärt worden ist.

Die Möglichkeit einer Kontrolle der Wirksamkeit der Annahme über die Rechtsfigur der *violence* wurde abgelehnt: In der reinen Schaffung der Vertragsbedingungen durch den Unternehmer sei kein irgendwie geartetes Zwangselement zu sehen.[728] Erfolgversprechender erschien es hingegen, die Rechtsfigur des *erreur*[729] anzuwenden. Der Irrtum des Verbrauchers war dann darin zu sehen, dass dieser in der Annahme handelte, einen »gerechten Vertrag« abzuschließen, der sich in Wahrheit als unausgeglichen herausstellte. Bei näherer Betrachtung war jedoch auch diese Vorgehensweise untauglich: Erforderlich für die Einordnung als Willensmangel war und ist, dass sich dieser auf die Haupteigenschaften des Vertrages und nicht nur auf die Rechtsfolgen des Vertrages bezieht. Zudem lehnten die Gerichte die Einordnung als Willensmangel ab, wenn die Wesentlichkeit der Tatsache, auf die sich der Irrtum bezog, der anderen Partei unbekannt war.[730] Mochte man auf diesem Wege zu »gerechten« Lösungen im Einzelfall gelangen, taugte die Rechtsfigur wenig zu einer allgemeinen Lösung aller Fälle.

Es muss daher geschlussfolgert werden, dass sowohl die Kontrolle des Vorliegens der Annahme wie auch von deren Wirksamkeit nur ein indirektes und nur teilweise geeignetes Mittel zur Kontrolle der Vertragsbedingungen darstellten. Grund der Unwirksamkeit einer Bedingung war keineswegs die Missbräuchlichkeit der Bedingung als solche, sondern nur, dass die Bedingung nicht

725 *de Smet*, R.C.J.B. 1974, 192 (202).

726 *Hoffmann*, RIDC 1982, 851 (854).

727 Trib. Arr. Lux., Urt. vom 08.12.1965, Pas. 20, 97.

728 *Hoffmann*, RIDC 1982, 851 (856).

729 *Hoffmann*, RIDC 1982, 851 (856): Man könne argumentieren, dass der Verbraucher vom Abschluss eines ausgeglichenen Vertrages ausging, der sich dann aber als unausgeglichen darstelle, sodass ein Irrtum des Verbrauchers vorliege.

730 *Hoffmann*, RIDC 1982, 851 (856).

wirksamer Bestandteil des zwischen den Parteien geschlossen Vertrages geworden ist.[731]

3. Weitere Regelungsinstrumente als »Patentlösung« zur Überprüfung, ob die Bedingungen wirksamer Vertragsbestandteil wurden?

Aus der Erkenntnis der Unzulänglichkeit der bestehenden Mechanismen wurde daher eine Lösung über andere Rechtsinstitute gesucht.

Zunächst lag der Gedanke nahe, Bedingungen deshalb als unwirksam anzusehen, weil diese das Gleichgewicht der vertraglichen Leistungen störten. Aus diesem Grunde könnte sich eine Anwendung der Regelungen der *lésion* anbieten. Betrachtet man jedoch die konkrete Ausgestaltung des Rechtsinstituts bis Mitte der 80er Jahre, zeigt sich, dass diese Möglichkeit ausscheiden musste: Nur bestimmte Personen konnten sich auf die *lésion* berufen, deren Geltung zudem auf bestimmte Verträge beschränkt war.[732] Im Ergebnis war daher auch diesem Versuch der Kontrolle eine Absage zu erteilen.

Den scheinbar »letzten Ausweg« kann daher nur die Zulassung einer richterlichen Vertragsauslegung bieten. Gesetzlicher Anknüpfungspunkt dieser Erwägungen war Art. 1621 *Code civil lux.*, wonach Vereinbarungen im Zweifel zu Lasten desjenigen auszulegen sind, der sie bestimmte. Nicht übersehen werden darf aber, dass die Vorschrift aufgrund ihrer weiten Formulierung auch zu Lasten des Verbrauchers Anwendung finden kann. Wie sich jedoch auch hier zeigt, handelt es sich eher um Einzelfall- denn um Patentlösungen. Ein genereller Schutz der Verbraucher ist damit jedoch nicht zu erreichen.

II. Die Reaktion des luxemb. Gesetzgebers: Schaffung einer ausdrücklichen Regelung in Art. 1135-1 *Code Civil lux.*

Aus dieser Erkenntnis heraus schaffte der luxemburgische Gesetzgeber mit Art. 1135-1 *Code Civil lux.* eine gesetzliche Regelung für die Frage, wie Allgemeine Vertragsbedingungen Bestandteil des Vertrages werden. Für die hier behandelte Frage ist zudem im Hinterkopf zu behalten, dass Art. 1135-1 *Code Civil lux.* kein direktes Äquivalent im französischen Recht hatte.[733]

---

731 *Hoffmann*, RIDC 1982, 851 (856).
732 *Hoffmann*, RIDC 1982, 851 (857f.).
733 *Bourin*, Les mille et un commandements du banquier, 505 (536).

1. Divergenzen zwischen *Conseil d' Etat* und dem Gesetzgeber

Im ursprünglichen Entwurf des Gesetzes von 1983 wurde keine Regelung vorgesehen. Dies lag wohl darin begründet, dass die Rechtsprechung die Aufnahme von Vertragsbedingungen über die Frage nach einer wirksamen Annahme des Angebots gelöst hatte.[734] Erst 1987 entstand daher die Idee einer ausdrücklichen Regelung, die vor allem als Niederschrift der geltenden Rechtsprechung zu sehen war,[735] sich aber auch an der italienischen Regelung des Art. 1341 *Codice civile* orientiert hat[736]. Die Idee war daher, dass die fehlende Möglichkeit Vertragsbedingungen individuell auszuhandeln, durch eine umfassende Information des Verbrauchers ausgeglichen werden sollte.[737] Gesetzgeberisches Ziel war daher die Vermeidung von Missbräuchen und Überrraschungen.[738]

Trotz des hohen Schutzniveaus der Vorschrift[739] war die Einführung der Vorschrift nicht unumstritten: Der *Conseil d' Etat*[740] rügte insbesondere, dass die Vorschrift durch die Aufnahme in den *Code Civil lux.* das Regelungsgebiet von verbraucherschützenden Gesetzen verließe und damit die Vertragsfreiheit weitergehend beschränkt werde. Kritisch wurde auch gesehen, dass es sich nach Ansicht der Kritiker ausschließlich um eine Wiedergabe der bestehenden Rechtslage handele. Daher stehe zu befürchten, dass dem Wirtschaftsstandort Luxemburg geschadet werde.[741] Dennoch entschied sich der Gesetzgeber für die Aufnahme in den *Code Civil*, um alle vertragsrechtlichen Regelungen in einem Gesetzestext zusammen zu fassen. Außerdem sollte vermieden werden, dass zur Beurteilung der Rechtslage ein Rückgriff auf – ohnehin schwer verfügbare – Gerichtsurteile notwendig wird.[742] Zutreffend ist auch die Erwägung des Gesetzgebers, dass nur auf diesem Wege eine Änderung der Rechtsprechung bzw. die Gefahr divergierender Entscheidungen vermieden werden könne[743].

Auch die weitere Entwicklung der Vorschrift war Diskussionen unterworfen. Mit Gesetz vom 26.03.1997[744] wurden drei weitere Absätze eingefügt. Auch hier

734 Diese Vermutung findet sich bei *Lege*, Sprache und Verbraucherinformation, S. 73.

735 Die Gesetzgebungsmaterialien (Projet de loi n° 2217, Commentaire des articles, S. 2533) verweisen insoweit auf: Cass. b., Urt. vom 02.02.1973, R.C.J.B. 1974, S. 187. Zu dem Ergebnis, dass ein entsprechendes Prinzip in der Rechtsprechung bestehe gelangen auch die Gesetzgebungsmaterialien Projet de loi n° 2217, Commentaire des articles, S. 2533.

736 *Brucher/ Thieltgen/ Bena,* La protection juridique, 165 (175).

737 *Brucher/ Thieltgen/ Bena,* La protection juridique, 165 (175).

738 Projet de loi n° 2217, Commentaire des articles, S. 2533.

739 *Brucher/ Thieltgen,* Le consommateur et sa banque, 556 (566).

740 Projet de loi n° 2217^2, Avis du Conseil d'État, S. 9.

741 Mercredi 14 mai 1986 (62 e séance), S. 3729.

742 Mardi 17 Mars 1987 (40e séance), S. 2248.

743 Mardi 17 Mars 1987 (40e séance), S. 2266; Mercredi 18 mars 1987 (41 e séance), S. 2314.

744 Loi du 26 mars 1997 portant 1. transposition des directives 93/13/CEE du 5 avril 1993 concernant les clauses abusives dans les contrats conclus avec les consommateurs et 85/577/

regte sich »Widerstand« von Seiten des *Conseil d' Etat*[745], weil sich nach dessen Ansicht der Regelungsinhalt bereits aus den übrigen gesetzlichen Vorschriften ergab. Ebenso kritisierte die Handelskammer, dass allein die verbraucherschützenden Gesetze und nicht der *Code Civil* der passende Ort für eine entsprechende Vorschrift seien.[746] Erneut wurde zudem vorgebracht, dass es sich um eine unnötige Einschränkung der Vertragsfreiheit, insbesondere um eine Verkomplizierung von Verträgen zwischen zwei Unternehmern, handele.[747] Wegen der begründeten Besorgnis einer nur unzureichenden Richtlinienumsetzung[748] entschied sich der Gesetzgeber trotz dieses Widerstandes für die Umsetzung der Richtlinienvorgaben.

2. Schaffung eines umfassenden Regelung oder weitergehende Beschränkungen des Anwendungsbereichs?

Wie sich bereits aus der Stellung der Vorschrift im *Code Civil* ableiten lässt, beschränkte der Gesetzgeber den Anwendungsbereich nicht auf das Verhältnis zwischen Verbrauchern und Unternehmern.[749] Dennoch findet die Vorschrift nicht auf alle vom *Code Civil* erfassten Vertragsbeziehungen Anwendung.[750] Einschränkend sind vielmehr nur die Fälle erfasst, in der die Bedingungen einem Verbraucher oder einem weniger starken Unternehmer[751] unterbreitet werden.[752]

CEE du 20 décembre 1985 concernant la protection des consommateurs dans le cas de contrats négociés en dehors des établissements commerciaux; 2. modification de la loi modifiée du 25 août 1983 relative à la protection juridique du consommateur; 3. modification de l'article 1135-1 du code civil; 4. modification de la loi du 16 juillet 1987 concernant le colportage, la vente ambulante, l'étalage de marchandises et la sollicitation de commandes, Mémorial A n° 30 du 29.04.1997, S. 1116f.

745 Projet de loi n° 4079[6], Avis du Conseil d' Etat, S. 4.

746 Projet de loi n° 4079[7], Avis de la Chambre de Commerce, S. 5/6.

747 *Arendt*, Bulletin Francois Laurent 4/1993, 3 (23).

748 Projet de loi n° 4079[10], Amendements, S. 2.

749 Dies feststellend auch Cour d'Appel Lux., Urt. vom 15.01.2004, n° 22845 du rôle.

750 Abgelehnt wurde ein Vorschlag der die Gesetzesänderungen vorschlagenden Kommission, die Anwendung der Vorschrift auf Rechtsbeziehungen zwischen Unternehmern auszuschließen (Projet de loi n° 4079[10], Amendements, S.2). Diesbezüglich macht der Conseil d'Etat (Projet de loi n° 4079[12], Deuxieme Avis complementaire, S. 2/3) geltend, dass der größere Anwendungsbereich der Vorschrift in Rechtsverhältnissen zwischen Unternehmern und Verbrauchern läge. Zudem bestünde für den Ausschluss der anderen Beziehungen kein objektives Kriterium. Dies stünde damit in Widerspruch zu Art. 11(2) der Verfassung. Vor allem wegen der Dringlichkeit der Umsetzung der RL wegen des bereits durch die Europäische Kommission eingeleiteten Vertragsverletzungsverfahrens wurde von einer entsprechenden Regelung abgesehen (Projet de loi n° 4079[13], Rapport de la commission, S. 5).

751 In den Gesetzgebungsmaterialien findet sich hierzu das Beispiel eines Unternehmers, der nicht zu anderen Bedingungen als den von seinem Zulieferer gestellten Bedingungen Verträge abschließen kann (Projet de loi n° 2217, Commentaire des articles, S. 2533).

752 Cour d'Appel Lux., Urt. vom 10.05.2000, n° du rôle 21656 und 21860.

Hingegen kommt es nicht auf das Vorliegen eines wirtschaftlichen Ungleichgewichts an.[753]

Daneben ist der Anwendungsbereich auch in sachlicher Hinsicht auf »clauses contractuelles standardisées établies antérieurement à la négociation d'un contrat qu'une entreprise économique entend appliquer à toutes les conventions d'un même type qu'elle pourrait conclure«[754] beschränkt. Gefordert wird daher, dass die fraglichen Bestimmungen vor Vertragsschluss festgesetzt und als solche nicht verhandelbar sind.[755] Es kommt hingegen weder auf die Länge des Vertrages, noch darauf an, dass die Bedingungen als »conditions particuliers« überschrieben sind.[756]

Für die Frage nach der Festsetzung der Bedingungen und damit danach, ob die Parteien diese ausgehandelt haben, ist eine umgekehrte Beweislastverteilung vorgesehen: Wer sich auf entsprechende Verhandlungen beruft, muss – nach dem ausdrücklichen Wortlaut des Absatzes 3 – deren Vorliegen beweisen. Damit wird berücksichtigt, dass dem Verbraucher ein entsprechender Beweis schwer gelingen wird, während der Unternehmer zumeist über eine Vertragskopie verfügen wird.[757] Handelt es sich danach um eine individuell ausgehandelte Bedingung, müssen jedoch auch hier die besonderen Wirksamkeitsvoraussetzungen des Absatzes 2 erfüllt werden. Dies stiftete Verwirrung.[758] Nach Absatz 4 wird die Vermutung erweiternd darauf erstreckt, dass eine Bedingung als nicht verhandelt gilt, wenn diese durch eine der Parteien abgefasst wurde und die andere Vertragspartei keine Möglichkeit der Einflussnahme hatte. Dem Unternehmer obliegt damit der Nachweis, dass er die Bedingung nicht vor Vertragsschluss abfasste.[759]

Der Schutz der nach Ansicht des Gesetzgebers unterlegenen Partei geht weiter: Selbst wenn einzelne Bedingungen des Vertrages ausgehandelt wurden oder dies sogar auf ganze Teile des Vertrages zutrifft, hindert dies nicht die Anwendung des Art. 1135-1 *Code civil lux.* Voraussetzung ist jedoch, dass der Vertrag insgesamt

753 Cour d'Appel Lux., Urt. vom 31.03.1999, n° 21150 du rôle. Zur Begründung wird sowohl auf die Gesetzgebungsmaterialien wie auch auf den Wortlaut der Bestimmung verwiesen. Anders hingegen Cour d'Appel Lux., Urt. vom 08.05.2002, n° 26192 du rôle. *Ravarani*, La responsabilité civile, Rn. 742-1, S. 765 Fn. 2 weist allerdings darauf hin, dass diese Entscheidung weder erklärt werde, noch zu erklären sei. Dem ist zuzustimmen.

754 *Arendt*, Bulletin François Laurent 4/1993, 3 (6).

755 *Arendt*, Bulletin François Laurent 4/1993, 3 (6); *Brucher/ Thieltgen/ Bena*, La protection juridique, 165 (177).

756 *Bourin*, La gestion de portefeuille, S. 123.

757 Projet de loi n° 4079, Commentaire des articles, S. 8.

758 *Elvinger*, ERPL 1997, 185 (192).

759 *Bourin*, Les mille et un commandements, 505 (518).

als nicht ausgehandelt erscheint.[760] Insbesondere in Verträgen zwischen zwei Unternehmern ist dies harscher Kritik unterworfen.[761]

Neben dieser Begrenzung des Anwendungsbereichs wird eine weitere Gruppe von Bedingungen ausgenommen, obwohl diese nach dem Wortlaut der Vorschrift deren Anwendungsbereich unterfallen. Ausgeschlossen ist nämlich die Anwendung der Vorschrift auf Gerichtsstandsvereinbarungen. Nach Art. 4 der Verordnung 1215/2012[762] ist für Personen, die ihren Wohnsitz im Hoheitsgebiet eines Mitgliedsstaates haben, allein diese Verordnung anzuwenden, sodass diesbezüglich die nationalen Bestimmungen ausgeschlossen sind. Die Art. 25ff. der Verordnung stellen eigene Formvoraussetzungen für die wirksame Vereinbarung eines Gerichtsstandes auf.[763] Aus diesem Grund ist zugleich ausgeschlossen, dass die Mitgliedsstaaten eigene, ggf. über die Vorschriften der Verordnung hinausgehende Formerfordernisse vorsehen, wie dies bei der Anwendung von Art. 1135-1 *Code civil lux.* der Fall wäre. Eine Anwendung dieser Vorschrift kann auch nicht damit begründet werden, dass es sich um eine Vorschrift zwingenden Rechts handelt.[764]

Letztlich kann eine Unterscheidung danach zu treffen sein, ob die Bedingungen im Vertrag selbst enthalten sind oder sich an einem anderen Ort befinden. Die Rechtsprechung sah eine solche Unterscheidung vor und kontrolliert nur Bedingungen, auf die der Vertrag lediglich verweist und die diesem angehangen sind.[765] Vertragsbedingungen im Vertrag selbst waren daher nicht den strikten Voraussetzungen des Art. 1135-1 *Code Civil lux.* unterworfen.[766] Im Jahre 2003 urteilte der *Cour d'Appel luxemb.* jedoch, dass alle Bedingungen erfasst sind, sofern es sich bei diesen um vorformulierte, standardisierte Bedingungen handele, die in allen Verträgen gleicher Art Verwendung finden sollten.[767] Dies entspricht auch dem Prinzip einer umfassenden Kontrolle.[768]

---

760 Projet de loi n°4079, Commentaire des articles, S. 8.

761 *Bourin*, Les mille et un commandements du banquier, 505 (518). In diesen Beziehungen sei entgegen der Beziehung zwischen einem Verbraucher und einem Unternehmer auch nicht davon auszugehen, dass die Strenge der allgemeinen Prinzipien des Vertragsrechts abgemildert werden müsse.

762 Verordnung (EU) Nr. 1215/2012 des Europäischen Parlaments und des Rates vom 12. Dezember 2012 über die gerichtliche Zuständigkeit und die Anerkennung und Vollstreckung von Entscheidungen in Zivil- und Handelssachen, Amtsblatt L 351/1ff.

763 So der EuGH, Urt. vom 24.06.1981, Rs. C-150/80 (Elefantenschuh GmbH gegen Pierre Jacqmain).

764 Trib. Arr. Lux., Urt. vom 14.04.1995, Bull. Droit et Banque, N° 24, 73 (77).

765 Trib. Arr. Lux., Urt. vom 25.02.1999, n° 46119 du rôle.

766 Trib. Arr. Lux., Urt. vom 21.11.1990, n° 40903 du rôle.

767 Cour d'Appel Lux., Urt. vom 29.01.2003, n° 23538 du rôle.

768 *Brucher/ Thieltgen/ Bena*, La protection juridique, 165 (177).

3. Möglichkeit der Kenntnisnahme

Das Gesetz erfordert zunächst für die Wirksamkeit der Bedingung, dass bei Vertragsschluss eine Kenntnisnahmemöglichkeit besteht. Für diese Anforderung reicht aber auch die reine Möglichkeit der Kenntnisnahme aus.[769]

Das Vorliegen dieser Voraussetzung ist vom Richter im Einzelfall zu festzustellen.[770] Ausreichend ist beispielsweise eine Unterschrift unter dem Verweis auf die Bedingungen,[771] aber auch, wenn sich in einer speziellen Rubrik ein fettgedruckter Hinweis befindet, dass die Kenntnisnahme der Bedingungen bestätigt wird[772]. Anders ist dies hingegen, wenn die andere Partei beweisen kann, dass ihr die Bedingungen erst nach Vertragsschluss zur Kenntnis gebracht worden sind.[773] Daher ist insbesondere bei Aushängen immer eine Einzelfallbetrachtung nach dem Ort des Aushangs und den sonstigen Umständen notwendig.[774]

Hieraus lässt sich schlussfolgern, dass allein das Bewusstsein des Vorliegens von Bedingungen nicht ausreicht, solange keine effektive Kenntnisnahmemöglichkeit eingeräumt worden ist.[775] Insbesondere Websites sind daher so aufzubauen, dass eine Bestellung nicht möglich ist, ohne zuvor eine Seite mit den Allgemeinen Vertragsbedingungen zu passieren. Teilweise wird dem Unternehmer sogar geraten, den Bestelllink erst unter den Bedingungen zu platzieren.[776] Allein ein gut sichtbarer Link zu den Bedingungen bringt hingegen für den Unternehmer die Schwierigkeit mit sich, dass die Kenntnisnahme schwer beweisbar ist,[777] dem Händler aber die Beweislast dafür obliegt[778].

769 *Brucher/ Thieltgen/ Bena,* La protection juridique, 165 (178); Projet de loi n° 2217, Commentaire des articles, S. 2533. Beispielsweise wurde eine Entscheidung des Cour d'Appel vom Cour de Cass. Lux., Urt. vom 08.07.2010, n° 49/10 du rôle aufgehoben, weil das Gericht keine ausreichenden Feststellungen zu der Frage getroffen habe, worin der Beweis einer Kenntnisnahme bei nicht unterschriebenen Bedingungen liege.

770 *Arendt,* Bulletin François Laurent 4/1993, 3 (7).

771 *Arendt,* Bulletin François Laurent 4/1993, 3 (7) unter Verweis auf Urteil des Trib. Arr. Lux. vom 23.12.1992 (S.A. Privatbank International).

772 Trib. Arr. Lux., Urt. vom 12.12.1990, n° 40566 du rôle.

773 Vgl. Cour d'Appel Lux., Urt. vom 18.05.1994, n° 15111 du rôle; zitiert nach: *Brucher/ Thieltgen/ Bena,* La protection juridique, 165 (178).

774 *Arendt,* Bulletin Francois Laurent 4/1993, 3 (17).

775 *Arendt,* Bulletin Francois Laurent 4/1993, 3 (17).

776 *Le Goueff,* Ann. dr. Lux. 2000, 71 (77); *ders.*, Internet et *e*-Commerce, S. 70.

777 *Le Goueff,* Ann. dr. Lux. 2000, 71 (77) sowie später *ders.*, Internet et *e*-Commerce, S. 70, der auf Grund dieser Beweisschwierigkeiten die Frage letztlich offen stehen lässt. Im Ergebnis sagen auch *Arendt/ Hoffeld/ Grosjean,* Benchmarking, S. 14, dass es nicht ausreicht, dass sich die Bedingungen mit einer direkten Verbindung auf der Webseite befinden, ohne jedoch eine nähere Begründung zu nennen.

778 Auch hinsichtlich der Annahme der Klausel obliegt dem Verwender die Beweislast, *Poelmans,* Droit des obligations, J.T.L. 2010, 81 (87).

4. Zustimmung der anderen Partei

Die Kenntnisnahmemöglichkeit allein reicht noch nicht aus, damit eine Bedingung wirksamer Vertragsbestandteil wird[779]; kumulativ muss die Zustimmung der anderen Partei vorliegen bzw. eine solche muss vermutet werden können[780]. Dieses Erfordernis schließt notwendigerweise aus, dass bei einseitigen Rechtsgeschäften eine wirksame Einbeziehung erfolgen kann.[781]

Es gilt also nachzuweisen, dass eine entsprechende Zustimmung in der Annahme des Vertragsangebotes zu sehen ist bzw. sich eine solche aus der Vertragsdurchführung ableiten lässt.[782] Problematisch ist eine entsprechende Einzelfallbeurteilung durch den Richter insoweit, als dass dieser den Sachverhalt notwendigerweise nur *a posteriori* beurteilen kann. Aus diesem Grund ist die Praxis dazu übergegangen, die Bedingungen von der anderen Partei unterschreiben zu lassen, sodass der anderen Partei kaum der Nachweis zu gelingen vermag, dass keine Zustimmung vorlag.[783]

Hingegen wird eine konkludente Zustimmung, die grundsätzlich als ausreichend angesehen wird,[784] schwer nachzuweisen sein[785]. Indizien dafür sind das Fehlen eines Widerspruchs, wenn die Bedingungen bei laufenden Geschäftsbeziehungen für künftige Bestellungen zur Kenntnis gebracht worden sind, aber auch die bedingungslose Annahme eines entsprechenden Angebots durch Erbringung der nach den Bedingungen geschuldeten Verpflichtung.[786] So wurde beispielsweise das Vorliegen der Zustimmung in einem Fall bejaht, in dem sich in einem unterschriebenen Vertrag[787] ein Verweis auf die Bedingungen und der Hinweis befand, dass diesen zugestimmt wurde[788]. Dies ist weitreichend, deckt sich aber nicht mit dem Eindruck, den die Analyse der übrigen Rechtsprechung vermittelt. Nach dieser handelt es sich nicht um eine wirksame Zustimmung, wenn auf der Vorderseite des Vertrages ein Verweis auf die Bedingungen auf der

---

779 Cass. b., Urt. vom 09.02.1973, R.C.J.B. 1974, 187 (191). So auch Cour d'Appel Paris, Urt. vom 23.02.1968, D. 68, Somm., 98 für Bedingungen in Reiseprospekten, die dem Kunden übergeben wurden. Auf diese Entscheidung verweist Trib. Arr. Lux., Urt. vom 21.11.1990, n° 40903 du rôle.

780 Dafür spricht auch ein Umkehrschluss zum früheren Absatz 2, so bereits in den Gesetzgebungsmaterialien, Projet de loi n° 2217[1], Avis de de la Chambre de commerce, S. 15.

781 *Arendt,* Bulletin Francois Laurent 4/1993, 3 (20).

782 *Arendt,* Bulletin Francois Laurent 4/1993, 3 (19).

783 Anvers, Urt. vom 03.03.1987, TBBR, 1989, 237.

784 *Arendt/Hoffeld/ Grosjean,* Benchmarking, S. 14; *Brucher/Thieltgen/Bena,* La protection juridique, 165 (178).

785 *Arendt,* Bulletin Francois Laurent 4/1993, 3 (15).

786 *Arendt,* Bulletin Francois Laurent 4/1993, 3 (16).

787 Trib. Arr. Lux. Urt. vom 26.01.2001, n°65245 du rôle, zitiert nach: *Brucher/ Thieltgen/ Bena,* La protection jurdique, 165 (179).

788 Trib. Arr. Lux., Urt. Vom 27.02.1997, n° 40911 und 42091 du rôle.

Rückseite fehlte und diese nicht unterschrieben waren.[789] Auch bei fehlendem Zusammenhang von Bedingungen und Vertragstext wurde diesen – selbst bei Vorhandensein eines entsprechenden Verweises – die Geltung versagt: Ausreichend ist weder der Abdruck in Reise- noch anderen Prospekten[790] wie auch die Tatsache, dass die Bedingungen zwar kostenlos, aber nur auf Nachfrage zur Verfügung gestellt werden[791]. Selbst wenn die Bedingungen Bestandteil des eigentlichen Vertrages sind, wurde eine Zustimmung verneint, wenn sich unter der Unterschrift nur ein kleingedruckter Hinweis auf die Bedingungen befand.[792]

Als eine Art Grundregel hat sich herausgebildet, dass in der Regel eine Zustimmung zu verneinen ist, wenn nach Erhalt des entsprechenden Angebots eine rein passive Haltung eingenommen wird.[793] Zudem kann eine Zustimmung nach Vertragsschluss in der Regel nicht dazu führen, dass die Bedingung wirksamer Vertragsbestandteil wird. Dies ist nur ausnahmsweise möglich, wenn darin eine Vertragsänderung zu sehen ist – allein aus einem fehlenden Protest gegen die Bedingungen kann dies jedoch nicht abgeleitet werden.[794]

Aus dem Vorherigen lässt sich eine weitere Grundtendenz der Rechtsprechung erkennen: Die Stelle, an der sich die Bedingungen befinden und die Frage nach deren Lesbarkeit, spielen eine entscheidende Rolle. Selbst bei unterschriebenen Bedingungen wurde deshalb das Vorliegen einer Zustimmung abgelehnt, wenn die Bedingungen – insbesondere bei für die andere Vertragspartei nachteiligen Bestimmungen – aufgrund ihrer Größe kaum lesbar[795] oder nicht vom übrigen Text abgehoben waren[796] oder sich diese unter einer »harmlosen« Überschrift befanden[797].

Scheint diese Rechtsprechung insgesamt eher zu Lasten des Verwenders der Bedingungen zu gehen und eher strenge Anforderungen aufzustellen, muss diese

789 Cour d'Appel Lux., Urt. vom 14.10.1998, n° 18228 du rôle.

790 Trib. Arr. Lux., Urt. vom 21.11.1990, n° 40903 du rôle.

791 Cour d'Appel Lux., Urt. vom 16.06.1993, n° 12809 du rôle, zitiert nach: *Brucher/ Thieltgen/ Bena*, La protection juridique, 165 (179). So auch bereits *Arendt*, Bulletin Francois Laurent 4/ 1993, 3 (17).

792 Trib. Arr. Diekirch, Urt. vom 16.12.2008, n° 13858 du rôle. Allerdings ist bei dieser Entscheidung zu beachten, dass noch weitere Umstände hinzutraten, die dem Gericht den Eindruck vermittelten, dass der Kunde keine Kenntnis vom Inhalt der Klauseln nehmen konnte.

793 *Arendt*, Bulletin François Laurent 4/1993, 3 (15). So auch für das belgische Recht *Buyle*, Bull. dr. et banque 26/1997, 19 (21).

794 *Arendt*, Bulletin François Laurent 4/1993, 3 (19).

795 Trib. Arr. Lux., Urt. vom 10.12.1999, n° du rôle 49685; Trib. Arr. Lux., Urt. vom 28.11.2003, n° 67591 du rôle.

796 So Trib. Arr. Diekirch, Urt. vom 16.12.2008, n° 13858 du rôle für Allgemeine Bedingungen, die in schwarz abgedruckt waren, während die Zahlungsbedingungen eine blaue Farbe hatten.

797 Cour d'Appel Lux., Urt. vom 17.10.1995, n° 17200 du rôle.

Aussage jedoch für einen Teilbereich relativiert werden. Sind der Vertrag und die Bedingungen unterschrieben, reicht allein die Tatsache, dass der Vertrag in einer für die andere Partei nicht verständlichen Sprache abgefasst ist, nicht aus, um den Bedingungen die Geltung zu versagen.[798] Denn bei Vorliegen der Voraussetzungen für deren Geltung ist es Aufgabe der Vertragspartei, sich über deren Inhalt zu informieren.[799]

Zusammenfassend lässt sich feststellen, dass es keine rechtssichere Alternative dazu gibt, den Verbraucher unter einem fettgedruckten und gut lesbaren Hinweis auf die Bedingungen zu unterschreiben und dadurch zu bestätigen lassen, dass die Bedingungen zur Kenntnis genommen und angenommen worden sind.[800] Nur in diesen Fällen der ausdrücklichem Bestätigung kann der Verbraucher seine Zustimmung nicht mehr rückwirkend in Frage stellen. Dann ist es beispielsweise eigene Fahrlässigkeit, ein Konto bei einer Bank zu eröffnen, ohne von den Bedingungen tatsächlich Kenntnis genommen zu haben.[801]

5. Weitergehende Verschärfung der Anforderungen für die Wirksamkeit besonderer Arten von Bedingungen

Eine weitere luxemburgische Besonderheit bildete der frühere Absatz 2[802] der für Bedingungen, die einen Haftungsausschluss[803], das Recht zum einseitigen Rücktritt vom Vertrag oder dessen einseitiger Änderung[804] zum Gegenstand hatten sowie für das Vorsehen eines obligatorischen Schiedsverfahrens bzw. Gerichtsstandsbestimmungen[805] ein besonderes Verfahren vorsah. Da es dabei zu

798 Trib. d'Arr. Lux., Urt. vom 12.12.1990, n° 40566 du rôle.

799 Auf eine abweichende Ansicht verweist *Arendt*, Bulletin Francois Laurent 4/1993, 3 (20), ohne jedoch einen Nachweis für diese zu geben. So jedoch für Belgien *Ommelaghe*, R.C.J.B. 1975, 423 (494).

800 Cour d'Appel, Urt. vom 18.12.2002, Pas. 32, 393; Trib. Arr. Lux., Urt. vom 06.02.1991, n° 85/91 du rôle; Urt. vom 31.05.2005, Bull. AIDA, 2006, n° 9, 80 (81f.).

801 *Buyle*, Bull. Droit et Banque 26/1997, 19 (20).

802 Dieser lautete: »Sauf acceptation spéciale par écrit, sont toujours inopposables les clauses qui prévoient en faveur de celui qui a établi les conditions générales des limitations de responsabilité, la possibilité de se retirer du contrat ou d'en différer l'exécution, le recours obligatoire à l'arbitrage, ainsi que celles attribuant compétence à d'autres juridictions que celles normalement compétentes.«

803 Dazu näher: Cour d'Appel Lux., Urt. vom 30.10.2002, n° 25036 du rôle; Trib. Arr. Lux., Urt. vom 23.04.1999, n° 47602 du rôle.

804 Ziel dieser Bestimmung ist es, der ökonomisch stärkeren Partei nicht zu gestatten, sich ohne Grund nach ihrem Belieben von einem Vertrag zu lösen. Mangels dieses Ungleichgewichts ablehnend Cour d'Appel Lux., Urt. vom 23.05.2007, n° 30743 du rôle.

805 Zur Anwendung in der Praxis der Gerichte beispielsweise: Trib. Arr. Lux., Urt. vom 14.06.1995, Bull. Droit et Banque, n° 24, 73ff. In Fällen, in denen die Vereinbarung der Gerichtsstandsklausel auch dem Brüsseler EWG-Übereinkommen über die gerichtliche Zuständigkeit und die Vollstreckung gerichtlicher Entscheidungen in Zivil- und Handelssa-

einer weitestgehenden Einschränkung der Vertragsfreiheit kam, ist die Aufzählung abschließend.[806]

In der Regel war für die Wirksamkeit erforderlich, dass die Bedingung in eine Bestimmung aufgenommen worden sind, die sich allein und ausschließlich mit der Bedingung befasst hat und dass diese Bedingung zudem unterschrieben war.[807] Zudem war es notwendig, dass die Bedingung nicht derart allgemein formuliert war, dass der Vertragspartner aus diesem Grund keine Kenntnis von ihr nahm.[808] Bereits an diesen Erfordernissen zeigt sich, dass sich der Verbraucher der Tragweite der Bedingung besonders bewusst werden sollte.[809] In der Praxis behalfen sich die Unternehmer damit, dass der Verbraucher unter der jeweiligen Bedingung erneut zu unterschreiben hatte[810] – das »einfache« Unterzeichnen des Vertrages durch den Verbraucher reichte hingegen nicht[811].

Wie sich später zeigen wird, sind alle der genannten Arten von Bedingungen ebenso per se untersagte Bedingungen. Man könnte daher auf den Gedanken kommen, dass der Regelung zur Frage nach der wirksamen Aufnahme kein eigenständiger Anwendungsbereich bleibt. Zu beachten ist aber, dass die *per se* untersagten Bedingungen allein im Verhältnis zwischen Verbrauchern und Unternehmern gelten; in den anderen Fällen soll hingegen durch die ausdrückliche Regelung sichergestellt werden, dass eine Annahme der Bedingungen in Kenntnis ihres Inhalts erfolgt ist[812].

---

chen vom 27.09.1968 unterfällt, sind hinsichtlich der fraglichen Klausel nur die Bestimmungen des Übereinkommens anwendbar. Da das von Art. 1135-1 Abs. 2 aufgestellte Formerfordernis nur dazu dient, den Beweis der Zustimmung sicherzustellen, stellt es eine zusätzliche Formvorschrift im Sinne von Art. 17 des Übereinkommens dar und ist nicht anwendbar; dazu: Trib. Arr. Lux., Urt. vom 10.07.2002, n° 73896 du rôle; Trib. Arr. Lux., Urt. vom 20.01.2003, n° 75184 du rôle.

806 Cour d'Appel Lux., Urt. vom 23.05.2000, n° 24094 du rôle, der mit dieser Begründung eine Vertragsstrafe nur den Erfordernissen des Abs. 1 unterwirft.

807 Cour d'Appel Lux., Urt. vom 26.03.1997, Bull. Droit et Banque n°27, 85 (87). So auch Trib. Arr. Lux., Urt. vom 29.05.2008, n° 99282 du rôle. Eine eigenständige Unterschrift unter alle Generalklauseln ist daher nicht ausreichend, vgl. Bull. Droit et Banque n° 27, 85 (87).

808 Cour d'Appel Lux., Urt. vom 05.06.2002, n° 25165 du rôle.

809 *Bourin*, Les mille et un commandements du banquier, 505 (517).

810 *Ravarani*, La responsabilite civile, Rn. 742-1. Mangels einer solchen Aufzählung lehnte das Trib. Arr. Lux., Urt. vom 29.05.2008, n° 99282 du rôle die Geltung einer entsprechenden Haftungsbeschränkung ab. Die Klausel befand sich dort nur in einer allgemeinen Aufzählung von Grundregeln, ohne aus diesen speziell hervorgehoben zu sein oder besonderer Teil der durch den Kunden erklärten Zustimmung gewesen zu sein. Dieses Urteil wird aber als zu streng angesehen, vgl. *Thieltgen*, Bull. dr. et banque 44, 47 (64).

811 EuGH, Urt. vom 06.05.1980, Pas. 24, 395 (397) zur Konvention vom 27.09.1968 – darauf verweist für eine Schiedsgerichtsklausel, Trib. Arr. Lux., Urt. vom 22.06.1990, n° 39510 du rôle. Ebenso auch Cour d'Appel Lux., Urt. vom 19.03.2009, n° 21089 du rôle.

812 *Arendt*, Bull. Francois Laurent 4/1993, 3 (9).

Bereits im Juli 2004 wurde die Vorschrift jedoch aufgehoben.[813] Zunächst hatte der Gesetzgebungsentwurf vorgesehen, Geschäfte aus dem Bereich des *e-Commerce* aus dem Anwendungsbereich auszunehmen. Insbesondere weil in diesem Bereich viele Verträge abgeschlossen werden, die ausländischem Recht unterfallen, ist nach Auffassung des Gesetzgebers eine Information des Verbrauchers nicht immer zu gewährleisten. Vor allem sind ausländische Vertragspartner in der Regel nicht über die Besonderheit einer gesonderten Unterschrift informiert.[814] Auf diesen Vorschlag hin kritisierte der *Conseil d' Etat*, dass damit verschiedene Verbraucherverträge unterschiedlichen Voraussetzungen unterlägen. Die Einschränkung sei nach dessen Auffassung allein Ergebnis eines falschen Verständnisses der umzusetzenden Richtlinie.[815] Verträge aus dem Bereich des e-*Commerce* sollten nicht von den allgemeinen Wirksamkeitsvoraussetzungen befreit werden. Möglicherweise bestehende Konflikte mit ausländischen Rechtsordnungen sind zudem nach dessen Auffassung nicht über Ausnahmen von der eigenen Rechtsordnung, sondern über die Regeln des Internationalen Privatrechts zu lösen.[816] Auch aus Sicht der Handelskammer war eine entsprechende Unterscheidung nicht zu rechtfertigen. Insbesondere sei kein Grund erkennbar, warum der Schutzstandard zwischen den Verträgen unterschiedlich ausgestaltet werde. Eher müsse in diesen Fällen des Vertragsschlusses unter Abwesenden sogar ein höherer Schutzstandard vorgesehen werden.[817]

In Folge dieser Diskussion wurde die Vorschrift gestrichen.[818] Zwar ist nicht zu verkennen, dass die von Abs. 2 gestellten Anforderungen sicherlich nicht leicht zu erfüllen sind, wenn es sich um einen auf elektronischem Wege abgeschlossenen Vertrag handelt.[819] Jedoch hätte man diesen Erfordernissen sicherlich auch auf andere Weise Rechnung tragen können.[820] Insbesondere durch die Not-

813 Diese Aufhebung hat keine Rückwirkung, sondern die Wirksamkeit vor dieser Abschaffung geschlossener Verträge bestimmt sich nach den im Zeitpunkt ihres Zustandekommens geltenden Gesetzen; vgl. Trib. Arr. Lux., Urt. vom 29.05.2008, n° 99282 du rôle, der die Bestimmung 2008 anwendet.

814 Projet de loi n° 5095³, Amendements gouvernementaux, S. 7.

815 Artikel 9.1: »Die Mitgliedstaaten stellen sicher, daß ihr Rechtssystem den Abschluß von Verträgen auf elektronischem Wege ermöglicht. Die Mitgliedstaaten stellen insbesondere sicher, daß ihre für den Vertragsabschluß geltenden Rechtsvorschriften weder Hindernisse für die Verwendung elektronischer Verträge bilden noch dazu führen, daß diese Verträge aufgrund des Umstandes, daß sie auf elektronischem Wege zustande gekommen sind, keine rechtliche Wirksamkeit oder Gültigkeit haben.«

816 Projet de loi n°5095 ⁴, Avis complementaire, S. 4/5.

817 Projet de loi n° 5095⁵, Avis de la Chambre de commerce, S. 2/13.

818 Projet de loi n°50954, Avis complementaire, S. 5.

819 *Thewes*, Annales de droit luxemb. 2006, 49 (58).

820 *Brucher/ Thieltgen/ Bena*, La protection juridique, 165 (181).

wendigkeit eines Doppelklicks hätte das Erfordernis durchaus Beachtung finden können.[821]

6. Fazit

Selbst nach Streichung des 2. Absatzes könnte man aus der Analyse der Vorschrift ableiten, dass dem Verbraucher ein weitreichender Schutz gewährt wird. Aus Sicht der Praxis muss dieses Ergebnis zumindest relativiert werden. Unter Hinweis auf einschlägige Urteile[822] findet sich in der Literatur der Hinweis, dass die Rechtsprechung die Unwirksamkeit einer Bedingung wegen Verstoßes gegen die Vorschrift niemals in Betracht gezogen habe[823]. Aus der praktischen Perspektive erscheint die Vorschrift daher eher als »stumpfes Schwert« denn als wirksames Mittel des Verbraucherschutzes.

III. Der »französische« Weg

Zwar hatte der französische Gesetzgeber keine entsprechende ausdrückliche Bestimmung geschaffen, zumindest für Verträge zwischen Unternehmern und Verbrauchern führt die Anwendung der bestehenden Vorschriften jedoch zu Ergebnissen, die denen des luxemburgischen Rechts in der Regel entsprechen.[824] Dabei ist die Bestimmung, dass jeder Vertrag zu Lasten desjenigen auszulegen ist, der diesen geschaffen hat, sowie die Vorschrift, dass der anderen Partei nur solche Bedingungen entgegengehalten werden können, von der diese vor Vertragsschluss effektiv Kenntnis nehmen konnte,[825] anzuwenden.

Ähnlich der historischen Betrachtung des luxemburgischen Rechts hatte auch im französischen Recht aufgrund der fehlenden Möglichkeit einer richterlichen Inhaltskontrolle die Frage danach, ob die allgemeinen Vertragsbedingungen wirksamer Bestandteil des Vertrages sind, große Bedeutung.[826] Grund dafür war vor allem, dass nach den Bestimmungen des *Code Civil* rechtmäßig abgeschlossene Verträge zwischen den Parteien Gesetzeskraft haben.[827] Daher musste die französische Rechtsprechung unter Verwendung von sowohl formalen Kri-

---

821 *Brucher/ Thieltgen/ Bena*, La protection juridique, 165 (181). Dies schlägt auch *Le Goueff*, Internet et *e*-Commerce, S. 70 vor, der einen Klick fordert, der die Zustimmung des Kunden zu den verschiedenen Klauseln bescheinigen soll.

822 So u. a. Cour d'Appel Lux., Urt. vom 08.02.2007, n° 30454.

823 *Brucher*, ALJB 2012, 22 (25).

824 *Arendt*, Bulletin Francois Laurent 4/1993, 3 (10f.).

825 Dalloz, Répertoire de droit civil, Vo Consentement à divorce, Consentement, Rn. 165.

826 *Nobis*, Missbräuchliche Vertragsklauseln, S. 542.

827 *Bennemann*, Fiktionen und Beweislastregeln, S. 87.

terien als auch unter Berücksichtigung der Umstände des Einzelfalls ermitteln, inwieweit die Einigung der Parteien auch die Vertragsbedingungen umfasste.[828] An den Nachweis einer Zustimmung durch den Vertragspartner wurden dabei hohe Anforderungen gestellt.[829]

Während zunächst weiterhin ein Rückgriff auf das allgemeine Vertragsrecht notwendig war,[830] enthält Art. 1119 *Code Civil fr.* nunmehr eine dem luxemburgischen Recht vergleichbare Regelung. Erforderlich ist damit auch hier neben der Kenntnisnahmemöglichkeit die Zustimmung. Dies entspricht der bisherigen Rechtsprechung, die eine entsprechende Möglichkeit vor Vertragsschluss forderte.[831] Ebenso wie unter Geltung luxemburgischen Rechts reicht zusätzlich eine generelle Zustimmung zum Vertrag nicht aus, sofern nicht die Bedingungen als solche angenommen worden sind.[832] Demnach kann nur beim Vorliegen sonstiger Umstände einem Schweigen ein Erklärungsgehalt beigemessen werden, so beispielsweise, wenn das Angebot im alleinigen Interesse des Adressaten abgegeben worden ist.[833] Unberücksichtigt bleibt hingegen die Frage, ob sich der Vertragspartner auch der Bedeutung der Bestimmung bewusst war.[834]

Ebenso findet sich im französischen Recht die aus der früheren luxemburgischen Rechtsprechung bekannte Unterscheidung nach dem Ort, an dem sich die Bedingungen befinden. Sind diese im Vertrag selbst enthalten, müssen sie insbesondere in einer solchen Größe gestaltet sein, dass der Verbraucher sie ohne weitergehende Schwierigkeiten zur Kenntnis nehmen kann.[835] Nur ganz vereinzelt[836] verneinte man eine wirksame Berücksichtigung, weil die Bedingungen wegen der Verwendung nur in Fachkreisen gebräuchlicher Abkürzungen oder der Abfassung in einer anderen als der französischen Sprache als für den Verbraucher unverständlich angesehen wurden. Daneben kann vereinzelt ein Ausschluss erfolgen, wenn sich die Bedingungen nicht an einem angemessenen Platz befinden.[837]

828 *Nobis*, Missbräuchliche Vertragsklauseln, S. 65; *Sievers*, Verbraucherschutz gegen unlautere Vertragsbedingungen, S. 55.

829 *Barfuss*, RIW 1975, 319 (320).

830 *Nobis*, Missbräuchliche Vertragsklauseln, S. 488.

831 Auch hier reicht wieder aus, dass die Partei bei Anwendung durchschnittlicher Sorgfalt nach den Umständen die Bestimmungen hätte zur Kenntnis nehmen können, vgl. Cour d'Appel de Montpellier, Urt. vom 09. 11. 1954, Gaz. Pal. 1955, 1, 95.

832 Cour de Cass., Urt. vom 03. 05. 1979, D. 1980, IR, 262; Cour d'Appel Paris, Urt. vom 14. 01. 1987, D. 87, IR, 154.

833 Cour de Cassation, Urt. vom 19. 03. 1938, D. 1939, I, 5.

834 *Barfuss*, RIW 1975, 319 (320).

835 Cour d'Appel de Bourges, Urt vom 04. 02. 1963, D. 1963, jur., 239; JCP 1983, IV, 251.

836 Cour d'Appel Paris, Urt. vom 23. 11. 1971, Gaz. Pal. 1972, jur., 100; *Nobis*, Missbräuchliche Vertragsklauseln, S. 490 mit weiteren Nachweisen.

837 Cour de Cass., Urt. vom 29. 10. 1964, Gaz. Pal. 1965.1, 45.

Differenzierter zu betrachten ist hingegen der Fall, in dem sich die Bedingungen außerhalb der Vertragsurkunde befinden. Hier ist zunächst erforderlich, dass der Vertragspartner Kenntnis davon hat, dass entsprechende Bedingungen bestehen und vor allem, dass diese Bedingungen Vertragsbestandteil werden sollen. Hierfür kann ein entsprechender Hinweis im Vertragstext ausreichen. Dies ist neben dem Nachweis einer Kenntnisnahmemöglichkeit von der die Bedingungen aufstellenden Partei zu beweisen.[838] Auch hier kann dies beispielsweise durch eine Unterzeichnung des jeweiligen Formulars geschehen.[839]

Ähnlich differenziert muss die Betrachtung erfolgen, wenn sich die Bedingungen lediglich auf einem Aushang befinden. Beruht dieser auf gesetzlichen Vorgaben oder resultiert er aus einer Rechtsverordnung, sind die Bedingungen in jedem Fall wirksamer Vertragsbestandteil, ohne dass es der Erfüllung weiterer Voraussetzungen bedarf.[840] Erfolgt der Aushang hingegen allein auf Initiative des Unternehmers, ist neben der Kenntnis vor Vertragsschluss[841] zusätzlich das Vorliegen der Zustimmung nachzuweisen.[842] In der Regel wird hierzu ein besonderer Hinweis des Unternehmers erforderlich sein. Die Tendenz der Rechtsprechung geht dahin, eine wirksame Einbeziehung in der Regel abzulehnen.[843]

D. Das »Transparenzgebot«

Daneben erforderte die Umsetzung der Richtlinie 93/13/EWG die Schaffung einer Vorschrift, wonach Bedingungen in Verbraucherverträgen klar und verständlich abgefasst sein müssen. Während der französische Gesetzgeber eine entsprechende Vorschrift geschaffen hat, stellt sich die Frage, ob auch im luxemburgischen Recht diesbezüglich von einer ausreichenden Umsetzung der Richtlinie gesprochen werden kann.

838 Cour de Cass., Urt. vom 20.01.1993, CCC 1993, Nr. 77; *Sonnenberger*, RIW 1990, 165 (167).

839 Cour de Cass., Urt. vom 01.02.1853, D.P. 1853,1.77, 185; unter gewissen Einschränkungen bei fehlendem Hinweis auf die Bestimmungen Cour de Cass., Urt. vom 29.10.1964, Gaz. Pal. 1965.1, 45.

840 Cour d'Appel Montpellier, Urt. vom 09.11.1954, D. 1955, somm., 35.

841 Liegt hingegen erst eine Kenntnis nach Vertragsschluss vor, wird die Bestimmung nicht wirksamer Vertragsbestandteil, vgl. *Barfuss*, RIW 1975, 319 (321); *Schmidt/Niggemann*, AWD 1974, 309 (312).

842 *Burckhardt*, Das AGB-Gesetz, S. 50, zitiert nach *Nobis*, Missbräuchliche Vertragsklauseln, S. 492.

843 *Nobis*, Missbräuchliche Vertragsklauseln, S. 492f. mit weiteren Nachweisen.

I. Die ausdrückliche Regelung des französischen *Code de la cons.*

Teilweise hatten die französischen Gerichte das Erfordernis einer klaren und verständlichen Formulierung bereits vor Erlass der gesetzlichen Bestimmung angewendet.[844] Zudem fanden sich erste Ansätze für ein solches Erfordernis – wenn auch auf bestimmte Fälle beschränkt – in den Verbotsdekreten[845]. Mit der Richtlinienumsetzung schaffte der Gesetzgeber mit Art. L. 211-1 *Code de la cons. fr.* jedoch eine ausdrückliche gesetzliche Regelung, die trotz des insoweit anscheinend klaren Wortlauts neben schriftlichen auch mündliche Bedingungen erfasst. Hingegen beschränkt sich die seit dem Jahre 2002 vorgesehene Möglichkeit der Kontrolle von Bedingungen, die die Hauptleistungspflichten regeln, allein auf nicht individuell ausgehandelte Bedingungen und stellt damit eine Ausnahme vom sonstigen weiten Anwendungsbereich dar.[846]

Abzulehnen ist demgegenüber eine Beschränkung des Anwendungsbereiches dahingehend, dass von Dritten in den Vertrag eingebrachte Bedingungen der Kontrolle entzogen seien. Eine entsprechende Überprüfung war bereits vor der Umsetzung der Richtlinie möglich; eine »Verschlechterung« gegenüber dem bisherigen Recht sollte durch die Umsetzung der Richtlinie aber gerade nicht herbeigeführt werden.[847]

Sowohl in der Richtlinie[848] als auch in der einschlägigen Bestimmung fehlt jedoch die Regelung der Frage, welche Rechtsfolge ein Verstoß auslöst[849].

II. Richtlinienwidrige Umsetzung durch den luxemburgischen Gesetzgeber?

Ursprünglich hatte auch der luxemburgische Gesetzesentwurf vorgesehen, in Anlehnung an die französische Regelung das Gesetz von 1983 dahingehend zu ändern, dass die Bedingungen klar und verständlich abzufassen seien.[850] Zusätzlich wäre nach dem Gesetzesvorschlag erforderlich gewesen, dass auch eine

844 *Meilhac,* Le nouveau droit, 291 (305); *Reich/ Micklitz,* Europäisches Verbraucherrecht, S. 534; Ausführlich dazu, dass sich auch in Frankreich Ansätze eines Transparenzgebots finden, *Nobis,* Missbräuchliche Vertragsklauseln, S. 495f.

845 *Nobis,* Missbräuchliche Vertragsklauseln, S. 495.

846 *Mühlhans,* Die Umsetzung der Klausel-Richtlinie, S. 104.

847 *Nobis,* Missbräuchliche Vertragsbedingungen, S. 498 unter Verweis auf die abweichende Auffassung von *Paisant,* D. 1995, chron., 99 (106).

848 *Mühlhans,* Die Umsetzung der Klausel-Richtlinie, S. 101.

849 *Mühlhans,* Die Umsetzung der Klausel-Richtlinie, S. 104.

850 Projet de loi n° 4079, Texte du Projet de loi, S. 5.

klare und verständliche Präsentation der Bedingungen erfolgt. Damit wäre das luxemburgische Gesetz über die Erfordernisse der Richtlinie hinausgegangen.[851]

Da sich jedoch der *Conseil d'Etat* darauf berufen hat, dass aufgrund des Bestehens von Art. 1162 *Code civil lux.* eine Einführung überflüssig und eine ausreichende Umsetzung der Richtlinie sichergestellt sei,[852] wurde auf eine ausdrückliche Regelung verzichtet. Problematisch an dieser Argumentation ist aber, dass es sich bei Art. 1162 *Code Civil lux.* nicht um eine zwingende Bestimmung, sondern vielmehr nur um eine - nicht durch Rechtsmittel überprüfbare - Vorgabe an den Richter handelt, wie dieser Vertragsbedingungen auszulegen hat.[853]

Daher muss man sich notwendigerweise die Frage stellen, ob ein entsprechender Verweis auf die bestehende Regelung für eine ausreichende Richtlinienumsetzung ausreicht. Die Beantwortung dieser Frage ist deshalb von besonderer Brisanz, weil in Luxemburg bis zum Zeitpunkt der notwendigen Richtlinienumsetzung keine Rechtsprechung zur Transparenz von Vertragsbedingungen bestand.[854] Auch eine solche Rechtsprechung, auch wenn es sich um eine gefestigte Rechtsprechung handelt, reicht nach Ansicht des EuGH nicht zu einer Richtlinienumsetzung aus.[855]

Im Ergebnis kann der Verweis des *Conseil d' Etat* auf die bestehenden gesetzlichen Regelungen keine Rechtfertigung für die Nichtumsetzung der Richtlinienbestimmung bieten. Denn bei diesen handelt es sich lediglich um eine Regelung der Frage, wie Vertragsbedingungen in Zweifelsfällen auszulegen sind. Ungeregelt bleibt hingegen, wie Bedingungen abzufassen sind. Daneben ist die Anwendung der Vorschrift keinesfalls zwingend.[856] In diesem Punkt ist die Richtlinie damit unzureichend umgesetzt.[857] Bis heute hat der Gesetzgeber dieser Lücke nicht abgeholfen.

Eine entsprechende Regelung müsste sicherstellen, dass allgemeine Vertragsbedingungen klar und verständlicher werden,[858] sodass ein Verbraucherschutz durch Information gewährleistet wird[859]. Entsprechend des Wortlauts der Richtlinie kann eine Beschränkung auf schriftlich niedergelegte Bedingungen

851 Art. 5 der RL 93/173/EWG sah in seinem Satz 1 insoweit nur vor: »Sind alle dem Verbraucher in Verträgen unterbreiteten Klauseln oder einige dieser Klauseln schriftlich niedergelegt, so müssen sie stets klar und verständlich abgefasst sein.« So auch bereits *Lege*, Sprache und Verbraucherinformation, S. 77.

852 Projet de loi n° 4079[6], Avis du Conseil d'Etat, S. 3.

853 Cour de Cass. Lux., Urt. vom 18.06.1987, Pas. 27, 117 (119).

854 So bereits *Lege*, Sprache und Verbraucherinformation, S. 77.

855 EuGH, 10.05.2001, Rs. C-144/99, Kommission/ Niederlande, Slg. 2001, I-3541 mit entsprechender Zusammenfassung von *Leible*, EuZW 2001, 438 (439); *Micklitz*, EWS 2001, 486 (488); *Staudinger*, EWS 2001, 330 (331).

856 Cour de Cass. Lux., Urt. vom 18.06.1987, Pas. 27,117.

857 *Lege*, Sprache und Verbraucherinformation, S. 78.

858 *Gottschalk*, AcP 206, 555 (556).

859 *Dreher*, JZ 1997, 167 (170ff.).

erwogen werden. Jedoch kann auch entsprechend den übrigen Vorschriften eine Erweiterung des Anwendungsbereichs vorgesehen werden. Zu beachten ist bei der Schaffung einer entsprechenden Vorschrift zudem, dass nach dem Wortlaut der Richtlinie die Transparenzkontrolle ausdrücklich auch bei Preisbestimmungen stattfinden muss.

In inhaltlicher Hinsicht könnte zur Konkretisierung des Gebots einer klaren und verständlichen Formulierung ein Rückgriff auf eine vom deutschen Bundesgerichtshof aufgestellte Definition erfolgen, dessen Rechtsprechung gewissermaßen Vorbild für die Vorgabe der Richtlinie war.[860] Danach verpflichten Treu und Glauben »*die Verwender allgemeiner Geschäftsbedingungen, die Rechte und Pflichten ihrer Vertragspartner eindeutig und verständlich darzustellen, damit diese sich bei Vertragsschluss hinreichend über die rechtliche Tragweite der Vertragsbedingungen klar werden können.*«[861] Entscheidend ist demnach die Verwendung von klaren[862], durchschaubaren und für Durchschnittskunden bei Vertragsschluss verständlichen Klauseln, die ihren Inhalt nicht verschleiern.[863]

Als Maßstab für die Beurteilung der Intransparenz können dann verschiedene Fallgruppen herangezogen werden.[864] Diese können dem Richter eine Hilfestellung dafür bieten, wann eine Vertragsbedingung als intransparent anzusehen ist. Folgende Kategorien bieten sich dabei an: Intransparenz aufgrund äußerlicher formaler Gestaltung (z. B. wegen der verwendeten Schriftgröße oder -art[865]), Intransparenz aufgrund sprachlicher Mängel (beispielsweise durch Verwendung einer dem Durchschnittskunden nicht verständlichen (Fremd-)sprache[866]) oder Intransparenz wegen rechtlich – inhaltlicher Nachteiligkeit (z. B. durch falsche oder missverständliche Darstellung der Rechtslage[867]).

---

860 Wolf/Horn/Lindacher/*Wolf*, AGB-Gesetz, Art. 5 Rn. 1.

861 BGHZ 106, 259 (264); ähnlich auch BGHZ 106, 42 (49) (»Rechte und Pflichten des Vertragspartners möglichst klar und durchschaubar darzustellen«).

862 Die Klarheit bezieht sich auf die rechtlichen Wirkungen einer Klausel einschließlich ihrer Konsequenzen; *Micklitz /Reich*, Europäisches Verbraucherrecht, S. 508.

863 *Gottschalk*, AcP 206, 555 (559).

864 Kategorisierung nach *Gottschalk*, AcP 206, 555 (591). Zudem finden sich entsprechende Kategorisierungen bei *Basedow*, VersR 1999, 1045 (1052) sowie *Kreienbaum*, Transparenz und AGB-Gesetz, S. 25ff.

865 *Bone/ Rutherford/ Wilson*, Unfair Terms in Consumer Contract Regulations, S. 25; *Reich/ Micklitz*, Europäisches Verbraucherrecht, S. 509.

866 Dafür plädiert auch *Reich/ Micklitz*, Europäisches Verbraucherrecht, S. 509, da die Richtlinie unabhängig vom anwendbaren mitgliedsstaatlichen Recht ein eigenes Schutzniveau schaffen wolle. Anders hingegen *Rott*, ZVerglRWiss 98 (1999), 382, der für das Sprachenproblem (v. a. in Fernabsatzverträgen) auf das Vertragsstatut verweisen möchte und damit eine Lösung nach den Grundsätzen des Internationalen Privatrechts bevorzugt. Man wird wohl eine andere Sprachfassung nur fordern können, wenn sich der Unternehmer gezielt an Verbraucher wendet, die ihren gewöhnlichen Aufenthalt im fremdsprachlichen Sprachraum haben, *Kreienbaum*, Transparenz und AGB-Gesetz, S. 309.

867 Die Beispiele sind *Gottschalk*, AcP 206, 555 (591/592) entnommen.

Zuletzt sollte eine entsprechende Vorschrift regeln, welche Rechtsfolgen an eine Verletzung des Transparenzgebotes geknüpft werden. Da die Richtlinie nur eine teilweise Regelung vorsieht, ist im Einzelnen vieles umstritten. Möglich ist zum einen vorzusehen, dass die Bedingung nicht wirksamer Vertragsbestandteil wird,[868] andererseits könnte die Bedingung als missbräuchlich und damit als unwirksam angesehen werden[869]. Daneben könnte man darüber nachdenken, die Schaffung einer intransparenten Bedingung als vertragliche Pflichtverletzung einzuordnen und einen Schadensersatzanspruch vorzusehen.[870] Denkbar ist auch eine Kombination der verschiedenen Lösungen.[871] Die Folgen für den Vertrag als solchen bleiben dem nationalen Recht vorbehalten. Nach dem Rechtsgedanken der Richtlinie wird in der Regel der Vertrag im Übrigen aufrechterhalten zu sein.[872]

E. Überprüfung des Inhalts der Vertragsbedingung

Allein die Tatsache, dass eine Bedingung wirksamer Bestandteil des Vertrages geworden ist, reicht nicht aus, damit die Bedingung zwischen den Parteien Geltung beansprucht. Vielmehr ist zusätzlich zu untersuchen, inwieweit auch der eigentliche Inhalt der Bedingung den gesetzlichen Vorgaben entspricht. Der Richter kann sich dabei nach beiden Rechtsordnungen entweder auf eine Generalklausel beziehen oder die Bedingung anhand einer Liste beurteilen, in der als unwirksam anzusehende Vertragsbedingungen aufgeführt werden.[873] Dies gilt selbst dann, wenn der Richter zunächst zu überprüfen hatte, inwieweit die Voraussetzungen des Art. 1135-1 *Code Civil lux.* eingehalten worden sind.[874]

Der Verbraucher kann nach Art. L. 211-6 *C. Cons. lux.* nicht auf den durch das Gesetz vorgesehenen Schutz verzichten. Der Richter hat die gesetzlichen Bestimmungen von Amts wegen anzuwenden.[875] Daher kann auch die bewusste Annahme einer für den Verbraucher nachteiligen Bestimmung nicht zu deren Wirksamkeit führen.[876]

---

868 So *Heinrichs*, FS Trinkner, 157 (173); *von Westphalen*, EWS 1993, 160 (165).

869 So *Kapnopoulou*, Das Recht der missbräuchlichen Klauseln, S. 145; *Micklitz/ d'Usseaux*, ZEuP 1998, 103 (112); *Reich*, NJW 1995, 1857 (1860).

870 Diese Möglichkeit nennt Grabitz/Hilf/ *Pfeiffer*, Das Recht der Europäischen Union, A5, Art. 5 Rn. 23, ohne sich jedoch für diese auszusprechen.

871 Grabitz/Hilf/ *Pfeiffer*, Das Recht der Europäischen Union, A5, Art. 5 Rn. 25.

872 *Heinrichs*, FS Trinkner, 157 (176).

873 *Bourin*, Les mille et un commandements du banquier, 505 (525).

874 Cour de Cass. Lux., Urt. vom 15.02.2001, Pas. 32, 168.

875 Cour de Cass. Lux., Urt. vom 15.02.2001, Pas. 32, 168 (169); Trib. Arr. Lux., Urt. vom 08.06. 1988, n° 298/88 du rôle; Urt. vom 22.03.2006, n° 98941 du rôle.

876 *Bourin*, La gestion du portefeuille, S. 127.

I. Vorgehensweise bei Unklarheit über den Inhalt einer Vertragsbedingung

Die Untersuchung der Frage, inwieweit der Inhalt der Bedingung selbst rechtskonform ist, erschöpft sich nicht in der Betrachtung, sondern erfordert gegebenenfalls eine Auslegung der zu überprüfenden Bedingung. Grundsätzlich erfolgt dieser an einem typisierten – allgemeinen Maßstab unter Berücksichtigung der konkreten Umstände, insbesondere des vertraglichen Zusammenhangs, der Umstände seines Abschlusses und des zwischen den Parteien bestehenden Kräfteverhältnisses.[877]

Ursprünglich hatte sich das französische Recht zwar mit dem zweiten Schritt der Kontrolle des Inhalts der Vertragsbedingung beschäftigt, jedoch keine Regelung für eine Auslegung der Bedingungen vorgesehen. In Zweifelsfällen wurde einzig Art. 1156 *Code Civil fr.* herangezogen, wonach sich der Richter bei der Auslegung am gemeinsamen Parteiwillen zu orientieren hatte. Da bei der Auferlegung von Vertragsbedingungen ein entsprechender gemeinsamer Wille in der Regel nicht bestand, trug die Anwendung der Norm wenig dazu bei, eventuelle Auslegungsschwierigkeiten zu lösen.[878] Die Rechtsprechung »behalf« sich aufgrund dieser Erkenntnis mit einer Ausweitung des Anwendungsbereichs der Artt. 1162, 1602 *Code Civil fr.*, wonach Verträge im Zweifel zu Gunsten desjenigen auszulegen sind, der die vertragliche Verpflichtung eingegangen ist. Der Anwendungsbereich wurde dahingehend erweitert, dass eine Anwendung der Vorschrift auch zu Lasten von Verwendern allgemeiner Vertragsbedingungen erfolgen kann.[879]

Um der von der *Cour de Cassation* befürchteten »Billigkeitsrechtsprechung« der Instanzgerichte entgegen zu wirken, hatte sich diese die Befugnis zugesprochen, deren Entscheidungen dahingehend zu überprüfen, ob der Richter etwa zu Gunsten des Verbrauchers eine Auslegung vorgenommen habe, die ihm nicht gestattet war. Dies wäre der Fall, wenn eine Auslegung erfolgt, obwohl die in Frage stehende Bedingung klar und deutlich abgefasst ist. Erfolgt dann eine Auslegung, ist darin nach Ansicht der *Cour de Cassation* eine Verletzung des Art. 1134 *Code Civil fr.* zu sehen, wonach die ordnungsgemäß geschlossenen Vereinbarungen zwischen den Parteien Gesetzeskraft haben.[880]

Auch in Luxemburg trug die Anwendung der bestehenden Auslegungsregeln wenig zur Lösung bei, da es sich bei diesen nicht um zwingende Vorschriften

877 *Damm*, JZ 1994, 161 (172); *Reich/Micklitz*, Europäisches Verbrauchervertragsrecht, S. 514; a. A. hingegen u.a *Remien*, ZeuP 1994, 34 (57), der die Prüfung nach einem konkret-individuellen Maßstab nur bei individuellen Verträgen für angemessen hält.

878 *Nobis*, Missbräuchliche Vertragsklauseln, S. 501 f.

879 Paris, Urt. vom 27.11.1991, D. 1992, IR, 69; *Nobis*, Missbräuchliche Vertragsklauseln, S. 502.

880 Cour de Cass., Urt. vom 11.05.1982, Gaz. Pal. 82, jur., 612; Urt. vom 05.07.1984, JCP 85, jur. N° 20409; *Sievers*, Verbraucherschutz gegen unlautere Vertragsbedingungen, S. 61.

handelte[881]. Entsprechend hatten die Vertragspartner ein starkes Interesse daran, die Anwendung dieser Vorschrift auszuschließen.[882]

Zur Gewährleistung einer Richtlinienkonformität des nationalen Rechts haben sowohl der luxemburgische als auch der französische Gesetzgeber eine entsprechende gesetzliche Regelung vorgesehen, vgl. Art. L. 211-2 Abs. 2 *Code de la cons. lux.* sowie Art. L. 211-1 *Code de la cons. fr.* Über die bisherige Rechtsprechung hinaus erfolgte eine Erweiterung des Schutzes des Verbrauchers: In jedem Fall ist die für den Verbraucher günstigste Auslegung anzuwenden; nach der alten Rechtslage war ein solches Ergebnis bei mehreren denkbaren Auslegungsmöglichkeiten eher zufällig. Ferner steht die Anwendung der Auslegungsregel nunmehr nicht mehr im Ermessen des Richters, sondern ist zwingend geboten.[883]

Zudem ist auch hier - über die Richtlinie hinaus - eine Anwendung der Auslegungsregelungen sowohl auf individuell ausgehandelte wie auch auf vorformulierte Bedingungen möglich, da auch hier ein vergleichbares Risiko für den Verbraucher besteht.[884]

II. Berücksichtigung anderer Vertragsbedingungen und/ oder verbundener Verträge

Die Missbräuchlichkeit einer Vertragsbedingung kann sich nicht nur aus der Bedingung selbst, sondern auch aus der Berücksichtigung der übrigen Vertragsbedingungen bzw. durch das Zusammenspiel mit anderen Verträgen ergeben.

Ausdrücklich sieht Art. L 211-2 *Code de la cons. lux.*, der den früheren Artikel 1-1 des Gesetzes von 1983 wörtlich wiedergibt, vor, dass sich der missbräuchliche Charakter einer Bedingung auch aus Bedingungen in einem anderen Vertrag ergeben kann, wenn deren Abschluss oder Durchführung rechtlich voneinander abhängig sind. Eine entsprechende Berücksichtigung eines anderen Vertrages ergab sich nach *Elvinger* bereits aus den allgemeinen Auslegungsregeln, sodass dieser bereits vor Schaffung einer ausdrücklichen Bestimmung berücksichtigt werden konnte.[885] Daher wurde in Zweifel gezogen, ob überhaupt eine gesetzliche Regelung erfolgen soll.[886] Zur Vermeidung einer nicht richtlinienkonformen Umsetzung ist die Schaffung einer ausdrücklichen gesetzlichen

881 Cour de Cass. Lux., Urt. vom 18.06.1987, Pas. 27, 117 (119).
882 *Brucher/ Thieltgen,* Le consommateur et sa banque, 556 (564).
883 *Bénabent,* ERPL 1995, 211 (216); *Paisant,* D. 1995 chr. , 99 (107).
884 *Brucher/ Thieltgen,* Le consommateur et sa banque, 556 (565).
885 *Elvinger,* ERPL 1997, 185 (187/188).
886 Projet de loi n° 4079[1], Avis de la Chambre des fonctionnaires, S. 1.

Regelung aber zu begrüßen. Von einem Verweis auf die entsprechenden Bestimmungen des *Code Civil* wurde hingegen abgesehen.[887] Es handelt sich allein um die Regelung eines Teilbereiches, sodass für die Auslegung des übrigen Vertrages weiterhin die Artt. 1156–1164 *C. civ. lux.* anzuwenden sind.[888]

Obwohl sich im Gesetz weder ein Verweis auf die Berücksichtigung der Umstände des Vertragsschlusses noch auf die anderen Vertragsbedingungen findet, kann daraus keinesfalls abgeleitet werden, dass diese keine Berücksichtigung finden. Vielmehr ergibt sich dies entweder aus den Bestimmungen des *Code Civil lux.* (z.B. Art. 1161 C.civ.)[889] bzw. aus den sonstigen Gesetzesbestimmungen. Wenn andere Bedingungen des konkreten Vertrages Berücksichtigung finden,[890] ist zu beachten, dass eine Kompensation einer nachteiligen Bestimmung durch eine andere Bestimmung nur möglich sein soll, wenn sie mit dieser in einem engen Zusammenhang steht[891]. Zudem darf eine Kompensation nicht zu einer Gefährdung des Vertragszwecks führen.[892] Art. 3 Abs. 3 der der Regelung zu Grunde liegenden Richtlinie deutet darauf hin, dass weitere nachteilige Bedingungen in jedem Fall Berücksichtigung finden sollen.[893] Jedenfalls ist daher eine uneingeschränkte Kompensation abzulehnen.

Fragt man zur Auslegung nach den Umständen des Vertragsschlusses, spielen das wirtschaftliche Gleichgewicht der Parteien, die Art, in der auf den Vertragspartner eingewirkt worden ist und die Dringlichkeit des Vertragsschlusses für den Verbraucher eine Rolle.[894] Daneben sind auch Vertragsgegenstand und -zweck zu berücksichtigen.[895] Die Missbräuchlichkeit kann daher beispielsweise zu verneinen sein, wenn der Verbraucher durch persönliche Umstände oder eine entsprechende Information einen hohen Wissensstand hat.[896] Nach dem Wortlaut des Art. 4 Abs. 1 der Richtlinie[897] muss diese Berücksichtigung aber nicht in jedem Fall zu einer für den Verbraucher günstigeren Lösung führen.[898]

---

887 Projet de loi n° 4079[6], Avis du Conseil d'État, S. 3.

888 *Brucher/ Thieltgen*, Le consommateur et sa banque, 556 (564).

889 So auch Projet de loi n°4079[7], Avis de la Chambre de commerce, S. 3.

890 *Schmidt-Salzer*, BB 1995, 1493 (1495).

891 Auf die Unzulässigkeit einer uneingeschränkten Kompensation weisen auch hin Wolf/ Horn/ Lindacher/*Wolf*, Art. 4 der RL, Rn. 8; a.A. *Micklitz*, ZEuP 1993, 522 (527).

892 Grabitz/ Hilf/ *Pfeiffer*, Das Recht der EU, A5. Art. 4 Rn. 17.

893 Grabitz/ Hilf/ *Pfeiffer*, Das Recht der EU, A5. Art. 4 Rn. 16.

894 Erwägungsgrund 16 der RL sowie Erläuterung durch *Heinrichs*, NJW 1993, 1817 (1820).

895 *Eckert*, WM 1993, 1070 (1075); *Ulmer*, EuZW 1993, 337 (345).

896 *Brandner*, MDR 1997, 312 (314).

897 Die Mißbräuchlichkeit einer Vertragsklausel wird unbeschadet des Artikels 7 unter Berücksichtigung der Art der Güter oder Dienstleistungen, die Gegenstand des Vertrages sind, aller den Vertragsabschluß begleitenden Umstände sowie aller anderen Klauseln desselben Vertrages oder eines anderen Vertrages, von dem die Klausel abhängt, zum Zeitpunkt des Vertragsabschlusses beurteilt.

Aus alledem lässt sich nicht der Schluss ziehen, dass eine Bedingung allein deshalb als missbräuchlich angesehen werden kann, weil sich diese in einem engen Zusammenhang mit anderen als missbräuchlich angesehenen Bedingungen befindet. Auch in einem solchen Fall obliegt es dem Verbraucher, deren Missbräuchlichkeit geltend zu machen.[899]

Entsprechend der – wenn auch nicht ausdrücklichen luxemburgischen Regelung – sieht auch das französische Recht vor, dass »der missbräuchliche Charakter einer Klausel nach den gesamten Umständen zum Zeitpunkt des Vertragsschlusses und nach den sonstigen Klauseln des Vertrags zu beurteilen ist«.[900] Bei einem bestehenden rechtlichen Zusammenhang sind auch hier andere Verträge zu berücksichtigen. Im Gegensatz zur Regelung der Richtlinie ist damit eine rechtliche Verbindung der Verträge erforderlich; eine rein tatsächliche Verbindung der Verträge ist damit nicht ausreichend. Dies führt nicht zu einem gegenüber der Richtlinie abgesenkten Schutzniveau: Da auch die Umstände des Vertragsschlusses zu berücksichtigen sind, kann einer tatsächlichen Abhängigkeit auf diesem Wege Rechnung getragen werden.[901] Insoweit besteht ein Gleichlauf zwischen den beiden Rechtsordnungen.

III. Die Kontrolle des Inhalts der Vertragsbedingungen aus französischer Sicht

Die französische Rechtsprechung versuchte zunächst, Vertragsbedingungen nur dadurch zu kontrollieren, dass diese die wirksame Aufnahme in den Vertrag überprüfte und unklare Bedingungen auslegte.[902] Nur ganz vereinzelt[903] schuf der Gesetzgeber zwingende inhaltliche Bestimmungen[904] oder ermächtigte er die Verwaltung, Regelungen zu schaffen[905]. Eher vereinzelt blieben auch Kontrollansätze der Rechtsprechung, die sich auf besonders problematische Fälle beschränkte und beispielsweise urteilte, dass gewisse Kardinalpflichten sowie die Haftung für Vorsatz und grobe Fahrlässigkeit weder beschränkt noch abbe-

898 So auch *Brandner*, MDR 1997, 312 (314); *Bunte*, DB 1996, 1389 (1390); *Damm*, JZ 1994, 161 (172); *Heinrichs*, NJW 1993, 1817 (1820).

899 Trib. Arr. Lux., Urt. vom 18.02.2011, n° 199/11 du rôle.

900 Deutsche Übersetzung entnommen aus *Mühlhans*, Die Umsetzung der Klausel-Richtlinie, S. 95.

901 *Mühlhans*, Die Umsetzung der Klausel-Richtlinie, S. 96.

902 *v. Hippel*, RabelsZ 41 (1977), 237 (241).

903 Zu nennen sind hier neben den Versicherungsverträgen die sog. Abzahlungsgeschäfte.

904 *Schröder*, Der contrat d'adhésion, 66f. Unter Nennung von Beispielen: *Barfuss*, RIW 1975, 319 (327); *Starck*, D.1974, Chron., 157 (162).

905 *Léauté*, Rev. Trim. dr. civ. 51 (1953), 456ff.

dungen werden können.[906] Ablehnend standen die Gerichte hingegen einer allgemeinen Billigkeitskontrolle entgegen, die nach Auffassung der Gerichte den gesetzesgleichen Charakter des Vertrages verletzte.[907] Auch auf einen möglichen Verstoß gegen die guten Sitten mochte sich die Rechtsprechung nicht berufen.[908] *Larenz*[909] Urteil: »Wo nicht gerade wichtige öffentliche Belange auf dem Spiele stehen, scheint es dem französischen Rechtsgeist zu entsprechen, eher eine beträchtliche Unbilligkeit als eine Gefährdung der Vertragssicherheit durch eine Beschränkung des Grundsatzes der Treue zum Wort in Kauf zu nehmen«, ist daher zuzustimmen.

Art. 35 des Gesetzes von 1978 sah dann zwar vor, dass bestimmte Bedingungen als missbräuchlich angesehen werden konnten, wenn die Bedingung dem Verbraucher durch Missbrauch wirtschaftlicher Macht auferlegt worden ist und dies dazu führte, dass der Verwender einen übermäßigen Vorteil erhalten hat. Die Analyse dieser gesetzlichen Regelung zeigte jedoch, dass eine Sanktionierung nur erfolgte, wenn die Bedingung selbst in ein Verbotsdekret aufgenommen worden ist. Selbst bei Vorliegen der weiteren Voraussetzungen war dem Richter bei Fehlen eines solchen Dekrets daher eine Kontrolle des Inhalts versagt.[910]

Da sich die Rechtsprechung allmählich von der Notwendigkeit eines solchen Verbotsdekrets abgewandt hatte und die Vorschrift nun als Grundlage einer allgemeinen Kontrolle sah, wurden die Bestimmungen zunächst unverändert in Art. L. 132-1 bis 134-1 *Code de la cons. fr. a. F.* übernommen.[911] Grundlage der Unwirksamkeit war daher weiterhin, dass die Bedingung durch einen Missbrauch wirtschaftlicher Macht in den Vertrag eingeführt worden ist und dass diese der anderen Partei einen exzessiven Vorteil verschafft hat. Dabei kam es allein darauf an, wie die Bedingungen Vertragsbestandteil geworden waren[912]. Waren die Bedingungen in allgemeinen Geschäftsbedingungen enthalten, wurde allgemein[913] davon ausgegangen, dass das Kriterium des einseitigen Machtmissbrauchs erfüllt worden ist; in diesen Fällen kam es allein darauf an, ob zugleich ein exzessiver Vorteil des Unternehmers vorlag. Lag hingegen eine Individualvereinbarung vor, konnte der Unternehmer nachweisen, dass dem

906 *Schmidt-Salzer*, Allgemeine Geschäftsbedingungen, D. 14, S. 66. Zu einer Anwendung durch die Rechtsprechung siehe Cour de Cass., Urt. vom 30. 05. 2006, D. 2006, Actualité jur., 1599.
907 Cour de Cass., Urt. vom 14. 02. 1866, vefügbar unter legifrance.
908 *Neuymayer*, Frankreich, 20 (30). Diese Beobachtung teilen *Witz/Wolter*, ZeuP 1993, 360 (363).
909 Auf den hier interessierenden Bereich der Kontrolle allgemeiner Vertragsbedingungen übertragen durch *Neumayer*, Frankreich, 20 (32).
910 *Nobis*, Missbräuchliche Vertragsklauseln, S. 73.
911 *Nobis*, Missbräuchliche Vertragsklauseln, S. 78.
912 *Nobis*, Missbräuchliche Vertragsklauseln, S. 555.
913 Cour de Cass., Urt. vom 06. 01. 1994, JCP 1994, jur., Nr. 22237; *Berger-Walliser*, RIW 1996, 459 (462); *Delebeque*, D. 1994, somm., 209; *Paisant*, JCP 1994, jur., Nr. 22237 (135).

Verbraucher die Bedingung nicht durch einen Missbrauch wirtschaftlicher Macht auferlegt worden ist.[914]

Für den daneben notwendigen exzessiven Vorteil, der insbesondere in einer Abweichung vom geltenden Recht liegen konnte, kam es entscheidend auf die Durchführung des Vertrages an.[915] Erforderlich war eine Gesamtbetrachtung aller Vertragsbedingungen.[916] So konnte auch hier der Vorteil des Unternehmers durch andere dem Verbraucher eingeräumte Vorteile kompensiert werden.[917]

Erst mit Umsetzung der Klausel-Richtlinie im Jahr 1995 erfolgte eine Änderung des Wortlauts der Regelung. In Anpassung an den Wortlaut der Richtlinie wurde der Begriff des »*avantage exzessif*« durch den des »*désequilibre significatif*« ersetzt. Diese Änderung hatte jedoch keine inhaltlichen Änderungen zur Folge. Es kommt weiterhin auf ein »beachtliches Missverhältnis [..] zwischen den Rechten und Pflichten der Vertragsparteien zum Nachteil des Verbrauchers an«[918]. Eine wesentliche Änderung des Wortlauts lag darin, dass im Zuge der Reform das Merkmal des Missbrauchs wirtschaftlicher Macht gestrichen worden ist. Da sich die Rechtsprechung bisher jedoch mit einer Vermutung für das Vorliegen dieses Merkmals beholfen hatte, führte dies kaum zu einer inhaltlichen Abweichung.[919] Dennoch bewirkt die Streichung des Tatbestandsmerkmales, dass von Dritten vorformulierte Verträge unzweifelhaft einer Inhaltskontrolle unterliegen.[920]

Eine wirkliche Neuerung ist hingegen in der erforderlich gewordenen Streichung der Beschränkung der Kontrolle auf bestimmte Typen von Bedingungen zu sehen.[921] Nunmehr sind nach dem Gesetzeswortlaut nur der Hauptgegenstand des Vertrages und die Angemessenheit zwischen Preis und Leistung aus der Kontrolle ausgenommen.

Um eine Übereinstimmung mit den Vorgaben der Richtlinie zu erreichen, schuf der Gesetzgeber zudem einen Anhang zum *Code de la cons. fr.*, in den der Klauselkatalog der Richtlinie übernommen worden ist. Nur auf diese Weise konnte der Gesetzgeber der nach der Rechtsprechung des EuGH bestehenden Verpflichtung nachkommen, die in der Richtlinie vorgesehene Liste so in das nationale Recht zu integrieren, dass deren Kenntnisnahme durch den Verbrau-

914 *Nobis*, Missbräuchliche Vertragsklauseln, S. 556.

915 *Nobis*, Missbräuchliche Vertragsklauseln, S. 555.

916 *Bricks*, Les clauses abusives, Rn. 166; *Sonnenberger*, RIW 1990, 165 (170).

917 *Bricks*, Les clauses abusives, Rn. 166.

918 *Berger-Walliser*, RIW 1996, 459 (462).

919 *Berger-Walliser*, RIW 1996, 459 (462); *Nobis*, Missbräuchliche Vertragsklauseln, S. 559. Dennoch kann der Missbrauch der Macht weiterhin als Umstand des Vertragsschlusses eine Rolle spielen, vgl. *Testu*, Dalloz Affaires, No. 13/1996, 372 (374).

920 *Gelot*, Clauses abusives, Répertoire du noratiat defrenois, 1. partie, 1201 (1203); zitiert nach *Nobis*, Missbräuchliche Vertragsklauseln, S. 560.

921 *Nobis*, Missbräuchliche Vertragsklauseln, S. 560.

cher möglich ist, da nur auf diesem Weg der Verbraucher seine Rechte gerichtlich geltend machen kann.[922] Eine Verbindlichkeit wurde durch die Aufnahme in den Anhang aber keineswegs begründet – die Anwendung blieb vielmehr dem Richter freigestellt.[923] Der Liste im Anhang kam nicht einmal Indizwirkung zu,[924] auch bei einer Übereinstimmung der Bedingung mit einer der in der Liste enthaltenen Bedingung musste der Richter diese im Einzelfall überprüfen.[925] Für den Verbraucher war daher aus praktischer Sicht kein wirklicher Rechtsgewinn zu verzeichnen. Einzig durch Dekret des *Conseil d'Etat* untersagte Bedingungen kam eine wirkliche Bedeutung bei der Frage nach der Missbräuchlichkeit einer Bedingung zu.[926]

Erst durch Dekret n° 2009–302[927] trat eine Änderung der Rechtslage ein, da erstmals Listen von als unwirksam anzusehenden Bedingungen geschaffen wurden. Bemerkenswert ist, dass die *Commission des clauses abusives* in ihrem Bericht 2008 darauf verwies, dass in Luxemburg eine entsprechende Regelung bestehe,[928] dessen Regelung gewissermaßen als ein mögliches Vorbild aufgezeigt worden ist. In Art. R 212–1 wurde eine Liste von zwölf Bedingungen geschaffen, deren Verwendung in jedem Fall als missbräuchlich anzusehen sind. Diese Vermutung kann der Unternehmer nicht widerlegen. Der Gesetzgeber hat in diese Liste auch die drei Bedingungen aufgenommen, die zuvor in Verbotsdekreten enthalten waren. Die übrigen Bedingungen stammen entweder aus der früheren Liste im Anhang oder sind Vorschlägen der *Commission des clauses abusives* nachgebildet. Auch wenn nur eine der Bedingungen als gänzlich neu anzusehen ist, wurde der Anwendungsbereich anderer Verbote teilweise ausgeweitet. Teilweise kam es aber auch zu einer Einschränkung bestehender Verbote.[929]

Zudem führte der Gesetzgeber eine sog. *graue Liste* von zehn Bedingungen ein (Art. R. 212–2 *Code de la cons. fr.*), bei denen zu Lasten des Unternehmers vermutet wurde, dass diese missbräuchlich sind, sollten sie gegenüber einem Verbraucher Verwendung finden. Hier kann der Unternehmer jedoch das Gegenteil beweisen.

Die Schaffung dieser ausdrücklichen Regelung und nicht nur einer unverbindlichen Aufzählung im Anhang ist dahingehend zu begrüßen, dass die

922 EuGH, EuZW 2002, 465 (466).
923 *Auque/ Coeuret/ Jamin*, Rtd. Civ. 1995, 435 (439).
924 *Nobis*, Missbräuchliche Vertragsklauseln, S. 567.
925 *Nobis*, Missbräuchliche Vertragsklauseln, S. 568.
926 *Berger-Walliser*, RIW 1996, 459 (463); *Mühlhans*, Die Umsetzung der Klausel-Richtlinie, S. 92.
927 Décret n° 2009–302 du 18 mars 2009 portant application de l'article L. 132–1 du code de la consommation.
928 Rapport d'activité de la Commission des Caluses abusives, S. 24.
929 *Peglion-Zika*, La notion de clause abusive, S. 265f.

Rechtssicherheit gestärkt und den benachteiligten Personen ein effektiverer Schutz gegenüber missbräuchlichen Vertragsbedingungen gewährt wird.[930] Nichtsdestotrotz bleibt es in den meisten Fällen aufgrund der begrenzten Reichweite der Listen weiterhin bei einer Anwendung der Generalklausel. Das französische Recht steht damit im Einklang mit dem Regelungskonzept der Richtlinie. Zugleich steht auch fest, dass es erst durch Schaffung der sog. *schwarzen* und *grauen Liste* 2009 zu einer aus Gründen der Rechtssicherheit zu begrüßenden freien Verfügbarkeit dieser Listen kam. Eine Verbesserung der Rechtsstellung des Verbrauchers wurde zudem dadurch erreicht, dass diesem nun nicht mehr in jedem Fall die Beweislast obliegt. Wie sich zeigen wird, war Luxemburg diesbezüglich eher als »Vorreiter« für die französische Gesetzgebung anzusehen.

IV. Die Kontrolle des Inhalts der Vertragsbedingung nach dem luxemburgischen Recht

Während sich im französischen Recht nach anfänglicher Skepsis gegenüber einer richterlichen Kontrolle allgemeiner Vertragsbedingungen diese erst zögerlich durchsetzte, war und ist dies in Luxemburg anders. Der Aussage *Bennemanns*[931] ist zuzustimmen, wonach »eine Loslösung von der französischen Rechtslage [..] jedoch insoweit erfolgt [ist], als Luxemburg nicht dem von Frankreich in dem Gesetz Nr. 78–23 vom 10. 1. 1978 eingeschlagenen Weg gefolgt ist, sondern statt dessen ein eigenes Gesetz über den Rechtsschutz des Verbrauchers vom 25. 8. 1993 verabschiedet hat.« Nach Untersuchung der Rechtslage erscheint dagegen das von *von Hippel*[932] gefundene Ergebnis unzutreffend, wonach »die Lage in Luxemburg im wesentlichen der Lage [entspricht], wie sie in Frankreich oder Belgien besteht.« Sicherlich mag diese Aussage bis in das Jahre 1983 gegolten haben; für die folgende Zeit ist jedoch nachzuweisen, dass der luxemburgische Gesetzgeber sich von seinem »französischen« Vorbild gelöst hat.

1. Die »schwarze« Liste

In der heute in Art. L. 211–3 *Code de la cons. lux.* aufzufindenden Liste von als in jedem Fall als missbräuchlich anzusehenden Vertragsbedingungen ist einer der größten Unterschiede zum und zugleich eines der deutlichsten Indizien für eine Abkehr vom französischen Recht zu erblicken. Zugleich handelt es sich um eine

930 Siehe dazu im Einzelnen *Peglion-Zika*, La notion de clause abusive, S. 266f., die jedoch auch darauf hinweist, dass diese Vorteile zu relativieren sind.

931 Fiktionen und Beweislastregelungen, S. 103.

932 RabelsZ 41 (1977), 237 (262).

der gesetzlichen Regelungen, die bei ihrer Einführung der größten Kritik ausgesetzt war.[933]

a) Die Entstehung der Liste

Ausgehend von der Erkenntnis, dass bestimmte Bedingungen zum Entstehen einseitiger Vorteile des Unternehmers führen, entschied sich der luxemburgische Gesetzgeber bereits 1983 für die Schaffung einer gesetzlichen Regelung, nach der bestimmten Bedingungen in Verbraucherverträgen generell die Geltung versagt worden ist. Die Liste beruhte weitestgehend auf einem von einer Expertengruppe des Europarats erarbeiteten Vorschlag wie auch an in der Praxis gebräuchlichen Bedingungen.[934] Die ursprünglich zwanzig Bedingungen umfassende Liste unterschied dabei nicht zwischen Bedingungen, die in jedem Fall als missbräuchlich anzusehen sind und solchen, bei denen dem Unternehmer der Beweis des Gegenteils ermöglicht wird.[935] Auch sonst decken die Bedingungen einen weiten Anwendungsbereich ab und reichen von Bedingungen über der Einschränkung von Gewährleistungsrechten hin zu solchen über einen Ausschluss der Haftung für Verzug und Nichterfüllung bis hin zur Erschwerung der Rechtsverfolgung.[936]

Seit Beginn des Gesetzgebungsvorhabens wurde klargestellt, dass die Liste als nicht abschließend anzusehen ist.[937] Findet sich eine Vertragsbestimmung nicht in der Liste, kann der Richter daher weiterhin auf die Generalklausel zurückgreifen und auf diesem Wege zu einer Missbräuchlichkeit gelangen.[938] Ein Vorschlag des *Conseil d' Etat,* wonach allein eine Liste aufzustellen sei, die auf Vorschlag des *Conseil de la Consommation* durch großherzogliche Verordnung zu erweitern sei,[939] wurde – unter Berücksichtigung der geschilderten Erfahrungen aus dem französischen System wohl glücklicherweise – abgelehnt. Denn eine solche Liste trägt stets das Risiko in sich, dass sie auf Änderungen der Vertragspraxis nicht zeitnah reagieren kann. Daher bedarf es eines flexibleren Mechanismus.[940] Dem Gegenargument einer drohenden Rechtsunsicherheit kann zudem entgegnet werden, dass auch mit einer Generalklausel eine ausreichende Leitlinie für den Richter vorgegeben wird, zu deren Konkretisierung auch

---

933 So u. a. Projet de loi n° 2217[1], Avis de la Chambre de commerce, S. 17; Projet de loi n° 2217[2], Avis de la Chambre des Métiers, S. 4.

934 Fischbach, 67 seance, 08.06.1983, S. 4227; Projet de loi n° 2217, Commentaire des articles, S. 2537.

935 *Bennemann,* RIW 1986, 594 (596).

936 Aufzählung nach *Bennemann,* RIW 1986, 594 (597).

937 Rippinger, 91 séance, 15.7.1983, S. 5748. So auch *Bauler,* Feuille de liaison 60, 21 (29). Dies ergibt sich insbesondere aus der Verwendung des Wortes »notamment«, vgl. Justice de Paix Esch-sur-Alzette, Urt. vom 03.10.2005, n° 2091/05 du rôle.

938 Trib. Arr. Lux., Urt. vom 29.06.2007, n° 778/07 du rôle.

939 Projet de la loi n° 2217[2], Avis du Conseil d'État, S. 13.

940 Rippinger, 66 séance v. 07.06.1983, S. 4204.

auf die Liste zurückgegriffen werden kann.[941] Der Staatsrat hat sich diesem dualistischen System schließlich ohne weitere Proteste angeschlossen.[942]

In der Folge kam es mehrfach[943] zur Erweiterung der Liste. Die in den *Code de la cons. lux.* übernommene Fassung entspricht dann derjenigen, die sich zuletzt im Gesetz von 1983 befand.[944] Dies ist insoweit von Vorteil, als dass auf die umfangreiche Rechtsprechung zurückgegriffen werden kann. Heute umfasst die Liste insgesamt 24 Bedingungen.

b) Die Anwendung der Liste im Allgemeinen

Da die in der Liste enthaltenen Bedingungen als unwirksam anzusehen sind, bedeutet das notwendigerweise, dass zu Ungunsten des Unternehmers eine unwiderlegbare Vermutung der Missbräuchlichkeit besteht.[945] Der Verbraucher muss hingegen nur nachweisen, dass die fragliche Bedingung einer der in der Liste aufgenommenen Bedingungen entspricht.[946] Ist dies der Fall, prüft der Richter nicht einmal mehr, inwieweit die Bedingung ein Ungleichgewicht zum Nachteil des Verbrauchers begründet.[947] Berücksichtigt man diesen »Beweisvorteil« des Verbrauchers muss man, um dem Interesse des Unternehmers an der Verwendung allgemeiner Vertragsbedingungen Rechnung zu tragen, die Liste restriktiv auszulegen.[948] Zudem wird dem Unternehmer dahingehend ein weiterer Vorteil gewährt, dass die Bestimmung allein an der Generalklausel gemessen wird, wenn der Verbraucher sich nicht auf das Eingreifen einer der Bedingungen der Liste beruft.[949]

Vergleicht man diese Regelung mit der des französischen Rechts zeigt, dass die luxemburgische Bestimmung einen höheren Verbraucherschutz gewährleistet: Ein Vergleich der einzelnen Bestimmungen zeigt, dass die Bedingungen aus der luxemburgischen Liste weitaus umfassender formuliert sind als diejenigen des französischen Rechts. Potentiell können daher weitaus mehr Bedingungen erfasst werden. Zudem spielt sicherlich auch eine Rolle, dass die luxemburgische Liste – wenn auch nur geringfügig – mehr Bestimmungen als die Liste des französischen Rechts umfasst.

---

941 Projet de la loi, n° 2217[3], Rapport de la Commission juridique, S. 9.

942 Projet de loi, n° 2217[4], Avis du Conseil d'État, S. 2.

943 Gesetz vom 26.03.1997, Mém. N° 30 du 29 avril 1997, S. 1116ff.

944 *Gouden*, DCCR 2010, 50 (59). So auch *Brucher*, ALJB 2012, 22 (26).

945 *Coustance*, Les clauses abusives, ACE 5/2012, 3 (6).

946 Trib. Arr. Lux., Urt. vom 18.02.2011, n° 199/11 du rôle; Urt. vom 01.07.2011, n° 943/2011 du rôle. Alternativ kann der Verbraucher aber auch das Vorliegen der Voraussetzungen der Generalklausel beweisen.

947 *Coustance*, Les clauses abusives, ACE 5/2012, 3 (6).

948 *Coustance*, Les clauses abusives, ACE 5/2012, 3 (6).

949 Trib. Arr. Lux. Urt. vom 18.02.2011, n° 199/11.

c) *Ausgewählte Anwendungsbeispiele*

Eine rein theoretische Betrachtung vermag jedoch nicht ausreichend darzustellen, inwieweit die gesetzliche Regelung tatsächlich einen wirksamen Schutz schafft. Daher soll an dieser Stelle auch die konkrete Anwendung der Liste durch die Rechtsprechung in den Blick genommen werden.

aa) *Einseitige Bestimmung des Vertragsinhalts/ Änderung des Vertrags durch den Unternehmer*

Von größter Bedeutung für die Rechtsprechung ist, dass nach Nr. 4 der Liste Bedingungen untersagt werden, nach denen sich der Unternehmer das Recht vorbehält, den Vertrag einseitig aufzuheben oder zu verändern, ohne dass dafür ein wirksamer und im Vertrag vorgesehener Grund besteht.[950] Der Kunde soll damit vor der Unsicherheit bewahrt werden, dass eine jederzeitige Vertragsänderung möglich ist.[951] Aus diesem Grund ist es dem Unternehmer beispielsweise nicht gestattet, während der Vertragslaufzeit den Vertragsinhalt z. B. den Abstand der Rechnungen zu verändern oder die Eigenschaften der geschuldeten Leistung zu modifizieren. Auch dies steht unter dem ausdrücklichen Vorbehalt, dass kein ausreichender Grund für diese Änderung vorliegt.[952]

Ein weiterer Blick in die Rechtsprechung liefert dann sogleich Erkenntnisse, welche Begründung als unzureichender Grund angesehen wird. Danach kann eine Vertragsauflösung nicht allein darauf gestützt werden, dass der Verbraucher eine bestimmte Dienstleistung sechs Monate lang nicht in Anspruch genommen hat.[953] Möglich ist hingegen eine Vertragsauflösung bei einer Vertragsverletzung durch den Verbraucher, da es sich hier um ein objektiv nachprüfbares Kriterium handelt.[954]

Einen entsprechenden Schutz des Verbrauchers bezweckt auch die Bestimmung in Nr. 6, wonach Bedingungen als unwirksam anzusehen sind, nach denen sich der Unternehmer ohne einen im Vertrag angegebenen Grund, das Recht vorbehält, einseitig den Zeitpunkt seiner Leistung festzulegen. Denn in solchen Fällen muss der in der Regel vorleistungspflichtige Verbraucher unter Umständen eine unbestimmte Zeit auf die Erbringung der Gegenleistung durch den Unternehmer warten.[955] Gestattet wird eine entsprechende Bedingung nur, wenn die Gründe für die fehlende Angabe des Lieferdatums vom Willen des Unternehmers unabhängig sind und er dies zudem entsprechend begründet.[956]

950 *Coustance*, Les clauses abusives, ACE 5/2012, 3 (7).
951 Projet de la loi, n° 2217, Expose des motifs, S. 2538.
952 Cour d'Appel Lux., Urt. vom 25. 10. 2006. n° 31602.
953 Cour d'Appel Lux., Urt. v. 12. 10. 2011, n° 36698.
954 Trib. Arr. Lux., Urt. vom 26. 03. 2010, n° 480/10.
955 *Bauler*, Feuille de liaison 60, 21 (32).
956 *Bauler*, Feuille de liaison 60, 21 (32); *Decker/ Bodry*, Verbraucherrechtsschutz, S. 8.

bb) Bedingungen mit Bezug zum Preis und Zahlung(-smodalitäten)

Nach Nr. 10 sind solche Bedingungen als missbräuchlich anzusehen, die dem Unternehmer die einseitige Preisbestimmung oder eine Erhöhung des Preises gestatten, wenn nicht zugleich dem Verbraucher das Recht zugestanden wird, die Auflösung des Vertrages zu verlangen. Dies gilt sogar dann, wenn die Erhöhung des Preises auf objektiv nachprüfbaren Kriterien beruht. Ausgenommen und allein nach der Generalklausel zu beurteilen sind hingegen Bedingungen, bei denen eine Preiserhöhung auf einem Fehlverhalten des Verbrauchers beruht, dieser also beispielsweise die vertraglich geschuldete Leistung verspätet abnimmt.[957]

Der Anwendungsbereich der Bestimmung ist denkbar weit: Erfasst ist sowohl der Fall, in dem nur ein Richtwert angegeben wird und der Preis erst am Tag des Vertragsschlusses bestimmt werden soll wie auch Verträge, in denen überhaupt keine Preisangabe erfolgt ist.[958] Entscheidend ist, dass der Verbraucher bei Vertragsschluss über den Umfang der von ihm eingegangenen Verpflichtung im Unklaren gelassen wird.[959] Nur ganz ausnahmsweise soll eine solche Bedingung trotz des entsprechenden Verbotes Bestand haben, wenn die Leistungserbringung vereinbarungsgemäß erst weit nach dem Abschluss des Vertrages erfolgt.[960]

Um dem Interesse des Verbrauchers zu entsprechen, dass dieser unter Umständen selbst bei einem erhöhten Preis am Vertrag festhalten möchte, kann dieser wählen, ob er den Vertrag weitergelten oder aufheben lassen möchte.[961]

cc) Bedingungen, die die Rechte des Verbrauchers einschränken, wenn der Unternehmer seinen vertraglichen Verpflichtungen nicht nachkommt

Ferner wird nach Nr. 3 der Liste die Verwendung von Bedingungen untersagt, die es dem Verbraucher verbieten, seine Leistung ganz oder teilweise zurückzuhalten, wenn der Unternehmer seinen Vertragspflichten nicht nachkommt. Damit soll sichergestellt werden, dass der Verbraucher erst nach Erbringung einer ordnungsgemäßen Leistung zu zahlen hat.[962]

Ferner werden nach Nr. 5 Bedingungen untersagt, nach denen das Recht des Verbrauchers auf Auflösung des Vertrages eingeschränkt wird, wenn die Lieferung oder die Leistung nicht innerhalb des vorgesehenen Zeitraums bzw. in

---

957 Trib. Arr. Lux., Urt. vom 18.02.2011, n° 199/11.

958 Trib. Arr. Lux., Urt. vom 25.03.1987, n° 293/87 du rôle: Da nach den Bestimmungen des *Code Civil lux.* Verträge jedoch unwirksam sind, wenn der Preis weder angegeben noch bestimmbar ist, erfordert die Anwendbarkeit der Nummer 10 zumindest eine Bestimmbarkeit des Preises.

959 *Bauler*, Feuille de liaison 60, 21 (31).

960 Trib. Arr. Lux., Urt. vom 25.03.1987, n° 293/87 du rôle.

961 *Bauler*, Feuille de liaison 60, 21 (31).

962 *Decker/ Bodry*, Verbraucherrechtsschutz, S. 8.

einem angemessenen Zeitraum erfolgt. Ein fehlendes Verbot würde dazu führen, dass der Verbraucher auf unbestimmte Zeit an einen Vertrag gebunden ist,[963] an dem er wegen Zeitablaufs oftmals kein Interesse mehr hat[964].

dd) *Bedingungen, die sich auf die Vertragsmäßigkeit beziehen*

Unter diese Kategorie untersagter Bedingungen fällt zunächst die Nr. 1 der Liste, die Bedingungen für unwirksam erklärt, aufgrund derer die gesetzliche Garantie für verborgenen Mängel oder im Falle fehlender Vertragsmäßigkeit beschränkt wird. Danach ist unter anderem eine Bedingung unwirksam, nach der Teile, die nicht vom Unternehmer verändert wurden, aus der Garantie ausgenommen sind. In diesem Fall hatte sich der Verbraucher allein an den Lieferanten zu wenden. Zudem hatte der Unternehmer auch seine Einstandspflicht für Teile ausgeschlossen, die er nur auf Anfrage des Kunden geliefert hatte.[965]

Von größerer Bedeutung ist hingegen das Bedingungsverbot aus Nr. 7 der Liste, wonach Bedingungen die Wirksamkeit versagt wird, die bevor die Sache geliefert wird, vorsehen, dass die Waren weder den als wesentlich angesehenen Eigenschaften noch dem Muster oder dem Verwendungszweck entsprechen müssen. Einschränkend findet dieses Verbot jedoch in Übereinstimmung mit dem Wortlaut nur Anwendung, als dass es nur auf die Lieferung von Waren, aber gerade nicht auf die Erbringung von Dienstleistungen Anwendung findet.[966] Nicht erfasst sind ferner auch Detailunterschiede, die den Gebrauch nicht beeinflussen,[967] sowie der Fall, dass dem Verbraucher eine »bessere Sache« geliefert wird[968]. Unter Berücksichtigung dieser Einschränkungen wurde beispielsweise eine Bedingung als unwirksam angesehen, durch die vorgesehen wurde, dass der Verbraucher mit dem Öffnen der Ware deren Vertragsmäßigkeit anerkennt.[969]

Ebenso sind nach Nr. 8 der Liste Bedingungen unwirksam, die den Unternehmer berechtigen, die Vertragsmäßigkeit der Sache zu bestimmen. Ein Verstoß gegen die Vorschrift liegt beispielsweise vor, wenn ein Internetvertrag die Möglichkeit eines »Downgrade« vorsieht, da dem Unternehmer damit gestattet wird, von seiner eigenen Leistung Abstand zu nehmen. Der Kunde kann sich hingegen wegen einer bestehenden Mindestlaufzeit nicht vom Vertrag lösen. Aus diesem

963 *Bauler*, Feuille de liaison 60, 21 (35).

964 Projet de loi n° 2217, Expose des motifs, S. 2538.

965 Trib. Arr. Lux., Urt. vom 18.02.2011, n° 199/11.

966 Trib. Arr. Lux., Urt. vom 26.03.2010, n° 480/10.

967 *Decker/ Bodry*, Verbraucherrechtsschutz, S. 9. Dieser Ansicht ist auch *Bauler*, Feuille de liaison 60, 21 (30).

968 Projet de loi n° 2217, Expose des motifs, S. 2539.

969 *Bauler*, Feuille de liaison 60, 21 (29).

Grund kann der Unternehmer eine Missbräuchlichkeit nur »abwenden«, wenn ein entsprechendes Lösungsrecht ausdrücklicher Vertragsbestandteil ist.[970]

ee) *Bedingungen, die die Haftung des Unternehmers ausschließen oder beschränken*

Den Schutz des Verbrauchers konsequent weiterführend, beschäftigen sich andere Bestimmungen mit haftungsausschließenden oder -beschränkenden Bedingungen.

So sind nach Nr. 18 Bedingungen unwirksam, nach denen eine zur Vornahme bestimmter Leistungen an einer ihm überlassenen Sache verpflichtete Person, seine Verpflichtung zu deren Aufbewahrung und Rückgabe ausschließt oder beschränkt. Dies wird von der zeitgleich erfolgten Gesetzesänderung flankiert, wonach von den Bestimmungen über die Haftung des Unternehmers nicht zum Nachteil des Verbrauchers abgewichen werden kann.[971] Konsequenterweise ist danach eine Bedingung unwirksam, nach der ein Reinigungsunternehmen die Haftung für Schäden ausschließen wollte, die an ihm überlassenen Kleidungsstücken entstehen.[972]

Weitergehend unwirksam sind nach Nr. 22 auch Bedingungen, in denen der Unternehmer sich das Recht ausbedingt, die vom Verbraucher geleisteten Zahlungen zurückzuhalten, wenn dieser vom Abschluss oder der Durchführung des Vertrages Abstand nimmt, ohne dass dem Verbraucher ein vergleichbares Recht zugestanden wird. Bei einer ersten Lektüre erscheint nur ein geringer Anwendungsbereich zu bestehen; in der Praxis findet diese jedoch vermehrt Anwendung[973]. So hatte der Verbraucher beispielsweise nach einer Bedingung bei Nichterfüllung des Vertrages 34 % und bei schuldhafter Vertragsauflösung 50 % des Kaufpreises zu zahlen, während eine korrespondierende Zahlungspflicht des Unternehmers nur bei schuldhafter Vertragsauflösung vorgesehen war.[974] Untersagt wurde aber auch eine Bedingung, nach der der Unternehmer bei Nichtbegleichung der Leasingrate den Vertrag beenden und alle monatlich noch geschuldeten Zahlungen verlangen konnte, selbst wenn der geschuldete Betrag um den zu erzielenden Verkaufserlös vermindert wurde.[975]

---

970 Cour d'Appel Lux., Urt. vom 12.10.2011, n° 36698 du rôle.

971 Projet de loi n° 2217[3], Avis de la Commission juridique, S. 11.

972 Trib. Arr. Lux., Urt. vom 01.07.2011, n° 943/2011.

973 *Coustance*, Les clauses abusives, ACE 5/2012, 3 (8). Beispielhaft hierzu Justice de Paix Esch-sur-Alzette, Urt. vom 30.01.2006, N° 99862651 JUDOC. Bemerkenswert ist hier zudem, dass zur Begründung auf die Erwägungen der französischen *Commission des clauses abusives* verwiesen wird.

974 Trib. Arr. Lux., Urt. vom 18.02.2011, n° 199/11.

975 Justice du Paix Esch sur Alzette, Urt. vom 14.11.2005, n° 2530/05.

ff) Bedingungen mit Bezug zur Vertragsdauer und zur Möglichkeit der Vertragsaufhebung

Unwirksam sind nach Nr. 4 der Liste weiterhin Bedingungen, nach denen der Lieferant sich das Recht vorbehält, den Vertrag einseitig abzuändern oder aufzuheben. Dieses Verbot gilt nur dann nicht, wenn der Vertrag einen sachlich gerechtfertigten Grund dafür vorsieht. Damit soll verhindert werden, dass auf Seiten des Verbrauchers eine Unsicherheit darüber besteht, wie der Unternehmer seine Wahlmöglichkeit ausübt,[976] insbesondere soll der Verbraucher vor Willkür geschützt werden[977]. Praktische Anwendungsfälle sind bei Bankenbedingungen zu finden, bei denen u.a aufgrund langer Vertragslaufzeiten die Notwendigkeit zur Änderung von Bedingungen besteht. Berücksichtigt man die gesetzlichen Vorgaben muss der Grund für die Anpassung der Zinssätze oder die Gebührenerhöhung sowohl mit dem Gesetz im Einklang stehen als auch ausdrücklich im Vertrag genannt sein.[978] *Elvinger*[979] rät daher, dass die Banken in ihren Verträgen ausdrücklich eine Änderungsmöglichkeit in Anlehnung an die Marktbedingungen vorsehen. Auch auf die Änderung der Rechtslage kann sich als wirksamer Grund berufen werden.[980]

Erfasst ist aber auch, dass sich die Bank die Möglichkeit vorbehält, den Vertrag zu beenden. Da es sich bei entsprechenden Verträgen zumeist um unbefristete Verträge handeln dürfte und damit im Grundsatz jeder Partei die Möglichkeit der Vertragsaufhebung zusteht,[981] ist das Bestehen eines Ungleichgewichts abzulehnen, wenn jeder Partei das Recht zur jederzeitigen Vertragsbeendigung zugestanden wird[982]. In einem ähnlichen »Dilemma« befindet sich die Bank, wenn diese eine jederzeitige Kündigungsmöglichkeit für ein Darlehen vorsehen will. Zwar befindet sich der Kunde unzweifelhaft in einer unterlegenen Stellung, um die Banken jedoch nicht völlig schutzlos zu stellen, kann die Möglichkeit zur Kündigung vorgesehen werden, wenn sich die finanzielle Situation des Kunden merklich verschlechtert. Erforderlich ist aber auch hier die Angabe objektiv nachvollziehbarer Kriterien.[983]

Ferner unterfallen dieser Kategorie unwirksamer Bedingungen nach Nr. 9 diejenigen, nach denen der Vertrag um mehr als ein Jahr verlängert wird, wenn nicht eine fristgemäße Kündigung erfolgt ist. Um einen Verstoß gegen diese

---

976 *Bauler*, Feuille de liaison 60, 21 (34).
977 Cour d'Appel Lux., Urt. vom 25.10.2006, n° 31602 du rôle.
978 *Brucher*, La protection juridique, 643 (653); *Elvinger*, Feuille de liaison 60 (1984), 15 (17).
979 *Elvinger*, Feuille de liaison 60 (1984), 15 (18).
980 *Elvinger*, Feuille de liaison 60 (1984), 15 (18).
981 *Elvinger*, Feuille de liaison 60 (1984), 15 (18).
982 *Brucher*, La protection juridique, 643 (653); *Elvinger*, Feuille de liaison 60 (1984), 15 (19). Dies rät auch *Bourin*, La gestion du portefeuille, S. 164.
983 *Elvinger*, Feuille de liaison 60 (1984), 15 (19).

Bedingung abzuwenden, muss für jede Erneuerung des Vertrages ein neuer Vertrag abgeschlossen werden.[984] Ausdrücklich abgelehnt wurde hingegen der Vorschlag, jede Verlängerung des Vertrages über die normale Vertragsdauer hinaus zu untersagen.[985]

gg) Bedingungen, die den Rechtsschutz des Verbrauchers beschränken

Zunächst sind nach Nr. 2 der Liste Bedingungen untersagt, die zur Erhöhung der durch den Verbraucher geschuldeten Leistung führen, wenn diese in einem gerichtlichen Verfahren geltend gemacht wird. Davon sind Bedingungen erfasst, die bei einer unbegründeten gerichtlichen Verteidigung eine Pauschale vorsehen.[986] Nicht erfasst sind hingegen Gerichtsgebühren und Anwaltskosten, wenn die Bank ihren Anspruch gerichtlich gegenüber dem Kunden geltend machen muss.[987] Ein Verstoß liegt hingegen vor, wenn sich die Bank bei Notwendigkeit der Inanspruchnahme von Gerichten zur Beitreibung der eigenen Forderung einen Schadensersatzanspruch zuspricht, für den ein gewisser Mindestbetrag vorgesehen ist.[988] Denn auch hier wird das Recht des Einzelnen beschränkt, sich gerichtlich zu verteidigen. Dies gilt umso mehr, als dass dieses Recht als zwingend und unabdingbar angesehen wird.[989]

Nach Nr. 11 werden daneben Bedingungen untersagt, durch die dem Verbraucher eine ungewöhnlich kurze Frist[990] für die Geltendmachung einer fehlenden Vertragsmäßigkeit auferlegt wird. Unzulässig ist daher, dass eine Klage wegen verborgener Mängel innerhalb von 20 Tagen zu erheben und bei Nichteinhaltung dieser Frist ausgeschlossen ist.[991] Anders urteilte die Rechtsprechung hingegen, wenn Beanstandungen gegen Kontoauszüge innerhalb eines Monats nach deren Erhalt erfolgen müssen.[992]

984 *Elvinger*, Feuille de liaison 60 (1984), 15 (19).

985 Projet de loi n° 2217^3, Rapport de la Commission juridique, S. 10.

986 *Decker/ Bodry*, Verbraucherrechtsschutz, S. 8. Als Konsequenz sei der Händler allein auf ein Schadensersatzbegehren beschränkt. So auch bereits unter Anwendung des Art. 1131 *Code Civil* Trib. Arr. Lux., Urt. vom 29.10.1969, Pas. 21, 284, dort aber noch als Verstoß gegen den *ordre public*.

987 *Brucher*, La protection juridique, 643 (652).

988 Justice de Paix Lux., Urt. vom 13.01.1987, n° 88/87 de rôle. Der damals vorgesehene Mindestbetrag betrug 500 Franc, was in etwa einem Betrag von 12.40 € entspricht.

989 Trib. Arr. Lux., Urt. vom 29.10.1969, Pas. 21, 284 (284).

990 Hierbei obliegt dem erstinstanzlichen Richter ein eigener Beurteilungsspielraum, der nicht vom *Cour de Cassation* überprüft werden kann, vgl. Cour de Cass. Lux., Urt. vom 17.12.2009, n° 61/09 du rôle.

991 Trib. Arr. Lux., Urt. vom 18.02.2011, n° 199/11.

992 Cour d'Appel Lux., Urt. vom 25.06.2009, n° 33124 du rôle. So auch unter Verweis auf die französische Rechtsprechung *Brucher*, La protection juridique, 643 (654), der ebenfalls annimmt, dass entsprechende Bestimmungen nicht dem Anwendungsbereich des Verbots unterfallen.

Die Gewährleistung des Rechtsschutzes wird flankiert durch die Bestimmung in Nr. 13 der Liste. Untersagt sind danach Bedingungen, die das Recht des Verbrauchers ausschließen, sich an die ordentlichen Gerichte zu wenden und den Verbraucher zwingen, zunächst bzw. ausschließlich Schiedsgerichte anzurufen. Für den Verbraucher ist eine entsprechende Regelung aus mehreren Gründen nachteilig: Das Schiedsverfahren als solches ist ihm in der Regel unbekannt; zudem muss er zumeist selbst bei Obsiegen die Kosten tragen. Die freiwillige Möglichkeit der Nutzung eines Schiedsverfahrens ist hingegen nicht unzulässig,[993] zumindest aber aus Sicht des Verbrauchers problematisch, der sich auch von einer solchen Bedingung »in die Irre führen lassen« könnte. Unklar bleibt, ob das Verbot nur dann greift, wenn der Schiedsspruch zu einer abschließenden, die staatliche Gerichtsbarkeit verdrängenden Regelung führt.[994] Aus Gründen des Verbraucherschutzes erscheint eine derart enge Auslegung zumindest problematisch.

2. Vervollständigung des Verbraucherschutzes durch die Generalklausel

Über die durch die Liste als in jedem Fall unwirksam anzusehender Bedingungen hinaus, wird eine weitere Möglichkeit vorgesehen, um Bedingungen wegen ihres Inhalts die Geltung zu versagen. Bei der Anwendung der Generalklausel wird allgemeiner danach gefragt, inwieweit die in Frage stehende Bedingung ein Ungleichgewicht der Rechte und Pflichten zum Nachteil des Verbrauchers schafft. Gedankliche Grundlage ist die Erwägung, dass selbst bei der Möglichkeit des Verbrauchers, Einfluss auf die Gestaltung der Vertragsbedingungen zu nehmen, es sich meist nur um eine theoretische Möglichkeit handelt.[995] Daher soll auch in diesen Fällen dem Richter eine Kontrollmöglichkeit eingeräumt werden.[996]

a) Für die Beurteilung einer Bedingung als unwirksam maßgebende Kriterien

Allein mit der Formulierung, dass eine Bedingung ein Ungleichgewicht der Rechte und Pflichten zum Nachteil des Verbrauchers schafft, lassen sich in der Praxis kaum rechtssichere Ergebnisse erzielen, sodass die Regelung einer näheren Konkretisierung bedarf. Obwohl sich eine entsprechende Bestimmung bereits im Gesetz von 1983 befand, sind zur Konkretisierung auch die Vorgaben der Klausel-Richtlinie 93/13/EWG heranzuziehen, die in das nationale Recht umzusetzen war.

993 Projet de loi, n° 2217, Expose des motifs, S. 2541.
994 *Bennemann*, RIW 1986, 594 (597).
995 Projet de la loi n° 2217, Expose des motifs, S. 2536.
996 *Bennemann*, RIW 1986, 594 (596). In diese Richtung für die Kontrolle Allgemeiner Vertragsbedingungen im Allgemeinen *Brucher*, La protection juridique, 643 (643).

Art. 3 der Richtlinie vermag seinem Wortlaut nach aufgrund seiner Formulierung als Generalklausel nur wenig zu einer weitergehenden Konkretisierung beizutragen. Danach ist neben einem Verstoß gegen Treu und Glauben erforderlich, dass ein erhebliches und ungerechtfertigtes Missverhältnis hervorgerufen wird.[997] Allein von einer »falschen« Richtlinienumsetzung zu sprechen, weil der Wortlaut der Richtlinie von der Formulierung durch den luxemburgischen Gesetzgeber abweicht, ginge zu weit: Während nach dem Wortlaut der Richtlinie eine Bedingung als missbräuchlich anzusehen ist, wenn sie [...] »ein erhebliches und ungerechtfertigtes Missverhältnis der vertraglichen Rechte und Pflichten der Vertragspartner verursacht«, ist nach der luxemburgischen Generalklausel allein die Herbeiführung eines »einfachen« Ungleichgewichts erforderlich[998]. Diese unterschiedliche Wortlaut hat jedoch in der Rechtsprechung der luxemburgischen Gerichte keinen Niederschlag gefunden: Nach deren Auslegung soll ein »irgendwie« gearteter Nachteil des Verbrauchers gerade nicht ausreichen.[999]

Neben dem Erfordernis eines gewissen Grads des Ungleichgewichts werden weitere Anforderungen gestellt, damit eine Bedingung als missbräuchlich anzusehen ist. Denn trotz des Vorliegens einer gewissen Erheblichkeit fordert die Rechtsprechung, dass es sich dabei um ein rechtliches Ungleichgewicht handelt. Allein eine tatsächliche Benachteiligung des Verbrauchers ist damit nicht ausreichend.[1000] Um diese rechtliche Benachteiligung zu ermitteln, ist die Rechtslage unter Anwendung der gesetzlichen Bestimmungen derjenigen gegenüberzustellen, die sich aus der Anwendung der Vertragsbedingungen ergibt.[1001] Diese Rechtslage wird der Situation des Unternehmers gegenübergestellt.[1002] Neben diesem Vergleich wird berücksichtigt, wie weit die Bedingung vom gesetzlichen Leitbild abweicht und in welchem Maße reale Verhandlungsmöglichkeiten bestanden. Auch spielt es eine Rolle, in welcher wirtschaftlichen Position sich die Beteiligten befanden.[1003] Zusammenfassend darf sich der Unternehmer keine ungerechtfertigten Vorteile versprechen lassen, wenn er im Gegenzug die Rechte des Verbrauchers beschränkt hat.[1004]

Denkbar ist, für die Beurteilung der Missbräuchlichkeit weitere Kriterien hinzuzuziehen. Deren Berücksichtigung hat die Rechtsprechung jedoch eine ein-

997 EuGH Pohotovost' s.r.o. gegen Iveta Korčkovská, Rs C-76/10 Rn. 56; so auch erstmals Kommission/ Schweden, C-478/99, Slg. 2002, I-4147 Rn. 17.

998 Art. L. 211-2(1) Code de la consomm. luxemb.: »... entraîne dans le contrat un déséquilibre des droits et obligations..«.

999 Trib. Arr. Lux., Urt. vom 26.03.2010, n° 480/10; Urt. vom 18.02.2011, n° 199/11 du rôle.

1000 Trib. Arr. Lux., Urt. vom 01.07.2011, n° 943/2011 du rôle.

1001 Trib. Arr. Lux., Urt. vom 26.03.2010, n° 480/10; Urt. vom 18.02.2011, n° 199/11 du rôle; Urt. vom 01.07.2011, 943/2011 du rôle.

1002 Trib. Arr. Lux., Urt. vom 24.04.2008, n° 122/08 du rôle.

1003 Projet de loi n° 2217^1, Avis de l'Union luxemb. des consommateurs, S. 25.

1004 Projet de loi, n° 2217^3, Rapport de la Commission juridique, S. 9.

deutige Absage erteilt: In Übereinstimmung mit dem klaren Wortlaut des Art. 4 Abs. 2 Richtlinie 93/13/EWG[1005] überprüft der Richter nicht, ob die Bedingung zu einem wirtschaftlichen Missverhältnis zwischen den Parteien führt[1006]. Keine Rolle spielt auch, inwieweit sich der Unternehmer in einer Monopolstellung befindet[1007] oder ob der Unternehmer die in Frage stehende Leistung üblicherweise oder nur ausnahmsweise an Verbraucher erbringt.[1008]

Der Unternehmer kann sich zur Abwendung der Beurteilung als missbräuchlich nicht darauf berufen, dass er die Bedingung tatsächlich nicht anwendet. Nur auf diesem Wege kann Berücksichtigung finden, dass die Bedingung weiterhin Vertragsbestandteil bleibt und von den Parteien potentiell angewandt werden kann, auch wenn der Unternehmer nunmehr Abweichendes erklärt.[1009]

b) Die Anwendung der Generalklausel durch die Rechtsprechung

Dass mit den oben genannten Kriterien für den Richter ausreichende Anhaltspunkte zur Verfügung stehen, um die Missbräuchlichkeit von Vertragsbedingungen beurteilen zu können, zeigt die Analyse der Rechtsprechung.

aa) Modifikation des Vertragsschlusses

Dem Unternehmer ist es unter Anwendung der Generalklausel zunächst untersagt, sich einseitig eine längere Überlegungsfrist einzuräumen, sich zugleich aber auszubedingen, dass der Verbraucher sofort verpflichtet wird.[1010] Ferner kann nicht wirksam vorgesehen werden werden, dass der Unternehmer erst verpflichtet wird, wenn dieser dem Verbraucher eine schriftliche Bestätigung übersandt hat. Dies führt nach der Rechtsprechung nicht allein zur Unwirksamkeit der in Frage stehenden Bedingung, sondern zur Unwirksamkeit des gesamten Vertrages.[1011] Eine aus Sicht des Unternehmers ebenso scharfe Sanktion hat die Rechtsprechung für den Fall vorgenommen, dass die Vertragslaufzeit

1005 Art. 4 Abs. 1: »Die Mißbräuchlichkeit einer Vertragsklausel wird unbeschadet des Artikels 7 unter Berücksichtigung der Art der Güter oder Dienstleistungen, die Gegenstand des Vertrages sind, aller den Vertragsabschluß begleitenden Umstände sowie aller anderen Klauseln desselben Vertrages oder eines anderen Vertrages, von dem die Klausel abhängt, zum Zeitpunkt des Vertragsabschlusses beurteilt.«

1006 Trib. Arr. Lux., Urt. vom 02.03.2003, n° 6828 du rôle; zitiert nach *Coustance*, Les clauses abusives, ACE 5/2012, 3 (5).

1007 Cour d'Appel Lux., Urt. vom 25.10.2006, n° 31602 du rôle.

1008 Cour d'Appel Lux., Urt. vom 27.03.1996, Pas. 30, 73 (78).

1009 Trib. Arr. Lux., Urt. vom 18.02.2011, n° 199/11 du rôle.

1010 *Bauler*, Feuille de liaison 60, 21 (29).

1011 Cour d'Appel Lux., Urt. vom 20.12.1989, Pas. 27, 362; Trib. Arr. Lux., Urt. vom 18.12.1985, n° 32743 du rôle. Ebenso Trib. Arr. Lux., Urt. vom 08.06.1988, n° 298/88 du rôle; Urt. vom 11.11.1988, n° 434/88 du rôle; Urt. vom 18.06.1992, n° 263/92 du rôle.

bei einem Partnerschaftsvermittlungsvertrag erst begonnen hat, als der Verbraucher die gesamte von ihm geschuldete Leistung beglichen hatte.[1012]

bb) *Ausschluss oder Beschränkung der Haftung*

Den Parteien bleibt zwar das Recht vorbehalten, einen vertraglichen Haftungsausschluss vorzusehen. Dies darf jedoch nicht dazu führen, dass der Unternehmer dadurch seine Haftung für Vorsatz oder grobe Fahrlässigkeit ausschließt.[1013] Jedoch wurde Banken gestattet, eine Regelung vorzusehen, wonach fehlerhafte Kontoauszüge in einem Zeitraum von 30 Tagen zu beanstanden seien und diese andernfalls als ordnungsgemäß gelten.[1014] Zum einen sei der Kunde bereits aus seiner vertraglichen Beziehung zur Bank dazu verpflichtet, diese zu informieren; zum anderen könne nur auf diesem Weg die Bank selbst ihren Pflichten weiterhin ordnungsgemäß nachkommen.[1015] Dem Kunden bliebe aber auch nach Ablauf der Frist der Nachweis möglich, dass ein Fehler auf Seiten der Bank vorliege. Die Grenze besteht dann allein in der Verjährungsfrist.[1016]

Generell soll es nach Ansicht der Literatur nicht möglich sein, die Grundlage des Vertrages zu gefährden oder diesem durch eine Vertragsbedingung seinen Inhalt zu nehmen. Denn darin sei ein unzulässiger Widerspruch zu sehen: Wer sich zunächst vertraglich bindet, könne dann nicht später eine Haftungserleichterung vorsehen, die zum Entfallen eines Ersatzanspruches bei Verletzung einer vertraglichen Pflicht führe.[1017] Ebenso ist sei eine Beweislastumkehr mit ähnlicher Begründung nicht möglich.[1018]

Dennoch wurden Bedingungen nicht als unwirksam angesehen, nach denen bei einem Leasingvertrag die Übernahme des Diebstahlrisikos durch den Unternehmer davon abhängig gemacht worden ist, dass der Verbraucher nach der Anzeige des Diebstahls alle ihm überlassenen Schlüssel zurückzugeben konnte, da nur so der Leasinggeber sicher überprüfen könne, ob der Verbraucher nicht durch sein eigenes fahrlässiges Verhalten das Diebstahlrisiko gefördert habe.[1019]

1012 Justice de Paix Lux., Urt. vom 20.02.1991, n° 732/91 du rôle.

1013 So sowohl für die Haftungsmilderung von Bankier und Kunden, Cour d'Appel Lux., Urt. vom 13.12.1984, Pas. 26, 238 (239); Trib. Arr. Lux., Urt. vom 16.06.1988, n° 37612 du rôle. Auch bei einem Vertrag zwischen Unternehmern sollen diejenigen Bestimmungen nicht dem *ordre public* widersprechen, die eine Haftungsentlastung vorsehen, wenn der Schaden an der Sache durch einen leichten Fehler verursacht wird, Trib. Arr. Lux., Urt. vom 23.05.1969, Pas. 21, 385 (386).

1014 Cour d'Appel Lux., Urt. vom 10.12.1997, zitiert nach *Micklitz/Böhnlein*, Handbuch, § 78 Rn. 71.

1015 *Bourin*, La gestion du portefeuille, S. 158.

1016 *Bourin*, La gestion de portefeuille, S. 160, der insoweit auf die französische Rechtsprechung (Cass. Comm., Urt. v. 3.11.2004, n° 01-16.238 du pourvoi) verweist.

1017 *Schmitt/Omes*, La responsabilité, S. 50.

1018 Trib. Arr. Lux., Urt. vom 01.07.2011, n° 943/2011 du rôle.

1019 Cour d'Appel Lux., Urt. vom 19.12.2007, DAOR 2010, 448 (448, 450).

cc) Bedingungen im Zusammenhang mit der Vertragsbeendigung

Im für den luxemburgischen Rechtsanwender besonders relevanten Bereich des Bankenrechts hatte die Rechtsprechung in Anwendung der Generalklausel eine Bedingung als unwirksam angesehen, nach der Schadensersatz in Höhe von 15 % des geschuldeten Betrages und zudem in einer gewissen Mindesthöhe zu zahlen war, wenn die Bank den Darlehensvertrag beenden durfte, weil der Kunde mit der Begleichung von Darlehensraten in Verzug war. Zu Ungunsten ist die Bedingung insbesondere vor allem, weil der Kunde seine Finanzen insgesamt neu organisieren muss, um die von ihm geschuldete Summe sofort zurückzahlen zu können.[1020] Wenn der Bank durch die »vorzeitige« Rückzahlung zusätzliche Kosten entstanden sind, kann aber ein Ersatz erfolgen, wenn die Bank nachweist, dass sie ein entsprechendes »Ausfallrisiko« nicht »eingepreist« hat bzw. dass tatsächlich Kosten in der geltend gemachten Höhe entstanden sind.[1021] Dementsprechend ist auch eine Entschädigung für den Fall der Vertragsauflösung in Höhe von 20 % als unwirksam anzusehen.[1022]

Ebenso unwirksam ist eine Bedingung in einem Finanzierungsvertrag, nach der bei Verlust der Sache der gesamte vom Verbraucher noch geschuldete Betrag zu begleichen ist. Vielmehr muss bei der Berechnung des geschuldeten Restbetrags Berücksichtigung finden, dass dem Unternehmer aufgrund der vorzeitigen Zahlung die Möglichkeit zur Reinvestition besteht.[1023] Aus einem ähnlichen Grund ist auch eine Bedingung unwirksam, nach der der Unternehmer bei fehlender Begleichung der geschuldeten Miete den überlassenen Mietwagen sofort zurückfordern konnte, während der Verbraucher den Vertrag – zwar unter Abzug des durch den Unternehmer im Rahmen des Weiterverkaufs erzielten Preises – bis zum Ende zu erfüllen hatte.[1024]

Selbst bei Verträgen über eine unentgeltliche Leistung zeigte die Rechtsprechung eine ähnlich Strenge. Unzulässig ist daher, dass sich das Unternehmen im Falle der Nutzung eines unentgeltlichen, webbasierten Angebots das Recht einer Vertragsbeendigung ohne vorherige Ankündigung einräumte, wenn der Kunde

---

1020 Trib. Arr. Lux., Urt. vom 09.06.2004, n° 83682 du rôle.
Mit diesen Erwägungen wurde eine Vertragsbedingung als unwirksam erklärt, nach der dem Verbraucher in diesem Fall noch eine weitere Zahlungsverpflichtung auferlegt wurde, die »substantiell« sei, Cour de Cass. Lux., Urt. vom 24.06.2011, n° 43/11 du rôle.

1021 Trib. Arr. Lux., Urt. vom 09.06.2004, n° 83682 du rôle; Urt. vom 24.04.2008, n° 122/08 du rôle.

1022 Trib. Arr. Lux., Urt. vom 21.06.2006, n° 211/2006 unter Verweis darauf, dass es in Luxemburg im Gegensatz zum belgischen Recht keine Vorschrift gebe, die entsprechende Grenzen für die zu zahlende Entschädigung vorsehen, sodass diese allein an den Bestimmungen für missbräuchliche Vertragsbedingungen zu messen sei.

1023 Justice de Paix Diekirch, Urt. vom 29.06.1988, n° 443/88 du rôle.

1024 Justice de Paix Esch-sur-Alzette, Urt. vom 12.07.2002, N° JUDOC 99834536 unter Verweis auf Cass. Civ., Urt. v. 06.01.1994, n° 91–19.424 de pourvoi sowie Justice de Paix Esch-sur-Alzette, Urt. vom 14.11.2005, n° 2530/05 du rôle.

sich nicht zumindest einmal in sechs Monaten einloggte. Nach der Rechtsprechung ist dies wegen der Rechtsnatur der Verpflichtung zur Gewährung des Zugangs als *obligation de résultat* nicht einmal damit zu rechtfertigen, dass der Unternehmer auf diesem Wege versucht, die Verwendung von Phantomkonten einzudämmen.[1025]

V. Rechtsfolgen

Auch bei der Betrachtung der Rechtsfolgen muss im Hinterkopf behalten werden, dass die gesamten gesetzlichen Bestimmungen dieses Themenkomplexes in beiden Rechtsordnungen zwingend ausgestaltet sind. Dies führt notwendigerweise dazu, dass keine abweichende Vereinbarung zwischen den Parteien, sei es auch in Form einer Individualvereinbarung, getroffen werden kann.[1026]

Eine weitere Einschränkung erfolgt daraus, dass der Richter die Missbräuchlichkeit einer Vertragsbedingung von Amts wegen zu berücksichtigen hat. Da sich der Verbraucher damit nach luxemburgischen Recht nicht gesondert auf die Unwirksamkeit berufen muss, handelt es sich um eine sog. absolute Unwirksamkeit.[1027] Auch nach dem französischen Recht ist der Richter zwingend zu einer Überprüfung der Bedingung von Amts wegen verpflichtet.[1028] Weitergehend hat die *Cour de cass. fr.* klargestellt, dass der Richter darauf hinzuweisen hat, dass er eine Bedingung für missbräuchlich erklären möchte und die Parteien zum Vorbringen von Argumenten anregen soll.[1029] Den Parteien wird damit eine aktivere Rolle zugesprochen.

1. Rechtsfolgen auf Ebene des Vertragsrechts

In Frankreich wie auch in Luxemburg gelten missbräuchliche Klauseln als nicht geschrieben. Beide Rechtsordnungen sehen übereinstimmend vor, dass der Vertrag selbst im Grundsatz trotz der missbräuchlichen Vertragsbedingung erhalten bleibt. Denn nach der Ansicht der Rechtsprechung muss auch berücksichtigt werden, dass der Verbraucher im Übrigen weiterhin ein eigenes Interesse

---

1025 Cour d'Appel Lux., Urt. vom 12.10.2011, n° 36698 du rôle.

1026 *Micklitz/ Böhnlein*, Luxemburg, S. 2613.

1027 *Poelmans*, Droit des obligations, JTL 2010, 81 (100) unter Verweis auf Cour d'Appel Lux., Urt. vom 02.03.2005, Bull. dr. et banque, 2006, n° 37, 36; Trib. Arr. Lux., Urt. vom 09.06.2004, rôle n° 83682, die die oben geschilderte Rechtsprechung des EuGH anwenden.

1028 *Peglion-Zika*, La notion de clause abusive, S. 293.

1029 Cour de Cass., Urt. vom 30.05.2012, n° 11-12.242, abrufbar unter Legifrance.

am Fortbestand des Vertrages haben kann.[1030] Eine Ausnahme ist zu machen und der Vertrag im Ganzen aufzuheben, wenn der Vertrag ohne die missbräuchliche Bedingung nicht bestehen kann. Dies ist insbesondere der Fall, wenn die Bedingung mit der vertraglichen Vereinbarung als solche derart verknüpft ist, dass ohne diese kein Vertrag geschlossen worden wäre bzw. wenn die Bedingung sonst von entscheidender Bedeutung war.[1031] Anzunehmen ist das beispielsweise, wenn sich die Bedingung auf den Pauschalpreis einer Leistung bezogen hat, deren Umfang und deren Vertragsmäßigkeit der Unternehmer frei bestimmen konnte.[1032] Entscheidend für das Schicksal des gesamten Vertrages ist daher immer der Parteiwille.[1033]

Da das Gesetz dem Richter daher gestattet, den Vertrag umzugestalten, um ihn in einer gesellschaftlich erwünschten Form wiederherzustellen,[1034] wird die unwirksame Bedingung durch das dispositive Recht ersetzt. Gegebenenfalls ist bei Fehlen einer gesetzlichen Regelung eine ergänzende Vertragsauslegung vorzunehmen.[1035]

2. Rechtsfolgen außerhalb des Vertragsrechts

Aus der Erkenntnis heraus, dass eine Sanktionierung über das Vertragsrecht – selbst wenn dem Verbraucher die Möglichkeit eines Schadensersatzes zugesprochen wird[1036] – nur Wirkungen zwischen den Vertragsparteien hat und dies Unternehmer nicht notwendigerweise von der Verwendung der Bedingungen abzuhalten vermag, wird daneben eine Sanktionierung über das Vertragsrecht hinaus vorgesehen.[1037] So kann beispielsweise in Frankreich nach Art. L. 241–2 *Code de la cons. fr.* die Verwendung einer der Bedingungen aus der »schwarzen Liste« zur Erhebung einer Verwaltungsstrafe in Höhe von bis zu 3.000 € für eine natürliche und bis zu 15.000 € für eine juristische Person führen. Auch in Lu-

1030 Cour d'Appel Lux., Urt. vom 15.02.1989, n° 10438 du rôle; Urt. vom 07.03.1990, n° 11001 du rôle. So auch *Arendt*, Bulletin Francois Laurent 4/1993, 3 (14).

1031 Cour d'Appel Lux., Urt. vom 07.03.1990, n° 11001 du rôle. Für die Anwendung dieser Ausnahme durch die Rechtsprechung siehe Cour d'Appel Lux., Urt. vom 15.06.1994, n° 15301 du rôle; Trib. Arr. Lux., Urt. vom 18.12.1985, n° 32743; Urt. vom 28.03.2003, n° 68428 du rôle unter Verweis auf die Gesetzgebungsunterlagen. So auch für die französische Rechtslage *Berger-Walliser*, RIW 1996, 459 (463).

1032 Justice de Paix d'Esch-sur-Alzette, Urt. vom 09.12.1986, n°1718/86.

1033 *Arendt*, Bulletin Francois Laurent 4/1993, 3 (14).

1034 Cour d'Appel Lux., Urt. vom 15.02.1989, n° 10438 du rôle.

1035 Grabitz/ Hilf/ *Pfeiffer*, Das Recht der EU, A5, Art. 6 Rn. 8.

1036 *Testu*, Dalloz Affaires n° 13/1996, 372 (375).

1037 *Kötz*, Europäisches Vertragsrecht I, S. 231 verweist jedoch darauf, dass das Bestehen strafrechtlicher Sanktionen skeptisch gesehen werde müsse. Diese seien nur dann wirksam, wenn die Höhe der Strafe die Vorteile übersteige, die man durch die Einfügung entsprechender Bestimmungen in den Vertrag erhalten könne.

xemburg wird eine Geldstrafe in Höhe von 300 bis 10.000 € für den Unternehmer vorgesehen, der trotz einer zu seinen Lasten ergangenen Entscheidung weiterhin die in Frage stehende Bedingung verwendet. Zusätzlich kann ggf. auf Kosten des Unterliegenden eine Veröffentlichung der Entscheidung erfolgen.

F. Die Kontrolle Allgemeiner Vertragsbedingungen als Paradigma der Eigenständigkeit

Bei der Frage nach der Kontrolle Allgemeiner Vertragsbedingungen war, da diese einen der Vorreiter des Verbraucherschutzes bildet, zu erwarten, dass sich in diesem Bereich ein starker Einfluss des französischen Rechts nachweisen lässt. Dieser Vermutung muss jedoch und insbesondere für den in diesem Kapitel untersuchten Bereich eine ausdrückliche Absage erteilt werden. Vielmehr hat sich gezeigt, dass es sich gerade um den Bereich handelt, in dem eine Loslösung Luxemburgs von seinem französischen »Vorbild« am spürbarsten ist.

Zwar zeigen sich entsprechende Unterschiede nicht, soweit man den Regelungsort betrachtet, da beide Rechtsordnungen übereinstimmend eine Zweiteilung zwischen dem allgemeineren *Code Civil* und dem ausschließlich auf Verbraucherverträge anwendbaren *Code de la cons.* vorsehen. Bereits bei der Untersuchung des Anwendungsbereichs zeigten sich jedoch Unterschiede im Detail: Während nach dem luxemburgischen Recht rein mündlich abgeschlossene Verträge nicht erfasst sein sollen, sind diese in Frankreich der Kontrolle unterworfen. Zwar ist demgegenüber nach beiden Rechtsordnungen die Kontrolle nicht wie nach der Richtlinie ausreichend auf vorformulierte Vertragsbedingungen beschränkt, jedoch war in Frankreich eine Kontrolle zunächst nur dann möglich, wenn es sich um einen bestimmten Typus von Bestimmungen handelte. Auch wenn dies heute nicht mehr der Fall ist, stellte dies eine deutliche Beschränkung des gewährten Schutzniveaus dar.

Diese Aussage bestätigt sich insbesondere, soweit man sich der Frage zuwendet, welche Stelle für die Kontrolle von Vertragsbedingungen zuständig sein sollte. Hier zeigte sich insbesondere die »Schwerfälligkeit« und fehlende Eignung des in Frankreich etablierten Systems. Zugleich ist dies ein Beispiel dafür, dass der luxemburgische Gesetzgeber keineswegs in Frankreich etablierte Lösungen ungesehen übernimmt, sondern diese vor ihrer Übernahme einer kritischen Prüfung unterzieht. Denn der luxemburgische Gesetzgeber hatte mit der Etablierung einer gerichtlichen Kontrolle schon früh die Entwicklung in Frankreich vorgezeichnet. Dies gilt ebenso für die Schaffung einer ausdrücklichen Regelung zur Frage, wann Bedingungen wirksamer Vertragsbestandteil werden. Auch hier hat der französische Gesetzgeber erst später eine ausdrückliche Bestimmung etabliert.

Abweichend ist dies hingegen zu beurteilen, soweit man die Frage betrachtet, inwieweit Vertragsbedingungen klar und verständlich formuliert sein müssen. Hier fehlt es bis heute an einer ausdrücklichen Bestimmung in Luxemburg, sodass sich berechtigte Zweifel an der Richtlinienkonformität des luxemburgischen Rechts stellen dürften.

Betrachtet man die eigentliche Inhaltskontrolle, zeigt sich erneut ein deutlicher Unterschied in den Regelungen beider Rechtsordnungen. Zuzustimmen ist hier dem von *Brucher*[1038] gezogenen Schluss, dass die luxemburgischen Regelungen vorteilhafter sind als diejenigen, die die entsprechende Richtlinie vorgesehen hatte. Dies gilt aber auch, soweit man diese zu den französischen Bestimmungen in Relation setzt. Denn im Gegensatz zu Luxemburg, das bereits Mitte der 80er Jahre sowohl eine Liste von als missbräuchlich anzusehenden Bedingungen wie auch eine Generalklausel vorgesehen hatte, beschränkte sich die inhaltliche Kontrolle nach dem französischen Recht allein auf die Frage, inwieweit die im Vertrag verwandte Bedingung Aufnahme in ein Verbotsdekret gefunden hatte. So fand sich auch in Frankreich trotz der Anerkennung der Möglichkeit einer richterlichen Kontrolle zunächst nur eine Generalklausel. Erst zögerlich wurde dann eine zunächst noch unverbindliche Liste in den Anhang aufgenommen. Erst im Jahre 2009 hat der französische Gesetzgeber verbindliche Listen geschaffen und damit die luxemburgischen Regelungen aus dem Jahre 1983 nachgezeichnet. Mag sich das daraus erklären lassen, dass wegen der sich bei einem Blick in das französische Recht ergebenden Schwierigkeiten der Rechtsanwendung schon früh eine ausdrückliche luxemburgische Regelung gewünscht war, kann dann doch eher das luxemburgische Recht als »Vorbild« der französischen Regelung angesehen werden. Verkannt werden darf aber auch nicht, dass die Entwicklung und damit notwendigerweise auch eine Vereinheitlichung durch die Rechtssetzung auf europäischer Ebene und die Notwendigkeit zu deren Umsetzung überlagert worden ist. Die in der Vergangenheit bestehenden großen Unterschiede haben sich heute weitestgehend relativiert.

1038 La protection juridique, 643 (659).

Kapitel 6: Originärer Verbraucherschutz nach dem *Code de la cons.*

Die vorhergehenden Kapitel beschäftigten sich teilweise mit Regelungen, bei denen zwar eine Zurechnung zum Bereich des Verbraucherschutzes möglich ist, die aber keinen originär verbraucherschützenden Charakter aufwiesen. Eine abweichende Beurteilung ist hingegen geboten, soweit die Regelungen des *Code de la cons.* in den beiden Rechtsordnungen in den Blick genommen werden. Dabei handelt es sich bereits nach der Bezeichnung der jeweiligen Kodifikation um originär verbraucherschützende Bestimmungen.

Trotz des in den anderen Bereichen festgestellten starken Einflusses europäischer Vorgaben ist ein Vergleich der Regelungen beider Rechtsordnungen dennoch lohnenswert. Denn der französische Gesetzgeber hat bereits 1993 und damit weit vor dem luxemburgischen Gesetzgeber eine zusammenfassende Kodifikation des Verbraucherrechts geschaffen. Es ist daher anzunehmen, dass der französische *Code de la cons.* einen starken Einfluss auf die luxemburgische Rechtsentwicklung gehabt hat. Jedenfalls müssten – sollte sich diese »Abhängigkeit« bestätigen – in den luxemburgischen Gesetzgebungsmaterialien Verweise und eine vertiefte Auseinandersetzung mit der französischen Rechtslage zu finden sein.

A. Typisierung von Verträgen zur Strukturierung des Anwendungsbereichs

Auch wenn in persönlicher Hinsicht der Anwendungsbereich beider *Code de la cons.* umfassend dahingehend ist, dass alle Verträge zwischen einem Unternehmer und einem Verbraucher erfasst sind, ist in sachlicher Hinsicht zu differenzieren. Während insbesondere die Regelungen über die Werbung oder die Preisangaben auf eine Vielzahl verschiedener Verbraucherverträge Anwendung finden, sind andere Bestimmungen nur dann anwendbar, wenn ein bestimmter Vertragsgegenstand oder eine bestimmte Art des Vertragsschlusses vorliegen.

I. Fernabsatz- und Außergeschäftsraumvertrag

Eine Vielzahl von gesetzlichen Regelungen in beiden Gesetzbüchern betrifft den Fall, dass ein Fernabsatz- oder ein Außergeschäftsraumvertrag vorliegt. Auch wenn Außergeschäftsraumverträge erst 2014 in die Gesetzbücher Aufnahme gefunden haben, wird sich jedoch zeigen, dass ein Großteil der von der Definition erfassten Vertragstypen bereits zuvor (wenn auch unter anderem Namen) gesetzlich geregelt waren.

1. Das Vorliegen eines Fernabsatzvertrages (mit Ausnahme eines Fernabsatzvertrages über Finanzdienstleistungen)

Der französische Gesetzgeber hatte bereits vor Erlass der Fernabsatzrichtlinie 1998, zu deren Umsetzung der Begriff des Fernabsatzvertrages in das nationale Recht zu integrieren war, Regelungen für den *vente à distance* geschaffen. Trotz inhaltlicher Vorgaben an die Gestaltung des Vertrages, erfolgte jedoch keine Definition.[1039] Üblicherweise wurde der Vertrag so verstanden, dass es sich um einen *vente à distance* handelt, »wenn der Vertrag unter Einsatz einer oder mehrerer Fernkommunikationstechniken[1040] unter gleichzeitiger Abwesenheit der Vertragsparteien zustande kam«.[1041] Trotz der Schaffung des *Code de la cons. fr.* sah der Gesetzgeber weiterhin keine Notwendigkeit, eine entsprechende Definition zu schaffen.

Erst zur Umsetzung der Fernabsatzrichtlinie wurde in Art. L. 121-16 *Code de la cons. fr. a. F.*, heute Art. L. 211-1 *Code de la cons. fr.* eine gesetzliche Definition vorgesehen. Nach dieser kam es für das Vorliegen eines Fernabsatzvertrages entscheidend darauf an, dass Verbraucher und Unternehmer nicht gleichzeitig physisch anwesend waren. Zudem durfte sich der Unternehmer für den Vertragsschluss ausschließlich eines oder mehrerer Fernkommunikationsmittel bedienen, ohne dass jedoch entscheidend war, welches Fernkommunikationsmittel verwendet worden ist.[1042] Ausdrücklich waren nun auch Dienstleistungs- und Immobilienverträge erfasst.[1043] Entsprechend den Vorgaben der Richtlinie wurden jedoch u. a. Verträge über den Bau und Kauf von Immobilien oder über sonstige Rechte an Immobilien (mit Ausnahme der Miete) sowie Verträge, die auf

1039 *Liedtke*, Die Umsetzung, S. 125.

1040 Dies ist jedes Mittel, dass dem Verbraucher gestattet, außerhalb der üblichen Geschäftsräume Waren oder Dienstleistungen zu bestellen, vgl. Art. 14 Abs. 2 des Arrêté du 3 décembre 1987 relatif à l'information du consommateur sur les prix.

1041 Zitat entnommen aus *Liedtke*, Die Umsetzung, S. 125, die auf *Paisant*, JCP éd. E 1988, II, 15229, Rn. 9 verweist.

1042 *Raymond*, Droit de la consommation, Rn. 300.

1043 *Liedtke*, Die Umsetzung, S. 143.

einer öffentlichen Versteigerung abgeschlossen worden sind, aus dem Anwendungsbereich ausgenommen.

Das Bild einer neu gewonnenen Klarheit wird jedoch dadurch getrübt, wenn man den Wortlaut der Richtlinie mit dem des französischen Gesetzes vergleicht. Denn im Gegensatz zu den Vorgaben der Richtlinie sah der französische Gesetzgeber nicht vor, dass der Vertragsschluss im Rahmen eines für den Fernabsatz organisierten Vertriebssystems erfolgen musste. Insoweit geht der französische Gesetzgeber über die Vorgaben der Richtlinien hinaus, da auch die erstmalige Verwendung eines Fernkommunikationsmittels durch den Unternehmer ausreicht, um das Vorliegen eines Fernabsatzvertrages zu begründen.[1044]

Nimmt man diese Befunde als Ausgangspunkt, scheint die bis zur Schaffung des *Code de la cons. lux.* bestehende Rechtslage eher als verworren. Denn sowohl im Gesetz über den elektronischen Geschäftsverkehr als auch im spezielleren Gesetz über den Schutz des Verbrauchers im Bereich des Fernabsatzes aus dem Jahre 2003 fanden sich gesetzliche Bestimmungen, die potentiell dem Bereich des Fernabsatzes zuzuordnen sind. Notwendigerweise muss sich daher die Frage anschließen, welchen Anwendungsbereich diese beiden Regelungsregime hatten.

In seiner ursprünglichen Fassung umschloss das Gesetz über den elektronischen Geschäftsverkehr alle Verträge, die auf elektronischem Wege zwischen zwei Unternehmern oder einem Unternehmer und einem Verbraucher abgeschlossen worden sind, wobei es an einer Definition fehlte, wann ein Vertrag auf elektronischem Wege abgeschlossen wurde.[1045] Durch die Definition des Merkmals »auf elektronischem Wege« ließ sich jedoch erahnen, welche Verträge vom Anwendungsbereich erfasst waren.[1046] Eine Leistung erfolgte danach auf elektronischem Wege, wenn deren Erbringung online erfolgt ist und zudem der Inhalt der Nachricht elektronisch war. In Anwendung dieser Kriterien fiel beispielsweise ein Vertrag aus dem Anwendungsbereich, bei dem Leistungen ausschließlich *offline* erbracht worden sind, wie dies bei der Verteilung von CD-Roms oder dem Versand von Sprachnachrichten über das Internet der Fall war. Nicht erfasst waren ferner die Fälle, in denen zwar elektronische Medien genutzt worden sind, die erbrachte Leistung aber rein materieller Natur war. Dies war u. a. der Fall, wenn Parktickets herausgegeben wurden.[1047] Ein auf elektronischem Wege abgeschlossener Vertrag war danach ein »contrat à distance[1048] pour la conclusion duquel l'échange des consentements entre les parties se réalise au

---

1044 *Liedtke*, Die Umsetzung, S. 144.

1045 Dies feststellend auch Projet de loi n° 4641[6], Avis de la Chambre de commerce, S. 6 für eine Definition des elektronischen Geschäftsverkehrs.

1046 Le commerce electronique en droit luxembourgeois, S. 432.

1047 *Prüm/Poulllet/Montero*, Le commerce électronique, S. 22.

1048 Das heißt, dass die Parteien nicht gleichzeitig anwesend sind, vgl. die Definition in Art. 1 des Gesetzes von 2000.

moyen des équipements électroniques de traitement et de stockage de données«. Ergänzend war zu fordern, dass der Dienst normalerweise gegen Vergütung erbracht wird.[1049] Selbst unter Berücksichtigung dieser Einschränkung handelte es sich um eine eher weite Definition; erfasst waren nämlich auch der Abschluss eines Kaufvertrages im interaktiven Teleshopping oder der Erwerb elektronischer Zeitungen.[1050]

Dieser weite Anwendungsbereich wurde jedoch dadurch »kompensiert«, dass einige Vertragsarten gänzlich aus dem Anwendungsbereich der Bestimmungen ausgenommen worden sind, selbst wenn diese grundsätzlich die Voraussetzungen eines auf elektronischem Wege abgeschlossenen Vertrages erfüllten. Nicht erfasst waren u.a. Verträge, die Rechte an Immobilien schufen oder übertrugen[1051] wie auch Verträge, die unter gerichtlicher Beteiligung abgeschlossen worden sind. Ausgeschlossen waren daneben auch Verträge aus dem Bereich des Familien- und Erbrechts.[1052] Bei diesen Verträgen bestehen besondere, schutzwürdige Formerfordernisse, die zudem von solcher Bedeutung sind, dass der Abschluss solcher Verträge auf elektronischem Wege ausgeschlossenen sein sollte.[1053] Beachtenswert ist ferner, dass Verträge über Finanzdienstleistungen zunächst nicht aus dem Anwendungsbereich herausgenommen wurden, sondern die Verbraucher auch hier von dem durch die Regelungen geschaffenen Vertrauen in die neuen Geschäftsformen profitieren sollten.[1054]

Während der Gesetzgeber ursprünglich zur Umsetzung der Fernabsatz-Richtlinie anstrebte, einen einheitlichen Text zu schaffen und alle Verträge einem einheitlichen Regime zu unterwerfen, hat er sich letztlich aufgrund von Umset-

---

1049 Dies ergibt sich im Umkehrschluss daraus, dass das Gesetz nur Anwendung findet, wenn ein »service de la société de l'information« i.S.d. Art. 1 vorliegt. Für das Vorliegen eines solchen ist jedoch notwendig, dass die Leistung normalerweise gegen Vergütung erbracht wird.

1050 Projet de loi n° 4641, Texte du Projet de loi, S. 38.

1051 Für diese besteht nach dem Gesetz vom 25.09.1905 (geändert durch Gesetz vom 27.7.2003) das Erfordernis einer Überschreibung – diese ist jedoch nicht mit elektronischen Mittel zu bewirken, da sie den Rückgriff auf ein Schriftstück voraussetzen.

1052 In diesen Fällen übt keine der Parteien eine Wirtschaftstätigkeit aus, vgl. Le commerce electronique en droit luxemb., S. 443.

1053 Projet de loi n° 4641, Texte du projet de loi, S. 66. Dem durch Projet de loi n° 5095, Exposé des motifs, S. 5f. unterbreiteten Vorschlag der Streichung dieser Ausnahmetatbestände wurde nicht gefolgt. Es bestünde keine Verpflichtung sicherzustellen, dass diese Verträge auf elektronischem Wege abgeschlossen werden könnten – wenn dies aber der Fall sei, müssten diese Verträge die Bestimmungen des Gesetzes einhalten, vgl. Projet de loi n° 5095, Commentaire des articles, S. 10. Dafür, dass es sich bei dieser Sichtweise um ein falsches Verständnis des Richtlinientextes handelt und daher ein Ausschluss nicht zu begründen sei, vgl. Projet de loi n° 5095[1], Avis du Conseil d'Etat, S. 7f.

1054 Projet de loi n° 4641, Exposé des motifs, S. 35.

zungsschwierigkeiten dafür entschieden[1055], getrennte Regelungen vorzusehen. Daher wurden Fernabsatzverträge im eigentlichen Sinne aus dem Anwendungsbereich des Gesetzes über den elektronischen Geschäftsverkehr ausgenommen. Diese sind in Art. 1 des Gesetzes über den Fernabsatzvertrag aus dem Jahre 2003 definiert als »tout contrat concernant des biens ou des services conclu entre un professionnel et un consommateur dans le cadre d'un système de vente ou de prestation de services à distance organisé par le professionnel qui, pour ce contrat, utilise exclusivement une ou plusieurs techniques de communication à distance jusqu'à la conclusion du contrat, y compris la conclusion du contrat elle-même«. Allein bei der Lektüre dieser Definition zeigt sich ein Unterschied zum französischen Recht dahingehend, dass ein für den Fernabsatz organisierten Vertriebssystems vorliegen muss[1056]. Der luxemburgische Gesetzgeber ist also nicht über die Vorgaben der Richtlinie hinausgegangen. Ausgeschlossen sind daher Fälle, in denen der Unternehmer nur gelegentlich Fernabsatzmethoden verwendet, um beispielsweise auf eine ausdrückliche Anfrage eines Verbrauchers zu reagieren.[1057]

Bei den Kommunikationstechniken handelt es sich um »tout moyen qui, sans présence physique et simultanée du professionnel et du consommateur, peut être utilisé pour la conclusion du contrat entre ces parties«. Davon erfasst sind Formulare, Kataloge, Telefonanrufe (auch ohne menschliche Beteiligung), Radio, Videotext oder Fernsehen.[1058] Ausdrücklich ausgeschlossen sind auch hier alle auf elektronischem Wege abgeschlossenen Verträge, die allein dem Anwendungsbereich des anderen Gesetzes unterfallen sollen.[1059] Diese Zweiteilung bringt es notwendigerweise mit sich, dass nicht alle der von der Fernabsatz-Richtlinie erfassten Verträge in den Anwendungsbereich des Gesetzes über den Fernabsatz fallen.[1060] Eine Schlechterstellung des Verbrauchers gegenüber den

---

1055 Insbesondere waren die Regelungen des Fernabsatzes schwer mit den Bestimmungen über den Schutz persönlicher Daten in Einklang zu bringen, vgl. Extrait du compte rendu n° 15/999–00, S. 56.

1056 Wobei nach dem Erwägungsgrund 20 der Richtlinie sogar ausreicht, dass sich der Unternehmer eines von einem Dritten angebotenen Fernabsatz- oder Dienstleistungssystems bedient. Dies gilt jedoch nicht, wenn sich auf der Website des Dritten nur Informationen über den Unternehmer und die von ihm angebotenen Waren und Dienstleistungen und dessen Kontaktdaten finden. Dies legt auch die Formulierung von *Micklitz*, ZeuP 1999, 875 (877) nahe, wonach es entscheidend darauf ankommen soll, »ob sich die Lieferer eines ausgebauten und entwickelten Absatzsystems bedienen, um…« sowie »Es reicht aus, wenn der Lieferer relevante Segmente seines Vertriebs…«.

1057 Projet de loi n° 4781, Commentaire des articles, S. 10.

1058 Beispielhafte Aufzählung nach Projet de loi n° 4781, Texte du Projet de loi, S. 2.

1059 Das auf diese Verträge die Bestimmungen des Gesetzes vom 16. April keine Anwendung finden, ergibt sich ausdrücklich aus dessen Art. 2 Abs. 1 b).

1060 Projet de loi n° 4781[5], Rapport de la Commission de l'économie, de l'energie, des postes et des transports, Introdouction, S. 3.

Vorgaben der Richtlinie geht damit jedoch nicht einher. Denn es ist in inhaltlicher Hinsicht eine weitestgehende Angleichung der Regelungen erfolgt, sodass zwar parallele, aber weitestgehend gleichlautende Regime bestehen.

Entsprechend den Bestimmungen der Fernabsatzrichtlinie gelangt man zu dem Ergebnis, dass kein Fernabsatzvertrag vorliegt, wenn zu irgendeinem Zeitpunkt im Vorfeld des Vertragsschlusses oder bei Vertragsschluss beide Parteien gleichzeitig körperlich anwesend sind. Eine gleichzeitige Anwesenheit bei der Vertragsdurchführung ist unerheblich.[1061] Unschädlich für die Einordnung als Fernabsatzvertrag ist zudem, dass sich der Verbraucher in den Räumen des Unternehmers lediglich informiert, während der eigentliche Vertragsabschluss erst im Wege des Fernabsatzes erfolgt.[1062]

Im Ergebnis entspricht die Definition des Fernabsatzvertrages nach der Verbraucherrechterichtlinie derjenigen der ursprünglichen Fernabsatzrichtlinie.[1063] Nichtsdestotrotz hat der luxemburgische Gesetzgeber die bisherige Definition – die unverändert in den *Code de la cons. lux.* übernommen worden war – geändert. Danach handelt es sich beim Fernabsatzvertrag nun um »tout contrat conclu entre un professionnel et un consommateur dans le cadre d'un système organisé de vente ou de prestation de service à distance, sans la présence simultanée du professionnel et du consommateur, par le recours exclusif à une ou plusieurs techniques de communication à distance, jusqu'au moment, et y compris au moment où le contrat est conclu«.

Auf den ersten Blick ist in der Änderung des Wortlauts im Vergleich zur bisherigen Rechtslage keine wirkliche inhaltliche Änderung zu sehen. Der luxemburgische Gesetzgeber hat jedoch die Gelegenheit genutzt und die beiden bisherigen Systeme in ein einheitliches System überführt. Nach seiner Auffassung war eine Trennung nicht mehr zu rechtfertigen, da der Grund für die ursprüngliche Trennung allein das Bestehen unterschiedlicher Umsetzungsfristen war.[1064] Daneben war es durch Aufspaltung zu einer nicht zu rechtfertigenden Rechtsunsicherheit gekommen.[1065] Aus eben diesen Gründen hat zudem die Voraussetzung, dass Verbraucher und Unternehmer nicht gleichzeitig anwesend sind, ausdrückliche Aufnahme in die Definition gefunden.[1066]

Auch der französische Gesetzgeber hat die Notwendigkeit der Umsetzung der Verbraucherrechterichtlinie zu einer Modifikation der Definition des Fernabsatzvertrages genutzt. Ausdrücklich ergibt sich nunmehr aus der vorgesehenen

---

1061 Die Gesetzesbegründung nennt hier das Beispiel der telefonischen Reservation eines Hotels, vgl. Projet de loi n° 4781, Commentaire des articles, S. 10.

1062 Erwägungsgrund 20 der RL 2011/83/EU.

1063 *Unger*, ZeuP 2012, 270 (277).

1064 Projet de loi n° 5881, Commentaire des articles, S. 86f.

1065 Projet de loi n° 5881[2], Avis de l'Union luxembourgeoise des consommateurs, S. 5.

1066 Projet de loi n° 6478, Commentaire des articles, S. 43.

Definition, dass es sich um ein für den Fernabsatz organisiertes Vertriebssystem handeln muss. Damit erfolgte eine deutliche Begrenzung des Anwendungsbereichs.[1067]

Dies impliziert zugleich, dass die festgestellten Unterschiede zwischen der französischen und der luxemburgischen Regelung weggefallen sind. Der einzige Unterschied, der jedoch ohne inhaltliche Auswirkungen bleibt, besteht darin, dass das luxemburgische Recht ausdrücklich klarstellt, dass auch im Moment des Vertragsschlusses an sich Fernkommunikationsmittel Verwendung finden müssen. Letztlich kann daher berechtigterweise von einem Gleichlauf der Rechtsordnungen in dieser Frage gesprochen werden.

2. Der Außergeschäftsraumvertrag als scheinbar neuer Vertragstypus

Ein zweiter wesentlicher Vertragstypus beider *Code de la cons.* ist der Außergeschäftsraumvertrag. Ein Vertragstyp entsprechender Bezeichnung wurde zwar erst mit Umsetzung der Verbraucherrechterichtlinie eingeführt, wie sich aber zeigen wird, finden sich bereits in vergangenen Regelungen Ursprünge dieses Vertragstypus. Zugleich wird es sich bei diesem Vertrag aus der Perspektive der Vergangenheit um eine der größten luxemburgischen Besonderheiten handeln und um eine der Vorschriften, deren Einführung umfassende Diskussionen auslöste.

a) Generelles Verbot des Hausiererhandels in der Vergangenheit

Durch Gesetz vom 05.03.1970[1068] (Neubekanntmachung durch Gesetz vom 16.07.1987[1069]) wurde der Hausiererhandel – bis auf gesetzlich vorgesehene Ausnahmen[1070] und erteilte Sondergenehmigungen – in Luxemburg vollumfänglich verboten. Hausiererhandel ist dabei »der Verkauf oder das Verkaufsangebot von Waren, Schriftstücken (titres) und Wertpapieren [...], die durch einen fliegenden Händler erfolgen, der von Tür zu Tür geht«.[1071] Die Definition erfasste weder

1067 *Raymond*, CCC 2014, 2.

1068 Bereits seit 1850 bestand ein entsprechendes Verbot. Dies galt jedoch nur gegenüber Einzelpersonen, gegenüber Unternehmern war diese Form des Verkaufsangebots hingegen zulässig. Auch hier war die Erbringung von Dienstleistungen nicht vom Verbot erfasst. Das Gesetz diente jedoch nur mittelbar dem Schutz der Einzelpersonen – vorrangiges Ziel war der Schutz des inländischen Handels gegen die ausländischen Konkurrenten, vgl. *Maul*, Rapport sur la protection du consommateur, 191 (193).

1069 Diese brachte jedoch keine wesentlichen Änderungen.

1070 Beispielsweise für den Verkauf von Zeitungen oder den Verkauf von beispielsweise Gartenerzeugnissen durch deren Produzenten.

1071 Deutsche Übersetzung des Gesetzeswortlauts entnommen aus *Rott*, Die Umsetzung der Haustürwiderrufsrichtlinie, S. 84.

die Erbringung von Dienstleistungen[1072] noch die reine Lieferung von Waren, die in einem Geschäftslokal bestellt oder erworben worden sind. Bei späteren Gesetzesänderungen wurde jedoch der Abschluss von Dienstleistungsverträgen mit nicht zu gewerblichen Zwecken Handelnden ergänzend aufgenommen.

Im Grundsatz war dieses Verbot rein wettbewerbsrechtlicher Natur. Daher kam es zunächst nicht darauf an, ob es sich bei dem Adressaten der Verkaufsbemühungen des Händlers um einen Verbraucher handelte. Ferner führte die Einordnung als wettbewerbsrechtliche Regelung dazu, dass eine Ahndung eines Verstoßes in der Regel erfolgte, in dem dem Unternehmer eine Geldstrafe auferlegt wurde oder die von ihm angebotenen Waren beschlagnahmt wurden. Der Gesetzgeber erkannte im Zuge der aufkommenden Diskussion zum Schutz des Verbrauchers, dass eine rein wettbewerbsrechtliche Sanktionierung von Verstößen nicht ausreichte, um dem einzelnen Verbraucher einen wirksamen Schutz zu gewähren.[1073] Daher wurde es dem privaten Endverbraucher seit 1987 ausdrücklich gestattet, sich auf die Nichtigkeit eines Vertrages (erfasst sind sowohl Verträge über die Lieferung von Waren als auch Dienstleistungsverträge mit Ausnahme von Versicherungsverträgen[1074]) zu berufen, der durch einen Verstoß gegen die Bestimmungen des Gesetzes zustande gekommen war. Vor der Aufnahme einer entsprechenden Regelungen hatte Unsicherheit darüber bestanden, inwieweit bei einem Verstoß gegen die gesetzlichen Vorgaben ein Vertrag als unwirksam angesehen werden konnte. Zunächst hatten einige Gerichte angenommen, dass der Vertrag wegen eines Verstoßes gegen eine *loi de police* und damit gegen zwingendes Recht unwirksam sei.[1075] Die *Cour de Cass. lux.* urteilte hingegen schließlich, dass ein unter Verstoß gegen die Vorschriften zustande gekommener Vertrag zwar strafrechtliche Sanktionen auslösen könne, jedoch aus Sicht des Zivilrechts wirksam sei. Das Verbotsgesetz sehe eine entsprechende zivilrechtliche Sanktionierung nicht vor. Zudem liege keine Störung der Vertragsgrundlage vor, da diese mit der durch die andere Partei zu erbringenden Gegenleistung weiterhin gegeben sei.[1076]

Um zu berücksichtigen, dass ein Verbraucher trotz des generellen Verbotes ein Interesse am Bestand des Vertrages haben kann, stand es ihm frei, sich auf die Nichtigkeit des Vertrages zu berufen oder an der Vertragsdurchführung festzuhalten.

Zu Beginn war die Rede davon, dass es sich bei dem strikten Verbot quasi um eine luxemburgische Besonderheit handelt. Das zeigt sich deutlich, wenn man die

1072 *Rott*, Die Umsetzung der Haustürwiderrufsrichtlinie, S. 84.
1073 Projet de loi n° 2217, Expose des motifs, S. 2546.
1074 Bis 1997 war hingegen unklar formuliert, auf welche Verträge die Bestimmung anwendbar sein soll, vgl. *Rott*, Die Umsetzung der Haustürwiderrufsrichtlinie, S. 85.
1075 Cour d'Appel, Urt. vom 17.11.1931, Pas. 1930/31, 370.
1076 Cour Supérieure de Justice Lux., Urt. vom 16.05.1935, Pas. 13, 481 (485f.).

Regelungen in einen Vergleich zum französischen Recht setzt. Zwar hatte auch der französische Gesetzgeber 1972 ein Gesetz über Haustürgeschäfte verabschiedet,[1077] welches strenge Form- und Inhaltsanforderungen vorsah. Jedoch erfolgte kein vollständiges Verbot.

b) Die Umsetzung der Haustürwiderrufsrichtlinie als Anlass der Modifikation der gesetzlichen Bestimmungen?

Auch die Notwendigkeit der Umsetzung der Haustürwiderrufsrichtlinie hatte der luxemburgische Gesetzgeber nicht zum Anlass genommen, um von seinem generellen Verbot des Hausiererhandels abzuweichen. Der Gesetzgeber nutzte daher die von der Richtlinie eröffnete Möglichkeit, strengere nationale Bestimmungen bestehen zu lassen. Entsprechend hielten dann auch die Bestimmungen des *Code de la cons. lux.* an diesem Verbot fest, um die Rechtsstellung des Verbrauchers nicht zu verschlechtern.

In Abweichung hierzu hatte der französische Gesetzgeber 1989[1078] den Anwendungsbereich der bisherigen Bestimmungen an die Vorgaben der Richtlinie angepasst. Unter anderem wurden nunmehr ausdrücklich »Kaffeefahrten« in den Anwendungsbereich der Bestimmungen einbezogen. 1993 wurden die Bestimmungen dann fast unverändert in den *Code de la cons. fr.* übernommen.[1079] Dabei fiel die Entscheidung des Gesetzgebers gegen eine Definition in Form einer Generalklausel. Vielmehr sah er einen abschließenden Katalog von Verträgen vor, bei deren Vorliegen der Anwendungsbereich eröffnet war.[1080] Eine Anwendung der Vorschriften kam daher nur in Betracht, wenn es sich um den Verkauf, die Miete oder das Leasing von Waren oder Sachen[1081] handelte oder Gegenstand des Vertrages die Erbringung von Dienstleistungen war. Ausgenommen waren daher beispielsweise der Verkauf von Produkten aus der persönlichen Herstellung des Händlers[1082] oder Verträge, die für Zwecke einer landwirtschaftlichen Betätigung abgeschlossen wurden.[1083] In diesen Fällen hatte der Gesetzgeber eine Schutzbedürftigkeit verneint.[1084]

1077 Loi n°72-1137 du 22 décembre 1972 relative à la protection des consommateurs en matiére de demarchage et de vente á domicile, JORF vom 23.12.1972, S. 13348.

1078 Loi n° 89-421 du 23 juin 1989 relative à l'information et à la protection des consommateurs ainsi qu'à diverses pratiques commerciales, JORF vom 29.06.1989, S. 8047.

1079 *Liedtke*, Die Umsetzung, S. 71.

1080 *Brenner*, S. 98, zitiert nach *Liedtke*, Die Umsetzung, S. 71.

1081 Auch wenn einige diese Formulierung dahingehend interpretieren, dass diese auch Immobilien erfasse, wird dies mit Blick auf den klaren Wortlaut der Richtlinie und die Tatsache, dass Sonderregelungen für das Angebot des Verkaufs von Immobilien für private Zwecke bestehen, abzulehnen sein, vgl. insoweit überzeugend, *Raymond*, Droit de la consommation, Rn. 371.

1082 Diese Ausnahme wurde 1995 abgeschafft, da diese Ausnahme nicht von der Haustürwiderrufs-Richtlinie gedeckt war.

1083 Aufzählung nach *Liedtke*, Die Umsetzung, S. 73.

Weitergehende Beschränkungen des Anwendungsbereichs ergaben sich zudem aus Anforderungen, die an die Situation des Vertragsschlusses als solche gestellt worden sind. Eine Anwendung der gesetzlichen Bestimmungen kam nur in Betracht, wenn das Angebot zum Vertragsschluss entweder in der Wohnung oder am Arbeitsplatz des Verbrauchers unterbreitet worden ist. Später erfolgte eine Erweiterung auf Räume, die nicht dem Verkauf von Waren dienten und auf das telefonische Unterbreiten von Angeboten[1085]. Es waren sogar Verträge einbezogen, bei denen der eigentliche Vertragsschluss im Geschäftsraum des Unternehmers erfolgt ist, der Verbraucher aber einer Einladung des Unternehmers gefolgt war.[1086] Dies lässt den Schluss zu, dass der Ort der Vertragsunterzeichnung nur eine untergeordnete Rolle spielte. Es kam allein darauf an, ob sich der Verbraucher aufgrund der Initiative des Unternehmers an einen Ort begeben hat, den er ohne das Tätigwerden des Unternehmers nicht aufgesucht hätte.[1087] Allerdings erweiterte die Rechtsprechung den Anwendungsbereich auf Fälle, in denen ein vom Verbraucher bestellter Handwerker bei der Reparatur einen davon abweichenden neuen Vertrag mit dem Kunden abgeschlossen hat.[1088] Hier brachte die Umsetzung der Haustürwiderrufsrichtlinie eine Neuerung mit sich, die über die Vorgaben der Richtlinie und auch weit über die geschilderte Rechtsprechung hinausging: Der Wortlaut der Vorschrift spricht ausdrücklich davon, dass ein Haustürgeschäft selbst dann vorliegen soll, wenn der Verbraucher den Unternehmer zu einem Besuch aufgefordert hat. Die Rechtsprechung hat eine Ausnahme vorgesehen, dass jedenfalls dann nicht von einem Haustürgeschäft ausgegangen werden kann, wenn der Kunde den Unternehmer bestellte, um einen ganz bestimmten Vertrag abzuschließen.[1089] Entscheidend ist daher die Person, von der die Initiative zum Vertragsschluss ausging.[1090]

c) *Der Umsetzungsauftrag der Verbraucherrechterichtlinie als Wendepunkt für die luxemburgische Gesetzgebung*

Einen wirklichen Einschnitt der bisherigen Gesetzgebung zum Hausiererhandel brachte aus luxemburgischer Sicht erst die Notwendigkeit einer Umsetzung der Verbraucherrechterichtlinie mit sich, deren vollharmonisierender Charakter die Aufrechterhaltung eines generellen Verbots des Hausiererhandels nicht zuließ.

1084 *Liedtke*, Die Umsetzung, S. 73.

1085 Wobei diese Fälle heute wegen des Erfordernisses der persönlichen Anwesenheit beider Parteien für das Vorliegen eines Haustürgeschäfts dem Bereich der Fernabsatzverträge unterfallen, vgl. *Raymond*, Droit de la consommation, Rn. 363.

1086 Erwägungsgrund 21 der Richtlinie 2011/83/EU.

1087 *Raymond*, Droit de la consommation, Rn. 364.

1088 Cour d'Appel Bordeaux, Urt. vom 26.01.1993, CCC 1993, comm. 226.

1089 Cour d'Appel Bordeaux, Urt. vom 26.01.1993, CCC 1993, comm. 226.

1090 *Raymond*, Droit de la consommation, Rn. 365.

Der Gesetzgeber hatte bereits früher erkannt, dass es trotz des generellen Verbots nicht zu einer kompletten Verhinderung entsprechender Geschäftspraktiken kam.[1091] Dennoch hatte er sich weiterhin entschieden, dem Verbraucher seine Ungestörtheit im privaten Bereich zu garantieren. In Anbetracht einer drohenden Sanktionierung wegen mangelhafter Richtlinienumsetzung entschied sich der Gesetzgeber trotz erheblicher Bedenken für eine Aufhebung des generellen Verbots. Eine Kompensation sollte zukünftig durch flankierende straf- und zivilrechtliche Sanktionen erfolgen.[1092] Daher wurde die Möglichkeit einer relativen Nichtigkeit des Vertrages unter der Voraussetzung beibehalten, dass der Verbraucher hinreichend deutlich gemacht hat, dass er entsprechende Verträge nicht abschließen möchte. Nach dem Willen des Gesetzgebers soll dies sogar gelten, wenn sich der Verbraucher allein deshalb auf die Unwirksamkeit beruft, weil der Unternehmer seinen vorvertraglichen Verpflichtungen nicht nachgekommen ist.[1093] Im Vergleich zur bisherigen Rechtslage erfordert dies jedoch ein aktives Verhalten des Verbrauchers,[1094] wohl in der Form eines entsprechenden Widerspruchs am Wohnsitz des Verbrauchers selbst[1095].

Ausdrücklich wurde daher in beiden Rechtsordnungen die bisher nicht vorgesehene[1096] Kategorie des Außergeschäftsraumvertrages geschaffen. Im Sinne der Vorschriften beider Gesetzbücher ist dies ein Vertrag zwischen einem Verbraucher und einem Unternehmer, der a) bei gleichzeitiger körperlicher Anwesenheit beider Vertragsparteien an einem Ort abgeschlossen wird, der kein Geschäftsraum des Unternehmers ist; oder b) für den der Verbraucher unter den in Buchstabe a) genannten Umständen ein Angebot gemacht hat[1097]; oder c) der in den Geschäftsräumen des Unternehmers oder durch Fernkommunikationsmittel unmittelbar nachdem der Verbraucher an einem Ort, der kein Geschäftsraum des Unternehmers ist, bei gleichzeitiger körperlicher Anwesenheit von Unternehmer und Verbraucher persönlich und individuell angesprochen wurde, abgeschlossen wird;[1098] oder d) auf einem Ausflug abgeschlossen wird, der von dem Unternehmer mit dem Ziel organisiert wurde oder der den Zweck hat,

---

1091 Bodry, Chambre des deputes, séance 8 v. 11.03.2014, S. 93.

1092 Projet de loi n° 6478, Expose des motifs, S. 4f.

1093 Projet de loi n° 6478, Commentaire des articles, S. 54.

1094 Projet de loi n° 6478², Avis de la Chambre des salaries, S. 11.

1095 Projet de loi n° 6478⁵, Avis de la Chambre des Métiers, S. 2.

1096 So ausdrücklich für das französische Recht *Raymond*, CCC 02/2012, 7 (8).

1097 In der französischen Vorschrift sind die Buchstaben a) und b) zusammengefasst, ohne dass sich daraus jedoch ein Unterschied gegenüber den Vorgaben der Richtlinie ergibt.

1098 Kein solcher Fall liegt beispielsweise vor, wenn der Vertrag in den Geschäftsräumen des Unternehmers nach einem Besuch durch diesen beim Verbraucher abgeschlossen wurde, bei dem der Unternehmer dem Verbraucher beispielsweise nur einen Kostenvoranschlag ohne Verpflichtung des Verbrauchers unterbreitet hat, wenn der Verbraucher eine Überlegungsfrist vor Vertragsschluss hatte, vgl. Projet de loi n° 6478, Commentaire des articles, S. 44.

Waren oder Dienstleistungen zu bewerben und an den Verbraucher zu verkaufen. Beide Gesetzgeber haben sich für eine fast wörtliche Übernahme der Vorgaben der Richtlinie entschieden. Im französischen Recht neu ist vor allem der Hinweis darauf, dass auch Fälle erfasst sind, in denen der Vertragsschluss unmittelbar nach einer Ansprache des Verbrauchers durch den Unternehmer erfolgt ist.[1099] Hingegen bleibt es auch unter Geltung der neuen Definition dabei, dass es nicht entscheidend darauf ankommt, ob eine vorherige Bestellung vorliegt.[1100]

Auch bei der Definition des Geschäftsraums haben beide Gesetzgeber starke Anleihen am Wortlaut der Richtlinie genommen. Geschäftsräume sind unbewegliche Gewerberäume, in denen der Unternehmer seine Tätigkeit dauerhaft ausübt oder bewegliche Gewerberäume, in denen der Unternehmer seine Tätigkeit für gewöhnlich ausübt. Dies sind beispielsweise die Stände eines Wochenmarkts oder einer jährlich stattfindenden Messe;[1101] Skistationen, aber auch der Verkauf von in Hotels ausgestellten Gegenständen; dies sind hingegen nicht öffentlich zugängliche Plätze, die Privatwohnung[1102] oder der Arbeitsplatz des Verbrauchers sowie fliegende Händler oder Bauchläden[1103], bei denen es sich nicht um Geschäftsräume handelt.[1104]

Aus dem Wortlaut der Verbraucherrechterichtlinie kann nicht abgeleitet werden, was unter gewöhnlich oder dauerhaft zu verstehen ist.[1105] Zunächst wird daher auf die Rechtsprechung des EuGH zur Haustürwiderrufsrichtlinie zurückzugreifen sein.[1106] Danach muss der Gewerbetreibende für die Erfüllung des

1099 *Raymond*, CCC 02/2012, 7 (8).

1100 Ausdrücklich insoweit Erwägungsgrund 21 der Richtlinie 2011/83/EU.

1101 Der Ausschluss von Messen ergibt sich in Frankreich ausdrücklich daraus, dass Art. L. 224–59ff. *Code de la consommation francaise* für Verträge auf Messen besondere Regelungen, insbesondere spezielle Informationspflichten vorsehen, vgl. *Raymond*, CCC 05/2014, 27 für die Vorgängerregelung in Art. L. 121–97 *Code de la consommation francaise.* Vgl. dazu nunmehr auch die Rechtsprechung des EuGH, EuZW 2018, 742, wonach ein Messestand, eines Unternehmers, an dem dieser seine Tätigkeit an wenigen Tagen im Jahr ausübt, einen Geschäftsraum im Sinne der Richtlinie darstellt, wenn ein »durchschnittlicher« Verbraucher unter Berücksichtigung der tatsächlichen Umstände damit rechnen muss, dass der Unternehmer dort seine Tätigkeit ausübt und der Verbraucher den Unternehmer zum Zwecke des Vertragsschlusses anspricht.

1102 Bei der entsprechenden Ausnahme in Erwägungsgrund 21 der Richtlinie handelt es sich wohl nur um die Privatwohnung des Verbrauchers, nicht hingegen um die Privatwohnung des Unternehmers – auch in dieser rechnet der Verbraucher eventuell mit dem Abschluss von Verträgen, vgl. *Brinkmann/ Ludwigkeit*, NJW 2014, 3270 (3271).

1103 *Brinkmann/ Ludwigkeit*, NJW 2014, 3270 (3271); *Brönneke/Tonner*, Das neue Schuldrecht, S. 62.

1104 Projet de loi n° 6478, Commentaire des articles, S. 44; Projet de loi n° 6478^2, Avis de la Chambre des salaries, S. 6; *Unger* ZeuP 2012, 270 (279).

1105 So auch Projet de loi n° 64782, Avis de la Chambre des salaries, S. 5.

1106 Dafür plädierend Projet de loi n° 6478, Commentaire des articles, S. 44f.

Tatbestandsmerkmals seine Tätigkeit in diesen Räumen für gewöhnlich ausüben und die Räume als öffentliche Verkaufsräume gekennzeichnet sein.[1107] Maßgeblich kommt es für die Unterscheidung darauf an, ob der Verbraucher in entsprechenden Räumen üblicherweise mit dem Abschluss von Verträgen zu rechnen hat.[1108]

Bei der Nutzung von Geschäftsräumen Dritter ist eine differenzierte Betrachtung notwendig: Nutzt der Unternehmer die Räume regelmäßig, handelt es sich um einen Geschäftsraum. Bei einer eher sporadischen Nutzung kommt es zwar zu einem Vertragsschluss innerhalb der Geschäftsräume eines Unternehmers, jedoch nicht zum entscheidenden Vertragsschluss innerhalb der Räume des Vertragsschließenden.[1109]

Aus heutiger Sicht kann daher nur noch ein Unterschied zwischen den beiden Rechtsordnungen ausgemacht werden. Während nach Art. L. 222-2 Abs. 1 *Code de la cons. lux.* die Bestimmungen nicht auf Verträge anwendbar sind, bei denen die Zahlung sofort erfolgt und diese einen Betrag von 50 € nicht übersteigt, hat der französische Gesetzgeber diese von der Richtlinie gestattete Ausnahme nicht umgesetzt. In Anbetracht des früheren generellen Verbots dieser Art von Verträgen in Luxemburg erscheint dies überraschend, steht aber im Einklang mit den Vorgaben der Richtlinie.

3. Fernabsatz über Finanzdienstleistungen

Von der Regelung des eigentlichen Fernabsatzvertrages zu unterscheiden ist der Fernabsatzvertrag über Finanzdienstleistungen. Auf diese Verträge finden die allgemeinen Vorschriften für den Fernabsatzvertrag in der Regel keine Anwendung.

Bei einem entsprechenden Vertrag handelt es sich nach Art. L. 222-1 *Code de la cons. lux.*, der insoweit die Definition der Richtlinie wörtlich übernimmt, um »jede Bankdienstleistung sowie jede Dienstleistung im Zusammenhang mit einer Kreditgewährung, Versicherung, Altersversorgung von Einzelpersonen, Geldanlage oder Zahlung«. Vertragsgegenstand ist damit eine durch die Bank angebotene Dienstleistung, die die Verwaltung und den Einsatz finanzieller Mittel zum Gegenstand hat.[1110] Neben Spar- und Festgeldverträgen werden auch Wertpapierdienstleistungen und deren Verwaltung erfasst.[1111] Aus dem Anwendungsbereich ausgenommen sind hingegen mit Versicherungen verbundene

1107 EuGH, EuZW 1999, 377 (379).
1108 *Brinkmann/ Ludwigkeit,* NJW 2014, 3270 (3270).
1109 *Brinkmann/ Ludwigkeit,* NJW 2014, 3270 (3272).
1110 *Reuter*, Der Fernabsatz und seine rechtliche Ausgestaltung, S. 194.
1111 So unter Nennung weiterer Beispiele *Mohrhauser*, Der Fernabsatz von Finanzdienstleistungen, S. 43.

Dienstleistungen oder als Versicherungsverträge ausgestaltete individuelle Altersversorgungen. Diese bleiben einer speziellen Regelung vorbehalten.

Eine andere Regelungstechnik verwendet der französische Gesetzgeber. Unter dem Blickwinkel eines vereinfachten Zugangs des Verbrauchers zum Recht ist diese zumindest als zweifelhaft anzusehen. Der *Code de la cons.* zählt nicht auf, welche Vertragsinhalte als Erbringung von Finanzdienstleistungen anzusehen sind. Vielmehr verweist er weitgehend auf andere Gesetzbücher wie den *Code monétaire et financier.* Insgesamt werden durch diese Verweisung jedoch alle Verträge erfasst, die auch Gegenstand der luxemburgischen Regelung sind, was im Übrigen auch den Vorgaben der Richtlinie entspricht. In inhaltlicher Hinsicht unterscheiden sich bei genauer Betrachtung der französischen Regelung die Definition von Fernabsatzvertrag und Fernabsatzvertrag über Finanzdienstleistungen: Der Wortlaut stellt hier nämlich ausdrücklich klar, dass auch im Moment des Vertragsabschlusses eine Kommunikation über Fernabsatzmittel zu erfolgen hat. Es handelt sich aber eher um nicht aufeinander abgestimmte Textschichten verschiedenen Ursprungs als um einen wirklichen inhaltlichen Unterschied.

Daneben verweist der *Code de la cons. fr.* auch auf Verträge, die mit Unternehmen abgeschlossen werden, die dem *Code des assurances* unterfallen. Dieses Gesetz hat jedoch die Bestimmungen für Fernabsatzverträge übernommen und an die Bedürfnisse des Versicherungsverkehrs angepasst, sodass in der Regel dessen Bestimmungen der Vorrang einzuräumen sein dürfte. Insgesamt stellt dies zwar eine zulässige Umsetzung der Richtlinie dar, ist jedoch eine für den durchschnittlichen Verbraucher schwer verständliche Regelungstechnik.

In persönlicher Hinsicht werden alle Anbieter verpflichtet, die im Rahmen ihrer gewerblichen oder beruflichen Tätigkeit Dienstleistungen aufgrund von Fernabsatzverträgen erbringen und nicht nur diejenigen, die über eine Autorisierung und Erlaubnis verfügen. Daneben finden die Vorschriften auch dann Anwendung, wenn in einer der zum Vertragsschluss führenden Etappen ein Vermittler beteiligt ist.[1112]

II. Persönliches Anschaffungsdarlehen

Betrachtet man das Inhaltsverzeichnis der beiden *Code de la cons.* findet sich mit dem persönlichen Anschaffungsdarlehen ein weiterer wesentlicher Vertragstypus. Bei einer ersten Regelung im Jahr 1993 hatte der luxemburgische Gesetzgeber die Definition der Richtlinie 87/102/EWG übernommen. Danach war es ein »Vertrag, bei dem ein Kreditgeber einem Verbraucher einen Kredit in Form eines Zahlungsaufschubs, eines Darlehens oder einer sonstigen ähnlichen Finanzie-

1112 Projet de loi n° 5389, Commentaire des articles, S. 22.

rungshilfe gewährt oder zu gewähren verspricht«. Im Grundsatz handelte es sich um eine weite Definition, die auch den Fall erfasste, dass dem Verbraucher eine Kreditkarte zur Verfügung gestellt wurde.[1113] Dennoch wurden beispielsweise Verträge ausgenommen, deren Hauptzweck darin lag, den Eigentumserwerb an einem Grundstück oder an einer Immobilie zu ermöglichen.[1114] Nicht erfasst wurden ferner zins- oder gebührenfreie Verträge bzw. solche Verträge, bei denen keine Kosten für eine einmalige Rückzahlung des Gesamtbetrages anfielen[1115]. Hingegen hatte der Gesetzgeber ausdrücklich klargestellt, dass Leasingverträge in den Anwendungsbereich fallen, wenn am Ende des Vertrages ein Kaufangebot unterbreitet wird.

Nicht genutzt hat der luxemburgische Gesetzgeber die ihm von der Richtlinie eröffnete Möglichkeit, die für notariell oder gerichtlich beurkundete Verträge geltenden Vorschriften zu beschränken. Der Gesetzgeber sah hier die Gefahr, dass entsprechende Vertragsgestaltungen genutzt werden, um einen Teil der für das persönliche Anschaffungsdarlehen geltenden Vorschriften zu umgehen.[1116] So sollte denn auch die Anwendung der Vorschriften im Allgemeinen nicht davon abhängen, ob es sich bei dem Kreditgeber um ein *etablissement de credit* oder um einen Lieferanten handelt.

Vergleicht man diese Definition mit derjenigen, die sich nunmehr in Art. L. 224-2 *Code de la cons. lux.* findet, stellt man fest, dass im Grundsatz keine Änderungen erfolgt sind. Entsprechend legt der Gesetzgeber auch hier einen weiten Vertragsbegriff zu Grunde.[1117] Im Vergleich zur bisherigen Rechtslage neu ist jedoch, dass allgemein Verträge über die wiederkehrende Erbringung von Dienstleistungen oder die regelmäßige Lieferung von Waren gleicher Art, bei denen der Verbraucher Teilleistungen erbringt, aus dem Anwendungsbereich ausgenommen werden. Aus Sicht der Verbraucher handelt es sich dabei jedoch nicht um eine wesentliche Änderung.[1118]

Ein weiterer Vergleich der Anwendungsbereiche der alten und der bestehenden Regelung im *Code de la cons. lux.* zeigt, dass sich die Zahl ausgenommener Verträge erhöht hat. Insbesondere werden nunmehr durch Hypotheken oder auf andere Weise gesicherte Darlehen, in einem kurzen Zeitraum zurück zu zahlende

1113 Projet de loi n° 3378, Commentaire des articles, S. 10.

1114 Hierbei handele es sich um einen abweichenden Markt, in dem die in Frage stehenden Summen höher und die Rückzahlungsfristen deutlich länger seien, vgl. Projet de loi n° 3378, Commentaire des articles, S. 11.

1115 Nicht ausgenommen sind daher beispielsweise Kreditkarten, bei denen der Verbraucher zwar keine Zinsen, aber eine Gebühr für die Karte zu zahlen hat, vgl. Projet de loi n° 3378, Commentaire des articles, S. 11.

1116 Projet de loi n° 3378, Commentaire des articles, S. 12.

1117 *Waersegger*, Le banquier dispensateur, 949 (959).

1118 So für die Richtlinie *Čikara*, Gegenwart und Zukunft der Verbraucherkreditverträge, S. 213.

Überziehungskredite und zinsgünstige Darlehen des Arbeitgebers[1119] in Gänze ausgenommen. Im Gegensatz zur bisherigen Rechtslage, bei der der Gesetzgeber die ihm gewährte Option nicht genutzt hat, sind nun auch auf einem richterlichen Vergleich beruhende Verträge generell ausgeschlossen.

Bei einem Vergleich mit der französischen Regelung ist zu beachten, dass mit der Richtlinie 2008/48/EG eine vollharmonisierende Richtlinie für diesen Bereich besteht. Dies führt zugleich dazu, dass zwischen den beiden Regelungsregimen kaum noch Unterschiede auszumachen sind. Der französische Gesetzgeber musste die Notwendigkeit der Richtlinienumsetzung damit zum Anlass nehmen, die bisherigen Regelungen in großem Umfang zu verändern.[1120] Entgegen der bisherigen Rechtsprechung[1121] sah sich der Gesetzgeber vor allem veranlasst, Ratenlieferungen bzw. -zahlungen aus dem Anwendungsbereich auszunehmen, was im Übrigen auch der luxemburgischen Regelung entspricht. Entsprechend war es daher auch in Frankreich notwendig, den Katalog der ausgenommenen Verträge beträchtlich von vier auf zehn Ausnahmetatbestände zu erweitern. Erwähnenswert ist hierbei insbesondere, dass die bisher für die in notarieller Form abgeschlossenen Darlehensverträge bestehende Ausnahme entgegen dem Trend der allgemeinen Erweiterung der Ausnahmetatbestände weggefallen ist. Hingegen ergibt sich keine inhaltliche Abweichung von der bisherigen Rechtslage aus dem Wegfall der Vorschrift, dass Darlehen für unternehmerische Zwecke aus dem Anwendungsbereich ausgenommen werden. Diese Folgerung lässt sich bereits aus der Definition des Verbrauchers und damit aus der allgemeinen Vorschrift für den persönlichen Anwendungsbereich ableiten.[1122]

Wesentliche Unterschiede können daher nicht mehr ausgemacht werden. Daher kann man zumindest für den Anwendungsbereich nicht davon sprechen, dass trotz Vollharmonisierung in der Praxis Besonderheiten in den gesetzlichen Regelungen der mitgliedsstaatlichen Rechtsordnungen bestehen.[1123]

1119 Bisher war für diese Verträge lediglich eine Möglichkeit der Mitgliedsstaaten vorgesehen, hier eine Ausnahme zu schaffen. Diese Option hat der luxemburgische Gesetzgeber jedoch nicht genutzt.

1120 *Raymond*, Droit de la consommation, Rn. 585.

1121 Trib. gr. Instance Paris, Urt. vom 02.03.1989, Gaz. Pal. 1990. 2, pan., 169; Cour d'Appel Paris, Urt. vom 30.06.1994, JCP G 1994, IV, N° 2450.

1122 *Raymond*, Droit de la consommation, Rn. 597.

1123 So jedenfalls für die Umsetzung der Richtlinie insgesamt *Waersegger*, Le banquier dispensateur, 949 (963).

B. Informationspflichten und Pflichten des Unternehmers, den Vertrag zu bestätigen

Bereits zu Beginn der Entwicklung des Verbraucherrechts wurde der Information des Verbrauchers eine Vorrangstellung unter den gesetzlichen Bestimmungen zum Verbraucherschutz eingeräumt. Im Grundsatz hat jeder Vertragspartner selbst dafür zu sorgen, dass er über die Eigenschaften des von ihm abgeschlossenen Vertrages informiert ist. Davon wird abgewichen, wenn ein Verbraucher insbesondere aus systembedingten Gründen nicht in der Lage ist, selbst für eine ausreichende Information zu sorgen.[1124] Denn nur auf diesem Wege kann es zu einer unbeeinflussten Willensbildung des Verbrauchers vor Vertragsschluss kommen. Flankiert werden die zeitlich vor allem vor dem Vertragsschluss liegenden Pflichten von (vor allem nach Abschluss des Vertrages liegenden) Bestätigungspflichten.

I. (Vorvertragliche) Informationspflichten als wichtige Stütze des Verbraucherrechts

Man kann sicher sagen, dass einer der in der Praxis wichtigsten und für den Verbraucher spürbarsten Schwerpunkte des Verbraucherschutzes nach den *Code de la cons.* das Vorsehen von verschiedenen Informationspflichten ist.

Zu einer besseren Systematisierung der verschiedenen Informationspflichten kann zunächst zwischen allgemeinen und besonderen Informationspflichten unterschieden werden, die nur bei bestimmten Verträgen oder besonderen Formen des Vertragsschlusses Anwendung finden. Unter Berücksichtigung dieser Unterscheidung lassen sich sowohl die im luxemburgischen als auch die im französischen Recht vorgesehenen Informationspflichten klassifizieren.

1. Allgemeine Informationspflicht nach Art. L. 111–1 *Code de la cons. lux. bzw. française*

Im französischen *Code de la cons.* ist bereits seit dessen Schaffung vorgesehen, dass der Unternehmer eine allgemeine Informationspflicht zu erfüllen hat.[1125] Der allgemeine Charakter der Vorschrift ergibt sich daraus, dass Art. L 111–3 *Code de la cons. fr.* ausdrücklich vorsieht, dass für den Verbraucher günstigere

---

1124 *Mittwoch*, Vollharmonisierung, S. 261.

1125 Daneben besteht zudem eine aus dem allgemeinen Vertragsrecht abgeleitete Informationspflicht des Unternehmers, vgl. dazu im Einzelnen *Raymond*, Droit de la consommation Rn. 406ff.

Bestimmungen der jeweiligen Vertragsart der allgemeinen Regelung vorgehen. Es handelt sich daher eher um eine Auffangvorschrift für alle Fälle, in denen keine spezielleren Informationserfordernisse bestehen, denn um eine wirkliche »allgemeine« Informationspflicht.

Insbesondere ist der Unternehmer danach verpflichtet, den Verbraucher vor Abschluss des Kaufvertrages über die wesentlichen Merkmale der angebotenen Ware in Kenntnis zu setzen, wobei der Gesetzgeber nicht definiert, was wesentliche Merkmale sind. Dadurch, dass es sich um eine allgemein gefasste Informationspflicht für alle Verträge handelt, wird man darunter wohl eine Beschreibung der Eigenschaften der Ware und auch eine Beschreibung von deren Funktionsweise zu verstehen haben.[1126] Diese Informationspflicht besteht auch, wenn es sich um einen Vertrag über eine Dienstleistung handelt. Über diese Erweiterung der Informationspflicht können alle weiteren Verbraucherverträge in den Anwendungsbereich der allgemeinen Informationspflicht einbezogen werden. Nicht erfasste Verträge unterfallen jedenfalls der durch die Rechtsprechung aus dem *Code Civil fr.* entwickelten Informationspflicht.[1127] Dieser Rechtsprechung[1128] entspricht auch die Regelung, dass der Unternehmer die Beweislast für die Erfüllung der Informationspflicht trägt.

Aus Sicht der luxemburgischen Rechtsordnung handelte es sich bei der Schaffung einer allgemeinen Informationspflicht für alle Verträge hingegen um eine der wesentlichen Neuerungen der Kodifikation des Verbraucherrechts. Denn eine entsprechende allgemeine Pflicht zur Information der Verbraucher war in keinem der Texte enthalten, die Aufnahme in den *Code de la cons. lux.* gefunden hatten. Auch danach muss der Unternehmer den Verbraucher vor Vertragsschluss in klarer und verständlicher Weise[1129] in die Lage versetzen, »de connaître les caractéristiques essentielles des biens ou services qu'il propose«. Es handelt sich daher auch hier um eine Pflicht zur Information über die wesentlichen Merkmale. Im Gegensatz zur französischen Regelung sind in Luxemburg Kauf- und Dienstleistungsverträge in einer Bestimmung zusammengefasst, ohne dass sich daraus jedoch ein Unterschied in inhaltlicher Hinsicht ergibt.

Auch wenn eine solche Vorschrift in keinem der bisherigen Gesetze enthalten war, entspricht diese doch auch hier einer durch die Rechtsprechung entwickelten Verpflichtung.[1130] Zudem orientierte sich der Gesetzgeber an ähnlich

1126 *Raymond*, Droit de la consommation, Rn. 414.
1127 *Raymond*, Droit de la consommation, Rn. 412.
1128 So auch im Vorfeld bereits die Rechtsprechung u.a. Cour de Cass., Urt. vom 15.05.2002, CCC 2002, com. 135.
1129 *Bourin*, L'investisseur privé, 705 (710). Hingegen wird nicht vorgesehen, in welcher Form diese Informationserteilung zu erfolgen hat.
1130 Projet de loi N° 5881, Commentaire des articles, S. 66.

lautenden Bestimmungen in den Nachbarstaaten.[1131] Im Vergleich zur französischen Bestimmung ist die luxemburgische Regelung jedoch unklarer, weil sie nicht ausdrücklich bestimmt, in welchem Verhältnis sie zu den übrigen gesetzlich vorgesehenen Informationspflichten steht. Aufgrund ihres allgemeinen Charakters dürfte diese jedoch auch hier nur dann gelten, soweit keine vorrangige speziellere Regelung besteht.

2. Allgemeine Informationspflicht für die besonderen Verträge, Art. L. 221–2 *Code de la cons. lux.*

Das Auffinden der auf den Einzelfall anwendbaren Bestimmung wird dadurch »verkompliziert«, dass eine weitere allgemeine Informationspflicht »vor die Klammer« gezogen wird. Ausdrücklich wird für diese allgemeine Informationspflicht vorgesehen, dass sie unbeschadet von den spezielleren Vorschriften für den jeweiligen Vertragstyp Geltung beansprucht. Eine weitergehende Konkretisierung, welche Vertragstypen genau erfasst werden sollen, erfolgt nicht. Aufgrund der sehr detaillierten Regelungen der besonderen Informationspflichten kommt der Vorschrift insgesamt keine große praktische Bedeutung zu. Sie mag daher allenfalls dann eine Rolle spielen, wenn Verträge in Rede stehen, die aus dem Anwendungsbereich der spezielleren Bestimmungen ausgenommen sind.

Entsprechend des umfassenden Anwendungsbereichs der Vorschrift ist diese entsprechend weit formuliert. So muss der Unternehmer dem Verbraucher in angemessener Zeit vor Vertragsschluss einige aus Sicht des Gesetzgebers wesentliche Informationen zur Verfügung stellen, so u. a. über die Identität des Unternehmers, den Gesamtpreis und das Bestehen eines Widerrufsrechts bzw. dessen Ausschluss. Im Gegensatz zur allgemeinen Vorschrift wird hier entsprechend der allgemeinen Regelung in Frankreich festgestellt, dass dem Unternehmer die Beweislast obliegt.

3. Differenzierte Informationspflichten für besondere Verträge bzw. besondere Situationen des Vertragsschlusses

Die allgemeinen Vorschriften werden sowohl in Luxemburg als auch in Frankreich durch Informationserfordernisse ergänzt, die nur für bestimmte Arten von Verträgen bzw. nur für bestimmte Situationen des Vertragsschlusses gelten.

1131 Projet de loi N° 5881, Commentaire des articles, S. 66.

a) *Informationspflichten bei Verträgen, soweit es sich nicht um Fernabsatz- oder Außergeschäftsraumverträge handelt*

Wie sich daraus entnehmen lässt, dass bei einer entsprechenden Informationspflicht ausdrücklich Fernabsatz- und Außergeschäftsraumverträge ausgenommen sind, handelt es sich um Pflichten, die im Zuge der Umsetzung der Verbraucherrechterichtlinie Aufnahme gefunden haben.

Nach Art. L. 113-1 *Code de la cons. lux.* muss der Unternehmer dem Verbraucher, auch wenn weder ein Fernabsatz- noch ein Außergeschäftsraumvertrag abgeschlossen wurde, vor Vertragsschluss bzw. bevor der Verbraucher ein bindendes Angebot abgibt, weitergehende Informationen zur Verfügung stellen. Der luxemburgische Gesetzgeber hat hierzu die in Art. 5 der Verbraucherrechterichtlinie gewählte Formulierung wörtlich übernommen, sodass nunmehr auch im luxemburgischen Recht eine von einer bestimmten Absatzform oder einem besonderen Vertragstyp unabhängige Regelung besteht[1132]. In der Praxis dürfte diese Informationspflicht vor allem den »traditionellen« Vertragsschluss im Ladengeschäft erfassen.[1133]

Der Unternehmer muss danach in erster Linie zusätzliche Informationen zum Inhalt des Vertrages und über rechtliche Handlungsmöglichkeiten des Verbrauchers zur Verfügung stellen. Um eine reine Wiederholung dürfte es sich hingegen bei der Verpflichtung handeln, den Verbraucher über die wesentlichen Eigenschaften der Ware zu informieren. Die durch Art. 5 Abs. 4 der Verbraucherrechterichtlinie eröffnete Möglichkeit, zusätzliche Informationserfordernisse einzuführen oder fortbestehen zu lassen, hat der Gesetzgeber hingegen nicht genutzt.[1134]

Diese scheinbar uferlose Verpflichtung[1135] des Unternehmers wird in doppelter Hinsicht beschränkt: Zum einen werden in Absatz 3 Verträge genannt, bei denen die vorgesehenen Informationen generell entbehrlich sind. Entsprechende Ausnahmen werden zwar vom Wortlaut der Verbraucherrechterichtlinie nicht ausdrücklich vorgesehen. Ihre Zulässigkeit ergibt sich aber daraus, dass diese Verträge insgesamt aus dem Anwendungsbereich der Richtlinie ausgenommen sind und daher auch die in dieser vorgesehenen Informationspflichten keine Anwendung finden. Dann stimmt aber die Liste der ausgeschlossenen Verträge

---

1132 *Dehn*, Allgemeine Informationspflichten, 41 (44).

1133 *Haas*, Die Informationspflichten des Art. 5 und 6 VRRL, 153 (156).

1134 Die aufgestellten Informationserfordernisse seien bereits ausreichend; daneben sollten dem Unternehmer keine zusätzlichen Pflichten auferlegt werden; vgl. Projet de loi n° 6478, Commentaire des articles, S. 29f.

1135 Ausdrücklich werden nach Abs. 2 auch Verträge über die Lieferung von Wasser, Gas und Strom einbezogen, wenn diese nicht in einem begrenzten Volumen oder in einer bestimmten Menge angeboten werden. Daneben gelten die Vorgaben auch für Verträge über die Lieferung von Fernwärme sowie bei Verträgen über die Lieferung digitaler Inhalte, wenn diese nicht auf einem körperlichen Datenträger geliefert werden.

wieder vollständig mit den Vorgaben der Richtlinie überein. So greift die Informationspflicht beispielsweise nicht bei Verträgen über Finanzdienstleistungen[1136] oder soweit Vertragsinhalt die Begründung, der Erwerb oder die Übertragung von Eigentum oder anderen Rechten an Immobilien ist. Daneben sind auch Verträge ausgeschlossen, bei denen der Abschluss durch einen *acte authentique* vor einem Notar erforderlich ist. Der luxemburgische Gesetzgeber hat ferner die ihm durch die Richtlinie eröffnete Möglichkeit genutzt, einen Ausnahmetatbestand vorzusehen, wenn es sich um ein sofort vollzogenes Geschäft des täglichen Lebens handelt. Zum anderen soll die Informationspflicht auch in den Fällen entfallen, in denen sich die vom Unternehmer »geschuldeten« Informationen bereits aus den Umständen ergeben. Dies soll zum Beispiel dann der Fall sein, wenn dem Kunden die Information quasi »ins Auge sticht« oder diese bereits am Produkt angebracht ist. Hingegen dürfte eine vorherige Werbung nicht ausreichen, um die Pflicht zur Informationserteilung entfallen zu lassen.[1137]

In formeller Hinsicht ist eine Entlastung für den Unternehmer darin zu sehen, dass dieser nicht zur Einhaltung einer bestimmten Form verpflichtet ist, solange er die Informationen in klarer und verständlicher Weise erteilt. Diesem Erfordernis kann er auch mündlich oder durch einen Aushang in seinem Geschäftslokal nachkommen.[1138]

Auch der französische Gesetzgeber war verpflichtet, die neuen Vorgaben der Richtlinie umzusetzen. Er hat sich jedoch nicht für die Schaffung einer zusätzlichen Vorschrift entschieden, sondern stattdessen die im Rahmen der allgemeinen Informationspflicht zu erteilenden Informationen ergänzt. Aus Sicht des Verbraucherschutzes ist dies gegenüber der luxemburgischen Lösung sicherlich vorzugswürdig, da sich alle zu erfüllenden Informationen zentral an einer Stelle befinden. Jedoch müssen auch hier mehrere Vorschriften im Zusammenhang gesehen werden, um den Umfang der jeweils zu erteilenden Informationen zu ermitteln.

Die Liste der Informationen entspricht weitestgehend denjenigen, die in der Richtlinie und damit auch im luxemburgischen Recht vorgesehen ist. Einzig in Bezug auf die für den Fall zu erteilende Information, dass der Preis nicht im Voraus kalkuliert werden kann, ist der Gesetzgeber über die Vorgaben der

1136 Finanzdienstleistung ist dabei nach der Legaldefinition in Art. L. 222-1 Nr. 8 *Code de la Consommation* (der insoweit Art. 2 Nr. 12 der RL 2011/83/EG übernimmt) jede Bankdienstleistung sowie jede Dienstleistung im Zusammenhang mit einer Kreditgewährung, Versicherung, Altersversorgung von Einzelpersonen, Geldanlage oder Zahlung. Unter diese Vorschrift dürfte auch der Verbraucherkredit zu subsumieren sein, für den darüber hinaus spezielle Regelungen bestehen.

1137 *Dehn*, Allgemeine Informationspflichten, 41 (57).

1138 *Unger*, ZeuP 2012, 270 (282).

Richtlinie hinausgegangen.[1139] Ein weiterer Unterschied besteht: Über den Wortlaut der Richtlinie hinaus, muss eine Information über möglicherweise anfallende weitere Kosten[1140] erfolgen. Die Regelung geht insgesamt jedoch kaum über die Informationspflichten hinaus, die der Unternehmer bereits vor der Umsetzung der Verbraucherrechterichtlinie zu erfüllen hatte.[1141]

b) *Informationspflichten bei Fernabsatz- und Außergeschäftsraumverträgen*

Daraus, dass sowohl Fernabsatz- als auch Außergeschäftsraumverträge aus der allgemeinen Vorschrift ausgenommen sind, ergibt sich die Notwendigkeit, spezielle Informationserfordernisse für diese beiden Vertragstypen vorzusehen. Wie sich zeigen wird, stimmen die luxemburgische und die französische Regelung weitgehend überein. Dies gilt ebenso für die bei beiden Vertragstypen zu erteilenden Informationen.[1142]

Eine detaillierte Darstellung der einzelnen Informationspflichten soll an dieser Stelle nicht erfolgen. Eine entsprechende Darstellung brächte für die Zwecke dieser Arbeit kaum Erkenntnisgewinne, da sowohl der luxemburgische als auch der französische Gesetzgeber größtenteils wörtlich die Vorgaben der Richtlinie übernommen haben. Bemerkenswert ist an dieser Stelle einzig, dass der französische Gesetzgeber mit Art. L. 221–5 *Code de la cons. fr.*[1143] die Methode einer »gespaltenen« Umsetzung gewählt hat: Zunächst verweist diese Vorschrift auf die allgemeine Informationspflicht, um die nur darüber hinausgehenden Informationen zu regeln.

1139 So auch *Busseuil*, euvr 2014, 270 (270).

1140 Dies sind Kosten, bei denen es sich nicht um Transport-, Liefer- oder Portokosten handelt, über die bereits nach dem ausdrücklichen Richtlinienwortlaut zu informieren ist.

1141 *Raymond*, CCC 02/2012, 7 (9).

1142 Art. L. 222–6 nennt zusätzlich noch das Erfordernis einer Information über die Identität des Unternehmers – für Fernabsatzverträge ergibt sich dies bereits aus der allgemeinen Bestimmung des Art. L. 221–2 *Code de la Cons.* Entsprechend ist die Bezeichnung der weiteren Buchstaben um einen Buchstaben nach hinten verschoben. Daneben findet sich ein Unterschied bei der Frage nach einer Information über die Rücksendekosten: Während bei Fernabsatzverträgen zusätzlich über die Kosten der Rücksendung der Waren informiert werden muss, wenn diese aufgrund ihrer Beschaffenheit nicht auf dem normalen Postweg versandt werden können, fehlt dieses Erfordernis bei Außergeschäftsraumverträgen. Dies entspricht jedoch den Vorgaben aus Art. 6 Abs. 1 Buchstabe i) der Verbraucherrechterichtlinie.

1143 Auch wenn sich dessen Überschrift allgemein auf vorvertragliche Informationspflichten bezieht, ergibt sich aus der Überschrift des Abschnitts, dass die hier vorgesehene Informationspflicht allein auf Fernabsatz- und Außergeschäftsraumverträge Anwendung finden soll.

aa) Inhaltliche Anforderungen an die zu erteilenden Informationen

Je nach Art des Vertrages und abhängig von dessen Besonderheiten muss der Unternehmer dem Verbraucher bis zu 20 verschiedene Informationen erteilen. Verglichen mit der allgemeinen Informationspflicht erfolgt damit eine deutliche Erweiterung der Informationspflicht. Ein weiterer Unterschied zur Regelung in Art. L. 113–1 *Code de la cons. lux.* ergibt sich ferner daraus, dass die Informationen auch dann nicht entbehrlich sind, wenn sich diese bereits aus den Umständen ergeben.[1144]

Obwohl die zu erteilenden Informationen zunächst scheinbar unsortiert in eine Vorschrift aufgenommen wurden, können sie verschiedenen Kategorien zugeordnet werden[1145]: Zunächst betreffen die Informationen die Identität des Unternehmers und den Umfang der Zahlungsverpflichtungen wie auch die Zahlung und die Vertragserfüllung als solche. Daneben dienen andere Informationen der Konkretisierung des Vertragsgegenstands. Der Verwendung neuer Technologien angepasst ist dabei u. a. die Verpflichtung, über die Funktionsweise digitaler Inhalte zu informieren. Davon erfasst ist beispielsweise die Information über eine regionale Codierung oder das Vorhandensein einer Möglichkeit zur Nachverfolgung des Verhaltens des Verbrauchers.[1146] Erfasst ist aber auch eine Information über die (Un-)Vereinbarkeit des erworbenen digitalen Inhalts mit sonstiger Hard- und Software, soweit mögliche Unvereinbarkeiten dem Unternehmer bekannt sind oder hätten bekannt sein müssen. Dies sind beispielsweise Informationen über das zu verwendende Betriebssystem und dessen Version.[1147] Eine letzte Kategorie der Informationen bezieht sich auf die Rechtsverfolgung beispielsweise das Bestehen von Widerrufsrechten und außergerichtlichen Beschwerde- und Rechtsbehelfsverfahren.

Bei der Ermittlung der im jeweiligen Vertrag zu erteilenden Informationen ist zu beachten, dass der luxemburgische Gesetzgeber diejenigen Außergeschäftsraumverträge ausgenommen hat, bei denen der Verbraucher eine Gegenleistung zu erbringen hat, die den Wert von 50 € nicht überschreitet. Der französische Gesetzgeber hat diese ihm eröffnete Ausnahmemöglichkeit nicht genutzt.[1148]

1144 *Unger*, ZeuP 2012, 270 (282).

1145 Diese Einordnung erfolgt in Anlehnung an Eidenmüller/Faust u. a./*Grigoleit*, Die Aufklärungspflichten des acquis, S. 223 (234ff.) sowie *Unger*, ZeuP 2012, 270 (282).

1146 Erwägungsgrund 19 der RL 2011/83/EU vom 25. 10. 2011, Abl. L. 304/64.

1147 Erwägungsgrund 19 der RL 2011/83/EU vom 25. 10. 2011, Abl. L. 304/64.

1148 *Raymond*, CCC 02/2012, 7 (10) plädierte dafür, die gewährte Ausnahmemöglichkeit nicht umzusetzen: Sonst könnten Unternehmer in der Anwendung dieser Bestimmung ein Mittel finden, um dem Anzahlungsverbot vor Ablauf der Widerrufsfrist entgegen zu wirken. Dann könnten die Verbraucher unbeabsichtigt zu »Opfern« der neuen Regelung werden.

bb) Formelle Anforderungen an die Informationserteilung

Entgegen der oben getroffenen Aussage bezüglich des Inhalts der zu erteilenden Informationen ist bei der Frage nach dem *Wie* der Informationserteilung zwischen beiden Vertragstypen zu differenzieren. Eine Gemeinsamkeit der Regelungen ist darin zu sehen, dass der Unternehmer die Information mittels eines Musterformulars erteilen kann. Dazu muss er das Formular in der gesetzlich geforderten Weise ausfüllen und dieses an den Verbraucher übersenden.

i) Formelle Anforderungen im Rahmen eines Fernabsatzvertrages

In formaler Hinsicht übernehmen sowohl der französische als auch der luxemburgische Gesetzgeber die Vorgaben der Richtlinie. Danach muss der Unternehmer dem Verbraucher die Informationen in einer Weise übersenden bzw. sonst zur Verfügung stellen, die dem verwendeten Fernkommunikationsmittel angepasst ist. Dies kann beispielsweise derart geschehen, dass eine lesbare Wiedergabe auf der Seite des Unternehmers erfolgt,[1149] die zudem klar und verständlich abgefasst ist. Bei zeitlichen und/oder räumlichen Beschränkungen des verwendeten Kommunikationsmittels werden die Informationspflichten des Unternehmers bei Vertragsschluss auf bestimmte Informationen beschränkt. Die weiteren Informationen sind dem Verbraucher erst später in geeigneter Weise zur Verfügung zu stellen. Der Unternehmer kann diese beispielsweise per E-Mail versenden, auf der Website angegeben oder mittels einer gebührenfreien Rufnummer zum Abruf bereit halten.[1150]

Sieht der Vertrag eine Zahlungspflicht des Verbrauchers vor, muss der Verbraucher unmittelbar vor Abgabe der Bestellung u. a. auf die wesentlichen Eigenschaften der Sache und den Gesamtpreis hingewiesen werden. Zudem muss der Verbraucher ausdrücklich bestätigen, dass es sich um eine zahlungspflichtige Bestellung handelt. Um den Verbraucher nicht von den als wesentlich erachteten Informationen »abzulenken«,[1151] dürfen dem Verbraucher nach Sinn und Zweck der Norm über die dort vorgesehenen Informationen hinaus, keine weiteren Informationen gegeben werden[1152].

Die aus Sicht des Gesetzgebers immense Wichtigkeit des Hinweises auf die Zahlungspflichtigkeit zeigt sich darin, dass der Vertrag bei Nichterfüllung dieser

1149 *Unger*, ZeuP 2012, 270 (284). Für eine Anwendung des Informationserfordernisses im Bereich des elektronischen Geschäftsverkehrs bspw. Trib. Arr. Lux., Urt. vom 23. 12. 2009, n° 1626/09 du rôle.

1150 *Ljutscher*, Formale Anforderungen, 70 (85); *Unger*, ZEuP 2012, 270 (284).

1151 *de Franceschi*, Die systematische Bedeutung, 95 (101); *Ljutscher*, Formale Anforderungen, 75 (83).

1152 Diese muss der Unternehmer aber zu einem anderen Zeitpunkt erteilen, vgl. *de Franceschi*, Die systematische Bedeutung, 95 (101).

Verpflichtung kraft Gesetzes unwirksam ist[1153], wobei dem Unternehmer keine nachträgliche Heilungsmöglichkeit zugesprochen wird[1154]. Dies gilt auch, wenn der Unternehmer die Erfüllung der Pflicht nicht beweisen kann.[1155] Eine Einschränkung besteht nur insoweit, als dass die Unwirksamkeit des Vertrages nur vom Verbraucher geltend gemacht werden kann und nicht »automatisch« eintritt.

ii) Formelle Anforderungen beim Außergeschäftsraumvertrag

Verglichen mit diesen strengen Anforderungen an die Informationserteilung bei Abschluss eines Fernabsatzvertrages bestehen beim Außergeschäftsraumvertrag weniger differenzierte Anforderungen. Im Allgemeinen muss der Unternehmer dem Verbraucher die Informationen auf Papier oder nach dessen Zustimmung auf einem anderen dauerhaften Datenträger übermitteln. Daher können die Informationen nach Zustimmung des Verbrauchers per E-Mail versendet werden. Mangels Vorliegens eines dauerhaften Datenträgers dürfte es hingegen nicht ausreichen, die Informationen lediglich auf der Website aufzunehmen.[1156] Obwohl damit an die Informationserteilung als solche formelle Anforderungen gestellt werden, gelten diese für den Vertragsschluss selbst nicht, der weiterhin mündlich erfolgen kann.[1157]

In der Form der Informationserteilung liegt eine der wesentlichen Neuerungen des französischen Rechts:[1158] Dort war bis zur Umsetzung der Verbraucherrechterichtlinie lediglich vorgesehen, dass dem Verbraucher ein Exemplar des Vertrages übergeben werden musste. Das brachte zwangsläufig mit sich, dass eine Informationserteilung nur durch Übergabe eines Schriftstücks erfolgen konnte.[1159]

Eine Abweichung von diesen formalen Anforderungen gestatten Richtlinie und luxemburgisches Recht nur, wenn der Verbraucher den Unternehmer aufgefordert hat, Reparatur- oder Instandhaltungsarbeiten zu erbringen, eine sofortige Erfüllung des Vertrages nicht erfolgt und das Entgelt 200 € nicht über-

1153 Im Einzelnen zu der Frage, ob dann darin eine unbestellte Leistung des Unternehmers zu sehen ist, siehe *de Franceschi*, Die systematische Bedeutung, 95 (104ff.).

1154 *de Franceschi*, Die systematische Bedeutung, 95 (103).

1155 *Ljutscher*, Formale Anforderungen, 75 (84).

1156 *Unger*, ZEuP 2012, 270 (283f.). Dort auch ausführlicher zu der Frage, wann eine Webseite ausnahmsweise als dauerhafter Datenträger einzuordnen ist. Selbst wenn dieses Kriterium einmal erfüllt werden sollte, genügt dies den Anforderungen jedoch nicht, da der Unternehmer dem Verbraucher die Information nicht »erteilt«.

1157 *Unger*, ZEuP 2012, 270 (283).

1158 Das luxemburgische Recht hatte die Möglichkeit eines Vertragsschlusses auf diesem Wege weitestgehend untersagt, sodass sich die Frage nach Informationspflichten hier nicht in dem Umfang gestellt hat.

1159 *Raymond*, CCC 02/2012, 7 (10).

steigt. Zwar müssen auch hier wesentliche Informationen und ein Kostenvoranschlag die genannten Formerfordernisse erfüllen, weitere Informationen können nach Zustimmung des Verbrauchers jedoch auf anderem Wege zur Verfügung gestellt werden, wenn die Vertragsbestätigung alle wesentlichen Informationen enthält.

c) *Informationspflichten in einem Vertrag über den Fernabsatz von Finanzdienstleistungen*

Auch für den Fernabsatz von Finanzdienstleistungen sehen beide Gesetzgeber besondere Informationspflichten vor. Aufgrund der detaillierten Richtlinienvorgaben ist erneut eine weitestgehende Übereinstimmung zwischen beiden Rechtsordnungen festzustellen.

aa) *Inhaltliche Anforderungen an die Erfüllung der Informationspflicht nach luxemburgischen Recht*

Mit Art. L. 222–14 *Code de la cons. lux.* hat der Gesetzgeber mit geringfügigen Änderungen[1160] die bereits seit 2006 bestehende Regelung übernommen, wonach der Verbraucher in angemessener Zeit vor Vertragsschluss bzw. vor Abgabe des Angebots u. a. Informationen über die Person des Unternehmers, die angebotene Finanzdienstleistung und den Fernabsatzvertrag als solchen erhalten muss.

Damit möchte der Gesetzgeber sicherstellen, dass sich der Verbraucher aktiv an den Unternehmer wenden kann, dessen Identifizierung andernfalls zumindest erschwert ist. Zudem kann beispielsweise durch die Angabe des Handelsregisters, in der das Unternehmen eingetragen ist, verhindert werden, dass der Vertrag lediglich mit einer fiktiven Person abgeschlossen wird.[1161]

Soweit die Art der Informationen die Finanzdienstleistung und den Fernabsatzvertrag selbst betreffen, sind diese wörtlich der Richtlinie entnommen.[1162] So muss der Verbraucher über alle Umstände informiert werden, die für einen durchschnittlichen Verbraucher von Interesse sind, um die Frage nach dem *Ob* des Vertragsschlusses beurteilen zu können.[1163] Zwingend muss daher eine Information über das (Nicht-) Bestehen eines Widerrufsrechts erfolgen. Weist der Unternehmer auf das Bestehen eines Widerrufsrechts hin, obwohl dieses nach dem Gesetz nicht vorgesehen wird, ist dies als Vereinbarung eines vertraglichen Widerrufsrechts anzusehen.[1164]

1160 Diese resultieren insbesondere daraus, dass nunmehr mit Art. L. 221–2 *Code de la Consommation* eine allgemeine Informationspflicht besteht, die durch die speziellere Vorschrift ergänzt bzw. modifiziert wird.

1161 Projet de loi n° 5389, Commentaire des articles, S. 25f.

1162 Projet de loi n° 5389, Commentaire des articles, S. 26.

1163 *Kriegner*, Die Fernabsatz-Richtlinie, S. 146; *Lütcke*, Fernabsatzrecht, § 312 c Rn. 16.

1164 *Kriegner*, Die Fernabsatz-Richtlinie, S. 150.

bb) Abweichungen, bei telefonischer Kommunikation mit dem Unternehmer

Soweit der Unternehmer auf eigene Initiative Kontakt mit dem Verbraucher aufnimmt, ist er verpflichtet, zu Beginn des Gespräches ausdrücklich und unmissverständlich auf seine Identität hinzuweisen. Zudem muss er den Verbraucher darüber informieren, dass die Kontaktaufnahme mit dem Ziel der Gewinnerzielung erfolgt. Damit soll der Verbraucher davor geschützt werden, dass Unternehmer angebliche Meinungsumfragen »vorschieben«, um einen Vertrag anzubahnen.[1165] Unter Berücksichtigung dieses Zwecks besteht eine entsprechende Pflicht nicht bei einer Kontaktaufnahme zum Zwecke des Vertragsschlusses durch den Verbraucher.[1166]

Hat der Unternehmer das ausdrückliche Einverständnis des Verbrauchers eingeholt, wird die Anzahl der zu erteilenden Informationen herabgesetzt. Zwingend sind jedoch auch hier die Information über die wesentlichen Merkmale der Finanzdienstleistung, den Gesamtpreis und das Bestehen eines Widerrufsrechts. Eine besondere Form für das Einverständnis ist nicht vorgesehen, solange dieses klar und unmissverständlich erfolgt.[1167] Der Unternehmer muss den Verbraucher aber darüber informieren, in welchen Bereichen er weitere Informationen erhalten kann.

Trotz der Herabsetzung des Umfangs in der vorvertraglichen Phase, muss der Unternehmer aber sämtliche geforderten Informationen nach Vertragsschluss zur Verfügung stellen.

cc) Die Form, in der die Informationen zu erteilen sind

In formeller Hinsicht sind die Informationen so zu übermitteln, dass der wirtschaftliche Zweck des Geschäftes klar erkennbar wird. Zudem ist die Art und Weise der Informationsübermittlung an das verwandte Kommunikationsmittel anzupassen.

Mit Ausnahme des oben geschilderten telefonischen Vertragsschlusses muss der Unternehmer dem Verbraucher alle Vertragsbedingungen und -informationen in Papierform oder mittels eines anderen dauerhaften Datenträgers zur Verfügung stellen. Erforderlich ist zudem, dass der Verbraucher über die Informationen in angemessener Zeit verfügt, bevor er an den Vertrag gebunden ist. Diese Frist ist erfüllt, wenn zwischen der eigentlichen Übermittlung der Information und dem Vertragsschluss eine derart lange Zeitspanne liegt, dass der Verbraucher seine Entscheidung überdenken kann.[1168]

1165 *Kriegner*, Die Fernabsatz-Richtlinie, S. 117.
1166 *Kriegner*, Die Fernabsatz-Richtlinie, S. 155.
1167 Projet de loi n° 5389, Commentaire des articles, S. 27.
1168 *Kriegner*, Die Fernabsatz-Richtlinie, S. 125.

Aus der Wendung »zur Verfügung stellen« ergibt sich, dass der Unternehmer dem Verbraucher die Informationen nicht eigens zu übermitteln braucht. Vielmehr ist ausreichend, dass sich der Verbraucher die Informationen ohne besonderen Aufwand selbst beschaffen kann.[1169] Dies hat zur Folge, dass der Unternehmer keine tatsächliche Kenntnisnahme durch den Verbraucher sicherstellen muss.[1170]

dd) Die französischen Informationspflichten im Vergleich

Ebenso wie nach luxemburgischem ist es auch nach französischem Recht erforderlich, dass dem Verbraucher vor Vertragsschluss besondere Informationen erteilt werden. Der *Code de la cons. fr.* selbst enthält in Art. L. 222-5 keine detaillierte Regelung, sondern verweist darauf, dass eine Regelung der konkreten Informationspflichten durch Dekret des *Conseil d' Etat* erfolgt. Die konkret zu erteilenden Informationen sind dann in Art. R. 222-1 *Code de la cons. fr.* aufgeführt. Hier hat sich der Gesetzgeber daher wieder gegen eine Regelungstechnik entschieden, die es ermöglicht, dass der Verbraucher direkt bei der Lektüre des Gesetzes die anwendbaren Vorschriften bestimmen kann.

Ebenso wie nach luxemburgischem Recht wird jedoch vorgesehen, dass Informationen über den Unternehmer selbst, die angebotene Finanzdienstleistung, die Durchführung des Vertrages und die Ausgestaltung des Widerrufsrechts zu erteilen sind. Daneben wird auch hier gefordert, dass bei einer telefonischen Kontaktaufnahme ebenfalls gewisse Informationen übermittelt werden. Entscheidend ist daher nach der Regelung im französischen Recht, dass sich der Unternehmer bereits zu Beginn des Telefonats als solcher zu erkennen gibt und darauf verweist, dass es sich um eine Vertragsanbahnung handelt. Wiederum ist es zulässig, dass bei Vorliegen eines entsprechenden Einverständnisses des Verbrauchers bestimmte Informationen erst nach Abschluss des Vertrages übermittelt werden.

Eine weitere Übereinstimmung der beiden Rechtsordnungen ergibt sich daraus, dass die Informationen auf allen Wegen erteilt werden können, die dem verwandten technischen Mitteln entsprechen. Der Verbraucher muss auch hier die Informationen schriftlich oder auf einem anderen dauerhaften Datenträger erhalten.

So ist wieder die Aussage zu treffen, dass abgesehen von der gewählten Regelungstechnik eine weitgehende Übereinstimmung zwischen den beiden Rechtsordnungen besteht. Dies zeigt erneut, dass im Geltungsbereich von Richtlinien eine weitgehende Übereinstimmung der Rechtsordnungen besteht.

1169 *Kriegner*, Die Fernabsatz-Richtlinie, S. 128 unter Nennung von Beispielen.
1170 *Kriegner*, Die Fernabsatz-Richtlinie, S. 130.

d) Informationspflichten im Zusammenhang mit dem Abschluss eines persönlichen Anschaffungsdarlehens

Haben der Unternehmer und der Verbraucher ein privates Anschaffungsdarlehen abgeschlossen, hat der Unternehmer ebenfalls Informationspflichten zu erfüllen. Zusätzlich werden in diesem Bereich zwingende Vorgaben gemacht, wie die Werbung zu erfolgen hat. Hier wird man wieder zu dem Ergebnis gelangen, dass seit der Umsetzung der Richtlinie 2008/48/EG in diesem Bereich eine weitestgehende Übereinstimmung besteht.

aa) Ein Blick in die Vergangenheit: Informationspflichten nach dem luxemburgischen Gesetz von 1987

Bereits bei der Schaffung des Gesetzes von 1987 hatte der Gesetzgeber Regelungen für den Darlehensvertrag vorgesehen. Jedoch handelte es sich dabei mehr um punktuelle Maßnahmen denn um die Schaffung eines kohärenten Gesamtsystems. So konnte der Richter auf Antrag den vereinbarten auf den gesetzlichen Zinssatz herabsetzen, wenn der Darlehensgeber wissentlich die Not, Leichtfertigkeit oder Unerfahrenheit der anderen Vertragspartei ausgenutzt hat, um sich von dieser einen erhöhten Zinssatz oder sonstige Vorteile versprechen zu lassen. Diese Antragsmöglichkeit sollte sogar dann noch bestehen, wenn bereits Zahlungen erfolgt waren.[1171]

Fehlte im Vertrag die Angabe des Zinssatzes oder war dieser nicht anhand des Vertrages bestimmbar, war auch hier auf den gesetzlichen Zinssatz abzustellen. In diesen Fällen war aber weder eine Provision noch eine andere zusätzliche Zahlung geschuldet.

Die einzige Regelung, die sich als Auferlegung einer Informationspflicht ansehen ließ, war die, wonach der Unternehmer in einem Vertrag mit einem privaten Endverbraucher bei Rückzahlung des Darlehens durch Teilbeträge zur Angabe des tatsächlichen Zinssatzes verpflichtet war. Da sich darin aber die Informationspflichten gegenüber einem privaten Endverbraucher erschöpften, konnte schwerlich von einer umfassenden Informationspflicht des Unternehmers die Rede sein.

bb) Gesetzliche Vorgaben an die Werbung

Egal auf welchem Weg für ein privates Anschaffungsdarlehen geworben wird,[1172] ist es erforderlich, dass die Kosten des Darlehens klar, prägnant und sichtbar angegeben sind. Zudem ist der Unternehmer verpflichtet, ein repräsentatives

1171 Wobei die Geltendmachung spätestens innerhalb eines Jahres ab Zahlung erfolgen musste.

1172 Dabei handelt es sich um jede Äußerung die gemacht wurde, um den Verkauf eines Gegenstandes oder einer Dienstleistung zu fördern vgl. Projet de loi n° 3378[6], Rapport de la commission juridique, S. 5.

Beispiel anzugeben, wobei er auf den effektiven Jahreszins und auf die Vertragsdauer hinzuweisen hat. Hingegen muss keine entsprechende Angabe erfolgen, wenn nur eine unbezifferte Werbung ohne Angaben von Zahlen gemacht wird.[1173]

Eine entsprechende Verpflichtung ist dem luxemburgischen *Code de la cons.* nicht neu: Bereits das Gesetz von 1993 enthielt eine ähnliche Vorschrift für das Anschaffungsdarlehen. Auch hier musste der Unternehmer jedenfalls Angaben zu seiner Identität und Adresse, zur Form und die Bedingungen zur Inanspruchnahme dieses Darlehens[1174] in klarer und lesbarer Weise machen. In jedem Fall war dem Unternehmer untersagt, damit zu werben, dass es sich um ein »kostenloses Darlehen« handelt. Zweck war und ist, eine Irreführung des Verbrauchers zu verhindern,[1175] aber auch einer Überschuldung entgegen zu wirken[1176]. Dieser Schutz des Verbrauchers geht über den hinaus, den die Richtlinie gewährt: Denn entsprechend der französischen Gesetzgebung werden auch verschiedene Formen der Werbung gänzlich untersagt.[1177]

cc) Die Entwicklung des Umfangs vorvertraglicher Informationspflichten

Mit Blick auf den Umfang vorvertraglicher Informationspflichten kann für das luxemburgische Recht hingegen festgestellt werden, dass der Gesetzgeber über einen rein punktuellen Eingriff hinausgegangen ist.

In formeller Hinsicht ist der Vertrag seit der Gesetzesänderung von 1993 schriftlich abzufassen; zudem muss der Verbraucher ein Vertragsexemplar erhalten. Daneben muss der Vertrag zwingend den effektiven Jahreszins angeben und die Frage behandeln, wann und unter welchen Umständen dieser geändert werden kann. Zudem ist ggf. auf weitere wesentliche Vertragsbestandteile hinzuweisen. Um das Aufkommen von Rechtsunsicherheit zu vermeiden,[1178] erfolgte eine beispielhafte Aufzählung, wann es sich um einen entsprechenden wesentlichen Vertragsbestandteil handelt. Dies ist der Fall, soweit es sich um die Höhe des Darlehens, dessen Dauer, die Art und Weise seiner Rückzahlung sowie um Angaben zu dessen Gesamtkosten handelt.

1173 *Waersegger*, Le banquier, 949 (967).

1174 Darunter fällt beispielsweise die Notwendigkeit des Abschlusses einer Versicherung, der Erbringung einer Sicherheitsleistung oder die Tatsache, dass der Verbraucher bereits Kunde der Bank sein muss, Projet de loi n° 3378[6], Rapport de la commission juridique, S. 6.

1175 Projet de loi n° 3378, Commmentaire des articles, S. 12.

1176 Projet de loi n° 3378[1], Commentaire des amendements, S. 29.

1177 Projet de loi n° 5881 A[5], Dépêche du Président de la Chambre des Députés au Président du Conseil d'Etat, S. 39.

1178 Projet de loi n° 3378, Avis du Conseil d'Etat, S. 48.

Anders ist dies nur, wenn es sich um einen Kontokorrentkredit[1179] handelt: Hier muss dem Verbraucher bei Vertragsschluss ein abgesenktes Maß an Informationen übermittelt[1180] und schriftlich bestätigt werden[1181]. Dies sind der Höchstbetrag, der Jahreszins sowie weitere Kosten und die Modalitäten der Vertragsbeendigung. Mit diesem herabgesetztem Umfang zu erteilender Informationen soll die Praxis der Kreditgeber Berücksichtigung finden bei der Gewährung des Kredits jeweils den aktuellen Tagessatz zu Grunde zu legen. Sie können dabei weder einen effektiven Jahreszins berechnen noch einen solchen angeben.[1182] Eine weitergehende Erleichterung für den Unternehmer ist darin zu sehen, dass er dem Verbraucher die Informationen nur einmalig zur Verfügung stellen muss. Es ist nicht erforderlich, dass jedes Mal eine Information erfolgt, wenn der Verbraucher den ihm gewährten Überziehungskredit tatsächlich in Anspruch nimmt.[1183]

Im Übrigen hat der Gesetzgeber angenommen, dass allein durch eine Pflicht zu einer schriftlichen Bestätigung der Informationen eine ordnungsgemäße Information des Verbrauchers gesichert werden kann.[1184] Zunächst hat der Gesetzgeber weitergehend angenommen, dass es sich bei der schriftlichen Informationserteilung um eine Wirksamkeitsbedingung handele; bei Nichterfüllung sollte sich der Verbraucher auf die Nichtigkeit des Vertrages berufen können. Der Gesetzgeber hat letztlich von der Festsetzung einer Gesamtnichtigkeit abgesehen, weil die Aufhebung des Vertrages in der Regel nicht dem Interesse des Verbrauchers entspreche.[1185] Daher wurde nur vorgesehen, dass jede dem Gesetz widersprechende Bestimmung des Vertrags als solche unwirksam sei; eine Unwirksamkeit des gesamten Vertrages ist demnach nur denkbar, wenn es sich um eine wesentliche Vertragsbestimmung handelt. Damit wird den Interessen der Verbraucher ausreichend Rechnung getragen, die andernfalls beim Fehlen der schriftlichen Information sofort das von ihnen benötigte Geld zurückzahlen

1179 Dabei erhält der Verbraucher die Möglichkeit, über den vereinbarten Zeitraum oder Betrag hinaus gegen eine erhöhte Vergütung bzw. Provision einen Kredit in Anspruch zu nehmen, vgl. *Creifelds* Rechtswörterbuch, Stichwort Überziehungskredit S. 1284.

1180 Dies kann durch Brief, aber auch mündlich geschehen, vgl. Projet de loi n° 3378, Avis de la Chambre de commerce, S. 40.

1181 Dieses Erfordernis kann wohl auch noch nach Vertragsschluss erfüllt werden. In diese Richtung Projet de loi n° 3378, Avis de la Chambre de commerce, S. 40.

1182 Projet de loi n° 3378, Commentaire des articles, S. 12.

1183 Projet de loi n° 3378, Commentaire des articles, S. 12 bzw. Avis du Tribunal d'arrondissement de et à Diekirch, S. 32. Die Bank verletzt ihre Beratungspflicht aber, wenn diese den Kunden nach Ablauf der Laufzeit von drei Monaten nicht über die die Situation seines Kontos informiert, da sonst der Kunde ohne Limit durch die Bank ohne besondere Verpflichtung mit den zu ihm zur Verfügung stehenden Mittels spekulieren könne, vgl. Trib. Arr. Lux., n° 99821173 JUDOC.

1184 Projet de loi n° 3378, Commentaire des articles, S. 12.

1185 Projet de loi n° 3378, Avis de la Chambre de commerce, S. 44.

müssten.[1186] Dieser Berücksichtigung der Verbraucherinteressen entspricht es umso mehr, dass die Nichtigkeit nur auf Wunsch des Verbrauchers Berücksichtigung findet.[1187]

Nunmehr sind die vom Unternehmer oder von einem *intermediaire de crédit* zu gebenden Informationen in Art. L. 224–6 *Code de la cons. lux.* aufgeführt. Hier wird insbesondere ausdrücklich darauf verwiesen, dass Grundlage für die Bestimmung der zu erteilenden Informationen sowohl das vorgeschlagene Darlehen, als auch vom Verbraucher geäußerte Wünsche, wie auch von diesem übermittelte Informationen sind. Dadurch soll dem Verbraucher ein Vergleich der verschiedenen, seinen Wünschen angepassten Angebote ermöglicht werden. In jedem Fall bleibt der Darlehensgeber für die Informationserteilung verantwortlich, selbst wenn diese zusätzlich durch den *intermediaire de crédit* zu erteilen sind.[1188]

Für den Unternehmer sehen die bestehenden Regelungen jedoch eine Beweiserleichterung dafür vor, dass dieser den ihm obliegenden Informationspflichten nachgekommen ist. Verwendet der Unternehmer zur Übermittlung der Informationen ein Musterinformationsblatt, so wird vermutet, dass er seinen Informationspflichten nachgekommen ist. Selbst wenn diese Regelung für den Verbraucher als nachteilig erscheint, ist dies tatsächlich nicht der Fall: Zwar wird dem Unternehmer durch die Verwendung des Formulars der Beweis erleichtert, jedoch wird zugleich gewährleistet, dass der Verbraucher die ihm unterbreiteten Angebote besser vergleichen kann.[1189] Diese Erwägung spielt auch bei der Frage eine Rolle, ob dem Verbraucher die Informationen in angemessener Zeit vor Vertragsschluss zur Verfügung gestellt worden sind.[1190] Die Vergleichbarkeit der einzelnen Angebote wird zudem dadurch verstärkt, dass dem Verbraucher auf dessen Verlangen unentgeltlich ein Exemplar des Vertragsentwurfs zur Verfügung zu stellen ist. Ein weitergehender Schutz des Verbrauchers wird dadurch erreicht, dass über die gesetzlich vorgesehenen Informationen hinausgehende Informationen auf einem gesonderten Dokument aufzuführen sind. Der Unternehmer kann daher nicht mehr frei bestimmen, welche Informationen er dem Verbraucher in der vorvertraglichen Phase schuldet.[1191]

Ein weiterer Unterschied zur bisherigen Regelung besteht darin, dass die zu erteilenden Informationen deutlich ausgeweitet worden und nunmehr 19 ver-

1186 Projet de loi n° 3378[6], Rapport de la Commission juridique, S. 8.
1187 So allgemein für die für diese Richtlinie vorzusehende Rechtsfolgenregelung *Lerche*, Die Umsetzung privatrechtsangleichender Richtlinien, S. 330.
1188 *Waersegger*, Le banquier, 949 (973).
1189 Projet de loi n° 5881 A[5], Dépêche du Président de la Chambre des Députés, S. 40; *Waersegger*, Le banquier, 949 (953).
1190 *Waersegger*, Le banquier, 949 (973).
1191 *Waersegger*, Le banquier, 949 (972).

schiedene Informationen zu erteilen sind. Diese können dahingehend unterteilt werden, dass sie den Kreditgeber, den Vertrag als solchen, die Kosten und schließlich weitere Belehrungspflichten zum Gegenstand haben.[1192] Wie auch bei den übrigen Vertragstypen ist der Verbraucher daher über die Identität und die Anschrift des Kreditgebers sowie ggf. des Kreditvermittlers zu informieren. Notwendig sind ferner Informationen über die Modalitäten für den Erhalt des Darlehens[1193] oder die Frage, ob Sicherheiten verlangt werden. Zum Zwecke der Vergleichbarkeit bedeutend sind zudem die Angabe des Soll- und Effektivzinssatzes[1194] sowie etwaiger Verzugszinsen. Ähnlich den Regelungen für die übrigen Vertragstypen ist daneben über das (Nicht-) Bestehen eines Widerrufsrechts zu informieren. Eher vertragstypisch sind hingegen die Informationspflichten, die sich auf die Möglichkeit einer vorzeitigen Rückzahlung und die Berechnung einer vom Verbraucher für diesen Fall zu leistenden Entschädigung beziehen.

Ebenso werden die Anforderungen an die Informationserteilung gesenkt, wenn die Kommunikation ausschließlich telefonisch erfolgt. Zwingend erforderlich ist aber jedenfalls die Angabe des effektiven Jahreszinses anhand eines repräsentativen Beispiels und des Gesamtbetrages. Die notwendigen weiteren Informationen sind in jedem Fall nach Vertragsabschluss zu erteilen.

Ein weitergehender Schutz erfolgt dadurch, dass Art. L. 224-11 *Code de la cons. lux.* vorsieht, dass dem Verbraucher nach Abschluss des Vertrages ein Exemplar auf Papier oder auf einem anderen dauerhaften Datenträger zur Verfügung zu stellen ist. Für den praxisrelevanten Fall der Überziehungskredite werden erneut gewisse Modifikationen vorgesehen.

dd) Informationspflichten im Zusammenhang mit dem persönlichen Anschaffungsdarlehen nach dem französischen Code de la cons.

Im französischen Recht war es zur Umsetzung der Verbraucherkreditrichtlinie im Jahre 2010 ebenfalls erforderlich, die auf das persönliche Anschaffungsdarlehen anwendbaren Bestimmungen weitgehend zu modifizieren.

Entsprechend der luxemburgischen Regelung werden im französischen Recht ebenfalls Vorgaben an die Werbung gemacht: Zunächst muss die Informationserteilung in klarer und verständlicher Weise erfolgen und ist es erforderlich, dass die Informationen lesbar sind. Diese Beurteilung hat – entsprechend den

1192 Die vorgenommene Kategorisierung erfolgt in Anlehnung an *Wendehorst/ Zöchling-Jud*, § 6VerbrKrG, Rn. 23.

1193 *Zhang*, Die vorvertraglichen Pflichten, S. 48.

1194 Dies ist der jährliche Prozentsatz der Gesamtkosten des Gesamtkreditbetrages – zur Berechnung sind die Gesamtkosten, d.h. sämtliche Kosten des Vertrages einschließlich Zinsen, Provisionen, Steuern und andere anfallende Kosten zu berücksichtigen, vgl. *Zhang*, Die vorvertraglichen Pflichten, S. 50.

Vorgaben der bisherigen Rechtsprechung[1195] – unter Berücksichtigung des verwendeten Kommunikationsmittels und unter Berücksichtigung der Umstände des konkreten Einzelfalls zu erfolgen.[1196] Bei den Vorgaben an die Werbung gibt es eine Besonderheit, die das luxemburgische Recht nicht ausdrücklich vorsieht: In Frankreich ist es erforderlich, dass die Informationen, die sich auf Zahlen beziehen, in größerer Schrift als die übrigen Informationen gedruckt werden. Es ist zudem in der Regel ein Hinweis erforderlich, dass das Darlehen zurückzuzahlen ist. Dadurch wird der Kunde ausdrücklich darauf hingewiesen, dass er vor Vertragsschluss seine Leistungsfähigkeit überprüfen soll.

Der vollharmonisierende Charakter der Verbraucherkreditrichtlinie und die dadurch bewirkte weitgehende Übereinstimmung zwischen den beiden Rechtsordnungen zeigt sich ebenfalls an den inhaltlichen Vorgaben, die an die Werbung gemacht werden: Bereits in der Werbung ist über den Zinssatz und die Kosten des Darlehens[1197] zu informieren sowie auf ein repräsentatives Beispiel hinzuweisen. Hinzuweisen ist aber auch auf die Gesamtsumme, die Vertragsdauer und die Notwendigkeit des Abschlusses einer Versicherung. Damit erfolgte eine deutliche Erweiterung der bestehenden Verpflichtungen.[1198] All diese Informationen dienen hier dem Ziel, eine Einschätzung des Verbrauchers darüber zu ermöglichen, in welchem Umfang er sich verpflichtet.[1199]

Damit diese Funktion gewährleistet wird, muss ein Informationsblatt übergeben werden, dessen wesentlicher Inhalt durch den Gesetzgeber vorgegeben wird. Ähnlich dem Zweck der luxemburgischen Regelung soll es dem Verbraucher ermöglicht werden, die einzelnen Angebote miteinander zu vergleichen.[1200] Sollen dem Verbraucher weitergehende Informationen übermittelt werden, sind diese zwingend auf einem anderen Dokument zu erteilen.[1201] Dies gilt sogar dann, wenn der Vertrag im Verkaufsraum des Unternehmers oder im Wege des Fernabsatzes abgeschlossen wird und der Unternehmer daher ein zusätzliches Informationsblatt übermitteln muss.[1202]

All dies zeigt, dass in diesem Bereich aufgrund der Vollharmonisierung nur noch geringfügige Unterschiede ausgemacht werden können; diese können

1195 Dafür wohl *Raymond*, Droit de la consommation, Rn. 611.

1196 Cour d'Appel Rennes, Urt. vom 19.12.2004, CCC 2004, comm. 115.

1197 Im Falle eines »kostenlosen« privaten Anschaffungsdarlehens, welches nunmehr hinsichtlich der Werbung dem entgeltlichen Darlehen gleichgestellt wird, muss der Unternehmer angeben, wer die Kosten des Darlehens trägt, vgl. Art. L. 311-27 *Code de la consommation.*

1198 *Valette-Ercole*, JCP. Ed. G 2010, Nr. 779, 1441.

1199 *Raymond*, Droit de la consommation, Rn. 617.

1200 *Valette-Ercole*, JCP. Ed. G 2010, Nr. 779, 1442.

1201 *Raymond*, Droit de la consommation, Rn. 618.

1202 *Raymond*, CCC 2010, 6 (11); dort auch zu den weiteren Besonderheiten dieses Informationsblattes.

wegen ihres geringen Umfangs schwerlich als Indiz für eine etwaige Eigenständigkeit der Rechtsordnung herangezogen werden.

4. Rechtsfolgen der Verletzung von Informationspflichten

Kommt der Unternehmer den ihm gesetzlich auferlegten Pflichten nicht oder nicht in dem erforderlichen Maße nach bzw. sind die dem Verbraucher erteilten Informationen unrichtig, wird dies sowohl durch zivilrechtliche Sanktionen wie auch durch Geldbußen sanktioniert.[1203]

Die aus Sicht des Unternehmers schärfste Sanktion ist sicherlich die in Art. L. 113–1 *Code de la cons. lux.* für alle Verträge (mit Ausnahme der Fernabsatz- und Außergeschäftsraumverträge) vorgesehene Nichtigkeit des Vertrages, wenn der Unternehmer mindestens eine der wesentlichen Informationen nicht erteilt. Es handelt sich um eine relative Nichtigkeit, sodass dem Verbraucher die Wahl obliegt, ob er sich auf sie berufen möchte. Auch wenn diese Norm keine Anwendung auf Fernabsatz- und Außergeschäftsraumverträge findet, wird durch Art. L. 222–11 Abs. 3 *Code de la cons. lux.* die relative Nichtigkeit auch für diese Verträge vorgesehen. Trotz dieser aus Sicht des Unternehmers scharfen Sanktion definiert der Gesetzgeber nicht, wann eine Informationspflicht als wesentlich anzusehen ist. Zur Bestimmung des Begriffsinhalts kann jedoch auf die Literatur zum Gemeinschaftsrecht zurückgegriffen werden: Danach ist eine Information immer dann wesentlich, wenn der Inhalt der Information typischerweise für die Frage nach dem Ob des Vertragsschlusses entscheidend ist. Dies ist eine Information beispielsweise dann nicht, wenn die Informationspflicht lediglich die Rechtsfolgen des Vertrages betrifft.[1204]

Fehlt eine Information vollständig, kann dem Verbraucher unter Umständen zusätzlich ein Schadensersatzanspruch aus Verschulden bei Vertragsschluss zustehen, soweit ihm aus der fehlenden Informationserteilung ein Schaden entstanden ist. Denkbar ist dies insbesondere, wenn der Verbraucher Suchkosten aufwenden musste, um die nicht angegebene Anschrift des Unternehmers zu ermitteln.[1205] Gewissermaßen über einen »Umweg« kann auch die Erteilung fehlerhafter Informationen zur Gewährung von Schadensersatzansprüchen führen. Denn fehlerhafte Informationen werden nach Art. L. 222–3 Abs. 5 bzw. Art. L. 222–6 Abs. 6 *Code de la cons. lux.* Bestandteil des Vertrages, sodass der Verbraucher bei deren Verletzung auf das Leistungsstörungsrecht zurückgreifen

1203 Da diese weitestgehend (im Bereich des Fernabsatzes und der Außergeschäftsraumverträge) auf die Vorgaben der Verbraucherrechterichtlinie zurückgehen, orientiert sich die Darstellung hier an der Zusammenstellung von *Unger*, ZEuP 2012, 270 (285f.) zu den in dieser Richtlinie vorgesehenen Sanktionen.

1204 *Grigoleit*, Die Aufklärungspflichten des acquis, 223 (254).

1205 *Dehn*, Allgemeine Informationspflichten, 41 (63).

kann[1206]. Zulässig ist, dass die Parteien nach Abschluss des Vertrages im Wege einer Vertragsänderung etwas Abweichendes vereinbaren.[1207]

Weitere Sanktionen knüpfen an eine unzureichende Information über das (Nicht-) Bestehen eines Widerrufsrechts oder über dessen Rechtsfolgen an. Der Unternehmer ist u.a. verpflichtet, bei einem Widerruf und diesbezüglich fehlender Informationen die Hin- und Rücksendekosten und ggf. angefallene Zusatzkosten zu tragen.[1208] Zudem wird der Verbraucher von der Pflicht befreit, Wertersatz für eine etwaige Verschlechterung der Ware[1209] oder für bereits erbrachte Dienstleistungen zu zahlen[1210]. So muss der Verbraucher, wenn es sich um einen Fernabsatz über Finanzdienstleistungen handelt, Wertersatz für die tatsächlich in Anspruch genommene Finanzdienstleistung nur dann zahlen, wenn der Unternehmer eine ordnungsgemäße Information des Verbrauchers insbesondere über den geschuldeten Betrag nachweisen kann. Dies bleibt aber auch die einzige vertragsrechtliche Sanktion, soweit es sich um einen Fernabsatz über Finanzdienstleistungen handelt; die Verstöße werden hier überwiegend durch Mittel des Wettbewerbsrechts sanktioniert. Dies gilt ebenso für das private Anschaffungsdarlehen. Dieser Modifikation der Rechtsfolgen vorgelagert ist bei bestimmten Verträgen eine Verlängerung der Widerrufsfrist um 12 Monate; in jedem Fall beginnt diese Frist bei einem privaten Anschaffungsdarlehen und einem Fernabsatz über Finanzdienstleistungen erst zu laufen, wenn der Verbraucher die notwendigen Informationen erhalten hat.

Ähnlich harsch sind die Rechtsfolgen, die das französische Recht an eine Verletzung der Informationspflichten knüpft.[1211] Im Vorfeld der Umsetzung der Verbraucherrechterichtlinie hatte auch der französische Gesetzgeber beim Abschluss von Haustürgeschäften eine Nichtigkeit des Vertrages vorgesehen, wenn die Informationspflichten unzureichend erfüllt wurden. Die Entscheidung, ob er sich auf die Nichtigkeit berufen will, oblag allein dem Verbraucher. Die Nichtigkeit musste in einem gerichtlichen Verfahren geltend gemacht werden.[1212]

1206 *Unger*, ZEUP 2012, 270 (286) nennt hier das Beispiel der Nichterfüllung des in Aussicht gestellten Liefertermins. Darin sei eine Vertragsverletzung zu sehen.

1207 Damit können die Parteien nicht die Informationspflichten als solche, sondern nur diese als Vertragsbestandteil verändern, vgl. *Unger*, ZEuP 2012, 270 (286 Fn. 74).

1208 Art. L. 222-3 Abs. 6 bzw. Art. 222-6 Abs. 6 *Code de la Consommation.*

1209 Art. L. 222-10 Abs. 5 *Code de la Consommation.*

1210 Art. L. 222-10 Abs. 7.

1211 Zum Schutz von Informationspflichtverletzungen durch Instrumente zum Schutz von kollektiven Interessen der Verbraucher siehe im Einzelnen *Börger*, Verletzung von Informationspflichten, S. 111ff.

1212 *Börger*, Verletzung von Informationspflichten, S. 126. Zudem war die Geltendmachung der Nichtigkeit auf 5 Jahre beschränkt, vgl. *Liedtke*, Die Umsetzung, S. 120.

Trotz dieser Einschränkung handelte es sich bei der Nichtigkeit um eine der für den individuellen Verbraucher spürbarsten Sanktionen.[1213]

Heute findet sich diese Nichtigkeit nicht mehr ausdrücklich im Text der Bestimmung, vielmehr werden strafrechtliche Sanktionen (Möglichkeit der Verhängung einer Gefängnisstrafe oder eines Ordnungsgeldes) bzw. verwaltungsrechtliche Sanktionen vorgesehen. Eine Nichtigkeit des Vertrages ist nur dann ausdrücklich bestimmt, wenn der Unternehmer dem Verbraucher bei einem Außergeschäftsraumvertrag die vertraglichen Informationen nicht mittels eines Vertragsexemplars übergeben hat, vgl. Art. L. 242–1 *Code de la cons. fr.* Das luxemburgische Recht ist strenger und schafft damit aus Sicht des individuellen Verbrauchers die wirksamere Sanktion. Der französische Gesetzgeber hat sich demgegenüber weitgehend auf eine nicht individuell wirkende Sanktionierung beschränkt. Für den Individualverbraucher bleibt allerdings die Möglichkeit, einen Ersatzanspruch für Schäden aus falscher oder unterlassener Information auf Art. 1382 *Code Civil* und damit auf die deliktsrechtliche Generalklausel zu stützen, sofern keine vorrangigen vertraglichen Ansprüche bestehen.[1214]

Auch für die übrigen Verträge bleibt es dabei, dass die Widerrufsfrist entweder erst mit der Übersendung der notwendigen vorvertraglichen Informationen zu laufen beginnt (Fernabsatz für Finanzdienstleistungen) oder die Widerrufsfrist verlängert wird. Beispielsweise wird die Frist bei einem Fernabsatzvertrag um 12 Monate verlängert, wenn der Verbraucher nicht ausreichend darüber informiert worden ist, dass ein Widerrufsrecht besteht[1215]. Der Unternehmer kann diese Frist jedoch gewissermaßen »verkürzen«, wenn er den Verbraucher innerhalb der 12 Monate ordnungsgemäß informiert, da dann ab diesem Zeitpunkt der Lauf der 14-Tages-Frist beginnt.

Ebenso wie nach dem luxemburgischen Recht und entsprechend der Vorgaben der Richtlinie sieht auch das französische Recht (vgl. Art. L. 221–6 *Code de la cons. fr.*) vor, dass der Verbraucher bei einer fehlerhaften Information im Falle des Widerrufs weder die Rücksende-, noch zusätzliche Transport- und Lieferkosten sowie etwaige weitere Kosten zu tragen hat.

Insofern ist für das französische Recht der von *Börger*[1216] vertretenen These zuzustimmen, nach der sich der französische Gesetzgeber zunehmend darauf beschränkt hat, die Richtlinienvorgabe einer verlängerten Widerrufsfrist umzusetzen. Der luxemburgische Gesetzgeber geht darüber hinaus; es ist zu vermuten,

1213 So auch *Börger*, Verletzung von Informationspflichten, S. 129.

1214 *Calais-Auloy/ Steinmetz*, Droit de la consommation, Rn. 52; *Terré/ Simler/ Lequette*, Les obligations, Rn. 260.

1215 Vor Umsetzung der Verbraucherrechterichtlinie war beim Fernabsatzvertrag eine Verlängerung des Widerrufsrechts auf 3 Monate vorgesehen, wenn der Unternehmer dem Verbraucher nicht die notwendigen Informationen übermittelt hatte.

1216 *Börger*, Verletzung von Informationspflichten, S. 103.

dass dies daraus folgt, dass das bisherige strenge Verbot der Haustürgeschäfte aufgegeben werden musste.

II. (Nachvertragliche) Bestätigungspflichten

Die Pflichten des Unternehmers beschränken sich nicht allein darauf, dem Verbraucher im Vorfeld des Vertragsschlusses bestimmte Informationen zu übermitteln; vielmehr muss der Unternehmer auch nach dessen Abschluss Bestätigungspflichten erfüllen.

Dies ist nach beiden Rechtsordnungen unter Berücksichtigung der europäischen Vorgaben zunächst vor Vertragsschluss der Fall, wenn der Unternehmer den Vertrag über das Telefon abgeschlossen hat. In diesem Fall muss er das Angebot auf einem dauerhaften Datenträger bestätigen. Erst nach der Unterzeichnung des Angebots durch den Verbraucher oder nach dessen schriftlicher Annahme tritt eine Bindung des Verbrauchers ein. Hier haben sowohl Luxemburg als auch Frankreich die durch Art. 8 Abs. 6 der Verbraucherrechterichtlinie[1217] eröffnete Möglichkeit genutzt. Dies führt zugleich dazu, dass unvorhergesehene Werbeanrufe durch den Unternehmer auf dem Wege des Vertragsrechts sanktioniert werden.[1218]

Davon abweichend behandeln die übrigen Vorschriften eine Bestätigung des Vertrags selbst.[1219] So ist der Unternehmer verpflichtet, dem Verbraucher nach Abschluss eines Fernabsatzvertrages auf einem dauerhaften Datenträger sowohl den Vertrag als solchen als auch alle vorvertraglichen Informationen zu bestätigen. Dies muss in angemessener Frist nach Abschluss des Vertrages bzw. spätestens bei Lieferung oder vor Beginn der Dienstleistungserbringung erfolgen. Anders ist dies nur, wenn dieser die betreffenden Informationen bereits vor Vertragsschluss zur Verfügung gestellt hat. Ist das Widerrufsrecht hingegen ausgeschlossen, weil es sich beim Vertragsgegenstand um einen elektronischen Inhalt handelt und die Durchführung des Vertrages mit ausdrücklicher Zustimmung des Verbrauchers begonnen hat, muss dem Verbraucher dessen ausdrückliche Zustimmung bestätigt werden. Es muss zudem der Hinweis aufgenommen werden, dass dem Verbraucher bekannt ist, dass dies zu einem Verlust seines Widerrufsrechts führt.

1217 Dieser lautet: »Für Fernabsatzverträge, die telefonisch geschlossen werden, können die Mitgliedstaaten vorsehen, dass der Unternehmer dem Verbraucher das Angebot bestätigen muss und der Verbraucher erst dann gebunden ist, wenn er das Angebot unterzeichnet oder sein schriftliches Einverständnis übermittelt hat. Die Mitgliedstaaten können ferner vorsehen, dass solche Bestätigungen auf einem dauerhaften Datenträger erfolgen müssen.«

1218 *Unger*, ZEuP 2012, 270 (286f.).

1219 So auch für die entsprechenden Richtlinienvorgaben *Unger*, ZEuP 2012, 270 (286).

Ähnliche Verpflichtungen werden dem Unternehmer auferlegt, wenn es sich um einen Außergeschäftsraumvertrag handelt. Auch hier muss dem Verbraucher eine Vertragskopie oder eine Vertragsbestätigung auf Papier bzw. auf einem dauerhaften Datenträger zur Verfügung gestellt werden, wenn der Verbraucher dieser Form der Übermittlung zugestimmt hat. Damit ist diese Regelung strenger als diejenige für den Bereich des Fernabsatzes. Denn hier kann nur nach vorheriger Bestätigung durch den Verbraucher die Bestätigung auf einem dauerhaften Datenträger erfolgen.[1220] Hingegen besteht ein Gleichlauf der Frist für die Erteilung der Bestätigung. In der Gesamtheit geht das französische Recht aber über die Vorgaben der Richtlinie hinaus, da der Verbraucher bei jedem Schritt bis zum Abschluss des Vertrages und auch über diesen hinaus über sein Widerrufsrecht informiert werden muss.[1221]

Problematisch ist hingegen, dass sowohl die Richtlinie als auch das luxemburgische Recht keine ausdrücklichen Sanktionen daran knüpfen, wenn eine Bestätigung nicht bzw. fehlerhaft erfolgt. Hier wird man jedoch zur Lösung auf das oben Gesagte zu den Folgen unvollständig oder fehlerhaft erteilter Informationen zurückgreifen können. Ausdrücklich findet sich hingegen für das französische Recht der Hinweis, dass von einer Nichtigkeit des Vertrages auszugehen sei.[1222]

C. Das Bestehen eines Widerrufsrechtes

Ein weiterer wichtiger Pfeiler des gewährten Schutzes ist, dass dem Verbraucher unter gewissen Voraussetzungen ein Widerrufsrecht zugesprochen wird. Auch an dieser Stelle wird sich zeigen, dass ein »Flickenteppich« verschiedenster Regelungen besteht. Beim Widerrufsrecht im hier verstandenen Sinne handelt es sich um »une manifestation de volonté contraire par laquelle l'auteur d'un acte ou d'une manifestation unilatérale de volonté entend revenir sur sa volonté et la retirer comme si elle e'tait non avenue, afin de la priver de tout effet passé ou à venir.«[1223] Es ist ein einseitiges[1224], unentgeltliches, freiwilliges sowie zwingendes Recht.[1225]

1220 *Unger*, ZEuP 2012, 270 (288).

1221 *Busseuil*, euvr 2014, 270 (272), der wegen des vollharmonisierenden Charakters der Verbraucherrechterichtlinie von einer nicht ordnungsgemäßen Umsetzung durch den französischen Gesetzgeber ausgeht.

1222 *Busseuil*, euvr 2014, 270 (272).

1223 *Cornu*, Vocabulaire juridique, S. 915.

1224 Das heißt, dass dieses Recht allein durch den Verbraucher geltend gemacht werden kann; vgl. *Prüm*, Le commerce électroniqu en droit luxemb., S. 510.

1225 *Prüm*, Le commerce électronique en droit luxemb., S. 510.

I. Der Widerruf durch den Verbraucher im luxemburgische Recht vor Schaffung des luxemburgischen *Code de la cons.*

Die Aussage, dass es sich bei der Gewährung von Widerrufsrechten eher um einen »Flickenteppich« denn um eine kohärente Regelung handelt, zeigt sich am deutlichsten, wenn man die Rechtslage vor der Schaffung des *Code de la cons.* betrachtet.

1. Das Festhalten am Vertrag als Leitprinzip am Beginn der verbraucherschützenden Gesetzgebung

Zur Verstärkung des Verbraucherschutzes hatte der luxemburgische Gesetzgeber bereits in Art. 7 des Gesetzes von 1983[1226] vorgesehen, dass sich der Verbraucher bei einem Vertragsschluss im Wege des Briefwechsels[1227] sieben Tage nach Eingang der vertraglichen Verpflichtung oder innerhalb von 15 Tagen nach Eingang der Waren vom Vertrag lösen konnte. Dieses Recht wurde aber nicht als »Widerrufsrecht« bezeichnet. Vielmehr war die Rede davon, dass der Verbraucher auf den Vertrag »verzichten könne« oder, dass diesem ein »Ausschlagungsrecht« zustehe.[1228] Über dieses Recht hinaus wurde dem Unternehmer die Beweislast für den Zeitpunkt des Fristbeginns auferlegt. Daneben galt die Frist bereits dann als eingehalten, wenn der Verbraucher seine Erklärung innerhalb der Frist abgesendet hatte; unerheblich war hingegen, wann die Erklärung dem Unternehmer tatsächlich zugegangen war.[1229] Aus Beweisgründen war der Verbraucher gehalten, sein Recht durch Einschreiben mit Rückschein geltend zu machen; zugleich war ihm damit aber auch der Beweis erleichtert. Ein wirksamer Verzicht auf den abgeschlossenen Vertrag lag aber auch dann vor, wenn der Verbraucher dem Unternehmer die Erklärung auf andere Weise übermittelt hatte. Bestritt der Unternehmer aber deren Erhalt, oblag dem Verbraucher die Beweislast.[1230] Aus diesem Grund hatte sich die Versendung mittels Einschreibens empfohlen.

Die Einführung dieser Lösungsmöglichkeit war zuvor teilweise scharf kritisiert worden. Es wurde vorgebracht, dass ein entsprechender Schutz des Verbrauchers nicht notwendig sei, da bereits durch die Art des Vertragsschlusses gesichert sei, dass der Verbraucher vor übereilten Entscheidungen geschützt

1226 Aufgehoben durch Gesetz vom 16.04.2003, Mémorial A n° 61 v. 08.05.2003, S. 1026.

1227 Erfasst werden alle auf diese Weise abgeschlossenen Verträge, da das Gesetz keine Ausnahmen vorsieht, in denen trotz eines entsprechenden Vertragsschlusses kein Widerrufsrecht bestehen soll.

1228 Nennung der Begrifflichkeiten nach der Übersetzung des luxemburgischen Gesetzes vom 25.8.1993 über den Rechtsschutz des Verbrauchers, RIW 1986, 602 (603).

1229 *Krieps/ Krieps*, La protection juridique, S. 21.

1230 *Krieps/ Krieps*, La protection juridique, S. 21.

werde. Zudem war für die Gegner nicht ersichtlich, warum der Verbraucher in diesem Fall schutzbedürftiger sei, als wenn dieser einen Vertrag mündlich abgeschlossen hat. Durch die Beweislastverteilung entstehe der Eindruck eines übermäßigen Verbraucherschutzes, der durch das vorgesehene Formerfordernis gefährdet werde. Daher wurde der Schluss gezogen, dass der Vorschrift in der Praxis keine große Bedeutung zukomme.[1231] Ferner wurde gegen die Einführung eingewandt, dass damit die zwingende Wirkung von Verträgen gefährdet werde. Diese werde aber sonst nur in Ausnahmefällen durchbrochen: Nach Art. 1590 *Code Civil lux.*[1232] sei zwar ein entsprechendes »Lösungsrecht« vorgesehen, dies jedoch nur um den »Preis« einer Strafzahlung. Hingegen war das verbraucherrechtliche Lösungsrecht nicht von einer entsprechenden Zahlungsverpflichtung begleitet.[1233]

Auch das Gesetz von 1987 übernahm ein bereits 1983 geschaffenes Lösungsrecht des Verbrauchers in den Fällen der *demarchage à domicile*. Ebenso wie beim Abschluss eines Vertrages mittels Briefwechsels konnte sich der Verbraucher innerhalb von 7[1234] bzw. 15 Tagen durch Einschreiben mit Rückschein[1235] von dem abgeschlossenen Vertrag lösen. 1997 erfolgte eine Erweiterung um Verträge, die der Verbraucher an seinem Arbeitsplatz oder bei einem durch bzw. für den Unternehmer durchgeführten Ausflug abgeschlossen hatte. Den ausdrücklich genannten Situationen vergleichbare Konstellationen wurden hingegen nicht erfasst.[1236] Bei einer nur unzureichenden Information des Verbrauchers über das bestehende Widerrufsrecht kam es auch hier zu einer relativen Unwirksamkeit des Vertrages,[1237] auf die sich der Verbraucher im Grundsatz ohne zeitliche Beschränkung berufen konnte[1238]. In diesem Fall waren die empfangenen Leis-

1231 *Bennemann*, RIW 1986, 594 (600).

1232 »Si la promesse de vendre a été faite avec des arrhes, chacun des contractants est maître de s'en départir: celui qui les a données, en les perdant, et celui qui les a reçues, en restituant le double.«

1233 *Bauler*, Feuille de liaison 60 (1984), 21 (28) unter Darstellung der verschiedenen Ansätze.

1234 Da zu diesem Zeitpunkt auch die Belehrung an den Verbraucher zu erfolgen hat, deckt sich diese Regelung mit den Anforderungen der Richtlinie, so auch Rott/*Monazzahian*, Die Umsetzung der Haustürwiderrufsrichtlinie, S. 139.

1235 Zu Zweifeln der Richtlinienkonformität des Erfordernisses eines Einschreibens mit Rückschein siehe Rott/*Monazzahian*, Die Umsetzung der Haustürwiderrufsrichtlinie, S. 139f.

1236 *Rott*, Die Umsetzung der Haustürwiderrufsrichtlinie, S. 85.

1237 Damit kann der Verbraucher aber auch einseitig die Erfüllung des Vertrages verlangen.

1238 Trib. Arr. Lux., Urt. vom 22.03.2005, N° 85343 du rôle. Die einzige zeitliche Grenze besteht darin, dass die Geltendmachung unter dem Vorbehalt der Geltung des Art. 1304 *Code Civil* steht und daher in der Regel nach 5 Jahren nicht mehr möglich ist.

tungen zurückzuerstatten, wobei der Verbraucher für einen etwaigen Verlust der Sache einstandspflichtig war.[1239]

Im Übrigen war hingegen keine Lösungsmöglichkeit vom Vertrag vorgesehen – es blieb beim zwingenden Charakter einmal abgeschlossener Verträge.

Einen ähnlichen Weg wie der luxemburgische Gesetzgeber war der französische Gesetzgeber gegangen, sodass er in dieser Hinsicht gewissermaßen als »Ideengeber« der luxemburgischen Regelung aus dem Jahre 1987 angesehen werden kann[1240]. So hatte das französische Recht bereits seit 1972 vorgesehen, dass dem Verbraucher, der ein Geschäft im Wege der *démarchage* abgeschlossen hatte, eine Bedenkzeit von 7 Tagen zu gewähren war.[1241] Trotz dieses scheinbaren Gleichlaufs unterschieden sich die Regelungen im Einzelnen: Zunächst musste der Vertrag nach dem französischen Recht zwingend ein abtrennbares Widerrufsformular enthalten, welches der Verbraucher lediglich auszufüllen, zu datieren und zu unterschreiben hatte. Dieses Formular konnte er dann ohne weitere Zwischenschritte an den Unternehmer senden.[1242] Jedoch musste auch hier nach dem ausdrücklichen Gesetzeswortlaut[1243] die Übersendung mittels Einschreiben mit Rückschein erfolgen.

2. Der Widerruf privater Anschaffungsdarlehen als Zwischenschritt

Eine Lockerung des Grundsatzes der Verbindlichkeit des abgeschlossenen Vertrages wurde im luxemburgischen Recht 1993 mit der Einführung einer Widerrufsmöglichkeit für das private Anschaffungsdarlehen geschaffen[1244], soweit dieser Vertrag mit dem Lieferanten der Ware selbst abgeschlossen worden ist. Zwar hatte der Gesetzgeber dem Verbraucher das Recht eingeräumt, sich von dem abgeschlossenen Vertrag zu lösen, jedoch wurde dem Verbraucher hierzu eine Frist von lediglich zwei Tagen eingeräumt. Bereits diese kurze Frist zeigt, dass weiterhin Zurückhaltung gegenüber einem gesetzgeberischen Eingriff in den Vertrag bestand. Es ist zu vermuten, dass zum Ausgleich für die Gewährung

1239 *Rott*, Die Umsetzung der Haustürwiderrufsrichtlinie, S. 86 jedoch ohne Nennung der gesetzlichen Grundlage für diese Einstandspflicht.

1240 Soweit ersichtlich besteht hingegen kein französisches Pendant für den Abschluss von Verträgen im Wege des Briefwechsels.

1241 *Aye*, Verbraucherschutz im Internet, S. 105.

1242 *Kammerer*, Harmonisierung des Verbraucherrechts, S. 207.

1243 Art. 3 de la loi n° 72–1137 vom 22. 12. 1972 relative à la protection des consommateurs en matière de démarchage et de vente à domicile : »Dans les sept jours, jours fériés compris, à compter de la commande ou de l'engagement d'achat le client a la faculté d'y renoncer par lettre recommandée avec accusé de réception. Toute clause du contrat par laquelle le client abandonne son droit de renoncer à sa commande ou à son engagement d'achat est nulle et non avenue.«

1244 Eine Modifikation des Widerrufsrechts erfolgte erst durch die Umsetzung der Verbraucherkreditrichtlinie im Zusammenhang mit der Schaffung des *Code de la cons. lux.*

der Möglichkeit nur eine kurze Frist eingeräumt worden ist, um damit den gesetzgeberischen Eingriff in den Vertrag »zu kompensieren«.

Eine Regelung über den Fristbeginn wurde nicht vorgesehen; dieser sollte nach meinem Eindruck jedoch im Gleichlauf mit den Anforderungen bestimmt werden, die das Gesetz von 1983 an den Fristbeginn gestellt hatte und damit zu laufen beginnen, sobald der Verbraucher die Ware erhalten hatte. Neben dieser kurzen Frist bestand eine weitere Besonderheit im Vergleich zu den bisherigen Regelungen darin, dass der Gesetzeswortlaut nicht die Ausübung mittels Einschreiben mit Rückschein erforderte, sondern die schriftliche Ausübung des Rechts ausreichte. Auch hier war dem Verbraucher aber aus Beweisgründen zu raten, sein Recht durch entsprechendes Einschreiben auszuüben. Quasi im Gleichlauf zu den übrigen Regelungen reichte auch hier aus, dass das Schreiben am Tag des Fristablaufs zur Post gegeben wurde; andernfalls wäre die vorgesehene Zwei-Tages-Frist vollständig leergelaufen.

Eine weitergehende Besonderheit dieser Regelung bestand darin, dass das Gesetz ausdrücklich darauf einging, wie der Verbraucher bis zum Ablauf dieser Frist mit der Sache zu verfahren hatte. Er durfte die Ware nur im üblichen Maße untersuchen. Ging sein Umgang mit der Ware darüber hinaus, galt der Vertrag als wirksam. Auch hierin ist wieder eine Kompensation für den Unternehmer im Gegenzug gegen die Gewährung eines Lösungsrechts vom Vertrag zu sehen.

Hat sich der Verbraucher bei einem von seinem Lieferanten gewährten Darlehen in der gesetzlich vorgesehenen Weise von dem Vertrag gelöst, konnte er ohne das Bestehen einer Strafzahlungspflicht auch das abgeschlossene Darlehen beenden. Denn nur dadurch konnte gesichert werden, dass der Verbraucher nicht zur Erfüllung eines Vertrages verpflichtet wurde, der eine Sache finanzierte, an deren Erhalt der Verbraucher kein Interesse mehr hatte. Dies galt jedoch nur, wenn der Darlehensvertrag auf den Kauf einer bestimmten Sache gerichtet war; daher schied eine Aufhebung des Vertrages aus, wenn die Darlehensgewährung durch ein Kreditinstitut erfolgt ist, da es hier an einer besonderen Verbindung der beiden Verträge fehlte.[1245]

Auch hier lohnt ein Vergleich mit dem französischen Recht: Ein ähnliches Recht hat das französische Recht seit 1978 und damit vor der luxemburgischen Regelung für den Abschluss eines Kreditvertrages vorgesehen. Diesem entsprach die Rechtslage ab 1993 weitestgehend.[1246] Vorgesehen war eine Frist von 7 Tagen; innerhalb dieser sieben Tage konnte der Unternehmer vom Verbraucher keine Erfüllung verlangen.[1247] Sogar eine Hinterlegung des Geldbetrages war ausge-

1245 Projet de loi N° 3378, Exposé des motifs, S. 16 f sowie Avis du Trib. Arr. Diekirch, S. 34; Avis de la Chambre de commerce, S. 43.

1246 *Herrmann*, Der Verbraucherkreditvertrag, S. 5f.

1247 *Aye*, Verbraucherschutz im Internet, S. 281.

schlossen; auch die Wirksamkeit einer Einzugsermächtigung war vom erfolglosen Fristablauf abhängig.[1248] Daher erfolgte auch keine Rückabwicklung etwaiger Zahlungen. Insofern ist die französische Regelung strenger als die des luxemburgischen Rechts, gewährt aber dem Verbraucher ein deutlich ausgedehnteres Widerrufsrecht, da alle Kreditverträge erfasst wurden. Die Ausübung des Rechts kann erneut über die Absendung eines abreißbaren Widerrufsformular erfolgen, welches dem Vertragsangebot beigefügt sein musste.[1249] Zur Beendigung des Vertrages genügte daher auch hier die rechtzeitige Absendung eines eingeschriebenen Briefes mit Rückschein[1250].

Lag ein verbundener Vertrag vor und erlosch damit ebenfalls die Verpflichtung aus diesem Vertrag, konnte der Lieferant die Lieferung zurückbehalten, bis der Vertrag endgültig zustande gekommen, d.h. die Widerrufsfrist abgelaufen war. Eine vorherige Lieferung erfolgte sowohl auf Kosten wie auch auf Risiko des Lieferanten.[1251] Der Gesetzgeber sah zum Ausgleich der Interessen des Verbrauchers jedoch vor, dass die Widerrufsfrist auf drei Tage verkürzt werden konnte. Die Widerrufsmöglichkeit endete dann mit der tatsächlichen Lieferung der Ware, die frühestens nach diesen drei Tagen erfolgen durfte. Zudem war erforderlich, dass der Verbraucher diese Fristverkürzung mittels eines separaten und von ihm unterschriebenen Schriftstücks beantragt hatte.[1252] Nur so konnte ihm der drohende Rechtsverlust ausreichend vor Augen geführt werden.

3. Ausweitung der Widerrufsrechte beim Abschluss von Verträgen im elektronischen Geschäftsverkehr und bei Fernabsatzverträgen

Erst um das Jahr 2000 lässt sich in der luxemburgischen Rechtsordnung die Beobachtung machen, dass es zu einer Ausweitung der Anerkennung von als solchen bezeichneten Widerrufsrechten und damit zu einer erheblichen Einschränkung der Bindung des Verbrauchers an von diesem abgeschlossenen Verträgen kam. So konnte der Verbraucher insbesondere seinen im elektronischen Geschäftsverkehr und im Fernabsatz oder als Verbraucherkredit abgeschlossenen Vertrag widerrufen.

Die zeitlich erste dieser Regelungen fand sich in den Artikeln 55 und 56 des Gesetzes von 2000 über den elektronischen Geschäftsverkehr, wonach dem Verbraucher das Recht eingeräumt wurde, den von ihm abgeschlossenen Vertrag

1248 *Bräunig*, Der Konsumentenkredit, S. 77.
1249 *Bräunig*, Der Konsumentenkredit, S. 76.
1250 *Kammerer*, Harmonisierung des Verbraucherrechts, S. 223.
1251 *Bräunig*, Der Konsumentenkredit, S. 99.
1252 *Herrmann*, Der Verbraucherkreditvertrag, S. 106.

innerhalb von 7 Tagen[1253] zu widerrufen. Diese Frist verlängerte sich auf drei Monate, wenn es an der Bestätigung bestimmter Informationen gegenüber dem Verbraucher fehlte; der Unternehmer konnte diese Frist verkürzen, wenn er nachträglich seiner Bestätigungspflicht nachkam. Eine abweichende Frist von 30 Tagen bestand hingegen u. a. für den Abschluss von Versicherungspolicen[1254].

Ähnlich den bisherigen Lösungsrechten begann die Frist mit dem Erhalt der Ware; war hingegen eine Dienstleistung Vertragsgegenstand begann der Lauf der Frist bereits mit Vertragsschluss. Eine Abweichung von den bisher geregelten Lösungsrechten lag in der Form der Geltendmachung: Der Gesetzgeber fordere nicht mehr die Ausübung mittels eines eingeschriebenen Briefes, sondern ließ alle Formen eines dauerhaften Datenträgers zu. Erneut war aber vorgesehen, dass der Unternehmer dem Verbraucher eventuell geleistete Zahlungen in 30 Tagen zu erstatten hatte; sollte dies dem Unternehmer möglich sein, war wohl eine frühere Rückzahlung notwendig. In der Regel kam es daher nicht auf die Frage an, ob der Tag des Fristbeginns für deren Berechnung zu berücksichtigen war. Dies wird man aber verneinen müssen.[1255] Auch hier musste der Unternehmer nachweisen, dass die Zahlung innerhalb der vorgesehenen Frist erfolgt ist;[1256] hatte er die Frist nicht eingehalten, wurde der geschuldete Betrag kraft Gesetzes zum gesetzlichen Zinssatz verzinst. Daneben war seit 2004 ausdrücklich geregelt, dass die Erstattung der Zahlung für den Verbraucher gebührenfrei zu erfolgen hatte. Dem Verbraucher konnten nur die Kosten auferlegt werden, die für die Rücksendung der Waren entstanden.

Auch dieses Widerrufsrecht bestand nicht uneingeschränkt. So waren zur Wahrung der Interessen beider Parteien bestimmte Verträge aus dem Anwendungsbereich ausgenommen: Beispielsweise konnte kein Widerruf erfolgen, wenn bei einem Dienstleistungsvertrag vor Ablauf der Widerrufsfrist mit Zustimmung des Verbrauchers mit der Erbringung der vertraglich geschuldeten Leistung begonnen worden ist.[1257] Dies galt ebenso, wenn die Ware nach den Spezifikationen des Kunden angefertigt wurde oder wenn der Erwerb der Ware

1253 Durch das Gesetz von 2004 wurde diese Angabe dahingehend konkretisiert, dass es sich um 7 Werktage handelt.

1254 Mit Ausnahme von Verträgen unter einer Vertragslaufzeit von 30 Tagen, für die kein Widerrufsrecht gewährt wird. In diesen Fällen kann sich der Verbraucher wegen der kurzen Vertragsdauer an einen anderen Unternehmer wenden, ohne dass es für ihn einer Widerrufsfrist bedarf, vgl. Projet de loi N°4641[6], Proposition alternative de loi de la Chambre de commerce, S. 76.

1255 *Prüm*, Le commerce électronique en droit luxemb., S. 514.

1256 *Prüm*, Le commerce électronique en droit luxemb., S. 520 Fn. 265.

1257 In diesen Fällen ist es oftmals nicht mehr möglich, den ursprünglichen Zustand wieder herzustellen, vgl. Projet de loi N°4641[6], Proposition alternative de loi de la Chambre de commerce, S. 76.

im Rahmen einer Versteigerung erfolgt ist[1258]. Mit einer Ausnahme hat der Gesetzgeber damit die durch die Fernabsatzrichtlinie 97/7/EG vorgesehenen Ausnahmen von der Gewährung eines Widerrufsrechts wortlautgetreu umgesetzt. Die aus Sicht des Verbrauchers scheinbare nachteilige Regelung wurde durch die Pflicht zur Erteilung weitergehender Informationen kompensiert.

Im Normalfall führt der Widerruf des Vertrages zur Aufhebung eines dieses Geschäft finanzierenden Kreditvertrages, wenn dieser von einem Unternehmer oder einer mit diesem verbundenen Person zur Verfügung gestellt worden ist. Es bestand eine Sonderregelung in Art. 56 des Gesetzes, wenn die Finanzdienstleistung vor der Ausübung des Widerrufsrechts durch den Verbraucher erbracht wurde. In diesem Fall musste er den Teil des Gesamtpreises zahlen, der dem Wert der bereits erbrachten Leistung entsprach. Bei der Berechnung dieses geforderten Betrages war sowohl das Prinzip der Verhältnismäßigkeit als auch die Vorgabe zu beachten, dass es sich bei dem geschuldeten Betrag nicht um eine Art Strafzahlung des Verbrauchers handeln durfte.[1259] Einschränkend konnte der Unternehmer eine Zahlung zum einen nur dann verlangen, wenn er seiner Informationspflicht in der gesetzlich geforderten Weise nachgekommen war und wenn er zum anderen erst nach ausdrücklicher Zustimmung durch den Verbraucher mit der Erbringung seiner Leistung begonnen hatte. Mit Ausnahme dieser Zahlungsverpflichtungen der jeweiligen Parteien waren weitergehende Rechtsfolgen der Ausübung des Widerrufsrechts nicht geregelt. Um einen Gleichlauf der Regelungen zu gewährleisten, durfte auch hier gegolten haben, dass der Verbraucher die direkten Kosten der Rücksendung der Waren zu tragen hatte.[1260]

Diesem Widerrufsrecht wurde nach Aufhebung des Lösungsrechts bei einem Vertragsschluss mittels Briefwechsels ein allgemeines Widerrufsrecht[1261] für Fernabsatzverträge zur Seite gestellt. Entsprechend der Regelung für den elektronischen Geschäftsverkehr bestand eine Frist von sieben Werktagen; nicht übernommen wurde hingegen die Verlängerung der Frist auf 30 Tage, soweit der Abschluss einer Versicherung Vertragsgegenstand war[1262]. Auch hier verlängerte sich die Frist auf drei Monate, wenn dem Verbraucher nicht die vorgesehenen

1258 Würde man dem Verbraucher in diesen Fällen ein Widerrufsrecht zusprechen, würde man die Wirkungen von Versteigerungen aufheben und der Unternehmer müsste eine neue Versteigerung organisieren, vgl. Projet de loi n° 5095[3], Amendements porposes par le Gouvernement, S. 11.

1259 *Laprès*, Droit communautaire, S. 20.

1260 *Reisch*, Internet et nouvelles technologies, S. 301.

1261 Dies hat zugleich den Vorteil, dass sich keine Probleme stellen, wenn für den Abschluss des Vertrages verschiedene Fernkommunikationsmittel verwendet werden, vgl. Projet de loi n° 4781, Commentaire des articles, S. 12.

1262 Warum dies gestrichen werde, obwohl die Vorschrift zum Vorteil der Verbraucher sei, sei unklar, vgl. Projet de loi n° 4781[2], Avis du Conseil d'Etat, S. 5.

Informationen übermittelt worden sind.[1263] Die zuständige Gesetzgebungskommission ging sogar davon aus, dass die eigentliche Widerrufsfrist zu diesen drei Monaten hinzugerechnet wird.[1264] Ebenfalls gleichlaufend geregelt war der Fristbeginn entweder mit dem Erhalt der Ware bzw. bei Dienstleistungen mit Vertragsschluss.

Der Gleichlauf mit der Regelung für den elektronischen Geschäftsverkehr zeigte sich bei den Fällen, in denen das Widerrufsrecht ausgeschlossen war: Auch hier erfolgt ein Ausschluss, wenn Leistungen vor Ablauf der Widerrufsfrist erbracht[1265] oder Waren nach den Wünschen des Kunden hergestellt worden sind[1266]. Zweifelhaft ist hingegen die Richtlinienkonformität des Ausschlusses des Widerrufsrechts für den Fall, wenn der Verbraucher die Software selbst heruntergeladen hatte. Man wird diese Ausnahme dahingehend richtlinienkonform auslegen müssen, dass nur solche Verträge ausgenommen waren, bei denen die Lieferung auf einem dauerhaften Datenträger erfolgt ist.[1267] Im Übrigen ist eine wortlautgetreue Umsetzung der in der Richtlinie vorgesehenen Ausnahmevorschriften erfolgt.

Auch bei den Rechtsfolgen waren die Regelungen für den elektronischen Geschäftsverkehr und für Fernabsatzverträge vergleichbar: Im Falle des Widerrufs des Fernabsatzvertrages führte der Widerruf zur Aufhebung eines verbundenen Kreditvertrages. Daneben waren die vom Verbraucher geleisteten Zahlungen innerhalb von 30 Tagen unentgeltlich zurückzuerstatten[1268], wobei erneut die direkten Rücksendekosten dem Verbraucher auferlegt werden konnten[1269].

1263 Erhält der Verbraucher innerhalb von diesen 3 Monaten die notwendigen Informationen, beginnt der Lauf der Frist von 7 Werktagen mit dem Erhalt der erforderlichen Informationen.

1264 Projet de loi n°4781[3], Amendements, S. 4: Ansonsten bestünde die Gefahr, dass das 7-tägige Widerrufsrecht des Verbrauchers beschnitten werde; anders hingegen Projet de loi n° 4781[2], Avis du Conseil d' Etat, S. 4, der forderte, dass insgesamt eine Frist von 3 Monaten nicht überschritten werden solle.

1265 Beispielsweise wenn die Lieferung online erfolgt, vgl. Projet de loi n° 4781, Commentaire des articles, S. 12.

1266 Zu nennen sind hier Maßanzüge, aber auch Blumenbouquets, vgl. Projet de loi n° 4781, Commentaire des articles, S. 13.

1267 Daher zumindest für Zweifel an der Richtlinienkonformität Consumer Law Compendium, Rechtsvergleichende Studie, S. 592.

1268 Kommt der Unternehmer dieser Pflicht nicht spätestens innerhalb dieser 30 Tage nach, wird die geschuldete Summe (ohne das Erfordernis eines In-Verzug-Setzens durch den Verbraucher) zum gesetzlichen Zinssatz verzinst.

1269 Damit können die Parteien selbst bestimmen, wer diese Kosten tragen muss, vgl. *Rühl*, EuZW 2005, 199 (201).

Trotz der Annahme, dass nur wenige Änderungen erforderlich seien, entschied sich der Gesetzgeber letztlich dafür, die Ordonnance Nr. 2001–741[1270] zu erlassen und dadurch Modifikationen der bestehenden Gesetzgebung vorzunehmen. Vor der Umsetzung der Richtlinie war vorgesehen, dass dem Verbraucher ein siebentägiges Rückgaberecht zustehen sollte. Die Besonderheit dieses Rechts bestand darin, dass die Frist erst begonnen hat, wenn der Verbraucher die Waren tatsächlich erhalten hatte; die Leistungserbringung durch den Unternehmer war daher notwendiger Bestandteil des Fristbeginns. Entsprechend sollte eine Leistung des Verbrauchers vor dem Ablauf der Frist zulässig sein.[1271]

Mit der Umsetzung der Fernabsatzrichtlinie wurde dieses Rückgaberecht dann als »echtes« Widerrufsrecht ausgestaltet.[1272] Damit wurde der Vertrag bereits beim eigentlichen Bestellvorgang abgeschlossen und war nicht durch den Ablauf der Frist aufschiebend bedingt.[1273] Ferner wurde ausdrücklich vorgesehen, dass der Verbraucher sein Widerrufsrecht auch dann geltend machen konnte, wenn er dies nicht begründet. Es bleibt aber dabei, dass die Frist von sieben Tagen erst zu laufen begann, wenn der Verbraucher die Ware in Empfang genommen oder bei Dienstleistungen den Vertrag abgeschlossen hatte. Im Gegensatz zum luxemburgischen Recht handelte es sich bei der Länge der Frist nicht um 7 Werktage, sondern um 7 Kalendertage, sodass die Fristen in ihrer Länge voneinander abwichen. Das luxemburgische Recht war für den Verbraucher daher geringfügig günstiger. Im Übrigen stimmten die Bestimmungen in Luxemburg und in Frankreich überein – insbesondere hatte auch der französische Gesetzgeber die Ausnahme vom Bestehen eines Widerrufsrechts für Fälle vorgesehen, in denen die Vertragsdurchführung mit Zustimmung des Verbrauchers vor Ablauf der Widerrufsfrist erfolgt ist. Die einzige Ausnahme vom Gleichlauf der Regelungen bestand darin, dass in Luxemburg das Widerrufsrecht bei der Erbringung von Wett- und Lotteriedienstleistungen vollumfänglich ausgeschlossen war, während sich in Frankreich diese Ausnahme auf öffentlich genehmigte Lotterien beschränkte.[1274] Im Wesentlichen kann daher die These bestätigt werden, dass es im Anwendungsbereich auch rein mindestharmonisierender Richtlinien kaum zu Unterschieden der bestehenden Regelungen kommt.

1270 Ordonnance no 2001–741 du 23 août 2001 portant transposition de directives communautaires et adaptation au droit communautaire en matière de droit de la consommation, JORF n°196 vom 25. 08. 2001, S. 13645.

1271 *Aye*, Verbraucherschutz im Internet, S. 286.

1272 *Kammerer*, Harmonisierung des Verbraucherrechts, S. 212.

1273 *Raymond*, Droit de la consommation, Rn. 332.

1274 Consumer Law Compendium, Rechtsvergleichende Studie, S. 594.

4. Die Ausweitung der Gewährung eines Widerrufsrechts auf den Fernabsatz über Finanzdienstleistungen

Eine weitere Durchbrechung des Grundsatzes der Bindung der Parteien an den von ihnen abgeschlossenen Vertrag erfolgte durch die Schaffungen von Regelungen für den Widerruf von Fernabsatzverträgen über Finanzdienstleistungen.

Nach Art. 7 des luxemb. Gesetzes stand dem Verbraucher in diesem Fall ein sogar 14-tägiges Widerrufsrecht zu; handelte es sich um einen Vertrag zur Regelung der privaten Altersvorsorge wurde die Frist auf 30 Tage verlängert. Wie hinsichtlich der Erbringung von Dienstleistungen üblich, begann die Frist am Tag des Vertragsschlusses; abweichend zur bisherigen Regelung begann die Frist, soweit es sich dabei um den späteren Zeitpunkt handelte, erst, wenn dem Verbraucher die Vertragsbedingungen und gewisse Informationen im Hinblick auf das Widerrufsrecht in Papierform oder auf einem anderen dauerhaften Datenträger zur Verfügung gestellt worden sind.

Im Hinblick auf die Verträge, bei denen das Widerrufsrecht ausgeschlossen war, wurde die Regelung der Richtlinie vollständig übernommen.[1275] Aus diesem Grund bestand beispielsweise kein Widerrufsrecht, wenn der Preis der Finanzdienstleistung Schwankungen auf dem Markt unterworfen war, auf die der Unternehmer keinen Einfluss hatte. Damit wurde der Unternehmer geschützt. Sonst hätte die Gefahr bestanden, dass der Verbraucher sein Widerrufsrecht allein deshalb nutzt, um auf eine Änderung der Umstände und auf aus seiner Sicht »günstigere« Marktbedingungen zu reagieren. Zur Verdeutlichung, welche Verträge der Gesetzgeber dabei im Sinn gehabt hat, wurde die in der Richtlinie aufgeführte Liste in das Gesetz aufgenommen.[1276] Daneben wurde dann ein Widerrufsrecht ausgeschlossen, wenn der Vertrag auf ausdrücklichen Wunsch des Verbrauchers vollständig erfüllt worden ist. Hingegen rechtfertigte die berechtigte Annahme, dass der Verbraucher bereits auf sonstige Weise hinreichend geschützt sei, die Ausnahme von bestimmten Immobiliarkrediten aus dem Anwendungsbereich. Dem Abschluss entsprechender Kredite geht ein längerer Informations- und Analyseprozess voraus als dies bei einem Verbraucherkredit im eigentlichen Sinn der Fall ist.[1277] Zudem würden sich bei der Zulassung des Widerrufsrechts vielfältige Probleme bei der Rückabwicklung des Vertrages

---

1275 Die Ausnahme für Reise- und Gepäckversicherungspolicen oder ähnlichen kurzfristigen Versicherungspolicen mit einer Laufzeit von weniger als einem Monat wurde in das Gesetz vom 27.07.1997 über den Versicherungsvertrag übernommen.

1276 Projet de loi n° 5389, Commentaire des articles, S. 29.

1277 Projet de loi n° 5389, Commentaire des articles, S. 29.

stellen. Dies hätte dazu führen können, dass dem Verbraucher die Darlehenssumme erst nach Ablauf der Widerrufsfrist zur Verfügung gestellt wird.[1278]

Die bei einer Rückabwicklung des Vertrages auftretenden Schwierigkeiten versuchte der Gesetzgeber durch eine Regelung für den Fall »abzumildern«, dass bereits eine Leistung erbracht worden ist. Damit wollte der Gesetzgeber verhindern, dass der Unternehmer einen wirtschaftlichen Schaden erleidet, während der Verbraucher die ihm überlassene Summe bis zur Erklärung des Widerrufs unentgeltlich nutzen konnte.[1279] Der Verbraucher musste daher unter Umständen eine Entschädigung in Höhe des Wertes der tatsächlich in Anspruch genommenen Finanzdienstleistung leisten, der im Verhältnis zur insgesamt geschuldeten Leistung zu bestimmen war. Damit wurde zugleich vermieden, dass der Unternehmer eine Preiserhöhung vornehmen konnte, wenn sich der Verbraucher vom Vertrag löste.[1280] Der Verbraucher konnte dieser Entschädigungspflicht jedoch »entgehen«, wenn er einer Erfüllung des Vertrages vor Ablauf der Widerrufsfrist seine Zustimmung versagte. Der Entschädigungsanspruch des Unternehmers war zudem ausgeschlossen, wenn ihm a) nicht der Nachweis gelungen ist, dass er den Verbraucher vor Vertragsschluss über den geschuldeten Betrag informiert hatte oder b) er ohne ausdrückliches Verlangen des Verbrauchers mit der Vertragsausführung begonnen hat. Zudem war der Unternehmer innerhalb von 30 Tagen zu einer Erstattung der überschüssigen Beträge verpflichtet; sonst wurde dieser Betrag zum gesetzlichen Zinssatz verzinst. Dies galt auch, wenn der Verbraucher die erhaltenen Geldleistungen nicht innerhalb von 30 Tagen erstattet hat.

In diesem Bereich zeigt sich wiederum eine weitgehende Übereinstimmung der beiden verglichenen Rechtsordnungen, die sich erneut damit erklären lässt, dass die gesetzlichen Regelungen ihren Ursprung in Rechtsakten der Europäischen Union haben. Auch in Frankreich ist es daher so, dass dem Verbraucher ein 14tägiges Widerrufsrecht zugestanden wird, wobei es sich hier um Kalendertage handelt[1281]. Entsprechend beginnt die Frist mit dem Tag des Vertragsschlusses bzw. wenn später mit Erhalt der Vertragsbedingungen. Möglich ist der Widerruf sowohl in Schriftform als auch mittels eines anderen dauerhaften Datenträgers, wobei die rechtzeitige Ausübung zur Einhaltung der Frist genügt. Zudem wird übereinstimmend vorgesehen, dass die Ausführung des Vertrages erst beginnen

1278 So allgemein für die Einführung eines Widerrufsrechts im Bereich des Verbraucherkredits vgl. *Bourin*, Les mille et un commandements, 505 (520).

1279 Projet de loi n° 5389, Commentaire des articles, S. 29.

1280 Projet de loi n° 5389, Exposé des motifs, S. 30. Zwar wird hier insoweit nicht ausdrücklich der 2. Spiegelstrich des Art. 7 Abs. 1 der Richtlinie (»nicht so bemessen sein, dass er als Vertragsstrafe ausgelegt werden kann«) übernommen, jedoch ergibt sich dies bereits daraus, dass der durch den Unternehmer geforderte Betrag verhältnismäßig sein muss.

1281 *Raymond*, Droit de la consommation, Rn. 347.

kann, wenn der Verbraucher sein Einverständnis hierzu erklärt hat. Zugleich bedeutet das, dass der Unternehmer keine Zahlung verlangen kann, wenn er zuvor mit der Ausführung des Vertrages beginnt.[1282]

II. Allgemeines Widerrufsrecht, Art. L. 221–3 *Code de la cons. lux.*

Die vorstehenden Ausführungen zeigten, dass keinesfalls eine einheitliche Regelung des Widerrufsrechts bestand. Daher war zu befürchten, dass Verbraucher durch die unterschiedliche Fristenlänge, abweichende Regelungen zu deren Beginn oder durch unterschiedliche Rechtsfolgen verunsichert wurden.[1283] Daher versuchte der luxemburgische Gesetzgeber die verschiedenen Regelungen bei Schaffung des *Code de la cons. lux.* jedenfalls insoweit zusammenzufassen, als dass Übereinstimmungen bestanden. Dies ist eine Besonderheit des luxemburgischen Rechts; der französische Gesetzgeber beließ es dabei, für jeden Vertragstyp gesonderte Regelungen vorzusehen. Ein wirklicher inhaltlicher Unterschied kann darin nicht gesehen werden, es handelt sich vielmehr um eine Frage der gewählten Regelungstechnik.

Ausgehend von diesen Erwägungen sieht Art. L. 221–3 *Code de la cons. lux.* vor, dass sich der Verbraucher bei Abschluss eines Außergeschäftsraum-/Fernabsatzvertrages (über Finanzdienstleistungen) und bei Vorliegen eines privaten Anschaffungsdarlehens[1284] innerhalb von 14 Tagen schriftlich oder mittels eines anderen dauerhaften Datenträgers ohne Angaben von Gründen und ohne Entschädigung vom Vertrag lösen kann. Die Frist wird bis zum nächsten Werktag verlängert, wenn der letzte Tag der Frist nicht auf einen Werktag fällt. Entsprechend der bisherigen Regelung gilt die Frist als eingehalten, wenn der Widerruf rechtzeitig übersandt wird. Handelt es sich um einen Außergeschäftsraum- oder Fernabsatzvertrag kann die Ausübung des Widerrufsrechts sogar mündlich erfolgen.[1285] Auch die Regelung des Fristbeginns wurde entsprechend der geltenden Rechtslage vereinheitlicht: Bei einem Vertrag über die Lieferung von Waren beginnt diese am Tag ihres Erhalts[1286], bei der Erbringung von Dienstleistungen hingegen am Tag des Vertragsschlusses.[1287]

1282 *Coupez/ Verbiest,* D. 2006, 3057 (3067).

1283 *Bourin,* Les mille et un commandements, 505 (520).

1284 Damit wurde das bestehende Widerrufsrecht, welches bisher nur für Verträge mit dem Lieferanten und im Falle des Fernabsatzes bestand, beträchtlich ausgeweitet, Projet de loi n° 5881, Commentaire des articles, S. 86.

1285 Hingegen ist nicht ausreichend, dass der Verbraucher die Ware bloß zurücksendet, vgl. *Heinig,* MDR 2012, 323 (326).

1286 Dieser liegt nach Art. 9 RL 20111/83/EU bei Erlangung des physischen Besitzes an den Waren durch den Verbraucher selbst oder eine von diesem benannte dritte Person, die

Auch wenn bei der Schaffung des *Code de la cons.* nicht für jeden der von der Regelung erfassten Vertragstypen die Pflicht bestand, eine 14tägige Widerrufsfrist vorzusehen, hat sich der Gesetzgeber für eine entsprechende Vereinheitlichung entschieden, da eine solche aus seiner Sicht dem Willen des Gemeinschaftsgesetzgebers entsprochen hat.[1288] Diese Vereinheitlichung der Frist galt nicht, wenn es sich um einen Fernabsatzvertrag handelte, bei dem lediglich ein Widerruf innerhalb von 7 Werktagen möglich war. Begründet wurde dies damit, dass diese Frist den Verbrauchern bekannt sei und zum anderen eine gegenüber den Regelungen der Nachbarstaaten verlängerte Frist für den luxemburgischen Handel nachteilig sei.[1289] 2014 wurde die einheitliche Frist von 14 Tagen auf diesen Vertrag ausgedehnt.

Ferner wird dem Verbraucher nunmehr die Ausübung des Widerrufsrechts dadurch erleichtert, dass er für die Ausübung seines Rechts auf ein Musterwiderrufsformular zurückgreifen kann, welches sich im Anhang des Gesetzes befindet.[1290] Dennoch obliegt dem Verbraucher bei Fernabsatz- und Außergeschäftsraumverträgen die Beweislast dafür, dass er den Vertrag widerrufen hat. Dies ist bei den übrigen Vertragstypen nicht der Fall.[1291]

III. Modifikationen des allgemeinen Widerrufsrechts für bestimmte Vertragstypen bzw. Situationen

Diese allgemeine Regelung wird durch weitere Vorschriften flankiert, die das bestehende Widerrufsrecht modifizieren oder für eine Reihe von Verträgen ausschließen. Im französischen Recht liegt in diesen Vorschriften die »einzige« Regelung des Widerrufsrechts, ohne dass dies zu im Wesentlichen abweichenden Ergebnissen führt.

Als Sonderregelungen zu nennen sind hier zunächst Art. L. 222-9 *Code de la cons. lux.* bzw. Art. L. 221-18 *Code de la cons. fr.* für Außergeschäftsraum- und Fernabsatzverträge, bei denen der Verbraucher entsprechend der allgemeinen

---

nicht Beförderer ist, vor. Bei Teil- oder Stücklieferungen bzw. bei getrennter Lieferung mehrerer Bestellungen ist die Besitzerlangung an der zeitlich zuletzt gelieferten Ware maßgeblich. Eine Ausnahme hiervon gilt lediglich für Abonnements.

1287 Hingegen wurde dem in Projet de loi n° 5881 A[1], Commentaire des articles, S. 27 unterbreiteten Vorschlag, den Beginn der Widerrufsfrist auch von einer entsprechenden Parteivereinbarung abhängig zu machen, nicht gefolgt.

1288 Projet de loi n° 5881, Commentaire des articles, S. 85.

1289 Projet de loi n° 5881, Commentaire des articles, S. 86.

1290 Hingegen ist der Unternehmer verpflichtet, den Verbraucher vor Abschluss des Vertrages über die Bereitstellung dieses Formulars zu informieren, vgl. zu den entsprechenden Vorgaben der Richtlinie, *Unger*, ZEuP 2012, 270 (289).

1291 Projet de loi n° 6478, Commentaire des articles, S. 56.

Bestimmung des luxemburgischen Rechts den Vertrag innerhalb von 14 Kalendertagen widerrufen kann. Entsprechend dem luxemburgischen Recht kam es auch in Frankreich zu einer Verlängerung der Widerrufsfrist für dem Fernabsatzvertrag auf 14 Tage, sodass ein Gleichlauf mit der Frist besteht, die für den Fernabsatz von Finanzdienstleistungen vorgesehen ist. Fehlt es an einer ausreichenden Information über das Widerrufsrecht,[1292] endet die Widerrufsfrist erst 12 Monate nach dem Ablauf der ursprünglichen Frist. Dem Verbraucher steht demnach eine Frist von einem Jahr und 14 Tagen zu. Der Unternehmer kann diese nur verkürzen, indem er die Information in der gebotenen Weise nachholt, da ab diesem Zeitpunkt die »kurze« Frist zu laufen beginnt.

Ähnlich der bestehenden Regelung ist übereinstimmend für die Frage nach dem Fristbeginn zu unterscheiden, welchen Inhalt der Vertrag hat: Während wie üblich bei einem Dienstleistungsvertrag die Widerrufsfrist mit dem Abschluss des Vertrages beginnt,[1293] wird für die anderen Verträge in Umsetzung der Verbraucherrechterichtlinie eine bisher unbekannte Differenzierung geschaffen. So beginnt bei einem Kaufvertrag der Lauf der Frist mit dem Tag, an dem der Verbraucher den physischen Besitz an der Ware erhält oder wenn die Ware durch eine vom Verbraucher ermächtigte Person entgegengenommen wird, bei der es sich nicht um den Beförderer handelt. Hat sich der Unternehmer vertraglich zur Lieferung verschiedener beweglicher Sachen verpflichtet, beginnt die Frist erst, wenn die letzte dieser Sachen geliefert worden ist. Dies gilt jedoch nicht, wenn der Unternehmer regelmäßige Lieferungen über einen bestimmten Zeitraum zu erbringen hat; hier kommt es auf die Lieferung der ersten Sache an.[1294] Ist hingegen die Lieferung von Wasser, Gas oder Strom oder Fernwärme sowie digitaler Inhalte, die nicht auf einem dauerhaften Datenträger geliefert werden,[1295] Vertragsgegenstand, ist der Tag des Vertragsschlusses für den Beginn der Frist maßgebend. Insofern wird durch die Literatur klargestellt, dass der Tag des Fristbeginns bei der Berechnung der Frist keine Berücksichtigung findet, während der letzte Tag der Frist mitzuzählen ist.[1296]

Anders als die Regelung des Fristbeginns vermuten lässt, muss der Verbraucher nicht die Lieferung durch den Unternehmer abwarten, bevor er sein Widerrufsrecht geltend machen kann. Vielmehr kann er den Vertrag bereits nach

1292 Hierbei ist zu beachten, dass diese Fristverlängerung nur greift, wenn der Verbraucher nicht bzw. unzureichend über das Widerrufsrecht informiert wurde, nicht hingegen, wenn andere Informationen fehlen, vgl. Projet de loi n° 6478, Commentaire des articles, S. 55. Für die Erfassung der nicht ordnungsgemäßen Belehrung neben der fehlenden Belehrung auch *Bierekoven*, MMR 2014, 283 (284).

1293 Damit gilt also der gleiche Fristbeginn wie nach der bis zur Änderung geltenden Rechtslage.

1294 *Raymond*, CCC 2014, 27 (29).

1295 Dies umfasst online gelieferte oder bereitgestellte Inhalte, vgl. *Lehmann*, CR 2012, 261 (263).

1296 *Raymond*, CCC 2014, 27 (29).

Vertragsschluss widerrufen (soweit nicht ohnehin die Frist ab diesem Zeitpunkt zu laufen beginnt).[1297]

Im Gegensatz zum luxemburgischen hat der französische Gesetzgeber die von der Richtlinie eröffnete Möglichkeit genutzt und vorgesehen, dass der Unternehmer vom Verbraucher innerhalb der ersten sieben Tage keine Zahlung verlangen kann, soweit es sich um einen Außergeschäftsraumvertrag handelt, vgl. Art. L. 221–10 *Code de la cons. fr.* Insoweit hat der Gesetzgeber die bestehende Rechtslage beibehalten[1298] und damit aus seiner Sicht den bestehenden Verbraucherschutz konsequent weitergeführt. Zwar wird der Verbraucher nicht deshalb faktisch von der Ausübung seines Rechts abgehalten, weil er bereits für die Leistung gezahlt hat. Die Frist von sieben Tagen kann aber auch dazu führen, dass das Widerrufsrecht praktisch auf 7 Tage verkürzt wird.[1299] Bei einem Fernabsatzvertrag ist ein entsprechendes Zahlungsverbot nicht vorgesehen; auch dies entspricht der bisher geltenden Rechtslage und stellt den Verbraucher daher nicht schlechter.[1300]

Der Verbraucher kann seinen Widerruf entweder durch die Verwendung eines Musterformulars erklären oder eine andere Erklärung abgeben, die verdeutlicht, dass er den Vertrag widerrufen möchte. Der Unternehmer kann ihm zudem die Möglichkeit eines Online-Widerrufs gewähren, sofern er dem Verbraucher nach Erhalt des Widerrufs unverzüglich eine Empfangsbestätigung auf einem dauerhaften Datenträger übersendet. Zwar obliegt dem Verbraucher die Beweislast für die Ausübung des Widerrufsrechts, diese wird ihm durch die zwingende Bestätigung bei einem Online-Widerruf erleichtert. In allen anderen Fällen ist dem Verbraucher aus Beweiszwecken zu raten, dem Unternehmer ein Einschreiben mit Rückschein zu übersenden.[1301]

Wie jedes der bisher betrachteten Widerrufsrechte unterliegt auch dieses Recht Ausnahmen, die beide Rechtsordnungen vollständig den Vorgaben der Verbraucherrechterichtlinie nachgebildet haben. Ein Vergleich mit den bisherigen Ausnahmetatbeständen zeigt dabei, dass diese erweitert worden sind.[1302] So ist erstmals das Widerrufsrecht ausgeschlossen, wenn die Waren nach der Lieferung untrennbar mit anderen Gütern vermischt werden.[1303] Ferner besteht kein Widerrufsrecht, wenn der Verbraucher den Unternehmer ausdrücklich zu einem Besuch aufgefordert hat, damit dieser Instandhaltungs- und Reparaturarbeiten

1297 Projet de loi n° 6478, Commentaire des articles, S. 55.
1298 *Busseuil*, euvr 2014, 270 (272).
1299 *Raymond*, CCC 2014, 27 (31).
1300 *Raymond*, CCC 2012, 7 (11).
1301 *Raymond*, CCC 2014, 27 (30).
1302 Dies feststellend auch Projet de loi n° 6478, Commentaire des articles, S. 57.
1303 Erwägungsgrund 49 der Verbraucherrechterichtlinie nennt hierfür das Beispiel von Brennstoffen.

erbringt.[1304] Teilweise wird demgegenüber das bestehende Widerrufsrecht ausgedehnt: Es bleibt beim Ausschluss des Widerrufsrechts bei öffentlichen Versteigerungen. Dies gilt jedoch nicht, wenn der Gewerbetreibende selbst eine elektronische Versteigerung durchführt bzw. durchführen lässt.[1305] An anderer Stelle wird hingegen ein bestehender Ausschluss des Widerrufsrechts eingeschränkt: Zwar kommt es weiterhin bei vollständiger Leistungserbringung[1306] zu einem Ausschluss des Widerrufsrechts; dies ist jedoch nur dann der Fall, wenn der Verbraucher der Vertragsdurchführung ausdrücklich zugestimmt und zudem ausdrücklich Kenntnis davon genommen hat, dass dies zu einem Rechtsverlust führt.[1307] Zuvor war allein das Vorliegen einer ausdrücklichen Zustimmung des Verbrauchers zur Vertragsdurchführung ausreichend.

Daneben sehen beide Gesetzbücher eine Sonderregelung vor, soweit es sich um einen Fernabsatzvertrag über Finanzdienstleistungen handelt. Ergänzend zur allgemeinen Regelung beginnt die Widerrufsfrist (soweit es sich hierbei um den späteren Zeitpunkt handelt) erst, wenn dem Verbraucher die erforderlichen Vertragsinformationen übermittelt worden sind. Ferner wird ausdrücklich bestimmt, dass die Frist als eingehalten gilt, wenn der Verbraucher seinen Widerruf innerhalb der vorgesehenen Frist abgesendet hat. Im Übrigen sind die bisherigen Regelungen in den *Code de la cons. lux.* übernommen worden. Auch im französischen Recht liegen keine Änderungen vor.

Aus dem Bereich des Untersuchungsgegenstands ist zuletzt noch die Regelung für das private Anschaffungsdarlehen von Interesse, die dem Verbraucher ein 14tägiges Widerrufsrecht gewährt. Insoweit kam es sowohl in Luxemburg wie auch in Frankreich zu einer Verlängerung der bisherigen Frist von sieben Tagen. Der Lauf der Frist beginnt mit dem Abschluss des Vertrages oder, sollte es sich dabei um den späteren Zeitpunkt handeln, mit dem Erhalt der Vertragsbedingungen. Von besonderer Bedeutung ist die Frage, inwieweit der Verbraucher dem Unternehmer eine Entschädigung zu leisten hat: Zwar muss der Verbraucher dem Unternehmer innerhalb von 30 Tagen das Darlehen sowie die angefallenen Zinsen erstatten, weitergehende Entschädigungen kann der Unternehmer jedoch

1304 Nicht erfasst ist hingegen nach dem ausdrücklichen Wortlaut das Widerrufsrecht hinsichtlich weitergehender erbrachter Leistungen oder hinsichtlich von Waren, die für die Durchführung der Arbeiten nicht notwendig sind.

1305 Projet de loi n° 6478, Commentaire des articles, S. 58.

1306 Entscheidend ist allein, dass die Dienstleistung vollständig erbracht wurde, hingegen kommt es nicht darauf an, dass der Verbraucher auch seiner Zahlungspflicht nachgekommen ist, vgl. *Schwab/ Giesemann*, EuZW 2012, 253 (255).

1307 Dies kann beispielsweise durch eine Checkbox umgesetzt werden. Zu beachten ist aber, dass eine reine Zustimmung zum Download als solche allein nicht ausreicht. Ausreichend ist weiterhin nicht, wenn sich ein Hinweis auf die Vermutung der Zustimmung allein in den AGB findet, deren Kenntnisnahme der Verbraucher vor dem Download zu bestätigen hat, vgl. *Schirmbacher/ Schmidt*, CR 2014, 107 (114).

nicht verlangen. Eine Ausnahme stellen lediglich die Gebühren dar, die an eine *autorité publique* zu zahlen sind, sofern keine Rückforderung dieser möglich ist. Dem Unternehmer ist es aber freigestellt, die Darlehensvaluta vor Ablauf der Widerrufsfrist zur Verfügung zu stellen.[1308]

IV. Rechtsfolgen nach Ausübung eines Widerrufsrechts

Wenn auch die Regelung des Widerrufsrechts an sich eine gewisse Detailfreude erkennen lässt, kann dieser Schluss nicht in gleicher Weise für die Regelung der Rechtsfolgen der Ausübung eines Widerrufsrechts gezogen werden. So war es beispielsweise bei der französischen Regelung der Haustürgeschäfte so, dass zwar die Einräumung einer Widerrufsfrist vorgesehen war, jedoch keinerlei Regelungen bestanden, wie mit dessen Ausübung umzugehen war.[1309] Auch im Übrigen wurde lediglich vorgesehen, dass der Unternehmer dem Verbraucher etwaige Zahlungen innerhalb von 30 Tagen zurückzuerstatten hatte und dass den Verbraucher, mit Ausnahme der Rücksendekosten, keine weitergehende Kostentragungspflicht traf.

Ausführlicher gestaltet sind die bestehenden Bestimmungen, wobei dies auch darauf beruht, dass die zugrundeliegenden Richtlinien verstärkt Rechtsfolgenregelungen treffen. Grundlage aller Rechtsfolgenregelungen ist, dass die Parteien aufgrund des Widerrufs nicht mehr zur Erfüllung des Vertrages verpflichtet sind oder (soweit der Verbraucher bereits sein Angebot widerruft) kein Vertrag zwischen den Parteien abgeschlossen wird. Als weiteres Grundprinzip ist zudem zu erkennen, dass den Verbraucher mit Ausnahme der Rücksendekosten und einer Wertersatzpflicht keine weitergehenden (Zahlungs-)Verpflichtungen treffen sollen.

1. Rückgewährpflichten der Parteien

Aufgrund des Widerrufs ist der Vertrag rückabzuwickeln, d.h. dass der Unternehmer dem Verbraucher etwaig geleistete Zahlungen zurückzuerstatten hat, während der Verbraucher dem Unternehmer die erhaltene Ware zurückgeben muss. Dafür ist jeweils eine Frist von 14 Tagen vorgesehen. Diese Frist zur Rückzahlung ist eine der Neuerungen des französischen Rechts, da dieses bisher einen Zeitraum von 30 Tagen zur Erfüllung dieser Pflicht gewährt hat.[1310] Der

1308 *Waersegger*, Le banquier, 949 (988).
1309 *Kammerer*, Harmonisierung des Verbraucherrechts, S. 226f.
1310 Jedoch ist hierbei auch zu beachten, dass diese Regelung für den Bereich der Außergeschäftsraumverträge wegen des Verbots der Annahme von Zahlungen innerhalb der ersten

Verbraucher muss die Ware entweder zurücksenden oder an den Unternehmer bzw. eine von diesem beauftragte Person zurückgeben, wobei es ähnlich der Widerrufserklärung ausreicht, dass die Absendung innerhalb der Frist erfolgt. Gegebenenfalls ist der Verbraucher vorleistungspflichtig, da allein für den Unternehmer ein Zurückbehaltungsrecht bis zum Erhalt der Ware vorgesehen wird[1311]. Der Verbraucher kann der Ausübung dieses Rechts jedoch entgehen, wenn er nachweist, dass die Ware abgeholt oder zurück gesandt worden ist.[1312]

Als Sanktion für die Nichterfüllung dieser Pflicht hat der luxemburgische Gesetzgeber vorgeschrieben, dass die geschuldete Summe zum gesetzlichen Zinssatz zu verzinsen ist. Eine entsprechende Sanktion wird von der Verbraucherrechterichtlinie nicht ausdrücklich vorgesehen, jedoch haben die Mitgliedsstaaten nach deren Art. 24 wirksame, angemessene und abschreckende Sanktionen vorzusehen. Eine gesetzlich angeordnete Verzinsung erfüllt diese Voraussetzungen. Der französische Gesetzgeber sanktioniert die verspätete Rückzahlung sogar »stärker« als der luxemburgische Gesetzgeber: Er sieht einen nach der Zeitspanne des Rückstandes gestaffelten Zins vor, der nur durch den Preis des Produktes begrenzt ist. Wird dieser überschritten, ist auf den gesetzlichen Zinssatz zurückzugreifen. Der Unternehmer hat aufgrund dieser Regelung ein gesteigertes Interesse an einer schnellen Rückzahlung.

Geregelt ist auch die Art und Weise der Rückzahlung: Grundsätzlich muss sie mittels des Zahlungsmittels erfolgen, das der Verbraucher bei seiner ursprünglichen Zahlung verwendet hat. Ein anderes Zahlungsmittel kann nur genutzt werden, wenn der Verbraucher dem zugestimmt hat oder wenn dessen Nutzung dem Verbraucher zusätzliche Kosten verursachen würde. Hier zeigt sich erneut, dass der Verbraucher vor der Belastung mit zusätzlichen Kosten durch den Widerruf geschützt werden soll.

2. Kosten der Hin- und Rücksendung der Ware

Der Unternehmer ist im Falle der Rücksendung der Ware verpflichtet, die anfallenden Lieferkosten zu tragen[1313]. Dies ist keine Neuerung der Verbraucherrechterichtlinie, sondern entspricht der Rechtsprechung des EuGH zur Fernabsatzrichtlinie[1314]. Ungeklärt bleibt bisher, inwieweit es sich auch bei dem Angebot

sieben Tage nur Bedeutung hat, wenn zwischen dem 8. und dem 14. Tag eine Zahlung durch den Verbraucher erfolgt ist, vgl. *Raymond*, CCC 2012, 7 (12).

1311 Dies gilt nach dem Wortlaut des luxemburgischen Gesetzes jedoch nicht, wenn der Unternehmer selbst die Abholung der Waren angeboten hat.

1312 *Unger*, ZEuP 2012, 270 (291).

1313 Dies gilt jedoch nicht, wenn der Verbraucher eine andere als die vom Unternehmer angebotene Standardlieferung gewählt hat und dadurch zusätzlicher Kosten entstanden sind.

1314 EuGH NJW 2010, 1941 (1941).

einer Express-Lieferung um eine Standardlieferung im Sinne der Vorschriften handelt.[1315]

Die Kosten der Rücksendung der Ware werden nach beiden Rechtsordnungen dem Verbraucher als Kunden auferlegt. Dies stellt damit eine Ausnahme davon dar, dass dem Verbraucher durch den Widerruf keine Kosten entstehen sollen. Der Unternehmer kann sich jedoch »verbraucherfreundlich« zeigen und die Übernahme dieser Kosten anbieten. Erneut zeigt sich hier die besondere Bedeutung einer »richtigen« Information des Verbrauchers: Ist der Unternehmer seinen Informationspflichten nicht in ausreichendem Maße nachgekommen, d.h. hat er den Verbraucher nicht über die Kostentragungspflicht informiert, muss der Verbraucher keine Kosten tragen.[1316] Ferner ist die Pflicht zur Kostenübernahme ausgeschlossen, wenn keine ausdrückliche Aufforderung zur Vertragsausführung vor dem Ablauf der Widerrufsfrist erfolgt ist.[1317]

Eine Besonderheit besteht ferner bei Außergeschäftsraumverträgen für den Fall, dass die Waren bei Vertragsschluss zum Wohnsitz des Verbrauchers geliefert worden sind und aufgrund ihrer Beschaffenheit nicht auf dem normalen Postweg zurückgesandt werden können. In diesem Fall muss der Unternehmer die Waren auf eigene Kosten am Wohnsitz des Verbrauchers abholen. Im Ergebnis dürfte diese Vorschrift ohne praktische Relevanz sein: Es sind kaum Fälle denkbar, in denen ein Unternehmer entsprechend »sperrige« Gegenstände wie Sofas und Küchenzeilen bereits bei Vertragsschluss bei sich führt.[1318]

3. Verpflichtung des Verbrauchers zum Wertersatz

Für die Entscheidung des Verbrauchers über die Ausübung des Widerrufsrechts ist sicherlich auch von Bedeutung, inwieweit er verpflichtet ist, Wertersatz zu leisten. Als Grundsatz ist festzuhalten, dass der Verbraucher nur dann für einen Wertverlust der Sache einzustehen hat, wenn er in einem über die Prüfung der Sache hinausgehenden Umfang mit dieser umgegangen ist.[1319] Der Verbraucher kann die Ware daher so nutzen, wie dies auch im Ladengeschäft möglich wäre. Beispielhaft darf der Verbraucher ein Kleidungsstück zwar anprobieren, nicht aber darüber hinausgehend tragen.[1320] Der Verbraucher ist daher zum Wertersatz verpflichtet, wenn er die Ware ähnlich seinem Eigentum nutzt oder wenn auf-

1315 *Raymond*, CCC 2014, 27 (30).

1316 Diese Informationspflicht erstreckt sich nur auf die Kostentragungspflicht an sich, hingegen nicht auf die Höhe der anfallenden Kosten, vgl. *Unger*, ZEuP 212, 270 (292).

1317 *Raymond*, CCC 2014, 27 (30).

1318 *Unger*, ZEuP 2012, 270 (292).

1319 So auch der EuGH im Fall Messner (Urt. v. 03.11.2009, Az.: C-489/07, Slg. 2009, I-07315) für die Auslegung der Fernabsatzrichtlinie.

1320 Vgl. Erwägungsgrund 47 der Richtlinie 2011/83/EU.

grund seines Verschuldens außergewöhnliche Verschlechterungen wie Risse entstehen.[1321] Auch das hier Gesagte steht unter dem Vorbehalt, dass eine den gesetzlichen Anforderungen entsprechende Information durch den Unternehmer erfolgt ist.

Aus einem Umkehrschluss zu den Regelungen der Verbraucherrechterichtlinie und damit den Regelungen in Luxemburg und Frankreich ist abzuleiten, dass den Verbraucher – unabhängig von der Frage, ob dieser gesetzeskonform informiert worden ist – im Falle des zufälligen Untergangs oder der nicht auf seinem schuldhaften Verhalten beruhenden Verschlechterung keine Wertersatzpflicht trifft. Hier würde eine Wertersatzpflicht dem beabsichtigten Gleichlauf mit dem Kauf in einem Ladengeschäft unterlaufen.[1322]

Ausgeschlossen ist nicht nur der Wertersatz für die Prüfung der Ware, sondern auch für den Erhalt von Gebrauchsvorteilen.[1323] Diese Regelung entspricht der bisherigen Rechtsprechung des EuGH zur Fernabsatzrichtlinie.[1324] Jedoch steht der Ausschluss wiederum unter dem Vorbehalt, dass der Verbraucher die Sache nicht auf eine Art nutzt, die nicht mit dem Grundsatz von Treu und Glauben oder einer ungerechtfertigten Bereicherung im Einklang steht.[1325]

In zwei Konstellationen weicht das Gesetz von diesen Grundsätzen ab: Verlangt der Verbraucher ausdrücklich die Erfüllung eines auf die Lieferung von Wasser/Gas oder Strom gerichteten Vertrages, bevor die Widerrufsfrist abläuft, hat er einen auf Basis des Gesamtpreises bzw. des Marktpreises berechneten anteiligen Preis zu zahlen. Zwar hat das französische Recht diese Art der Berechnung nicht vorgesehen, jedoch sind die gesetzlichen Bestimmungen im Einklang mit der Richtlinie so auszulegen.[1326] Wieder gilt der Vorbehalt einer ausreichenden Information bzw. des ausdrücklichen Erfüllungsverlangens des Verbrauchers auf einem dauerhaften Datenträger.

Im Falle der Bereitstellung elektronischer Inhalte, die nicht auf einem dauerhaften Datenträger übermittelt werden, kann in ähnlicher Weise kein Wertersatz verlangt werden, wenn die Vertragserfüllung vor Ablauf der Widerrufsfrist nicht auf einer Zustimmung durch den Verbraucher beruhte oder wenn dem Verbraucher infolge fehlerhafter Information nicht bekannt war, dass er durch diese Zustimmung sein Widerrufsrecht verliert.

1321 *Unger*, ZEuP 2012, 270 (293).
1322 *Unger*, ZEuP 2012, 270 (293 f.); ebenso bereits zur Fernabsatzrichtlinie *Mörsdorf*, JZ 2010, 232 (240).
1323 *Unger*, ZEuP 2012, 270 (294).
1324 EuGH, Urt. v. 03.09.2009, Rs. C-489/07 (Messner gegen Krüger), Slg. 2009, I-7315.
1325 EuGH, Urt. v. 03.09.2009, Rs. C-489/07 (Messner gegen Krüger), Slg. 2009, I-7315.
1326 *Busseuil*, euvr 2014, 270 (272).

4. Gefahrtragung für Untergang oder Beschädigung der Sache bei Rücktransport

Weitergehend stellt sich zudem die Frage, ob eine Wertersatzpflicht des Verbrauchers besteht, wenn die Sache während der Rücksendung beschädigt oder gar zerstört wird. Weder die Richtlinie noch die luxemburgische Rechtsordnung sehen hierzu eine Regelung vor.

Daher könnte man berechtigterweise eine Lösung im französischen Recht suchen. Jedoch bestand hier eine unklare Rechtslage,[1327] da es ebenfalls an einer besonderen Regelung fehlte. Denkbar ist, zur Lösung der Frage die Rechtsprechung zur Frage der Gefahrtragung heranzuziehen. Danach ist bei Haustürgeschäften der Wertersatz in der Regel ausgeschlossen, weil dem Verbraucher keine Sorgfaltspflichten obliegen dürften. Denn der Unternehmer darf dem Verbraucher nach der gesetzlichen Regelung vor Ablauf der Widerrufsfrist insgesamt keine Pflichten auferlegen.[1328] Dieses Ergebnis kann beim Vorliegen eines Fernabsatzvertrages daraus gezogen werden, dass der Verbraucher bei Ausübung des Widerrufsrechts nicht zu einer Entschädigung verpflichtet ist. Eine ausdrückliche Regelung der hier interessierenden Frage ist darin nicht zu erkennen.

Zur Lösung der Frage können aber aus der Richtlinie selbst Argumente abgeleitet werden: Nach deren Art. 14 Abs. 2 hat der Verbraucher nicht für einen Wertverlust der Sache einzustehen, der allein auf einem zur Prüfung notwendigen Umgang mit der Sache beruht. Auf der anderen Seite findet sich in Art. 20 der Richtlinie eine Regelung zum Gefahrübergang. Danach trägt der Verbraucher das Risiko für einen Verlust bzw. eine Beschädigung der Sache, wenn sich diese in seinem Besitz befindet.[1329] Aus dieser Regelung kann man den Schluss ziehen, dass die Gefahr des Untergangs der Sache auf den Unternehmer zurückfällt, wenn der Gegenstand die Sphäre des Verbrauchers verlassen hat. Dem könnte man entgegenhalten, dass allein der Verbraucher über eine Rücksendung der Ware entscheidet. Dieser Erwägung ist aber zu entgegnen, dass eine entsprechende Auslegung den Verbraucher an der Ausübung des Widerrufsrechts hindern würde. Daher wird man der Auslegung den Vorrang geben müssen, nach der der Verbraucher nicht für während des Rücktransports zum Unternehmer auftretende Schäden aufzukommen hat.[1330]

Um auch die Interessen des Unternehmers angemessen zu beachten, gilt diese Argumentation nur, wenn der Verbraucher selbst die gebotene Sorgfalt beachtet hat. Hat er die Waren dagegen unzureichend verpackt, muss er für auftretende

1327 Siehe ausführlicher *Kammerer*, Harmonisierung des Verbraucherrechts, S. 234ff.

1328 So jedenfalls das Ergebnis von *Kammerer*, Harmonisierung des Verbraucherrechts, S. 235.

1329 Entsprechend auch *Schönhof*, Das Widerrufsrecht nach der VRRL, 121 (130).

1330 Jud/ Wendehorst/ *Schauer*, Neuordnung des Verbraucherprivatrechts in Europa?, 99 (115f.).

Schäden einstehen. Diesem Interessenausgleich steht der vollharmonisierende Charakter der Richtlinie nicht entgegen, da diese keine entsprechende Regelung enthält.[1331]

5. Schicksal verbundener Verträge

Wenn der Kaufpreis oder die geschuldete Vergütung für die Erbringung der Dienstleistung ganz oder zumindest teilweise aus einem Darlehen beglichen werden soll, führt der Widerruf des Hauptvertrages automatisch zum Erlöschen des Darlehens, ohne dass eine Strafzahlung zu leistet ist. Mit Ausnahme besonders vorgesehener Gebührentatbestände treffen den Verbraucher keine Zahlungsverpflichtungen. Hierin besteht eine Erweiterung gegenüber der bisherigen Rechtslage: Während bisher nur eine Aufhebung verbundener Kreditverträge möglich war, können nun auch weitere mit dem Hauptvertrag verbundene Verträge aufgehoben werden.[1332] Ausdrücklich ist dies beispielsweise in Art. 222–18 Abs. 5 *Code de la cons. lux.* für den Fernabsatz von Finanzdienstleistungen vorgesehen. Ist dieser mit einem weiteren Fernabsatzvertrag über Finanzdienstleistungen verbunden, wird auch dieser aufgehoben. Insoweit hat der luxemburgische Gesetzgeber die Bestimmung beibehalten, die bereits vor Inkrafttreten des *Code de la cons.* bestand. Dabei handelt es sich aber sowohl in Frankreich als auch in Luxemburg um ein allgemeines Rechtsprinzip.

D. Sonstige Rechte des Verbrauchers

Der Schutz des Verbrauchers wird nicht allein durch die Gewährung eines Widerrufsrechts und die Vorgabe zwingender Informationspflichten gewährleistet. Vielmehr wird dieser Schutz von ergänzenden Bestimmungen flankiert.

I. Die Berücksichtigung von Werbeaussagen als Vertragsbestandteil

Eine »Besonderheit« des luxemburgischen Rechts war eine Regelung, die sich in Art. 11 des Gesetzes von 1983 fand. Danach ist »jede Beschreibung der Merkmale und Eigenschaften eines Produkts oder einer Dienstleistung in den Unterlagen und den Mitteln der Werbung [...] ebenso wie jede Garantie und jedes Angebot als wesentlicher Vertragsbestandteil in Bezug auf dieses Produkt oder diese Dienstleistung anzusehen, selbst wenn die Veröffentlichung das Werk des Her-

1331 Jud/ Wendehorst/ *Schauer*, Neuordnung des Verbraucherprivatrechts in Europa?, 99 (116).
1332 Projet de loi n° 6478^4, Avis de la Chambre de commerce, S. 2.

stellers, des Inhabers oder des Betriebsleiters der Firma oder von jedem anderen Gewerbetreibenden ist, der über dem Verkäufer oder dem Erbringer der Dienstleistung im konkreten Fall steht. Wenn das Produkt oder die Dienstleistung dieser Beschreibung nicht entspricht, kann der Verbraucher die Aufhebung des Vertrages oder eine Minderung des Preises verlangen.«[1333] Die Vorschrift ist keine eigene »Schöpfung« des luxemburgischen Gesetzgebers, sondern fand ihr Vorbild in den Artikeln 60 und 62 des kanadischen Verbraucherschutzgesetzes.[1334] Bei ihrer Schaffung wurde der Vorschrift zwar eine immense Bedeutung für den Schutz der Verbraucher zugesprochen,[1335] zumindest bis zum Jahr 1995 kam diese aber vor den Gerichten tatsächlich nur in geringem Umfang zur Anwendung[1336].

Die Vorschrift sollte sicherstellen, dass ein Verbraucher, der einen Vertrag abschließt, weil er auf bestimmte Werbeaussagen vertraut,[1337] in seinem dahingehenden Vertrauen geschützt wird, dass die entsprechenden Aussagen Vertragsbestandteil werden.[1338] Unter Berücksichtigung dieses Zwecks muss zumindest bezweifelt werden, dass Werbeaussagen auch dann Vertragsbestandteil werden, wenn diese übertrieben formuliert waren. Die gleiche Frage stellt sich, wenn es sich um eine »falsche« Aussage handelte, die aber vor/bei Vertragsschluss korrigiert worden ist.[1339] Andererseits erscheint es unter dem Blickwinkel des berechtigten Vertrauens des Verbrauchers nicht unbillig, den Verkäufer jedenfalls dann für Werbeaussagen des Herstellers einstehen zu lassen, wenn dieser durch den Abschluss des Vertrages gewissermaßen von diesen »profitiert« hat. Insbesondere dürfte es dem Verkäufer in der Regel möglich gewesen sein, sich nach der Inanspruchnahme durch den Verbraucher im Rahmen eines Regresses beim Hersteller schadlos zu halten.[1340] Da es an einem Profit von der Werbeaussage fehlte, besteht hingegen keine Bindung für Aussagen von Mitbewerbern.[1341]

1333 Entnommen aus Übersetzung des luxemburgischen Gesetzes vom 25.8.1983 über den Rechtsschutz des Verbrauchers, RIW 1986, 602 (603).

1334 Projet de loi n° 2217, Expose des motifs, S. 2547.

1335 *Bennemann*, RIW 1986, 594 (601): Es handele sich um »eine scharfe Waffe in der Hand des Verbrauchers«.

1336 Code de consommateur, S. 280.

1337 Unerheblich ist, ob der Vertrag schriftlich oder nur mündlich abgeschlossen wurde, *Bauler*, Feuille de liaison 60 (1984), 21 (26).

1338 *Bauler*, Feuille de liaison 60 (1984), 21 (26); Projet de loi n° 2217, Expose des motifs, S. 2547.

1339 *Bennemann*, RIW 1986, 594 (601).

1340 *Bennemann*, RIW 1986, 594 (601).

1341 *Bauler*, Feuille de liaison 60 (1984), 21 (26).

Stimmten Werbeaussage und tatsächliche Eigenschaften der Ware nicht überein, oblag dem Verbraucher die Wahl, ob dieser den Vertrag aufheben ließ oder eine Minderung des von ihm gezahlten Preises verlangt hat.[1342]

2004 wurde die Regelung modifiziert. Gegenstand der überarbeiteten Regelung ist vor allem die Frage nach der Abgabe einer kommerziellen Garantie, auf die im Weiteren einzugehen sein wird. Auch im französischen Recht spielt das Vorhandensein entsprechender Werbeaussagen für die Frage eine Rolle, inwieweit eine Sache vertragsgemäß ist. Auch hierauf wird im nächsten Abschnitt einzugehen sein.

II. Gesetzliche und kommerzielle Garantien als Ergänzung zum Haftungsregime des *Code Civil*

Während die Einstandspflicht des Verkäufers nach dem luxemburgischen Recht zunächst auf die Haftung für *vices cachés* beschränkt war, wurde im Zuge der Umsetzung der Verbrauchsgüterkaufrichtlinie RL 1999/44/EG ein weiteres Haftungssystem geschaffen.

Die dort geschaffene Regelung ist zugleich eines der eindrucksvollsten Beispiele gegen die These einer Eigenständigkeit der luxemburgischen Rechtsordnung: Die Umsetzung der Richtlinie erfolgte erst durch Gesetz vom 21.07.2004, sodass Luxemburg wegen verspäteter Richtlinienumsetzung[1343] vor dem Europäischen Gerichtshof verurteilt worden ist, da bei Ablauf der Stellungnahmefrist noch keine Umsetzungsmaßnahmen ergriffen worden waren.[1344]

Allein aus der verspäteten Umsetzung der Richtlinienvorgaben den Schluss auf eine besondere Bindung an die Regelungen des französischen Gesetzgebers zu ziehen, ginge zu weit. Dies ergibt sich aber, wenn man sich die Entstehungsgeschichte des Umsetzungsgesetzes vor Augen führt. Ursprünglich hatte der luxemburgische Gesetzgeber beabsichtigt, die Unterscheidung zwischen verborgenem Mangel und Vertragswidrigkeit aufzugeben und stattdessen ein einheitliches System für die Gewährleistung zu schaffen.[1345] In der Endfassung des Gesetzentwurfes war hingegen vorgesehen, dass das Regime des *Code Civil* über die verborgenen Mängel und das im Folgenden darzustellende System des *Code*

1342 *Bauler*, Feuille de liaison 60 (1984), 21 (26).

1343 Die Richtlinie war nach deren Artikel 11 bis zum 01. Januar 2002 umzusetzen.

1344 Urteil v. 19.02.2004, Rechtssache C-310/03.

1345 Projet de loi n° 5193, Texte du Projet de loi, S. 10. Zum Anpassungsbedarf des luxemburgischen Rechts bei Integration der Richtlinie in das bisher vom *Code Civil* vorgesehene System und der dadurch notwendigen Änderungen vgl. *Elvinger*, ERPL 2001, 309 (317ff.). Siehe dort auch zu den Argumenten für und gegen ein einheitliches oder dualistisches System.

de la cons. lux. nebeneinander bestehen sollten. Im Laufe des Gesetzgebungsvorhaben war es damit zu einem grundlegenden Strukturwandel gekommen.

Dies entspricht der Regelung durch den französischen Gesetzgeber, der ebenso von einer grundlegenden Reform abgesehen und allein spezialgesetzliche Bestimmungen geschaffen hatte. Unter Berücksichtigung der Argumentation des französischen Gesetzgebers gelangte der luxemburgische Gesetzgeber zu dem Ergebnis, dass eine tiefgreifende Reform des eigenen Rechts die Rechtssicherheit schwächen würde. Maßgebend war insbesondere die Erwägung, dass die eigenen Gerichte sich hier in besonderem Maße an der Rechtsprechung der französischen Gerichte orientieren.[1346] Ebenso wurde eine eigenständige Regelung unter dem Gesichtspunkt bestehender Handelsbeziehungen abgelehnt.[1347] Damit erfolgte eine Entscheidung zu Gunsten des französischen Systems, machte aber eine weitgehende Umarbeitung des vorhandenen Entwurfs notwendig, sodass die zur Umsetzung der Richtlinie gesetzte Frist nicht mehr einzuhalten gewesen ist. Mittlerweile ist eine richtliniengetreue Umsetzung erfolgt.[1348] Diese Regelungen wurde ohne Anpassung in die Art. L. 212–1ff. des *Code de la cons.* übernommen.[1349]

Nicht verschwiegen werden soll, dass diese Vorgehensweise des Gesetzgebers nicht unkritisiert blieb. Insbesondere wurde vorgebracht, dass der Gesetzgeber mit seiner »Kehrtwende« seine Unterwürfigkeit gegenüber dem französischen Recht unter Beweis gestellt habe. Durch das Vorsehen einer eigenständigen Regelung wäre es zwangsläufig zu einer stärkeren Emanzipation des eigenen Rechts gekommen. Bereits bei der Modifikation des Fristenregimes des Art. 1648 *Code Civil lux.* habe der Gesetzgeber zudem verdeutlicht, dass er eine eigenständige Regelung treffen könne und diese ohne ausreichendes französisches »Vorbild« von den Gerichten ordnungsgemäß angewandt werden könne.[1350]

Der neuen Regelung kommt in der Rechtswirklichkeit große Bedeutung zu. Sie ist den Verbrauchern einerseits gut bekannt; andererseits befasst sich auch die Mehrzahl der von der ULC angestrengten Verfahren mit Fragestellungen aus diesem Regelungsbereich.[1351]

1346 Unter Hinweis darauf, dass dies traditionell im Bereich des Kaufvertrages der Fall sei, vgl. Projet de loi n° 5193², Avis du Conseil d'Etat, S. 1.

1347 Projet de loi n° 5193², Avis du Conseil d'Etat, S. 1.

1348 Aus diesem Grund sei die Notwendigkeit eines Vorlageverfahrens vor dem EuGH abzulehnen, vgl. Cour d' Appel Lux., Urt. vom 28.01.2009, n° 33868 du rôle.

1349 Projet de loi n° 5881, Exposé des motifs, S. 60.

1350 *Ravarani*, La responsabilité civile, Rn. 707.

1351 Projet de loi n° 5881, Exposé des motifs, S. 60.

1. Der »Dualismus« der Regelungssysteme in Luxemburg vor Umsetzung der Verbrauchsgüter-kaufrichtlinie

Der »Dualismus« der Regelungsregime entspricht dem, was bereits vor der Umsetzung der Verbrauchsgüterkaufrichtlinie in Luxemburg geltendes Recht war. Das neben der Einstandspflicht für verborgene Mängel bestehende Haftungssystem beruhte zwar nicht auf einer ausdrücklichen Regelung, wurde aber aus der Lieferpflicht des Verkäufers aus den Art. 1604ff. *Code Civil lux.* abgeleitet. Nach dieser ist der Verkäufer verpflichtet, eine vertragsgemäße Sache zu liefern.

Unklar blieb vor allem, wie dieses von der Rechtsprechung entwickelte Haftungsregime von demjenigen der Haftung für verborgene Mängel abzugrenzen war, das ebenfalls im *Code Civil* niedergelegt war.[1352] Zur Vornahme einer entsprechenden Unterscheidung zwischen den Haftungsregimen musste man die Vertragswidrigkeit anhand des Gegenstandes, des Inhalts und der Menge der gelieferten Sache beurteilen. Entsprach die erhaltene Sache diesen vertraglichen Vorgaben, konnte sich der Käufer nicht auf eine Verletzung der Pflicht zur Lieferung einer vertragsgemäßen Sache berufen, sondern musste seine Ansprüche auf eine andere Rechtsgrundlage stützen.[1353] Voraussetzung war ferner, dass sich die fehlende Vertragsmäßigkeit bereits bei Erhalt der Ware gezeigt hat.[1354]

Bereits diese Abgrenzungsschwierigkeiten zeigten, dass zumindest eine Modifikation dieses dualistischen Ansatzes erforderlich gewesen ist.[1355] Diese Notwendigkeit wurde dadurch verstärkt, dass zwar bei der Einstandspflicht für verborgene Fehler eine Frist zur Geltendmachung und Klageerhebung vorgesehen war, dies jedoch nicht für die Haftung aufgrund einer Vertragswidrigkeit galt.[1356] Bei dieser waren zwar entsprechende Fristen vorgesehen, deren Beginn war jedoch abweichend geregelt[1357].

Im Hinblick auf die Rechtsfolgen kam es hingegen zu einer weitgehenden Annäherung der beiden Regelungssysteme: Denn in jedem Fall sollte eine Einstandspflicht des Unternehmers ausgeschlossen sein, wenn der Käufer die Sache vorbehaltslos angenommen hatte.[1358] War dies nicht der Fall, hatte der Verbraucher ein Wahlrecht, ob er die Auflösung des Vertrages verlangte oder den Kaufpreis minderte.[1359] Eine einmal getroffene Wahl war nicht zwingend; ein *ius*

1352 *Elvinger*, ERPL 2001, 309 (310).
1353 Cour d' Appel Lux., Urt. vom 28.06.2000, n° 22845 du rôle; Trib. Arr. Lux., Urt. vom 22.01. 1992, n° 40618, 41193, 43328 und 44167 du rôle.
1354 *Ravarani*, La responsabilité civile, Rn. 705.
1355 *Elvinger*, ERPL 2001, 309 (312).
1356 *Elvinger*, ERPL 2001, 309 (313).
1357 *Ravarani*, La responsabilité civile, Rn. 717.
1358 Cour de Cass. Lux., Urt. vom 27.02.1989, n° 10569 du rôle.
1359 Cour de Cass. Lux., Urt. vom 27.02.1989, n° 10569 du rôle.

variandi bestand jedenfalls bis zu dem Zeitpunkt, in dem eine endgültige gerichtliche Entscheidung erging.[1360] Zudem konnte der Käufer verlangen, dass ihm der Gegenstand ersetzt oder dieser repariert wurde; daneben konnte er Schadensersatz für zusätzliche Schäden verlangen.[1361]

2. Die Unterscheidung zwischen gesetzlicher und kommerzieller Garantie

Voraussetzung für die nachfolgende Untersuchung ist, dass eine Unterscheidung zwischen gesetzlicher und kommerzieller Garantie getroffen wird. Entscheidender Unterschied ist sicherlich, dass sich das Bestehen einer gesetzlichen Garantie (wie deren Name bereits nahe legt) aus den gesetzlichen Bestimmungen selbst ergibt und diese damit in allen vom Anwendungsbereich erfassten Fällen besteht. Dies bringt zugleich mit sich, dass die entsprechende Garantie allein die Rechtsfolgen auslöst, die das Gesetz an das Vorliegen einer entsprechenden Garantie knüpft.

Die Gewährung einer kommerziellen Garantie beruht hingegen auf einer freiwilligen Entscheidung des Produzenten bzw. Verkäufers der Ware oder einer anderen in der Vertriebskette beteiligten Person. Dies impliziert zugleich, dass sowohl die Garantiebedingungen als auch deren Rechtsfolgen einseitig vom Anbietenden festgelegt werden können.[1362] Nichtsdestotrotz sind auch hier bestimmte Grundsätze zu wahren.

3. Das Vorhandensein einer gesetzlichen Garantie

Das Eingreifen einer gesetzlichen Garantie kommt in allen Fällen in Betracht, in denen es sich um einen Kaufvertrag über körperliche Gegenstände[1363] zwischen einem Unternehmer und einem Verbraucher handelt. Wenn dies auch nicht vom Wortlaut selbst umfasst wird, werden Verträge über die Lieferung herzustellender oder zu erzeugender Waren gleichgestellt. Ausgenommen ist hingegen der Verkauf von Gegenständen durch gerichtliche Maßnahmen.[1364] Ebenso besteht keine gesetzliche Garantie, soweit der Gegenstand des Vertrages die Lieferung von Strom, Wasser oder Gas ist, die nicht in einer begrenzten Menge oder in

1360 Cour d' Appel Lux., Urt. vom 01.03.2000, Pas. 31, 367 (371f.).

1361 *Elvinger*, ERPL 2001, 309 (316). Jedoch kann er Wiederherstellung nur verlangen, wenn diese nicht unmöglich ist oder keine gegenüber dem Wert der Sache unverhältnismäßigen Kosten hervorruft.

1362 Projet de loi n° 5193, Expose des motifs, S. 2.

1363 Dieser Begriff ist weit zu verstehen, ausgeschlossen sind aber Immobilien, vgl. *Staudenmayer* NJW 1999, 2393 (2393).

1364 Im Gegensatz zur Richtlinie wird die Zwangsvollstreckung nicht ausdrücklich erwähnt. Darin liegt jedoch keine richtlinienwidrige Umsetzung, da die Zwangsvollstreckung unter den Begriff der gerichtlichen Maßnahme zu subsumieren ist.

einem bestimmten Volumen abgefüllt wurden. Wenn auch dieser Ausschluss der gesetzlichen Garantie nicht explizit durch die Richtlinie vorgesehen ist, handelt es sich doch um eine den Vorgaben entsprechende Umsetzung: Denn nach der Richtlinie sind diese Güter bereits nicht als Verbrauchsgüter anzusehen und daher im Ganzen aus dem Anwendungsbereich ausgenommen.

Nicht umgesetzt wurde hingegen in Luxemburg die von der Richtlinie gewährte Möglichkeit, auch diejenigen Gegenstände auszunehmen, die in einer öffentlichen Versteigerung veräußert werden, bei der die Möglichkeit einer persönlichen Teilnahme besteht.

a) Verpflichtung des Unternehmers zur Lieferung einer vertragsgemäßen Ware

Aus Art. L. 212-3 *Code de la cons. lux.* ergibt sich ausdrücklich, dass der Unternehmer verpflichtet ist, eine vertragsgemäße Ware zu liefern. Das heißt zugleich, dass er für eine bei Lieferung bestehende Vertragswidrigkeit[1365] einzustehen hat, unabhängig davon, ob er diese kannte oder nicht.

Dabei wird die Frage des Vorliegens einer Vertragswidrigkeit sowohl vertraglich als auch funktionell bestimmt.[1366] Die Vertragswidrigkeit kann zunächst vorliegen, wenn die Ware nicht die Eigenschaften aufweist, die die Parteien durch gemeinsame Vereinbarung bestimmt haben. Dabei handelt es sich um ein nicht von der Richtlinie vorausgesehenes Kriterium.[1367] Wegen des rein mindestharmonisierenden Charakters der Richtlinie widerspricht dieses Kriterium jedoch nicht den an die Umsetzung gestellten Anforderungen.

Die Vertragswidrigkeit kann sich ferner daraus ergeben, dass sich die Ware nicht für die Zwecke eignet, denen Gegenstände der gleichen Art für gewöhnlich dienen, oder diese nicht der durch den Unternehmer gegebenen Beschreibung entspricht und die nicht die Eigenschaften eines dem Verbraucher vorgelegten Musters/ einer vorgelegten Probe aufweisen. Ferner kann eine Vertragswidrigkeit deshalb vorliegen, weil sich die Ware nicht für einen vom Verbraucher angestrebten besonderen Zweck eignet, sofern der Verbraucher diesen Zweck bei Vertragsschluss dem Unternehmer bekannt gegeben und dieser keinen Vorbehalt geäußert hat. Nach der allgemeinen Bestimmung liegt zudem eine Vertragswidrigkeit vor, wenn die Ware nicht die Eigenschaften aufweist, die der Verbraucher vernünftigerweise aufgrund der öffentlichen Äußerungen des Unternehmers in der Werbung erwarten kann. Zudem hat der Unternehmer für

1365 Dies umfasst nicht die fehlende Sicherheit eines Produktes – diese ist Gegenstand der Produkthaftungsrichtlinie, vgl. Projet de loi n° 5193, Expose des motifs, S. 2.

1366 Projet de loi n° 5193, Expose des motifs, S. 7.

1367 Consumer Law Compendium, Rechtsvergleichende Studie, S. 718.

Vertragswidrigkeiten aus der Verpackung,[1368] von Montageanleitungen oder der Montage einzustehen, wenn diese Montage vom Unternehmer nach dem Vertrag geschuldet war oder unter seiner Verantwortung erbracht worden ist.

Damit erfasst der Tatbestand alle Fälle der früheren Vertragswidrigkeit und die bereits dargestellte *garantie des vices*[1369] bzw. hinsichtlich der Haftung für eine fehlerhafte Montage über diese hinaus. Für den Bereich des Verbraucherrechts kam es damit im Wesentlichen zu einer Zusammenführung der bestehenden Regelungssysteme.

Keine Vertragswidrigkeit stellt es hingegen dar, wenn die geschuldete Ware nicht oder verspätet oder in abweichender Menge geliefert worden ist.[1370] Ferner kann sich der Unternehmer einer Bindung an öffentliche Äußerungen des Herstellers oder von dessen Vertretern durch den Nachweis entziehen, dass er die Erklärung, auf die der Verbraucher die Vertragswidrigkeit stützt, nicht kannte oder nicht kennen musste. Hingegen kann keine Entlastung darüber erreicht werden, dass der Unternehmer eine Berichtigung der Aussage bei Vertragsschluss oder eine fehlende Beeinflussung der Kaufentscheidung durch die Äußerung nachweisen kann.[1371]

Einzig dann ist eine Berufung auf das Vorliegen einer Vertragswidrigkeit ausgeschlossen, wenn der Verbraucher diese bei Vertragsschluss kannte oder zumindest vernünftigerweise kennen musste. Diese Regelung ist einer der wesentlichen Unterschiede zur Regelung, die bis zur Schaffung des *Code de la cons. lux.* bestand: Bisher war – insoweit in Abweichung von der Richtlinie – entscheidend auf den Lieferzeitpunkt abzustellen. Nach einer entsprechenden Rüge durch die Europäische Kommission und der Erkenntnis, dass es sich insoweit um eine für den Verbraucher nachteilige Regelung handelt, wurde der für die Frage nach der Kenntnis maßgebliche Zeitpunkt vorverlagert.[1372]

b) Die Rechte des Verbrauchers bei Vorhandensein einer Vertragswidrigkeit

Zunächst hat der Verbraucher die Möglichkeit, die vertragswidrige Sache zurückzugeben und sich den vollständigen Kaufpreis erstatten zu lassen. Alternativ kann er sich dafür entscheiden, den Gegenstand zu behalten und nur einen Teil

1368 Dies ist beispielsweise bei Mängeln der Verpackungsmaterialien, bei Fehlern des Lieferscheines oder bei einer dem Verkäufer bekannten falschen Deklaration durch den Hersteller der Fall, vgl. *Wagner*, Luxembourg, II/ 415 (440).

1369 *Ravarani*, La responsabilité civile, Rn. 714. So auch bereits Projet de loi n° 5193[7], Rapport de la commission de l'economie, de l'energie, des postes et des transports, S. 2.

1370 *Ravarani*, La responsabilité civile, Rn. 714 unter Verweis auf Tournafond, D. 2005, chron., 1557ff.

1371 So auch Consumer Law Compendium, Rechtsvergleichende Studie, S. 721.

1372 Projet de loi n° 5881 C[1], Depeche du President de la Chambre des deputes au president du Conseil d'Etat, S. 1 sowie Projet de loi n° 5881 C[3], Rapport de la Commission, S. 1.

des gezahlten Kaufpreises zurück zu verlangen[1373]. Diese Möglichkeiten sind jeweils ausgeschlossen, wenn der Unternehmer die Sache zuvor durch eine vertragsgemäße Sache ersetzt oder die vertragswidrige Sache repariert hat. Eine Aufhebung des Vertrages kann aber auch dann ausscheiden, wenn die Vertragswidrigkeit nur von untergeordneter Bedeutung ist. Es ist Sache des Richters und nach den Umständen des Einzelfalls zu beurteilen, inwieweit die festgestellte Vertragswidrigkeit derart schwerwiegend ist, dass eine Aufhebung des Vertrages gerechtfertigt ist. Beispielsweise wurde dies angenommen, wenn der Motor eines Kfz ausgetauscht werden musste und dieses vor dem Austausch nicht weiter betrieben werden durfte.[1374]

Rechtsfolge der Aufhebung des Vertrages ist die Wiederherstellung des ohne den Vertragsschluss bestehenden Zustandes. Daher müssen die Parteien dasjenige herausgehen, was sie in Ausführung des Geschäfts erhalten haben; ggf. kann dies auch erhaltene Früchte und Zinsen umfassen. Dem Käufer der Sache sind daher die auf den Kaufpreis angefallenen Zinsen, zumindest ab dem Zeitpunkt der Berufung auf die Vertragswidrigkeit, herauszugeben.[1375] Nicht umgesetzt wurde hingegen die von der Richtlinie eröffnete Möglichkeit, einen Abzug vom Kaufpreis durch den Unternehmer dafür zuzulassen, dass der Verbraucher die Sache seit deren Lieferung genutzt hat.[1376]

Statt der Vertragsaufhebung oder der Rückerstattung eines Teils des Kaufpreises kann der Verbraucher, sofern es sich nicht um einen Fall der Unmöglichkeit oder Unverhältnismäßigkeit handelt, verlangen, dass der Unternehmer die Vertragsmäßigkeit des Gegenstandes herstellt, Art. L. 212–5 Abs. 2 *Code de la cons. lux.* Nach Wahl des Verbrauchers besteht die Möglichkeit einer Reparatur oder des Erhalts eines neuen Gegenstandes, wenn nicht eine der beiden Möglichkeiten dem Unternehmer unverhältnismäßige Kosten verursacht. Für diese Beurteilung sind unter anderem der Wert der Sache in vertragskonformen Zustand, die Bedeutung der Vertragswidrigkeit und die Erwägung von Bedeutung, inwieweit die andere Art der Herstellung der Vertragsmäßigkeit ohne erhebliche Unannehmlichkeiten für den Verbraucher durchgeführt werden kann. Diese Kriterien waren ursprünglich nicht Bestandteil des Gesetzes, sondern es sollte ausdrücklich der Rechtsprechung vorbehalten bleiben, die Unverhältnismäßigkeit im Einzelfall festzustellen.[1377] Erst bei der Schaffung des *Code de la cons.*

1373 Ungeregelt bleibt, wie diese Minderung zu berechnen ist, vgl. auch Consumer Law Compendium, Rechtsvergleichende Studie, S. 738f.

1374 Trib. Arr. Lux., Urt. vom 23.02.2011, n° 131237 du rôle.

1375 Trib. Arr. Lux., Urt. vom 23.02.2011, n° 131237 du rôle unter Verweis auf David, Les interets de sommes d'argent, n° 297.

1376 So auch Consumer Law Compendium, Rechtsvergleichende Studie, S. 737f.

1377 Bodry, Séance publique n° 45 v. 15.07.2010, S. 640.

wurden die Kriterien in das Gesetz aufgenommen,[1378] sodass die luxemburgische Regelung nunmehr auch hier im Einklang mit den Vorgaben der Richtlinie steht[1379]. Es bleibt aber weiterhin dabei, dass es sich um eine objektive Abwägung handelt; daher kann beispielsweise das Vorliegen einer erheblichen Vertragswidrigkeit oder die Annahme, dass den Interessen des Verbrauchers bei der anderen Art der Nacherfüllung erhebliche Nachteile drohen, zu dem Ergebnis führen, dass der Verkäufer höhere Kosten für die Behebung der Vertragswidrigkeit aufwenden muss.[1380]

Wählt der Verbraucher die Herstellung der Vertragsgemäßheit, muss der Unternehmer die Reparatur innerhalb eines Monats durchführen. Nach Ablauf dieser Frist steht es dem Verbraucher frei, die Sache zurückzugeben oder sich einen Teil des Kaufpreises erstatten zu lassen. In jedem Fall muss die Reparatur ohne Kosten[1381] und ohne erhebliche Unannehmlichkeiten für den Verbraucher erfolgen.

Daneben muss der Unternehmer dem Verbraucher Schadensersatz leisten, soweit diesem aufgrund der Reparatur oder wegen der Minderwertigkeit der Sache ein weiterer Schaden entstanden ist. Der Verbraucher kann aber auf diesem Wege nicht sowohl die Kosten für die Reparatur der Sache als auch einen Ersatz für deren Minderwertigkeit verlangen. Vielmehr muss sich seine Forderung auf eine der beiden Schadenspositionen beschränken.[1382]

Im Gegensatz zu den Regelungen der Richtlinie scheint es bei der Lektüre der Vorschrift so, als sähe das luxemburgische Recht keine besondere Hierarchie der Rechtsbehelfe vor, sondern als gewähre es dem Verbraucher im Prinzip eine freie Wahl. Aus Sicht des Verbrauchers ist dies sicherlich begrüßenswert.[1383] Dieses Ergebnis scheint aber fraglich, wenn man die Formulierung des Art. L. 212–5 Abs. 1 *Code de la cons. lux.* berücksichtigt, wonach »*il n'y a pas lieu à résolution de la vente ni à réduction du prix si le vendeur procède au remplacement ou à la réparation du bien*«. Die aus Sicht des Verbrauchers entscheidende Frage ist daher, inwieweit der Unternehmer dem Verbraucher die Reparatur der Sache

1378 Projet de loi n° 5881 A^{5}', Dépêche du Président de la Chambre des Députés, S. 32.

1379 Mitteilung der Europäischen Kommission v. 30. September 2010, IP/10/1234, S. 2, nach der das entsprechende Vertragsverletzungsverfahren gegen Luxemburg inzwischen eingestellt wurde.

1380 *Staudenmayer* NJW 1999, 2393 (2395).

1381 Insoweit wird die ausführlichere Regelung der Richtlinie nicht übernommen, der in Art. 4 Abs. 3 vorsieht, dass der Begriff der Unentgeltlichkeit »die für die Herstellung des vertragsgemäßen Zustands des Verbrauchsgutes notwendigen Kosten, insbesondere Versand-, Arbeits- und Materialkosten umfasst«; vgl. Consumer Law Compendium, Rechtsvergleichende Studie, S. 728. Unter Kosten fallen damit alle Ausgaben, die notwendig sind, um die Sache in einen vertragsgemäßen Zustand zu bringen, *Aguado*, Revue du Marché Unique Européen 1999, 289 (290).

1382 Trib. Arr. Lux., Urt. vom 06.04.2006, n° 98626 du rôle.

1383 *Ravarani*, La responsabilité civile, Rn. 720.

bzw. deren Neulieferung »aufzwingen« kann. Bei der weiteren Lektüre des Gesetzes bestätigt sich jedoch der Eindruck, dass das Gesetz dem Verbraucher die Wahl geben will (Abs. 2: »*Au lieu d'exercer l'option ouverte au paragraphe (1), le consommateur est en droit d'exiger du professionnel...*«).[1384] Diese Annahme wird durch die Lektüre der Gesetzgebungsmaterialien bestätigt, wonach das luxemburgische System weniger zwingend als dasjenige der Richtlinie sein soll. Dennoch findet sich ergänzend der Hinweis, dass der Unternehmer dem Verbraucher jedenfalls dann Reparatur und Neulieferung auferlegen kann, wenn er diese innerhalb der Frist eines Monats erfüllt. Daher wird auch hier ein gewisser Vorrang der Herstellung eines vertragsmäßigen Zustands vorgesehen. Nichtsdestotrotz bleibt die luxemburgische Regelung vorteilhafter, da die Richtlinie nur vorsieht, dass der Unternehmer in angemessener Frist zu handeln hat. Aus Gründen der Rechtssicherheit ist nach Ansicht des Gesetzgebers daher das Vorsehen einer bestimmten Frist zu begrüßen.[1385]

Innerhalb der Wiederherstellung der Vertragsmäßigkeit obliegt dem Unternehmer das Wahlrecht zwischen Neulieferung und Reparatur.[1386] Unter Berücksichtigung der obigen Erwägungen kann (mit Einschränkungen bei nur unerheblicher Vertragswidrigkeit) daher erst nach dem erfolglosen Ablauf der 30-Tages-Frist von einer freien Wahlmöglichkeit des Verbrauchers gesprochen werden.[1387]

Nicht umgesetzt wurde die von der Richtlinie vorgesehene Möglichkeit, eine direkte Klage des Verbrauchers gegen den Hersteller vorzusehen. Es bleibt aber dabei, dass eine solche Haftung auf die Regelungen des *Code Civil lux.* gestützt werden kann. Ferner wurde ein Ausschluss der Klagemöglichkeit damit begründet, dass der luxemburgische Verbraucher selbst bei deren Bestehen im Regelfall darauf angewiesen wäre, seine Rechte im Ausland geltend zu machen. Letztlich wollte der Gesetzgeber die Frage der Rechtsprechung überlassen[1388] Diese kann eine entsprechende direkte Klagemöglichkeit darauf stützen, dass das Gesetz zwar vorsieht, dass es sich für das Bestehen einer Garantie um einen Verbrauchervertrag handeln muss, jedoch nicht vorgibt, dass der Verbraucher und die Gegenseite in direkter vertraglicher Beziehung stehen müssen. Jedenfalls

1384 So auch *Ravarani*, La responsabilité civile, Rn. 720.

1385 Projet de loi n° 5193, Expose des motifs, S. 7; Commentaire des articles, S. 15; Projet de loi n° 5193[7], Rapport de la Commission de l'economie, de l'energie, des postes et des transports, S. 3.

1386 *Ravarani*, La responsabilité civile, Rn. 720.

1387 Zu weiteren Einschränkungen dieser Möglichkeit des Verbrauchers siehe *Ravarani*, La responsabilité civile, Rn. 720. Wegen der verschiedenen Begrenzungen sei man daher sehr weit von einer freien Wahl des Verbrauchers entfernt.

1388 Projet de loi n° 5193, Expose des motifs, S. 5.

ist diese Begründung von Interesse, wenn der Verbraucher die Ware von einem *non-professionnel* erworben hat.[1389]

c) Beschränkungen der Einstandspflicht des Unternehmers durch Fristenregelungen

Nach Art. L. 212–6 *Code de la cons. lux.* wird die Einstandspflicht des Unternehmers dadurch beschränkt, dass der Verbraucher bei der Geltendmachung seiner Rechte bestimmte Fristen zu wahren hat. Danach ist der Verbraucher verpflichtet, die Vertragswidrigkeit innerhalb von zwei Jahren ab Lieferung der Ware auf irgendeinem Weg[1390] geltend zu machen.[1391] Für den Fristbeginn nicht entscheidend ist hingegen der Zeitpunkt der Entdeckung der Vertragswidrigkeit, da dieser in der Regel zwischen den Parteien umstritten sein dürfte.[1392] Dieses Argument ist insbesondere deshalb entscheidend, weil dem Verbraucher die Beweislast für die Einhaltung der Frist auferlegt worden ist.[1393]

Nicht genutzt wurde die durch Art. 5 Abs. 2 der Verbrauchsgüterkaufrichtlinie vorgesehene Möglichkeit, den Verbraucher zur Geltendmachung der Vertragswidrigkeit innerhalb von zwei Monaten nach deren Feststellung zu verpflichten.[1394] Mit Blick auf die für die Einhaltung der kurzen Frist nach dem *Code Civil lux.* geschilderte Problematik und aufgrund der Tatsache, dass es vorliegend zu vergleichbaren Konsequenzen kommen mag,[1395] ist diese Entscheidung zu begrüßen.

1389 *Ravarani*, La responsabilité civile, Rn. 718. Daher vermag der Einwand der ULC in Projet de loi n° 5193[1], Avis de l'Union luxembourgeoise des consommateurs, S. 3 nur teilweise zu überzeugen, wonach es zu bedauern sei, dass eine solche direkte Klagemöglichkeit nicht vorgesehen werde, zumal sich die aktuelle Rechtsprechung auf die Beziehung zwischen Unternehmer und Verbraucher zu konzentrieren scheine.

1390 Zu beachten ist aber, dass dem Käufer der Beweis für die Geltendmachung seiner Rechte obliegt, vgl. *Ravarani*, La responsabilité civile, Rn. 717. Daher wird dem Verbraucher zumindest die Geltendmachung mittels Einschreibens angeraten, vgl. Projet de loi n° 5193, Commentaire des articles, S. 15. Möglich ist aber auch eine mündliche Geltendmachung oder die Nutzung von Fax oder E-Mail, vgl. Projet de loi n° 5193[7], Rapport de la Commission de l'economie, de l'energie, des postes et des transports, S. 4.

1391 Im ursprünglichen Gesetzesvorhaben war eine Frist von 3 Jahren vorgesehen, da die Frist von 2 Jahren zu kurz sei, vgl. Projet de loi n° 5193, Commentaire des articles, S. 15. Letztlich wurde deren Einführung jedoch abgelehnt, da der Verbraucher bei einem versteckten Mangel auch nach Ablauf der zwei Jahre die Möglichkeit habe, nach den Vorschriften des *Code Civil* gegen den Unternehmer vorzugehen, vgl. Projet de loi n° 5193[2], Avis du Conseil d'Etat, S. 2.

1392 Projet de loi n° 5193, Expose des motifs, S. 4.

1393 Trib. Arr. Lux., Urt. vom 23.02.2011, n° 131237 du rôle.

1394 Dies feststellend auch Consumer Law Compendium, Rechtsvergleichende Studie, S. 733.

1395 Projet de loi n° 5193, Expose des motifs, S. 3.

Auch hier muss der Verbraucher den Nachweis dafür erbringen, dass die Vertragswidrigkeit innerhalb der Zwei-Jahres-Frist aufgetreten ist.[1396] Die einzige Beweiserleichterung besteht für den Verbraucher darin, dass bei Vertragswidrigkeiten, die innerhalb von sechs Monaten nach der Lieferung auftreten, deren Vorliegen bei Lieferung vermutet wird, sodass insoweit eine Beweislastumkehr zu Gunsten des Verbrauchers besteht.[1397]

Auch hinsichtlich dieser Vermutung zeigt sich ein Unterschied zur Richtlinie, die die Einschränkung macht, dass die Vermutung mit der Art des Gegenstandes oder der Art der Vertragswidrigkeit vereinbar sein muss. Eine Unvereinbarkeit liegt u. a. dann vor, wenn sich aufgrund technischer Gegebenheiten ausschließen lässt, dass die Vertragswidrigkeit bereits bei Lieferung vorgelegen hat.[1398] Eine entsprechende Einschränkung sieht die luxemburgische Regelung nicht vor, sodass hier davon auszugehen ist, dass die Vermutung ohne Einschränkungen gilt.

Die Klage des Verbrauchers wird abgewiesen, wenn er diese nicht innerhalb von zwei Jahren nach der Geltendmachung der Vertragswidrigkeit erhebt. Nach Ablauf der Frist kann der Verbraucher sich nur noch gegenüber einem Kaufpreisanspruch des Unternehmers damit verteidigen, dass er Minderung oder Schadensersatz verlangt.[1399] Eine Verlängerung der Frist ist möglich, wenn der Verbraucher an der Einhaltung der Frist durch einen *fraude* des Unternehmers gehindert war. Zudem wird die Frist durch Verhandlungen zwischen dem Unternehmer und dem Verbraucher, eine *assignation en réfère*[1400] sowie durch jede gerichtliche Anordnung in Bezug auf die Vertragswidrigkeit unterbrochen[1401]; eine neue Jahresfrist beginnt, wenn der Unternehmer den Verbraucher per Einschreiben über das Ende der Verhandlungen in Kenntnis gesetzt hat. Da diese Regelungen weitgehend mit denjenigen übereinstimmen, die in Art. 1648 *Code Civil lux.* vorgesehen werden, kann bei Auslegungsschwierigkeiten auch auf die dortige Rechtsprechung zurückgegriffen werden.[1402] Der Gesetzgeber hatte einen entsprechenden Gleichlauf beabsichtigt.[1403]

1396 Trib. Arr. Lux., Urt. vom 08. 12. 2009, n° 122761 du rôle; Urt. vom 23. 02. 2011, n° 131237 du rôle; *Ravarani*, La responsabilité civile, Rn. 717.

1397 Projet de loi n° 5193[7], Rapport de la Commission de l'economie, de l'energie, des postes et des transports, S. 4.

1398 *Staudenmayer*, NJW 1999, 2393 (2396).

1399 Projet de loi n° 5193[7], Rapport de la Commission de l'economie, de l'energie, des postes et des transports, S. 4. Dies gilt nach Art. L. 212-6 *Code de la cons.* jedoch nur, wenn der Verbraucher den Kaufpreis noch nicht gezahlt, aber die Vertragswidrigkeit in der geforderten Frist geltend gemacht hat.

1400 Dabei handelt es sich um eine Form des Rechtsschutzes, bei dem im Wege eines »Schnellverfahrens« eine einstweilige Regelung getroffen wird.

1401 Dabei handelt es sich um eine »demande d'expertise judiciaire«, vgl. Cour de Cass. Lux., Urt. vom 19. 06. 2014. n° 56/14 du rôle.

1402 *Ravarani*, La responsabilité civile, Rn. 717.

Durch ausdrückliche[1404] Vereinbarung können Verbraucher und Unternehmer beim Kauf gebrauchter Gegenstände eine kürzere Frist vereinbaren, die jedoch nicht weniger als ein Jahr betragen darf[1405]. In diesem Falle besteht nach Ansicht des Gesetzgebers nicht die gleiche Schutzbedürftigkeit des Verbrauchers. Zudem berücksichtigte der Gesetzgeber, dass der belgische Gesetzgeber eine entsprechende Regelung schaffen wollte und auch Deutschland und Österreich entsprechende Regelungen vorgesehen hatten. Damit es in den zu diesen Ländern bestehenden Handelsbeziehungen nicht zu einer Benachteiligung der luxemburgischen Unternehmer kommt, sollte ein Gleichlauf erfolgen.[1406] Der Hinweis auf das Erfordernis einer ausdrücklichen Vereinbarung zeigt jedoch, dass für die Verkürzung der Frist zumindest eine schriftliche Individualvereinbarung erforderlich ist; die Möglichkeit einer Fristverkürzung durch Allgemeine Vertragsbedingungen erscheint daher zumindest fraglich.[1407]

Neben diesen Einschränkungen in zeitlicher Hinsicht, besteht für den Unternehmer keine Möglichkeit einer Haftungsbeschränkung dadurch, dass er vor Entdeckung der Vertragswidrigkeit mit dem Verbraucher vereinbart hat, dass er nur in begrenztem Umfang für diese einzustehen hat. Daher ist es unter anderem unzulässig, dass die »Garantiezeit« (mit Ausnahme des Kaufs gebrauchter Sachen) unter zwei Jahre abgesenkt wird.[1408] Es ist ebenfalls ausgeschlossen, dass der Verbraucher erklärt, bei Vertragsschluss Kenntnis vom Vorliegen der Vertragswidrigkeit zu haben, wenn es sich um eine pauschale Angabe ohne nähere Bezeichnung der Art der Vertragswidrigkeit handelt.[1409] Aus diesem Grund ist es ferner unzulässig, dass der Käufer angibt, Kenntnis davon zu haben, dass Reparaturen notwendig sind, selbst wenn dafür der Kaufpreis gemindert wird.[1410] Diese Unwirksamkeit kann der Unternehmer nicht einmal dadurch umgehen, dass die Vereinbarung die Formerfordernisse des Art. 1135-1 *Code Civil* erfüllt.[1411]

d) Verhältnis zum Haftungsregime des Code Civil

Auch wenn es für Verbraucherverträge zu einem Gleichlauf der beiden Haftungsregime kam, stellt sich weiterhin die Frage, wie sich das durch den *Code de la cons.* geschaffene System zu demjenigen des *Code Civil* verhält.

1403 Projet de loi n° 5193, Commentaire des articles, S. 16.

1404 *Ravarani*, La responsabilité civile, Rn. 715.

1405 Bei Kraftfahrzeugen kann eine Herabsetzung der Frist ferner nur dann erfolgen, wenn deren erstes Inverkehrbringen bereits mehr als ein Jahr zurück liegt.

1406 Projet de loi n° 5193, Expose des motifs, S. 8.

1407 Dies offenlassend auch *Ravarani*, La responsabilité civile, Rn. 715.

1408 Trib. Arr. Lux., Urt. vom 20.03.2008, n° 305/2008.

1409 Projet de loi n° 5193, Commentaire des articles, S. 16.

1410 Cour d'Appel Lux., Urt. vom 10.02.2010, n° 35099 du rôle.

1411 Projet de loi n° 5193, Commentaire des articles, S. 16.

Art. L. 218-2 *Code de la cons. lux.* stellt hierzu allgemein fest, dass die zuvor geschilderten Bestimmungen unbeschadet jeder Handlungsmöglichkeit bestehen, die dem Verbraucher durch Gesetz gewährt wird. Damit soll dem Verbraucher die Möglichkeit gegeben werden, sich weiterhin auf die Bestimmungen der Artikel 1641 ff. *Code Civil* und damit auf die Haftung für versteckte Fehler zu berufen. Der Verbraucher kann daher wählen, auf welches Regime er seine Ansprüche stützen möchte. Dies entspricht den Vorgaben der Richtlinie, nach der es den Mitgliedsstaaten ausdrücklich gestattet wird, andere Ansprüche des Verbrauchers aus (außer-)vertraglicher Haftung vorzusehen.

Aus Sicht des Verbrauchers ist diese Wahlmöglichkeit im Einzelfall durchaus von Vorteil: Bei Vorhandensein eines verborgenen Fehlers muss er diesen zwar in kurzer Frist nach Entdeckung geltend machen; über diese Frist hinaus wird jedoch keine weitere Frist vorgesehen. Daher ist der Rückgriff auf die Haftung nach dem *Code Civil* insbesondere von Interesse, wenn die nach dem *Code de la cons.* vorgesehene zweijährige Frist bereits abgelaufen ist.[1412]

4. Kommerzielle Garantie

Neben der durch das Gesetz vorgesehenen Garantie werden gewisse Grundregeln für den Fall vorgegeben, dass der Unternehmer selbst eine Garantie gewährt. Obwohl es sich dabei um eine vertragliche Vereinbarung zwischen den Parteien handelt, muss diese gewisse Voraussetzungen erfüllen.

Das Vorhandensein einer gesetzlichen Regelung ist der wesentliche Unterschied zur Rechtslage vor Umsetzung der Verbrauchsgüterkaufrichtlinie. Einzige Regelung war Art. 11 des Gesetzes von 1983; es fehlte jedoch an formellen Anforderungen, die zum Schutz des Verbrauchers zu erfüllen waren[1413]. Die heutigen Bestimmungen sind eine leicht modifizierte Übernahme der in Umsetzung der Richtlinie geschaffenen Regelungen.

Kommerzielle Garantie in diesem Sinne ist nach Art. L. 212-10 *Code de la cons. lux.* »tout engagement d'un professionnel ou d'un producteur à l'égard d'un consommateur, en plus de ses obligations légales tenant à la garantie de conformité, en vue de rembourser le prix d'achat, ou de remplacer ou de réparer le bien, ou de prester tout autre service en relation avec le bien si ce dernier ne correspond pas aux spécifications ou à d'autres éléments éventuels non liés à la conformité énoncés dans la déclaration de garantie[1414] ou dans la publicité cor-

1412 Projet de loi n° 5193[1], Avis de l' Union luxembourgeoise des consommateurs, S. 1 f.

1413 *Elvinger*, ERPL 2001, 309 (321).

1414 Dies umfasst alle materiellen und elektronischen Mittel, in die die Garantie eingefügt werden kann, vgl. Projet de loi n° 5193, Commentaire des articles, S. 17. Beispielsweise kann sich diese in der Betriebsanleitung oder als Notiz auf der Verpackung befinden, vgl. Grundmann/ Bianca/ *Malinvaud*, EU-Kaufrechts-Richtlinie, Art. 6 Rn. 9.

respondante faite au moment de la conclusion du contrat ou avant celle-ci.« Ergänzend sieht die Richtlinie in Art. 1 Abs. 2 (e) vor, dass es sich bei der Garantie um eine »ohne Aufpreis eingegangene Verpflichtung« handelt. Ein solches Merkmal sieht die luxemburgische Regelung nicht vor. Aus der fehlenden Regelung ergibt sich aber kein wesentlicher inhaltlicher Unterschied. Über die Vorgaben der Richtlinie hinaus wird demgegenüber der Fall erfasst, dass sich Werbung und Garantieerklärung widersprechen, wobei dann die aus Sicht des Verbrauchers günstigere Regelung gilt. Denn es ist nach Ansicht des Gesetzgebers nicht zu rechtfertigen, dass der Verbraucher auf Grund einer Werbung einen Gegenstand erwirbt und im Nachgang seine Rechte durch eine Garantieerklärung eingeschränkt werden.[1415] Ein Vergleich mit der Richtlinie zeigt zudem, dass diese nur den Fall erfasst, dass der Hersteller selbst an den Verbraucher veräußert,[1416] während nach der luxemburgischen Regelung alle Garantien durch einen Hersteller erfasst werden[1417]. Die luxemburgische Ausdehnung des Anwendungsbereichs verhindert, dass die gesetzlichen Erfordernisse dadurch umgangen werden, dass nicht der Verkäufer, sondern der Hersteller die Garantie gewährt.[1418]

Unterfällt die Garantie dieser Definition, muss diese klar und verständlich sowohl ihren Inhalt als auch die wesentlichen Erfordernisse für deren Geltendmachung angeben. Verpflichtend muss zudem darauf hingewiesen werden, dass eine gesetzliche Garantie besteht und dass die kommerzielle Garantie nicht ausschließt, dass sich der Verbraucher auf die gesetzliche Garantie berufen kann. Damit soll sichergestellt werden, dass sich der Verbraucher nicht über die Bedeutung der Garantie irrt.[1419] Im Hinblick auf den Inhalt der Garantie ist es ferner zwingend, dass diese über den Umfang der gesetzlichen Garantie hinausgeht; insbesondere dürfen deren Fristen nicht unterschritten werden. Unwirksam ist daher eine Garantie, die zwar die gesetzlichen Vorschriften und die Dauer der gesetzlichen Garantie in gesetzeskonformer Weise angab, dann aber je nach dem Vertragsgegenstand eine kommerzielle Garantie von einem bis zwei Jahren vorsah.[1420] Diese Rechtsprechung ist vor allem bemerkenswert, weil der Verbraucher ausdrücklich auf die Parallelität der Garantien hingewiesen wurde und die einzige Abweichung von den gesetzlich geforderten Angaben darin bestand, dass eine abweichende Dauer der kommerziellen Garantie angegeben worden ist. Bereits dies war aber geeignet, den Kunden über die Garantiedauer irren zu

1415 Projet de loi n° 5193, Commentaire des articles, S. 17.

1416 Grundmann/ Bianca/ *Malinvaud*, EU-Kaufrechts-Richtlinie, Art. 6 Rn. 6.

1417 Projet de loi n° 6478, Commentaire des articles, S. 37.

1418 So allgemein zur Richtlinie Grundmann/ Bianca/ *Malinvaud*, EU-Kaufrechts-Richtlinie, Art. 6 Rn. 36.

1419 Projet de loi n° 6478[1], Avis de l'Union luxemb. des consommateurs, S. 3.

1420 Cour d' Appel Lux., Urt. vom 13.06.2007, n° 31827 du rôle.

lassen und beinhaltete daher die Gefahr, eine ordnungsgemäße Anwendung der gesetzlichen Vorschriften zu verhindern.[1421]

Es werden aber nicht nur inhaltliche Anforderungen aufgestellt, sondern die Garantie muss dem Verbraucher in formeller Hinsicht schriftlich oder auf einem anderen dauerhaften Datenträger übermittelt werden. Der Verbraucher hat hierbei – entsprechend Art. 6 Abs. 4 der Richtlinie[1422] – die Wahl zwischen einer französischen und einer deutschen Version.

Darüber hinaus wird vorgesehen, dass die Tatsache, dass der Unternehmer eine dieser Pflichten nicht erfüllt, nicht das Recht des Verbrauchers berührt, sich auf das Bestehen der Garantie zu berufen; hingegen fehlt es an einer weiteren Sanktion.[1423] Nichtsdestotrotz ist eine Verletzung nicht sanktionslos: So wurde in der Rechtsprechung die Werbung mit einer kommerziellen Garantie, die die gesetzliche Garantiezeit unterschritt, als irreführende Werbung angesehen. Üblicherweise geht der Verbraucher allein davon aus, dass über die angegebene Frist hinaus keine Möglichkeit mehr besteht, Rechte geltend zu machen. Für die Annahme einer irreführenden Werbung reicht bereits der Nachweis, dass eine potentielle Beeinflussung des Verbraucherverhaltens vorliegt.[1424]

5. Die französischen Regelungen im Vergleich

Auch im französischen Recht führte die Notwendigkeit der Richtlinienumsetzung zu einer Änderung der Bestimmungen des Verbrauchergesetzbuches, nicht aber der allgemeinen Regelungen im *Code Civil.*[1425] Die verspätete luxemburgische Umsetzung quasi »auslösend« hat der französische Gesetzgeber die Richtlinie verspätet umgesetzt und wurde daher ebenfalls wegen Verstoßes gegen das Gemeinschaftsrecht verurteilt.[1426] Der Auslöser dieser verspäteten Umsetzung ist erneut darin zu sehen, dass zunächst erwogen worden ist, die Richtlinienumsetzung zum Anlass zu nehmen, eine Modifikation des gesamten Kaufrechts vorzunehmen.[1427] Ein erster Entwurf lief auf eine Modifikation der Art. 1641ff. *Code Civil* und damit der allgemeinen Bestimmungen für Kaufverträge hinaus.[1428] Letztlich entschied sich der französische Gesetzgeber wie der luxem-

1421 Cour d' Appel Lux., Urt. vom 13.06.2007, n° 31827 du rôle.
1422 Consumer Law Compendium, Rechtsvergleichende Studie, S. 741.
1423 *Ravarani*, La responsabilité civile, Rn. 766.
1424 Cour d'Appel Lux., Urt. vom 13.06.2007, n° 31827 du rôle.
1425 *Witz/Schneider*, RIW 2005, 921 (921).
1426 EuGH, Urt. v. 01.07.2004, RS. C-311/03 (Europäische Kommission gegen Frankreich), zitiert nach CURIA.
1427 *Witz/Schneider*, RIW 2005, 921 (922).
1428 Vgl. dazu Rapport general du groupe de travail, insbes. S. 16ff. Zusammenfassend zum Inhalt der in dem Entwurf vorgesehenen Bestimmungen vgl. *Witz/ Schneider*, RIW 2005,

burgische Gesetzgeber allein für eine Umsetzung in den *Code de la cons.*[1429] Da auch hier eine Unterscheidung zwischen verschiedenen Arten der Garantie zu finden ist, wird deutlich, dass sich das französische Recht ebenfalls stark an die Vorgaben der Richtlinie angelehnt hat.

a) Gesetzliche Garantie

Ähnlich dem oben Gesagten ist hier die wesentliche Neuerung – zumindest für den Bereich des Verbrauchsgüterkaufs[1430] – darin zu sehen, dass die bestehende Unterscheidung zwischen der Haftung für verborgene Fehler und der Einstandspflicht im Falle der Vertragswidrigkeit aufgegeben worden ist. Der einheitliche Begriff der Vertragsmäßigkeit[1431] umfasst damit sowohl die Vertragsmäßigkeit im engeren Sinne als auch die Garantie für verborgene Mängel.[1432]

Obwohl oben geschildert worden ist, dass eine starke Anlehnung an die Richtlinie erfolgt ist, lassen sich hinsichtlich des Begriffes der Vertragswidrigkeit Unterschiede erkennen. Die Formulierung der Richtlinie (Art. 2 Abs. 2: »Es wird vermutet, dass Verbrauchsgüter vertragsgemäß sind, wenn…«) vermutet das Vorliegen der Vertragsmäßigkeit, während diese nach dem französischen Recht positiv festzustellen war (Art. L. 211-5 a. F. »Pour être conforme au contrat, le bien doit..«).[1433] Damit sollte dem Eindruck entgegengewirkt werden, dass dem Unternehmer trotz des Vorliegens einer Vertragswidrigkeit der Beweis des Gegenteils möglich sei.[1434] Die seit dem 01. 07. 2016 bestehende Formulierung in Art. L. 217-5 *Code de la cons.* greift hingegen die Vermutung für das Vorliegen der Vertragswidrigkeit auf, sodass insoweit nunmehr Gleichlauf besteht. Im Gegensatz zur Richtlinie hat der französische Gesetzgeber die Kriterien für die Bestimmung der Vertragswidrigkeit in zwei Kategorien gegliedert. Bei Fehlen einer ausdrücklichen oder zumindest konkludenten Parteivereinbarung ist danach die Vertragswidrigkeit anhand des gewöhnlichen Zwecks sowie der gegebenen Beschreibung und den vernünftigen Erwartungen des Verbrauchers zu bestimmen. Daneben handelt es sich um eine vertragsgemäße Sache, wenn diese

921 (923). Dieser sah vor allem eine weitgehende Vereinheitlichung des allgemeinen Kaufrechts und der besonderen Bestimmungen für den Verbrauchsgüterkauf vor.

1429 Zu einer deutschen Übersetzung der Artikel siehe *Witz/Schneider*, RIW 2005, 921 (930ff.).

1430 Hingegen sind diese Bestimmungen mit Ausnahme der Werklieferungsverträge nicht auf die Erbringung von Leistungen anwendbar, vgl. *Raymond*, Droit de la consommation, Rn. 499. Ausdrücklich ausgeschlossen sind nach Art. L. 211-2 *Code de la cons. fr.* zudem Kaufverträge auf öffentlichen oder gerichtlichen Versteigerungen sowie der Kauf von Elektrizität.

1431 *Witz/Schneider*, RIW 2005, 921 (926). Zum Begriff der Vertragsmäßigkeit im Einzelnen vgl. *Sauphanor-Brouillaud*, Les contrats de consommation, N° 736ff.

1432 *Raymond*, Droit de la consommation, Rn. 500.

1433 *Witz/Schneider*, RIW 2005, 921 (926).

1434 *Paisant*, JCP 2005, 1, 146, 1167 (1169).

die vereinbarte Beschaffenheit aufweist oder zu dem beabsichtigten Zweck geeignet ist[1435]. Hingegen kommt es gegenüber der Richtlinie zu einer Ausweitung der Einstandspflicht für öffentliche Äußerungen des Herstellers oder von dessen Vertretern. Ausgeschlossen ist diese nur, wenn dem Verkäufer der Nachweis gelingt, dass er die Äußerung weder kannte noch kennen musste. Ähnlich dem Vorgehen des luxemburgischen Gesetzgebers sind die weiteren in der Richtlinie vorgesehenen haftungsentlastenden Umstände nicht übernommen worden.[1436]

Wie auch im luxemburgischen Recht wurde bei Auftreten der Vertragswidrigkeit innerhalb der ersten sechs Monate nach Gefahrübergang vermutet, dass diese bereits bei Gefahrübergang vorlag. An dieser Stelle trat mit Wirkung zum 18. März 2016 eine bedeutende Änderung ein:[1437] Die bisherige Frist von 6 Monaten wird nur für gebrauchte Waren beibehalten; ansonsten wird die Frist auf 24 Monate erstreckt. Damit folgt ein Gleichlauf von Vermutung und Verjährung[1438] und zugleich eine deutliche Erweiterung des Verbraucherschutzes.

Bei Vorliegen einer Vertragswidrigkeit kann der Käufer gestuft Nachbesserung oder Ersatzlieferung bzw. auf zweiter Stufe Minderung und Auflösung des Vertrages verlangen[1439]; das französische Recht bestimmt damit klar, dass die Rechtsbehelfe stufenweise geltend zu machen sind. Gegenüber der in der Richtlinie vorgesehenen Formulierung, dass die Reparatur oder die Ersatzlieferung in angemessener Frist zu erfolgen haben, sieht der Gesetzgeber hier erneut eine Konkretisierung dahingehend vor, dass diese innerhalb eines Monats zu erfolgen hat[1440]. Zwar kann auch hier der Verkäufer eine Art der Nacherfüllung wegen unverhältnismäßiger Kosten verweigern, jedoch wird ihm kein eigenes Abhilferecht zugestanden.[1441] Der Käufer hat ferner unabhängig von einem Verschulden auf Seiten des Verkäufers die Möglichkeit, Schadensersatz zu verlangen. Zu ersetzen sind alle Schäden, die aufgrund der Nachbesserung bzw. Ersatzlieferung entstanden sind.[1442] Jedoch sind nach Art. L. 217–8 *Code de la cons. fr.* die Rechtsbehelfe des Verbrauchers ausgeschlossen, wenn er die fehlende

1435 Diese Variante steht unter der weiteren Bedingung, dass der von dem Verbraucher angestrebte Zweck dem Verkäufer zur Kenntnis gebracht und von diesem akzeptiert wurde.

1436 *Witz/Schneider,* RIW 2005, 921 (926).

1437 Loi n° 2014–344 du 17 mars 2014 relative à la consommation, JORF n°0065 du 18 mars 2014, S. 5400.

1438 Die Rechtsbehelfe sind in zwei Jahren ab Lieferung der Ware geltend zu machen.

1439 Zu beachten ist, dass auch in diesem Fall die Auflösung des Vertrages bei fehlender Zustimmung der anderen Vertragspartei durch richterliches Urteil auszusprechen ist, vgl. *Witz/Schneider,* RIW 2005, 921 (927).

1440 Fristbeginn ist die Geltendmachung der Vertragswidrigkeit durch den Käufer.

1441 *Schrewe,* Der Abhilfeanspruch, S. 165.

1442 *Schrewe,* Der Abhilfeanspruch, S. 221; *le Tourneau,* Droit de la responsabilité et des contrats, N° 6124.

Vertragsmäßigkeit der Sache kannte.[1443] Entscheidend ist auch hier auf den Zeitpunkt des Vertragsschlusses abzustellen.

Ein Unterschied im Vergleich der beiden Rechtsordnungen besteht darin, dass keine Verpflichtung des Käufers bestand, die Vertragswidrigkeit in bestimmter Frist geltend zu machen. Ebenfalls fehlt es an einer Befugnis der Parteien, eine kürzere Frist vorzusehen, wenn es sich um eine gebrauchte Sache handelt. Es bleibt daher auch hier bei einer Frist von zwei Jahren, sodass im Vergleich in Frankreich die verbraucherfreundlichere Regelung besteht.

Keiner ausdrücklichen Bestimmung unterliegt daneben die *action directe*, die dem Käufer ermöglicht, seine Ansprüche auch gegenüber einem früheren Verkäufer aus der Lieferkette oder gegenüber dem Hersteller durchzusetzen[1444]; es findet sich allein eine Regelung dergestalt, dass sich dieses nach den Bestimmungen des *Code Civil* richtet. Es wird daher weiterhin auf die entsprechende Rechtsprechung zurückgegriffen werden können. Dafür spricht sicherlich auch, dass nach dem Willen des Gesetzgebers durch die neuen Regelungen ausschließlich die Rechtsstellung der Verbraucher verbessert werden sollte.[1445] Selbst wenn sich dies nicht direkt aus dem *Code de la cons. fr.* ergeben sollte, entstehen dem Verbraucher hierdurch keine Nachteile. Denn auch nach dem französischen Recht ist es dem Verbraucher nämlich nicht verwehrt, sich parallel auf die Rechtsbehelfe der Art. 1641 bis 1649 *Code Civil* zu berufen.[1446] Insgesamt wird dieser Frage daher nur geringe Bedeutung zukommen. Zu beachten ist ferner, dass es sich bei diesem Anspruch nur um einen abgeleiteten Anspruch handelt.[1447] Daher kann sich der Verbraucher nur auf solche Ansprüche berufen, die dem unmittelbaren Vertragspartner seines Prozessgegners zur Verfügung stehen. Eine *action directe* auf Grundlage der Vorschriften des *Code de la cons.* ist daher nur denkbar, wenn es sich auch bei diesem Vertrag um einen Vertrag zwischen einem Verbraucher und einem Unternehmer handelt.[1448] Dies ist nur selten der Fall.

b) Kommerzielle Garantie

Auch bei der Regelung der kommerziellen Garantie hat der französische Gesetzgeber weitgehend unverändert den Text der Richtlinie übernommen. Der Unternehmer darf die gesetzliche Garantie weder beschränken noch ausschließen; bei der Gestaltung der kommerziellen Garantie sind ihm hingegen hinsichtlich der Länge und der Ausgestaltung im Einzelnen keine Grenzen ge-

1443 Cour de Cass., Urt. vom 01.07.2010, CCC 2010, comm. 243.
1444 *Witz/Schneider*, RIW 2005, 921 (927).
1445 *Paisant*, JCP 2005, 1,146, 1167 (1173).
1446 *Salvat*, CCC 2006, étude 18, 10 (12).
1447 *Bauerreis*, Das französische Rechtsinstitut, S. 78.
1448 *Witz/Schneider*, RIW 2005, 921 (928).

setzt.[1449] Voraussetzung ist wieder, dass die Garantie schriftlich abgefasst wird und sowohl die Bedingungen für deren Geltendmachung als auch die Dauer, die örtliche Geltung und Name und Adresse des Garantiegebers angibt. Zudem muss ein ausdrücklicher Hinweis auf das Bestehen einer gesetzlichen Garantie und auf die Tatsache, dass diese auch dann greift, wenn keine kommerzielle Garantie bestehen sollte, erfolgen. Kommt der Unternehmer diesen verpflichtenden Angaben nicht nach, kann sich der Verbraucher dennoch auf die Garantie berufen; dem Unternehmer wird aber zugleich eine *peine d'amende administrative* und damit eine Art Ordnungsgeld auferlegt.[1450]

Scheint die Rechtslage damit im Wesentlichen derjenigen in Luxemburg zu entsprechen, zeigt sich bei der Analyse der französischen Rechtslage eine Besonderheit: Wird die Sache aufgrund eines von der Garantie erfassten Reparaturverlangens des Käufers mehr als 7 Tage stillgelegt, wird die dem Käufer verbleibende Garantiefrist entsprechend verlängert. Zweck dieser Regelung ist, dass dem Verbraucher die gesamte Garantiefrist ohne Einschränkungen zugesprochen werden soll.[1451] Daneben wird der Unternehmer durch die drohende Fristverlängerung zu einer »schnelleren« Reparatur der Sache angehalten. Eine solche Regelung hat der luxemburgische Gesetzgeber nicht vorgesehen.

c) *Zusammenfassung*

Zu Beginn dieses Abschnitts wurde eine weitgehende Übereinstimmung der beiden Regelungsregime angenommen. Diese Annahme war vor allem auf die Tatsache zurückzuführen, dass der luxemburgische Gesetzgeber mit Blick auf die französischen Entwürfe seine ursprünglich geplante umfassende Reform des Kaufrechts aufgegeben hat. Die genaue Analyse zeigte aber, dass die anfänglich vertretene These nicht aufrechterhalten werden kann. Zwar haben beide Rechtsordnungen die Richtlinie so umgesetzt, dass im Verbraucherrecht die frühere Unterscheidung zwischen der Vertragswidrigkeit und dem Vorliegen eines verborgenen Mangels aufgegeben worden ist; jedoch bestehen nicht zu vernachlässigende Unterschiede im Detail. Diese zeigen sich insbesondere bei der Rangfolge der Rechtsbehelfe und der Frist für deren Geltendmachung. Insgesamt entsteht der Eindruck, dass die französische Regelung verbraucherfreundlicher ist und diesem ein weitergehender Schutz gewährt wird. Da abweichende Regelungen in Luxemburg bestehen, zeigt dies aber zugleich, dass keine »blinde Übernahme« der französischen Regelungen erfolgt ist.

1449 *Raymond*, Droit de la consommation, Rn. 505.
1450 Code de la cons. commenté, S. 355.
1451 *Witz/Schneider*, RIW 2006, 925 (926).

III. Unaufgeforderte Zusendung von Gegenständen oder unaufgeforderte Erbringung von Dienstleistungen

Der Verbraucherschutz wird dadurch komplettiert, dass der Verbraucher vor der unaufgeforderten Zusendung von Gegenständen oder der nicht von ihm verlangten Erbringung von Dienstleistungen bzw. zumindest vor einer mit einer solchen Zusendung verbundenen Zahlungsaufforderung geschützt wird. Auch hier ist die Beobachtung zu machen, dass es an einer einheitlichen Bestimmung für alle der hier interessierenden Verträge fehlt.[1452] Gemeinsam ist den Regelungen für die verschiedenen Vertragstypen jedoch, dass die in diesen Bereichen bestehenden unlauteren Geschäftspraktiken beendet werden sollen.[1453]

Die zeitlich erste Regelung war Art. 57 des Gesetzes von 2000, wonach die Zusendung ohne vorherige Bestellung durch den Verbraucher[1454] verboten war, sofern dieser eine Zahlungsaufforderung beigefügt war[1455]. Bereits der Wortlaut verdeutlichte daher, dass das Verbot nicht galt, wenn die Zusendung erfolgte, ohne dass der Verbraucher eine Gegenleistung zu erbringen hatte.

Erfolgte dennoch eine Zusendung, entstand keine Verpflichtung des Verbrauchers; auch das Fehlen einer Antwort konnte nicht als Zustimmung gewertet werden. Der Verbraucher musste daher weder der Zahlungsaufforderung nachkommen noch eine Entschädigung für bereits erbrachte Leistungen zahlen. Daneben war er nicht zur Rücksendung verpflichtet.[1456] Es blieb und bleibt unklar, wo die unverlangt zugesandte Sache letztlich verbleiben soll. Muss der Verbraucher die Sache an den Unternehmer zurückgeben, wenn dieser sie abholen möchte oder dieser (freiwillig) die Rücksendekosten tragen möchte?[1457] Einige sehen in der Versagung dieser Möglichkeit die einzig wirksame Sanktion gegen dieses Geschäftsmodell.[1458] Für diese Sichtweise spricht eine Aussage, die

1452 In Bezug auf das Gesetz von 1983 findet sich daher noch die Aussage, dass der Begriff der »forcierten Sendungen« dem luxemburgischen Recht fremd sei, vgl. *Decker/ Bodry*, Verbraucherrechtsschutz in Verträgen, S. 13.

1453 *Allix*, Revue des affaires europeennes 3/1998, 176 (181).

1454 Aus der Verbraucherrechterichtlinie lässt sich schließen, dass es nicht allein ausreicht, dass es an einer Bestellung fehlt, die irgendeine rechtsgeschäftliche Relevanz hat – vielmehr darf der Empfänger die Leistung auf keinen Fall selbst gesucht haben, vgl. *de Franceschi*, GRUR Int. 2013, 865 (870).

1455 Und der Zweck darin besteht, den Empfänger der Leistung dazu zu verleiten, einen Vertrag abzuschließen, vgl. *Scherer*, WRP 2012, 139 (139).

1456 *Prüm*, Le commerce electronique en droit luxemb., S. 485.

1457 Nicht weiterführend ist insofern die Entwurfsbegründung in Projet de loi N° 4641, Texte du projet de loi, S. 72, die ausschließlich darauf hinweist, dass der Verbraucher keine Verpflichtung zur Rückgabe des Produktes habe – daraus kann allerdings nicht abgeleitet werden, ob diese fehlende Verpflichtung auch den hier interessierenden Fall erfasst.

1458 Projet de loi n° 4781, Expose des motifs., S. 13. In diesem Sinne auch *Sosnitza*, BB 2000, 2317 (2319).

den Gesetzgebungsmaterialien zu entnehmen ist: Danach habe der Verbraucher »nichts zu tun« – es sei schlechthin unzumutbar, einem Verbraucher, der nichts bestellt habe, irgendeine Verpflichtung aufzuerlegen. Allein das Behaltendürfen der nicht verlangten Sendung stelle eine entsprechende Sanktion dar, um die Nichteinhaltung »zu bestrafen«.[1459] Auch der Gedanke des Verbraucherschutzes spricht für diese Lösung: Denn der Schutz des Verbrauchers vor einer unverlangten Zusendung kann am Besten gewährleistet werden, wenn dem Unternehmer alle Ansprüche abgesprochen werden.[1460]

Eine weitere Bestimmung findet sich für den Fernabsatz in Art. 8 des entsprechenden Gesetzes. Auch wenn die dortige auf den ersten Blick der Bestimmung aus dem Gesetz von 2000 ähnlich sieht, finden sich Unterschiede im Detail. So heißt es hier ausdrücklich, dass der Verbraucher von jeglicher Gegenleistung befreit ist. Auch wenn dies zu keinem inhaltlichen Unterschied führt, widerspricht dies dem angestrebten Gleichlauf beider Gesetze. Von beiden Gesetzen ungeklärt bleibt hingegen die Frage, wie es sich verhält, wenn der Unternehmer dem Verbraucher die Waren irrtümlich zugesandt hat. Auch diese Fälle scheinen vom Wortlaut umfasst zu sein. Während der Parlamentsdebatte wurde aber berechtigterweise darauf verwiesen, dass der sich irrende Unternehmer im Nachteil ist, wenn der Verbraucher sich nicht meldet[1461]. Daher wird man eine Anwendung auf diese Fälle zumindest kritisch sehen müssen.

Der *Code de la cons. lux.* übernahm zunächst eine leicht geänderte Version des Wortlauts. Dieser wurde im Rahmen der Umsetzung der Verbraucherrechterichtlinie erneut angepasst. Ergänzend stellt der Wortlaut der Bestimmung fest, dass die Beweislast für das Vorliegen einer Bestellung dem Unternehmer auferlegt wird. Eine weitere bedeutende Änderung ist zudem darin zu sehen, dass sich die Vorschrift nicht mehr im Kapitel über Fernabsatzverträge, sondern bei den Bestimmungen über die weiteren Rechte des Verbrauchers findet; damit ist klargestellt, dass es sich nicht um ein Verbot für bestimmte Verträge, sondern um eine allgemeine Regelung handelt. Nicht ausdrücklich umgesetzt wurde hingegen die Erweiterung des Anwendungsbereichs auf Waren, Wasser, Gas, Strom, Fernwärme und digitale Inhalte; diese Erweiterung ergibt sich aber aus der Streichung der Wendung, dass es sich um die unverlangte Zusendung »eines Produkts« handeln muss. Sanktioniert wird ein Verstoß gegen die Bestimmung weiterhin weitestgehend über die Regelungen des Wettbewerbsrechts.

Fraglich ist, ob der hier angenommene Ausschluss des Bestehens eines Rückgabeanspruchs des Unternehmers auch unter Geltung der Verbraucherrechterichtlinie richtlinienkonform ist. Man könnte den in dieser vorgesehenen

1459 Projet de loi n° 4781, Commentaire des articles, S. 13.
1460 *Sosnitza*, BB 2000, 2317 (2320).
1461 Greisen, Projet de loi n° 4781, Chambre des députés, 37é séance 13.03.2003, S. 457.

Umsetzungsauftrag so verstehen, dass die Mitgliedsstaaten nur noch die in der Richtlinie vorgesehenen Sanktionen verwenden dürfen. Nach deren Art. 27 ist der Verbraucher lediglich von der Pflicht zur Erbringung der Gegenleistung befreit. Weitergehende Sanktionen wie etwa ein Ausschluss des Rückgabeanspruchs scheinen dann ausgeschlossen.[1462] Zu beachten ist jedoch, dass die Richtlinie nur innerhalb ihres Anwendungsbereichs vollharmonisierend wirkt. Die Vollharmonisierung erfasst aber nur die Ebene des Vertragsrechts[1463]; damit gerade nicht die Frage einer über diese Ebene herausgehenden Rückgabepflicht des Verbrauchers. Das Vorsehen einer solchen Rechtsfolge scheint daher weiterhin möglich zu sein.

Hinzuweisen ist daneben auf eine Sonderregelung für die unverlangte Erbringung von Finanzdienstleistungen in Art. L. 222-21 *Code de la cons. lux.* Werden gegenüber einem Verbraucher unverlangt Finanzdienstleistungen erbracht, wird dieser von jeder Gegenleistung befreit. Ausdrücklich wird festgeschrieben, dass das Fehlen einer Antwort nicht als Zustimmung anzusehen ist. Es handelt sich hierbei um eine teilweise Übernahme des Gesetzes vom 18.12. 2006,[1464] die insoweit die Vorgaben der RL 2002/65/EG umsetzt. Gestrichen wurde hingegen der Hinweis, dass eine solche Erbringung von Leistungen unter Beilegung einer Zahlungsaufforderung untersagt ist – dies ergibt sich jedoch aus der allgemeinen Bestimmung, wonach dies als unlauteres Verhalten anzusehen ist.

Nicht erfasst ist auch hier die bloße Zusendung von Angeboten, da die Begleitung durch eine Zahlungsaufforderung erforderlich ist.[1465] Damit greift die Bestimmung nicht, wenn eine Leistung erbracht wird, um für den Dienstleister zu werben. In diesem Fall müssen jedoch die Bestimmungen des Wettbewerbsrechts eingehalten werden. Erhält der Verbraucher eine Zahlungsaufforderung muss er nichts tun; selbst wenn er den geforderten Preis bezahlt, kommt es nicht zu einem Vertragsschluss.[1466] Eine Entschädigung hat der Verbraucher nicht zu leisten.[1467] Damit bestehen für den Bereich des Fernabsatzes zwei quasi identische Bestimmungen.[1468]

Auch in Frankreich ist die unerlaubte Zusendung von Waren durch den Gesetzgeber untersagt und wird zudem durch den *Code pénal*[1469] sanktioniert. Das

1462 In diesem Sinne wohl *Piekenbrock*, GPR 2012, 195 (197).

1463 *Schmidt*, GPR 2014, 73 (78).

1464 Projet de loi n° 5881, Commentaire des articles, S. 93.

1465 Projet de loi n° 5389, Commentaire des articles, S. 31.

1466 Projet de loi n° 5389, Commentaire des articles, S. 31.

1467 *Burkel*, Euredia 2003, 445 (450).

1468 So zu den beiden ursprünglich zu Grunde liegenden Richtlinien *Burkel*, Euredia 2003, 445 (445).

1469 Art. R. 635-2 *Code pénal:* (1) Le fait d'adresser à une personne, sans demande préalable de celle-ci, un objet quelconque accompagné d'une correspondance indiquant que cet objet peut être accepté contre versement d'un prix fixé ou renvoyé à son expéditeur, même si ce

Verbot des *Code pénal* ist weiter gefasst, da dieses nach seinem Anwendungsbereich Personen im Allgemeinen erfasst und damit nicht allein auf Verbraucher beschränkt ist. Daneben sieht auch der *Code de la cons.* durch Verweis auf die Art. L. 132–11 ff. *Code de la cons.* eine Sanktionierung vor. Es kann sich beispielsweise um eine Geldstrafe von mehr als 300.000 € handeln. Diesbezüglich kam es bei der Umsetzung der Verbraucherrechterichtlinie eine deutliche Verschärfung der Sanktionen.[1470]

Nicht erfasst von den gesetzlichen Bestimmungen ist der Fall, in dem der Zusendung die Rücksendung einer Antwortkarte durch den Verbraucher vorausgegangen war, mit der dieser den Gegenstand zur Ansicht bestellt hatte.[1471] Eine solche Möglichkeit sieht das luxemburgische Recht zwar nicht vor, das Ergebnis, dass es sich dabei nicht um eine unverlangte Zusendung handelt, lässt sich jedoch auch dort aus dem Sinn und Zweck der Regelungen ableiten. Erneut ist für das Eingreifen der Bestimmungen erforderlich, dass der zugesandten Ware ein Schreiben beigefügt ist, wonach der Verbraucher entweder die Sache gegen Zahlung des geforderten Preises anzunehmen hat oder sie an den Unternehmer zurücksenden muss. Bereits nach dem ausdrücklichen Wortlaut des Gesetzes führt ein Verstoß gegen diese Regelung dazu, dass dem Vertrag keinerlei Wirkungen beizumessen sind. Der Unternehmer hat dem Verbraucher die Summen zurückzuzahlen und zu verzinsen, die dieser ggf. an den Unternehmer geleistet hat. Auch hier wird man dieses Verbot umfassend zu verstehen haben.

V. Fazit

Zu Beginn dieses Kapitels wurde davon ausgegangen, dass das französische Verbrauchergesetzbuch gewissermaßen als Vorbild, wenigstens aber als starker Einflussfaktor für den luxemburgischen *Code de la cons.* diente. Die eingehende Analyse der ursprünglichen wie auch der geltenden Bestimmungen führt jedoch erneut zu dem Schluss, dass nur schwerlich von einer derartigen Vorbildfunktion des französischen Rechts die Rede sein kann.

---

renvoi peut être fait sans frais pour le destinataire, est puni de l'amende prévue pour les contraventions de la 5e classe. (2) Les personnes coupables de la contravention prévue au présent article encourent également les peines complémentaires suivantes : 1° L'interdiction, pour une durée de trois ans au plus, d'émettre des chèques autres que ceux qui permettent le retrait de fonds par le tireur auprès du tiré ou ceux qui sont certifiés ; 2° La confiscation de la chose qui a servi ou était destinée à commettre l'infraction ou de la chose qui en est le produit. Diese Sanktionen werden durch den folgenden Absatz auch auf juristische Personen erstreckt.

1470 Dies stellt *Schmidt*, GPR 2014, 73 (77) in Bezug auf den Entwurf der Änderungen fest.

1471 *Raymond*, Droit de la consommation, Rn. 321.

Dieses Ergebnis zeigte sich bereits bei der Betrachtung des sachlichen Anwendungsbereichs der jeweiligen Gesetzbücher. So fehlte es dem luxemburgischen Recht zu Beginn an einer einheitlichen Definition des Fernabsatzvertrages, der gewissermaßen auf zwei Gesetze »verteilt« wurde. Die Regelungen in Frankreich und Luxemburg unterschieden sich zudem hinsichtlich der Frage, inwieweit für die Einordnung als Fernabsatzvertrag erforderlich war, dass ein für den Fernabsatz organisiertes Vertriebssystem vorlag. Erst im Zuge der Umsetzung der Verbraucherrechterichtlinie, die eine abweichende Regelung nicht mehr zulässt, kam es zu einer Vereinheitlichung der Regelung. Dies beruhte aber allein auf der Notwendigkeit der Richtlinienumsetzung und nicht darauf, dass eine anderslautende Regelung aus einem anderen Staat übernommen werden sollte. Der sicherlich wesentlichste Unterschied zeigte sich, soweit man den Hausiererhandel bzw. die sog. Haustürgeschäfte betrachtet. Während sich in Frankreich zwar gesetzliche Regelungen fanden, die gewisse Anforderungen an den Abschluss entsprechender Geschäfte stellten, war der Hausiererhandel in Luxemburg bis auf wenige Ausnahmen untersagt. Da dieses Verbot mit der Notwendigkeit der Umsetzung der Verbraucherrechterichtlinie aufgehoben werden musste, besteht heute der einzige Unterschied zwischen den Regelungen in einer Ausnahme für die sofortige Begleichung eines Betrages bis zu 50 €. Auch beim Fernabsatz von Finanzdienstleistungen zeigt sich der Unterschied nicht auf inhaltlicher Ebene, sondern allein darin, dass die beiden Gesetzgeber eine unterschiedliche Regelungstechnik verwendet haben. Es ergab sich aber auch, dass heute wegen der weitgehenden Europäisierung kaum noch Unterschiede auszumachen sind.

Eine ähnliche Beobachtung ließ sich für die bestehenden Informationspflichten machen. Auch hier liegen die wesentlichen Unterschiede in der Wahl der verwendeten Regelungstechnik. Neben einer allgemeinen als Auffangvorschrift ausgestalteten Informationspflicht in Frankreich findet sich in Luxemburg neben einer allgemeinen Pflicht auch eine allgemeine Pflicht für besondere Verträge, auch wenn diese Aufteilung aus Verbrauchersicht zumindest problematisch erschien. In inhaltlicher Hinsicht zeigten sich denn auch keine wesentlichen Unterschiede. Allein zu bemerken war, dass die luxemburgische Regelung eine Ausnahme von der allgemeinen Informationspflicht für die besonderen Verträge macht, soweit es sich um ein Geschäft des täglichen Lebens handelt. Ein weiterer Unterschied zeigte sich darin, dass nach dem französischen Recht bei Abschluss eines persönlichen Anschaffungsdarlehens die Zahlen größer geschrieben werden müssen und zudem ein Hinweis darauf erfolgen muss, dass das Darlehen zurückzuzahlen ist. Größere Unterschiede zeigten sich hingegen bei der Betrachtung der Rechtsfolgen, bei denen das luxemburgische Recht mit dem Vorsehen einer Nichtigkeit strenger war, während sich das französische Recht eher auf rein kollektivrechtliche Sanktionen beschränkte. Die Bevorzugung einer für den individuellen Verbraucher »günstigeren« Lösung durch den luxemburgischen Gesetzgeber liegt sicherlich darin begründet, dass dieser dadurch gewissermaßen ein Gegengewicht zur notwendigen Aufgabe des vollständigen Verbots des Hausiererhandels schaffen wollte.

Die vermutete Vorbildfunktion des französischen Rechts wurde gänzlich erschüttert, soweit eine detaillierte Analyse des Bestehens eines Widerrufsrechts erfolgte. Während dieses in Ansätzen in Frankreich bereits seit 1978 zu finden war, hatte der luxemburgische Gesetzgeber zunächst nur ein – auch zeitlich deutlich beschränktes – Lösungsrecht vom Vertrag vorgesehen, obwohl die erste Regelung erst 5 Jahre nach der des französischen Gesetzgebers erfolgt ist. Auch die französische Besonderheit, wonach vor Ablauf der dort vorgesehenen Frist von sieben Tagen keine Leistung durch den Verbraucher erfolgen durfte, hat keinen Niederschlag im luxemburgischen Gesetz gefunden. Dieser Unterschied besteht bis heute. Bei der Annahme einer starken Vorbildfunktion wäre entsprechendes nicht zu erwarten. Es zeigte sich vielmehr, dass sich erst ab 2000 ein wirkliches und vor allem als solches bezeichnetes Widerrufsrecht in Luxemburg gefunden hat, dessen Einführung vor allem auf der Notwendigkeit der Richtlinienumsetzung beruhte. Selbst dann zeigten sich jedoch Unterschiede in der Länge der Frist zwischen 7 Kalender- und 7 Werktagen. Auch bei den Rechtsfolgen zeigte sich das französische Recht im Hinblick auf die Rechtsfolgen marginal strenger – zumindest hier kann daher nicht der Schluss gezogen werden, dass der luxemburgische Gesetzgeber eine Kompensation für die Aufhebung des Verbots des Hausiererhandels erreichen wollte.

Die detaillierte Analyse der Bestimmungen zu den Garantien zeigte ebenso, dass auch hier von der vermuteten Vorbildfunktion des französischen Rechts Abstand zu nehmen ist. Viel eher beruhte der Gleichlauf darauf, dass eine abweichende Regelung eine Gefährdung bestehender Handelsbeziehungen und damit das Eintreten von Nachteilen für den luxemburgischen Verbraucher befürchten ließ.

Das Bestehen eines eigenständigen luxemburgischen Verbraucherrechts

Ziel der vorliegenden Arbeit war, der Frage nachzugehen, inwieweit von einer eigenständigen und damit vom französischen Recht »losgelösten« Entwicklung des luxemburgischen Verbraucherrechts gesprochen werden kann. Zu diesem Zweck wurden neben einer Einführung in die Grundlagen der luxemburgischen Rechtsordnung und einem Überblick über die einschlägige Gesetzgebung exemplarisch verschiedene Bereiche des Verbraucherrechts und die korrespondierenden Vorschriften im französischen Recht untersucht. Dabei ergab sich, dass die eingangs gestellte Frage nach der Eigenständigkeit der luxemburgischen Rechtsordnung insbesondere für den Bereich des Verbraucherrechts durchaus differenziert betrachtet werden muss.

A. Tradition trifft Eigenständigkeit: Luxemburgs *Code Civil* geht eigene Wege

Das unbefangene Herangehen an die Analyse des *Code Civil* ließ erwarten, dass sich dieser quasi als »Paradebeispiel« für eine fehlende Eigenständigkeit der rechtlichen Bestimmungen präsentiert. Es stellte sich aber heraus, dass das erwartete Ergebnis zu kurz greift und sogar eher vom Gegenteil ausgegangen werden muss.

Der *Code Civil lux.* hat keine Bestimmungen, die explizit speziell den Verbraucher schützen sollen. Vielmehr befasst sich dieser allgemein mit dem Schutz der schwächeren Vertragspartei; in vielen Fällen handelt es sich dabei jedoch um einen Verbraucher.

Die Loslösung von der französischen Rechtsordnung und vor allem von den ursprünglichen Regelungen des französischen *Code Civil* aus dem Jahre 1804 ist für Luxemburg bereits 1987 festzustellen; dem Jahr, in dem der Schutz der schwächeren Vertragspartei erstmals zu einem der Kernziele der weiteren Gesetzgebung erhoben wurde. Zwar orientierte man sich im Bereich der Strafklauseln an dem Vorbild des französischen Gesetzgebers. Allerdings war das eher der Tatsache geschuldet, dass eine in Luxemburg bestehende Rechtsunsicherheit zu beheben war, als aus einer schlichten Notwendigkeit, die Reformen des französischen Gesetzgebers in der eigenen Rechtsordnung nachzubilden.

Hingegen ging der Gesetzgeber im Bereich der Übervorteilung gänzlich eigene Wege, sodass sich die getroffene Regelung noch heute von der des französischen Rechts unterscheidet. Das Vorbild wurde auch nicht – wie man vielleicht noch vermuten könnte – in einem Land gesucht, in dem der *Code Civil* gilt, sondern wurde dem schweizerischen Recht entnommen. Insbesondere brachte dies für den Rechtsanwender den Vorteil, dass bei Zweifelsfragen auf die schweizerische Judikatur und Literatur zurückgegriffen werden kann und damit Rechtsunsicherheiten vermieden werden können. Dies ist ein deutliches Indiz für den »Pragmatismus« des Gesetzgebers. Aus der Erkenntnis, dass die eigenen Rechtsprechung nicht »auto-suffisant« ist, werden Vorbilder für die Lösung aufgetretender Probleme in anderen Rechtsordnungen gesucht. Dabei muss es sich aber nicht zwangsläufig um das französische Recht handeln.

Auch im dritten untersuchten Teilbereich – der Garantie für verborgene Mängel – hatte der luxemburgische Gesetzgeber die bestehenden Bestimmungen im *Code Civil lux.* und damit die aus Frankreich übernommene Rechtslage modifiziert, um einer als unzureichend empfundenen Regelung entgegenzuwirken. Insbesondere hatte der Gesetzgeber erkannt, dass die kurze Frist für die Geltendmachung des Fehlers sich zunehmend zum Nachteil derjenigen Verbraucher entwickelte, die zunächst eine einvernehmliche Lösung mit dem Verkäufer suchen wollten. Gelang dies nicht, sah sich der Verbraucher dann oftmals einem Verlust seiner Rechte entgegen.

Insbesondere erkannte der Gesetzgeber, dass die zunächst der Rechtssicherheit dienende kurze Frist für die Geltendmachung des Fehlers gegenüber dem Verkäufer zunehmend zum Nachteil desjenigen Verbrauchers gereichte, der sich zunächst an den Unternehmer wandte, um eine einvernehmliche Lösung mit diesem zu finden und sich dann seiner Rechtsmittel entzogen sah, wenn dies nicht gelang. Der französische Gesetzgeber hielt hingegen an seiner bisherigen Regelung fest; die Rechtsprechung musste als ungerecht empfundene Ergebnisse daher über eine restriktive Auslegung des Fristbeginns lösen. Insoweit war Luxemburg quasi Vorreiter der späteren französischen Regelung. Zugleich war dieses eines der deutlichsten Beispiele dafür, dass der Gesetzgeber die Lösung streitiger Rechtsfragen nicht allein der Rechtsprechung überlässt, sondern stattdessen eine eigenständige Regelung trifft. Hier hat er der Suche nach einem gesetzgeberischen »Vorbild« in einem anderen Land quasi eine Absage erteilt und sich gänzlich für eine eigenständige Regelung entschieden. Die Erfahrungen mit dieser Regelung zeigen aber auch die tatsächlichen Schwierigkeiten eines entsprechenden Vorgehens und geben ein starkes Argument für eine Anlehnung an die gesetzgeberischen Lösungen von Nachbarstaaten. Denn nur in diesem Fall kann zur Lösung eigener Rechtsfragen weitgehend auf bestehende Literatur und Rechtsprechung zur neu eingeführten Regelung zurückgegriffen werden; andernfalls muss bereits in den Gesetzgebungsmaterialien eine weitgehende Klärung strittiger Punkte erfolgen, da andernfalls Rechtsunsicherheit droht.

All dies zeigt, dass gerade im Bereich des *Code Civil* der luxemburgische Gesetzgeber einen eigenständigen Weg gegangen ist. Anstatt französische Reformen schlicht nachzuvollziehen oder diese abzuwarten, ging der Gesetzgeber eigene Wege. Hingegen konnte sich in diesem Bereich keine starke Europäisierung feststellen lassen; dies liegt aber allein darin begründet, dass der *Code Civil* traditionell auf alle Verträge Anwendung findet und damit keine bzw. kaum verbraucherspezifische Regelungen Aufnahme in diesen gefunden haben.

B. Die Mischform: Das Recht der Allgemeinen Vertragsbedingungen

Auch die Betrachtung des Rechts der Allgemeinen Vertragsbedingungen unterstützt die These einer Eigenständigkeit des luxemburgischen Rechts sogar in besonderem Maße. Denn hier war nicht das französische Recht Vorbild einer Entwicklung, sondern es wurden Anleihen an Projekten auf europäischer Ebene aber auch an aus anderen Nachbarstaaten entnommenen Regelungen genommen.

Der luxemburgische Gesetzgeber hatte daher bereits bei der Einführung der entsprechenden Vorschriften von einer Übernahme der französischen Bestimmungen abgesehen, die aus seiner Sicht dem Verbraucher nur einen unzureichenden Schutz gewährt hatten. Damit wurde eine Entwicklung »vorvollzogen«, die in Frankreich erst fast 20 Jahre später eintrat. Dies zeigt einmal mehr, dass keine »blinde Übernahme« französischer Regelungen erfolgt, sondern zunächst eine Prüfung erfolgt, inwieweit damit eine rechtssichere und in der Praxis handhabbare Vorschrift geschaffen werden kann. Diese These wird dadurch untermauert, dass auch nicht die in Frankreich erfolgte Beschränkung auf bestimmte Typen von Bestimmungen erfolgte, sondern diese offener gestaltet war.

Dieses Ergebnis verfestigt sich erneut, soweit man auch die Kontrolle des Inhalts der Vertragsbedingung betrachtet. Denn hier zeigte sich deutlich, dass der luxemburgische Gesetzgeber die für den Verbraucher zumindest besser handhabbare Vorschrift geschaffen hatte, der bereits seit Beginn der entsprechenden Gesetzgebung auf eine Liste untersagter Bestimmungen zurückgreifen konnte. Auch hier hatte der französische Gesetzgeber erst knapp 25 Jahr später eine entsprechende Regelung geschaffen. Der Einfluss tatsächlicher Besonderheiten auf die Rechtsentwicklung zeigte sich aber auch darin, dass sich schon fast traditionell die Mehrheit der Literatur und auch eine Vielzahl der zu findenden Urteilen mit Fragen befassen, die dem Bereich des Bankrechts zuzuordnen sind. Damit zeigt sich aber auch die starke Rolle, die der Bankensektor in Luxemburg nicht nur in der Wirtschaft, sondern auch in der Rechtswirklichkeit einnimmt.

Deutlich wurde aber auch, dass wegen der Vorgaben auf europäischer Ebene zunehmend eine Angleichung zwischen den einzelnen Regelungen festzustellen ist, auch wenn sich gerade im Bereich der Kontrolle Allgemeiner Vertragsbedingungen zeigte, dass die rein mindestharmonisierenden Richtlinien keinesfalls zu einer vollständigen Angleichung der Rechtsordnungen geführt haben. Dies war von diesen aber auch nicht beabsichtigt.

C. Europas Einfluss und Ansätze der Eigenständigkeit: Der *Code de la Consommation*

Ebenso musste die Annahme aufgegeben werden, dass das französische Verbrauchergesetzbuch zumindest als Einflussfaktor für die luxemburgische Entwicklung fungierte. Denn diese Annahme ließ sich nach einer eingehenden Betrachtung der einzelnen Regelungsbereiche nicht mehr aufrechterhalten.

Dieser zunächst gezogene Schluss wurde bereits bei der Analyse des Anwendungsbereichs getrübt, bei dem es zwar nur teilweise zu abweichenden inhaltlichen Regelungen gekommen war, bei dem aber die verwendeten Regelungstechniken voneinander abgewichen sind. Sicherlich wäre es bei der Vermutung einer reinen Übernahme des französischen Rechts auch zur Übernahme der dort verwendeten Regelungstechnik gekommen. Auch die Modifikation ursprünglich anderslautender Definitionen beruhte nicht auf der Tatsache, dass in Frankreich eine abweichende Regelung bestand, sondern allein auf der Notwendigkeit einer zwingenden Richtlinienumsetzung. Die weitestgehende Übereinstimmung einer Vielzahl von Definitionen ist daher eher das Resultat des Vorliegens vollharmonisierender Richtlinien mit einem nur eingeschränkten Gestaltungsspielraum der nationalen Gesetzgeber. Die bisherige Eigenständigkeit wird daher durch eine zunehmende Europäisierung »ersetzt«.

Deutlicher zeigte sich diese Entwicklung, soweit die bestehenden Informationspflichten in den Blick genommen wurden. Denn dort bestehen mit Ausnahme einer abweichenden Regelungstechnik nur noch marginale Regelungsunterschiede, die sich vor allem daraus ergeben, dass die von den Richtlinien eröffneten Gestaltungsspielräume in unterschiedlichem Maße genutzt worden sind. Allein bei den Rechtsfolgen der Verletzung von Informationspflichten, deren Gestaltung kaum durch Richtlinien »vorgezeichnet« ist, zeigen sich heute noch größere Unterschiede.

Die Divergenz zwischen Eigenständigkeit und zunehmender Europäisierung wird durch die Analyse der Regelungen zum Widerrufsrecht bestätigt. Hier war der luxemburgische Gesetzgeber zunächst nicht dem französischen Modell gefolgt, sondern hielt weitestgehend an der Verbindlichkeit eines einmal abgeschlossenen Vertrages für dessen Parteien fest. So bestehen bis heute Unterschiede was die Frage anbelangt, inwieweit vor Ablauf zumindest eines gewissen Teils der Widerrufsfrist eine Leistung auf Seiten des Verbrauchers erfolgen kann bzw. inwieweit eine solche ausgeschlossen ist.

Letztendlich zeigte sich, dass die bestehenden Divergenzen in den Hintergrund und die Europäisierung der Regelungen in den Vordergrund getreten ist, soweit man die originär verbraucherschützenden Vorschriften der beiden Verbrauchergesetzbücher betrachtet.

D. Der Blick in die Zukunft

Am Ende ist die Frage nach der Eigenständigkeit der luxemburgischen Rechtsordnung in dem hier untersuchten Bereich sicherlich mit einem klaren »Ja« zu beantworten. Es wäre vermessen, von einer blinden Übernahme des französischen Rechts zu sprechen, dessen Einfluss allerdings auch nicht zu leugnen ist. Jedoch können die Regelungen des französischen Rechts nicht mehr als einziges Vorbild angesehen werden. Zwar lässt sich nach wie vor feststellen, dass Inspirationen im französischen Recht gesucht und gelegentlich Teile vollständig übernommen werden. Jedoch wird in anderen Bereichen aus Praktikabilitätsgründen eher auf Lösungen aus dem belgischen Recht und zum Teil auch auf Lösungen aus Rechtsordnungen zurückgegriffen, die über den Bereich romanischen Rechtsordnungen hinausgehen. Besonders hat dies die Analyse der im Jahre 1987 in den *Code Civil lux.* eingefügten Änderungen gezeigt. Der Rückgriff auf Lösungen des deutschen Rechts bleibt zumindest im hier untersuchten Bereich eher die Ausnahme. Einzig bei der Schaffung der Regelung des Art. 1135-1 *Code Civil lux.* wurden entsprechende Anleihen genommen.[1472]

Die Analyse hat zudem ergeben, dass die zunächst vermutete »Unterwerfung« unter das französische Recht nicht daraus folgte, dass von einer fehlenden Eigenständigkeit der eigenen Rechtsordnung ausgegangen wurde. Vielmehr wurde die eigene Situation der begrenzten Mittel und insbesondere der begrenzten Entscheidungsgewalt der eigenen Rechtsprechung realistisch eingeschätzt. Aus diesen Gründen wurde es als nicht notwendig angesehen, selbst Neues zu ent-

1472 *Ancel*, Revue des contrats 2014, 295 (297f.).

wickeln, wenn andere Länder funktionierende und praxistaugliche Regelungen gefunden hatten.[1473]

Es zeigte sich darüber hinaus, dass wie auch in anderen Mitgliedsstaaten dem Unionsrecht im Bereich des Verbraucherschutzes ein immer größer werdender Einfluss zukommt. Zugleich wurde deutlich, dass die Umsetzung allein mindestharmonisierender Richtlinien Unterschiede bestehen lässt. Insbesondere in den Regelungen des *Code de la cons. lux.* zeigte sich ein Zurückbleiben hinter den Regelungen des französischen Gegenstücks und ein geringfügig geringeres Verbraucherschutzniveau.[1474]

Zuzustimmen ist daher der treffend gewählten Überschrift von Ancel »Le droit luxembourgeois des contrats, un droit sous influence(s)«[1475]. Eigenständiges Recht unter fremden Einflüssen.

1473 *Ancel*, Revue des contrats 2014, 295 (301).
1474 *Ancel*, Revue des contrats 2014, 295 (298).
1475 *Ancel*, Revue des contrats 2014, 295 (295).

Literaturverzeichnis

Aguado, Abel, La vente et les garanties des biens de consommation, Revue du Marché Unique Européen 1999, S. 289–291.

Allix, Jean, La directive 97/7/CE: Contrats à distance et protection des consommateurs, Revue des affaires europeenes, S. 176–187.

Ancel, Pascal, Contrats et obligations conventionnelles en droit luxembourgeois: approche comparative, Brüssel 2015, zitiert als: *Ancel,* Contrats et obligations.

Ders., Le droit luxembourgeois des contrats, un droit sous influence(s), Revue des contrats 2014, S. 295–302.

Ders., Panorama de jurisprudence en droit des contrats juin 2013 à juin 2014, in: Pasicrisie luxembourgeoise 36 (2013/2014), S. 737–746.

Arendt, Guy, L'article 1135-1 du Code civil et la loi du 25 août 1983 relative à la protection juridique du consommateur, Bulletin du Cercle François Laurent 4/1993, S. 3–23.

Ders./ Hoffeld, Véronique/ Grosjean, Alain, Benchmarking of existing national legal e-business practices – DG ENTR/04/68, Country report – Luxembourg, 19. September 2006, verfügbar unter: http://edz.bib.uni-mannheim.de/daten/edz-h/gdb/06/luxembourg.pdf, zuletzt besucht am: 28.12.2017, zitiert als: *Arendt/ Hoffeld/ Grosjean,* Benchmarking.

Auque, Françoise/ Coeuret, Alain/ Jamin, Christophe, Législation française et communautaire en matière de droit privé 1er janvier 1995–31 mars 1995, Rev. Trim. dr. civ. 94 (1995), S. 435–451.

Aye, Lutz, Verbraucherschutz im Internet nach französischem und deutschen Recht – Eine Studie im Lichte der europäischen Rechtsangleichung, Frankfurt am Main 2005, zugl.: München, Univ., Diss., 2004, zitiert als: *Aye,* Verbraucherschutz im Internet.

Barfuss, Werner, Die Einbeziehung Allgemeiner Geschäftsbedingungen in den Vertrag nach französischem Recht, Recht der Internationalen Wirtschaft (RIW) 1975, S. 319–328.

Basedow, Jürgen, Transparenz als Prinzip des (Versicherungs-) Vertragsrechts, VersR 1999, S. 1045–1055.

Bauerreis, Jochen, Das französische Rechtsinstitut der *action directe* und seine Bedeutung in internationalen Vertragsketten, Berlin 2001, zugl.: Freiburg (Breisgau), Univ., Diss., 2000, zitiert als: *Bauerreis,* Das französische Rechtsinstitut.

Bauler, Jean-Marie, Commentaire de la loi du 25 août 1983 relative à la protection du consommateur, in: Feuille de liaison de la Conférence Saint-Yves 60 (1984), S. 21–38.

Beale, Hugh/ Fauvarque-Cosson, Bénédicte/ Rutgers, Jacobien/ Tallon, Denis/ Vogenauer, Stefan, Cases, Materials and Text on Contract Law, 2. Auflage, Oxford u. a. 2010, zitiert als: *Beale/ Fauvarque-Cosson/ u. a.,* Contract Law.

Bénabent, Alain, Clauses Abusives: le droit français et ses réactions à la directive européenne, European Review of Private Law (ERPL) 1995, S. 211–219.

Ders., Droit civil: les obligations, 5. Auflage, Paris 1995.

Bennemann, Jürgen, Das neue luxemburgische Gesetz über den Rechtsschutz des Verbrauchers vom 25. 8. 1983, Recht der Internationalen Wirtschaft (RIW) 1986, S. 594–601.

Ders., Fiktionen und Beweislastregelungen in Allgemeinen Geschäftsbedingungen, Frankfurt am Main (u. a.) 1987; zugl.: Giessen, Univ., Diss. 1987, zitiert als: *Bennemann,* Fiktionen und Beweislastregelungen.

Berger-Walliser, Gerlinde, Mißbräuchliche Klauseln in Verbraucherverträgen nach Inkrafttreten des Code de la Consommation und Umsetzung der EG-Richtlinie 93/13 in Frankreich, Recht der Internationalen Wirtschaft (RIW) 1996, S. 459–463.

Berlioz, Georges, Droit de la consommation et droit des contrats, JCP 1979, Doctrine, I, N° 2954.

Besch, Marc, Traité de légistique formelle, Luxembourg 2005, zitiert als: *Besch,* Traité.

Bierekoven, Christiane, Neuerungen für Online-Shops nach Umsetzung der Verbraucherrechterichtlinie – Ein erster Überblick, MMR 2014, S. 283–287.

Bihl, Luc, La loi n° 78–23 du 10 janvier 1978 sur la protection et l'information du consommateur, JCP, Doctrine, I., n° 2909.

Bihr, Philippe, Droit civil général, 17. Auflage Paris 2008.

Biltgen, François, Les clauses pénales en droit luxembourgeois, in: Annales du droit luxembourgeois (Ann. dr. lux.) 1993, S. 75–112.

Ders./ Schiltz, Jean-Louis, Recht hunn, Recht kréien, Luxembourg 2004.

Bone, Sheila/ Rutherford, Leslie/ Wilson, Stephen, Unfair Terms in Consumer Contracts Regulations – The new law, Newcastle 1996.

Börger, Andreas, Sanktionen für die Verletzung vorvertraglicher Informationspflichten: eine Untersuchung gemeinschaftsrechtlicher Vorgaben und deren Umsetzung in Deutschland, Frankreich und Großbritannien, München 2010, zugl.: Osnabrück, Univ., Diss., 2009, zitiert als: *Börger,* Verletzung von Informationspflichten.

Boriths Müller, Helene/ Roessler, Thomas, Ein E-Kommerz-Gesetz für Luxemburg, MMR 1999, X.

Bourin, Catherine, Les mille et un commandements du banquier ou les effets pervers de la (sur)protection du consommateur, in: Droit bancaire et financier au Luxembourg – Recueil de doctrine en 5 volumes, Volume II, Brüssel 2004, S. 505–554, zitiert als: *Bourin,* Les mille et un commandements du banquier.

Bourin, Philippe, La gestion de portefeuille, Louvain-la-Neuve 2009.

Ders., L'investisseur privé serait-il devenu un simple consommateur?, in: Droit bancaire et financier au Luxembourg, Vol. II, Brüssel 2014, S. 705–748, zitiert als: *Bourin,* L'investisseur privé.

Brandner, Hans Erich, Maßstab und Schranken der Inhaltskontrolle bei Verbraucherverträgen, MDR 1997, S. 312–315.

Bräunig, Günther, Der Konsumentenkredit im französischen Recht – Das französische Gesetz Nr. 78–22 vom 10. Januar 1978 betreffend die Information und den Schutz der Verbraucher im Bereich bestimmter Kreditgeschäfte aus rechtsvergleichender Sicht,

Berlin 1978, zugl.: Mainz, Univ., Diss., 1982, zitiert als: *Bräunig*, Der Konsumentenkredit.

Bricks, Hélène, Les clauses abusives, Paris 1982.

Brinkmann, Jonas David/ Ludwigkeit, Julia, Neuerungen des situativen Anwendungsbereichs besonderer Vertriebsformen, NJW 2014, S. 3270–3276.

Brock, Patrick, Das Transparenzgebot im französischen Vertragsrecht, ZvglRWiss 99 (2000), S. 29–40.

Brönneke, Tobias/ Tonner, Klaus, Das neue Schuldrecht - Verbraucherrechtsreform 2014: Internethandel/ Widerrufsrechte/ Informationspflichten, Baden-Baden 2014.

Brucher, Jean, La protection juridique du consommateur dans le domaine bancaire, in: Droit bancaire et financier au Luxembourg, Band 2, Brüssel 1994, S. 643–659, zitiert als: *Brucher,* La protection juridique.

Ders., La protection juridique du consommateur dans le domaine bancaire et financier: morceaux choisis quant à son évolution récente au Luxembourg, ALJB - Bulletin Droit et Banque, N° 49, 2012, S. 22–30.

Ders./ Thieltgen, Nicolas, Le consommateur et sa banque - L'évolution depuis 1993 de la protection juridique du consommateur dans le domaine bancaire et financier, in: Droit bancaire et financier au Luxembourg, Recueil de doctrine en 5 volumes, Band 2, Brüssel 2004, S. 556–601, zitiert als: *Brucher/ Thieltgen,* Le consommateur et sa banque.

Dies./ *Bena, Marie,* La protection juridique des intérêts du consommateur dans le Code civil: articles 1135–1 et autres, in: Le bicentenaire du Code civil: une contribution luxembourgeoise, Luxemburg 2004, S. 165–197, zitiert als: *Brucher/ Thieltgen/ Bena,* La protection juridique.

Buffelan-Lanore, Yvaine/ Larribau-Terneyre, Virginie, Droit civil - Les obligations, 12. Auflage Paris 2010.

Bunte, Hermann-Josef, Die EG-Richtlinie über mißbräuchliche Klauseln in Verbraucherverträgen und ihre Umsetzung durch das Gesetz zur Änderung des AGB-Gesetzes, Der Betrieb (DB) 1996, S. 1389–1393.

Bureau, Dominique, Remarques sur la codification du droit de la consommation, D. 1994, Chr., S. 291–297.

Burkel, Jean-Christophe, Fournir des services financiers non demandés à des consommateurs: une pratique interdite par la directive 2002/65/CE, Euredia 2003, S. 445–456.

Busseuil, Guillaume, Implementation of the Consumer Rights Directive: France, euvr 2014, S. 270–274.

Bütter, Michael, Immobilien-Time-Sharing und Verbraucherschutz: Eine ökonomische und juristische Analyse, Wiesbaden 2000.

Buyle, Jean-Pierre, Le règlement général des opérations du banquier et son opposabilité au client en droit belge, Bulletin Droit et Banque n° 26, 1997, S. 19–22.

Cabrillac, Rémy, La codification du droit de la consommation: approche générale, in: Prüm, André (Hrsg.), La codification en droit luxembourgeois du droit de la consommation, Brüssel 2009, S. 37–50, zitiert als *Cabrillac,* Appproche générale.

Calais-Auloy, Jean, Droit de la consommation, 6. Auflage, Paris 2003.

Ders., Unlautere Vertragsbedingungen im französischen Recht nach dem Gesetz vom 10. Januar 1978, Zeitschrift für Verbraucherpolitik/ Journal of Consumer Policy (ZVP) 1980, S. 231–237.

Carbonnier, Jean, Droit Civil–Les biens, les obligations, Paris 2004.

Centre Européen des Consummateurs Luxembourg, La lettre des Consommateurs 05/2010, Luxembourg 2010.

Christmann, Bertrand, Association Henri Capitant, Journées colombiennes, Droit de la consommation, Réponse au questionnaire par la groupe luxemborugeois, verfügbar unter: http://docplayer.fr/6188624-Association-henri-capitant-journees-colombiennes-droit-de-la-consommation-reponse-au-questionnaire-par-le-groupe-luxembourgeois.html, zuletzt besucht am: 18.10.2020.

Čikara, Emilia, Gegenwart und Zukunft der Verbraucherkreditverträge in der EU und in Kroatien – Die Umsetzung der Richtlinie 87/102/EWG und der Richtlinie 2008/48/EG in das deutsche, österreichische und kroatische Recht, Berlin 2010, zugl.: Graz, Univ., Diss., 2009, zitiert als: *Cikara,* Gegenwart und Zukunft.

Commission des Clauses abusives, Rapport d'activité de la Commission des Clauses Abusives pour l'année 2008, BOCCRF n° 3 du 5 mars 2009, verfügbar unter: https://www.economie.gouv.fr/files/directions_services/dgccrf/boccrf/2009/09_03/5_mars09.pdf, zuletzt besucht am: 18.10.2020.

Cornu, Gérard, Vocabulaire juridique, 8. Auflage, Paris 2009.

Coupez, François/ Verbiest, Thibault, Commercialisation à distance des services financiers: bilan d'un nouveau cadre juridique, Recueil Dalloz 2006, S. 3057–3068.

Coustance, Frédérique, Les clauses abusives en droit luxembourgeois: état des lieux de la législation et de son application, ACE 5/2012, S. 3–11.

Creifelds, Carl (Begr.)/ Weber, Claus (Hrsg.), Rechtswörterbuch, 21. Auflage, München 2014, zitiert als: *Creifelds,* Rechtswörterbuch.

Cuniberti, Gilles/ Rueda, Isabelle, Luxembourg, in: Esplugues, Carlos/ Iglesias, José Luis/ Palao, Guillermo (Hrsg.), Application of Foreign Law, München 2011, S. 255–263.

Damm, Reinhard, Europäisches Verbrauchervertragsrecht und AGB-Recht – Zur Umsetzung der EG-Richtlinie über mißbräuchliche Klauseln in Verbraucherverträgen, JZ 1994, S. 161–178.

David, Vincent, Les intérêts de sommes d'argent, Paris 2005, zugl.: Poitiers, Univ., Diss. 2002.

De Franceschi, Alberto, Die systematische Bedeutung der »*Button Lösung*« zur Bekämpfung der Abo- und Kostenfalle im Internet, in: Stumpf, Cornelia (Hrsg.), Verbraucherrechte: Die neue Richtlinie 2011/83/EU – Begriffe, Rechtsfolgen, Umsetzung, Halle an der Saale 2014, S. 95–120, zitiert als: *de Franceschi,* Die systematische Bedeutung.

Ders., Informationspflichten und »formale Anforderungen« im Europäischen E-Commerce – Das Spannungsverhältnis zwischen der Richtlinie über Verbraucherrechte, dem geplanten Europäischen Kaufrecht und der E-Commerce-Richtlinie, GRUR Int. 2013, S. 865–876.

De Lamberterie, Isabelle/ Wallaert, Catherine, France, Revue internationale de droit comparé 1982, S. 673–755.

De Page, Henri, Traité élémentaire de droit civil belge: principes, doctrine, jurisprudence, T. 2: Les incapables, les obligations (première partie), 3. Auflage, Brüssel 1964.

De Russel, Dominique Soulas, Le statut légal du francais, du luxembourgeois et de l'allemand au Grand-Duché de Luxembourg, in: Lebende Sprachen 1992, S. 19–20.

De Smet, Robert, Note: De la force obligatoire des »conditions générales« en matière commerciale, Revue critique de jurisprudence belge (R.C.J.B.) 1975, S. 192–203.

De Toffoli, Carlo, La protection du consommateur au Grand-Duché de Luxembourg, Luxemburg 1989, zitiert als *De Toffoli,* La protection du consommateur.

De Waersegger, Pierre-Michaël, Le banquier dispensateur de crédit à la consommation, in: Droit bancaire et financier au Luxembourg, 2014, Band 2, Brüssel 2014, S. 949–996.

Decker, Nicolas/ Bodry, Alex, Verbraucherrechtsschutz in Verträgen = La protection juridique du consommateur en matière contractuelle, Luxembourg 1987.

Dehn, Wilma, Allgemeine Informationspflichten nach Art 5 des Vorschlags für eine Richtlinie über Rechte der Verbraucher, in: Jud, Brigitta/ Wendehorst, Christiane (Hrsg.), Neuordnung des Verbraucherprivatrechts in Europa? Zum Vorschlag einer Richtlinie über Rechte der Verbraucher, Wien 2009, S. 41–64, zitiert als: *Dehn,* Allgemeine Informationspflichten.

Dekkers, René, Précis de droit civil belge, Tome deuxième: Les obligations – les preuves/ les contrats – les sûretés, Brüssel 1955.

Delebecque, Philippe, Note, Cour d'Appel d'Aix-en-Provence, Urt. v. 20.03.1980, D. 1982, Jurisprudence, S. 131–137.

Ders., Où est donc passée la liberté contracuelle?, Dalloz 1994, somm., S. 209.

Denkinger, Fleur, Der Verbraucherbegriff: eine Analyse persönlicher Geltungsbereiche von verbraucherrechtlichen Schutzvorschriften in Europa, Berlin 2007, zugl.: Saarbrücken, Univ., Diss 2006, zitiert als: *Denkinger,* Der Verbraucherbegriff.

Deprez, Jean, La lésion dans les contrats aléatoires, Revue trimestrielle de Droit Civil (Rtd. Civ.) 1955, S. 1–38.

Dereux, Georges, De la nature juridique des »contrats d'adhésion«, Revue trimestrielle de Droit Civil (Rtd. Civ.) 1910, S. 503–541.

Dollat, Jacques, Les contrats d'adhésion, Théses de droit 1904/1905, N° 152–157, Paris 1905.

Dreher, Meinrad, Der Verbraucher – Das Phantom in den opera des europäischen und deutschen Rechts?, JZ 1997, S. 167–178.

Eckert, Hans-Werner, Die EG-Richtlinie über mißbräuchliche Klauseln in Verbraucherverträgen und ihre Auswirkungen auf das deutsche Recht, WM 1993, S. 1070–1078.

Eidenmüller, Horst, Die Aufklärungspflichten des acquis, in: Eidenmüller, Horst/ Faust, Florian/ Grigoleit, Hans Christoph/ Jansen, Nils/ Wagner, Gerhard/ Zimmermann, Reinhard (Hrsg.), Revision des Verbraucher-acquis, Tübingen 2011, S. 223–266.

Elvinger, Jacques, La loi du 25 août 1983 sur la protection juridique du consommateur et les conditions générales des banques de la place du Luxembourg, Feuille de liaison de la Conference Saint-Yves 60 (1984), S. 15–20.

Elvinger, Marc, La Directive 93/13/CEE du 5 avril 1993 et le droit luxembourgeois, European Review of Private Law (ERPL) 1997, S. 185–192.

Ders., La Directive 99/44 du 25 Mai 1999 et le droit Luxembourgeois, European Review of Private Law 2001, S. 309–325.

Ders., La responsabilité civile des constructeurs dans les législation et jurisprudence luxembourgeoises, Pas. 28, doctr., S. 429–456.

Ders., Le recours, par les juridictions luxembourgeoises, aux techniques de droit comparé dans l'interprétation et l'application du droit luxembourgeois, in: Drobnig, Ulrich/ van Erp, Sjef (Hrsg.), The Use of Comparative Law by Courts, Den Haag 1999, S. 231–234, zitiert als: *Elvinger,* Le recours.

Emering, Paul, Das Recht des unlauteren Wettbewerbs in Luxemburg, WRP 1991, S. 72–76.

Europäische Kommission (Hrsg.), Bericht über die Anwendung der Richtlinie 94/47/EG, SEC(1999) 1795 final, verfügbar unter: http://edz.bib.uni-mannheim.de/www-edz/pdf/sek/1999/sek-1999-1795-de.pdf, zuletzt besucht am: 18. 10. 2020.

Europäische Kommission (Hrsg.), Die Verbraucherpolitik in Luxemburg im Vergleich mit den Politiken der übrigen Mitgliedsstaaten der Europäischen Union, Dok. Nr. XXIV (99) L, Belgien Oktober 1999.

Europäische Kommission (Hrsg.), Flash Eurobarometer 332: Consumers' attitudes towards cross-border trade and consumer protection, Report, verfügbar unter: http://ec.europa.eu/public_opinion/flash/fl_332_en.pdf, zuletzt besucht am: 18. 10. 2020.

Europäische Kommission (Hrsg.), Flash Eurobarometer 2999 a: Attitudes towards cross-border trade and consumer protection, Analytical report 2011, verfügbar unter: http://ec.europa.eu/public_opinion/flash/fl_299a_en.pdf, zuletzt besucht am: 18. 10. 2020.

Europäische Kommission (Hrsg.), Flash Eurobarometer 358: Consumer attitudes towards cross-border trade and consumer protection, verfügbar unter: http://ec.europa.eu/public_opinion/flash/fl_358_en.pdf, zuletzt besucht am: 18. 10. 2020.

Eyschen, Paul, Das Staatsrecht des Grossherzogtums Luxemburg, Tübingen 1910, zitiert als: *Eyschen,* Staatsrecht.

Fayot, Ben, Les quatre référendums du Grand-Duché de Luxembourg: essai, Luxembourg 2006.

Fehlen, Fernand, Die Stellung des Französischen in Luxemburg – Von der Prestigesprache zur Verkehrssprache, in: Sieburg, Heinz (Hrsg.), Vielfalt der Sprachen – Varianz der Perspektiven: Zur Geschichte und Gegenwart der Luxemburger Mehrsprachigkeit, Bielefeld 2013, S. 37–79, zitiert als: *Fehlen,* Die Stellung des Französischen.

Ficker, Hans Claudius, Die Schadensersatzpflicht des Verkäufers und seiner Vormänner bei Sachmängeln in der französischen Rechtsprechung, Frankfurt a.M. 1962, zugl.: Freiburg (Breisgau), Univ., Diss. 1960, zitiert als: *Ficker,* Die Schadensersatzpflicht.

Folmer, Michel, Présentation générale de la loi du 14 juin 1994 sur les agences de voyages, Annales du droit luxembourgeois 1994, S. 13–40.

Fontaine, Marcel/ Bourgoignie, Thierry, Consumer Legislation in Belgium and Luxemburg – A study prepared for the EC Commission (Translation of: Droit de la consommation en Belgique et au Luxembourg), Berkshire 1982, zitiert als: *Fontaine/Bourgoignie,* Consumer Legislation.

Fortier, Georges, Des pouvoirs du juge en matiére des contrats d'adhésion, Dijon 1909; zugl.: Dijon, Univ., Diss. 1909.

Franz, Norbert/ Lehners, Jean-Paul, Die Auseinandersetzung um Nationsbildung und gesellschaftliche Partizipation von der Französischen Revolution bis zum Beginn des Zweiten Weltkriegs: Luxemburg im europäischen Kontext – eine Einleitung, in: Franz, Norbert/ Lehners, Jean-Paul (Hrsg.), Nationenbildung und Demokratie, Europäische Entwicklungen gesellschaftlicher Partizipation, Frankfurt am Main 2013, S. 11–29, zitiert als: *Franz/ Lehners,* Die Auseinandersetzung.

Furrer, Andreas/ Müller-Chen, Markus, Obligationenrecht – Allgemeiner Teil, 2. Auflage, Zürich 2012.

Gauch, Peter, Die Übervorteilung – Bemerkungen zu Art. 21 OR, recht 1989, S. 91–100.

Ders., Der Fussballclub und sein Mietvertrag: Ein markanter Entscheid zur Übervorteilung – BGE 123 III 292ff., recht 1998, S. 55–66.

Gautier, Pierre-Yves, Jurisprudence française en matière de droit civil: Contrats spéciaux, Revue trimestrielle de droit civile (Rtd. Civ.) 97 (1998), S. 396–407.

Ghestin, Jacques, La vente, Paris 1990.

Gillen-Snyers, Marie-Paule, Note: Arrêt de la Cour d'Appel de Luxembourg du 27 mars 1996, Bulletin Droit et Banque, n° 25, 1996, S. 77.

Gillen, Marie-Paule, Note, Bull. Droit et Banque, n° 4, 1983, S. 35–38.

Gillen, Victor, Le Conseil d'Etat et le referendum, in: Le Conseil d'Etat face à l'évolution de la société luxembourgeoise, Luxembourg 2006, S. 223–238, zitiert als: *Gillen*, Le Conseil d'Etat.

Gmür, Max (Begr.)/ Becker, Hermann/ Meier-Hayoz, Arthur (Nachf.)/ Hausheer, Heinz (Hrsg.), Berner Kommentar: Kommentar zum schweizerischen Privatrecht, Band 6: Das Obligationenrecht, Abt. 1: Allgemeine Bestimmungen, Teilband 2, Unterteilband 1a: Inhalt des Vertrages, Kommentar zu Art. 19–22 OR, Bern 1991, zitiert als: Berner Kommentar/ *Bearbeiter.*

Gottschalk, Eckart, Das Transparenzgebot und allgemeine Geschäftsbedingungen, AcP 206 (2006), S. 555–597.

Gouden, Marc, La protection des consommateurs au Luxembourg: le nouveau Code de la consommation, DCCR n° 87/2010, S. 50–70.

Grabitz, Eberhard/ Hilf, Meinhard (Hrsg.), Das Recht der Europäischen Union, Band 3: Sekundärrecht, EG-Verbraucher- und Datenschutzrecht, München 2008, zititert als: Grabitz/ Hilf/ *Bearbeiter*, Das Recht der Europäischen Union.

Gramenga, Pierre, Plaidoyer en faveur d'un plus juste équilibre entre le droit de la consommation et les objetifs du marché européen, in: Prüm, André (Hrsg.), La codification en droit luxembourgeois du droit de la consommation, Brüssel 2009, S. 73–79, zitiert als: *Gramenga*, Plaidoyer en faveur.

Grigoleit, Hans Christoph, Die Aufklärungspflichten des acquis, in: Eidenmüller, Horst/ Faust, Florian/ Grigoleit, Hans Christoph/ Jansen, Nils/ Wagner, Gerhard/ Zimmermann, Reinhard (Hrsg.), Revision des Verbraucher-acquis, Tübingen 2011, S. 223–266.

Grundmann, Stefan (Hrsg.)/ *Bianca, Cesare Massimo*, EU-Kaufrechts-Richtlinie: Kommentar, Köln 2002.

Guillemard, Sylvette, Le droit international privé face au contrat de vente cyberspatial; zugleich: Univ., Diss., Québec/ Paris 2003; verfügbar unter: http://www.collectionscanada.gc.ca/obj/s4/f2/dsk3/QQLA/TC-QQLA-20565.pdf, zuletzt besucht am: 18.10.2020.

Dies./ Onguene Onana, Dieudonné Édouard, Le contrat d'adhésion: actualités et droit international privé, Les cahiers de droit, 2007, S. 635–680; verfügbar unter: http://id.erudit.org/iderudit/043948ar, zuletzt besucht am: 18.10.2020.

Haas, Diana, Die Informationspflichten der Art. 5 und 6 VRRl, in: Stumpf, Cornelia (Hrsg.), Verbraucherrechte: Die neue Richtlinie 2011/83/EU – Begriffe, Rechtsfolgen, Umsetzung, Halle an der Saale 2014, S. 153–168, zitiert als: *Haas,* Die Informationspflichten.

Hattenhauer, Hans, Europäische Rechtsgeschichte, 4. Auflage, Heidelberg 2004.

Hauriou, Maurice, Principes de droit public, Paris 1916.

Heinig, Jens, Verbraucherschutz – Schwerpunkte der EU-Verbraucherrechte-Richtlinie, MDR 2012, S. 323–327.

Heinrichs, Helmut, Das Transparenzgebot und die EG-Richtlinie über mißbräuchliche Klauseln in Verbraucherverträgen, in: von Westphalen, Friedrich (Hrsg.), Lebendiges

Recht: von den Sumerern bis zur Gegenwart: Festschrift für Reinhold Trinkner zum 65. Geburtstag, Heidelberg 1995, S. 157–177.

Ders., Die EG-Richtlinie über mißbräuchliche Klauseln in Verbraucherverträgen, NJW 1993, S. 1817–1822.

Henning-Bodewig, Frauke, Das Wettbewerbsrecht in Luxemburg, GRUR Int. 1994, S. 809–818.

Herrmann, Susanne, Der Verbraucherkreditvertrag: Rechtsvergleichende Studie unter Einbeziehung des französischen, englischen und deutschen Rechts, München 1996, zugl.: München, Univ., Diss., 1996, zitiert als: *Herrmann,* Der Verbraucherkeditvertrag.

Heuer, Dennis, Der Code de la consommation – Eine Studie zur Kodifizierung des französischen Verbrauchsrechts, Frankfurt am Main u. a. 2002, zugl.: Bielefeld, Univ., Diss. 2001, zitiert als: *Heuer,* Der Code de la consommation.

Hiez, David, Le Code de la consommation luxembourgeois, in: Prüm, André (Hrsg.), La codification en droit luxembourgeois du droit de la consommation, Brüssel 2009, S. 95–117.

Hoffeld, Jean, Le vendeur d'un véhicule d'occasion est-il tenu à garantie?, Bulletin de la Conférence Saint-Yves n° 39 (1977), S. 8–13.

Hoffmann, Camille, Les clauses abusives en droit luxembourgeois, Feuille de liaison de la Conférénce Saint-Yves 58 (1984), S. 17–34 sowie 59 (1984), S. 5–24.

Dies., Luxembourg, Revue internationale de droit comparé 1982, S. 851–886.

Honsell, Heinrich (Hrsg.), OR Art 1–529, Kurzkommentar, Basel 2008, zitiert als: Honsell/ *Bearbeiter*, Kurzkommentar OR.

Hoscheit, Thierry, Culture et droit civil – Rapport national luxembourgeois, Pasicrisie 34 (2009), S. 353–370.

Ders., Culture et droit processuel – Rapport du Luxembourg aux Journées Louisianaises de l'Association Henri Capitant, verfügbar unter: https://www.elvingerhoss.lu/sites/default/files/documents/legal_topics/other_areas/Culture_et_droit_civil_au_Luxembourg___.pdf, zuletzt besucht am: 18. 10. 2020, zitiert als: *Hoscheit,* Culture et droit processuel.

Hugon, Christine, Le sort de la clause pénale en cas d'extinction du contrat, JCP 1994, Doctrine, n° 3790, S. 421–426.

Huguenin, Claire (Hrsg.), Obligationenrecht – Allgemeiner und Besonderer Teil, Zürich 2012.

Jacoby, Steve, Introduction, in: Quo vadis droit luxembourgeois?, Brüssel 2013, S. 13–16.

Kammerer, Christoph, Harmonisierung des Verbraucherrechts in Europa – Das verbraucherschützende Widerrufsrecht der §§ 355 ff. BGB im Lichte der europarechtlichen Vorgaben und im Vergleich zum Code de la consommation, Hamburg 2004, zugl.: Frankfurt a. M., Univ., Diss., 2003, zitiert als: *Kammerer,* Harmonisierung des Verbraucherrechts.

Kapnopoulou, Elissavet N., Das Recht der mißbräuchlichen Klauseln in der Europäischen Union: das griechische Verbraucherschutzgesetz als Beitrag zum europäischen Privatrecht, Tübingen 1997, zugl.: Univ. Diss., Saarland 1995, zitiert als: *Kapnopoulou,* Das Recht der mißbräuchlichen Klauseln.

Kessler, Friedrich, Der Versicherungsvertrag im nordamerikanischen Recht, in: Möller, Hans (Hrsg.), Internationales Versicherungsrecht, Festschrift für Albert Ehrenzweig zum 80. Geburtstag, Karlsruhe 1955, S. 113–126.

Kimball, Spencer L., Allgemeine Versicherungsbedingungen unter Staatsaufsicht in Deutschland und in den Vereinigten Staaten, Versicherungsrecht 1964, S. 985–990.

Klima, Peter, Frankreich: Mißbräuchliche Klauseln in Verträgen, Recht der Internationalen Wirtschaft (RIW) 1992, S. 98–102.

Kötz, Hein/ Flessner, Axel (Hrsg.)/ Kötz, Hein (Bearb.), Europäisches Vertragsrecht - Band I: Abschluß, Gültigkeit und Inhalt des Vertrages, Die Beteiligung Dritter am Vertrag, Tübingen 1996, zitiert als: *Kötz,* Europäisches Vertragsrecht.

Krafft, Olivier, Clauses pénales: A quel niveau les réduire ou les augmenter?, Gaz. Pal. 1994, S. 386–387.

Krecké, Jeannot, Préface, in: Prüm, André (Hrsg.), La codification en droit luxembourgeois du droit de la consommation, Brüssel 2009, S. 5–8.

Kreienbaum, Birgit, Transparenz und AGB-Gesetz – Eine Untersuchung des Inhalts und der Schranken des Transparenzgebotes, Berlin 1998, zugl.: Münster, Univ., Diss. 1997, zitiert als: *Kreienbaum,* Transparenz und AGB-Gesetz.

Kriegner, Johann, Die Fernabsatz-Richtlinie für Finanzdienstleistungen an Verbraucher, Linz 2003, Zugl.: Linz, Univ., Diss., 2002/03, zitiert als: *Kriegner,* Die Fernabsatz-Richtlinie.

Krieps, Robert, La protection du consommateur en droit administratif luxembourgeois, in: Association Henri Capitant, La protection des consommateurs, Paris 1975, S. 13–31.

Ders./ Krieps, Alex, La protection juridique du consommateur, Luxembourg 1984.

Laprès, Daniel Arthur, Droit communautaire afférant aux services financiers en ligne, Novembre 2002, verfügbar unter: www.lex-electronica.org/files/sites/103/8-1_lapres.pdf, zuletzt besucht am: 18.10.2020, zitiert als: *Laprès,* Droit communautaire.

Larenz, Karl, Geschäftsgrundlage und Vertragserfüllung – Die Bedeutung »veränderter Umstände« im Zivilrecht, 3. Auflage, München 1963, zitiert als: *Larenz,* Geschäftsgrundlage und Vertragserfüllung.

Le Goueff, Stéphan, Le commerce électronique et le droit luxembourgeois: entre avancées et expectatives, Ann dr. lux. 2000, S. 71–106.

Ders. (Hrsg.), Internet et *e*-Commerce en droit luxembourgeois, Luxembourg 2004.

Le Griel, Hubert, La jurisprudence récente concernant la lésion dans la vente immobilière, Dalloz 1967, Chron. S. 57–63.

Le Tourneau, Philippe, Droit de la responsabilité et des contrats, 6. Auflage, Paris 2006.

Léauté, Jacques, Les conrats-types, Rev. Trim. dr. civ. 1953, S. 429–460.

Lege, Elisabeth, Sprache und Verbraucherinformation in der Europäischen Union, Deutschland und Luxemburg, München 2009, zugl.: Bielefeld, Univ., Diss. 2008, zitiert als: *Lege,* Sprache und Verbraucherinformation.

Lehmann, Michael, E-Commerce in der EU und die neue Richtlinie über die Rechte der Verbraucher, CR 2012, S. 261–264.

Leible, Stefan, Anmerkung zu EuGH: Pflicht zur klaren und eindeutigen Umsetzung der RL 93/13/EWG, EuZW 2001, S. 438–439.

Lerche, Christoph, Die Umsetzung privatrechtsangleichender Richtlinien auf dem Prüfstand des effet utile – Eine rechtsfolgenorientierte Untersuchung anhand eines deutsch-italienisch-europäischen Rechtsvergleichs, Berlin 2004, zugl.: Berlin, Univ., Diss., 2004, zitiert als: *Lerche,* Die Umsetzung privatrechtsangleichender Richtlinien.

Leveneur, Laurent, Contrats entre professionnels et législation des clauses abusives, Répére 4, CCC 08/1996, S. 1–3.

Licari, François-Xavier/ Bauerreis, Jochen, Das neue französische Handelsgesetzbuch - ein kritischer Beitrag zur Methode der codification à droit constant, ZEuP 2004, S. 132–152.

Liedtke, Kathrin, Die Umsetzung der Haustürwiderrufs- und Fernabsatz-Richtlinie in Deutschland und Frankreich, Hamburg 2007, zugl.: Rostock, Univ., Diss. 2006, zitiert als: *Liedtke,* Die Umsetzung.

Ljutscher, Alina, Formale Anforderungen für außerhalb von Geschäftsräumen geschlossene Verträge sowie Fernabsatzverträge nach der neuen Verbraucherrechterichtlinie, in: Stumpf, Cornelia (Hrsg.), Verbraucherrechte: Die neue Richtlinie 2011/83/EU - Begriffe, Rechtsfolgen, Umsetzung, Halle an der Saale 2014, S. 75–94, zitiert als: *Ljutscher,* Formale Anforderungen.

Lütcke, Jens, Fernabsatzrecht, Kommentar zu den §§ 312 b-312 f BGB, München 2002.

Majerus, Nicolas, Un droit luxembourgeois exite-t-il et comment faut-il l'étudier? - Conférence faite à de futurs juristes aux Cours Supérieure de l'Athénée, Luxembourg 1938, zitiert als: *Majerus,* Droit luxembourgeois.

Majerus, Pierre, Das Staatswesen im Großherzogtum Luxemburg, Luxemburg 1973, zitiert als: *Majerus,* Staatswesen.

Malaurie, Philippe/ Aynès, Laurent/ Stoffel-Munck, Philippe, Les obligations, 6. Auflage, Paris 2013.

Malinvaud, Philippe, Droit des obligations, 9. Auflage, Paris 2005.

Ders., La protection des consommateurs, D. 1981, Chron., S. 49–62.

Ders., Pour ou contre la validité des clauses limitatives de la garantie des vices caches dans la vente, JCP 1975, n° 2690.

Martinek, Michael, Das Teilzeiteigentum an Immobilien in der Europäischen Union - Kritik des Timesharing - Richtlinienvorschlags der Europäischen Kommission –, ZEuP 1994, S. 470–492.

Marty, Gabriel/ Raynaud, Pierre, Droit Civil, Tome II, Les obligations, Paris 1962.

Maul, Roger, Rapport sur la protection du consommateur et la formation des contrats civils et commerciaux, in: Association Henri Capitant (Hrsg.), La protection des consommateurs, Paris 1975, S. 191–203, zitiert als: *Maul,* Rapport sur la protection du consommateur.

Meier-Hayoz, Arthur (Hrsg.)/ *Kramer, Ernst A. (Bearbeiter),* Schweizerisches Zivilgesetzbuch: Das Obligationenrecht, Band VI, 1. Abteilung: Allgemeine Bestimmungen, 2. Teilband, Unterteilband 1a: Inhalt des Vertrages - Kommentar zu Art. 19–22 OR, Bern 1991.

Meilhac, Gaëlle, Le Nouveau Droit Français des Clauses Abusives, in: Schulte-Nölke, Hans/ Schulze, Reiner (Hrsg.), Europäische Rechtsangleichung und nationale Privatrechte, Baden-Baden 1999, S. 291–308.

Mestre, Jacques, Obligations et contrats spéciaux, Rtd. Civ. 96 (1997), S. 651–662.

Ders., Obligations et contrats spéciaux, Rtd. Civ. 97 (1998), S. 898–909.

Ders./ Fages, Bertrand, Obligations et contrats spéciaux, Rtd. Civ. 2001, S. 870–903.

Micklitz, Hans-Wolfgang, AGB-Gesetz und die EG-Richtlinie über mißbräuchliche Vertragsklauseln in Verbraucherverträgen - Eine Skizze, ZEuP 1993, S. 522–535.

Ders., Brauchen Konsumenten und Unternehmen eine neue Architektur des Verbraucherrechts?, Gutachten A zum 69. Deutschen Juristentag, in: Ständige Deputation des Deutschen Juristentages (Hrsg.), Verhandlungen des 69. Deutschen Juristentages, Band I, Gutachten, Teil A, München 2012, zitiert als: *Micklitz,* Gutachten A.

Ders., Die Fernabsatzrichtlinie 97/7/EG, ZEuP 1999, S. 875–902.

Ders., EWS – Kommentar zu EuGH, 10.5.2001, Rs. C – 144/99, EWS 2001, S. 486–488.

Micklitz, Hans-Wolfgang/ Böhnlein, Anja, Luxemburg, in: Derleder, Peter/ Knops, Kai-Oliver/ Bamberger, Heinz Georg (Hrsg.), Handbuch zum deutschen und europäischen Bankrecht, 2. Auflage, Berlin/ Heidelberg 2009, S. 2597–2629.

Micklitz, Hans Wolfgang/ Brunetta d'Usseaux, Francesca, Die Umsetzung der Richtlinie 93/13 in das italienische Recht, ZEuP 1998, S. 104–117.

Micklitz, Hans-Wolfgang/ Rott, Peter/ Docekal, Ulrike/ Kolba, Peter (Hrsg.), Verbraucherschutz durch Unterlassungsklagen – Umsetzung und Anwendung der Richtlinie 98/27/EG in den Mitgliedsstaaten, Baden-Baden 2007, zitiert als: Micklitz/ Rott/ u.a./ *Bearbeiter*, Verbraucherschutz durch Unterlassungsklagen.

Mittwoch, Anne-Christin, Vollharmonisierung und Europäisches Privatrecht – Methode, Implikationen und Durchführung, Berlin 2013, zugl.: Berlin, Diss. 2012/2013, zitiert als: *Mittwoch*, Vollharmonisierung.

Mohrhauser, Ralf, Der Fernabsatz von Finanzdienstleistungen an Verbraucher, Baden-Baden 2006, zugl.: Pforzheim, Fachhochschuke, Diplomarbeit 2004–2005, zitiert als: *Mohrhauser*, Der Fernabsatz.

Moreau-Margrève, Irma, Note. Une institution en crise: la clause pénale, Revue critique de jurisprudence belge (R.C.J.B.) 1972, S. 459–504.

Morel, Anne/ Omes, Elisabeth, L'obligation d'information et de conseil du banquier, in: Association Luxembourgeoise des Juristes de Banque, Droit bancaire et financier au Luxembourg, Recueil de doctrine, Volume 2, Brüssel 2004, S. 481–504, zitiert als: *Morel/ Omes*, L'obligation.

Mörsdorf, Oliver, Die Vereinbarkeit der deutschen Widerrufsfolgenregelung gemäß § 357 BGB mit der Fernabsatz-Richtlinie – Zugleich Besprechung von EuGH, Urteil vom 03.09.2009 – C-489/07 (Pia Messner), JZ 2010, S. 232–240.

Mousel, Paul, Conclusions, in: Quo vadis droit luxembourgeois?, Brüssel 2013, S. 189–194.

Mühlhans, Christina, Die Umsetzung der Klausel-Richtlinie und ihre Auswirkungen auf den Binnenmarkt – Eine Untersuchung anhand der Umsetzungsgesetze zur Richtlinie 93/13 EWG in Deutschland, Frankreich und im Vereinigten Königreich, Hamburg 2005, zugl.: Frankfurt (Main), Univ., Diss., 2004, zitiert als: *Mühlhans*, Die Umsetzung der Klausel-Richtlinie.

Nagel, Bernhard, Gewährleistung und Produkthaftung im internationalen Produktionsverbund – Deutsches, französische, englisches und US-amerikanisches Recht im Überblick -, DB 1995, S. 2581–2590.

Neumayer, Karl H., Frankreich, in: Gesellschaft für Rechtsvergleichung, Richterliche Kontrolle von allgemeinen Geschäftsbedingungen: Verhandlungen der Fachgruppen für Grundlagenforschung und Zivilrechtsvergleichung anläßlich der Tagung für Rechtsvergleichung in Berlin vom 27. bis 30. September 1967, Frankfurt am Main/ u.a. 1968, S. 20–32.

Nguyen Thanh-Bourgeais, Denise, Réflexions sur deux innovations de la loi n° 78–23 du 10 janvier 1978 sur la protection et l'information des consommateurs des produits et de services, D. 1979, Chron., S. 15–20.

Nobis, Steffi, Missbräuchliche Vertragsklauseln in Deutschland und Frankreich – Zur Umsetzung der Klauselrichtlinie 93/13/EWG des Rates, Baden-Baden 2005, zugl.: Tübingen, Univ., Diss., 2004, zitiert als: *Nobis*, Missbräuchliche Vertragsklauseln.

Ommeslaghe, Pierre van, Examen de jurisprudence (1968 à 1973), Revue critique de jurisprudence belge (R.C.J.B.) 1975, S. 423–762.

Otto, Hans-Hermann, Allgemeine Geschäftsbedingungen und Internationales Privatrecht, Göttingen 1984, zugl.: Osnabrück, Univ., Diss. 1983.

Overstake, Jean-Francis, La responsabilité du fabricant de produits dangereux, Rtd. Civ. 70 (1972), S. 485–530.

Paisant, Gilles, Cass. civ. 1ére, 14 mai 1991, Anmerkung, JCP 1991, II, 21763.

Ders., Clauses pénales et clauses abusives après la loi n° 95–96 du 1er février 1995, Recueil Dalloz Sirey 1995, Chronique, S. 223–224.

Ders., La transposition de la directive du 25 mai 1999 sur les garanties dans la vente de biens de consommation - Ordonnance du 17 février 2005, JCP 2005, I, 146, S. 1167–1175.

Ders., Les clauses abusives et la présentation des contrats dans la loi n° 95–96 du 1er février 1995, D. 1995, Chron., S. 99–108.

Ders., Note, Cour de Cassation, Urt. v. 26.05.1993, Recueil Dalloz Sirey 1993, Jurisprudence, S. 368–369.

Ders., Note, La semaine juridique (JCP) 1994, Éd G., Jurisprudence, Nr. 22237, S. 134–136.

Ders., Vers une définition générale du consommateur dans le Code de la consommation?, JCP 2013, n° 589.

Patry, Robert, Les contrats d'adhésion comme source de droit, in: Schweizerischer Juristenverein, Rechtsquellenprobleme des schweizerischen Rechts – Festgabe der rechts- und wirtschaftswissenschaftlichen Fakultät der Universität Bern, Bern 1955, S. 367–388.

Pauly, Michel, Geschichte Luxemburgs, München 2011.

Ders., Nation und Staat in einem Migrationsraum. Wanderungsbewegungen und erste Regungen eines ‹Nationalgefühls‹ im Raum Luxemburg vor 1800, in: Franz, Norbert/ Lehners, Jean-Paul (Hrsg.), Nationenbildung und Demokratie, Europäische Entwicklungen gesellschaftlicher Partizipation, Frankfurt am Main 2013, S. 33–47, zitiert als: *Pauly,* Nation und Staat.

Peglion-Zika, Claire-Marie, La notion de clause abusive au sens de l'article L. 132.1 du Code de la comsommation, Thèse de doctorat en droit privé soutenue le 13 décembre 2013, verfügbar unter: https://docassas.u-paris2.fr/nuxeo/site/esupversions/7b78847a-d9e6-4ed4-8d21-fabc0c1afbf8?inline, zuletzt besucht am: 18.10.2020.

Péporté, Pit, Das Jahr 1919 als Wendepunkt für Politik, Kultur und Identitätsdiskurs im Großherzogtum Luxemburg, in: Franz, Norbert/ Lehners, Jean-Paul (Hrsg.), Nationenbildung und Demokratie, Europäische Entwicklungen gesellschaftlicher Partizipation, Frankfurt am Main 2013, S. 49–62, zitiert als: *Péporté,* Das Jahr 1919.

Pescatore, Pierre, Luxembourg, in: Knapp, Viktor (Hrsg.), International Encyclopedia of Comparative Law, Band 1: National Reports, Tübingen 1974, L 47–L 52.

Pfeiffer, Thomas, Der Verbraucherbegriff als zentrales Merkmal im europäischen Privatrecht, in: Schulte-Nölke, Hans/ Schulze, Rainer (Hrsg.), Europäische Rechtsangleichung und nationale Privatrechte, Baden-Baden 1999, S. 21–43, zitiert als: *Pfeiffer,* Der Verbraucherbegriff.

Piekenbrock, Andreas, § 241 a BGB und die neue Verbraucherschutzrichtlinie: ein methodologisches Brennglas, GPR 2012, S. 195–199.

Pierrat, Myriam, La sécurité du consommateur – Rapport luxembourgeois, Annales du droit luxembourgeois 2009, S. 237–267.

Poelmans, Olivier, Droit des obligations au Luxembourg – Principes généraux et examen de jurisprudence, Brüssel 2013.

Ders., Le droit des obligations – Examen de jurisprudence (2000–2008), Journal des tribunaux Luxembourg n° 11, 2010, S. 81–104.

Poillot, Elise, Le Code luxembourgeois de la consommation: étude de droit interne et de droit comparé, Journal des tribunaux Luxemburg, N° 25, 2013, S. 1–6.

Dies., Propos liminaires et mise en perspective du droit luxembourgeois, in: Aubert de Vincelles, Carole/ Sauphanor-Brouillard (Hrsg.), Les 20 ans du Code de la consommation: Nouveaux enjeux, Paris 2013, S. 57–75, zitiert als: *Poillot,* Propos liminaires.

Prüm, André, Introduction, in: Prüm, André (Hrsg.), La codification en droit luxembourgeois du droit de la consommation, Brüssel 2009, S. 9–12.

Ders./ Poullet, Yves/ Montero, Etienne (Hrsg.), Le commerce électronique en droit luxembourgeois – Commentaire de la loi (modifiée) du 14 août 2000 relative au commerce électronique, Brüssel 2005, zitiert als: Prüm/u. a., Le commerce électronique en droit luxembourgeois.

Purnhagen, Kai, Die Auswirkungen der neuen EU-Richtlinie auf das deutsche Verbraucherrecht, ZRP 2012, S. 36–39.

Raiser, Ludwig, Das Recht der Allgemeinen Geschäftsbedingungen, Bad Homburg 1935 (Neudruck 1961), zugl.: Berlin, Univ., Habil.-Schr., 1935.

Ranieri, Filippo, 200 Jahre Code civil. Welche Rolle spielte das französische Recht in der Geschichte des europäischen Zivilrechts?, verfügbar unter: https://docplayer.org/52610832-F-ranieri-200-jahre-code-civil-welche-rolle-spielte-das-franzoesische-recht-in-der-geschichte-des-europaeischen-zivilrechts.html, zuletzt aufgerufen am: 18. 10. 2020, zitiert als: *Ranieri,* 200 Jahre Code Civil.

Rauchs, Pierre, Le projet de Code de la consommation luxembourgeois, in: Prüm, André (Hrsg.), La codification en droit luxembourgeois du droit de la consommation, Brüssel 2009, S. 51–68, zitiert als: *Rauchs,* Le projet de Code.

Ders./ Bruck, Beryl, Rapport aux journées colombiennes sur »le consommateur et le procès«, Annales du droit luxembourgeois, n° 17–18 (2007–2008), S. 417–437.

Ravarani, Georges, La responsabilité civile des personnes privées et publiques, 3. Auflage, Luxembourg 2014, zitiert als: *Ravarani,* La responsabilité civile.

Ders., Tableau des délais d'action en matière de garantie des immeubles vendus ou construits, Pas. 28., doctr., S. 3–28.

Raymond, Guy, Bienvenue au Code de la consommation, Contrats-Concurrence-Consommation CCC 08/09 1993, S. 1–3.

Ders., Contrats conclus à distance ou hors établissement, Contrats-Concurrence-Consommation CCC 2014, S. 27–37.

Ders., Definir le consommateur?, Contrats-Concurrence-Consommation CCC 10/2013, repère 9.

Ders., Définition légale du consommateur par l'article 3 de la loi n° 2014–344 du 17 mars 2014, Contrats-Concurrence-Consommation CCC 05/2014, S. 16–18.

Ders., Droit de la consommation, 2. Auflage, Paris 2011.

Ders., Lien direct du contrat avec l'activité professionelle, note zu Commentaire 212, Contrats-Concurrence-Consommation CCC 2006, S. 31–32.

Ders., Loi n° 2010–737 du 1er juillet 2010 portant réforme du crédit à la consommation, Contrats-Concurrence-Consommation CCC 2010, S. 6–24.

Ders., Présentation de la loi n° 2014–344 du 17 mars 2014 relative à la consommation, Contrats-Concurrence-Consommation CCC 2012, S. 7–15.

Raynaud, Pierre/ Aubert, Jean-Luc, Répertoire de droit civil, Vo Consentement à divorce, 2. Auflage, Loseblattsammlung, Paris 1970.

Reich, Norbert, Kreditbürgschaft und Transparenz, NJW 1995, S. 1857–1861.

Ders./ Micklitz, Hans W., Europäisches Verbraucherrecht, 4. Auflage, Baden-Baden 2003.

Reisch, Thierry, Internet et les nouvelles technologies de la communication face au droit luxembourgeois, Luxemburg 2008, zitiert als: *Reisch,* Internet et nouvelles technologies.

Remien, Oliver, AGB-Gesetz und Richtlinie über mißbräuchliche Verbrauchervertragsklauseln in ihrem europäischen Umfeld, ZEuP 1994, S. 34–66.

Reuter, Manfred, Der Fernabsatz und seine rechtliche Ausgestaltung in der Europäischen Union, Frankfurt am Main 2003, zugl.: Frankfurt (Main), Univ., Diss. 2002, zitiert als: *Reuter*, Der Fernabsatz und seine rechtliche Ausgestaltung.

Rieg, Alfred, La lutte contre les clauses abusives des contrats (Esquisse comparative des solutions allemande et française), in: Etudes offertes à René Rodière, Paris 1981, S. 221–245.

Ripert, Georges, Le régime démocratique et le droit civil moderne, 2. Auflage, Paris 1948.

Robert, André, Un source mineure des contrats civils: les affiches et les ecritaux, JCP 1958, Doctrine 1458.

Rott, Peter, Die Umsetzung der Haustürwiderrufsrichtlinie in den Mitgliedsstaaten, Baden-Baden 2000, zitiert als: *Rott,* Die Umsetzung der Haustürwiderrufsrichtlinie.

Ders., Informationspflichten in Fernabsatzverträgen als Paradigma für die Sprachenproblematik im Vertragsrecht – Trägt das Gemeinschaftsrecht zu ihrer Lösung bei?, ZVglRWiss 98 (1999), S. 382–409.

Rühl, Giesela, Die Kosten der Rücksendung bei Fernabsatzverträgen: Verbraucherschutz versus Vertragsfreiheit?, EuZW 2005, S. 199–202.

Saleilles, Raymond, De la déclaration de volonté: Contribution à l'ètude de l'acte juridique dans le code civil allemand, Paris 1901; verfügbar unter: http://dlib-pr.mpier.mpg.de/m/kleioc/0010/exec/books/%2222051%22, zuletzt besucht am: 18.10.2020.

Sallé, Edmond, L'Evolution technique du contrat et ses conséquences juridiques, Paris 1930.

Salvat, Odile, La garantie spéciale de conformité et l'obligation générale de délivrance conforme: qule choix d'action pour l'acheteur?, Contrats-Concurrence-Consommation CCC 2006, études 18, S. 10–13.

Sauphanor-Brouillaud, Les contrats de consommation – Règles communes, Paris 2012.

Schauer, Martin, Fernabsatzverträge, in: Jud, Brigitta/ Wendehorst, Christiane (Hrsg.), Neuordnung des Verbraucherprivatrechts in Europa? Zum Vorschlag einer Richtlinie über Rechte der Verbraucher, Wien 2009, S. 99–118.

Scherer, Inge, Zum Anwendungsbereich von Nr. 29 des UWG-Anhangs (»Schwarze Liste«) – Zugleich eine Anmerkung zu BGH, Urteil v. 17.08.2011 – I ZR 134/10 – Auftragsbestätigung, Wettbewerb in Recht und Praxis (WRP) 2012, S. 139–141.

Schirmbacher, Martin/ Schmidt, Stephanie, Verbraucherrecht 2014 – Handlungsbedarf für den E-Commerce: Eine komprimierte Darstellung der wesentlichen Neuerungen, CR 2014, S. 107–119.

Schmidt-Salzer, Joachim, Allgemeine Geschäftsbedingungen, 2. Auflage München 1977.

Ders., Die »contrats d'adhésion« und die sogenannte Unterwerfung unter Allgemeine Geschäftsbedingungen, in: Archiv für die civilistische Praxis (AcP) 167 (1967), S. 504–514.

Ders., Transformation der EG-Richtlinie über mißbräuchliche Klauseln in Verbraucherverträgen vom 5.4.1993 in deutsches Recht und AGB-Gesetz: Einzelfragen, Betriebs-Berater (BB) 1995, S. 1493–1499.

Schmidt, Dominique/ Niggemann, Friedrich, Die Vereinbarung von Allgemeinen Geschäftsbedingungen durch stillschweigende Annahme nach französischem Recht, Außenwirtschaftsdienst des Betriebs-Beraters (AWD) 1974, S. 309–312.

Schmidt, Jessica, »Inertia selling« *de lege late* und *de lege ferenda* – die Reform im europäischen und deutschen Recht, GPR 2014, S. 73–80.

Schmitt, Alex/ Omes, Elisabeth, La responsabilité du banquier en droit bancaire privé luxembourgeois, Brüssel 2006, zitiert als: *Schmitt/ Omes*, La responsabilité.

Schmitz, Bob, La codification du droit de la consommation au Luxembourg. Le point de vue des consommateurs, in: Prüm, André (Hrsg.), La codification en droit luxembourgeois du droit de la consommation, Brüssel 2009, S. 83–87, zitiert als: *Schmitz*, La codification du droit.

Schockweiler, Fernand, Das luxemburgische Gesetz vom 25. August 1983 betreffend den rechtlichen Schutz des Verbrauchers und das internationale Privatrecht, IPRax 1984, S. 337–339.

Schönhof, Maika, Das Widerrufsrecht nach der Verbraucherrechte-Richtlinie, in: Stumpf, Cornelia (Hrsg.), Verbraucherrechte: Die neue Richtlinie 2011/83/EU – Begriffe, Rechtsfolgen, Umsetzung, Halle an der Saale 2014, S. 121–140, zitiert als: *Schönhof*, Das Widerrufsrecht nach der VRRL.

Schrewe, Holger, Der Abhilfeanspruch des Käufers: Eine rechtsvergleichende Untersuchung aus Perspektive des europäischen Rechts unter Berücksichtigung der Rechtsordnungen Deutschlands, Englands, Frankreichs und des UN-Kaufrechts, Hamburg 2010, zugl.: Heidelberg, Univ., Diss 2009, zitiert als: *Schrewe*, Der Abhilfeanspruch.

Schricker, Gerhard, Wettbewerbsrechtliche Aspekte des Verbraucherschutzes, RabelsZ 40 (1976), S. 535–578.

Schröder, Georg, Der contrat d'adhésion und der Schutz des Adherenten vor unbilligen Allgemeinen Geschäftsbedingungen im französischen und deutschen Recht, Bamberg 1967, zugl.: Göttingen, Univ., Diss., 1966, zitiert als: *Schröder*, Der contrat d'adhésion.

Schulte-Nölke, Hans/ Twigg-Flesner, Christian/ Ebers, Martin (Hrsg.), Consumer Law Compendium (EG-Verbraucherrechtskompendium), Rechtsvergleichende Studie, verfügbar unter: https://ec.europa.eu/consumers/archive/cons_int/safe_shop/acquis/comp_analysis_en.pdf, zuletzt besucht am 18.10.2020, zitiert als: Consumer Law Compendium, Rechtsvergleichende Studie.

Schulze, Reiner/ Janssen, André, Das Recht des unlauteren Wettbewerbs in den EU-Mitgliedstaaten, The European Legal Forum 2004, S. 77–85.

Schwab, Andreas/ Giesemann, Amelie, Die Verbraucherrechte-Richtlinie: Ein wichtiger Schritt zur Vollharmonisierung im Binnenmarkt, EuZW 2012, S. 253–257.

Scuto, Denis, Staatsbildung und Staatsangehörigkeitsrecht in Luxemburg: zwischen Inklusion und Exklusion (1804–1940), in: Franz, Norbert/ Lehners, Jean-Paul (Hrsg.), Nationenbildung und Demokratie, Europäische Entwicklungen gesellschaftlicher Partizipation, Frankfurt am Main 2013, S. 249–280, zitiert als: *Scuto*, Staatsbildung und Staatsangehörigkeitsrecht.

Sievers, Josef, Verbraucherschutz gegen unlautere Vertragsbedingungen: Vom Code Civil zum »Code de la consommation« – die Entstehung eines Sonderprivaterchts für Verbraucher, Frankfurt am Main 1993, zugl.: Münster, Univ., Diss. 1992, zitiert als: *Sievers*, Verbraucherschutz gegen unlautere Vertragsbedingungen.

Simitis, Spiros, Die faktischen Vertragsverhältnisse als Ausdruck der gewandelten sozialen Funktion der Rechtsinstitute des Privatrecht, Frankfurt a.M. 1957.

Sinay-Cytermann, Anne, La commission des clauses abusives et le droit commun des obligations, RTD civ. 1985, S. 471–520.

Sonnenberger, Hans Jürgen, Das französische Recht der Allgemeinen Geschäftsbedingungen (conditions générales), Recht der Internationalen Wirtschaft (RIW) 1990, S. 165–174.

Sosnitza, Olaf, Wettbewerbsrechtsrechtliche Sanktionen im BGB: Die Reichweite des neuen § 241 a BGB, BB 2000, S. 2317–2323.

Starck, Boris, Observations sur le régime juridique des clauses de non-responsabilité ou limitatives de responsabilité, D. 1974, Chron., S. 157–165.

Stark, Emil W., Die Übervorteilung im Lichte des bundesgerichtlichen Rechtsprechung, in: Juristische Fakultät der Universität Basel u. a. (Hrsg.), Erhaltung und Entfaltung des Rechts in der Rechtsprechung des Schweizerischen Bundesgerichts – Festgabe der schweizerischen Rechtsfakultäten zur Hundertjahrfeier des Bundesgerichts, Basel 1975, S. 377–398, zitiert als: *Stark*, Die Übervorteilung.

Starke, O.-Ernst, Die AVB in unserem Rechtssystem – Möglichkeiten und Grenzen der Rechtsprechung -, Versicherungsrecht 1966, S. 889–899.

Staudenmayer, Dirk, Die EG-Richtlinie über den Verbrauchsgüterkauf, NJW 1999, S. 2393–2397.

Staudinger, Ansgar, EWS – Kommentar zu EuGH, 10. 5. 2001 – Rs. C-144/99, EWS 2001, S. 330–332.

Terré, François/ Simler, Philippe/ Lequette, Yves, Droit civil: les obligations, 10. Auflage, Paris 2009.

Testu, François-Xavier, La transposition en droit interne de la directive communautaire sur les clauses abusives (loi n° 95–96 du 1er février 1995), Dalloz affaires n° 13/1996, S. 372–375.

Thewes, Marc, 40 ans de droit de la consommation – Discours prononcé à l'occasion des 40 ans de l'Union luxembourgeoise des consommateurs, Annales de droit luxemb. 2006, S. 49–66.

Thewes, Marc R., Luxembourg, in: Campbell, Dennis (Hrsg.), International Product Liability, ohne Ortsangabe 2007, S. 319–358.

Thiel, Carine/ Mersch, Paule, Kaufvertragsrecht in Luxemburg, in: von Westphalen, Friedrich Graf (Hrsg.), Handbuch des Kaufvertragsrechts in den EG-Staaten (einschl. Österreich, Schweiz und UN-Kaufrecht), Köln 1992, S. 645–682.

Thieltgen, Nicolas, Chronique de jurisprudence de droit bancaire luxembourgeois (avril 2008 – mars 2009), Bulletin Droit & Banque, N° 44, 2009, S. 47–76.

Ders./ Ka, Anne-Maria, Chronique de jurisprudence de droit bancaire luxembourgeois (Mars 2012 -Mars 2013), ALJB – Bulletin Droit et Banque n° 52, 2013, S. 83–107.

Tournafond, Olivier, La nouvelle »garantie de conformité« des consommateurs – Commentaire de l'ordonnance n° 2005-16 du 17 février 2005 transposant en droit français la directive du 25 mai 1999, D. 2005, Chr., S. 1557–1568.

Ders., Note, Recueil Dalloz Sirey 1990, Jurisprudence, S. 118–119.

Trausch, Gilbert, A hue et à dia: les relations belgo-luxembourgeoises dans l'entre-deux-guerres, in: Trausch, Gilbert (Hrsg.), Belgique-Luxembourg, Les relations belgo-luxembourgeoises et la Banque Générale du Luxembourg (1919–1994), Luxembourg 1995, S. 109–136, zitiert als: *Trausch*, A hue et à dia.

Ulmer, Peter, Zur Anpassung des AGB-Gesetzes an die EG-Richtlinie über mißbräuchliche Klauseln in Verbraucherverträgen, EuZW 1993, S. 337–347.

Unger, Oliver, Die Richtlinie über die Rechte der Verbraucher – Eine systematische Einführung, ZEuP 2012, S. 270–304.

Union Luxembourgeoise des Consommateurs, Code du consommateur, Luxemburg 1995.

Dies., Geschichte der ULC, verfügbar unter: https://www.ulc.lu/Uploads/Descr/Doc/1_4_Historique%20(all).pdf, zuletzt besucht am: 18.10.2020.

Valette-Ercole, Vanessa, Vers un crédit responsable? À propos de la loi du 1er juillet 2010, JCP Édition Générale 2010, N° 779, S. 1440–1443.

Von Hippel, Eike, Verbraucherschutz, RabelsZ 40 (1976), S. 513–534.

Von Westphalen, Friedrich Graf, AGB-Richtlinie und AGB-Gesetz, EWS 1993, S. 161–167.

Wagner, Henri, Luxembourg, in: Campbell, Dennis (Hrsg.), Remedies for international sellers of goods [2006], Band II, Salzburg 2006, S. 415–452.

Wagner, Numa, Luxembourg, in: L'Association Henri Capitant, La circulation du modele juridique francais – Journées franco-italiennes, Band 24, Paris 1994, S. 93–106, zitiert als: *Wagner*, Luxembourg.

Welter, Félix, A propos du cent-cinquantième anniversaire du code civil – Etude de l'évolution de la législation luxembourgeoise de 1804 à 1954 en matière de droit privé, Audience solennelle du 23 septembre 1954, Luxembourg 1954; zitiert als: *Welter*, A propos.

Wendehorst, Christiane/ Zöchling-Jud, Brigitta, Verbraucherkreditrecht: VerbraucherkreditG und ABGB-Darlehensbestimmungen: Kurzkommentar, Wien 2010.

Wesel, Uwe, Geschichte des Rechts in Europa – Von den Griechen bis zum Vertrag von Lissabon, München 2010, zitiert als: *Wesel*, Geschichte des Rechts in Europa.

Witz, Claude/ Schneider, Winfried-Thomas, Die Umsetzung der europäischen Richtlinie über den Verbrauchsgüterkauf in Frankreich – Der lange Weg zur Verordnung vom 17.2.2005, RIW 2005, S. 921–933.

Dies., Neues aus Frankreich: die letzte Etappe in der Umsetzung der europäischen Richtlinien über den Verbrauchsgüterkauf und die Haftung für fehlerhafte Produkte, RIW 2006, S. 925–927.

Witz, Claude/ Wolter, Gerhard, Das neue französische Verbrauchergesetzbuch, ZEuP 1995, S. 35–44.

Dies., Frankreich: Die Umsetzung der EG-Richtlinie über mißbräuchliche Klauseln in Verbraucherverträgen, ZEuP 1995, S. 885–892.

Dies., Mißbräuchliche Vertragsklauseln auf dem Prüfstand der französischen Gerichte – Entscheidung der Cour de Cassation (civ.) vom 14. Mai 1991 mit Anmerkung, ZEuP 1993, S. 360–364.

Witz, Cornelia/ Laule, Ulrike, Benelux-Ploetz: Belgien, Niederlande, Luxemburg – Geschichte zum Nachschlagen, Freiburg 1997, zitiert als: *Witz/ Laule,* Benelux-Ploetz.

Wolf, Manfred/ Horn, Norbert/ Lindacher, Manfred F., AGB-Gesetz: Gesetz zur Regelung des Rechts der Allgemeinen Geschäftsbedingungen – Kommentar, 4. Auflage München 1999.

Zhang, Yan, Die vorvertraglichen Pflichten in der Verbraucherkredit-Richtlinie 2008/48/EG, Berlin, Humboldt-Univ., Diss. 2014, zitiert als: *Zhang,* Die vorvertraglichen Pflichten.